CONTROLE AUTOMÁTICO

O GEN | Grupo Editorial Nacional – maior plataforma editorial brasileira no segmento científico, técnico e profissional – publica conteúdos nas áreas de ciências exatas, humanas, jurídicas, da saúde e sociais aplicadas, além de prover serviços direcionados à educação continuada e à preparação para concursos.

As editoras que integram o GEN, das mais respeitadas no mercado editorial, construíram catálogos inigualáveis, com obras decisivas para a formação acadêmica e o aperfeiçoamento de várias gerações de profissionais e estudantes, tendo se tornado sinônimo de qualidade e seriedade.

A missão do GEN e dos núcleos de conteúdo que o compõem é prover a melhor informação científica e distribuí-la de maneira flexível e conveniente, a preços justos, gerando benefícios e servindo a autores, docentes, livreiros, funcionários, colaboradores e acionistas.

Nosso comportamento ético incondicional e nossa responsabilidade social e ambiental são reforçados pela natureza educacional de nossa atividade e dão sustentabilidade ao crescimento contínuo e à rentabilidade do grupo.

CONTROLE AUTOMÁTICO

PLÍNIO DE LAURO CASTRUCCI
Professor Titular da Escola Politécnica da Universidade de São Paulo (USP)

ANSELMO BITTAR
Doutor pela Escola Politécnica da Universidade de São Paulo (USP)

ROBERTO MOURA SALES
Professor Titular da Escola Politécnica da Universidade de São Paulo (USP)

2ª edição

gen | LTC

Apesar dos melhores esforços dos autores, do editor e dos revisores, é inevitável que surjam erros no texto. Assim, são bem-vindas as comunicações de usuários sobre correções ou sugestões referentes ao conteúdo ou ao nível pedagógico que auxiliem o aprimoramento de edições futuras. Os comentários dos leitores podem ser encaminhados à **LTC — Livros Técnicos e Científicos Editora** pelo e-mail faleconosco@grupogen.com.br.

Travessa do Ouvidor, 11
Rio de Janeiro, RJ – CEP 20040-040
Tels.: 21-3543-0770 / 11-5080-0770
Fax: 21-3543-0896
faleconosco@grupogen.com.br
www.grupogen.com.br

Capa: Leônidas Leite
Imagens da capa e da 4ª capa : © from2015 | iStockphoto.com e © nielubieklonu | iStockphoto.com

CIP-BRASIL. CATALOGAÇÃO NA PUBLICAÇÃO
SINDICATO NACIONAL DOS EDITORES DE LIVROS, RJ.

C353c
2. ed.

Castrucci, Plínio de Lauro
Controle automático / Plínio de Lauro Castrucci, Anselmo Bittar, Roberto Moura Sales. - 2. ed. - Rio de Janeiro : LTC, 2018.
:il.; 28 cm.

Inclui bibliografia e índice
ISBN 978-85-216-3549-9

1. Controle automático. 2. Engenharia de sistemas. 3. Sistemas dinâmicos diferenciais. I. Bittar, Anselmo. II. Sales, Roberto Moura. III. Título.

18-50057. CDD: 629.8
CDU: 681.5

Meri Gleice Rodrigues de Souza - Bibliotecária - CRB-7/6439

Prefácio

Este é um livro didático concebido para apoio às disciplinas iniciais dos cursos de controle de sistemas dinâmicos. Por dinâmicos entendem-se sistemas, de qualquer natureza física, que sejam representáveis por equações diferenciais ou de diferenças na variável tempo.

Organizar um curso de engenharia de controle dinâmico, cujo tema básico é a realimentação de sinais em suas inúmeras formas, é um desafio. As teorias mais gerais são muito abstratas, expressas em eficientes mas herméticas linguagens matemáticas, tais como o cálculo matricial, a análise funcional e os processos estocásticos. Por outro lado, as teorias mais úteis no sentido de resolver grande número de problemas práticos são incompletas. Isso nos leva a examinar o ambiente e a natureza das aplicações nas seguintes divisões:

- controle de processos, cujo objeto são as plantas industriais, altos-fornos, usinas químicas, térmicas, de cimento, petroquímicas, de funcionamento contínuo ou por bateladas. Estas se caracterizam por dinâmica relativamente lenta, com respostas naturais de alguns minutos até muitas horas, e por uma tendência a apresentar não linearidades intrínsecas, como, por exemplo, as reações químicas e o produto das concentrações dos insumos. O objetivo do controle costuma estar muito ligado à estabilização em dados níveis operacionais e à segurança do processo;
- controle de posição, cujo objeto são as posições e as velocidades de massas, que vão desde alguns gramas (robôs de manufatura de semicondutores) até toneladas (aeronaves, metrôs, radiotelescópios). O objetivo do controle costuma estar centrado em obter, nas respostas aos sinais de referência e às perturbações, a maior rapidez e a maior precisão que as fontes de energia e os medidores podem fornecer.

Constata-se que a maioria das aplicações de controle é simples, quer em controle de processos, quer em controle de posição. São malhas com variáveis isoladas e processos bem próximos da linearidade, empregando o tradicional controlador PID (Proporcional + Integral + Derivativo), realizado atualmente de modo digital em CLPs (Controladores Lógicos Programáveis).

Além dos controladores PID, não podem estar ausentes da formação inicial dos estudantes os seguintes temas: as arquiteturas consagradas no controle de processos (controle cascade, feedforward, de razão, etc.), seus símbolos pela norma ISA (*International Society of Automation*) e seus diagramas P&ID (*Piping and Instrumentation Diagram*).

A primeira edição deste livro restringiu o tratamento do problema de controle aos modelos na forma de função de transferência, usualmente aplicados para sistemas com uma entrada e uma saída (sistemas SISO - *Single Input Single Output*), nos quais é fraca a interação entre as várias malhas de controle atuantes no processo.

No entanto, embora a maioria dos problemas industriais seja tradicionalmente resolvida com modelos de função de transferência, a evolução das técnicas e programas de análise tem levado a um interesse crescente, nas instituições de ensino e nas aplicações, pela utilização da abordagem de variáveis de estado. Assim, nesta segunda edição foi incluído um capítulo apresentando modelos de espaço de estados e técnicas básicas de projeto baseadas em imposição de polos e no regulador linear quadrático, incluindo observador de estados.

Este novo capítulo é ainda restrito aos sistemas SISO, mas foi elaborado como um primeiro passo para o estudo das técnicas de espaço de estados de sistemas MIMO (*Multi Input Multi Output*), que aparecem frequentemente nos sistemas modernos de controle de posição de alto desempenho, tais como robôs, aeronaves e laminadores.

Este é um livro-texto com uma abordagem didática, que solicita intensa atividade do estudante em exemplos, exercícios resolvidos e exercícios propostos. O seu conteúdo permite ao professor selecionar temas com vários níveis de dificuldades e aplicações.

O Capítulo 2, sobre Sistemas Dinâmicos, é muito bem detalhado, necessário apenas para a hipótese de os estudantes não terem passado por uma disciplina prévia de sistemas lineares. Os autores consideram possíveis e interessantes os seguintes roteiros de disciplinas semestrais:

- primeira disciplina: Capítulos 1 a 8 ou Capítulo 1, revisão do Capítulo 2 e Capítulos 3 a 9;
- segunda disciplina: Capítulos 9 a 13 ou Capítulos 10 a 13.

Por fim, gostaríamos de agradecer a todos os amigos do Laboratório de Automação e Controle da Escola Politécnica da Universidade de São Paulo pelas valiosas sugestões e contribuições, aos nossos familiares e a todos que direta ou indiretamente contribuíram com este trabalho.

Os Autores

Sobre os autores

Plínio de Lauro Castrucci é engenheiro mecânico e eletricista pela Escola Politécnica da Universidade de São Paulo (Poli-USP). Obteve os títulos de D.I.C. em 1958 no Imperial College of Science and Technology, de livre-docente em 1964 e de professor titular em 1967 na Escola Politécnica da Universidade de São Paulo. Foi fundador e diretor da Amplimag Controles Automáticos (1963-1983), projetista pioneiro de amplificadores magnéticos e de acionamentos eletrônicos, inclusive para o Metrô de São Paulo. Foi diretor da Engesa Eletrônica e da Engesa Elétrica. Foi fundador e presidente da Sociedade Brasileira de Automática e consultor de várias empresas. É membro sênior do IEEE. É coautor de *Curso de Ética em Administração* (Atlas) e *Engenharia de Automação Industrial* (LTC).

Anselmo Bittar graduou-se em Engenharia Elétrica em 1990 e obteve os títulos de mestre em 1993 e doutor em 1998 na Escola Politécnica da Universidade de São Paulo (Poli-USP). Atualmente é analista de sistemas do Departamento de Engenharia de Telecomunicações e Controle da Escola Politécnica da Universidade de São Paulo. Atua na área de pesquisa relacionada a sistemas de levitação eletromagnética.

Roberto Moura Sales graduou-se em Engenharia Elétrica em 1975 e obteve os títulos de mestre em 1981, doutor em 1984, livre-docente em 1986 e professor titular em 1994 na Escola Politécnica da Universidade de São Paulo (Poli-USP). Suas principais áreas de ensino e pesquisa em controle automático incluem controle de processos industriais, levitação magnética, laminação e otimização.

Material Suplementar

Este livro conta com o seguinte material suplementar:

- Ilustrações da obra em formato de apresentação (restrito a docentes).

O acesso ao material suplementar é gratuito. Basta que o leitor se cadastre em nosso *site* (www.grupogen.com.br), faça seu *login* e clique em GEN-IO, no menu superior do lado direito. É rápido e fácil.

Caso haja alguma mudança no sistema ou dificuldade de acesso, entre em contato conosco (gendigital@grupogen.com.br).

GEN-IO (GEN | Informação Online) é o ambiente virtual de aprendizagem do GEN | Grupo Editorial Nacional, maior conglomerado brasileiro de editoras do ramo científico-técnico-profissional, composto por Guanabara Koogan, Santos, Roca, AC Farmacêutica, Forense, Método, Atlas, LTC, E.P.U. e Forense Universitária. Os materiais suplementares ficam disponíveis para acesso durante a vigência das edições atuais dos livros a que eles correspondem.

Sumário

CONTROLE AUTOMÁTICO

1

Introdução

1.1 Conceitos gerais

Controlar uma grandeza ou variável física significa alterar o seu valor de acordo com uma intenção. Porém, nem sempre isso é realizável perfeitamente, ou porque não se dispõe de energia suficiente ou porque há perturbações muito grandes ou muito rápidas. Por exemplo, para controlar variáveis climáticas não há energia suficiente e para controlar variáveis de processos industriais ou de transporte é preciso que os objetivos e as perturbações sejam compatíveis.

Quando o operário de uma indústria dá partida em um motor ou age sobre uma válvula de um dado processo ele está realizando um controle manual. Embora um artesão possa dessa maneira obter resultados excepcionais, com atenção redobrada ao seu trabalho, geralmente a indústria precisa de produção rotineira, de qualidade constante, dia e noite. Quando, por essas ou outras razões, uma parte ou todas as funções do operário são delegadas a um equipamento, diz-se que o controle é automático.

Há duas grandes classes de controle automático, em função da natureza da dinâmica do processo a controlar:

• **dinâmica tradicional.** Originalmente, na física, dinâmica significava o fenômeno de força e energia produzindo movimento, segundo leis que se exprimiam por equações diferenciais tendo o tempo como variável independente. Mais tarde, dinâmica passou a representar qualquer fenômeno, físico, biológico ou até mesmo econômico, que fosse descrito por equações diferenciais.

• **dinâmica de eventos discretos.** Existem atualmente inúmeros sistemas artificiais que não se descrevem por essas equações. Suas variáveis internas e de saída alteram-se sempre como consequência de variações quase instantâneas das entradas e de certos sensores internos, obedecendo a rígidas regras de causa e efeito, assumindo somente valores pertencentes a um conjunto finito, como, por exemplo, $\{0, 1\}$, {desligado, ligado}, {todos os números inteiros entre -100 e $+100$}. Exemplos: circuitos de chaves elétricas e temporizadores, estoques de peças, sistemas de partida e proteção de processos industriais. Devido ao papel representado pelas regras causais internas, tais sistemas são em parte modeláveis por lógica e por álgebra de Boole; por isso são ditos também sistemas lógicos ou logísticos. Mas seus melhores modelos matemáticos são os autômatos finitos e as redes de Petri.

É tal a diferença entre essas duas dinâmicas, do ponto de vista dos seus modelos matemáticos, dos seus controles automáticos e das teorias associadas, que dois sugestivos nomes estão se firmando na engenharia:

- sistemas conduzidos pelo tempo (*time driven*) para a primeira e
- sistemas conduzidos por eventos (*event driven*) para a segunda.

É evidente que a expressão "conduzidos pelo tempo" não significa que o tempo é a causa dos fenômenos. Significa apenas que a dinâmica do processo manifesta seus efeitos obrigatoriamente no desenrolar do tempo.

O controle automático dos sistemas dinâmicos tradicionais, abreviadamente chamado de controle dinâmico, emprega o importante conceito da realimentação ou retroalimentação (*feedback*), que se realiza usualmente por eletrônica analógica ou digital (Figura 1.1 (a)). O controle automático dos sistemas com dinâmica de eventos discretos, abreviadamente dito controle de eventos, é feito por meio de outro sistema de eventos discretos que atualmente, em geral, se realiza por meio de eletrônica digital (Figura 1.1 (b)).

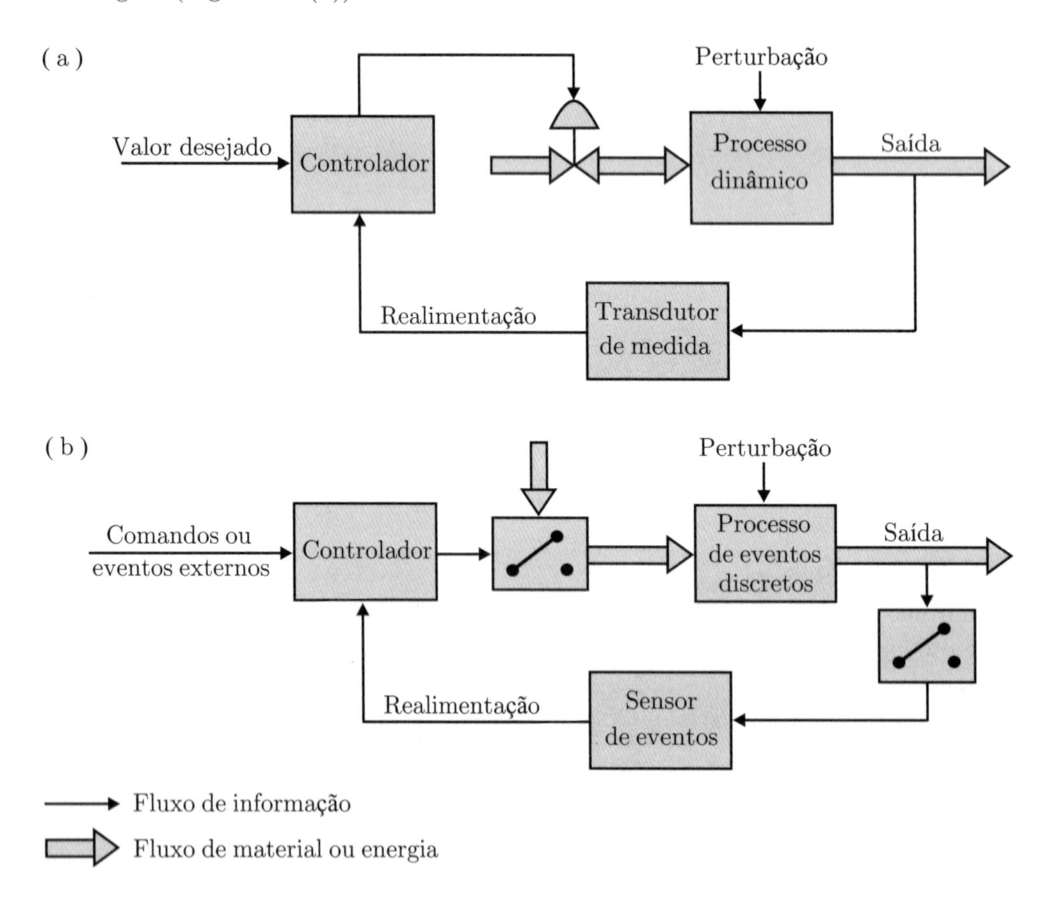

Figura 1.1 (a) Controle dinâmico. (b) Controle de eventos discretos.

Cabe observar que na prática é impossível estabelecer um sistema de controle dinâmico sem o auxílio de um controle de eventos discretos destinado a dar partida no sistema dinâmico (*start-up*) e a protegê-lo de sobrecargas. Já o controle de eventos discretos pode ser unicamente de eventos discretos, como, por exemplo, o controle de um terminal bancário.

Automação é outro termo ligado ao controle automático, isto é, aos equipamentos que substituem o homem em suas tarefas. Vem do neologismo em inglês *automation*, criado pela indústria em meados do século XX, em conexão com o controle dinâmico e com a eletrônica. Hoje significa simplesmente a presença de um computador num processo industrial ou comercial, com múltiplas funções, como está indicado na Figura 1.2.

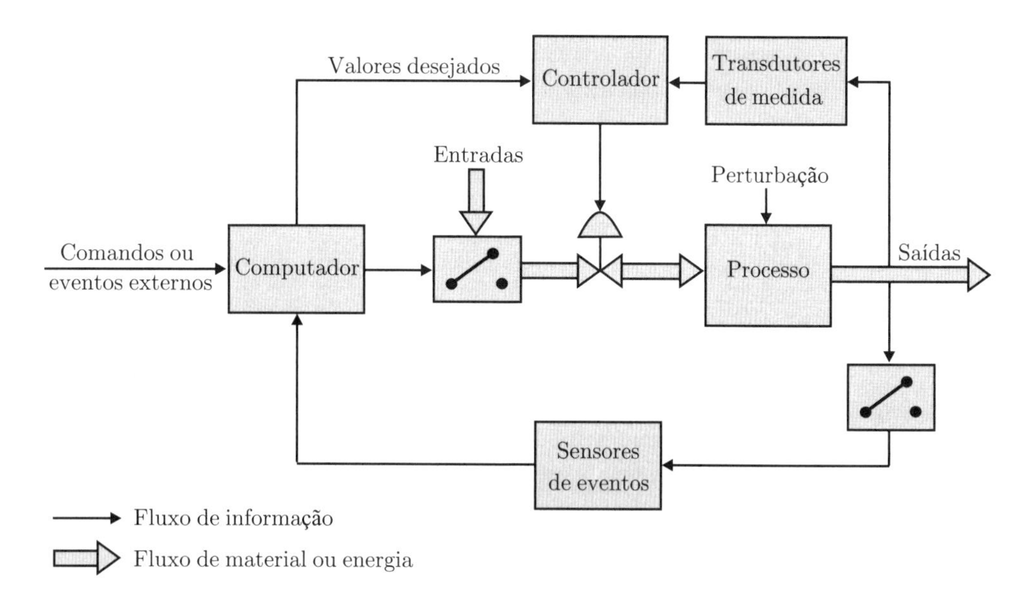

Figura 1.2 Esquema da automação de um processo.

1.2 Realimentação

Controlar a saída de uma planta ou de um processo por realimentação significa aplicar na sua entrada, após conveniente amplificação, o sinal resultante da diferença entre o valor desejado e o valor medido da saída. Geralmente, entre a comparação e a amplificação de potência é necessário tratar o sinal de uma forma muito especial. Este tratamento é realizado pelo controlador, que consiste numa das maiores responsabilidades da engenharia de controle. Normalmente o comparador e o controlador são implementados num único equipamento industrial ou num único programa computacional.

Para ilustrar o que se demanda de um controlador automático, coloque-se o leitor na função de controlador manual do sistema da Figura 1.3.

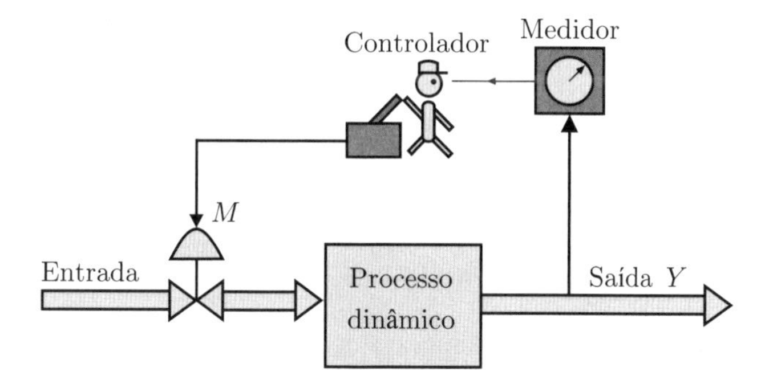

Figura 1.3 Controle manual.

Situado numa sala fechada, onde existem apenas um instrumento que mede a saída Y e um potenciômetro que aplica o sinal M ao processo, o leitor tem a função de manter o ponteiro do medidor no centro da sua escala, sabendo apenas que girar o botão do potenciômetro para a direita leva, devido aos equipamentos externos, a desvios finais do ponteiro também para a direita.

Suponha, por exemplo, que o ponteiro comece a mover-se do centro para a esquerda. A reação do leitor será girar o botão para a direita, lentamente. Se porém, o ponteiro ainda continuar para a esquerda, o leitor apressar-se-á. Suponha que finalmente o ponteiro reaja e retorne na direção do centro. Quando ele parece que vai ultrapassar o centro, é a vez de o leitor girar o botão ao contrário, isto é, para a esquerda. Talvez então já se tenha uma intuição da reação do processo externo à sala e já se possa modular a ação sobre o botão com maior eficácia. Pode ser que reações muito rápidas sejam as mais indicadas, ou pode ser que as lentas e firmes sejam as melhores.

Este exemplo mostra que um bom projeto do controlador deve absorver o conhecimento não apenas do objetivo de reduzir o erro, mas também das características dinâmicas do processo controlado e das amplitudes e frequências das perturbações atuantes no processo. As primeiras são resumidas, em engenharia, no modelo matemático do processo; as últimas são parte importante da especificação do sistema de controle.

A Figura 1.4 ilustra os componentes fundamentais de um sistema de controle dinâmico em malha fechada (com realimentação), com as seguintes variáveis envolvidas:

R: entrada ou referência ou *set-point*;
Y: saída do processo ou planta;
M: variável manipulada (entrada do amplificador ou atuador);
$E = R - Y_m$: erro atuante.
Y_m: saída medida com a mesma unidade de R.

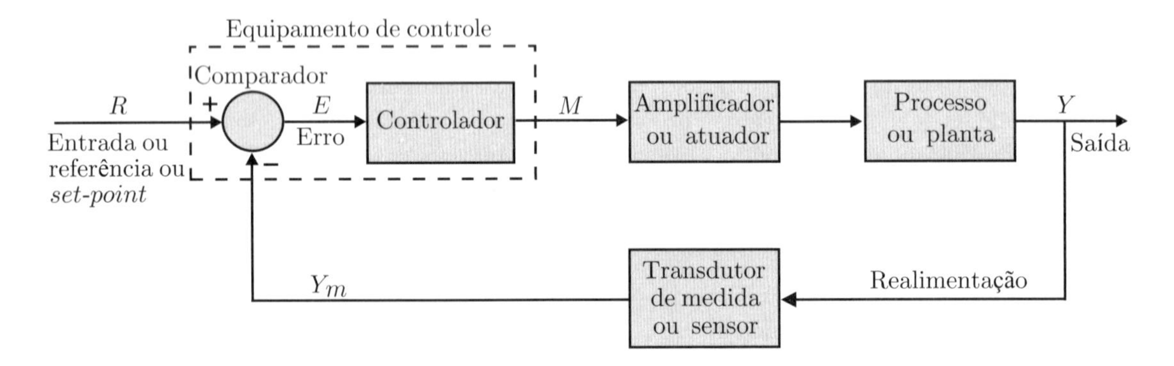

Figura 1.4 Diagrama de blocos de um sistema em malha fechada.

Normalmente a saída Y do processo é uma grandeza física, e para que esta possa ser comparada com a referência R é necessário convertê-la numa variável Y_m com a mesma unidade de R. O elemento responsável por desempenhar esta função é o transdutor de medida ou sensor.

1.3 Um pouco de história

Embora hoje se possa identificar, por toda parte, a presença de mecanismos de realimentação, os sistemas de controle inventados pelo homem antes do século XIX foram muito poucos. Os mais antigos foram os reguladores de nível de água por meio de válvulas acionadas por boias.

O relógio de água de Ctesibius (Figura 1.5) foi inventado no período entre 300 e 0 a.C. Preferidos até o século XVII, os relógios de água consistiam em um reservatório com nível estabilizado por boia e com um orifício na base. Por causa do nível constante, o fluxo de saída também era constante; acumulando este fluxo em um segundo reservatório, dotado de escala vertical, o nível deste último indicava na escala o tempo decorrido.

Mas a realimentação esteve na base da invenção que foi fundamental para a Revolução Industrial acontecer. Teve portanto extraodinário impacto econômico e social. Trata-se do Regulador de Velocidade para Motores a Vapor, criado por James Watt no final do século XVIII. É totalmente mecânico, conforme representado na Figura 1.6. De acordo com esta figura, o vapor empurra o pistão para cima, ao mesmo tempo em que uma válvula corrediça também é posicionada na parte superior da máquina a vapor. Quando o pistão atinge a posição superior, a válvula corrediça é empurrada para baixo. Dessa forma inverte-se o fluxo de vapor nos tubos T_1 e T_2, e o pistão é empurrado para baixo. Esse movimento de subida e descida do pistão faz girar uma roda com velocidade V, que é acoplada ao seu eixo. O eixo vertical A do regulador é movido com velocidade angular ω. Sobre as massas m agem então duas forças, a centrífuga, horizontal, e a da gravidade, vertical. Projetadas sobre a normal à barra b, que liga essas massas ao eixo A, as forças R e Y_m se opõem.

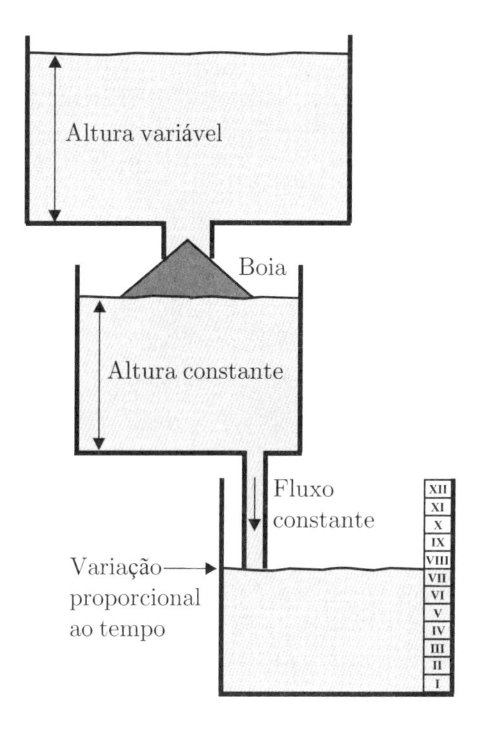

Figura 1.5 Relógio de água de Ctesibius.

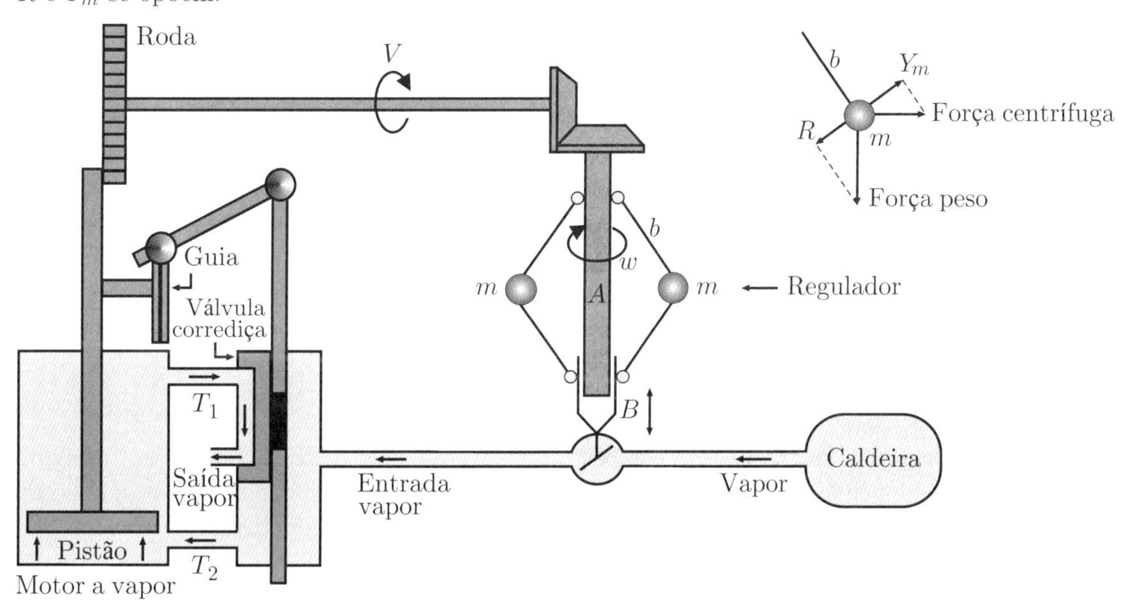

Figura 1.6 Regulador de velocidade de motores a vapor de James Watt.

Se a velocidade de rotação ω é excessiva, a barra b gira para cima, as massas m se afastam do eixo A e o tubo B sobe, reduzindo o fluxo de vapor para o motor. As velocidades V do motor e ω do regulador são então reduzidas. Se a velocidade ω é baixa, o processo se inverte, o motor ganha mais vapor e aumenta a velocidade. Dependendo dos arranjos e dimensões dos componentes, as massas m tendem a estacionar em uma posição intermediária e o motor, em uma dada velocidade. Ocorre, assim, uma regulação automática da velocidade. Não é fácil identificar neste regulador as variáveis básicas dos sistemas a realimentação, pois o erro atuante E é a diferença entre as projeções das forças peso e centrífuga da massa m. A projeção da força peso é a referência R, e a projeção da força centrífuga é a variável Y_m de medida da saída Y. A posição do tubo B representa a variável manipulada M, e a válvula de vapor representa um amplificador de potência.

Nas primeiras décadas do século XX a telefonia a grandes distâncias exigia amplificadores eletrônicos de elevado ganho e boa fidelidade na reprodução de voz, qualidades que só podiam ser obtidas com realimentação de sinal em torno de amplificadores eletrônicos. Tornou-se mais agudo um problema que já se apresentava nos reguladores de Watt, que é a tendência a gerar oscilações indesejadas.

A teoria da realimentação começa em 1868 com Maxwell, analisando as condições para se produzirem oscilações em sistemas descritos por equações diferenciais ordinárias lineares. Em 1877, Routh e Hurwitz criaram um critério algébrico sobre os coeficientes de equações diferenciais para garantir a existência ou não de oscilações. Mas foi somente em 1932, nas pesquisas da Bell Systems, que finalmente Nyquist estabeleceu o seu famoso Critério de Estabilidade, para que engenheiros passassem a projetar sistemas a realimentação com segurança.

Importantes contribuições à teoria da realimentação têm-se apoiado, de maneira muito criativa, nas matemáticas. Muitos outros pesquisadores se notabilizaram: Liapunov (estabilidade não linear, 1896), Minorsky (1922), Evans (*root locus*, 1950), Wiener (controle ótimo Linear Quadrático Gaussiano ou LQG, em cerca de 1945), Kochenburger (1950), Pontriagin (controle ótimo, em cerca de 1950), Bellman (controle ótimo, em cerca de 1950) e Kalman (LQG, 1960). Alguns trabalhos consideraram os fenômenos via respostas em frequência, outros via respostas temporais. Ainda hoje, é preciso elaborar os projetos com ambos os instrumentos. Com os trabalhos de Pontriagin e Kalman, ficaram evidentes as extraordinárias qualidades da realimentação das variáveis de estado do objeto controlado.

O papel fundamental do controle automático na realização dos voos espaciais trouxe ao centro das atenções o computador, como controlador de múltiplas variáveis de saída e como calculador *on-line* de trajetórias e manobras ótimas. No ambiente industrial, o computador digital logo também interessou como meio de controle, embora por outras razões: a facilidade de registrar fatos e dados de produção e de comunicar-se com operadores e com a administração geral. Mas o computador opera sobre números e exige desligamento do mundo externo enquanto os processa. Então, do ponto de vista do controle dinâmico ele só pode medir e atuar em instantes discretos, o que exige teorias de modelagem e controle adequadas para sistemas de tempo discreto.

1.4 Modelos matemáticos

O aperfeiçoamento das teorias de controle leva naturalmente à expectativa de se atingirem objetivos de desempenho mais ambiciosos. No entanto, toda aplicação das teorias ao mundo real depende da fidelidade dos modelos matemáticos adotados. Daí a importância das técnicas de obtenção de modelos matemáticos na engenharia de controle.

Existem duas abordagens que, nos casos mais complexos, se complementam.

Métodos estruturalistas

Identificam-se os mecanismos fundamentais em ação (físicos, químicos, mecânicos, etc.). Medem-se os parâmetros (coeficientes de transmissão, de reação, de inércia, de atrito, etc.), por ensaios específicos ou por estimativas usuais dos projetistas dos equipamentos. Depois estabelecem-se as equações diferenciais, ou de diferenças, descritivas daqueles mecanismos.

Por exemplo, se o processo é um motor com engrenagem redutora e carga de inércia e atrito, calcula-se a inércia rotacional referida ao eixo do motor, a partir das dimensões e das densidades das partes, medem-se os atritos e os torques eventuais "de carga". Depois, monta-se a equação diferencial que liga o torque do motor à velocidade do seu eixo.

Métodos globalistas

Ignorando fenômenos internos, mede-se o desempenho global, isto é, registram-se a entrada e a saída que são pertinentes ao controle automático desejado. Em geral, aplicam-se à entrada sinais convenientes (degrau, impulso ou senoide). Em processos mais complexos ou perigosos registram-se os sinais normais de operação e depois aplica-se alguma técnica gráfica ou computacional, de origem matemática ou estatística, para estimar os parâmetros da equação diferencial que interliga ou justifica os dois registros.

No exemplo anterior, este método implica aplicar ao motor um degrau de tensão e em registrá-lo junto com a consequente evolução da velocidade do eixo. Pode-se mostrar que, plotando esta evolução *versus* tempo, com ordenadas em escala logarítmica, ficam aparentes os parâmetros da equação diferencial procurada. Uma alternativa é ajustar os parâmetros de uma equação diferencial genérica, que minimiza o erro médio quadrático em relação à resposta medida.

Na literatura de controle os métodos globalistas são chamados de identificação de sistemas.

1.5 Motivações técnicas e econômicas

O emprego do controle automático (realimentação) objetiva um desempenho técnico específico, em que uma variável física deve obedecer a um sinal de referência e resistir a perturbações mais ou menos definidas, desempenho esse que costuma ser essencial para se atingirem metas mais abrangentes, usualmente de natureza econômica.

Quanto ao desempenho técnico, há duas grandes famílias de aplicações ou problemas, designadas como controle de posição e controle de processos. A primeira refere-se ao controle de posição ou de velocidade de objetos, tais como: aeronaves, lançadores de satélites, automóveis, submarinos, lentos e precisos radiotelescópios, minúsculos leitores de CDs, discos rígidos, robôs industriais ou de cirurgia, etc. A segunda, controle de processos, refere-se à regulação de processos industriais, como: siderurgia, celulose, cimento, petróleo, químico, álcool, alimentos, medicamentos, etc. Embora as teorias da realimentação sejam válidas para ambos os campos de aplicação, há em cada um dificuldades específicas que levam, na prática, a uma especialização de engenheiros e de modos de comunicação técnica.

Dado que este livro enfatiza como atingir as especificações de desempenho para os sistemas, neste capítulo inicial cabe posicionar melhor o seu potencial econômico. No controle de posição, o fator econômico leva, em geral, à busca de solução com dispêndio limitado ou energia mínima. Por isso, desde meados do século passado têm evoluído teorias de projeto que minimizam um funcional J do tipo

$$J = \int_0^{\infty} \left[e(t)^2 + \lambda u(t)^2\right] dt \, , \tag{1.1}$$

sendo $e(t)$ o erro da variável controlada no instante t, $u(t)$ o esforço de controle sobre o objeto controlado e λ uma constante positiva de ponderação do erro *versus* esforço de controle. Tais teorias são vitais, por exemplo, em missões espaciais.

No controle de processos, o aspecto benefícios *versus* custos de investimento e de operação foi muito bem analisado em casos reais em [37]. Por exemplo, no caso de uma refinaria de petróleo o custo do investimento foi compensado pelos benefícios em apenas um ano de operação.

É fácil entender a origem dos benefícios, considerando a operação industrial sob a óptica estatística. Considere, por exemplo, uma planta de papel em que o contrato de um dado produto costuma exigir como qualidade mínima uma espessura de papel maior ou igual a Y_{min} (Figura 1.7).

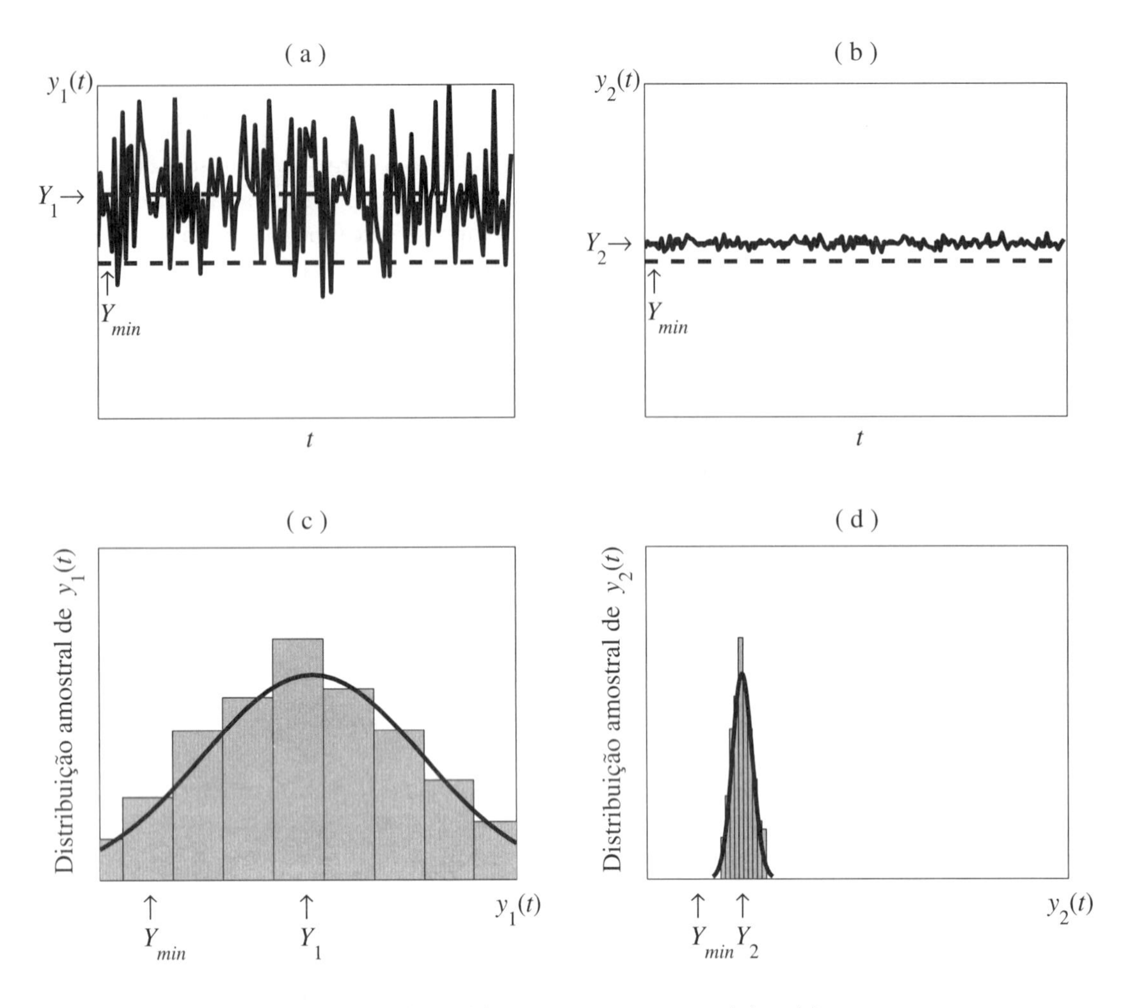

Figura 1.7 Processo de papel. (a) e (c) Regulação manual. (b) e (d) Regulação automática.

A planta, regulada manualmente ou mal regulada automaticamente, produz uma espessura $y_1(t)$ de média Y_1, conforme a Figura 1.7 (a). Com um bom sistema de controle é produzida a espessura $y_2(t)$ de média Y_2, conforme a Figura 1.7 (b). Um resumo estatístico da questão, mostrando a distribuição amostral das espessuras, é apresentado nas Figuras 1.7 (c) e 1.7 (d). Note que como resultado do bom controle, a média Y_2 é menor que Y_1 e consequentemente há uma economia de material.

Considere ainda um caso em que o processo opera perto da sua capacidade máxima de produção Q_{max}. A análise é semelhante: a produção média do processo regulado Q_2 é maior que a do não regulado Q_1. Consequentemente, a melhoria do controle proporciona um lucro de venda maior.

1.6 Variedades de controle

Dizem-se analógicos os sinais de tempo contínuo, isto é, os que existem em qualquer instante de tempo no intervalo de observação. Dizem-se amostrados ou de tempo discreto os sinais que resultam dos analógicos por um processo de amostragem no tempo. E são chamados de digitais os sinais amostrados cujas amplitudes são convertidas por algum código digital, isto é, formado por zeros e uns.

É tão abrangente no mundo atual a penetração dos computadores, sejam os de uso geral, sejam os controladores programáveis ou os microprocessadores dedicados, que, na prática, dificilmente se encontram transdutores de medida e controladores que não sejam digitais. No entanto, na realidade os indicadores de qualidade de desempenho continuam referidos às variáveis físicas, que são analógicas. Como as teorias fundamentais partem desse tipo de sinais, o mais comum é que o projeto do controlador seja feito como analógico e depois seja convertido em algoritmo digital para ser executado em computador. Para projetos mais exigentes há também técnicas de projeto diretamente em algoritmo digital, que estão apresentadas nos Capítulos 9 a 11.

1.7 O controle dinâmico inserido na automação

É esclarecedor visualizar o controle por realimentação como parte de um sistema de automação, de amplo escopo e com vários níveis de hierarquia (Figura 1.8).

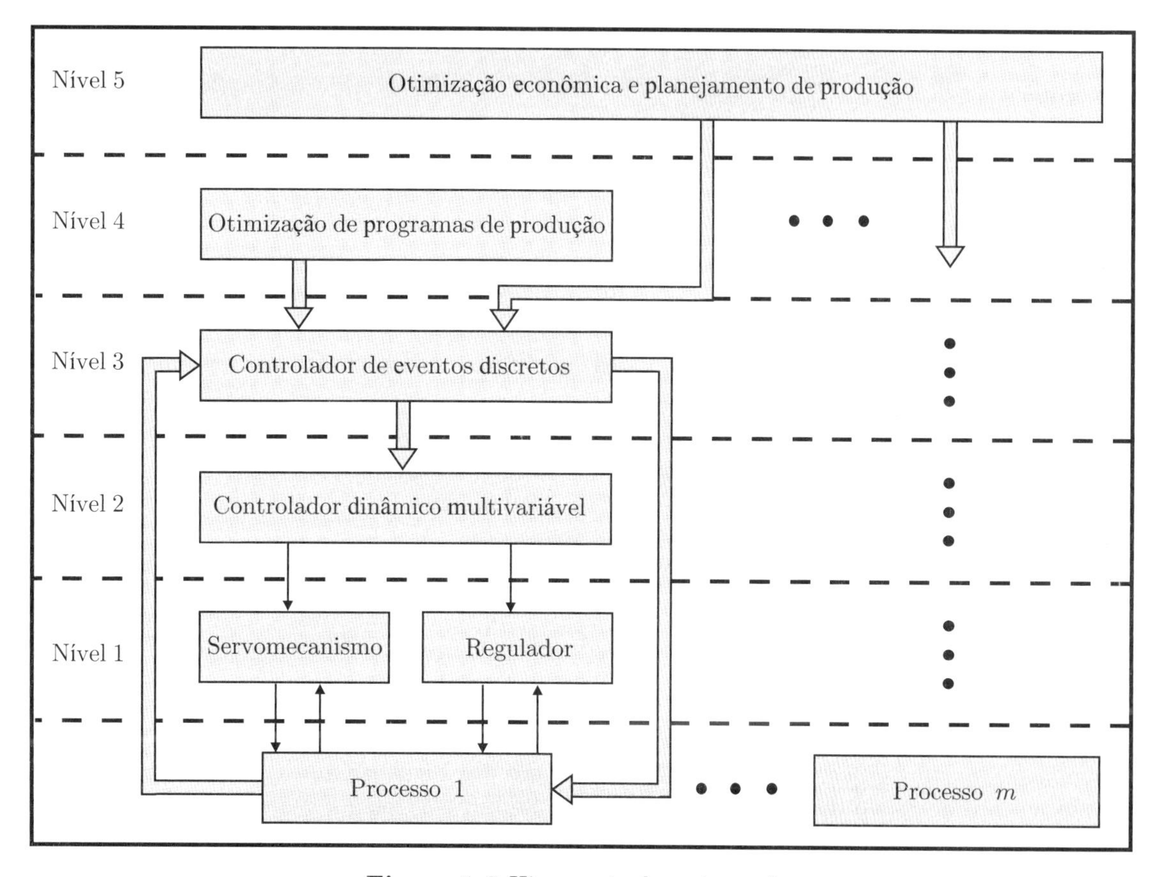

Figura 1.8 Hierarquia da automação.

Por um lado, cada malha de controle (nível 1) se comunica com um processo físico, por exemplo um veículo, um reator químico ou uma coluna de destilação, via medidores e atuadores. De outro lado, ela recebe o sinal de referência não de um operador, mas de um outro computador (nível 2). Este, também de controle dinâmico, coordena os sinais de referência de várias malhas, de acordo com a fase de operação em que se está, que é definida por um computador de controle de eventos discretos (nível 3). O controlador de eventos faz a chamada automação operacional: comanda as operações de partida (*start-up*), de proteção contra sobrecargas e falhas, além das de implementação de receitas de produção ou de operação, que foram desenvolvidas de antemão para o processo. Essas receitas provêm de um nível 4, de computação *off-line*, em que se otimizam pontos de trabalho dos processos físicos ou trajetórias de veículos. Acima deles ainda se pode encontrar, nos grandes sistemas de automação, o nível 5, de planejamento da produção ou da operação do transporte, em função de pedidos e clientes.

Exemplo 1.1

Níveis de hierarquia num sistema de automação aeronáutica:

Nível 1: servomecanismos eletro-hidráulicos das superfícies de ação aerodinâmica; reguladores das fontes de pressão hidráulica e dos geradores elétricos; reguladores dos motores de propulsão e dos condicionadores de ar, etc.

Nível 2: coordenação multivariável das várias superfícies aerodinâmicas a partir de comandos do piloto ou do piloto automático.

Nível 3: sequência de ligações de todos os subsistemas do processo, com segurança; alarmes de sobrecarga; medidores de recursos de voo; intertravamento de operações.

Nível 4: estabelecimento dos trajetos viáveis e econômicos, dados de origem e destino.

Nível 5: definição do programa de voos e escalas a partir da demanda dos clientes.

■

Exemplo 1.2

Níveis de hierarquia para automação de uma coluna de destilação:

Nível 1: reguladores dos níveis dos tanques auxiliares para manutenção da operação; reguladores dos fluxos de entrada, do combustível de aquecimento, do refluxo e da saída leve.

Nível 2: coordenação multivariável dos fluxos para manter as concentrações e produções nos valores desejados.

Nível 3: sequência de ligações de todos os subsistemas do processo, com segurança; alarmes de sobrecarga e de falta de suprimentos à coluna.

Nível 4: cálculos e simulações para fixar as concentrações e os fluxos de saída possíveis e econômicos, em função da qualidade do insumo e do equipamento disponível.

Nível 5: programa de produção para atender a demandas.

■

1.8 Desenvolvimento de projetos

Poucas áreas da engenharia contam com tantas teorias matemáticas quanto a do controle dinâmico, especialmente quando os modelos dos processos controlados são lineares. No entanto, deficiências inevitáveis dos modelos e do conhecimento dos sinais, além de limitações das teorias, levam ao fato de que o desenvolvimento completo de um controlador real consiste em cálculos, simulações, experimentos em escala reduzida em protótipos e, finalmente, ensaios na realização final.

O processo de desenvolvimento inclui obrigatoriamente muitas escolhas, influenciadas pela experiência passada em problemas semelhantes e muitas revisões, baseadas em avaliações de conflitos, como desempenho *versus* realizabilidade física e desempenho *versus* custo.

Por exemplo, uma escolha inicial do transdutor de medida da variável principal a ser controlada, de baixo custo, pode limitar o desempenho e ser recusada já nos pré-cálculos teóricos. Um transdutor mais rápido ou mais preciso e mais caro pode ser necessário. Limitações de custo, de peso ou de dimensões podem até mesmo, em certos casos, levar a uma atenuação das especificações.

A Figura 1.9 resume as possíveis etapas e revisões do desenvolvimento do projeto de um sistema de controle.

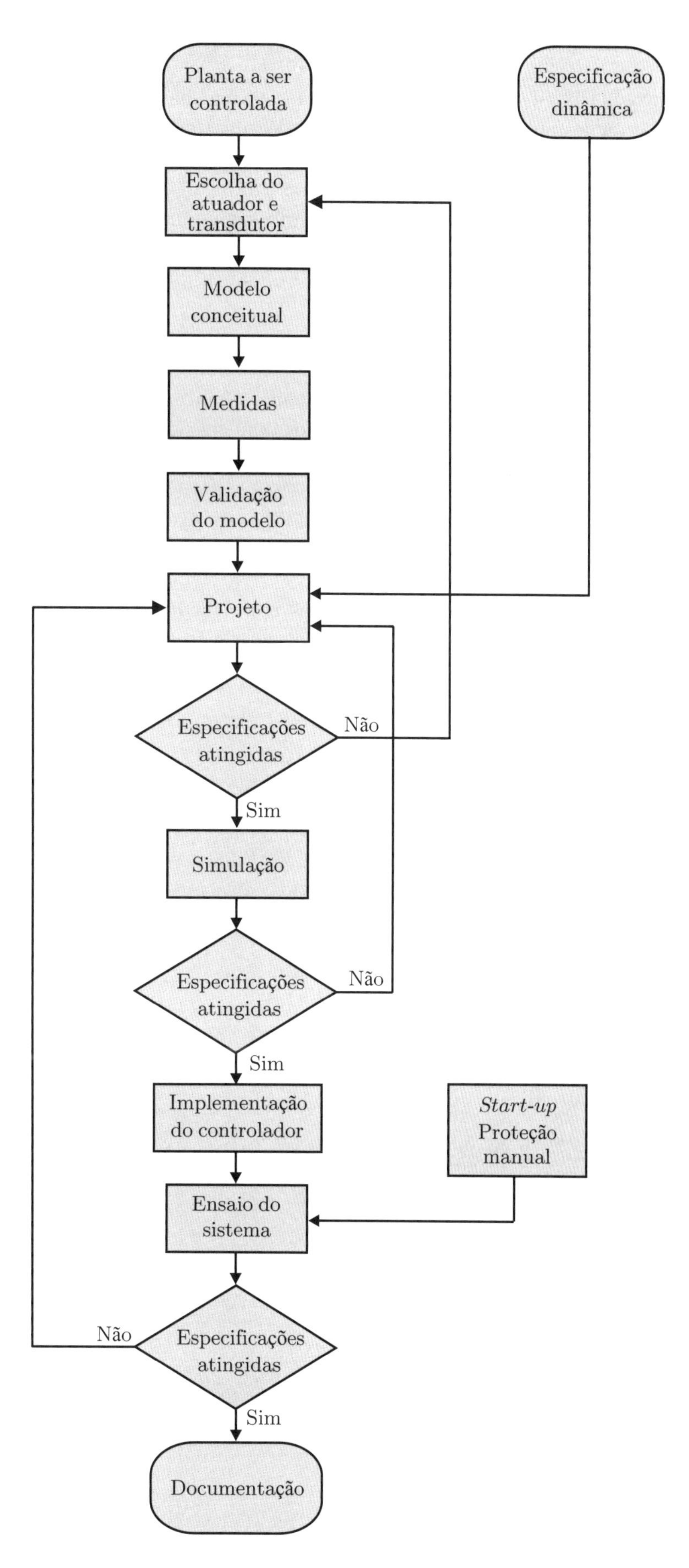

Figura 1.9 Etapas do desenvolvimento do projeto de um sistema de controle.

1.9 Projeto auxiliado por computador

Com o desenvolvimento de programas especializados, a engenharia de controle dinâmico tem alcançado um alto grau de amadurecimento nas últimas décadas, facilitando a utilização das técnicas de projeto de que este livro trata.

Além disso, tais programas permitem simulações que são essenciais para a validação e a documentação de projetos, analisando inclusive aspectos como robustez a flutuações no processo controlado e efeitos de não linearidades.

O programa mais conhecido é o MATLAB da MathWorks, atualmente muito utilizado em várias universidades nacionais e internacionais. Todos os projetos e simulações deste livro foram realizados por meio de pacotes de controle e de simulação de sistemas (*Control System Toolbox* e *Simulink*) do MATLAB. Por outro lado, os resultados apresentados também podem ser reproduzidos por meio de outros programas computacionais.

Como alternativas importantes podem ser citados, por exemplo, os programas gratuitos OCTAVE e SCILAB ([51]).

A Escola Politécnica da USP relata experiências muito bem sucedidas com o emprego sistemático do MATLAB, obtidas em atividades de ensino e pesquisa nos cursos de graduação e pós-graduação.

2

Sistemas Dinâmicos

2.1 Introdução

Normalmente, os processos dinâmicos de tempo contínuo são descritos por meio de equações diferenciais. Na abordagem clássica da engenharia de controle essas equações são reduzidas a equações diferenciais lineares, invariantes no tempo e com coeficientes constantes. Para facilitar o estudo dos processos utiliza-se a transformada de Laplace, que visa transformar essas equações diferenciais em equações algébricas de mais simples tratamento matemático.

Neste capítulo são apresentados os seguintes tópicos: uma breve introdução das técnicas de modelagem por meio de equações diferenciais, a transformada de Laplace e as suas principais propriedades, o conceito de função de transferência e a representação de sistemas na forma de diagramas de blocos.

2.2 Modelos matemáticos diferenciais

Modelos matemáticos são sempre idealizações do comportamento dos sistemas reais, válidas apenas para excitações dentro de certos limites de amplitude e de frequência. Na medida em que esses limites se ampliam cresce a complexidade dos modelos.

Por exemplo, considere o sistema formado de um corpo metálico preso a uma extremidade de uma mola, cuja outra extremidade está engastada no solo. Para baixas frequências e pequenas amplitudes das forças aplicadas ao corpo o sistema pode ser descrito por meio de apenas duas variáveis (posição e velocidade da massa em relação ao solo) obedecendo a uma equação diferencial ordinária, linear, de coeficientes constantes, de segunda ordem. Se as forças são de frequência suficientemente alta, pode ser essencial considerar que a mola tem massa e flexibilidade distribuídas ao longo de seu comprimento e, neste caso, a equação será diferencial de derivadas parciais. Eventualmente, essa mola distribuída poderia ser aproximada por um número de massas e molas menores, conectadas sequencialmente, e a equação resultante seria ordinária de ordem mais elevada. Se as forças são de frequência baixa e de amplitude suficientemente elevada, pode ocorrer um comportamento não linear da mola, isto é, seus deslocamentos podem deixar de ser proporcionais às forças em jogo. Neste caso, a equação diferencial será ordinária não linear.

É importante distinguir entre equações constitutivas, equações de equilíbrio e equações de conservação ou balanço de massa e energia. As equações constitutivas exprimem propriedades constitutivas dos componentes do sistema; por exemplo, o elongamento de uma mola é proporcional à força de tração. As equações de equilíbrio são meios eficientes para exprimir o balanço energético em situações específicas; por exemplo, a soma das correntes em um nó de um circuito elétrico deve ser zero. As equações de conservação ou balanço exprimem o equilíbrio obrigatório das quantidades de massa ou de energia em jogo nos componentes e nos sistemas: a massa, ou a energia, armazenada num sistema isolado é sempre igual à produzida internamente, mais a que entra e menos a que sai.

Sistemas e equações são lineares quando a resposta à soma de dois sinais quaisquer é igual à soma das respostas dos sinais. Por exemplo, equações diferenciais de coeficientes constantes são lineares. Outro exemplo é a equação algébrica $y(x) = ax$, com a constante.

A equação $y(x) = ax + b$, com a e b constantes, embora representável no plano (x, y) por uma reta, não é linear. De fato,

$$y(x_1 + x_2) = a(x_1 + x_2) + b \neq y(x_1) + y(x_2) = a(x_1 + x_2) + 2b\,. \tag{2.1}$$

2.2.1 Equações constitutivas

Na montagem de equações diferenciais de componentes de sistemas são geralmente úteis os conceitos de variáveis "através" e variáveis "sobre". Considere o circuito elétrico da Figura 2.1. A corrente $i(t)$ que entra no resistor R é obrigatoriamente igual à que sai; por isso a corrente é dita uma variável "através" de R. Em oposição, a tensão elétrica $v(t)$ no resistor é medida por diferença entre os potenciais nos terminais do resistor: é uma variável "sobre" R.

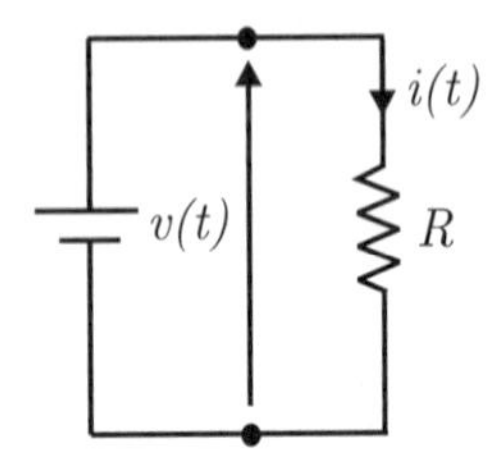

Figura 2.1 Circuito elétrico exemplificando as variáveis "através" e "sobre".

Analogamente, o torque aplicado a uma mola torcional é variável "através" porque é igualmente mensurável nas duas extremidades. Já a distorção angular da mola é variável "sobre", pois é a diferença de posições angulares. A Tabela 2.1 estende esses conceitos a outros sistemas.

Tabela 2.1 Exemplos de variáveis "através" e "sobre" para componentes de sistemas

Componente	Variável "através"	Variável "sobre"
Elétrico	Corrente $i(t)$	Tensão $v(t)$
Mecânico em translação	Força $f(t)$	Velocidade $v_{el}(t)$
Mecânico em rotação	Torque $\tau(t)$	Velocidade angular $\omega(t)$
Fluido	Vazão volumétrica $q(t)$	Pressão $p(t)$
Térmico	Fluxo térmico $\varphi(t)$	Temperatura $\theta(t)$

Conforme é apresentado na Tabela 2.2, as leis básicas de vários fenômenos físicos para elementos ideais resultam em equações constitutivas semelhantes. Há três fenômenos fundamentais: o dissipativo de energia, o indutivo e o capacitivo; estes dois últimos são armazenadores de energia. Algumas expressões da Tabela 2.2 podem ser expressas por meio de integrais em vez de derivadas. Por exemplo, no caso da capacitância elétrica tem-se que

$$v(t) = \frac{1}{C}\int_0^t i(t)dt + v(0) \ , \tag{2.2}$$

sendo $v(0)$ a tensão inicial no capacitor.

Tabela 2.2 Equações constitutivas de elementos ideais

Com dissipação de energia	**Com armazenamento de energia**	
	Indutivo	**Capacitivo**
Resistência elétrica R $i(t) = \frac{v(t)}{R}$	Indutância elétrica L $v(t) = L\frac{di(t)}{dt}$	Capacitância elétrica C $i(t) = C\frac{dv(t)}{dt}$
Atrito ou amortecimento em translação b $f(t) = bv_{el}(t)$	Mola de translação k $v_{el}(t) = \frac{1}{k}\frac{df(t)}{dt}$	Massa em translação M $f(t) = M\frac{dv_{el}(t)}{dt}$
Atrito ou amortecimento em rotação B $\tau(t) = B\omega(t)$	Mola de rotação K $\omega(t) = \frac{1}{K}\frac{d\tau(t)}{dt}$	Massa em rotação J $\tau(t) = J\frac{d\omega(t)}{dt}$
Resistência fluida R_f $q(t) = \frac{p(t)}{R_f}$	Inércia fluida I $p(t) = I\frac{dq(t)}{dt}$	Capacitância fluida C_f $q(t) = C_f\frac{dp(t)}{dt}$
Resistência térmica R_θ $\varphi(t) = \frac{\theta(t)}{R_\theta}$	Não há elemento análogo	Capacitância térmica C_θ $\varphi(t) = C_\theta\frac{d\theta(t)}{dt}$

Além dessas equações, há equações constitutivas especializadas muito comuns no campo da química e da termodinâmica, como, por exemplo,

- velocidade de uma reação química

$$r_A = k_0 e^{-E/R'\theta} C_A \ , \tag{2.3}$$

r_A é a velocidade da reação que produz o componente A, em função da temperatura θ, dadas as constantes k_0, E, R' e a concentração C_A.

- equação de estado de um gás

$$PV = nR'\theta \ , \tag{2.4}$$

para a pressão P, volume V, à temperatura θ, dadas as constantes n e R'.

2.2.2 Equações de equilíbrio

Diretamente das equações de conservação de energia podem ser deduzidas equações de equilíbrio de forças, conjugados e correntes elétricas.

Exemplo 2.1

Considere o deslocamento $x(t)$ decorrente de uma força $f(t)$, aplicada num sistema mecânico com massa M, mola com constante k (suposta ideal) e atrito viscoso com constante b (Figura 2.2).

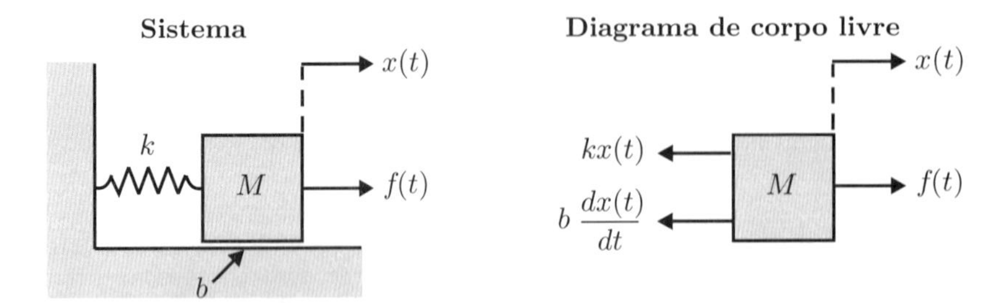

Figura 2.2 Sistema mecânico.

Aplicando a segunda lei de Newton ao corpo de massa M e considerando as equações da Tabela 2.2, obtém-se a equação diferencial que representa a dinâmica do sistema,

$$M\frac{d^2x(t)}{dt^2} + b\frac{dx(t)}{dt} + kx(t) = f(t)\ . \tag{2.5}$$

A Equação (2.5) é uma equação diferencial linear de segunda ordem a coeficientes constantes.

■

Exemplo 2.2

Considere o sistema elétrico com resistor, indutor e capacitor (circuito RLC paralelo) da Figura 2.3.

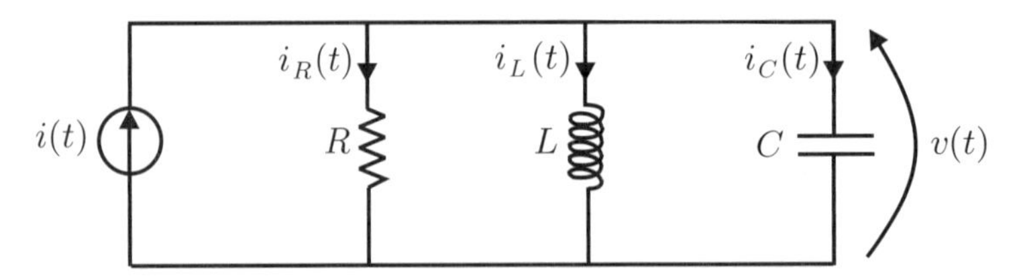

Figura 2.3 Circuito RLC paralelo.

Aplicando a lei de Kirchhoff das correntes, resulta

$$i_R(t) + i_L(t) + i_C(t) = i(t)\ . \tag{2.6}$$

Supondo condições iniciais nulas, das expressões da Tabela 2.2, obtém-se

$$\frac{v(t)}{R} + \frac{1}{L}\int_0^t v(t)dt + C\frac{dv(t)}{dt} = i(t)\ . \tag{2.7}$$

■

Exemplo 2.3

Considere um jogo de engrenagens que conecta um motor elétrico à sua carga mecânica, conforme é mostrado na Figura 2.4. Para uma dada potência de acionamento os motores elétricos têm, por natureza, um conjugado nominal mais baixo que o necessário na utilização industrial e uma velocidade nominal mais alta que a necessária. Para resolver esse problema intercala-se um jogo de engrenagens entre o motor e a carga.

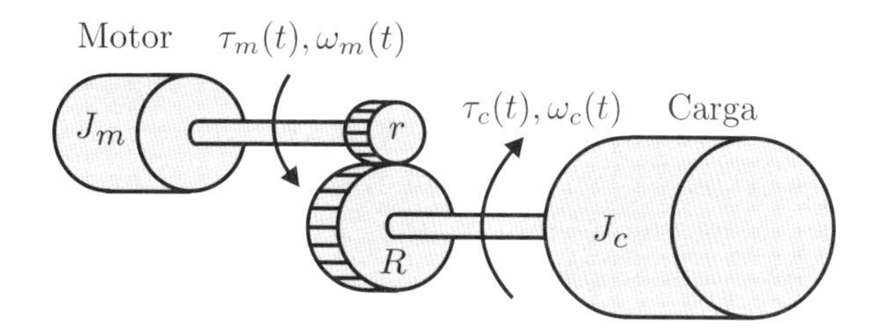

Figura 2.4 Jogo de engrenagens entre motor e carga.

A propriedade essencial de um par de engrenagens é que, nos dentes em contato, a velocidade e a força são as mesmas para os dois rotores, embora com direções opostas. Sendo $\omega_m(t)$ e $\omega_c(t)$ as velocidades angulares do motor e da carga, respectivamente, então

$$\omega_m(t)r = \omega_c(t)R\,, \tag{2.8}$$

em que r é o raio da engrenagem no eixo do motor e R o raio da engrenagem no eixo da carga.

A razão n dos raios nominais das rodas de engrenagens é dada por

$$\frac{\omega_m(t)}{\omega_c(t)} = \frac{R}{r} = n\,. \tag{2.9}$$

Como a força produzida nos dentes de contato do motor $f_m(t)$ e da carga $f_c(t)$ é a mesma, então a equação de equilíbrio dinâmico rotacional pode ser escrita como

$$\begin{aligned} f_m(t) &= f_c(t) \\ \left(\tau_m(t) - J_m\frac{d\omega_m(t)}{dt}\right)\frac{1}{r} &= \left(\tau_c(t) + J_c\frac{d\omega_c(t)}{dt}\right)\frac{1}{R}\,, \end{aligned} \tag{2.10}$$

sendo:
$\tau_m(t)$ e $\tau_c(t)$ os torques do motor e da carga;
J_m e J_c as inércias do motor e da carga, respectivamente.

Usando a relação (2.9), a Equação (2.10) pode ser escrita como

$$\begin{aligned} \tau_m(t) &= J_m\frac{d\omega_m(t)}{dt} + \left(\tau_c(t) + J_c\frac{d\omega_c(t)}{dt}\right)\frac{r}{R} \\ &= J_m\frac{d\omega_m(t)}{dt} + \frac{\tau_c(t)}{n} + \frac{J_c}{n^2}\frac{d\omega_m(t)}{dt}\,. \end{aligned} \tag{2.11}$$

Uma regra mnemônica que facilita a modelagem de sistemas dinâmicos com engrenagens é:

- inércias no eixo da carga são "refletidas" no eixo do motor, divididas por n^2;
- conjugados resistentes no eixo da carga são "refletidos" no motor, divididos por n.

Se o interesse do analista é modelar o comportamento das posições angulares instantâneas $\theta_m(t)$, como é o caso dos servomecanismos, que são controladores de posição, então a Equação (2.11) resulta como

$$\tau_m(t) = J_m\frac{d^2\theta_m(t)}{dt^2} + \frac{\tau_c(t)}{n} + \frac{J_c}{n^2}\frac{d^2\theta_m(t)}{dt^2}\,. \tag{2.12}$$

Se os dentes das engrenagens não têm nenhuma folga, o atrito entre eles provocará desgastes excessivos; havendo folga há um comportamento não linear sempre que o movimento passa de acelerado para freado e vice-versa, pois um dente-motor percorre a folga e vai pressionar outro dente da roda da carga, acarretando um problema chamado de histerese.

■

2.2.3 Equações de conservação ou balanço de massa e energia

Há sistemas das mais variadas constituições, baseados em variados fenômenos físicos, químicos, térmicos e outros. Por isso é bom ter um método de trabalho uniforme, como é o caso das equações de conservação ou balanço de massa e energia. O primeiro passo é identificar uma superfície fechada Σ, que separa o interior do exterior do sistema. Aplica-se, então, o princípio genérico da conservação

$$\text{ACUMULAÇÃO} = \text{ENTRADA} - \text{SAÍDA} + \text{GERAÇÃO}\,, \tag{2.13}$$

sendo que ACUMULAÇÃO e GERAÇÃO ocorrem no interior de Σ, enquanto ENTRADA e SAÍDA, através de Σ.

- **Conservação de massa total**

$$\text{massa acumulada} = \text{massa de entrada} - \text{massa de saída}\,. \tag{2.14}$$

- **Conservação de massa por componente**

$$\text{massa acumulada} = \text{massa de entrada} - \text{massa de saída} + \text{massa gerada por reação interna}\,. \tag{2.15}$$

- **Conservação de energia**

Energia em sistemas termodinâmicos é tema complexo, especialmente quando envolve mudanças de estado ou de energia mecânica. Simplificadamente, pode-se considerar

$$E_{\text{acumulada}} = Q_{\text{entrada}} - Q_{\text{saída}} - W, \tag{2.16}$$

sendo: E a energia interna; Q o calor transferido através de Σ e W o trabalho fornecido pelo sistema através de Σ.

Exemplo 2.4

Considere um aquecedor de ambiente por meio de resistores elétricos distribuídos sob o piso, conforme representado na Figura 2.5. As variáveis e constantes indicadas são

$\varphi(t)$: fluxo de calor injetado no ambiente;
$\varphi_s(t)$: fluxo perdido ou ganho pelas paredes para o exterior;
$\theta(t)$: temperatura média do ambiente;
$\theta_s(t)$: temperatura externa;
C_θ: capacitância térmica do ambiente;
R_θ: resistência térmica das paredes.

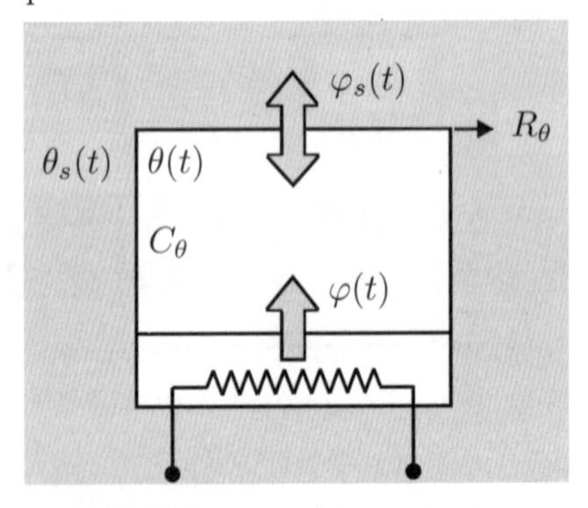

Figura 2.5 Aquecedor.

Das fórmulas da Tabela 2.2 e do balanço térmico do ambiente resulta

$$C_\theta \frac{d\theta(t)}{dt} = \varphi(t) - \varphi_s(t) = \varphi(t) - \left[\frac{\theta(t) - \theta_s(t)}{R_\theta}\right]. \tag{2.17}$$

Conhecidas as funções $\varphi(t)$ e $\theta_s(t)$, a temperatura $\theta(t)$ é a solução de uma equação diferencial de primeira ordem. ■

Exemplo 2.5

Deseja-se modelar o tanque misturador industrial da Figura 2.6, em que o fluido de entrada tem concentração variável de sal $X_0(t)$ (kg/m^3) e o fluido de saída tem concentração de sal $X(t)$ (kg/m^3). Estando o tanque cheio, a vazão de entrada F (m^3/s) é constante e igual à vazão de saída. O agitador é suposto muito eficiente, de maneira que o conteúdo do tanque tem concentração de sal igual à da saída.

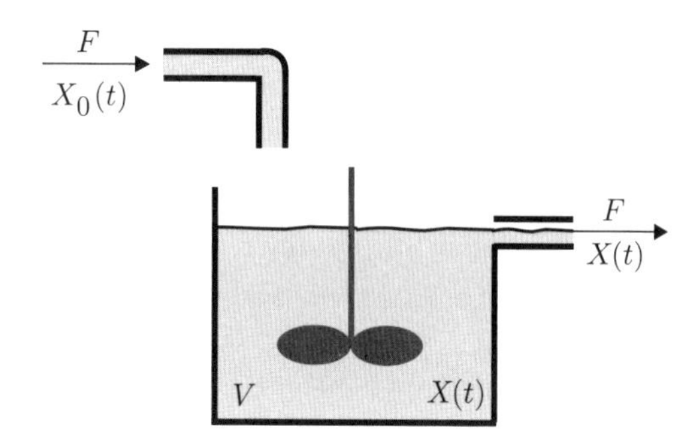

Figura 2.6 Esquema de um tanque misturador industrial.

Da Equação (2.14) tem-se que a conservação de massa de sal, no intervalo de tempo dt, é

$$\begin{aligned} \text{massa acumulada} &= \text{massa de entrada} - \text{massa de saída} \\ d[VX(t)] &= FX_0(t)dt - FX(t)dt\,. \end{aligned} \tag{2.18}$$

Logo, o modelo do misturador é dado pela equação diferencial

$$V\frac{dX(t)}{dt} + FX(t) = FX_0(t)\,. \tag{2.19}$$

■

Exemplo 2.6

Considere o esquema do sistema térmico da Figura 2.7, composto por um tanque com um agitador e um aquecedor no seu interior.

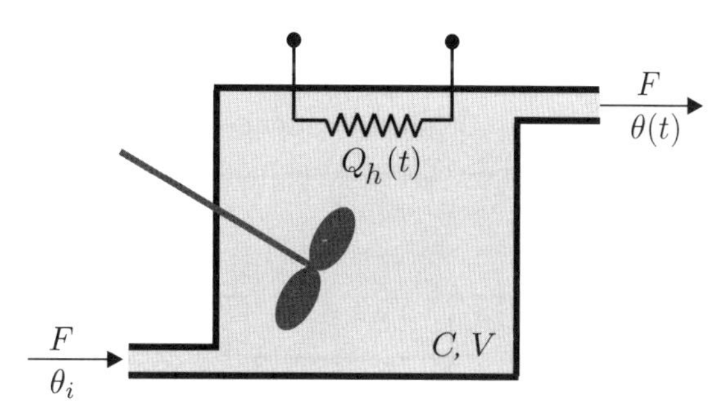

Figura 2.7 Sistema térmico.

O tanque tem volume constante V (m^3) e é fechado. Um líquido frio entra no tanque na temperatura constante θ_i (°C) e sai quente na temperatura $\theta(t)$ (°C), ambos na mesma taxa F (m^3/s). O líquido possui capacidade térmica C (cal/(°C m^3)) e é aquecido no interior do tanque por meio de uma resistência elétrica com fluxo de energia $Q_h(t)$ (cal/s).

O agitador é considerado muito eficiente, de maneira que a temperatura no interior do tanque é homogeneizada instantaneamente em todo o volume V. Esta aproximação é necessária para que o processo seja modelável por parâmetros concentrados.

Supondo que não há transferência de calor de dentro para fora e de fora para dentro do tanque, da equação de conservação de energia (2.16) tem-se que

$$dE(t) = [\ CF\theta_i - CF\theta(t) + Q_h(t)\ ]\ dt\ . \tag{2.20}$$

O fenômeno energético importante é o calor, de modo que a energia armazenada no tanque é

$$E(t) = CV\theta(t)\ . \tag{2.21}$$

Da Equação (2.20) obtém-se

$$CV\frac{d\theta(t)}{dt} + CF[\theta(t) - \theta_i] = Q_h(t)\ . \tag{2.22}$$

Se a temperatura $\theta(t)$ for definida como saída do sistema e o fluxo de calor $Q_h(t)$ for definido como entrada, o modelo resultante é não linear, devido à presença da parcela constante $CF\theta_i$. Fazendo a troca de variáveis $\theta_s(t) = \theta(t) - \theta_i$, obtém-se o seguinte modelo linear

$$CV\frac{d\theta_s(t)}{dt} + CF\theta_s(t) = Q_h(t)\ . \tag{2.23}$$

■

2.3 Transformada de Laplace

Na engenharia de controle, em vez da solução tradicional das equações diferenciais lineares emprega-se a transformada de Laplace. A transformada de Laplace converte equações diferenciais na variável real t em equações algébricas na variável complexa s. A vantagem em usar a transformada de Laplace é que as equações algébricas resultantes são mais simples de serem estudadas que as equações diferenciais originais. A solução das equações diferenciais por meio da transformada de Laplace segue a estrutura da Figura 2.8.

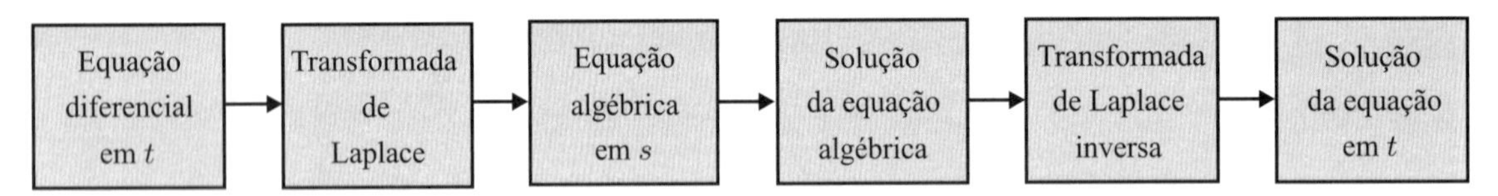

Figura 2.8 Etapas empregadas na solução de equações diferenciais lineares.

A resposta de um sistema linear depende dos parâmetros do próprio sistema e pode ser sempre decomposta em duas partes: uma parte associada apenas às condições iniciais, chamada resposta livre, e outra associada apenas ao sinal de entrada, chamada resposta forçada. A Figura 2.9 resume essas dependências.

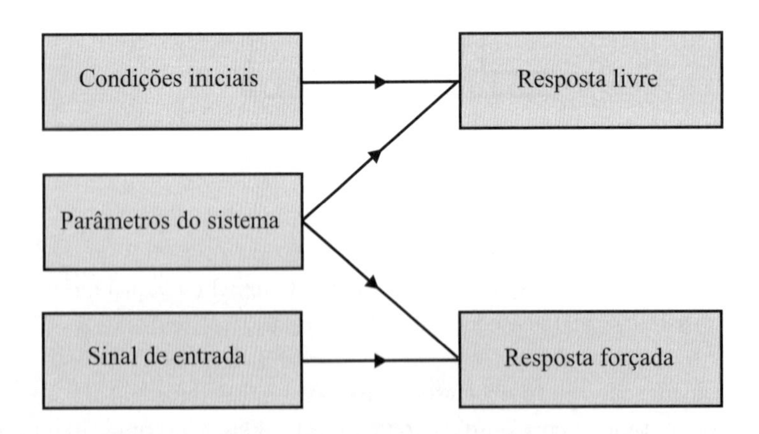

Figura 2.9 Dependências da resposta de um sistema linear.

A transformada de Laplace de uma função $f(t)$, com $f(t) = 0$ para $t < 0$, é definida como

$$\mathcal{L}\left[f(t)\right] = F(s) = \int_{0_-}^{\infty} f(t)e^{-st}dt \;, \tag{2.24}$$

sendo $f(t)$ e t reais; $F(s)$ e s complexos.

A transformada (2.24) é chamada unilateral porque somente se aplica a funções de t que são nulas para $t < 0$. Existe também a transformada bilateral, usualmente empregada na engenharia de comunicações (Geromel [29]). O limite inferior da integral (2.24) é 0_- para permitir que a integral contenha eventuais impulsos na origem.

É claro que a convergência da integral (2.24), isto é, a existência da transformada de Laplace, depende do valor de s. Seja α o extremo inferior do conjunto de valores que a parte real de s pode assumir, mantendo a convergência; então α é chamada abscissa de convergência absoluta. Prova-se que, para existir a integral da definição (2.24), é suficiente que exista $\int_{0_-}^{\infty} |f(t)|e^{-kt}dt$, isto é, que esta integral seja convergente, para algum k real, positivo. O mínimo valor de k para o qual ela converge é uma estimativa conservadora da abscissa α.

2.3.1 Transformada de Laplace de algumas funções

Degrau unitário

A função degrau unitário é definida como

$$f(t) = 1(t) = \begin{cases} 1 & t \geq 0 \,, \\ 0 & t < 0 \,. \end{cases} \tag{2.25}$$

O gráfico da função degrau unitário é apresentado na Figura 2.10.

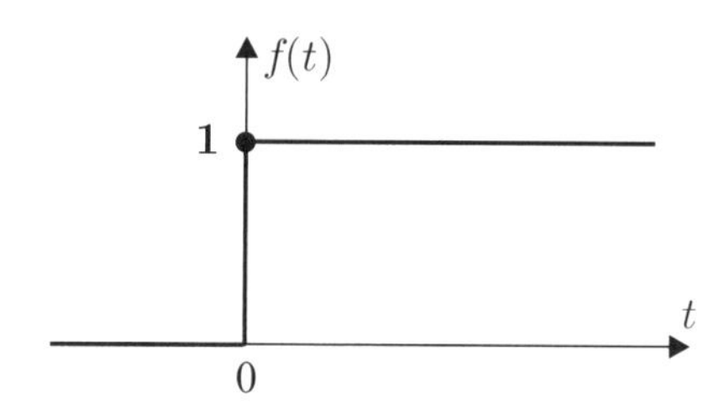

Figura 2.10 Função degrau unitário.

Aplicando a definição de transformada de Laplace (2.24), obtém-se

$$F(s) = \mathcal{L}[1] = \int_{0_-}^{\infty} e^{-st}dt \;=\; \left.\frac{e^{-st}}{-s}\right|_{0_-}^{\infty} = \frac{1}{s} \,. \tag{2.26}$$

Exponencial

A função exponencial é definida como

$$f(t) = \begin{cases} e^{-at} & t \geq 0 \,, \\ 0 & t < 0 \,, \end{cases} \tag{2.27}$$

sendo a uma constante.

Aplicando a definição de transformada de Laplace (2.24), obtém-se

$$F(s) = \mathcal{L}[e^{-at}] = \int_{0_-}^{\infty} e^{-at}e^{-st}\,dt \;=\; \int_{0_-}^{\infty} e^{-(s+a)t}\,dt = \frac{1}{s+a} \,. \tag{2.28}$$

Rampa unitária

A função rampa unitária é definida como

$$f(t) = \begin{cases} t & t \geq 0\,, \\ 0 & t < 0\,. \end{cases} \tag{2.29}$$

O gráfico da função rampa unitária é apresentado na Figura 2.11.

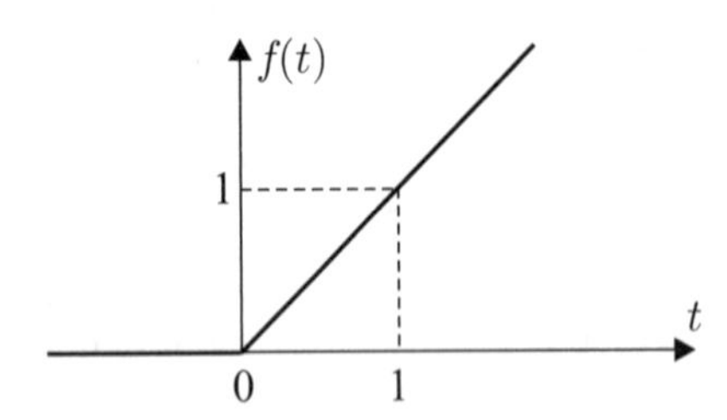

Figura 2.11 Função rampa unitária.

Aplicando a definição de transformada de Laplace (2.24), obtém-se

$$\begin{aligned} F(s) &= \mathcal{L}[t] = \int_{0_-}^{\infty} te^{-st}\,dt = t\,\frac{e^{-st}}{-s}\bigg|_{0_-}^{\infty} - \int_{0_-}^{\infty} \frac{e^{-st}}{-s}\,dt \\ &= \frac{1}{s}\int_{0_-}^{\infty} e^{-st}\,dt = \frac{1}{s^2}\,. \end{aligned} \tag{2.30}$$

Seno

A função seno é definida como

$$f(t) = \begin{cases} \operatorname{sen}\omega t & t \geq 0\,, \\ 0 & t < 0\,, \end{cases} \tag{2.31}$$

em que ω é uma constante real qualquer.

A função seno também pode ser escrita como

$$\operatorname{sen}\omega t = \frac{e^{j\omega t} - e^{-j\omega t}}{2j}\,. \tag{2.32}$$

A transformada de Laplace da Equação (2.32) é dada por

$$F(s) = \mathcal{L}[\operatorname{sen}\omega t] = \frac{\mathcal{L}[e^{j\omega t}] - \mathcal{L}[e^{-j\omega t}]}{2j}\,. \tag{2.33}$$

Aplicando a transformada de Laplace da função exponencial (2.28) na Equação (2.33), obtém-se

$$\begin{aligned} F(s) &= \mathcal{L}[\operatorname{sen}\omega t] = \frac{1}{2j}\left(\frac{1}{s-j\omega} - \frac{1}{s+j\omega}\right) \\ &= \frac{1}{2j}\left(\frac{s+j\omega-s+j\omega}{s^2+\omega^2}\right) = \frac{\omega}{s^2+\omega^2}\,. \end{aligned} \tag{2.34}$$

Cosseno

A função cosseno é definida como

$$f(t) = \begin{cases} \cos \omega t & t \geq 0 \, , \\ 0 & t < 0 \, , \end{cases} \tag{2.35}$$

em que ω é uma constante real qualquer.

A função cosseno também pode ser escrita como

$$\cos \omega t = \frac{e^{j\omega t} + e^{-j\omega t}}{2} \, . \tag{2.36}$$

A transformada de Laplace da Equação (2.36) é dada por

$$F(s) = \mathcal{L}[\cos \omega t] = \frac{\mathcal{L}[e^{j\omega t}] + \mathcal{L}[e^{-j\omega t}]}{2} \, . \tag{2.37}$$

Analogamente ao caso da função seno, aplicando a transformada de Laplace da função exponencial (2.28) na Equação (2.37), obtém-se

$$\begin{aligned} F(s) &= \mathcal{L}[\cos \omega t] = \frac{1}{2}\left(\frac{1}{s - j\omega} + \frac{1}{s + j\omega}\right) \\ &= \frac{1}{2}\left(\frac{s + j\omega + s - j\omega}{s^2 + \omega^2}\right) = \frac{s}{s^2 + \omega^2} \, . \end{aligned} \tag{2.38}$$

Impulso unitário

A função pulso unitário, representada na Figura 2.12, é dada por

$$p(t) = \begin{cases} \frac{1}{a} & 0 \leq t < a \, , \\ 0 & t < 0 \text{ e } t \geq a \, . \end{cases} \tag{2.39}$$

Chama-se unitário porque sua integral de $-\infty$ a $+\infty$ é igual a 1.

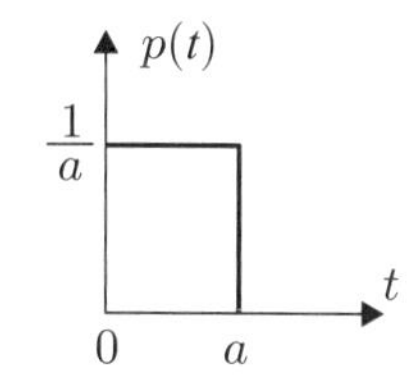

Figura 2.12 Função pulso unitário.

A função impulso[1] unitário ou função $\delta(t)$ de Dirac é o caso-limite da função pulso quando $a \to 0$, ou seja,

$$\delta(t) = \begin{cases} \lim\limits_{a \to 0} \frac{1}{a} & 0 \leq t < a \, , \\ \\ 0 & t < 0 \text{ e } t \geq a \, . \end{cases} \tag{2.40}$$

[1]A função impulso pertence à classe de funções chamadas de generalizadas. Por simplicidade, esta é apresentada aqui de maneira intuitiva, sem o devido rigor matemático.

A função impulso unitário "ocorre" apenas em $t = 0$, com amplitude infinita. Porém, a "área" sob a função é igual a 1. Desse modo, a função impulso unitário também pode ser definida como

- $\delta(t) = 0$ para $\forall\ t \neq 0$ e
- $\int_{-\infty}^{\infty} \delta(t)dt = \int_{-t_1}^{t_2} \delta(t)dt = 1$ para $\forall\ t_1 > 0$ e $t_2 > 0$.

Obviamente um sinal com amplitude infinita e duração nula não é fisicamente realizável. Porém, um sinal de amplitude "grande" e duração "pequena", com relação às características de resposta de um sistema, pode ser aproximado pela função impulso.

A transformada de Laplace da função impulso unitário é dada por

$$\mathcal{L}[\delta(t)] = \int_{0_-}^{\infty} \delta(t)e^{-st}dt = \int_{0_-}^{\infty} \delta(t)dt = 1 , \tag{2.41}$$

pois o integrando só é não nulo na origem, onde a exponencial vale 1.

2.3.2 Propriedades da transformada de Laplace

Linearidade

Sejam $\mathcal{L}[f_1(t)] = F_1(s)$, $\mathcal{L}[f_2(t)] = F_2(s)$ e a e b constantes. Então

$$\begin{aligned} \mathcal{L}[af_1(t) + bf_2(t)] &= \int_{0_-}^{\infty} (af_1(t) + bf_2(t))\, e^{-st}\, dt \\ &= a\int_{0_-}^{\infty} f_1(t)e^{-st}\, dt + b\int_{0_-}^{\infty} f_2(t)e^{-st}\, dt \\ &= aF_1(s) + bF_2(s) . \end{aligned} \tag{2.42}$$

Translação no campo complexo

Seja a uma constante real ou complexa. Então

$$\begin{aligned} \mathcal{L}[e^{-at}f(t)] &= \int_{0_-}^{\infty} e^{-at}f(t)e^{-st}\, dt \\ &= \int_{0_-}^{\infty} f(t)e^{-(s+a)t}\, dt \\ &= F(s+a) . \end{aligned} \tag{2.43}$$

Mudança de escala de tempo

Seja $a > 0$ uma constante. Então

$$\mathcal{L}[f(at)] = \int_{0_-}^{\infty} f(at)e^{-st}dt . \tag{2.44}$$

Fazendo a mudança de variável $\tau = at$, obtém-se

$$\begin{aligned} \mathcal{L}[f(at)] &= \frac{1}{a}\int_{0_-}^{\infty} f(\tau)e^{-(s/a)\tau}d\tau \\ &= \frac{1}{a}F\left(\frac{s}{a}\right) . \end{aligned} \tag{2.45}$$

Translação no tempo

Seja $a \geq 0$ uma constante e $f(t) = 0$ para $t < 0$. Então $f(t-a)$ representa o sinal $f(t)$ translacionado "para depois", conforme mostra a Figura 2.13. Sua transformada é

$$\mathcal{L}[f(t-a)] = \int_{0_-}^{\infty} f(t-a)e^{-st}dt \; . \tag{2.46}$$

Fazendo a mudança de variável $\tau = t - a$ e sabendo-se que $f(\tau) = 0$ para $\tau < 0$, obtém-se

$$\begin{aligned} \mathcal{L}[f(t-a)] &= \int_{0_-}^{\infty} f(\tau)e^{-s(a+\tau)}d\tau \\ &= e^{-as}\int_{0_-}^{\infty} f(\tau)e^{-s\tau}d\tau \\ &= e^{-as}F(s) \; . \end{aligned} \tag{2.47}$$

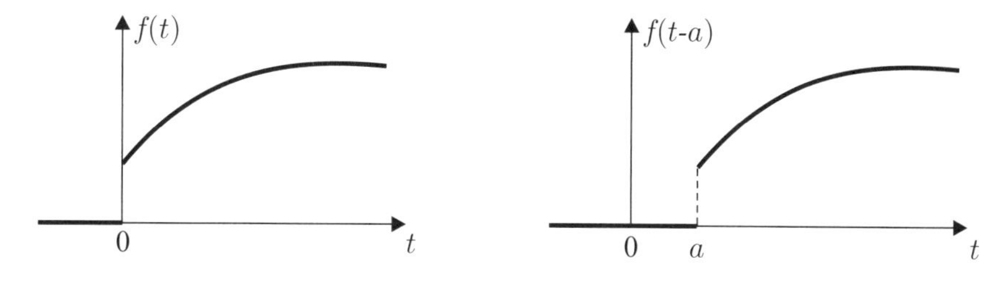

Figura 2.13 Funções $f(t)$ e $f(t-a)$.

É importante observar que, para $a < 0$, a transformada de Laplace unilateral da função $f(t-a)$ não é definida.

Transformada da derivada de primeira ordem

Seja $\dot{f}(t)$ a derivada de uma função $f(t)$ com relação ao tempo. Então

$$\mathcal{L}\left[\dot{f}(t)\right] = sF(s) - f(0_-) \; . \tag{2.48}$$

Para demonstrar a expressão (2.48) basta aplicar a definição de transformada de Laplace e realizar uma integração por partes, ou seja,

$$\begin{aligned} \mathcal{L}\left[\dot{f}(t)\right] &= \int_{0_-}^{\infty} \dot{f}(t)e^{-st}dt \\ &= f(t)e^{-st}\Big|_{0_-}^{\infty} - \int_{0_-}^{\infty} f(t)(-s)e^{-st}dt \; . \end{aligned}$$

Considerando que para a existência da transformada de Laplace o produto $f(t)e^{-st}$ deve tender a zero quando t tende a infinito, então

$$\begin{aligned} \mathcal{L}\left[\dot{f}(t)\right] &= -f(0_-) + s\int_{0_-}^{\infty} f(t)e^{-st}dt \\ &= sF(s) - f(0_-) \; . \end{aligned}$$

Transformada da derivada de segunda ordem

Sendo $g(t) = \dot{f}(t)$, então

$$\mathcal{L}\left[g(t)\right] = G(s) = \mathcal{L}\left[\dot{f}(t)\right] = sF(s) - f(0_-) \,. \tag{2.49}$$

Logo,

$$\begin{aligned} \mathcal{L}\left[\ddot{f}(t)\right] &= \mathcal{L}\left[\dot{g}(t)\right] = sG(s) - g(0_-) \\ &= s\left(\, sF(s) - f(0_-)\,\right) - \dot{f}(0_-) \\ &= s^2F(s) - sf(0_-) - \dot{f}(0_-) \,. \end{aligned} \tag{2.50}$$

Transformada da derivada de ordem n

Genericamente

$$\mathcal{L}\left[\frac{d^n f(t)}{dt^n}\right] = \mathcal{L}\left[f^{(n)}(t)\right] = s^nF(s) - s^{n-1}f(0_-) - s^{n-2}\dot{f}(0_-) - \ldots - sf^{(n-2)}(0_-) - f^{(n-1)}(0_-) \,. \tag{2.51}$$

Transformada da integral

Seja

$$\phi(t) = \int_{-\infty}^{t} f(\tau)d\tau \,. \tag{2.52}$$

Então,

$$\mathcal{L}[\phi(t)] = \Phi(s) = \frac{F(s)}{s} + \frac{\phi(0_-)}{s} \,. \tag{2.53}$$

De fato, da definição (2.52), tem-se que $\dot{\phi}(t) = f(t)$. Aplicando a transformada da derivada de primeira ordem, obtém-se

$$F(s) = s\Phi(s) - \phi(0_-) \Rightarrow \Phi(s) = \frac{F(s)}{s} + \frac{\phi(0_-)}{s} \,. \tag{2.54}$$

Convolução geral

Considere duas funções causais $f(t)$ e $g(t)$, nulas para $t < 0$. A operação de convolução,[2] indicada por $f(t) * g(t)$, é definida como

$$f(t) * g(t) \triangleq \int_{0_-}^{t} f(t-\tau)g(\tau)d\tau \,. \tag{2.55}$$

A transformada de Laplace da Equação (2.55) é dada por

$$\mathcal{L}\left[f(t) * g(t)\right] = \int_{0_-}^{\infty} \left(\int_{0_-}^{t} f(t-\tau)g(\tau)d\tau \right) e^{-st}dt \,. \tag{2.56}$$

[2] A operação de convolução é fundamental na teoria dos sistemas lineares: se $f(t)$ é o sinal de entrada e $g(t)$ é a resposta do sistema ao impulso unitário, então, a convolução $f(t) * g(t)$ é a saída do sistema.

A integral até t pode ser convertida em uma integral até ∞ por meio do seguinte artifício

$$\int_{0_-}^{t} f(t-\tau)g(\tau)d\tau = \int_{0_-}^{\infty} 1(t-\tau)f(t-\tau)g(\tau)d\tau \ , \tag{2.57}$$

sendo $1(t-\tau)$ a função degrau unitário que vale 1 para $t \geq \tau$ e zero para $t < \tau$.

Logo,

$$\begin{aligned} \mathcal{L}\left[f(t) * g(t)\right] &= \int_{0_-}^{\infty}\int_{0_-}^{\infty} 1(t-\tau)f(t-\tau)g(\tau)d\tau \, e^{-st}dt \\ &= \int_{0_-}^{\infty} 1(t-\tau)f(t-\tau)e^{-st}dt \int_{0_-}^{\infty} g(\tau)d\tau \ . \end{aligned} \tag{2.58}$$

Fazendo a mudança de variável $u = t - \tau$ e notando que $1(u)f(u) = 0$ para $u < 0$, obtém-se

$$\begin{aligned} \mathcal{L}\left[f(t) * g(t)\right] &= \int_{0_-}^{\infty} f(u)\, e^{-s(u+\tau)}du \int_{0_-}^{\infty} g(\tau)d\tau \\ &= \int_{0_-}^{\infty} f(u)\, e^{-su}du \int_{0_-}^{\infty} g(\tau)\, e^{-s\tau}d\tau \\ &= F(s)G(s) \ . \end{aligned} \tag{2.59}$$

O resultado (2.59) mostra que a transformada de Laplace da convolução de duas funções é igual ao produto das transformadas de Laplace de suas funções. É importante enfatizar que a transformada de Laplace do produto de duas funções no domínio do tempo é diferente do produto das transformadas de Laplace de suas funções, ou seja,

$$\mathcal{L}[f(t)g(t)] \neq F(s)G(s) \ . \tag{2.60}$$

2.3.3 Teorema do valor inicial

O teorema do valor inicial permite determinar o valor inicial de uma função $f(t)$ em $t = 0_+$ (instante mínimo para t positivo) a partir de sua transformada de Laplace. Se existir $\mathcal{L}[f(t)] = F(s)$ e se existirem os limites da Equação (2.61), então

$$f(0_+) = \lim_{t\to 0_+} f(t) = \lim_{s\to\infty} sF(s) \ . \tag{2.61}$$

Fazendo $s \to \infty$ na transformada da derivada de primeira ordem (2.48), obtém-se

$$\lim_{s\to\infty}\left[sF(s) - f(0_-)\right] = \lim_{s\to\infty} \mathcal{L}\left[\dot{f}(t)\right] = \lim_{s\to\infty}\int_{0_-}^{\infty} \dot{f}(t)e^{-st}dt \ . \tag{2.62}$$

Supondo que $f(t)$ é contínua inclusive na origem,[3] então a sua derivada não contém impulsos. Logo

$$\lim_{s\to\infty}\int_{0_-}^{\infty} \dot{f}(t)e^{-st}dt = 0 \ . \tag{2.63}$$

Portanto, da Equação (2.62) tem-se que

$$\lim_{s\to\infty} sF(s) = f(0_-) = f(0_+) \ , \tag{2.64}$$

pois a função $f(t)$ é contínua na origem, por hipótese.

[3] A demonstração para funções descontínuas na origem pode ser encontrada em Orsini [50].

2.3.4 Teorema do valor final

O teorema do valor final permite determinar o valor estacionário de uma função $f(t)$ a partir de sua transformada de Laplace. Se existir $\mathcal{L}[f(t)] = F(s)$ e se existirem os limites da Equação (2.65), então

$$\lim_{t \to \infty} f(t) = \lim_{s \to 0} sF(s) \ . \tag{2.65}$$

Para mostrar o teorema, basta fazer $s \to 0$ na transformada da derivada de primeira ordem (2.48), ou seja,

$$\begin{aligned} \lim_{s \to 0}[sF(s) - f(0_-)] &= \lim_{s \to 0} \mathcal{L}\left[\dot{f}(t)\right] \\ &= \lim_{s \to 0} \int_{0_-}^{\infty} \dot{f}(t) e^{-st} dt \\ &= \int_{0_-}^{\infty} \dot{f}(t) dt \\ &= f(\infty) - f(0_-) \ . \end{aligned} \tag{2.66}$$

Portanto,

$$f(\infty) = \lim_{t \to \infty} f(t) = \lim_{s \to 0} sF(s) \ . \tag{2.67}$$

Prova-se que este teorema não é válido se $F(s)$ é descontínua em algum ponto de s, tal que $\Re(s) \geq 0$. De fato, quando $\Re(s) > 0$, a função $f(t)$ cresce exponencialmente, ao passo que quando $\Re(s) = 0$ a função $f(t)$ é composta de senoides e cossenoides. Em ambos os casos não existe o limite da função $f(t)$ quando t tende a infinito.

Exemplo 2.7

Determine os valores inicial e final da função $f(t)$, correspondente à transformada de Laplace

$$F(s) = \frac{1}{s(s+2)} \ . \tag{2.68}$$

Pelo teorema do valor inicial (2.61), obtém-se

$$f(0^+) = \lim_{t \to 0^+} f(t) = \lim_{s \to \infty} sF(s) = \lim_{s \to \infty} s \frac{1}{s(s+2)} = 0 \ . \tag{2.69}$$

Pelo teorema do valor final (2.65), obtém-se

$$f(\infty) = \lim_{t \to \infty} f(t) = \lim_{s \to 0} sF(s) = \lim_{s \to 0} s \frac{1}{s(s+2)} = 0{,}5 \ . \tag{2.70}$$

O mesmo resultado pode ser obtido observando-se na tabela de transformadas de Laplace (2.3) que

$$f(t) = \frac{1 - e^{-2t}}{2} \ . \tag{2.71}$$

No caso de o denominador da função $F(s)$ ser $s(s-2)$, o teorema do valor final não fornece o valor correto, pois a função $f(t)$ cresce exponencialmente.

■

Na Tabela 2.3 são apresentadas as transformadas de Laplace de algumas funções.[4]

Tabela 2.3 Tabela de transformadas de Laplace

$f(t)$	$F(s)$
Impulso unitário $\delta(t)$	1
Degrau unitário $1(t)$	$\frac{1}{s}$
e^{-at}	$\frac{1}{s+a}$
$\frac{t^{n-1}e^{-at}}{(n-1)!}$ $(n = 1, 2, 3, \ldots)$	$\frac{1}{(s+a)^n}$
Rampa unitária t	$\frac{1}{s^2}$
$\frac{t^{n-1}}{(n-1)!}$ $(n = 1, 2, 3, \ldots)$	$\frac{1}{s^n}$
$\frac{1-e^{-at}}{a}$	$\frac{1}{s(s+a)}$
$\frac{e^{-at}-e^{-bt}}{b-a}$	$\frac{1}{(s+a)(s+b)}$
$\frac{ae^{-at}-be^{-bt}}{a-b}$	$\frac{s}{(s+a)(s+b)}$
$\frac{1}{a^2}(at - 1 + e^{-at})$	$\frac{1}{s^2(s+a)}$
$\frac{1}{a^2}(1 - e^{-at} - ate^{-at})$	$\frac{1}{s(s+a)^2}$
$\frac{1}{a^2}(b - be^{-at} + (a-b)ate^{-at})$	$\frac{s+b}{s(s+a)^2}$
$\frac{e^{-at}}{(b-a)(c-a)} + \frac{e^{-bt}}{(c-b)(a-b)} + \frac{e^{-ct}}{(a-c)(b-c)}$	$\frac{1}{(s+a)(s+b)(s+c)}$
$\frac{(d-a)e^{-at}}{(b-a)(c-a)} + \frac{(d-b)e^{-bt}}{(c-b)(a-b)} + \frac{(d-c)e^{-ct}}{(a-c)(b-c)}$	$\frac{s+d}{(s+a)(s+b)(s+c)}$
$\operatorname{sen}\omega t$	$\frac{\omega}{s^2+\omega^2}$
$\cos\omega t$	$\frac{s}{s^2+\omega^2}$
$e^{-at}\operatorname{sen}\omega t$	$\frac{\omega}{(s+a)^2+\omega^2}$
$e^{-at}\cos\omega t$	$\frac{s+a}{(s+a)^2+\omega^2}$
$\frac{t}{2\omega}\operatorname{sen}\omega t$	$\frac{s}{(s^2+\omega^2)^2}$
$t\cos\omega t$	$\frac{s^2-\omega^2}{(s^2+\omega^2)^2}$
$1 - \cos\omega t$	$\frac{\omega^2}{s(s^2+\omega^2)}$
$\frac{e^{-\xi\omega_n t}}{\omega_n\sqrt{1-\xi^2}}\operatorname{sen}\left(\omega_n\sqrt{1-\xi^2}\,t\right)$ $(0 < \xi < 1)$	$\frac{1}{s^2+2\xi\omega_n s+\omega_n^2}$
$1 - e^{-\xi\omega_n t}\left(\cos(\omega_n\sqrt{1-\xi^2}\,t) + \frac{\xi}{\sqrt{1-\xi^2}}\operatorname{sen}(\omega_n\sqrt{1-\xi^2}\,t)\right)$ $(0 < \xi < 1)$	$\frac{1}{s(s^2+2\xi\omega_n s+\omega_n^2)}$

[4] Os coeficientes a, b, c, d, n, ω, ω_n e ξ são constantes e $f(t) = 0$ para $t < 0$.

2.4 Função de transferência

Considere o sistema de tempo contínuo, linear e invariante no tempo, com entrada $U(s)$ e saída $Y(s)$ da Figura 2.14.

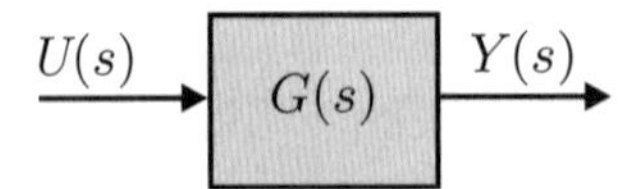

Figura 2.14 Função de transferência.

A função de transferência $G(s)$ é definida como o quociente da transformada de Laplace do sinal de saída $Y(s)$ pela transformada de Laplace do seu sinal de entrada $U(s)$, quando todas as condições iniciais são nulas ($c.i. = 0$), ou seja,

$$G(s) \triangleq \left. \frac{Y(s)}{U(s)} \right|_{c.i.=0} . \tag{2.72}$$

A função de transferência $G(s)$ pode ser obtida a partir da equação diferencial que representa a dinâmica do sistema. Suponha que um sistema seja representado pela seguinte equação

$$a_n \frac{d^n y(t)}{dt^n} + a_{n-1} \frac{d^{n-1} y(t)}{dt^{n-1}} + \ldots a_1 \frac{dy(t)}{dt} + a_0 y(t) = b_m \frac{d^m u(t)}{dt^m} + b_{m-1} \frac{d^{m-1} u(t)}{dt^{m-1}} + \ldots b_1 \frac{du(t)}{dt} + b_0 u(t) . \tag{2.73}$$

Aplicando a transformada de Laplace nos dois membros da Equação (2.73) e supondo condições iniciais nulas,[5] obtém-se

$$G(s) = \frac{Y(s)}{U(s)} = \frac{b_m s^m + b_{m-1} s^{m-1} + \ldots + b_1 s^1 + b_0}{a_n s^n + a_{n-1} s^{n-1} + \ldots + a_1 s^1 + a_0} , \quad \text{com } m \le n . \tag{2.74}$$

Analisando a Equação (2.74), percebe-se que a função de transferência de sistemas lineares com parâmetros concentrados, invariantes no tempo, é uma função racional de s, ou seja, é o quociente de dois polinômios em s, com coeficientes reais. Logo, raízes complexas só podem ocorrer se forem aos pares conjugados.

Em todos os sistemas físicos reais a resposta não pode preceder à excitação. Em consequência, prova-se que o grau do polinômio do numerador é sempre menor ou igual ao grau do polinômio do denominador de $G(s)$ ($m \le n$).

Os pontos singulares em que a função $G(s)$ ou suas derivadas tendem ao infinito são chamados de **polos** de $G(s)$. Já os pontos em que a função $G(s)$ se anula são chamados de **zeros** de $G(s)$. No caso de $G(s)$ ser racional, como na Equação (2.74), tem-se que

- os **polos** são as raízes do polinômio do denominador de $G(s)$;
- os **zeros** são as raízes do polinômio do numerador de $G(s)$.

A função de transferência $G(s)$ também pode ser escrita em termos de seus polos $(p_1, p_2, \ldots, p_n)$ e de seus zeros $(z_1, z_2, \ldots, z_m)$, ou seja,

$$G(s) = \frac{Y(s)}{U(s)} = \frac{K(s - z_1)(s - z_2)\ldots(s - z_m)}{(s - p_1)(s - p_2)\ldots(s - p_n)} , \quad \text{com } m \le n . \tag{2.75}$$

[5] A exigência de condições iniciais nulas é essencial para garantir a unicidade da função de transferência.

Exemplo 2.8

Considere a função de transferência

$$G(s) = \frac{s+5}{s(s^2+4s+68)} = \frac{s+5}{s(s+2+8j)(s+2-8j)} \; . \tag{2.76}$$

A função de transferência $G(s)$ possui três polos, localizados em $s = 0$, $s = -2-8j$ e $s = -2+8j$, e um zero finito localizado em $s = -5$. A distribuição de polos e zeros no plano s está representada na Figura 2.15. De acordo com esta figura, polos e zeros do plano s são sempre representados pelos símbolos "×" e "○", respectivamente.

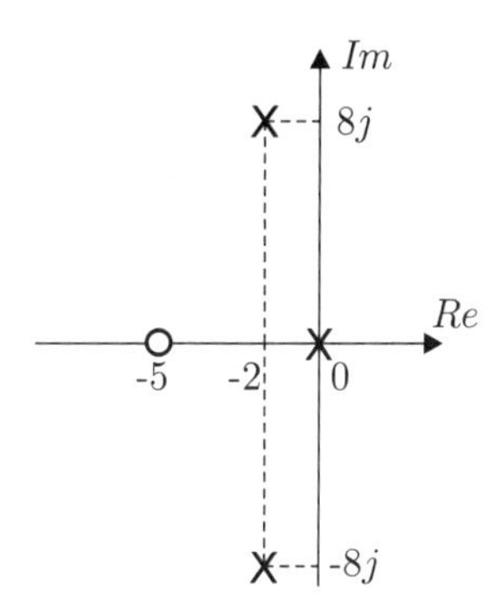

Figura 2.15 Distribuição de polos e zeros no plano s.

■

Exemplo 2.9 Sistema de inércia e atrito rotacional

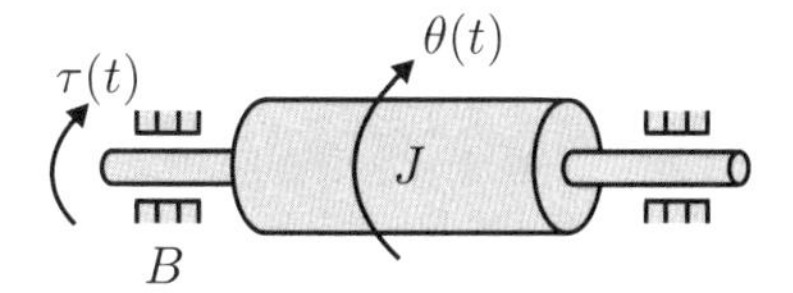

Figura 2.16 Sistema de inércia e atrito rotacional.

Considere o sistema da Figura 2.16, em que J representa a inércia rotacional e B representa o coeficiente de atrito rotacional. Supondo que a entrada do sistema é o torque $\tau(t)$ e que a saída é o deslocamento angular $\theta(t)$, a equação diferencial que representa a dinâmica do sistema é dada por

$$\tau(t) = J\frac{d^2\theta(t)}{dt^2} + B\frac{d\theta(t)}{dt} \; . \tag{2.77}$$

Aplicando a propriedade da derivada e supondo condições iniciais nulas, a transformada de Laplace da Equação (2.77) resulta como

$$T(s) = Js^2\Theta(s) + Bs\Theta(s) \; . \tag{2.78}$$

Logo, a função de transferência do sistema é dada por

$$\frac{\Theta(s)}{T(s)} = \frac{1}{Js^2 + Bs} \; . \tag{2.79}$$

A função de transferência (2.79) possui dois polos, localizados em $s = 0$ e em $s = -B/J$, conforme representado na Figura 2.17.

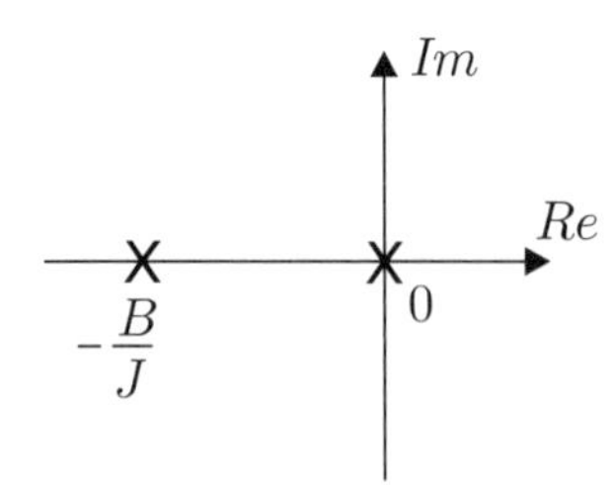

Figura 2.17 Distribuição de polos e zeros no plano s.

■

2.5 Transformada de Laplace inversa

A transformada inversa de uma função $F(s)$ para $t \geq 0$ é dada por

$$\mathcal{L}^{-1}[F(s)] = f(t) = \frac{1}{2\pi j}\int_{c-j\infty}^{c+j\infty} F(s)e^{st}ds\ , \tag{2.80}$$

em que c é um número real tal que a trajetória de integração é uma reta paralela ao eixo imaginário, localizada à direita de todos os polos de $F(s)$.

Raramente a inversa da transformada de Laplace é calculada pela integral (2.80). A maneira mais simples e usual é utilizando uma tabela de transformadas. No caso de $F(s)$ ser uma função racional de s, isto é, o quociente de dois polinômios que não existe na tabela, a sua consulta deve ser precedida de uma expansão da função $F(s)$ em frações parciais.

2.5.1 Expansão em frações parciais

Considere a função

$$F(s) = \frac{b_m s^m + b_{m-1}s^{m-1} + \ldots + b_1 s^1 + b_0}{(s-p_1)(s-p_2)(s-p_3)\ldots(s-p_n)}\ ,\quad \text{com } m < n\ , \tag{2.81}$$

em que $(p_1, p_2, \ldots, p_n)$ são os polos de $F(s)$.

O método da expansão em frações parciais consiste em expandir a função (2.81) em frações que podem ser facilmente identificáveis na tabela de transformadas de Laplace (2.3).

Polos distintos

Se $F(s)$ possuir apenas polos distintos, então pode-se realizar a seguinte expansão

$$F(s) = \frac{a_1}{s-p_1} + \frac{a_2}{s-p_2} + \ldots + \frac{a_n}{s-p_n}\ , \tag{2.82}$$

e cada coeficiente a_i $(i = 1, 2, \ldots, n)$, chamado resíduo de $F(s)$, vale

$$a_i = [(s-p_i)F(s)]_{s=p_i}\ . \tag{2.83}$$

Da tabela de transformadas de Laplace (2.3) tem-se que

$$\mathcal{L}^{-1}\left[\frac{a_i}{s-p_i}\right] = a_i e^{p_i t},\ \text{com } i = 1, 2, \ldots, n\ ,\ \text{para } t \geq 0\ . \tag{2.84}$$

Logo,

$$\mathcal{L}^{-1}[F(s)] = f(t) = a_1 e^{p_1 t} + a_2 e^{p_2 t} + a_3 e^{p_3 t} + \ldots + a_n e^{p_n t},\ \text{para } t \geq 0\ . \tag{2.85}$$

Exemplo 2.10

Determine a transformada inversa de Laplace da função

$$F(s) = \frac{s+2}{s(s+1)} \,. \tag{2.86}$$

Expandindo $F(s)$ em frações parciais, obtém-se

$$F(s) = \frac{s+2}{s(s+1)} = \frac{a_1}{s} + \frac{a_2}{s+1} \,, \tag{2.87}$$

em que

$$a_1 = [sF(s)]_{s=0} = \left[s\frac{s+2}{s(s+1)}\right]_{s=0} = \left[\frac{s+2}{s+1}\right]_{s=0} = 2 \,, \tag{2.88}$$

$$a_2 = [(s+1)F(s)]_{s=-1} = \left[(s+1)\frac{s+2}{s(s+1)}\right]_{s=-1} = \left[\frac{s+2}{s}\right]_{s=-1} = -1 \,. \tag{2.89}$$

Portanto,

$$F(s) = \frac{s+2}{s(s+1)} = \frac{2}{s} - \frac{1}{s+1} \,. \tag{2.90}$$

Da tabela de transformadas de Laplace (2.3) obtém-se

$$\mathcal{L}^{-1}\left[F(s)\right] = f(t) = 2 - e^{-t}, \text{ para } t \geq 0 \,. \tag{2.91}$$

Outra maneira de calcular os coeficientes da expansão em frações parciais é a seguinte:

$$F(s) = \frac{s+2}{s(s+1)} = \frac{a_1}{s} + \frac{a_2}{s+1} = \frac{a_1 s + a_1 + a_2 s}{s(s+1)} \,. \tag{2.92}$$

Identificando os polinômios dos numeradores, tem-se que

$$s(a_1 + a_2) + a_1 = s + 2 \,. \tag{2.93}$$

Comparando os coeficientes dos dois membros da Equação (2.93), obtém-se $a_1 = 2$ e $a_2 = -1$.

■

Exemplo 2.11

Determine a transformada inversa de Laplace da função

$$F(s) = \frac{3s^2 + 4s + 2}{s^2 + s} \,. \tag{2.94}$$

Como o grau do polinômio do numerador é igual ao grau do polinômio do denominador ($m = n = 2$), então é necessário realizar primeiramente uma divisão polinomial, ou seja,

$$F(s) = 3 + \frac{s+2}{s(s+1)} = 3 + \frac{2}{s} - \frac{1}{s+1} \,. \tag{2.95}$$

Da tabela de transformadas de Laplace (2.3) obtém-se

$$\mathcal{L}^{-1}\left[F(s)\right] = f(t) = 3\delta(\text{t}) + 2 - e^{-t}, \text{ para } t \geq 0 \,. \tag{2.96}$$

■

Exemplo 2.12

Determine a transformada inversa de Laplace da função

$$F(s) = \frac{2s+13}{s^2+4s+13} \, . \tag{2.97}$$

Expandindo $F(s)$ em frações parciais, obtém-se

$$F(s) = \frac{2s+13}{s^2+4s+13} = \frac{2s+13}{(s+2+3j)(s+2-3j)} = \frac{a_1}{s+2+3j} + \frac{a_2}{s+2-3j} \, , \tag{2.98}$$

sendo

$$\begin{aligned} a_1 &= \left[(s+2+3j)F(s)\right]_{s=-2-3j} \\ &= \left[(s+2+3j)\frac{2s+13}{(s+2+3j)(s+2-3j)}\right]_{s=-2-3j} \\ &= \left[\frac{2s+13}{s+2-3j}\right]_{s=-2-3j} \\ &= 1+1{,}5j \, . \end{aligned} \tag{2.99}$$

Como os coeficientes de $F(s)$ são reais e os polos são complexos conjugados, pode-se provar que os resíduos correspondentes são complexos conjugados. Então

$$a_2 = a_1^* = 1 - 1{,}5j \, , \tag{2.100}$$

sendo a_1^* o complexo conjugado de a_1.

Portanto,

$$F(s) = \frac{2s+13}{s^2+4s+13} = \frac{1+1{,}5j}{s+2+3j} + \frac{1-1{,}5j}{s+2-3j} \, . \tag{2.101}$$

Da tabela de transformadas de Laplace (2.3) obtém-se

$$\begin{aligned} f(t) &= (1+1{,}5j)e^{-(2+3j)t} + (1-1{,}5j)e^{-(2-3j)t} \\ &= e^{-2t}\left[(1+1{,}5j)e^{-3jt} + (1-1{,}5j)e^{3jt}\right] \\ &= e^{-2t}\left[(1+1{,}5j)(\cos 3t - j\,\text{sen}3t) + (1-1{,}5j)(\cos 3t + j\,\text{sen}3t)\right] \\ &= 2e^{-2t}\cos 3t + 3e^{-2t}\text{sen}3t, \ \text{para } t \geq 0 \, . \end{aligned} \tag{2.102}$$

Outra maneira de calcular a transformada inversa quando os polos são complexos conjugados é usar diretamente as funções tabeladas

$$\mathcal{L}\left[e^{-at}\text{sen}\omega t\right] = \frac{\omega}{(s+a)^2+\omega^2} \quad \text{e} \tag{2.103}$$

$$\mathcal{L}\left[e^{-at}\cos\omega t\right] = \frac{s+a}{(s+a)^2+\omega^2} \, . \tag{2.104}$$

Escrevendo $F(s)$ no formato das funções tabeladas (2.103) e (2.104), obtém-se

$$F(s) = \frac{2s+13}{s^2+4s+13} = \frac{2(s+2)+9}{(s+2)^2+3^2} = 2\frac{(s+2)}{(s+2)^2+3^2} + 3\frac{3}{(s+2)^2+3^2} \, . \tag{2.105}$$

Portanto, a transformada inversa de $F(s)$ é dada por

$$f(t) = 2e^{-2t}\cos 3t + 3e^{-2t}\text{sen}3t, \ \text{para} \quad t \geq 0 \, . \tag{2.106}$$

■

Polos múltiplos

Se $F(s)$ possuir um polo p com multiplicidade r, então devem ser desenvolvidas r frações, associadas a p, ou seja,

$$\frac{b_1}{(s-p)^r} + \frac{b_2}{(s-p)^{r-1}} + \ldots + \frac{b_r}{(s-p)} .$$

Cada constante b_j $(j = 1, 2, \ldots, r)$ pode ser calculada como

$$b_j = \frac{1}{(j-1)!} \lim_{s \to p} \frac{d^{j-1}}{ds^{j-1}} \left[(s-p)^r \, F(s) \right] . \tag{2.107}$$

A Equação (2.107) também se aplica no caso de $F(s)$ possuir polos complexos conjugados múltiplos.

Exemplo 2.13

Determine a transformada inversa de Laplace da função

$$F(s) = \frac{s^2 - 2s + 1}{(s-2)(s+1)^2} . \tag{2.108}$$

Note que $F(s)$ possui um polo múltiplo em $s = -1$, com multiplicidade $r = 2$. Assim, $F(s)$ pode ser expandida na seguinte soma de frações parciais

$$F(s) = \frac{s^2 - 2s + 1}{(s-2)(s+1)^2} = \frac{a_1}{s-2} + \frac{b_1}{(s+1)^2} + \frac{b_2}{s+1} , \tag{2.109}$$

sendo

$$a_1 = [(s-2)F(s)]_{s=2} = \left[(s-2) \frac{s^2 - 2s + 1}{(s+1)^2 (s-2)} \right]_{s=2} = \frac{1}{9} ,$$

$$b_1 = \lim_{s \to -1} \left[(s+1)^2 \, F(s) \right] = \lim_{s \to -1} \left[(s+1)^2 \, \frac{s^2 - 2s + 1}{(s+1)^2 (s-2)} \right] = -\frac{4}{3} ,$$

$$\begin{aligned} b_2 &= \frac{1}{(2-1)!} \lim_{s \to -1} \frac{d^{2-1}}{ds^{2-1}} \left[(s+1)^2 \, F(s) \right] \\ &= \lim_{s \to -1} \frac{d}{ds} \left[(s+1)^2 \, \frac{s^2 - 2s + 1}{(s+1)^2 (s-2)} \right] \\ &= \lim_{s \to -1} \left[\frac{(2s-2)(s-2) - (s^2 - 2s + 1)1}{(s-2)^2} \right] = \frac{8}{9} . \end{aligned}$$

Portanto,

$$F(s) = \frac{1}{9} \frac{1}{(s-2)} - \frac{4}{3} \frac{1}{(s+1)^2} + \frac{8}{9} \frac{1}{(s+1)} . \tag{2.110}$$

Da tabela de transformadas de Laplace (2.3) obtém-se

$$f(t) = \frac{1}{9} e^{2t} - \frac{4}{3} t e^{-t} + \frac{8}{9} e^{-t} \ , \ \text{para} \ t \geq 0 . \tag{2.111}$$

Os coeficientes da expansão em frações parciais também podem ser calculados através de uma comparação dos coeficientes do polinômio do numerador, ou seja,

$$F(s) = \frac{a_1}{s-2} + \frac{b_1}{(s+1)^2} + \frac{b_2}{s+1} = \frac{a_1(s+1)^2 + b_1(s-2) + b_2(s-2)(s+1)}{(s-2)(s+1)^2}. \tag{2.112}$$

Logo,

$$\begin{aligned} a_1(s+1)^2 + b_1(s-2) + b_2(s-2)(s+1) &= s^2 - 2s + 1 \\ s^2(a_1 + b_2) + s(2a_1 + b_1 - b_2) + a_1 - 2b_1 - 2b_2 &= s^2 - 2s + 1\ . \end{aligned} \tag{2.113}$$

Comparando os coeficientes dos dois membros da Equação (2.113), obtém-se o seguinte sistema

$$\begin{cases} a_1 \quad\quad\quad +b_2 = 1\ , \\ 2a_1 \quad +b_1 \quad -b_2 = -2\ , \\ a_1 \quad -2b_1 \quad -2b_2 = 1\ . \end{cases} \tag{2.114}$$

Resolvendo o sistema (2.114), obtém-se

$$a_1 = \frac{1}{9}\ , \quad b_1 = -\frac{4}{3}\ , \quad b_2 = \frac{8}{9}\ .$$

■

2.6 Diagramas de blocos

A análise de sistemas em engenharia costuma ser feita a partir de sua representação em diagramas de blocos. A representação convencional de um bloco é realizada por meio de um retângulo, com a função de transferência correspondente escrita em seu interior.

O diagrama de blocos de um sistema com função de transferência $G(s)$, entrada $U(s)$ e saída $Y(s)$ é apresentado na Figura 2.18.

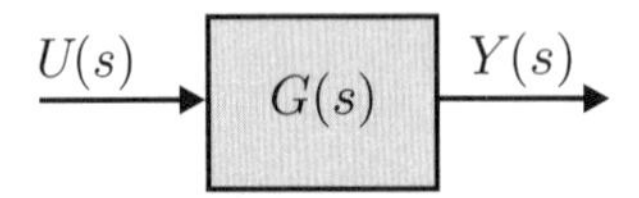

Figura 2.18 Representação de uma função de transferência.

A representação da Figura 2.18 mostra que os sinais de entrada e saída estão relacionados por

$$Y(s) = G(s)U(s)\ . \tag{2.115}$$

O sentido dos sinais entre os blocos é indicado por setas. A questão fundamental a ser esclarecida, antes de justapor e interligar dois blocos, é garantir que a ligação não altera o valor da variável intermediária. Em outras palavras, só podem ser interligados blocos quando a impedância de saída do primeiro bloco é pequena com relação à impedância de entrada do segundo bloco. Se esta condição não for satisfeita será necessário calcular a função de transferência global dos dois blocos em conjunto e associá-la a um único bloco.

Além dos blocos, utilizam-se também símbolos para efetuar a soma ou a subtração algébrica de sinais, conforme é apresentado na Figura 2.19. No domínio do tempo, os sinais a serem somados ou subtraídos devem possuir as mesmas unidades para que o resultado tenha algum significado.

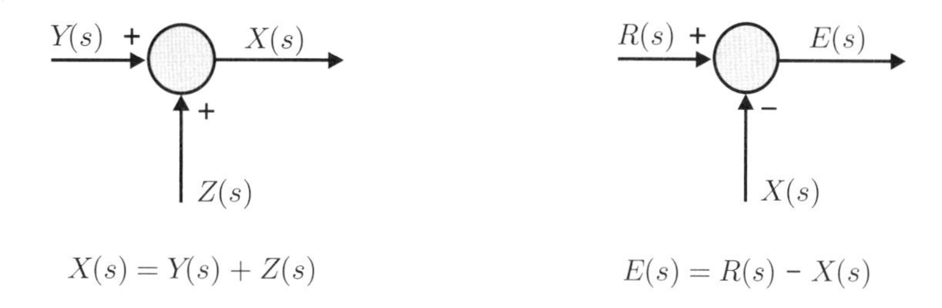

Figura 2.19 Símbolos para somar ou subtrair sinais.

Diagrama de blocos de um sistema em malha fechada

Na Figura 2.20 é apresentado o diagrama de blocos de um sistema genérico em malha fechada. O sinal "menos" no somador é tradicionalmente adotado nos sistemas de controle em malha fechada, para enfatizar que o controle exige realimentação negativa.

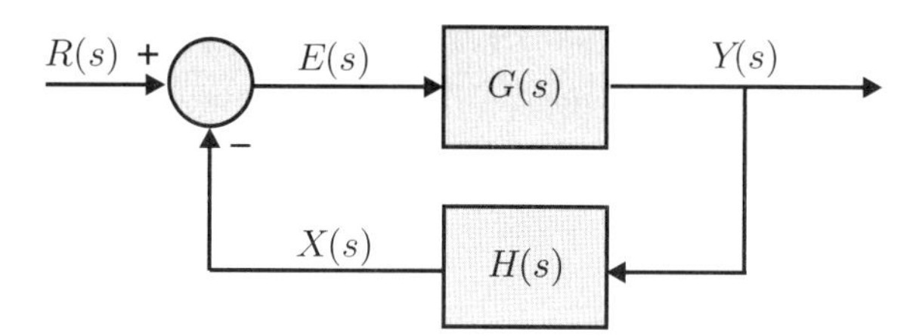

Figura 2.20 Diagrama de blocos de um sistema de controle em malha fechada.

No diagrama de blocos da Figura 2.20 os seguintes sinais podem ser observados:

$R(s)$: sinal de referência ou *set-point* ou sinal desejado para a saída;
$Y(s)$: sinal de saída do sistema $G(s)$;
$E(s)$: sinal de erro ($E(s) = R(s) - X(s) = R(s) - H(s)Y(s)$);
$X(s)$: sinal de saída do bloco $H(s)$.

Um sistema de controle está em malha fechada quando o sinal de sua saída é usado para modificar sinais internos, ocorrendo aquilo que se chama de realimentação (*feedback*) do sinal de saída. Isso é o que se pode verificar no diagrama de blocos da Figura 2.20, onde o sinal de entrada do sistema $G(s)$, que é o sinal de erro $E(s)$, também depende da saída $Y(s)$, pois $E(s) = R(s) - H(s)Y(s)$.

O bloco $H(s)$ pode representar, por exemplo, a função de transferência de um elemento de medição ou sensor. Supondo que o sinal de referência seja uma tensão elétrica em volts e que o sinal de saída do sistema $G(s)$ seja uma temperatura em graus Celsius, o bloco $H(s)$ tem a função de converter o sinal medido de graus Celsius para volts, compatibilizando as unidades entre os sinais representados por $R(s)$ e $X(s)$.

Função de transferência de malha aberta

Define-se a função de transferência de malha aberta $FTMA(s)$ como a função que se encontra em cascata, ao percorrer a malha de realimentação, sem considerar o somador. De acordo com o diagrama de blocos da Figura 2.20, a função de transferência de malha aberta $FTMA(s)$ é dada por

$$FTMA(s) \triangleq \frac{X(s)}{E(s)} = \frac{H(s)Y(s)}{E(s)} = \frac{H(s)G(s)E(s)}{E(s)} = G(s)H(s) \,. \tag{2.116}$$

Função de transferência de malha fechada

De acordo com o diagrama de blocos da Figura 2.20, tem-se que

$$\begin{aligned} Y(s) &= G(s)E(s) , \\ Y(s) &= G(s)(R(s) - X(s)) , \\ Y(s) &= G(s)(R(s) - H(s)Y(s)) , \\ Y(s) &= G(s)R(s) - G(s)H(s)Y(s) . \end{aligned} \tag{2.117}$$

Da Equação (2.117), tem-se que a função de transferência de malha fechada $FTMF(s)$ é dada por

$$FTMF(s) \triangleq \frac{Y(s)}{R(s)} = \frac{G(s)}{1 + G(s)H(s)} . \tag{2.118}$$

Regra prática: a função de transferência de malha fechada é igual à função de transferência direta $G(s)$, dividida por um mais a função de transferência de malha aberta $G(s)H(s)$.

No caso de a realimentação ser unitária, então $H(s) = 1$. Neste caso, a função de transferência de malha fechada é dada por

$$\frac{Y(s)}{R(s)} = \frac{G(s)}{1 + G(s)} . \tag{2.119}$$

Álgebra de blocos

Os diagramas de blocos podem ser arranjados utilizando-se regras de equivalência, que constituem a "álgebra" dos diagramas de blocos. A regra fundamental é a dos blocos em cascata da Figura 2.21.

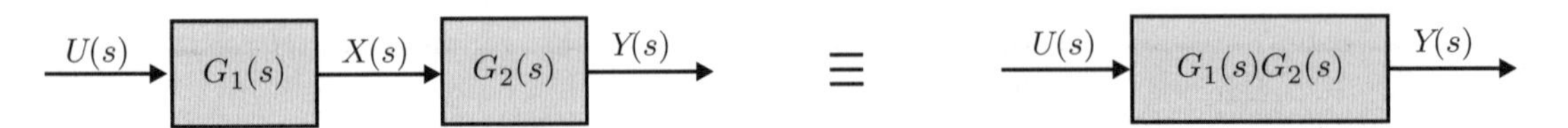

Figura 2.21 Diagrama de blocos em cascata.

A função de transferência total de dois blocos em cascata é igual ao produto das funções de transferência $G_1(s)$ e $G_2(s)$ dos blocos isolados. Para justificar esta afirmação basta usar a definição de função de transferência

$$G_1(s) = \frac{X(s)}{U(s)} , \tag{2.120}$$

$$G_2(s) = \frac{Y(s)}{X(s)} . \tag{2.121}$$

Algebricamente,

$$\frac{Y(s)}{U(s)} = \frac{X(s)}{U(s)}\frac{Y(s)}{X(s)} = G_1(s)G_2(s) . \tag{2.122}$$

Nas Figuras 2.22 e 2.23 são apresentados alguns diagramas de blocos, sendo os esquemas da esquerda equivalentes aos da direita. A verificação dessas equivalências é feita simplesmente calculando a função de transferência nos dois lados.

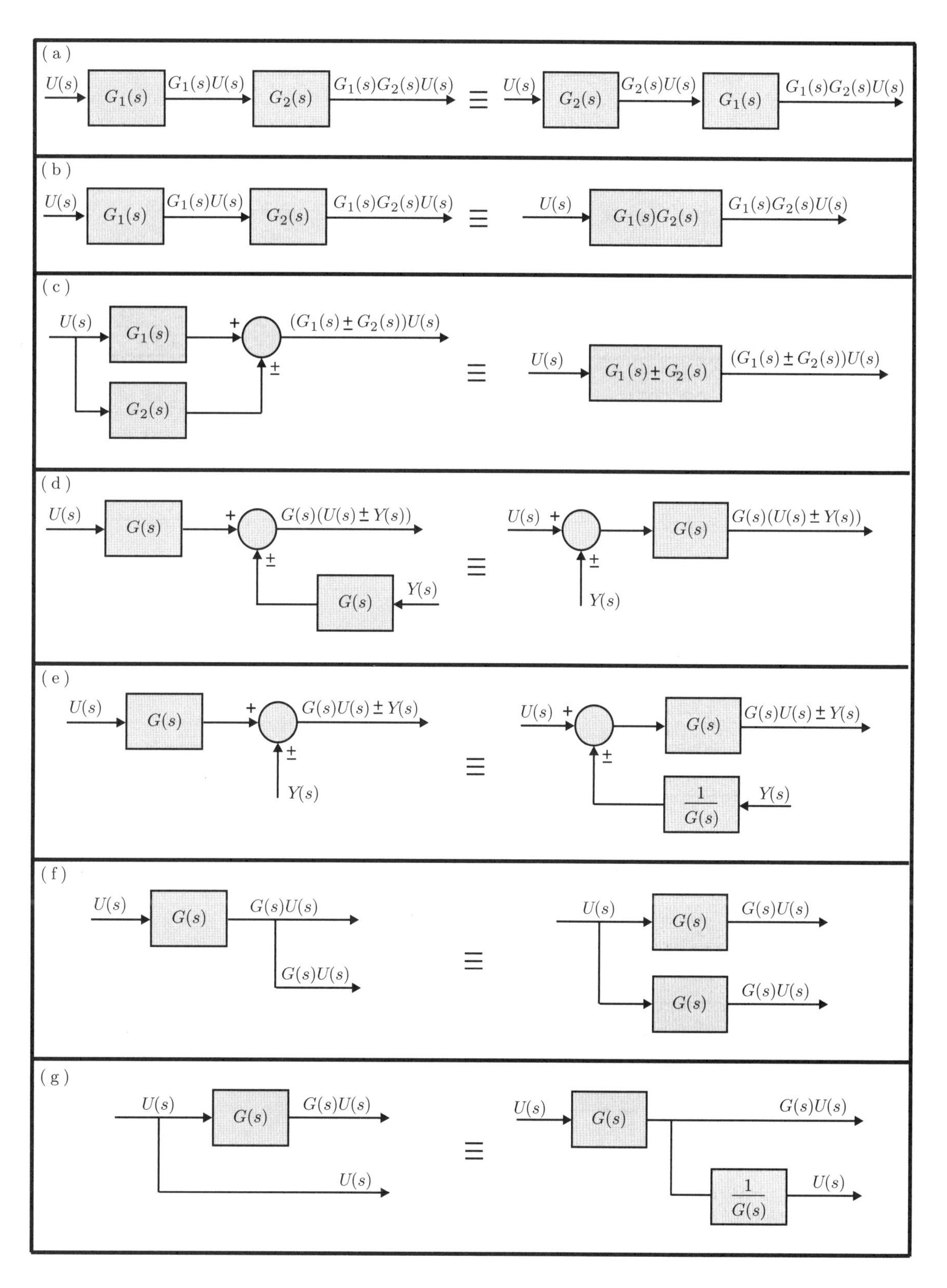

Figura 2.22 Diagramas de blocos equivalentes.

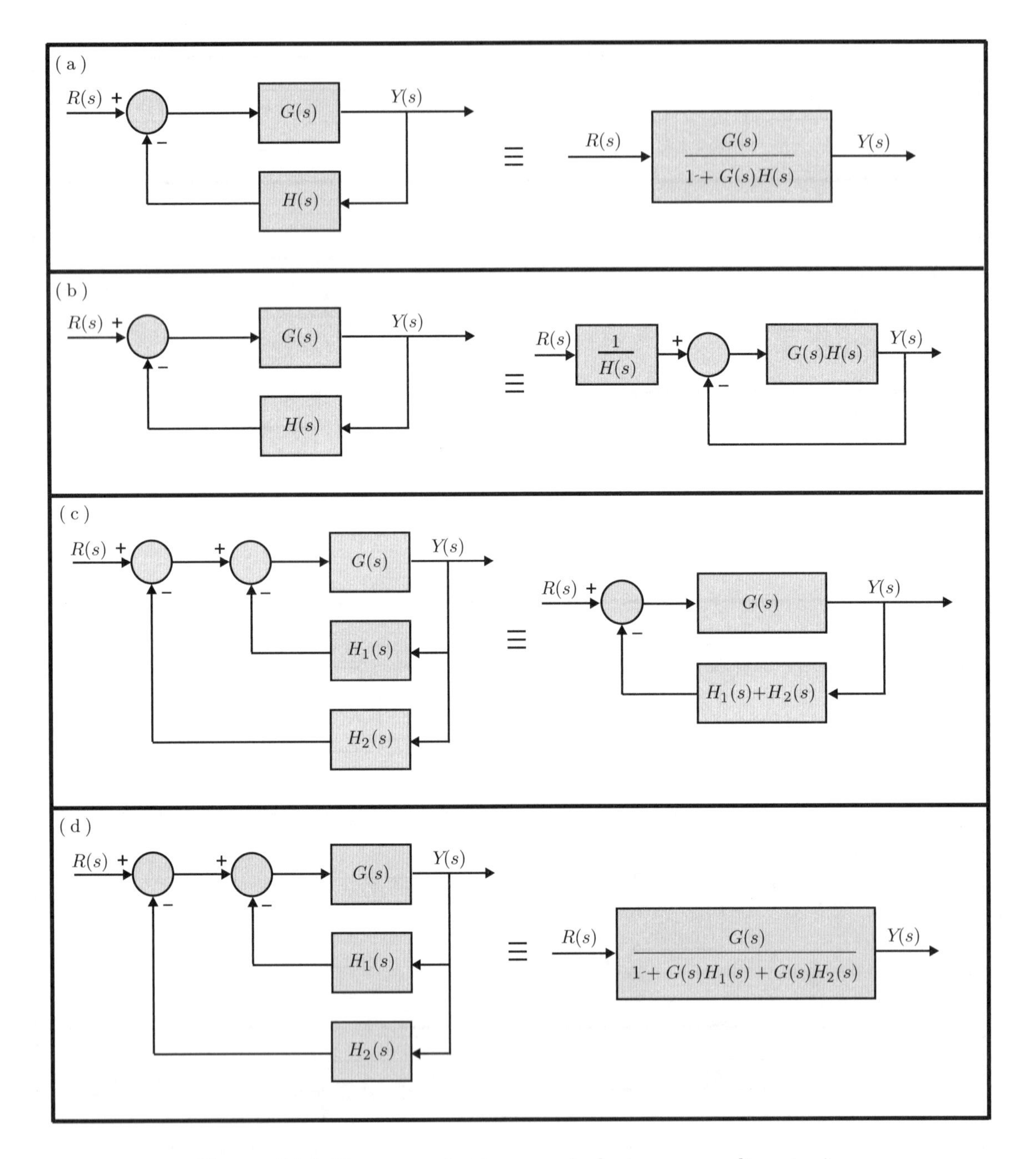

Figura 2.23 Diagramas de blocos equivalentes com realimentação.

2.7 Estudo de caso: motor de corrente contínua

Os motores de corrente contínua são muito utilizados nas indústrias, pois são empregados para realizar diversos tipos de acionamentos mecânicos.[6] A Figura 2.24 representa um esquema de um motor de corrente contínua controlado por armadura.

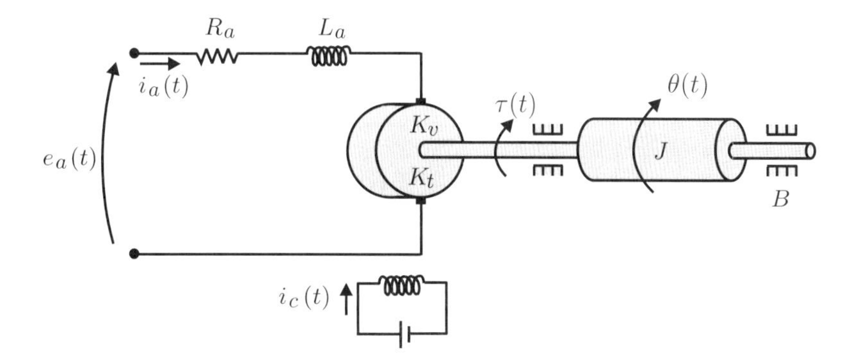

Figura 2.24 Esquema de um motor de corrente contínua controlado por armadura.

As variáveis e constantes indicadas na Figura 2.24 são:
$e_a(t)$: tensão de armadura;
$i_a(t)$: corrente de armadura;
R_a: resistência de armadura;
L_a: indutância de armadura;
$i_c(t)$: corrente de campo do motor;
$\tau(t)$: torque do motor;
$\theta(t)$: posição angular do eixo;
B: atrito angular;
J: inércia do conjunto formado pelo rotor do motor e pela carga mecânica;
K_t: constante de proporcionalidade entre o conjugado motor e a corrente de armadura;
K_v: constante de proporcionalidade entre a força contraeletromotriz gerada pela armadura em rotação e a velocidade angular do eixo.

As equações que representam a dinâmica do sistema da Figura 2.24 são dadas por

$$e_a(t) = R_a i_a(t) + L_a \frac{di_a(t)}{dt} + K_v \frac{d\theta(t)}{dt}\,, \quad (2.123)$$

$$\tau(t) = K_t i_a(t)\,, \quad (2.124)$$

$$\tau(t) = J\frac{d^2\theta(t)}{dt^2} + B\frac{d\theta(t)}{dt}\,. \quad (2.125)$$

Aplicando a propriedade da derivada e supondo condições iniciais nulas, as transformadas de Laplace das Equações (2.123), (2.124) e (2.125) resultam em

$$E_a(s) = R_a I_a(s) + L_a s I_a(s) + K_v s\Theta(s)\,, \quad (2.126)$$

$$T(s) = K_t I_a(s)\,, \quad (2.127)$$

$$T(s) = Js^2\Theta(s) + Bs\Theta(s)\,. \quad (2.128)$$

[6]Recentemente a tecnologia dos motores de indução, energizados por conversores eletrônicos de frequência variável, tem substituído a dos motores de corrente contínua em muitas aplicações. As constantes de tempo elétricas dessa nova tecnologia são menores que as da anterior, mas os resultados da sua análise dinâmica são inteiramente análogos aos desta seção.

Considerando a tensão de armadura $e_a(t)$ como a entrada e $\theta(t)$ como a saída do sistema, resulta na seguinte função de transferência:

$$\frac{\Theta(s)}{E_a(s)} = \frac{K_t}{s\left[JL_as^2 + (R_aJ + L_aB)s + R_aB + K_vK_t\right]} \,. \tag{2.129}$$

Em um grande número de situações a indutância L_a da armadura é muito pequena e os sinais são relativamente lentos, de modo que

$$L_a\frac{di_a(t)}{dt} << R_ai_a \,. \tag{2.130}$$

Assim, a função de transferência (2.129) pode ser simplificada para

$$\frac{\Theta(s)}{E_a(s)} \cong \frac{K_t}{s\,(R_aJs + R_aB + K_vK_t)} \,. \tag{2.131}$$

Se a variável de saída for a velocidade angular $\omega(t)$ do eixo do motor, ou seja,

$$\omega(t) = \frac{d\theta(t)}{dt} \Longrightarrow \mathcal{L}[\omega(\mathrm{t})] = \Omega(\mathrm{s}) = \mathrm{s}\Theta(\mathrm{s}) \,,$$

então a função de transferência resulta como

$$\frac{\Omega(s)}{E_a(s)} \cong \frac{K_t}{R_aJs + R_aB + K_vK_t} = \frac{K_m}{Ts+1} \,, \tag{2.132}$$

sendo

$$K_m = \frac{K_t}{R_aB + K_vK_t} \tag{2.133}$$

e

$$T = \frac{R_aJ}{R_aB + K_vK_t} \,. \tag{2.134}$$

2.7.1 Sistema em malha aberta com torque resistente

Suponha agora que se deseja estudar o sistema em malha aberta com um torque resistente $\tau_c(t)$ aplicado ao eixo de carga. Por exemplo, num processo de laminação de aço isso equivale ao caso em que o motor está acionando um laminador e a chapa de aço penetra entre os seus cilindros, alterando a velocidade do motor. Considerando desprezível a queda de tensão na indutância L_a e supondo apenas pequenas variações em torno dos valores nominais de trabalho do motor, então as equações diferenciais do sistema resultam como

$$e_a(t) = R_ai_a(t) + K_v\omega(t) \,, \tag{2.135}$$

$$\tau(t) = K_ti_a(t) \,, \tag{2.136}$$

$$\tau(t) - \tau_c(t) = J\frac{d\omega(t)}{dt} + B\omega(t) \,. \tag{2.137}$$

Aplicando a transformada de Laplace nas Equações (2.135), (2.136) e (2.137) e supondo condições iniciais nulas, obtém-se

$$\Omega(s) = \frac{K_t}{R_aJs + R_aB + K_vK_t}E_a(s) - \frac{R_a}{R_aJs + R_aB + K_vK_t}T_c(s) \,, \tag{2.138}$$

sendo $T_c(s) = \mathcal{L}[\tau_c(t)]$.

Simplificadamente, a Equação (2.138) pode ser escrita como

$$\Omega(s) = \frac{K_m}{Ts+1}E_a(s) - \frac{K_r}{Ts+1}T_c(s) \,, \tag{2.139}$$

sendo

$$K_r = \frac{R_a}{R_aB + K_vK_t} \,. \tag{2.140}$$

Supondo que a tensão de armadura $e_a(t)$ é proporcional à velocidade angular de referência $\omega_r(t)$, isto é,

$$e_a(t) = K\omega_r(t) \Rightarrow E_a(s) = K\Omega_r(s) \ ,$$

então,

$$\Omega(s) = \frac{KK_m}{Ts+1}\Omega_r(s) - \frac{K_r}{Ts+1}T_c(s). \tag{2.141}$$

A partir da Equação (2.141) pode-se estudar o comportamento da velocidade angular do motor quando um torque resistente é aplicado no eixo da carga. A Figura 2.25 apresenta o esquema na forma de diagrama de blocos do sistema em malha aberta.

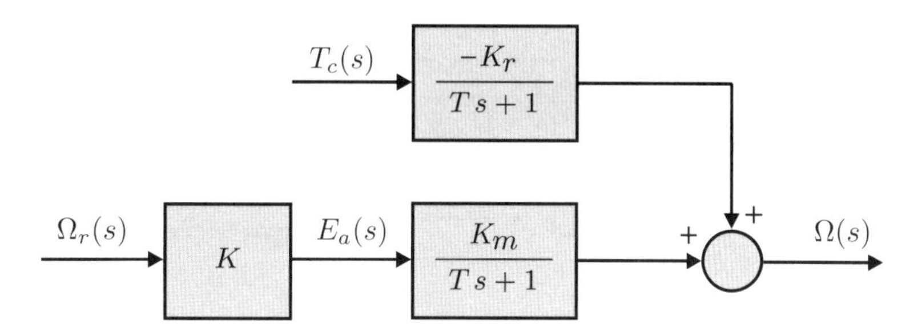

Figura 2.25 Sistema em malha aberta com torque resistente aplicado no eixo da carga.

Constante de tempo

A constante de tempo T do sistema em malha aberta é dada por

$$T = \frac{R_a J}{R_a B + K_v K_t} \ . \tag{2.142}$$

Portanto, a velocidade da resposta transitória não pode ser alterada, pois a constante de tempo T depende apenas de parâmetros fixos do motor e da carga.

Erro estacionário

Supondo que as entradas $\Omega_r(s)$ e $T_c(s)$ do sistema da Figura 2.25 sejam degraus com amplitudes A_1 e A_2, ou seja, $\Omega_r(s) = A_1/s$ e $T_c(s) = A_2/s$, então a Equação (2.141) pode ser escrita como

$$\Omega(s) = \frac{KK_m}{(Ts+1)}\frac{A_1}{s} - \frac{K_r}{(Ts+1)}\frac{A_2}{s}. \tag{2.143}$$

O valor estacionário da velocidade angular pode ser calculado através do teorema do valor final (2.65), ou seja,

$$\omega(\infty) = \lim_{t\to\infty}\omega(t) = \lim_{s\to 0} s\Omega(s) = \lim_{s\to 0} s\left(\frac{KK_mA_1}{Ts+1} - \frac{K_rA_2}{Ts+1}\right)\frac{1}{s} = KK_mA_1 - K_rA_2 \ . \tag{2.144}$$

O erro estacionário $e(\infty)$ é dado por

$$\begin{aligned} e(\infty) &= \omega_r(\infty) - \omega(\infty) \\ &= A_1 - KK_mA_1 + K_rA_2 \\ &= (1 - KK_m)A_1 + K_rA_2 \ . \end{aligned} \tag{2.145}$$

Portanto, o erro estacionário depende de parâmetros fixos do motor e da carga. Pode-se mostrar que reduzir esse erro implica um grande aumento do peso e do custo do motor.

2.7.2 Sistema em malha fechada: regulador de velocidade

O regulador de velocidade visa realizar acionamento mecânico com velocidade estabilizada por meio de um motor elétrico. Para estabilizar a velocidade contra flutuações de tensão e de conjugado de carga recomenda-se naturalmente uma malha de controle automático por realimentação, conforme esquematizado na Figura 2.26.

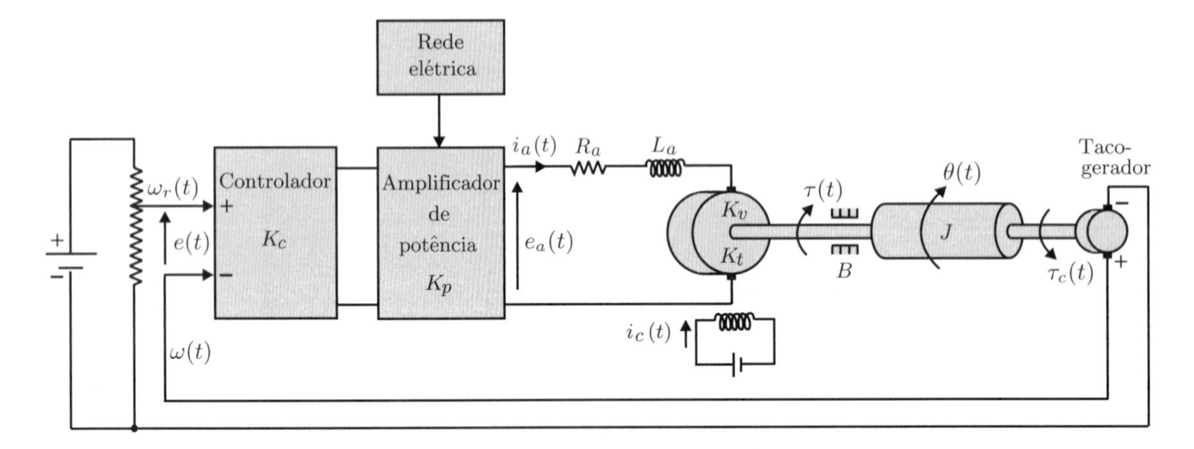

Figura 2.26 Esquema do sistema em malha fechada.

O sistema em malha fechada da Figura 2.26 é constituído de

- um potenciômetro, transdutor da velocidade angular desejada, em rpm, para o sinal elétrico $\omega_r(t)$, em volts;
- um tacogerador, transdutor da velocidade angular medida, em rpm, para o sinal elétrico $\omega(t)$, em volts;
- um amplificador de potência, alimentado pela rede elétrica, com ganho igual a K_p ;
- um controlador com ganho igual a K_c, que tem a função de amplificar o sinal de erro $e(t) = \omega_r(t) - \omega(t)$.

Supondo por simplicidade que as funções de transferência do tacogerador e do potenciômetro sejam iguais a 1 e que a tensão de armadura seja $e_a(t) = Ke(t)$, em que $K = K_cK_p$, então o sistema da Figura 2.26 pode ser representado pelo diagrama de blocos da Figura 2.27.

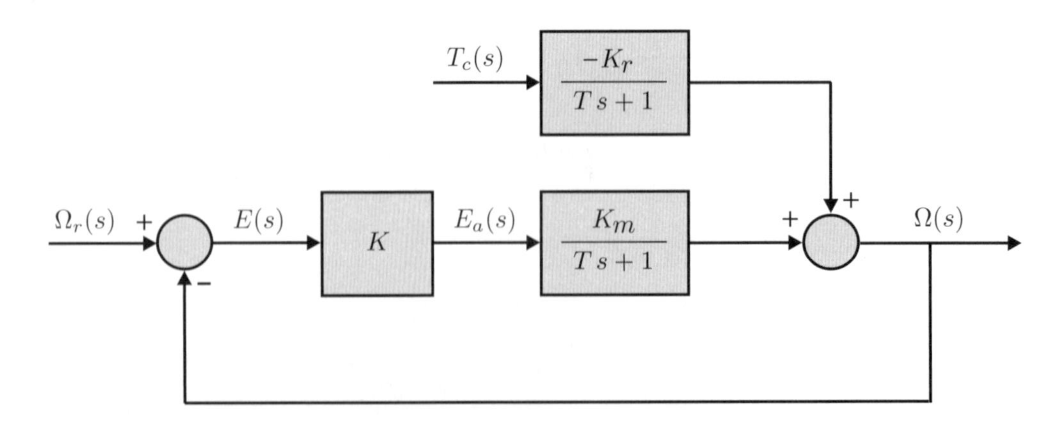

Figura 2.27 Diagrama de blocos do sistema em malha fechada.

De acordo com o sistema da Figura 2.27 tem-se que

$$\Omega(s) = \frac{KK_m}{Ts+1}E(s) - \frac{K_r}{Ts+1}T_c(s) = \frac{KK_m}{Ts+1}(\Omega_r(s) - \Omega(s)) - \frac{K_r}{Ts+1}T_c(s) \ , \tag{2.146}$$

ou

$$\left(1 + \frac{KK_m}{Ts+1}\right)\Omega(s) = \frac{KK_m}{Ts+1}\Omega_r(s) - \frac{K_r}{Ts+1}T_c(s) \ . \tag{2.147}$$

Portanto,

$$\begin{aligned} \Omega(s) &= \frac{\frac{KK_m}{Ts+1}}{1+\frac{KK_m}{Ts+1}}\Omega_r(s) - \frac{\frac{K_r}{Ts+1}}{1+\frac{KK_m}{Ts+1}}T_c(s) \qquad \text{ou} \\ \Omega(s) &= \frac{KK_m}{Ts+1+KK_m}\Omega_r(s) - \frac{K_r}{Ts+1+KK_m}T_c(s) \ . \end{aligned} \tag{2.148}$$

Constante de tempo

De acordo com a Equação (2.148), a constante de tempo T_f do sistema em malha fechada é dada por

$$T_f = \frac{T}{1+KK_m} \ . \tag{2.149}$$

Como as constantes T e K_m têm valores fixos, para obter uma constante de tempo T_f "pequena" e consequentemente uma velocidade de resposta transitória "rápida" basta aumentar o ganho K através de um aumento do ganho K_c do controlador.

Erro estacionário

Supondo que as entradas $\Omega_r(s)$ e $T_c(s)$ do sistema da Figura 2.27 sejam degraus com amplitudes A_1 e A_2, ou seja, $\Omega_r(s) = A_1/s$ e $T_c(s) = A_2/s$, então a Equação (2.148) pode ser escrita como

$$\Omega(s) = \frac{KK_m}{(Ts+1+KK_m)}\frac{A_1}{s} - \frac{K_r}{(Ts+1+KK_m)}\frac{A_2}{s}. \tag{2.150}$$

O valor estacionário da velocidade angular pode ser calculado através do teorema do valor final (2.65), ou seja,

$$\begin{aligned} \omega(\infty) &= \lim_{t\to\infty}\omega(t) = \lim_{s\to 0} s\Omega(s) \\ &= \lim_{s\to 0} s\left(\frac{KK_mA_1}{Ts+1+KK_m} - \frac{K_rA_2}{Ts+1+KK_m}\right)\frac{1}{s} \\ &= \frac{KK_mA_1 - K_rA_2}{1+KK_m} \ . \end{aligned} \tag{2.151}$$

O erro estacionário $e(\infty)$ é dado por

$$e(\infty) = \omega_r(\infty) - \omega(\infty) = A_1 - \frac{KK_mA_1 - K_rA_2}{1+KK_m} = \frac{A_1 + K_rA_2}{1+KK_m} \ . \tag{2.152}$$

Se o ganho K_c do controlador for ajustado de modo que

$$KK_m >> 1 \quad \text{e} \quad KK_m >> A_1 + K_rA_2 \ ,$$

então o erro de regime no estado estacionário será necessariamente "pequeno".

Consequências do controle em malha fechada

No sistema em malha fechada é possível obter respostas mais rápidas e com erro estacionário "pequeno" através de um ajuste de ganho do controlador.

2.8 Implementação analógica de funções de transferência

Funções de transferência podem ser implementadas analogicamente por meio de circuitos eletrônicos denominados amplificadores operacionais. Esses circuitos possuem duas entradas ($v_+(t)$ e $v_-(t)$) e uma saída $v_s(t)$, conforme representado na Figura 2.28.

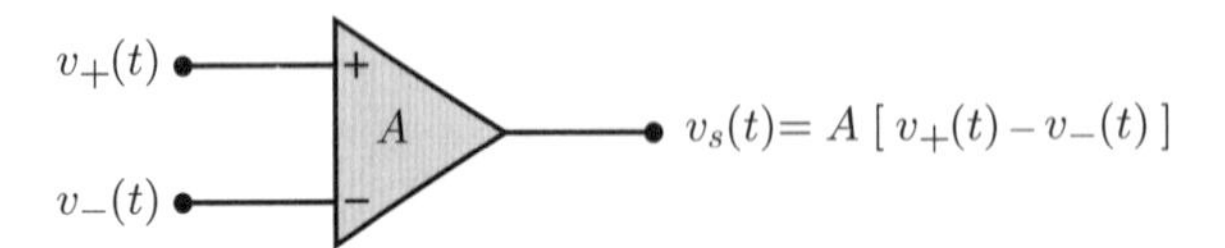

Figura 2.28 Amplificador operacional.

O amplificador operacional ideal possui as seguintes características:

- elevada impedância de entrada, para que as entradas do amplificador sejam usadas apenas para observar os sinais, sem consumir e nem fornecer corrente;
- baixa impedância de saída, para fornecer uma tensão $v_s(t)$, independente da carga de saída;
- tensão de saída $v_s(t)$, dada por

$$v_s(t) = A[v_+(t) - v_-(t)] \ , \tag{2.153}$$

sendo A um ganho de valor muito elevado ($A \to \infty$).

Sendo $v_s(t)$ uma tensão finita, da Equação (2.153) tem-se que

$$\lim_{A\to\infty} \frac{v_s(t)}{A} = v_+(t) - v_-(t) = 0 \Rightarrow v_+(t) = v_-(t) \ . \tag{2.154}$$

Como as duas entradas $v_+(t)$ e $v_-(t)$ são fisicamente distintas, mas com as mesmas tensões, designou-se este estado de curto-circuito virtual.

2.8.1 Amplificador inversor

Considere o circuito com a realimentação negativa por meio da resistência R_2, de acordo com a Figura 2.29.

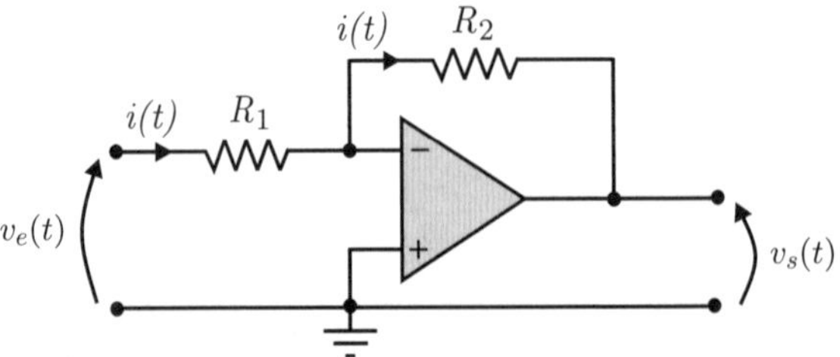

Figura 2.29 Amplificador inversor.

Como $v_+(t) = v_-(t)$ e como a entrada $v_+(t)$ está ligada ao terra, então $v_-(t) = 0$. Neste caso diz-se que a entrada $v_-(t)$ é um terra virtual.

Do circuito da Figura 2.29 tem-se que a corrente $i(t)$ vale

$$i(t) = \frac{v_e(t) - v_-(t)}{R_1} = \frac{v_e(t)}{R_1} \ . \tag{2.155}$$

Devido à alta impedância de entrada, a corrente de entrada no amplificador é nula. Portanto, toda a corrente $i(t)$ passa pela resistência R_2. Assim,

$$i(t) = \frac{v_-(t) - v_s(t)}{R_2} = \frac{-v_s(t)}{R_2} \ . \tag{2.156}$$

Comparando as Equações (2.155) e (2.156), obtém-se

$$\frac{v_s(t)}{v_e(t)} = -\frac{R_2}{R_1} \ . \tag{2.157}$$

Se $R_1 = R_2$, então $v_s(t) = -v_e(t)$.

2.8.2 Amplificador não inversor

Para evitar que a tensão de saída $v_s(t)$ tenha sinal inverso ao da tensão de entrada $v_e(t)$ pode-se configurar o amplificador operacional no seu modo não inversor, representado na Figura 2.30.

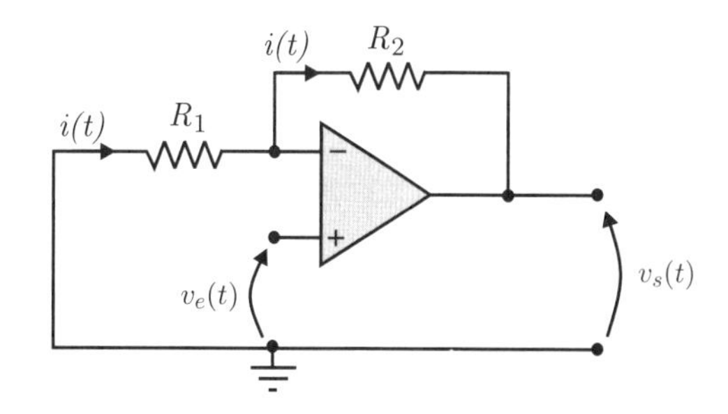

Figura 2.30 Amplificador não inversor.

A corrente $i(t)$ vale

$$i(t) = \frac{0 - v_-(t)}{R_1} = \frac{v_-(t) - v_s(t)}{R_2} \,. \tag{2.158}$$

Como $v_+(t) = v_-(t) = v_e(t)$, então

$$\frac{-v_e(t)}{R_1} = \frac{v_e(t) - v_s(t)}{R_2} \Rightarrow -R_2 v_e(t) = R_1 v_e(t) - R_1 v_s(t) \Rightarrow R_1 v_s(t) = (R_1 + R_2) v_e(t) \,. \tag{2.159}$$

Portanto,

$$\frac{v_s(t)}{v_e(t)} = 1 + \frac{R_2}{R_1} \,. \tag{2.160}$$

2.8.3 Circuito somador

O amplificador operacional pode ser empregado para realizar a soma de tensões, de acordo com o esquema na Figura 2.31.

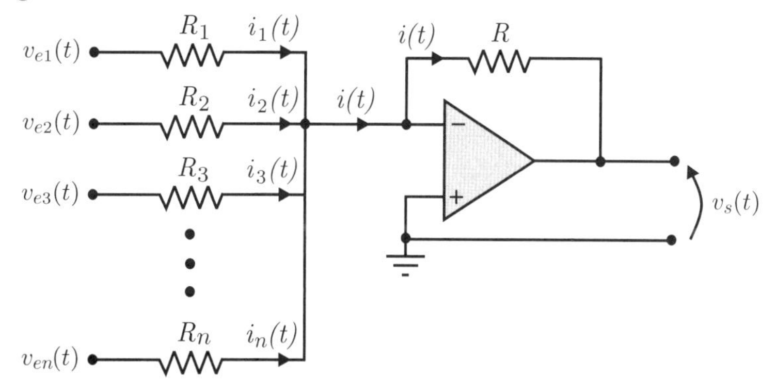

Figura 2.31 Circuito somador.

Pela lei das correntes de Kirchhoff, tem-se que

$$i(t) = i_1(t) + i_2(t) + i_3(t) + \ldots + i_n(t) \,. \tag{2.161}$$

Sabendo-se que $v_+(t) = v_-(t) = 0$ e empregando a lei de Ohm, obtém-se

$$\frac{-v_s(t)}{R} = \frac{v_{e1}(t)}{R_1} + \frac{v_{e2}(t)}{R_2} + \frac{v_{e3}(t)}{R_3} + \ldots + \frac{v_{en}(t)}{R_n} \,. \tag{2.162}$$

ou

$$v_s(t) = -\left(\frac{R}{R_1} v_{e1}(t) + \frac{R}{R_2} v_{e2}(t) + \frac{R}{R_3} v_{e3}(t) + \ldots + \frac{R}{R_n} v_{en}(t) \right) \,. \tag{2.163}$$

Se $R = R_1 = R_2 = R_3 = \ldots = R_n$, então

$$v_s(t) = -\left[v_{e1}(t) + v_{e2}(t) + v_{e3}(t) + \ldots + v_{en}(t) \right] \,. \tag{2.164}$$

2.8.4 Circuito integrador

O circuito eletrônico com amplificador operacional capaz de realizar cálculo integral está representado na Figura 2.32.

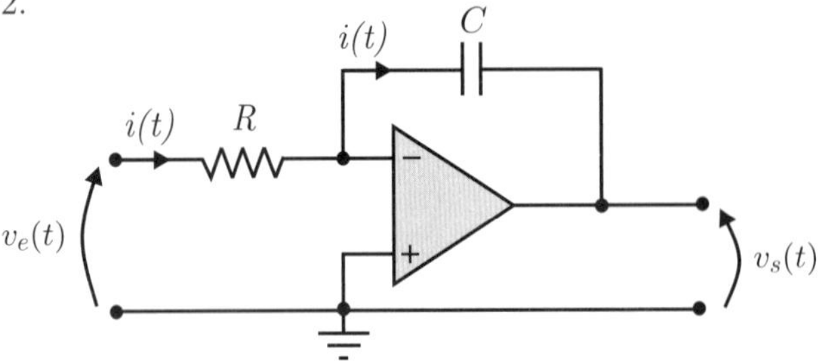

Figura 2.32 Circuito integrador.

A queda de tensão no capacitor vale

$$v_c(t) = \frac{1}{C}\int_0^t i(t)dt + v_c(0) = \frac{1}{C}\int_0^t \frac{v_e(t)}{R}dt + v_c(0) \ . \tag{2.165}$$

Sabendo-se que $v_s(t) = -v_c(t)$ e supondo tensão inicial nula no capacitor ($v_c(0) = 0$), então

$$v_s(t) = -\frac{1}{RC}\int_0^t v_e(t)dt \ . \tag{2.166}$$

Se $RC = 1$, obtém-se

$$v_s(t) = -\int_0^t v_e(t)dt \ . \tag{2.167}$$

2.8.5 Circuito diferenciador

Para obter um circuito diferenciador basta trocar de lugar a resistência pelo capacitor no circuito integrador. O circuito diferenciador resultante é apresentado na Figura 2.33.

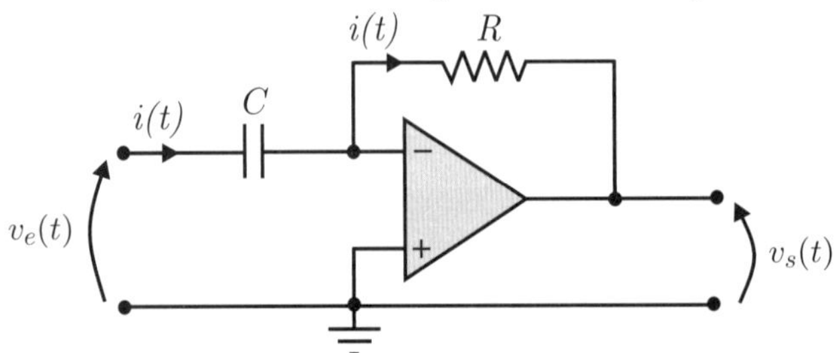

Figura 2.33 Circuito diferenciador.

A corrente no capacitor vale

$$i(t) = C\frac{dv_c(t)}{dt} = C\frac{dv_e(t)}{dt} = \frac{-v_s(t)}{R} \ . \tag{2.168}$$

Logo,

$$v_s(t) = -RC\frac{dv_e(t)}{dt} \ . \tag{2.169}$$

Se $RC = 1$, obtém-se

$$v_s(t) = -\frac{dv_e(t)}{dt} \ . \tag{2.170}$$

Suponha, por exemplo, que a tensão de entrada seja $v_e(t) = \operatorname{sen}\omega t$. Da Equação (2.170) tem-se que $v_s(t) = -\omega\cos\omega t$, ou seja, a amplitude da tensão de saída é proporcional à frequência ω do sinal de entrada. Se esta frequência for elevada, então a amplitude da tensão de saída também será elevada. Por esta razão o circuito diferenciador não é muito usado na prática, pois este amplifica ruídos de alta frequência presentes na maioria dos instrumentos de medição.

2.8.6 Sistemas de primeira ordem

Considere um sistema de primeira ordem com entrada $U(s)$, saída $Y(s)$ e com função de transferência

$$\frac{Y(s)}{U(s)} = \frac{K}{s+p}\,, \tag{2.171}$$

sendo que K e p são constantes. A equação diferencial correspondente é

$$\frac{dy(t)}{dt} = -py(t) + Ku(t)\,. \tag{2.172}$$

O circuito eletrônico correspondente à Equação (2.172) é apresentado na Figura 2.34. Neste circuito supõe-se que $K = R/R_1$, $p = R/R_2$ e $RC = 1$.

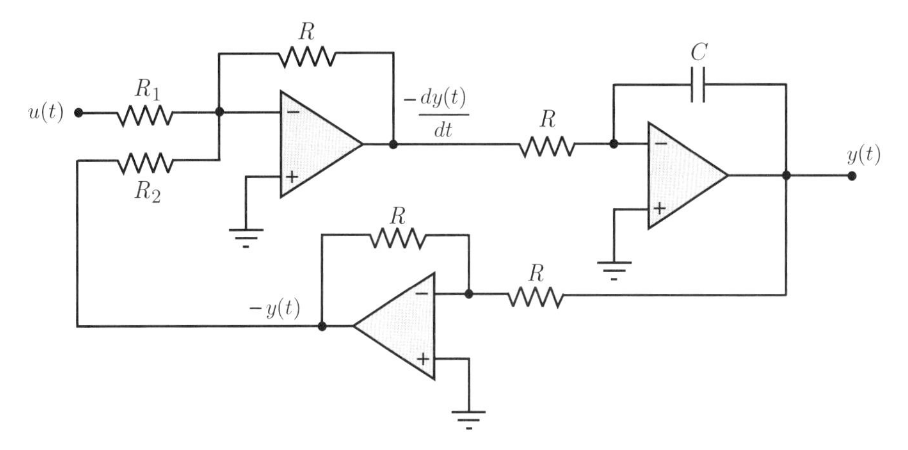

Figura 2.34 Circuito eletrônico correspondente a um sistema de primeira ordem.

2.8.7 Sistemas de segunda ordem

Considere um sistema de segunda ordem com entrada $U(s)$, saída $Y(s)$ e com função de transferência

$$\frac{Y(s)}{U(s)} = \frac{K}{s^2 + a_1 s + a_0}\,, \tag{2.173}$$

sendo K, a_1 e a_0 constantes. A equação diferencial correspondente é

$$\frac{d^2y(t)}{dt^2} = -a_1\frac{dy(t)}{dt} - a_0 y(t) + Ku(t)\,. \tag{2.174}$$

O circuito eletrônico correspondente à Equação (2.174) é apresentado na Figura 2.35. Neste circuito supõe-se que $K = R/R_1$, $a_1 = R/R_2$, $a_0 = R/R_3$ e $RC = 1$.

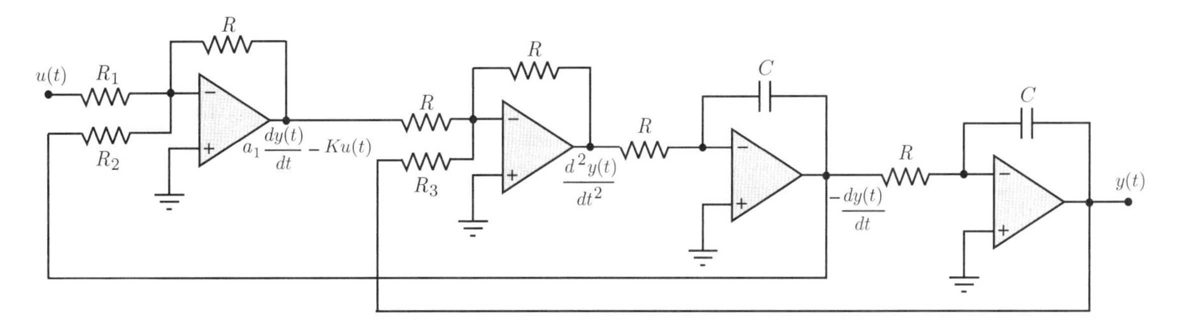

Figura 2.35 Circuito eletrônico correspondente a um sistema de segunda ordem.

2.8.8 Impedâncias complexas

A impedância complexa $Z(s)$ entre os terminais do circuito elétrico da Figura 2.36 é igual à divisão da transformada de Laplace da tensão $V(s)$ pela transformada de Laplace da corrente $I(s)$, supondo condições iniciais nulas, ou seja,

$$Z(s) = \frac{V(s)}{I(s)} \,. \tag{2.175}$$

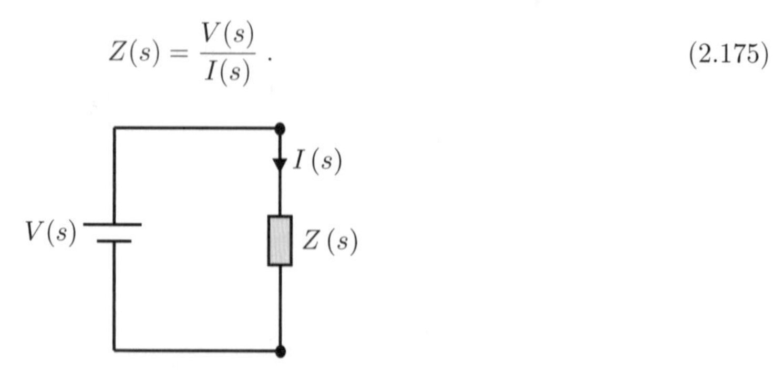

Figura 2.36 Circuito elétrico com dois terminais.

Se o componente entre os terminais for uma resistência R, então

$$v(t) = Ri(t) \Rightarrow V(s) = RI(s) \Rightarrow Z(s) = R \,. \tag{2.176}$$

Se o componente entre os terminais for um capacitor C, com tensão inicial nula, então

$$v(t) = \frac{1}{C}\int_0^t i(t)dt \Rightarrow V(s) = \frac{1}{Cs}I(s) \Rightarrow Z(s) = \frac{1}{Cs} \,. \tag{2.177}$$

Se o componente entre os terminais for uma indutância L, com corrente inicial nula, então

$$v(t) = L\frac{di(t)}{dt} \Rightarrow V(s) = LsI(s) \Rightarrow Z(s) = Ls \,. \tag{2.178}$$

O circuito eletrônico com amplificador operacional na configuração inversora da Figura 2.37 pode ser empregado para implementar controladores com diversos tipos de funções de transferência. Para isso basta fazer uma escolha adequada das impedâncias $Z_1(s)$ e $Z_2(s)$.

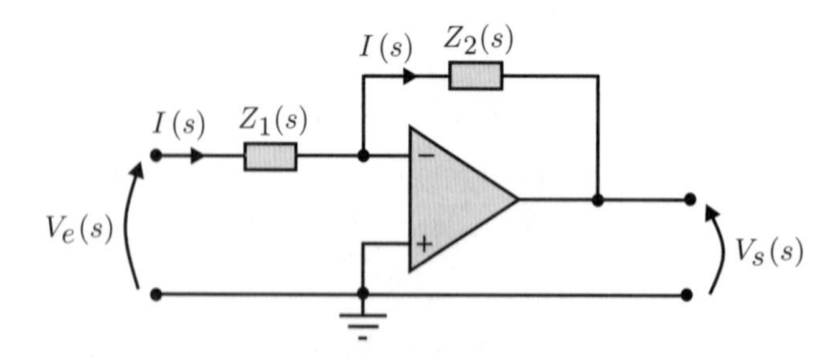

Figura 2.37 Configuração de um amplificador inversor para implementar uma função de transferência.

Usando procedimento análogo ao realizado no domínio do tempo a função de transferência do circuito, que relaciona a transformada de Laplace da tensão de saída $V_s(s)$ com a transformada de Laplace da tensão de entrada $V_e(s)$, é dada por

$$\frac{V_s(s)}{V_e(s)} = -\frac{Z_2(s)}{Z_1(s)} \,. \tag{2.179}$$

2.9 Exercícios resolvidos

Exercício 2.1

Considere o circuito elétrico RLC série da Figura 2.38.

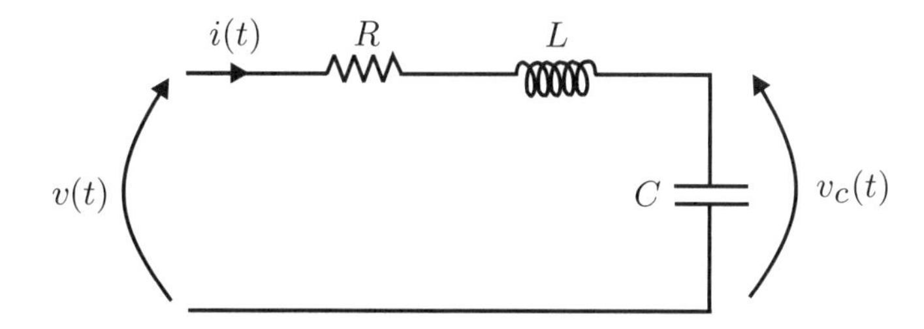

Figura 2.38 Circuito elétrico RLC série.

Supondo que a entrada do circuito é a tensão $v(t)$ e que a saída é a tensão $v_c(t)$ no capacitor, determine a função de transferência $G(s)$, conforme representado na Figura 2.39.

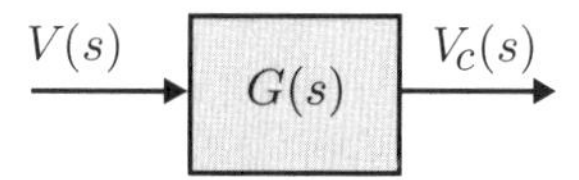

Figura 2.39 Função de transferência.

Solução

Aplicando a lei de Kirchhoff, obtém-se

$$Ri(t) + L\frac{di(t)}{dt} + v_c(t) = v(t) \ . \tag{2.180}$$

Sabendo-se que a corrente $i(t)$ é dada por

$$i(t) = C\frac{dv_c(t)}{dt} \ , \tag{2.181}$$

então,

$$RC\frac{dv_c(t)}{dt} + LC\frac{d^2v_c(t)}{dt^2} + v_c(t) = v(t) \ . \tag{2.182}$$

Aplicando a transformada de Laplace na Equação (2.182) com condições iniciais nulas, obtém-se

$$RCsV_c(s) + LCs^2V_c(s) + V_c(s) = V(s) \ . \tag{2.183}$$

Logo, a função de transferência $G(s)$ é dada por

$$G(s) = \frac{V_c(s)}{V(s)} = \frac{1}{LCs^2 + RCs + 1} \ . \tag{2.184}$$

Exercício 2.2

Considere um tanque de um processo industrial, conforme representado na Figura 2.40.

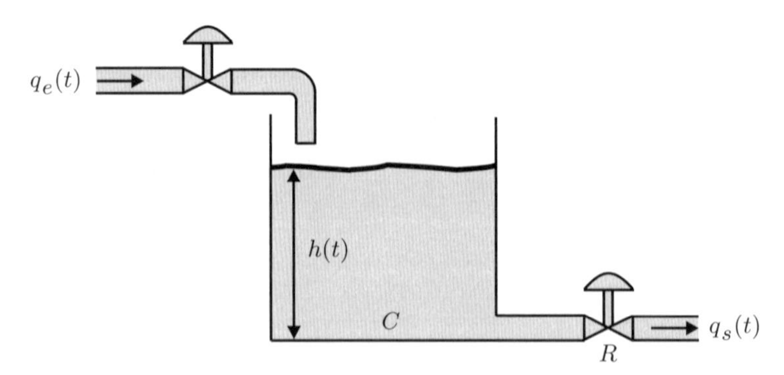

Figura 2.40 Tanque industrial.

As variáveis envolvidas no sistema são:
$q_e(t)$: desvio do fluxo de entrada em relação ao seu valor em regime estacionário (m^3/min);
$q_s(t)$: desvio do fluxo de saída em relação ao seu valor em regime estacionário (m^3/min);
$h(t)$: desvio na altura do nível em relação ao seu valor em regime estacionário (m);
C: capacitância correspondente à área da superfície de líquido no tanque (m^2);
R: resistência ao fluxo de líquido na tubulação (min/m^2).

Em um pequeno intervalo de tempo dt o volume de líquido acumulado no tanque é $Cdh(t)$, que deve ser igual ao volume de líquido de entrada menos o volume de líquido de saída, ou seja,

$$Cdh(t) = (q_e(t) - q_s(t))dt \,. \tag{2.185}$$

Sabe-se que a taxa de fluxo $q_s(t)$ através da restrição de saída é proporcional (K) à raiz quadrada da altura $h(t)$ da coluna de líquido, ou seja,

$$q_s(t) = K\sqrt{h(t)} \,. \tag{2.186}$$

Porém, para pequenas variações de fluxo $q_s(t)$ em torno de um ponto de trabalho pode-se linearizar a função (2.186) e obter[7]

$$q_s(t) = \frac{h(t)}{R} \,, \tag{2.187}$$

em que R é uma constante que pode ser determinada experimentalmente.

Das Equações (2.187) e (2.185) obtém-se

$$C\frac{dh(t)}{dt} + \frac{h(t)}{R} = q_e(t) \,. \tag{2.188}$$

Supondo que a saída do sistema a ser controlada é o nível do tanque $h(t)$ e que a entrada é o fluxo $q_e(t)$, aplicando a transformada de Laplace na Equação (2.188), obtém-se a seguinte função de transferência

$$\frac{H(s)}{Q_e(s)} = \frac{R}{RCs + 1} \,. \tag{2.189}$$

Por outro lado, supondo que a saída do sistema seja o fluxo $q_s(t)$, em vez do nível $h(t)$, e como $H(s) = RQ_s(s)$, então a função de transferência resulta como

$$\frac{Q_s(s)}{Q_e(s)} = \frac{1}{RCs + 1} \,. \tag{2.190}$$

[7]Ver Seção 9.10.1.

Exercício 2.3

Considere o sistema da Figura 2.41.

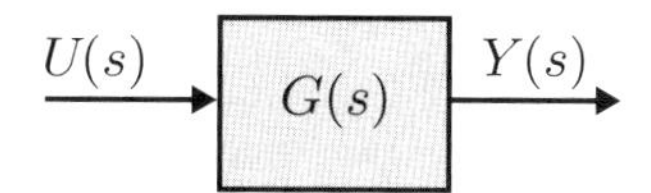

Figura 2.41 Sistema $G(s)$.

Sabendo-se que

$$G(s) = \frac{s+5}{s(s^2+4s+68)}\,, \tag{2.191}$$

determine a resposta da saída $y(t)$ quando a entrada $u(t)$ for um degrau unitário.

Solução

Da definição de função de transferência (2.72), tem-se que

$$Y(s) = G(s)U(s) = \frac{s+5}{s(s^2+4s+68)}U(s)\,. \tag{2.192}$$

Como $u(t)$ é um degrau unitário, então $U(s) = 1/s$. Assim,

$$Y(s) = \frac{s+5}{s^2(s^2+4s+68)} = \frac{s+5}{s^2(\,(s+2)^2+8^2\,)}\,. \tag{2.193}$$

Note que a função $Y(s)$ possui um par de polos complexos conjugados e dois polos na origem (multiplicidade $r = 2$). A expansão em frações parciais dos polos complexos conjugados pode ser realizada através de uma combinação das funções tabeladas

$$\mathcal{L}\left[e^{-at}\text{sen}\omega t\right] = \frac{\omega}{(s+a)^2+\omega^2} \quad \text{e} \quad \mathcal{L}\left[e^{-at}\cos\omega t\right] = \frac{s+a}{(s+a)^2+\omega^2}\,.$$

Expandindo a função $Y(s)$, obtém-se

$$Y(s) = \frac{s+5}{s^2(s^2+4s+68)} \tag{2.194}$$

$$= \frac{b_1}{s^2} + \frac{b_2}{s} + b_3\frac{(s+2)}{(s+2)^2+8^2} + b_4\frac{8}{(s+2)^2+8^2} \tag{2.195}$$

$$= \frac{b_1(s^2+4s+68) + b_2 s(s^2+4s+68) + b_3 s^2(s+2) + 8b_4 s^2}{s^2(s^2+4s+68)}\,. \tag{2.196}$$

Logo,

$$s^3(b_2+b_3) + s^2(b_1+4b_2+2b_3+8b_4) + s(4b_1+68b_2) + 68b_1 = s+5\,. \tag{2.197}$$

Comparando os coeficientes dos dois membros da Equação (2.113), obtém-se o seguinte sistema

$$\begin{cases} \quad\; b_2 + b_3 = 0\,, \\ b_1 + 4b_2 + 2b_3 + 8b_4 = 0\,, \\ 4b_1 + 68b_2 = 1\,, \\ 68b_1 = 5\,. \end{cases} \tag{2.198}$$

A solução do sistema (2.198) resulta como

$$b_1 = \frac{5}{68}\,,\quad b_2 = \frac{3}{289}\,,\quad b_3 = -\frac{3}{289}\,,\quad b_4 = -\frac{109}{9248}.$$

Da tabela de transformadas de Laplace obtém-se

$$y(t) = \frac{5}{68}t + \frac{3}{289} - \frac{3}{289}e^{-2t}\cos(8t) - \frac{109}{9248}e^{-2t}\text{sen}(8t)\,,\quad t \geq 0\,. \tag{2.199}$$

Exercício 2.4

Determine a função de transferência $V_s(s)/V_e(s)$ do sistema da Figura 2.42 e calcule a resposta temporal $v_s(t)$ quando $v_e(t)$ é um degrau unitário. Suponha condições iniciais nulas.

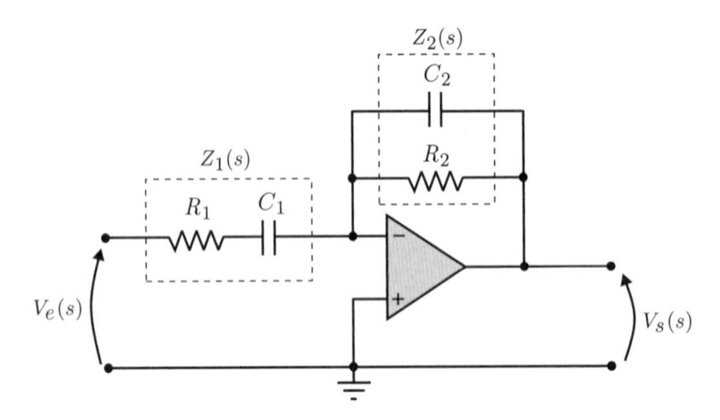

Figura 2.42 Sistema com amplificadores operacionais.

Solução

As impedâncias $Z_1(s)$ e $Z_s(s)$ são dadas, respectivamente, por

$$Z_1(s) = R_1 + \frac{1}{C_1 s} = \frac{R_1 C_1 s + 1}{C_1 s}, \tag{2.200}$$

$$Z_2(s) = \frac{R_2 \frac{1}{C_2 s}}{R_2 + \frac{1}{C_2 s}} = \frac{R_2}{R_2 C_2 s + 1}. \tag{2.201}$$

Da Equação (2.179) obtém-se a função de transferência

$$\frac{V_s(s)}{V_e(s)} = -\frac{Z_2(s)}{Z_1(s)} = -\frac{R_2 C_1 s}{(R_1 C_1 s + 1)(R_2 C_2 s + 1)}. \tag{2.202}$$

Quando a entrada do circuito é um degrau unitário, então $V_e(s) = 1/s$. Então

$$V_s(s) = -\frac{1}{R_1 C_2 \left(s + \frac{1}{R_1 C_1}\right)\left(s + \frac{1}{R_2 C_2}\right)}. \tag{2.203}$$

Expandindo $V_s(s)$ em frações parciais, obtém-se

$$V_s(s) = -\frac{1}{R_1 C_2 \left(s + \frac{1}{R_1 C_1}\right)\left(s + \frac{1}{R_2 C_2}\right)} = \frac{a_1}{s + \frac{1}{R_1 C_1}} + \frac{a_2}{s + \frac{1}{R_2 C_2}}, \tag{2.204}$$

com

$$a_1 = \left[\left(s + \frac{1}{R_1 C_1}\right) V_s(s)\right]_{s = -\frac{1}{R_1 C_1}} = \left[-\frac{1}{R_1 C_2 \left(-\frac{1}{R_1 C_1} + \frac{1}{R_2 C_2}\right)}\right] = -\frac{R_2 C_1}{R_1 C_1 - R_2 C_2}, \tag{2.205}$$

$$a_2 = \left[\left(s + \frac{1}{R_2 C_2}\right) V_s(s)\right]_{s = -\frac{1}{R_2 C_2}} = \left[-\frac{1}{R_1 C_2 \left(-\frac{1}{R_2 C_2} + \frac{1}{R_1 C_1}\right)}\right] = \frac{R_2 C_1}{R_1 C_1 - R_2 C_2}. \tag{2.206}$$

Portanto

$$V_s(s) = \frac{R_2 C_1}{R_1 C_1 - R_2 C_2}\left(-\frac{1}{s + \frac{1}{R_1 C_1}} + \frac{1}{s + \frac{1}{R_2 C_2}}\right). \tag{2.207}$$

Supondo $R_1 C_1 \neq R_2 C_2$, da tabela de transformadas de Laplace (2.3) obtém-se

$$\mathcal{L}^{-1}[V_s(s)] = v_s(t) = \frac{R_2 C_1}{R_1 C_1 - R_2 C_2}\left(-e^{-t/(R_1 C_1)} + e^{-t/(R_2 C_2)}\right), \text{ para } t \geq 0. \tag{2.208}$$

Exercício 2.5

Sabendo-se que o circuito eletrônico com amplificadores operacionais da Figura 2.43 representa o diagrama de blocos do sistema em malha fechada da Figura 2.44, calcule:

a) o ganho K e a constante de tempo T, em função dos componentes passivos do circuito;

b) o valor final da saída $v_s(\infty)$, quando é aplicado um degrau unitário na entrada $v_e(t)$.

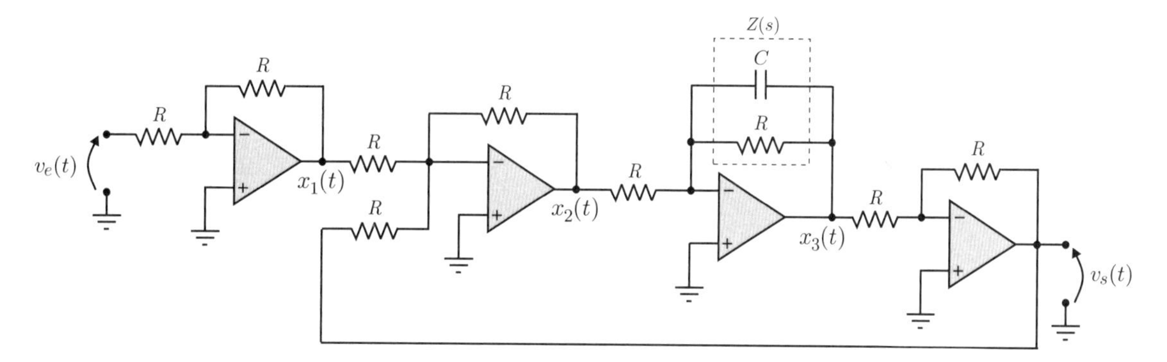

Figura 2.43 Sistema em malha fechada com amplificadores operacionais.

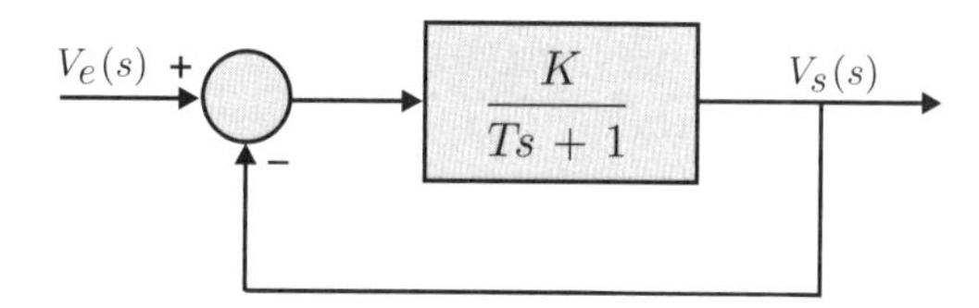

Figura 2.44 Diagrama de blocos do sistema em malha fechada.

Solução

Da Figura 2.43 tem-se que

$$X_1(s) = -V_e(s) \tag{2.209}$$

$$X_2(s) = -(X_1(s) + V_s(s)) = V_e(s) - V_s(s) \tag{2.210}$$

$$X_3(s) = -\frac{Z(s)}{R} X_2(s) = -\frac{1}{RCs+1}[\,V_e(s) - V_s(s)\,] \tag{2.211}$$

$$V_s(s) = -X_3(s) = \frac{1}{RCs+1}[\,V_e(s) - V_s(s)\,] \tag{2.212}$$

Do diagrama em blocos da Figura 2.44 tem-se que

$$V_s(s) = \frac{K}{Ts+1}[\,V_e(s) - V_s(s)\,]\,. \tag{2.213}$$

Comparando as Equações (2.212) e (2.213), obtém-se $K = 1$ e $T = RC$.

A função de transferência do sistema em malha fechada é dada por

$$\frac{V_s(s)}{V_e(s)} = \frac{\frac{K}{Ts+1}}{1+\frac{K}{Ts+1}} = \frac{K}{Ts+1+K}\,. \tag{2.214}$$

Sabendo-se que a entrada $v_e(t)$ é um degrau unitário ($V_e(s) = 1/s$), do teorema do valor final (2.65) tem-se que

$$v_s(\infty) = \lim_{s\to 0} sV_s(s) = \lim_{s\to 0} s\frac{K}{(Ts+1+K)}\frac{1}{s} = \frac{K}{1+K} = 0{,}5\,. \tag{2.215}$$

2.10 Exercícios propostos

Exercício 2.6

Considere o sistema de suspensão de um cesto por meio de uma polia, conforme representado na Figura 2.45.

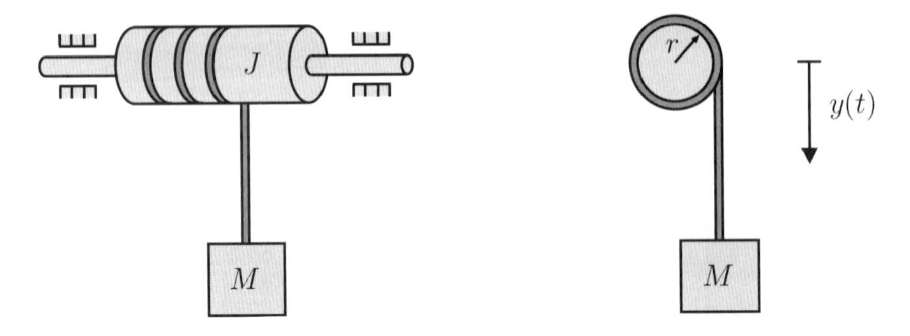

Figura 2.45 Sistema de suspensão de um cesto por meio de uma polia.

Sabe-se que o cesto tem massa M, a polia tem momento de inércia J, raio externo r e atrito desprezível. Impondo o equilíbrio de forças verticais no cesto e o equlíbrio de conjugados na polia, mostre que o movimento vertical do cesto é descrito pela seguinte equação diferencial:

$$(J + r^2 M)\frac{d^2y(t)}{dt^2} - r^2 Mg = 0 \,, \tag{2.216}$$

sendo g a aceleração da gravidade.

Exercício 2.7

Deduza a equação diferencial que modela o tanque misturador de líquido do Exemplo 2.5, supondo que nele ocorre uma reação química interna que produz o sal à taxa $r = -kX(t)$ $[\,\mathrm{kg/(m^3 s)}\,]$, com k constante. Suponha que a reação química tenha efeito térmico desprezível.

Exercício 2.8

Determine a função de transferência $Q_{s2}(s)/Q_{e1}(s)$ do sistema com dois tanques interligados da Figura 2.46, em termos das constantes R_1, R_2, C_1 e C_2. Suponha para pequenas variações que

$$q_{s1}(t) = \frac{h_1(t) - h_2(t)}{R_1} \quad \text{e} \quad q_{s2}(t) = \frac{h_2(t)}{R_2} \,.$$

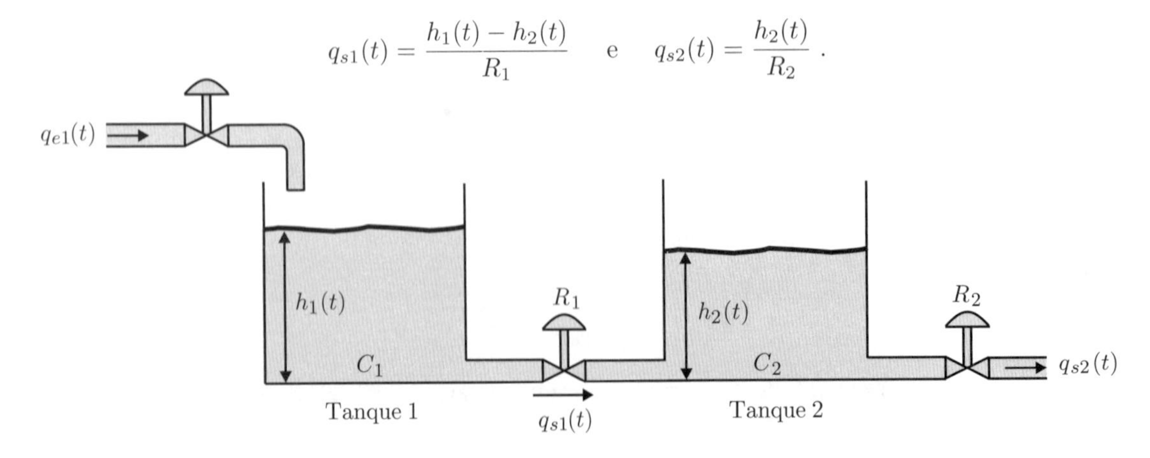

Figura 2.46 Dois tanques interligados.

Exercício 2.9

Considere o sistema mecânico da Figura 2.47 com massa M, constante de mola k e constante de amortecedor b.

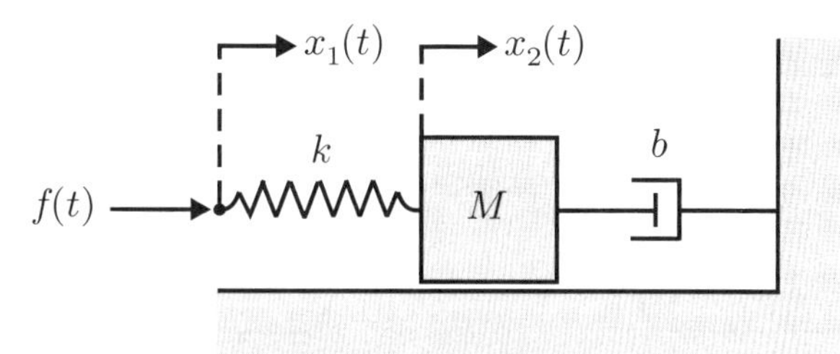

Figura 2.47 Sistema mecânico.

Sendo $x_1(t)$ e $x_2(t)$ deslocamentos e $f(t)$ a força aplicada, determine as funções de transferência $X_1(s)/F(s)$, $X_2(s)/X_1(s)$ e $X_2(s)/F(s)$.

Exercício 2.10

Determine a função de transferência $\Theta_m(s)/T_m(s)$ do sistema com engrenagens da Figura 2.48, sabendo-se que: $\tau_m(t)$ é o torque do motor; $\theta_m(t)$ é a posição angular do eixo do motor; J_m é o momento de inércia do motor; $\theta_A(t)$ é a posição angular do eixo da carga; J_A é o momento de inércia da carga; K é uma constante de torção; B é o coeficiente de amortecimento e n é o fator de redução das engrenagens.

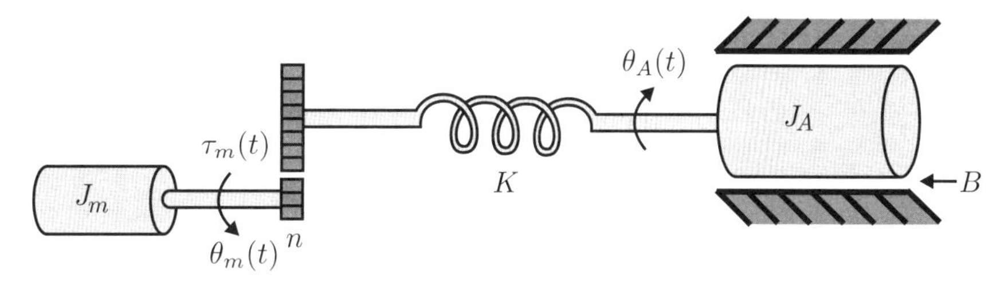

Figura 2.48 Sistema com engrenagens.

Exercício 2.11

Calcule as transformadas de Laplace das seguintes funções:

a) $f(t) = e^{-at} \operatorname{sen} \omega t$;
b) $f(t) = e^{-at} \cos \omega t$.

Exercício 2.12

Determine a transformada inversa de Laplace das funções:

a) $F(s) = \dfrac{1}{s(s^2+1)}$;

b) $F(s) = \dfrac{1}{(s+1)^2(s+2)^3}$;

c) $F(s) = \dfrac{2s+12}{s^2+2s+5}$;

d) $F(s) = \dfrac{1}{s(s^2+2\xi\omega_n s+\omega_n^2)}$.

Exercício 2.13

Determine as funções de transferência de cada um dos sistemas da rede RC da Figura 2.49. Suponha que a entrada seja a tensão $v_e(t)$ e que a saída seja a tensão $v_s(t)$.

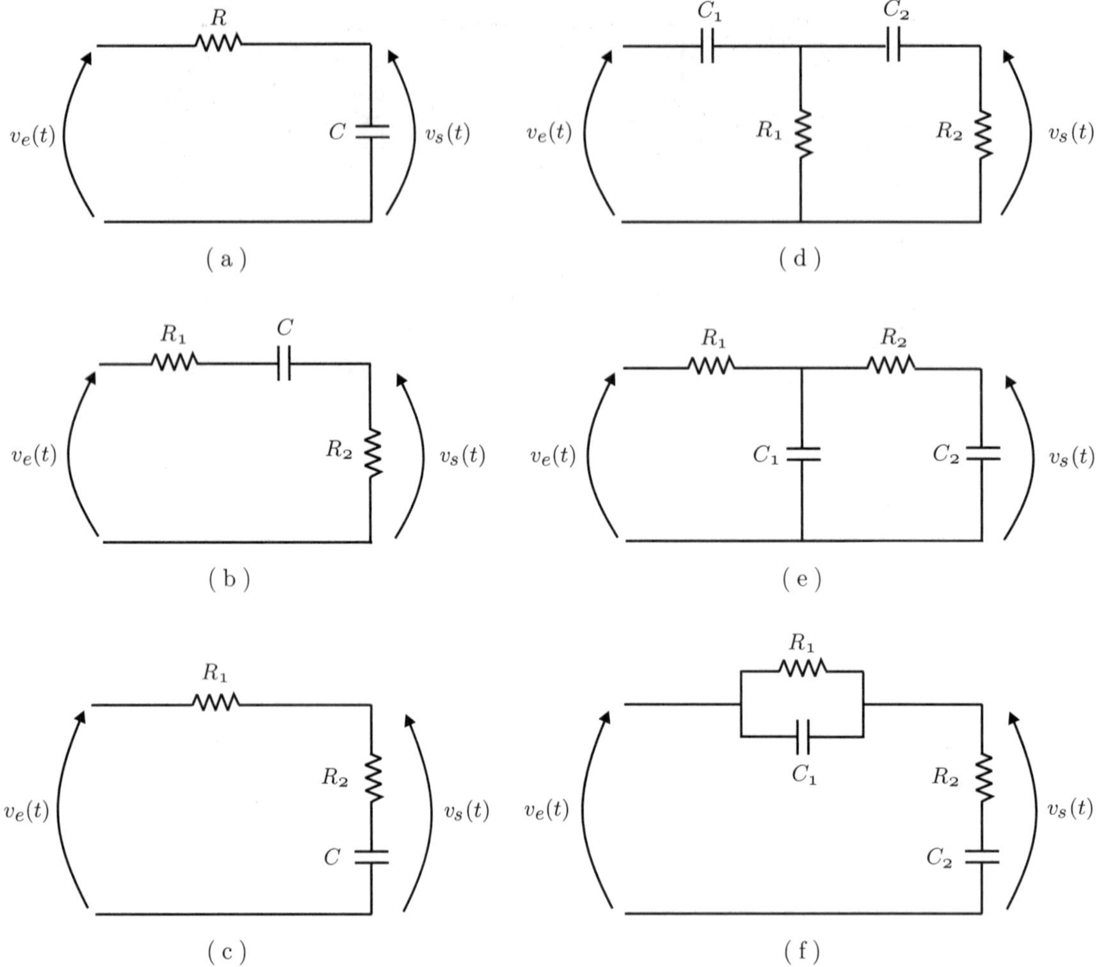

Figura 2.49 Sistemas de rede RC.

Exercício 2.14

Resolva as seguintes equações diferenciais usando a transformada de Laplace:

a) $\dot{f}(t) + 2f(t) = 6$, com $f(0) = 0$;

b) $\ddot{f}(t) + 3\dot{f}(t) + 2f(t) = 0$, com $f(0) = 1$ e $\dot{f}(0) = 0$;

c) $\ddot{f}(t) + 2\dot{f}(t) + 5f(t) = 0$, com $f(0) = 1$ e $\dot{f}(0) = 7$.

Exercício 2.15

Desenhe os esquemas dos circuitos analógicos correspondentes às seguintes equações diferenciais:

a) $\ddot{f}(t) + 0{,}5f(t) = 0$;

b) $\dot{y}(t) + y(t) = 5u(t)$, com entrada $u(t)$ e saída $y(t)$;

c) $\ddot{y}(t) + \dot{y}(t) + 2y(t) = 4u(t)$, com entrada $u(t)$ e saída $y(t)$.

Exercício 2.16

Um servomecanismo foi acoplado a um microscópio, como ilustrado na Figura 2.50, para realizar o controle da posição de uma plataforma de testes de circuitos integrados.

Figura 2.50 Servomecanismo acoplado a microscópio para controle da posição de uma plataforma de testes de circuitos integrados.

O servomecanismo é composto por um motor de corrente contínua, com realimentação tacométrica da velocidade $\omega(t)$, cujo diagrama de blocos está representado na Figura 2.51.

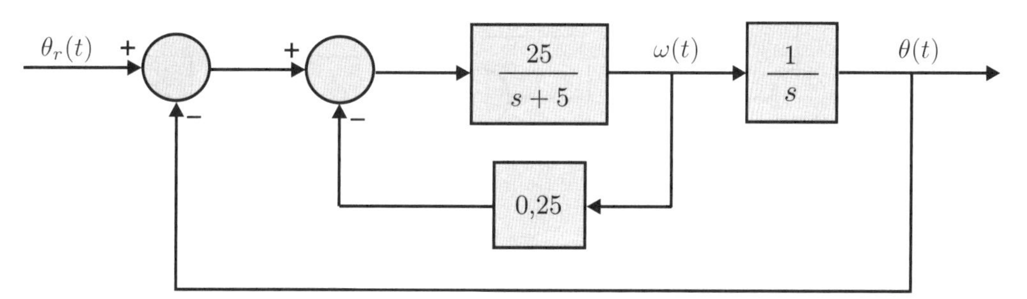

Figura 2.51 Servomecanismo com realimentação tacométrica de velocidade.

Aplicando-se um degrau unitário na entrada $\theta_r(t)$, calcule:
a) a função de transferência do sistema em malha fechada $\theta(s)/\theta_r(s)$;
b) a resposta temporal $\theta(t)$ da posição angular;
c) o valor final $\theta(\infty)$ da posição angular.

Exercício 2.17

Determine a função de transferência $Y(s)/R(s)$ do sistema da Figura 2.52 e calcule os valores inicial e final de $y(t)$ quando $R(s)$ for um degrau unitário.

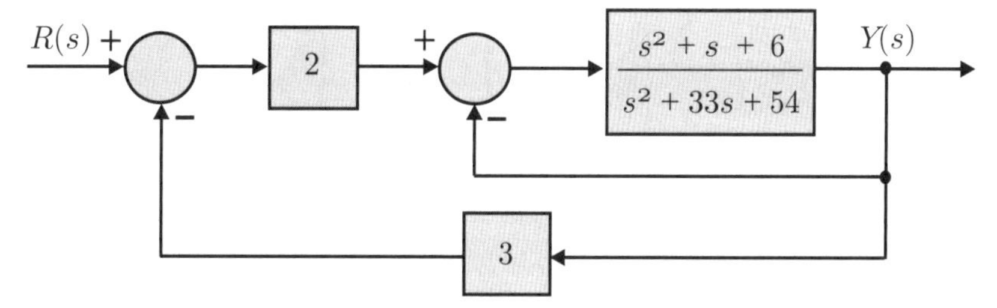

Figura 2.52 Sistema com realimentação.

Exercício 2.18

Considere o sistema da Figura 2.53.

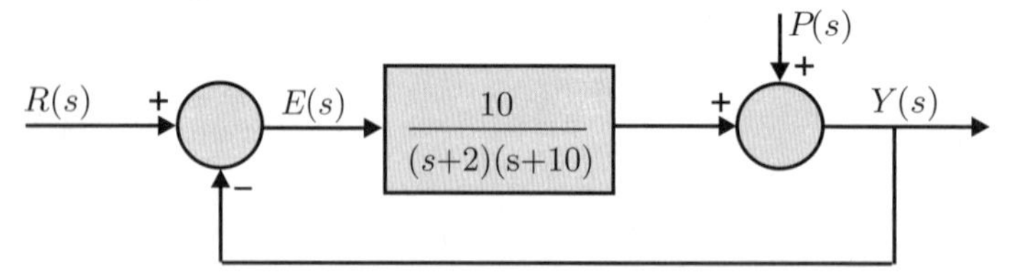

Figura 2.53 Sistema com entrada de referência $R(s)$ e de perturbação $P(s)$.

a) Determine as funções de transferência:

$$\left.\frac{Y(s)}{R(s)}\right|_{P(s)=0}, \quad \left.\frac{Y(s)}{P(s)}\right|_{R(s)=0} \quad \text{e} \quad \left.\frac{E(s)}{R(s)}\right|_{P(s)=0}.$$

b) Sabendo-se que $R(s)$ e $P(s)$ são entradas do tipo degrau unitário, calcule os valores estacionários $y(\infty)$ e $e(\infty)$ nos casos do item anterior.

Exercício 2.19

Determine a função de transferência $Y(s)/R(s)$ do diagrama de blocos da Figura 2.54.

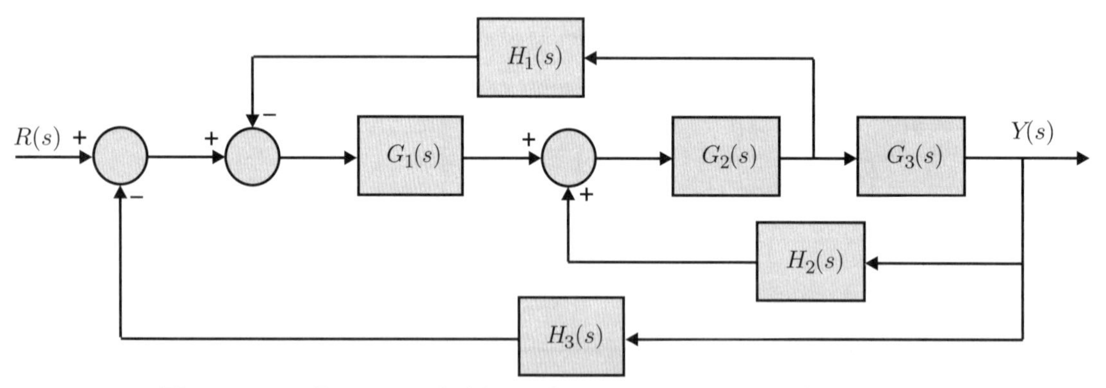

Figura 2.54 Diagrama de blocos de um sistema com múltiplos laços.

Exercício 2.20

Determine a função de transferência $V_s(s)/V_e(s)$ do sistema da Figura 2.55 e calcule a resposta temporal $v_s(t)$ quando $v_e(t)$ é um degrau unitário. Suponha condições iniciais nulas.

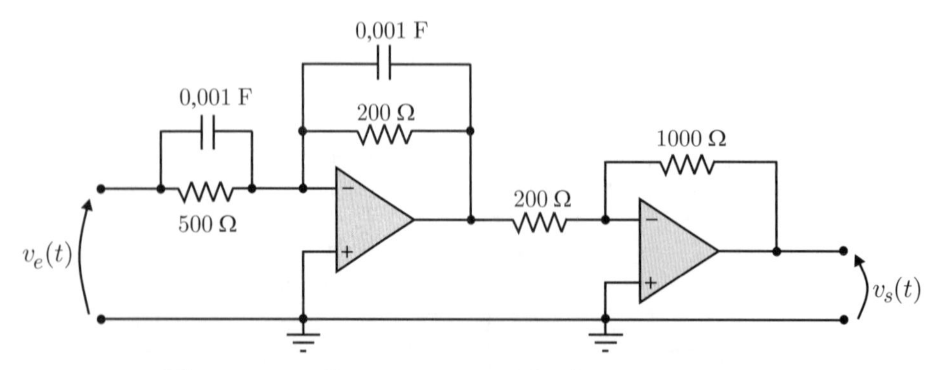

Figura 2.55 Sistema com amplificadores operacionais.

3

Análise no Domínio do Tempo

3.1 Introdução

Uma das especificações usuais, empregadas na análise de sistemas de controle dinâmico, é a sua resposta temporal quando sinais particulares são aplicados a suas entradas. Normalmente estes são sinais simples, tais como impulso, degrau, rampa e sinal senoidal, cujas transformadas de Laplace são funções racionais.

Neste capítulo é apresentada a definição de estabilidade de sistemas lineares e o critério de Routh, que permite determinar faixas de valores para os parâmetros da função de transferência do sistema, para que o mesmo seja estável. Em seguida são apresentadas as respostas transitórias de sistemas de primeira e segunda ordens e as suas principais características de desempenho. Por fim são estudados o comportamento do erro no estado estacionário e alguns índices de desempenho, consagrados na engenharia de controle, tais como sobressinal, tempo de subida, tempo de acomodação, etc.

3.2 Estabilidade de sistemas lineares

Estabilidade é um objetivo fundamental em qualquer projeto de engenharia de sistemas. Sem estabilidade de alguma variável significativa pode-se afirmar que o sistema não tem utilidade industrial. Mesmo no caso de um oscilador eletrônico para radiotransmissão que, de certo ponto de vista, pode ser classificado como instável, mas cuja utilidade prática requer a estabilidade da frequência e da amplitude da oscilação do sinal.

Para sistemas lineares é sempre adotado o conceito de estabilidade BIBO (*Bounded Input Bounded Output*), que é definida impondo uma condição sobre a amplitude do sinal de saída dada uma condição sobre a amplitude do sinal de entrada.

Um sistema linear é BIBO estável se qualquer sinal de entrada com amplitude finita (*bounded*) produz sinal de saída com amplitude também finita (*bounded*).

A palavra *qualquer* na definição anterior é fundamental e tem o objetivo de assegurar que num sistema estável BIBO nenhum sinal de saída do sistema pode disparar em amplitude sem que haja uma excitação intencional, uma entrada de amplitude não limitada. A estabilidade BIBO é, portanto, um requisito prático de segurança, de utilidade operacional do sistema.

Para sistemas não lineares outros conceitos de estabilidade são necessários, mas sempre resultam em segurança e previsibilidade de comportamento.

3.2.1 Teorema da estabilidade linear

O teorema, enunciado a seguir e provado em Geromel [29], tem extraordinária importância em engenharia de controle.

Teorema 3.1 *Um sistema linear invariante no tempo é BIBO estável se e somente se todos os polos de sua função de transferência estão localizados no semiplano esquerdo aberto do plano s, excluído o eixo imaginário.*

Na Figura 3.1 está representada em cor cinza a "região estável" do plano s.

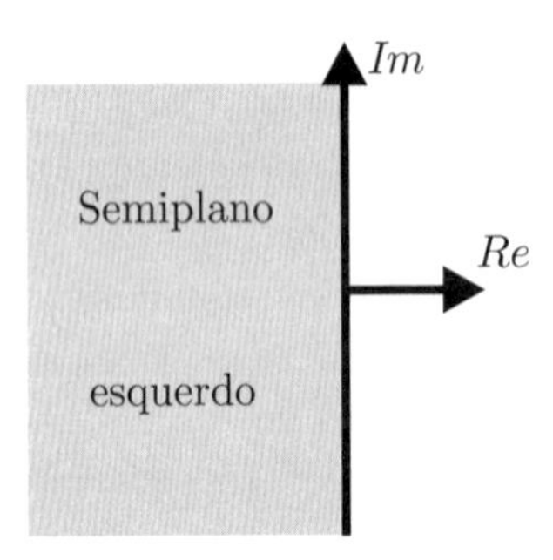

Figura 3.1 "Região estável" do plano s.

Exemplo 3.1

Considere o sistema linear da Figura 3.2.

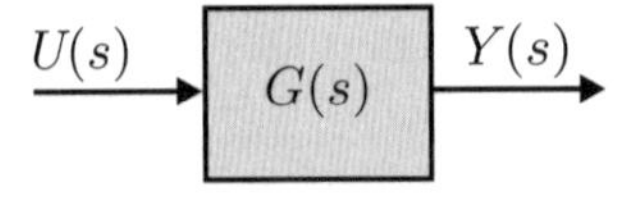

Figura 3.2 Sistema linear.

A função de transferência $G(s)$ é dada por

$$G(s) = \frac{a}{s+a} . \tag{3.1}$$

• Se $a > 0$ o sistema $G(s)$ é BIBO estável, pois o seu polo está localizado no semiplano esquerdo aberto do plano s.

• Se $a < 0$ o sistema $G(s)$ é BIBO instável, pois o seu polo está localizado no semiplano direito aberto do plano s.

Aplicando na entrada $U(s)$ do sistema um sinal com amplitude finita como, por exemplo, um degrau unitário, obtém-se

$$Y(s) = G(s)U(s) = \frac{a}{s(s+a)} \ . \tag{3.2}$$

Expandindo $Y(s)$ em frações parciais, obtém-se

$$Y(s) = \frac{1}{s} - \frac{1}{s+a} \ . \tag{3.3}$$

A transformada de Laplace inversa da Equação (3.3) é dada por

$$y(t) = 1 - e^{-at} \ , \quad \text{para} \ \ t \geq 0 \ . \tag{3.4}$$

• Se $a > 0$, a resposta (3.4) possui uma exponencial decrescente. O sinal com amplitude finita (degrau unitário), aplicado na entrada do sistema, produz um sinal de saída também com amplitude finita, pois para t tendendo a infinito $y(\infty) = 1$.

• Se $a < 0$, a resposta (3.4) possui uma exponencial crescente. O sinal com amplitude finita (degrau unitário), aplicado na entrada do sistema, produz um sinal de saída com amplitude ilimitada, pois para t tendendo a infinito $y(\infty) = \infty$.

Portanto, o sistema é BIBO estável para $a > 0$ e BIBO instável para $a < 0$.

■

Exemplo 3.2

Supondo que a função de transferência do sistema da Figura 3.2 seja

$$G(s) = \frac{1}{s^2+1} \ , \tag{3.5}$$

então o sistema $G(s)$ é BIBO instável, pois os seus polos ($s_1 = +j$ e $s_2 = -j$) estão localizados sobre o eixo imaginário do plano s.

Justificativa: aplicando-se em $G(s)$ uma entrada com amplitude finita como, por exemplo, um sinal cossenoidal $u(t) = \cos t \Rightarrow U(s) = s/(s^2+1)$, resulta

$$Y(s) = G(s)U(s) = \frac{s}{(s^2+1)^2} \ . \tag{3.6}$$

Da tabela de transformadas de Laplace obtém-se

$$y(t) = 0{,}5\, t \operatorname{sen} t \ , \quad \text{para} \ \ t \geq 0 \ , \tag{3.7}$$

que é um sinal de amplitude não finita.

Logo, em sistemas com polos sobre o eixo imaginário um sinal com amplitude finita pode produzir uma saída com amplitude ilimitada. Portanto, tais sistemas são BIBO instáveis.

O caso de polos no eixo imaginário corresponde na prática aos sistemas ressonantes com perdas de energia desprezíveis como, por exemplo, as estruturas mecânicas. Como se sabe da experiência, aplicando um sinal na frequência da ressonância, por pequeno que seja, a amplitude da resposta tende a infinito.

■

3.3 Critério de estabilidade de Routh

Considere um sistema com função de transferência $G(s)$ dada por

$$G(s) = \frac{N(s)}{D(s)} = \frac{N(s)}{a_0 s^n + a_1 s^{n-1} + \ldots + a_{n-1}s + a_n}, \tag{3.8}$$

sendo $N(s)$ e $D(s)$ correspondentes ao numerador e ao denominador de $G(s)$, respectivamente.

O critério de Routh[1] permite determinar quantos polos da função de transferência $G(s)$ pertencem ao semiplano direito aberto do plano s, sem precisar calcular as raízes do polinômio $D(s)$. Portanto, este critério permite determinar se o sistema $G(s)$ é ou não estável.

Para isso, primeiramente escreva o polinômio característico $D(s)$ na forma

$$D(s) = a_0 s^n + a_1 s^{n-1} + \ldots + a_{n-1}s + a_n\,. \tag{3.9}$$

Condição 1: Se no polinômio $D(s)$ estiver faltando algum dos coeficientes a_i $(i = 0, 1, 2, \ldots, n)$, isto é, se $D(s)$ tiver algum coeficiente $a_i = 0$ ou se todos os coeficientes a_i não tiverem o mesmo sinal, então pode-se concluir imediatamente que o sistema $G(s)$ é BIBO instável. Caso contrário, deve-se verificar a condição 2.

Condição 2: Se todos os coeficientes a_i do polinômio $D(s)$ estiverem presentes, isto é, se nenhum deles for nulo e se todos os coeficientes tiverem o mesmo sinal (todos positivos ou todos negativos), então deve-se organizar os coeficientes de acordo com a tabela de Routh 3.1. O sistema $G(s)$ é BIBO estável se todos os elementos da primeira coluna de coeficientes da tabela de Routh tiverem o mesmo sinal. Caso contrário, o sistema $G(s)$ é BIBO instável. Esta é uma condição necessária e suficiente para determinar se $G(s)$ é BIBO estável ou instável.

Tabela 3.1 Tabela de Routh

	1ª coluna de coeficientes					
s^n	a_0	a_2	a_4	a_6	$\ldots$	0
s^{n-1}	a_1	a_3	a_5	a_7	$\ldots$	0
s^{n-2}	b_1	b_2	b_3	b_4	$\ldots$	
s^{n-3}	c_1	c_2	c_3	c_4	$\ldots$	
$\ldots$	$\ldots$					
s^1	f_1					
s^0	g_1					

Os coeficientes $(b_i, c_i, \ldots)$ da tabela de Routh são calculados como

$$b_1 = -\frac{\det\begin{bmatrix} a_0 & a_2 \\ a_1 & a_3 \end{bmatrix}}{a_1} = \frac{a_1 a_2 - a_0 a_3}{a_1} \qquad c_1 = -\frac{\det\begin{bmatrix} a_1 & a_3 \\ b_1 & b_2 \end{bmatrix}}{b_1} = \frac{b_1 a_3 - a_1 b_2}{b_1}$$

$$b_2 = -\frac{\det\begin{bmatrix} a_0 & a_4 \\ a_1 & a_5 \end{bmatrix}}{a_1} = \frac{a_1 a_4 - a_0 a_5}{a_1} \qquad c_2 = -\frac{\det\begin{bmatrix} a_1 & a_5 \\ b_1 & b_3 \end{bmatrix}}{b_1} = \frac{b_1 a_5 - a_1 b_3}{b_1}$$

$$b_3 = -\frac{\det\begin{bmatrix} a_0 & a_6 \\ a_1 & a_7 \end{bmatrix}}{a_1} = \frac{a_1 a_6 - a_0 a_7}{a_1} \qquad c_3 = -\frac{\det\begin{bmatrix} a_1 & a_7 \\ b_1 & b_4 \end{bmatrix}}{b_1} = \frac{b_1 a_7 - a_1 b_4}{b_1}$$

$$\ldots \qquad \ldots$$

[1] Uma prova do critério de estabilidade de Routh pode ser encontrada em [14].

Critério de Routh: o número de raízes com parte real positiva é igual ao número de mudanças de sinal dos elementos da primeira coluna de coeficientes da tabela de Routh.

Caso algum coeficiente calculado da primeira coluna da tabela de Routh $(b_1, c_1, \ldots)$ seja nulo, então o sistema também é BIBO instável.

Uma importante aplicação do critério de Routh é na determinação da estabilidade de um sistema quando há um ou mais parâmetros variáveis, como por exemplo, o ganho de um controlador.

Exemplo 3.3

Considere um sistema com função de transferência

$$G(s) = \frac{s-1}{s^3 + 3s^2 + as + 1} . \tag{3.10}$$

O polinômio do denominador de $G(s)$ é dado por

$$D(s) = s^3 + 3s^2 + as + 1 . \tag{3.11}$$

• Se $a = 0$, um dos coeficientes do polinômio $D(s)$ é nulo e com isso o sistema $G(s)$ é BIBO instável.

• Se $a < 0$, um dos coeficientes do polinômio $D(s)$ tem sinal trocado e com isso o sistema $G(s)$ é BIBO instável.

• Se $a > 0$, para determinar se o sistema $G(s)$ é estável ou instável é necessário montar a tabela de Routh 3.2.

Tabela 3.2 Tabela de Routh

s^3	1	a
s^2	3	1
s^1	b_1	b_2
s^0	c_1	

1ª coluna
de coeficientes

Os coeficientes b_1, b_2 e c_1 da tabela de Routh são calculados como

$$b_1 = \frac{a_1 a_2 - a_0 a_3}{a_1} = \frac{3a-1}{3} , \tag{3.12}$$

$$b_2 = \frac{a_1 a_4 - a_0 a_5}{a_1} = 0 , \tag{3.13}$$

$$c_1 = \frac{b_1 a_3 - a_1 b_2}{b_1} = 1 . \tag{3.14}$$

Todos os coeficientes da primeira coluna da tabela de Routh têm o mesmo sinal quando

$$b_1 > 0 \Rightarrow \frac{3a-1}{3} > 0 \Rightarrow a > \frac{1}{3} . \tag{3.15}$$

Portanto, o sistema $G(s)$ é BIBO estável se e somente se $a > \frac{1}{3}$.

Para $0 < a < \frac{1}{3}$ ocorrem duas mudanças de sinal na primeira coluna de coeficientes da tabela de Routh, isto é, uma mudança da linha s^2 para s^1 e outra mudança da linha s^1 para s^0. Isso significa que o sistema tem dois polos no semiplano direito aberto do plano s. Portanto, nesse caso $G(s)$ é BIBO instável.

Note que, para $a = \frac{1}{3}$, o coeficiente b_1 é igual a zero e com isso todos os elementos da terceira linha da tabela são nulos. Pode-se verificar neste exemplo que $G(s)$ resulta com dois polos sobre o eixo imaginário. Logo, para $a = \frac{1}{3}$ o sistema $G(s)$ é BIBO instável.

■

3.4 Sistemas de primeira ordem

Seja um sistema linear de primeira ordem, conforme representado na Figura 3.3.

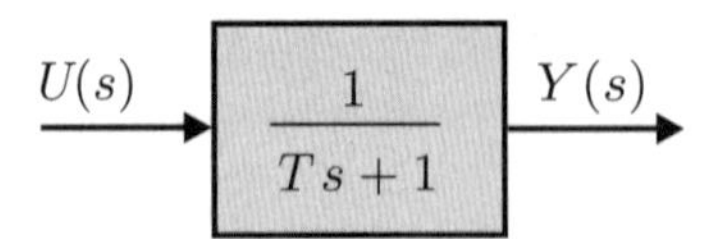

Figura 3.3 Sistema linear de primeira ordem.

A função de transferência $G(s)$ do sistema da Figura 3.3 é dada por

$$G(s) = \frac{Y(s)}{U(s)} = \frac{1}{Ts+1}\,, \tag{3.16}$$

sendo $T > 0$ chamada de constante de tempo do sistema.

3.4.1 Resposta ao impulso

Fisicamente o impulso é um pulso de duração muito pequena e serve para descrever uma variável física que só se altera durante um intervalo de tempo desprezível como, por exemplo, nos fenômenos de choque mecânico. Considerando que é fisicamente impossível a resposta de qualquer sistema real anteceder ao sinal que o excita, toda resposta ao impulso deve ser nula para $t < 0$. Esta é a chamada condição de realizabilidade física.

Quando a entrada do sistema da Figura 3.3 é um impulso unitário, isto é $u(t) = \delta(t)$, então $U(s) = 1$. Da Equação (3.16) tem-se que

$$G(s) = Y(s) = \frac{1}{Ts+1} = \frac{\frac{1}{T}}{s+\frac{1}{T}}\,. \tag{3.17}$$

Portanto, a resposta temporal $y(t)$ da saída do sistema é dada por

$$y(t) = \frac{1}{T}\,e^{-t/T}, \quad \text{para } t \geq 0\,. \tag{3.18}$$

O gráfico da resposta ao impulso unitário para $T > 0$ é apresentado na Figura 3.4.

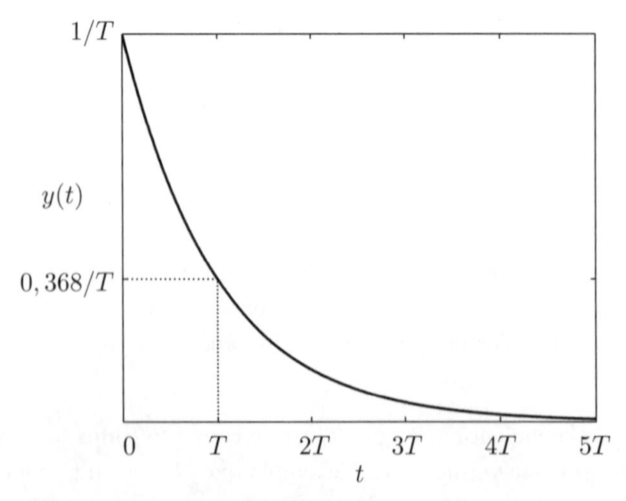

Figura 3.4 Resposta ao impulso unitário de um sistema de primeira ordem.

Como a transformada de Laplace da resposta ao impulso $Y(s)$ é a própria função de transferência $G(s)$ do sistema, um registro experimental da resposta ao impulso permitiria estimar a constante de tempo T do sistema: T seria o tempo decorrido da aplicação do impulso até a resposta reduzir-se a 0,368 do valor inicial.

No entanto, devido à possibilidade de ocorrência de ruídos coincidentes com o momento da medida a qualidade desta identificação é menos segura que a de outros métodos.

3.4.2 Resposta ao degrau

Quando a entrada do sistema da Figura 3.3 é um degrau de amplitude A, isto é, $u(t) = A$ para $t \geq 0$, então $U(s) = A/s$. Da Equação (3.16) tem-se que

$$Y(s) = \frac{A}{s(Ts+1)} = \frac{\frac{A}{T}}{s(s+\frac{1}{T})} = \frac{A}{s} - \frac{A}{s+\frac{1}{T}}, \tag{3.19}$$

cuja transformada inversa fornece a resposta ao degrau $y(t)$, dada por

$$y(t) = A(1 - e^{-t/T}), \quad \text{para } t \geq 0\,. \tag{3.20}$$

O gráfico da resposta ao degrau para $T > 0$ é apresentado na Figura 3.5.

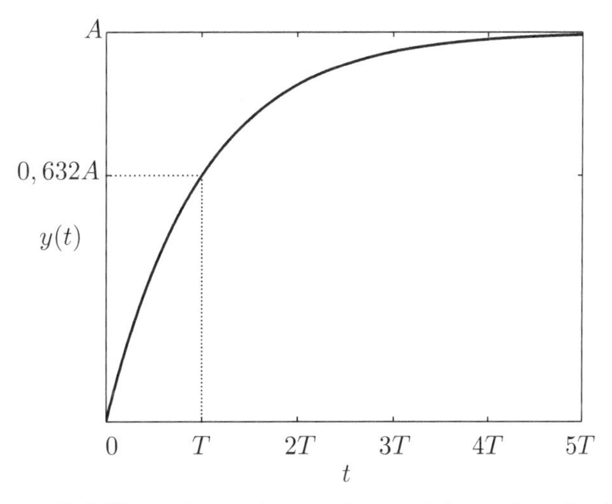

Figura 3.5 Resposta ao degrau de um sistema de primeira ordem.

Uma das características importantes dessa resposta é que em $t = T$ o valor da resposta é $y(T) = 0{,}632A$, ou seja, a resposta $y(t)$ alcança 63,2% de sua variação final. Fisicamente, no instante T a principal parte da energia ou do significado da resposta já ocorreu. Por isso T é chamada de constante de tempo do sistema. Quanto menor for a constante de tempo, mais rápida é a resposta do sistema.

O valor final da saída quando t tende a infinito é dado por

$$y(\infty) = \lim_{t\to\infty} y(t) = A\,. \tag{3.21}$$

Logo,

$$y(t) - y(\infty) = -Ae^{-t/T} = -y(\infty)e^{-t/T}\,. \tag{3.22}$$

Aplicando o logaritmo natural ao módulo dos membros da Equação (3.22), obtém-se

$$\ln|y(t) - y(\infty)| = \ln|-y(\infty)e^{-t/T}| = -\frac{t}{T} + \ln|y(\infty)| \ . \tag{3.23}$$

A expressão (3.23) representa a equação de uma reta, conforme representado na Figura 3.6.

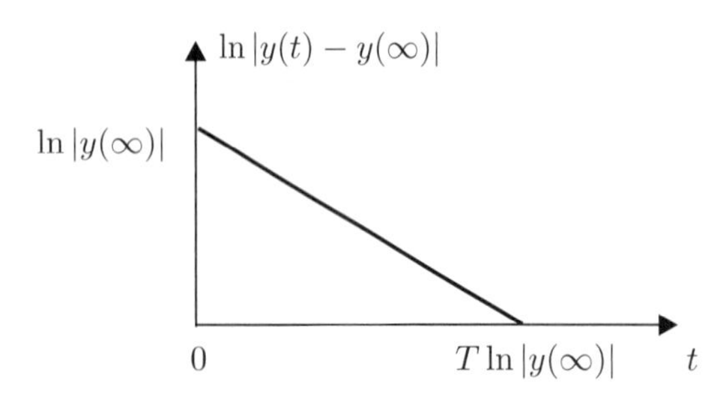

Figura 3.6 Gráfico de $\ln|y(t) - y(\infty)|$ em função de t.

Portanto, para se determinar experimentalmente se um sistema é ou não de primeira ordem e qual é a sua constante de tempo T basta desenhar o gráfico de $\ln|y(t) - y(\infty)|$ em função de t. Se a curva obtida se aproximar de uma reta, então o sistema é de primeira ordem e a inclinação da reta é igual a $-1/T$.

O tempo de subida t_r (*rise time*) de sistemas de primeira ordem é definido como o tempo para a resposta ao degrau ir de 10% a 90% do seu valor final, conforme é mostrado na Figura 3.7.

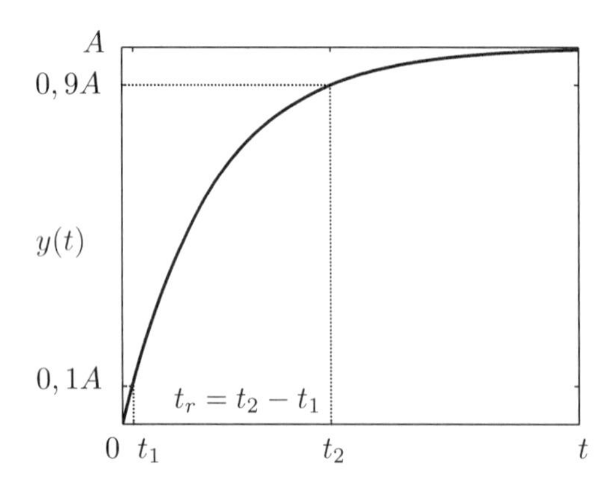

Figura 3.7 Tempo de subida t_r de um sistema de primeira ordem.

O tempo de subida t_r também serve para estimar a constante de tempo T. Sendo t_1 e t_2 os instantes em que a resposta vale 0,1A e 0,9A, respectivamente, então

$$y(t_1) = A(1 - e^{-t_1/T}) = 0{,}1A \tag{3.24}$$

$$y(t_2) = A(1 - e^{-t_2/T}) = 0{,}9A \tag{3.25}$$

ou

$$Ae^{-t_1/T} = 0{,}9A \tag{3.26}$$

$$Ae^{-t_2/T} = 0{,}1A \ . \tag{3.27}$$

Dividindo a Equação (3.26) pela Equação (3.27), obtém-se

$$e^{(t_2-t_1)/T} = 9 \ . \tag{3.28}$$

Como $t_r = t_2 - t_1$,

$$t_r = T \ln 9 \ . \tag{3.29}$$

3.4.3 Resposta à rampa

Quando a entrada do sistema da Figura 3.3 é uma rampa unitária, isto é $u(t) = t$ para $t \geq 0$, então $U(s) = 1/s^2$. Da Equação (3.16) tem-se que

$$Y(s) = \frac{1}{s^2(Ts+1)} = \frac{\frac{1}{T}}{s^2(s+\frac{1}{T})} = \frac{1}{s^2} - \frac{T}{s} + \frac{T}{s+\frac{1}{T}}, \tag{3.30}$$

cuja transformada inversa é dada por

$$y(t) = t - T + Te^{-t/T}, \quad \text{para } t \geq 0 . \tag{3.31}$$

Para $T > 0$, o gráfico da resposta $y(t)$ para entrada rampa unitária é apresentado na Figura 3.8.

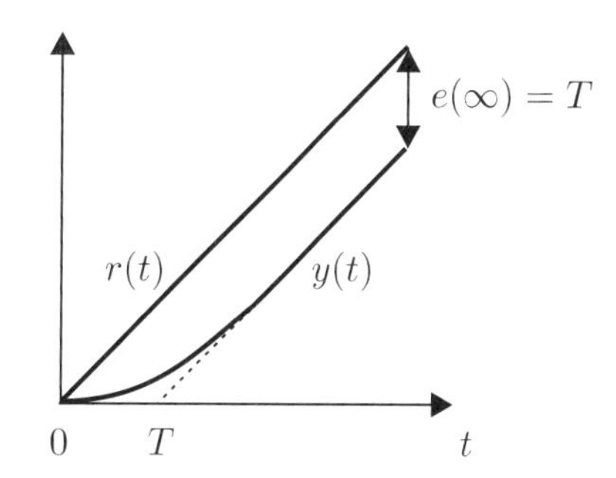

Figura 3.8 Resposta $y(t)$ para entrada rampa unitária $r(t)$.

O erro $e(t)$ entre a entrada $u(t)$ e a saída $y(t)$ do sistema é dado por

$$e(t) = u(t) - y(t) = t - (t - T + Te^{-t/T}) = T - Te^{-t/T} . \tag{3.32}$$

Logo, o erro no estado estacionário vale

$$e(\infty) = \lim_{t\to\infty} e(t) = T . \tag{3.33}$$

Portanto, quanto menor for a constante de tempo T menor será o erro $e(\infty)$ no estado estacionário e mais rápido será o transitório da saída $y(t)$.

Analisando-se as respostas (3.18), (3.20) e (3.31), conclui-se que:

- a resposta ao impulso unitário é igual à derivada da resposta ao degrau unitário ($A = 1$);
- a resposta ao degrau unitário ($A = 1$) é igual à derivada da resposta à rampa unitária.

3.5 Sistemas de segunda ordem

Considere um sistema de segunda ordem normalizado para ganho unitário quando $s = 0$, conforme representado na Figura 3.9.

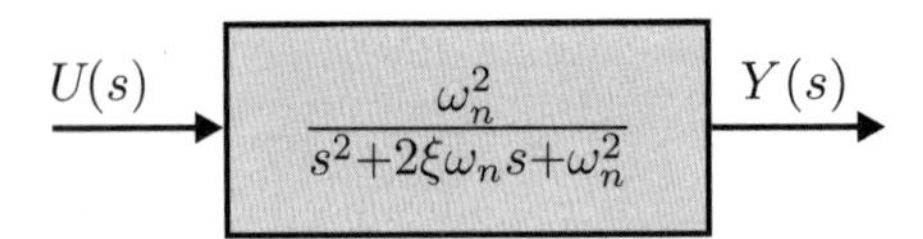

Figura 3.9 Sistema de segunda ordem.

A função de transferência $G(s)$ do sistema da Figura 3.9 é dada por

$$G(s) = \frac{Y(s)}{U(s)} = \frac{\omega_n^2}{s^2 + 2\xi\omega_n s + \omega_n^2} \,. \tag{3.34}$$

O comportamento dinâmico dos sistemas de segunda ordem é determinado inteiramente pelos parâmetros ξ e ω_n. O coeficiente $\omega_n > 0$ é a frequência natural não amortecida e ξ é o coeficiente de amortecimento.

Os polos s_1 e s_2 da função de transferência (3.34) são

$$s_{1,2} = \frac{-2\xi\omega_n \pm \sqrt{4\xi^2\omega_n^2 - 4\omega_n^2}}{2} = -\xi\omega_n \pm \omega_n\sqrt{\xi^2 - 1} \,. \tag{3.35}$$

Para que o sistema seja estável é necessário que os polos s_1 e s_2 estejam localizados no semiplano esquerdo aberto do plano s, isto é, o coeficiente de amortecimento $\xi > 0$ pode assumir os seguintes valores:

- $0 < \xi < 1$: os polos s_1 e s_2 são complexos conjugados e o sistema é dito subamortecido;
- $\xi = 1$: os polos s_1 e s_2 são reais e iguais e diz-se que o sistema tem amortecimento crítico;
- $\xi > 1$: os polos s_1 e s_2 são reais e diferentes e o sistema é superamortecido ou sobreamortecido.

Se $\xi = 0$, o sistema não é estável e a resposta do sistema é oscilatória, isto é, sem amortecimento.

A seguir são estudadas as respostas ao degrau unitário para cada um desses casos.

3.5.1 Sistema subamortecido: $0 < \xi < 1$

Para $0 < \xi < 1$ os polos do sistema são complexos conjugados, ou seja,

$$s_{1,2} = -\xi\omega_n \pm \omega_n\sqrt{1 - \xi^2}\, j = -\xi\omega_n \pm \omega_d\, j \,, \tag{3.36}$$

sendo $\omega_d = \omega_n\sqrt{1 - \xi^2} > 0$ chamada de frequência natural amortecida. Os polos do sistema estão representados na Figura 3.10.

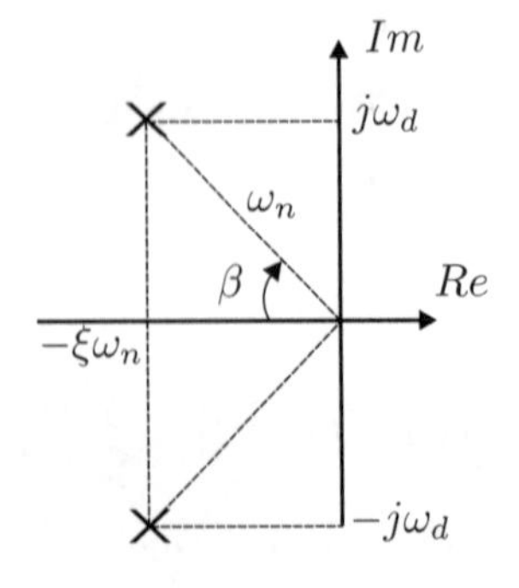

Figura 3.10 Polos complexos conjugados.

Nota-se na Figura 3.10 que o coeficiente de amortecimento ξ é dado por

$$\xi = \cos(\beta) \ . \tag{3.37}$$

Quando a entrada do sistema da Figura 3.9 é um degrau unitário, isto é $U(s) = 1/s$, tem-se da Equação (3.34) que

$$Y(s) = \frac{\omega_n^2}{s(s^2 + 2\xi\omega_n s + \omega_n^2)} \ . \tag{3.38}$$

Expandindo $Y(s)$, obtém-se

$$\begin{aligned} Y(s) &= \frac{1}{s} - \frac{s + 2\xi\omega_n}{s^2 + 2\xi\omega_n s + \omega_n^2} \\ &= \frac{1}{s} - \frac{s + 2\xi\omega_n}{(s + \xi\omega_n)^2 + \omega_d^2} \\ &= \frac{1}{s} - \frac{s + \xi\omega_n}{(s + \xi\omega_n)^2 + \omega_d^2} - \frac{\xi\omega_n}{(s + \xi\omega_n)^2 + \omega_d^2} \\ &= \frac{1}{s} - \frac{s + \xi\omega_n}{(s + \xi\omega_n)^2 + \omega_d^2} - \frac{\xi}{\sqrt{1 - \xi^2}} \left(\frac{\omega_d}{(s + \xi\omega_n)^2 + \omega_d^2} \right) \ . \end{aligned} \tag{3.39}$$

Da tabela de transformadas de Laplace obtém-se a resposta do sistema

$$y(t) = 1 - e^{-\xi\omega_n t}\cos(\omega_d t) - \frac{\xi}{\sqrt{1 - \xi^2}}\, e^{-\xi\omega_n t}\mathrm{sen}\,(\omega_d t) \ , \quad \text{para } t \geq 0 \ , \tag{3.40}$$

ou

$$y(t) = 1 - \frac{1}{\sqrt{1 - \xi^2}}\, e^{-\xi\omega_n t}\mathrm{sen}\,(\omega_d t + \beta) \ , \quad \text{para } t \geq 0 \ . \tag{3.41}$$

Na Figura 3.11 é apresentado o gráfico da resposta ao degrau para $\xi = 0{,}3$.

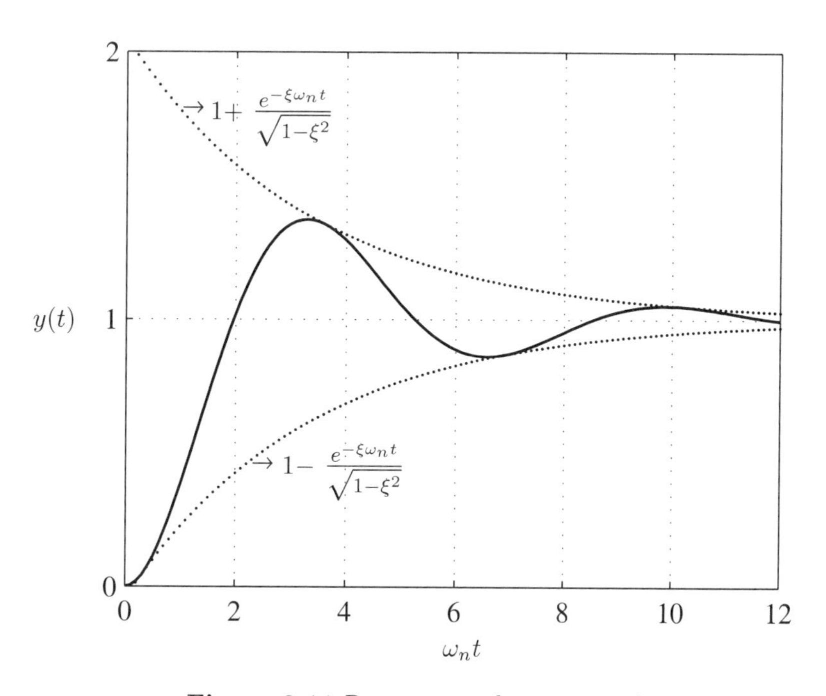

Figura 3.11 Resposta ao degrau para $\xi = 0{,}3$.

Analisando-se o gráfico da Figura 3.11 pode-se perceber que a resposta $y(t)$ é uma oscilação amortecida com frequência ω_d e as envoltórias da oscilação são exponenciais com constante de tempo $T = 1/\xi\omega_n$. Nota-se também que o valor estacionário da saída é $y(\infty) = 1$, ou seja, a saída tende a seguir a entrada $u(t)$.

3.5.2 Sistema oscilatório: $\xi = 0$

Quando o coeficiente de amortecimento é nulo, os polos do sistema (3.34) são complexos conjugados ($s_1 = j\omega_n$, $s_2 = -j\omega_n$) e estão localizados sobre o eixo imaginário, conforme representado na Figura 3.12.

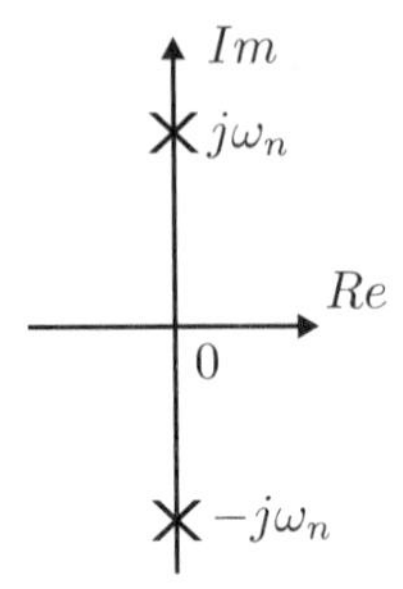

Figura 3.12 Polos complexos conjugados sobre o eixo imaginário.

Fazendo $\xi = 0$ na Equação (3.38), a transformada de Laplace da saída $Y(s)$ resulta

$$Y(s) = \frac{\omega_n^2}{s(s^2 + \omega_n^2)} = \frac{1}{s} - \frac{s}{s^2 + \omega_n^2} \,. \tag{3.42}$$

Logo,

$$y(t) = 1 - \cos(\omega_n t) \quad \text{para} \quad t \geq 0 \,. \tag{3.43}$$

O gráfico da resposta ao degrau é apresentado na Figura 3.13. Analisando-se este gráfico pode-se perceber que a resposta $y(t)$ não tem amortecimento, ou seja, é uma oscilação senoidal com frequência natural ω_n. Daí a denominação de ω_n ser chamada de frequência natural não amortecida. Nesse caso pode-se dizer que o transitório não decai ou que só existe resposta permanente.

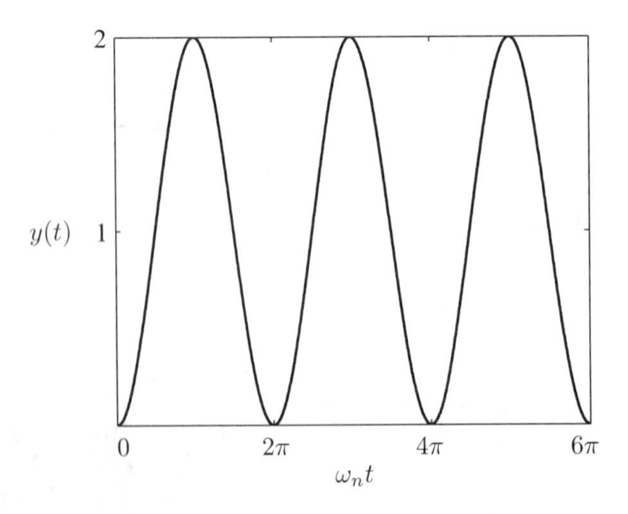

Figura 3.13 Resposta ao degrau para $\xi = 0$.

3.5.3 Sistema com amortecimento crítico: $\xi = 1$

Quando $\xi = 1$, a função de transferência (3.34) resulta

$$\frac{Y(s)}{U(s)} = \frac{\omega_n^2}{s^2 + 2\omega_n s + \omega_n^2} = \frac{\omega_n^2}{(s+\omega_n)^2} . \tag{3.44}$$

Nesse caso a função de transferência tem dois polos reais negativos e iguais a $-\omega_n$, conforme representado na Figura 3.14.

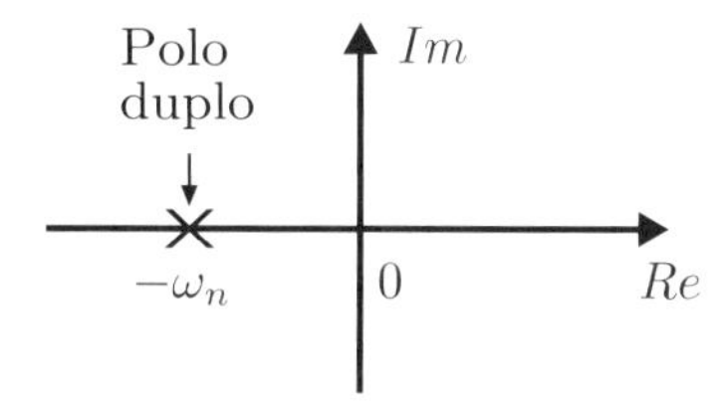

Figura 3.14 Polo duplo em $-\omega_n$.

Fazendo $U(s) = 1/s$ na Equação (3.44), obtém-se

$$Y(s) = \frac{\omega_n^2}{s(s+\omega_n)^2} = \frac{1}{s} - \frac{1}{s+\omega_n} - \frac{\omega_n}{(s+\omega_n)^2} .$$

Logo,

$$y(t) = 1 - e^{-\omega_n t} - \omega_n t\, e^{-\omega_n t} , \quad \text{para } t \geq 0 . \tag{3.45}$$

Na Figura 3.15 é apresentado o gráfico da resposta ao degrau para $\xi = 1$.

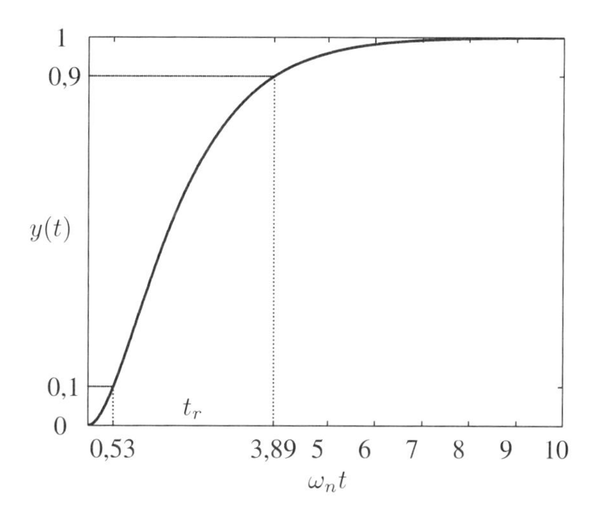

Figura 3.15 Resposta ao degrau para $\xi = 1$.

Analisando-se o gráfico da Figura 3.15 pode-se perceber que o valor estacionário da saída é $y(\infty) = 1$, ou seja, a saída tende a seguir a entrada $u(t)$. O tempo de subida de 10% a 90% do valor final pode ser calculado numericamente e vale, aproximadamente,

$$t_r \cong \frac{3{,}89 - 0{,}53}{\omega_n} \cong \frac{3{,}36}{\omega_n} . \tag{3.46}$$

3.5.4 Sistema superamortecido: $\xi > 1$

Para $\xi > 1$ os polos do sistema são reais e diferentes, ou seja:

$$s_1 = -\xi\omega_n - \omega_n\sqrt{\xi^2 - 1} \quad \text{e} \quad s_2 = -\xi\omega_n + \omega_n\sqrt{\xi^2 - 1}.$$

Os polos do sistema estão representados na Figura 3.16.

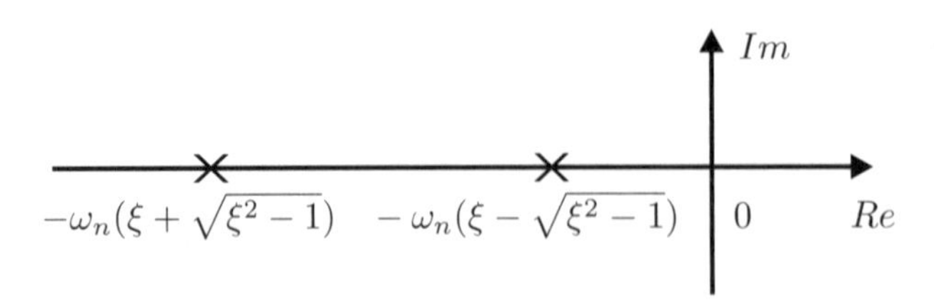

Figura 3.16 Polos reais e diferentes.

Quando a entrada do sistema da Figura 3.9 é um degrau unitário, isto é, $U(s) = 1/s$, tem-se da Equação (3.34) que

$$\begin{aligned} Y(s) &= \frac{\omega_n^2}{s(s^2 + 2\xi\omega_n s + \omega_n^2)} = \frac{\omega_n^2}{s(s - s_1)(s - s_2)}) \\ &= \frac{1}{s} - \frac{\omega_n}{2s_1\sqrt{\xi^2 - 1}}\frac{1}{(s - s_1)} + \frac{\omega_n}{2s_2\sqrt{\xi^2 - 1}}\frac{1}{(s - s_2)} . \end{aligned} \tag{3.47}$$

Logo,

$$y(t) = 1 - \frac{\omega_n}{2s_1\sqrt{\xi^2 - 1}}\, e^{s_1 t} + \frac{\omega_n}{2s_2\sqrt{\xi^2 - 1}}\, e^{s_2 t} \,, \quad \text{para } t \geq 0 \,. \tag{3.48}$$

Na Figura 3.17 é apresentada uma comparação entre os gráficos da resposta ao degrau para $\xi = 2$ e $\xi = 1$.

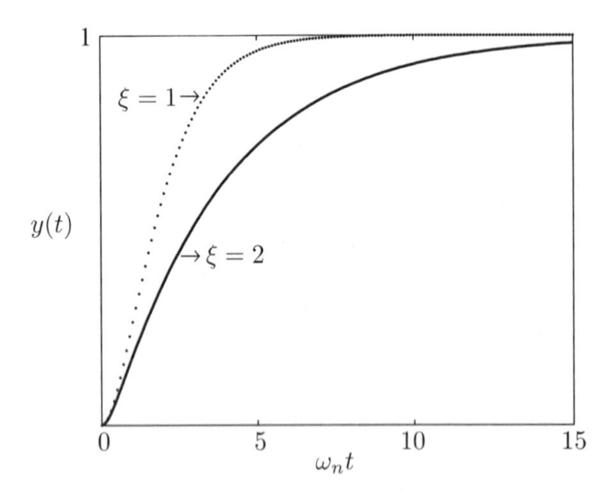

Figura 3.17 Resposta ao degrau para $\xi = 2$ e $\xi = 1$.

Analisando-se os gráficos da Figura 3.17 pode-se perceber que a resposta ao degrau de um sistema superamortecido ($\xi > 1$) é mais lenta que a resposta de um sistema com amortecimento crítico ($\xi = 1$).

Na Figura 3.18 são apresentados os gráficos da resposta ao degrau de $y(t)$ em função de $\omega_n t$ para diversos valores do coeficiente de amortecimento ξ. Conforme se pode perceber, as respostas dos sistemas subamortecidos ($\xi < 1$) cruzam o valor final mais rapidamente que as respostas dos sistemas com amortecimento crítico ($\xi = 1$) e superamortecidos ($\xi > 1$).

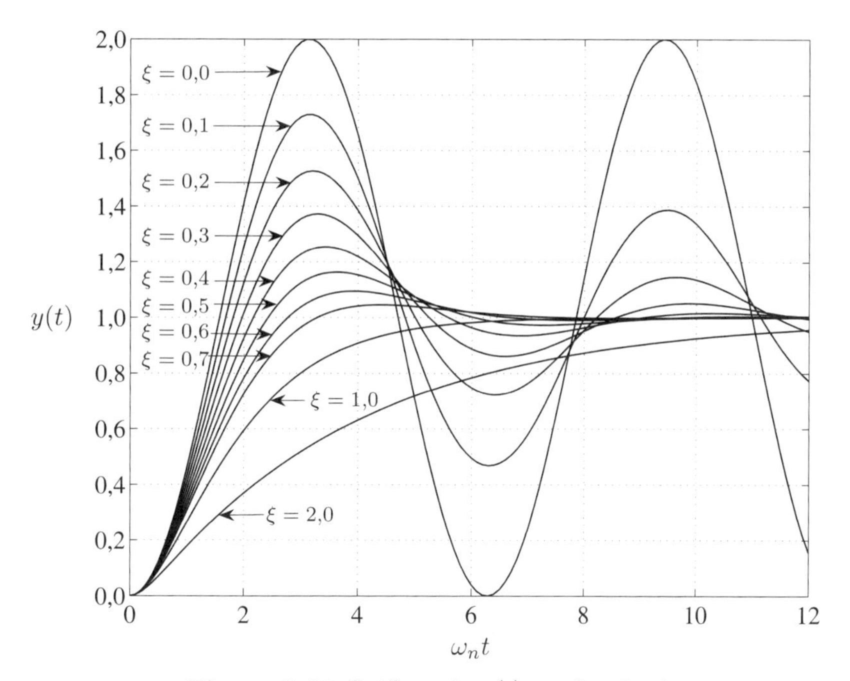

Figura 3.18 Gráficos de $y(t)$ em função de $\omega_n t$.

Na Figura 3.19 são apresentados os gráficos da resposta ao degrau de $y(t)$ em função do coeficiente de amortecimento ξ e de $\omega_n t$.

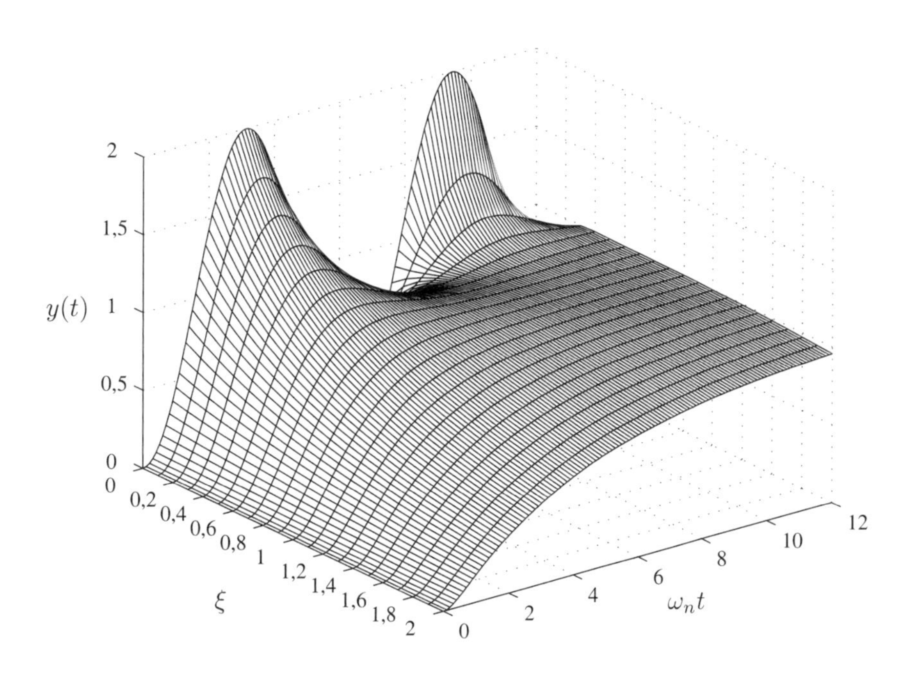

Figura 3.19 Gráficos de $y(t)$ em função de ξ e $\omega_n t$.

3.6 Características das respostas transitórias

Em muitos casos as características de desempenho desejadas nos sistemas, especialmente nos sistemas de controle a realimentação, são resumidas em termos de alguns poucos indicadores que são medidos nas respostas. Esses indicadores são empregados como especificações de projeto de sistemas de controle, e só têm sentido no caso de sistemas estáveis.

As respostas ao degrau têm importância porque na prática podem ser facilmente medidas, bastando para isso modificar o patamar das entradas e registrar as saídas. É bom lembrar que as respostas transitórias dependem das condições iniciais e podem ser perturbadas por ruídos, que são comuns nos ambientes industriais. Por isso costuma-se repetir as medidas buscando partir de uma condição inicial padrão (de preferência o repouso, isto é, a saída e todas as suas derivadas nulas) e depois estimar a média das medidas.

Na Figura 3.20 estão indicados os principais parâmetros utilizados na engenharia como medidas de desempenho de sistemas subamortecidos. Esses parâmetros e seus nomes internacionais são os seguintes:

- t_d: tempo de atraso (*delay time*);
- t_r: tempo de subida (*rise time*);
- t_p: tempo de pico (*peak time*);
- t_s: tempo de acomodação (*settling time*);
- M_p: sobressinal máximo (*overshoot* ou *maximum peak*).

No caso de sistemas com amortecimento crítico e sistemas superamortecidos apenas o tempo de atraso e o tempo de subida são considerados como medidas de desempenho, pois nestes sistemas não há sobressinal. Para sistemas de ordem elevada esses parâmetros também podem ser adotados.

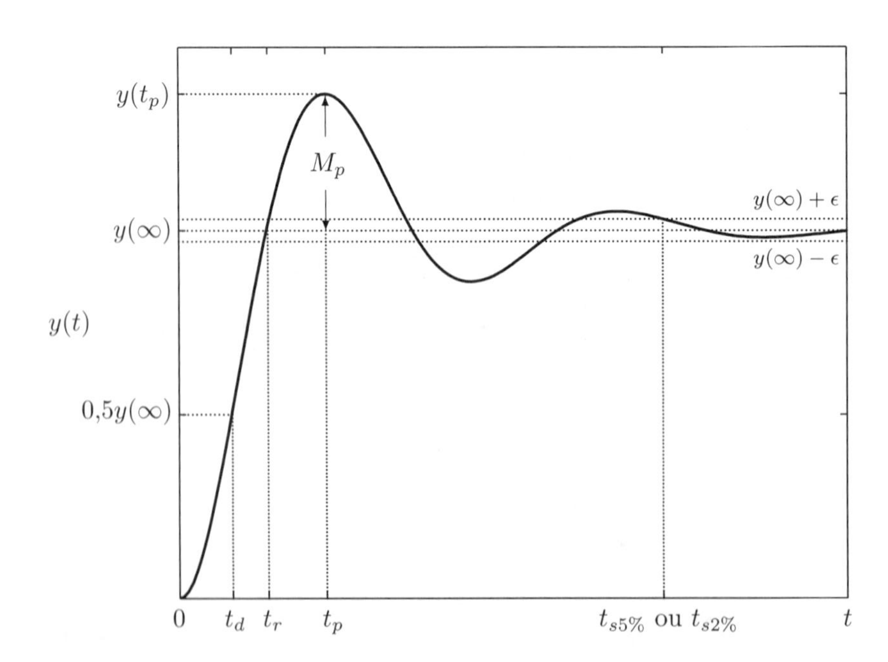

Figura 3.20 Parâmetros para medidas de desempenho de sistemas subamortecidos.

3.6.1 Tempo de atraso t_d

O tempo de atraso t_d é o tempo necessário para a resposta ao degrau alcançar pela primeira vez a metade do valor final, isto é, $0{,}5y(\infty)$.

3.6.2 Tempo de subida t_r

Para sistemas com amortecimento crítico ou sistemas superamortecidos o tempo de subida t_r normalmente é definido como o tempo necessário para a resposta ao degrau ir de 10% a 90% do seu valor final.

Para sistemas subamortecidos define-se o tempo de subida t_r como o primeiro instante em que a resposta ao degrau alcança 100% do seu valor final. Da resposta ao degrau (3.41) para sistemas subamortecidos de segunda ordem tem-se que

$$y(t_r) = 1 = 1 - \frac{1}{\sqrt{1-\xi^2}}\, e^{-\xi\omega_n t_r}\text{sen}\,(\omega_d t_r + \beta)\ , \tag{3.49}$$

ou seja,

$$\text{sen}\,(\omega_d t_r + \beta) = 0\ , \tag{3.50}$$

com

$$\omega_d t_r + \beta = \pi\ . \tag{3.51}$$

Portanto,

$$t_r = \frac{\pi - \beta}{\omega_d}\ . \tag{3.52}$$

3.6.3 Tempo de pico t_p

O tempo de pico t_p é o tempo necessário para a resposta ao degrau alcançar o primeiro pico de sobressinal, que somente ocorre em sistemas subamortecidos. No instante de pico a derivada da resposta ao degrau é nula. Para sistemas de segunda ordem tem-se da Equação (3.41) que

$$\left.\frac{dy(t)}{dt}\right|_{t=t_p} = 0 = \frac{e^{-\xi\omega_n t_p}}{\sqrt{1-\xi^2}}\left(\xi\omega_n\ \text{sen}\,(\omega_d t_p + \beta) - \omega_d\ \cos\,(\omega_d t_p + \beta)\right) \tag{3.53}$$

ou

$$\xi\omega_n\ \text{sen}\,(\omega_d t_p + \beta) - \omega_d\ \cos\,(\omega_d t_p + \beta) = 0\ . \tag{3.54}$$

Da Figura 3.10 tem-se que $w_d = w_n\text{sen}\,(\beta)$ e $\xi = \cos\,(\beta)$. Então

$$\omega_n\ \text{sen}\,(\omega_d t_p + \beta)\cos\,(\beta) - \omega_n\ \cos\,(\omega_d t_p + \beta)\text{sen}\,(\beta) = 0 \tag{3.55}$$

ou

$$\omega_n\ \text{sen}\,(\omega_d t_p + \beta - \beta) = 0\ . \tag{3.56}$$

Logo,

$$\text{sen}\,(\omega_d t_p) = 0\ . \tag{3.57}$$

Portanto, o primeiro pico ocorre em $\omega_d t_p = \pi$, ou seja,

$$t_p = \frac{\pi}{\omega_d}\ . \tag{3.58}$$

3.6.4 Sobressinal máximo: M_p

O sobressinal máximo é definido como o máximo valor de pico da resposta menos o seu valor final em porcentagem do seu valor final, ou seja,

$$M_p(\%) = \frac{y(t_p) - y(\infty)}{y(\infty)} 100\% . \tag{3.59}$$

Para sistemas de segunda ordem subamortecidos tem-se da Equação (3.41) que

$$y(t_p) = 1 - \frac{1}{\sqrt{1-\xi^2}}\, e^{-\xi\omega_n t_p} \operatorname{sen}(\omega_d t_p + \beta) \tag{3.60}$$

e

$$y(\infty) = 1 . \tag{3.61}$$

Logo,

$$M_p = -\frac{1}{\sqrt{1-\xi^2}}\, e^{-\xi\omega_n t_p} \operatorname{sen}(\omega_d t_p + \beta) . \tag{3.62}$$

Como $t_p = \frac{\pi}{\omega_d}$,

$$M_p = -\frac{1}{\sqrt{1-\xi^2}}\, e^{-\xi\omega_n \pi/\omega_d} \operatorname{sen}(\pi + \beta) = \frac{1}{\sqrt{1-\xi^2}}\, e^{-\xi\omega_n \pi/\omega_d} \operatorname{sen}(\beta) . \tag{3.63}$$

Da Figura 3.10 tem-se que $\operatorname{sen}(\beta) = \omega_d/\omega_n$ e $\omega_d = \omega_n\sqrt{1-\xi^2}$. Portanto,

$$M_p = e^{-\xi\pi/\sqrt{1-\xi^2}} \tag{3.64}$$

ou

$$M_p(\%) = e^{-\xi\pi/\sqrt{1-\xi^2}}\, 100\% . \tag{3.65}$$

Note que o sobressinal é função exclusiva do coeficiente de amortecimento ξ. A Figura 3.21 é muito útil para estimar ξ a partir da medida do sobressinal M_p .

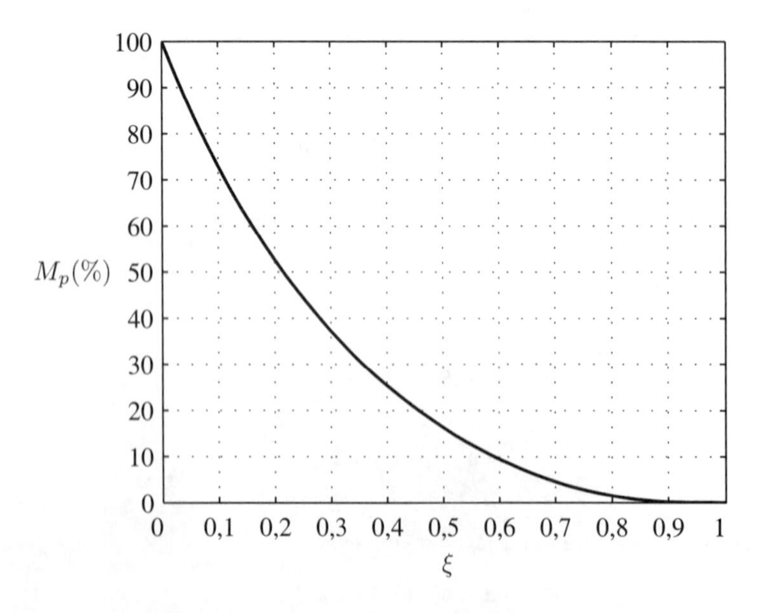

Figura 3.21 Sobressinal $M_p(\%)$ em função de ξ.

3.6.5 Tempo de acomodação: t_s

O tempo de acomodação é o tempo necessário para que a resposta ao degrau passe a permanecer dentro de uma faixa de tolerância de $\pm\epsilon$ em torno do valor final, conforme é mostrado na Figura 3.20. Esta faixa é usualmente especificada em porcentagem do valor final ($\pm5\%$ ou $\pm2\%$ de $y(\infty)$).

Para o sistema de segunda ordem subamortecido da Figura 3.11 a constante de tempo das envoltórias é $T = 1/\xi\omega_n$. Assim, o tempo de acomodação t_s, para o qual os valores da resposta permanecem dentro de uma faixa de $\pm5\%$ em torno do valor final, ocorre aproximadamente quando

$$e^{-\xi\omega_n t_s} < 0{,}05 \Longrightarrow \xi\omega_n t_s \cong 3 \tag{3.66}$$

ou

$$t_s \cong \frac{3}{\xi\omega_n} . \tag{3.67}$$

Analogamente, para uma faixa de $\pm2\%$ em torno do valor final tem-se que

$$e^{-\xi\omega_n t_s} < 0{,}02 \Longrightarrow \xi\omega_n t_s \cong 4 \tag{3.68}$$

ou

$$t_s \cong \frac{4}{\xi\omega_n} . \tag{3.69}$$

Portanto, utilizando o critério de 5%, o tempo de acomodação t_s é aproximadamente três vezes a constante de tempo T. Já pelo critério de 2%, t_s é aproximadamente quatro vezes a constante de tempo T.

Note que, dado o coeficiente de amortecimento ξ, o tempo de acomodação é inversamente proporcional à frequência natural não amortecida ω_n do sistema. Como o valor de ξ é normalmente determinado pelo sobressinal máximo M_p requerido ou permitido, o tempo de acomodação é determinado pela frequência natural não amortecida ω_n.

Na prática da engenharia normalmente deseja-se atender a duas exigências conflitantes: resposta transitória rápida e resposta bem amortecida, isto é, sem sobressinal. Em geral, dada a ordem da dinâmica do sistema não se podem minimizar sobressinal e tempo de subida simultaneamente.

3.7 Sistemas com mais de dois polos

Considere um sistema de terceira ordem subamortecido ($0 < \xi < 1$) com dois polos complexos conjugados em $s_{1,2} = -\xi\omega_n \pm \omega_n\sqrt{\xi^2 - 1}$ e com um terceiro polo no eixo real em $s_3 = -p < 0$. Suponha que a função de transferência deste sistema seja dada por

$$G(s) = \frac{Y(s)}{U(s)} = \frac{\omega_n^2 p}{(s+p)(s^2 + 2\xi\omega_n s + \omega_n^2)} . \tag{3.70}$$

Aplicando-se um degrau unitário na entrada $U(s)$, obtém-se

$$\begin{aligned} Y(s) &= \frac{\omega_n^2 p}{s(s+p)(s^2 + 2\xi\omega_n s + \omega_n^2)} \\ &= \frac{1}{s} + \frac{as + b}{s^2 + 2\xi\omega_n s + \omega_n^2} + \frac{c}{s+p} , \end{aligned} \tag{3.71}$$

com

$$a = \frac{2\xi\omega_n p - p^2}{p^2 + \omega_n^2 - 2\xi\omega_n p} , \qquad b = \frac{4\xi^2\omega_n^2 p - 2\xi\omega_n p^2 - \omega_n^2 p}{p^2 + \omega_n^2 - 2\xi\omega_n p} , \qquad c = -\frac{\omega_n^2}{p^2 + \omega_n^2 - 2\xi\omega_n p} .$$

A Equação (3.71) também pode ser escrita como

$$\begin{aligned} Y(s) &= \frac{1}{s} + a\frac{s+\xi\omega_n}{s^2+2\xi\omega_n s+\omega_n^2} + \left(\frac{b-a\xi\omega_n}{\omega_d}\right)\frac{\omega_d}{(s^2+2\xi\omega_n s+\omega_n^2)} + \frac{c}{s+p} \\ &= \frac{1}{s} + a\frac{s+\xi\omega_n}{(s+\xi\omega_n)^2+\omega_d^2} + \left(\frac{b-a\xi\omega_n}{\omega_d}\right)\left(\frac{\omega_d}{(s+\xi\omega_n)^2+\omega_d^2}\right) + \frac{c}{s+p} \,. \end{aligned} \tag{3.72}$$

No domínio do tempo tem-se que

$$y(t) = 1 + e^{-\xi\omega_n t}\left(a\,\cos(\omega_d t) + \left(\frac{b-a\xi\omega_n}{\omega_d}\right)\text{sen}(\omega_d t)\right) + c\,e^{-pt} \quad , \quad t \geq 0 \,. \tag{3.73}$$

Analisando a Equação (3.73) verifica-se que quando o polo real em $s = -p$ está bem mais à esquerda dos polos complexos conjugados no plano s, isto é, para $p >> \xi\omega_n$, a exponencial devida ao polo real tenderá a zero muito mais rapidamente que a exponencial devida aos polos complexos. Desse modo o polo real em $s = -p$ terá pouca influência na resposta, e a mesma será devida quase exclusivamente aos polos complexos conjugados, que são chamados de polos dominantes.

Logo, para $p >> \xi\omega_n$, as respostas dos sistemas de terceira ordem são próximas das respostas dos sistemas de segunda ordem subamortecidos $(0 < \xi < 1)$. Nesse caso, as fórmulas do sobressinal, tempo de subida, tempo de pico, tempo de acomodação, etc., deduzidas para os sistemas de segunda ordem, também podem ser empregadas para os polos dominantes de um sistema de terceira ordem.

De fato, quando o polo real em $s = -p$ está bem mais à esquerda dos polos complexos, isto é, para p tendendo a infinito, tem-se que $a = -1$, $b = -2\xi\omega_n$ e $c = 0$. Com isso, a saída $Y(s)$ resulta

$$Y(s) = \frac{1}{s} - \frac{s+2\xi\omega_n}{s^2+2\xi\omega_n s+\omega_n^2} = \frac{\omega_n^2}{s(s^2+2\xi\omega_n s+\omega_n^2)} \,, \tag{3.74}$$

que corresponde à saída de um sistema de segunda ordem com entrada degrau unitário.

Porém, se o polo real em $s = -p$ estiver perto dos polos complexos este também afetará a resposta do sistema. Nesse caso o comportamento do sistema de terceira ordem não será próximo do sistema de segunda ordem. Na prática, os comportamentos dos sistemas de segunda e terceira ordens são aceitos como próximos quando o polo real estiver localizado pelo menos cinco constantes de tempo mais à esquerda dos polos complexos conjugados dominantes, isto é, para $p \geq 5\xi\omega_n$.

A análise efetuada aqui para sistemas de terceira ordem também pode ser estendida para sistemas com mais de três polos sem a existência de zeros.

Exemplo 3.4

Considere os sistemas com as seguintes funções de transferência:

$$G_1(s) = \frac{25}{s^2+2{,}8s+25} \,, \qquad G_2(s) = \frac{75}{(s+3)(s^2+2{,}8s+25)} \,,$$

$$G_3(s) = \frac{175}{(s+7)(s^2+2{,}8s+25)} \,, \qquad G_4(s) = \frac{500}{(s+20)(s^2+2{,}8s+25)} \,.$$

O sistema $G_1(s)$ é de segunda ordem, com coeficiente de amortecimento $\xi = 0{,}28$ e frequência natural $\omega_n = 5$. Logo, a parte real dos polos complexos conjugados é $-\xi\omega_n = -1{,}4$. Os sistemas $G_2(s)$, $G_3(s)$ e $G_4(s)$ são de terceira ordem com polo real em $s = -3$, $s = -7$ e $s = -20$, respectivamente.

Aplicando um degrau unitário na entrada de cada um desses sistemas e calculando a transformada inversa, obtém-se a resposta temporal. A resposta $y_1(t)$ é dada pela Equação (3.40), e as respostas $y_2(t)$, $y_3(t)$ e $y_4(t)$ podem ser calculadas por meio da Equação (3.73), ou seja,

$$y_1(t) = 1 - e^{-1,4t}\left[\cos(4{,}8t) + 0{,}2917\,\text{sen}(4{,}8t)\right] ; \tag{3.75}$$

$$y_2(t) = 1 - e^{-1,4t}\left[0{,}0234\cos(4{,}8t) + 0{,}6172\,\text{sen}(4{,}8t)\right] - 0{,}9766e^{-3t} ; \tag{3.76}$$

$$y_3(t) = 1 - e^{-1,4t}\left[0{,}5404\cos(4{,}8t) + 0{,}8278\,\text{sen}(4{,}8t)\right] - 0{,}4596e^{-7t} ; \tag{3.77}$$

$$y_4(t) = 1 - e^{-1,4t}\left[0{,}9322\cos(4{,}8t) + 0{,}5542\,\text{sen}(4{,}8t)\right] - 0{,}0678e^{-20t} . \tag{3.78}$$

Os gráficos das respostas $y_1(t)$, $y_2(t)$, $y_3(t)$ e $y_4(t)$ são apresentados na Figura (3.22). Note que a resposta $y_4(t)$ é a que está mais próxima da resposta $y_1(t)$ do sistema de segunda ordem, pois o sistema $G_4(s)$ posssui um polo real em $s = -20$, que é o mais distante dos polos complexos conjugados dominantes.

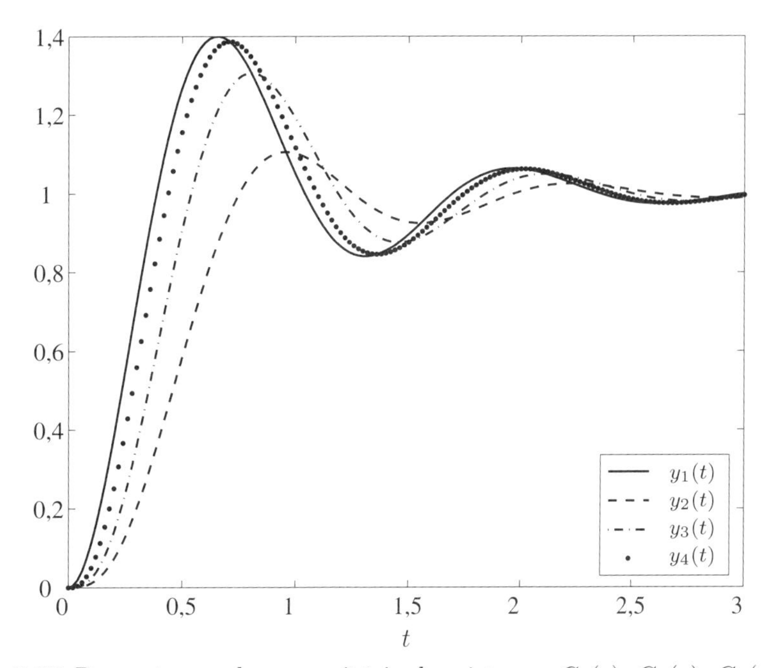

Figura 3.22 Respostas ao degrau unitário dos sistemas $G_1(s)$, $G_2(s)$, $G_3(s)$ e $G_4(s)$.

■

3.8 Sistemas com zeros

Considere um sistema de segunda ordem subamortecido $(0 < \xi < 1)$ com dois polos complexos conjugados e um zero no eixo real em $s = -1/T$. Suponha que a função de transferência deste sistema seja dada por

$$G(s) = \frac{Y(s)}{U(s)} = \frac{\omega_n^2(Ts+1)}{s^2 + 2\xi\omega_n s + \omega_n^2} . \tag{3.79}$$

Aplicando-se um degrau unitário na entrada $U(s)$, obtém-se

$$Y(s) = \frac{\omega_n^2(Ts+1)}{s(s^2 + 2\xi\omega_n s + \omega_n^2)} = \frac{1}{s} - \frac{s + 2\xi\omega_n - \omega_n^2 T}{s^2 + 2\xi\omega_n s + \omega_n^2} . \tag{3.80}$$

A Equação (3.80) também pode ser escrita como

$$Y(s) = \frac{1}{s} - \frac{s + \xi\omega_n}{(s+\xi\omega_n)^2 + \omega_d^2} - \left(\frac{\xi\omega_n - \omega_n^2 T}{\omega_d}\right)\frac{\omega_d}{(s+\xi\omega_n)^2 + \omega_d^2} . \tag{3.81}$$

No domínio do tempo tem-se que

$$y(t) = 1 - e^{-\xi\omega_n t}\left(\cos(\omega_d t) + \left(\frac{\xi\omega_n - \omega_n^2 T}{\omega_d}\right)\text{sen}(\omega_d t)\right) , \quad t \geq 0 . \tag{3.82}$$

Analisando a Equação (3.82) verifica-se que quando a constante T é "pequena", ou seja, quando o zero real em $s = -1/T$ está distante dos polos complexos conjugados no plano s, tem-se que $\xi\omega_n - \omega_n^2 T \cong \xi\omega_n$. Neste caso a resposta transitória é a mesma que foi calculada para sistemas de segunda ordem subamortecidos (Equação (3.40)), ou seja, o zero terá pouca influência na resposta. Porém, quanto mais próximo o zero estiver dos polos complexos dominantes maior será o seu efeito sobre a resposta transitória.

Exemplo 3.5

Considere os sistemas com as seguintes funções de transferência:

$$G_1(s) = \frac{25}{s^2 + 2{,}8s + 25}\,, \qquad G_2(s) = \frac{25(0{,}5s + 1)}{s^2 + 2{,}8s + 25}\,,$$

$$G_3(s) = \frac{25(0{,}05s + 1)}{s^2 + 2{,}8s + 25}\,, \qquad G_4(s) = \frac{25(-0{,}5s + 1)}{s^2 + 2{,}8s + 25}\,.$$

O sistema $G_1(s)$ é de segunda ordem, com coeficiente de amortecimento $\xi = 0{,}28$ e frequência natural $\omega_n = 5$, de modo que a parte real dos polos complexos conjugados é $-\xi\omega_n = -1{,}4$. Os sistemas $G_2(s)$, $G_3(s)$ e $G_4(s)$ possuem um zero real em $s = -2$, $s = -20$ e $s = +2$, respectivamente.

Aplicando um degrau unitário na entrada de cada um desses sistemas e calculando a transformada inversa obtêm-se as respostas temporais

$$y_1(t) = 1 - e^{-1{,}4t}\left[\cos(4{,}8t) + 0{,}2917\,\mathrm{sen}(4{,}8t)\right]\;; \qquad (3.83)$$

$$y_2(t) = 1 - e^{-1{,}4t}\left[\cos(4{,}8t) - 2{,}3125\,\mathrm{sen}(4{,}8t)\right]\;; \qquad (3.84)$$

$$y_3(t) = 1 - e^{-1{,}4t}\left[\cos(4{,}8t) + 0{,}0313\,\mathrm{sen}(4{,}8t)\right]\;; \qquad (3.85)$$

$$y_4(t) = 1 - e^{-1{,}4t}\left[\cos(4{,}8t) + 2{,}8958\,\mathrm{sen}(4{,}8t)\right]\,. \qquad (3.86)$$

Os gráficos de $y_1(t)$, $y_2(t)$, $y_3(t)$ e $y_4(t)$ são apresentados na Figura (3.23). Note que a resposta $y_3(t)$ é a que está mais próxima da resposta $y_1(t)$ do sistema de segunda ordem, pois $G_3(s)$ posssui um zero real em $s = -20$, que é o mais distante dos polos complexos conjugados dominantes.

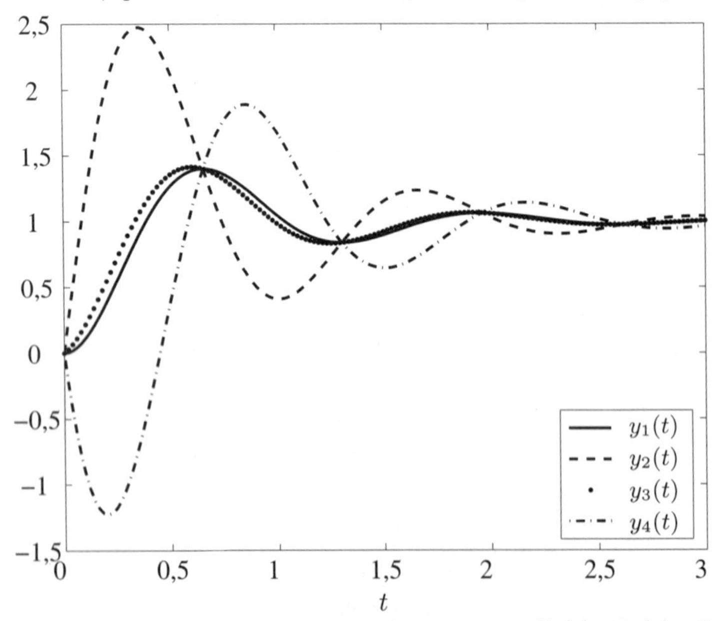

Figura 3.23 Respostas ao degrau unitário dos sistemas $G_1(s)$, $G_2(s)$, $G_3(s)$ e $G_4(s)$.

Um resultado interessante pode ser observado quando o zero está localizado no semiplano direito do plano s, que é o caso do sistema $G_4(s)$, cujo zero se localiza em $s = +2$. Neste caso a saída $y_4(t)$ se direciona nos instantes iniciais em sentido contrário ao seu valor estacionário. Os sistemas que apresentam tal característica são chamados de sistemas de fase não mínima. ■

3.9 Sistemas com atraso puro ou atraso por transporte

O atraso puro ou atraso por transporte (*time delay*) é um fenômeno muito frequente em sistemas com escoamento de fluidos. Tempo morto e retardo velocidade-distância também constituem sinônimos usuais. Considere, por exemplo, o sistema da Figura 3.24, no qual um líquido escoa a uma vazão volumétrica q constante através de um tubo isolado com secção reta uniforme de área A e comprimento L. A densidade e a capacidade calorífica do líquido são constantes e a parede do tubo é um isolante térmico. No estado inicial o sistema está em regime estacionário e a temperatura de entrada é igual à temperatura de saída, ou seja, $\theta_e(0) = \theta_s(0)$.

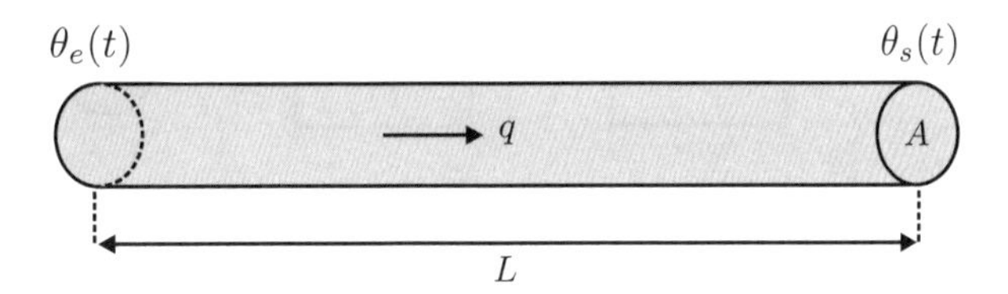

Figura 3.24 Escoamento de um líquido numa tubulação.

Deseja-se obter a função de transferência que relaciona a temperatura de entrada $\theta_e(t)$ com a temperatura de saída $\theta_s(t)$ do fluido. Dadas as hipóteses enunciadas, especialmente a de não haver perdas de calor para as paredes do tubo, uma perturbação de temperatura na entrada é percebida sem atenuação na saída depois de α segundos, que é o tempo necessário para as partículas do fluido percorrerem o tubo. Esse tempo é dado por

$$\alpha = \frac{LA}{q} . \tag{3.87}$$

Na Figura 3.25 são apresentadas as respostas temporais da temperatura de entrada $\theta_e(t)$ e saída $\theta_s(t)$. Note que o fenômeno independe de como a temperatura $\theta_e(t)$ evolui.

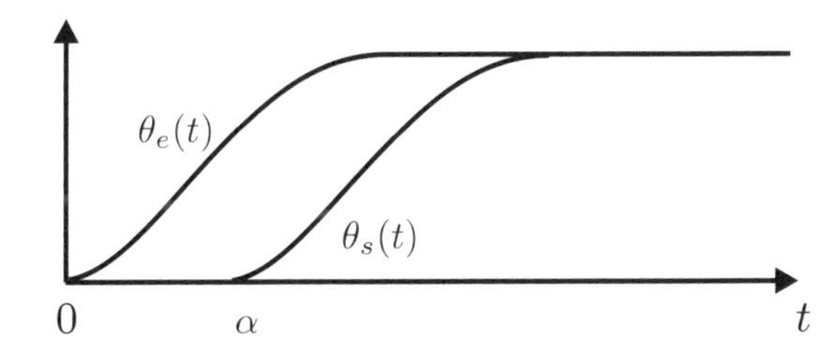

Figura 3.25 Respostas temporais das temperaturas de entrada e saída numa tubulação.

Pelo gráfico da Figura 3.25 percebe-se que a temperatura de saída possui um atraso de tempo α com relação à temperatura de entrada, ou seja,

$$\theta_s(t) = \theta_e(t - \alpha) . \tag{3.88}$$

Aplicando-se a transformada de Laplace e a propriedade da translação no tempo na Equação (3.88), obtém-se

$$\Theta_s(s) = e^{-\alpha s}\Theta_e(s) . \tag{3.89}$$

Portanto, a função de transferência de um atraso puro ou retardo é dada por

$$G(s) = \frac{\Theta_s(s)}{\Theta_e(s)} = e^{-\alpha s} . \tag{3.90}$$

3.10 Resposta dos sistemas de controle por realimentação

Num sistema de controle por realimentação, além do sinal de referência $R(s)$ é importante considerar o sinal de perturbação $P(s)$, conforme representado na Figura 3.26.

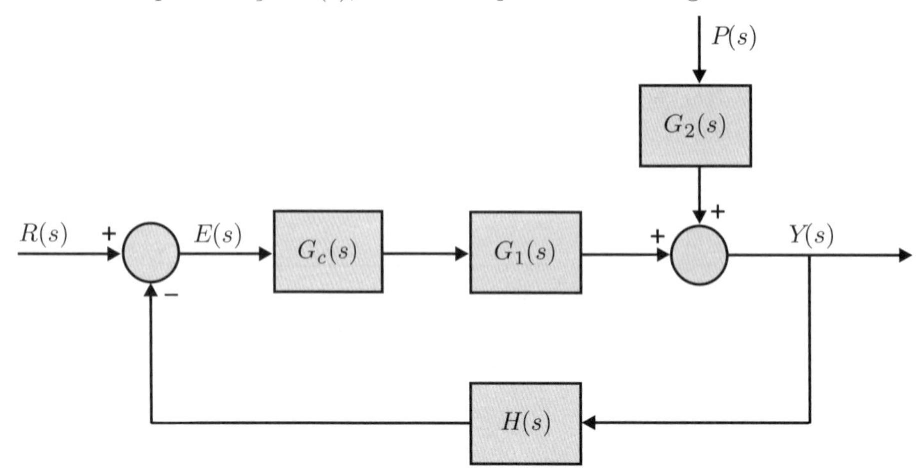

Figura 3.26 Diagrama de blocos de um sistema com realimentação.

No sistema da Figura 3.26 estão representadas as seguintes variáveis:
$G_c(s)$: controlador;
$G_1(s)$ e $G_2(s)$: plantas ou processos controlados;
$H(s)$: transdutor de medida;
$R(s)$: referência;
$Y(s)$: saída controlada;
$P(s)$: perturbação;
$E(s)$: erro entre a referência e a saída do transdutor de medida.

Do sistema da Figura 3.26 tem-se que

$$E(s) = R(s) - H(s)Y(s)\,, \qquad (3.91)$$
$$Y(s) = G_c(s)G_1(s)E(s) + G_2(s)P(s)\,. \qquad (3.92)$$

Substituindo (3.91) em (3.92) e rearranjando os termos, obtém-se uma importante expressão geral para a transformada de Laplace da variável controlada $Y(s)$, dada por

$$Y(s) = \frac{G_c(s)G_1(s)}{1 + G_c(s)G_1(s)H(s)}R(s) + \frac{G_2(s)}{1 + G_c(s)G_1(s)H(s)}P(s)\,. \qquad (3.93)$$

No diagrama em blocos da Figura 3.26 a função de transferência de malha aberta $G_{ma}(s)$ é definida como a função de transferência que se encontra em cascata, ao percorrer a malha de realimentação, excetuando-se o somador, ou seja,

$$G_{ma}(s) = G_c(s)G_1(s)H(s)\,. \qquad (3.94)$$

Note que na expressão (3.93) a variável $Y(s)$ tem duas parcelas.

A primeira é igual ao sinal $R(s)$ multiplicado por uma fração cujo numerador é o produto das funções de transferência encontradas pelo sinal, quando este percorre a malha de $R(s)$ até $Y(s)$, e cujo denominador é a unidade mais a função de transferência de malha aberta.

A segunda parcela é igual ao sinal $P(s)$ multiplicado por uma fração cujo numerador é a função de transferência encontrada pelo sinal, quando este percorre a malha de $P(s)$ até $Y(s)$, e cujo denominador é igual ao da primeira parcela.

A transformada de Laplace inversa da expressão (3.93) permite obter a resposta do sistema quando determinados sinais são aplicados nas entradas de referência e de perturbação.

3.11 Erro estacionário ou permanente

Em um sistema de controle dinâmico também é muito comum e operacionalmente significativa a especificação de seu desempenho por meio do erro estacionário ou erro em regime permanente, quando estão presentes certos tipos de sinal de referência ou de perturbação pela carga.

Quando o sinal de entrada é o degrau e o erro atuante é expresso como uma fração em porcentagem da amplitude do degrau, então o erro estacionário é denominado astatismo.

Substituindo a Equação (3.92) na Equação (3.91) e rearranjando os termos, obtém-se uma expressão para a transformada de Laplace do erro $E(s)$ dada por

$$E(s) = \frac{1}{1 + G_c(s)G_1(s)H(s)}R(s) - \frac{G_2(s)H(s)}{1 + G_c(s)G_1(s)H(s)}P(s) \,. \tag{3.95}$$

A expressão (3.95) também pode ser escrita em termos da função de transferência de malha aberta (3.94), ou seja,

$$E(s) = \frac{1}{1 + G_{ma}(s)}R(s) - \frac{G_2(s)H(s)}{1 + G_{ma}(s)}P(s) \,. \tag{3.96}$$

A seguir são obtidas expressões para o erro estacionário, quando sinais de referência e de perturbação são aplicados na entrada do sistema. Os tipos de sinais de referência e de perturbação mais importantes são o degrau e a rampa.

É importante ressaltar que o sinal $E(s)$ representa o erro entre o sinal de referência $R(s)$ e a saída controlada $Y(s)$ apenas quando a realimentação é unitária, ou seja, $H(s) = 1$.

3.11.1 Degrau na referência e perturbação nula

Se o sistema for estável, isto é, se os polos de malha fechada estiverem localizados no semiplano esquerdo aberto do plano s, então o erro estacionário $e(\infty)$ pode ser calculado por meio do teorema do valor final. Supondo que um degrau de amplitude A é aplicado na referência ($R(s) = A/s$) e que a perturbação é nula, então, aplicando o teorema do valor final na expressão (3.96), obtém-se

$$e(\infty) = \lim_{t\to\infty} e(t) = \lim_{s\to 0} sE(s) = \lim_{s\to 0} s\left(\frac{1}{1 + G_{ma}(s)}\right)\frac{A}{s} = \lim_{s\to 0}\frac{A}{1 + G_{ma}(s)} \,. \tag{3.97}$$

Genericamente, a função de transferência de malha aberta $G_{ma}(s)$ pode ser escrita como

$$G_{ma}(s) = \frac{K(\tau_1 s + 1)(\tau_2 s + 1)\ldots(\tau_m s + 1)}{s^L(T_1 s + 1)(T_2 s + 1)\ldots(T_n s + 1)} \,, \tag{3.98}$$

sendo K um ganho, τ_i ($i = 1, \ldots, m$) e T_j ($j = 1, \ldots, n$) constantes de tempo e L indica a quantidade de integradores ou polos na origem de $G_{ma}(s)$. Usualmente um sistema é chamado de tipo (0, 1, 2, ...) de acordo com a sua quantidade ($L = 0, 1, 2, \ldots$) de polos na origem.

Substituindo (3.98) em (3.97), obtém-se

$$e(\infty) = \begin{cases} \frac{A}{1+K} & \text{se } L = 0 \,, \\ 0 & \text{se } L \geq 1 \,. \end{cases} \tag{3.99}$$

3.11.2 Rampa na referência e perturbação nula

Supondo que uma rampa $r(t) = At$ é aplicada na referência ($R(s) = A/s^2$) e que a perturbação é nula, então, pelo teorema do valor final, tem-se que

$$e(\infty) = \lim_{t\to\infty} e(t) = \lim_{s\to 0} sE(s) = \lim_{s\to 0} s\left(\frac{1}{1+G_{ma}(s)}\right)\frac{A}{s^2} = \lim_{s\to 0}\frac{A}{s(1+G_{ma}(s))}\,. \tag{3.100}$$

Da expressão (3.98) tem-se que

$$e(\infty) = \lim_{s\to 0}\frac{A}{s\left(1+\frac{K(\tau_1 s+1)(\tau_2 s+1)\dots(\tau_m s+1)}{s^L(T_1 s+1)(T_2 s+1)\dots(T_n s+1)}\right)}\,. \tag{3.101}$$

Portanto,

$$e(\infty) = \begin{cases} \infty & \text{se } L = 0\,, \\ \frac{A}{K} & \text{se } L = 1\,, \\ 0 & \text{se } L \geq 2\,. \end{cases} \tag{3.102}$$

Na Tabela 3.3 estão resumidos os erros estacionários para sistemas tipo 0, 1 e 2 ($L = 0$, 1 e 2) para degrau e rampa na referência com perturbação nula.

Tabela 3.3 Erros estacionários para sistemas tipo 0, 1 e 2 com perturbação nula

Sistema tipo L	Degrau	Rampa
0	$\frac{A}{1+K}$	∞
1	0	$\frac{A}{K}$
2	0	0

3.11.3 Perturbação em degrau e referência nula

Supondo que a perturbação $P(s)$ é um degrau de amplitude A e que a referência é nula, então, aplicando o teorema do valor final na expressão (3.96), obtém-se

$$e(\infty) = \lim_{t\to\infty} e(t) = \lim_{s\to 0} sE(s) = \lim_{s\to 0} s\left(\frac{-G_2(s)H(s)}{1+G_{ma}(s)}\right)\frac{A}{s} = \lim_{s\to 0}\frac{-AG_2(s)H(s)}{1+G_{ma}(s)}\,. \tag{3.103}$$

A função de transferência $G_2(s)H(s)$ pode ser escrita, genericamente, como

$$G_2(s)H(s) = \frac{K_p(\alpha_1 s+1)(\alpha_2 s+1)\dots(\alpha_p s+1)}{s^M(\beta_1 s+1)(\beta_2 s+1)\dots(\beta_q s+1)}\,, \tag{3.104}$$

sendo K_p um ganho, α_i ($i = 1,\dots,p$) e β_j ($j = 1,\dots,q$) constantes de tempo e $M \leq L$ indica a quantidade de integradores ou polos na origem de $G_2(s)H(s)$.

Substituindo (3.98) e (3.104) em (3.103), obtém-se

$$e(\infty) = \lim_{s\to 0}\frac{\frac{-AK_p(\alpha_1 s+1)(\alpha_2 s+1)\dots(\alpha_p s+1)}{s^M(\beta_1 s+1)(\beta_2 s+1)\dots(\beta_q s+1)}}{1+\frac{K(\tau_1 s+1)(\tau_2 s+1)\dots(\tau_m s+1)}{s^L(T_1 s+1)(T_2 s+1)\dots(T_n s+1)}} = \lim_{s\to 0}\frac{\frac{-AK_p}{s^M}}{1+\frac{K}{s^L}}\,. \tag{3.105}$$

Portanto,

$$e(\infty) = \lim_{s\to 0}\frac{-AK_p\,s^{L-M}}{s^L+K}\,. \tag{3.106}$$

Na Tabela 3.4 são apresentados alguns erros estacionários para perturbação em degrau e referência nula.

Tabela 3.4 Erros estacionários para perturbação em degrau e referência nula

L	M	$e(\infty)$
0	0	$\frac{-AK_p}{1+K}$
1	0	0
1	1	$\frac{-AK_p}{K}$
2	0	0
2	1	0
2	2	$\frac{-AK_p}{K}$

3.11.4 Perturbação em rampa e referência nula

Supondo que a perturbação é uma rampa ($p(t) = At \Rightarrow P(s) = A/s^2$) e que a referência é nula, então, aplicando o teorema do valor final na expressão (3.96), obtém-se

$$e(\infty) = \lim_{t\to\infty} e(t) = \lim_{s\to 0} sE(s) = \lim_{s\to 0} s\left(\frac{-G_2(s)H(s)}{1+G_{ma}(s)}\right)\frac{A}{s^2} = \lim_{s\to 0}\frac{-AG_2(s)H(s)}{s(1+G_{ma}(s))} . \tag{3.107}$$

Substituindo (3.98) e (3.104) em (3.107), obtém-se

$$e(\infty) = \lim_{s\to 0}\frac{\frac{-AK_p(\alpha_1 s+1)(\alpha_2 s+1)...(\alpha_p s+1)}{s^M(\beta_1 s+1)(\beta_2 s+1)...(\beta_q s+1)}}{s\left(1+\frac{K(\tau_1 s+1)(\tau_2 s+1)...(\tau_m s+1)}{s^L(T_1 s+1)(T_2 s+1)...(T_n s+1)}\right)} = \lim_{s\to 0}\frac{\frac{-AK_p}{s^M}}{s\left(1+\frac{K}{s^L}\right)} = \lim_{s\to 0}\frac{\frac{-AK_p}{s^M}}{s\left(\frac{s^L+K}{s^L}\right)} . \tag{3.108}$$

Portanto,

$$e(\infty) = \lim_{s\to 0}\frac{-AK_p\, s^{L-M-1}}{s^L+K} . \tag{3.109}$$

Na Tabela 3.5 são apresentados alguns erros estacionários para perturbação em rampa e referência nula.

Tabela 3.5 Erros estacionários para perturbação em rampa e referência nula

L	M	$e(\infty)$
0	0	∞
1	0	$\frac{-AK_p}{K}$
1	1	∞
2	0	0
2	1	$\frac{-AK_p}{K}$
2	2	∞

3.12 Exercícios resolvidos

Exercício 3.1

Usando o critério de Routh, determine se o polinômio característico a seguir representa um sistema estável ou instável.

$$D(s) = s^4 + s^3 + s^2 + 11s + 10 \; . \tag{3.110}$$

Solução

Como todos os coeficientes de $D(s)$ estão presentes e têm o mesmo sinal, então para determinar se o sistema é estável ou instável deve-se organizar os coeficientes na tabela de Routh 3.6.

Tabela 3.6 Tabela de Routh

	1ª coluna de coeficientes		
s^4	$a_0 = 1$	$a_2 = 1$	$a_4 = 10$
s^3	$a_1 = 1$	$a_3 = 11$	$a_5 = 0$
s^2	b_1	b_2	
s^1	c_1		
s^0	d_1		

Os coeficientes b_1, b_2, c_1 e d_1 da tabela de Routh são calculados como

$$b_1 = -\frac{\det\begin{bmatrix} a_0 & a_2 \\ a_1 & a_3 \end{bmatrix}}{a_1} = -\frac{\det\begin{bmatrix} 1 & 1 \\ 1 & 11 \end{bmatrix}}{1} = -10 \; , \tag{3.111}$$

$$b_2 = -\frac{\det\begin{bmatrix} a_0 & a_4 \\ a_1 & a_5 \end{bmatrix}}{a_1} = -\frac{\det\begin{bmatrix} 1 & 10 \\ 1 & 0 \end{bmatrix}}{1} = 10 \; , \tag{3.112}$$

$$c_1 = -\frac{\det\begin{bmatrix} a_1 & a_3 \\ b_1 & b_2 \end{bmatrix}}{b_1} = -\frac{\det\begin{bmatrix} 1 & 11 \\ -10 & 10 \end{bmatrix}}{-10} = 12 \; , \tag{3.113}$$

$$d_1 = -\frac{\det\begin{bmatrix} b_1 & b_2 \\ c_1 & c_2 \end{bmatrix}}{c_1} = -\frac{\det\begin{bmatrix} -10 & 10 \\ 12 & 0 \end{bmatrix}}{12} = 10 \; . \tag{3.114}$$

A Tabela 3.6 possui duas mudanças de sinal na primeira coluna de coeficientes. A primeira mudança de sinal ocorre de $a_1 = 1$ na linha de s^3 para $b_1 = -10$ na linha de s^2. A segunda ocorre de $b_1 = -10$ na linha de s^2 para $c_1 = 12$ na linha de s^1.

Pelo Critério de Routh, o número de raízes com parte real positiva é igual ao número de mudanças de sinal nos elementos da primeira coluna de coeficientes. Logo, o sistema possui dois polos no semiplano direito do plano s e dessa forma é BIBO instável. De fato, utilizando algoritmos de cálculo numérico, tem-se que as raízes de $D(s)$ são: -1, -2 e $1 \pm 2j$.

Exercício 3.2

Usando o critério de Routh, determine se o polinômio característico a seguir representa um sistema estável ou instável.

$$D(s) = s^4 + s^3 + s^2 + s + 1 \, . \tag{3.115}$$

Solução

Como todos os coeficientes de $D(s)$ estão presentes e têm o mesmo sinal, então para determinar se o sistema é estável ou instável deve-se organizar os coeficientes na tabela de Routh 3.7.

Tabela 3.7 Tabela de Routh

	1ª coluna de coeficientes		
s^4	$a_0 = 1$	$a_2 = 1$	$a_4 = 1$
s^3	$a_1 = 1$	$a_3 = 1$	$a_5 = 0$
s^2	$b_1 = 0$	$b_2 = 1$	
s^1	c_1	c_2	
s^0	d_1		

Como há um coeficiente nulo na primeira coluna da tabela ($b_1 = 0$), o sistema é BIBO instável. Neste caso, o coeficiente c_1 não pode ser calculado, pois é necessário realizar uma divisão por b_1. Utilizando algoritmos de cálculo numérico, tem-se que as raízes de $D(s)$ são: $0{,}3090 \pm 0{,}9511j$ e $-0{,}8090 \pm 0{,}5878j$, ou seja, $D(s)$ possui duas raízes complexas conjugadas localizadas no semiplano direito do plano s.

Exercício 3.3

Usando o critério de Routh, determine se o polinômio característico a seguir representa um sistema estável ou instável.

$$D(s) = s^5 + s^4 + s^3 + s^2 + s + 1 \, . \tag{3.116}$$

Solução

Como todos os coeficientes de $D(s)$ estão presentes e têm o mesmo sinal, então para determinar se o sistema é estável ou instável deve-se organizar os coeficientes na tabela de Routh 3.8.

Tabela 3.8 Tabela de Routh

	1ª coluna de coeficientes		
s^5	$a_0 = 1$	$a_2 = 1$	$a_4 = 1$
s^4	$a_1 = 1$	$a_3 = 1$	$a_5 = 1$
s^3	$b_1 = 0$	$b_2 = 0$	
s^2	c_1	c_2	
s^1	d_1		
s^0	e_1		

Como há um coeficiente nulo na primeira coluna da tabela ($b_1 = 0$), o sistema é BIBO instável. Utilizando algoritmos de cálculo numérico, as raízes de $D(s)$ são: $-0{,}5 \pm 0{,}866j$, $+0{,}5 \pm 0{,}866j$ e -1. Nota-se ainda que toda a linha de s^3 é nula e que $D(s)$ possui quatro raízes complexas conjugadas simétricas com relação à origem do plano s.

Exercício 3.4

Determine os valores do ganho K para que o sistema com função de transferência

$$G(s) = \frac{1}{s^4 + 4s^3 + Ks^2 + 16s + 12} \tag{3.117}$$

seja estável.

Solução

O polinômio do denominador de $G(s)$ é dado por $D(s) = s^4 + 4s^3 + Ks^2 + 16s + 12$.

• Se $K = 0$, um dos coeficientes do polinômio $D(s)$ é nulo e com isso o sistema $G(s)$ é BIBO instável.

• Se $K < 0$, um dos coeficientes do polinômio $D(s)$ tem sinal trocado e com isso o sistema $G(s)$ é BIBO instável.

• Se $K > 0$, para determinar se o sistema $G(s)$ é estável ou instável é necessário montar a tabela de Routh 3.9.

Tabela 3.9 Tabela de Routh

	1ª coluna de coeficientes		
s^4	1	K	12
s^3	4	16	0
s^2	b_1	b_2	0
s^1	c_1	c_2	
s^0	d_1		

Os coeficientes b_1, b_2, c_1, c_2 e d_1 da tabela de Routh são calculados como

$$b_1 = \frac{a_1a_2 - a_0a_3}{a_1} = \frac{4K - 16}{4} = K - 4\,, \tag{3.118}$$

$$b_2 = \frac{a_1a_4 - a_0a_5}{a_1} = \frac{48 - 0}{4} = 12\,, \tag{3.119}$$

$$c_1 = \frac{b_1a_3 - a_1b_2}{b_1} = \frac{(K-4)16 - 48}{K-4} = \frac{16K - 112}{K-4}\,, \tag{3.120}$$

$$c_2 = \frac{b_1a_5 - a_1b_3}{b_1} = 0\,, \tag{3.121}$$

$$d_1 = \frac{c_1b_2 - b_1c_2}{c_1} = \frac{c_1b_2 - 0}{c_1} = b_2 = 12\,. \tag{3.122}$$

Todos os coeficientes da primeira coluna da tabela de Routh têm o mesmo sinal quando

$$b_1 > 0 \Rightarrow K - 4 > 0 \Rightarrow K > 4\,, \tag{3.123}$$

$$c_1 > 0 \Rightarrow 16K > 112 \Rightarrow K > 7\,. \tag{3.124}$$

As condições (3.123) e (3.124) são satisfeitas simultaneamente apenas para $K > 7$. Portanto, o sistema $G(s)$ é BIBO estável se e somente se $K > 7$.

Para $K = 7$ o coeficiente c_1 da tabela de Routh é nulo. Nesse caso $D(s)$ possui polos sobre o eixo imaginário e com isso o sistema $G(s)$ é BIBO instável.

Exercício 3.5

Determine os valores do ganho K para que o sistema em malha fechada da Figura 3.27 seja estável.

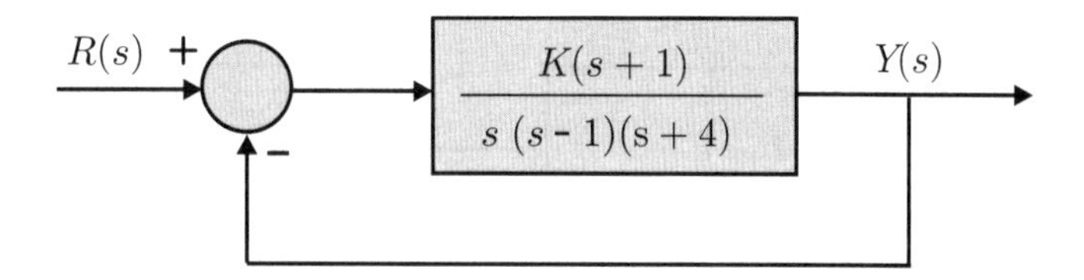

Figura 3.27 Sistema em malha fechada.

Solução

A função de transferência do sistema em malha fechada é dada por

$$\frac{Y(s)}{R(s)} = \frac{K(s+1)}{s^3 + 3s^2 - 4s + K(s+1)} = \frac{K(s+1)}{s^3 + 3s^2 + (K-4)s + K} \,. \tag{3.125}$$

Para que todos os coeficientes do polinômio do denominador da função (3.125) estejam presentes é necessário que

$$K \neq 4 \quad \text{e} \quad K \neq 0 \,. \tag{3.126}$$

Para que todos os coeficientes do polinômio do denominador da função (3.125) tenham o mesmo sinal é necessário que

$$K - 4 > 0 \;\; \text{e} \;\; K > 0 \;\; \Rightarrow K > 4 \,. \tag{3.127}$$

Para determinar os valores do ganho K que estabilizam o sistema em malha fechada é necessário montar a tabela de Routh 3.10.

Tabela 3.10 Tabela de Routh

	1ª coluna de coeficientes	
s^3	1	$K-4$
s^2	3	K
s^1	b_1	0
s^0	c_1	

Os coeficientes b_1 e c_1 da tabela de Routh são calculados como

$$b_1 = \frac{a_1 a_2 - a_0 a_3}{a_1} = \frac{3K - 12 - K}{3} = \frac{2K - 12}{3} > 0 \,, \tag{3.128}$$

$$c_1 = \frac{b_1 a_3 - a_1 b_2}{b_1} = \frac{b_1 K - 0}{b_1} = K > 0 \,. \tag{3.129}$$

Todos os coeficientes da primeira coluna da tabela de Routh têm o mesmo sinal quando

$$\frac{2K - 12}{3} > 0 \Rightarrow K > 6 \,. \tag{3.130}$$

A partir da condição (3.130) conclui-se que o sistema em malha fechada é BIBO estável se e somente se $K > 6$.

Exercício 3.6

Determine a região dos ganhos K_c e K_I do controlador PI (Proporcional+Integral) para que o sistema em malha fechada da Figura 3.28 seja estável.

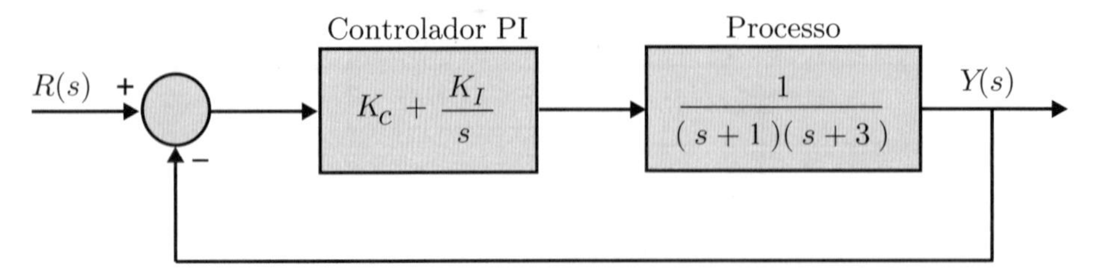

Figura 3.28 Controlador PI para a saída de um processo.

Solução

A função de transferência do sistema em malha fechada é dada por

$$\frac{Y(s)}{R(s)} = \frac{K_c s + K_I}{s(s+1)(s+3) + K_c s + K_I} = \frac{K_c s + K_I}{s^3 + 4s^2 + (3 + K_c)s + K_I} \,. \tag{3.131}$$

A partir do denominador da função (3.131) obtém-se a tabela de Routh 3.11.

Tabela 3.11 Tabela de Routh

	1ª coluna de coeficientes	
s^3	1	$3 + K_c$
s^2	4	K_I
s^1	b_1	0
s^0	c_1	

Os coeficientes b_1 e c_1 da tabela de Routh são calculados como

$$b_1 = \frac{a_1 a_2 - a_0 a_3}{a_1} = \frac{12 + 4K_c - K_I}{4} > 0 \,, \tag{3.132}$$

$$c_1 = \frac{b_1 a_3 - a_1 b_2}{b_1} = \frac{b_1 K_I - 0}{b_1} = K_I > 0 \,. \tag{3.133}$$

Todos os coeficientes da primeira coluna da tabela de Routh têm o mesmo sinal quando

$$K_I > 0 \quad \text{e} \quad K_c > \frac{K_I}{4} - 3 \,. \tag{3.134}$$

Para que o sistema em malha fechada seja estável, os valores dos ganhos K_c e K_I devem estar localizados na região sombreada da Figura 3.29.

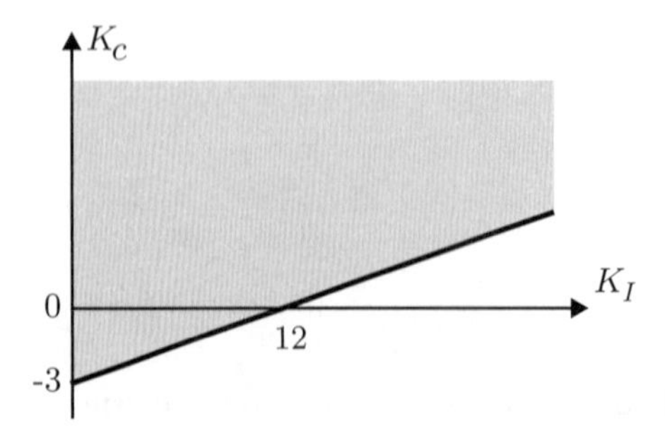

Figura 3.29 Região dos ganhos K_c e K_I para estabilidade do sistema em malha fechada.

Exercício 3.7

Aplicando-se um degrau unitário na entrada $r(t)$ do sistema da Figura 3.30, calcule o tempo de subida, o tempo de pico, o sobressinal máximo e o tempo de acomodação pelos critérios de 5% e 2%.

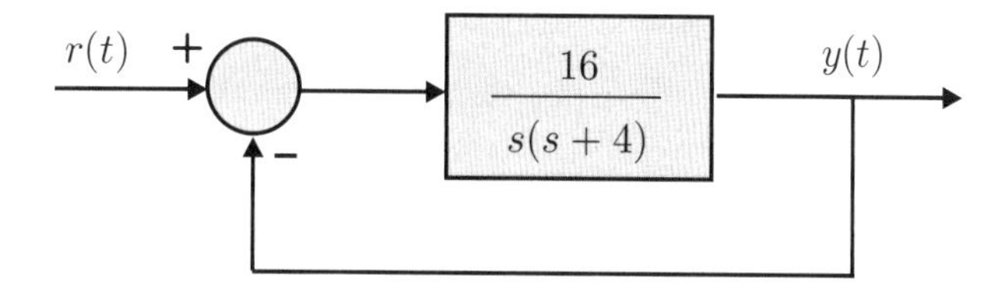

Figura 3.30 Sistema de segunda ordem.

Solução

A função de transferência de malha fechada é dada por

$$\frac{Y(s)}{R(s)} = \frac{16}{s^2 + 4s + 16} \, . \tag{3.135}$$

Comparando a função (3.135) com a função de transferência de sistemas de segunda ordem

$$\frac{Y(s)}{R(s)} = \frac{\omega_n^2}{s^2 + 2\xi\omega_n s + \omega_n^2} \, , \tag{3.136}$$

obtém-se $\omega_n = 4$ e $\xi = 0{,}5$.

O tempo de subida t_r é dado por

$$t_r = \frac{\pi - \arccos(\xi)}{\omega_d} = \frac{\pi - \arccos(\xi)}{\omega_n\sqrt{1-\xi^2}} \cong 0{,}6 \, . \tag{3.137}$$

O tempo de pico t_p é dado por

$$t_p = \frac{\pi}{\omega_d} = \frac{\pi}{\omega_n\sqrt{1-\xi^2}} \cong 0{,}9 \, . \tag{3.138}$$

O sobressinal máximo M_p é calculado como

$$M_p = e^{-\xi\pi/\sqrt{1-\xi^2}} \cong 0{,}163 \text{ ou } M_p(\%) \cong 16{,}3\% \, . \tag{3.139}$$

Pelo critério de 5%, o tempo de acomodação vale aproximadamente

$$t_{s5\%} \cong \frac{3}{\xi\omega_n} \cong 1{,}5 \, . \tag{3.140}$$

Pelo critério de 2%, o tempo de acomodação vale aproximadamente

$$t_{s2\%} \cong \frac{4}{\xi\omega_n} \cong 2 \, . \tag{3.141}$$

O gráfico da resposta ao degrau é apresentado na Figura 3.31.

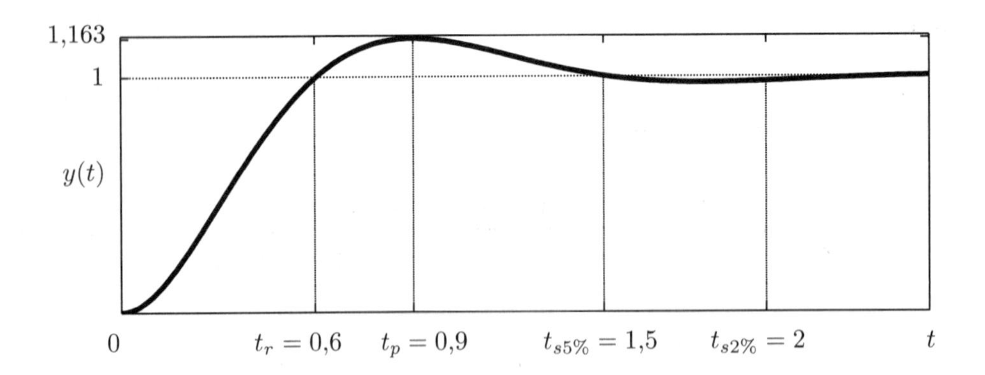

Figura 3.31 Resposta ao degrau unitário.

Exercício 3.8

Deseja-se identificar a função de transferência $G(s)$ de um processo. Aplicando-se um degrau unitário na sua entrada $u(t)$ no instante $t = 0$ mediu-se a saída $y(t)$, cujo gráfico está representado na Figura 3.32. Determine a função de transferência $G(s)$ do processo.

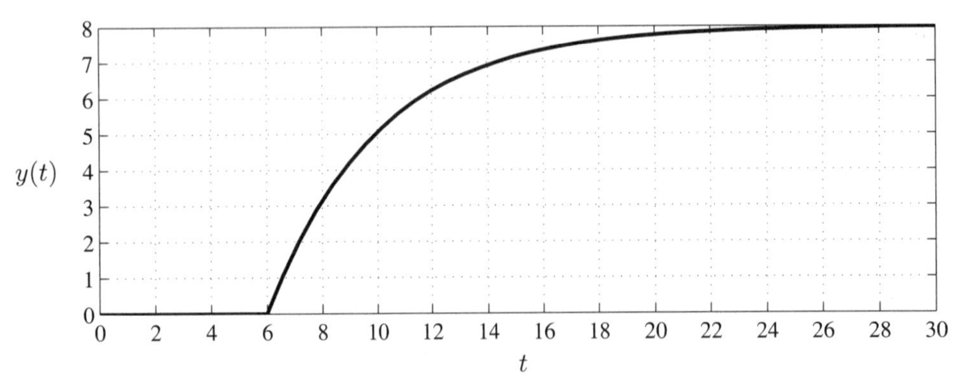

Figura 3.32 Resposta ao degrau unitário.

Solução

No gráfico da Figura 3.32 verifica-se que a saída do sistema começa a responder somente a partir de $t = 6$. Isso significa que o sistema possui um atraso puro $\alpha = 6$. Após este instante o gráfico é semelhante à resposta transitória de um sistema de primeira ordem. Portanto, a função de transferência é do tipo

$$\frac{Y(s)}{U(s)} = G(s) = \frac{k\, e^{-\alpha s}}{Ts+1}\,. \tag{3.142}$$

Sabendo-se que a entrada $u(t)$ é um degrau unitário ($U(s) = 1/s$), a constante k pode ser obtida por meio do teorema do valor final

$$y(\infty) = \lim_{t\to\infty} y(t) = \lim_{s\to 0} sY(s) = \lim_{s\to 0} s\,\frac{k\, e^{-\alpha s}}{(Ts+1)}\,\frac{1}{s} = k = 8\,. \tag{3.143}$$

O valor da constante de tempo T é obtido quando a saída $y(t)$ alcança 63,2% do seu valor final, ou seja,

$$y(T) = 0{,}632 y(\infty) = 0{,}632k \cong 5\,. \tag{3.144}$$

Do gráfico, obtém-se imediatamente que $T \cong 10 - 6 \cong 4$. Portanto,

$$G(s) = \frac{8\, e^{-6s}}{4s+1}\,. \tag{3.145}$$

Exercício 3.9

Um servomecanismo, composto por um motor de corrente contínua com realimentação tacométrica da velocidade $\omega(t)$, está representado no diagrama de blocos da Figura 3.33.

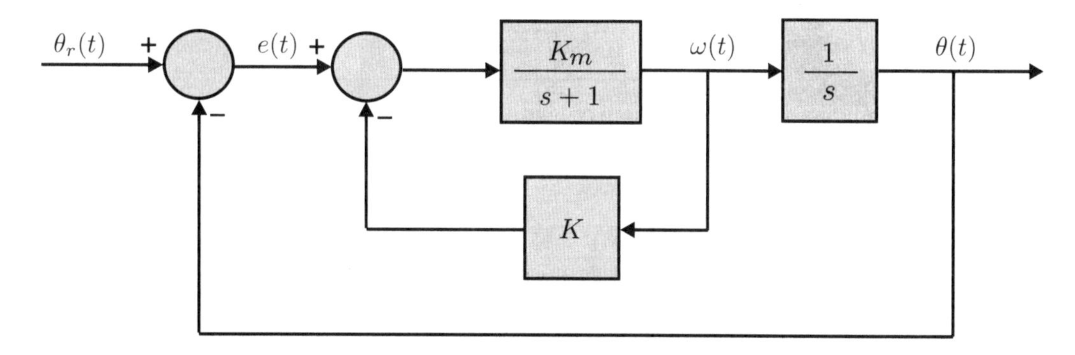

Figura 3.33 Servossistema com realimentação tacométrica.

Aplicando-se um degrau unitário na entrada $\theta_r(t)$, a posição angular $\theta(t)$ apresenta uma resposta com sobressinal máximo de 20% e um tempo de subida de 0,3 s. Calcule:

a) o tempo de pico e o tempo de acomodação segundo os critérios de 5% e 2%;

b) os valores dos ganhos K_m e K que produzem essa resposta.

Solução

O coeficiente de amortecimento ξ é obtido a partir do sobressinal máximo M_p, ou seja,

$$M_p = e^{-\xi\pi/\sqrt{1-\xi^2}} = 0{,}2 \Rightarrow \xi \cong 0{,}456\,. \tag{3.146}$$

O tempo de subida t_r é dado por

$$t_r = \frac{\pi - \arccos(\xi)}{\omega_d} = \frac{\pi - \arccos(\xi)}{\omega_n\sqrt{1-\xi^2}} = 0{,}3\,\text{s}\,. \tag{3.147}$$

Assim, a frequência natural não amortecida ω_n é dada por

$$\omega_n = \frac{\pi - \arccos(\xi)}{0{,}3\sqrt{1-\xi^2}} \cong 7{,}656\ \text{rad/s}\,. \tag{3.148}$$

O tempo de pico t_p é dado por

$$t_p = \frac{\pi}{\omega_d} = \frac{\pi}{\omega_n\sqrt{1-\xi^2}} \cong 0{,}461\,\text{s}\,. \tag{3.149}$$

Pelo critério de 5% o tempo de acomodação vale aproximadamente

$$t_{s5\%} \cong \frac{3}{\xi\omega_n} \cong 0{,}859\,\text{s}\,. \tag{3.150}$$

Pelo critério de 2% o tempo de acomodação vale aproximadamente

$$t_{s2\%} \cong \frac{4}{\xi\omega_n} \cong 1{,}146\,\text{s}\,. \tag{3.151}$$

Sabendo-se que $\mathcal{L}[\omega(t)] = \Omega(s)$, da Figura 3.33 tem-se que a função de transferência $\Omega(s)/E(s)$ da realimentação de velocidade é dada por

$$\frac{\Omega(s)}{E(s)} = \frac{K_m}{s+1+KK_m}\,. \tag{3.152}$$

Como $\theta(s)/\Omega(s) = 1/s$, o diagrama de blocos simplificado do sistema é o da Figura 3.34.

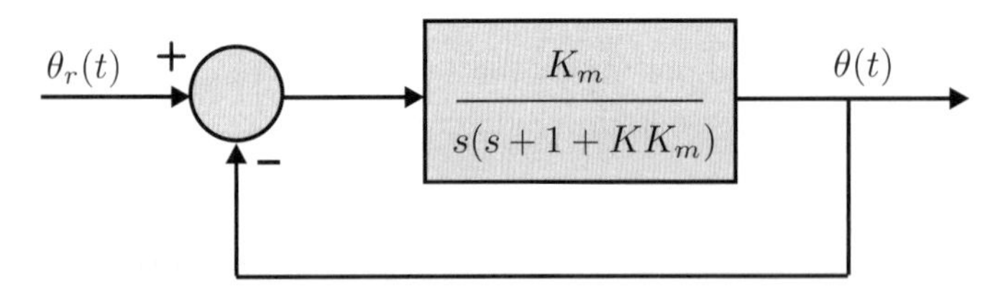

Figura 3.34 Diagrama de blocos simplificado.

Logo,

$$\frac{\theta(s)}{\theta_r(s)} = \frac{K_m}{s^2 + (1 + KK_m)s + K_m} = \frac{\omega_n^2}{s^2 + 2\xi\omega_n s + \omega_n^2} \; . \tag{3.153}$$

Comparando os coeficientes na Equação (3.153), obtém-se

$$K_m = \omega_n^2 \cong 58{,}6 \quad \text{e} \tag{3.154}$$

$$K = \frac{2\xi\omega_n - 1}{K_m} \cong 0{,}1 \; . \tag{3.155}$$

Exercício 3.10

Aplicando-se um degrau unitário na entrada $u(t)$ de um processo, mediu-se a sua saída $y(t)$, cujo gráfico está representado na Figura 3.35. Determine a função de transferência $G(s)$ do processo.

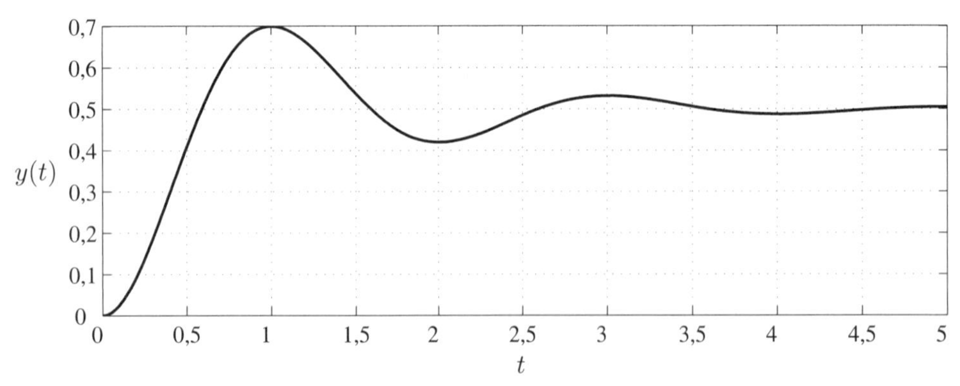

Figura 3.35 Resposta ao degrau unitário.

Solução

O gráfico da Figura 3.35 pode ser associado ao comportamento transitório de sistemas de segunda ordem subamortecidos ($0 < \xi < 1$). Portanto, a função de transferência é do tipo

$$\frac{Y(s)}{U(s)} = G(s) = \frac{k\,\omega_n^2}{s^2 + 2\xi\omega_n s + \omega_n^2} \; . \tag{3.156}$$

Sabendo-se que a entrada $u(t)$ é um degrau unitário ($U(s) = 1/s$), a constante k pode ser determinada por meio do teorema do valor final

$$y(\infty) = \lim_{t\to\infty} y(t) = \lim_{s\to 0} sY(s) = \lim_{s\to 0} s\,\frac{k\,\omega_n^2}{(s^2 + 2\xi\omega_n s + \omega_n^2)}\,\frac{1}{s} = k = 0{,}5 \; . \tag{3.157}$$

O sobressinal M_p vale

$$M_p = \frac{y(t_p) - y(\infty)}{y(\infty)} = \frac{0{,}7 - 0{,}5}{0{,}5} = 0{,}4 \; . \tag{3.158}$$

A partir do sobressinal M_p obtém-se o coeficiente de amortecimento ξ, ou seja,

$$M_p = e^{-\xi\pi/\sqrt{1-\xi^2}} = 0{,}4 \Rightarrow \frac{-\xi\pi}{\sqrt{1-\xi^2}} \cong -0{,}9163 \Rightarrow \frac{\xi^2\pi^2}{1-\xi^2} \cong 0{,}8396 \Rightarrow \xi \cong 0{,}28\ . \quad (3.159)$$

A frequência natural ω_n pode ser determinada por meio do instante de pico máximo, ou seja,

$$t_p = 1 = \frac{\pi}{\omega_n\sqrt{1-\xi^2}} \Rightarrow \omega_n \cong 3{,}27\ . \quad (3.160)$$

Portanto,

$$G(s) = \frac{5{,}35}{s^2 + 1{,}83s + 10{,}69}\ . \quad (3.161)$$

Exercício 3.11

Determine os valores do coeficiente de amortecimento ξ e da frequência natural não amortecida ω_n para que o sistema em malha fechada da Figura 3.36 tenha um sobressinal máximo $M_p \leq 16{,}3\%$ e um tempo de acomodação segundo o critério de 5% menor ou igual a 3s.

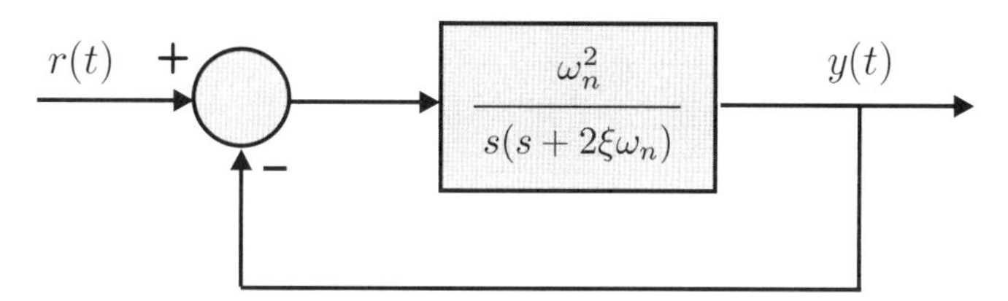

Figura 3.36 Sistema de segunda ordem.

Solução

O sobressinal máximo deve ser

$$M_p(\%) \leq 16{,}3\% \Rightarrow e^{-\xi\pi/\sqrt{1-\xi^2}} \leq 0{,}163 \Rightarrow \xi \geq 0{,}5\ . \quad (3.162)$$

Como $\xi = \cos(\beta)$, então $\beta \leq 60^o$.

Pelo critério de 5%, o tempo de acomodação deve ser

$$t_{s5\%} \cong \frac{3}{\xi\omega_n} \leq 3 \Rightarrow \xi\omega_n \geq 1 \Rightarrow \omega_n \geq \frac{1}{\xi}\ . \quad (3.163)$$

A região do plano s, que satisfaz às especificações no domínio do tempo, é apresentada em sombreado na Figura 3.37.

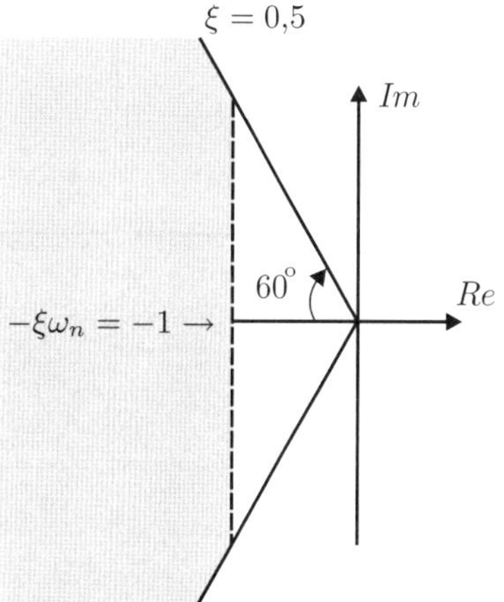

Figura 3.37 Região que satisfaz às especificações no domínio do tempo.

Exercício 3.12

Considere o diagrama de blocos da Figura 3.38, que representa um regulador de velocidade. Supondo que seja aplicado um degrau unitário na referência $\omega_r(t)$, calcule o erro no estado estacionário e desenhe o gráfico da resposta transitória de $\omega(t)$.

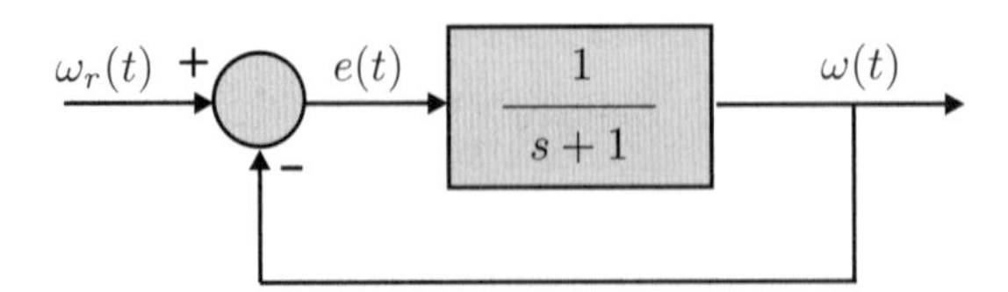

Figura 3.38 Diagrama de blocos de um regulador de velocidade.

Solução

A transformada de Laplace do erro $e(t)$ é dada por

$$E(s) = \frac{1}{1+\frac{1}{s+1}}\Omega_r(s) = \frac{s+1}{s+2}\Omega_r(s)\,. \tag{3.164}$$

Sabendo-se que é aplicado um degrau unitário na referência ($\Omega_r(s) = 1/s$), o erro estacionário $e(\infty)$ pode ser calculado por meio do teorema do valor final, ou seja,

$$e(\infty) = \lim_{t\to\infty} e(t) = \lim_{s\to 0} sE(s) = \lim_{s\to 0} \frac{s(s+1)}{(s+2)}\frac{1}{s} = \frac{1}{2}\,. \tag{3.165}$$

A função de transferência de malha fechada é dada por

$$\frac{\Omega(s)}{\Omega_r(s)} = \frac{\frac{1}{s+1}}{1+\frac{1}{s+1}} = \frac{1}{s+2}\,. \tag{3.166}$$

Como $\Omega_r(s)$ é um degrau unitário, então

$$\Omega(s) = \frac{1}{s(s+2)} = \frac{0{,}5}{s} - \frac{0{,}5}{s+2}\,. \tag{3.167}$$

Portanto,

$$\omega(t) = 0{,}5 - 0{,}5e^{-2t}\,,\quad \text{para } t \geq 0\,. \tag{3.168}$$

O gráfico da resposta transitória de $\omega(t)$ é apresentado na Figura 3.39. Note neste gráfico que $e(\infty) = \omega_r(\infty) - \omega(\infty) = 1 - 0{,}5 = 0{,}5$.

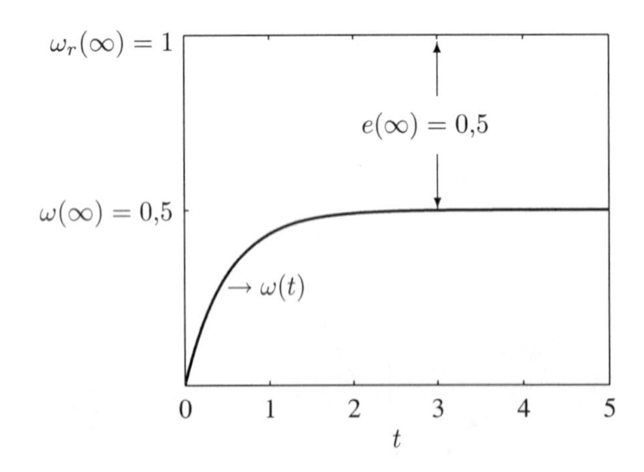

Figura 3.39 Resposta transitória de $\omega(t)$.

3.13 Exercícios propostos

Exercício 3.13

Usando o critério de Routh, determine se os polinômios característicos a seguir representam sistemas estáveis ou instáveis.

a) $D(s) = s^3 + 12s^2 + 20s$.

b) $D(s) = s^3 + 4s^2 + s - 6$.

c) $D(s) = s^4 + 6s^3 + 18s^2 + 24s + 16$.

d) $D(s) = s^4 + 2s^3 + 2s^2 + 10s + 25$.

e) $D(s) = s^5 + 3s^4 + 2s^3 + 6s^2 + 6s + 9$.

Exercício 3.14

Considere o sistema com realimentação unitária da Figura 3.40.

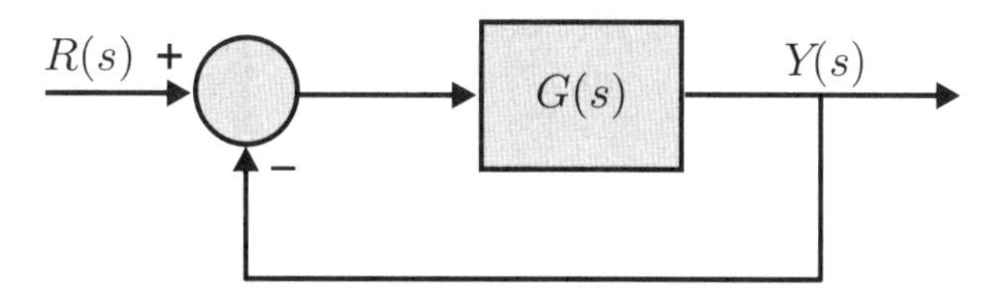

Figura 3.40 Sistema com realimentação unitária.

Usando o critério de Routh, determine a faixa de valores do ganho k que estabiliza os seguintes sistemas:

a) $G(s) = \dfrac{k}{s(s+1)(s+5)}$; b) $G(s) = \dfrac{k}{s(s+1)(0{,}2s+1)(0{,}1s+1)}$;

c) $G(s) = \dfrac{20}{(s+1)(s+2)(s+k)}$.

Exercício 3.15

Considere o sistema de primeira ordem da Figura 3.41.

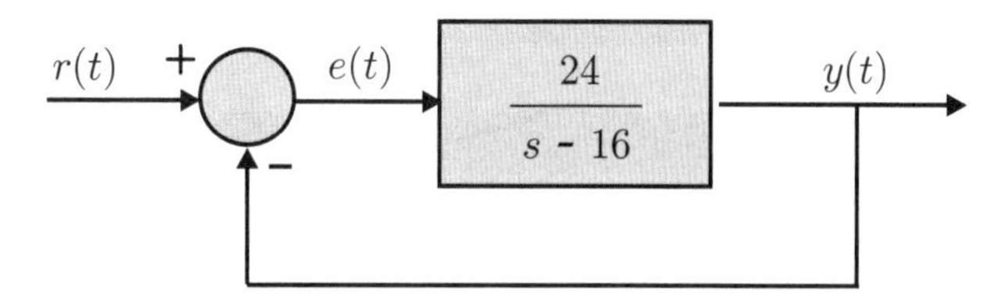

Figura 3.41 Sistema de primeira ordem.

Sabendo-se que é aplicado um degrau de amplitude 2 em $r(t)$, determine:

a) se o sistema em malha fechada é estável ou instável;
b) a resposta temporal $y(t)$;
c) o erro estacionário;
d) o tempo de subida t_r.

Exercício 3.16

Deseja-se identificar a função de transferência do processo da Figura 3.42. Aplicando-se um degrau unitário na entrada $u(t)$ mediu-se a saída do processo $y(t)$, cujo gráfico está representado na Figura 3.43. Determine a função de transferência do processo.

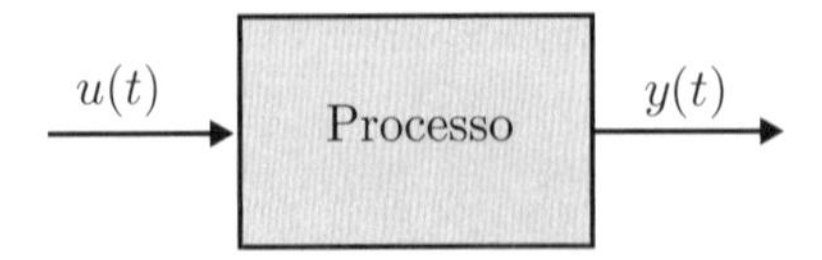

Figura 3.42 Processo a ser identificado.

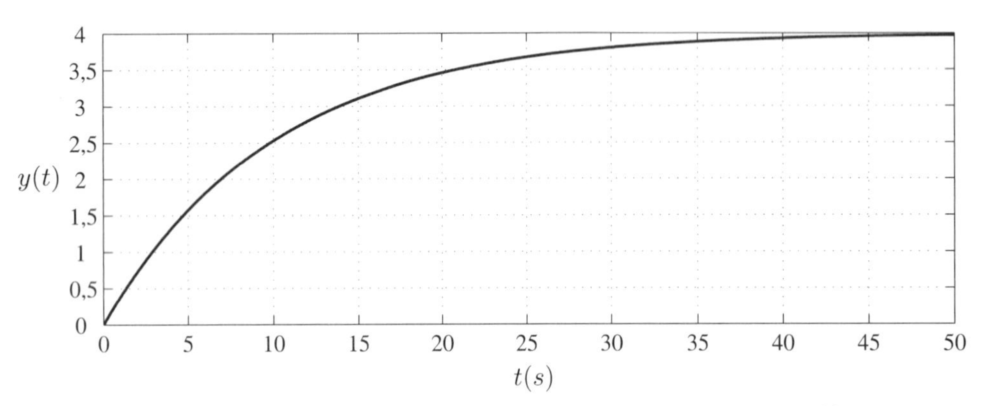

Figura 3.43 Resposta ao degrau unitário na entrada $u(t)$.

Exercício 3.17

Deseja-se identificar a função de transferência do sistema de segunda ordem da Figura 3.44. Aplicando-se um degrau unitário na referência $r(t)$ mediu-se a saída $y(t)$, cujo gráfico está representado na Figura 3.45. Determine a função de transferência do sistema.

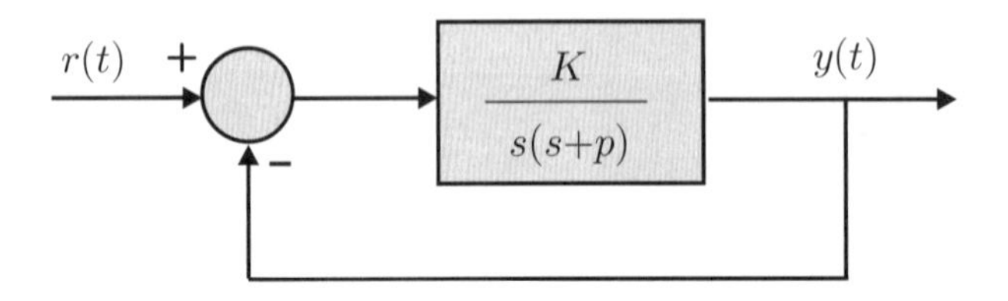

Figura 3.44 Sistema de segunda ordem a ser identificado.

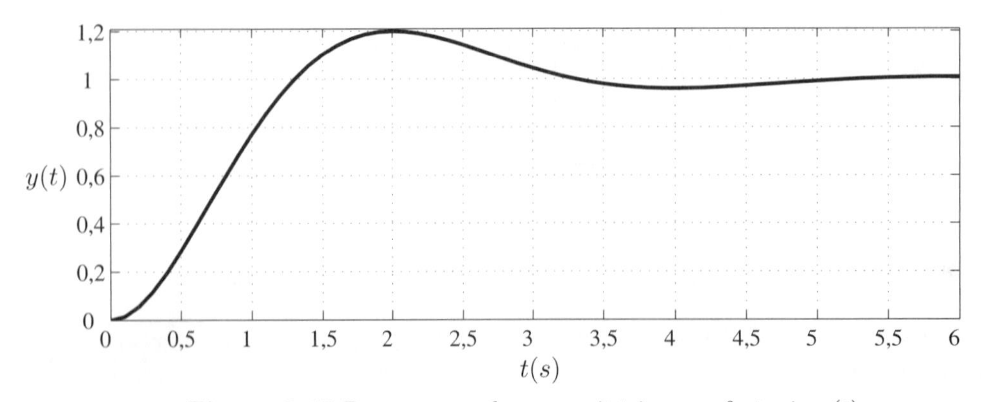

Figura 3.45 Resposta ao degrau unitário na referência $r(t)$.

Exercício 3.18

Um laminador de chapas de aço de múltiplas passagens troca material com uma enroladeira-desenroladeira como a mostrada na Figura 3.46. Ela é acionada por um motor de corrente contínua com redutor de velocidade. Em regime estacionário, a tensão de alimentação de entrada é de 200 VCC e leva o cilindro à velocidade angular de 100 rpm. A constante de tempo mecânica que é válida quando trabalhando como enroladeira depende muito da quantidade de chapas de aço enrolada. Um ensaio para estimar o maior valor da constante de tempo consiste em levar a bobina totalmente carregada até uma certa velocidade angular, desligar a energia elétrica e registrar a velocidade *versus* tempo. Sabendo que a velocidade leva 1 minuto para reduzir-se em 63%, calcule a função de transferência da enroladeira.

Figura 3.46 Enroladeira e desenroladeira de chapas de aço. Cortesia da Usiminas. Ver [44].

Exercício 3.19

Aplicando-se um degrau unitário na entrada $r(t)$ do sistema da Figura 3.47, a resposta $y(t)$ apresenta um sobressinal máximo de 25,4% e um tempo de acomodação de 1s pelo critério de 2%. Calcule o tempo de pico, o tempo de subida e determine a função de transferência do sistema de malha aberta.

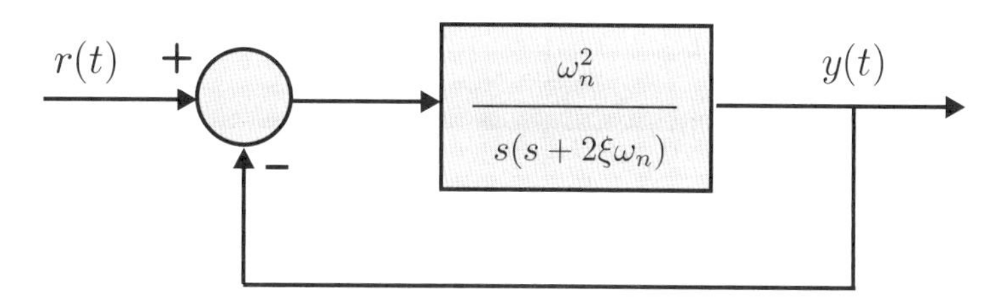

Figura 3.47 Sistema de segunda ordem.

Exercício 3.20

O diagrama de blocos da Figura 3.48 representa um motor CC com realimentação auxiliar da velocidade angular $w(t)$.

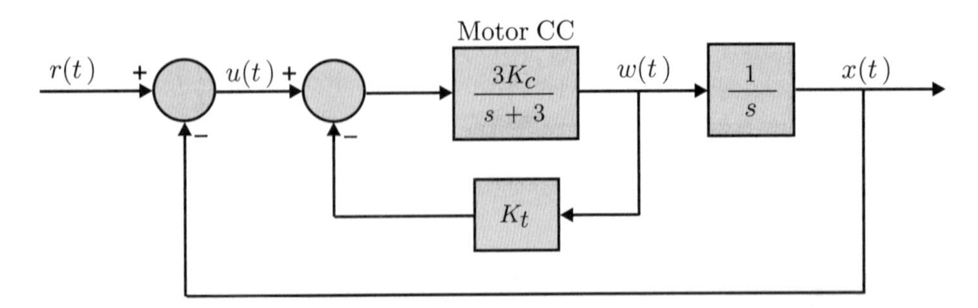

Figura 3.48 Motor CC com realimentação auxiliar de velocidade.

Aplicando-se um degrau unitário na referência $r(t)$, deseja-se que a resposta da posição $x(t)$ apresente um sobressinal máximo de 10% e um tempo de pico de 0,5s. Calcule:

a) o tempo de subida e o tempo de acomodação segundo os critérios de 5% e 2%;

b) os ganhos K_c e K_t que produzem a resposta desejada.

Exercício 3.21

Determine os erros no estado estacionário do sistema de controle da Figura 3.49 quando são aplicados degraus unitários nas entradas de:

a) referência $R(s)$ (supor $D(s) = 0$);

b) perturbação $D(s)$ (supor $R(s) = 0$).

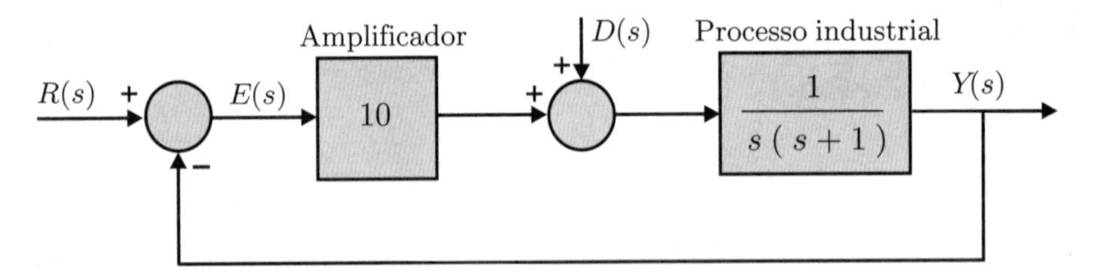

Figura 3.49 Processo industrial com entradas de referência $R(s)$ e de perturbação $D(s)$.

Exercício 3.22

Considere o sistema com realimentação unitária da Figura 3.50.

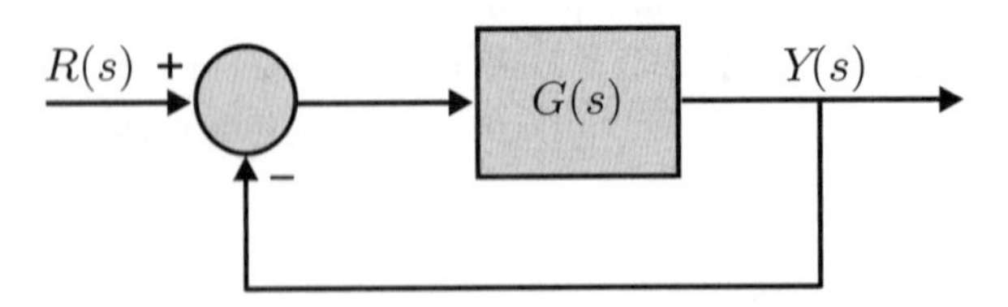

Figura 3.50 Sistema com realimentação unitária.

Calcule os erros estacionários para entrada degrau e rampa, com coeficiente $A = 1$, para os seguintes sistemas:

a) $G(s) = \dfrac{3}{(s+1)(0{,}2s+1)(0{,}1s+1)}$; b) $G(s) = \dfrac{3}{s(s+1)(0{,}2s+1)(0{,}1s+1)}$.

4

Lugar das Raízes

4.1 Introdução

O método do lugar geométrico das raízes foi criado por W. R. Evans[1] e consiste em um gráfico, construído a partir do conhecimento dos polos e zeros do sistema em malha aberta, que permite visualizar de que forma os polos do sistema em malha fechada variam quando se altera o valor do ganho do sistema em malha aberta.

Este método é um excelente instrumento de análise dos efeitos dinâmicos da realimentação de sinais, sem que para isso seja necessário calcular soluções de equações diferenciais lineares. Atualmente esta técnica é aplicada no projeto de sistemas de controle por meio de pacotes computacionais.

4.2 O método do Lugar Geométrico das Raízes (L.G.R.)

Considere o sistema em malha fechada da Figura 4.1.

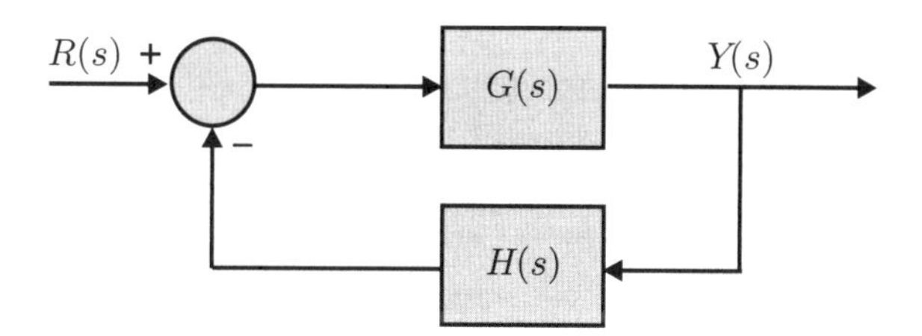

Figura 4.1 Diagrama de blocos de um sistema em malha fechada.

A função de transferência de malha fechada é dada por

$$\frac{Y(s)}{R(s)} = \frac{G(s)}{1 + G(s)H(s)} \, . \tag{4.1}$$

Os polos de malha fechada são as raízes da equação característica

$$1 + G(s)H(s) = 0 \, . \tag{4.2}$$

Escrevendo a Equação (4.2) na forma complexa, obtém-se

$$G(s)H(s) = -1 + j\,0 \, , \tag{4.3}$$

sendo $G(s)H(s)$ a função de transferência do sistema em malha aberta.

[1]Ver referências [22] e [23].

A Equação (4.3) pode ser desdobrada em duas:

- **condição de módulo:**

$$|G(s)H(s)| = 1 \,. \tag{4.4}$$

- **condição de fase:**

$$\begin{aligned} \angle G(s)H(s) &= 180^\circ \pm r360^\circ \; (r = 0, 1, 2, \ldots) \\ &= \pm \text{ múltiplo ímpar de } 180^\circ. \end{aligned} \tag{4.5}$$

A função de transferência de malha aberta $G(s)H(s)$ pode ser escrita na forma de polos e zeros

$$G(s)H(s) = \frac{k\,(s - z_1)(s - z_2)\ldots(s - z_m)}{(s - p_1)(s - p_2)\ldots(s - p_n)} \,, \tag{4.6}$$

em que $z_1, z_2, \ldots, z_m$ são os zeros de malha aberta, $p_1, p_2, \ldots, p_n$ são os polos de malha aberta e $k > 0$ é o coeficiente de ganho, suposto positivo[2].

Da Equação (4.6), a condição de módulo pode ser escrita como

$$|G(s)H(s)| = \frac{k\,|s - z_1||s - z_2|\ldots|s - z_m|}{|s - p_1||s - p_2|\ldots|s - p_n|} = 1 \,. \tag{4.7}$$

Assim, o valor do ganho k, associado a qualquer ponto do plano s, pode ser obtido por

$$k = \frac{|s - p_1||s - p_2|\ldots|s - p_n|}{|s - z_1||s - z_2|\ldots|s - z_m|} \,. \tag{4.8}$$

Da Equação (4.6), a condição de fase para $k > 0$ pode ser escrita como

$$\begin{aligned} \angle G(s)H(s) &= \angle s - z_1 + \angle s - z_2 + \ldots + \angle s - z_m - \angle s - p_1 - \angle s - p_2 - \ldots - \angle s - p_n \\ &= 180^\circ \pm r360^\circ \quad (r = 0, 1, 2, \ldots) \\ &= \pm \text{ múltiplo ímpar de } 180^\circ \,. \end{aligned} \tag{4.9}$$

Conforme representado na Figura 4.2, a fase do vetor $s - p$ é o ângulo θ, medido no sentido anti-horário a partir do eixo real.

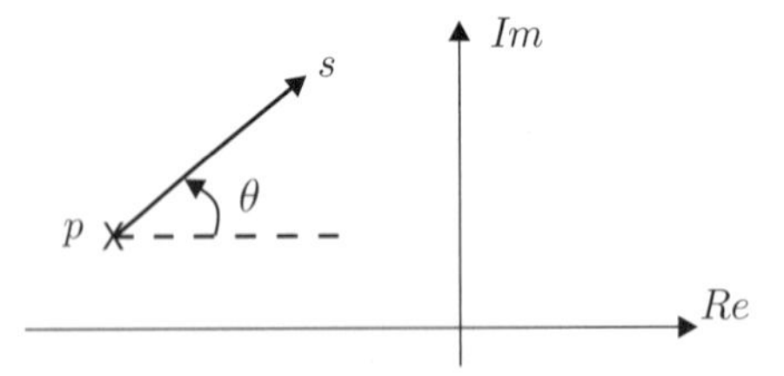

Figura 4.2 Fase θ do número complexo $s - p$.

O lugar geométrico das raízes L.G.R. é um gráfico no plano s que mostra a posição de todos os polos de malha fechada quando o ganho k varia de 0 a ∞. A condição de fase (4.9) é a condição geométrica que permite determinar se um dado ponto pertence ou não ao L.G.R.

[2] O ganho k é considerado positivo, mas esta não é uma condição essencial no método do lugar das raízes.

Exemplo 4.1

Deseja-se determinar o lugar das raízes sobre o eixo real do sistema em malha fechada com realimentação unitária ($H(s) = 1$) da Figura 4.3.

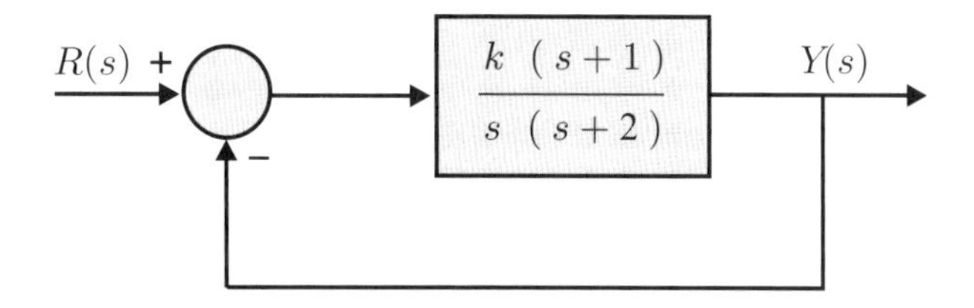

Figura 4.3 Sistema em malha fechada com realimentação unitária.

A função de transferência de malha aberta é dada por

$$G(s)H(s) = G(s) = \frac{k(s+1)}{s(s+2)} . \tag{4.10}$$

A condição de fase é dada por

$$\begin{aligned} \angle G(s) &= \pm \text{ múltiplo ímpar de } 180^o \\ &= \angle s+1 - \angle s - \angle s+2 . \end{aligned} \tag{4.11}$$

Para verificar quais são os segmentos do eixo real que pertencem ao lugar das raízes, basta selecionar pontos de teste ao acaso (s_1, s_2, s_3 e s_4), conforme mostrado na Figura 4.4, e depois verificar quais são os pontos que satisfazem a condição de fase.

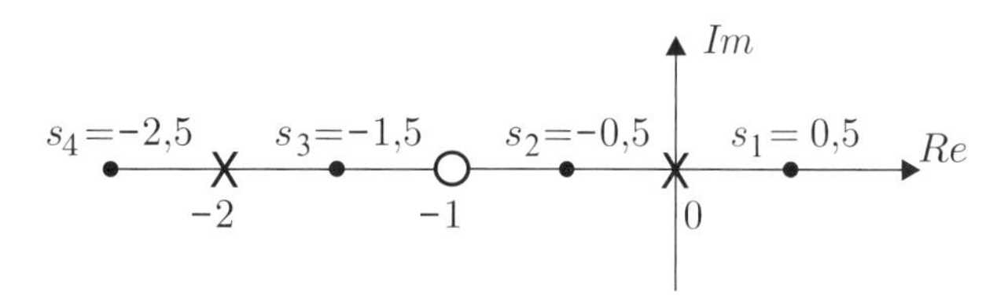

Figura 4.4 Pontos de teste do eixo real.

- Para $s_1 = 0{,}5 \Rightarrow \angle G(s) = \angle s_1+1 - \angle s_1 - \angle s_1+2 = 0^o$.
- Para $s_2 = -0{,}5 \Rightarrow \angle G(s) = \angle s_2+1 - \angle s_2 - \angle s_2+2 = -180^o$.
- Para $s_3 = -1{,}5 \Rightarrow \angle G(s) = \angle s_3+1 - \angle s_3 - \angle s_3+2 = 0^o$.
- Para $s_4 = -2{,}5 \Rightarrow \angle G(s) = \angle s_4+1 - \angle s_4 - \angle s_4+2 = -180^o$.

Entre os pontos testados (s_1, s_2, s_3 e s_4) a condição de fase é satisfeita apenas para s_2 e s_4. Note que a condição de fase também é satisfeita para qualquer outro ponto que for escolhido nos segmentos de reta entre 0 e -1 e entre -2 e $-\infty$. Portanto, o lugar das raízes de todos os polos de malha fechada sobre o eixo real se encontra nesses dois segmentos.

Os polos de malha fechada também podem ser calculados a partir da função de transferência de malha fechada

$$\frac{Y(s)}{R(s)} = \frac{G(s)}{1+G(s)} = \frac{k(s+1)}{s^2+(2+k)s+k} \,. \tag{4.12}$$

Variando-se o ganho k, pode-se obter os polos de malha fechada de acordo com a Tabela 4.1.

Tabela 4.1 Polos de malha fechada

$k = 0$	$s = 0$	$s = -2$
$k = 0{,}1$	$s = -0{,}05$	$s = -2{,}05$
$k = 1$	$s = -0{,}38$	$s = -2{,}62$
$k = 5$	$s = -0{,}81$	$s = -6{,}19$
$k = 10$	$s = -0{,}90$	$s = -11{,}10$
$k = 100$	$s = -0{,}99$	$s = -101{,}01$
$k \to \infty$	$s \to -1$	$s \to -\infty$

Analisando-se a Tabela 4.1, verifica-se que à medida que o ganho k varia de zero a infinito os polos de malha fechada variam de 0 a -1 e de -2 a $-\infty$. O gráfico do lugar geométrico das raízes de todos os polos de malha fechada é representado pelas linhas grossas da Figura 4.5.

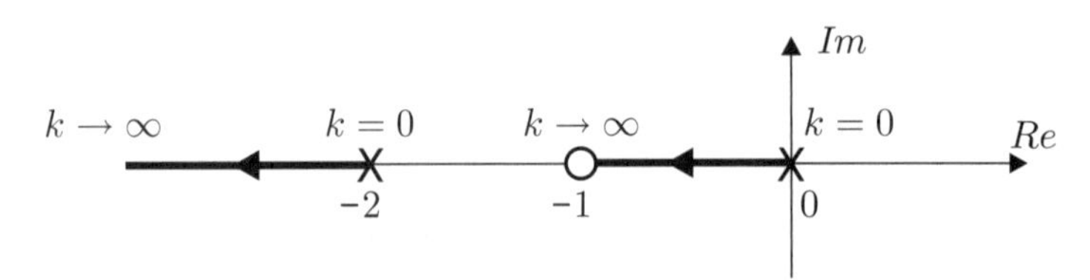

Figura 4.5 Lugar geométrico das raízes.

Analisando-se as Figuras 4.4 e 4.5 verifica-se que à direita do ponto de teste s_1 não há raízes, isto é, a quantidade de polos e zeros é nula (quantidade par). Logo, o segmento do intervalo de 0 a $+\infty$ não faz parte do lugar das raízes.

À direita do ponto de teste s_2 há 1 raiz (quantidade ímpar), isto é, há o polo em $s = 0$. Logo, o segmento do intervalo de -1 a 0 faz parte do lugar das raízes.

À direita do ponto de teste s_3 há 2 raízes (quantidade par), isto é, há o zero em $s = -1$ e o polo em $s = 0$. Logo, o segmento do intervalo de -2 a -1 não faz parte do lugar das raízes.

Por fim, à direita do ponto de teste s_4 há 3 raízes (quantidade ímpar), isto é, há o polo em $s = -2$, o zero em $s = -1$ e o polo em $s = 0$. Logo, o segmento do intervalo de $-\infty$ a -2 faz parte do lugar das raízes.

■

Portanto, do exemplo anterior conclui-se que:

- se o número de polos ou zeros reais à direita do ponto de teste for ímpar, então o segmento que contém o ponto de teste pertence ao lugar das raízes;
- o lugar das raízes começa num polo e termina num zero, formando segmentos alternados ao longo do eixo real. Quando a quantidade de polos for maior que a de zeros, o lugar das raízes termina no infinito;
- o sentido das flechas do lugar das raízes indica o sentido dos valores crescentes do ganho k.

4.3 Regras para o traçado do lugar das raízes

Número de ramos

Marcar os polos e zeros da função de transferência de malha aberta $G(s)H(s)$ com os símbolos "$\times$" e "O", respectivamente. O número de ramos é igual ao número n de polos.

Simetria

Como o polinômio do denominador da função de transferência de malha fechada tem coeficientes reais, as suas raízes podem ser apenas reais ou complexas conjugadas. Logo, o lugar das raízes é simétrico em relação ao eixo real do plano complexo.

Lugar das raízes sobre o eixo real

Pares de zeros ou polos complexos conjugados não afetam a condição de fase sobre o eixo real. Conforme se pode verificar no exemplo da Figura 4.6, a soma dos ângulos de cada polo complexo com relação ao ponto de teste s é

$$\theta_1 + \theta_2 = 360^o \ . \tag{4.13}$$

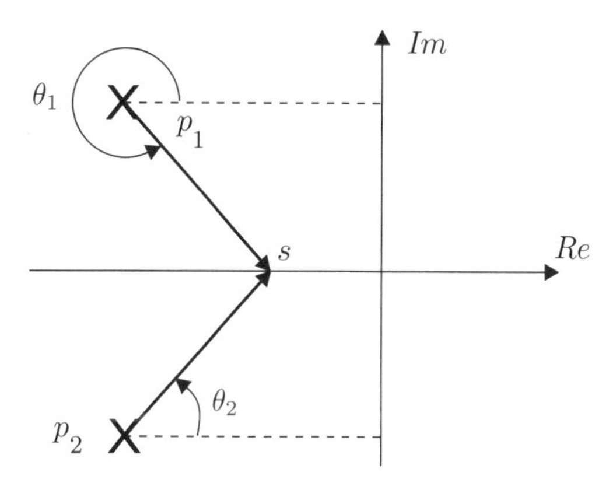

Figura 4.6 Ângulos de um par de polos complexos conjugados.

Por outro lado, com relação aos polos e zeros reais sabe-se que:

- cada zero ou cada polo real de malha aberta contribui com uma fase de 180°, se estiver à direita de um ponto de teste s;

- cada zero ou cada polo real de malha aberta não afeta a condição de fase, se estiver à esquerda de um ponto de teste s.

Logo, um ponto de teste s sobre o eixo real pertence ao lugar das raízes se o número total de polos e zeros à direita deste ponto for ímpar.

Pontos de início e término

O lugar das raízes consiste no lugar geométrico de todos os polos de malha fechada para $0 < k < \infty$. O ponto de início ou partida corresponde a $k \to 0$ e o ponto de término ou chegada corresponde a $k \to \infty$.

Os polos de malha fechada são as raízes da equação característica $1 + G(s)H(s) = 0$, ou seja,

$$(s-p_1)(s-p_2)\dots(s-p_n) + k(s-z_1)(s-z_2)\dots(s-z_m) = 0 \; . \tag{4.14}$$

Para $k \to 0$ as raízes da Equação (4.14) tendem para as raízes de $(s-p_1)(s-p_2)\dots(s-p_n) = 0$.

Portanto, o lugar das raízes "começa" nos n polos de malha aberta.

Da condição de módulo $|G(s)H(s)| = 1$ tem-se que

$$\frac{k|s-z_1||s-z_2|\dots|s-z_m|}{|s-p_1||s-p_2|\dots|s-p_n|} = 1 \Longrightarrow \frac{|s-z_1||s-z_2|\dots|s-z_m|}{|s-p_1||s-p_2|\dots|s-p_n|} = \frac{1}{k} \; . \tag{4.15}$$

Para $k \to \infty$ as raízes da Equação (4.15) tendem para as raízes de $|s-z_1||s-z_2|\dots|s-z_m| = 0$.

Portanto, o lugar das raízes "termina" nos m zeros de malha aberta.

Assíntotas

O número de ramos é igual ao número n de polos. Como o número n de polos é normalmente maior que o número m de zeros, então m ramos terminam nos zeros e $n-m$ ramos terminam no infinito, seguindo assíntotas. Portanto, o número de assíntotas é igual a $n-m$.

Da condição de fase (4.9) tem-se que

$$\begin{aligned} &\angle s-z_1 + \angle s-z_2 + \dots + \angle s-z_m - \angle s-p_1 - \angle s-p_2 - \dots - \angle s-p_n \\ &= 180^\circ \pm r360^\circ \quad (r = 0, 1, 2, \dots) \end{aligned} \tag{4.16}$$

Num ponto s suficientemente afastado, tal que o seu módulo seja muito maior que o módulo dos polos e zeros de malha aberta, então os ângulos da Equação (4.16) podem ser considerados aproximadamente iguais a um ângulo α qualquer, ou seja,

$$m\alpha - n\alpha = 180^\circ \pm r360^\circ \Longrightarrow \alpha = \frac{180^\circ \pm r360^\circ}{m-n} \quad (r = 0, 1, 2, \dots) \text{ ou}$$

$$\alpha_1 = \frac{180^\circ}{n-m}, \; \alpha_2 = 3\frac{180^\circ}{n-m}, \; \alpha_3 = 5\frac{180^\circ}{n-m}, \; \alpha_4 = 7\frac{180^\circ}{n-m}, \dots, \alpha_{n-m} = (2n-2m-1)\frac{180^\circ}{n-m} \; . \tag{4.17}$$

Pode-se demonstrar que as assíntotas cruzam o eixo real no ponto

$$S_c = \frac{\text{(soma dos polos de malha aberta)} - \text{(soma dos zeros de malha aberta)}}{n-m} \; . \tag{4.18}$$

Pontos de partida e chegada sobre o eixo real

Se existirem dois polos de malha aberta adjacentes sobre o eixo real e se o segmento entre eles fizer parte do lugar das raízes, então haverá pelo menos um ponto de partida neste segmento.

Analogamente, se existirem dois zeros de malha aberta adjacentes sobre o eixo real e se o segmento entre eles fizer parte do lugar das raízes, então haverá pelo menos um ponto de chegada neste segmento.[3] Os pontos de partida e chegada sobre o eixo real também são chamados de pontos de ramificação.

Considere a equação característica (4.2):

$$1 + G(s)H(s) = 0 \,.$$

Supondo

$$G(s)H(s) = \frac{kN(s)}{D(s)}\,, \quad \text{com } D(s) \neq 0\,, \tag{4.19}$$

a equação característica pode ser escrita como

$$D(s) + kN(s) = 0 \Rightarrow k = -\frac{D(s)}{N(s)}\,. \tag{4.20}$$

Prova-se que os pontos de partida ou chegada sobre o eixo real podem ser calculados a partir das raízes de

$$\frac{dk}{ds} = 0 \Rightarrow \frac{dk}{ds} = -\left[\frac{D'(s)N(s) - D(s)N'(s)}{(N(s))^2}\right] = 0. \tag{4.21}$$

A solução da Equação (4.21) é uma condição necessária, mas não suficiente para a existência de pontos de partida ou de chegada. Se uma raiz da Equação (4.21) não pertencer ao lugar das raízes do eixo real, então essa raiz não corresponde nem a um ponto de partida nem a um ponto de chegada.

Ângulo de partida de um polo complexo e de chegada em um zero complexo

Permite determinar a direção dos ramos do lugar das raízes nas proximidades dos polos e zeros complexos conjugados. Escolhendo-se um ponto de teste nas proximidades de um polo ou zero complexo pode-se considerar que a soma das contribuições angulares de todos os outros polos e zeros permanece invariável. Assim, da condição de fase (4.9) o ângulo de partida de um polo complexo p_1 pode ser determinado como

$$\angle s-p_1 = \angle s-z_1 + \angle s-z_2 + \ldots + \angle s-z_m - \angle s-p_2 - \ldots - \angle s-p_n \mp \text{múltiplo ímpar de } 180^{\circ}\,. \tag{4.22}$$

Da mesma forma, o ângulo de chegada em um zero complexo z_1 pode ser determinado como

$$\angle s-z_1 = -\angle s-z_2 - \ldots - \angle s-z_m + \angle s-p_1 + \angle s-p_2 + \ldots + \angle s-p_n \pm \text{múltiplo ímpar de } 180^{\circ}\,. \tag{4.23}$$

Na Figura 4.7 são esquematizados os lugares das raízes de alguns sistemas com realimentação negativa.

[3] Isso também ocorre quando um dos zeros está no infinito.

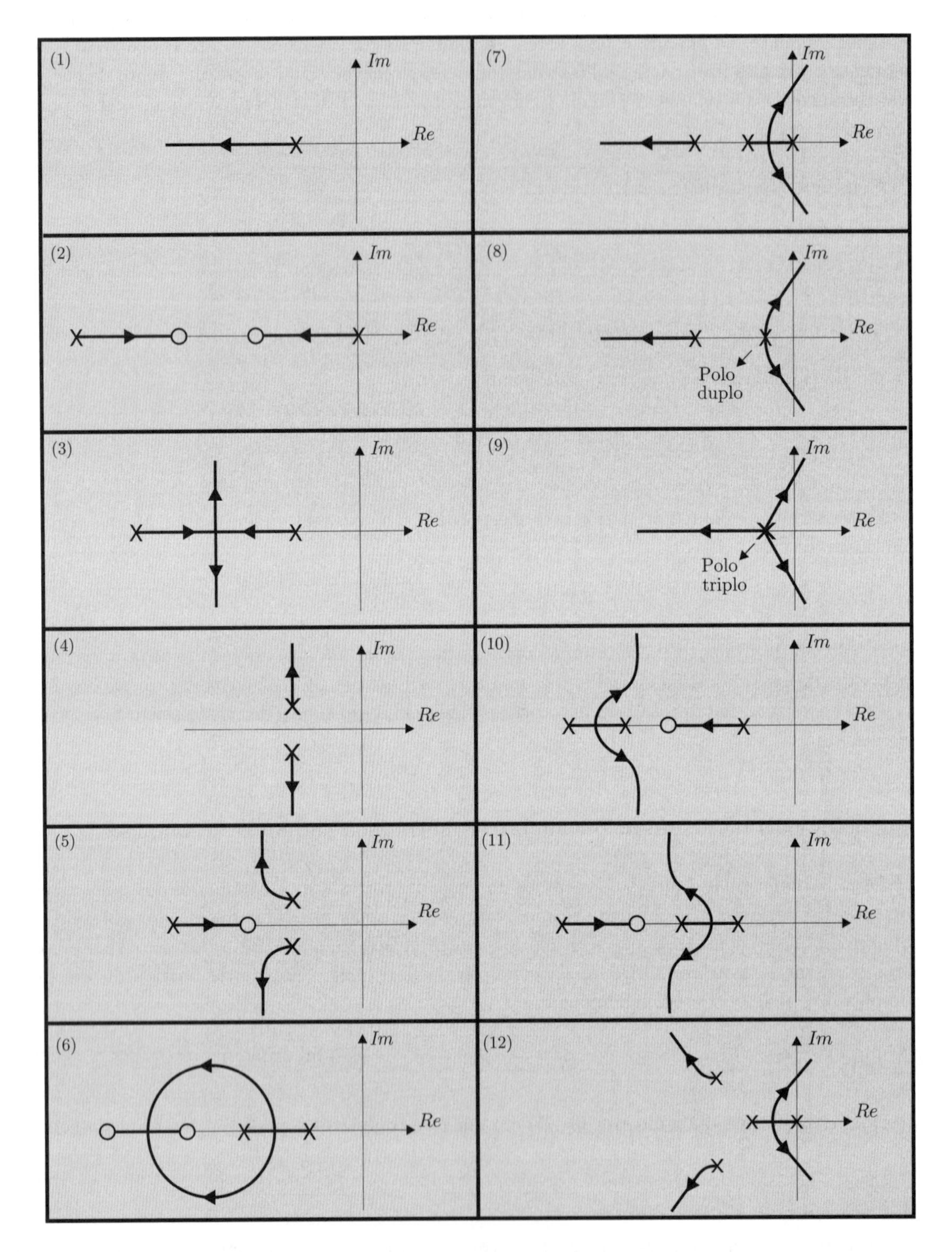

Figura 4.7 Lugar das raízes de alguns sistemas com realimentação negativa.

Exemplo 4.2

Deseja-se desenhar o lugar das raízes do sistema da Figura 4.8.

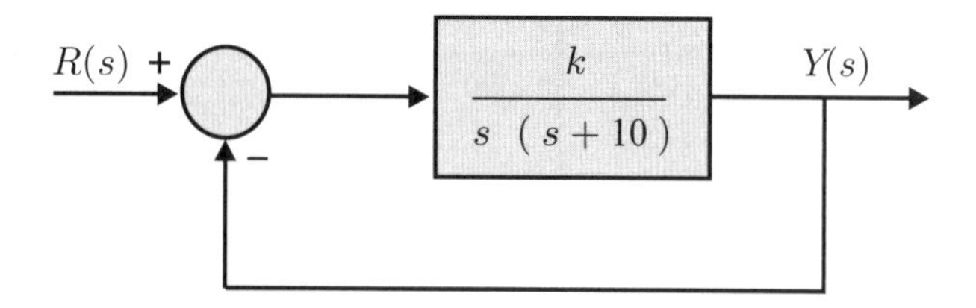

Figura 4.8 Sistema em malha fechada com realimentação unitária.

Primeiramente devem-se marcar os polos de malha aberta conforme mostrado na Figura 4.9. A seguir devem-se selecionar pontos de teste s_1, s_2 e s_3 nos segmentos do eixo real. Como à direita de s_1 não há raízes (quantidade par) e à direita de s_3 há 2 raízes (quantidade par), os segmentos de 0 a $+\infty$ e de -10 a $-\infty$ não fazem parte do lugar das raízes. Logo, apenas o segmento de -10 a 0 faz parte do lugar das raízes, pois à direita de s_2 há 1 raiz (quantidade ímpar).

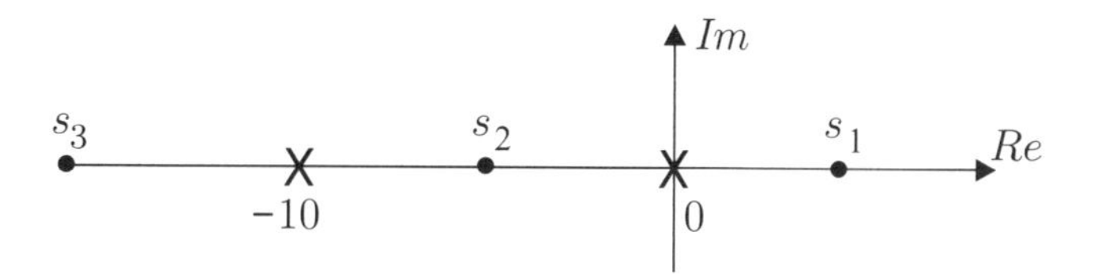

Figura 4.9 Polos e pontos de teste.

Como a quantidade de polos ($n = 2$) é maior que a quantidade de zeros ($m = 0$), então $n-m = 2$ ramos terminam no infinito, seguindo assíntotas com os ângulos

$$\alpha_1 = \frac{180^o}{n-m} = \frac{180^o}{2-0} = 90^o \quad \text{e} \quad \alpha_2 = 3\frac{180^o}{n-m} = 3\frac{180^o}{2-0} = 270^o \,. \tag{4.24}$$

As assíntotas cruzam o eixo real no ponto

$$\begin{aligned} S_c &= \frac{\text{(soma dos polos de malha aberta)} - \text{(soma dos zeros de malha aberta)}}{n-m} \\ &= \frac{0-10}{2-0} = -5 \,. \end{aligned} \tag{4.25}$$

O lugar das raízes começa nos polos e termina nos zeros de malha aberta, quando k varia de zero a infinito. Como há dois polos de malha aberta adjacentes sobre o eixo real ($s = 0$ e $s = -10$) e como o segmento entre eles faz parte do lugar das raízes, então há um ponto de partida neste segmento. A equação característica do sistema em malha fechada é dada por

$$1 + \frac{k}{s^2 + 10s} = 0 \Rightarrow k = -(s^2 + 10s) \,. \tag{4.26}$$

Aplicando a condição (4.21), obtém-se

$$\frac{dk}{ds} = 0 = -(2s + 10) \Rightarrow s = -5 \,. \tag{4.27}$$

Portanto, há um ponto de partida em $s = -5$.

O gráfico do lugar geométrico das raízes apresenta o aspecto da Figura 4.10. Note que ao desenhar o gráfico do lugar das raízes o mesmo também deve satisfazer à propriedade de simetria com relação ao eixo real.

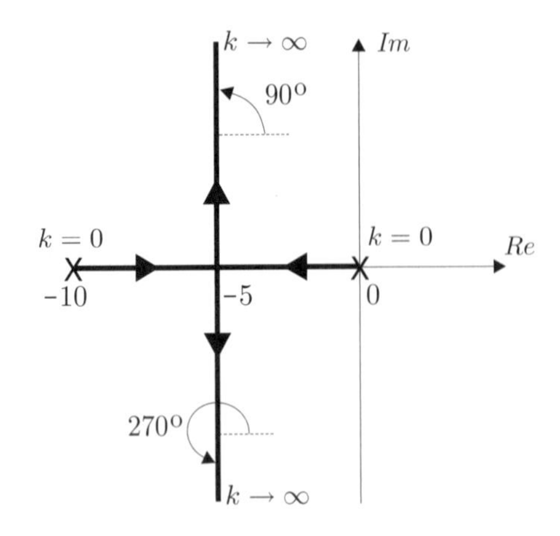

Figura 4.10 Lugar geométrico das raízes.

Analisando-se o gráfico da Figura 4.10 verifica-se que o sistema em malha fechada é sempre estável para qualquer $k > 0$, pois as linhas do lugar das raízes que representam os polos de malha fechada se localizam no semiplano esquerdo aberto do plano s.

■

4.4 Realimentação positiva

Sistemas de controle complexos podem possuir uma malha com realimentação positiva interna estabilizada pela malha externa, conforme mostra a Figura 4.11.

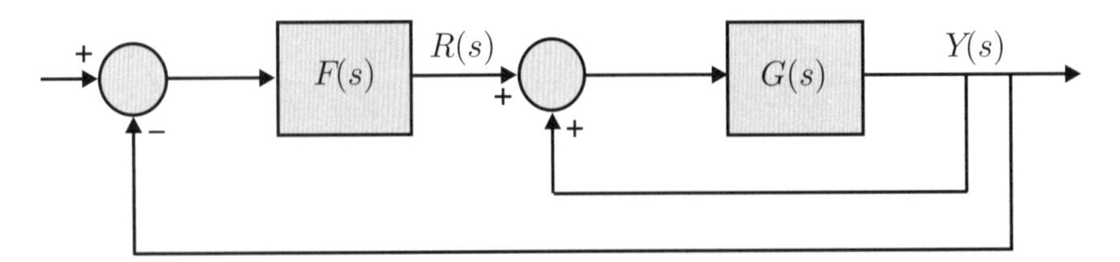

Figura 4.11 Diagrama de blocos de um sistema com realimentação positiva.

A função de transferência da malha fechada interna é dada por

$$\frac{Y(s)}{R(s)} = \frac{G(s)}{1 - G(s)} \ . \tag{4.28}$$

Os polos de malha fechada são as raízes da equação característica

$$1 - G(s) = 0 \Rightarrow G(s) = 1 \ . \tag{4.29}$$

A Equação (4.29) pode ser desdobrada em duas:

- **condição de módulo:** $|G(s)| = 1$.
- **condição de fase:** $\angle G(s) = 0^o \pm r360^o \ (r = 0, 1, 2, \ldots)$.

As regras para a construção do lugar das raízes são semelhantes às vistas anteriormente. Devido à alteração da condição de fase há algumas exceções descritas a seguir.

Lugar das raízes sobre o eixo real

Um ponto de teste sobre o eixo real pertence ao lugar das raízes se o número total de polos e zeros à direita desse ponto for um número par.

Ângulos das assíntotas

O cálculo dos ângulos das assíntotas é modificado para

$$\alpha_i = \pm\frac{i360^o}{n-m} \ (i = 0, 1, 2, \ldots).$$

Ângulo de partida de um polo complexo e de chegada em um zero complexo

Da condição de fase para $k > 0$, o ângulo de partida de um polo complexo p_1 pode ser determinado como

$$\angle s - p_1 = \angle s - z_1 + \angle s - z_2 + \ldots + \angle s - z_m - \angle s - p_2 - \ldots - \angle s - p_n \,. \tag{4.30}$$

Da mesma forma, o ângulo de chegada em um zero complexo z_1 pode ser determinado como

$$\angle s - z_1 = -\angle s - z_2 - \ldots - \angle s - z_m + \angle s - p_1 + \angle s - p_2 + \ldots + \angle s - p_n \,. \tag{4.31}$$

Exemplo 4.3

Supondo $k > 0$, determine o lugar das raízes do sistema com realimentação positiva que tem função de transferência

$$G(s) = \frac{k(s+3)}{(s+1)(s+2)} \,. \tag{4.32}$$

Primeiramente devem-se marcar os polos e o zero de malha aberta no eixo real. À direita do polo em $s = -1$ não há raízes (quantidade par). Logo, o segmento do eixo real de -1 a $+\infty$ faz parte do lugar das raízes. O segmento entre -2 e -1 não faz parte do lugar das raízes, pois à direita do polo em $s = -2$ há uma raiz em $s = -1$ (quantidade ímpar). O outro segmento que também faz parte do lugar das raízes é o que está entre -3 e -2, pois à direita do zero em $s = -3$ há duas raízes (quantidade par). Já o segmento do intervalo de -3 a $-\infty$ também não faz parte do lugar das raízes, pois à direita de qualquer ponto de teste deste segmento (excluindo-se o zero em $s = -3$) há três raízes (quantidade ímpar).

Conforme representado na Figura 4.12, o lugar das raízes possui um segmento que começa no polo em $s = -2$ e termina no zero em $s = -3$ e outro segmento que começa no polo em $s = -1$ e termina em $+\infty$ quando k varia de zero a infinito

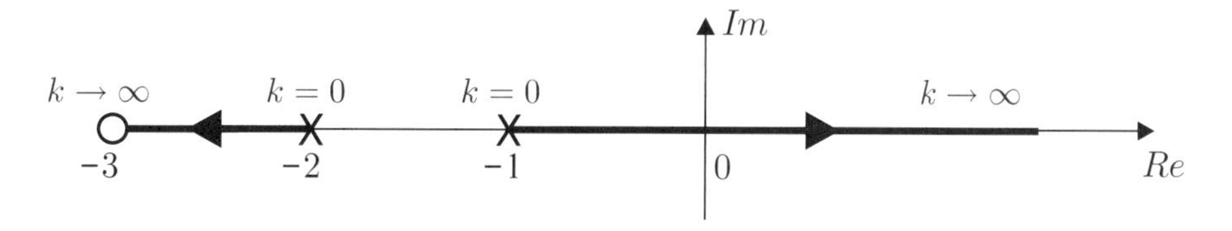

Figura 4.12 Lugar geométrico das raízes.

■

4.5 Lugar das raízes de sistemas com atraso puro

Em muitos processos industriais são encontrados com frequência sistemas com atraso puro ou atraso por transporte. Conforme foi visto na Seção 3.9, a função de transferência de um atraso puro é

$$G(s) = e^{-\alpha s}\,. \tag{4.33}$$

Um sistema estável em malha aberta, de ordem 1 e com atraso puro, pode ser instável em malha fechada pois é possível que, para algum ganho k, o lugar das raízes se localize sobre o eixo imaginário ou no semiplano direito do plano s.

Exemplo 4.4

Considere o sistema estável em malha aberta com função de transferência

$$G_{ma}(s) = \frac{ke^{-2s}}{s+1}\,. \tag{4.34}$$

A função de transferência de malha fechada é

$$G_{mf}(s) = \frac{G_{ma}(s)}{1+G_{ma}(s)} = \frac{ke^{-2s}}{s+1+ke^{-2s}}\,. \tag{4.35}$$

É possível verificar se o lugar das raízes tem polos sobre o eixo imaginário fazendo a substituição $s = 0 + j\omega$ no denominador de $G_{mf}(s)$, ou seja,

$$j\omega + 1 + ke^{-2j\omega} = 0 \Rightarrow 1 + k\cos(2\omega) + j[\omega - k\,\mathrm{sen}(2\omega)] = 0 \tag{4.36}$$

Igualando a zero as partes real e imaginária da Equação (4.36), obtém-se

$$k = -\frac{1}{\cos(2\omega)} \quad \text{e} \tag{4.37}$$

$$\omega - k\,\mathrm{sen}(2\omega) = 0 \Rightarrow \omega + \tan(2\omega) = 0 \tag{4.38}$$

cuja solução é $\omega \cong 1{,}14446$ e $k \cong 1{,}5$.

Como ω é um ângulo, na realidade o lugar das raízes tem infinitos pontos $\omega \pm 2\pi r$ $(r = 0, 1, 2, \ldots)$ sobre o eixo imaginário. Em termos de estabilidade apenas o ponto em $r = 0$ tem importância, pois ele determina o maior ganho para o sistema ser estável em malha fechada, isto é, $k < 1{,}5$.

■

4.5.1 Aproximações de Padé

Como a representação do atraso puro não é uma função de transferência racional, há diversas aproximações que podem ser utilizadas para a função exponencial. As melhores são as aproximações de Padé de ordem (m, n), sendo m e n os graus dos polinômios do numerador e do denominador, respectivamente. Na Tabela 4.2 são apresentadas as aproximações de Padé para a função $e^{-\alpha s}$ de ordens (1,1), (2,2) e (3,3).

Tabela 4.2 Aproximações de Padé para a função $e^{-\alpha s}$

Ordem (1,1)	Ordem (2,2)	Ordem (3,3)
$G(s) = \frac{-\alpha s+2}{\alpha s+2}$	$G(s) = \frac{\alpha^2 s^2-6\alpha s+12}{\alpha^2 s^2+6\alpha s+12}$	$G(s) = \frac{-\alpha^3 s^3+12\alpha^2 s^2-60\alpha s+120}{\alpha^3 s^3+12\alpha^2 s^2+60\alpha s+120}$

Exemplo 4.5

Considere a função de transferência de um processo dada por

$$G(s) = \frac{e^{-2s}}{s+1}. \tag{4.39}$$

Usando as aproximações de Padé da Tabela 4.2, obtêm-se as seguintes funções de transferência:

$$G_1(s) = \frac{1}{(s+1)}\frac{(-2s+2)}{(2s+2)} = \frac{-s+1}{(s+1)^2}, \tag{4.40}$$

$$G_2(s) = \frac{1}{(s+1)}\frac{(4s^2-12s+12)}{(4s^2+12s+12)} = \frac{s^2-3s+3}{(s+1)(s^2+3s+3)}, \tag{4.41}$$

$$G_3(s) = \frac{1}{(s+1)}\frac{(-8s^3+48s^2-120s+120)}{(8s^3+48s^2+120s+120)} = \frac{-s^3+6s^2-15s+15}{(s+1)(s^3+6s^2+15s+15)}. \tag{4.42}$$

Na Figura 4.13 são apresentadas as saídas dos sistemas $G(s)$, $G_1(s)$, $G_2(s)$ e $G_3(s)$ para degraus unitários aplicados em suas entradas. Observe que quanto maior é a ordem da função de transferência melhor é a aproximação para a função $G(s)$. Por outro lado, aumenta-se também a complexidade dos cálculos.

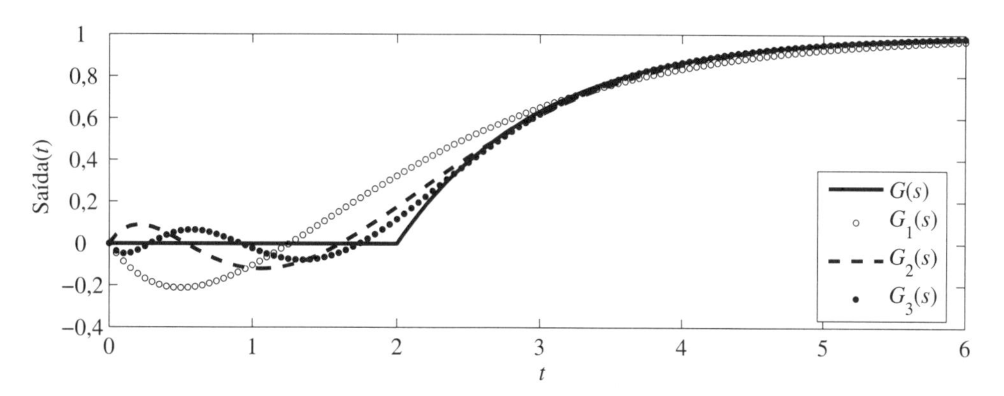

Figura 4.13 Saídas dos sistemas $G(s)$, $G_1(s)$, $G_2(s)$ e $G_3(s)$ para degraus unitários aplicados em suas entradas.

■

Exemplo 4.6

Utilizando a aproximação de Padé de ordem(1,1) na função de transferência de malha aberta (4.34), obtém-se

$$G_{ma}(s) = \frac{-k(s-1)}{(s+1)^2}, \tag{4.43}$$

cuja função de transferência de malha fechada com realimentação unitária é

$$G_{mf}(s) = \frac{G_{ma}(s)}{1+G_{ma}(s)} = \frac{-k(s-1)}{s^2+(2-k)s+1+k}. \tag{4.44}$$

Supondo $k > 0$, pelo critério de Routh o sistema em malha fechada (4.44) é estável para $0 < k < 2$. Observe que o maior valor de k desta análise é superior ao ganho $k < 1{,}5$, obtido com a função de transferência exata no exemplo 4.4. Isso se deve à aproximação de Padé de ordem(1,1). Para melhorar a precisão, nos projetos devem-se usar aproximações de ordens mais elevadas, porém os cálculos são mais complexos.

A função de transferência de malha aberta da Equação (4.43) é de um sistema com realimentação positiva e produz o lugar das raízes da Figura 4.14. Note que o lugar das raízes começa no semiplano esquerdo do plano s, cruza o eixo imaginário nos pontos $\pm\sqrt{3}j$ para $k = 2$ e vai para o semiplano direito para $k > 2$.

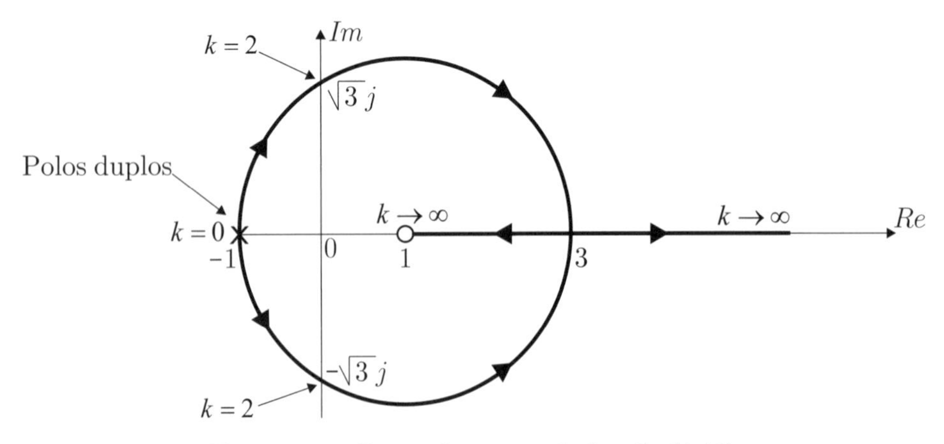

Figura 4.14 Lugar das raízes da função (4.43).

■

4.6 Compensação por meio do lugar das raízes

Projetar um controlador ou um compensador significa modificar a resposta de um sistema de modo que sua saída atenda a determinadas especificações. Os controladores são formados por funções de transferência que adicionam polos e zeros ao sistema. Um esquema de controle típico de um processo em malha fechada com realimentação da saída é apresentado na Figura 4.15.

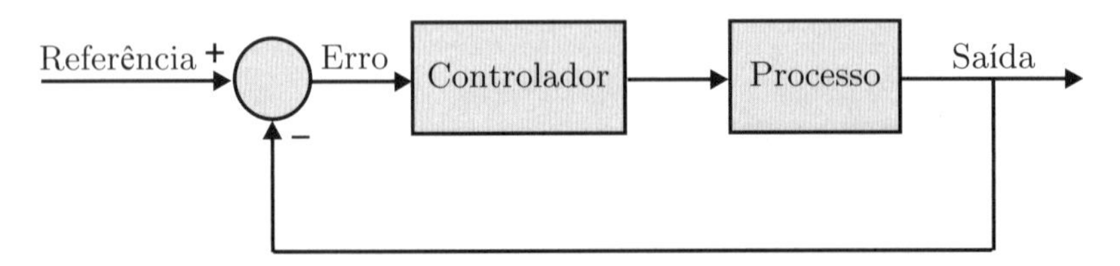

Figura 4.15 Diagrama de blocos de um sistema de controle em malha fechada.

De um modo geral, três especificações são muito importantes no projeto de sistemas de controle:

- estabilidade;
- erro estacionário "pequeno" ou nulo;
- desempenho, que consiste em sobressinal "baixo" e tempo de resposta transitória "pequeno".

A especificação de estabilidade é essencial para qualquer sistema em malha fechada, pois não há sistema instável que tenha utilidade prática. A característica de erro estacionário "pequeno" ou nulo é desejável para uma grande quantidade de sistemas em que se espera que as saídas sigam determinadas referências ou estejam pelo menos próximas dos valores desejados. Já a especificação de desempenho está relacionada ao sobressinal e ao tempo de resposta transitória. Normalmente deseja-se que a resposta transitória tenha um sobressinal "baixo" e um tempo de resposta "pequeno" (tempo de subida, de pico, de acomodação, etc.).

Muitas vezes as etapas de projeto de sistemas de controle resultam de um procedimento de tentativa e erro até que as especificações desejadas sejam atingidas. Uma vez adotadas as especificações de projeto, o próximo passo consiste em projetar o controlador, calculando os seus parâmetros. Após esta etapa deve-se realizar uma análise do sistema com a realimentação para verificar se as especificações de projeto inicialmente adotadas foram atingidas. Se os resultados forem satisfatórios pode-se passar para a etapa de implementação do controlador. Caso contrário, novos projetos de controladores devem ser realizados. Um esquema desse procedimento de projeto está sistematizado na Figura 4.16.

Conforme foi visto no Capítulo 3, para sistemas de ordem elevada (maior ou igual a 3) normalmente a resposta do sistema em malha fechada é dominada pelos polos de malha fechada que se localizam mais próximos do eixo imaginário, chamados polos dominantes. Porém, caso a resposta não dependa apenas desses polos, a resposta do sistema compensado pode não produzir os resultados desejados. Por essa razão, após a realização do projeto é importante analisar a resposta do sistema em malha fechada, por meio de uma simulação em computador, verificando se os resultados estão de acordo com as especificações desejadas.

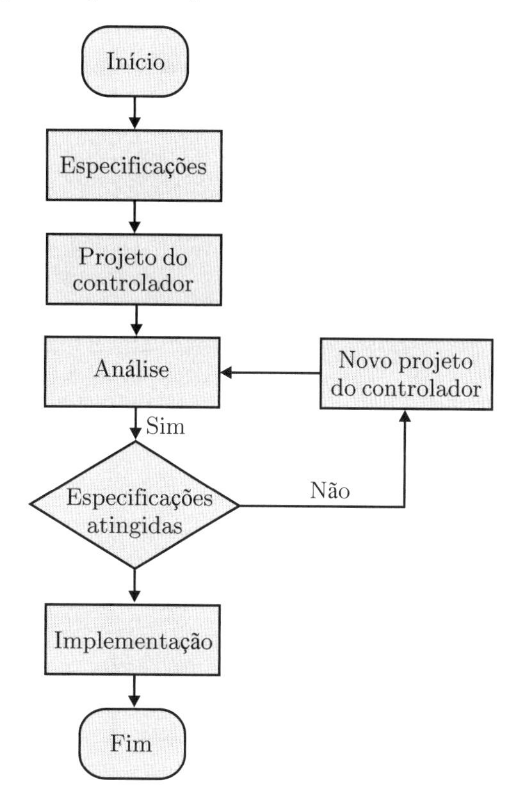

Figura 4.16 Esquema dos procedimentos de projeto de sistemas de controle.

Quando as especificações de projeto são fornecidas em termos da resposta transitória temporal o projeto do controlador a partir do sistema em malha aberta pode ser realizado por meio da técnica do lugar das raízes.

4.6.1 Compensação por avanço de fase

A compensação por avanço de fase (*phase lead*) tem a propriedade de melhorar a resposta temporal do sistema, reduzindo o sobressinal e o tempo de resposta transitória. Para verificar esta propriedade basta notar que quando o compensador por avanço de fase é incluído na malha o ponto de intersecção das assíntotas com o eixo real, calculado pela Equação (4.18), é deslocado para a esquerda do plano s. Com isso, o lugar das raízes também se desloca para a esquerda, fazendo com que o sobressinal e o tempo de resposta sejam reduzidos.

O bloco típico de um compensador por avanço de fase tem a função de transferência

$$G_c(s) = k_c \left(\frac{s + z_c}{s + p_c} \right) \quad , \quad z_c < p_c \quad . \tag{4.45}$$

O diagrama de polos e zeros de um compensador por avanço de fase é apresentado na Figura 4.17. O zero do compensador z_c deve estar localizado mais próximo do eixo imaginário, quando comparado ao polo p_c. A designação *avanço de fase* reside no fato de que para qualquer ponto s com $Re < 0$ e $Im > 0$ o compensador $G_c(s)$ adiciona fase na malha aberta, pois $\angle G_c(s) = \phi - \theta > 0$.

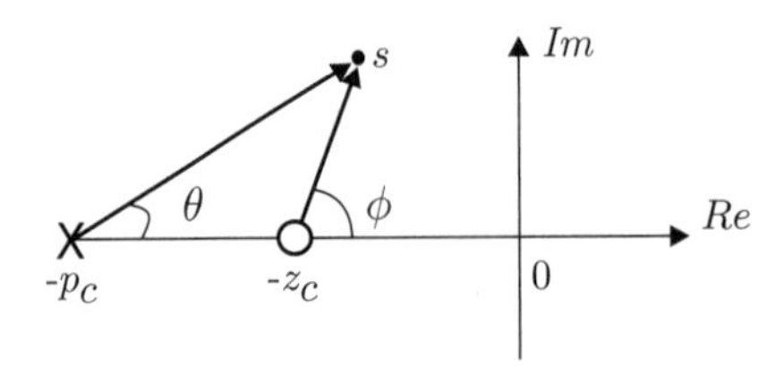

Figura 4.17 Diagrama de polos e zeros de um compensador por avanço de fase.

Basicamente, a metodologia de projeto consiste em determinar as posições dos polos de malha fechada dominantes que satisfazem às especificações de desempenho desejadas, como sobressinal e tempo de resposta transitória (tempo de subida, pico, acomodação, etc.). O zero e o polo do compensador $G_c(s)$ devem ser alocados de tal forma que o lugar das raízes passe pelos polos de malha fechada dominantes. Uma vez fixada a posição do zero do compensador a posição do polo pode ser determinada por meio da condição de fase (4.5). Depois disso o ganho k pode ser obtido por meio da condição de módulo (4.4).

Exemplo 4.7

Um servomecanismo, composto por um motor de corrente contínua, possui a função de transferência

$$\frac{\Theta(s)}{E_a(s)} = \frac{5}{s(s+1)}, \tag{4.46}$$

e $\Theta(s)$ e $E_a(s)$ representam as transformadas de Laplace da posição angular do eixo e da tensão de armadura, respectivamente. O diagrama de blocos do sistema em malha fechada sem compensador é apresentado na Figura 4.18.

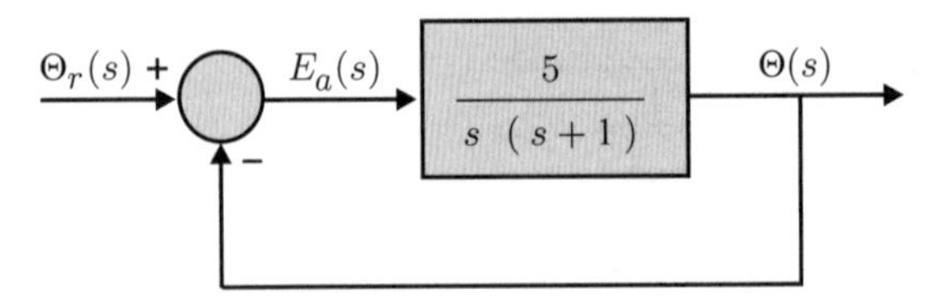

Figura 4.18 Diagrama de blocos do sistema em malha fechada sem compensador.

A função de transferência de malha fechada do sistema de segunda ordem é dada por

$$\frac{\Theta(s)}{\Theta_r(s)} = \frac{5}{s^2+s+5} = \frac{\omega_n^2}{s^2+2\xi\omega_n s+\omega_n^2}, \tag{4.47}$$

sendo $\Theta_r(s)$ a posição angular desejada, $\omega_n = \sqrt{5}$ (rad/s) a frequência natural não amortecida e $\xi = 1/(2\sqrt{5}) \cong 0{,}224$ o coeficiente de amortecimento. Quando é aplicado um degrau unitário na entrada $\theta_r(t)$, a saída $\theta(t)$ apresenta a resposta da Figura 4.19.

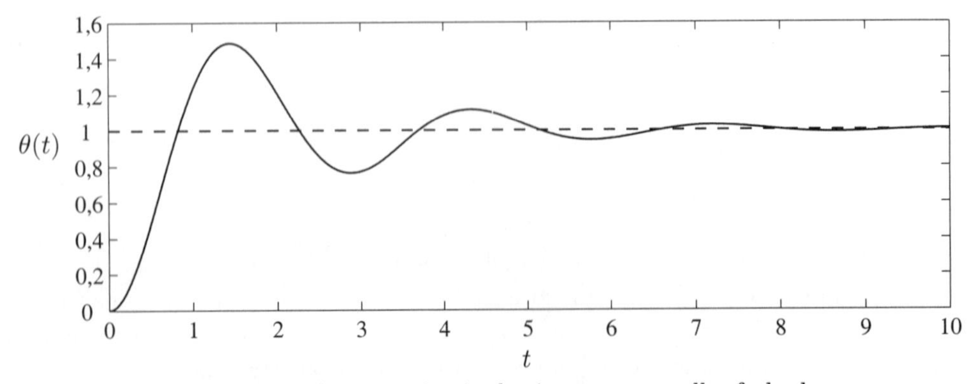

Figura 4.19 Resposta ao degrau unitário do sistema em malha fechada sem compensador.

De acordo com a Figura 4.19, o sobressinal vale

$$M_p(\%) = e^{-\xi\pi/\sqrt{1-\xi^2}}\,100\% \cong 48{,}6\%\,, \tag{4.48}$$

e o tempo de acomodação, segundo o critério de 2%, é

$$t_s(2\%) \cong \frac{4}{\xi\omega_n} \cong 8\,\mathrm{s}\,. \tag{4.49}$$

Deseja-se projetar um compensador $G_c(s)$, conforme representado no diagrama de blocos da Figura (4.20), de modo que o coeficiente de amortecimento dos polos de malha fechada dominantes seja $\xi = 0{,}5$ ($M_p \cong 16\%$) e o tempo de acomodação seja reduzido para $t_s(2\%) \cong 2\,\mathrm{s}$, isto é

$$t_s(2\%) \cong \frac{4}{\xi\omega_n} = 2 \Rightarrow \omega_n = 4\,\mathrm{rad/s}\,. \tag{4.50}$$

Portanto, para que as especificações sejam satisfeitas, os polos de malha fechada dominantes devem estar localizados em

$$s = -\xi\omega_n \pm \omega_n\sqrt{1-\xi^2}\,j = -2 \pm 2\sqrt{3}\,j\,. \tag{4.51}$$

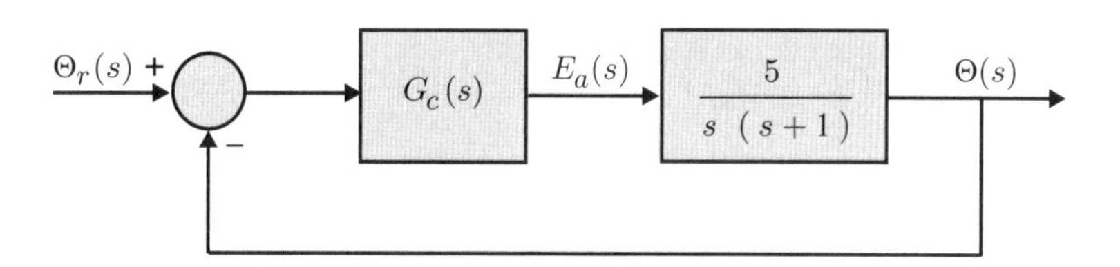

Figura 4.20 Diagrama de blocos do sistema em malha fechada com compensador.

Se $G_c(s)$ for apenas um ganho, isto é, $G_c(s) = k$, é impossível satisfazer às especificações fornecidas. Conforme se pode perceber pelo lugar das raízes da Figura 4.21, variando-se apenas o ganho k os polos de malha fechada nunca passam pelos polos calculados em (4.51).

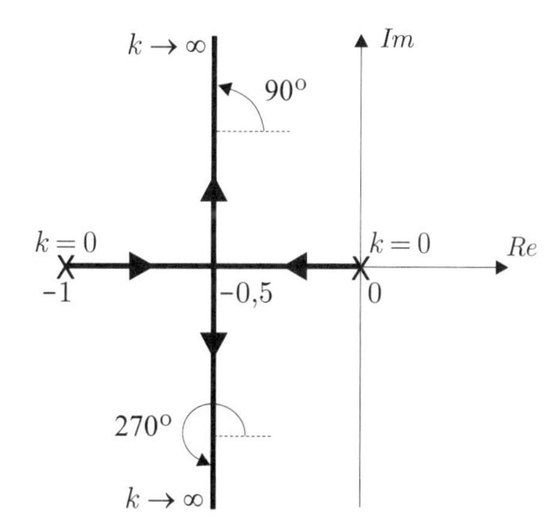

Figura 4.21 Lugar das raízes sem compensador.

Para deslocar o lugar das raízes para a esquerda pode-se empregar um compensador por avanço de fase

$$G_c(s) = k_c\left(\frac{s+z_c}{s+p_c}\right)\,. \tag{4.52}$$

Adotando o zero do compensador na mesma posição que a parte real dos polos de malha fechada dominantes ($z_c = 2$) o polo do compensador pode ser calculado pela condição de fase, ou seja,

$$\underline{/s+p_c} = \underline{/s+2} - \underline{/s} - \underline{/s+1} + 180^{\circ}\,. \tag{4.53}$$

No polo de malha fechada $s = -2 + 2\sqrt{3}j$ tem-se que

$$\arctan\left(\frac{2\sqrt{3}}{p_c - 2}\right) = 90^o - 120^o - 106{,}1^o + 180^o = 43{,}9^o \ . \tag{4.54}$$

Calculando a tangente dos dois membros da Equação (4.54), obtém-se

$$p_c \cong 5{,}6 \ . \tag{4.55}$$

O valor do ganho $k_c > 0$ pode ser obtido por meio da condição de módulo, ou seja,

$$\left|\frac{k_c(s+2)}{(s+5{,}6)}\frac{5}{s(s+1)}\right| = 1 \Rightarrow k_c = \frac{|s+5{,}6|\,|s|\,|s+1|}{5\,|s+2|} \ . \tag{4.56}$$

No polo de malha fechada $s = -2 + 2\sqrt{3}j$ obtém-se

$$k_c \cong 4{,}16 \ . \tag{4.57}$$

Portanto,

$$G_c(s) = 4{,}16\left(\frac{s+2}{s+5{,}6}\right) \ . \tag{4.58}$$

O lugar das raízes do sistema com o compensador (4.58) é apresentado na Figura 4.22.

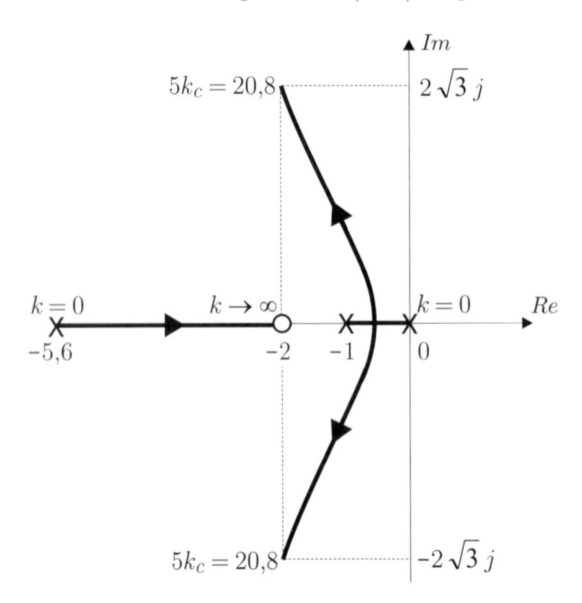

Figura 4.22 Lugar das raízes com compensador.

O sistema em malha fechada com o compensador (4.58) resulta num sistema de ordem 3, cuja função de transferência é dada por

$$\frac{\Theta(s)}{\Theta_r(s)} = \frac{20{,}8(s+2)}{s^3 + 6{,}6s^2 + 26{,}4s + 41{,}6} = \frac{20{,}8(s+2)}{(s+2{,}6)(s+2-2\sqrt{3}j)(s+2+2\sqrt{3}j)} \ . \tag{4.59}$$

Outra solução para o projeto do compensador pode ser obtida por meio de uma análise direta do lugar das raízes. Se o zero z_c do compensador for cancelado com o polo estável[4] da planta ($s = -z_c = -1$) e se o polo do compensador for alocado na posição $s = -p_c = -4$, então o lugar das raízes passa exatamente pelos polos de malha fechada desejados ($s = -2 \pm 2\sqrt{3}j$). Isso é o que mostra o gráfico do lugar das raízes da Figura 4.23.

[4] O cancelamento nunca deve ser realizado com polos instáveis, pois na prática este cancelamento pode não ser perfeito, fazendo com que o sistema tenha polos de malha fechada no semiplano direito, tornando-o instável.

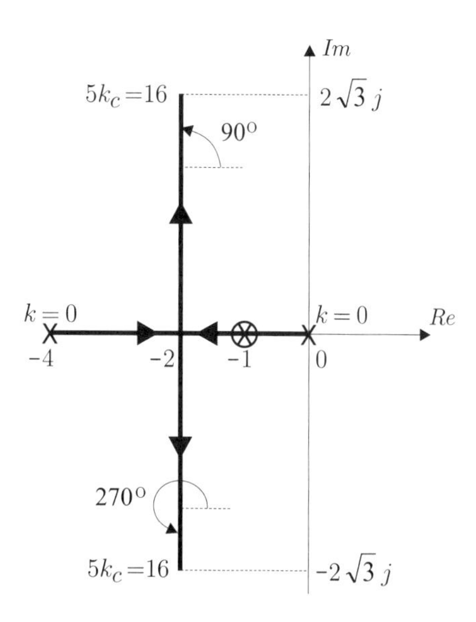

Figura 4.23 Lugar das raízes com o cancelamento do zero do compensador com o polo da planta.

Com isso, o sistema em malha aberta $G_{ma}(s)$ resultante é de ordem 2, isto é,

$$G_{ma}(s) = \frac{k_c(s+1)}{(s+4)}\frac{5}{s(s+1)} = \frac{5k_c}{s(s+4)} \,. \tag{4.60}$$

O valor do ganho $k_c > 0$ em qualquer polo de malha fechada desejado pode ser calculado por meio da condição de módulo, ou seja,

$$\left|\frac{5k_c}{s(s+4)}\right|_{s=-2+2\sqrt{3}j} = 1 \;\Rightarrow k_c = 3{,}2 \,. \tag{4.61}$$

Portanto, a função de transferência do compensador é dada por

$$G_c(s) = 3{,}2\left(\frac{s+1}{s+4}\right) \,. \tag{4.62}$$

A função de transferência de malha fechada com o compensador (4.62) é dada por

$$\frac{\Theta(s)}{\Theta_r(s)} = \frac{16}{s^2+4s+16} = \frac{16}{(s+2-2\sqrt{3}j)(s+2+2\sqrt{3}j)} \,. \tag{4.63}$$

As respostas ao degrau unitário do sistema não compensado (4.47), do sistema compensado de segunda ordem (4.63) e do sistema compensado de terceira ordem (4.59) são apresentadas na Figura 4.24. Como o sistema (4.59) é de terceira ordem e o polo localizado em $s = -2{,}6$ está próximo dos polos complexos conjugados, a resposta transitória possui um sobressinal um pouco maior que o desejado ($M_p \cong 16\,\%$). Já o sistema (4.63), por ser de segunda ordem, produz uma resposta de acordo com as especificações.

No projeto de compensadores nem sempre é possível realizar cancelamentos de modo a reduzir a ordem do sistema. Em sistemas de ordem elevada, se os polos dominantes estiverem próximos dos demais polos e zeros a resposta transitória pode não ocorrer exatamente de acordo com as especificações desejadas. Por essa razão, é necessário analisar os resultados obtidos empregando-se também recursos computacionais. O projeto do compensador deve ser refeito até que os resultados obtidos possam ser considerados satisfatórios.

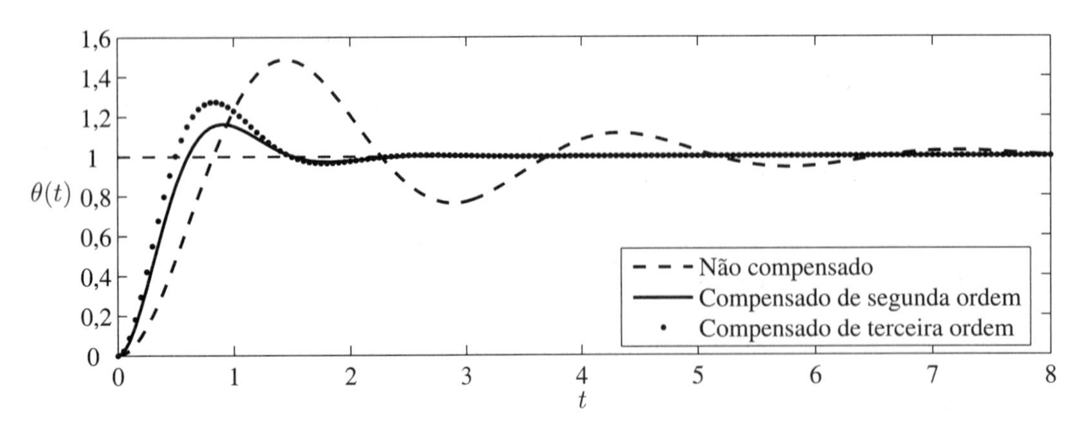

Figura 4.24 Respostas ao degrau unitário do sistema não compensado (4.47), do sistema compensado de segunda ordem (4.63) e do sistema compensado de terceira ordem (4.59). ■

4.6.2 Compensação por atraso de fase

O bloco típico de um compensador por atraso de fase (*lag phase*) tem a função de transferência

$$G_c(s) = k_c \left(\frac{s + z_c}{s + p_c} \right) \quad , \quad z_c > p_c \ . \tag{4.64}$$

O diagrama de polos e zeros de um compensador por atraso de fase é apresentado na Figura 4.25. O polo do compensador p_c deve estar localizado mais próximo do eixo imaginário, quando comparado ao zero z_c. A designação atraso de fase reside no fato de que para qualquer ponto s com $Re < 0$ e $Im > 0$ o compensador $G_c(s)$ diminui a fase da malha aberta, pois $\angle G_c(s) = \phi - \theta < 0$.

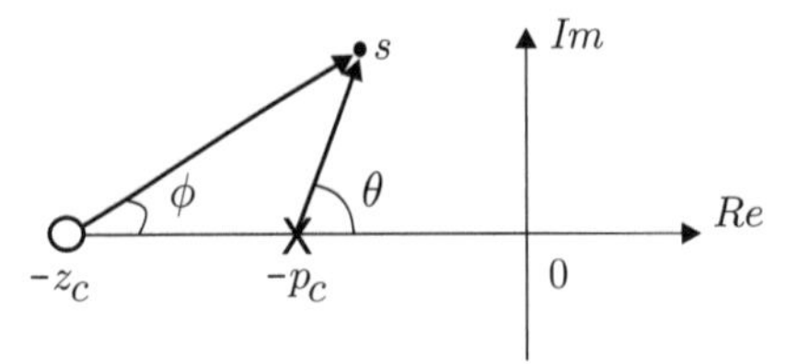

Figura 4.25 Diagrama de polos e zeros de um compensador por atraso de fase.

A compensação por atraso de fase é indicada quando a resposta transitória é satisfatória, mas o erro no estado estacionário precisa ser melhorado. Ao contrário do compensador por avanço, o compensador por atraso tende a piorar a resposta transitória pois tende a deslocar o lugar das raízes no sentido da direita do semiplano s. Para que o lugar das raízes não seja modificado com a inclusão do compensador na malha a contribuição de fase do compensador deve ser próxima de zero. De acordo com a Figura 4.26, isso somente é possível se o polo p_c e o zero z_c do compensador estiverem próximos um do outro.

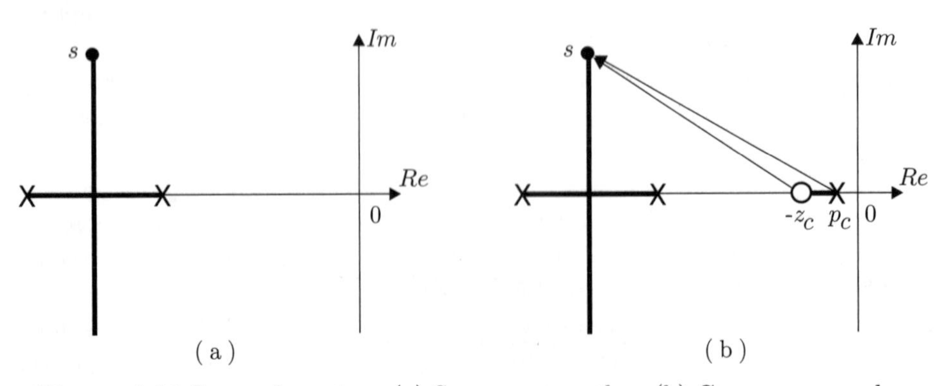

Figura 4.26 Lugar das raízes. (a) Sem compensador. (b) Com compensador.

Analisando a Figura 4.26 verifica-se que quando o polo p_c e o zero z_c do compensador estão próximos a contribuição de fase é praticamente nula. Além disso, as distâncias do polo p_c e do zero z_c até o ponto s, onde estaria um polo de malha fechada desejado, são praticamente as mesmas. Com isso, o ganho k_c do compensador vale aproximadamente 1, pois os vetores que representam estas distâncias são aproximadamente iguais.

Considere um sistema com realimentação unitária, sem o compensador por atraso de fase, cuja função de transferência de malha aberta seja dada por

$$G(s) = \frac{k(\tau_1 s + 1)(\tau_2 s + 1)\dots(\tau_m s + 1)}{s(T_1 s + 1)(T_2 s + 1)\dots(T_n s + 1)}\,, \tag{4.65}$$

sendo k um ganho, τ_i $(i = 1, \dots, m)$ e T_j $(j = 1, \dots, n)$ constantes de tempo não nulas.

Aplicando-se uma rampa unitária na referência, o erro estacionário sem compensador $e_s(\infty)$ pode ser calculado por meio do teorema do valor final, ou seja,

$$e_s(\infty) = \lim_{s\to 0} sE(s) = \lim_{s\to 0} s\left(\frac{1}{1+G(s)}\right)\frac{1}{s^2} = \lim_{s\to 0}\frac{1}{s+sG(s)} = \frac{1}{k}\,. \tag{4.66}$$

Considere agora um sistema com compensador por atraso de fase, com $k_c \cong 1$. A função de transferência de malha aberta é dada por

$$G(s) = \frac{(s+z_c)}{(s+p_c)}\frac{k(\tau_1 s + 1)(\tau_2 s + 1)\dots(\tau_m s + 1)}{s(T_1 s + 1)(T_2 s + 1)\dots(T_n s + 1)}\,. \tag{4.67}$$

Aplicando-se uma rampa unitária na referência, o erro estacionário com compensador $e_c(\infty)$ vale

$$e_c(\infty) = \lim_{s\to 0} sE(s) = \lim_{s\to 0} s\left(\frac{1}{1+G(s)}\right)\frac{1}{s^2} = \lim_{s\to 0}\frac{1}{s+sG(s)} = \frac{p_c}{z_c k}\,. \tag{4.68}$$

Das Equações (4.66) e (4.68) tem-se que a relação entre os erros estacionários com e sem compensador é dada por

$$e_c(\infty) = \frac{p_c}{z_c}\,e_s(\infty)\,. \tag{4.69}$$

Para que o erro estacionário com compensador $e_c(\infty)$ seja, por exemplo, 10 vezes menor que o erro sem compensador $e_s(\infty)$ o zero do compensador deve ser 10 vezes maior que o seu polo, isto é, $z_c = 10p_c$. Portanto, a única maneira de a relação entre o zero e o polo ser "grande" de modo a reduzir o erro estacionário e, simultaneamente, ter o polo e o zero do compensador próximos um do outro, para que a resposta transitória não seja afetada, é que p_c e z_c devem estar localizados próximos da origem. Assim, escolhendo por exemplo o polo em $p_c = -0{,}01$ o zero deve estar em $z_c = -0{,}1$.

Exemplo 4.8

Considere um sistema com a seguinte função de transferência de malha aberta:

$$G(s) = \frac{40}{(s+1)^2(s+10)}\,. \tag{4.70}$$

O diagrama de blocos do sistema em malha fechada sem compensador é apresentado na Figura 4.27.

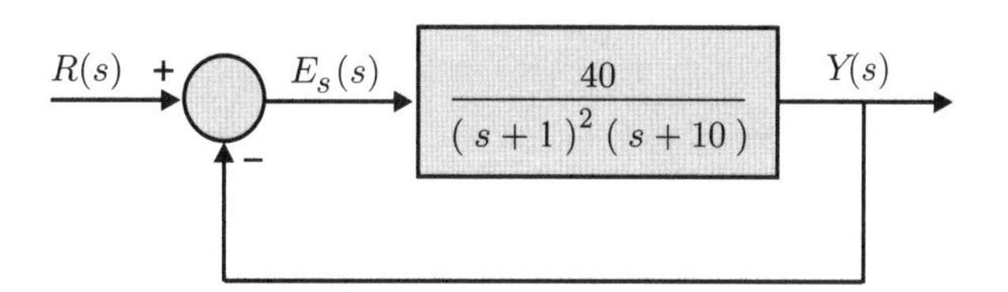

Figura 4.27 Diagrama de blocos do sistema em malha fechada sem compensador.

A função de transferência de malha fechada é dada por

$$\begin{aligned}\frac{Y(s)}{R(s)} &= \frac{40}{s^3+12s^2+21s+50} = \frac{40}{(s+10{,}448)(s^2+1{,}552s+4{,}786)} \\ &= \frac{40}{(s+10{,}448)(s+0{,}776+2{,}045j)(s+0{,}776-2{,}045j)} \, . \end{aligned} \tag{4.71}$$

Logo, os polos de malha fechada dominantes do sistema sem compensador estão localizados em $s_{1,2} = -0{,}776 \pm 2{,}045j$, com coeficiente de amortecimento $\xi \cong 0{,}355$ e frequência natural $\omega_n \cong 2{,}188$.

Aplicando-se um degrau unitário na referência, o erro estacionário $e_s(\infty)$ sem compensador é

$$e_s(\infty) = \lim_{s\to 0} sE_s(s) = \lim_{s\to 0} s\left(\frac{1}{1+G(s)}\right)\frac{1}{s} = \lim_{s\to 0}\frac{1}{1+\frac{40}{(s+1)^2(s+10)}} = \frac{1}{1+4} = 0{,}2 \, . \tag{4.72}$$

Deseja-se projetar um compensador $G_c(s)$ por atraso de fase de modo a reduzir o erro estacionário em 10 vezes, sem que a resposta transitória tenha mudança significativa. A função de transferência de malha aberta com o compensador $G_c(s)$ é dada por

$$G_{ma}(s) = G_c(s)G(s) = \frac{k_c(s+z_c)}{(s+p_c)}\frac{40}{(s+1)^2(s+10)} \, . \tag{4.73}$$

Logo, o erro estacionário $e_c(\infty)$ com compensador vale

$$e_c(\infty) = \lim_{s\to 0} s\left(\frac{1}{1+G_{ma}(s)}\right)\frac{1}{s} = \lim_{s\to 0}\frac{1}{1+\frac{k_c(s+z_c)40}{(s+p_c)(s+1)^2(s+10)}} = \frac{1}{1+\frac{k_c z_c 4}{p_c}} = 0{,}02 \, . \tag{4.74}$$

Para que a resposta transitória não tenha mudança significativa com o compensador $G_c(s)$, a posição dos polos de malha fechada dominantes deve ser praticamente a mesma no lugar das raízes. Para isso, o ganho k_c deve valer aproximadamente 1. Logo,

$$\frac{1}{1+\frac{z_c 4}{p_c}} \cong 0{,}02 \Rightarrow \frac{z_c}{p_c} \cong \frac{0{,}98}{0{,}08} \cong 12{,}25 \, . \tag{4.75}$$

Escolhendo arbitrariamente o valor do polo $p_c = 0{,}01$ próximo da origem, obtém-se $z_c = 0{,}1225$.

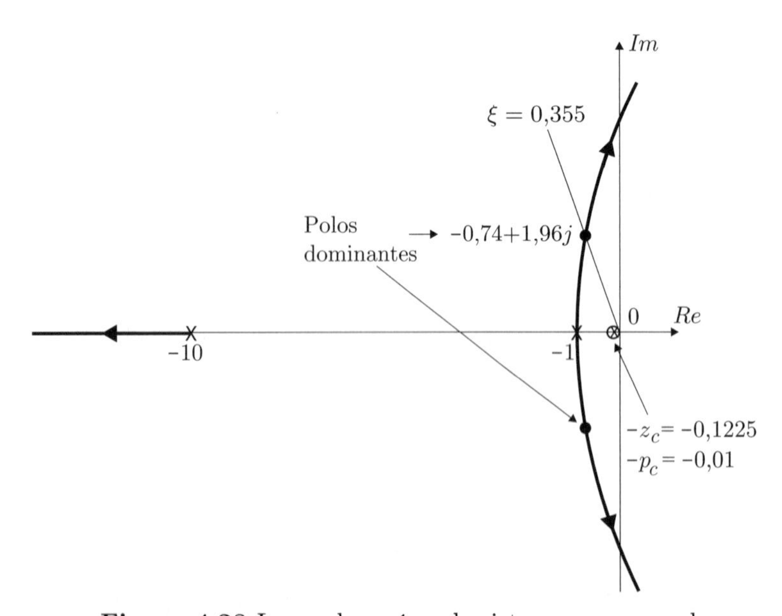

Figura 4.28 Lugar das raízes do sistema compensado.

Na Figura 4.28 é apresentado o lugar das raízes do sistema compensado. Traçando uma reta pelo coeficiente de amortecimento $\xi \cong 0{,}355$ obtêm-se os polos de malha fechada dominantes do sistema compensado, que estão em $s_{1,2} = -0{,}74 \pm 1{,}96j$.

O ganho k_c pode ser ajustado pela condição de módulo

$$\left| \frac{40k_c(s+0{,}1225)}{(s+0{,}01)(s+1)^2(s+10)} \right|_{s=-0{,}74+1{,}96j} = 1 \Rightarrow k_c \cong 0{,}9415 \,. \tag{4.76}$$

Portanto, a função de transferência do compensador por atraso de fase é

$$G_c(s) = \frac{0{,}9415(s+0{,}1225)}{s+0{,}01} \,. \tag{4.77}$$

A função de transferência de malha fechada do sistema compensado é dada por

$$\begin{aligned} \frac{Y(s)}{R(s)} &= \frac{37{,}66(s+0{,}1225)}{s^4+12{,}01s^3+21{,}12s^2+47{,}87s+4{,}71} \\ &= \frac{37{,}66(s+0{,}1225)}{(s+0{,}103)(s+10{,}42)(s+0{,}74+1{,}96j)(s+0{,}74-1{,}96j)} \,. \end{aligned} \tag{4.78}$$

Na Figura 4.29 são apresentados os gráficos da resposta ao degrau unitário dos sistemas em malha fechada compensado e não compensado. A inclusão do compensador aumenta a ordem do sistema de 3 para 4, acrescentando um polo em $s = -0{,}103$ e um zero em $s = -0{,}1225$ próximos dos polos dominantes. Com isso, a resposta transitória do sistema compensado é um pouco diferente do sistema não compensado. Porém, o erro estacionário foi reduzido de acordo com o esperado.

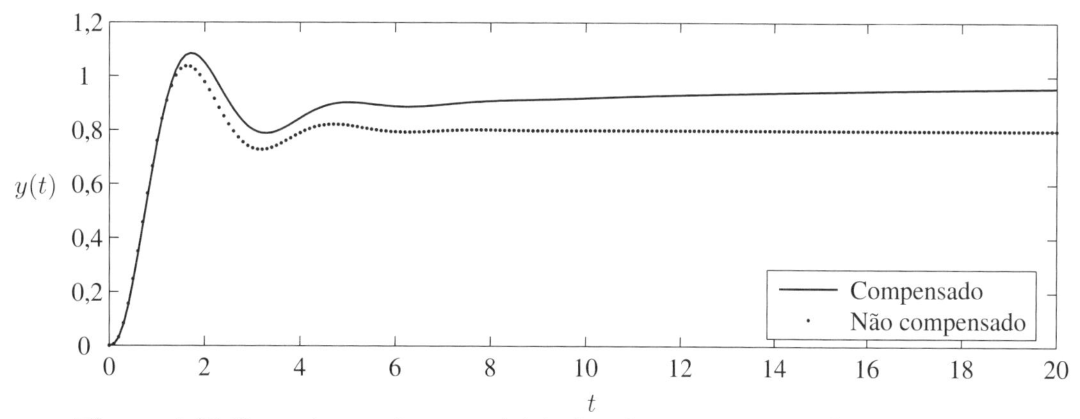

Figura 4.29 Respostas ao degrau unitário dos sistemas compensado e não compensado.

■

4.6.3 Compensação por avanço e atraso de fase

A compensação por avanço e atraso de fase (*lead-lag phase*) é muito utilizada na prática, e aplica os dois recursos analisados anteriormente. Esta compensação é indicada quando é necessário melhorar simultaneamente a resposta transitória e o erro no estado estacionário.

Primeiramente, projeta-se um compensador por avanço de fase para melhorar a resposta transitória. Depois calcula-se quanto o erro estacionário ainda deve ser melhorado. Por fim, projeta-se o compensador por atraso de fase para satisfazer a especificação do erro estacionário.

Exemplo 4.9

Projete um compensador por avanço e atraso de fase para o sistema da Figura 4.30, de modo que a resposta para entrada do tipo degrau na referência apresente:

- polos dominantes com coeficiente de amortecimento $\xi = 0{,}5$ e frequência $\omega_n = 2$ (rad/s);
- erro no estado estacionário de 0,02.

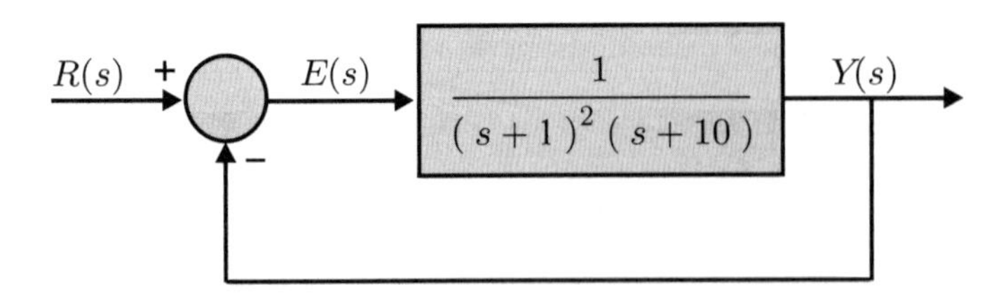

Figura 4.30 Diagrama de blocos de um sistema em malha fechada sem compensador.

Para que as especificações sejam satisfeitas os polos de malha fechada dominantes do sistema compensado devem estar localizados em

$$s_{1,2} = -\xi\omega_n \pm \omega_n\sqrt{1-\xi^2}j = -\xi\omega_n \pm +\omega_d j = -1 \pm \sqrt{3}j \,. \tag{4.79}$$

Se os polos dominantes tiverem influência predominante na dinâmica do sistema, então a resposta ao degrau deve apresentar um sobressinal próximo de $M_p \cong 16{,}3\%$ e um tempo de acomodação próximo de $t_s \cong 3\,\mathrm{s}$ (critério 5%).

A função de transferência do compensador por avanço de fase é dada por

$$G_{av}(s) = k_c\left(\frac{s+z_c}{s+p_c}\right) \,. \tag{4.80}$$

Cancelando o zero do compensador com um dos polos em $s = -1$ do processo, a função de transferência de malha aberta resulta como

$$G_{ma}(s) = k_c\frac{(s+z_c)}{(s+p_c)}\frac{1}{(s+1)^2(s+10)} = \frac{k_c}{(s+p_c)(s+1)(s+10)} \,. \tag{4.81}$$

Pela condição de fase

$$\underline{/\ G_{ma}(s)} = \pm \text{ múltiplo ímpar de } 180^{\circ} \tag{4.82}$$

ou

$$-\underline{/s+p_c} \;\; -\underline{/s+1} \;\; -\underline{/s+10} \;\; = \;\; 180^{\circ} \,. \tag{4.83}$$

No polo de malha fechada $s = -1 + \sqrt{3}j$ tem-se que

$$-\arctan\left(\frac{\sqrt{3}}{p_c-1}\right) = 90^{\circ} + 10{,}893^{\circ} + 180^{\circ} = 280{,}8934^{\circ} \,. \tag{4.84}$$

Calculando a tangente dos dois membros da Equação (4.84), obtém-se

$$p_c \cong 1{,}3333 \,. \tag{4.85}$$

O valor do ganho $k_c > 0$ pode ser obtido por meio da condição de módulo, ou seja,

$$\left|\frac{k_c}{(s+1{,}3333)(s+1)(s+10)}\right|_{s=-1+\sqrt{3}j} = 1 \Rightarrow k_c = 28 \,. \tag{4.86}$$

Portanto, a função de transferência do compensador por avanço de fase é dada por

$$G_{av}(s) = 28\left(\frac{s+1}{s+1{,}3333}\right) \,. \tag{4.87}$$

O lugar das raízes do sistema com o compensador (4.87) é apresentado na Figura 4.31.

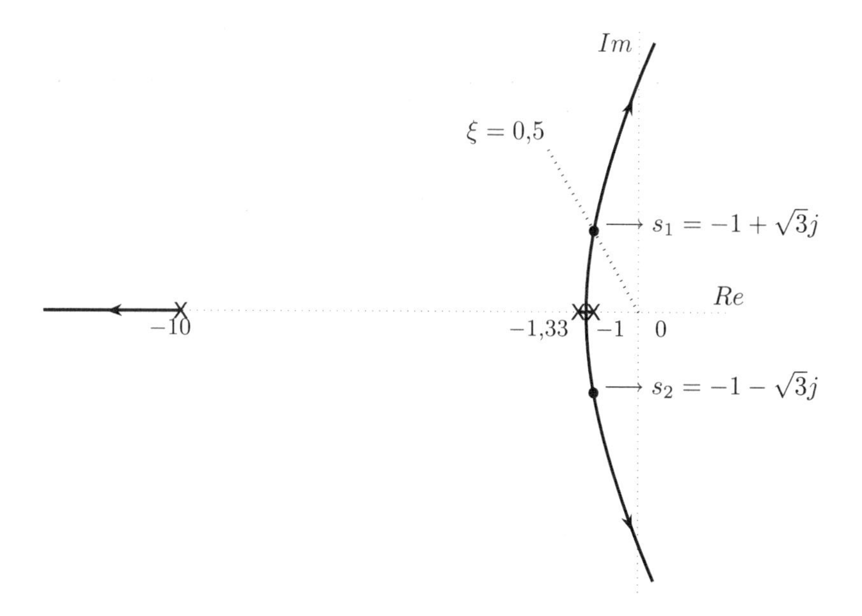

Figura 4.31 Lugar das raízes com o compensador por avanço de fase.

A função de transferência de malha fechada apenas com o compensador por avanço de fase é dada por

$$\frac{Y(s)}{R(s)} = \frac{28}{(s+1{,}3333)(s+1)(s+10)+28}, \tag{4.88}$$

cuja resposta ao degrau unitário é apresentada na Figura 4.32. Note que o sistema em malha fechada com o compensador por avanço de fase apresenta um transitório próximo das especificações (sobressinal $M_p \cong 16{,}2\%$ e tempo de acomodação $t_s \cong 3\,\text{s}$, pelo critério de 5%). Porém, o erro estacionário ainda é elevado, pois $e(\infty) = 1 - 0{,}68 = 0{,}32$.

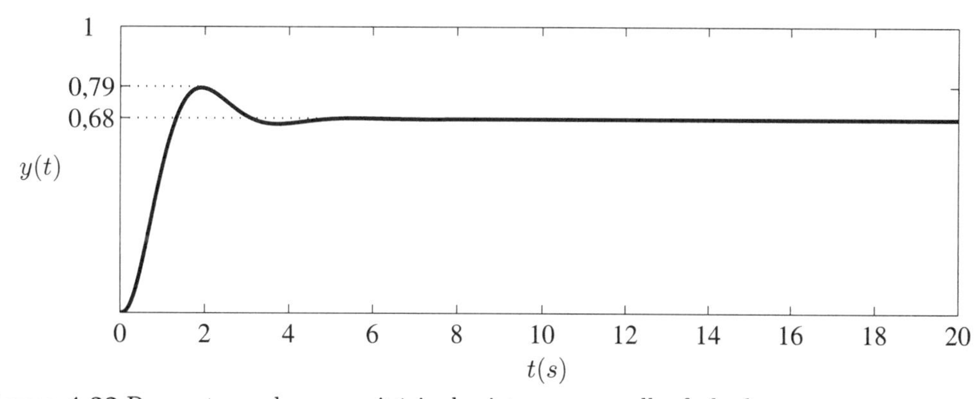

Figura 4.32 Resposta ao degrau unitário do sistema em malha fechada apenas com o compensador por avanço de fase.

A seguir, deve-se projetar um compensador por atraso de fase de modo a reduzir o erro estacionário para 0,02 , sem que o transitório do sistema com o compensador por avanço de fase tenha alteração significativa.

Supondo que a função de transferência do compensador por atraso de fase seja dada por

$$G_{at}(s) = k_{at}\left(\frac{s+z_{at}}{s+p_{at}}\right), \tag{4.89}$$

a função de transferência de malha aberta com o compensador por avanço e atraso de fase é

$$G_{ma}(s) = 28\frac{(s+1)}{(s+1{,}3333)}\frac{k_{at}(s+z_{at})}{(s+p_{at})}\frac{1}{(s+1)^2(s+10)}. \tag{4.90}$$

Logo, o erro estacionário $e(\infty)$ com o compensador por avanço e atraso de fase vale

$$\begin{aligned} e(\infty) &= \lim_{s\to 0} sE(s) = \lim_{s\to 0} s\left(\frac{1}{1+G_{ma}(s)}\right)R(s) \\ &= \lim_{s\to 0} \frac{1}{1+\frac{28k_{at}(s+z_{at})}{(s+1{,}3333)(s+p_{at})(s+1)(s+10)}} = \frac{1}{1+\frac{2{,}1k_{at}z_{at}}{p_{at}}} = 0{,}02\ . \end{aligned} \tag{4.91}$$

Para que o transitório não tenha mudança significativa com o compensador por atraso de fase, a posição dos polos de malha fechada dominantes deve ser praticamente a mesma no lugar das raízes. Para isso, o ganho k_{at} deve valer aproximadamente 1. Assim,

$$\frac{1}{1+\frac{2{,}1z_{at}}{p_{at}}} = 0{,}02 \Rightarrow \frac{z_{at}}{p_{at}} \cong \frac{0{,}98}{0{,}042} \cong 23{,}3333\ . \tag{4.92}$$

Escolhendo arbitrariamente o polo $p_{at} = 0{,}01$ próximo da origem, obtém-se $z_{at} = 0{,}2333$.

Na Figura 4.33 é apresentado o lugar das raízes do sistema compensado. Traçando uma reta pelo coeficiente de amortecimento $\xi = 0{,}5$ obtêm-se os polos de malha fechada dominantes do sistema compensado, que estão em $s_{1,2} = -0{,}93 \pm 1{,}61j$.

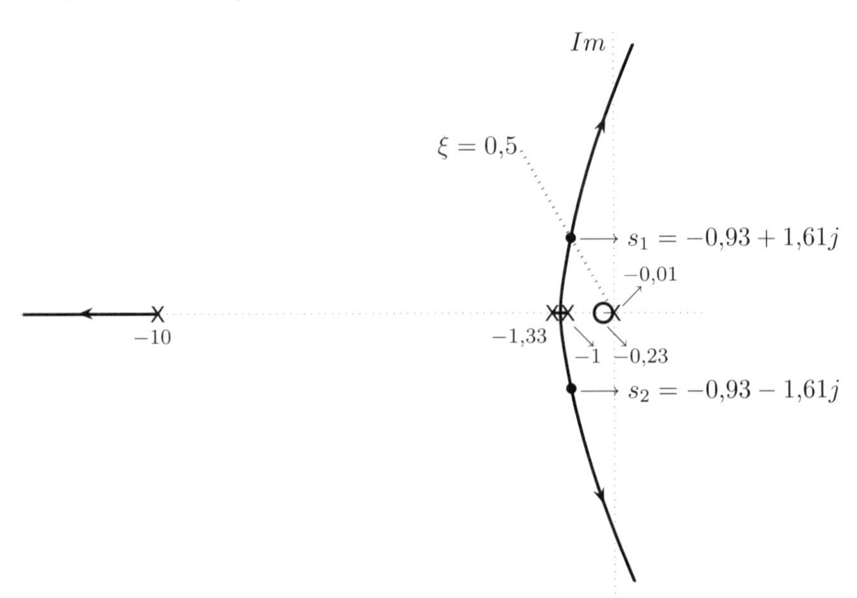

Figura 4.33 Lugar das raízes do sistema compensado.

O ganho k_{at} pode ser ajustado pela condição de módulo

$$\left|\frac{28k_{at}(s+0{,}2333)}{(s+1{,}3333)(s+0{,}01)(s+1)(s+10)}\right|_{s=-0{,}93+1{,}61j} = 1 \Rightarrow k_{at} \cong 0{,}93\ . \tag{4.93}$$

Portanto, a função de transferência do compensador por avanço e atraso de fase é dada pelo produto das Equações (4.87) e (4.89), ou seja,

$$G_c(s) = G_{av}(s)G_{at}(s) = \frac{26{,}04(s+1)(s+0{,}2333)}{(s+1{,}3333)(s+0{,}01)}\ . \tag{4.94}$$

A função de transferência de malha fechada do sistema compensado resultante é de quarta ordem e é dada por

$$\begin{aligned} \frac{Y(s)}{R(s)} &= \frac{26{,}04(s+0{,}2333)}{s^4+12{,}34s^3+24{,}79s^2+39{,}62s+6{,}21} \\ &= \frac{26{,}04(s+0{,}2333)}{(s+0{,}17)(s+10{,}30)(s+0{,}93+1{,}61j)(s+0{,}93-1{,}61j)}\ . \end{aligned} \tag{4.95}$$

Na Figura 4.34 são apresentados os gráficos da resposta ao degrau unitário dos sistemas em malha fechada sem compensador, apenas com o compensador por avanço (4.87) e com o compensador por avanço e atraso (4.94). A inclusão do compensador por atraso aumenta a ordem do sistema de 3 para 4, acrescentando um polo em $s = -0{,}17$ e um zero em $s = -0{,}2333$ próximos dos polos dominantes, afetando dessa maneira a resposta transitória. Porém, o erro estacionário foi reduzido de acordo com o esperado.

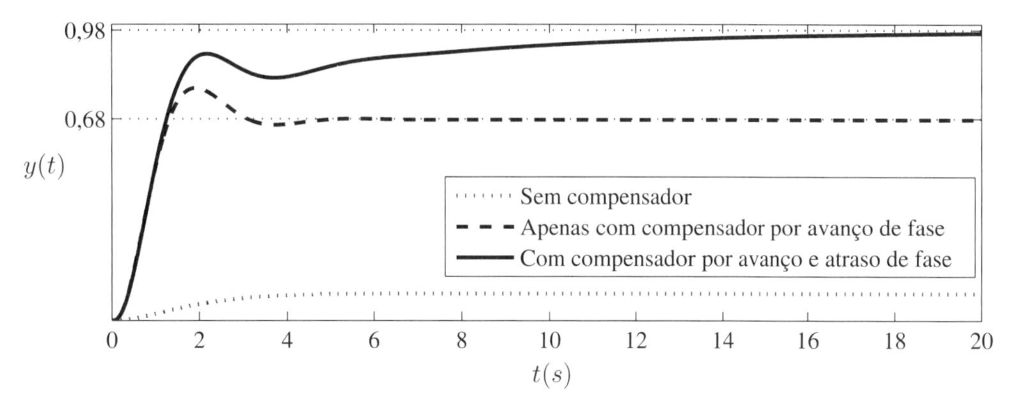

Figura 4.34 Respostas ao degrau unitário dos sistemas em malha fechada sem compensador, apenas com o compensador por avanço (4.87) e com o compensador por avanço e atraso (4.94).

■

4.6.4 Compensação por realimentação auxiliar

Nas seções anteriores os compensadores foram projetados para serem ligados em série com o processo, de modo a modificarem o lugar das raízes para produzirem uma resposta transitória desejada. Sistemas de controle também podem ser projetados com a inclusão de uma malha de realimentação auxiliar, conforme mostra a Figura 4.35.

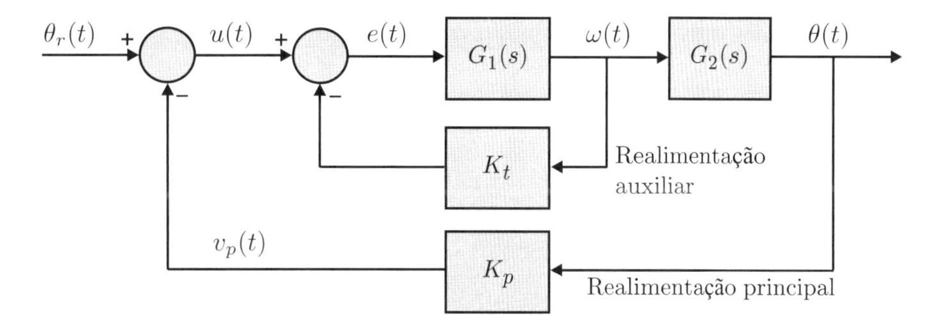

Figura 4.35 Sistema com realimentação auxiliar.

Este é um método de extraordinário poder, tanto para estabilizar quanto para aperfeiçoar os transientes do sistema. Em contrapartida, exige equipamento e custo adicional como, por exemplo, a inclusão de mais um sensor na malha. A realimentação auxiliar é comumente utilizada em motores, para controlar a posição angular $\theta(t)$ de um eixo. Nesse caso a realimentação adicional é realizada por meio de um sensor da velocidade $\omega(t)$, que pode ser um tacômetro com ganho K_t. O ganho K_p pode representar um potenciômetro que visa converter a posição angular $\theta(t)$ numa tensão equivalente $v_p(t)$.

Agrupando o ganho K_p com a função $G_2(s)$ e deslocando a realimentação auxiliar, o diagrama de blocos da Figura 4.35 pode ser representado de forma equivalente pelo diagrama da Figura 4.36.

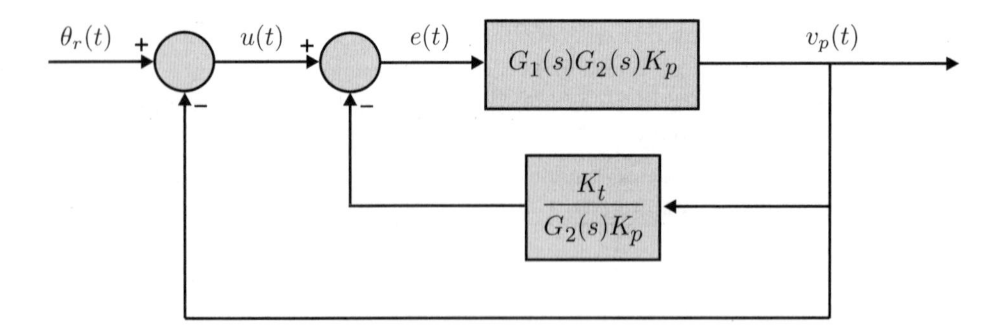

Figura 4.36 Sistema com realimentação auxiliar equivalente.

Da Figura 4.36 tem-se que

$$\begin{aligned} e(t) &= u(t) - \frac{K_t}{G_2(s)K_p}\, v_p(t) = \theta_r(t) - v_p(t) - \frac{K_t}{G_2(s)K_p} v_p(t) \\ &= \theta_r(t) - \left(1 + \frac{K_t}{G_2(s)K_p}\right) v_p(t)\,. \end{aligned} \tag{4.96}$$

Com o resultado da Equação (4.96) pode-se simplificar o diagrama de blocos da Figura 4.36 para o diagrama da Figura 4.37.

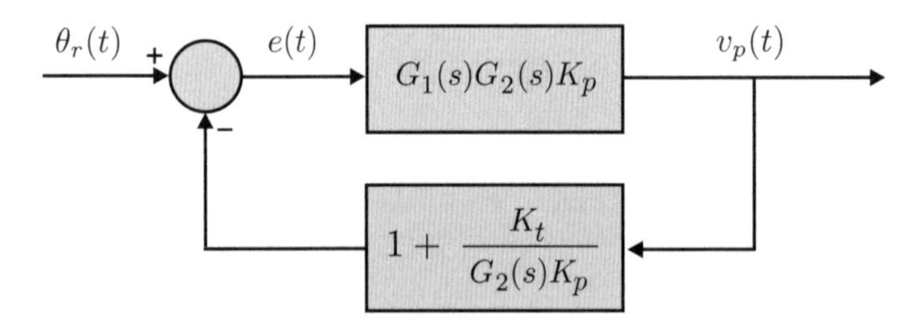

Figura 4.37 Diagrama de blocos equivalente ao da Figura 4.36.

A função de transferência de malha aberta $G(s)H(s)$ do sistema da Figura 4.37 é

$$G(s)H(s) = G_1(s)G_2(s)K_p\left(1 + \frac{K_t}{G_2(s)K_p}\right) = G_1(s)\,(\,G_2(s)K_p + K_t\,)\,. \tag{4.97}$$

Sem a realimentação auxiliar, a função de transferência de malha aberta é

$$G(s)H(s) = G_1(s)G_2(s)K_p\,. \tag{4.98}$$

Comparando as Equações (4.97) e (4.98) verifica-se que o efeito de se acrescentar a realimentação auxiliar é equivalente a substituir os polos e zeros de $G_2(s)$ pelos polos e zeros de $G_2(s)K_p + K_t$. Esta mudança visa alterar o lugar das raízes para que o mesmo passe pelos polos de malha fechada que satisfazem à especificação da resposta transitória desejada.

Exemplo 4.10

Deseja-se controlar a posição angular $\theta(t)$ do eixo de um motor representado pelo diagrama de blocos da Figura 4.38.

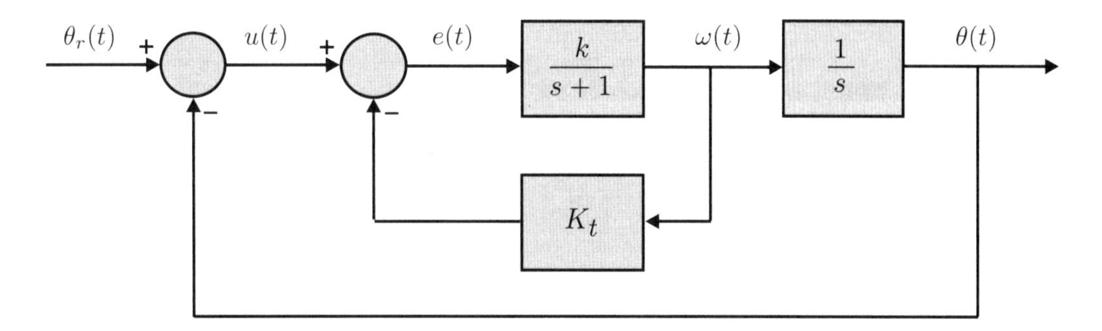

Figura 4.38 Diagrama de blocos de um motor com realimentação auxiliar da velocidade $\omega(t)$.

Considere inicialmente o sistema da Figura 4.38 sem a realimentação auxiliar, cuja função de transferência de malha aberta é

$$G(s)H(s) = \frac{k}{s(s+1)} \,. \tag{4.99}$$

A função de transferência de malha fechada de segunda ordem é

$$\frac{\Theta(s)}{\Theta_r(s)} = \frac{k}{s^2+s+k} = \frac{\omega_n^2}{s^2+2\xi\omega_n s+\omega_n^2} \,. \tag{4.100}$$

O lugar das raízes do sistema sem a realimentação auxiliar é apresentado na Figura 4.39.

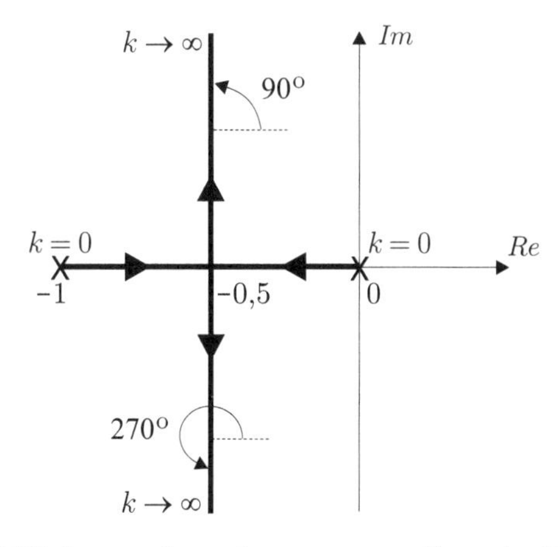

Figura 4.39 Lugar das raízes sem a realimentação auxiliar.

Supondo que o ganho k seja ajustado para que os polos de malha fechada sejam complexos conjugados com coeficiente de amortecimento $\xi = 0{,}5$ ($M_p \cong 16{,}3\%$), então, da Equação (4.100) tem-se que $1 = 2\xi\omega_n \Rightarrow \omega_n = 1$ (rad/s). Logo, $k = \omega_n^2 = 1$.

O tempo de acomodação (critério 2%) da resposta ao degrau unitário resulta

$$t_s(2\%) \cong \frac{4}{\xi\omega_n} \cong 8\,\text{s} \,. \tag{4.101}$$

Suponha que o tempo de acomodação deva ser reduzido para 2 s, mantendo-se o valor do coeficiente de amortecimento $\xi = 0{,}5$. Neste caso, tem-se que

$$t_s(2\%) \cong \frac{4}{\xi\omega_n} \cong 2\,\text{s} \Rightarrow \omega_n = 4\ (\text{rad/s}) \,. \tag{4.102}$$

Para $t_s(2\%) \cong 2$ s, os novos polos de malha fechada devem estar localizados em

$$s = -\xi\omega_n \pm \omega_n\sqrt{1-\xi^2}\,j = -2 \pm 2\sqrt{3}\,j \,. \tag{4.103}$$

Note que sem a realimentação auxiliar é impossível fazer com que o lugar das raízes da Figura 4.39 passe pelos polos de malha fechada (4.103).

Considere agora o sistema da Figura 4.38 com realimentação auxiliar. Da Equação (4.97) tem-se que a função de transferência de malha aberta é dada por

$$G(s)H(s) = \frac{k}{(s+1)}\left(\frac{1}{s} + K_t\right) = \frac{k(K_t s + 1)}{s(s+1)} = \frac{kK_t(s + \frac{1}{K_t})}{s(s+1)}, \tag{4.104}$$

ou seja, quando é feita a realimentação auxiliar aparece um zero em $s = -1/K_t$ na função de transferência de malha aberta. O lugar das raízes do sistema com a realimentação auxiliar é apresentado na Figura 4.40.

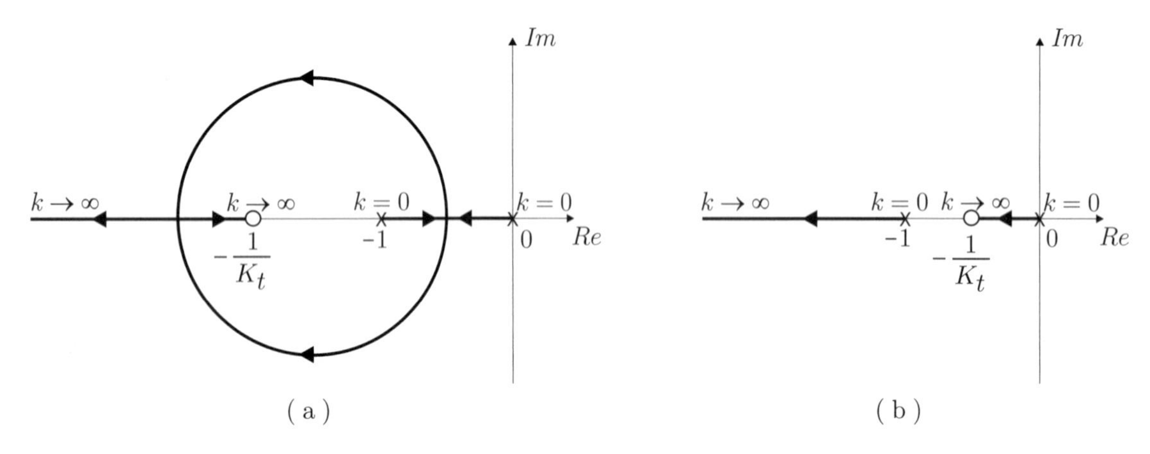

Figura 4.40 Lugar das raízes com a realimentação auxiliar. (a) $0 < K_t < 1$. (b) $K_t > 1$.

Para $K_t > 1$ os polos de malha fechada são sempre reais e a resposta transitória é sempre amortecida. Porém, como um dos polos está próximo do eixo imaginário a resposta transitória é lenta.

Para $0 < K_t < 1$ é possível fazer com que o lugar das raízes passe pelos polos de projeto (4.103). O valor do ganho K_t pode ser determinado pela condição de fase

$$\angle\, s + \frac{1}{K_t} - \angle\, s - \angle\, s+1 = 180^{\circ}\,. \tag{4.105}$$

No polo de malha fechada $s = -2 + 2\sqrt{3}j$ tem-se que

$$\arctan\left(\frac{2\sqrt{3}}{\frac{1}{K_t} - 2}\right) = 120^{\circ} + 106{,}1^{\circ} + 180^{\circ} = 406{,}1^{\circ}\,. \tag{4.106}$$

Calculando a tangente dos dois membros da Equação (4.106) resulta

$$K_t = 0{,}1875\,. \tag{4.107}$$

O valor do ganho $k > 0$ pode ser obtido por meio da condição de módulo, ou seja,

$$\left|\frac{k(K_t s + 1)}{s(s+1)}\right|_{s=-2+2\sqrt{3}j} = 1 \Rightarrow k = 16\,. \tag{4.108}$$

Os valores dos ganhos k e K_t também podem ser obtidos a partir da função de transferência de malha fechada $\Theta(s)/\Theta_r(s)$. Da Figura 4.38 tem-se que

$$\frac{\Omega(s)}{U(s)} = \frac{k}{s+1+k\,K_t} \Rightarrow \frac{\Theta(s)}{U(s)} = \frac{k}{s(s+1+k\,K_t)}\,. \tag{4.109}$$

Logo,

$$\frac{\Theta(s)}{\Theta_r(s)} = \frac{k}{s^2 + (1+k\,K_t)s + k} = \frac{\omega_n^2}{s^2 + 2\xi\omega_n s + \omega_n^2}\,. \tag{4.110}$$

Comparando os coeficentes dos polinômios da Equação (4.110), obtém-se que $k = \omega_n^2 = 16$ e $1 + k\ K_t = 2\xi\omega_n \Rightarrow K_t = 0{,}1875$.

Na Figura 4.41 são apresentados os gráficos da resposta ao degrau unitário dos sistemas em malha fechada sem realimentação auxiliar (4.100) e com realimentação auxiliar (4.110). As duas respostas apresentam o mesmo sobressinal ($M_p \cong 16\%$). Porém, a resposta transitória do sistema com realimentação auxiliar é mais rápida ($t_s(2\%) \cong 2\,\mathrm{s}$) que a resposta do sistema sem este recurso ($t_s(2\%) \cong 8\,\mathrm{s}$).

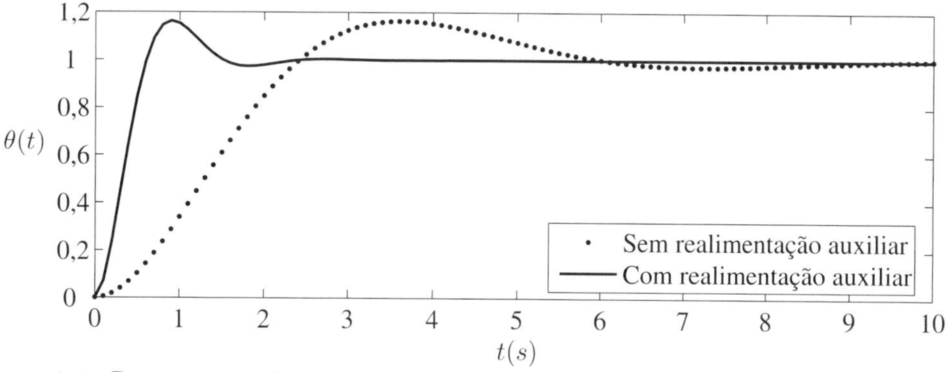

Figura 4.41 Respostas ao degrau unitário do sistema sem realimentação auxiliar e com realimentação auxiliar.

■

4.7 Implementação analógica de compensadores

Os compensadores por avanço ou atraso de fase podem ser implementados analogicamente por meio de amplificadores operacionais.

4.7.1 Compensador por avanço ou atraso de fase de ordem 1

A função de transferência do compensador por avanço ou atraso de fase de ordem 1 é dada por

$$\frac{V_s(s)}{V_e(s)} = k_c \left(\frac{s + z_c}{s + p_c} \right) . \tag{4.111}$$

O circuito eletrônico equivalente está representado na Figura 4.42. Deste circuito tem-se que

$$Z_1(s) = \frac{\frac{R_1}{C_1 s}}{R_1 + \frac{1}{C_1 s}} = \frac{R_1}{R_1 C_1 s + 1} \quad \text{e} \tag{4.112}$$

$$Z_2(s) = \frac{\frac{R_2}{C_2 s}}{R_2 + \frac{1}{C_2 s}} = \frac{R_2}{R_2 C_2 s + 1} . \tag{4.113}$$

Assim,

$$\frac{V_s(s)}{V_e(s)} = \frac{Z_2(s)}{Z_1(s)} = \frac{R_2}{R_1} \left(\frac{R_1 C_1 s + 1}{R_2 C_2 s + 1} \right) = \frac{C_1}{C_2} \left(\frac{s + \frac{1}{R_1 C_1}}{s + \frac{1}{R_2 C_2}} \right) . \tag{4.114}$$

Logo,

$$k_c = \frac{C_1}{C_2} \ , \quad z_c = \frac{1}{R_1 C_1} \ \text{ e } \ p_c = \frac{1}{R_2 C_2} . \tag{4.115}$$

O circuito da Figura 4.42 é um compensador por avanço de fase quando $R_1 C_1 > R_2 C_2$ e é um compensador por atraso de fase quando $R_1 C_1 < R_2 C_2$.

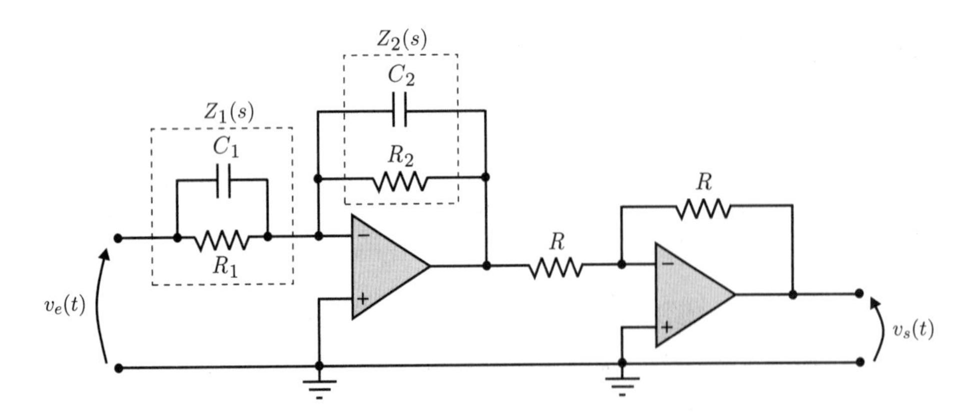

Figura 4.42 Circuito eletrônico do compensador por avanço ou atraso de fase de ordem 1.

4.7.2 Compensador por avanço ou atraso de fase de ordem 2

A função de transferência do compensador por avanço ou atraso de fase de ordem 2 é dada por

$$\frac{V_s(s)}{V_e(s)} = k\frac{(s+z_1)(s+z_2)}{(s+p_1)(s+p_2)} \,. \tag{4.116}$$

O circuito eletrônico equivalente está representado na Figura 4.43. Deste circuito tem-se que

$$Z_1(s) = \frac{\left(R_1 + \frac{1}{C_1 s}\right) R_3}{R_1 + \frac{1}{C_1 s} + R_3} = \frac{(R_1 C_1 s + 1) R_3}{R_1 C_1 s + 1 + R_3 C_1 s} \quad \text{e} \tag{4.117}$$

$$Z_2(s) = \frac{\left(R_2 + \frac{1}{C_2 s}\right) R_4}{R_2 + \frac{1}{C_2 s} + R_4} = \frac{(R_2 C_2 s + 1) R_4}{R_2 C_2 s + 1 + R_4 C_2 s} \,. \tag{4.118}$$

Assim,

$$\begin{aligned} \frac{V_s(s)}{V_e(s)} &= \frac{R_4 \left[R_2 C_2 s + 1\right] \left[\,(R_1 C_1 + R_3 C_1) s + 1\right]}{R_3 \left[R_1 C_1 s + 1\right] \left[\,(R_2 C_2 + R_4 C_2) s + 1\right]} \\ &= \frac{R_2 R_4 (R_1 + R_3)}{R_1 R_3 (R_2 + R_4)} \frac{\left(s + \frac{1}{R_2 C_2}\right)\left(s + \frac{1}{R_1 C_1 + R_3 C_1}\right)}{\left(s + \frac{1}{R_1 C_1}\right)\left(s + \frac{1}{R_2 C_2 + R_4 C_2}\right)} \,. \end{aligned} \tag{4.119}$$

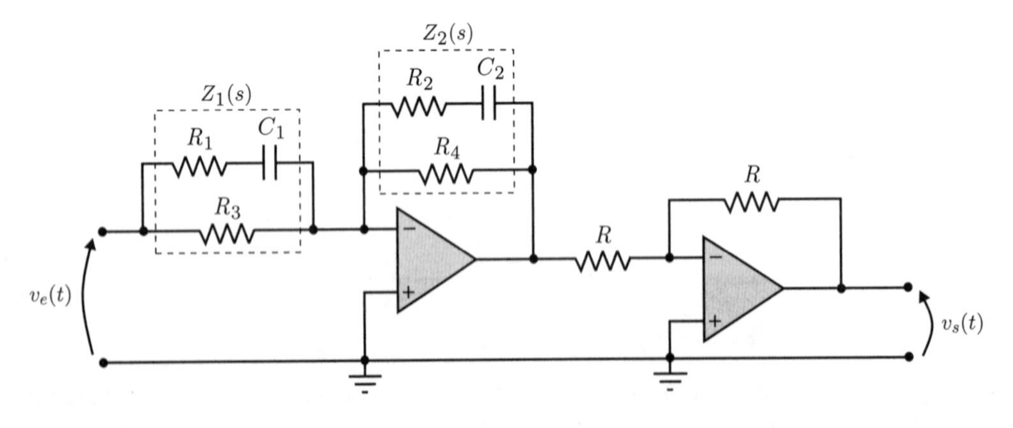

Figura 4.43 Circuito eletrônico do compensador por avanço ou atraso de fase de ordem 2.

4.8 Exercícios resolvidos

Exercício 4.1

Desenhe o lugar das raízes e determine a faixa de valores do ganho k do controlador de modo que o sistema em malha fechada da Figura 4.44 seja estável.

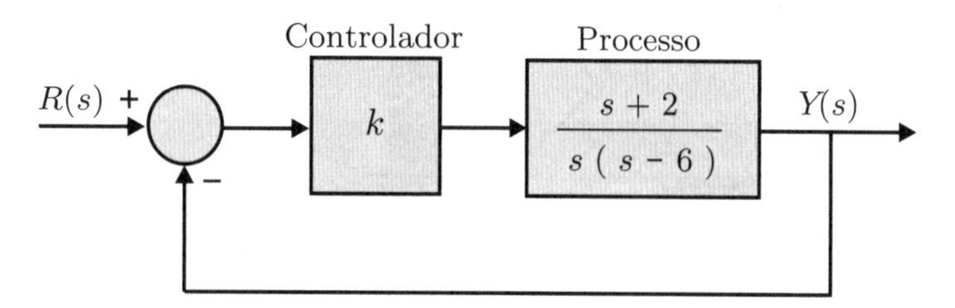

Figura 4.44 Diagrama de blocos de um sistema em malha fechada.

Solução

Primeiramente deve-se marcar os polos e o zero de malha aberta no eixo real. À direita do polo em $s = +6$ não há raízes (quantidade par). Logo, o segmento do eixo real de $+6$ a $+\infty$ não faz parte do lugar das raízes. O segmento entre 0 e $+6$ faz parte do lugar das raízes, pois à direita do polo, na origem, há uma raiz em $s = +6$ (quantidade ímpar). O segmento do intervalo de -2 a 0 também não faz parte do lugar das raízes, pois à direita do zero em $s = -2$ há duas raízes (quantidade par). O outro segmento que também faz parte do lugar das raízes é o que está entre $-\infty$ e -2, pois à direita de qualquer ponto deste segmento há três raízes (quantidade ímpar).

O lugar das raízes começa nos polos e termina nos zeros de malha aberta quando k varia de zero a infinito. Como há dois polos de malha aberta adjacentes sobre o eixo real ($s = 0$ e $s = +6$) e como o segmento entre eles faz parte do lugar das raízes, então há um ponto de partida neste segmento. Da mesma forma, como o segmento de $-\infty$ a -2 pertence ao lugar das raízes e considerando que há dois zeros neste segmento, isto é, um zero em $s = -2$ e outro em $s = -\infty$, então também há um ponto de chegada neste segmento.

A função de transferência do sistema em malha fechada é dada por

$$\frac{Y(s)}{R(s)} = \frac{k(s+2)}{s^2 - 6s + k(s+2)} = \frac{k(s+2)}{s^2 + (k-6)s + 2k} \,. \tag{4.120}$$

Assim, a equação característica é

$$s^2 - 6s + k(s+2) = 0 \Rightarrow k = -\frac{(s^2 - 6s)}{s+2} \,. \tag{4.121}$$

Aplicando a condição (4.21), obtém-se

$$\frac{dk}{ds} = 0 = -\left[\frac{(2s-6)(s+2) - (s^2 - 6s)}{(s+2)^2}\right] , \tag{4.122}$$

ou seja,

$$2s^2 + 4s - 6s - 12 - s^2 + 6s = 0 \Rightarrow s^2 + 4s - 12 = 0 \,. \tag{4.123}$$

Extraindo as raízes do polinômio (4.123) verifica-se que há um ponto de partida em $s = +2$ e um ponto de chegada em $s = -6$. O gráfico do lugar geométrico das raízes apresenta o aspecto da Figura 4.45.

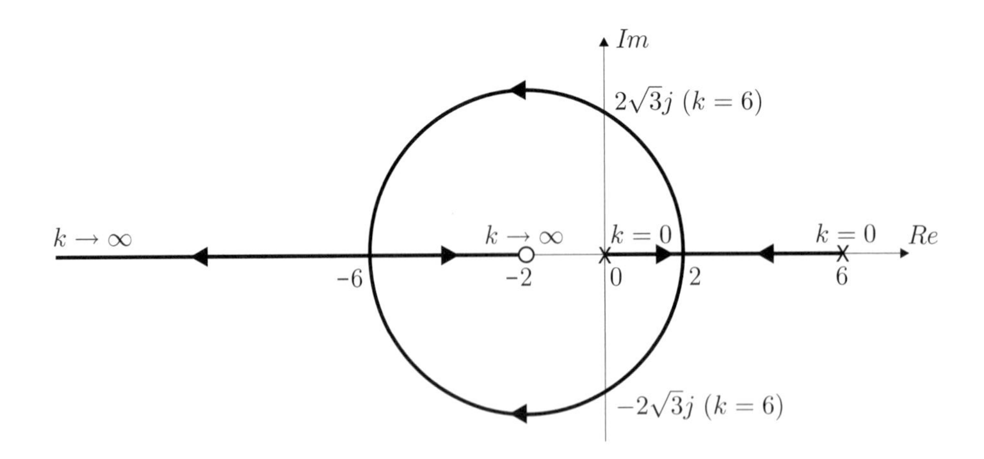

Figura 4.45 Lugar geométrico das raízes.

Para mostrar que parte do lugar das raízes forma uma circunferência basta verificar a condição de fase (4.5), ou seja,

$$\angle s+2 - \angle s - \angle s-6 = 180^o \pm r360^o \ (r = 0, 1, 2, \ldots) . \tag{4.124}$$

Substituindo $s = a + j\omega$ e escolhendo $r = 0$, obtém-se

$$\angle a + j\omega + 2 - \angle a + j\omega - \angle a + j\omega - 6 = 180^o \tag{4.125}$$

ou

$$\arctan\left(\frac{\omega}{a+2}\right) - \arctan\left(\frac{\omega}{a}\right) = \arctan\left(\frac{\omega}{a-6}\right) + 180^o . \tag{4.126}$$

Aplicando a identidade trigonométrica

$$\tan(\alpha \pm \beta) = \frac{\tan\alpha \pm \tan\beta}{1 \mp \tan\alpha \tan\beta} ,$$

obtém-se

$$\frac{\frac{\omega}{a+2} - \frac{\omega}{a}}{1 + \frac{\omega}{(a+2)}\frac{\omega}{a}} = \frac{\omega}{a-6} \Rightarrow \frac{-2\omega}{a^2 + 2a + \omega^2} = \frac{\omega}{a-6} . \tag{4.127}$$

A Equação (4.127) também pode ser escrita como

$$(a+2)^2 + \omega^2 = 4^2 , \tag{4.128}$$

que representa a equação de uma circunferência com centro no ponto $(-2, 0)$ e raio igual a 4.

Para determinar a faixa de valores do ganho k de modo que o sistema em malha fechada seja estável basta aplicar o critério de Routh. Os coeficientes do polinômio do denominador da função de transferência de malha fechada (4.120) estão presentes e têm o mesmo sinal quando $k > 6$. Portanto, o sistema em malha fechada é estável para $k > 6$.

Outra maneira de encontrar o valor de k é determinar os pontos de cruzamento do lugar das raízes com o eixo imaginário, bastando para isso fazer $s = j\omega$ na equação característica. Igualando as partes real e imaginária a zero obtêm-se os pontos de cruzamento e o valor de k nestes pontos. Então,

$$(j\omega)^2 + (k-6)j\omega + 2k = 0 \Rightarrow j\omega(k-6) + 2k - \omega^2 = 0 . \tag{4.129}$$

Logo, a parte imaginária da Equação (4.129) é nula para $k = 6$ e os pontos de cruzamento do lugar das raízes no eixo imaginário estão localizados em $\omega = \pm 2\sqrt{3}$.

Exercício 4.2

Desenhe o lugar das raízes e determine a faixa de valores do ganho k de modo que o sistema em malha fechada da Figura 4.46 seja estável.

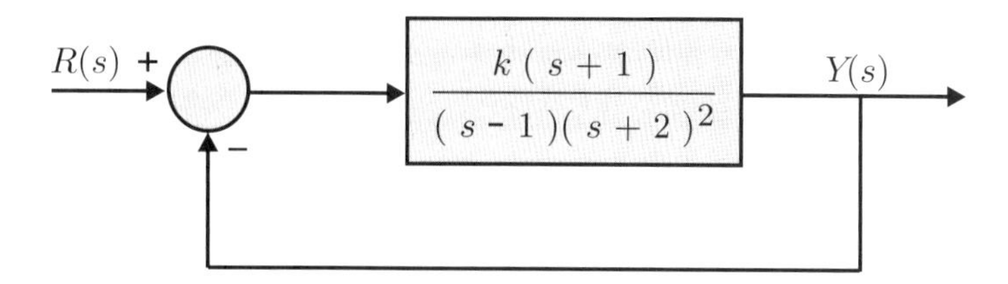

Figura 4.46 Diagrama de blocos de um sistema em malha fechada.

Solução

A função de transferência de malha aberta possui um zero em $s = -1$ ($m = 1$) e três polos ($n = 3$), sendo um polo localizado em $s = +1$ e os outros dois em $s = -2$. No eixo real apenas o segmento entre -1 e $+1$ faz parte do lugar das raízes, pois à direita do zero em $s = -1$ a quantidade de raízes é um número ímpar, isto é, há um polo em $s = +1$. Os demais segmentos, localizados nos intervalos de $-\infty$ a -2 , -2 a -1 e $+1$ a $+\infty$, não fazem parte do lugar das raízes pois a quantidade de raízes localizadas à direita de qualquer ponto de teste desses segmentos resulta sempre num número par.

Assim, o lugar das raízes possui $n = 3$ ramos. Um ramo começa no polo em $s = +1$ e termina no zero em $s = -1$, e os outros dois ramos começam nos polos em $s = -2$ e terminam no infinito, seguindo assíntotas com os seguintes ângulos:

$$\alpha_1 = \frac{180^\circ}{n-m} = \frac{180^\circ}{3-1} = 90^\circ \quad \text{e} \quad \alpha_2 = 3\frac{180^\circ}{n-m} = 3\frac{180^\circ}{3-1} = 270^\circ \,. \tag{4.130}$$

As assíntotas cruzam o eixo real no ponto

$$\begin{aligned} S_c &= \frac{(\text{soma dos polos de malha aberta}) - (\text{soma dos zeros de malha aberta})}{n-m} \\ &= \frac{(-2-2+1)-(-1)}{3-1} = -1 \,. \end{aligned} \tag{4.131}$$

O gráfico do lugar geométrico das raízes apresenta o aspecto da Figura 4.47. Note que o mesmo deve satisfazer à propriedade de simetria com relação ao eixo real.

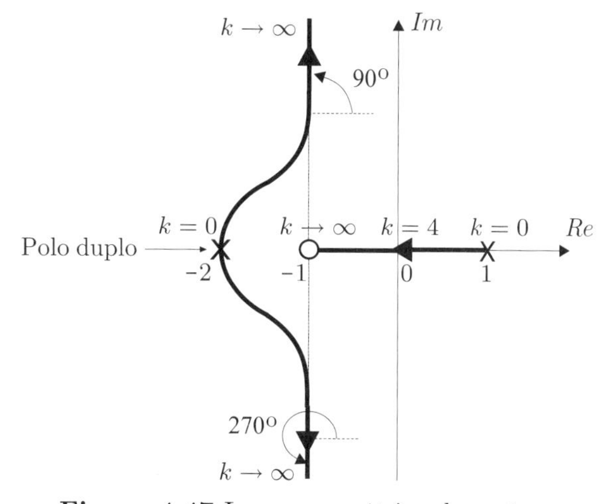

Figura 4.47 Lugar geométrico das raízes.

O valor de $k > 0$, em qualquer ponto do lugar das raízes, pode ser calculado a partir da condição de módulo (4.4), ou seja,

$$\left|\frac{k(s+1)}{(s-1)(s+2)^2}\right| = 1 \Rightarrow k = \frac{|s-1||s+2|^2}{|s+1|} . \tag{4.132}$$

Calculando o valor de k em $s = 0$, obtém-se $k = 4$. Com isso, o sistema em malha fechada é estável para qualquer valor de $k > 4$, pois neste caso as linhas do lugar das raízes, que representam os polos de malha fechada, estão sempre localizadas no semiplano esquerdo do plano s.

Exercício 4.3

Desenhe o lugar das raízes e determine a faixa de valores do ganho k de modo que o sistema em malha fechada da Figura 4.48 seja estável.

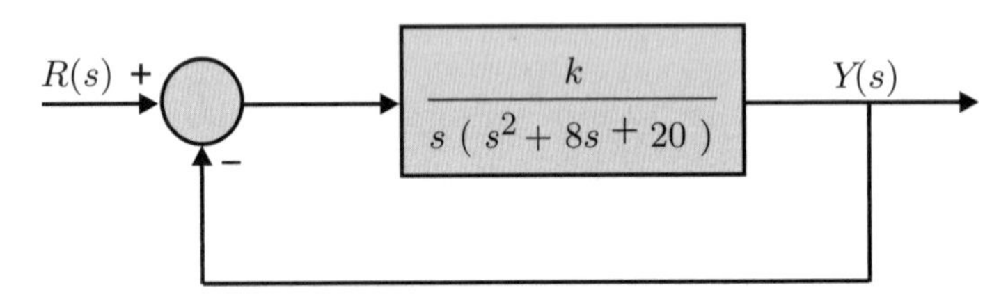

Figura 4.48 Diagrama de blocos de um sistema em malha fechada.

Solução

A função de transferência de malha aberta possui um polo na origem e dois polos complexos conjugados localizados em $s = -4 \pm 2j$. Assim, o lugar das raízes possui $n = 3$ ramos, sendo os ângulos das assíntotas:

$$\alpha_1 = \frac{180^o}{n-m} = \frac{180^o}{3-0} = 60^o \ , \ \alpha_2 = 3\frac{180^o}{n-m} = 3\frac{180^o}{3-0} = 180^o \text{ e } \alpha_3 = 5\frac{180^o}{n-m} = 5\frac{180^o}{3-0} = 300^o . \tag{4.133}$$

Um ramo começa no polo em $s = 0$ e termina em $-\infty$ seguindo a assíntota de 180°. Os outros dois ramos começam nos polos complexos e terminam no infinito seguindo as assíntotas com ângulos de 60° e 300°.

As assíntotas cruzam o eixo real no ponto

$$\begin{aligned} S_c &= \frac{(\text{soma dos polos de malha aberta}) - (\text{soma dos zeros de malha aberta})}{n-m} \\ &= \frac{0-4+2j-4-2j}{3-0} \cong -2{,}7 . \end{aligned} \tag{4.134}$$

A função de transferência de malha fechada é dada por

$$\frac{Y(s)}{R(s)} = \frac{k}{s^3+8s^2+20s+k} . \tag{4.135}$$

Assim, a equação característica é

$$s^3+8s^2+20s+k = 0 \Rightarrow k = -(s^3+8s^2+20s) . \tag{4.136}$$

Os pontos de partida e de chegada no eixo real são calculados a partir da condição (4.21), ou seja,

$$\frac{dk}{ds} = 0 = -(3s^2+16s+20) . \tag{4.137}$$

As raízes da Equação (4.137) são $s = -2$ e $s \cong -3{,}33$. Como estes pontos fazem parte do lugar das raízes, então eles são pontos de partida e de chegada. O gráfico do lugar geométrico das raízes apresenta o aspecto da Figura 4.49.

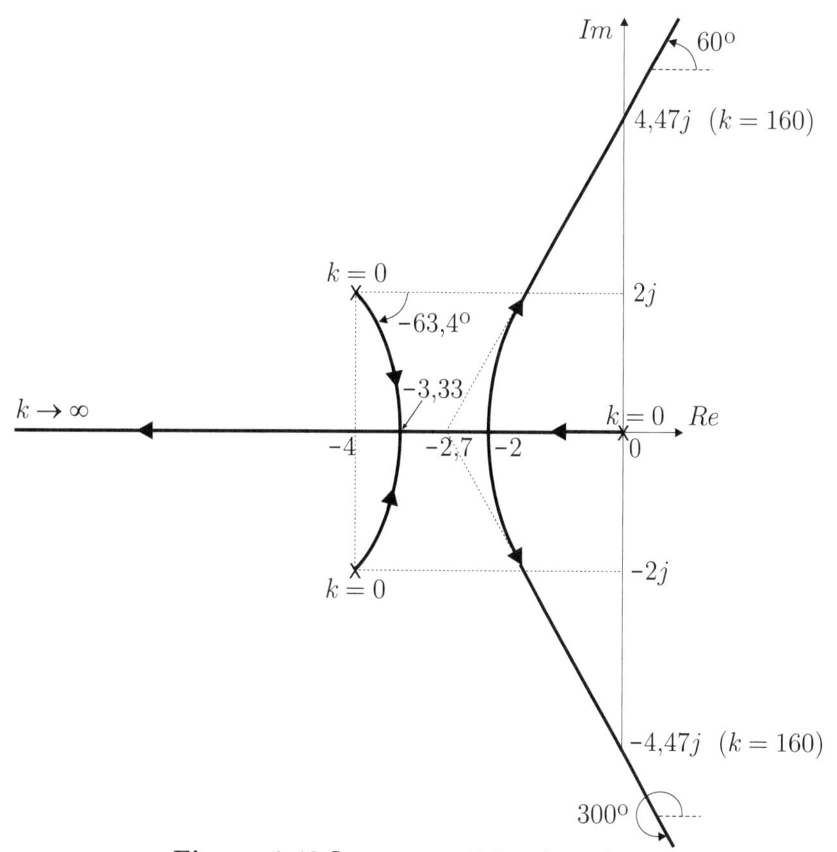

Figura 4.49 Lugar geométrico das raízes.

Os ângulos de partida dos polos complexos podem ser calculados pela condição de fase. Por exemplo, o ângulo de partida do polo em $s = -4 + 2j$ é dado por

$$\begin{aligned}\angle s+4-2j &= 180^\circ - \angle s - \angle s+4+2j = 180^\circ - \angle -4+2j - \angle 4j \\ &= 180^\circ - 153{,}4^\circ - 90^\circ = -63{,}4^\circ\,. \qquad (4.138)\end{aligned}$$

Para determinar a faixa de valores do ganho k de modo que o sistema em malha fechada seja estável basta aplicar o critério de Routh. A partir do denominador da função de transferência de malha fechada (4.135) pode-se montar a Tabela 4.3.

Tabela 4.3 Tabela de Routh

	1ª coluna de coeficientes	
s^3	1	20
s^2	8	k
s^1	b_1	
s^0	c_1	

Os coeficientes b_1 e c_1 da tabela de Routh valem

$$b_1 = \frac{160 - k}{8} \quad \text{e} \quad c_1 = k\,. \qquad (4.139)$$

Todos os coeficientes da primeira coluna da tabela de Routh têm o mesmo sinal para

$$b_1 > 0 \Rightarrow k < 160 \quad \text{e} \quad c_1 > 0 \Rightarrow k > 0\,. \qquad (4.140)$$

Portanto, o sistema em malha fechada é estável para $0 < k < 160$.

Outra maneira de encontrar o valor de k é determinar os pontos de cruzamento do lugar das raízes com o eixo imaginário, bastando para isso fazer $s = j\omega$ na equação característica (4.136). Igualando as partes real e imaginária a zero obtêm-se os pontos de cruzamento e o valor de k nesses pontos. Então,

$$(j\omega)^3 + 8(j\omega)^2 + 20j\omega + k = 0 \Rightarrow k - 8\omega^2 + j\omega(20 - \omega^2) = 0 \ . \tag{4.141}$$

Logo, os pontos de cruzamento do lugar das raízes no eixo imaginário estão localizados em $w = \pm\sqrt{20} \cong \pm 4{,}47$, e o valor de k nestes pontos vale $k = 8\omega^2 = 160$.

Exercício 4.4

Desenhe o lugar das raízes e determine a faixa de valores do ganho k de modo que o sistema em malha fechada da Figura 4.50 seja estável.

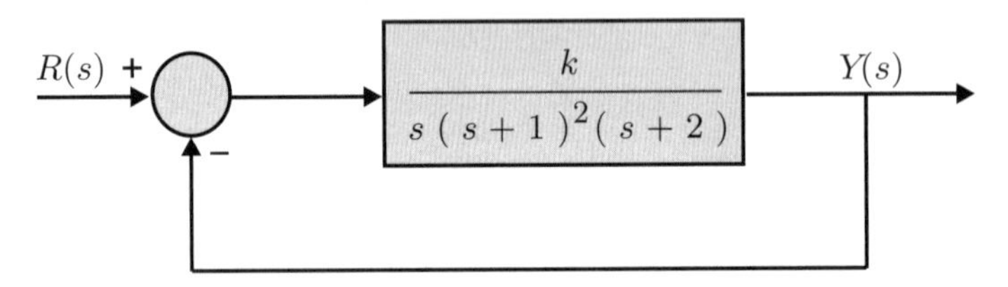

Figura 4.50 Diagrama de blocos de um sistema em malha fechada.

Solução

A função de transferência de malha aberta possui quatro polos, que estão localizados em $s = 0$, $s = -1$ (polo duplo) e $s = -2$. Os segmentos do eixo real que fazem parte do lugar das raízes estão nos intervalos de 0 a -1 e de -1 a -2. O lugar das raízes possui $n = 4$ ramos, que começam nos polos e terminam no infinito seguindo assíntotas com os ângulos:

$$\alpha_1 = \frac{180^o}{n-m} = 45^o \ , \ \alpha_2 = 3\frac{180^o}{n-m} = 135^o \ , \ \alpha_3 = 5\frac{180^o}{n-m} = 225^o \ \text{e} \ \alpha_4 = 7\frac{180^o}{n-m} = 315^o \ . \tag{4.142}$$

As assíntotas cruzam o eixo real no ponto

$$\begin{aligned} S_c &= \frac{\text{(soma dos polos de malha aberta)} - \text{(soma dos zeros de malha aberta)}}{n-m} \\ &= \frac{0-1-1-2}{4-0} = -1 \ . \end{aligned} \tag{4.143}$$

A função de transferência de malha fechada é dada por

$$\frac{Y(s)}{R(s)} = \frac{k}{s^4 + 4s^3 + 5s^2 + 2s + k} \ . \tag{4.144}$$

Assim, a equação característica é

$$s^4 + 4s^3 + 5s^2 + 2s + k = 0 \Rightarrow k = -(s^4 + 4s^3 + 5s^2 + 2s) \ . \tag{4.145}$$

Os pontos de partida do eixo real são calculados a partir da condição (4.21), ou seja,

$$\frac{dk}{ds} = 0 = -(4s^3 + 12s^2 + 10s + 2) \ . \tag{4.146}$$

As raízes da Equação (4.146) são $s \cong -0{,}29$, $s \cong -1{,}71$ e $s = -1$. Como estes pontos fazem parte do lugar das raízes eles são pontos de partida do eixo real. O gráfico do lugar geométrico das raízes apresenta o aspecto da Figura 4.51.

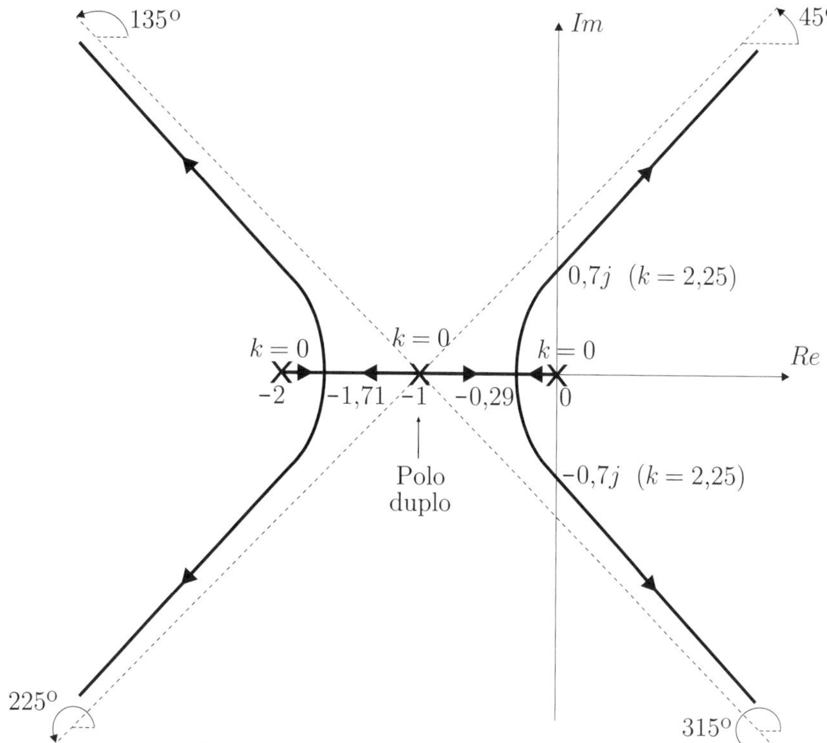

Figura 4.51 Lugar geométrico das raízes.

Para determinar a faixa de valores do ganho k de modo que o sistema em malha fechada seja estável basta aplicar o critério de Routh. A partir do denominador da função de transferência de malha fechada (4.144) pode-se montar a Tabela 4.4.

Tabela 4.4 Tabela de Routh

	1ª coluna de coeficientes		
s^4	1	5	k
s^3	4	2	
s^2	b_1	b_2	
s^1	c_1		
s^0	d_1		

Os coeficientes da tabela de Routh valem

$$b_1 = 4{,}5 \ , \quad b_2 = k \ , \quad c_1 = \frac{9 - 4k}{4{,}5} \quad \text{e} \quad d_1 = k \ . \tag{4.147}$$

Todos os coeficientes da primeira coluna da tabela de Routh têm o mesmo sinal para

$$c_1 > 0 \Rightarrow k < 2{,}25 \quad \text{e} \quad d_1 > 0 \Rightarrow k > 0 \ . \tag{4.148}$$

Portanto, o sistema em malha fechada é estável para $0 < k < 2{,}25$.

Outra maneira de encontrar o valor de k é determinar os pontos de cruzamento do lugar das raízes com o eixo imaginário, bastando para isso fazer $s = j\omega$ na equação característica (4.145). Igualando as partes real e imaginária a zero obtêm-se os pontos de cruzamento e o valor de k nesses pontos. Então,

$$(j\omega)^4 + 4(j\omega)^3 + 5(j\omega)^2 + 2j\omega + k = 0 \Rightarrow k + \omega^4 - 5\omega^2 + j\omega(2 - 4\omega^2) = 0 \ . \tag{4.149}$$

Logo, os pontos de cruzamento do lugar das raízes no eixo imaginário estão localizados em $w = \pm\sqrt{0{,}5} \cong \pm 0{,}7$ e o valor de k nestes pontos vale $k = 5\omega^2 - \omega^4 = 2{,}25$.

Exercício 4.5

Desenhe o lugar das raízes do sistema em malha fechada da Figura 4.52.

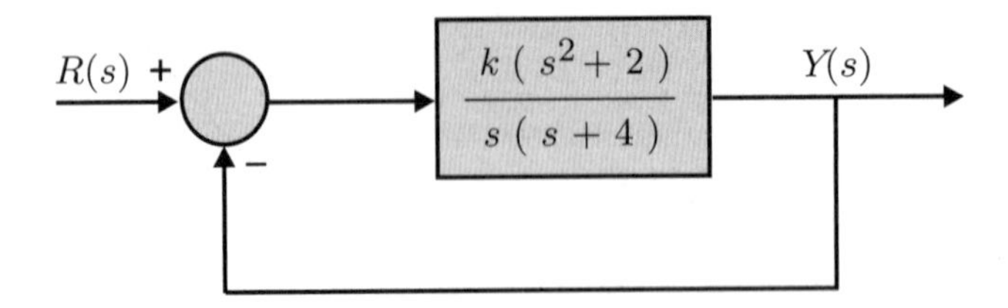

Figura 4.52 Diagrama de blocos de um sistema em malha fechada.

Solução

A função de transferência de malha aberta possui $n = 2$ polos ($s = 0$ e $s = -4$) e $m = 2$ zeros ($s = \pm\sqrt{2}j$). O segmento do eixo real no intervalo aberto de 0 a -4 pertence ao lugar das raízes, pois à direita de qualquer ponto deste segmento há um número ímpar de raízes. O lugar das raízes começa nos polos e termina nos zeros de malha aberta, quando k varia de zero a infinito. Como há dois polos de malha aberta adjacentes sobre o eixo real ($s = 0$ e $s = -4$) e como o segmento entre eles faz parte do lugar das raízes, então há um ponto de partida neste segmento.

A função de transferência do sistema em malha fechada é dada por

$$\frac{Y(s)}{R(s)} = \frac{k(s^2+2)}{s^2+4s+k(s^2+2)} \,. \tag{4.150}$$

Assim, a equação característica é

$$s^2+4s+k(s^2+2) = 0 \Rightarrow k = -\frac{(s^2+4s)}{s^2+2} \,. \tag{4.151}$$

Aplicando a condição (4.21), obtém-se

$$\frac{dk}{ds} = 0 = -\left[\frac{(2s+4)(s^2+2)-(s^2+4s)2s}{(s^2+2)^2}\right] , \tag{4.152}$$

ou seja,

$$2s^3+4s+4s^2+8-2s^3-8s^2 = 0 \Rightarrow s^2-s-2 = 0 \,. \tag{4.153}$$

As raízes do polinômio (4.153) são $s = -1$ e $s = +2$. Porém, apenas o ponto $s = -1$ é ponto de partida, pois o ponto em $s = +2$ não faz parte do lugar das raízes.

O gráfico do lugar geométrico das raízes apresenta o aspecto da Figura 4.53.

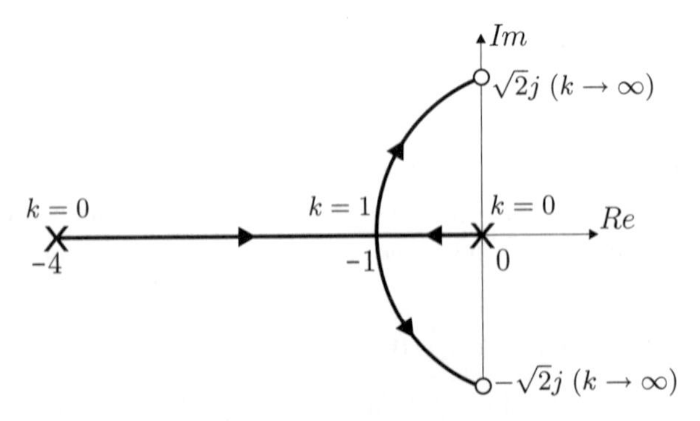

Figura 4.53 Lugar geométrico das raízes.

O valor de $k > 0$ em qualquer ponto do lugar das raízes pode ser calculado a partir da condição de módulo (4.4), ou seja,

$$\left|\frac{k(s^2+2)}{s(s+4)}\right| = 1 \Rightarrow k = \frac{|s||s+4|}{|s^2+2|} \,. \tag{4.154}$$

Calculando o valor de k no ponto de partida em $s = -1$, obtém-se $k = 1$.

Para mostrar que parte do lugar das raízes forma uma circunferência basta verificar a condição de fase (4.5), ou seja,

$$\angle s+\sqrt{2}j + \angle s-\sqrt{2}j - \angle s - \angle s+4 = 180^\circ \pm r360^\circ \quad (r = 0, 1, 2, \ldots) \,. \tag{4.155}$$

Substituindo $s = a + j\omega$ e escolhendo $r = 0$, obtém-se

$$\angle a+j\omega+\sqrt{2}j + \angle a+j\omega-\sqrt{2}j - \angle a+j\omega - \angle a+j\omega+4 = 180^\circ \pm r360^\circ \quad (r = 0, 1, 2, \ldots) \,. \tag{4.156}$$

ou

$$\arctan\left(\frac{\omega+\sqrt{2}}{a}\right) + \arctan\left(\frac{\omega-\sqrt{2}}{a}\right) = \arctan\left(\frac{\omega}{a}\right) + \arctan\left(\frac{\omega}{a+4}\right) + 180^\circ \,. \tag{4.157}$$

Sabendo-se que

$$\tan(\alpha \pm \beta) = \frac{\tan\alpha \pm \tan\beta}{1 \mp \tan\alpha\tan\beta} \quad \text{e que } \tan(\alpha + 180^\circ) = \tan(\alpha) \,,$$

obtém-se

$$\frac{\frac{\omega+\sqrt{2}}{a} + \frac{\omega-\sqrt{2}}{a}}{1 - \left(\frac{\omega+\sqrt{2}}{a}\right)\left(\frac{\omega-\sqrt{2}}{a}\right)} = \frac{\frac{\omega}{a} + \frac{\omega}{a+4}}{1 - \left(\frac{\omega}{a}\right)\left(\frac{\omega}{a+4}\right)} \,. \tag{4.158}$$

A Equação (4.158) pode ser simplificada para

$$\left(a - \frac{1}{2}\right)^2 + \omega^2 = \left(\frac{3}{2}\right)^2 \,, \tag{4.159}$$

que representa a equação de uma circunferência com centro no ponto $(\frac{1}{2}, 0)$ e raio igual a 1,5.

Exercício 4.6

Considere o sistema estável em malha aberta cuja função de transferência é

$$G_{ma}(s) = \frac{ke^{-2s}}{s+1} \,. \tag{4.160}$$

Utilizando a aproximação de Padé de ordem(2,2), pede-se que

- desenhe o lugar das raízes;
- determine os pontos de cruzamento do lugar das raízes com o eixo imaginário e a faixa de valores do ganho k de modo que o sistema em malha fechada seja estável.

Solução

Da Tabela 4.2, obtém-se

$$G_{ma}(s) = \frac{k}{(s+1)}\frac{(4s^2 - 12s + 12)}{(4s^2 + 12s + 12)} = \frac{k(s^2 - 3s + 3)}{(s+1)(s^2 + 3s + 3)} \,, \tag{4.161}$$

com zeros em $s = 1{,}5 \pm 0{,}866j$ e com polos em $s = -1$ e $s = -1{,}5 \pm 0{,}866j$.

O gráfico do lugar das raízes está representado na Figura 4.54. Note que o sistema com atraso puro (4.160) é estável em malha fechada apenas para uma faixa de valores do ganho k, pois o lugar das raízes cruza o eixo imaginário.

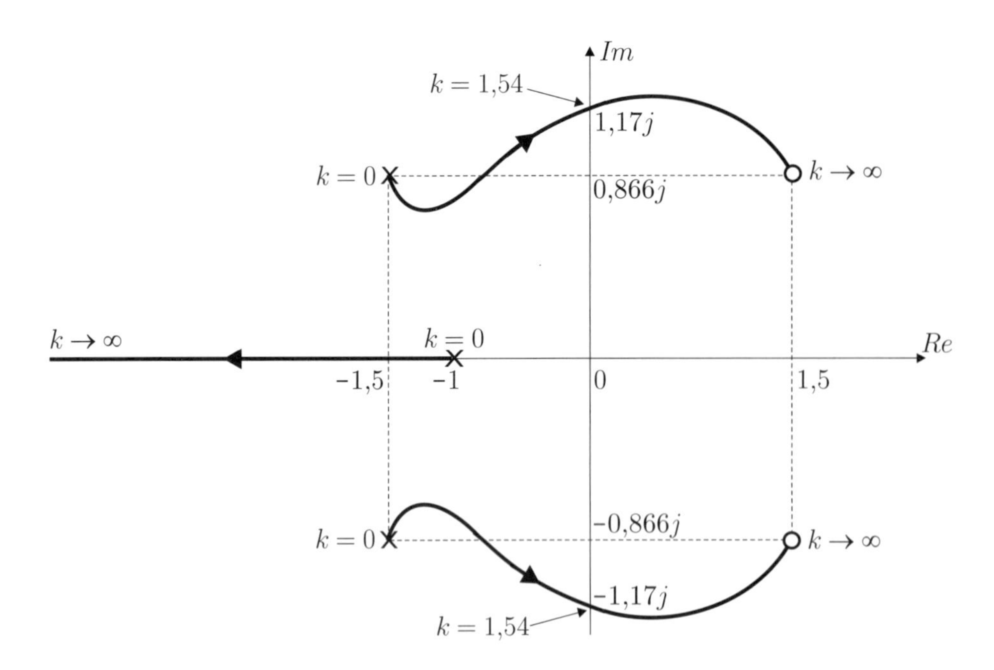

Figura 4.54 Lugar das raízes.

A função de transferência de malha fechada com realimentação unitária é

$$G_{mf}(s) = \frac{G_{ma}(s)}{1 + G_{ma}(s)} = \frac{k(s^2 - 3s + 3)}{s^3 + (4+k)s^2 + (6-3k)s + 3 + 3k} \,. \tag{4.162}$$

Os pontos de cruzamento do lugar das raízes com o eixo imaginário podem ser determinados por meio da substituição $s = 0 + j\omega$ no denominador da função $G_m f(s)$, ou seja,

$$(j\omega)^3 + (4+k)(j\omega)^2 + (6-3k)j\omega + 3 + 3k = 0 \tag{4.163}$$

ou

$$j\omega(-\omega^2 + 6 - 3k) - \omega^2(4+k) + 3 + 3k = 0 \,. \tag{4.164}$$

Igualando a zero as partes imaginária e real, obtém-se

$$\omega^2 = 6 - 3k \quad \text{e} \tag{4.165}$$

$$-(6-3k)(4+k) + 3 + 3k = 0 \Rightarrow k^2 + 3k - 7 = 0 \,. \tag{4.166}$$

A única solução da Equação (4.166) para $k > 0$ é $k \cong 1{,}54$. Logo, os pontos de cruzamento do lugar das raízes com o eixo imaginário são $\omega j = \pm 1{,}17j$.

Do lugar das raízes conclui-se que o sistema em malha fechada é estável para $0 < k < 1{,}54$. Observe que com a aproximação de Padé de ordem (2,2) o valor de k é um pouco maior que o ganho $k < 1{,}5$, calculado por meio da função exata no Exemplo 4.4.

Exercício 4.7

Considere um sistema com realimentação unitária cujo gráfico do lugar das raízes é apresentado na Figura 4.55. Sabendo-se que é aplicado um degrau unitário na referência, calcule:

a) o ganho para que a resposta do sistema em malha fechada tenha amortecimento crítico;

b) o ganho e o tempo de subida para que a resposta do sistema em malha fechada tenha um sobressinal máximo de 16,3%;

c) o erro estacionário em cada um dos casos anteriores.

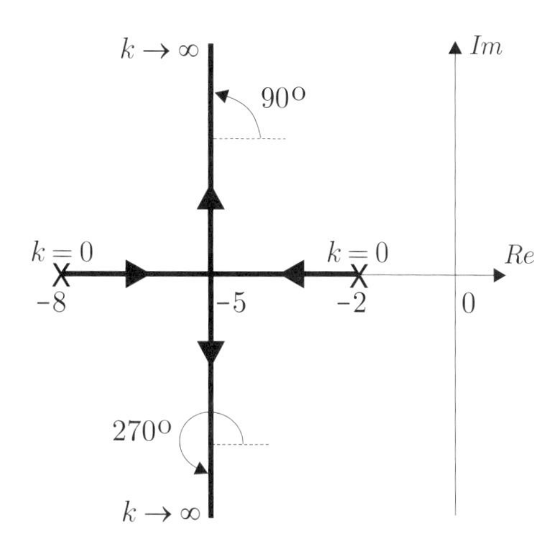

Figura 4.55 Lugar das raízes.

Solução

a) O gráfico do lugar das raízes da Figura 4.55 representa um sistema de segunda ordem com função de transferência de malha aberta

$$G(s) = \frac{k}{(s+2)(s+8)} \,. \tag{4.167}$$

A resposta do sistema em malha fechada tem amortecimento crítico quando os polos de malha fechada são reais e iguais. Pelo lugar das raízes isso ocorre em $s = -5$. Da condição de módulo (4.4)

$$\left|\frac{k}{(s+2)(s+8)}\right|_{s=-5} = 1 \Rightarrow k = |s+2||s+8|_{s=-5} \Rightarrow k = 9 \,. \tag{4.168}$$

b) O sobressinal é dado por

$$M_p = e^{-\xi\pi/\sqrt{1-\xi^2}} = 0{,}163 \,, \tag{4.169}$$

cujo coeficiente de amortecimento vale $\xi \cong 0{,}5$.

Para que a resposta transitória tenha sobressinal os polos de malha fechada devem ser complexos conjugados. Do lugar das raízes a parte real desses polos vale $-\xi\omega_n = -5$.

Logo, $\omega_n = 10$ (rad/s), e os polos de malha fechada devem estar localizados em

$$s_{1,2} = -\xi\omega_n \pm \omega_n\sqrt{1-\xi^2}j = -5 \pm 5\sqrt{3}j \,. \tag{4.170}$$

Da condição de módulo (4.4)

$$\left|\frac{k}{(s+2)(s+8)}\right|_{s=-5+5\sqrt{3}j} = 1 \Rightarrow k = |s+2||s+8|_{s=-5+5\sqrt{3}j} \Rightarrow k = 84 \,. \tag{4.171}$$

O tempo de subida é dado por

$$t_r = \frac{\pi - \arccos(\xi)}{\omega_n\sqrt{1-\xi^2}} \cong 0{,}24 \,. \tag{4.172}$$

c) O erro estacionário pode ser calculado pelo teorema do valor final

$$e(\infty) = \lim_{s\to 0} sE(s) = \lim_{s\to 0} s\left(\frac{1}{1+G(s)}\right)\frac{1}{s} = \lim_{s\to 0}\frac{1}{1+\frac{k}{(s+2)(s+8)}} = \frac{16}{16+k} \,. \tag{4.173}$$

Para $k = 9 \Rightarrow e(\infty) \cong 0{,}64$ e para $k = 84 \Rightarrow e(\infty) \cong 0{,}16$.

Exercício 4.8

Desenhe o lugar das raízes para o sistema da Figura 4.56 quando o parâmetro p é variável e classifique a resposta transitória da saída quando a entrada de referência é do tipo degrau.

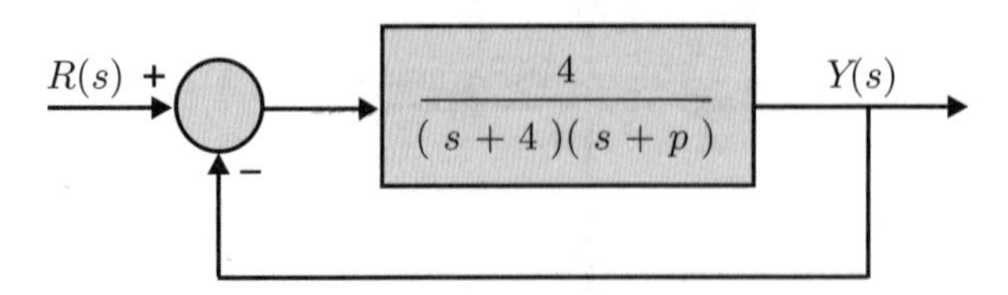

Figura 4.56 Sistema com um parâmetro p variável.

Solução

A função de transferência de malha fechada é dada por

$$\frac{Y(s)}{R(s)} = \frac{G(s)}{1+G(s)H(s)} = \frac{4}{(s+4)(s+p)+4} = \frac{4}{s^2+4s+4+p(s+4)} \,. \tag{4.174}$$

Para desenhar o lugar das raízes é necessário que o parâmetro p funcione como um ganho variável e apareça como um fator multiplicador na função de transferência de malha aberta $G(s)H(s)$. Isto pode ser conseguido dividindo-se o numerador e o denominador de (4.174) pelos termos do denominador desta equação que não possuem o parâmetro p, ou seja,

$$\frac{Y(s)}{R(s)} = \frac{G(s)}{1+G(s)H(s)} = \frac{\frac{4}{s^2+4s+4}}{1+\frac{p(s+4)}{s^2+4s+4}} \,. \tag{4.175}$$

Da Equação (4.175) pode-se identificar a função de transferência de malha aberta equivalente

$$G(s)H(s) = \frac{p(s+4)}{s^2+4s+4} = \frac{p(s+4)}{(s+2)(s+2)} \,. \tag{4.176}$$

O lugar das raízes quando o parâmetro p varia de 0 a ∞ é apresentado na Figura 4.57.

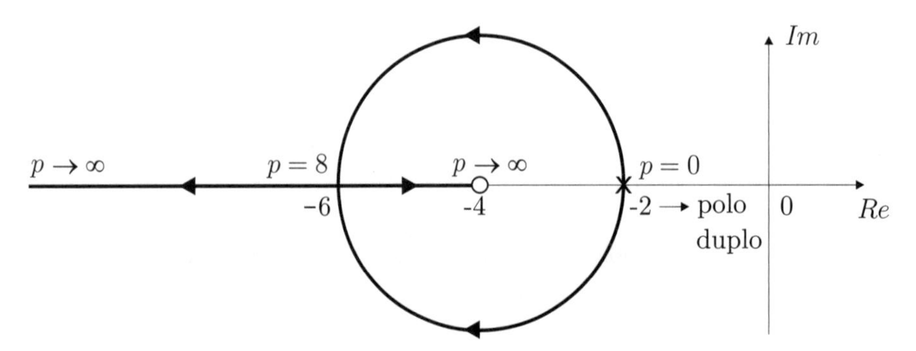

Figura 4.57 Lugar das raízes com um parâmetro p variável.

O valor do parâmetro p no ponto de chegada $s = -6$ pode ser calculado pela condição de módulo, ou seja,

$$|G(s)H(s)| = \left|\frac{p(s+4)}{(s+2)(s+2)}\right|_{s=-6} = 1 \Rightarrow p = 8 \,. \tag{4.177}$$

Do lugar das raízes tem-se que:

- para $0 < p < 8$ os polos de malha fechada são complexos conjugados e a resposta transitória é subamortecida;
- para $p = 0$ e $p = 8$ os polos de malha fechada são reais e iguais a $s = -2$ e $s = -6$, respectivamente, e a resposta transitória tem amortecimento crítico;
- para $p > 8$ os polos de malha fechada são reais e diferentes e a resposta transitória é superamortecida.

Exercício 4.9

O diagrama de blocos da Figura 4.58 representa um motor CC com realimentação auxiliar da velocidade $v(t)$. Determine os valores dos ganhos K_c e K_t para que a resposta da posição $x(t)$ apresente um tempo de subida $t_r = 0{,}4\,\text{s}$ e coeficiente de amortecimento $\xi = 0{,}7$ quando é aplicado um degrau na referência.

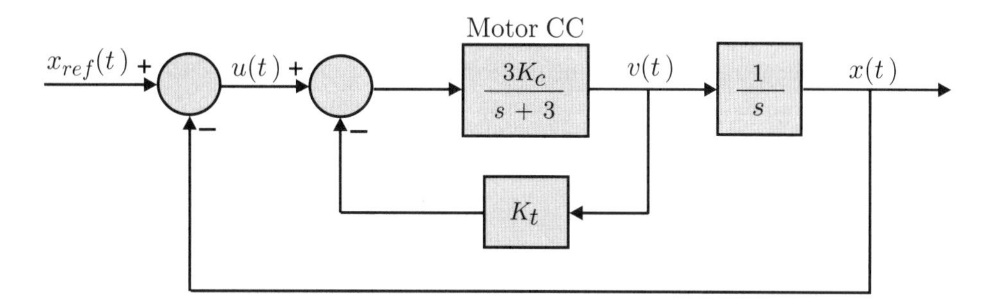

Figura 4.58 Motor CC com realimentação auxiliar da velocidade $v(t)$.

Solução

Do tempo de subida obtém-se a frequência natural ω_n, ou seja,

$$t_r = \frac{\pi - \arccos(\xi)}{\omega_n\sqrt{1-\xi^2}} \Rightarrow \omega_n = \frac{\pi - \arccos(\xi)}{t_r\sqrt{1-\xi^2}} \cong 8{,}213\ (\text{rad/s})\,. \tag{4.178}$$

A função de transferência da malha interna é

$$\frac{V(s)}{U(s)} = \frac{3K_c}{s+3+3K_cK_t}\,. \tag{4.179}$$

A função de transferência da malha externa é

$$\frac{X(s)}{X_{ref}(s)} = \frac{3K_c}{s^2+(3+3K_cK_t)s+3K_c} = \frac{\omega_n^2}{s^2+2\xi\omega_n s+\omega_n^2}\,. \tag{4.180}$$

Logo,

$$K_c = \frac{\omega_n^2}{3} \cong 22{,}486 \quad \text{e} \tag{4.181}$$

$$K_t = \frac{2\xi\omega_n - 3}{3K_c} \cong 0{,}126\,. \tag{4.182}$$

Na Figura 4.59 é apresentada a resposta $x(t)$ para um degrau unitário na referência $x_{ref}(t)$. Para $\xi = 0{,}7$ o sobressinal é $M_p \cong 4{,}6\%$.

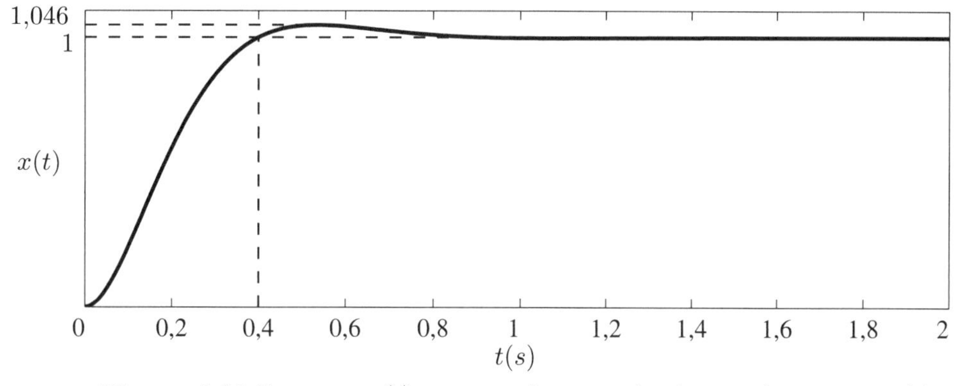

Figura 4.59 Resposta $x(t)$ para um degrau unitário na referência $x_{ref}(t)$.

Exercício 4.10

Um pêndulo invertido é montado sobre um carrinho que se movimenta no eixo horizontal $x(t)$ por meio de um motor CC acoplado ao trilho. O pêndulo possui movimento angular $\theta(t)$, conforme é mostrado na Figura 4.60. Deseja-se obter um modelo que descreva o comportamento dinâmico do sistema e projetar um sistema de controle para equilibrar o pêndulo na posição vertical, conforme o carrinho se movimenta no eixo $x(t)$. Suponha que a aceleração da gravidade é $g = 10$ (m/s^2) e que o pêndulo tem comprimento $2l = 1$ (m), massa m, momento de inércia J e centro de gravidade no ponto G. Para pequenas variações em torno do ponto de equilíbrio deseja-se que a resposta tenha um tempo de subida $t_r = 0{,}5$ s e coeficiente de amortecimento $\xi = 0{,}7$.

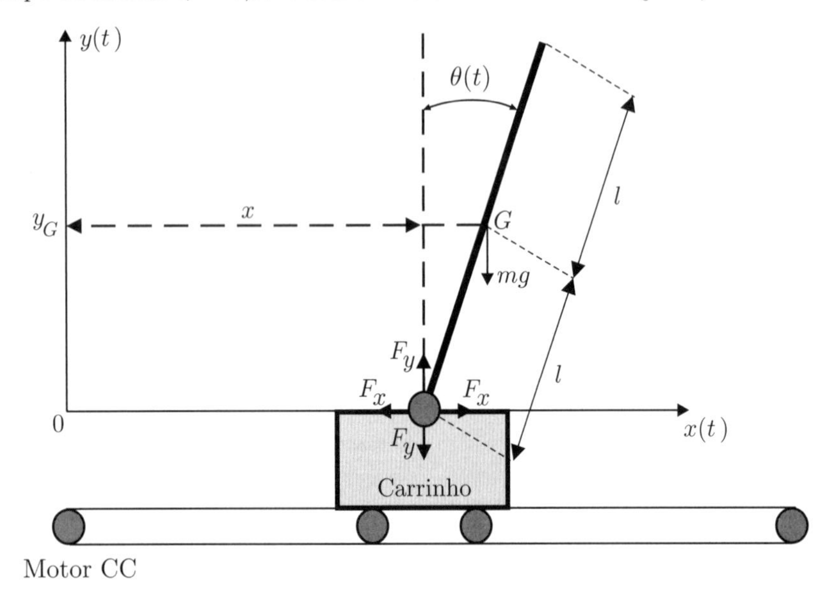

Figura 4.60 Pêndulo invertido sobre um carrinho com movimento no eixo $x(t)$.

Solução

O centro de gravidade do pêndulo é o ponto $(x_G(t), y_G(t))$. Da Figura 4.60 tem-se

$$x_G(t) = x(t) + l \text{ sen } \theta(t) , \tag{4.183}$$

$$y_G(t) = l \cos \theta(t) . \tag{4.184}$$

O movimento de rotação do pêndulo em torno do centro de gravidade é dado por

$$J \frac{d^2\theta(t)}{dt} = F_y(t)\, l \text{ sen } \theta(t) - F_x(t)\, l \cos \theta(t) . \tag{4.185}$$

Supondo que o momento de inércia seja desprezível ($J \cong 0$) e que o desvio angular $\theta(t)$ em torno da posição vertical seja "pequeno", então podem-se fazer as seguintes aproximações: sen $\theta(t) \cong \theta(t)$ e $\cos\theta(t) \cong 1$. Assim,

$$F_y(t)\theta(t) = F_x(t) . \tag{4.186}$$

O movimento horizontal do centro de gravidade do pêndulo é dado por

$$m \frac{d^2 x_G(t)}{dt^2} = F_x(t) \tag{4.187}$$

e o movimento vertical por

$$m \frac{d^2 y_G(t)}{dt^2} = F_y(t) - mg . \tag{4.188}$$

Da Equação (4.186) obtém-se

$$\left[m \frac{d^2 y_G(t)}{dt^2} + mg \right] \theta(t) = m \frac{d^2 x_G(t)}{dt^2} . \tag{4.189}$$

O emprego das aproximações $\operatorname{sen}\theta(t) \cong \theta(t)$ e $\cos\theta(t) \cong 1$ tem a vantagem de tornar linear o sistema resultante. Isto tem como consequência que o sistema de controle só funciona em regiões próximas do ponto de equilíbrio, isto é, para pequenas variações do ângulo $\theta(t)$. Das Equações (4.183) e (4.184) obtêm-se

$$x_G(t) \cong x(t) + l\,\theta(t)\,, \qquad (4.190)$$

$$y_G(t) \cong l\,. \qquad (4.191)$$

Da Equação (4.189) obtém-se

$$g\theta(t) = \frac{d^2x_G(t)}{dt^2} = \frac{d^2x(t)}{dt^2} + l\frac{d^2\theta(t)}{dt^2} \qquad (4.192)$$

ou

$$l\frac{d^2\theta(t)}{dt^2} - g\theta(t) = -\frac{d^2x(t)}{dt^2}\,. \qquad (4.193)$$

Aplicando a transformada de Laplace, com condições iniciais nulas, obtém-se a função de transferência

$$\frac{\Theta(s)}{X(s)} = \frac{-\frac{s^2}{l}}{s^2 - \frac{g}{l}}\,. \qquad (4.194)$$

A função de transferência (4.194) possui como entrada a posição $x(t)$ do carrinho e como saída o desvio angular $\theta(t)$. Uma função de transferência alternativa é considerar como saída a posição $x_G(t)$ do centro de gravidade, em vez do ângulo $\theta(t)$, isto é,

$$X_G(s) = X(s) + l\Theta(s) = X(s) - l\frac{\frac{s^2}{l}}{s^2 - \frac{g}{l}}X(s) = \frac{\frac{-g}{l}}{s^2 - \frac{g}{l}}X(s)\,, \qquad (4.195)$$

ou seja,

$$\frac{X_G(s)}{X(s)} = \frac{-\frac{g}{l}}{s^2 - \frac{g}{l}}\,. \qquad (4.196)$$

A vantagem em considerar como saída a posição $x_G(t)$ e não o ângulo $\theta(t)$ é que o sistema de controle também funciona em superfícies inclinadas, cujo ângulo total formado com a vertical é a soma de $\theta(t)$ com o ângulo da inclinação da superfície. Quando a realimentação é feita pela posição $\theta(t)$ o controlador tende a fazer $\theta(t) \cong 0$, mas deixando o pêndulo inclinado devido ao ângulo da superfície. Se esta inclinação for elevada o pêndulo pode sair da região de equilíbrio, instabilizando o sistema. Isso já não ocorre quando a realimentação é feita pela posição $x_G(t)$, que é a soma da posição $x(t)$ com a projeção de um ângulo qualquer no eixo horizontal.

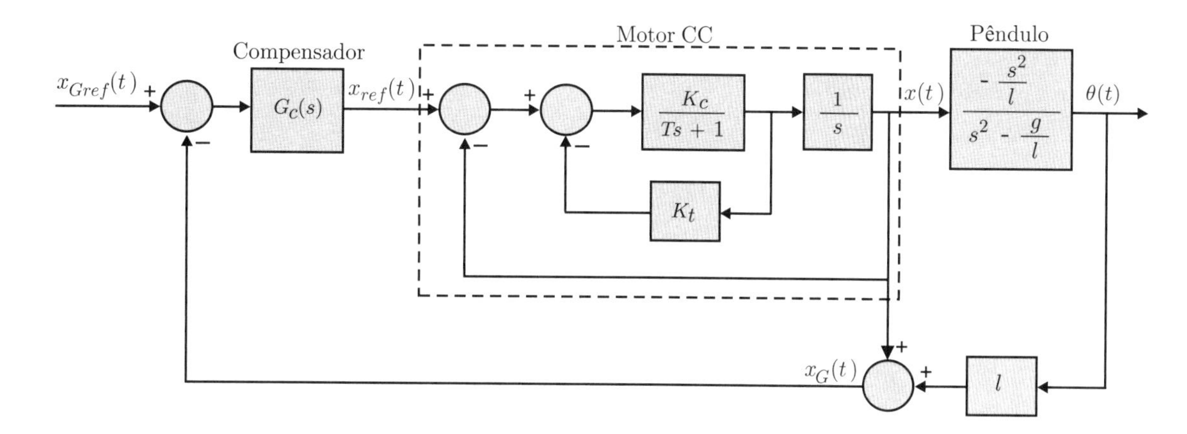

Figura 4.61 Diagrama de blocos completo do sistema.

Na Figura 4.61 é apresentado o diagrama de blocos completo do sistema, incluindo o sistema de controle do motor CC, responsável pelo movimento do carrinho no eixo $x(t)$. Para o controle da posição $x(t)$ pode-se empregar um ganho proporcional K_c e outro K_t na realimentação auxiliar de velocidade do motor. O cálculo desses ganhos pode ser feito por meio de especificações transitórias, semelhantes às do Exercício 4.9.

No estado estacionário a função de transferência $X(s)/X_{ref}(s)$ tem ganho 1. Desse modo o diagrama de blocos pode ser simplificado de acordo com a Figura 4.62.

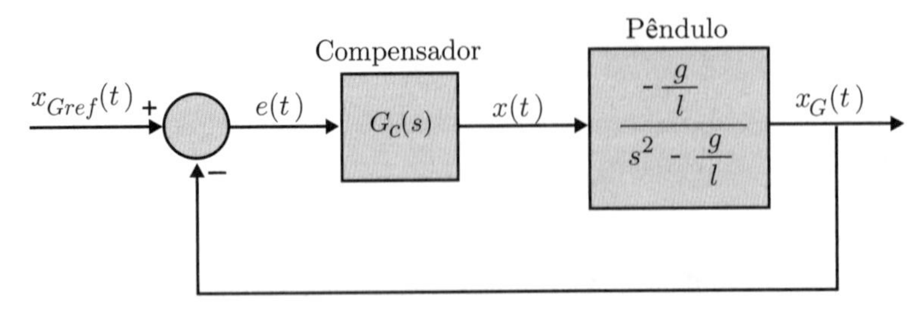

Figura 4.62 Diagrama de blocos simplificado do sistema.

O pêndulo invertido é um sistema instável em malha aberta. Para deslocar o polo instável para o semiplano esquerdo do plano s pode-se utilizar um compensador $G_c(s)$ por avanço de fase com função de transferência

$$G_c(s) = k_c \left(\frac{s + z_c}{s + p_c} \right) \quad , \quad z_c < p_c \ . \tag{4.197}$$

Cancelando o zero do compensador com o polo estável do pêndulo ($z_c = \sqrt{\frac{g}{l}} \cong 4{,}47$) a função de transferência de malha aberta resulta como

$$G_{ma}(s) = -k_c \frac{\frac{g}{l}}{(s + p_c)(s - \sqrt{\frac{g}{l}})} \ . \tag{4.198}$$

Para $k_c > 0$ o sistema em malha fechada é sempre instável, conforme mostra o lugar das raízes da Figura 4.63.

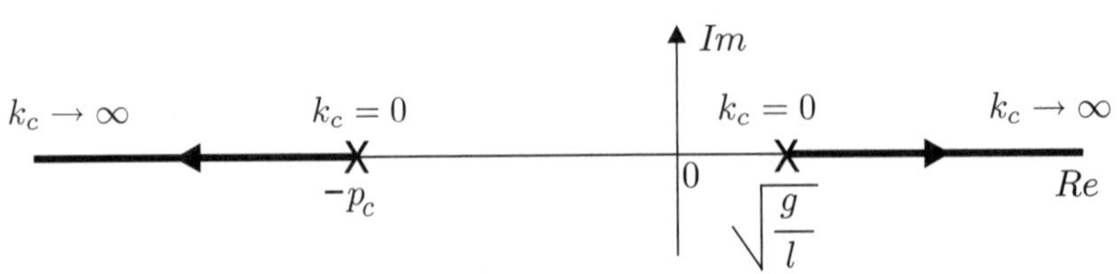

Figura 4.63 Lugar das raízes para $k_c > 0$.

Para $k_c < 0$ o sistema em malha fechada é estável para uma faixa de ganho k_c, conforme mostra o lugar das raízes da Figura 4.64.

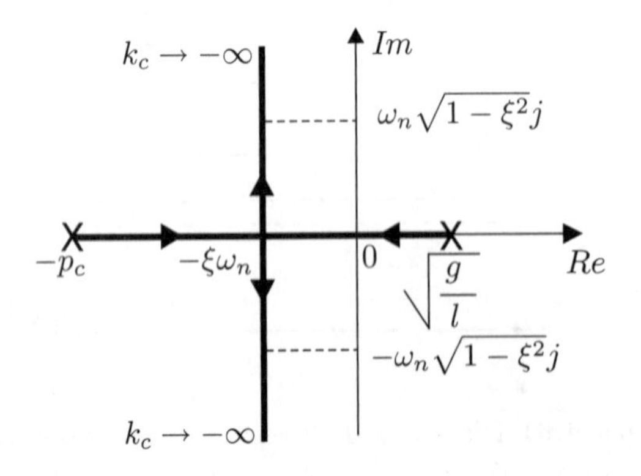

Figura 4.64 Lugar das raízes para $k_c < 0$.

Do tempo de subida obtém-se a frequência natural ω_n, ou seja,

$$t_r = \frac{\pi - \arccos(\xi)}{\omega_n\sqrt{1-\xi^2}} \Rightarrow \omega_n = \frac{\pi - \arccos(\xi)}{t_r\sqrt{1-\xi^2}} \cong 6{,}57\ (\mathrm{rad/s})\,. \qquad (4.199)$$

Para que as especificações de transitório sejam satisfeitas os polos de malha fechada devem estar localizados em

$$s_{1,2} = -\xi\omega_n \pm \omega_n\sqrt{1-\xi^2}j \cong -4{,}60 \pm 4{,}69j\,. \qquad (4.200)$$

Para que o lugar das raízes passe pelos polos s_1 e s_2 é preciso que

$$\frac{-p_c + \sqrt{\frac{g}{l}}}{2} = -\xi\omega_n \Rightarrow p_c = 2\xi\omega_n + \sqrt{\frac{g}{l}} \Rightarrow p_c \cong 13{,}67\,. \qquad (4.201)$$

O ganho $k_c < 0$, em qualquer ponto do lugar das raízes, pode ser calculado por meio da condição de módulo. Num dos polos de malha fechada tem-se que

$$-k_c\left|\frac{-\frac{g}{l}}{(s+p_c)(s-\sqrt{\frac{g}{l}})}\right|_{s_1=-\xi\omega_n+\omega_n\sqrt{1-\xi^2}j} = 1 \qquad (4.202)$$

ou

$$k_c = -\frac{l}{g}\left|s+p_c\right|\left|s-\sqrt{\frac{g}{l}}\right|_{s_1=-\xi\omega_n+\omega_n\sqrt{1-\xi^2}j} \Rightarrow k_c = -5{,}21\,. \qquad (4.203)$$

Portanto, a função de transferência do compensador por avanço de fase é

$$G_c(s) = -5{,}21\left(\frac{s+4{,}47}{s+13{,}67}\right)\,. \qquad (4.204)$$

Da condição de módulo pode-se calcular o valor do ganho $k_c < 0$ na origem $s = 0$, ou seja,

$$-k_c\left|\frac{-\frac{g}{l}}{(s+p_c)(s-\sqrt{\frac{g}{l}})}\right|_{s=0} = 1 \Rightarrow k_c = -\frac{l}{g}p_c\sqrt{\frac{g}{l}} = -p_c\sqrt{\frac{l}{g}} \Rightarrow k_c \cong -3\,. \qquad (4.205)$$

Portanto, com o compensador por avanço de fase o sistema em malha fechada é estável apenas para $k_c < -3$.

Na Figura 4.65 é apresentada a resposta $x_G(t)$ para um degrau unitário na referência $x_{Gref}(t)$. Para $\xi = 0{,}7$ o sobressinal é $M_p = [\,(2{,}53 - 2{,}42)/2{,}42\,]\ 100\% \cong 4{,}6\%$. Note que a resposta possui um erro estacionário

$$e(\infty) = \lim_{s\to 0} sE(s) = \lim_{s\to 0} s\frac{X_{Gref}(s)}{1+G_{ma}(s)} = \frac{1}{1+\frac{k_c\frac{g}{l}}{p_c\sqrt{\frac{g}{l}}}} = \frac{1}{1+\frac{k_c}{p_c}\sqrt{\frac{g}{l}}} = 1 - x_G(\infty) \cong -1{,}42\,. \quad (4.206)$$

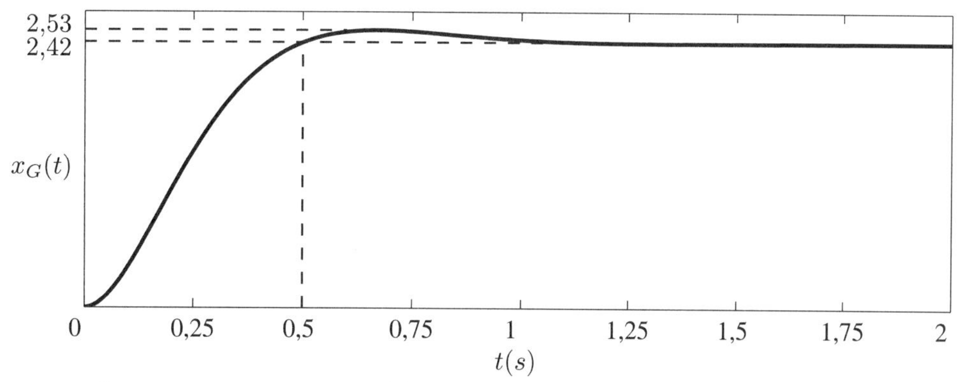

Figura 4.65 Resposta $x_G(t)$ para um degrau unitário na referência $x_{Gref}(t)$.

É importante observar que como o sistema real é não linear e como este foi aproximado por um sistema linear, o projetista deve estar atento para o fato de que o compensador projetado funciona apenas para pequenas variações em torno do ponto de equilíbrio $\theta(t) \cong 0$.

Exercício 4.11

Considere o sistema da Figura 4.66.

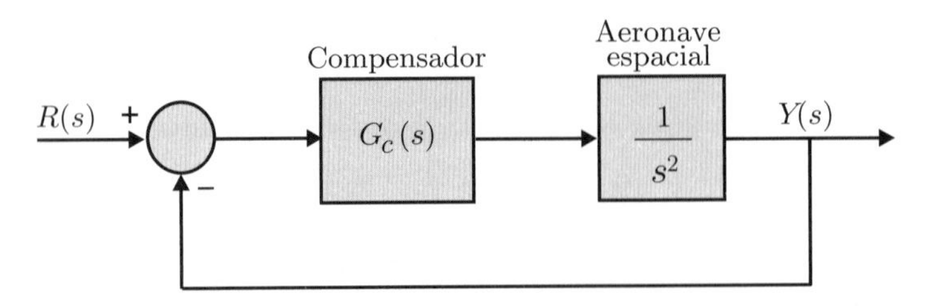

Figura 4.66 Diagrama de blocos do sistema em malha fechada.

Deseja-se especificar os polos de malha fechada dominantes com coeficiente de amortecimento $\xi = 0{,}5$ e frequência natural $\omega_n = 4$ (rad/s).

- Mostre que não é possível satisfazer às especificações se $G_c(s) = k$.
- Determine a função de transferência do compensador $G_c(s)$, de modo que os polos de malha fechada dominantes satisfaçam às especificações desejadas.

Solução

Para que as especificações sejam satisfeitas os polos de malha fechada dominantes devem estar localizados em

$$s_{1,2} = -\xi\omega_n \pm \omega_n\sqrt{1-\xi^2}j = -2 \pm 2\sqrt{3}j \ . \tag{4.207}$$

Se $G_c(s) = k$ a função de transferência de malha aberta é $G(s) = k/s^2$ e o lugar das raízes correspondente é o da Figura 4.67. Nesse caso o sistema em malha fechada é BIBO instável, pois os polos de malha fechada estão sempre localizados sobre o eixo imaginário para qualquer $0 < k < \infty$.

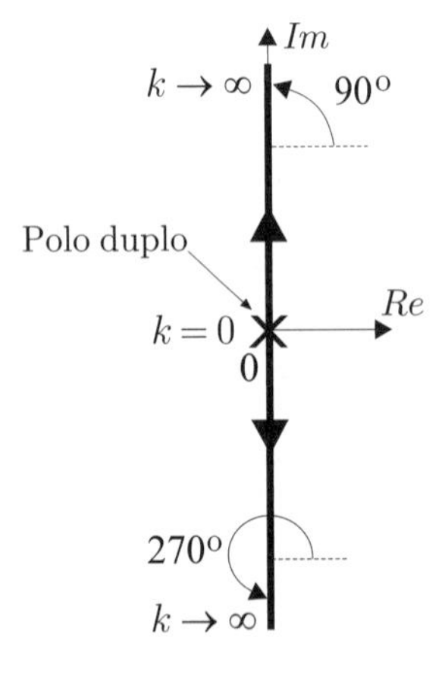

Figura 4.67 Lugar das raízes com $G_c(s) = k$.

Para que o lugar das raízes passe pelos polos $s_{1,2} = -2 \pm 2\sqrt{3}j$ é necessário deslocar o lugar das raízes para a esquerda do plano s. Para isso pode-se empregar um compensador por avanço de fase

$$G_c(s) = k_c\left(\frac{s+z_c}{s+p_c}\right) \ . \tag{4.208}$$

Com isso, a função de transferência de malha aberta fica

$$G(s) = k_c\frac{(s+z_c)}{(s+p_c)s^2} \ . \tag{4.209}$$

O polo e o zero do compensador podem ser alocados em diversas posições. Supondo que o polo compensador está 10 vezes mais distante que o seu zero ($p_c = 10z_c$), da condição de fase tem-se que

$$\underline{/s + z_c} \; - \underline{/s + 10z_c} \; - \; 2\underline{/s} \; = \; -180^o \; . \tag{4.210}$$

No polo de malha fechada $s = -2 + 2\sqrt{3}j$ tem-se que

$$\arctan\left(\frac{2\sqrt{3}}{z_c - 2}\right) - \arctan\left(\frac{2\sqrt{3}}{10z_c - 2}\right) = -180^o + 240^o = 60^o \; . \tag{4.211}$$

Calculando a tangente dos dois membros da Equação (4.211), obtém-se

$$\frac{\frac{2\sqrt{3}}{z_c-2} - \frac{2\sqrt{3}}{10z_c-2}}{1 + \frac{2\sqrt{3}}{(z_c-2)}\frac{2\sqrt{3}}{(10z_c-2)})} = \sqrt{3} \; . \tag{4.212}$$

Resolvendo a Equação (4.212), obtém-se $z_c^2 - 4z_c + 1{,}6 = 0$, cuja solução é $z_c \cong 0{,}45$ ou $z_c \cong 3{,}55$.

O valor do ganho $k_c > 0$ pode ser obtido por meio da condição de módulo, ou seja,

$$\left|\frac{k_c(s + z_c)}{(s + p_c)s^2}\right| = 1 \;\Rightarrow k_c = \frac{|s + p_c| \; |s|^2}{|s + z_c|} \; , \tag{4.213}$$

sendo s um dos polos de malha fechada $s_{1,2} = -2 + 2\sqrt{3}j$.

Para $z_c = 0{,}45$ e $p_c = 4{,}5$ obtém-se $k_c \cong 18$ e

$$G_c(s) = 18\left(\frac{s + 0{,}45}{s + 4{,}5}\right) \; . \tag{4.214}$$

Para $z_c = 3{,}55$ e $p_c = 35{,}5$ obtém-se $k_c \cong 142$ e

$$G_c(s) = 142\left(\frac{s + 3{,}55}{s + 35{,}5}\right) \; . \tag{4.215}$$

O lugar das raízes do sistema com os compensadores (4.214) e (4.215) é apresentado nas Figuras 4.68 (a) e (b).

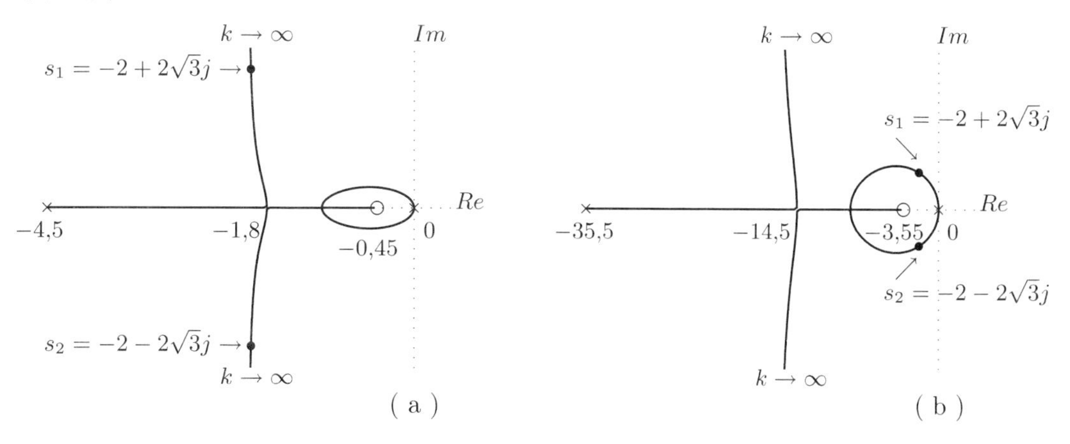

Figura 4.68 Lugar das raízes. (a) compensador (4.214) e (b) compensador (4.215).

O sistema em malha fechada resultante é de ordem 3. Com o compensador (4.214) tem-se que

$$\frac{Y(s)}{R(s)} = \frac{18(s + 0{,}45)}{(s + 0{,}5)(s + 2 - 2\sqrt{3}j)(s + 2 + 2\sqrt{3}j)} \tag{4.216}$$

e com o compensador (4.215)

$$\frac{Y(s)}{R(s)} = \frac{142(s+3{,}55)}{(s+31{,}5)(s+2-2\sqrt{3}j)(s+2+2\sqrt{3}j)}, \tag{4.217}$$

de modo que os polos complexos conjugados dessas duas funções satisfazem à especificação (4.207).

As respostas ao degrau unitário do sistema em malha fechada com os compensadores (4.214) e (4.215) são apresentadas na Figura 4.69 (a) e (b), respectivamente. Sistemas de segunda ordem com coeficiente de amortecimento $\xi = 0{,}5$ e frequência natural $\omega_n = 4$ (rad/s) produzem resposta transitória com sobressinal $M_p \cong 16{,}3\%$ e tempo de subida $t_r \cong 0{,}6\,$s. Os resultados apresentados na Figura 4.69 são um pouco diferentes pelo fato de o sistema em malha fechada ser de terceira ordem. Daí a importância de verificar, por meio de simulações computacionais, se os resultados obtidos são satisfatórios. Caso contrário o projeto do compensador deve ser refeito.

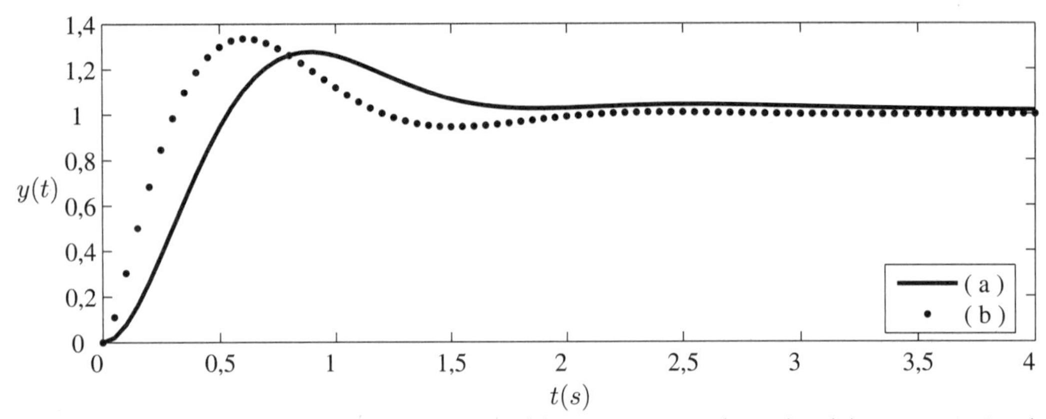

Figura 4.69 Respostas ao degrau unitário. (a) compensador (4.214) e (b) compensador (4.215).

Exercício 4.12

Projete um compensador $G_c(s)$ para o processo industrial com atraso puro da Figura 4.70 de modo que:

- o erro estacionário seja de 0,02 quando é aplicado um degrau unitário na referência;
- a resposta transitória dos sistemas em malha fechada com e sem compensador não tenha alteração significativa.

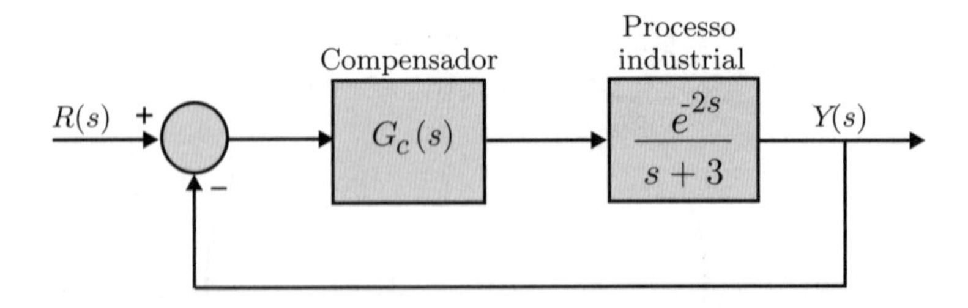

Figura 4.70 Sistema em malha fechada de um processo industrial.

Solução

Usando a aproximação de Padé de ordem (1,1) da Tabela 4.2, a função de transferência do processo resulta como

$$G_p(s) = \frac{e^{-2s}}{(s+3)} \tag{4.218}$$

$$\cong \frac{1}{(s+3)}\frac{(-2s+2)}{(2s+2)} = \frac{-s+1}{(s+1)(s+3)} \,. \tag{4.219}$$

Supondo $G_c(s) = 1$, a função de transferência de malha fechada é

$$\frac{Y(s)}{R(s)} = \frac{-(s-1)}{(s+1)(s+3)-(s-1)} = \frac{-(s-1)}{s^2+3s+4} \,, \tag{4.220}$$

cujos polos de malha fechada estão localizados em $s_{1,2} \cong -1{,}50 \pm 1{,}32j$, com coeficiente de amortecimento $\xi = 0{,}75$ e frequência natural $\omega_n = 2$.

Para obter um erro estacionário de 0,02 pode-se usar um compensador por atraso de fase com função de transferência

$$G_c(s) = \frac{k_c(s+z_c)}{s+p_c} \,. \tag{4.221}$$

A função de transferência de malha aberta com o compensador $G_c(s)$ é

$$G_{ma}(s) = G_c(s)G_p(s) = \frac{k_c(s+z_c)}{(s+p_c)}\frac{(-s+1)}{(s+1)(s+3)} \,. \tag{4.222}$$

Logo, o erro estacionário com compensador para um degrau unitário na referência vale

$$e(\infty) = \lim_{s\to 0} s\left(\frac{1}{1+G_{ma}(s)}\right)\frac{1}{s} = \lim_{s\to 0}\frac{1}{1+\frac{k_c(s+z_c)}{(s+p_c)}\frac{(-s+1)}{(s+1)(s+3)}} = \frac{1}{1+\frac{k_c z_c}{3p_c}} = 0{,}02 \,. \tag{4.223}$$

Para que a resposta transitória não tenha mudança significativa com o compensador $G_c(s)$ a posição dos polos de malha fechada dominantes deve ser praticamente a mesma no lugar das raízes. Para isso, o ganho k_c deve valer aproximadamente 1. Logo,

$$\frac{1}{1+\frac{z_c}{3p_c}} \cong 0{,}02 \Rightarrow \frac{z_c}{p_c} \cong 147 \,. \tag{4.224}$$

Escolhendo arbitrariamente o valor do polo $p_c = 0{,}001$ próximo da origem, obtém-se $z_c = 0{,}147$.

Na Figura 4.71 é apresentado o lugar das raízes do sistema compensado. Traçando uma reta pelo coeficiente de amortecimento $\xi \cong 0{,}75$ obtêm-se os polos de malha fechada dominantes do sistema compensado que estão em $s_{1,2} = -1{,}45 \pm 1{,}28j$.

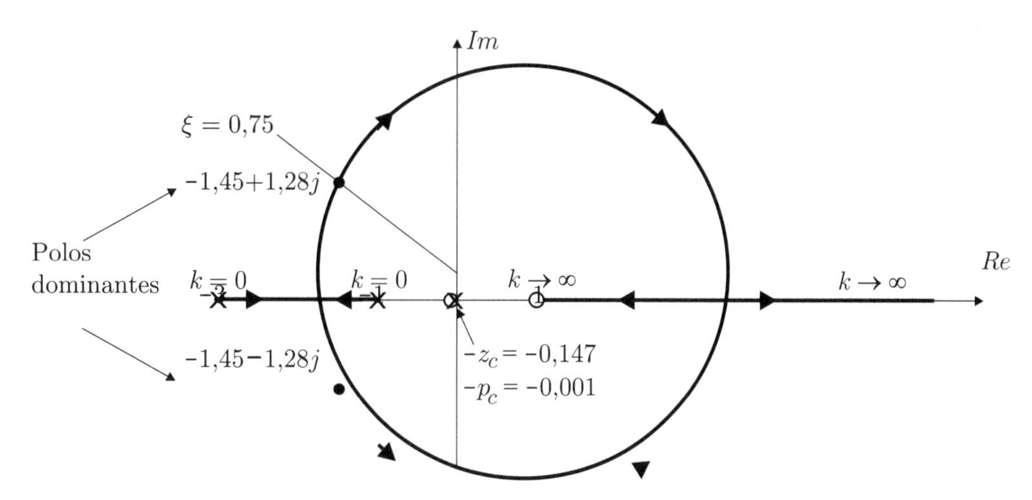

Figura 4.71 Lugar das raízes do sistema compensado.

O ganho k_c pode ser ajustado pela condição de módulo

$$\left|\frac{k_c(s+0{,}147)(-s+1)}{(s+0{,}001)(s+1)(s+3)}\right|_{s=-1{,}45+1{,}28j} = 1 \Rightarrow k_c \cong 1{,}044\ . \tag{4.225}$$

Portanto, a função de transferência do compensador por atraso de fase é

$$G_c(s) = \frac{1{,}044(s+0{,}147)}{s+0{,}001}\ . \tag{4.226}$$

A função de transferência de malha fechada resultante é

$$\frac{Y(s)}{R(s)} = \frac{-1{,}044(s+0{,}147)(s-1)}{(s+0{,}04)(s+1{,}45+1{,}28j)(s+1{,}45-1{,}28j)}\ . \tag{4.227}$$

A Figura 4.72 mostra as respostas ao degrau unitário do sistema em malha fechada sem compensador (4.220) e com compensador (4.227). Observe que o transitório inicial das duas respostas é semelhante. Devido ao zero no semiplano direito do plano s, resultante da aproximação de Padé, a resposta se direciona nos instantes iniciais em sentido contrário ao seu valor estacionário.

Note que o erro estacionário do sistema com compensador está de acordo com o especificado ($e(\infty) = 0{,}02$) e é bem menor que o erro do sistema sem compensador ($e(\infty) = 1 - 0{,}25 = 0{,}75$).

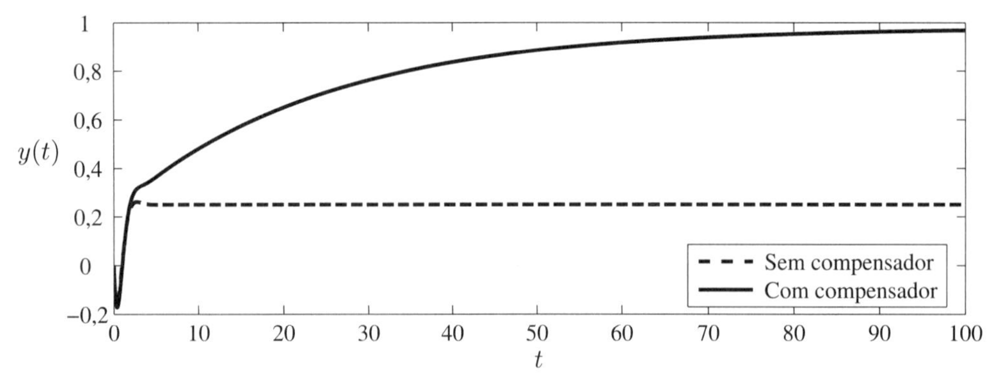

Figura 4.72 Respostas ao degrau unitário do sistema em malha fechada com e sem compensador.

Como o compensador $G_c(s)$ foi projetado a partir do modelo (4.219), com o atraso puro sendo aproximado por uma função de transferência racional, é importante verificar se a resposta transitória do sistema em malha fechada com atraso puro é satisfatória. Na Figura 4.73 é mostrada a resposta ao degrau unitário do sistema em malha fechada original da Figura 4.70 com o compensador (4.226).

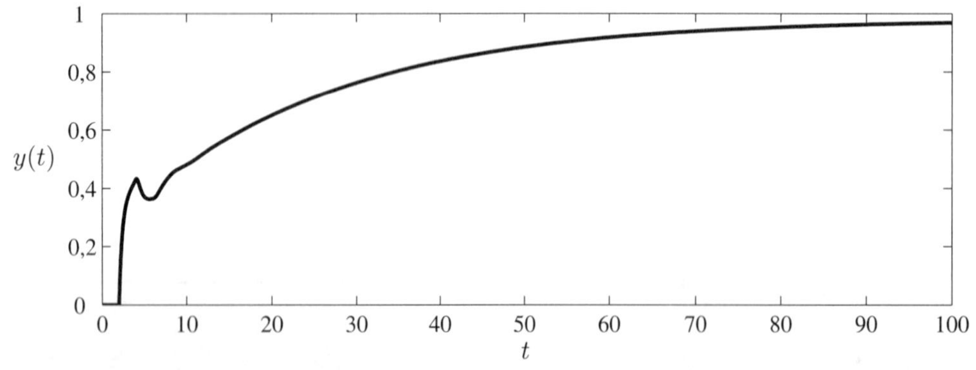

Figura 4.73 Resposta ao degrau unitário do sistema em malha fechada original.

Conforme se pode observar na Figura 4.73 não há compensador que consiga eliminar o efeito do atraso puro.

4.9 Exercícios propostos

Exercício 4.13

Considere o sistema da Figura 4.74.

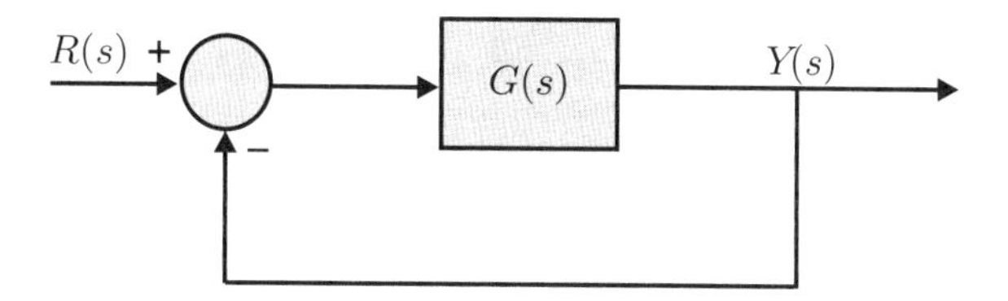

Figura 4.74 Diagrama de blocos de um sistema em malha fechada.

Desenhe o lugar das raízes e determine a faixa de valores do ganho k, que estabiliza o sistema em malha fechada para as seguintes funções de transferência:

a) $G(s) = \dfrac{k(s+1)}{s(s+2)(s+3)}$;

b) $G(s) = \dfrac{k}{s(s+1)(s+2)}$;

c) $G(s) = \dfrac{k}{s^2+4s+8}$;

d) $G(s) = \dfrac{k(s+1)}{s^2}$;

e) $G(s) = \dfrac{k(s+1)}{s^2(s+4)}$;

f) $G(s) = \dfrac{k}{s(s^2+2s+2)}$;

g) $G(s) = \dfrac{k}{(s+1)^3}$;

h) $G(s) = \dfrac{k}{(s+1)^5}$.

Exercício 4.14

Recentemente um novo sistema de transporte ferroviário tem sido objeto de pesquisa [4]. A principal característica desse sistema é que o trem é levitado, com forças de guiagem e propulsão geradas magneticamente. Devido à ausência de atrito de contato o veículo pode atingir altíssimas velocidades com muito mais segurança que os aviões. Diversas tecnologias têm sido desenvolvidas para conseguir levitar o trem, e algumas delas utilizam eletroímãs. Para levitar o trem é necessário controlar os entreferros desses eletroímãs. A função de transferência do sistema de levitação eletromagnética de um trem está representada no diagrama de blocos da Figura 4.75.

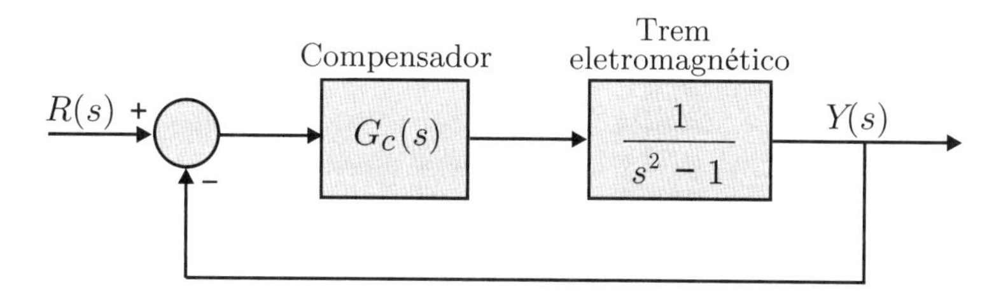

Figura 4.75 Diagrama de blocos do sistema em malha fechada.

Deseja-se projetar um compensador $G_c(s)$ de modo que a resposta da saída $y(t)$, quando é aplicado um degrau unitário na referência $r(t)$, apresente um sobressinal de 16,3% e um tempo de subida de 1 s.

- Mostre que não é possível satisfazer às especificações se $G_c(s) = k$.
- Determine a função de transferência do compensador $G_c(s)$ de modo que os polos de malha fechada dominantes satisfaçam às especificações desejadas.

Exercício 4.15

Considere o sistema de controle da Figura 4.76.

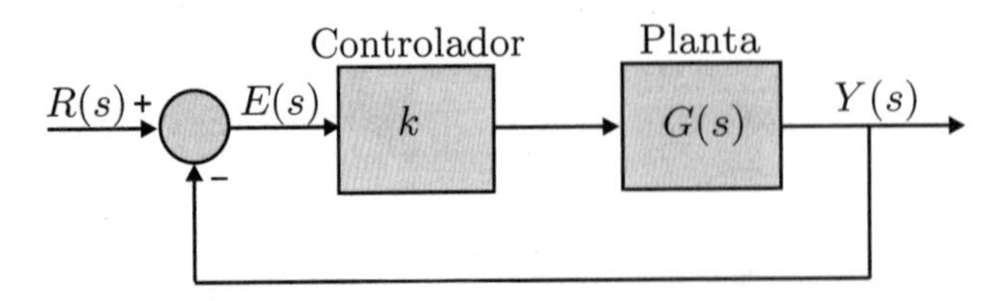

Figura 4.76 Sistema de controle em malha fechada.

O lugar das raízes de quatro sistemas está representado na Figura 4.77.

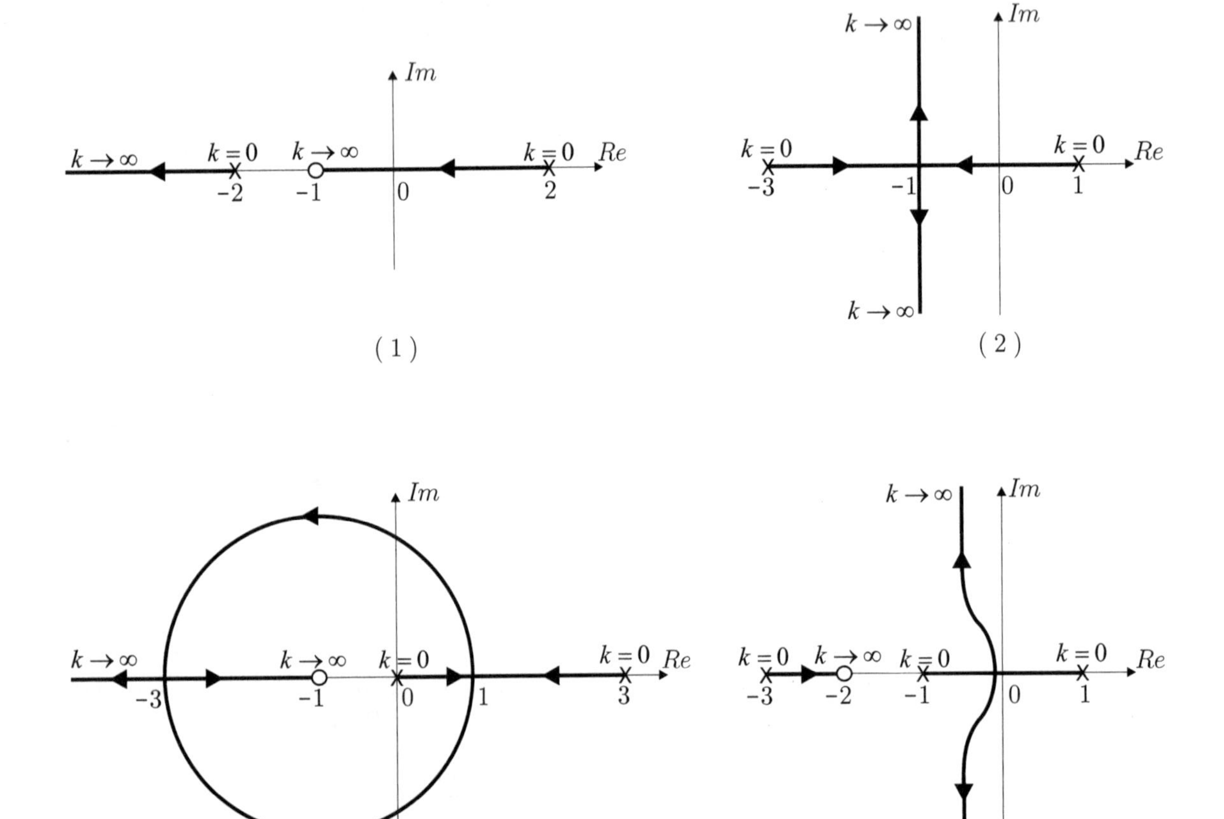

Figura 4.77 Lugar das raízes de quatro sistemas.

Para cada um dos quatro sistemas, determine:

a) a função de transferência da planta;

b) quais sistemas possuem resposta transitória sempre amortecida;

c) quais sistemas possuem resposta transitória com erro estacionário nulo quando é aplicado um degrau unitário na referência;

d) a faixa de valores do controlador k para que o sistema em malha fechada seja estável;

e) quais sistemas podem possuir resposta transitória com tempo de acomodação $t_s \leq 2\,\text{s}$ pelo critério de 2%.

Exercício 4.16

Projete um compensador $G_c(s)$ por avanço de fase para o sistema da Figura 4.78 de modo que a resposta da saída $y(t)$, quando é aplicado um degrau unitário na referência $r(t)$, seja a mesma do gráfico da Figura 4.79.

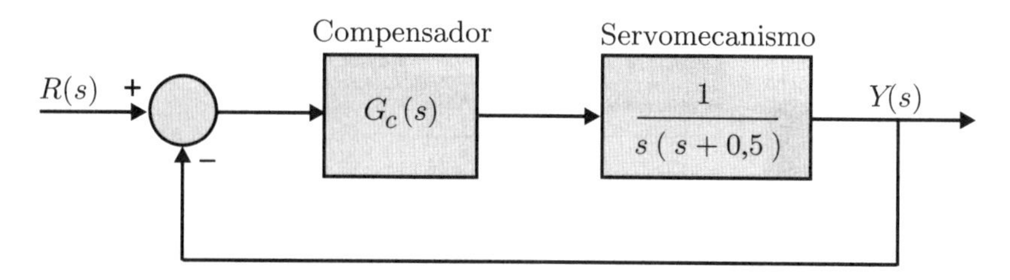

Figura 4.78 Diagrama de blocos do sistema em malha fechada.

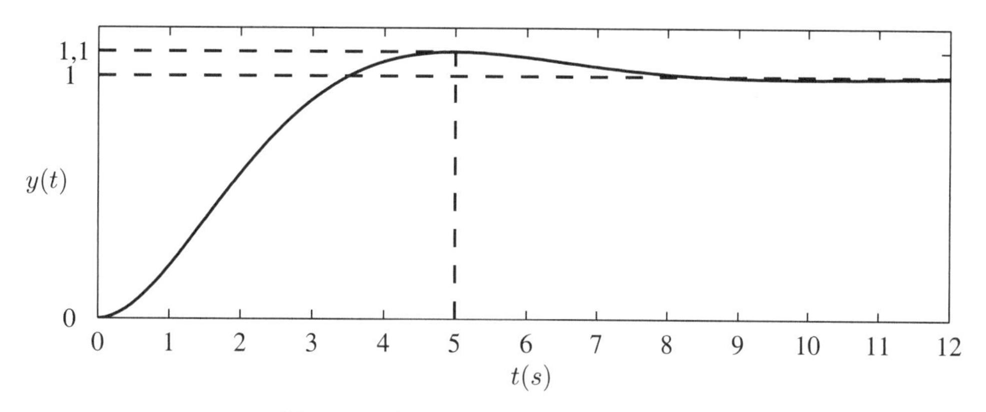

Figura 4.79 Resposta ao degrau unitário.

Exercício 4.17

Projete um compensador $G_c(s)$ por atraso de fase para o sistema da Figura 4.80 de modo que a resposta para entrada do tipo rampa unitária na referência apresente erro estacionário de 0,1 sem que a resposta transitória tenha mudança significativa.

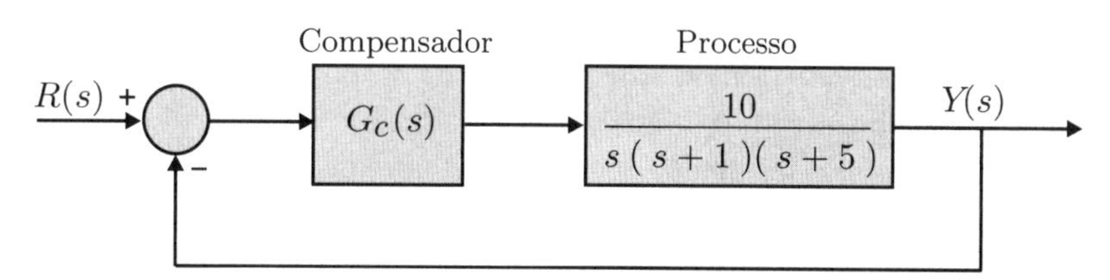

Figura 4.80 Diagrama de blocos do sistema em malha fechada.

Exercício 4.18

Projete um compensador $G_c(s)$ por avanço e atraso de fase para o sistema da Figura 4.80 de modo que a resposta para entrada do tipo rampa unitária na referência apresente:

- polos dominantes com coeficiente de amortecimento $\xi = 0{,}5$ e frequência $\omega_n = 1$ (rad/s);
- erro estacionário de 0,1.

Exercício 4.19

Considere o motor CC com realimentação auxiliar da velocidade $\omega(t)$ da Figura 4.81.

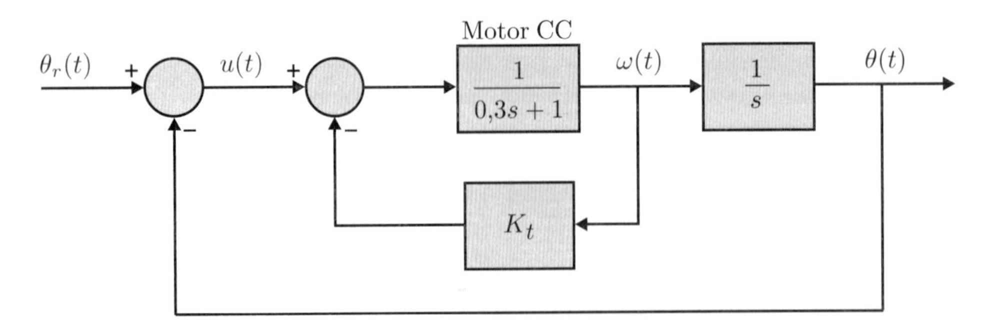

Figura 4.81 Motor CC com realimentação auxiliar da velocidade $\omega(t)$.

Desenhe o lugar das raízes e determine o valor do ganho K_t de modo que o sobressinal seja $M_p = 10\%$ quando é aplicado um degrau unitário na referência $\theta_r(t)$.

Calcule também o tempo de subida t_r, o tempo de pico t_p e o tempo de acomodação (critérios de 2% e 5%) da resposta ao degrau.

Exercício 4.20

Projete um compensador por avanço e atraso de fase para o pêndulo invertido do Exercício 4.10. Para pequenas variações em torno do ponto de equilíbrio, deseja-se que:

- a resposta tenha um tempo de subida $t_r = 0{,}5\,\text{s}$ e coeficiente de amortecimento $\xi = 0{,}7$.
- ocorra erro estacionário nulo quando é aplicado um degrau na referência.

Exercício 4.21

Considere um processo de fundição para a produção de barras de alumínio[5] cuja função de transferência é

$$G_p(s) = \frac{e^{-100s}}{1000s+1}\,. \tag{4.228}$$

Utilizando aproximações de Padé de ordem (1,1) e (2,2), pede-se que

- desenhe o lugar das raízes;
- determine os pontos de cruzamento do lugar das raízes com o eixo imaginário e a faixa de valores do ganho k de modo que o sistema em malha fechada seja estável.

Exercício 4.22

Usando aproximação de Padé de ordem 1 para o processo de fundição do Exercício 4.21, projete um compensador por atraso de fase de modo que as seguintes especificações sejam satisfeitas:

- o erro estacionário seja de 0,05 quando é aplicado um degrau unitário na referência;
- as respostas transitórias dos sistemas em malha fechada com e sem compensador não tenham alteração significativa.

[5] Ver Exercício 9.3.

5

Análise e Compensação no Domínio da Frequência

5.1 Introdução

Desde a década de 1930 as respostas em frequência têm sido instrumentos consagrados para analisar e projetar sistemas técnicos de desempenho dinâmico, dispositivos elétricos, mecânicos, reguladores de processos industriais, servomecanismos, etc.

A resposta em frequência de um sistema estável, linear e invariante no tempo consiste no conjunto das respostas do sistema, em regime permanente (após decorridos os transitórios), quando sinais senoidais de diversas frequências são aplicados na sua entrada. Suas representações gráficas têm grande poder de informação sobre a dinâmica dos sistemas em geral, permitindo identificar experimentalmente os seus modelos matemáticos e, no caso dos sistemas a realimentação, projetar com segurança os seus controladores.

Considere o sistema linear e invariante no tempo da Figura 5.1 com função de transferência $G(s)$. Sendo $G(s)$ estável, sabe-se que para qualquer entrada $u(t)$ de amplitude finita a saída $y(t)$ também se mantém finita.

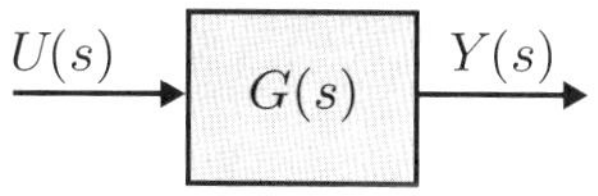

$U(s)$ → $G(s)$ → $Y(s)$

Figura 5.1 Sistema $G(s)$ estável, linear e invariante no tempo.

Suponha que $G(s)$ está sujeito a um sinal senoidal de entrada $u(t)$, de uma dada frequência ω e amplitude A, isto é,

$$u(t) = A \operatorname{sen} \omega t \,, \tag{5.1}$$

cuja transformada de Laplace é

$$U(s) = \frac{A\omega}{s^2 + \omega^2} \,. \tag{5.2}$$

A transformada de Laplace da saída é dada por

$$Y(s) = G(s)U(s) = G(s)\frac{A\omega}{s^2 + \omega^2} \,. \tag{5.3}$$

Supondo, por simplicidade, que $G(s)$ possui apenas um par de polos complexos conjugados e n polos reais distintos $(-p_1, -p_2, \ldots, -p_n)$, então $Y(s)$ pode ser expandida em frações parciais, ou seja,

$$Y(s) = \frac{a}{s+j\omega} + \frac{a^*}{s-j\omega} + \frac{c_1}{s+p_1} + \frac{c_2}{s+p_2} \cdots \frac{c_n}{s+p_n}\,, \tag{5.4}$$

sendo $c_1, c_2, \ldots, c_n$ constantes e a^* o complexo conjugado de a, que são calculados por

$$a = \left[(s+j\omega)\frac{G(s)A\omega}{s^2+\omega^2}\right]_{s=-j\omega} = \left[\frac{G(s)A\omega}{s-j\omega}\right]_{s=-j\omega} = -\frac{AG(-j\omega)}{2j}\,, \tag{5.5}$$

$$a^* = \left[(s-j\omega)\frac{G(s)A\omega}{s^2+\omega^2}\right]_{s=j\omega} = \left[\frac{G(s)A\omega}{s+j\omega}\right]_{s=j\omega} = \frac{AG(j\omega)}{2j}\,. \tag{5.6}$$

A transformada inversa de Laplace da Equação (5.4) é dada por

$$y(t) = -\frac{AG(-j\omega)}{2j}e^{-j\omega t} + \frac{AG(j\omega)}{2j}e^{j\omega t} + c_1e^{-p_1t} + c_2e^{-p_2t} + \ldots + c_ne^{-p_nt}\,. \tag{5.7}$$

Sendo $G(s)$ estável, todos os seus polos $(-p_1, -p_2, \ldots, -p_n)$ têm parte real negativa. Com isso, as exponenciais correspondentes a estes polos tendem a zero quando t tende a infinito, restando apenas os dois primeiros termos da Equação (5.7), ou seja,

$$y_\infty(t) = -\frac{AG(-j\omega)}{2j}e^{-j\omega t} + \frac{AG(j\omega)}{2j}e^{j\omega t}\,. \tag{5.8}$$

Sendo $|G(j\omega)|$ e $\phi(\omega)$, o módulo e a fase de $G(j\omega)$, respectivamente, então,

$$G(j\omega) = |G(j\omega)|e^{j\phi(\omega)}\,, \tag{5.9}$$

$$G(-j\omega) = |G(j\omega)|e^{-j\phi(\omega)}\,. \tag{5.10}$$

Da Equação (5.8) obtém-se

$$y_\infty(t) = A|G(j\omega)|\left(\frac{e^{j(\omega t+\phi(\omega))} - e^{-j(\omega t+\phi(\omega))}}{2j}\right) = A|G(j\omega)|\,\mathrm{sen}(\omega t+\phi(\omega))\,. \tag{5.11}$$

O resultado da Equação (5.11) permite concluir que:

- a saída em regime permanente de um sistema estável, linear e invariante no tempo com entrada senoidal é também uma senoide com a mesma frequência da entrada;
- a amplitude da senoide de saída vale: $|Y(j\omega)|=|G(j\omega|.|U(j\omega)| = A|G(j\omega)|$;
- a defasagem entre entrada e saída é dada por: $\phi(\omega) = \angle G(j\omega)$;
- para obter a completa descrição dos efeitos da entrada senoidal no sistema $G(s)$ basta substituir s por $j\omega$ em $G(s)$ e calcular o módulo e a fase do número complexo resultante.

São estes resultados que justificam o nome de resposta em frequência para a função $G(j\omega)$.

Exemplo 5.1

Determinar a saída $y_\infty(t)$ em regime permanente do sistema linear e invariante no tempo da Figura 5.2, quando é aplicada a entrada $u(t) = 2\,\mathrm{sen}(3t)$.

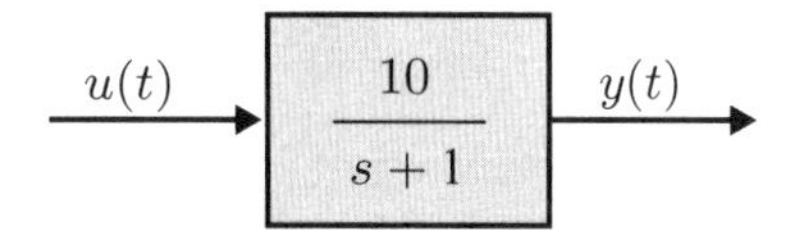

Figura 5.2 Sistema estável, linear e invariante no tempo.

O sinal de entrada $u(t)$ é uma senoide com frequência $\omega = 3\,\mathrm{rad/s}$ e amplitude $A = 2$. Logo, a saída $y_\infty(t)$ em regime permanente também é uma senoide com a mesma frequência da entrada. Da Equação (5.11) obtém-se

$$y_\infty(t) = 2 \mid G(j3) \mid \mathrm{sen}(3t + \phi(3)) \,. \tag{5.12}$$

Substituindo s por $j\omega$ no sistema da Figura 5.2, obtém-se

$$|G(j\omega)| = \left|\frac{10}{j\omega + 1}\right| = \frac{10}{\sqrt{\omega^2 + 1}} \,. \tag{5.13}$$

Para $\omega = 3$

$$\mid G(j3) \mid = \frac{10}{\sqrt{3^2 + 1}} \cong 3{,}16 \,. \tag{5.14}$$

A fase de $G(j3)$ vale

$$\phi(3) = -\arctan(3) \cong -71{,}6^\circ \,. \tag{5.15}$$

Portanto, a saída $y_\infty(t)$ em regime permanente é dada por

$$y_\infty(t) \cong 6{,}32\,\mathrm{sen}(3t - 71{,}6^\circ) \,. \tag{5.16}$$

■

5.2 Diagramas de Bode

Os diagramas de Bode consistem em dois gráficos que, conjuntamente, representam a resposta em frequência:

- módulo de $G(j\omega)$ *versus* frequência ω, ambos em escala logarítmica;
- fase de $G(j\omega)$ *versus* frequência ω, esta última em escala logarítmica.

O módulo de $G(j\omega)$ pode ser também representado por $20\log|G(j\omega)|$, ou seja, empregando a unidade denominada decibel (dB). As vantagens em desenhar os gráficos em escalas logarítmicas são as seguintes:

- permitem transformar produtos e divisões em somas e subtrações, respectivamente;
- fornecem boas aproximações por meio de segmentos de reta, sendo suas intersecções facilmente associadas aos polos e zeros da função de transferência;
- permitem abranger maiores faixas de valores das variáveis envolvidas, especialmente da frequência.

A seguir são apresentados os gráficos de Bode de diversos termos que podem aparecer numa função de transferência.

5.2.1 Ganho constante

Neste caso particular a função de transferência é apenas um ganho k constante em qualquer frequência. O módulo de $G(j\omega)$ em decibéis é dado por

$$|G(j\omega)| = 20\log|k| \ \text{(dB)} . \tag{5.17}$$

A fase de $G(j\omega)$ em graus é dada por

$$\angle G(j\omega) = \begin{cases} 0^o & \text{para } k > 0 \ , \\ \pm 180^o & \text{para } k < 0 \ . \end{cases} \tag{5.18}$$

Na Figura 5.3 são apresentados os gráficos de Bode do ganho constante.

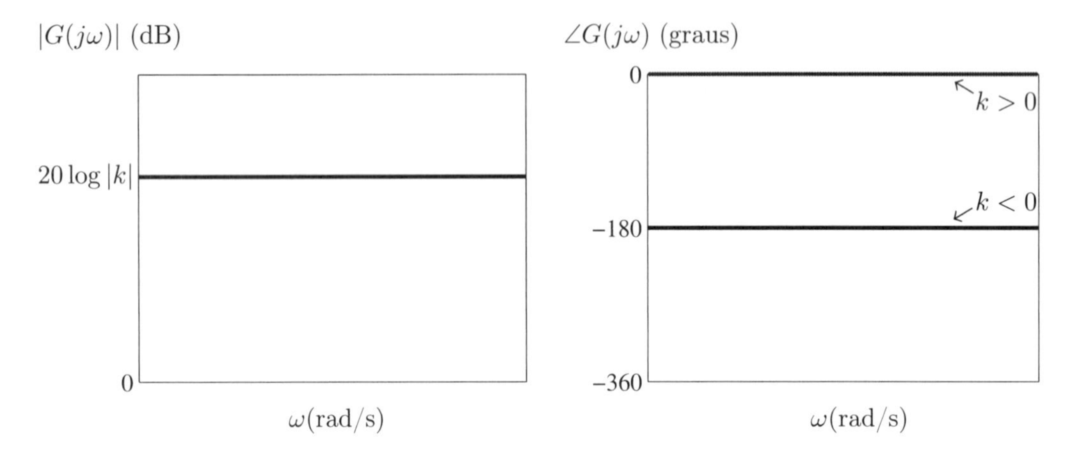

Figura 5.3 Gráficos de Bode do ganho constante.

5.2.2 Polo na origem

Quando a função de transferência possui um polo na origem, ou seja, $G(s) = 1/s$, o módulo de $G(j\omega)$ em decibéis é dado por

$$| G(j\omega) |= 20\log\left|\frac{1}{j\omega}\right| = 20\log\omega^{-1} = -20\log\omega \ \text{(dB)} . \tag{5.19}$$

Alguns valores do módulo de $G(j\omega)$ em decibéis são apresentados na Tabela 5.1.

Tabela 5.1 $| G(j\omega) |$ (dB)

w (rad/s)	$\mid G(jw) \mid$ (dB)
0,1	20
1	0
10	−20
100	−40

Definindo $x(\omega) = \log\omega$, a Equação (5.19) pode ser escrita na forma linear $| G(j\omega) |= -20\,x(\omega)$. Este resultado mostra que o gráfico do $|G(j\omega)|$, em escala logarítmica, é uma reta com inclinação de -20 dB/década, ou seja, na medida em que a frequência aumenta de 10 vezes o ganho diminui de 20 decibéis. Note que esta reta passa por 0 (dB) na frequência $\omega = 1$ (rad/s).

A fase de um polo na origem vale $\angle G(jw) = -90^o$ para qualquer frequência ω.

Na Figura 5.4 são apresentados os gráficos de Bode de um polo na origem.

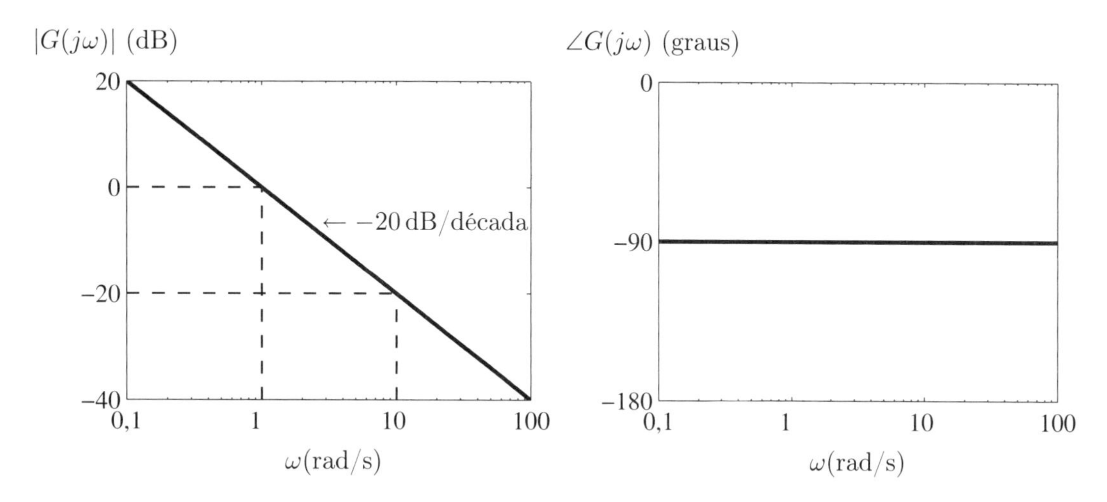

Figura 5.4 Gráficos de Bode de um polo na origem.

5.2.3 Zero na origem

Quando a função de transferência possuir um zero na origem, tem-se que

$$| G(j\omega) |= 20 \log |j\omega| = 20 \log \omega \ \ (\text{dB}) \ . \tag{5.20}$$

O gráfico do módulo de um zero na origem é uma reta com inclinação de +20 dB/década, que passa por 0 dB na frequência $\omega = 1$ (rad/s). Já a fase vale $\angle G(j\omega) = 90^o$ para qualquer frequência ω.

Na Figura 5.5 são apresentados os gráficos de Bode de um zero na origem.

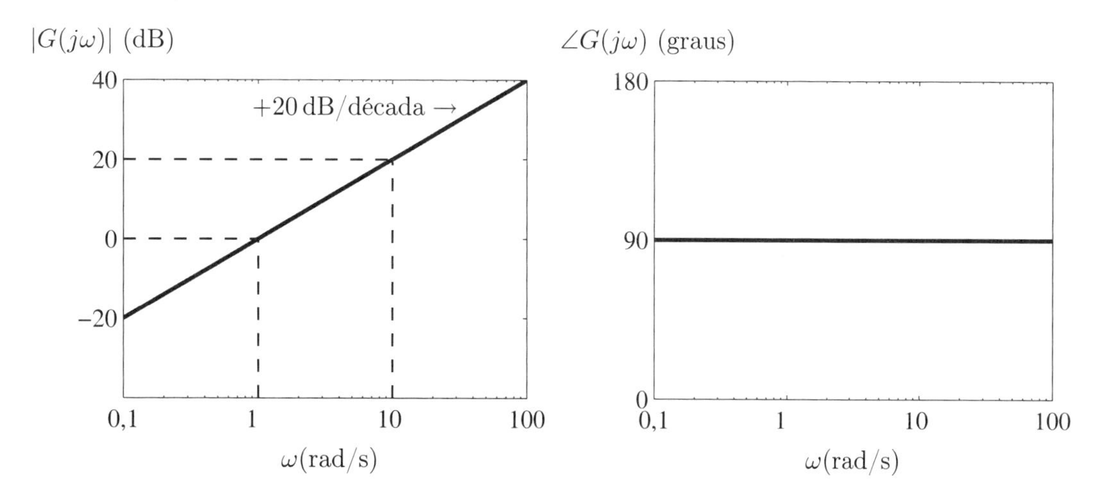

Figura 5.5 Gráficos de Bode de um zero na origem.

Note que os gráficos de Bode de um zero na origem são os mesmos do polo na origem com os sinais do módulo e da fase invertidos.

5.2.4 Polo real fora da origem

Considere a função de transferência com constante de tempo T de um sistema de primeira ordem

$$G(s) = \frac{1}{Ts+1} \,. \tag{5.21}$$

O módulo de $G(j\omega)$ em decibéis é dado por

$$\mid G(j\omega) \mid = 20\log\left|\frac{1}{j\omega T+1}\right| = 20\log|j\omega T+1|^{-1} = -20\log|j\omega T+1| \text{ (dB)} \tag{5.22}$$

e a fase de $G(j\omega)$ vale

$$\angle G(j\omega) = -\arctan(\omega T) \,. \tag{5.23}$$

Para $\omega T << 1$, ou seja, em baixas frequências tem-se que

$$\mid G(j\omega) \mid \cong -20\log|1| \cong 0 \text{ (dB)} \quad \text{e} \quad \angle G(j\omega) \cong 0^{\circ} \,.$$

Para $\omega T >> 1$, ou seja, em altas frequências tem-se que

$$\mid G(j\omega) \mid \cong -20\log|j\omega T| \text{ (dB)} \quad \text{e} \quad \angle G(j\omega) \cong -90^{\circ} \,.$$

Neste último caso o módulo representa uma reta com inclinação de -20 dB/década.

Por fim, na frequência do polo, ou seja, para $\omega T = 1 \Rightarrow \omega = \frac{1}{T}$, tem-se que

$$\mid G(j\omega) \mid = -20\log|j+1| = -20\log\sqrt{2} \cong -3 \text{ (dB)} \quad \text{e} \quad \angle G(j\omega) = -\arctan(1) = -45^{\circ} \,.$$

Na Tabela 5.2 estão resumidos estes resultados. Desse modo, dividindo o eixo das frequências em duas regiões (frequências menores e maiores que a frequência do polo em $\omega = 1/T$) consegue-se desenhar os gráficos de Bode, conforme é apresentado na Figura 5.6.

Tabela 5.2 Módulo e fase de $G(j\omega)$

	$\omega T << 1 \Rightarrow \omega << \frac{1}{T}$	$\omega T = 1 \Rightarrow \omega = \frac{1}{T}$	$\omega T >> 1 \Rightarrow \omega >> \frac{1}{T}$
$\mid G(j\omega) \mid$	0 dB	−3 dB	Reta com inclinação de $\frac{-20\,\text{dB}}{\text{década}}$
$\angle G(j\omega)$	0°	−45°	−90°

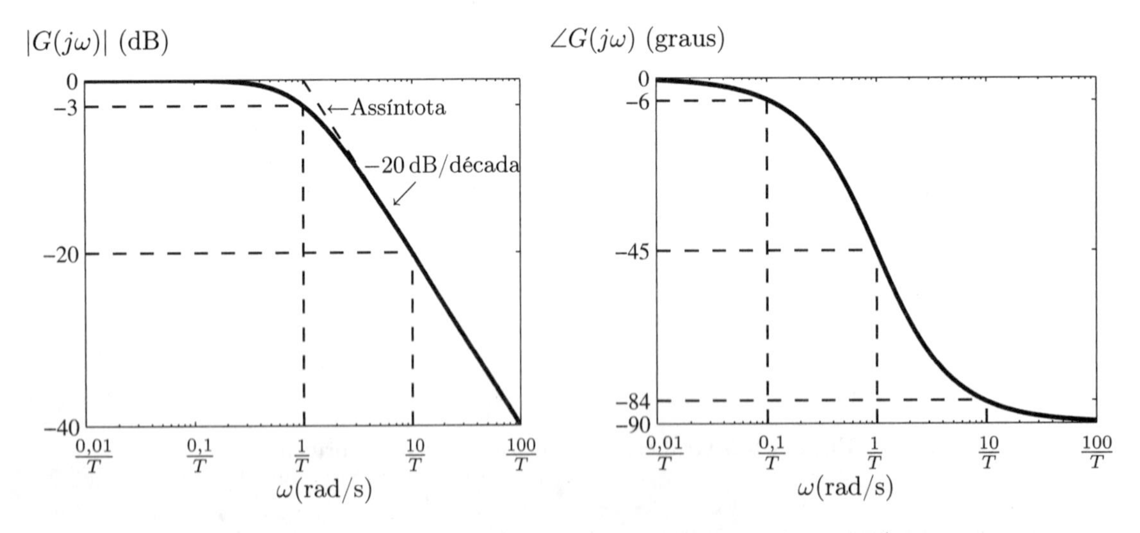

Figura 5.6 Gráficos de Bode de um polo real em $s = -\frac{1}{T}$.

Para $\omega = \frac{0,1}{T}$ tem-se que $\angle G\left(j\frac{0,1}{T}\right) \cong -6^o$ e para $\omega = \frac{10}{T}$ tem-se que $\angle G\left(j\frac{10}{T}\right) \cong -84^o$, o que resulta num erro de 6° quando se compara com as aproximações de fase da Tabela 5.2.

Dado um registro experimental da resposta em frequência de um sistema de primeira ordem, a assíntota no gráfico do módulo é um segmento de reta cuja intersecção com o eixo de 0 dB permite localizar o polo real da função de transferência (5.21).

5.2.5 Zero real fora da origem

Considere o caso em que a função de transferência[1] possui um termo do tipo $(Ts + 1)$ em seu numerador, isto é, um zero em $s = -1/T$. Supondo $G(j\omega) = j\omega T + 1$, o módulo de $G(j\omega)$ em decibéis é dado por

$$| G(j\omega) | = 20 \log |j\omega T + 1| \quad \text{(dB)} \tag{5.24}$$

e a fase de $G(j\omega)$ vale

$$\angle G(j\omega) = \arctan(\omega T)\ . \tag{5.25}$$

Para desenhar os gráficos de Bode de um zero real fora da origem pode-se realizar análise semelhante ao caso anterior do polo real, ou seja, basta dividir os gráficos em duas regiões, considerando as baixas frequências em que $\omega T << 1$ e as altas frequências em que $\omega T >> 1$. Estes resultados estão resumidos na Tabela 5.3.

Tabela 5.3 Módulo e fase de $G(j\omega)$

	$\omega T << 1 \Rightarrow \omega << \frac{1}{T}$	$\omega T = 1 \Rightarrow \omega = \frac{1}{T}$	$\omega T >> 1 \Rightarrow \omega >> \frac{1}{T}$
$\mid G(j\omega) \mid$	0 dB	3 dB	Reta com inclinação de $\frac{+20\,\text{dB}}{\text{década}}$
$\angle G(j\omega)$	0°	45°	90°

Os gráficos de Bode de um zero real em $s = -\frac{1}{T}$ são apresentados na Figura 5.7. Note que estes gráficos são os mesmos do polo real, com a diferença de que os sinais do módulo e da fase devem ser invertidos.

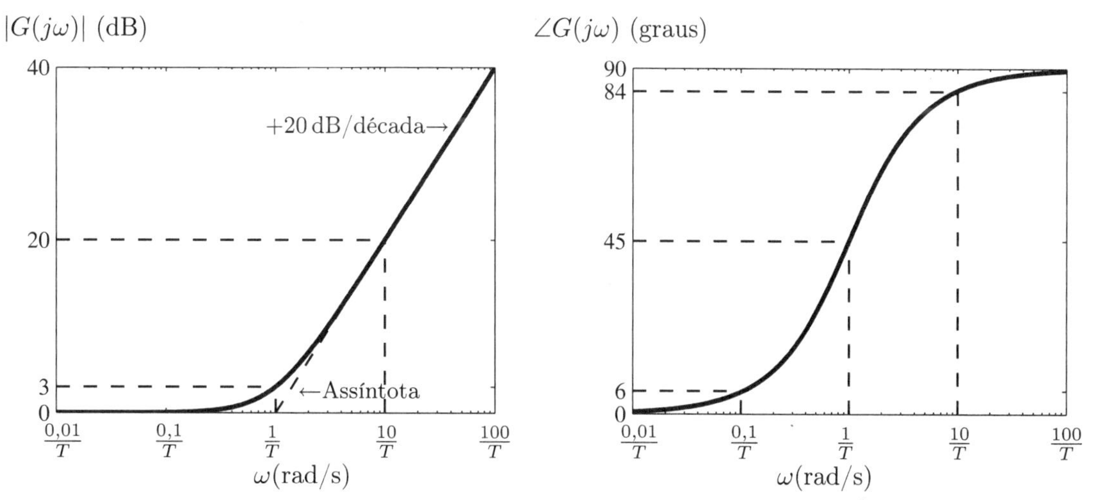

Figura 5.7 Gráficos de Bode de um zero real em $s = -\frac{1}{T}$.

Conforme se pode verificar na Figura 5.7, para um gráfico de módulo obtido experimentalmente a intersecção da assíntota com o eixo de 0 dB permite localizar o zero real da função de transferência.

[1]Funções de transferência com apenas um zero no numerador não são usualmente implementadas, devido aos elevados ganhos em altas frequências que amplificam ruídos e acarretam saturação dos dispositivos.

5.2.6 Polos complexos conjugados

Considere a função de transferência de um sistema de segunda ordem

$$G(s) = \frac{\omega_n^2}{s^2 + 2\xi\omega_n s + \omega_n^2}\,, \quad 0 < \xi < 1\,. \tag{5.26}$$

Substituindo s por $j\omega$, o módulo de $G(j\omega)$ em decibéis é dado por

$$|G(j\omega)| = 20\log\left|\frac{1}{\left(\frac{j\omega}{\omega_n}\right)^2 + \frac{2\xi j\omega}{\omega_n} + 1}\right| = -20\log\left|1 - \left(\frac{\omega}{\omega_n}\right)^2 + j\frac{2\xi\omega}{\omega_n}\right| \text{ dB}\,. \tag{5.27}$$

Em baixas frequências, ou seja, para $\omega << \omega_n$, tem-se que

$$|G(j\omega)| \cong -20\log|1| \cong 0 \text{ dB}\,. \tag{5.28}$$

Em altas frequências, ou seja, para $\omega >> \omega_n$, tem-se que

$$|G(j\omega)| \cong -20\log\left|-\left(\frac{\omega}{\omega_n}\right)^2\right| \cong -40\log\left(\frac{\omega}{\omega_n}\right) \text{ dB}\,, \tag{5.29}$$

isto é, em altas frequências o gráfico do módulo de $G(j\omega)$ é uma reta com inclinação de -40 dB por década que cruza o eixo da frequência no ponto $\omega = \omega_n$.

Na frequência $\omega = \omega_n$

$$|G(j\omega)| = -20\log|j2\xi| = -20\log(2\xi) \text{ dB}\,. \tag{5.30}$$

Substituindo s por $j\omega$ na Equação (5.26), a fase de $G(j\omega)$ pode ser calculada por

$$\angle G(j\omega) = -\arctan\left(\frac{\frac{2\xi\omega}{\omega_n}}{1 - \left(\frac{\omega}{\omega_n}\right)^2}\right)\,. \tag{5.31}$$

Em baixas frequências, ou seja, para $\omega << \omega_n$, tem-se que

$$\angle G(j\omega) \cong 0^{\circ}\,. \tag{5.32}$$

Em altas frequências, ou seja, para $\omega >> \omega_n$, tem-se que

$$\angle G(j\omega) \cong -180^{\circ} \tag{5.33}$$

e na frequência $\omega = \omega_n$

$$\angle G(j\omega) = -90^{\circ}\,. \tag{5.34}$$

Estes resultados estão resumidos na Tabela 5.4.

Tabela 5.4 Módulo e fase de $G(j\omega)$

	$\omega << \omega_n$	$\omega = \omega_n$	$\omega >> \omega_n$
$\mid G(j\omega) \mid$	0 dB	$-20\log(2\xi)$ dB	Reta com inclinação de $\frac{-40\text{ dB}}{\text{década}}$
$\angle G(j\omega)$	0°	−90°	−180°

Na Figura 5.8 é apresentado o gráfico do módulo de $G(j\omega)$ em dB para $\xi = 1$. Em altas frequências o gráfico do módulo é uma reta com inclinação de -40 dB/década. Note que para um gráfico de módulo obtido experimentalmente a intersecção da assíntota com o eixo de 0 dB permite identificar a frequência natural ω_n do sistema.

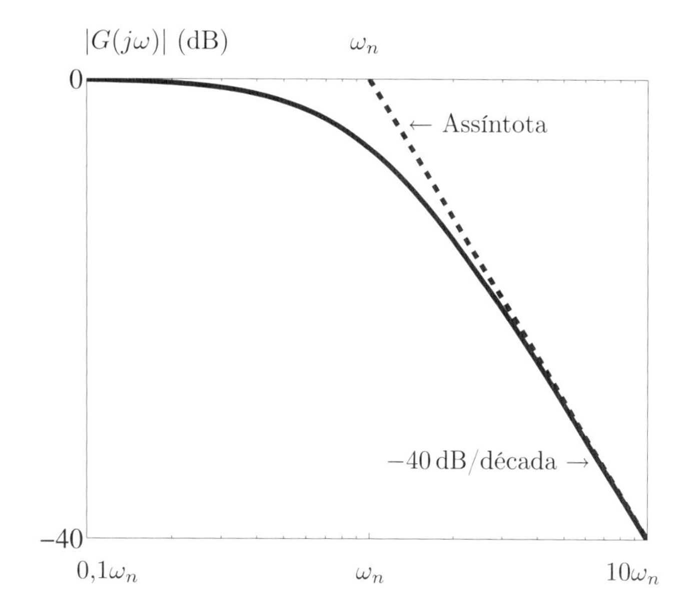

Figura 5.8 Gráfico de $|G(j\omega)|$ (dB) para $\xi = 1$.

Obviamente, o gráfico exato do $|G(j\omega)|$ depende do coeficiente de amortecimento ξ. Nas proximidades da frequência ω_n pode existir um pico de ressonância, que é tanto maior quanto menor é o amortecimento ξ do sistema. Na Figura 5.9 são apresentados os gráficos de Bode de polos complexos conjugados. A frequência de ressonância ω_r pode ser determinada calculando-se o ponto máximo da função

$$|G(j\omega)| = \left| \frac{1}{\left(\frac{j\omega}{\omega_n}\right)^2 + \frac{2\xi j\omega}{\omega_n} + 1} \right| = \frac{1}{\sqrt{\left(1 - \frac{\omega^2}{\omega_n^2}\right)^2 + \left(\frac{2\xi\omega}{\omega_n}\right)^2}} \ , \tag{5.35}$$

que ocorre em

$$\omega_r = \omega_n \sqrt{1 - 2\xi^2} \ , \ \ 0 \leq \xi \leq \frac{\sqrt{2}}{2} \ . \tag{5.36}$$

O valor do ganho na frequência de ressonância ω_r é dado por

$$M_r = |G(\omega_r)| = \frac{1}{2\xi\sqrt{1 - \xi^2}} \ , \ \ 0 \leq \xi \leq \frac{\sqrt{2}}{2} \ . \tag{5.37}$$

Na Figura 5.10 é apresentado o gráfico do pico de ressonância M_r (dB) em função do coeficiente de amortecimento ξ. Na prática, normalmente as respostas transitórias aceitáveis têm coeficiente de amortecimento $0{,}4 \leq \xi \leq 0{,}7$, que corresponde a um pico de ressonância $0\,\text{dB} \leq M_r \leq 3\,\text{dB}$.

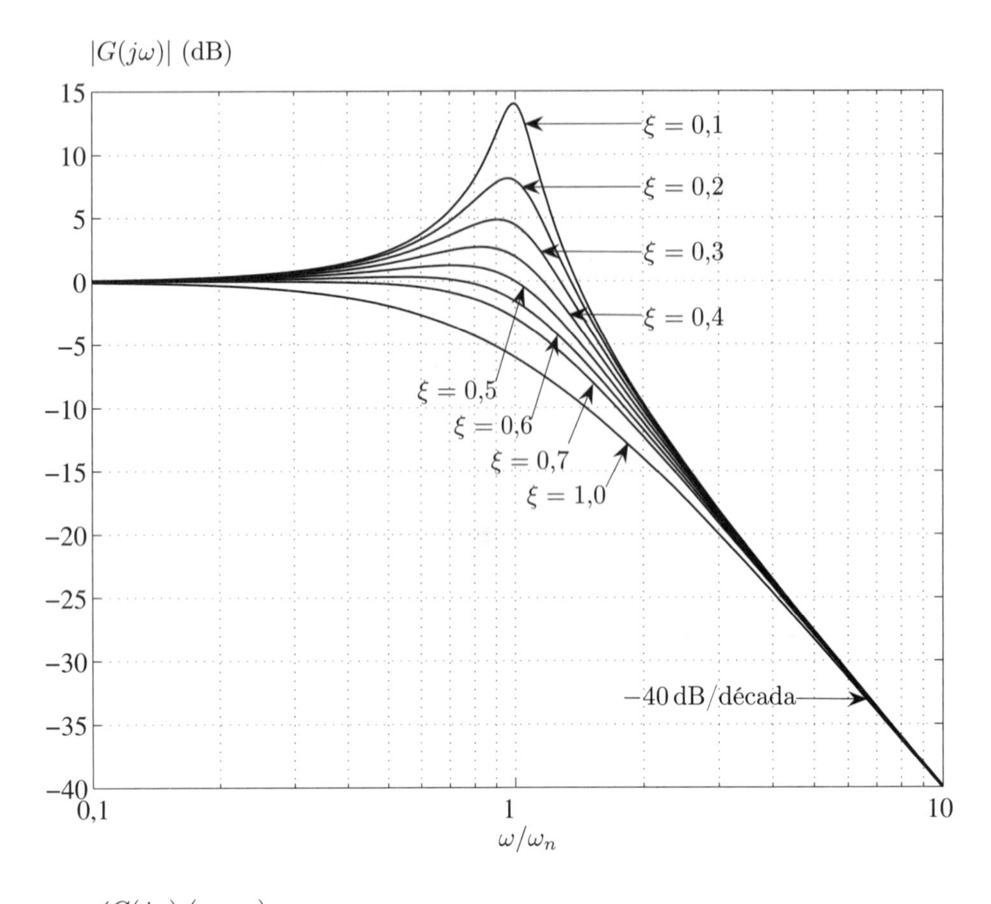

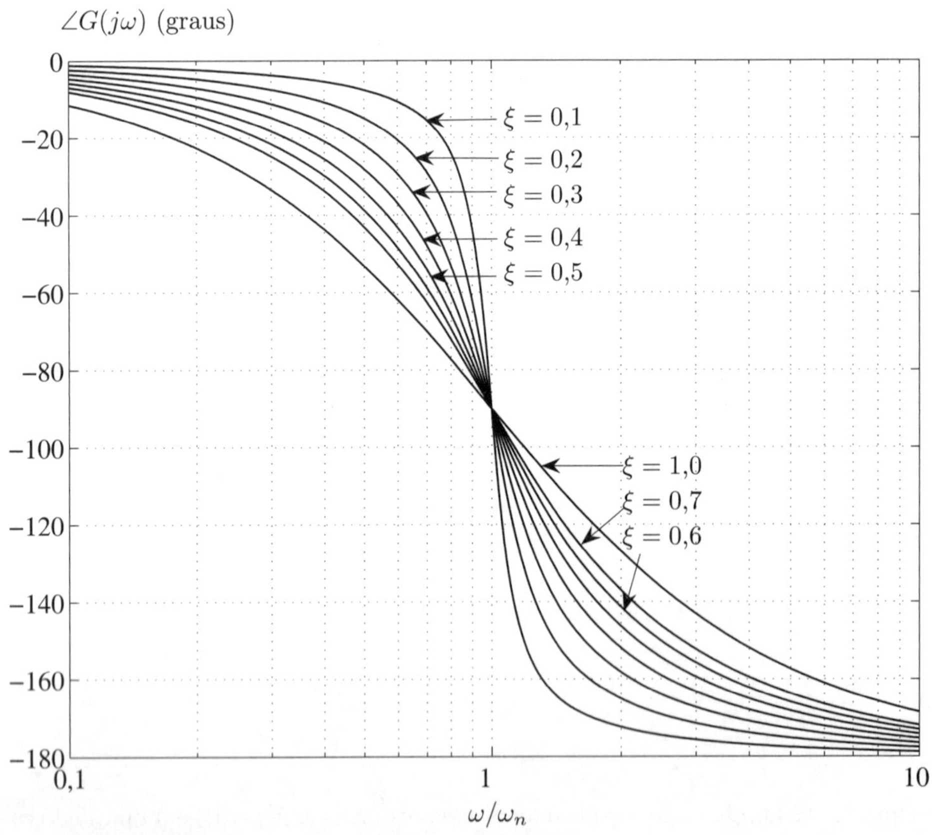

Figura 5.9 Gráficos de Bode de polos complexos conjugados.

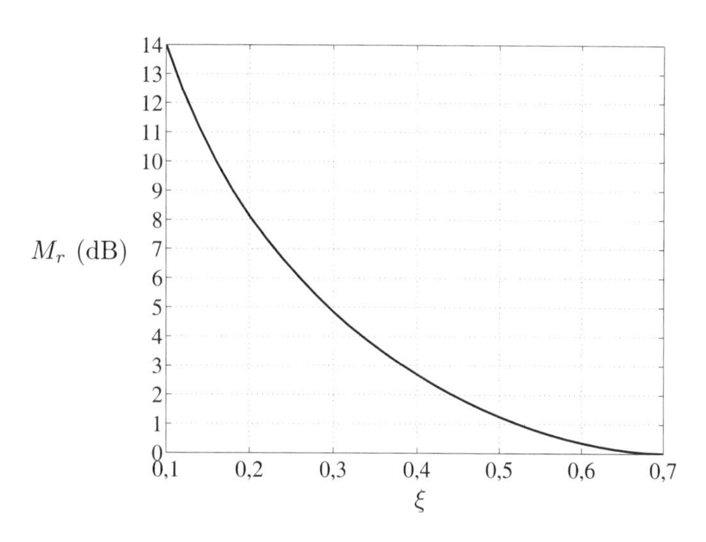

Figura 5.10 Pico de ressonância M_r (dB) em função de ξ.

5.2.7 Zeros complexos conjugados

Neste caso a função de transferência[2] deve possuir termos do tipo $\frac{s^2+2\xi\omega_n s+\omega_n^2}{\omega_n^2}$, $0 < \xi < 1$.

Supondo

$$G(j\omega) = \frac{(j\omega)^2 + 2\xi\omega_n j\omega + \omega_n^2}{\omega_n^2}\,, \tag{5.38}$$

o módulo de $G(j\omega)$ em decibéis é dado por

$$|G(j\omega)| = 20\log\left|1 - \left(\frac{\omega}{\omega_n}\right)^2 + j\frac{2\xi\omega}{\omega_n}\right| \text{ dB}\,, \tag{5.39}$$

e a fase de $G(j\omega)$ vale

$$\angle G(j\omega) = \arctan\left(\frac{\frac{2\xi\omega}{\omega_n}}{1-\left(\frac{\omega}{\omega_n}\right)^2}\right). \tag{5.40}$$

Para desenhar os gráficos de Bode pode-se realizar análise semelhante ao caso anterior dos polos complexos conjugados, ou seja, basta dividir os gráficos em duas regiões, considerando as baixas frequências em que $\omega << \omega_n$ e as altas frequências em que $\omega >> \omega_n$. Estes resultados estão resumidos na Tabela 5.5. Note que os gráficos dos zeros complexos conjugados são os mesmos dos polos complexos conjugados, com a diferença de que os sinais do módulo e da fase devem ser invertidos.

Tabela 5.5 Módulo e fase de $G(j\omega)$

	$\omega << \omega_n$	$\omega = \omega_n$	$\omega >> \omega_n$
$\mid G(j\omega)\mid$	0 dB	$20\log(2\xi)$ dB	Reta com inclinação de $\frac{+40\,\text{dB}}{\text{década}}$
$\angle G(j\omega)$	0°	90°	180°

Na Figura 5.11 são apresentados os gráficos de Bode de zeros complexos conjugados.

[2]Funções de transferência em que o grau do numerador é maior que o do denominador não são usualmente implementadas.

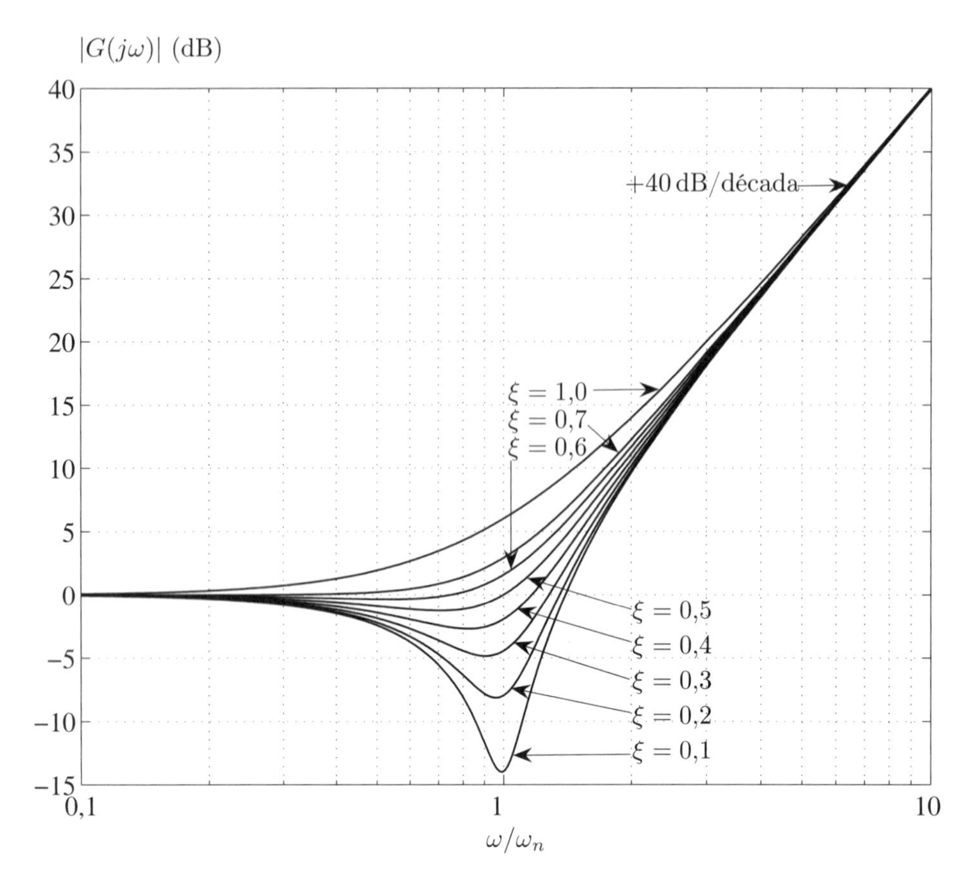

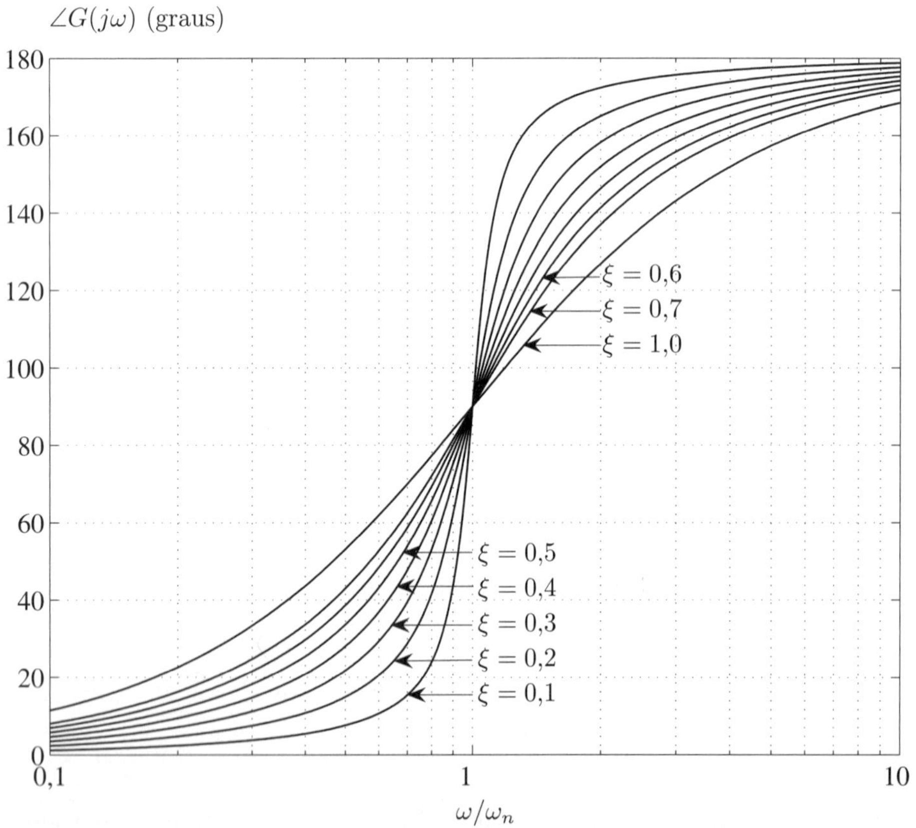

Figura 5.11 Gráficos de Bode de zeros complexos conjugados.

5.2.8 Sistemas gerais

Para construir os gráficos de Bode de um sistema contendo diversos fatores (polos e zeros), basta primeiramente desenhar os gráficos para cada fator e depois somar as ordenadas das curvas de cada fator para obter os gráficos do sistema completo. De fato, considere o sistema representado por

$$G(j\omega) = \frac{k}{(j\omega)^L} \frac{\prod_{a=1}^{m}(j\omega T_a + 1)}{\prod_{b=1}^{n}(j\omega T_b + 1)}, \tag{5.41}$$

sendo k, ω, T_a e T_b números reais.

Escrevendo $G(j\omega)$ em coordenadas polares, obtém-se

$$G(j\omega) = |G(j\omega)|\ e^{j\angle G(j\omega)} = \frac{|k|\ e^{j\angle k}}{|j\omega|^L\ e^{jL\angle(j\omega)}} \frac{\prod_{a=1}^{m}|j\omega T_a + 1|\ e^{j\angle(j\omega T_a+1)}}{\prod_{b=1}^{n}|j\omega T_b + 1|\ e^{j\angle(j\omega T_b+1)}}. \tag{5.42}$$

Logo,

$$|G(j\omega)| = \frac{|k|}{|j\omega|^L} \frac{\prod_{a=1}^{m}|j\omega T_a + 1|}{\prod_{b=1}^{n}|j\omega T_b + 1|}. \tag{5.43}$$

Aplicando o logaritmo na Equação (5.43), obtém-se

$$\log|G(j\omega)| = \log|k| + \sum_{a=1}^{m}\log|j\omega T_a + 1| - L\log|j\omega| - \sum_{b=1}^{n}\log|j\omega T_b + 1|. \tag{5.44}$$

Em decibéis, a Equação (5.44) resulta como

$$20\log|G(j\omega)| = 20\log|k| + \sum_{a=1}^{m}20\log|j\omega T_a + 1| - L\ 20\log|j\omega| - \sum_{b=1}^{n}20\log|j\omega T_b + 1|, \tag{5.45}$$

ou seja, para obter o gráfico do módulo de $G(j\omega)$ em decibéis basta realizar a soma algébrica dos gráficos dos módulos de cada fator de $G(j\omega)$.

Da Equação (5.42) tem-se que a fase de $G(j\omega)$ é a soma das fases de cada fator, ou seja,

$$\angle G(j\omega) = \angle k + \sum_{a=1}^{m}\angle(j\omega T_a + 1) - L\angle(j\omega) - \sum_{b=1}^{n}\angle(j\omega T_b + 1). \tag{5.46}$$

Exemplo 5.2

Deseja-se obter os gráficos de Bode do sistema com função de transferência

$$G(s) = \frac{100(s+1)}{s^2 + 10s}. \tag{5.47}$$

A função (5.47) também pode ser escrita como

$$G(s) = \frac{10(s+1)}{s(0{,}1s+1)}. \tag{5.48}$$

Para obter os gráficos de Bode da função (5.48) basta desenhar os gráficos de cada fator separadamente (ganho constante $k = 10$, zero real em $s = -1$, polo na origem e polo real em $s = -10$) e depois somar as ordenadas de cada curva. Os gráficos de Bode da função (5.48) estão apresentados na Figura 5.12. Observe que devido à presença do integrador (polo na origem), o gráfico do módulo em baixas frequências é uma reta com inclinação de $-20\,\text{dB}/\text{década}$.

Gráficos aproximados da função (5.48) podem ser obtidos somando-se as aproximações assintóticas dos gráficos dos fatores. Esta aproximação é boa, exceto nas frequências correspondentes aos polos e zeros.

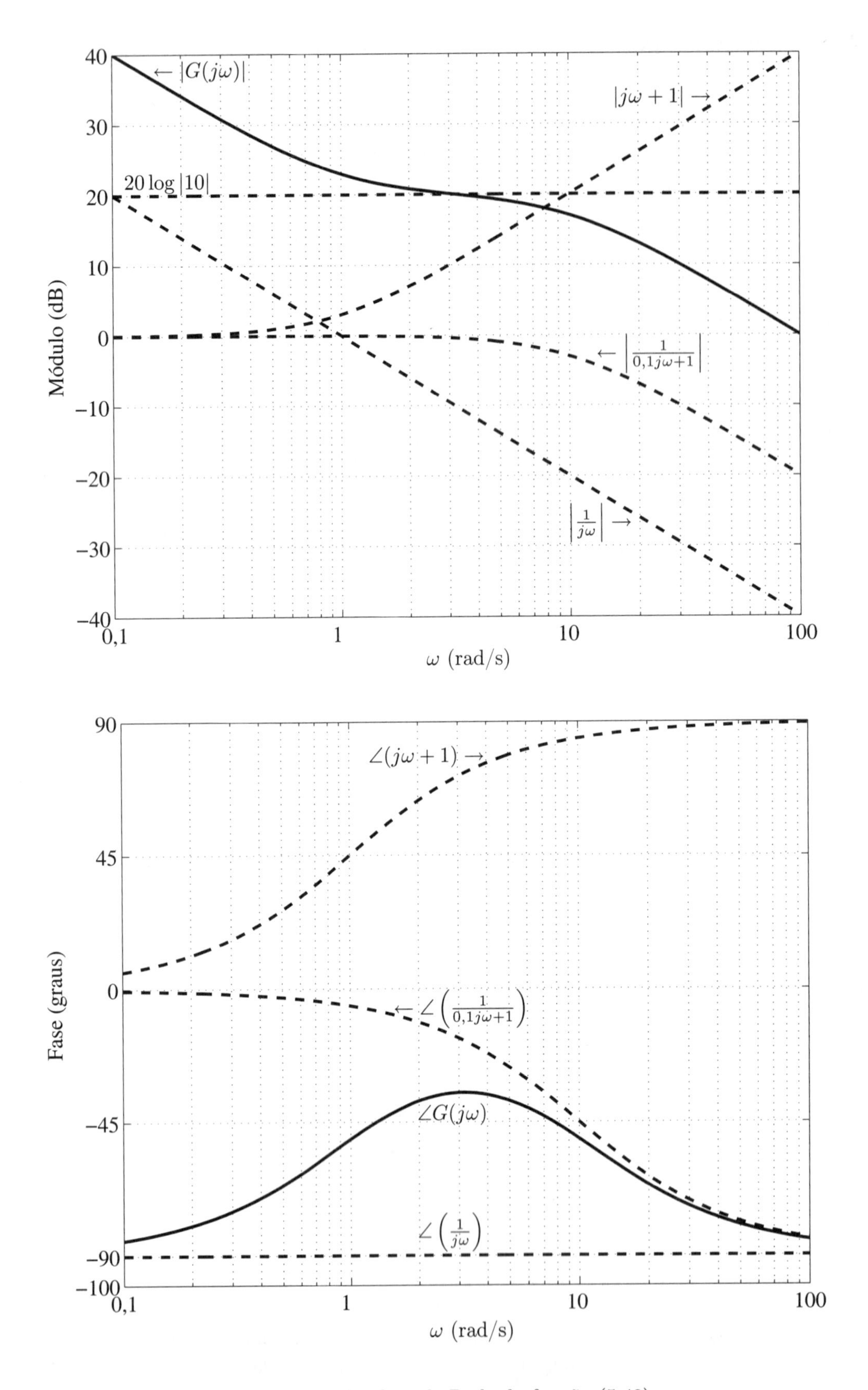

Figura 5.12 Gráficos de Bode da função (5.48).

■

5.3 Identificação experimental de funções de transferência

Basicamente, a função de transferência que representa a dinâmica do funcionamento de um processo pode ser obtida de três maneiras:

- escrevendo as equações diferenciais ou algébricas e medindo diretamente os parâmetros (massas, atritos, resistências, indutâncias, ganhos de amplificadores, etc.);
- por meio da resposta ao degrau, para sistemas de dinâmica simples, medindo constante de tempo, valor estacionário, pico de ressonância, tempo de subida, instante de pico ou tempo de acomodação;
- através da resposta em frequência e identificação gráfica de cada um dos fatores da função de transferência.

5.3.1 Medida da resposta em frequência

Aplicando um sinal senoidal na entrada de um sistema estável, linear e invariante no tempo, após o estabelecimento do regime permanente, o sinal de saída também será senoidal com a mesma frequência da entrada, conforme mostrado na Equação (5.11). Para a medida da resposta em frequência esta operação deve ser repetida em um número suficiente de frequências para caracterizar a resposta. Conforme mostrado na Figura 5.13, para cada frequência ω devem ser medidas:

- as amplitudes das senoides de entrada $|U(j\omega)|$ e de saída $|Y(j\omega)|$;
- a defasagem $\phi(\omega)$ entre entrada e saída.

O módulo da função de transferência é dado por

$$|G(j\omega)| = \frac{|Y(j\omega)|}{|U(j\omega)|} \tag{5.49}$$

e a fase por

$$\angle G(j\omega) = \phi(\omega) \; . \tag{5.50}$$

Para medir a defasagem $\phi(\omega)$ é necessário observar os sinais de entrada $u(t)$ e saída $y(t)$ simultaneamente, conforme exemplificado na Figura 5.13.

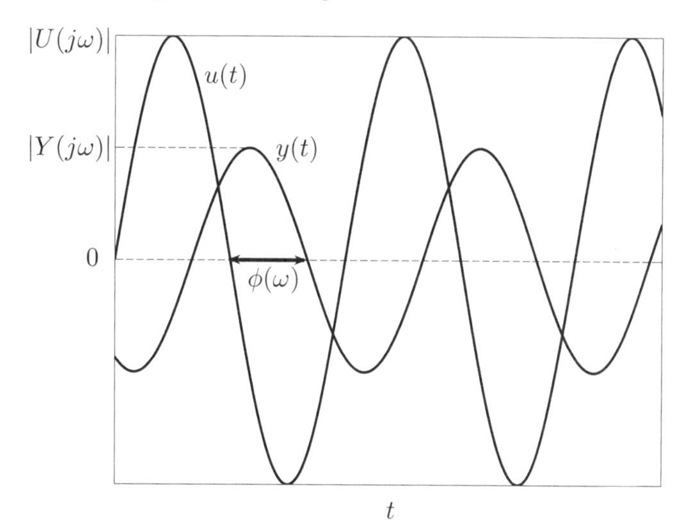

Figura 5.13 Observação simultânea dos sinais de entrada $u(t)$ e saída $y(t)$.

O módulo e a fase de $G(j\omega)$ também podem ser medidos através da figura de Lissajous. Conforme representado na Figura 5.14, o gráfico resultante é uma elipse formada pelos pontos $(u(t), y(t))$, ou seja, com $u(t)$ no eixo das abcissas e $y(t)$ no eixo das ordenadas.

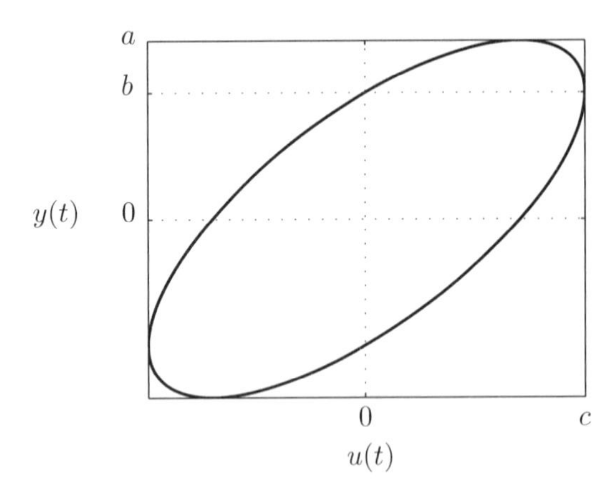

Figura 5.14 Figura de Lissajous.

Da Figura 5.14 tem-se que

$$|G(j\omega)| = \frac{|Y(j\omega)|}{|U(j\omega)|} = \frac{a}{c} \tag{5.51}$$

e prova-se que

$$\angle G(j\omega) = \phi(\omega) = \text{arcsen}\left(\frac{b}{a}\right). \tag{5.52}$$

Após serem realizadas as medidas do módulo e da defasagem em um número suficiente de frequências, os pontos medidos devem ser colocados em gráficos de Bode, traçando-se segmentos de reta ou aproximações assintóticas que passem por estes pontos. Polos e zeros da função de transferência são localizados nas frequências em que ocorrem mudanças de inclinação dessas assíntotas.

No caso do módulo as inclinações dos segmentos de reta devem ser números múltiplos de $\pm 20\,\text{dB/década}$. Se, por exemplo, numa certa frequência ω a inclinação de um segmento de reta muda de $-20\,\text{dB/década}$ para $-40\,\text{dB/década}$, isso significa que nesta frequência há um polo real, ou seja, um termo do tipo $1/(Ts+1)$. Caso contrário, se nesta mesma frequência ω a inclinação do segmento de reta muda de $-20\,\text{dB/década}$ para uma reta paralela ao eixo da frequência, isso significa que há um zero real, ou seja, um termo do tipo $(Ts+1)$. Se, por outro lado, a inclinação do segmento de reta muda de $-20\,\text{dB/década}$ para $-60\,\text{dB/década}$, com a existência de um pico de ressonância, isso significa que há um par de polos complexos conjugados, acrescentando um termo do tipo $\omega_n^2/(s^2 + 2\xi\omega_n s + \omega_n^2)$ na função de transferência.

Se em baixas frequências, isto é, para $\omega \to 0$, o segmento de reta tem uma inclinação de $-20L\,\text{dB/década}$, isso significa que há L polos na origem $(L = 1, 2, 3, \ldots)$. Caso contrário, se a inclinação é de $+20L\,\text{dB/década}$, isso significa que há L zeros na origem. Caso o segmento de reta seja horizontal, então a função de transferência não possui polos e nem zeros na origem. Quanto ao ganho constante k da função de transferência, este pode ser medido diretamente a partir do valor do módulo em baixas frequências.

Uma vez obtida a função de transferência a partir das aproximações assintóticas da curva de módulo, convém calcular as defasagens e comparar com as defasagens medidas. Este procedimento permite realizar uma verificação das aproximações adotadas, além de permiter ajustes nas frequências dos polos e zeros.

Exemplo 5.3

Desejando-se identificar a função de transferência $G(s)$ de um processo estável, linear e invariante no tempo, aplicaram-se sinais senoidais com amplitude $|U(j\omega)|$ na sua entrada e mediram-se as correspondentes amplitudes $|Y(j\omega)|$ dos sinais de saída. Para cada frequência ω calculou-se $|G(j\omega)| = |Y(j\omega)|/|U(j\omega)|$, cujos pontos estão representados no gráfico da Figura 5.15. A seguir traçaram-se assíntotas (retas tracejadas) de modo a obter a frequência dos polos da função de transferência.

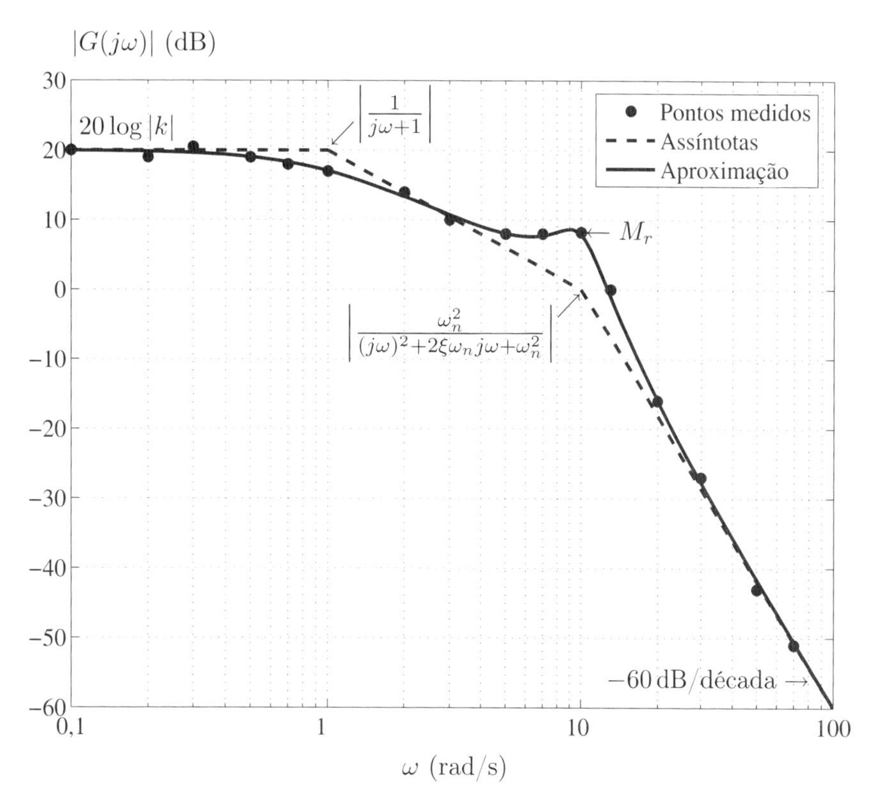

Figura 5.15 Gráfico de $|G(j\omega)|$ (dB).

Analisando-se o gráfico da Figura 5.15 verifica-se que próximo da frequência $\omega \cong 0{,}1$ o módulo de $G(j\omega)$ vale 20 dB. Com isso o ganho constante k da função de transferência vale

$$20 \log |k| = 20 \Rightarrow k = 10 \,. \tag{5.53}$$

Entre as frequências $\omega = 0{,}1$ e $\omega = 1$ há uma assíntota horizontal paralela ao eixo da frequência. Com isso conclui-se que o sistema não possui polos ou zeros na origem. Esta assíntota horizontal muda de inclinação a partir da frequência $\omega = 1$, passando a ter uma inclinação de -20 dB/década até a frequência $\omega = 10$. Como essa mudança de inclinação ocorreu na frequência $\omega = 1$, conclui-se que o sistema possui um polo real em $s = -1$, ou seja, a função de transferência possui um fator do tipo

$$\frac{1}{Ts+1} = \frac{1}{s+1} \,. \tag{5.54}$$

Entre as frequências $\omega = 10$ e $\omega = 100$ há uma assíntota com inclinação de -60 dB/década, e nota-se também a presença de um pico de ressonância nas proximidades da frequência $\omega_r \cong 10$. Com isso conclui-se que o sistema possui um par de polos complexos conjugados. Note que a assíntota com inclinação de -60 dB/década é o resultado da soma das assíntotas do polo real (-20 dB/década) com a assíntota dos polos complexos conjugados (-40 dB/década).

Do gráfico (5.15) verifica-se que o pico de ressonância ocorre na frequência $\omega_r \cong 10\,(\text{rad/s})$ e o ganho vale $M_r \cong 8\,\text{dB}$. Da Equação (5.37) tem-se que

$$M_r\ (\text{dB}) \cong 8 = 20\log\left(\frac{1}{2\xi\sqrt{1-\xi^2}}\right) \Rightarrow \xi \cong 0{,}2 \tag{5.55}$$

e da Equação (5.36) tem-se que

$$\omega_n = \frac{\omega_r}{\sqrt{1-2\xi^2}} \Rightarrow \omega_n \cong 10\,(\text{rad/s})\,. \tag{5.56}$$

Assim, a função de transferência também possui um fator do tipo

$$\frac{\omega_n^2}{s^2+2\xi\omega_n s+\omega_n^2} = \frac{100}{s^2+4s+100}\,. \tag{5.57}$$

De (5.53), (5.54) e (5.57) conclui-se que a função de transferência do processo é dada por

$$G(s) = \frac{k\,\omega_n^2}{(Ts+1)(s^2+2\xi\omega_n s+\omega_n^2)} = \frac{1000}{(s+1)(s^2+4s+100)}\,. \tag{5.58}$$

■

5.4 Sistemas de fase mínima e de fase não mínima

Os sistemas estáveis[3] que têm função de transferência com todos os seus zeros no semiplano esquerdo do plano s são chamados de sistemas de fase mínima, e os que têm um ou mais zeros no semiplano direito são ditos de fase não mínima. Justificam-se tais denominações considerando os seguintes exemplos de sistemas estáveis:

$$G_1(s) = \frac{1+s/z}{1+s/p} \tag{5.59}$$

e

$$G_2(s) = \frac{1-s/z}{1+s/p} \tag{5.60}$$

sendo $z > 0$ e $p > 0$.

Pela definição anterior, o sistema $G_1(s)$ é de fase mínima, pois o seu zero $s = -z$ está localizado no semiplano esquerdo do plano s, enquanto $G_2(s)$ é de fase não mínima, pois o seu zero $s = z$ está localizado no semiplano direito do plano s.

Note que ambas as funções $G_1(j\omega)$ e $G_2(j\omega)$ possuem o mesmo módulo,

$$|G_1(j\omega)| = \left|\frac{1+(j\omega)/z}{1+(j\omega)/p}\right| = \left|\frac{1-(j\omega)/z}{1+(j\omega)/p}\right| = |G_2(j\omega)|\,. \tag{5.61}$$

Porém, as fases de $G_1(j\omega)$ e $G_2(j\omega)$ são diferentes:

$$\angle G_1(j\omega) = \arctan\left(\frac{\omega}{z}\right) - \arctan\left(\frac{\omega}{p}\right)\,, \tag{5.62}$$

$$\angle G_2(j\omega) = \arctan\left(\frac{-\omega}{z}\right) - \arctan\left(\frac{\omega}{p}\right)\,. \tag{5.63}$$

[3] São os sistemas que têm todos os seus polos localizados no semiplano esquerdo aberto do plano s.

Das Equações (5.62) e (5.63) tem-se que em baixas frequências

$$\lim_{\omega\to 0} \angle G_1(j\omega) = \lim_{\omega\to 0} \angle G_2(j\omega) = 0 \; , \tag{5.64}$$

mas em altas frequências

$$\lim_{\omega\to\infty} \angle G_1(j\omega) = 0 \;\neq\; \lim_{\omega\to\infty} \angle G_2(j\omega) = -180^{\circ} \; . \tag{5.65}$$

Portanto, duas funções de transferência idênticas em módulo podem ter diferenças significativas de fase. Na Figura 5.16 são apresentados os gráficos da fase de $G_1(j\omega)$ e $G_2(j\omega)$ para $z = 10$ e $p = 1$. Note que a fase de $G_1(j\omega)$ é menor que a de $G_2(j\omega)$. Tal efeito ocorre sempre que há zeros no semiplano direito do plano s. Por esta razão pode-se dizer que $G_1(s)$ é de fase mínima e $G_2(s)$ é de fase não mínima.

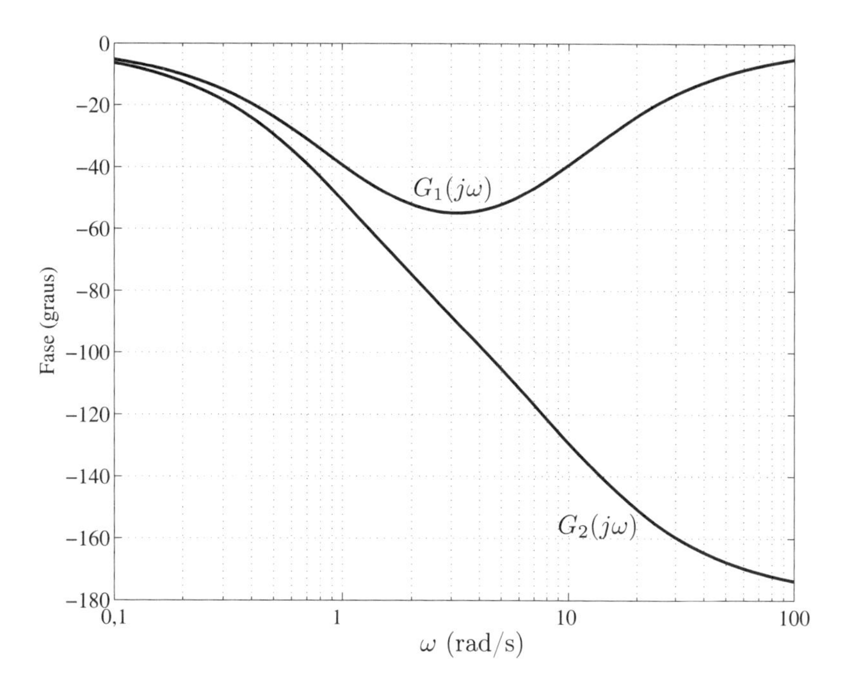

Figura 5.16 Gráficos da fase de $G_1(j\omega)$ e $G_2(j\omega)$.

Aplicando um degrau unitário na entrada do sistema $G_2(s)$, a saída $Y_2(s)$ é dada por

$$Y_2(s) = \frac{1 - s/z}{s(1 + s/p)} = \frac{p}{z}\frac{(-s + z)}{s(s + p)} = \frac{1}{s} - \frac{(p + z)}{z}\frac{1}{(s + p)} \; . \tag{5.66}$$

No domínio do tempo tem-se que

$$y_2(t) = 1 - \frac{(p + z)}{z}\, e^{-pt} \; , \; t \geq 0 \; . \tag{5.67}$$

Os valores inicial e final da saída $y_2(t)$ são

$$y_2(0) \;=\; \lim_{t\to 0} y(t) = -\frac{p}{z} < 0 \; , \tag{5.68}$$

$$y_2(\infty) \;=\; \lim_{t\to\infty} y(t) = 1 > 0 \; . \tag{5.69}$$

Na Figura 5.17 é apresentado o gráfico da resposta $y_2(t)$ para o caso de $z = p = 1$. Note que a saída do sistema no instante inicial possui sinal contrário ao do valor final, tornando a resposta transitória mais lenta.

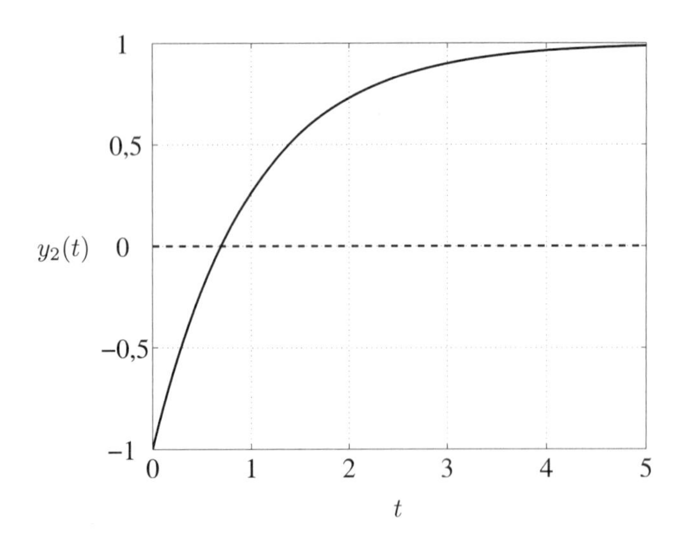

Figura 5.17 Gráfico da resposta ao degrau unitário do sistema $G_2(s)$ para $z = p = 1$.

Sistemas de fase não mínima estão presentes em diversos tipos de sistemas, tais como circuitos elétricos do tipo ponte, processos industriais, modelos macroeconômicos, etc. O seu controle por realimentação é, em geral, de projeto mais difícil.

Exemplo 5.4

Considere o circuito elétrico RC em ponte da Figura 5.18 com tensão de entrada $E_1(s)$ e tensão de saída $E_2(s)$.

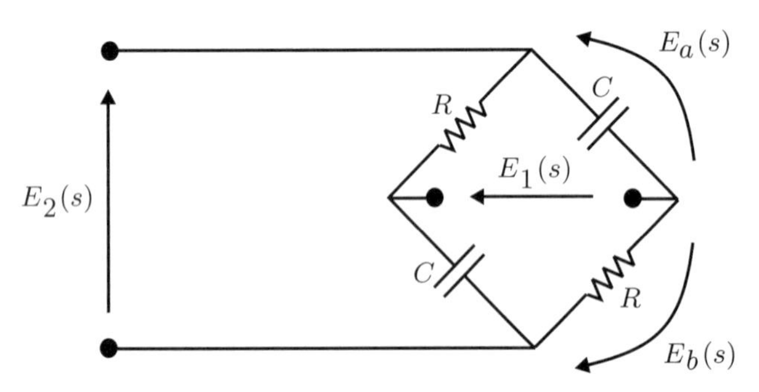

Figura 5.18 Circuito elétrico RC em ponte.

Analisando o circuito elétrico da Figura 5.18, tem-se que

$$E_2(s) = E_a(s) - E_b(s) = E_1(s)\frac{\frac{1}{sC}}{\frac{1}{sC} + R} - E_1(s)\frac{R}{\frac{1}{sC} + R} = E_1(s)\left(\frac{1 - RCs}{1 + RCs}\right) . \tag{5.70}$$

Logo, a função de transferência é dada por

$$\frac{E_2(s)}{E_1(s)} = \frac{1 - RCs}{1 + RCs} . \tag{5.71}$$

Como $R > 0$ e $C > 0$, o sistema da Figura 5.18 é um sistema de fase não mínima.

■

5.5 Sistemas com atraso puro ou atraso de transporte

Conforme foi visto no Capítulo 3, num sistema com atraso puro ou atraso de transporte um sinal de entrada somente é percebido sem atenuação na saída depois de um certo tempo $\alpha > 0$. Este tempo α também é chamado de retardo ou tempo morto.

Nos sistemas com atraso puro, a entrada $u(t)$ e a saída $y(t)$ estão relacionadas por

$$y(t) = u(t - \alpha) , \tag{5.72}$$

cuja função de transferência é

$$G(s) = \frac{Y(s)}{U(s)} = e^{-\alpha s} . \tag{5.73}$$

Na Figura 5.19 são apresentados os gráficos de entrada e saída de um sistema com atraso puro.

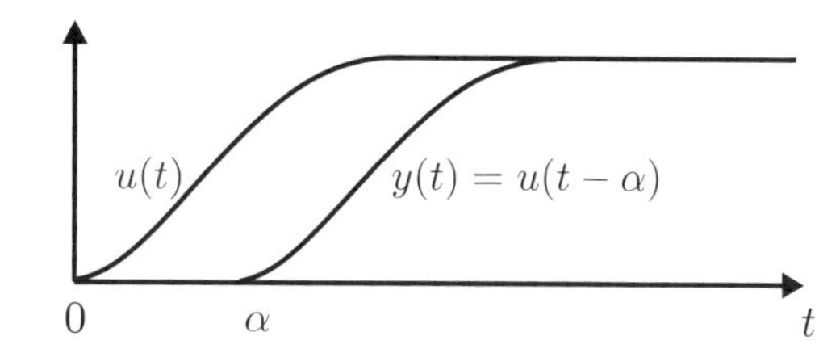

Figura 5.19 Gráficos de entrada e saída de um sistema com atraso puro α.

Substituindo s por $j\omega$ na Equação (5.73), obtém-se

$$G(j\omega) = e^{-j\omega\alpha} . \tag{5.74}$$

O módulo da resposta em frequência de $G(j\omega)$ é

$$|G(j\omega)| = |\cos(\omega\alpha) - j\ \text{sen}(\omega\alpha)| = 1 \tag{5.75}$$

e a fase de $G(j\omega)$ vale $\angle G(j\omega) = -\omega\alpha$.

Portanto, um bloco de atraso puro não afeta o ganho, pois $|G(j\omega)| = 1$. Apenas a fase é afetada, pois cresce linearmente com a frequência ω. Veja a Figura 5.20.

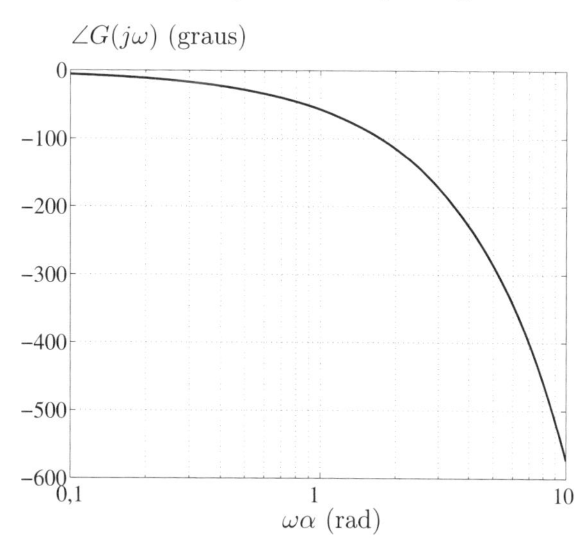

Figura 5.20 Gráfico da fase de um atraso puro.

A presença de um atraso por transporte num sistema de controle pode torná-lo muito mais difícil de controlar. Numa planta industrial raramente os retardos podem ser eliminados por completo.

5.6 Diagramas de Nyquist

São diagramas polares que permitem representar as respostas em frequência (módulo e fase) num único gráfico. Considere, por exemplo, o sistema de primeira ordem

$$G(s) = \frac{1}{Ts+1} \,. \tag{5.76}$$

O módulo de $G(j\omega)$ é dado por

$$|G(j\omega)| = \left| \frac{1}{j\omega T+1} \right| = \frac{1}{\sqrt{(\omega T)^2+1}} \tag{5.77}$$

e a fase de $G(j\omega)$ por

$$\angle G(j\omega) = -\arctan(\omega T) \,. \tag{5.78}$$

Para desenhar o diagrama polar da função $G(j\omega)$ basta calcular o módulo e a fase de $G(j\omega)$ para frequências $0 \leq \omega < \infty$. Na Tabela 5.6 são apresentados alguns valores do módulo e da fase de $G(j\omega)$.

Tabela 5.6 Módulo e fase da função $G(j\omega)$ (5.76)

ω	$\lvert G(j\omega)\rvert$	$\angle G(j\omega)$
0	1	0º
$1/T$	$1/\sqrt{2}$	−45º
∞	0	−90º

Prova-se que o diagrama de Nyquist da função $G(j\omega)$ (5.76) é uma semicircunferência, conforme representado na Figura 5.21.

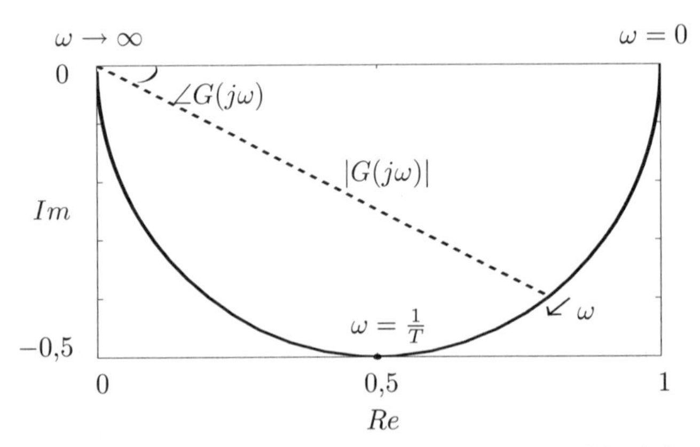

Figura 5.21 Diagrama de Nyquist da função $G(j\omega)$ (5.76).

Considere agora a função de transferência de um sistema de segunda ordem

$$G(s) = \frac{\omega_n^2}{s^2+2\xi\omega_n s+\omega_n^2} \,, \quad 0 < \xi < 1 \,. \tag{5.79}$$

O módulo de $G(j\omega)$ é dado por

$$|G(j\omega)| = \left| \frac{\omega_n^2}{(j\omega)^2+2\xi\omega_n j\omega+\omega_n^2} \right| = \frac{1}{\sqrt{\left(1-\frac{\omega^2}{\omega_n^2}\right)^2+\left(\frac{2\xi\omega}{\omega_n}\right)^2}} \tag{5.80}$$

e a fase de $G(j\omega)$ por

$$\angle G(j\omega) = -\arctan\left(\frac{\frac{2\xi\omega}{\omega_n}}{1-\left(\frac{\omega}{\omega_n}\right)^2} \right) . \tag{5.81}$$

Na Tabela 5.7 são apresentados alguns valores do módulo e da fase de $G(j\omega)$ para algumas frequências $0 \leq \omega < \infty$.

Tabela 5.7 Módulo e fase da função $G(j\omega)$ (5.79)

ω	$\|G(j\omega)\|$	$\angle G(j\omega)$
0	1	0°
ω_n	$1/(2\xi)$	-90°
∞	0	-180°

Os diagramas de Nyquist da função $G(j\omega)$ (5.79) para $\xi = 0{,}5$ e $\xi = 1$ são apresentados na Figura 5.22.

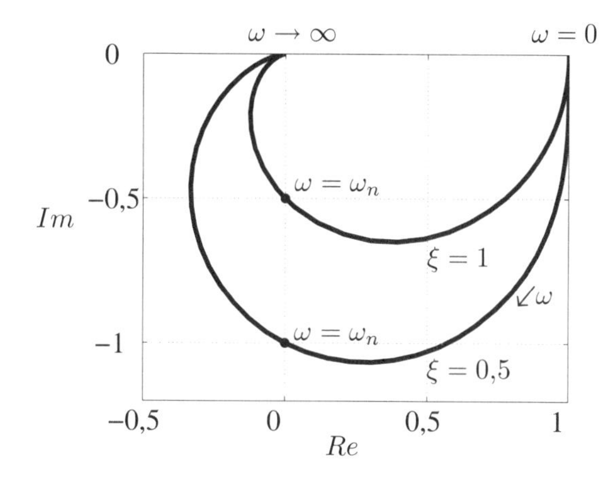

Figura 5.22 Diagrama de Nyquist da função $G(j\omega)$ (5.79).

5.7 Estabilidade de sistemas com realimentação

No Capítulo 3 foi estudada a estabilidade BIBO de sistemas lineares por meio da condição necessária e suficiente de que os seus polos estejam localizados no semiplano esquerdo aberto do plano s. Respostas em frequência de sistemas instáveis não têm significado físico, pois não são mensuráveis. Uma vez energizados estes sistemas, qualquer excitação ou ruído é suficiente para levar a saída a disparar até valores infinitos, seja com crescimento monotônico, seja com oscilação crescente. Mas tem sido de extrema importância para a tecnologia de sistemas de controle o fato de existir um conjunto de condições sobre a resposta em frequência de malha aberta, que garante a estabilidade do sistema quando a malha é fechada. Tais condições foram originalmente estabelecidas pelo teorema de Nyquist, que foi um dos mais bem-sucedidos resultados teóricos da engenharia de controle do Século XX.

No Século XIX os motores a vapor eram vitais para a indústria, e os reguladores de velocidade, inventados por J. Watt em 1780, eram essenciais, mas à medida que se melhoravam os materiais e o acabamento dos componentes desses reguladores um sério problema se tornava frequente: os sistemas tendiam a oscilar, isto é, sua velocidade tendia a variar ciclicamente em torno do valor desejado. Engenheiros e físicos notáveis como Maxwell (1831-1879) e Vyschnegradsky estudaram a questão e esclareceram o seu aspecto teórico, via equações diferenciais. Mas, na prática, os reguladores eram projetados e aperfeiçoados por intuição, e as indústrias dependiam de alguns técnicos "milagrosos" que viajavam continuamente pela Europa "curando oscilações".

Em 1915 a Bell System provou a viabilidade técnica da telefonia transcontinental por meio de um *link* entre Nova York e São Francisco, empregando meia tonelada de fio de cobre por milha de linha aérea e seis ampliadores-repetidores eletrônicos para tornar aceitáveis a atenuação e a distorção total. Reduzir o custo em cobre exigia ampliadores de ganho elevado e de complicadas respostas em frequência. H. Black propôs empregar realimentação e obteve sucesso em 1932, com imensas dificuldades para dominar as oscilações. No mesmo ano Nyquist publicou o seu Critério de Estabilidade, resultado da aplicação magistral da Transformada de Laplace e do Princípio do Argumento de Cauchy. Era a teoria certa para transformar prática e intuição em engenharia, pois ela permitia garantir estabilidade a partir de medidas nos componentes, e assim projetar com segurança os controladores.

5.7.1 Princípio do argumento

Considere uma função racional $F(s)$ da variável complexa s dada por

$$F(s) = k\frac{(s-z_1)(s-z_2)\dots(s-z_n)}{(s-p_1)(s-p_2)\dots(s-p_n)}\,, \tag{5.82}$$

sendo z_1, z_2,...,z_n os zeros de $F(s)$, p_1, p_2,...,p_n os polos de $F(s)$ e k o ganho.

O Princípio do Argumento de Cauchy pode ser enunciado do seguinte modo.

Suponha que um ponto do plano s percorra uma curva fechada γ neste plano, no sentido horário, e que o correspondente ponto $F(s)$ percorra outra curva Γ, também fechada, no plano $F(s)$. O número N de vezes que a curva Γ envolve a origem no plano $F(s)$, no sentido horário, é igual ao número de zeros N_z menos o número de polos N_p da função $F(s)$, que estão internos à curva γ, ou seja,

$$N = N_z - N_p\,. \tag{5.83}$$

Observações:

- Supõe-se que a curva γ não contém polos e nem zeros de $F(s)$;
- O número N negativo representa envolvimentos no sentido anti-horário.

Na Figura 5.23 são apresentados exemplos de aplicação do Princípio do Argumento. Na Figura 5.23 (a) a curva γ envolve o zero z_1 ($N_z = 1$) e nenhum polo ($N_p = 0$) no sentido horário. Logo, a curva Γ do plano $F(s)$ deve envolver a origem uma vez no sentido horário, pois $N = 1 - 0 = 1$.

Na Figura 5.23 (b) a curva γ envolve o zero z_3 ($N_z = 1$) e o polo p_3 ($N_p = 1$) no sentido horário. Logo, a curva Γ do plano $F(s)$ não deve envolver a origem nenhuma vez, pois $N = 1 - 1 = 0$.

Na Figura 5.23 (c) a curva γ envolve os zeros z_1, z_2 e z_3 ($N_z = 3$) e o polo p_3 ($N_p = 1$) no sentido horário. Logo, a curva Γ do plano $F(s)$ deve envolver a origem duas vezes no sentido horário, pois $N = 3 - 1 = 2$.

Na Figura 5.23 (d) a curva γ envolve o polo p_3 ($N_p = 1$) e nenhum zero ($N_z = 0$) no sentido horário. Logo, o número de envolvimentos da origem pela curva Γ no plano $F(s)$ é $N = 0 - 1 = -1$. Como o sinal de N é negativo, a curva Γ deve envolver a origem uma vez em sentido contrário, isto é, no sentido anti-horário.

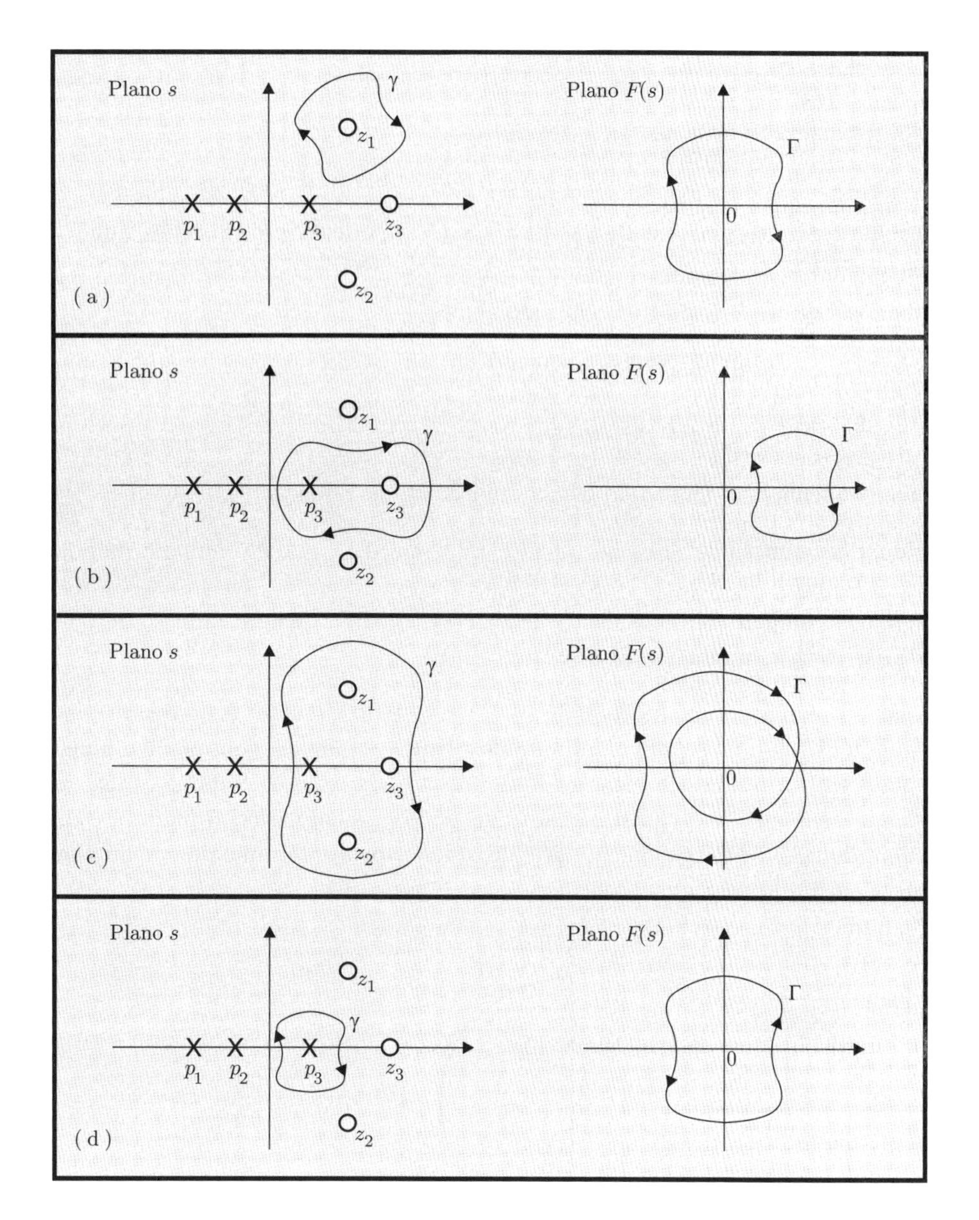

Figura 5.23 Exemplos de aplicação do princípio do argumento.

5.7.2 Critério de estabilidade de Nyquist

Considere o sistema em malha fechada da Figura 5.24.

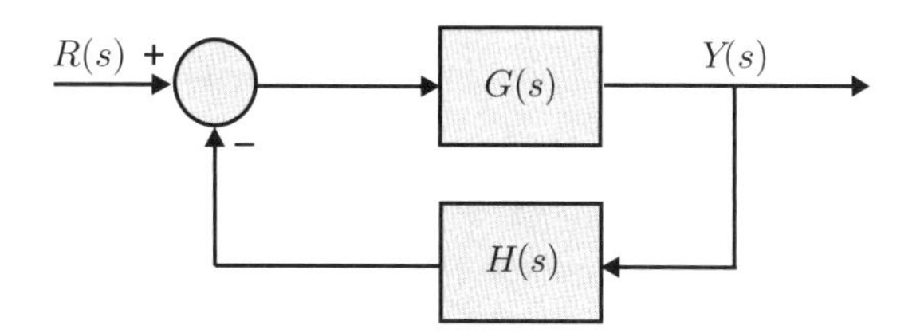

Figura 5.24 Diagrama de blocos de um sistema em malha fechada.

A função de transferência de malha fechada é dada por

$$\frac{Y(s)}{R(s)} = \frac{G(s)}{1 + G(s)H(s)} . \tag{5.84}$$

Os polos de malha fechada são as raízes da equação característica

$$1 + G(s)H(s) = 0 . \tag{5.85}$$

A função de transferência de malha aberta $G(s)H(s)$ pode ser escrita como o quociente de dois polinômios, ou seja,

$$G(s)H(s) = \frac{N(s)}{D(s)} . \tag{5.86}$$

Assim, a Equação (5.85) pode ser escrita como

$$1 + G(s)H(s) = 1 + \frac{N(s)}{D(s)} = \frac{D(s) + N(s)}{D(s)} . \tag{5.87}$$

Denotando o semiplano direito do plano s por SPD, da Equação (5.87) definem-se:

- N_z igual ao número de zeros de $1 + G(s)H(s)$ no SPD, que é o número de polos de malha fechada no SPD (raízes de $D(s) + N(s)$ no SPD);
- N_p igual ao número de polos de $1 + G(s)H(s)$ no SPD, que é o número de polos de malha aberta no SPD (raízes de $D(s)$ no SPD).

Para que o sistema em malha fechada (5.84) seja BIBO estável é necessário que não tenha qualquer polo localizado no semiplano direito do plano s e também sobre o eixo imaginário. Esta condição pode ser verificada por meio do Princípio do Argumento. Suponha uma curva fechada γ, denominada contorno de Nyquist, constituída do eixo imaginário do plano s e de uma semicircunferência de raio r arbitrariamente grande, que envolva inteiramente o semiplano direito de s, conforme é mostrado na Figura 5.25.

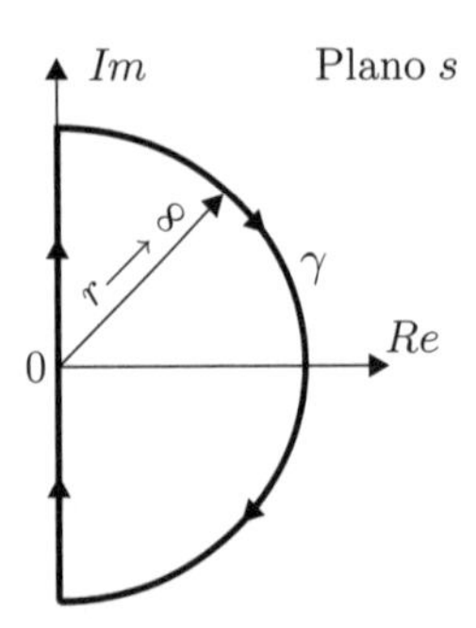

Figura 5.25 Contorno de Nyquist.

Seja Γ a curva representativa da imagem de $1 + G(s)H(s)$, calculada sobre a curva γ. Suponha que $1 + G(s)H(s)$ possua N_p polos no semiplano direito de s e que Γ envolva a origem N vezes no sentido horário. Pelo Princípio do Argumento, o número de zeros N_z envolvido por γ é

$$N_z = N + N_p . \tag{5.88}$$

Como N_z é o número de polos de malha fechada no semiplano direito do plano s, então o sistema (5.84) é estável se e somente se $N_z = 0$, ou seja,

$$N = -N_p , \tag{5.89}$$

que é o critério de estabilidade de Nyquist.

Geralmente, desenha-se a curva de $G(s)H(s)$ em vez de $1 + G(s)H(s)$. Nesse caso, o número de envolvimentos da origem do plano $1 + G(s)H(s)$ se transforma no número de envolvimentos do ponto $-1 + j0$ do plano $G(s)H(s)$.

Portanto, o critério de estabilidade de Nyquist pode ser enunciado assim:

Um sistema em malha fechada é estável se e somente se o número de envolvimentos do ponto $-1+j0$ pela curva $G(s)H(s)$ no sentido anti-horário for igual ao número de polos de malha aberta com parte real positiva.

Se $G(s)H(s)$ não possuir polos no semiplano direito de s ($N_p = 0$), então, para que o sistema em malha fechada seja estável, a curva de $G(s)H(s)$ não deve envolver o ponto $-1 + j0$.

Se o número de polos de malha aberta com parte real positiva N_p for diferente de zero, então N é negativo. Com isso, o número de envolvimentos do ponto $-1 + j0$ deve ocorrer em sentido contrário, ou seja, no sentido anti-horário.

O traçado do diagrama polar de Nyquist é a imagem do eixo $s = j\omega$ do contorno de Nyquist da Figura 5.25 para $-\infty < \omega < \infty$.

Exemplo 5.5

Considere um sistema com a função de transferência de malha aberta

$$G(s)H(s) = \frac{10}{(s+1)(0{,}1s+1)}\,, \tag{5.90}$$

cujos polos são $s = -1$ e $s = -10$.

O módulo de $G(j\omega)H(j\omega)$ é dado por

$$|G(j\omega)H(j\omega)| = \frac{10}{\sqrt{\omega^2+1}\,\sqrt{0{,}01\omega^2+1}} \tag{5.91}$$

e a fase por

$$\angle G(j\omega H(j\omega) = -\arctan(\omega) - \arctan(0{,}1\omega)\,. \tag{5.92}$$

Na Tabela 5.8 são apresentados os valores do módulo e da fase de $G(j\omega)H(j\omega)$ para algumas frequências $0 \leq \omega < \infty$.

Tabela 5.8 Módulo e fase da função (5.90)

ω	0	0,5	1,3	3,2	10	100	∞
$\lvert G(j\omega)H(j\omega)\rvert$	10	8,93	6,05	2,84	0,70	0,01	0
$\angle G(j\omega)H(j\omega)$	0°	−29,43°	−59,84°	−90,39°	−129,29°	−173,72°	−180°

O contorno de Nyquist é apresentado na Figura 5.26, e o correspondente diagrama polar de Nyquist da função (5.90) para $-\infty < \omega < \infty$ é apresentado na Figura 5.27. O traçado do diagrama polar da Figura 5.27 é a imagem do eixo $j\omega$ do contorno de Nyquist. Já a semicircunferência de raio infinito no semiplano direito de s é mapeada na origem do diagrama polar de $G(j\omega)H(j\omega)$.

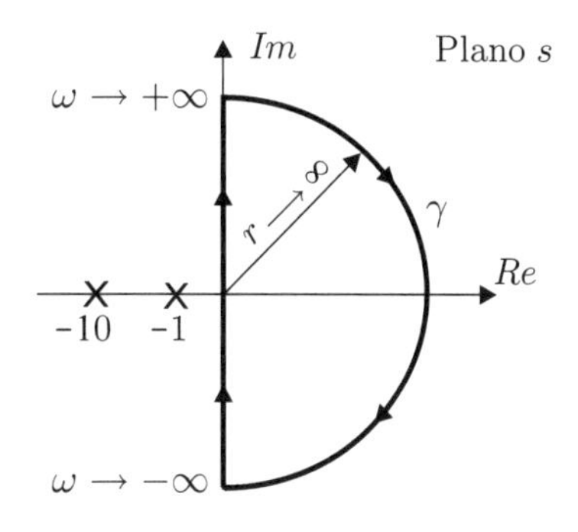

Figura 5.26 Contorno de Nyquist.

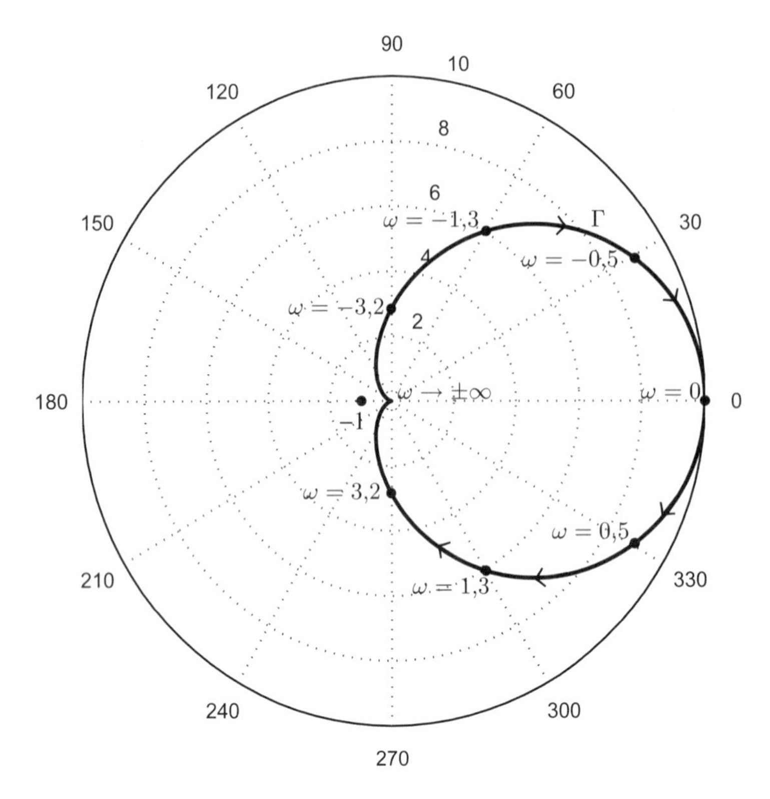

Figura 5.27 Diagrama polar de Nyquist da função (5.90).

O sistema em malha aberta (5.90) não possui polos no semiplano direito ($N_p = 0$). Conforme é mostrado na Figura 5.27, o diagrama polar de Nyquist não envolve o ponto $-1 + j0$ ($N = 0$). Portanto, conclui-se que o sistema em malha fechada é estável.

■

Exemplo 5.6

Considere um sistema com a função de transferência de malha aberta

$$G(s)H(s) = \frac{2}{(0{,}5s - 1)(0{,}1s + 1)}\,, \tag{5.93}$$

cujos polos são $s = +2$ e $s = -10$.

O módulo de $G(j\omega)H(j\omega)$ é dado por

$$|G(j\omega)H(j\omega)| = \frac{2}{\sqrt{0{,}25\omega^2 + 1}\,\sqrt{0{,}01\omega^2 + 1}} \tag{5.94}$$

e a fase por

$$\angle G(j\omega)H(j\omega) = 180^\circ + \arctan(0{,}5\omega) - \arctan(0{,}1\omega)\,. \tag{5.95}$$

Na Tabela 5.9 são apresentados os valores do módulo e da fase de $G(j\omega)H(j\omega)$ para algumas frequências $0 \leq \omega < \infty$.

Tabela 5.9 Módulo e fase da função (5.93)

ω	0	1,6	3,2	12,2	∞
$\lvert G(j\omega)H(j\omega)\rvert$	2	1,5	1,0	0,2	0
$\angle G(j\omega)H(j\omega)$	180°	−150,4°	−139,8°	−150,0°	180°

O contorno de Nyquist é o mesmo da Figura 5.26. O diagrama polar de Nyquist da função (5.93) para $-\infty < \omega < \infty$ é apresentado na Figura 5.28. O traçado do diagrama polar é a imagem do eixo $j\omega$ do contorno de Nyquist. Já a semicircunferência de raio infinito, no semiplano direito de s do contorno de Nyquist, é mapeada num único ponto do diagrama polar, isto é, na origem.

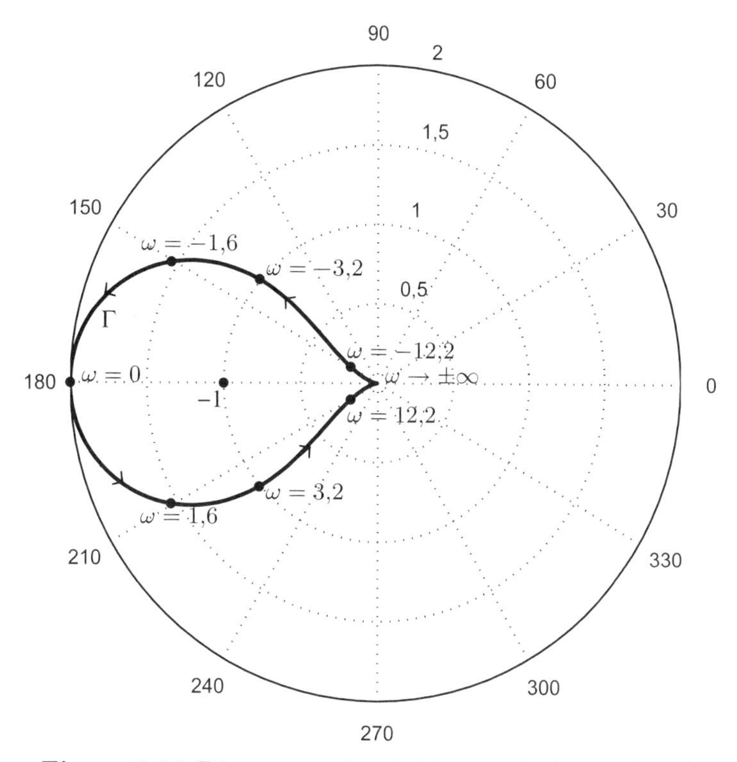

Figura 5.28 Diagrama polar de Nyquist da função (5.93).

O sistema em malha aberta (5.93) possui um polo no semiplano direito ($N_p = 1$). Como o diagrama polar envolve o ponto $-1 + j0$ uma vez no sentido anti-horário ($N = -N_p = -1$), então o sistema em malha fechada é estável.

■

Exemplo 5.7

Considere um servomecanismo com função de transferência de malha aberta

$$G(s)H(s) = \frac{k}{s(Ts+1)}, \tag{5.96}$$

cujos polos são $s = 0$ e $s = -1/T$, com $k > 0$ e $T > 0$.

O Princípio do Argumento pressupõe que o contorno de Nyquist γ não passe por polos de malha aberta. Caso a função de transferência $G(s)H(s)$ tenha polos sobre o eixo imaginário é preciso fazer um artifício para que a curva γ desvie desses polos. Isto é possível por meio de semicircunferências de raio ρ arbitrariamente pequeno no semiplano direito de s.

Como a função (5.96) possui um polo na origem, o contorno de Nyquist deve ter o aspecto da Figura 5.29 (a). Para desenhar o diagrama polar de Nyquist é preciso analisar o percurso de Nyquist em cada trecho do seu contorno.

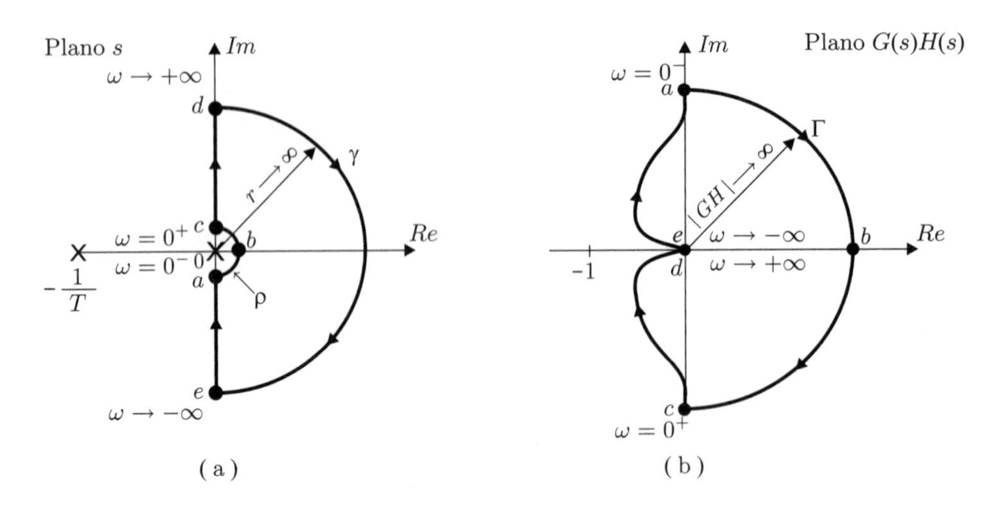

Figura 5.29 (a) Contorno de Nyquist. (b) Diagrama polar.

• trecho $\overline{abc}$: representa a pequena semicircunferência de raio ρ em torno do polo na origem no contorno de Nyquist, ou seja,

$$s = \rho e^{j\phi} \text{ para } -90^o \le \phi \le 90^o \,. \tag{5.97}$$

O mapeamento de $G(s)H(s)$ para $\rho \to 0$ é

$$\lim_{\rho \to 0} G(s)H(s) = \lim_{\rho \to 0} \frac{k}{\rho e^{j\phi}(T\rho e^{j\phi} + 1)} \cong \lim_{\rho \to 0} \frac{k}{\rho e^{j\phi}} \cong \lim_{\rho \to 0} \frac{k}{\rho} e^{-j\phi} \,. \tag{5.98}$$

Portanto, para $\rho \to 0$ o módulo de $G(j\omega)H(j\omega)$ tende a infinito. Como a fase ϕ varia de -90° a $+90^o$, a fase de $G(j\omega)H(j\omega)$ varia de $+90^o$ a -90° no diagrama polar. O trecho $\overline{abc}$ correspondente no diagrama polar é mostrado na Figura 5.29 (b).

• trecho $\overline{cd}$: a frequência varia de $\omega = 0^+$ a $\omega = +\infty$. Substituindo s por $j\omega$ na Equação (5.96) o módulo de $G(j\omega)H(j\omega)$ é dado por

$$|G(j\omega)H(j\omega)| = \frac{k}{\omega\sqrt{(\omega T)^2 + 1}} \tag{5.99}$$

e a fase é dada por

$$\angle G(j\omega)H(j\omega) = -90^o - \arctan(\omega T) \,. \tag{5.100}$$

Assim,
para $\omega = 0^+ \Rightarrow |G(j\omega)H(j\omega)| \to \infty$ e $\angle G(j\omega)H(j\omega) = -90^o$ e
para $\omega \to +\infty \Rightarrow |G(j\omega)H(j\omega)| = 0$ e $\angle G(j\omega)H(j\omega) = -180^o$.

Portanto, o trecho $\overline{cd}$ do contorno de Nyquist é mapeado no trecho que vai do ponto c até a origem no diagrama polar.

• trecho $\overline{de}$: a frequência varia de $\omega = +\infty$ a $\omega = -\infty$. Neste caso, $|G(j\omega)H(j\omega)| = 0$ e o mapeamento corresponde a um único ponto, que é a origem do diagrama polar.

• trecho $\overline{ea}$: a frequência varia de $\omega = -\infty$ a $\omega = 0^-$. Como $G(s)H(s)$ é uma função racional, o gráfico polar é simétrico com relação ao eixo real. Portanto, o trecho $\overline{ea}$ do contorno de Nyquist é mapeado no trecho que vai da origem até o ponto a no diagrama polar.

Logo, como o sistema em malha aberta (5.96) não possui polos no semiplano direito ($N_p = 0$) e como o diagrama polar de Nyquist da Figura 5.29 (b) não envolve o ponto $-1 + j0$ ($N = 0$), conclui-se que o sistema em malha fechada é estável. ■

Exemplo 5.8

Considere um sistema de posicionamento com um elemento de integração como, por exemplo, um motor elétrico ou hidráulico que tem a função de transferência de malha aberta

$$G(s)H(s) = \frac{k}{s(s+1)^2}, \tag{5.101}$$

cujos polos são $s = 0$, $s = -1$ (polo duplo). Como a função (5.101) tem um polo na origem, o contorno de Nyquist tem o formato da Figura 5.30.

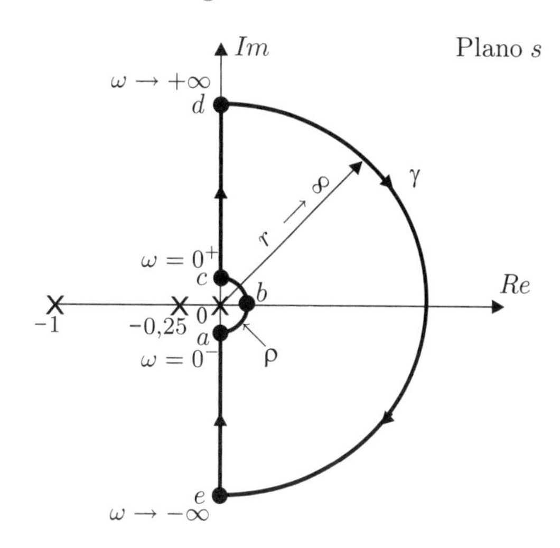

Figura 5.30 Contorno de Nyquist.

Para desenhar o diagrama polar de Nyquist é preciso analisar o percurso de Nyquist em cada trecho do seu contorno.

• trecho $\overline{abc}$: representa a pequena semicircunferência de raio ρ em torno do polo na origem no contorno de Nyquist, ou seja,

$$s = \rho e^{j\phi} \quad \text{para} \quad -90^{\circ} \leq \phi \leq 90^{\circ}. \tag{5.102}$$

O mapeamento de $G(s)H(s)$ para $\rho \to 0$ é

$$\lim_{\rho \to 0} G(s)H(s) = \lim_{\rho \to 0} \frac{k}{\rho e^{j\phi}(\rho e^{j\phi}+1)^2} \cong \lim_{\rho \to 0} \frac{k}{\rho e^{j\phi}} \cong \lim_{\rho \to 0} \frac{k}{\rho} e^{-j\phi}. \tag{5.103}$$

Portanto, para $\rho \to 0$ o módulo de $G(j\omega)H(j\omega)$ tende a infinito. Como a fase ϕ varia de -90° a $+90^{\circ}$, a fase de $G(j\omega)H(j\omega)$ varia de $+90^{\circ}$ a -90° no diagrama polar. O trecho $\overline{abc}$ correspondente no diagrama polar é mostrado na Figura 5.31.

• trecho $\overline{cd}$: a frequência varia de $\omega = 0^+$ a $\omega = +\infty$. Substituindo s por $j\omega$ na Equação (5.101), obtém-se

$$G(j\omega)H(j\omega) = \frac{k}{j\omega(j\omega+1)^2} = \frac{k}{-2\omega^2 + j(\omega - \omega^3)} = -\frac{k}{\omega}\left(\frac{2\omega + j(1-\omega^2)}{\omega^4 + 2\omega^2 + 1}\right). \tag{5.104}$$

O módulo de $G(j\omega)H(j\omega)$ é dado por

$$|G(j\omega)H(j\omega)| = \frac{k}{\omega(\omega^2+1)} \tag{5.105}$$

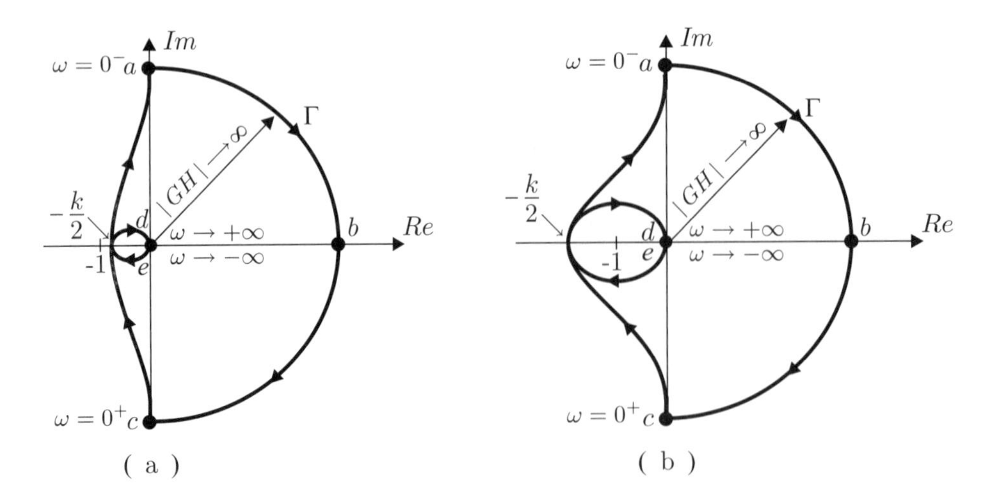

Figura 5.31 Diagrama polar de Nyquist. (a) Estável $k < 2$. (b) Instável $k > 2$.

e a fase é dada por

$$\angle G(j\omega)H(j\omega) = -90^o - 2\arctan(\omega)\ . \tag{5.106}$$

Assim,

para $\omega = 0^+ \Rightarrow |G(j\omega)H(j\omega)| \to \infty$ e $\angle G(j\omega)H(j\omega) = -90^o$ e
para $\omega \to +\infty \Rightarrow |G(j\omega)H(j\omega)| = 0$ e $\angle G(j\omega)H(j\omega) = -270^o$.

Portanto, o trecho $\overline{cd}$ do contorno de Nyquist é mapeado no trecho que vai do ponto c até a origem no diagrama polar. Para que a fase de $G(j\omega)H(j\omega)$ seja -270° em $\omega \to +\infty$, o diagrama polar deve cruzar o eixo real. No ponto de cruzamento a parte imaginária de $G(j\omega)H(j\omega)$ é zero. Da Equação (5.104) verifica-se que isso ocorre para $\omega = 1$. Com isso, o ponto de cruzamento com o eixo real ocorre em

$$-\frac{k}{\omega}\left(\frac{2\omega}{\omega^4 + 2\omega^2 + 1}\right) = -\frac{k}{2}\ . \tag{5.107}$$

Como o sistema em malha aberta (5.101) não possui polos no semiplano direito ($N_p = 0$), para que o sistema em malha fechada seja estável $N = -N_p = 0$, ou seja, o diagrama de Nyquist não deve envolver o ponto $-1 + j0$ (Figura 5.31 (a)). Isso ocorre desde que

$$-\frac{k}{2} > -1 \Rightarrow k < 2\ . \tag{5.108}$$

Conforme a Figura 5.31 (b), para $k > 2$ o diagrama de Nyquist envolve duas vezes ($N = 2$) no sentido horário o ponto $-1 + j0$. Com isso, o sistema em malha fechada terá 2 polos no semiplano direito ($N_z = 2$) e será instável. Para $k = 2$, o diagrama cruza o eixo real exatamente no ponto $-1 + j0$, sendo também instável.

- trecho $\overline{de}$: a frequência varia de $\omega = +\infty$ a $\omega = -\infty$. Neste caso $|G(j\omega)H(j\omega)| = 0$ e o mapeamento corresponde a um único ponto, que é a origem do diagrama polar.

- trecho $\overline{ea}$: a frequência varia de $\omega = -\infty$ a $\omega = 0^-$. Como o diagrama polar deve ser simétrico com relação ao eixo real, o trecho $\overline{ea}$ do contorno de Nyquist é mapeado no trecho que vai da origem até o ponto a no diagrama polar.

■

5.8 Margens de estabilidade

As principais vantagens em estudar a estabilidade de um sistema a partir da sua resposta em frequência são:

• pode ser aplicada tanto para a função de transferência calculada como para a resposta em frequência medida experimentalmente, que muitas vezes é mais fácil de ser obtida;

• fornece uma indicação de margens de segurança nos sistemas estáveis em malha fechada, tais como variações máximas no ganho CC ou em quaisquer parâmetros, que o sistema tolera sem perder a estabilidade;

• sugere modificações no sistema para evitar a instabilidade ou melhorar o desempenho;

• generalidade, que permite analisar sistemas com funções de transferências com atrasos puros e sistemas com múltiplas malhas.

Sinteticamente, as margens de estabilidade são medidas da distância do diagrama de Nyquist até o ponto $-1 + j0$. Essas medidas são a margem de ganho MG e a margem de fase MF.

A margem de ganho MG indica quantas vezes o módulo da função de transferência de um sistema em malha aberta, na frequência ω em que a fase é -180°, deve ser aumentado ou diminuído para que o diagrama de Nyquist passe pelo ponto crítico $-1 + j0$, ou seja,

$$MG = \frac{1}{|G(j\omega)H(j\omega)|} \text{ na frequência } \omega \text{ em que } \angle G(j\omega)H(j\omega) = -180^o \; . \tag{5.109}$$

Na Figura 5.32 estão representadas partes dos diagramas polares de sistemas em malha aberta de fase mínima e que não têm polos no semiplano direito de s. Para esta classe de sistemas, apenas, pode-se concluir que para $|G(j\omega)H(j\omega)| < 1$ (Figura 5.32 (a)) o sistema em malha fechada é estável, pois o diagrama polar não irá envolver o ponto $-1 + j0$. Porém, para $|G(j\omega)H(j\omega)| > 1$ (Figura 5.32 (b)) o sistema em malha fechada é instável, pois o diagrama polar irá envolver o ponto $-1 + j0$.

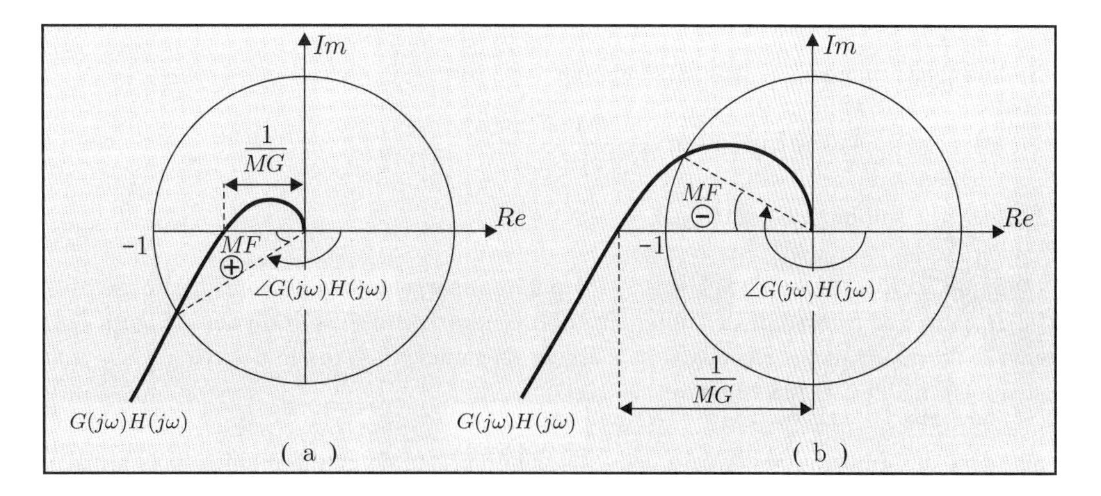

Figura 5.32 (a) Sistema em malha fechada estável. (b) Sistema em malha fechada instável.

A margem de fase MF indica quanto a fase de um sistema em malha aberta, na frequência em que o módulo é igual a 1, deve ser variada para que o diagrama de Nyquist passe pelo ponto crítico $-1 + j0$, ou seja,

$$MF = 180^{\circ} + \angle G(j\omega)H(j\omega) \text{ na frequência } \omega \text{ em que } |G(j\omega)H(j\omega)| = 1\,. \tag{5.110}$$

De acordo com a Figura 5.32 (a) o sistema em malha fechada é estável se $MF > 0$, e de acordo com a Figura 5.32 (b) é instável se $MF \leq 0$.

Para sistemas de malha aberta estáveis as margens de estabilidade também podem ser medidas nos diagramas de Bode, conforme é mostrado na Figura 5.33. Neste caso a margem de ganho é expressa em decibéis no gráfico do módulo.

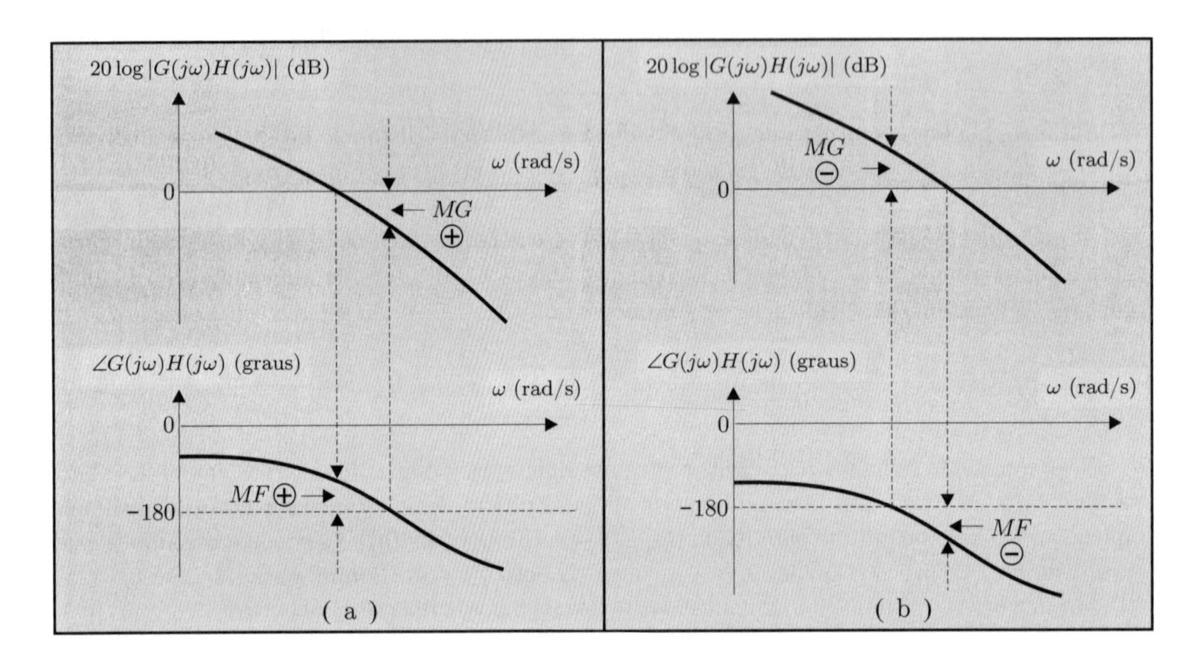

Figura 5.33 (a) Sistema em malha fechada estável. (b) Sistema em malha fechada instável.

Em decibéis a margem de ganho é dada por

$$MG \text{ (dB)} = 20 \log \frac{1}{|G(j\omega)H(j\omega)|} = -20 \log |G(j\omega)H(j\omega)|\,, \tag{5.111}$$

na frequência ω em que $\angle G(j\omega)H(j\omega) = -180^{\circ}$.

Da Equação (5.111), se $|G(j\omega)H(j\omega)| < 1$ então a margem de ganho em (dB) é positiva, e se $|G(j\omega)H(j\omega)| > 1$ a margem de ganho em (dB) é negativa. De acordo com a Figura 5.33, um sistema é estável em malha fechada se as margens de ganho e fase forem positivas. Caso contrário o sistema em malha fechada é instável.

Sistemas de primeira e segunda ordens possuem margem de ganho infinita, pois a fase nunca atinge -180°.

Para sistemas de malha aberta instáveis recomenda-se que a análise de estabilidade seja realizada por meio de um diagrama polar de Nyquist completo, verificando-se o número de envolvimentos do ponto $(-1 + j0)$, pois esta informação é difícil de ser extraída a partir dos diagramas de Bode.

5.9 Resposta em frequência da malha fechada

Considere um sistema ideal em malha fechada com realimentação unitária ($H(s) = 1$), conforme representado na Figura 5.34.

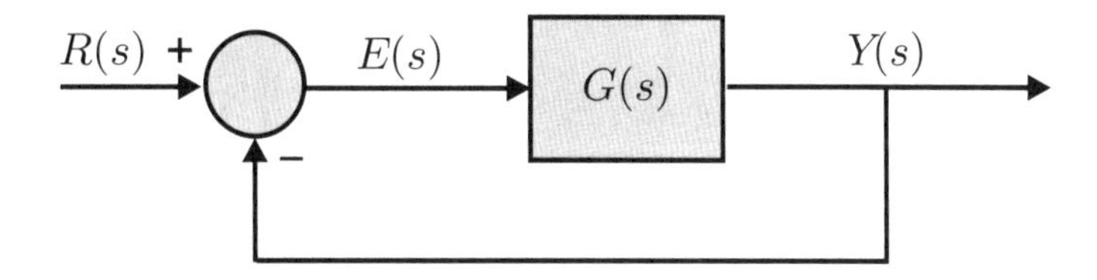

Figura 5.34 Sistema em malha fechada com realimentação unitária.

Supondo que $G(s)$ é de fase mínima e não tem polos no semiplano direito de s, então parte do diagrama polar de Nyquist pode ser representado de acordo com a Figura 5.35.

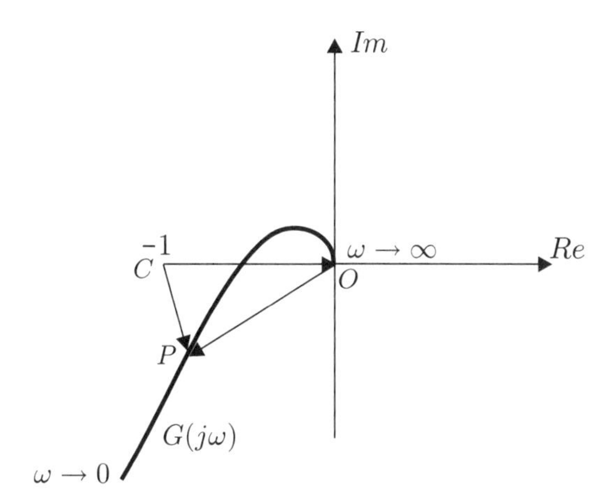

Figura 5.35 Diagrama polar de $G(j\omega)$.

De acordo com a Figura 5.35, o vetor $\overrightarrow{OP}$ representa o número complexo $G(j\omega)$ e $\overrightarrow{CP}$ é o vetor de $1 + G(j\omega)$ em cada frequência ω.

São bastante úteis as seguintes expressões

$$\frac{Y(j\omega)}{R(j\omega)} = \frac{G(j\omega)}{1+G(j\omega)} = \frac{\overrightarrow{OP}}{\overrightarrow{CP}}, \quad (5.112)$$

$$\frac{E(j\omega)}{R(j\omega)} = \frac{1)}{1+G(j\omega)} = \frac{1}{\overrightarrow{CP}}. \quad (5.113)$$

De acordo com a Figura 5.35 e com as expressões (5.112) e (5.113), verifica-se que

- quanto mais perto do ponto $-1+j0$ passar $G(j\omega)$, maior será o pico da resposta de $Y(j\omega)/R(j\omega)$;
- quando $\omega \to \infty \Rightarrow G(j\omega) \to 0$. Logo, $Y(j\omega)/R(j\omega)$ tende a 0;
- quando $\omega \to 0 \Rightarrow G(j\omega) \to \infty$. Logo, $Y(j\omega)/R(j\omega)$ tende a 1;
- o erro atuante na frequência ω é inversamente proporcional à distância do ponto $-1 + j0$ ao ponto da curva de $G(j\omega)$.

5.9.1 Carta de Nichols

A resposta em frequência do sistema em malha fechada (5.112) também pode ser representada em termos de um módulo $M(\omega)$ e de uma fase $\alpha(\omega)$, ambos em função da frequência ω, ou seja,

$$\frac{Y(j\omega)}{R(j\omega)} = \frac{G(j\omega)}{1+G(j\omega)} = M(\omega)\, e^{j\alpha(\omega)} . \tag{5.114}$$

Considerando que

$$G(j\omega) = x + jy , \tag{5.115}$$

então, o módulo $M(\omega)$ da expressão (5.114) pode ser escrito como

$$M(\omega) = \left|\frac{G(j\omega)}{1+G(j\omega)}\right| = \left|\frac{x+jy}{1+x+jy}\right| = \sqrt{\frac{x^2+y^2}{(1+x)^2+y^2}} \tag{5.116}$$

ou

$$M^2(\omega) = \frac{x^2+y^2}{(1+x)^2+y^2} . \tag{5.117}$$

Rearranjando os termos da Equação (5.117), obtém-se

$$y^2 + \left(x - \frac{M^2(\omega)}{1-M^2(\omega)}\right)^2 = \left(\frac{M(\omega)}{1-M^2(\omega)}\right)^2 . \tag{5.118}$$

A expressão (5.118) representa a equação de uma circunferência com centro no ponto

$$x_0 = \frac{M^2(\omega)}{1-M^2(\omega)} , \quad y_0 = 0$$

e com raio

$$r = \left|\frac{M(\omega)}{1-M^2(\omega)}\right| .$$

Fixando valores constantes para $M(\omega)$, diversas famílias de circunferências podem ser desenhadas no plano $G(j\omega) = x + jy$.

Análise semelhante pode ser feita para a obtenção de famílias de curvas para $\alpha(\omega)$ constante. Assim, da Equação (5.114) tem-se que

$$\alpha(\omega) = \angle\left(\frac{G(j\omega)}{1+G(j\omega)}\right) = \angle\left(\frac{x+jy}{1+x+jy}\right) = \arctan\left(\frac{y}{x}\right) - \arctan\left(\frac{y}{1+x}\right) . \tag{5.119}$$

Aplicando a tangente nos dois membros da Equação (5.119), obtém-se

$$N(\omega) \;=\; \tan\alpha(\omega) = \frac{\frac{y}{x} - \frac{y}{1+x}}{1 + \frac{y}{x}\frac{y}{(1+x)}} = \frac{y}{x^2+x+y^2} . \tag{5.120}$$

Rearranjando os termos da Equação (5.120), obtém-se

$$\left(y - \frac{1}{2N(\omega)}\right)^2 + \left(x + \frac{1}{2}\right)^2 = \frac{N^2(\omega)+1}{4N^2(\omega)} . \tag{5.121}$$

A expressão (5.121) representa a equação de uma circunferência com centro no ponto

$$x_0 = -\frac{1}{2} \quad , \quad y_0 = \frac{1}{2N(\omega)}$$

e com raio

$$r = \frac{\sqrt{N^2(\omega)+1}}{2N(\omega)} \, .$$

Fixando valores constantes para $N(\omega)$, diversas famílias de circunferências podem ser desenhadas no plano $G(j\omega)$. Como os pontos $(0\,,0)$ e $(-1\,,0)$ são soluções da Equação (5.121), então todas as circunferências para $N(\omega)$ constante passam através da origem e do ponto $-1+j0$.

Nos projetos de realimentação é importante prever a resposta em frequência da malha fechada (5.114) a partir da resposta em frequência da malha aberta $G(j\omega)$. Para isso, Nichols desenvolveu uma carta muito eficiente, em cujo eixo das abscissas é representada a fase de $G(j\omega)$ e em cujo eixo das ordenadas é representado o módulo de $G(j\omega)$. Nela foram desenhadas famílias de circunferências associadas a $M(\omega)$ constante e a $\alpha(\omega)$ constante. Plotando a curva de $G(j\omega)$ sobre essa carta é possível ler imediatamente nas intersecções com as curvas os valores do módulo $M(\omega)$ e da fase $\alpha(\omega)$ da função de transferência de malha fechada. A carta de Nichols está apresentada na Figura 5.37 e serve para qualquer função de transferência de malha aberta.

Considere agora o caso de realimentação não unitária da Figura 5.36 em que $H(j\omega) \neq 1$. Neste caso o cálculo da resposta em frequência de malha fechada $Y(j\omega)/R(j\omega)$ pode ser feito por meio dos seguintes passos:

i) desenhar os gráficos de Bode de $G(j\omega)H(j\omega)$;

ii) transportar a informação do item a) para a carta de Nichols e obter $\overline{Y}(j\omega)/R(j\omega)$;

iii) construir os gráficos de Bode de $\overline{Y}(j\omega)/R(j\omega)$;

iv) somar ao resultado do item c) às curvas de Bode de $1/H(j\omega)$.

(a)

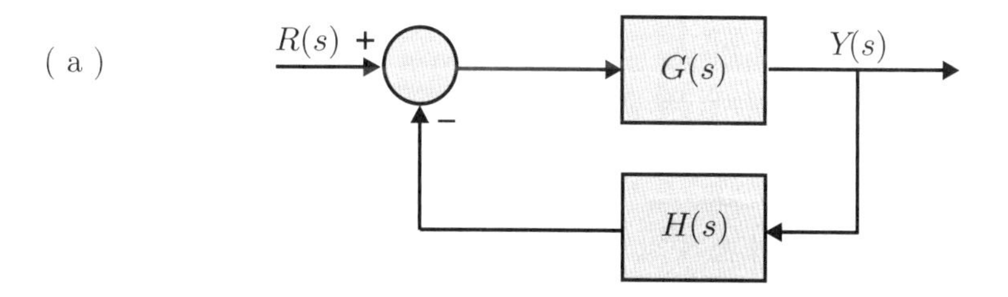

(b)

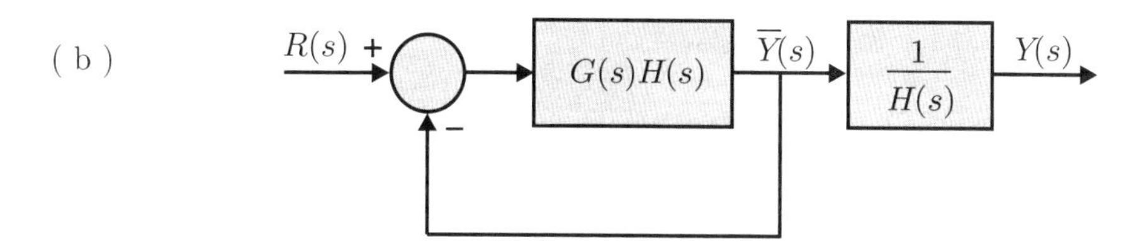

Figura 5.36 (a) Diagrama de blocos de um sistema com realimentação não unitária. (b) Diagrama de blocos equivalente.

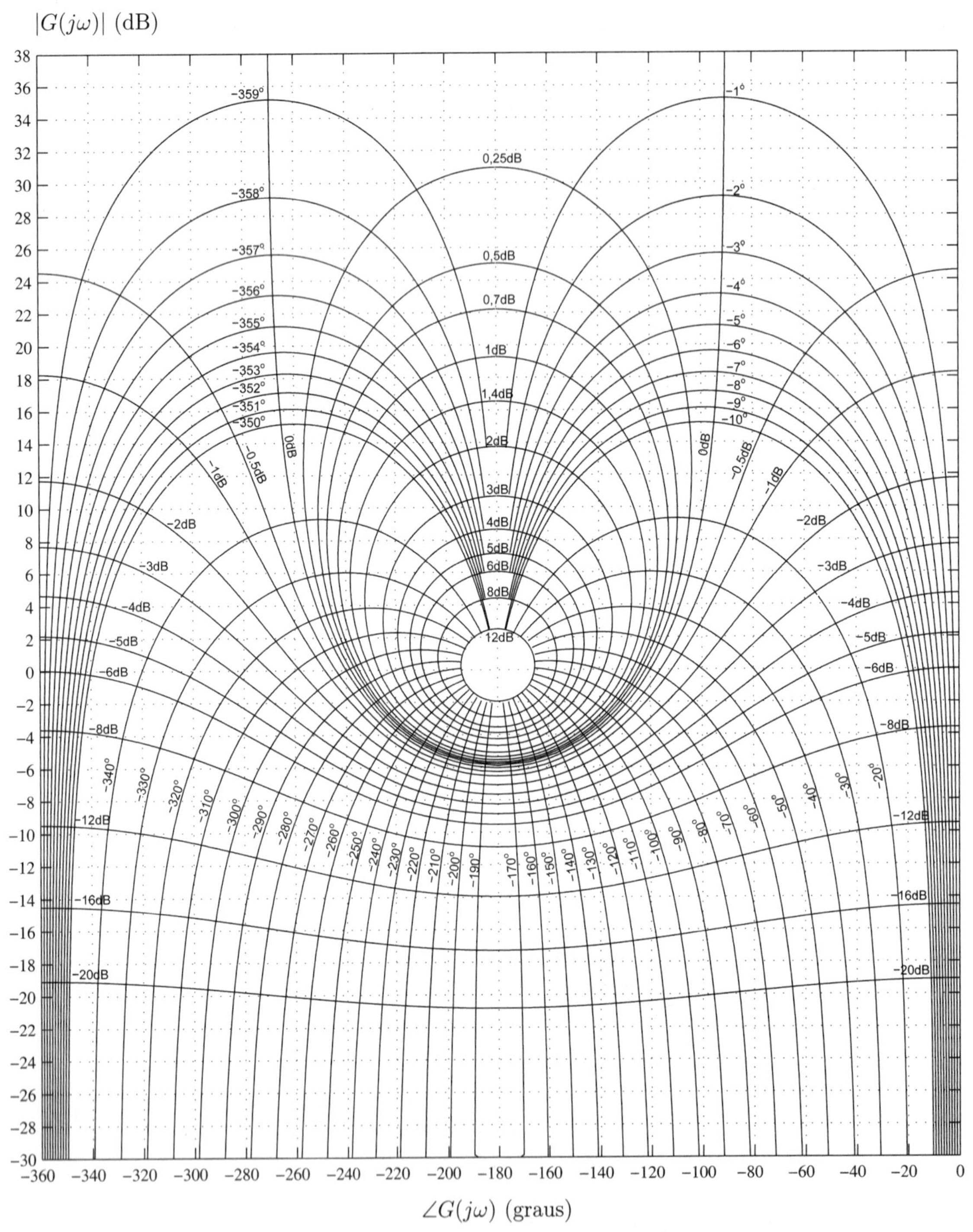

Linhas com ganho constante: $20 \log \left| \frac{G(j\omega)}{1+G(j\omega)} \right|$ (dB)

Linhas com fase constante: $\angle \left(\frac{G(j\omega)}{1+G(j\omega)} \right)$ (graus)

Figura 5.37 Carta de Nichols.

Exemplo 5.9

Foi realizada experimentalmente a resposta em frequência de um sistema em malha aberta. Para cada frequência ω foram medidos o módulo e a fase de $G(j\omega)$, que estão apresentados na Tabela 5.10.

Tabela 5.10 Resposta em frequência de um sistema em malha aberta $G(j\omega)$

ω	0,13	0,18	0,25	0,42	0,6	0,78	1	1,35	1,87	4,2
$\lvert G(j\omega)\rvert$ (dB)	15,3	12,3	9,3	3,8	−0,5	−4,3	−8,4	−13,9	−20,7	−40
$\angle G(j\omega)$ (graus)	−105	−110	−118	−135	−152	−166	−180	−197	−214	−243

Deseja-se obter a resposta em frequência do sistema em malha fechada com realimentação unitária determinando os valores da margem de ganho MG, da margem de fase MF, do pico de ressonância M_r e de sua frequência ω_r.

Alocando os pontos da Tabela 5.10 na carta de Nichols, pode-se ler diretamente da carta a resposta em frequência do sistema em malha fechada cujos pontos são apresentados na Tabela 5.11.

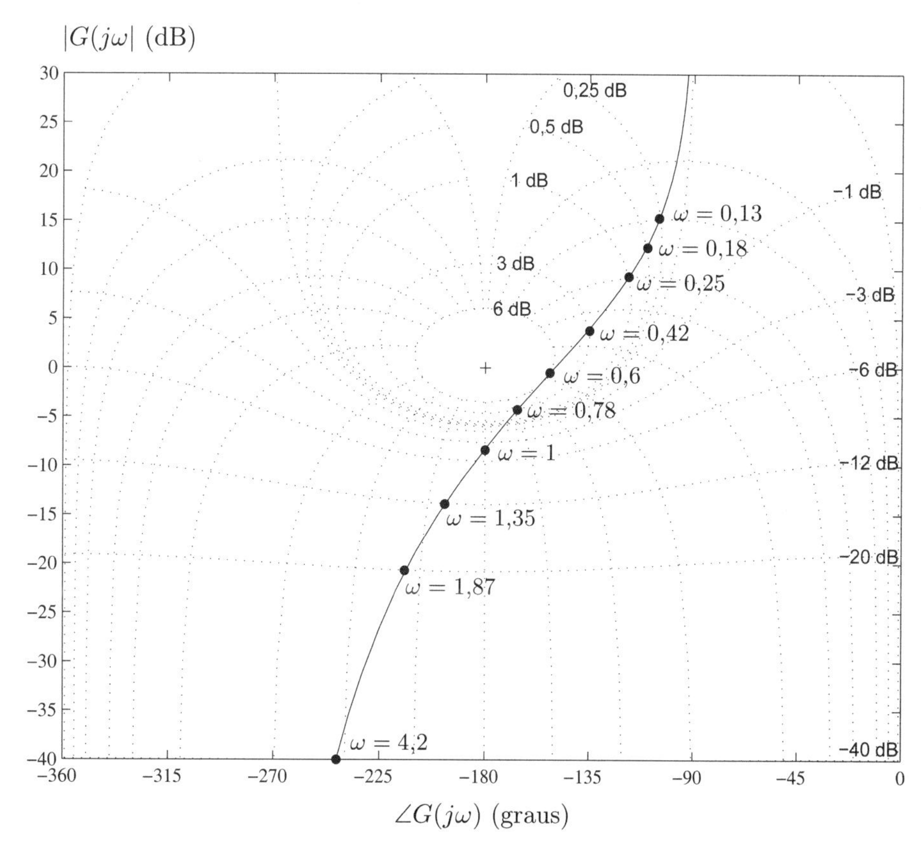

Figura 5.38 Carta de Nichols para os dados da Tabela 5.10.

Tabela 5.11 Resposta em frequência do sistema em malha fechada $\frac{G(j\omega)}{1+G(j\omega}$

ω	0,13	0,18	0,25	0,42	0,6	0,78	1	1,35	1,87	4,2
$\left\lvert\frac{G(j\omega)}{1+G(j\omega)}\right\rvert$ (dB)	0,25	0,5	1	3	6	3	−4	−12	−20	−40
$\angle\left(\frac{G(j\omega)}{1+G(j\omega)}\right)$ (graus)	−10	−14	−20	−40	−85	−145	−180	−201	−217	−244

Os gráficos de Bode do sistema em malha fechada, construídos a partir da Tabela 5.11, estão apresentados na Figura 5.39.

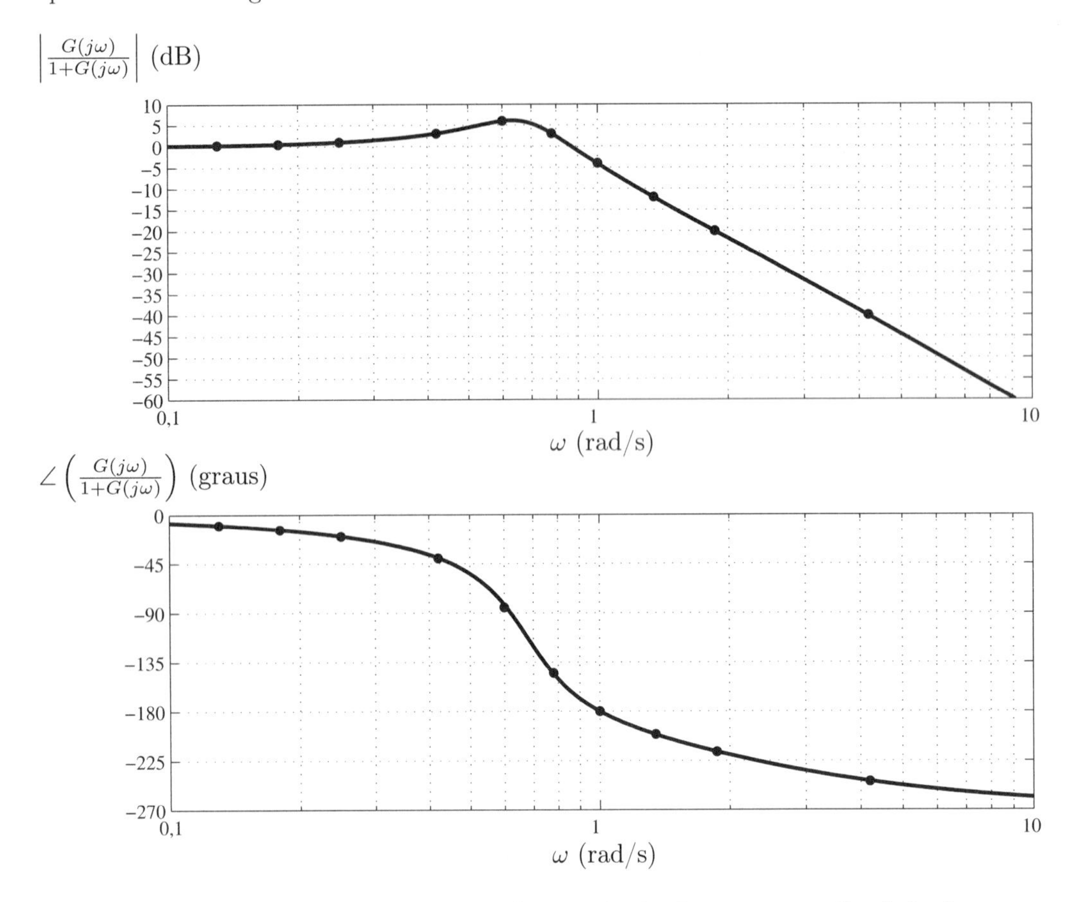

Figura 5.39 Resposta em frequência do sistema em malha fechada.

A margem de ganho MG corresponde a menos o ganho de malha aberta em (dB) na frequência em que a fase de malha aberta vale -180°. Já a margem de fase MF corresponde a 180° mais a fase de malha aberta na frequência em que o módulo de malha aberta vale 0 dB. Os valores aproximados são $MG \cong 8{,}4$ e $MF \cong 30^o$.

O pico de ressonância M_r corresponde ao maior ganho da resposta em frequência do sistema em malha fechada. Da Figura 5.39 tem-se que $M_r \cong 6\,\text{dB}$ e ocorre na frequência $\omega_r \cong 0{,}6$ rad/s. Na carta de Nichols o pico de ressonância corresponde ao ponto em que a curva de malha fechada é tangente à curva de ganho máximo da carta.

■

5.10 Banda passante e frequência de corte

A banda passante, ou faixa de passagem, é a faixa de frequências na qual um sistema $G(j\omega)$ é capaz de responder substancialmente à excitação dos sinais de entrada. Esta faixa é limitada pela frequência de corte ω_c do sistema.

A frequência de corte ω_c é definida como aquela em que o ganho cai a $1/\sqrt{2}$ (71%) do ganho em baixas frequências, que corresponde à transmissão de 50% da potência. Em decibéis este valor corresponde a $-3\,\text{dB}$. A frequência de corte fornece uma fronteira adequada para a supressão de ruídos de altas frequências por meio de filtros. Tais ruídos estão presentes na maioria dos atuadores e instrumentos de medição dos processos.

A banda passante e a frequência de corte estão indicadas na Figura 5.40.

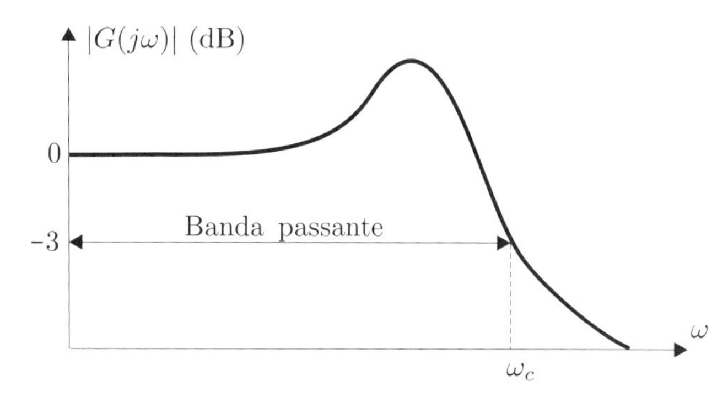

Figura 5.40 Banda passante e frequência de corte.

Exemplo 5.10

Considere dois sistemas de primeira ordem com função de transferência

$$G_1(s) = \frac{1}{s+1} \quad \text{e} \quad G_2(s) = \frac{1}{2s+1}\ .$$

As respostas em frequência destes dois sistemas estão apresentadas na Figura 5.41 (a). Note que o sistema $G_1(s)$ tem uma banda passante maior ($\omega_c = 1$), pois o seu polo está localizado em $s = -1$, enquanto o sistema $G_2(s)$ tem uma banda passante menor ($\omega_c = 0{,}5$), pois o seu polo está localizado em $s = -0{,}5$. Com isso, a resposta ao degrau unitário do sistema $G_1(s)$ é mais rápida que a do sistema $G_2(s)$. Isso é o que pode ser verificado na Figura 5.41 (b) por meio das saídas $y_1(t)$ e $y_2(t)$ dos sistemas $G_1(s)$ e $G_2(s)$, respectivamente.

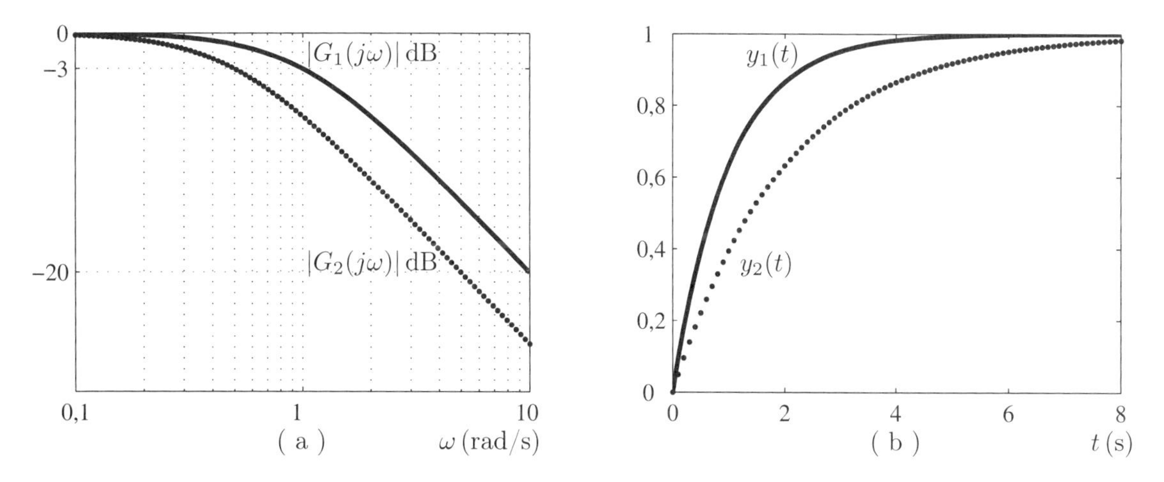

Figura 5.41 (a) Resposta em frequência. (b) Resposta ao degrau unitário.

■

5.11 Compensação por meio da resposta em frequência

Um dos famosos teoremas de Bode prova que em cada frequência a fase de um sistema linear qualquer de fase mínima é calculada por meio de uma integral da derivada da função módulo sobre todas as frequências. Mas há também no integrando uma função ponderadora que dá peso dominante à derivada nas décadas frequenciais em torno da frequência em que se calcula a fase.

Assim, se a derivada se conserva perto de $-20\,\text{dB/década}$, em torno da frequência em que o ganho é $0\,\text{dB}$, a fase resulta perto de -90°. Como essa defasagem garante margem de fase positiva e, portanto, a estabilidade do sistema em malha fechada, resulta uma orientação simples e eficaz de como projetar um sistema estável. Para isso, basta introduzir elementos dinâmicos na malha aberta de modo que a curva de Bode do módulo caia à taxa de aproximadamente $-20\,\text{dB/década}$.

Devido ao objetivo de "equalizar" a declividade da curva de ganho em $-20\,\text{dB/década}$, aqueles elementos dinâmicos introduzidos consistem em um equalizador. A compensação por meio de diagramas de Bode também pode ser chamada de "equalização".

Se a inclinação da curva de módulo nas proximidades da frequência de cruzamento da linha de $0\,\text{dB}$ for de $-60\,\text{dB/década}$, então o sistema em malha fechada é instável pois a fase do sistema nas proximidades dessa frequência vai necessariamente ser bem menor que -180°. Se a curva de módulo tiver uma inclinação de $-40\,\text{dB/década}$, então o sistema em malha fechada pode ser estável ou instável com pequenas margens de estabilidade.

A compensação por meio da resposta em frequência é indicada quando as especificações de resposta do sistema são fornecidas em termos das margens de estabilidade (ganho e fase) e do erro no estado estacionário, com a vantagem de que a restrição de erro estacionário é mais fácil de ser implementada no domínio da frequência do que por meio da técnica do lugar das raízes.

5.11.1 Compensação por avanço de fase

A compensação por avanço de fase (*phase lead*) por meio da resposta em frequência visa aumentar a margem de fase, reduzindo por conseguinte o sobressinal da resposta transitória. Além disso, a compensação aumenta a banda passante, tornando a resposta transitória mais rápida. O bloco típico de um compensador por avanço de fase tem a função de transferência

$$G_c(s) = k\left(\frac{Ts+1}{aTs+1}\right), \text{ com } 0 < a < 1\,. \tag{5.122}$$

O diagrama de polos e zeros de um compensador por avanço de fase é apresentado na Figura 5.42. O zero do compensador $-1/T$ deve estar localizado mais próximo do eixo imaginário, quando comparado ao polo $-1/(aT)$.

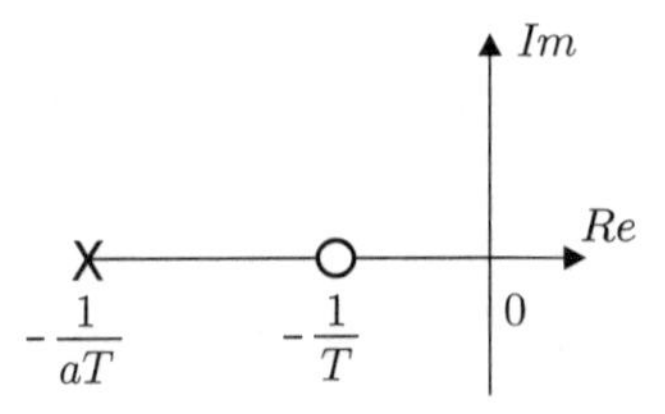

Figura 5.42 Diagrama de polos e zeros de um compensador por avanço de fase.

Os diagramas de Bode do compensador (5.122) estão apresentados na Figura 5.43. Note que o compensador possui fase positiva em todas as frequências. Daí a designação de avanço de fase. Com este compensador a fase sofre um acréscimo significativo apenas nas proximidades da frequência ω_m. Já o ganho é menor em baixas frequências e maior em altas frequências.

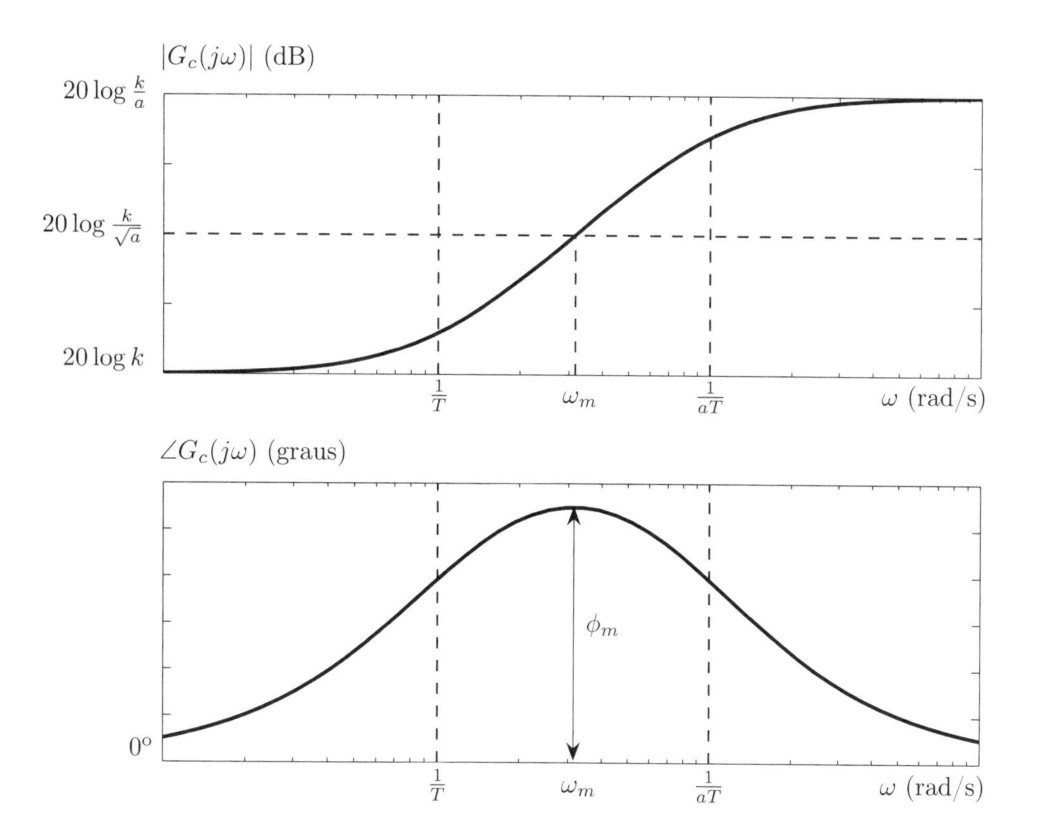

Figura 5.43 Diagramas de Bode do compensador por avanço de fase $G_c(s)$.

Da Equação (5.122), tem-se que a fase ϕ de $G_c(j\omega)$ é dada por

$$\phi = \arctan(\omega T) - \arctan(a\omega T)\ . \tag{5.123}$$

Derivando a Equação (5.123) com relação a ω e igualando a zero pode-se encontrar a frequência ω_m onde ocorre a máxima fase ϕ_m de $G_c(j\omega)$, ou seja,

$$\left.\frac{d\phi}{d\omega}\right|_{\omega=\omega_m} = \frac{T}{1+\omega^2T^2} - \frac{aT}{1+a^2\omega^2T^2} = 0 \Rightarrow \omega_m = \frac{1}{\sqrt{a}\,T}\ . \tag{5.124}$$

Na frequência ω_m tem-se que

$$G_c(j\omega_m) = k\left(\frac{Tj\omega_m+1}{aTj\omega_m+1}\right) = k\left(\frac{\frac{j}{\sqrt{a}}+1}{\frac{ja}{\sqrt{a}}+1}\right)\ . \tag{5.125}$$

Assim, o módulo de $G_c(j\omega_m)$ é dado por

$$|G_c(j\omega_m)| = \frac{k}{\sqrt{a}}\ , \tag{5.126}$$

e a fase por

$$\phi_m = \arctan\left(\frac{1}{\sqrt{a}}\right) - \arctan\left(\frac{a}{\sqrt{a}}\right)\ . \tag{5.127}$$

ou

$$\tan(\phi_m) = \frac{\frac{1}{\sqrt{a}} - \frac{a}{\sqrt{a}}}{1+\frac{1}{\sqrt{a}}\frac{a}{\sqrt{a}}} = \frac{1-a}{2\sqrt{a}} \Rightarrow \operatorname{sen}(\phi_m) = \frac{1-a}{1+a}\ . \tag{5.128}$$

Exemplo 5.11

Considere a função de transferência de um motor de corrente contínua cuja função de transferência é dada por

$$G(s) = \frac{\Theta(s)}{E_a(s)} = \frac{5}{s(s+1)}\,, \tag{5.129}$$

sendo $\Theta(s)$ e $E_a(s)$ as transformadas de Laplace da posição angular do eixo e da tensão de armadura, respectivamente.

Os gráficos de Bode do sistema (5.129) são apresentados na Figura 5.44. A margem de fase é medida na frequência $\omega \cong 2{,}1$ (rad/s) em que o ganho vale 0 (dB) e vale $MF \cong 25{,}2^{\circ}$. Já a margem de ganho é infinita, pois a curva de fase nunca atinge 180°.

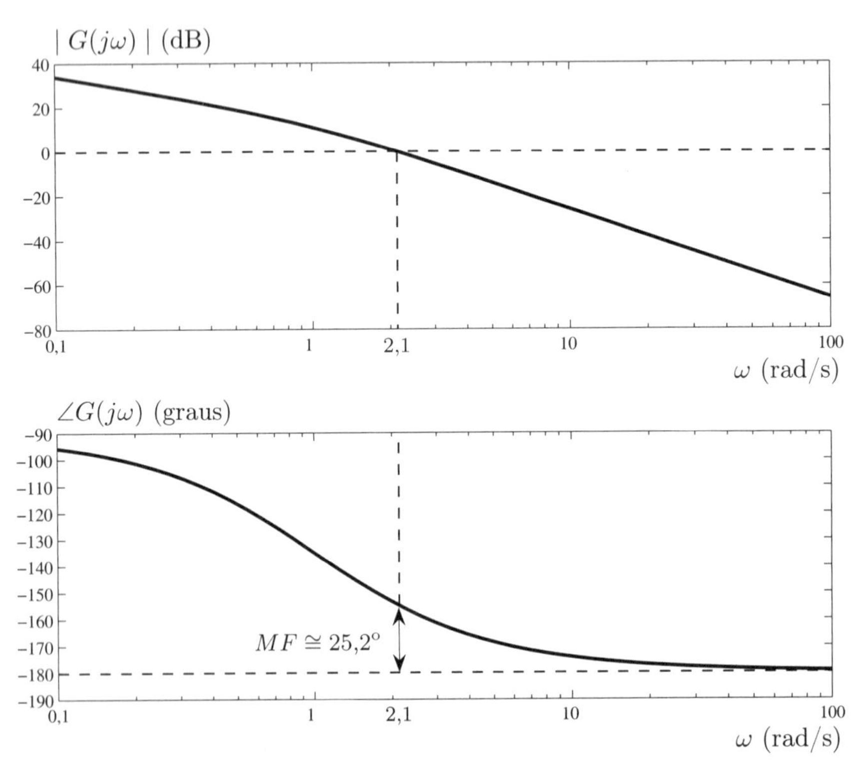

Figura 5.44 Gráficos de Bode do sistema $G(s)$.

O sistema em malha fechada com realimentação unitária é apresentado na Figura 5.45.

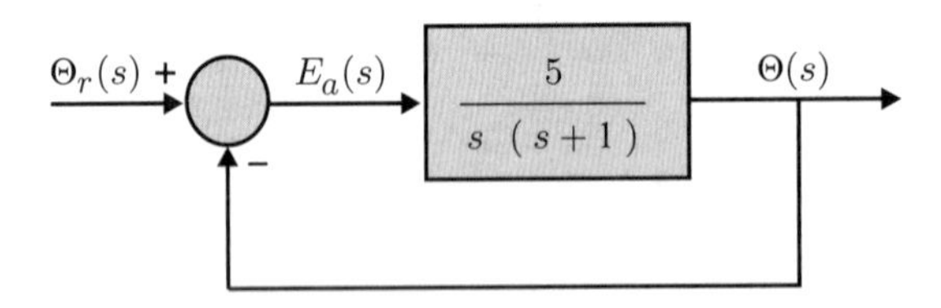

Figura 5.45 Diagrama de blocos do sistema em malha fechada sem compensador.

Aplicando-se uma rampa unitária na referência ($\theta_r(t) = t$) o erro no estado estacionário $e(\infty)$ vale

$$e(\infty) = \lim_{s\to 0} sE_a(s) = \lim_{s\to 0} s\left(\frac{1}{1+G(s)}\right)\frac{1}{s^2} = \lim_{s\to 0} \frac{1}{s+\frac{5}{s+1}} = 0{,}2\,. \tag{5.130}$$

Para melhorar a resposta do sistema deseja-se projetar um compensador $G_c(s)$, conforme representado na Figura (5.46), de modo que as seguintes especificações sejam satisfeitas:

- erro estacionário $e(\infty) = 0{,}02$ para entrada de referência do tipo rampa unitária;
- margem de fase $MF \cong 50^o$.

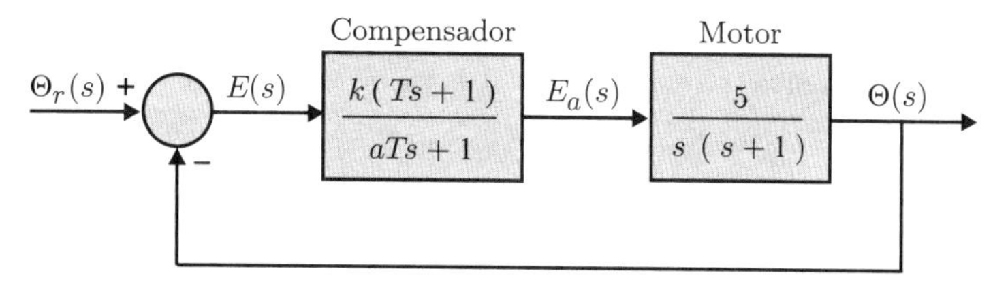

Figura 5.46 Diagrama de blocos do sistema em malha fechada com compensador.

A função de transferência de malha aberta $G_{ma}(s)$ com compensador é dada por

$$G_{ma}(s) = G_c(s)G(s) = k\frac{(Ts+1)}{(aTs+1)}\frac{5}{s(s+1)} \,. \tag{5.131}$$

A constante k do compensador $G_c(s)$ pode ser obtida a partir da especificação do erro estacionário, ou seja,

$$e(\infty) = \lim_{s\to 0} sE(s) = \lim_{s\to 0} s\left(\frac{1}{1+G_{ma}(s)}\right)\frac{1}{s^2} = \lim_{s\to 0}\frac{1}{s+\frac{k(Ts+1)5}{(aTs+1)(s+1)}} = \frac{1}{5k} = 0{,}02 \,. \tag{5.132}$$

Logo $k = 10$ ou, em decibéis, $k = 20\log 10 = 20\,\text{dB}$.

Os gráficos de Bode de $kG(j\omega)$ são apresentados na Figura 5.47. Note que com o ganho k do compensador o gráfico do módulo desloca-se na direção vertical de $k = 20\,\text{dB}$. Logo, o ponto de cruzamento da curva de módulo em 0 dB (ganho 1) desloca-se para a direita, ocorrendo numa frequência mais alta em $w \cong 7$ (rad/s). Com isso, a margem de fase é reduzida para $MF \cong 8^o$.

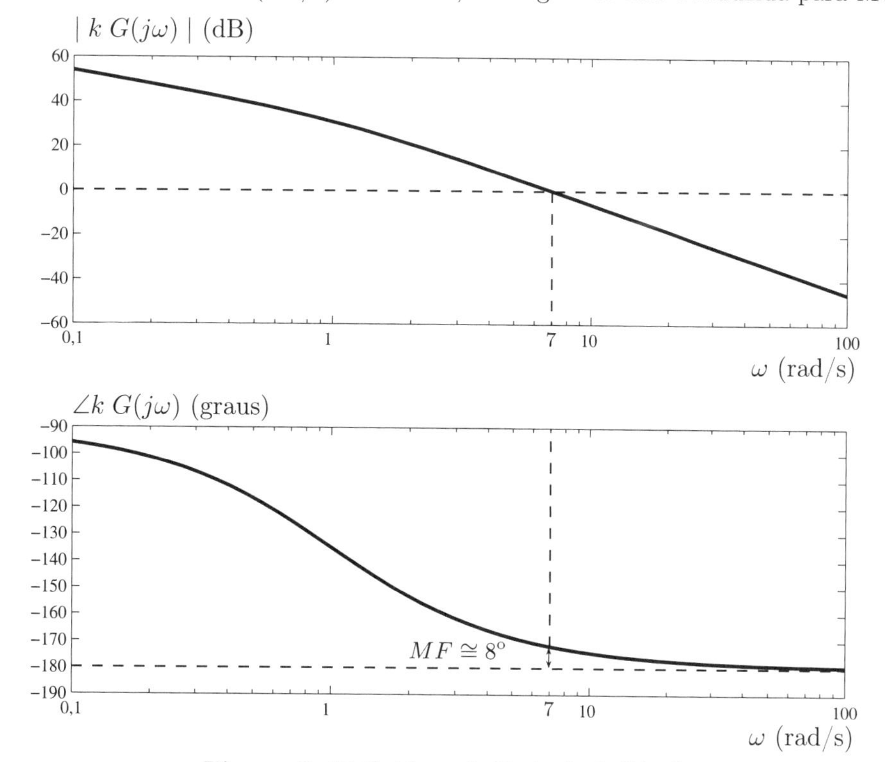

Figura 5.47 Gráficos de Bode de $k\,G(j\omega)$.

A margem de fase é determinada pela frequência de cruzamento em que o ganho do sistema em malha aberta vale 1 ou 0 dB. Assim, para que a margem de fase seja de 50° o compensador deve fornecer uma fase de pelo menos $50^o - 8^o = 42^o$. Porém, conforme se pode perceber no gráfico do módulo de $G_c(j\omega)$ da Figura 5.43, o ganho do compensador cresce a partir da frequência $1/T$, fazendo com que a frequência de cruzamento de ganho 1 do sistema em malha aberta seja deslocada para a direita. Logo, o avanço de fase máximo ϕ_m a ser fornecido pelo compensador deve ser na realidade um pouco maior que 42°. Adotando uma parcela de correção[4] de 3° a mais, então $\phi_m \cong 50^o - 8^o + 3^o \cong 45^o$.

Da Equação (5.128) obtém-se o valor de a, ou seja,

$$\text{sen}(\phi_m) = \frac{1-a}{1+a} \cong 0{,}707 \Rightarrow a = 0{,}172 \ , \tag{5.133}$$

e da Equação (5.126) obtém-se

$$|G_c(j\omega_m)| = \frac{k}{\sqrt{a}} \cong \frac{10}{\sqrt{0{,}172}} \cong 24{,}1 \ . \tag{5.134}$$

Na frequência ω_m o ganho de malha aberta deve ser igual a 1 ou 0 dB, ou seja,

$$|G_{ma}(j\omega_m)| = |G_c(j\omega_m)|\ |G(j\omega_m)| = 1 \Rightarrow |G(j\omega_m)| = \frac{1}{|G_c(j\omega_m)|} \ . \tag{5.135}$$

Logo, o módulo do sistema não compensado deve valer, na frequência ω_m,

$$\left| \frac{5}{j\omega_m(j\omega_m + 1)} \right| = \frac{1}{24{,}1} \Rightarrow \omega_m \cong 10{,}9 \text{ (rad/s)} \ . \tag{5.136}$$

Da Equação (5.124) obtém-se o valor de T, ou seja,

$$\omega_m = \frac{1}{\sqrt{a}\,T} \Rightarrow T \cong 0{,}221 \ . \tag{5.137}$$

Portanto, a função de transferência do compensador que satisfaz às especificações é dada por

$$G_c(s) = \frac{10(0{,}221s + 1)}{0{,}038s + 1} \ . \tag{5.138}$$

Os gráficos de Bode do sistema em malha aberta compensado $G_{ma}(j\omega) = G_c(j\omega)G(j\omega)$, mostrando a margem de fase $MF \cong 50^o$, são apresentados na Figura 5.48.

Na Figura 5.49 são apresentados os gráficos das respostas transitórias dos sistemas em malha fechada compensado e não compensado para uma entrada de referência do tipo rampa unitária ($\theta_r(t) = t \Rightarrow \Theta_r(s) = 1/s^2$). Note a redução do erro no estado estacionário.

Como a frequência de ganho 1 ou 0 dB do sistema em malha aberta aumentou de 2,1 para 10,9 (rad/s), a resposta transitória do sistema compensado ficou mais rápida. Isso também pode ser verificado por meio de uma comparação das respostas em frequência dos sistemas em malha fechada compensado e não compensado da Figura 5.50. Note que a banda passante do sistema compensado é maior que a do não compensado. Além disso, o aumento da margem de fase para 50° possibilitou uma redução significativa do pico de ressonância.

[4]Caso esta correção não produza um resultado satisfatório, o projeto do compensador deve ser refeito.

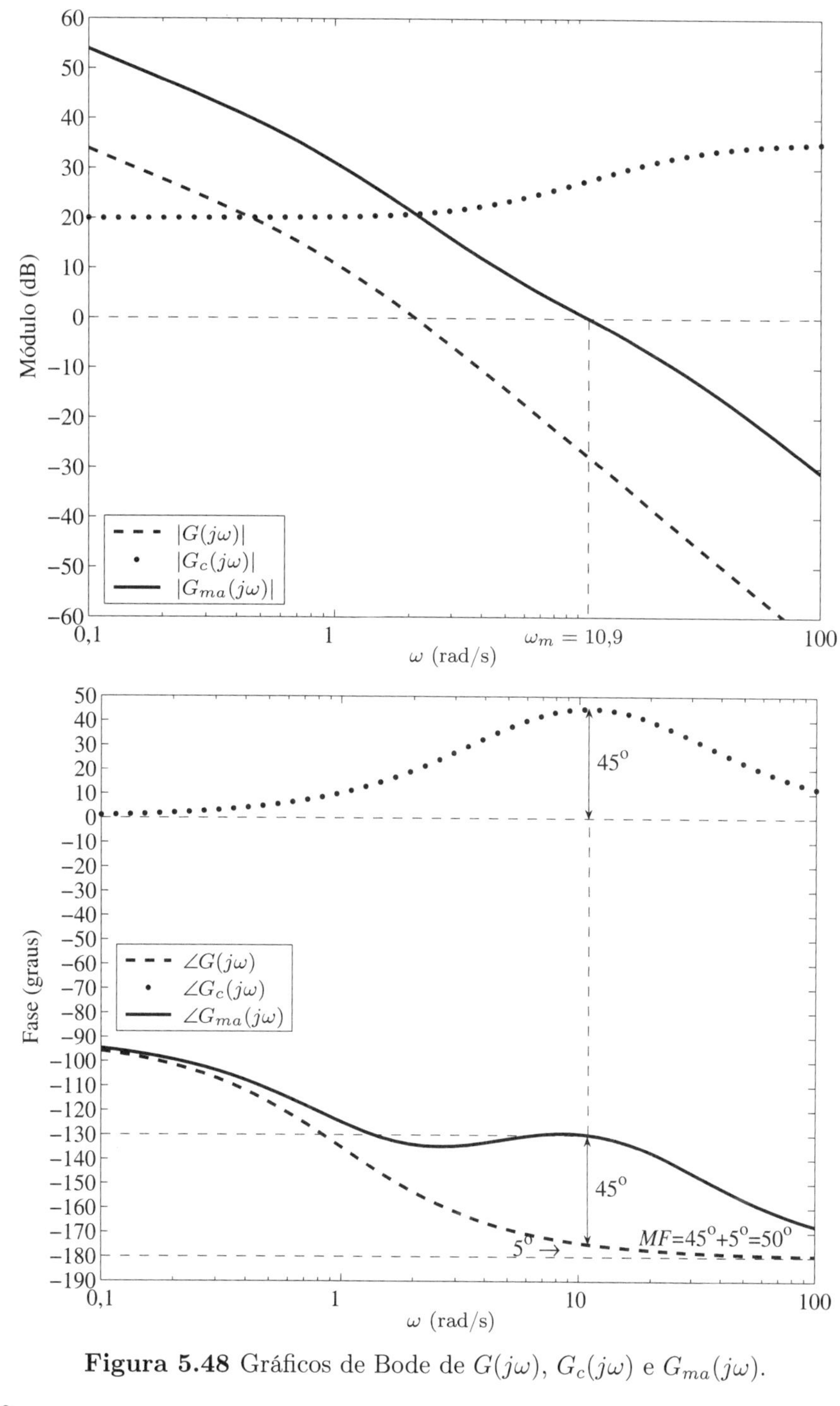

Figura 5.48 Gráficos de Bode de $G(j\omega)$, $G_c(j\omega)$ e $G_{ma}(j\omega)$.

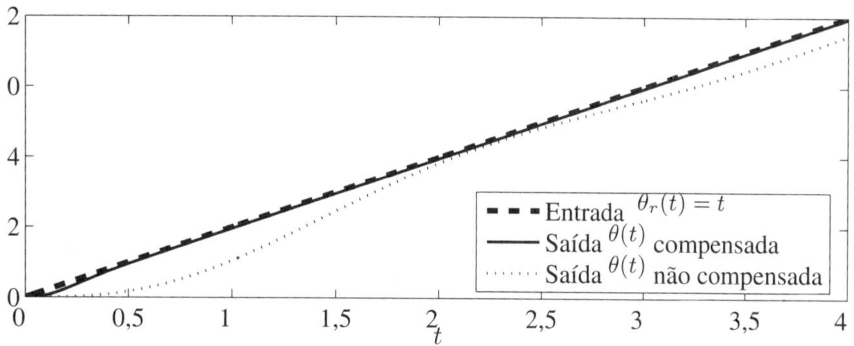

Figura 5.49 Saídas compensada e não compensada dos sistemas em malha fechada para entrada do tipo rampa unitária.

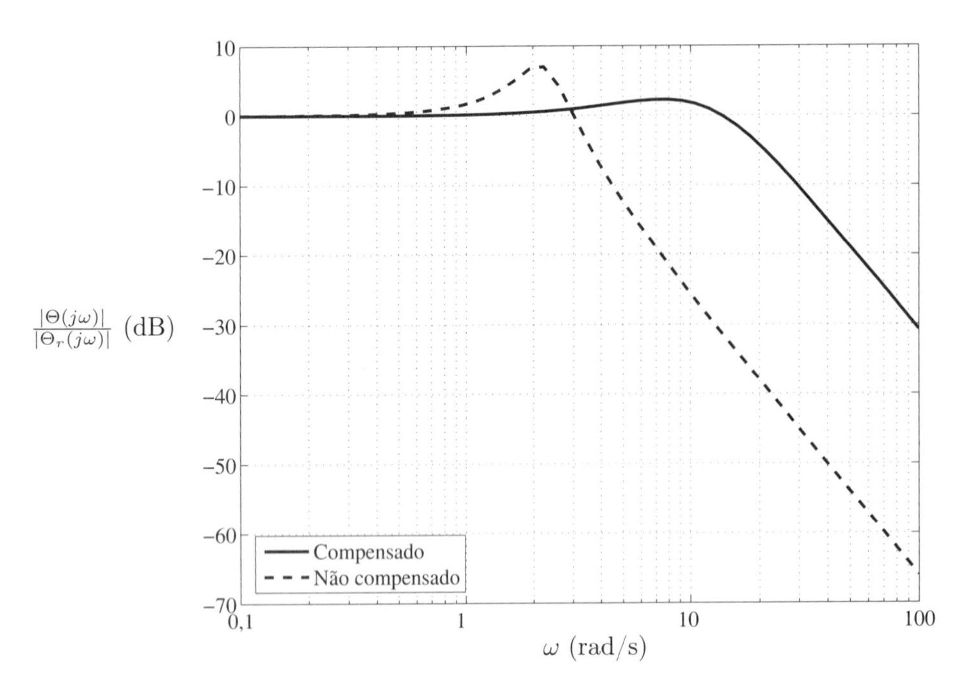

Figura 5.50 Respostas em frequência dos sistemas em malha fechada compensado e não compensado. ■

5.11.2 Compensação por atraso de fase

O bloco típico de um compensador por atraso de fase (*lag phase*) tem a função de transferência

$$G_c(s) = k\left(\frac{Ts+1}{aTs+1}\right) \text{, com } a > 1 \,. \tag{5.139}$$

O diagrama de polos e zeros de um compensador por atraso de fase é apresentado na Figura 5.51. O polo do compensador $-1/(aT)$ deve estar localizado mais próximo do eixo imaginário, quando comparado ao zero $-1/T$.

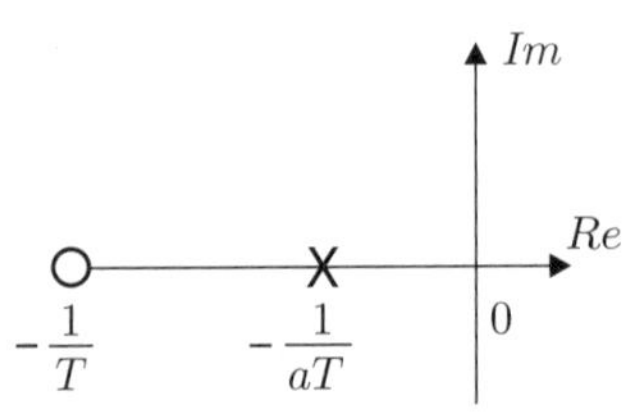

Figura 5.51 Diagrama de polos e zeros de um compensador por atraso de fase.

Os diagramas de Bode do compensador (5.139) estão apresentados na Figura 5.52. Note que o compensador possui fase negativa em todas as frequências, daí a designação de atraso de fase. Apesar do título *atraso de fase*, a utilidade desse compensador não está relacionada à fase, mas sim ao ajuste de ganho que possibilita. Como o ganho é maior em baixas frequências e menor em altas, o compensador pode ser empregado para reduzir o ganho em altas frequências para melhorar a margem de fase e a consequente resposta transitória, ou, inversamente, manter a margem de fase e aumentar o ganho em baixas frequências para reduzir o erro estacionário.

A dificuldade do método consiste em que na região onde o ganho do compensador decresce ele introduz defasagem negativa, isto é, instabilizante. Por isso essa região deve ser colocada bem abaixo da região crítica, onde o ganho vale 1. Já a redução do ganho em altas frequências diminui a banda passante, prejudicando a rapidez com que o sistema reproduz o sinal de referência.

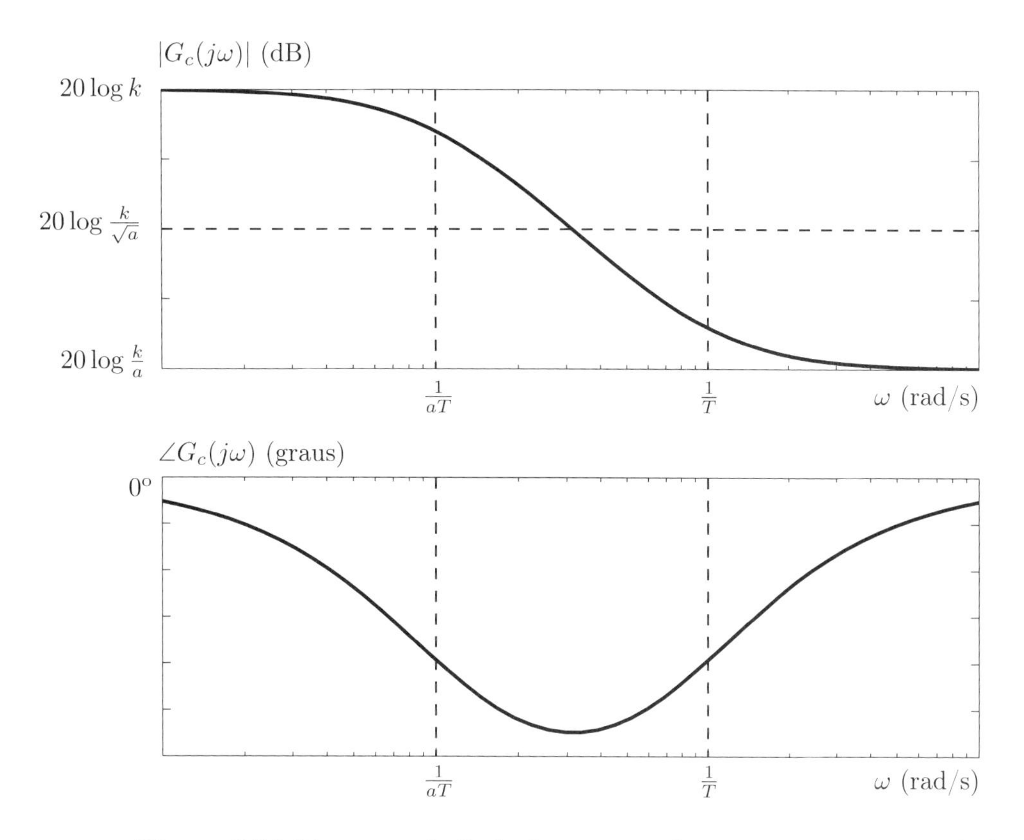

Figura 5.52 Diagramas de Bode do compensador por atraso de fase $G_c(j\omega)$.

Exemplo 5.12

Considere um sistema com a seguinte função de transferência de malha aberta:

$$G(s) = \frac{40}{(s+1)^2(s+10)} . \tag{5.140}$$

Os diagramas de Bode do sistema (5.140) são apresentados na Figura 5.54. A partir destes gráficos obtêm-se as seguintes margens de estabilidade: $MG \cong 16\,\text{dB}$ e $MF \cong 51^\circ$. Portanto, este sistema em malha fechada é estável. O diagrama de blocos do sistema em malha fechada sem compensador é apresentado na Figura 5.53.

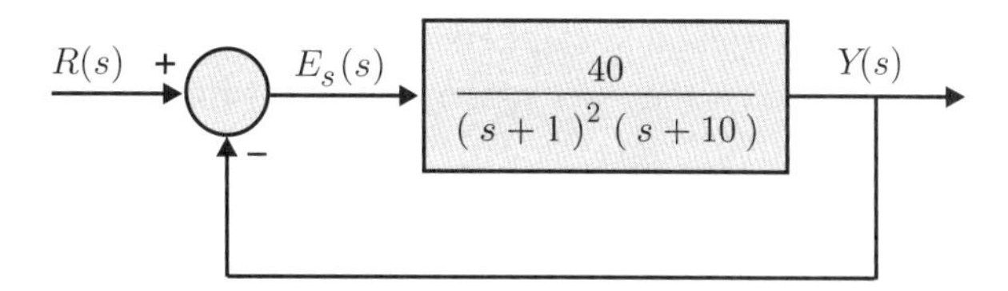

Figura 5.53 Diagrama de blocos do sistema em malha fechada sem compensador.

Aplicando-se um degrau unitário na referência, o erro estacionário $e_s(\infty)$ sem compensador é

$$e_s(\infty) = \lim_{s\to 0} sE_s(s) = \lim_{s\to 0} s\left(\frac{1}{1+G(s)}\right)\frac{1}{s} = \lim_{s\to 0} \frac{1}{1+\frac{40}{(s+1)^2(s+10)}} = \frac{1}{1+4} = 0{,}2 . \tag{5.141}$$

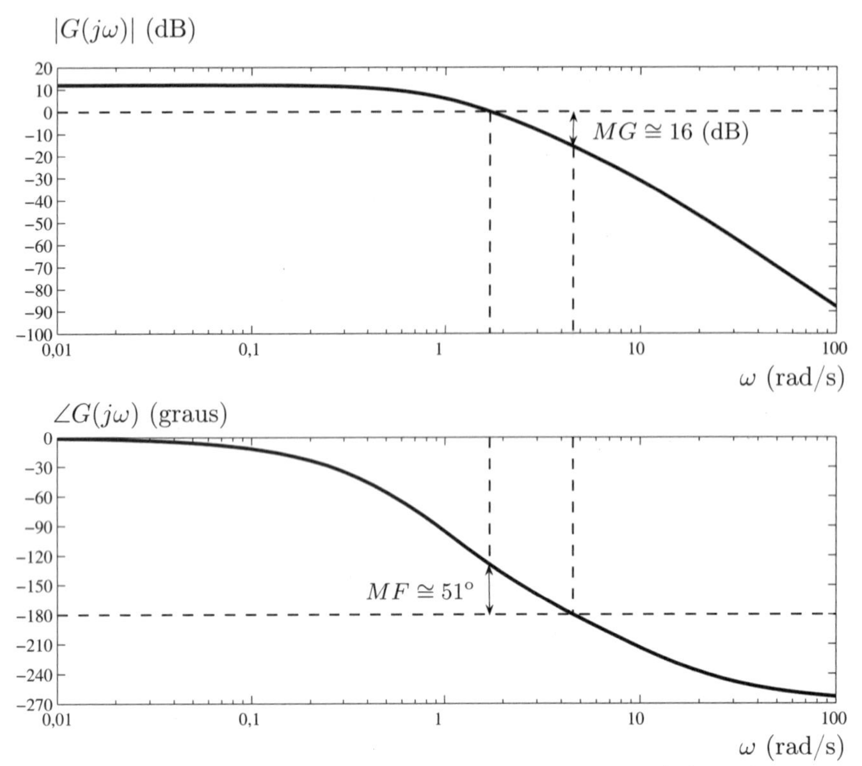

Figura 5.54 Diagramas de Bode da função $G(j\omega)$ (5.140).

Deseja-se projetar um compensador $G_c(s)$ por atraso de fase de modo a reduzir o erro estacionário em 10 vezes, mantendo o valor da margem de fase. A função de transferência de malha aberta com o compensador $G_c(s)$ é dada por

$$G_{ma}(s) = G_c(s)G(s) = \frac{k(Ts+1)}{(aTs+1)}\frac{40}{(s+1)^2(s+10)} . \tag{5.142}$$

O erro estacionário $e_c(\infty)$ com compensador vale

$$e_c(\infty) = \lim_{s\to 0} s\left(\frac{1}{1+G_{ma}(s)}\right)\frac{1}{s} = \lim_{s\to 0}\frac{1}{1+\frac{k(Ts+1)40}{(aTs+1)(s+1)^2(s+10)}} = \frac{1}{1+4k} = 0{,}02 \Rightarrow k = 12{,}25 . \tag{5.143}$$

Na Figura 5.55 são apresentados os gráficos de Bode de $kG(j\omega)$. Como o compensador possui fase negativa, quando este for incluído na malha ocorrerá uma redução na margem de fase. Prevendo esse efeito é necessário ajustar a margem de fase num valor maior que o desejado para realizar o cálculo do compensador.[5] Por essa razão, neste exemplo a margem de fase é ajustada para 55°.

Em seguida deve-se encontrar a frequência que determina a margem de fase $MF \cong 55°$ ajustada. No gráfico de fase da Figura 5.55 verifica-se que a fase da curva de $kG(j\omega)$, que vale $-180° + 55° = -125°$, ocorre na frequência $\omega \cong 1{,}6$ (rad/s). Nesta frequência o módulo de $kG(j\omega)$ vale aproximadamente +23 dB. Portanto, o compensador deve fornecer uma redução de ganho de −23 dB, ou seja,

$$20\log\left|\frac{Tj\omega+1}{aTj\omega+1}\right| = -23 \text{ dB} \Rightarrow \left|\frac{Tj\omega+1}{aTj\omega+1}\right| = 0{,}0708 . \tag{5.144}$$

[5] Na prática este ajuste pode ser até 10° maior. Caso os resultados não sejam satisfatórios, o projeto do compensador deve ser refeito.

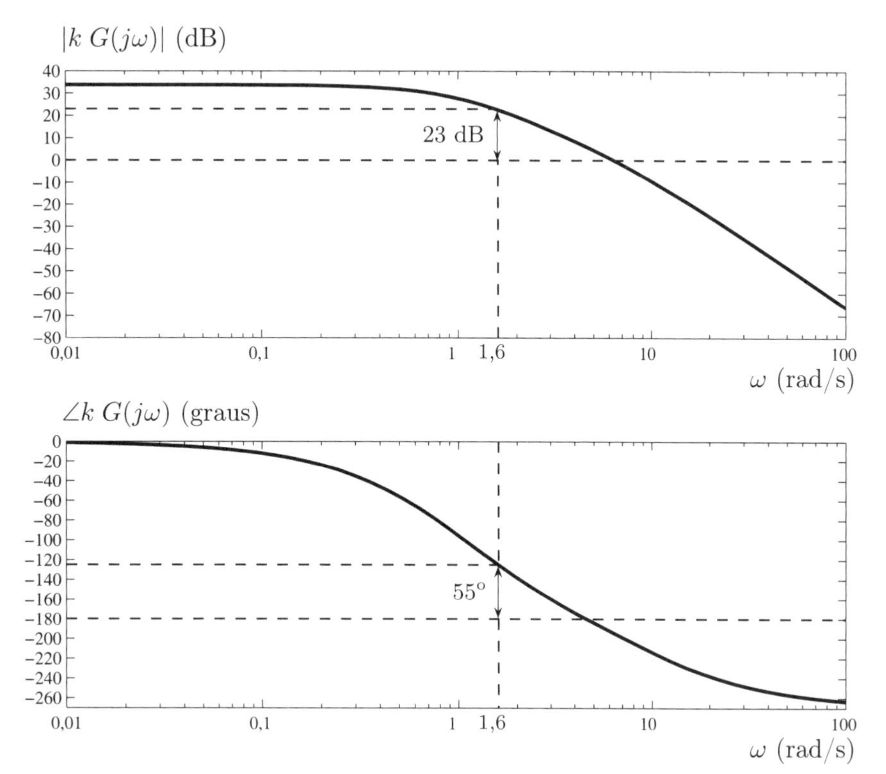

Figura 5.55 Diagramas de Bode da função $kG(j\omega)$.

Em altas frequências tem-se que

$$\lim_{\omega\to\infty}\left|\frac{Tj\omega+1}{aTj\omega+1}\right| = \lim_{\omega\to\infty}\left|\frac{Tj+\frac{1}{\omega}}{aTj+\frac{1}{\omega}}\right| = \frac{1}{a} = 0{,}0708 \Rightarrow a \cong 14{,}1254 \,. \tag{5.145}$$

Para não reduzir a margem de fase, o zero do compensador deve ser escolhido abaixo da frequência crítica $\omega \cong 1{,}6$ (rad/s). Escolhendo o zero uma década abaixo desta frequência, obtém-se $s = -1/T = -0{,}16 \Rightarrow T = 6{,}25$.

Logo, a função de transferência do compensador resulta como

$$G_c(s) = \frac{k(Ts+1)}{aTs+1} = \frac{12{,}25(6{,}25s+1)}{88{,}28s+1} = \frac{0{,}8672(s+0{,}16)}{s+0{,}0113} \,. \tag{5.146}$$

Na Figura 5.56 são apresentados os diagramas de Bode do sistema não compensado $G(j\omega)$, do sistema compensado $G_c(j\omega)G(j\omega)$ e do compensador $G_c(j\omega)$. Note que em baixas frequências o ganho do sistema compensado é maior que o do sistema não compensado, possibilitando assim reduzir o erro estacionário. Na frequência de ganho 1 ou 0 dB a margem de fase resultante do sistema compensado é a mesma do sistema não compensado ($MF \cong 51^o$), permitindo, dessa forma, obter respostas transitórias semelhantes.

Na Figura 5.57 são apresentadas as respostas ao degrau unitário dos sistemas compensado e não compensado. Note que as respostas transitórias têm sobressinal semelhante, porém o erro estácionário da resposta do sistema compensado é bem menor.

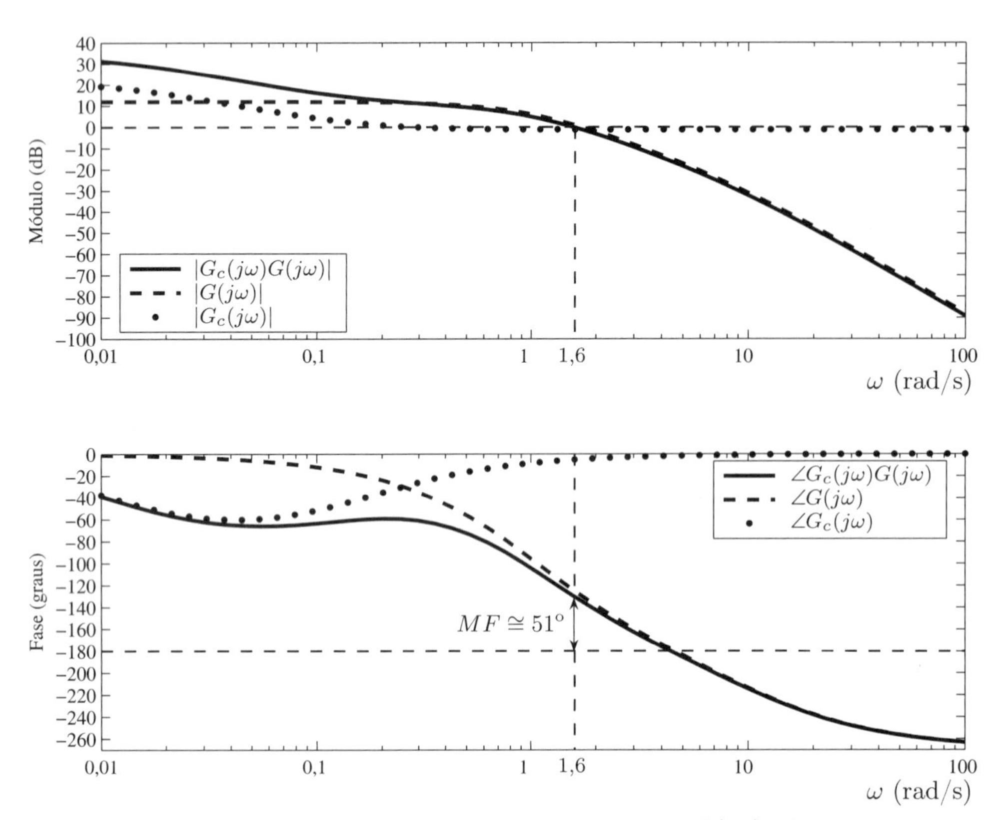

Figura 5.56 Diagramas de Bode do sistema não compensado $G(j\omega)$, do sistema compensado $G_c(j\omega)G(j\omega)$ e do compensador $G_c(j\omega)$.

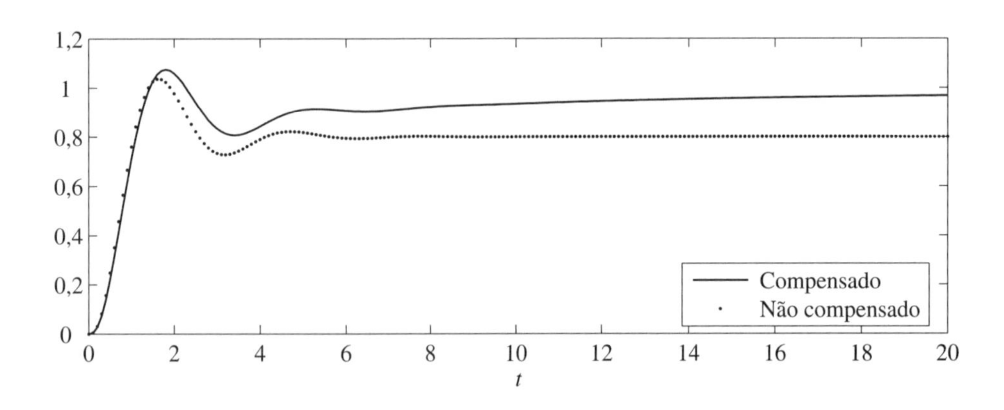

Figura 5.57 Respostas ao degrau unitário dos sistemas compensado e não compensado.

■

5.11.3 Compensação por avanço e atraso de fase

A compensação por avanço e atraso de fase (*lead-lag phase*) aplica os dois recursos analisados anteriormente. Esta compensação é indicada quando é necessário melhorar simultaneamente as margens de estabilidade e o erro no estado estacionário.

Em vez de usar funções de transferências individuais com amplificadores individuais para o avanço e para o atraso, pode-se usar uma função de transferência única com apenas um amplificador k. A função de transferência do compensador por avanço e atraso de fase é dada por

$$\begin{aligned} G_c(s) &= k\, G_{av}(s) G_{at}(s) \\ &= k \left(\frac{T_1 s + 1}{\frac{T_1}{\alpha} s + 1} \right) \left(\frac{T_2 s + 1}{\alpha T_2 s + 1} \right) \\ &= k \left(\frac{s + \frac{1}{T_1}}{s + \frac{\alpha}{T_1}} \right) \left(\frac{s + \frac{1}{T_2}}{s + \frac{1}{\alpha T_2}} \right), \quad \text{com } \alpha > 1 \text{ e } T_1 < T_2 \, . \end{aligned} \tag{5.147}$$

A função de transferência responsável pelo avanço de fase na Equação 5.147 é

$$G_{av}(s) = \frac{s + \frac{1}{T_1}}{s + \frac{\alpha}{T_1}} \tag{5.148}$$

e a função de transferência responsável pelo atraso de fase é

$$G_{at}(s) = \frac{s + \frac{1}{T_2}}{s + \frac{1}{\alpha T_2}} \, . \tag{5.149}$$

Na Figura 5.58 são apresentados os diagramas de Bode do compensador por avanço e atraso de fase $G_c(j\omega)$.

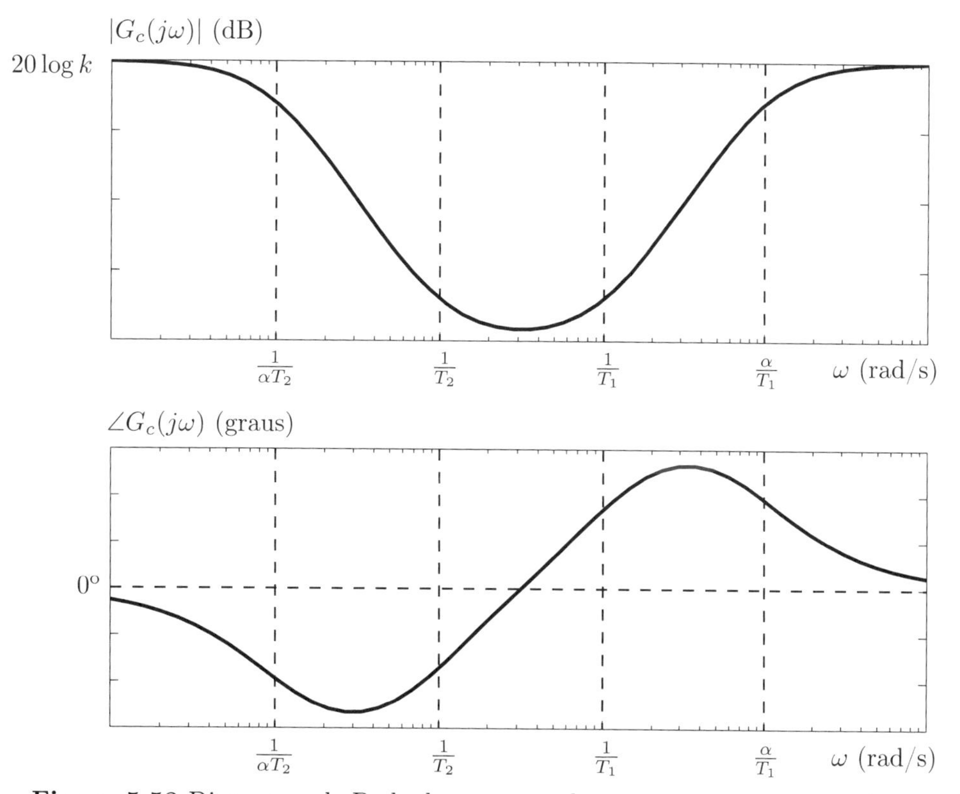

Figura 5.58 Diagramas de Bode do compensador por avanço e atraso de fase $G_c(j\omega)$.

Para projetar um compensador por avanço e atraso de fase primeiramente calcula-se o ganho do amplificador k, que fornece o erro estacionário desejado. Em seguida projeta-se o compensador por atraso de fase $G_{at}(s)$ para reduzir o ganho em altas frequências e, com isso, atenuar ruídos presentes na maioria dos atuadores e instrumentos de medição. Por fim, projeta-se o compensador por avanço de fase $G_{av}(s)$ para satisfazer à especificação da margem de fase.

Exemplo 5.13

Projete um compensador por avanço e atraso de fase para o sistema da Figura 5.59, tal que:

- a resposta para entrada do tipo degrau na referência apresente erro estacionário de 0,02;
- a margem de fase seja de 50°.

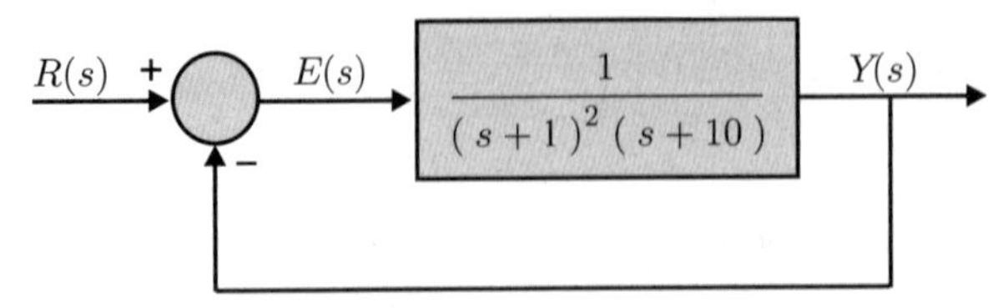

Figura 5.59 Diagrama de blocos de um sistema em malha fechada sem compensador.

A função de transferência de malha aberta com o compensador por avanço e atraso de fase é dada por

$$G_{ma}(s) = G_c(s)G(s) = \frac{k(s+\frac{1}{T_1})(s+\frac{1}{T_2})}{(s+\frac{\alpha}{T_1})(s+\frac{1}{\alpha T_2})}\frac{1}{(s+1)^2(s+10)} \tag{5.150}$$

sendo $G(s)$ a função de transferência da planta.

O erro estacionário $e(\infty)$ para entrada do tipo degrau na referência vale

$$\begin{aligned} e(\infty) &= \lim_{s\to 0} s\left(\frac{1}{1+G_{ma}(s)}\right)\frac{1}{s} = \lim_{s\to 0}\frac{1}{1+\frac{k(s+\frac{1}{T_1})(s+\frac{1}{T_2})}{(s+\frac{\alpha}{T_1})(s+\frac{1}{\alpha T_2})(s+1)^2(s+10)}} \\ &= \frac{1}{1+\frac{k}{10}} = 0{,}02 \Rightarrow k = 490\,. \end{aligned} \tag{5.151}$$

Os diagramas de Bode de $kG(j\omega)$ são apresentados na Figura 5.60. As margens de estabilidade mostradas nesses gráficos são $MF \cong -15°$ e $MG \cong -6\,\text{dB}$. Logo, apenas com o ajuste do ganho k o sistema em malha fechada é instável.

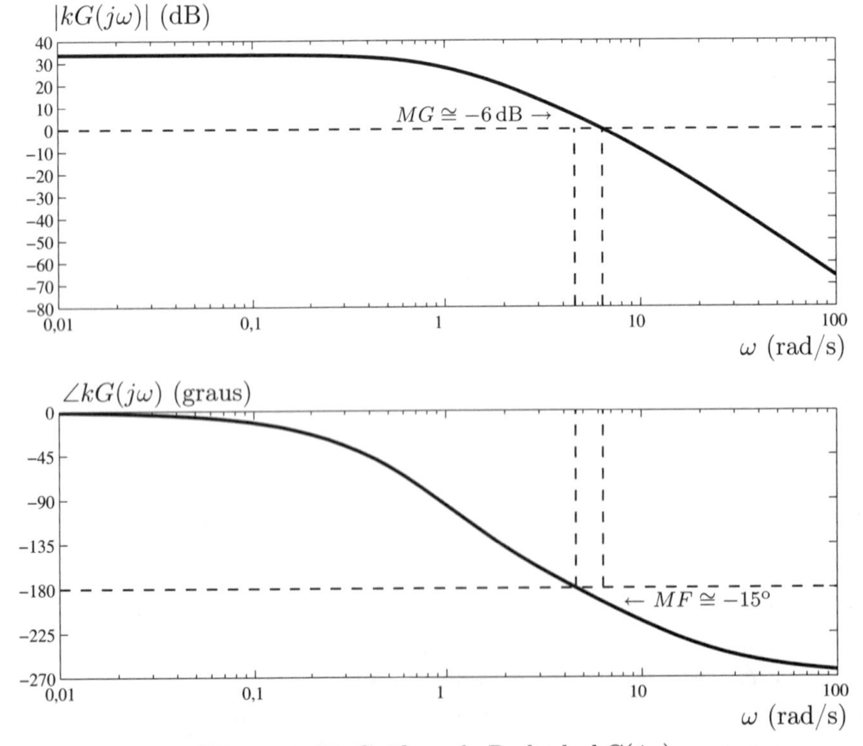

Figura 5.60 Gráficos de Bode de $kG(j\omega)$.

Para obter uma margem de fase de 50° é necessário o projeto de um compensador por avanço e atraso de fase. O compensador por avanço $G_{av}(s)$ melhora a margem de fase, mas aumenta o ganho em altas frequências que, por sua vez, é reduzido com o compensador por atraso $G_{at}(s)$.

A margem de fase é medida na frequência de corte ω_c em que o ganho vale 1 ou 0 dB. O próximo passo é escolher esta frequência, de modo que o sistema com o compensador $G_c(s)$ tenha uma margem de fase $MF = 50^o$. Assim,

$$
\begin{aligned}
MF &= 180^o + \angle G_{ma}(j\omega_c) \\
&= 180^o + \angle G(j\omega_c) + \angle G_c(j\omega_c) \\
&= 180^o + \angle G(j\omega_c) + \angle G_{at}(j\omega_c) + \angle G_{av}(j\omega_c)
\end{aligned}
\tag{5.152}
$$

Supõe-se que a margem de fase de 50° seja completamente fornecida pelo compensador por avanço, isto é, $\angle G_{av}(j\omega_c) = 50^o$, e que o atraso de fase do compensador $G_{at}(s)$, na frequência de corte, seja aproximadamente[6] $\angle G_{at}(j\omega_c) \cong -5^o$. Então, a frequência de corte escolhida irá ocorrer onde a fase da planta é $\angle G(j\omega_c) = -175^o$. Da Figura 5.61 obtém-se que a frequência de corte vale $\omega_c \cong 4{,}1$ (rad/s).

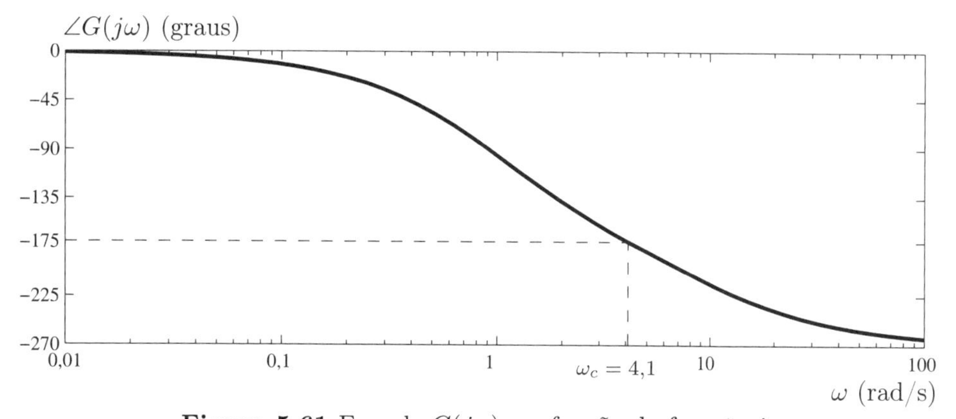

Figura 5.61 Fase de $G(j\omega)$ em função da frequência.

O compensador por atraso de fase $G_{at}(s)$ deve ser projetado de modo a não afetar a margem de fase. Assim, a frequência de corte superior de $G_{at}(s)$ é escolhida uma década abaixo da frequência de corte ω_c, onde é medida a margem de fase, ou seja, $1/T_2 = 0{,}41$ (rad/s).

O valor de α é calculado a partir do ângulo de fase $\phi_m = MF = 50^o$ a ser fornecido pelo compensador por avanço $G_{av}(s)$. Da Equação (5.128) tem-se que

$$
\text{sen}(\phi_m) = \frac{1-a}{1+a} \,. \tag{5.153}
$$

Como $a = 1/\alpha$, então,

$$
\text{sen}(\phi_m) = \text{sen}(50^o) = \frac{\alpha - 1}{\alpha + 1} \Rightarrow \alpha = 7{,}5486 \,. \tag{5.154}
$$

Logo, a função de transferência do compensador por atraso de fase é

$$
G_{at}(s) = \frac{s + \frac{1}{T_2}}{s + \frac{1}{\alpha T_2}} = \frac{s + 0{,}41}{s + 0{,}0543} \,. \tag{5.155}
$$

[6] Caso esta aproximação não seja satisfatória, o projeto do compensador deve ser refeito.

A fase máxima ϕ_m do compensador por avanço de fase $G_{av}(s)$ deve ocorrer na frequência de corte ω_c. Da Equação (5.124) tem-se que

$$\omega_m = \omega_c = \frac{1}{\sqrt{a}\,T_1} \Rightarrow T_1 = \frac{\sqrt{\alpha}}{\omega_c} \cong 0{,}67 \,. \tag{5.156}$$

Logo, a função de transferência do compensador por avanço de fase é

$$G_{av}(s) = \frac{s + \frac{1}{T_1}}{s + \frac{\alpha}{T_1}} = \frac{s + 1{,}4923}{s + 11{,}2647} \,. \tag{5.157}$$

Na Figura 5.62 é apresentado o gráfico da fase de $G_{av}(j\omega)$, mostrando $\phi_m = 50^o$.

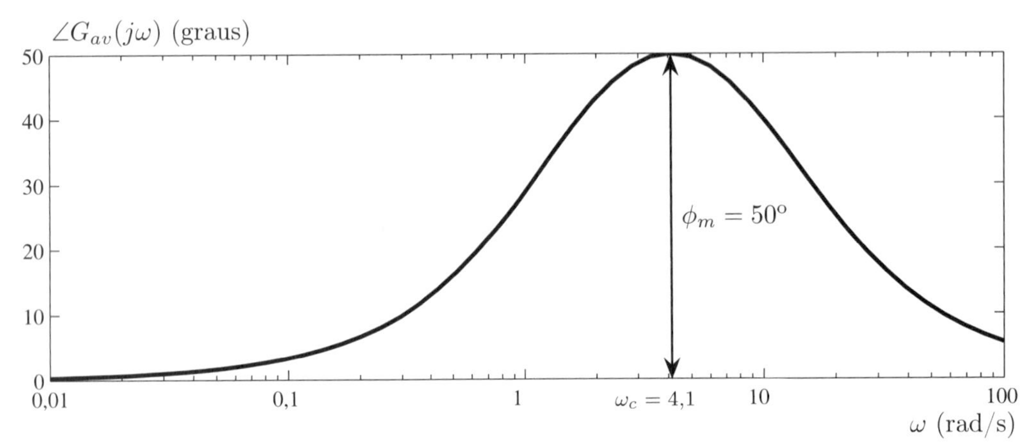

Figura 5.62 Fase de $G(j\omega)$ em função da frequência.

A função de transferência do compensador por avanço e atraso de fase é dada por

$$G_c(s) = k\; G_{av}(s)G_{at}(s) = 490 \left(\frac{s + 1{,}4923}{s + 11{,}2647}\right)\left(\frac{s + 0{,}41}{s + 0{,}0543}\right) \,. \tag{5.158}$$

Na Figura 5.63 são apresentados os diagramas de Bode da planta $G(j\omega)$, do compensador por avanço e atraso de fase $G_c(j\omega)$ e da função de transferência de malha aberta $G_{ma}(j\omega)$. A margem de fase é dada por

$$\begin{aligned} MF &= 180^o + \angle G_{ma}(j\omega_c) \\ &= 180^o + \angle G(j\omega_c) + \angle G_c(j\omega_c) \\ &= 180^o - 175^o + 45^o = 50^o \,, \end{aligned} \tag{5.159}$$

sendo $\angle G_c(j\omega_c) = \angle G_{at}(j\omega_c) + \angle G_{av}(j\omega_c) = -5^o + 50^o = 45^o$.

A função de transferência do sistema em malha fechada com compensador é dada por

$$\begin{aligned} \frac{Y(s)}{R(s)} &= \frac{490(s + 1{,}4923)(s + 0{,}41)}{s^5 + 23{,}32s^4 + 157{,}44s^3 + 745{,}04s^2 + 1058{,}16s + 305{,}92} \\ &= \frac{490(s + 1{,}4923)(s + 0{,}41)}{(s + 0{,}3859)(s + 1{,}5612)(s + 16{,}1928)(s + 2{,}5895 \pm 4{,}9653j)} \,, \end{aligned} \tag{5.160}$$

que é um sistema de quinta ordem.

Na Figura 5.64 são apresentadas as respostas ao degrau unitário dos sistemas em malha fechada com compensador e sem compensador. Note que o erro estacionário está de acordo com o especificado, ou seja, $e(\infty) = 1 - 0{,}98 = 0{,}02$.

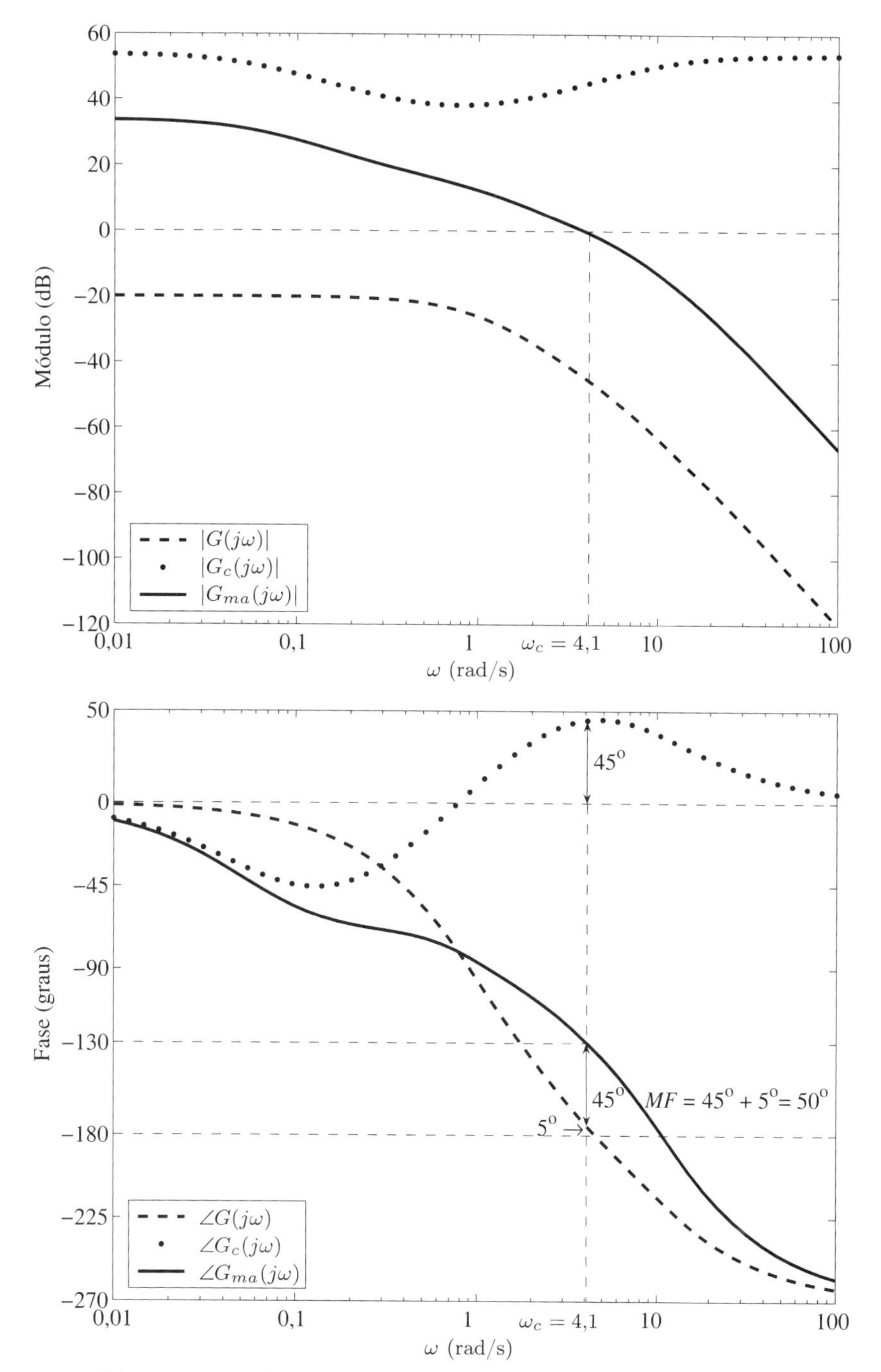

Figura 5.63 Gráficos de Bode de $G(j\omega)$, $G_c(j\omega)$ e $G_{ma}(j\omega)$.

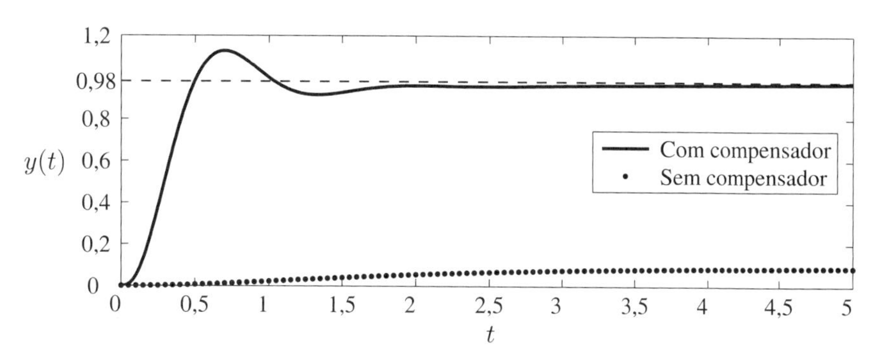

Figura 5.64 Respostas ao degrau unitário dos sistemas em malha fechada com compensador e sem compensador.

■

5.12 Exercícios resolvidos

Exercício 5.1

A resposta em frequência $G(j\omega)$ de um processo industrial está representada pelos diagramas de Bode da Figura 5.65.

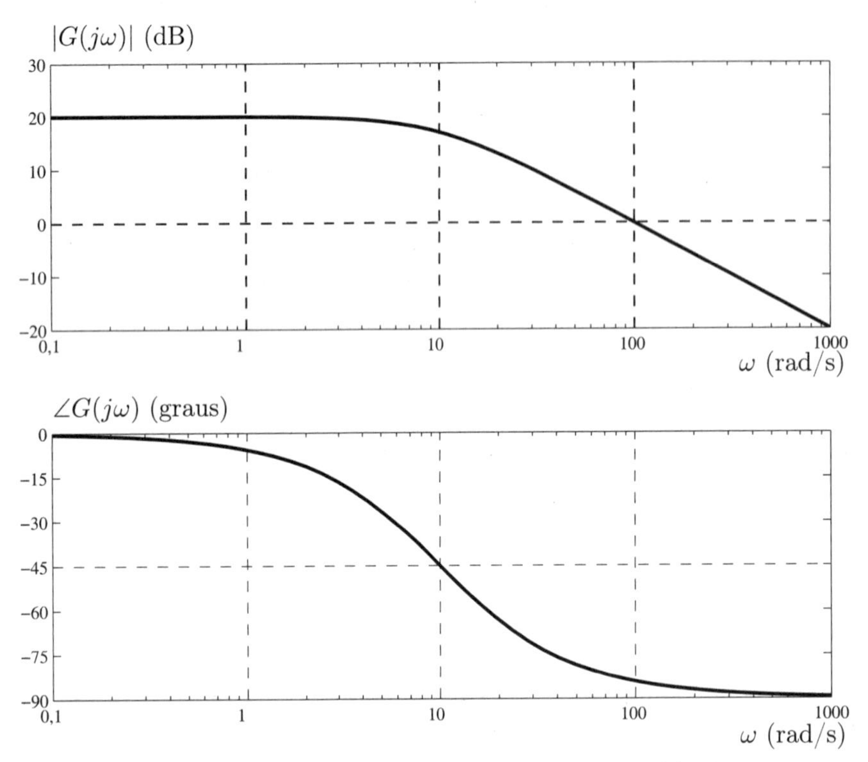

Figura 5.65 Diagramas de Bode da função $G(j\omega)$.

a) Determine a função de transferência do processo.

b) Sabendo-se que a entrada do processo é $u(t) = 10\,\text{sen}(100t)$, determine a saída $y_\infty(t)$ em regime permanente.

Solução

a) No diagrama do módulo verifica-se que a partir da frequência 10 (rad/s) o gráfico é uma reta com inclinação de $-20\,\text{dB/década}$. Como a fase de $G(j\omega)$ vale -45° nesta frequência, então $G(s)$ possui um polo em $s = -10$.

O ganho pode ser determinado a partir da curva do módulo em baixas frequências. Como $20\log k = 20$, então, $k = 10$. Portanto, a função de transferência $G(s)$ é

$$G(s) = \frac{10}{\frac{1}{10}s + 1} = \frac{100}{s + 10}\,. \tag{5.161}$$

b) A amplitude do sinal senoidal de entrada é $A = 10$ e possui frequência $\omega = 100$ (rad/s). A saída em regime permanente é dada pela Equação (5.11), ou seja,

$$y_\infty(t) = A \mid G(j\omega) \mid \text{sen}(\ \omega t + \angle G(j\omega)\ ) = 10 \mid G(j100) \mid \text{sen}(\ 100t + \angle G(j100)\ )\,. \tag{5.162}$$

Dos diagramas de Bode tem-se que $|G(j100)| = 0$ (dB) $\Rightarrow |G(j100)| = 1$ e $\angle G(j100) \cong -84^\text{o}$. Portanto,

$$y_\infty(t) = 10\,\text{sen}(100t - 84^\text{o})\,. \tag{5.163}$$

Exercício 5.2

Considere o diagrama de blocos da Figura 5.66 de um servomecanismo utilizado para acionamentos mecânicos.

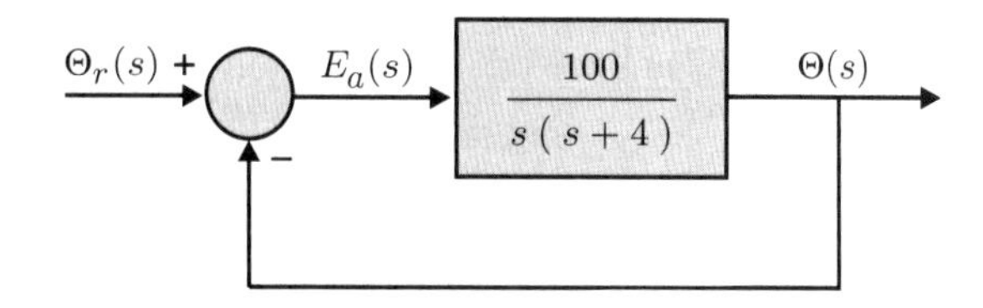

Figura 5.66 Diagrama de blocos de um servomecanismo.

Desenhe os gráficos de Bode do sistema em malha aberta e determine as margens de ganho e de fase. Desenhe também os gráficos de Bode do sistema em malha fechada e determine a frequência e o ganho no pico de ressonância.

Solução

A função de transferência de malha aberta é dada por

$$G(s) = \frac{\Theta(s)}{E_a(s)} = \frac{100}{s(s+4)} = \frac{25}{s(0{,}25s+1)}\,, \tag{5.164}$$

sendo $\Theta(s)$ e $E_a(s)$ as transformadas de Laplace da posição angular do eixo e da tensão de armadura, respectivamente.

Os gráficos de Bode do sistema (5.164) são apresentados na Figura 5.67. Conforme se pode ver nesta figura, o gráfico do módulo de $G(j\omega)$ é formado pela soma de três gráficos: do ganho constante $20\log 25 \cong 28\,\text{dB}$, do integrador $(1/s)$ e do polo real em $s = -4$. Já o gráfico de Bode da fase de $G(j\omega)$ é a soma da fase do integrador (-90°) com a fase do polo real em $s = -4$.

A fase de $G(j\omega)$ nunca atinge -180°. Logo, a margem de ganho MG é infinita. Já a margem de fase MF é medida na frequência em que $|G(j\omega)| = 0\,\text{dB}$ ou $|G(j\omega)| = 1$, isto é,

$$|G(j\omega)| = \left|\frac{100}{j\omega(j\omega+4)}\right| = 1 \Rightarrow \omega \cong 9{,}6\ \text{rad/s}\,. \tag{5.165}$$

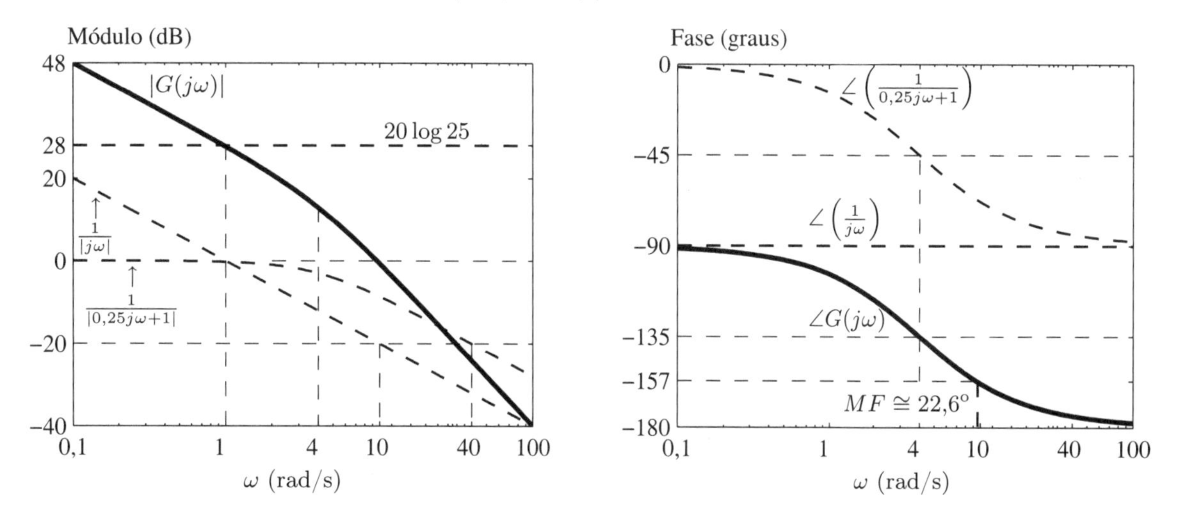

Figura 5.67 Gráficos de Bode do sistema (5.164).

Para $\omega = 9{,}6$ tem-se que

$$\angle G(j9{,}6) = \angle\left(\frac{100}{j9{,}6(j9{,}6+4)}\right) = -90^o - \arctan\left(\frac{9{,}6}{4}\right) \cong -157{,}4^o \ . \tag{5.166}$$

A margem de fase é dada por

$$MF = 180^o + \angle G(j9{,}6) \cong 180^o - 157{,}4^o \cong 22{,}6^o \ . \tag{5.167}$$

A função de transferência do sistema em malha fechada é dada por

$$\frac{\theta(s)}{\theta_r(s)} = \frac{100}{s^2 + 4s + 100} \ , \tag{5.168}$$

que corresponde à função de transferência de sistemas de segunda ordem

$$\frac{\theta(s)}{\theta_r(s)} = \frac{\omega_n^2}{s^2 + 2\xi\omega_n s + \omega_n^2} \ , \tag{5.169}$$

com $\omega_n = 10$ e $\xi = 0{,}2$.

Os gráficos de Bode do sistema (5.168) são apresentados na Figura 5.68. Como os polos do sistema em malha fechada são complexos conjugados, o gráfico do módulo de $G(j\omega)$ em altas frequências apresenta uma assíntota com inclinação de -40 dB/década.

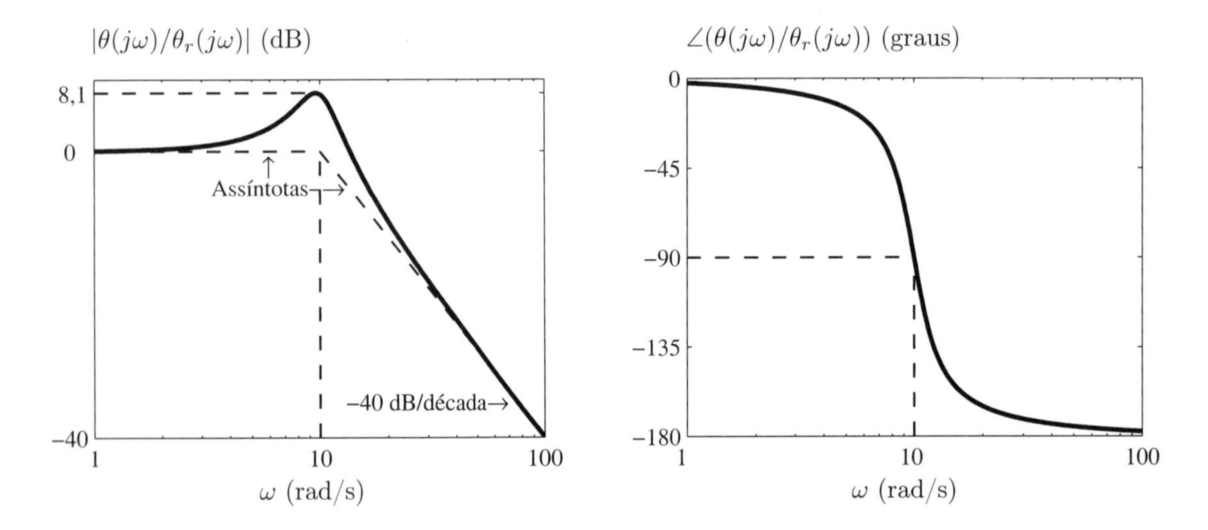

Figura 5.68 Gráficos de Bode do sistema em malha fechada (5.168).

O pico de ressonância ocorre na frequência

$$\omega_r = \omega_n\sqrt{1-2\xi^2} \cong 9{,}6 \text{ rad/s} \ , \quad 0 \leq \xi \leq \frac{\sqrt{2}}{2} \ . \tag{5.170}$$

O valor do ganho M_r na frequência de ressonância ω_r é dado por

$$M_r = 20\log\left(\frac{1}{2\xi\sqrt{1-\xi^2}}\right) \cong 8{,}1 \text{ dB} \ , \quad 0 \leq \xi \leq \frac{\sqrt{2}}{2} \ . \tag{5.171}$$

Exercício 5.3

Desenhe os diagramas de Bode correspondentes à função de transferência

$$G(s) = \frac{200(s+5)}{(s+1)(s^2+s+100)} \, . \tag{5.172}$$

Solução

A função de transferência (5.172) possui um zero real em $s = -5$, um polo real em $s = -1$ e dois polos complexos conjugados em $s = -0{,}5 \pm 9{,}9875j$.

Escrevendo a função (5.172) no formato

$$G(s) = \frac{k(T_1 s + 1)\omega_n^2}{(T_2 s + 1)(s^2 + 2\xi\omega_n s + \omega_n^2)} \, , \tag{5.173}$$

obtém-se

$$G(s) = \frac{10(0{,}2s+1)10^2}{(s+1)(s^2+s+10^2)} \, , \tag{5.174}$$

com $k = 10$, $T_1 = 0{,}2$, $T_2 = 1$, $\omega_n = 10$ e $\xi = 0{,}05$.

Os gráficos de Bode do sistema (5.174) são apresentados na Figura 5.69. Conforme se pode ver nesta figura o gráfico do módulo de $G(j\omega)$ é formado pela soma de quatro gráficos: do ganho constante $20 \log k = 20\,\text{dB}$, do zero real em $s = -5$, do polo real em $s = -1$ e dos polos complexos conjugados. Já o gráfico de Bode da fase de $G(j\omega)$ é formado pela soma de três gráficos: do zero real em $s = -5$, do polo real em $s = -1$ e dos polos complexos conjugados.

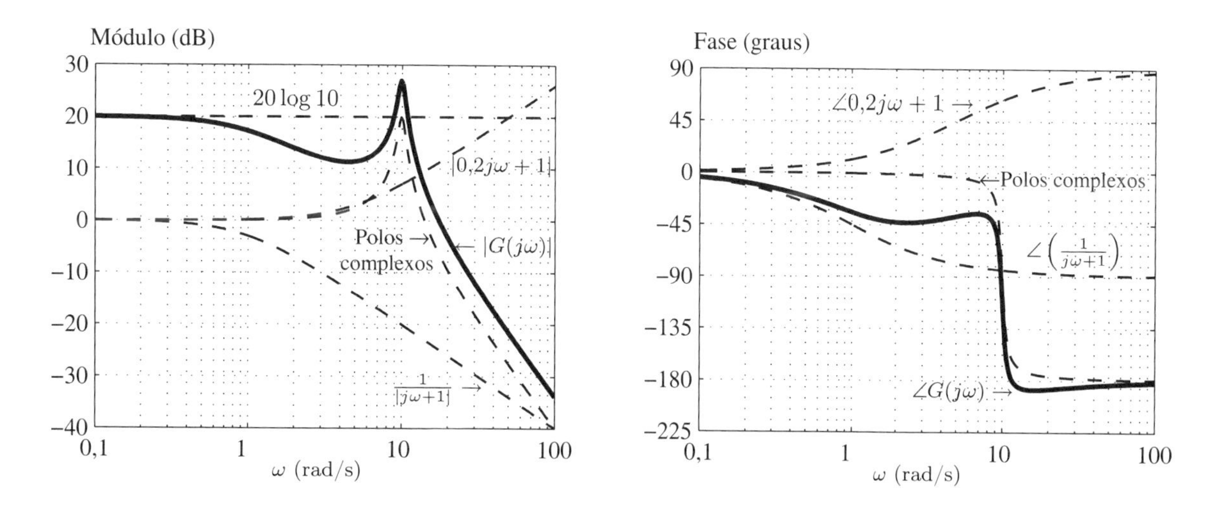

Figura 5.69 Gráficos de Bode da função (5.172).

O pico de ressonância devido aos polos complexos conjugados ocorre na frequência

$$\omega_r = \omega_n \sqrt{1 - 2\xi^2} \cong 10 \text{ rad/s} \ , \ \ 0 \leq \xi \leq \frac{\sqrt{2}}{2} \, . \tag{5.175}$$

Exercício 5.4

Considere um sistema com a função de transferência de malha aberta

$$G(s)H(s) = \frac{0{,}9(s-1)}{(s+1)^2} \,. \tag{5.176}$$

O módulo de $G(j\omega)H(j\omega)$ é dado por

$$|G(j\omega)H(j\omega)| = \frac{0{,}9}{\sqrt{\omega^2+1}} \tag{5.177}$$

e a fase por

$$\angle G(j\omega)H(j\omega) = \arctan(-\omega) - 2\arctan(\omega) = 180^o - 3\arctan(\omega) \,. \tag{5.178}$$

Na Tabela 5.12 são apresentados os valores do módulo e da fase de $G(j\omega)H(j\omega)$ para algumas frequências $0 \leq \omega < \infty$.

Tabela 5.12 Módulo e fase da função $G(j\omega)H(j\omega)$

ω	0	0,18	0,37	0,58	0,84	1,19	1,73	2,77	∞
$\lvert G(j\omega)H(j\omega)\rvert$	0,9	0,89	0,84	0,78	0,69	0,58	0,45	0,31	0
$\angle G(j\omega)H(j\omega)$	180°	149°	119°	90°	60°	30°	0°	−30°	−90°

O contorno de Nyquist é o mesmo da Figura 5.25. O diagrama de Nyquist para $-\infty < \omega < \infty$ é apresentado na Figura 5.70. O traçado do diagrama polar é a imagem do eixo $j\omega$ do contorno de Nyquist. Já a semicircunferência de raio infinito no semiplano direito de s do contorno de Nyquist é mapeada na origem do diagrama polar.

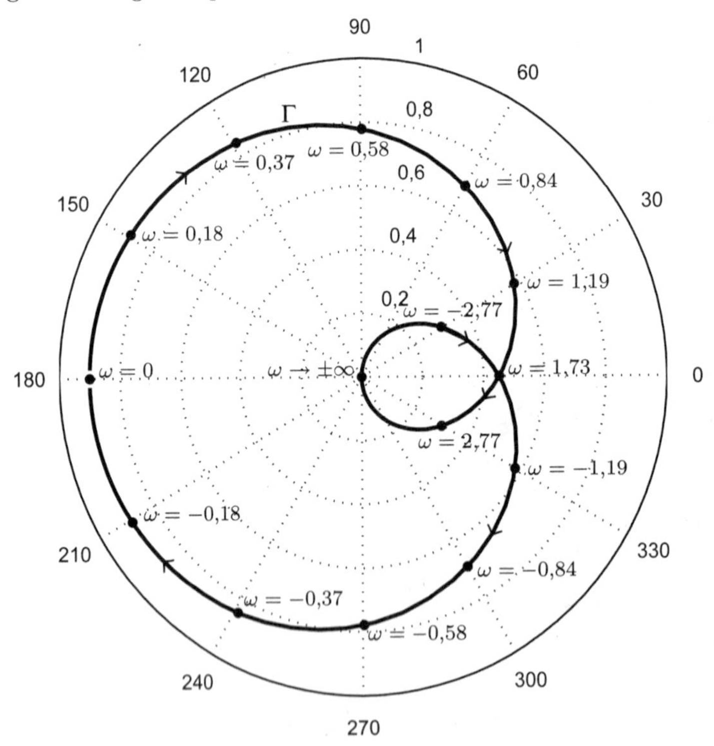

Figura 5.70 Diagrama polar de Nyquist.

Como o sistema em malha aberta (5.176) não possui polos no semiplano direito ($N_p = 0$) e como o diagrama polar não envolve o ponto $-1 + j0$ ($N = 0$), então o número de polos de mallha fechada no semiplano direito é zero ($N_z = N + N_p = 0$). Portanto, o sistema em malha fechada é estável.

Exercício 5.5

Considere um sistema que tem a função de transferência de malha aberta

$$G(s)H(s) = \frac{k}{s(s-1)} \,. \tag{5.179}$$

Desenhe o diagrama de Nyquist e analise a estabilidade do sistema em malha fechada.

Solução

A função $G(s)H(s)$ tem um polo em $s = 0$ e outro em $s = 1$. Como a função (5.179) tem um polo na origem, o contorno de Nyquist tem o formato da Figura 5.71 (a).

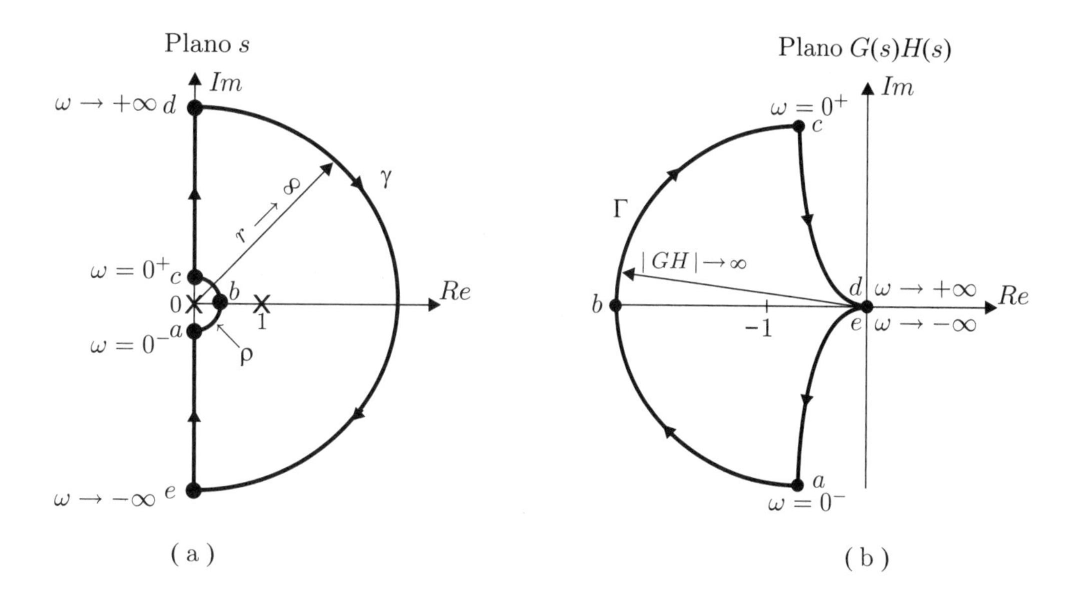

Figura 5.71 (a) Contorno de Nyquist. (b) Diagrama polar de Nyquist.

Para desenhar o diagrama polar de Nyquist da Figura 5.71 (b) é preciso analisar o percurso de Nyquist em cada trecho do seu contorno.

• trecho $\overline{abc}$: representa a pequena semicircunferência de raio ρ em torno do polo na origem no contorno de Nyquist. Fazendo

$$s = \rho e^{j\phi} \quad \text{para} \quad -90^{\circ} \leq \phi \leq 90^{\circ} \,, \tag{5.180}$$

o mapeamento de $G(s)H(s)$ para $\rho \to 0$ é

$$\lim_{\rho \to 0} G(s)H(s) = \lim_{\rho \to 0} \frac{k}{\rho e^{j\phi}(\rho e^{j\phi} - 1)} \cong \lim_{\rho \to 0} \frac{k}{-\rho e^{j\phi}} \cong \lim_{\rho \to 0} \left| \frac{k}{\rho} \right| e^{j(-180^{\circ} - \phi)} \,. \tag{5.181}$$

Portanto, para $\rho \to 0$ o módulo de $G(j\omega)H(j\omega)$ tende a infinito e a fase de $G(j\omega)H(j\omega)$ tende a $-180^{\circ} - \phi$. Como a fase ϕ varia de -90° a $+90^{\circ}$, a fase de $G(j\omega)H(j\omega)$ também varia de -90° a $+90^{\circ}$ no diagrama polar. O trecho $\overline{abc}$ correspondente do diagrama polar é mostrado na Figura 5.71 (b).

• trecho $\overline{cd}$: a frequência varia de $\omega = 0^+$ a $\omega = +\infty$. Substituindo s por $j\omega$ na Equação (5.179), obtém-se

$$G(j\omega)H(j\omega) = \frac{k}{j\omega(j\omega - 1)} = \frac{-k}{\omega(\omega + j)} . \tag{5.182}$$

O módulo de $G(j\omega)H(j\omega)$ é dado por

$$|G(j\omega)H(j\omega)| = \frac{k}{\omega\sqrt{\omega^2 + 1}} \tag{5.183}$$

e a fase é dada por

$$\angle G(j\omega)H(j\omega) = 180^o - \arctan\left(\frac{1}{\omega}\right) . \tag{5.184}$$

Assim,
para $\omega = 0^+ \Rightarrow |G(j\omega)H(j\omega)| \to \infty$ e $\angle G(j\omega)H(j\omega) = 90^o$ e
para $\omega \to +\infty \Rightarrow |G(j\omega)H(j\omega)| = 0$ e $\angle G(j\omega)H(j\omega) = 180^o$.

Portanto, o trecho $\overline{cd}$ do contorno de Nyquist é mapeado no trecho que vai do ponto c até a origem no diagrama polar.

• trecho $\overline{de}$: a frequência varia de $\omega = +\infty$ a $\omega = -\infty$. Neste caso, $|G(j\omega)H(j\omega)| = 0$ e o mapeamento corresponde a um único ponto, que é a origem do diagrama polar.

• trecho $\overline{ea}$: a frequência varia de $\omega = -\infty$ a $\omega = 0^-$. Como o diagrama polar deve ser simétrico com relação ao eixo real, o trecho $\overline{ea}$ do contorno de Nyquist é mapeado no trecho que vai da origem até o ponto a no diagrama polar.

Assim, o diagrama de Nyquist da Figura 5.71 (b) envolve uma vez o ponto $-1 + j0$ no sentido horário ($N = 1$). Como o sistema em malha aberta (5.179) possui um polo no semiplano direito ($N_p = 1$), então o número de polos de malha fechada no semiplano direito é

$$N_z = N + N_p = 1 + 1 = 2 . \tag{5.185}$$

Portanto, o sistema em malha fechada é instável para qualquer valor de k.

Exercício 5.6

Desenhe o diagrama de Nyquist e analise a estabilidade da malha fechada do sistema que tem a função de transferência de malha aberta

$$G(s)H(s) = \frac{k}{s^2(\tau s + 1)} , \quad \text{com } \tau > 0 . \tag{5.186}$$

Solução

A função $G(s)H(s)$ tem um polo duplo em $s = 0$ e outro em $s = -1/\tau$. Como a função (5.186) tem polos na origem, o contorno de Nyquist tem o formato da Figura 5.71 (a). Para desenhar o diagrama de Nyquist é preciso analisar cada trecho do contorno, como no exercício anterior.

• trecho $\overline{abc}$: representa a pequena semicircunferência de raio ρ em torno do polo na origem no contorno de Nyquist. Fazendo

$$s = \rho e^{j\phi} \text{ para } -90^o \leq \phi \leq 90^o , \tag{5.187}$$

o mapeamento de $G(s)H(s)$ para $\rho \to 0$ é

$$\lim_{\rho \to 0} G(s)H(s) = \lim_{\rho \to 0} \frac{k}{(\rho e^{j\phi})^2(\tau\rho e^{j\phi}+1)} \cong \lim_{\rho \to 0} \frac{k}{\rho^2 e^{2j\phi}} \cong \lim_{\rho \to 0} \frac{k}{\rho^2}\, e^{-2j\phi} \,. \tag{5.188}$$

Portanto, para $\rho \to 0$ o módulo de $G(j\omega)H(j\omega)$ tende a infinito. Como a fase ϕ varia de -90° a $+90^o$, a fase de $G(j\omega)H(j\omega)$ varia de $+180^o$ a -180°, percorrendo um círculo completo quando ω varia de $\omega = 0^-$ a $\omega = 0^+$.

• trecho $\overline{cd}$: a frequência varia de $\omega = 0^+$ a $\omega = +\infty$. Substituindo s por $j\omega$ na Equação (5.186), obtém-se

$$|G(j\omega)H(j\omega)| = \frac{k}{\omega^2\sqrt{\tau^2\omega^2+1}} \tag{5.189}$$

e a fase é dada por

$$\angle G(j\omega)H(j\omega) = -180^o - \arctan \tau\omega \,. \tag{5.190}$$

Assim,
para $\omega = 0^+ \Rightarrow |G(j\omega)H(j\omega)| \to \infty$ e $\angle G(j\omega)H(j\omega) = -180^o$ e
para $\omega \to +\infty \Rightarrow |G(j\omega)H(j\omega)| = 0$ e $\angle G(j\omega)H(j\omega) = -270^o$.

Portanto, neste trecho o diagrama de Nyquist fica no segundo quadrante, pois a fase de $G(j\omega)H(j\omega)$ varia de -180° a -270°.

• trecho $\overline{de}$: a frequência varia de $\omega = +\infty$ a $\omega = -\infty$. Neste caso, o mapeamento corresponde à origem do diagrama polar.

• trecho $\overline{ea}$: a frequência varia de $\omega = -\infty$ a $\omega = 0^-$. Basta completar o diagrama polar de modo que este seja simétrico com relação ao eixo real.

O diagrama polar de Nyquist é apresentado na Figura 5.72. Como a função (5.186) não possui polos no semiplano direito ($N_p = 0$) e como o diagrama envolve duas vezes o ponto $-1 + j0$ no sentido horário ($N = 2$), então o número de polos de malha fechada no semiplano direito é

$$N_z = N + N_p = 2 + 0 = 2 \,. \tag{5.191}$$

Portanto, o sistema em malha fechada é instável para qualquer valor de k.

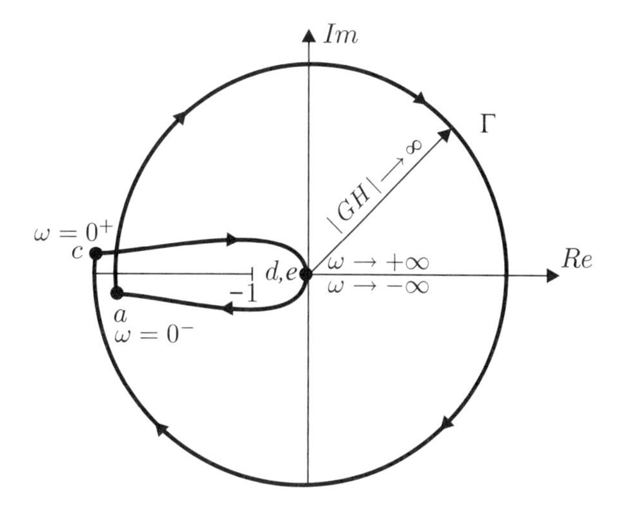

Figura 5.72 Diagrama polar de Nyquist.

Exercício 5.7

Considere o sistema em malha fechada da Figura 5.73. Os diagramas de Bode da planta $G(s)$ são apresentados na Figura 5.74.

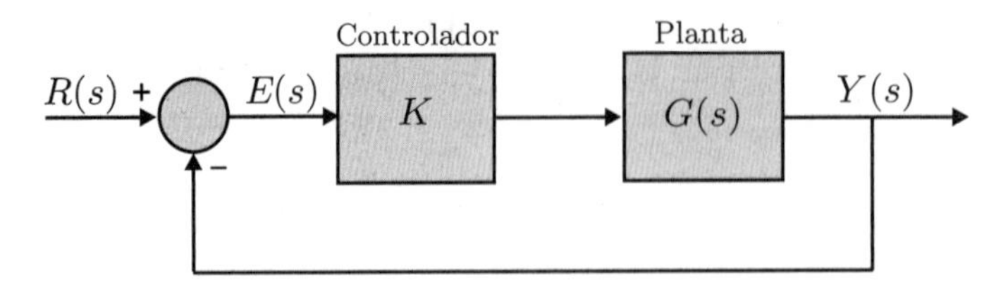

Figura 5.73 Sistema em malha fechada.

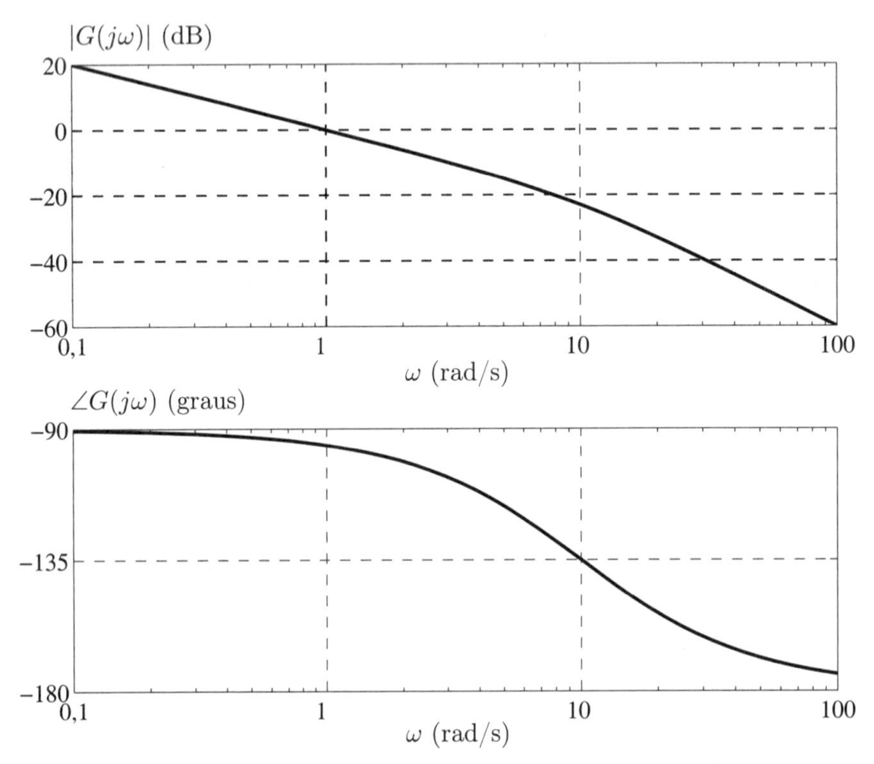

Figura 5.74 Diagramas de Bode da planta $G(j\omega)$.

Determine:

a) a função de transferência da planta;

b) o valor do ganho do controlador K para que a margem de fase seja de 45°.

c) o erro estacionário, quando é aplicado um degrau unitário na referência.

Solução

a) No diagrama do módulo se verifica que em baixas frequências o gráfico é uma reta com inclinação de $-20\,\text{dB/década}$, sendo o ganho $0\,\text{dB}$ na frequência 1 (rad/s). Logo, $G(s)$ possui um polo em $s = 0$. A partir da frequência 10 (rad/s) a inclinação da reta muda para $-40\,\text{dB/década}$, que é o resultado da soma da inclinação da assíntota do polo na origem com a inclinação da assíntota de um polo em $s = -10$. Note que nesta frequência a fase de $G(j\omega)$ vale -135°, que é o resultado da soma da fase de -90° do polo na origem com a fase de -45° do polo em $s = -10$.

Portanto, a função de transferência é

$$G(s) = \frac{1}{s\left(\frac{1}{10}s + 1\right)} = \frac{10}{s(s+10)}\,. \tag{5.192}$$

b) Para que a margem de fase seja $MF = 45^o$, a fase de $G(j\omega)$ deve valer

$$\angle G(j\omega) = MF - 180^o = -135^o \ , \tag{5.193}$$

cujo valor ocorre na frequência 10 (rad/s).

Para que o ganho do gráfico do módulo seja 0 dB na frequência 10 (rad/s), o ganho K do controlador deve valer aproximadamente 23 dB, ou seja, $20 \log K \cong 23\,\text{dB}$. Portanto, $K \cong 14{,}1$.

c) O erro estacionário é nulo, pois a planta possui um integrador (polo na origem).

Exercício 5.8

Considere o sistema da Figura 5.75. Qual o valor da margem de ganho? Determine o valor do ganho k de modo que a margem de fase seja $MF = 60^o$.

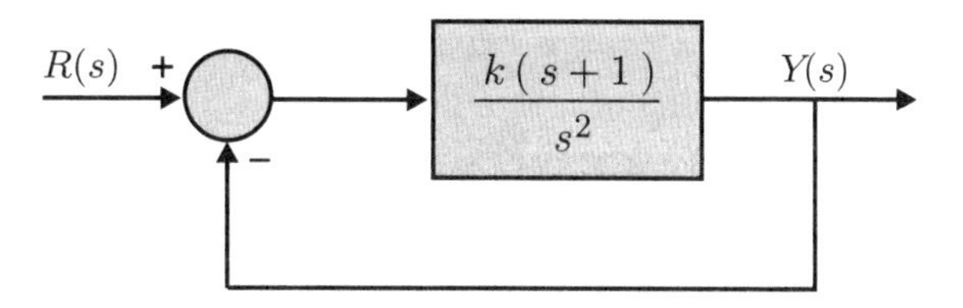

Figura 5.75 Diagrama de blocos de um sistema.

Solução

A função de transferência de malha aberta é dada por

$$G(s) = \frac{k(s+1)}{s^2} \ . \tag{5.194}$$

Como $G(s)$ possui apenas dois polos na origem, a fase de $G(j\omega)$ nunca cruza a linha de -180°. Portanto, a margem de ganho é infinita.

Substituindo s por $j\omega$ na Equação (5.194), obtém-se

$$G(j\omega) = \frac{k(j\omega+1)}{(j\omega)^2} \ . \tag{5.195}$$

Para que a margem de fase seja $MF = 60^o$, a fase de $G(j\omega)$ deve valer

$$\angle G(j\omega) = MF - 180^o = -120^o \ . \tag{5.196}$$

Assim,

$$\begin{aligned} \angle G(j\omega) = \angle(j\omega+1) - 2\angle(j\omega) &= -120^o \\ \arctan(\omega) - 180^o &= -120^o \Rightarrow \omega = \sqrt{3}\ \text{rad/s} \ . \end{aligned} \tag{5.197}$$

Portanto, na frequência $\omega = \sqrt{3}$ rad/s o módulo de $G(j\omega)$ deve ser igual a 1, ou seja,

$$|G(j\omega)|_{\omega=\sqrt{3}} = \left| \frac{k(j\omega+1)}{(j\omega)^2} \right|_{\omega=\sqrt{3}} = 1 \ . \tag{5.198}$$

Logo,

$$k = \frac{(\sqrt{3})^2}{\sqrt{(\sqrt{3})^2 + 1^2}} = 1{,}5 \ . \tag{5.199}$$

Exercício 5.9

Considere o sistema da Figura 5.76.

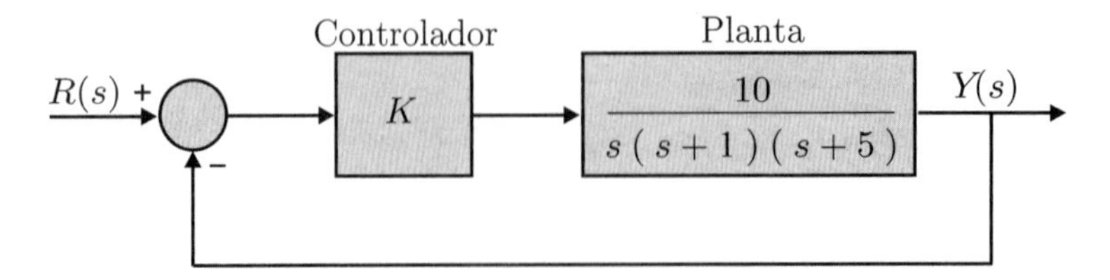

Figura 5.76 Diagrama de blocos de um sistema.

- Supondo $K = 1$, calcule a margem de ganho e a margem de fase.
- Analise a estabilidade do sistema em malha fechada em termos do ganho K.

Solução

A função de transferência de malha aberta é dada por

$$G(s) = \frac{10}{s(s+1)(s+5)} . \tag{5.200}$$

Substituindo s por $j\omega$ na Equação (5.200), obtém-se

$$G(j\omega) = \frac{10}{j\omega(j\omega+1)(j\omega+5)} = \frac{10}{-j\omega^3 - 6\omega^2 + 5j\omega} = \frac{10}{-6\omega^2 + j(5\omega - \omega^3)} . \tag{5.201}$$

A margem de ganho é calculada na frequência $\omega > 0$ em que $\angle G(j\omega) = -180^o$, ou seja,

$$-\arctan\left(\frac{5\omega - \omega^3}{-6\omega^2}\right) = -180^o \Rightarrow 5\omega - \omega^3 = 0 \Rightarrow \omega = \sqrt{5} . \tag{5.202}$$

Da Equação (5.109), com $H(j\omega) = 1$, tem-se que

$$MG = \left|\frac{1}{G(j\omega)}\right|_{w=\sqrt{5}} = \left|\frac{1}{\frac{10}{-6\omega^2+j(5\omega-\omega^3)}}\right|_{w=\sqrt{5}} = 3 . \tag{5.203}$$

A margem de fase é calculada na frequência $\omega > 0$ em que $|G(j\omega)| = 1$, ou seja,

$$|G(j\omega)| = \left|\frac{10}{-6\omega^2 + j(5\omega - \omega^3)}\right| = \frac{10}{\sqrt{(-6\omega^2)^2 + (5\omega - \omega^3)^2}} = \frac{10}{\sqrt{\omega^6 + 26\omega^4 + 25\omega^2}} = 1 , \tag{5.204}$$

resultando

$$\omega^6 + 26\omega^4 + 25\omega^2 - 100 = 0 , \tag{5.205}$$

cuja única solução real, para $\omega > 0$, é $\omega \cong 1{,}23$.

Da Equação (5.110), com $H(j\omega) = 1$, tem-se que

$$MF = 180^o + \angle G(j\omega)|_{w=1,23} = 180^o - 154{,}6^o \cong 25{,}4^o . \tag{5.206}$$

Os resultados (5.203) e (5.206) significam que o ganho K do controlador pode ser aumentado em até 3 vezes, de modo que o sistema em malha fechada seja estável. De fato, para $K = 3$ a função de transferência de malha fechada é

$$\frac{Y(s)}{R(s)} = \frac{30}{s^3 + 6s^2 + 5s + 30} , \tag{5.207}$$

cujos polos são $s = -6$ e $s = \pm\sqrt{5}j$.

Portanto, o sistema em malha fechada é estável para $0 < K < 3$.

5.13 Exercícios propostos

Exercício 5.10

Determinar a saída $y_\infty(t)$ em regime permanente do sistema linear e invariante no tempo da Figura 5.77, quando é aplicada a entrada $u(t) = 3\,\text{sen}(5t + 30^o)$.

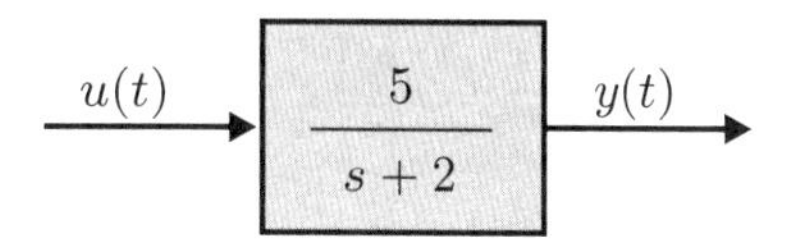

Figura 5.77 Sistema linear e invariante no tempo.

Exercício 5.11

Desenhe os diagramas de Bode correspondentes às seguintes funções de transferência:

a) $G(s) = \frac{10}{2s+1}$;

b) $G(s) = \frac{10}{s(0{,}1s+1)}$;

c) $G(s) = \frac{1}{(s+1)(s+10)}$;

d) $G(s) = \frac{s+1}{s+10}$;

e) $G(s) = \frac{s+10}{s+1}$;

f) $G(s) = \frac{100(s+10)}{s^2+100s}$;

g) $G(s) = \frac{s}{(s+1)(s+10)}$;

h) $G(s) = \frac{2{,}5}{s^3+3s^2+25s}$;

i) $G(s) = \frac{10e^{-0{,}1s}}{s(s+1)(s+10)}$;

j) $G(s) = \frac{8(s+2)}{s(s+0{,}5)(s^2+0{,}4s+8)}$.

Exercício 5.12

Determine as funções de transferência $G_1(s)$ e $G_2(s)$ correspondentes aos diagramas de Bode das Figuras 5.78 (a) e (b), respectivamente.

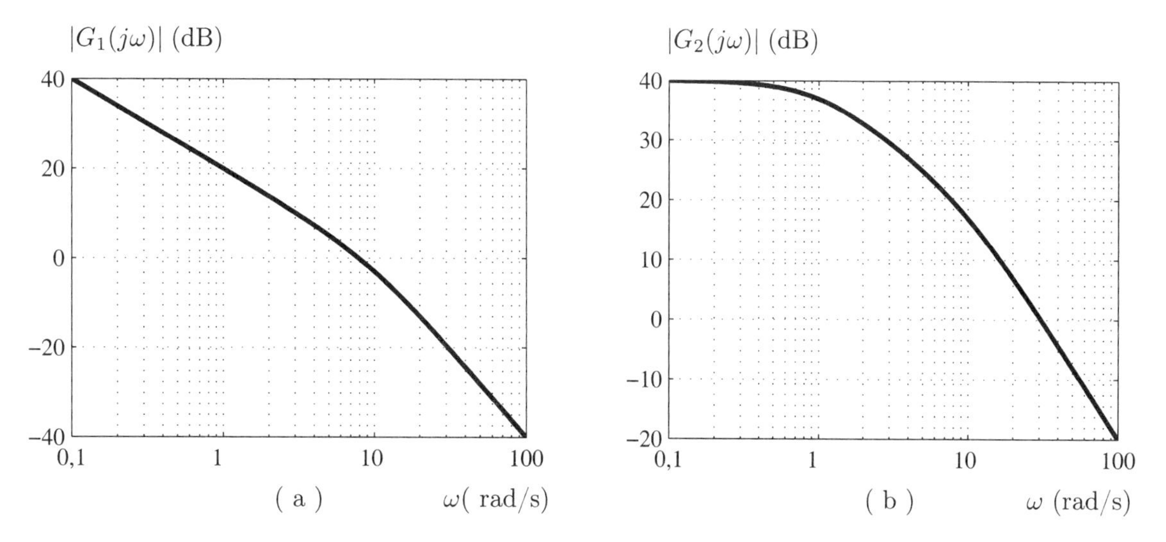

Figura 5.78 (a) Módulo de $G_1(j\omega)$. (b) Módulo de $G_2(j\omega)$.

Exercício 5.13

Foi medida experimentalmente a resposta em frequência de um sistema cujos dados estão apresentados na Tabela 5.13. Desenhe os diagramas de Bode e determine a função de transferência $G(s)$ correspondente.

Tabela 5.13 Módulo e fase da função $G(j\omega)$

ω	$\|G(j\omega)\|$ (dB)	$\angle G(j\omega)$ (graus)
0,1	54	−96
0,2	48	−101
0,5	39	−116
1	31	−135
2	21	−153
5	6	−169
10	−6	−174
20	−18	−177
50	−34	−179
100	−46	−180

Exercício 5.14

A resposta em frequência de um sistema em malha aberta $G(j\omega)$ está indicada na Figura 5.79. Determine as margens de ganho e de fase. O sistema em malha fechada com realimentação unitária é estável ou instável?

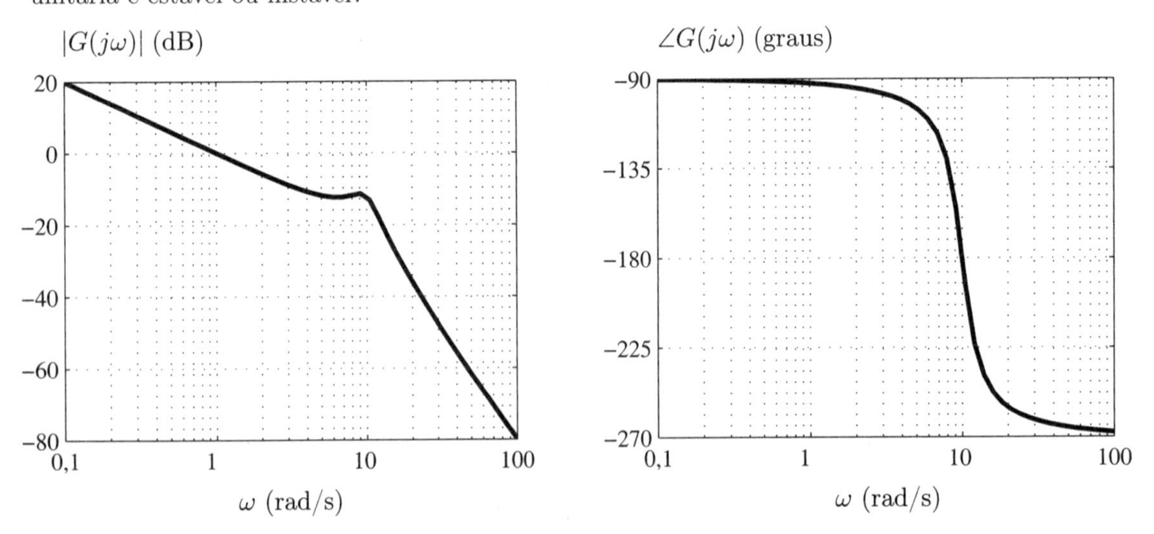

Figura 5.79 Resposta em frequência de um sistema $G(j\omega)$.

Exercício 5.15

Supondo que no sistema em malha aberta da Figura 5.79 seja feita uma realimentação unitária, determine o valor do erro no estado estacionário do sistema em malha fechada quando é aplicado um degrau unitário na referência.

Exercício 5.16

Um servossistema tem função de transferência de malha aberta

$$G(s) = \frac{k}{Ts(sT+1)^2} \,. \tag{5.208}$$

Sabendo-se que o ganho k é ajustado para que a margem de fase seja de 45°, determine a margem de ganho.

Exercício 5.17

Considere o sistema da Figura 5.80.

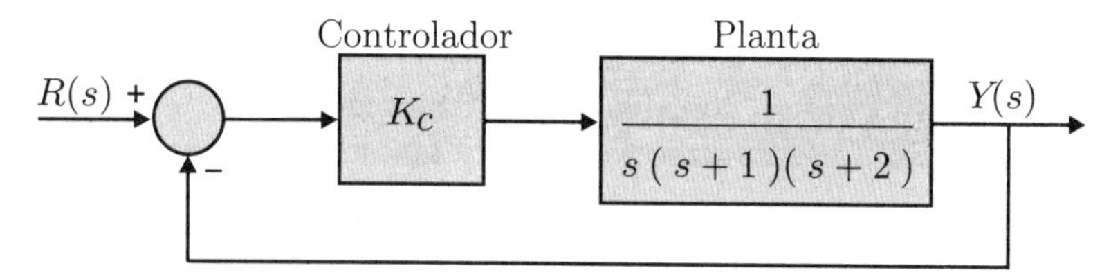

Figura 5.80 Diagrama de blocos de um sistema.

a) Determine o valor do controlador K_c para que a margem de ganho seja de 20 dB.
b) Determine a margem de fase para o valor de K_c calculado no item anterior.

Exercício 5.18

Considere o diagrama de blocos do sistema da Figura 5.81. Determine os valores de k e a, de modo que o pico de ressonância seja $M_r = 1{,}04$ e ocorra na frequência $\omega_r = 11{,}55$ rad/s.

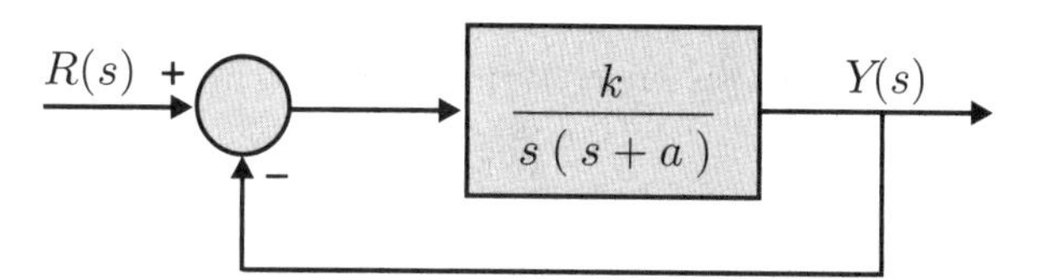

Figura 5.81 Diagrama de blocos de um sistema.

Exercício 5.19

Analise a estabilidade dos sistemas em malha fechada desenhando os diagramas de Nyquist dos seguintes sistemas em malha aberta $G(s)H(s)$:

a) $G(s)H(s) = \frac{1}{s+1}$;

b) $G(s)H(s) = \frac{1}{s}$;

c) $G(s)H(s) = \frac{1}{s^2}$;

d) $G(s)H(s) = \frac{s-2}{(s+1)^2}$;

e) $G(s)H(s) = \frac{s+1}{s^2(s+2)}$;

f) $G(s)H(s) = \frac{s+1}{s(s+2)(s+3)}$;

g) $G(s)H(s) = \frac{1}{(s+p_1)(s+p_2)}$, $p_1 > 0$, $p_2 > 0$;

h) $G(s)H(s) = \frac{1}{s(s+p_1)(s+p_2)}$, $p_1 > 0$, $p_2 > 0$;

i) $G(s)H(s) = \frac{s+z}{s(s+p)}$, $z > 0$, $p > 0$;

j) $G(s)H(s) = \frac{s-z}{s(s+p)}$, $z > 0$, $p > 0$;

Exercício 5.20

Considere o diagrama de blocos do sistema da Figura 5.82. Determine por meio da carta de Nichols a frequência e o pico de ressonância do sistema em malha fechada.

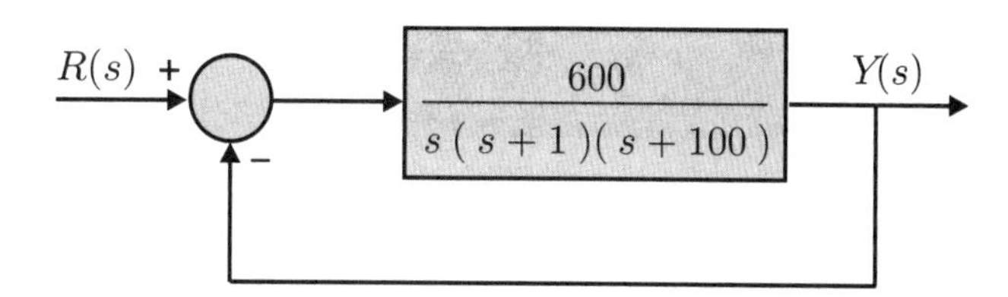

Figura 5.82 Diagrama de blocos de um sistema.

Exercício 5.21

Sabendo-se que $K > 0$ é um controlador proporcional e $G(s)$ é a função de transferência de um processo, a resposta em frequência de $G(j\omega)$ é apresentada na carta de Nichols da Figura 5.83.

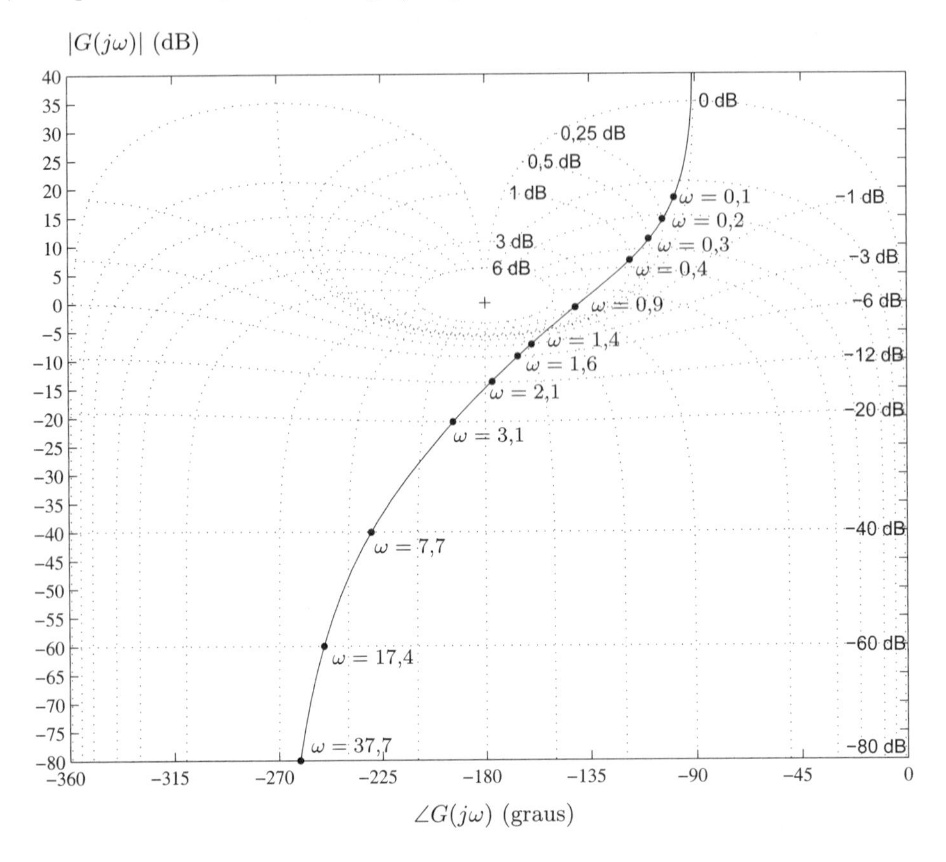

Figura 5.83 Carta de Nichols.

a) Para $K = 1$, determine:
  a.1) a margem de ganho em (dB);
  a.2) a margem de fase em graus;
  a.3) o valor do pico de ressonância M_r (dB) do sistema em malha fechada;
  a.4) a frequência de ressonância ω_r (rad/s) do sistema em malha fechada;
  a.5) o erro no estado estacionário quando é aplicado um degrau unitário na referência.

b) Determine o valor do controlador K para que a margem de ganho seja de 35 dB.

Exercício 5.22

Considere o diagrama de blocos do sistema da Figura 5.84. Determine a banda passante do sistema em malha aberta e a banda passante do sistema em malha fechada.

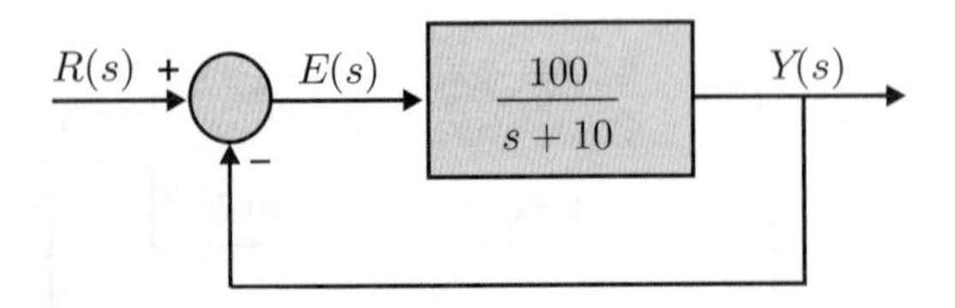

Figura 5.84 Diagrama de blocos de um sistema.

Exercício 5.23

Projete um compensador $G_c(s)$ por avanço de fase para o sistema da Figura 5.85, de modo que as seguintes especificações sejam satisfeitas:

- erro estacionário de $-0{,}1$ para entrada de referência do tipo degrau unitário;
- margem de fase de 50°.

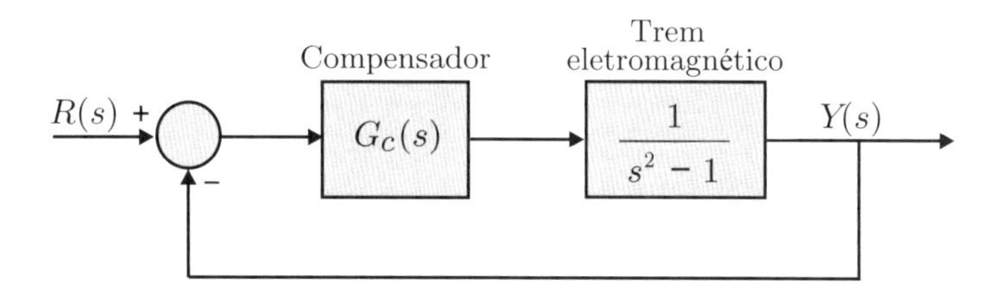

Figura 5.85 Diagrama de blocos do sistema em malha fechada.

Exercício 5.24

Projete um compensador $G_c(s)$ por atraso de fase para o sistema da Figura 5.86, de modo que a resposta para entrada do tipo rampa unitária na referência apresente erro estacionário de 0,05 sem alterar o valor da margem de fase.

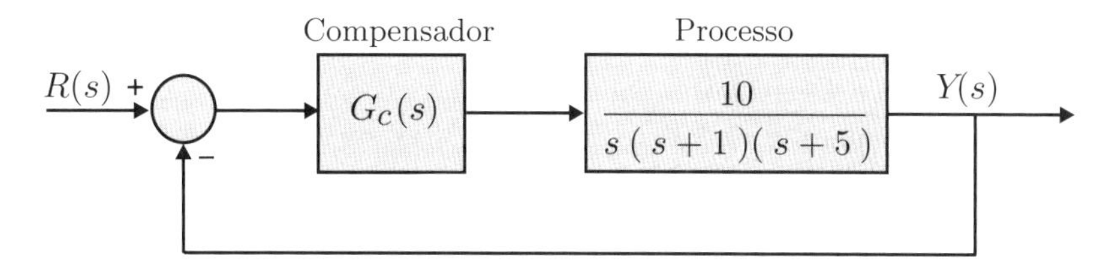

Figura 5.86 Diagrama de blocos do sistema em malha fechada.

Exercício 5.25

Projete um compensador $G_c(s)$ por avanço e atraso de fase para o sistema da Figura 5.86, de modo que as seguintes especificações sejam satisfeitas:

- erro estacionário de 0,05 para entrada de referência do tipo rampa unitária;
- margem de fase de 50°.

Exercício 5.26

Considere um processo de fundição para a produção de barras de alumínio[7] cuja função de transferência é

$$G_p(s) = \frac{e^{-100s}}{1000s + 1} . \tag{5.209}$$

Projete um compensador por atraso de fase de modo que as seguintes especificações sejam satisfeitas:

- erro estacionário de 0,05 para entrada de referência do tipo degrau unitário;
- margem de ganho de 10 dB.

[7]Ver Exercício 9.3.

6

Controladores PID

6.1 Introdução

Ao longo das últimas décadas teorias matemáticas dedicadas ao controle ótimo e ao controle robusto têm produzido importantes resultados, indispensáveis nas aplicações aeronáuticas, aeroespaciais e similares. No entanto, algumas arquiteturas especiais utilizando algoritmos clássicos, chamados de PID ou P+I+D, têm demonstrado notável eficácia e praticidade no controle dos processos industriais. Esses controladores PID, ainda mais quando inseridos nos computadores industriais e nos controladores lógicos programáveis, mantêm-se como um dos principais equipamentos de controle.

O nome PID deriva do fato de que sua função de transferência contém a soma das ações Proporcional, Integradora e Derivadora. Seus parâmetros são de fácil ajuste e sua construção é adequadamente robusta para o ambiente industrial. O sucesso do controlador PID também decorreu de uma bem-sucedida padronização, na sua versão eletrônica, desde 1950.

Neste capítulo, além de estudar as diversas versões dos controladores PID, por meio do Lugar das Raízes e dos Diagramas de Bode, são apresentadas as suas implementações analógicas e digital. Também são estudados dois complementos inerentes aos controladores PID:

- transição suave (*bumpless transition*), entre as operações manual e automática e
- antidisparo da integral (*antireset windup*).

6.2 A função de transferência do controlador PID

O modelo matemático de um controlador PID, conforme o padrão ISA, é dado por

$$m(t) = K_c\left(e(t) + \frac{1}{T_I}\int_0^t e(\tau)d\tau + T_D\frac{de(t)}{dt}\right), \tag{6.1}$$

sendo:

$m(t)$: sinal de saída do controlador, chamado de variável manipulada;
$e(t)$: sinal de entrada do controlador, chamado de erro atuante;
K_c, T_I e T_D: parâmetros de ajuste do controlador.

As três parcelas do controlador PID correspondem aos efeitos Proporcional, Integrador e Derivador do sinal de erro atuante. Note que neste modelo os coeficientes de cada parcela são interdependentes (K_c, K_c/T_I e K_cT_D).

Tradicionalmente é utilizada a seguinte denominação, relativa aos parâmetros de ajuste do controlador PID:
K_c: ganho proporcional;
K_c/T_I: ganho da integral (*reset gain*);
K_cT_D: ganho da derivada (*rate gain*).

A função de transferência correspondente ao modelo da Equação (6.1) é

$$PID(s) = \frac{M(s)}{E(s)} = K_c\left(1+\frac{1}{T_Is}+T_Ds\right) \tag{6.2}$$

$$= K_c + \frac{K_c}{T_Is} + K_cT_Ds \tag{6.3}$$

$$= \frac{K_cT_IT_Ds^2 + K_cT_Is + K_c}{T_Is}, \tag{6.4}$$

ou seja, o controlador PID(s) possui um polo na origem e dois zeros reais ou complexos conjugados em

$$s_{1,2} = \frac{-T_I \pm \sqrt{T_I^2 - 4T_IT_D}}{2T_IT_D}. \tag{6.5}$$

Os controladores PID também são muito empregados com efeitos parciais:

• PI (Proporcional mais Integrador) para o qual se adota $T_D = 0$. Neste caso tem-se a função de transferência

$$PI(s) = K_c + \frac{K_c}{T_Is} = K_c\left(1+\frac{1}{T_Is}\right) = \frac{K_c}{T_I}\frac{(T_Is+1)}{s}, \tag{6.6}$$

que apresenta um zero real em $-1/T_I$ e um polo na origem.

• PD (Proporcional mais Derivador) para o qual se adota $T_I \to \infty$. Neste caso tem-se

$$PD(s) = K_c + K_cT_Ds = K_c(1+T_Ds), \tag{6.7}$$

que apresenta um zero real em $-1/T_D$.

É útil analisar separadamente o efeito temporal de cada uma das três parcelas. Os efeitos dos termos proporcional e integral são mostrados na Figura 6.1, supondo um sinal de erro atuante do tipo pulso, de amplitude E.

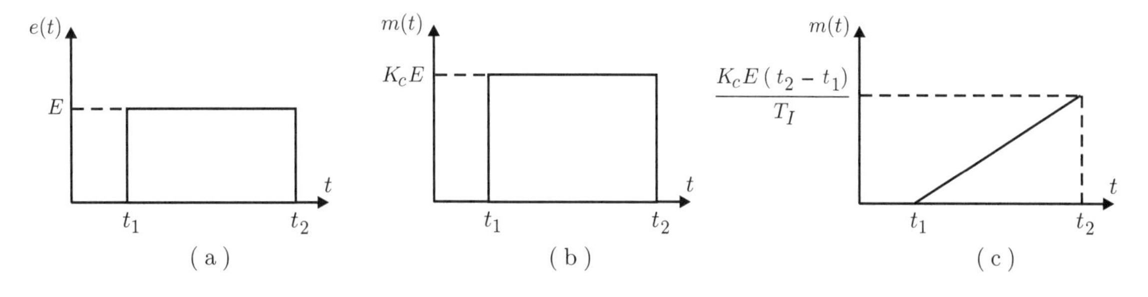

Figura 6.1 (a) Sinal de erro atuante de amplitude E. (b) Sinal gerado pela ação proporcional. (c) Sinal gerado pela ação integral.

O sinal do tipo pulso, utilizado para analisar o efeito das ações proporcional e integral, não é adequado para a análise do efeito correspondente à derivada devido às descontinuidades no início e no final do sinal. Assim, na Figura 6.2 utiliza-se uma rampa unitária como sinal de erro atuante para mostrar o efeito da derivada no controlador PID.

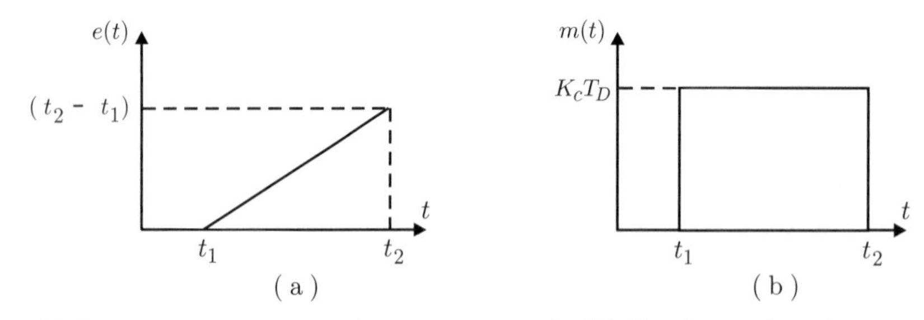

Figura 6.2 (a) Sinal de erro atuante (rampa unitária). (b) Sinal gerado pela ação derivadora.

Para obter o aspecto geral dos gráficos de Bode do controlador PID na Figura 6.3, considere a situação em que os zeros s_1 e s_2 do controlador são reais, com $(s_1 \neq s_2)$. Para isso, da Equação (6.5) deve-se ter $T_I^2 - 4T_IT_D > 0$. O gráfico do módulo possui em baixas frequências uma declividade de $-20\,\text{dB}/\text{década}$, com predomínio da ação integradora, e em altas frequências possui uma declividade de $+20\,\text{dB}/\text{década}$, com predomínio da ação derivadora. A defasagem varia de -90° a $+90^{\circ}$.

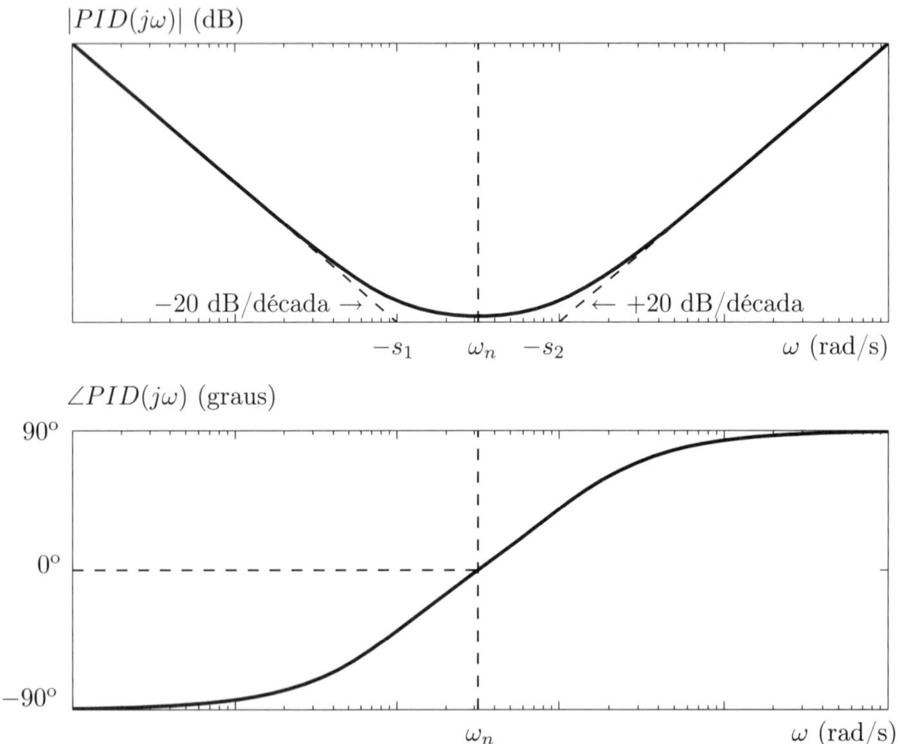

Figura 6.3 Diagramas de Bode do controlador PID com zeros reais $s_1 \neq s_2$.

Como importantes características do controlador PID no domínio da frequência deve-se destacar o ganho tendendo a infinito em baixas frequências, cuja função é reduzir o erro estacionário, e o avanço de fase acima da frequência $\omega_n = 1/\sqrt{T_IT_D}$, cuja propriedade é melhorar a estabilidade relativa do sistema. Normalmente procura-se ajustar os parâmetros do controlador PID de forma que o atraso de fase produzido pelo termo integrador ocorra em frequências baixas, de forma a não afetar a estabilidade relativa do sistema.

Os gráficos de Bode dos controladores PI e PD são muito mais simples, como mostrado nas Figuras 6.4 e 6.5, respectivamente. O gráfico do módulo do controlador PI troca de declividade de $-20\,\text{dB}/\text{década}$ para 0 na frequência $1/T_I$ e, como o controlador PID, produz ganhos elevados em baixas frequências, que reduzem o erro estacionário. Porém, o atraso de fase do controlador PI piora a estabilidade relativa do sistema. Já no caso do controlador PD a declividade passa de 0 para $+20\,\text{dB}/\text{década}$ na frequência $1/T_D$ e produz um avanço de fase, cuja função é melhorar a estabilidade relativa do sistema.

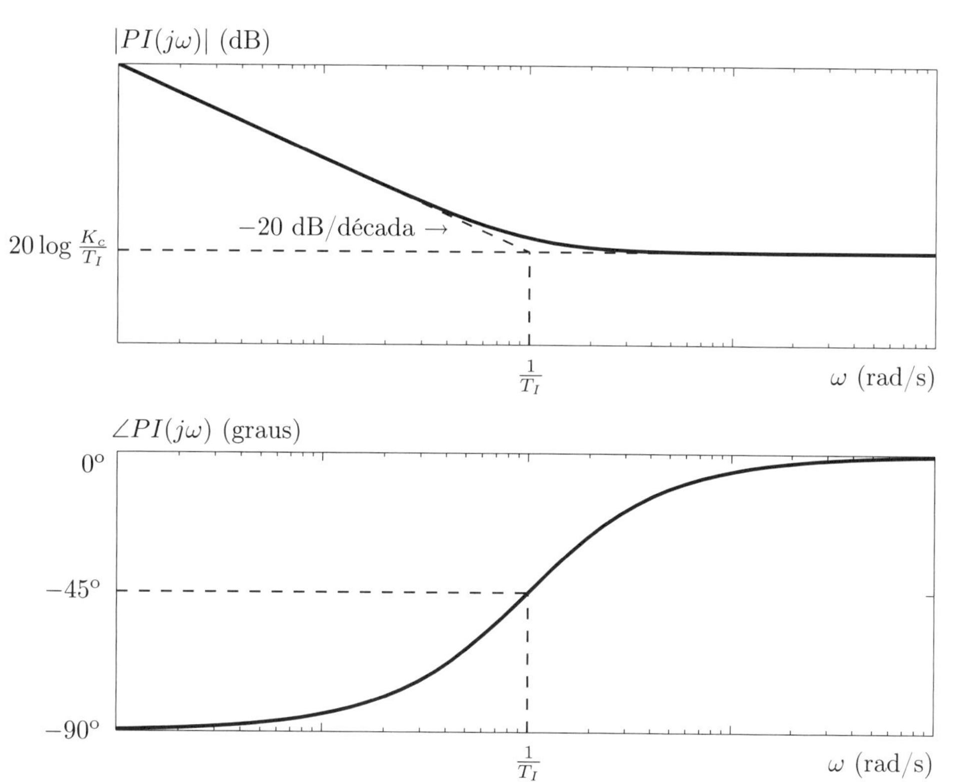

Figura 6.4 Diagramas de Bode do controlador PI com zero real em $s = -\frac{1}{T_I}$.

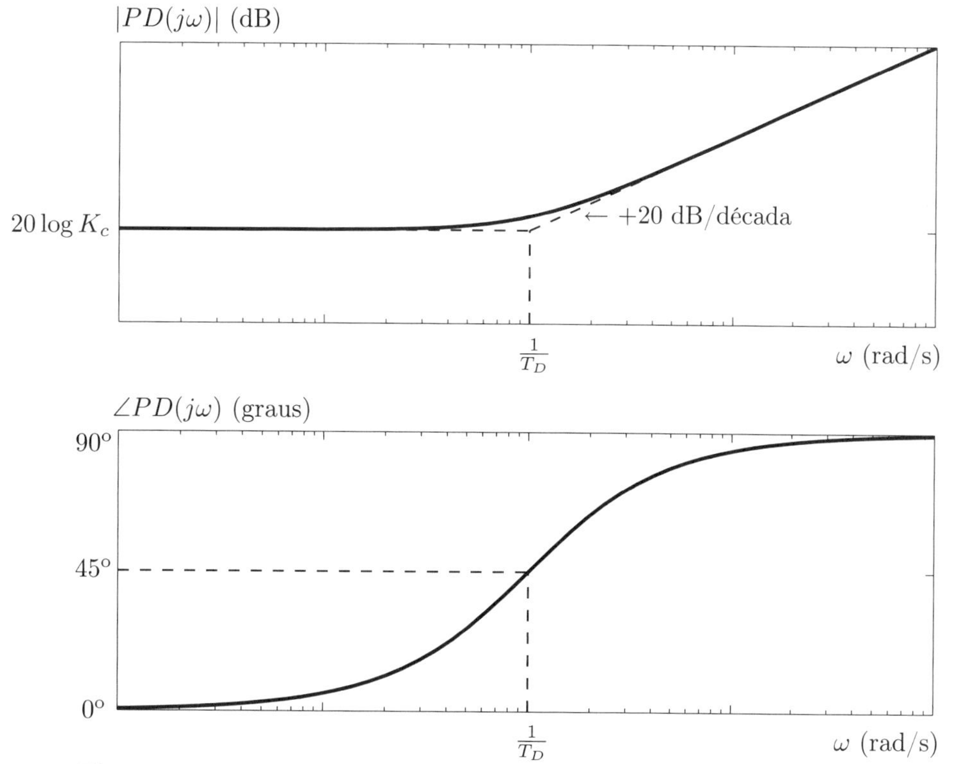

Figura 6.5 Diagramas de Bode do controlador PD com zero real em $s = -\frac{1}{T_D}$.

É interessante observar que os gráficos de Bode do controlador PID da Figura 6.3 diferem dos gráficos do controlador por avanço e atraso de fase da Figura 5.58. Embora pretendam ter o mesmo efeito estabilizante, o gráfico de módulo do PID, em teoria, tem ganhos tendendo ao infinito tanto em frequências muito baixas como em frequências muito altas. Para limitar o ganho em altas frequências deve-se ressaltar que, na prática, é comum a adição de uma parcela atenuadora, que consiste na inclusão de um polo de alta frequência na função de transferência do controlador (ver Seção 6.3.1).

Dada a simplicidade das funções de transferência dos controladores PI e PD, é comum a determinação dos parâmetros correspondentes utilizando-se o método do lugar das raízes, seguida de uma análise das margens de estabilidade por meio dos gráficos de Bode. Já para os controladores PID as técnicas de ajuste mais frequentes baseiam-se em regras heurísticas (ver Seções 7.2 e 7.5).

Exemplo 6.1

Considere o diagrama de blocos da Figura 6.6.

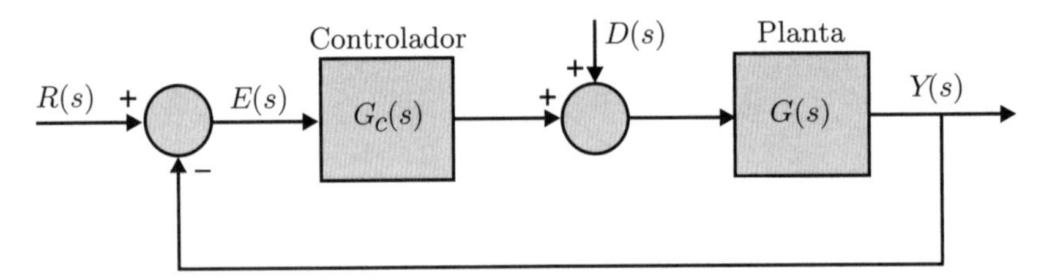

Figura 6.6 Diagrama de blocos de um sistema em malha fechada.

Sendo a função de transferência da planta

$$G(s) = \frac{1}{(s+1)(s+5)}\,, \tag{6.8}$$

deseja-se analisar o comportamento deste sistema com os controladores P, PI, PD e PID.

Controlador P

Para $G_c(s) = K_c$ o diagrama do lugar das raízes é apresentado na Figura 6.7.

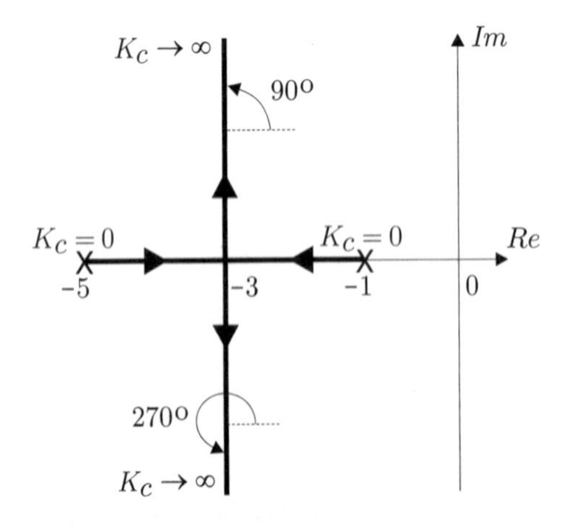

Figura 6.7 Lugar das raízes com o controlador P.

Para $s = -3$ os polos de malha fechada são reais e iguais. Neste ponto o ganho vale

$$K_c = |s+1||s+5|_{s=-3} = |-2|\;|2| = 4\,. \tag{6.9}$$

Portanto:

• para $0 < K_c \leq 4$ os polos de malha fechada são reais e a resposta ao degrau na referência é amortecida;

• para $K_c > 4$ os polos de malha fechada são complexos conjugados e a resposta ao degrau na referência é subamortecida.

Para entradas do tipo degrau unitário na referência $R(s)$ e na perturbação $D(s)$ tem-se que

$$E(s) = \frac{1}{1+K_cG(s)}R(s) - \frac{G(s)}{1+K_cG(s)}D(s)\,. \tag{6.10}$$

O erro estacionário pode ser calculado por meio do teorema do valor final.

$$\begin{aligned}\lim_{t\to\infty} e(t) &= \lim_{s\to 0} sE(s) = \lim_{s\to 0} s\left(\frac{(s+1)(s+5)}{(s+1)(s+5)+K_c} - \frac{1}{(s+1)(s+5)+K_c}\right)\frac{1}{s}\\ &= \frac{5}{5+K_c} - \frac{1}{5+K_c} = \frac{4}{5+K_c}\,.\end{aligned} \tag{6.11}$$

Logo, o erro estacionário é não nulo para $K_c > 0$. Porém,
• para K_c "pequeno" o erro estacionário é "grande", e
• para K_c "grande" o erro estacionário é "pequeno".

Na Figura 6.8 são apresentados os gráficos da resposta ao degrau unitário na referência, com perturbação nula ($D(s) = 0$), para $K_c = 4$ e $K_c = 100$. Note que
• para $K_c = 4$, a resposta transitória é mais lenta, amortecida e o erro estacionário vale

$$e(\infty) = 5/(5+K_c) = 1 - y(\infty) \cong 0{,}556\;; \tag{6.12}$$

• para $K_c = 100$, a resposta transitória é mais rápida, subamortecida e o erro estacionário vale

$$e(\infty) = 5/(5+K_c) = 1 - y(\infty) \cong 0{,}048. \tag{6.13}$$

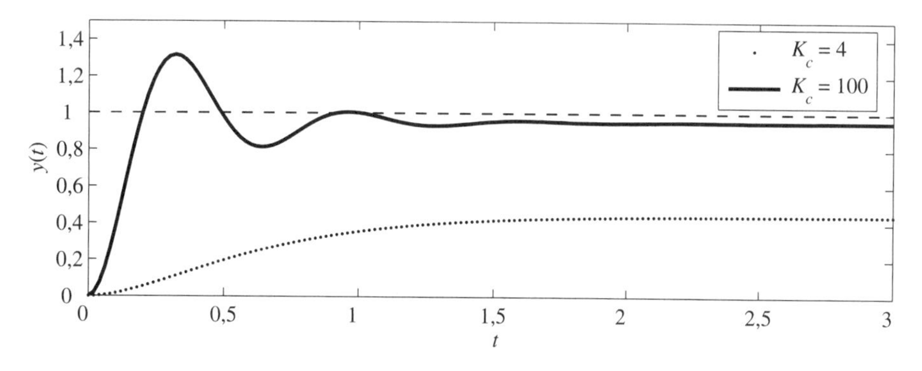

Figura 6.8 Resposta ao degrau unitário em $r(t)$ com controlador P e $d(t) = 0$.

Os diagramas de Bode de $K_cG(j\omega)$ são apresentados na Figura 6.9. Para $K_c = 4$ a margem de ganho é infinita, pois o gráfico de fase nunca cruza a linha de 180° e a margem de fase também é infinita, pois o gráfico do módulo nunca cruza a linha de 0 dB. Já para $K_c = 100$ a margem de ganho é infinita e a margem de fase vale $MF \cong 34{,}2°$.

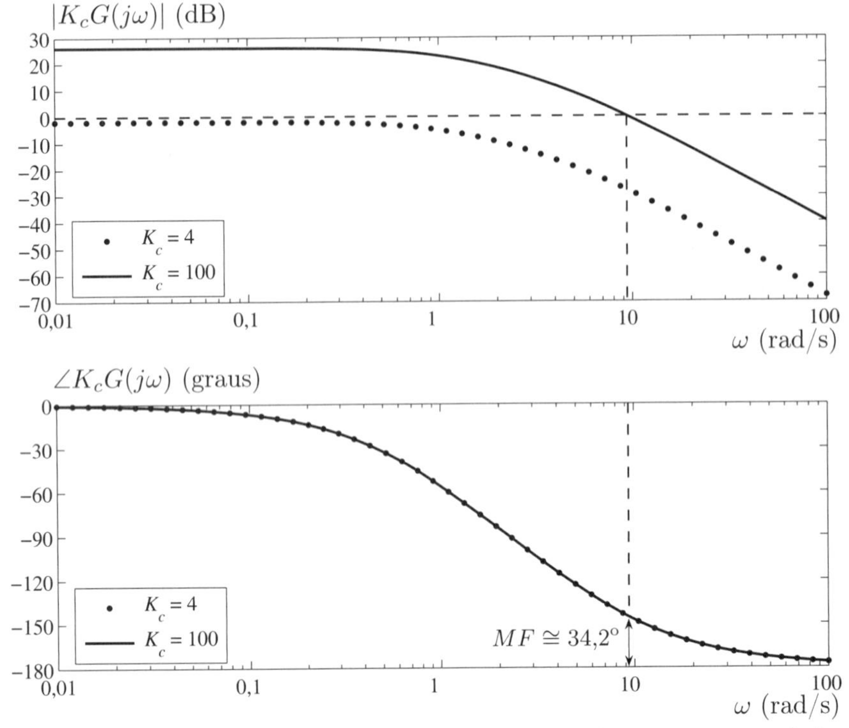

Figura 6.9 Diagramas de Bode da função de malha aberta com controlador P.

Controlador PI

A função de transferência do controlador PI é dada por

$$G_c(s) = K_c\left(1 + \frac{1}{T_I s}\right) . \tag{6.14}$$

Um procedimento bastante usual é adotar T_I de forma que o zero do controlador cancele o polo mais lento da planta, neste exemplo em $s = -1$. Assim, supondo $T_I = 1$ o lugar das raízes fica como mostrado na Figura 6.10.

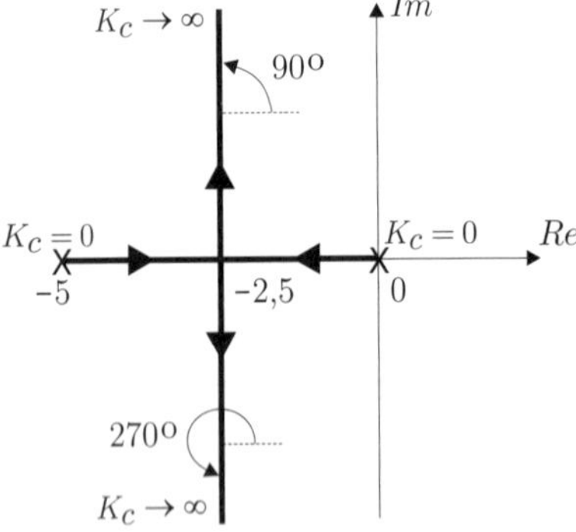

Figura 6.10 Lugar das raízes com o controlador PI.

Comparando a Figura 6.10 com a Figura 6.7 verifica-se que o controlador PI desloca o lugar das raízes para a direita do plano s, o que faz piorar a estabilidade relativa do sistema.

Os polos de malha fechada são reais e iguais em $s = -2{,}5$. Neste ponto o ganho vale

$$K_c = |s||s+5|_{s=-2{,}5} = |-2{,}5|\;|2{,}5| = 6{,}25 . \tag{6.15}$$

Logo,

- para $0 < K_c \leq 6{,}25$ os polos de malha fechada são reais e a resposta ao degrau na referência é amortecida;
- para $K_c > 6{,}25$ os polos de malha fechada são complexos conjugados e a resposta ao degrau na referência é subamortecida.

Um ponto importante a ser observado é que para quaisquer valores de K_c e T_I tem-se que o erro estacionário para entradas do tipo degrau nos sinais de referência $R(s)$ e de perturbação $D(s)$ é igual a zero, independentemente da função de transferência da planta. Esta é a principal característica do termo integrador do controlador PI, válida também para os controladores PID. Esta propriedade pode ser verificada analiticamente a partir do teorema do valor final.

Para $R(s) = D(s) = A/s$ tem-se que

$$\begin{aligned}
\lim_{t\to\infty} e(t) &= \lim_{s\to 0} sE(s) = \lim_{s\to 0} s\left(\frac{1}{1+G_c(s)G(s)}R(s) - \frac{G(s)}{1+G_c(s)G(s)}D(s)\right) \\
&= \lim_{s\to 0} s\left(\frac{1}{1+K_c\left(1+\frac{1}{T_I s}\right)G(s)}R(s) - \frac{G(s)}{1+K_c\left(1+\frac{1}{T_I s}\right)G(s)}D(s)\right) \\
&= \lim_{s\to 0} s\left(\frac{T_I s}{T_I s + K_c(T_I s+1)G(s)} - \frac{T_I s G(s)}{T_I s + K_c(T_I s+1)G(s)}\right)\frac{A}{s} = 0\,. \qquad (6.16)
\end{aligned}$$

Na Figura 6.11 é apresentada a resposta ao degrau unitário na referência, com perturbação nula, e na Figura 6.12 é apresentada a resposta ao degrau unitário na perturbação, com referência nula. Em ambas as respostas foram adotados $T_I = 1$, $K_c = 6{,}25$ e $K_c = 100$. Analisando a Figura 6.11 verifica-se que o erro estacionário é sempre nulo. Para $K_c = 100$ a resposta ao degrau na referência tem um sobressinal $M_p \cong 44{,}4\%$, que é maior que o sobressinal $M_p \cong 31{,}6\%$, obtido com o controlador proporcional, para o mesmo ganho $K_c = 100$ da Figura 6.8. Isso porque o controlador PI piora a estabilidade relativa do sistema. Embora T_I tenha sido ajustado para cancelar um polo da planta, obviamente outros ajustes para K_c e T_I podem ser empregados para atender a uma dada especificação de transitório.

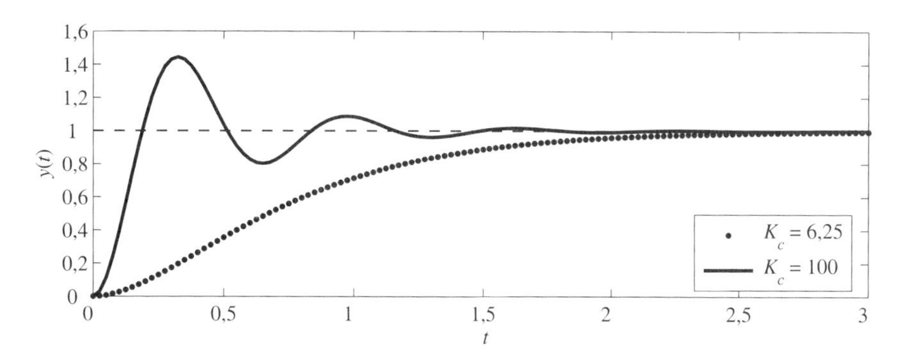

Figura 6.11 Resposta ao degrau unitário em $r(t)$ com controlador PI e $d(t) = 0$.

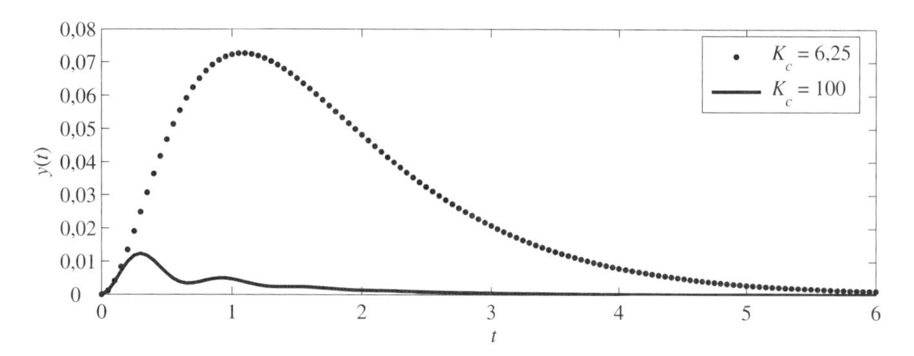

Figura 6.12 Resposta ao degrau unitário em $d(t)$ com controlador PI e $r(t) = 0$.

A Figura 6.12 mostra que a saída estacionária tende para a sua referência ($y(\infty) = r(\infty) = 0$), sendo a perturbação do tipo degrau unitário ($D(s) = 1/s$) completamente rejeitada no estado estacionário.

Os diagramas de Bode de $G_c(j\omega)G(j\omega)$ são apresentados na Figura 6.13. Como o gráfico de fase nunca cruza a linha de 180° as margens de ganho para $K_c = 6{,}25$ e $K_c = 100$ são infinitas. Porém, para $K_c = 6{,}25$ a margem de fase vale $MF \cong 76°$ e para $K_c = 100$ a margem de fase vale $MF \cong 28°$. Note que para $K_c = 100$ a margem de fase é menor, quando comparada com a margem de fase do sistema com o controlador proporcional na Figura 6.9.

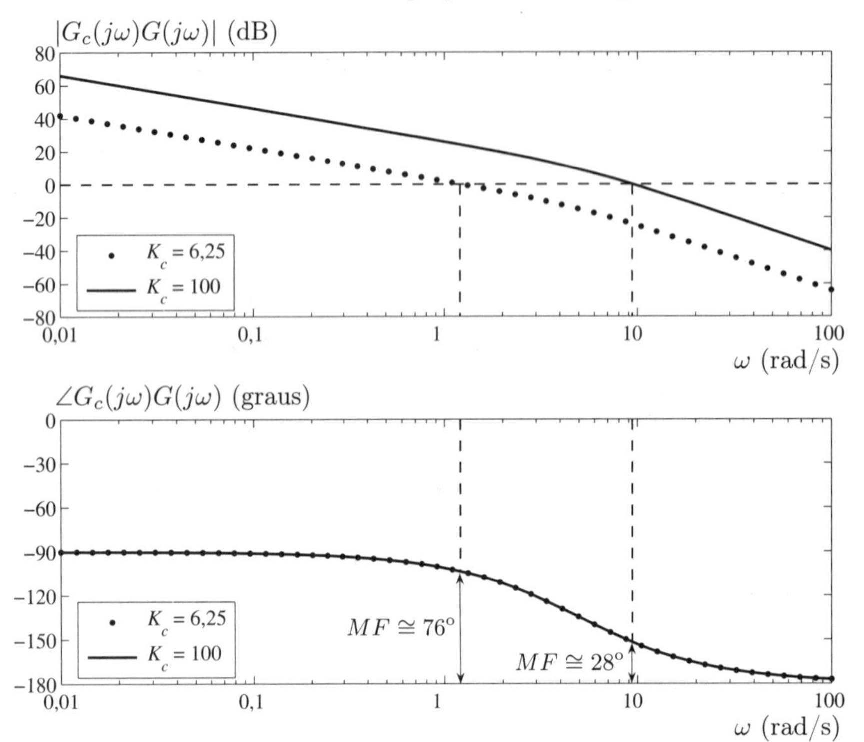

Figura 6.13 Diagramas de Bode da função de malha aberta com controlador PI.

Controlador PD

A função de transferência do controlador PD é dada por

$$G_c(s) = K_c\,(1 + T_D s)\ . \tag{6.17}$$

Adotando $T_D = 1$, de forma que o zero do controlador cancele o polo mais lento da planta, o lugar das raízes fica como mostrado na Figura 6.14. Conforme se pode verificar o lugar das raízes se desloca para a esquerda, aumentando a estabilidade relativa do sistema. Em particular para o valor de T_D adotado pode-se ajustar um ganho elevado para K_c, que a resposta transitória é sempre superamortecida.

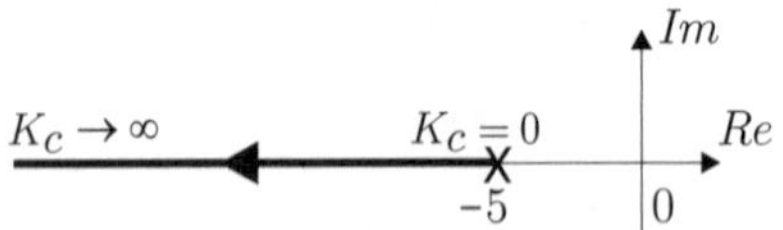

Figura 6.14 Lugar das raízes com o controlador PD.

Aplicando-se entradas do tipo degrau unitário na referência $R(s)$ e na perturbação $D(s)$, o erro estacionário vale

$$\begin{aligned}\lim_{t\to\infty} e(t) &= \lim_{s\to 0} sE(s) = \lim_{s\to 0} s\left(\frac{1}{1+G_c(s)G(s)}R(s) - \frac{G(s)}{1+G_c(s)G(s)}D(s)\right)\\ &= \lim_{s\to 0} s\left(\frac{(s+5)}{(s+5)+K_c} - \frac{1}{(s+5)+K_c}\right)\frac{1}{s} = \frac{4}{5+K_c}\ .\end{aligned} \tag{6.18}$$

Logo, o erro estacionário é não nulo para $K_c > 0$. Porém,

- para K_c "pequeno" o erro estacionário é "grande" e
- para K_c "grande" o erro estacionário é "pequeno".

Na Figura 6.15 é apresentado o gráfico da resposta ao degrau unitário na referência, com perturbação nula, para $K_c = 100$. Verifica-se que com o controlador PD foi possível obter uma resposta rápida e sem sobressinal, o que não ocorreu com os controladores P e PI. Para $D(s) = 0$ o erro estacionário vale

$$e(\infty) = 5/(5 + K_c) = 1 - y(\infty) \cong 0{,}048. \tag{6.19}$$

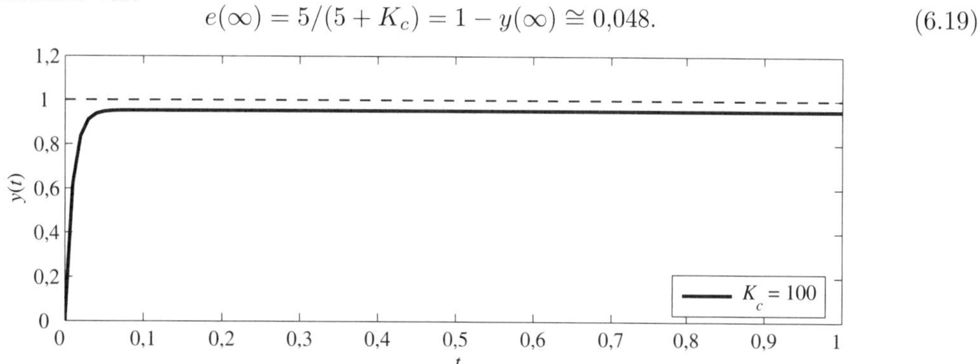

Figura 6.15 Resposta ao degrau unitário em $r(t)$ com controlador PD e $d(t) = 0$.

Os diagramas de Bode de $G_c(j\omega)G(j\omega)$ são apresentados na Figura 6.16. A margem de ganho é infinita e a margem de fase vale $MF \cong 93^o$. Note que para o mesmo ganho $K_c = 100$ a margem de fase obtida com o controlador PD é maior que as margens de fase obtidas com os controladores P e PI.

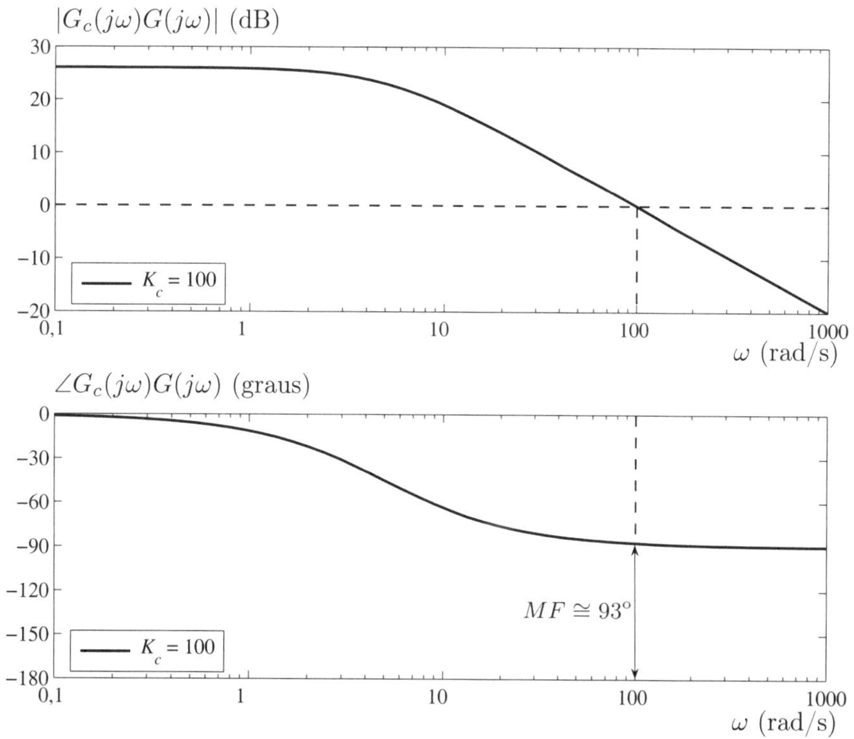

Figura 6.16 Diagramas de Bode da função de malha aberta com controlador PD.

Controlador PID

A função de transferência do controlador PID é dada por

$$G_c(s) = K_c \left(1 + \frac{1}{T_I s} + T_D s\right). \tag{6.20}$$

Adotando $T_I = 6/5$ e $T_D = 1/6$, de modo que os zeros do controlador cancelem os polos da planta, a função de transferência de malha aberta resulta

$$G_{ma}(s) = G_c(s)G(s) = K_c \left(1 + \frac{5}{6s} + \frac{1}{6}s\right) \frac{1}{(s+1)(s+5)} = \frac{K_c}{6s}. \tag{6.21}$$

O lugar das raízes é apresentado na Figura 6.17. Neste exemplo o controlador PID possui todas as vantagens dos controladores P, PI e PD:

- aumentando-se o ganho K_c pode-se obter uma resposta rápida e sempre superamortecida;
- o erro estacionário é nulo para entradas do tipo degrau na referência e na perturbação.

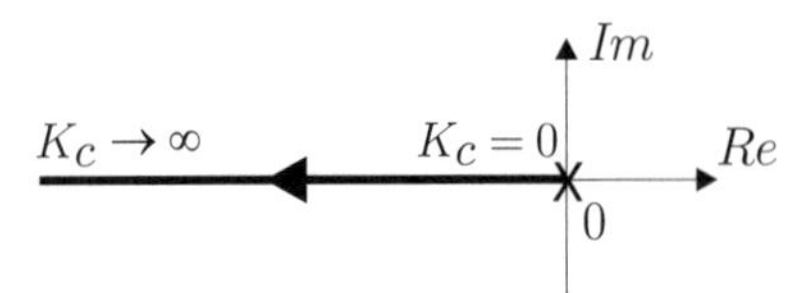

Figura 6.17 Lugar das raízes com o controlador PID.

Na Figura 6.18 é apresentado o gráfico da resposta ao degrau unitário na referência, com perturbação nula, para $K_c = 100$.

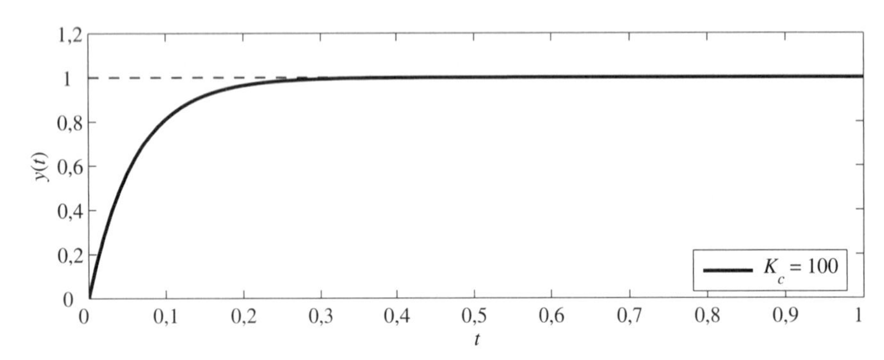

Figura 6.18 Resposta ao degrau unitário em $r(t)$ com controlador PID e $d(t) = 0$.

Os diagramas de Bode de $G_c(j\omega)G(j\omega)$ são apresentados na Figura 6.19. A margem de ganho é infinita e a margem de fase vale $MF \cong 90^o$, que é maior que as margens de fase obtidas com os controladores P e PI.

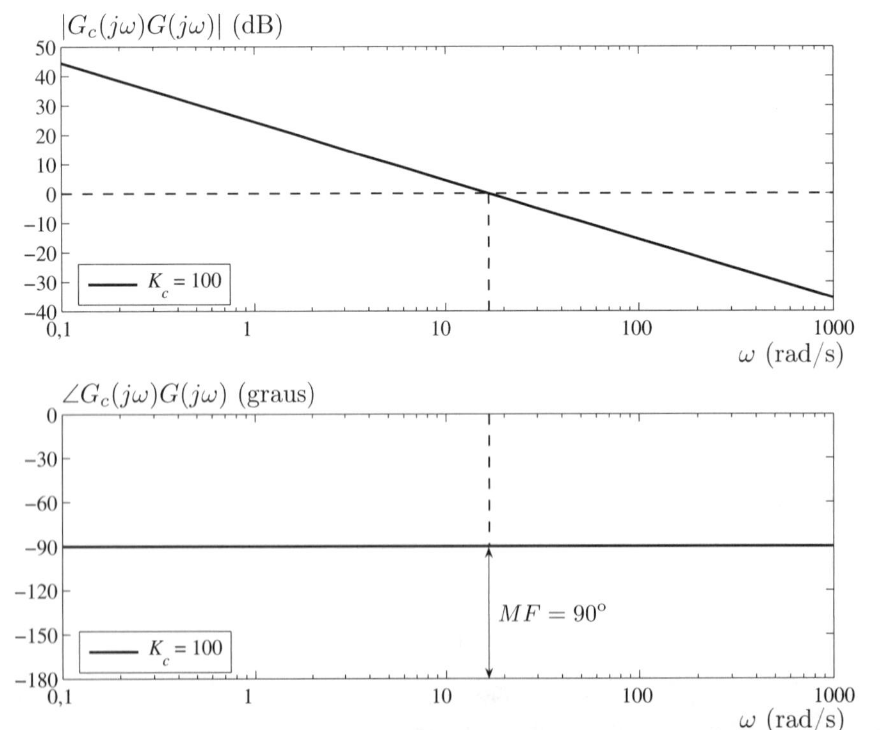

Figura 6.19 Diagramas de Bode da função de malha aberta com controlador PID.

■

6.3 Aspectos de implementação dos controladores PID

O controlador PID, na forma apresentada na Seção 6.2, apresenta alguns inconvenientes associados à possibilidade de saturação de componentes da malha de controle e à transferência da operação do processo do modo manual para o modo automático.

Nesta seção são consideradas algumas técnicas consagradas na implementação de controladores PID que visam contornar esses inconvenientes.

6.3.1 Implementação do termo derivador

Conforme citado na Seção 6.2, o termo associado à derivada no controlador PID produz um ganho que tende ao infinito em frequências altas. Como nas aplicações de controle a presença de ruídos é inevitável, esses ganhos altos levam à saturação os elementos finais de controle como, por exemplo, amplificadores e atuadores.

De forma a contornar esse problema a função de transferência do controlador PID é usualmente modificada, acrescentando-se um filtro passa-baixas ao termo associado à derivada, que resulta como

$$PID(s) = K_c\left(1 + \frac{1}{T_I s} + \frac{T_D s}{NT_D s + 1}\right), \tag{6.22}$$

sendo N um parâmetro tipicamente adotado entre 0,05 e 0,17 (ver [36] e [55]).

No caso do controlador PD, cuja função de transferência original é

$$PD(s) = K_c(1 + T_D s), \tag{6.23}$$

a inclusão do filtro passa-baixas resulta na função de transferência modificada

$$PD(s) = K_c\left(1 + \frac{T_D s}{NT_D s + 1}\right) = K_c\left[\frac{(NT_D + T_D)s + 1}{NT_D s + 1}\right]. \tag{6.24}$$

Na Figura 6.20 são mostrados os gráficos de Bode do módulo do controlador PD na forma original (6.23) e na forma modificada (6.24), incluindo o filtro passa-baixas. Fica evidente o efeito de atenuação do ganho em frequências altas a partir da frequência $\omega = \frac{1}{NT_D}$.

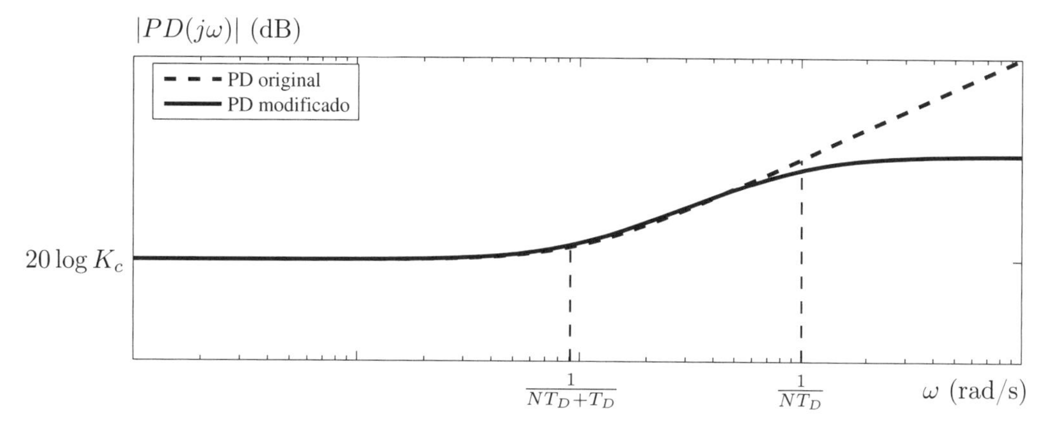

Figura 6.20 Diagramas de Bode do módulo do PD original e do PD modificado com a inclusão do filtro passa-baixas.

6.3.2 Implementação sem derivada do erro

Nos problemas de regulação da saída da planta, em que o sinal de referência é mantido em níveis constantes, a derivada do erro pode produzir picos nos amplificadores e atuadores quando se muda o nível do sinal de referência. Nesta operação, ao se aplicar um sinal do tipo degrau na referência ocorre também um degrau no sinal de erro, e o termo derivador, por sua vez, produz picos na saída do controlador.

Em vez de calcular a derivada do erro, como na equação

$$M(s) = \left(K_c + \frac{K_c}{T_I s} + K_c T_D s\right) E(s) = \left(K_c + \frac{K_c}{T_I s}\right) E(s) + K_c T_D s[R(s) - Y(s)] \,, \tag{6.25}$$

uma solução é implementar a derivada apenas como realimentação do sinal de saída da planta, ou seja,

$$M(s) = \left(K_c + \frac{K_c}{T_I s}\right) E(s) - K_c T_D s Y(s) = PI(s)E(s) - D(s)Y(s) \,. \tag{6.26}$$

O diagrama de blocos desta implementação é apresentado na Figura 6.21. Note que os sinais de controle $M(s)$, produzidos pelas Equações (6.25) e (6.26), são idênticos a menos do instante em que ocorre o degrau no sinal de referência.

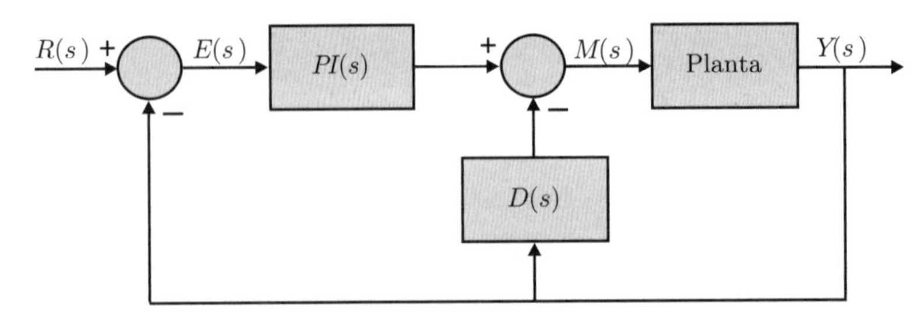

Figura 6.21 Diagrama de blocos do sistema de controle sem derivada do erro.

6.3.3 Transferência manual-automático suave (*bumpless*)

A transferência manual-automático suave (*bumpless*) visa evitar saltos na variável manipulada $m(t)$ quando o operador, após levar manualmente o processo até sua região de trabalho normal, transfere o sistema de controle manual para PID automático.

O problema tem origem no fato de que na fase manual o termo integrador do PID integra no tempo grandes diferenças existentes entre o sinal de referência $r(t)$ e o sinal de saída $y(t)$, levando em geral a saída do PID à saturação. Ao passar para automático o processo todo sofre uma forte perturbação que só se reduz lentamente à medida que a saída do PID sai da saturação. O esquema de transferência simples, que não evita o choque quando ocorre a transferência de manual (M) para automático (A), é mostrado na Figura 6.22.

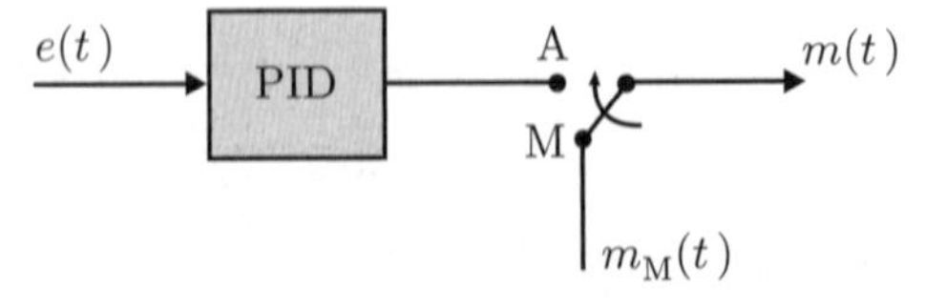

Figura 6.22 Transferência automático-manual simples.

Uma solução para este problema é implementar o PID por meio de um bloco de ganho K_c em cascata com uma malha com realimentação $K_B(s)$ conveniente, conforme a Figura 6.23.

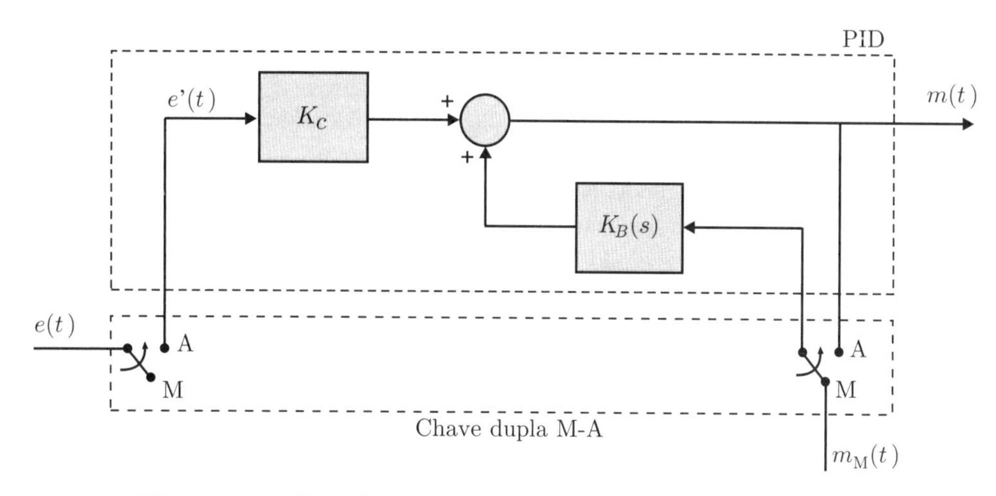

Figura 6.23 Transferência manual-automático suave (*bumpless*).

Da Figura 6.23 tem-se que na posição automática

$$M(s) = K_cE(s) + K_B(s)M(s) \Rightarrow M(s)[1 - K_B(s)] = K_cE(s) . \tag{6.27}$$

Logo,

$$\frac{M(s)}{E(s)} = \frac{K_c}{1 - K_B(s)} . \tag{6.28}$$

$K_B(s)$ é calculado a partir da identidade

$$PID(s) = \frac{M(s)}{E(s)} = K_c\left(1 + \frac{1}{T_Is} + T_Ds\right) = \frac{K_c}{1 - K_B(s)} . \tag{6.29}$$

Da Equação (6.29) tem-se que

$$K_B(s) = 1 - \frac{1}{1 + \frac{1}{T_Is} + T_Ds} = 1 - \frac{T_Is}{T_IT_Ds^2 + T_Is + 1} . \tag{6.30}$$

Na posição manual $e'(t) = 0$ e $m(t)$ é igual à saída de $K_B(s)$ com entrada $m_M(t)$, gerada manualmente pelo operador. Como $K_B(s)$ tem ganho unitário em frequências baixas ($K_B(0) = 1$) e $m_M(t)$ é por natureza um sinal de frequências baixas, resulta $m(t) \cong m_M(t)$ e, assim, $K_B(s)$ não prejudica as ações do operador.

Na Figura 6.23 o chaveamento de manual para automático se faz por chave dupla, de forma que seja na posição manual, seja na automática o sinal de atuação $m(t)$ sai do bloco $K_B(s)$, evitando-se assim qualquer transitório por causa do termo integral.

6.3.4 Antidisparo da referência (*antireset windup*)

O termo integral da função de transferência do controlador PID é fundamental para eliminar o erro estacionário decorrente de sinais do tipo degrau, na referência ou na perturbação.

No entanto, quando um elemento do atuador ou do processo sofre saturação existe um efeito secundário muito prejudicial. Nessa condição o erro atuante permanece grande por um tempo muito maior que o previsto pelo modelo linear, e o termo integral do erro atuante acumula um grande valor. Mesmo que o sistema volte ao funcionamento linear é necessário um tempo muito grande para que o erro atuante, com sinal contrário ao que ocorreu na saturação, reduza o valor do termo integral. O resultado é uma excessiva degradação do desempenho da realimentação. Como o efeito que se observa externamente se parece com um disparo do sinal da referência, consagrou-se na prática o nome *reset windup*.

De fato, seja o controlador PI

$$M(s) = K_c \left(1 + \frac{1}{T_I s}\right) E(s) \; . \tag{6.31}$$

Suponha que em $t = t_s$ seja aplicado um degrau positivo na referência $r(t)$, que produz um erro atuante excepcionalmente grande, levando $m(t)$ ao nível de saturação $\overline{M}$ do atuador. Devido à dinâmica do processo, suponha que a saída demore até $t = t_f$ para atingir a referência e reduzir o erro atuante. Devido à ação integradora do controlador PI, o valor acumulado em $m(t)$, entre o início da saturação t_s e o seu final t_f, pode atingir um valor

$$M_w = \frac{K_c}{T_I} \int_{t_s}^{t_f} e(\tau) d\tau >> \overline{M} \; . \tag{6.32}$$

Após o tempo t_f o sinal algébrico de $e(t)$ se torna negativo e $m(t)$ começa a diminuir, conforme a equação

$$m(t) = K_c e(t) + M_w + \frac{K_c}{T_I} \int_{t_f}^{t} e(\tau) d\tau \; , \; \forall t > t_f \; . \tag{6.33}$$

Consequentemente, $m(t)$ se mantém na saturação por um longo tempo após o instante t_f. Este é o chamado disparo (*windup*) pela ação do termo integral (*reset*).

Uma solução para o problema é mostrada na Figura 6.24, na qual é utilizado um mecanismo chamado de realimentação externa.

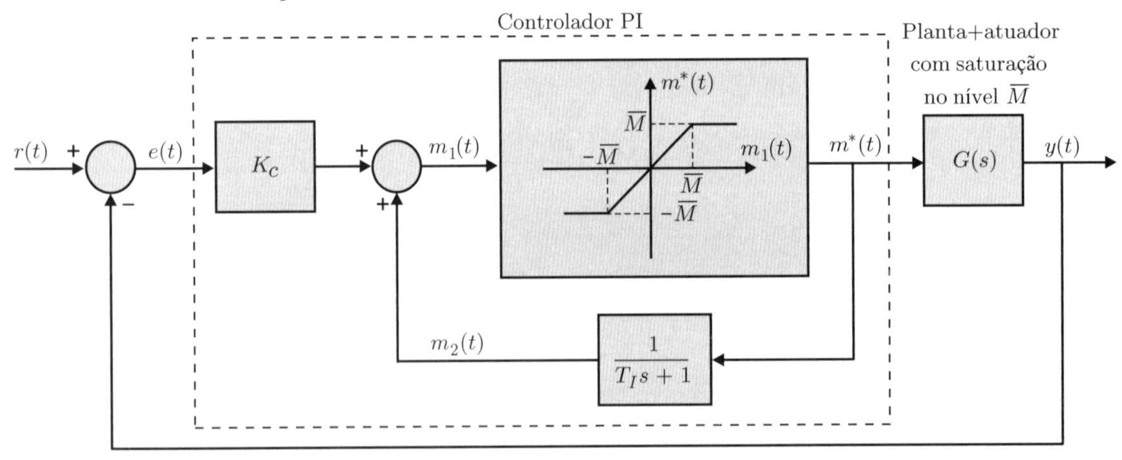

Figura 6.24 Esquema de controlador PI com antidisparo da referência (*antireset windup*).

O algoritmo PI tem seu termo integral realizado em um ramo de realimentação, em torno de um bloco com saturação, no mesmo nível $\overline{M}$ em que ocorre a saturação do atuador do processo. O sinal de saída $m^*(t)$ para este bloco é dado por

$$m^*(t) = \begin{cases} -\overline{M} & \text{para} \quad m_1(t) < -\overline{M} \; , \\ m_1(t) & \text{para} \quad -\overline{M} \leq m_1(t) \leq \overline{M} \; , \\ \overline{M} & \text{para} \quad m_1(t) > \overline{M} \; . \end{cases} \tag{6.34}$$

A função de transferência do controlador da Figura 6.24, antes de entrar na saturação do controlador, é igual à do PI original, pois

$$M^*(s) = M_1(s) = K_c E(s) + \left(\frac{1}{T_I s + 1}\right) M^*(s) \; , \tag{6.35}$$

ou seja,

$$\frac{M^*(s)}{E(s)} = K_c \left(\frac{1}{1 - \frac{1}{T_I s + 1}}\right) = K_c \left(\frac{T_I s + 1}{T_I s}\right) = K_c \left(1 + \frac{1}{T_I s}\right) \; . \tag{6.36}$$

Após o tempo t_f, com o aumento do sinal de saída da planta, o erro se torna negativo e o controlador sai da saturação. O sinal na entrada da planta fica valendo

$$m^*(t) = m_1(t) = K_c e(t) + m_2(t) < \overline{M} \ . \tag{6.37}$$

Neste instante, a condição inicial da variável $m_2(t)$ encontra-se com valor $\overline{M} \neq 0$, que deve ser levado em conta. Para isso, considerando a equação diferencial correspondente ao bloco com entrada $m^*(t)$ e saída $m_2(t)$, tem-se que

$$T_I \dot{m}_2(t) + m_2(t) = m^*(t) \ . \tag{6.38}$$

Aplicando a transformada de Laplace na Equação (6.38) e supondo condição inicial $\overline{M}$, obtém-se

$$T_I(sM_2(s) - \overline{M}) + M_2(s) = M^*(s) \ . \tag{6.39}$$

Isolando a variável $M_2(s)$, tem-se que

$$M_2(s) = \frac{M^*(s) + T_I\overline{M}}{T_I s + 1} \ . \tag{6.40}$$

A transformada de Laplace na Equação (6.37) produz

$$M^*(s) = K_c E(s) + \frac{M^*(s) + T_I\overline{M}}{T_I s + 1} \ . \tag{6.41}$$

Isolando a variável $M^*(s)$, obtém-se

$$M^*(s) = \left(1 + \frac{1}{T_I s}\right) K_c E(s) + \frac{\overline{M}}{s} \ , \tag{6.42}$$

cuja transformada inversa de Laplace é

$$m^*(t) = K_c e(t) + \frac{K_c}{T_I} \int_{t_f}^{t} e(\tau) d\tau + \overline{M} \leq \overline{M} \ , \tag{6.43}$$

pois supõe-se que após o tempo t_f, o erro $e(t)$ se torna negativo.

Como $\overline{M} << M_w$, fica comprovada a ação *antireset windup*. Convém observar que o *antireset windup* é muito mais simples de realizar em computador ou em CLP (Controlador Lógico Programável), suprimindo a integração do sinal $e(t)$ quando $m(t)$ atinge o nível de saturação $\overline{M}$. Além disso, a chamada forma de velocidade do algoritmo PID digital, da seção seguinte, elimina por si o disparo da referência.

6.3.5 Algoritmo PID implementado em computador

Diz-se que um computador opera em tempo real quando é capaz de aceitar medidas digitais no instante k, executar operações lógicas e cálculos preestabelecidos e apresentar os resultados no instante $k + \tau$, $\tau > 0$.

Qualquer computador operando em tempo real pode realizar aproximadamente um controlador PID. Basta que seja programado para executar a equação de diferenças finitas que se aproxime da equação diferencial do algoritmo PID (ver Capítulo 11). Considerando o controlador PID sem a derivada do erro

$$M(s) = K_c \left(E(s) + \frac{1}{T_I s} E(s) - T_D s Y(s) \right) \ , \tag{6.44}$$

a equação diferencial correspondente é

$$m(t) = K_c \left(e(t) + \frac{1}{T_I} \int_0^t e(\tau) d\tau - T_D \frac{dy(t)}{dt} \right) \ . \tag{6.45}$$

Supondo, como é frequente, que o tempo de cálculo τ é muito menor que o tempo T entre as interações com o processo controlado pode-se adotar como algoritmo PID digital

$$m(kT) \cong K_c \left(e(kT) + \frac{1}{T_I} \sum_{i=0}^{k} e(iT)T - T_D \frac{y(kT) - y[(k-1)T]}{T} \right), \tag{6.46}$$

que é a chamada forma de posição, pois requer o cálculo do valor pleno de $m(kT)$ a cada passo.

A chamada forma de velocidade, que calcula apenas o incremento $\Delta m(kT)$ a cada passo, é

$$\Delta m(kT) = m(kT) - m[(k-1)T] \quad \text{ou} \tag{6.47}$$

$$\Delta m(kT) \cong K_c \left(e(kT) - e[(k-1)T] + \frac{1}{T_I} e(kT)T - T_D \frac{y(kT) - 2y[(k-1)T] + y[(k-2)T]}{T} \right). \tag{6.48}$$

Esta forma exige um integrador adicional para reconstruir $m(kT)$ a partir de $\Delta m(kT)$, pois

$$m(kT) = m[(k-1)T] + \Delta m(kT) = \sum_{i=0}^{k} \Delta m(iT) \tag{6.49}$$

e tem a vantagem de que, na hipótese de uma falha do computador ou de uma interrupção por emergência, no retorno ao funcionamento a variável $m(kT)$ se encontrará no último valor válido, e não em zero. A forma de velocidade é de fato a forma preferida.

6.3.6 Implementação analógica

Com o avanço tecnológico dos computadores e dos equipamentos de processamento digital de sinais a implementação de controladores na forma digital está sendo cada vez mais utilizada na prática. Algumas vantagens da implementação digital sobre a analógica são: maior precisão dos cálculos[1], implementação mais simples por meio de um programa computacional, fácil programação, menor interferência de ruído, maior grau de integração e compactação, entre outras. A única vantagem da implementação analógica é que como os processos em geral são analógicos não é necessário realizar a conversão digital. Apesar disso, muitas indústrias utilizam até hoje controladores que foram implementados analogicamente. Na Figura 6.25 são apresentados os circuitos eletrônicos com amplificadores operacionais de alguns controladores e na Tabela 6.1 são apresentadas as correspondentes funções de transferência.

Tabela 6.1 Funções de transferência e parâmetros dos circuitos da Figura 6.25

Controlador	$\frac{M(s)}{E(s)}$	K_c	T_I	T_D	N
P	K_c	$\frac{R_2}{R_1}$	–	–	–
PI	$K_c\left(1+\frac{1}{T_I s}\right)$	$\frac{R_2}{R_1}$	R_2C	–	–
PD	$K_c(1+T_D s)$	$\frac{R_2}{R_1}$	–	R_1C	–
PD modificado	$K_c\left(1+\frac{T_D s}{NT_D s+1}\right)$	$\frac{R_2}{R_3}$	–	R_3C	$\frac{R_1}{R_3}$
PID	$K_c\left(1+\frac{1}{T_I s}+T_D s\right)$	$\frac{R_1C_1+R_2C_2}{R_1C_2}$	$R_1C_1+R_2C_2$	$\frac{R_1C_1R_2C_2}{R_1C_1+R_2C_2}$	–
PID modificado	$K_c\left(1+\frac{1}{T_I s}+\frac{T_D s}{NT_D s+1}\right)$	$\frac{R_2}{R_1}$	R_2C_1	$\frac{R_1R_4C_2}{R_2}$	$\frac{R_2R_3}{R_1R_4}$

[1] A precisão dos cálculos analógicos depende da precisão limitada de componentes eletrônicos, enquanto a precisão dos cálculos digitais depende da quantidade de circuitos de chaveamento.

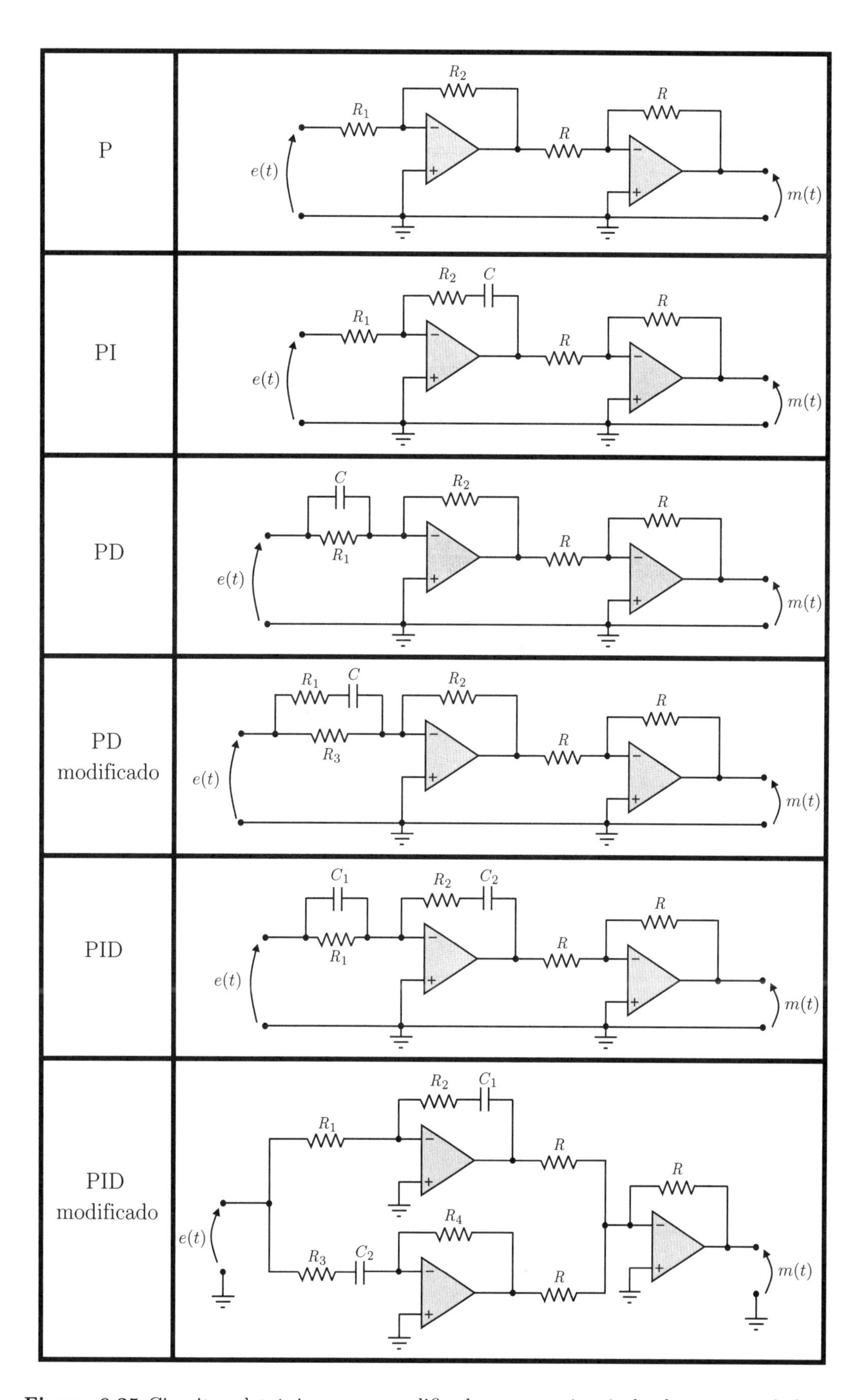

Figura 6.25 Circuitos eletrônicos com amplificadores operacionais de alguns controladores.

6.4 Exercícios resolvidos

Exercício 6.1

Considere o controle da posição do eixo de um motor CC, controlado pela armadura, acionando a junta de um braço de um robô da Figura 6.26.

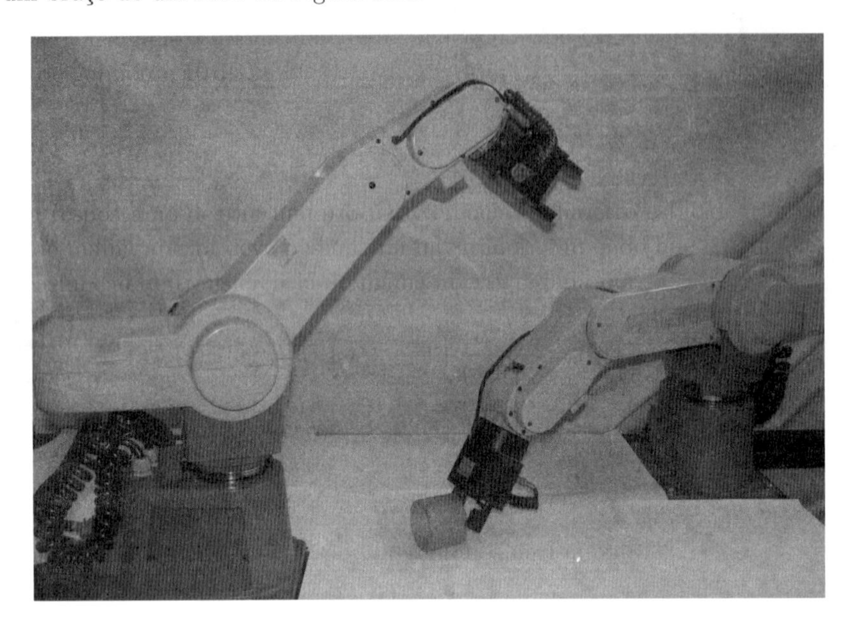

Figura 6.26 Braços de robôs.

O diagrama de blocos do sistema de controle correspondente, usando um controlador PD, é apresentado na Figura 6.27.

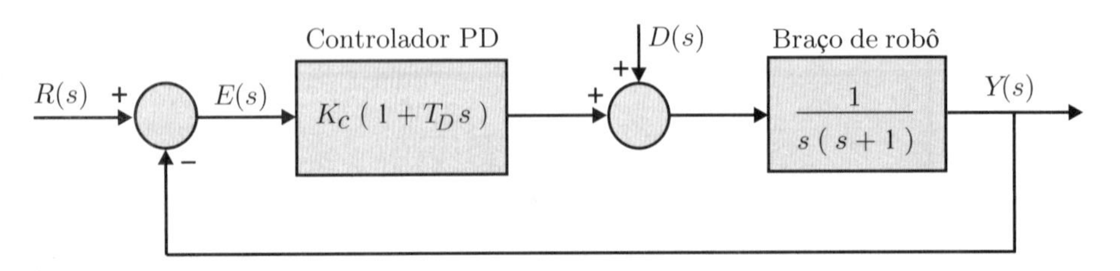

Figura 6.27 Diagrama de blocos do sistema de controle de um braço de um robô.

a) Desenhe o lugar das raízes e determine os valores de T_D de modo que a resposta ao degrau na referência seja sempre amortecida para $\forall K_c > 0$.

b) Calcule o erro estacionário para um degrau unitário aplicado na referência $r(t)$ e na perturbação $d(t)$.

c) Supondo $T_D = 1$ e $D(s) = 0$, determine o valor de K_c de modo que a resposta ao degrau unitário na referência tenha um tempo de subida de $t_r = 1\,\text{s}$.

Solução

a) Sendo $G_c(s) = K_c(1 + T_D s)$ e $G(s) = \frac{1}{s(s+1)}$, então a função de transferência de malha aberta é

$$G_{ma}(s) = G_c(s)G(s) = \frac{K_c(1 + T_D s)}{s(s+1)}\,, \tag{6.50}$$

cujos polos são $s = 0$ e $s = -1$ e cujo zero é $s = -\frac{1}{T_D}$.

Dependendo do valor de T_D são possíveis as alternativas mostradas na Figura 6.28 para o lugar das raízes.

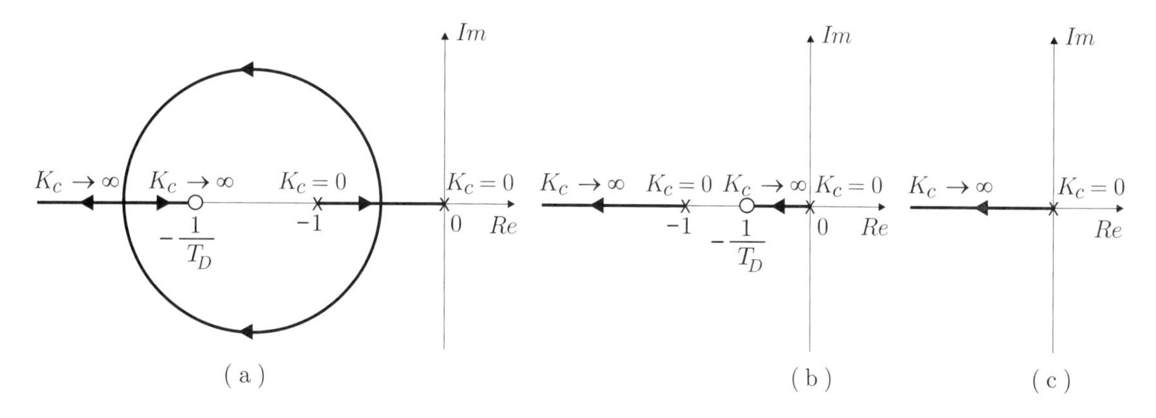

Figura 6.28 Lugar das raízes. (a) $T_D < 1$. (b) $T_D > 1$. (c) $T_D = 1$.

A resposta transitória é amortecida para $\forall K_c > 0$ quando os polos de malha fechada são reais. Isso ocorre nas Figuras 6.28 (b) e (c). Portanto, a especificação é satisfeita para $T_D \geq 1$.

b) Para entradas do tipo degrau unitário na referência $R(s)$ e na perturbação $D(s)$ tem-se que

$$E(s) = \frac{1}{1 + G_c(s)G(s)}R(s) - \frac{G(s)}{1 + G_c(s)G(s)}D(s)\,. \tag{6.51}$$

O erro estacionário pode ser calculado por meio do teorema do valor final. Aplicando-se um degrau unitário na referência ($R(s) = 1/s$), com $D(s) = 0$, tem-se que

$$\lim_{t\to\infty} e(t) = \lim_{s\to 0} sE(s) = \lim_{s\to 0} s\frac{1}{1 + G_c(s)G(s)}R(s) = \lim_{s\to 0} s\left(\frac{1}{1 + \frac{K_c(1+T_D s)}{s(s+1)}}\right)\frac{1}{s} = 0\,. \tag{6.52}$$

Aplicando-se um degrau unitário de perturbação ($D(s) = 1/s$), com $R(s) = 0$, tem-se que

$$\lim_{t\to\infty} e(t) = \lim_{s\to 0} sE(s) = \lim_{s\to 0} s\left(-\frac{G(s)}{1 + G_c(s)G(s)}\right)D(s) = \lim_{s\to 0} s\left(-\frac{\frac{1}{s(s+1)}}{1 + \frac{K_c(1+T_D s)}{s(s+1)}}\right)\frac{1}{s} = -\frac{1}{K_c}. \tag{6.53}$$

Importante
Neste exemplo o erro estacionário para um degrau na referência resulta igual a zero devido ao polo na origem presente na planta, e não devido às características do controlador PD.
Já o erro estacionário para um degrau na perturbação é diferente de zero mesmo com o polo da planta na origem.

c) Para $T_D = 1$ e $D(s) = 0$, a função de transferência de malha fechada resulta como

$$\frac{Y(s)}{R(s)} = \frac{G_c(s)G(s)}{1 + G_c(s) + G(s)} = \frac{K_c}{s + K_c}\,. \tag{6.54}$$

Para $R(s) = 1/s$, a transformada inversa de $Y(s)$ é

$$y(t) = 1 - e^{-K_c t}\,. \tag{6.55}$$

O tempo de subida t_r (*rise time*) de sistemas de primeira ordem é definido como o tempo para a resposta ao degrau ir de 10% a 90% do seu valor final ($y(\infty) = 1$).

Sendo t_1 e t_2 os instantes em que a resposta vale 0,1 e 0,9, respectivamente, então,

$$y(t_1) = 0{,}1 = (1 - e^{-K_c t_1}) \Rightarrow e^{-K_c t_1} = 0{,}9 \;, \tag{6.56}$$

$$y(t_2) = 0{,}9 = (1 - e^{-K_c t_2}) \Rightarrow e^{-K_c t_2} = 0{,}1 \;. \tag{6.57}$$

Dividindo a Equação (6.56) pela Equação (6.57), obtém-se

$$e^{K_c(t_2 - t_1)} = 9 \;. \tag{6.58}$$

Como $t_r = t_2 - t_1 = 1$, então,

$$K_c\, t_r = \ln 9 \Rightarrow K_c = \ln(9) \cong 2{,}2 \;. \tag{6.59}$$

A resposta ao degrau unitário na referência, com $d(t) = 0$, é apresentada na Figura 6.29.

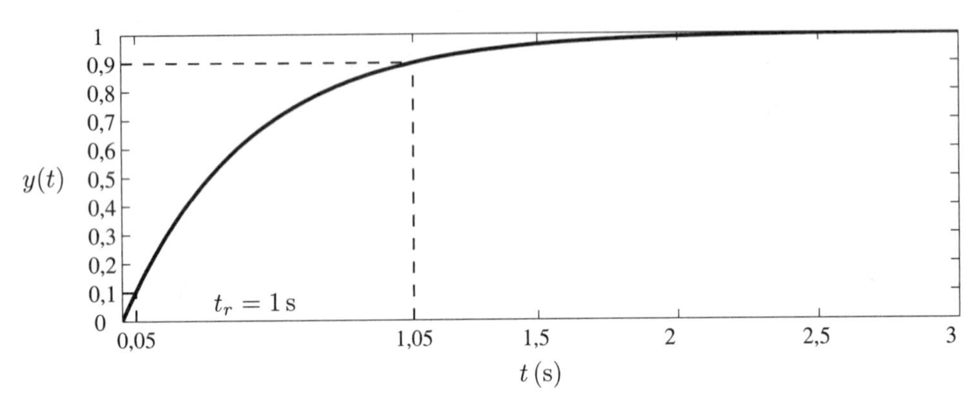

Figura 6.29 Resposta ao degrau unitário na referência com $d(t) = 0$.

Exercício 6.2

Projete um controlador $G_c(s)$ para o sistema da Figura 6.30, de modo que a resposta da saída $y(t)$ do sistema em malha fechada para uma entrada do tipo degrau unitário na referência seja a mesma do gráfico da Figura 6.31.

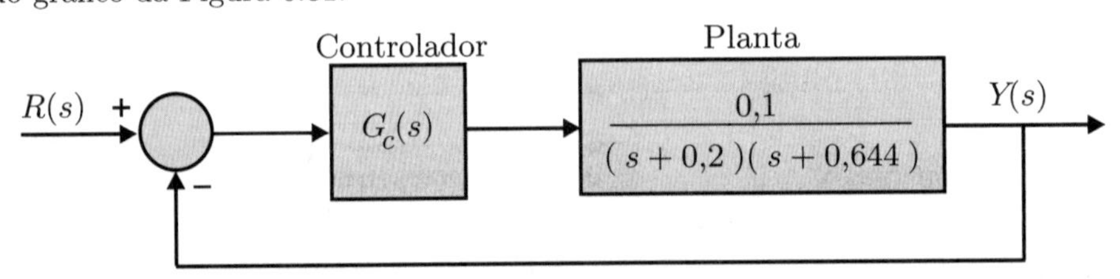

Figura 6.30 Diagrama de blocos de um sistema em malha fechada.

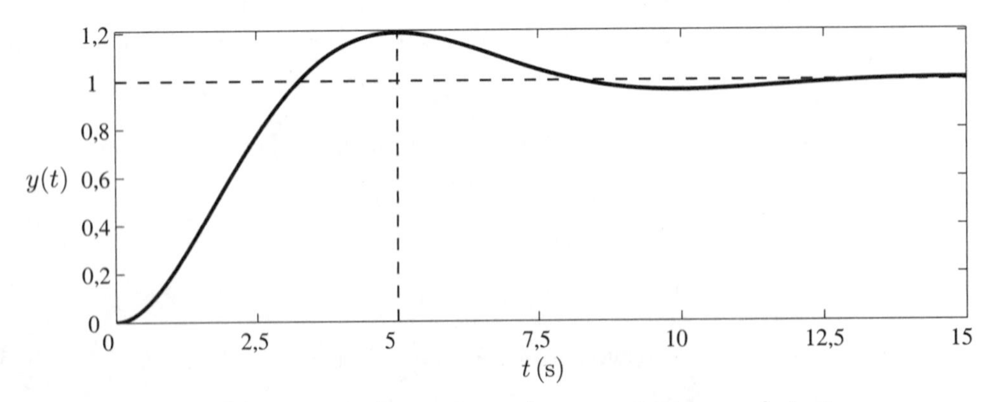

Figura 6.31 Resposta ao degrau unitário na referência.

Solução

De acordo com a Figura 6.31, a resposta transitória tem um sobressinal

$$M_p(\%) = e^{-\xi\pi/\sqrt{1-\xi^2}}\,100\% \cong 20\% \,, \qquad (6.60)$$

cujo coeficiente de amortecimento vale $\xi \cong 0{,}456$.

Do gráfico da Figura 6.31 tem-se que o tempo de pico da resposta vale

$$t_p = \frac{\pi}{\omega_n\sqrt{1-\xi^2}} = 5\,\mathrm{s}\,. \qquad (6.61)$$

Logo,

$$\omega_n = \frac{\pi}{t_p\sqrt{1-\xi^2}} \cong 0{,}706\ \mathrm{rad/s}\,. \qquad (6.62)$$

Para que as especificações de transitório sejam satisfeitas os polos de malha fechada devem estar localizados em

$$s = -\xi\omega_n \pm \omega_n\sqrt{1-\xi^2}\,j \cong -0{,}322 \pm 0{,}63j\,. \qquad (6.63)$$

Como a planta não possui integrador e a resposta transitória possui erro estacionário nulo, pois $e(\infty) = 1 - y(\infty) = 0$, então o integrador deve estar no controlador.

Supondo que o controlador $G_c(s)$ seja um PI, então a função de transferência de malha aberta é dada por

$$G_{ma}(s) = K_c\left(1 + \frac{1}{T_I s}\right)\frac{0{,}1}{(s+0{,}2)(s+0{,}644)} = K_c\frac{(s+\frac{1}{T_I})}{s}\frac{0{,}1}{(s+0{,}2)(s+0{,}644)}\,. \qquad (6.64)$$

Para que as especificações sejam satisfeitas o lugar das raízes deve passar pelos polos de malha fechada (6.63). Isso pode ser conseguido cancelando-se o zero do controlador em $s = -\frac{1}{T_I}$ com o polo em $s = -0{,}2$ da planta. Com isso o lugar das raízes resulta como na Figura 6.32.

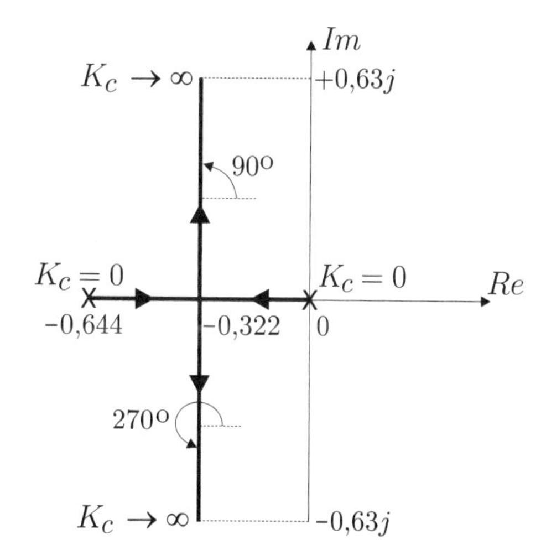

Figura 6.32 Lugar das raízes com o controlador PI.

O valor do ganho $K_c > 0$ em qualquer ponto do lugar de raízes pode ser calculado por meio da condição de módulo, ou seja,

$$\left|\frac{0{,}1K_c}{s(s+0{,}644)}\right|_{s=-0{,}322+0{,}63j} = 1 \Rightarrow K_c \cong 5\,. \qquad (6.65)$$

Portanto, a função de transferência do controlador PI é dada por

$$G_c(s) = 5\frac{(s+0{,}2)}{s}\,. \qquad (6.66)$$

Exercício 6.3

Projete um controlador $G_c(s)$ para o sistema da Figura 6.33 de modo que a resposta da saída $y(t)$ do sistema em malha fechada para uma entrada do tipo degrau na referência tenha:

- sobressinal máximo de 16,3%;
- tempo de acomodação de 4 s, segundo o critério de 2%;
- erro estacionário nulo.

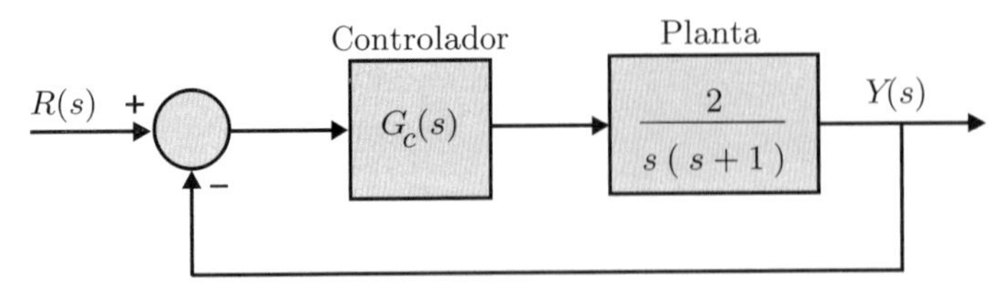

Figura 6.33 Diagrama de blocos de um sistema em malha fechada.

Solução

O primeiro passo consiste em converter as especificações de projeto nos correspondentes polos de malha fechada desejados. Para isso basta determinar os valores do coeficiente de amortecimento ξ e da frequência natural não amortecida ω_n, que podem ser obtidos a partir do sobressinal M_p e do tempo de acomodação t_s, respectivamente. Assim,

$$M_p(\%) = e^{-\xi\pi/\sqrt{1-\xi^2}}\,100\% = 16{,}3\% \Rightarrow \xi \cong 0{,}5\ . \tag{6.67}$$

O tempo de acomodação, segundo o critério de 2%, é dado por

$$t_s = \frac{4}{\xi\omega_n} = 4s \Rightarrow \omega_n = 2\ \text{rad/s}. \tag{6.68}$$

Para que as especificações de transitório sejam satisfeitas os polos de malha fechada devem estar localizados em

$$s = -\xi\omega_n \pm \omega_n\sqrt{1-\xi^2}\,j \cong -1 \pm \sqrt{3}j\ . \tag{6.69}$$

Como a planta possui um polo na origem, o controlador não necessita de integrador para que a resposta ao degrau na referência tenha erro estacionário nulo. Com um controlador proporcional, isto é, $G_c(s) = K_c$, é impossível satisfazer as especificações de transitório pois o lugar das raízes não passa pelos polos de malha fechada desejados (6.69), conforme se pode verificar na Figura 6.34.

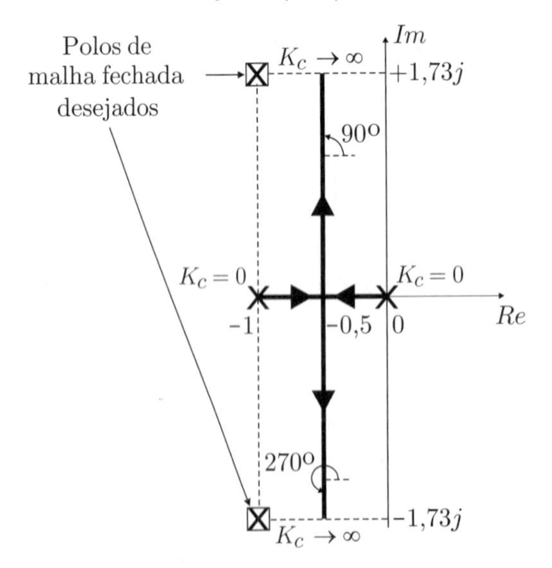

Figura 6.34 Lugar das raízes com um controlador proporcional.

Para deslocar o lugar das raízes para a esquerda do plano s pode-se empregar um controlador PD modificado

$$\begin{aligned} G_c(s) &= PD(s) = K_c\left(1+\frac{T_Ds}{NT_Ds+1}\right) = K_c\left[\frac{(NT_D+T_D)s+1}{NT_Ds+1}\right] \\ &= \frac{K_c(NT_D+T_D)}{NT_D}\left(\frac{s+\frac{1}{(NT_D+T_D)}}{s+\frac{1}{T_D}}\right) . \end{aligned} \tag{6.70}$$

Para que o lugar das raízes passe pelos polos de malha fechada desejados basta cancelar o zero do controlador com o polo estável da planta. Para que isso ocorra basta escolher $T_D = 0{,}5$ e adotar $N = 1$. Dessa forma a função de transferência de malha aberta é dada por

$$G_{ma}(s) = G_c(s)\frac{2}{s(s+1)} = \frac{K_c\,(s+1)}{0{,}5\,(s+2)}\frac{2}{s(s+1)} = \frac{4K_c}{s(s+2)} . \tag{6.71}$$

O valor do ganho $K_c > 0$ em qualquer ponto do lugar de raízes pode ser calculado por meio da condição de módulo, ou seja,

$$\left|\frac{4K_c}{s(s+2)}\right|_{s=-1+\sqrt{3}j} = 1 \Rightarrow K_c = 1 . \tag{6.72}$$

Como o sistema em malha fechada resultante é de segunda ordem, o ganho K_c também pode ser calculado por

$$\frac{Y(s)}{R(s)} = \frac{\omega_n^2}{s^2+2\xi\omega_n+\omega_n^2} = \frac{4K_c}{s^2+2s+4K_c} . \tag{6.73}$$

Logo, $4K_c = \omega_n^2 \Rightarrow K_c = 1$.

Portanto, a função de transferência do controlador é

$$G_c(s) = 2\left(\frac{s+1}{s+2}\right) . \tag{6.74}$$

Exercício 6.4

Projete um controlador PID para o levitador eletromagnético da Figura 6.35, de modo que os polos de malha fechada dominantes tenham coeficiente de amortecimento $\xi = 0{,}5$ e frequência natural $\omega_n = 2\,\text{rad/s}$.

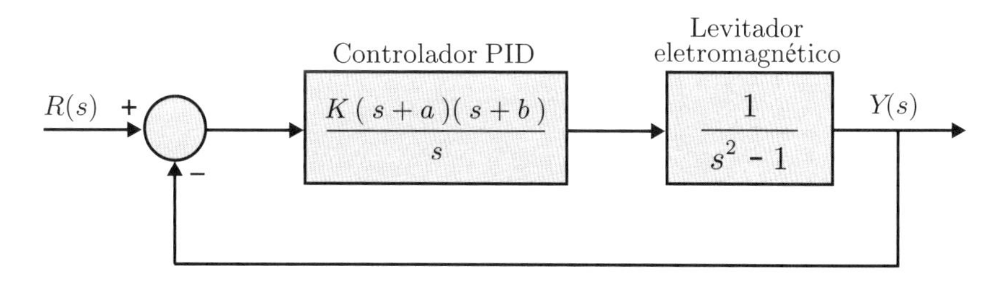

Figura 6.35 Diagrama de blocos do sistema em malha fechada.

Solução

Para que a especificação seja satisfeita os polos de malha fechada dominantes devem estar localizados em

$$s = -\xi\omega_n \pm \omega_n\sqrt{1-\xi^2}\,j = -1 \pm \sqrt{3}j . \tag{6.75}$$

Um dos zeros do controlador PID pode ser cancelado[2] com o polo estável da planta, ou seja, $s = -a = -1$.

[2]Não se deve cancelar polos instáveis, pois na prática o cancelamento pode não ser perfeito e o sistema em malha fechada resultante pode ser instável.

A constante b pode ser determinada por meio da condição de fase, ou seja,

$$\angle(s+b) - \angle s - \angle(s-1) = \pm \text{ múltiplo ímpar de } 180^o \,. \tag{6.76}$$

Para $s = -1 + \sqrt{3}j$

$$\arctan\left(\frac{\sqrt{3}}{b-1}\right) - \arctan\left(\frac{\sqrt{3}}{-1}\right) - \arctan\left(\frac{\sqrt{3}}{-2}\right) = -180^o \tag{6.77}$$

ou

$$\arctan\left(\frac{\sqrt{3}}{b-1}\right) = 79{,}1^o \Rightarrow \frac{\sqrt{3}}{b-1} \cong 5{,}20 \Rightarrow b \cong 1{,}33 \,. \tag{6.78}$$

Na Figura 6.36 é mostrado o lugar das raízes para $a = 1$ e $b = 1{,}33$.

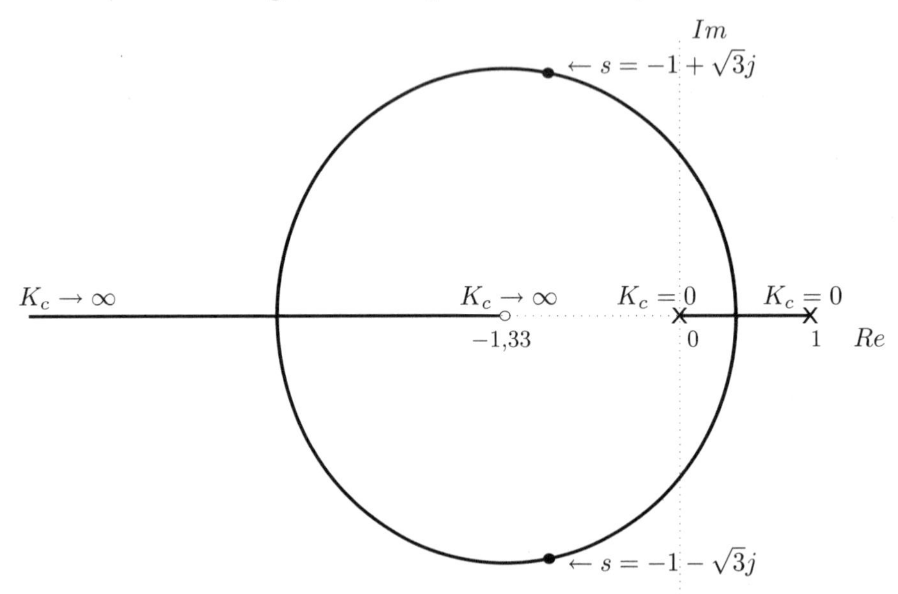

Figura 6.36 Lugar das raízes para $a = 1$ e $b = 1{,}33$.

A constante $K > 0$ pode ser determinada por meio da condição de módulo

$$\left|\frac{K(s+1)(s+1{,}33)}{s}\frac{1}{(s^2-1)}\right|_{s=-1+\sqrt{3}j} = 1 \tag{6.79}$$

ou

$$K = \left.\frac{|s|\,|s-1|}{|s+1{,}33|}\right|_{s=-1+\sqrt{3}j} = 1 \Rightarrow K = 3 \,. \tag{6.80}$$

Portanto, a função de transferência do controlador PID é

$$G_c(s) = \frac{3(s+1)(s+1{,}33)}{s} \,. \tag{6.81}$$

A função de transferência de malha fechada é

$$\frac{Y(s)}{R(s)} = \frac{3(s+1{,}33)}{s(s-1)+3(s+1{,}33)} \cong \frac{3s+4}{s^2+2s+4} \,, \tag{6.82}$$

cujos polos são $s_{1,2} = -1 \pm \sqrt{3}j$.

Exercício 6.5

Determine a função de transferência do controlador PID modificado da Figura 6.37.

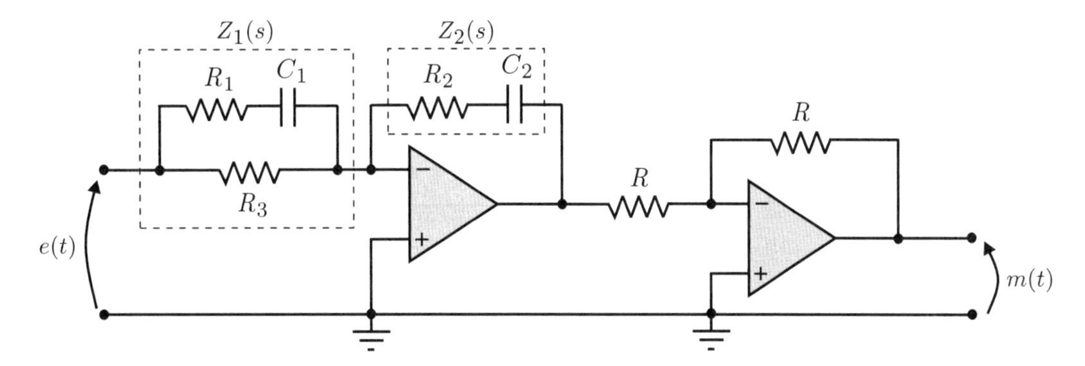

Figura 6.37 Circuito eletrônico de um controlador PID modificado.

Solução

A impedância $Z_1(s)$ vale

$$Z_1(s) = \frac{\left(R_1 + \frac{1}{C_1 s}\right) R_3}{R_1 + \frac{1}{C_1 s} + R_3} = \frac{(R_1 C_1 s + 1) R_3}{R_1 C_1 s + 1 + R_3 C_1 s} \tag{6.83}$$

e a impedância $Z_2(s)$

$$Z_2(s) = R_2 + \frac{1}{C_2 s} = \frac{R_2 C_2 s + 1}{C_2 s} \,. \tag{6.84}$$

A função de transferência é dada por

$$\begin{aligned} \frac{M(s)}{E(s)} &= \left(-\frac{Z_2(s)}{Z_1(s)}\right)\left(\frac{-R}{R}\right) = \frac{(R_2C_2 s + 1)\left[\,(R_1C_1 + R_3C_1)s + 1\right]}{R_3 C_2 s (R_1 C_1 s + 1)} \\ &= \frac{R_2(R_1 + R_3)}{R_1 R_3} \frac{\left(s + \frac{1}{R_2 C_2}\right)\left(s + \frac{1}{R_1C_1 + R_3C_1}\right)}{s\left(s + \frac{1}{R_1 C_1}\right)} \end{aligned} \tag{6.85}$$

ou

$$\begin{aligned} \frac{M(s)}{E(s)} &= \frac{(R_2C_2 + R_3C_1)s(R_1C_1 s + 1) + R_1C_1 s + 1 + R_3C_1(R_2C_2 - R_1C_1)s^2}{R_3 C_2 s (R_1 C_1 s + 1)} \\ &= \frac{(R_2C_2 + R_3C_1)}{R_3C_2} + \frac{1}{R_3C_2 s} + \frac{R_3C_1(R_2C_2 - R_1C_1)s}{R_3C_2(R_1C_1 s + 1)} \\ &= \frac{(R_2C_2 + R_3C_1)}{R_3C_2}\left[1 + \frac{1}{(R_2C_2 + R_3C_1)s} + \frac{\frac{R_3C_1(R_2C_2 - R_1C_1)}{R_2C_2 + R_3C_1}s}{\left[\frac{R_1(R_2C_2 + R_3C_1)}{R_3(R_2C_2 - R_1C_1)}\right]\left[\frac{R_3C_1(R_2C_2 - R_1C_1)}{R_2C_2 + R_3C_1}\right]s + 1}\right] \\ &= K_c\left(1 + \frac{1}{T_I s} + \frac{T_D s}{N T_D s + 1}\right) , \end{aligned} \tag{6.86}$$

com $R_2C_2 \neq R_1C_1$ e

$$K_c = \frac{R_2C_2 + R_3C_1}{R_3C_2} \quad , \quad T_I = R_2C_2 + R_3C_1 \ ,$$

$$T_D = \frac{R_3C_1(R_2C_2 - R_1C_1)}{R_2C_2 + R_3C_1} \quad \text{e} \quad N = \frac{R_1(R_2C_2 + R_3C_1)}{R_3(R_2C_2 - R_1C_1)} \,.$$

Exercício 6.6

Considere um processo industrial com função de transferência

$$G(s) = \frac{e^{-2s}}{s+3} \,. \tag{6.87}$$

Projete um controlador de modo que as seguintes especificações sejam satisfeitas:

- erro estacionário nulo para entrada de referência do tipo degrau unitário;
- margem de ganho de 10 dB.

Solução

Para que a resposta ao degrau unitário na referência tenha erro estacionário nulo a função de transferência de malha aberta deve possuir um integrador. Supondo que o controlador $G_c(s)$ seja um PI, então a função de transferência de malha aberta é dada por

$$G_{ma}(s) = G_c(s)G(s) = K_c\left(1 + \frac{1}{T_I s}\right)\frac{e^{-2s}}{(s+3)} = K_c\left(\frac{s + \frac{1}{T_I}}{s}\right)\frac{e^{-2s}}{(s+3)} \,. \tag{6.88}$$

Cancelando o zero do controlador com polo da planta ($T_I = 1/3$), então

$$G_{ma}(s) = \frac{K_c e^{-2s}}{s} \,, \tag{6.89}$$

cujos diagramas de Bode para $K_c = 1$ são apresentados na Figura 6.38.

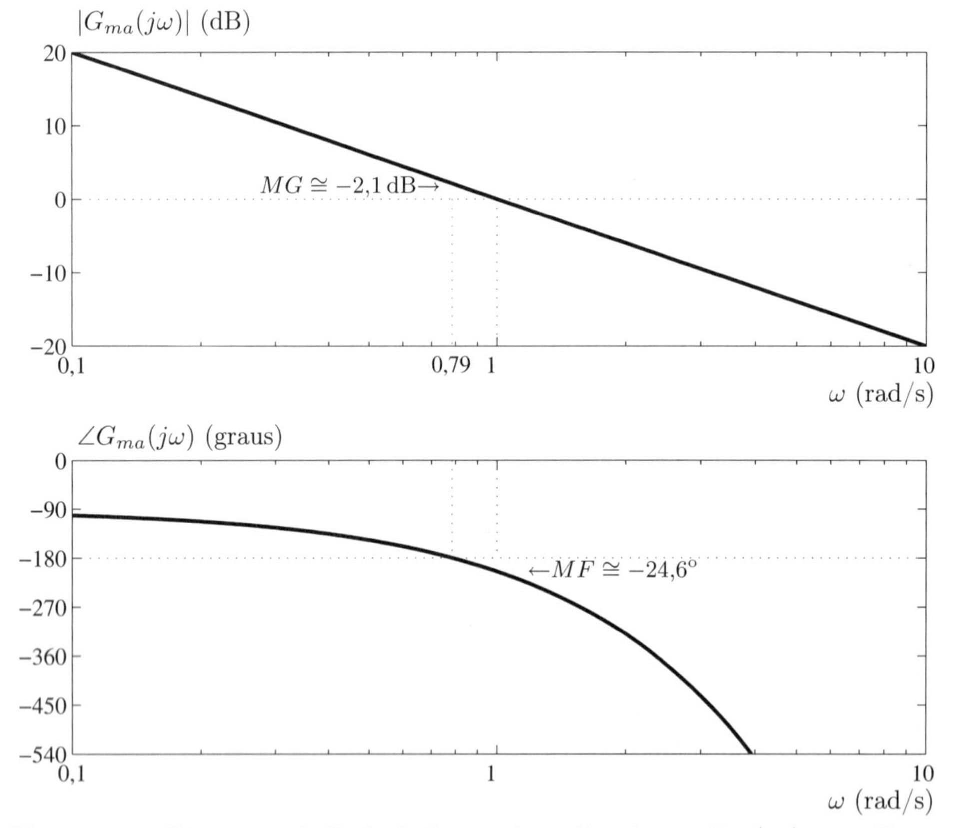

Figura 6.38 Diagramas de Bode da função de malha aberta $G_{ma}(j\omega)$ para $K_c = 1$.

Como a margem de ganho ($MG \cong -2{,}1$ dB) e a margem de fase ($MF \cong -24{,}6^{\circ}$) são negativas, o sistema em malha fechada é instável. Para estabilizá-lo basta reduzir o ganho K_c, de modo que as margens de ganho e fase se tornem positivas.

Para que o valor da margem de ganho seja 10 dB o ganho K_c deve ser reduzido de $-12{,}1$ dB. Assim,

$$-12,1 = 20 \log K_c \Rightarrow K_c \cong 0{,}248 \,. \tag{6.90}$$

Na Figura 6.39 são apresentados os diagramas de Bode da função de transferência de malha aberta para $K_c = 0{,}248$. Observe que $MG = 10$ dB e $MF \cong 61{,}6^\mathrm{o}$. Logo, o sistema em malha fechada é estável.

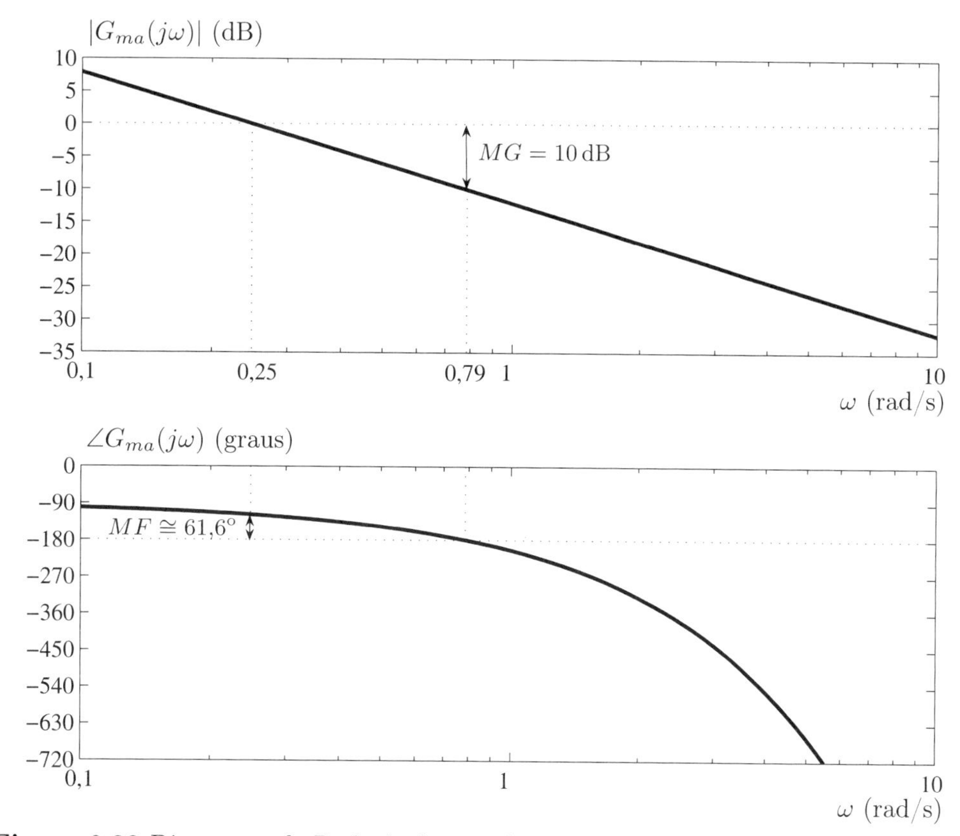

Figura 6.39 Diagramas de Bode da função de malha aberta $G_{ma}(j\omega)$ para $K_c = 0{,}248$.

Portanto, a função de transferência do controlador é

$$G_c(s) = 0{,}248 \left(\frac{s+3}{s} \right) \,. \tag{6.91}$$

Na Figura 6.40 são apresentadas as respostas ao degrau unitário dos sistemas em malha aberta sem controlador e em malha fechada com controlador. Observe que no sistema em malha fechada com controlador o erro estacionário é nulo, pois a saída estacionária vale 1.

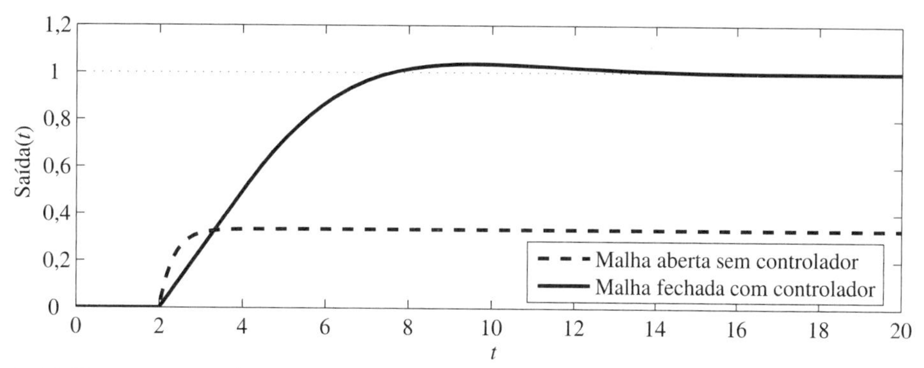

Figura 6.40 Respostas ao degrau unitário dos sistemas em malha aberta sem controlador e em malha fechada com controlador.

6.5 Exercícios propostos

Exercício 6.7

Uma mesma planta foi controlada pelos seguintes controladores: P, PD, PI, PID. Em todos os casos a sintonia dos controladores foi cuidadosamente ajustada tendo em vista os seguintes critérios:

- Erro de regime ao degrau o menor possível.
- Sobressinal o menor possível.
- Ganhos não muito elevados para impedir a saturação da saída dos controladores.

Na Figura 6.41 são apresentadas as respostas $y(t)$ para degraus unitários aplicados na referência dos sistemas em malha fechada com cada um dos controladores considerados. Associe os gráficos aos controladores correspondentes e justifique sua escolha.

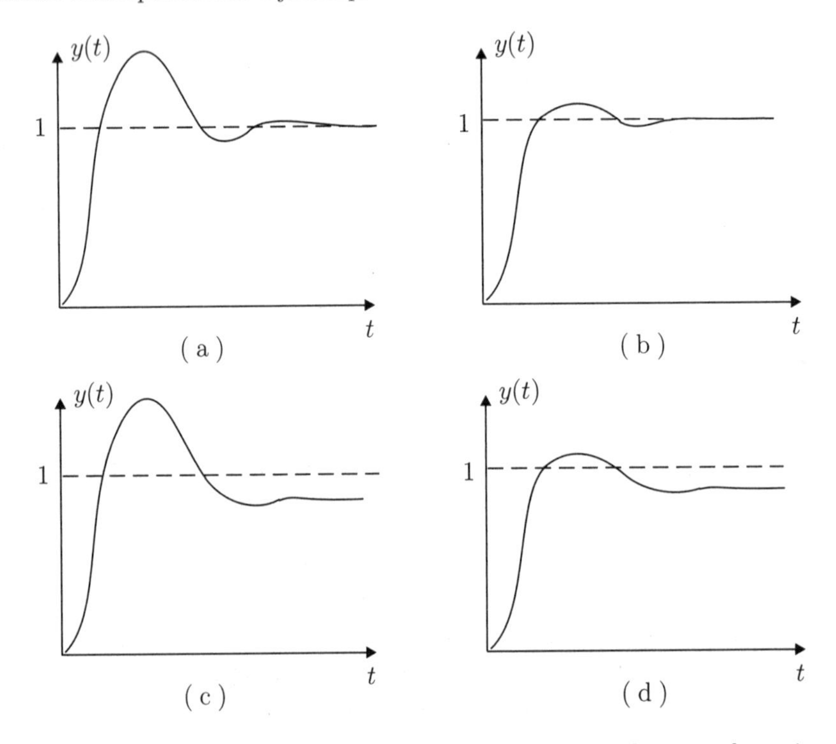

Figura 6.41 Respostas para degraus unitários aplicados na referência.

Exercício 6.8

Determine os valores das constantes K e a do controlador PID da Figura 6.42, de modo que o sistema em malha fechada tenha um coeficiente de amortecimento $\xi = 0{,}4$ e um tempo de acomodação $t_s = 1\,\text{s}$ (critério de 2%) quando é aplicado um degrau na referência.

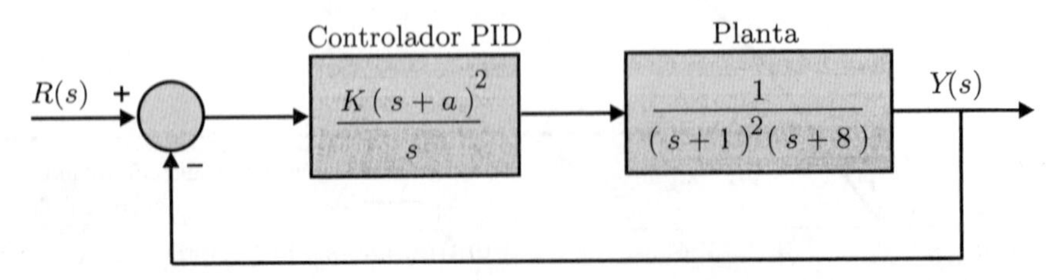

Figura 6.42 Diagrama de blocos de um sistema em malha fechada com controlador PID.

Exercício 6.9

Projete um controlador $G_c(s)$ para o sistema da Figura 6.43 de modo que a resposta da saída $y(t)$ do sistema em malha fechada para uma entrada do tipo degrau unitário na referência seja a mesma do gráfico da Figura 6.44.

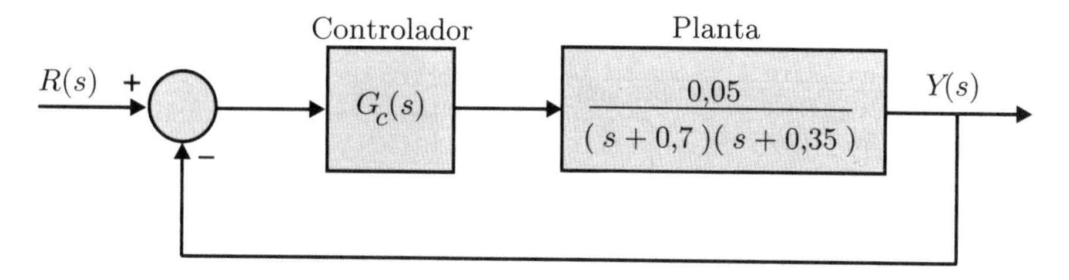

Figura 6.43 Diagrama de blocos de um sistema em malha fechada.

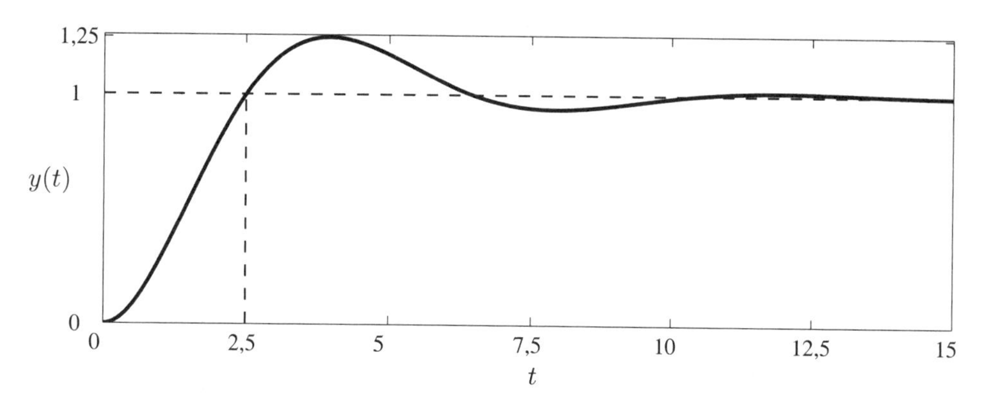

Figura 6.44 Resposta ao degrau unitário na referência.

Exercício 6.10

Projete um controlador PD modificado para o levitador eletromagnético da Figura 6.45 de modo que os polos de malha fechada dominantes tenham coeficiente de amortecimento $\xi = 0{,}5$ e frequência natural $\omega_n = 2\,\text{rad/s}$. Suponha N entre 0,05 e 0,17.

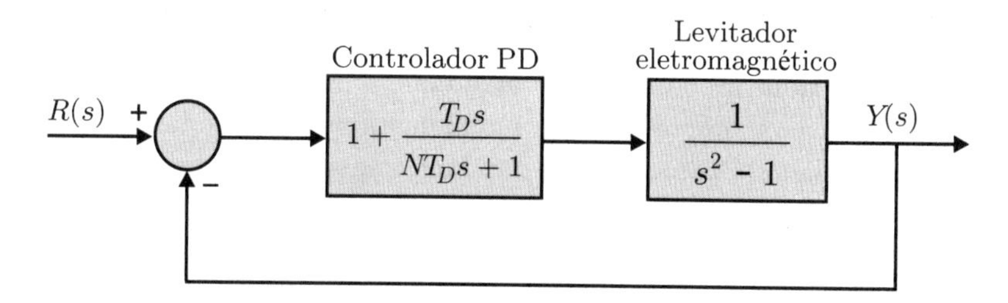

Figura 6.45 Diagrama de blocos do sistema em malha fechada com controlador PD modificado.

Exercício 6.11

Mostre que as funções de transferência dos controladores da Figura 6.25 correspondem às funções apresentadas na Tabela 6.1.

Exercício 6.12

Projete um controlador $G_c(s)$ para o sistema da Figura 6.46 de modo que a resposta da saída $y(t)$ do sistema em malha fechada para uma entrada do tipo degrau na referência tenha:

- sobressinal máximo de 10%;
- tempo de subida de 0,2 s;
- erro estacionário nulo.

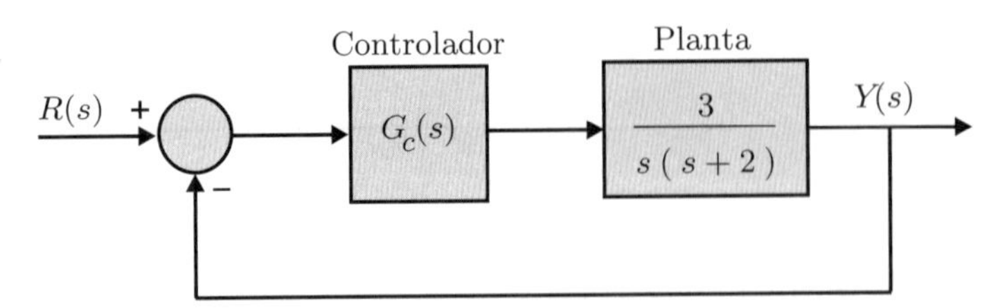

Figura 6.46 Diagrama de blocos de um sistema em malha fechada.

Exercício 6.13

Projete um controlador PID para a planta da Figura 6.47 de modo que os polos de malha fechada dominantes estejam localizados em $s_{1,2} = -1 \pm \sqrt{3}j$.

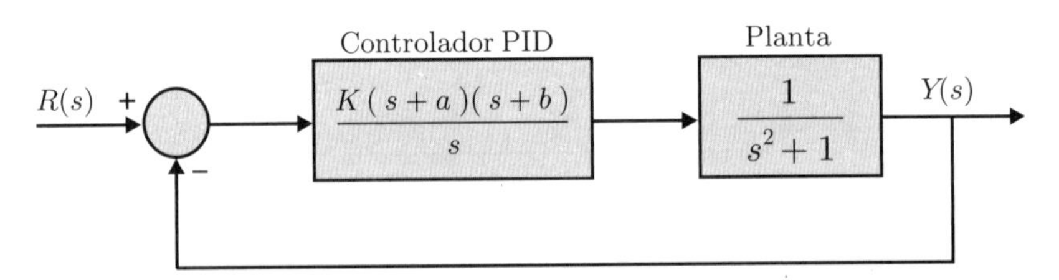

Figura 6.47 Diagrama de blocos do sistema em malha fechada.

Exercício 6.14

Considere a planta com função de transferência

$$G(s) = \frac{100}{s(s+1)(s+10)} \,. \tag{6.92}$$

a) Projete um controlador proporcional de modo que a margem de ganho seja de 10 dB.

b) Projete um controlador proporcional de modo que a margem de fase seja de 40°.

c) Projete um controlador PD modificado de modo que a margem de ganho seja de 10 dB e a margem de fase seja de 40°.

Exercício 6.15

Considere um processo de fundição para a produção de barras de alumínio[3] cuja função de transferência é

$$G_p(s) = \frac{e^{-100s}}{1000s+1} \,. \tag{6.93}$$

Projete um controlador de modo que as seguintes especificações sejam satisfeitas:

- erro estacionário nulo para entrada de referência do tipo degrau unitário;
- margem de ganho de 10 dB.

[3] Ver Exercício 9.3.

7

Controle de Processos

7.1 Introdução

Os processos industriais caracterizam-se usualmente por:
• grandes dimensões físicas;
• importantes atrasos puros;
• constantes de tempo longas (de minutos a horas);
• elevados coeficientes de amortecimento (devido às importantes perdas energéticas);
• forte interação entre malhas de controle (inerente ao próprio processo);
• não linearidades importantes ("suaves").

O controle de tais processos é tradicionalmente chamado de Controle de Processos, em oposição ao controle de posição e velocidade nos sistemas mecânicos, genericamente designado por Controle de Posição. Além disso, no ambiente industrial alguns termos foram adotados para designar as variáveis e os coeficientes dos modelos dos sistemas a realimentação, termos esses diferentes dos adotados na intensa atividade de pesquisa teórica em controle. Termos como *reset gain* e *rate gain* permanecem como linguagem obrigatória na comunicação industrial.

Neste capítulo são introduzidos os termos e símbolos da ISA (*International Society of Automation*) e, sempre que possível, os esquemas de controle ISA são reproduzidos como diagramas de blocos. Também são apresentadas as importantes regras de Ziegler e Nichols, que permitem as sintonias dos PIDs em campo e as regras SIMC (*Skogestad Internal Model Control*), que são muito eficientes porque admitem atraso puro no modelo da planta.

Também são fundamentais certas arqüiteturas com base no controlador PID:
• contra perturbações ao processo: conexão de malhas em cascata (*cascade control*) e alimentação avante (*feedforward*);
• contra não linearidades "suaves": controle de razão e ganho adaptativo (*gain scheduling*).

Após 1960 a indústria sentiu a necessidade de um outro tipo de controle automático, o controle lógico dos eventos discretos, visando realizar a automatização das operações nas manufaturas, das partidas dos processos industriais, das suas proteções e dos programas de produção em batelada. Por isso, e perante as potencialidades dos computadores, a General Motors em dado momento especificou as características básicas de um computador industrial: teria de ser fisicamente robusto e especializado para executar regras de natureza temporal e lógica. Esta foi a origem do Controlador Lógico Programável (CLP), equipamento que alcançou enorme sucesso e que desde logo incorporou também a capacidade de realizar digitalmente os controladores PID.

7.2 Ajuste por Ziegler-Nichols no domínio da frequência

Na prática industrial é muitas vezes necessário ajustar os parâmetros de um controlador no campo sem prévios modelos matemáticos e cálculos. Para tal fim, John G. Ziegler e Nathaniel B. Nichols [56] desenvolveram técnicas que, além de eficaz em muitos casos de processos químicos, térmicos, etc., têm a vantagem de abranger peculiaridades e parâmetros parasitas que os modelos matemáticos raramente incorporam. Seu inconveniente é exigir que o sistema real seja levado por algum tempo ao limiar da estabilidade, com o apreciável custo da perda de produção. A seguir são apresentados os passos de ajuste de dois métodos propostos por Ziegler e Nichols.

7.2.1 Primeiro método

Este experimento deve ser realizado com o sistema em malha fechada. Os passos para ajuste dos ganhos do controlador são os seguintes:

passo 1: ajuste T_D e $1/T_I$ do controlador P+I+D em zero;
passo 2: aumente lentamente o ganho K_c até que a saída do sistema oscile periodicamente. Se isso não ocorrer, o método não se aplica;
passo 3: seja K_u o ganho final e P_u o período da oscilação (Figura 7.1);
passo 4: ajuste os parâmetros do controlador de acordo com a Tabela 7.1.

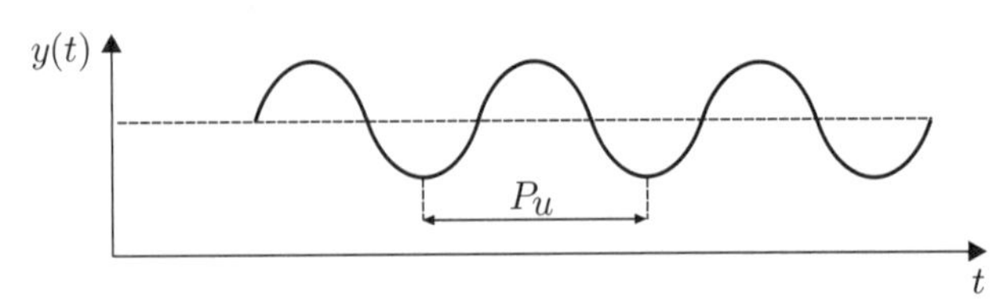

Figura 7.1 Oscilação periódica da saída $y(t)$ de um sistema.

Tabela 7.1 Regras de ajuste para o primeiro método de Ziegler-Nichols

Tipo de controlador	K_c	$1/T_I$	T_D
P	$0{,}5K_u$	0	0
PD	$0{,}6K_u$	0	$P_u/8$
PI	$0{,}45K_u$	$1{,}2/P_u$	0
PID	$0{,}6K_u$	$2/P_u$	$P_u/8$

7.2.2 Segundo método

Este experimento também deve ser realizado com o sistema em malha fechada. Os passos para ajuste dos ganhos do controlador são os seguintes:

passo 1: ajuste T_D e $1/T_I$ do controlador P+I+D em zero;
passo 2: aumente lentamente o ganho K_c até que a saída do sistema oscile periodicamente. Se isso não ocorrer, o método não se aplica;
passo 3: reduza o ganho K_c à metade;
passo 4: diminua T_I até que a saída do sistema oscile periodicamente;
passo 5: duplique o valor de T_I;
passo 6: ajuste $T_D = T_I$.

Exemplo 7.1

Considere o sistema de controle da Figura 7.2, para o qual é aplicado o segundo método de Ziegler-Nichols para ajuste dos parâmetros do controlador PID.

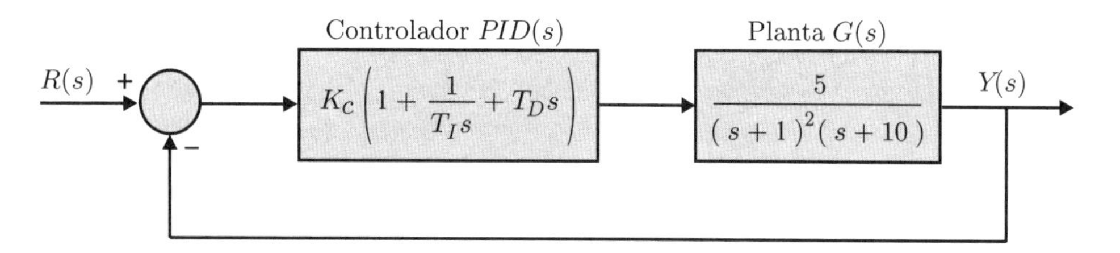

Figura 7.2 Sistema em malha fechada com controlador PID.

No passo 1 faz-se $T_D = 0$ e $T_I = 10000$, de forma que $1/T_I$ seja próximo de zero. No passo 2 aumenta-se K_c até 48,5, quando a margem de fase é igual a zero e a saída do sistema em malha fechada começa a oscilar. No passo 3 o valor de K_c é então reduzido à metade, ou seja, para $K_c = 24{,}25$. Na Figura 7.3 são mostrados os gráficos de Bode correspondentes aos passos 2 e 3.

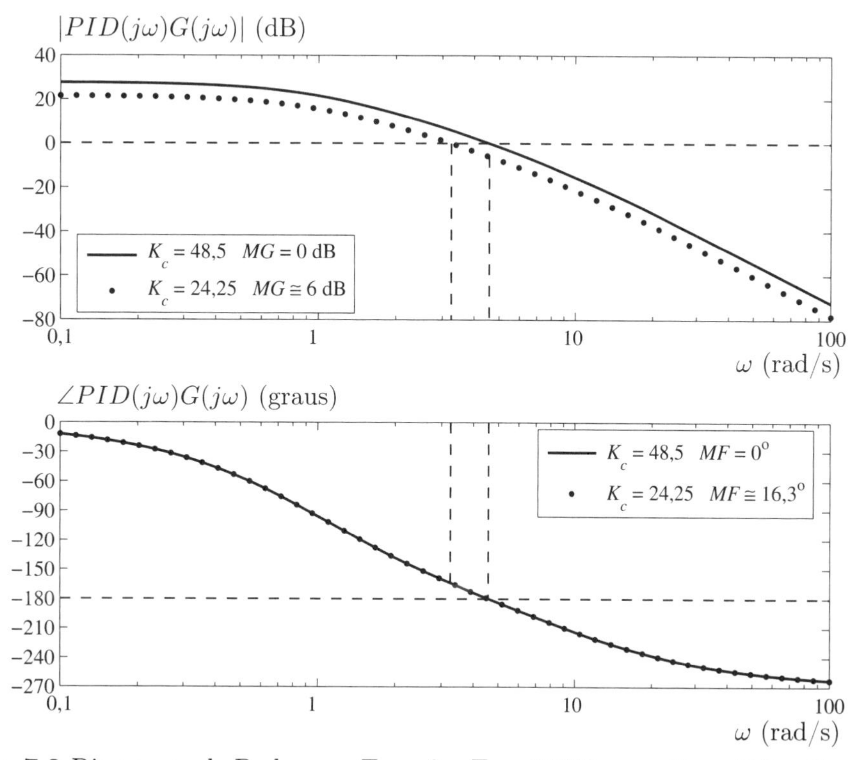

Figura 7.3 Diagramas de Bode para $T_D = 0$ e $T_I = 10000$, com $K_c = 48{,}5$ e $K_c = 24{,}25$.

Na Figura 7.4 é mostrada a resposta do sistema em malha fechada para um degrau unitário na referência, com os parâmetros do controlador ajustados em $K_c = 24{,}25$, $T_D = 0$ e $T_I = 10000$. Como o sistema está perto da instabilidade a resposta transitória é subamortecida, com sobressinal elevado ($M_p \cong 65\%$). É interessante observar que nesta fase do ajuste o PID atua como um controlador proporcional. Este fato justifica o erro estacionário $e(\infty) = 1 - y(\infty) \cong 1 - 0{,}92 \cong 0{,}08$.

No passo 4 diminui-se o valor de T_I até $T_I = 1{,}1$, quando a margem de fase fica novamente igual a zero e o sistema volta a oscilar. No passo 5 este valor é então duplicado, ou seja, para $T_I = 2{,}2$. Na Figura 7.5 são mostrados os gráficos de Bode correspondentes aos passos 4 e 5.

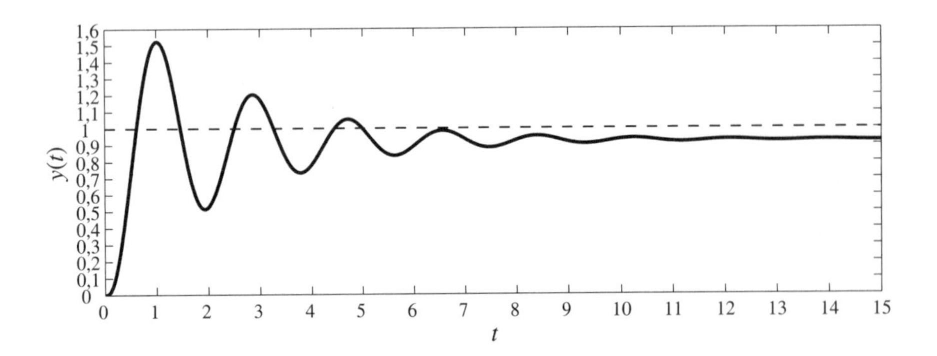

Figura 7.4 Resposta ao degrau unitário para $K_c = 24{,}25$, $T_D = 0$ e $T_I = 10000$.

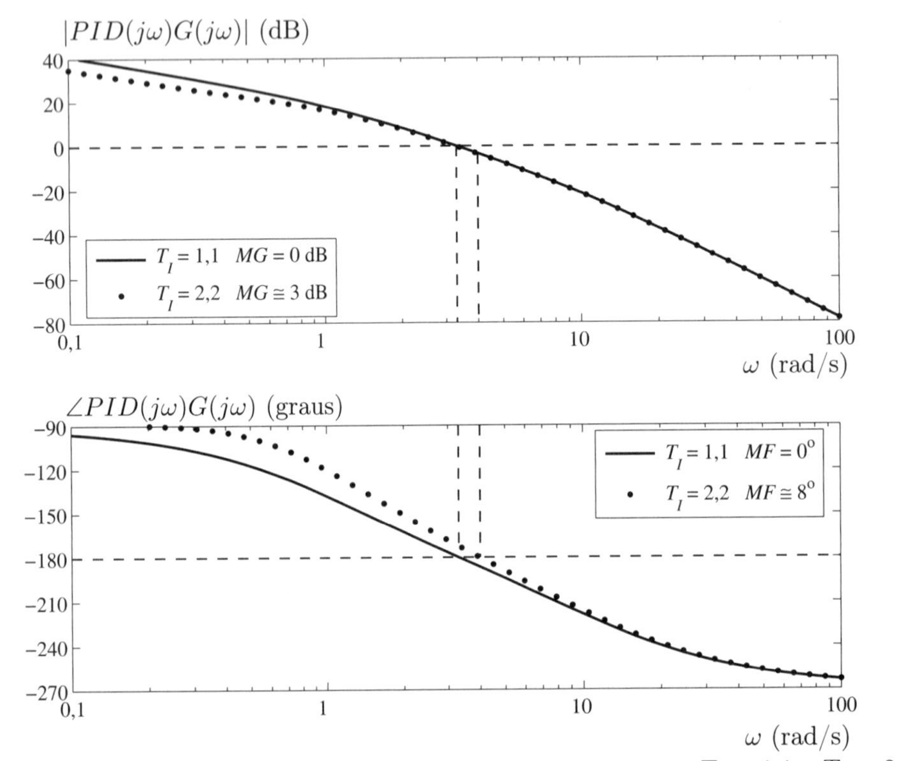

Figura 7.5 Diagramas de Bode para $K_c = 24{,}25$ e $T_D = 0$, com $T_I = 1{,}1$ e $T_I = 2{,}2$.

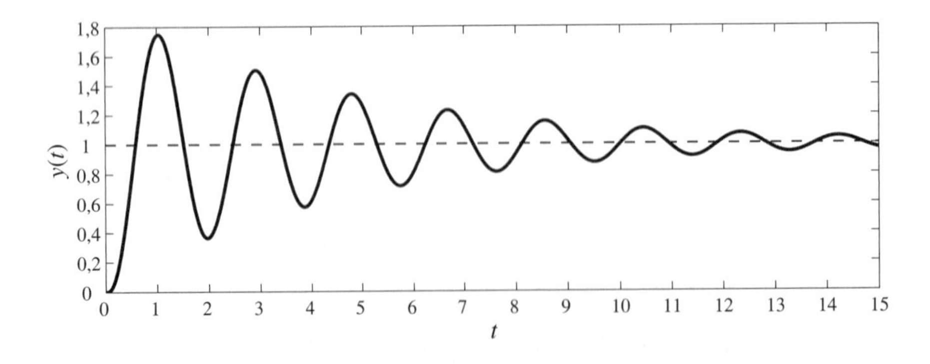

Figura 7.6 Resposta ao degrau unitário para $K_c = 24{,}25$, $T_D = 0$ e $T_I = 2{,}2$.

Na Figura 7.6 é apresentada a resposta do sistema em malha fechada para um degrau unitário na referência e os parâmetros ajustados em $K_c = 24{,}25$, $T_D = 0$ e $T_I = 2{,}2$. O efeito do integrador fica evidente com o erro estacionário nulo. Porém, o sobressinal é elevado ($M_p \cong 75\%$) devido aos baixos valores das margens de estabilidade ($MG \cong 3\,\text{dB}$ e $MF \cong 8^o$).

No passo 6 faz-se $T_D = T_I = 2{,}2$. Os gráficos de Bode correspondentes são apresentados na Figura 7.7. Note que as margens de estabilidade são agora satisfatórias (MG infinita e $MF \cong 40^o$).

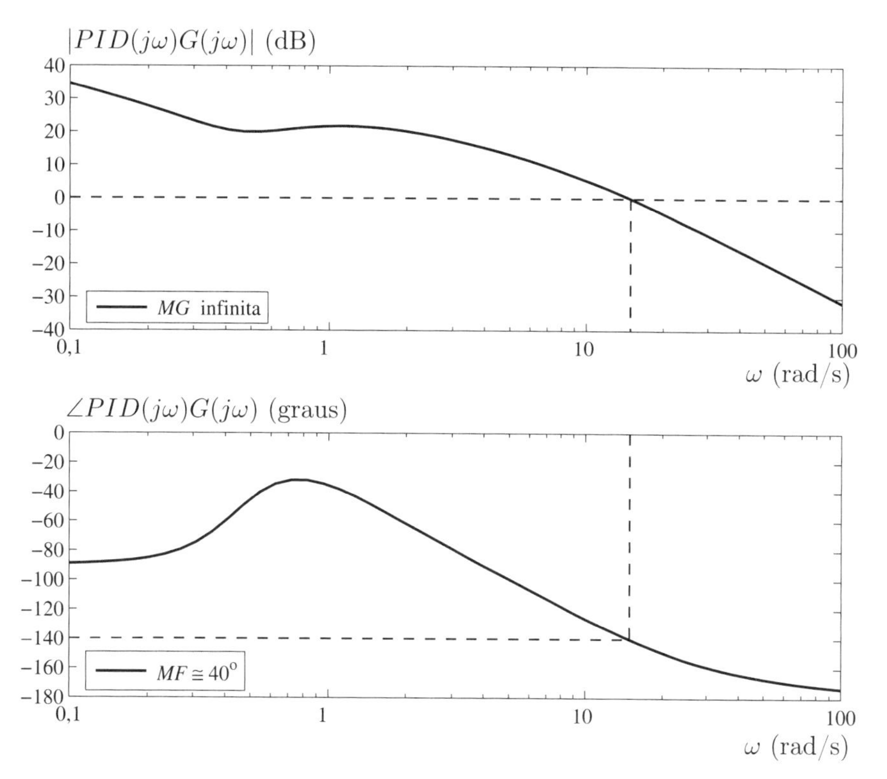

Figura 7.7 Diagramas de Bode para $K_c = 24{,}25$ e $T_D = T_I = 2{,}2$.

Na Figura 7.8 é apresentada a resposta do sistema em malha fechada para um degrau unitário na referência e os parâmetros ajustados em $K_c = 24{,}25$ e $T_D = T_I = 2{,}2$. É evidente o amplo efeito de equalização do compensador final, gerando boa estabilidade pelas margens e bons transientes pela banda de passagem (sobressinal $M_p \cong 24\%$).

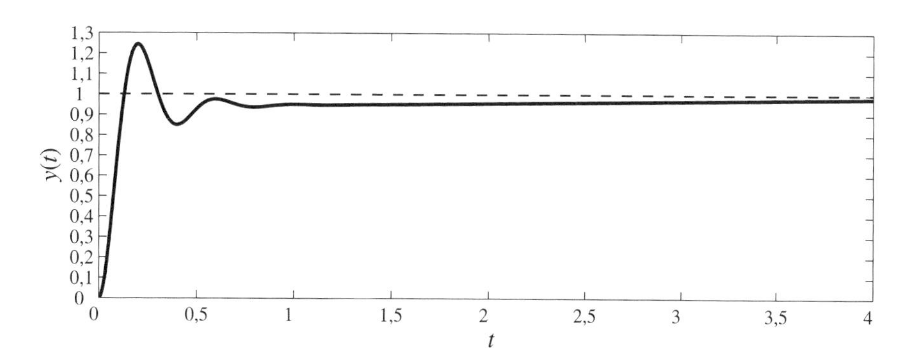

Figura 7.8 Resposta ao degrau unitário para $K_c = 24{,}25$ e $T_D = T_I = 2{,}2$.

■

7.3 Ajuste por Ziegler-Nichols no domínio do tempo

Em muitas aplicações industriais, a resposta ao degrau em malha aberta de um processo estável apresenta o aspecto de uma curva em forma de um "S" semelhante à da Figura 7.9, que é chamada curva de reação.

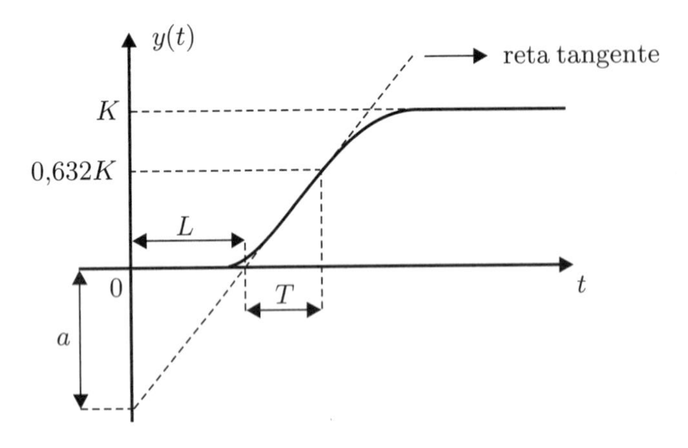

Figura 7.9 Resposta ao degrau em malha aberta de um sistema estável.

Se a saída $y(t)$ do processo apresentar um gráfico semelhante ao da Figura 7.9, então o modelo do processo pode ser aproximado por um sistema de primeira ordem com função de transferência

$$G(s) = \frac{Ke^{-sL}}{sT+1}, \tag{7.1}$$

sendo que K é o ganho, T é a constante de tempo e L é o atraso de transporte.

Traçando-se uma reta tangente ao ponto de inflexão da curva de reação, obtém-se no instante inicial o parâmetro a. Já o parâmetro L consiste no atraso de tempo a partir do qual o sistema começa a responder. A partir das medidas de a e L, Ziegler e Nichols propuseram em [56] ajustar os parâmetros do controlador PID de acordo com a Tabela 7.2.

Tabela 7.2 Regras de ajuste de Ziegler-Nichols para o método da curva de reação.

Tipo de controlador	K_c	$1/T_I$	T_D
P	$1/a$	0	0
PI	$0{,}9/a$	$0{,}3/L$	0
PID	$1{,}2/a$	$0{,}5/L$	$0{,}5L$

7.4 Sintonia automática de controladores PID

Para ajustar o controlador PID de acordo com os métodos das Seções 7.2.1 e 7.2.2 é necessário aumentar o ganho K_c até que a saída do sistema oscile periodicamente. Esse procedimento tem um inconveniente indesejável em muitas aplicações industriais que é o de levar a saída do processo para próximo da instabilidade.

Uma método alternativo para ajuste dos parâmetros do controlador PID é o da sintonia automática baseada no método do relé, que consiste na inclusão de um relé com histerese na malha de realimentação de acordo com a Figura 7.10. Esta inclusão faz com que a saída do processo oscile dentro de um ciclo limite, o que equivale a aplicar na entrada do processo um sinal com frequência próxima daquela em que ocorrem o cruzamento em 0 dB e margem de fase 0°.

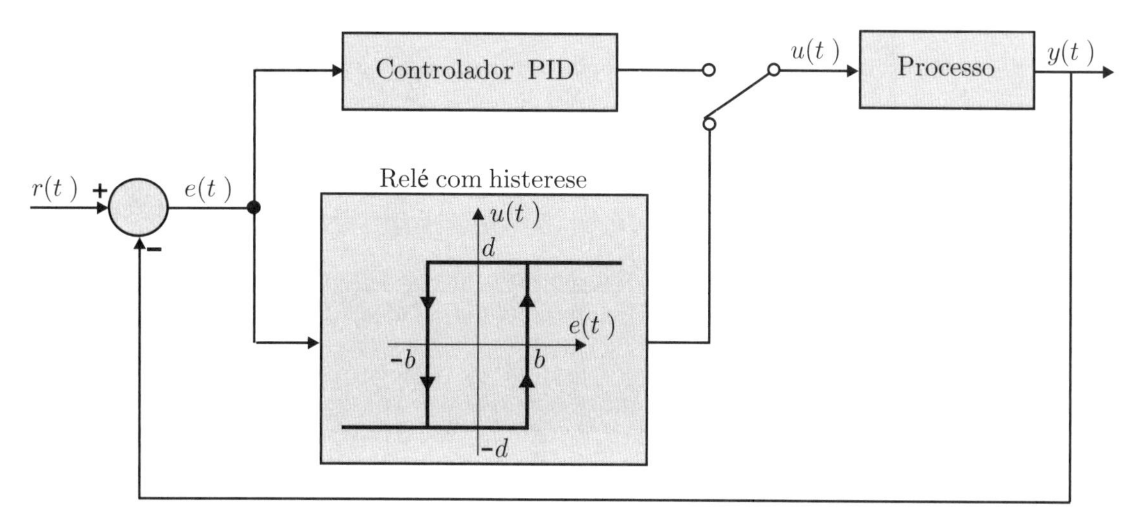

Figura 7.10 Diagrama de blocos da sintonia automática de um controlador PID usando um relé com histerese.

Observe que na Figura 7.10 há uma chave que permite escolher entre o relé e o controlador PID. Quando for necessário sintonizar o controlador PID basta fechar a malha utilizando o relé. Caso o sistema apresente uma oscilação sustentada na saída, o sinal $u(t)$ será uma onda quadrada com amplitude d com o mesmo período e fase oposta a $y(t)$. A largura b da histerese pode ser ajustada com base no nível de ruído da malha e é útil para evitar um chaveamento indevido do relé. Se a saída do processo apresentar uma oscilação periódica deve-se medir a amplitude a e o período P_u da oscilação, conforme a Figura 7.11.

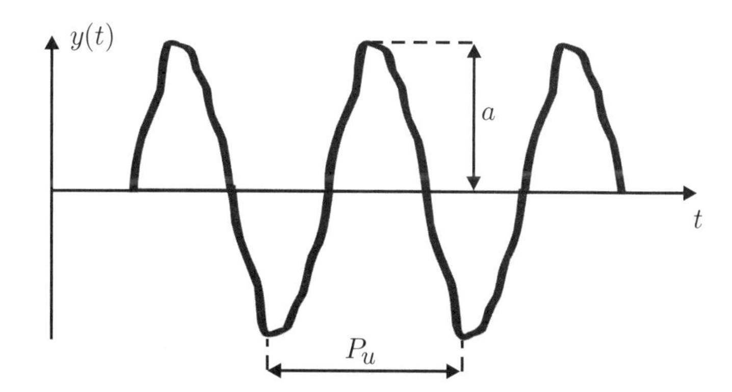

Figura 7.11 Saída do processo com oscilação periódica e amplitude sustentada.

O ganho K_u é determinado por meio de uma aproximação da função descritiva do relé, obtida por meio da expansão em série de Fourier de uma onda quadrada [35], ou seja,

$$K_u = \frac{4d}{\pi a}\,. \tag{7.2}$$

A partir do ganho K_u e do período P_u, os parâmetros K_c , T_i e T_d do controlador PID são ajustados de acordo com a Tabela 7.1. Uma vez determinados esses parâmetros, a chave pode então ser trocada automaticamente da posição do relé para o controlador PID.

7.5 Ajuste SIMC - *Skogestad Internal Model Control*

Em controle de processos industriais de escala média ou grande é comum o modelo da planta constituir-se aproximadamente de um atraso puro e de uma função de transferência de primeira ou de segunda ordem usualmente superamortecida.

Conforme foi visto na Seção 5.5, a função de transferência de um atraso puro é $e^{-\alpha s}$. A defasagem é igual a $-\alpha\omega$, mas no gráfico de fase de Bode, que é semilogarítmico, a defasagem diminui muito rapidamente acima da frequência ω. O efeito é sempre instabilizante na malha de controle. Além disso não existe sistema físico que compense um atraso puro, pois a função de transferência inversa não é fisicamente realizável.

Skogestad [53] deduziu várias regras muito simples e eficazes para o ajuste do controlador PID, a partir da idéia do controlador com modelo interno (*Internal Model Control - IMC*). A seguir são apresentadas duas dessas regras.

7.5.1 Regra SIMC 1

Seja a planta de primeira ordem

$$G(s) = \frac{Ke^{-\alpha s}}{\tau s + 1}, \tag{7.3}$$

e se deseje a seguinte função de transferência de malha fechada

$$G_{mf}(s) = \frac{e^{-\alpha s}}{\tau_c s + 1}, \tag{7.4}$$

aceitando o fato de que o atraso puro não pode ser eliminado.

Para degraus de referência e de perturbação sobre a planta utilize o controlador PI

$$G_c(s) = K_c\left(1 + \frac{1}{T_I s}\right), \tag{7.5}$$

com

$$K_c = \frac{\tau}{K(\tau_c + \alpha)} \tag{7.6}$$

e

$$T_I = \min\{\tau\ ,\ 4(\tau_c + \alpha)\}\ . \tag{7.7}$$

O autor da regra recomenda escolher $\tau_c = \alpha$. O Exemplo 7.2 mostra o efeito de escolher $\tau_c = \alpha$ e $\tau_c = 2\alpha$ sobre a resposta ao degrau.

Exemplo 7.2

Calcule um controlador PI, usando a regra SIMC 1, para o sistema da Figura 7.12.

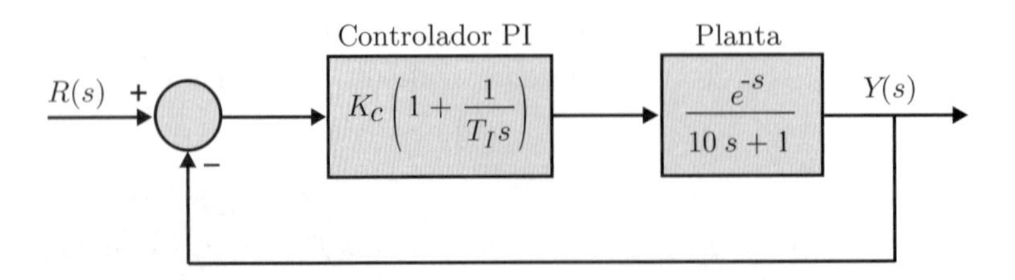

Figura 7.12 Sistema em malha fechada.

A função de transferência da planta é

$$G(s) = \frac{e^{-s}}{10s+1} \,. \tag{7.8}$$

Comparando as Equações (7.3) e (7.8) obtêm-se $K = 1$, $\tau = 10$ e $\alpha = 1$.

- Supondo $\tau_c = \alpha$, as constantes do controlador PI são

$$K_c = \frac{\tau}{K(\tau_c + \alpha)} = \frac{10}{1(1+1)} = 5 \tag{7.9}$$

e

$$T_I = \min\{\tau\,,\, 4(\tau_c+\alpha)\} = \min\{10\,,\, 4(1+1)\} = \min\{10\,,\, 8\} = 8\,. \tag{7.10}$$

Portanto, o controlador PI é

$$G_c(s) = K_c\left(1 + \frac{1}{T_I s}\right) = 5\left(1+\frac{1}{8s}\right)\,. \tag{7.11}$$

- Supondo $\tau_c = 2\alpha$, as constantes do controlador PI são

$$K_c = \frac{\tau}{K(\tau_c + \alpha)} = \frac{10}{1(2+1)} = \frac{10}{3} \tag{7.12}$$

e

$$T_I = \min\{\tau\,,\, 4(\tau_c+\alpha)\} = \min\{10\,,\, 4(2+1)\} = \min\{10\,,\, 12\} = 10\,. \tag{7.13}$$

Portanto, o controlador PI é

$$G_c(s) = K_c\left(1 + \frac{1}{T_I s}\right) = \frac{10}{3}\left(1+\frac{1}{10s}\right)\,. \tag{7.14}$$

Na Figura 7.13 são apresentadas as respostas ao degrau unitário na referência com o controlador PI para $\tau_c = \alpha$ e para $\tau_c = 2\alpha$, e a resposta ao degrau unitário do sistema em malha aberta sem controlador. Comparando as respostas verifica-se que a resposta transitória sem controlador é bem mais lenta que as respostas com controlador. A resposta com o controlador PI para $\tau_c = \alpha$ tem um pequeno sobressinal, porém é mais rápida que a resposta com o controlador PI para $\tau_c = 2\alpha$.

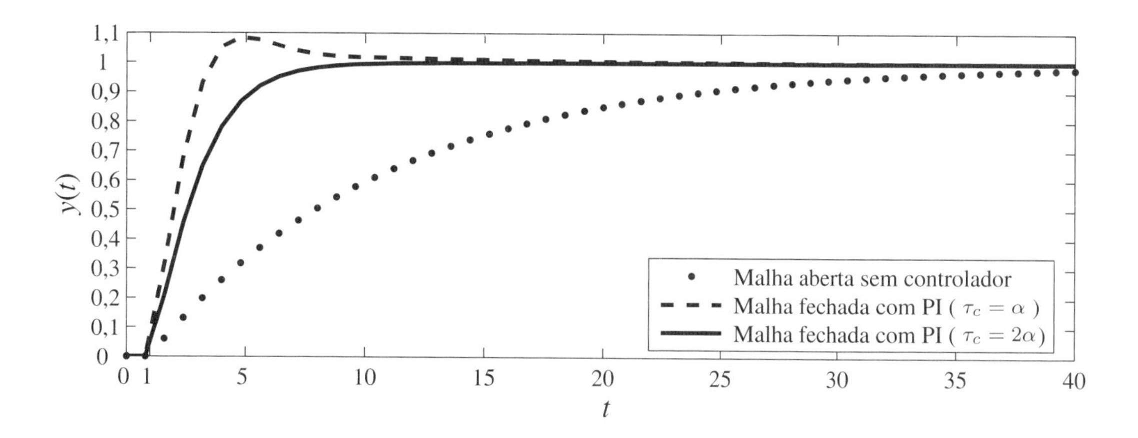

Figura 7.13 Resposta ao degrau unitário.

7.5.2 Regra SIMC 2

Seja a planta de segunda ordem com polos reais

$$G(s) = \frac{Ke^{-\alpha s}}{(\tau_1 s + 1)(\tau_2 s + 1)}\,, \quad \text{com } \tau_2 > \tau_1 > \alpha\,. \tag{7.15}$$

O controlador recomendado pela regra SIMC 2 é um PID modificado

$$G_c(s) = K_c\left(\frac{T_I s + 1}{T_I s}\right)(T_D s + 1) = K_c\left(\frac{T_I T_D s^2 + (T_I + T_D)s + 1}{T_I s}\right)\,, \tag{7.16}$$

com

$$K_c = \frac{\tau_1}{K(\tau_c + \alpha)}\,, \tag{7.17}$$

$$T_I = \min\{\tau_1\,,\, 4(\tau_c + \alpha)\} \quad \text{e} \tag{7.18}$$

$$T_D = \tau_2\,. \tag{7.19}$$

O autor da regra recomenda escolher $\tau_c = \alpha$ para respostas rápidas e $\tau_c > \alpha$ para maior robustez.

7.6 Termos e símbolos ISA

Nesta seção são apresentados os termos correntes em controle de processos industriais aprovados pelas normas ISA (*International Society of Automation*), assim como sua relação com os termos correntes na teoria de controle dinâmico. Também são introduzidos alguns símbolos da norma usados para documentar a instrumentação conhecida pela sigla P&ID (*Piping and Instrumentation Diagram*), que é um diagrama esquemático de tubulações, equipamentos e conexões de instrumentação.[1]

7.6.1 Termos ISA

- ***Set-point* (sinal de referência)**
Valor da variável de referência $r(t)$ do sistema. O nome pressupõe, como é de fato comum no ambiente de processos contínuos industriais, que o objetivo do controle é regular ou estabilizar a variável de saída em torno de um valor fixo.

- ***Off-set***
Diferença de valor entre a variável de referência e a de saída em regime estacionário. Corresponde ao erro atuante estacionário $e(\infty)$ e pode ser enunciado em porcentagem ou em *per-unit*.

- **Banda Proporcional (BP)**
É definida como a porcentagem de excursão total da variável de saída $y(t)$ da planta, necessária para provocar uma variação total de 0 a 100% da variável manipulada $m(t)$ (Figura 7.14).

A banda proporcional exprime o alcance do funcionamento linear do sistema em termos de variação da saída da planta.

[1]Não confundir esquema de instrumentação P&ID com controlador ou algoritmo PID.

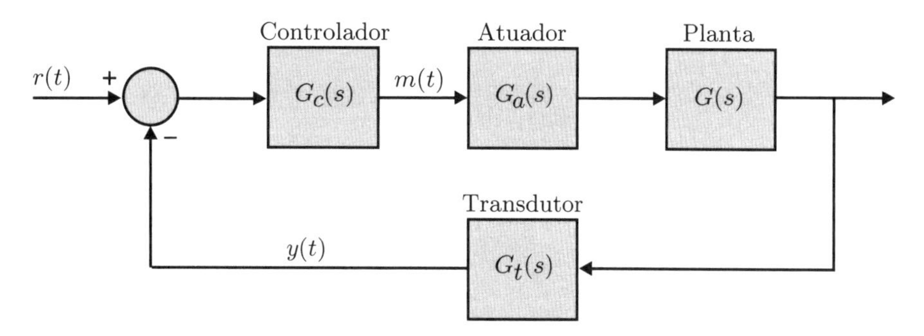

Figura 7.14 Diagrama de blocos de um sistema de controle com atuador e transdutor.

A Figura 7.15 mostra que uma variação da saída $y(t)$ entre 30% e 70% do seu valor máximo produz uma variação da variável manipulada $m(t)$ entre 0% e 100%, implicando assim uma banda proporcional de 40%.

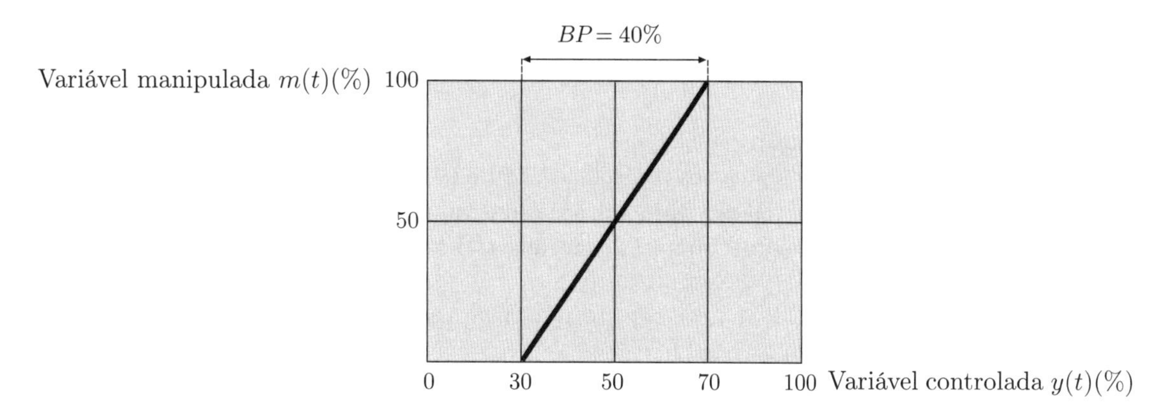

Figura 7.15 Banda proporcional.

Supondo que $G_c(s)$ seja um controlador PID com função de transferência

$$G_c(s) = K_c \left(1 + \frac{1}{T_I s} + T_D s\right) , \tag{7.20}$$

então a banda proporcional é dada por

$$BP = \frac{100\%}{K_c} . \tag{7.21}$$

- **Tempo T_R de avanço de rampa** (*rate time*)

O tempo de avanço de rampa se aplica aos controladores PD e PID. É o avanço temporal T_R que o termo derivador produz na saída $m(t)$ do controlador para uma entrada $e(t)$ do tipo rampa.

A função de transferência de um controlador PD é dada por

$$\frac{M(s)}{E(s)} = K_c(1 + T_D s) . \tag{7.22}$$

Aplicando-se uma rampa $e(t) = At$ na entrada do controlador, tem-se que

$$M(s) = K_c(1 + T_D s)\frac{A}{s^2} = \frac{K_c A}{s^2} + \frac{K_c T_D A}{s} , \tag{7.23}$$

cuja resposta temporal é

$$m(t) = K_c At + K_c T_D A . \tag{7.24}$$

A resposta temporal $m(t)$ está representada na Figura 7.16, cuja inclinação vale $\arctan(K_cA)$. Logo,

$$\tan[\arctan(K_cA)] = K_cA = \frac{K_cT_DA}{T_R} \, . \tag{7.25}$$

Portanto, $T_R = T_D$.

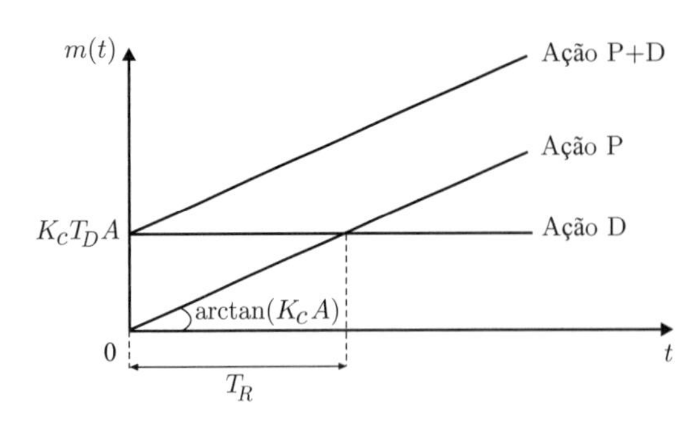

Figura 7.16 Efeitos das ações P e D para uma rampa de entrada num controlador PD.

• **Tempo T_S de duplicação** (*reset time*)

O tempo de duplicação se aplica aos controladores PI e PID. É o intervalo temporal necessário para que a saída $m(t)$ do controlador varie por ação integral tanto quanto varia por ação proporcional em resposta a um degrau na variável de entrada $e(t)$.

A função de transferência de um controlador PI é dada por

$$\frac{M(s)}{E(s)} = K_c\left(1 + \frac{1}{T_Is}\right) \, . \tag{7.26}$$

Aplicando-se um degrau de amplitude A na entrada $e(t)$ do controlador, tem-se que

$$M(s) = K_c\left(1 + \frac{1}{T_Is}\right)\frac{A}{s} = \frac{K_cA}{s} + \frac{K_cA}{T_Is^2} \, , \tag{7.27}$$

cuja resposta temporal é

$$m(t) = K_cA + \frac{K_cA}{T_I}t \, . \tag{7.28}$$

A resposta temporal $m(t)$ está representada na Figura 7.17, cuja inclinação vale $\arctan\left(\frac{K_cA}{T_I}\right)$. Logo,

$$\tan\left[\arctan\left(\frac{K_cA}{T_I}\right)\right] = \frac{K_cA}{T_I} = \frac{K_cA}{T_S} \, . \tag{7.29}$$

Portanto, $T_S = T_I$.

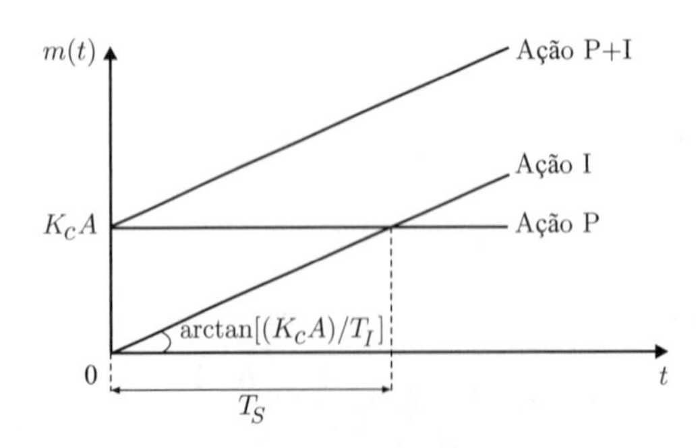

Figura 7.17 Efeitos das ações P e I para um degrau na entrada de um controlador PI.

7.6.2 Símbolos da ISA

Fisicamente os três elementos fundamentais de qualquer sistema a realimentação são o transdutor da saída, o controlador (somador mais amplificador, com compensação dinâmica) e o atuador. Sabe-se que todos os elementos da malha aberta influem na estabilidade e na qualidade do controle, mas são certamente os componentes do processo controlado que têm prioridade na comunicação entre os engenheiros industriais, de várias especialidades, e os instrumentistas que instalam e mantêm os equipamentos.

Por ser comum que uma unidade industrial tenha milhares de transdutores, sensores, atuadores e controladores, a ISA (*International Society of Automation*) padronizou os símbolos desses equipamentos enfatizando os modos de montagem e disciplinando sua designação e listagem. Os símbolos da ISA são mais expressivos das conexões físicas do que das relações de causa e efeito e das dinâmicas dos processos. São menos informativos para o projetista de algoritmos de controle, mas o conhecimento deles é recomendável por uma questão de comunicação técnica.

Devido à universalidade das representações ISA e de diagrama de blocos a maioria dos temas que se seguem neste capítulo é mostrada por meio das duas.

- **Normas da ISA**

Círculos representam transdutores, calculadores ou controladores.
Linhas cheias representam comunicação física e transmissão de sinal.
Linhas tracejadas representam a comunicação entre controlador e atuador.
A primeira letra dos códigos dos círculos refere-se, em geral, à natureza da variável física.
A segunda letra dos códigos dos círculos refere-se à função do elemento.

Na Tabela 7.3 são apresentados alguns códigos dessa simbologia.

Tabela 7.3 Símbolos da ISA

Primeira letra	Significado
D	Densidade
F	Fluxo
L	Nível
P	Pressão
M	Umidade
G	Dimensão (*gage*)
S	Velocidade
T	Temperatura
H	Operação manual
E	Tensão elétrica
I	Corrente elétrica

Segunda letra	Significado
A	Alarme
F	Razão (fração)
I	Indicador ou transdutor
L	Luminoso
C	Controlador
Y	Calculador genérico
V	Válvula ou atuador
S	Chave
T	Transmissor

Exemplos:
TC: controlador de temperatura;
FV: válvula que comanda entrada de fluxo;
FC: controlador de fluxo.

Na Figura 7.18 são apresentados mais alguns símbolos de instrumentação e sinais da norma P&ID.

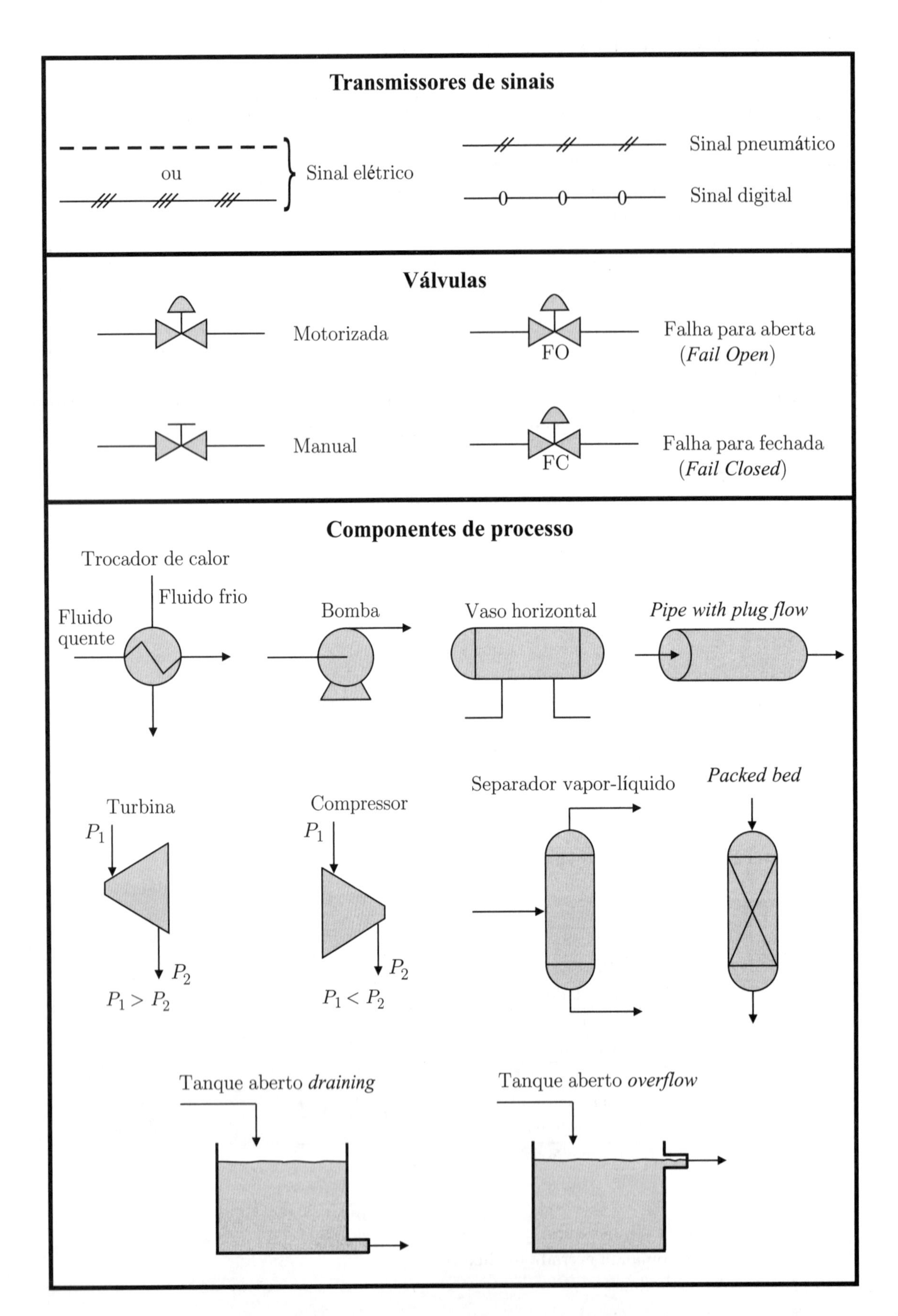

Figura 7.18 Símbolos de instrumentação e sinais da norma P&ID.

7.7 Arquitetura em cascata (*cascade control*)

A arquitetura em cascata é um dos mais importantes métodos para aperfeiçoar um sistema de controle. Este método utiliza dois controladores padronizados PID e mede duas variáveis do sistema. Para explicá-lo, considere um exemplo de processo industrial típico [37].

Exemplo 7.3

Considere o tanque de aquecimento por circulação de óleo quente da Figura 7.19, cujo objetivo é controlar a temperatura $y(t)$. Há três perturbações no processo: a vazão de entrada do produto e a sua temperatura, que estão representadas pela variável $p(t)$, e a pressão $p_0(t)$ do reservatório de óleo quente.

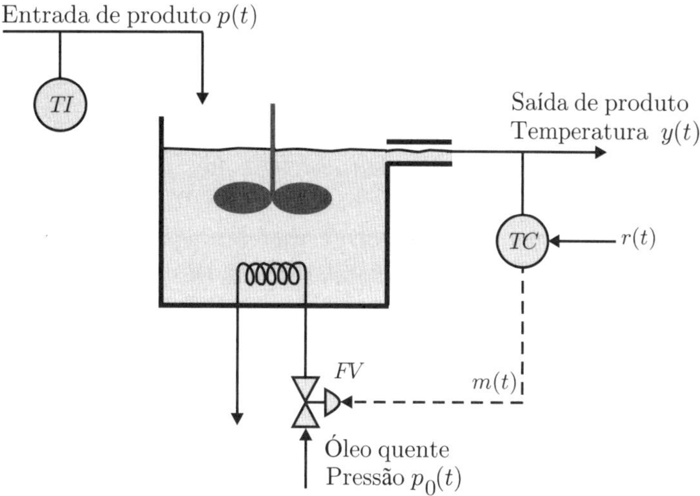

Figura 7.19 Esquema P&ID de tanque aquecido com controlador PID simples.

Na Figura 7.19 têm-se os seguintes símbolos da ISA:
TC: transdutor e controlador de temperatura;
TI: indicador de temperatura e
FV: eletroválvula de controle da vazão de óleo para o tanque.

Um transdutor e controlador PID simples mede a temperatura $y(t)$ do fluido que sai e atua sobre o sinal elétrico $m(t)$, que aciona a eletroválvula de admissão de óleo. A Figura 7.19 mostra esse sistema pelo esquema da instrumentação da ISA, e a Figura 7.20 pela forma de diagrama de blocos. Para concentrar a atenção na perturbação $p_0(t)$, pois esta é a principal fonte de perturbação que altera a taxa de aquecimento, a Figura 7.20 não mostra a perturbação $p(t)$.

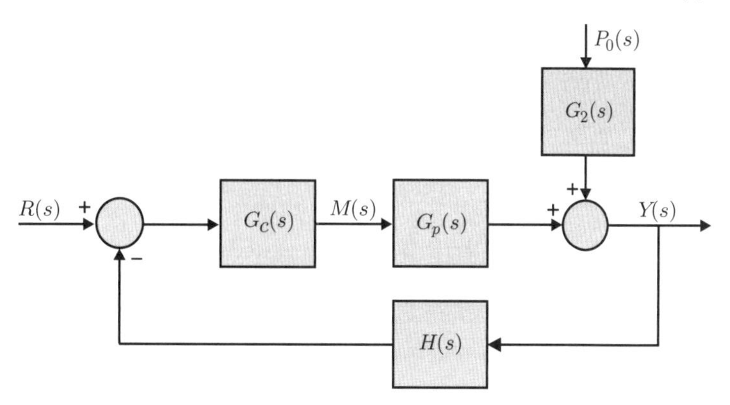

Figura 7.20 Diagrama de blocos da Figura 7.19 com controlador PID simples.

O esquema da ISA da Figura 7.19 é graficamente mais simples e mais próximo do que os técnicos de montagem de instrumentação industrial precisam. Já o esquema na forma de diagrama de blocos da Figura 7.20 é mais valioso para a análise dinâmica do sistema e para o projeto do controlador. Os blocos $H(s)$, $G_c(s)$ e o comparador são internos ao controlador TC. O bloco $G_p(s)$ representa a dinâmica da eletroválvula FV e do tanque de aquecimento até a temperatura de saída $Y(s)$. Já o bloco $G_2(s)$ representa a dinâmica da pressão de óleo $P_0(s)$ até a temperatura de saída $Y(s)$ do produto.

Quando a pressão $p_0(t)$ de óleo aumenta o calor transferido para o tanque é maior, aumentando com isso a temperatura $y(t)$ do tanque. Assim, o controlador reduz a abertura da válvula para compensar o aumento de temperatura. Quando o efeito da perturbação da pressão de óleo é compensado por um controle com realimentação simples a resposta é lenta, pois primeiro a temperatura do tanque deve ser perturbada para que depois o controlador possa responder.

O controle *cascade* faz uma medida adicional de uma variável do processo, que é utilizada para compensar a ocorrência de uma perturbação. Neste exemplo a variável medida é o fluxo de óleo quente $y'(t)$, cuja vantagem é que a malha de controle de fluxo é rápida com relação à dinâmica da planta, e assim a correção das variações da pressão do óleo ocorre muito antes de haver efeitos sobre a temperatura $y(t)$ do tanque. Usualmente chama-se a malha mais lenta, de controle da saída do processo, de principal, e a outra malha, que é rápida, de secundária.

O controle *cascade* deste sistema está esquematizado na forma P&ID na Figura 7.21 e na forma de diagrama de blocos na Figura 7.22. O ponto fundamental é que a variável de saída $m(t)$ do controlador de temperatura TC da Figura 7.19 passa a ser o *set-point* ou o sinal de referência $r'(t)$ para o controlador do fluxo de óleo FC na Figura 7.21.

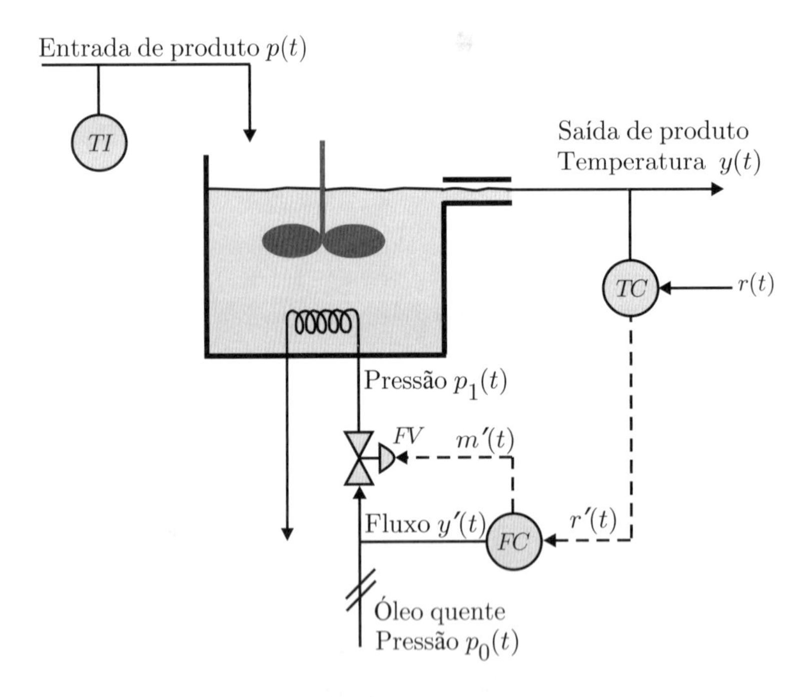

Figura 7.21 Esquema P&ID de tanque aquecido com controle *cascade*.

Na Figura 7.21 têm-se os seguintes símbolos da ISA:
TC: transdutor e controlador de temperatura;
TI: indicador de temperatura;
FV: eletroválvula de controle da vazão de óleo para o tanque; e
FC: controlador de fluxo.

No diagrama de blocos da Figura 7.22 os blocos $G_c(s)$, $H(s)$ e o comparador da malha externa fazem parte do controlador TC. Já os blocos $G_c'(s)$, $H'(s)$ e o comparador da malha interna representam o controlador de fluxo FC. O bloco $G_1(s)$ é a função de transferência do fluxo de óleo $Y'(s)$ até a temperatura de saída $Y(s)$. O bloco $G_1'(s)$ representa a dinâmica da eletroválvula FV do sinal $M'(s)$ até o fluxo de óleo $Y'(s)$. O bloco $G_2'(s)$ representa a dinâmica da pressão do reservatório de óleo $P_0(s)$ até o fluxo de óleo $Y'(s)$.

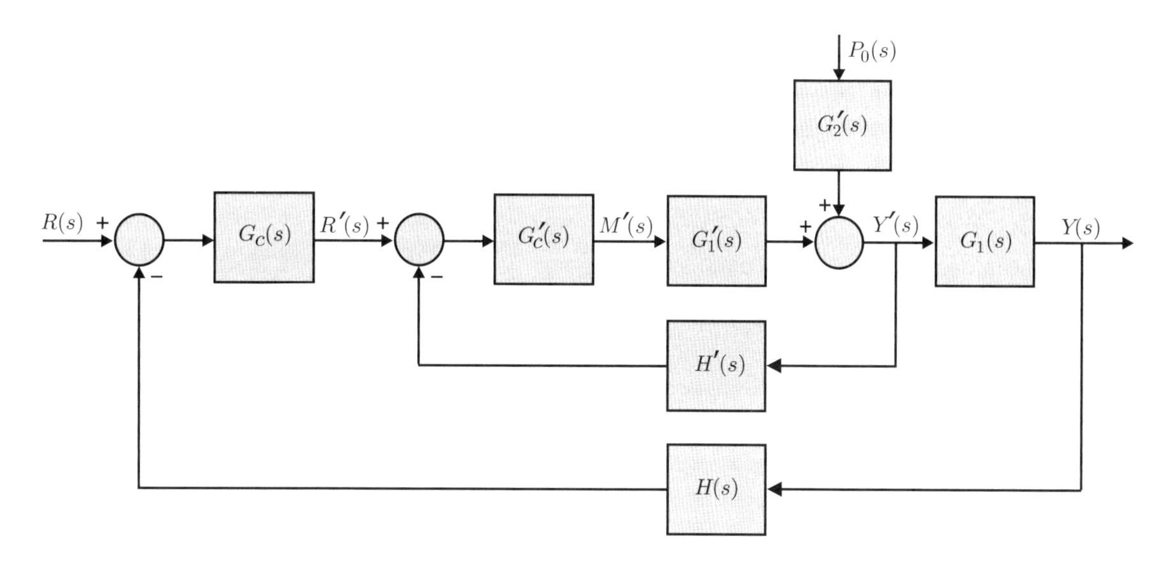

Figura 7.22 Diagrama de blocos da Figura 7.21 com controle *cascade*. ■

Observações:

- A propriedade do processo que enseja a aplicação da arquitetura *cascade* com sucesso é ser a malha secundária mais rápida.
- Este fato também facilita a sintonia independente dos dois controladores PID.

Considerando a diferença de faixas de passagem das duas malhas no diagrama de blocos da Figura 7.22, é adequado fazer a seguinte análise simplificada: passado o transitório da malha secundária, que é rápida, pode-se considerar o seu erro atuante pequeno e, portanto, válidas as expressões

$$\frac{Y'(s)}{R'(s)} = 1 \,, \tag{7.30}$$

$$\frac{Y(s)}{R(s)} = \frac{G_c(s)G_1(s)}{1 + G_c(s)G_1(s)H(s)} \,. \tag{7.31}$$

7.7.1 Projeto de controlador em cascata

- Projetar pelas regras SIMC os controladores de malha simples, com base na Figura 7.20, e *cascade*, com base na Figura 7.22, supondo que

$$G_1'(s) = \frac{e^{-0{,}1s}}{0{,}1s + 1} \,, \tag{7.32}$$

$$G_1(s) = \frac{e^{-0{,}8s}}{s + 1} \,, \tag{7.33}$$

$G_p(s) = G_1'(s)G_1(s)$ e $H(s) = H'(s) = G_2'(s) = 1$.

- Comparar o desempenho dos dois sistemas de controle por meio das respostas a um degrau unitário na referência $r(t)$ e na perturbação da pressão de óleo $p_0(t)$.

• Examinar a robustez dos controladores projetados por meio de uma resposta a um degrau na referência $r(t)$, supondo que a planta $G_1(s)$ tenha um aumento de 20% no atraso nominal. Para isso, considere $p_0(t) = 0$ e troque a função de transferência (7.33) por

$$G_1(s) = \frac{e^{-0,96s}}{s+1} . \tag{7.34}$$

• Examinar a robustez dos controladores projetados por meio de uma resposta a um degrau na perturbação da pressão de óleo $p_0(t)$, supondo que a planta $G_1(s)$ tenha um aumento de 20% na constante de tempo e uma diminuição de 10% no ganho. Para isso, considere $r(t) = 0$ e troque a função de transferência (7.33) por

$$G_1(s) = \frac{0{,}9e^{-0,8s}}{1{,}2s+1} . \tag{7.35}$$

Projeto de controlador PID simples

A função de transferência da planta é dada por

$$G_p(s) = G_1'(s)G_1(s) = \frac{e^{-0,1s}}{(0{,}1s+1)}\frac{e^{-0,8s}}{(s+1)} = \frac{e^{-0,9s}}{(0{,}1s+1)(s+1)} , \tag{7.36}$$

que é uma função de transferência de segunda ordem amortecida.

Da regra SIMC 2 tem-se que

$$G_p(s) = \frac{Ke^{-\alpha s}}{(\tau_1 s+1)(\tau_2 s+1)} = \frac{e^{-0,9s}}{(0{,}1s+1)(s+1)} , \quad \text{com } \tau_2 > \alpha \text{ e } \tau_2 > \tau_1 . \tag{7.37}$$

Logo, $K = 1$, $\alpha = 0{,}9$, $\tau_1 = 0{,}1$ e $\tau_2 = 1$.

Escolhendo $\tau_c = 2\alpha$, os parâmetros do controlador PID são

$$K_c = \frac{\tau_1}{K(\tau_c+\alpha)} = \frac{\tau_1}{K(3\alpha)} = \frac{0{,}1}{1(2{,}7)} \cong 0{,}037 , \tag{7.38}$$

$$T_I = \min\{\tau_1 \,;\, 4(\tau_c+\alpha)\} = \min\{\tau_1 \,;\, 4(3\alpha)\} = \min\{0{,}1 \,;\, 10{,}8\} = 0{,}1 , \tag{7.39}$$

$$T_D = \tau_2 = 1 . \tag{7.40}$$

Assim, a função de transferência do controlador PID é

$$G_c(s) = K_c\left(\frac{T_I T_D s^2 + (T_I+T_D)s+1}{T_I s}\right) = 0{,}037\left(\frac{0{,}1s^2+1{,}1s+1}{0{,}1s}\right) = 0{,}037\left(11+\frac{10}{s}+s\right) . \tag{7.41}$$

Projeto de controlador PI para a malha interna (rápida)

Para um sistema de controle *cascade*, como na Figura 7.22, para a malha interna (rápida) tem-se uma planta de primeira ordem. Da regra SIMC 1 tem-se que

$$G_1'(s) = \frac{Ke^{-\alpha s}}{\tau s+1} = \frac{e^{-0,1s}}{0{,}1s+1} , \tag{7.42}$$

com $K = 1$, $\alpha = 0{,}1$ e $\tau = 0{,}1$.

Escolhendo $\tau_c = 2\alpha$, os parâmetros do controlador PI são

$$K_c = \frac{\tau}{K(\tau_c+\alpha)} = \frac{\tau}{K(3\alpha)} = \frac{0{,}1}{1(0{,}3)} \cong 0{,}333 \tag{7.43}$$

e

$$T_I = \min\{\tau \,;\, 4(\tau_c+\alpha)\} = \min\{\tau \,;\, 4(3\alpha)\} = \min\{0{,}1 \,;\, 1{,}2\} = 0{,}1 . \tag{7.44}$$

Assim, a função de transferência do controlador PI é

$$G_c'(s) = K_c\left(1+\frac{1}{T_I s}\right) = 0{,}333\left(1+\frac{10}{s}\right) . \tag{7.45}$$

Projeto de controlador PI para a malha externa (lenta)

Supondo, por facilidade, que a função de transferência da malha fechada interna é mais rápida que a da malha externa, então, após o transitório,

$$\frac{Y'(s)}{R'(s)} \cong 1 . \tag{7.46}$$

Sendo a planta de primeira ordem, da regra SIMC 1 tem-se que

$$G_1(s) = \frac{Ke^{-\alpha s}}{\tau s + 1} = \frac{e^{-0{,}8s}}{s+1} , \tag{7.47}$$

com $K = 1$, $\alpha = 0{,}8$ e $\tau = 1$.

Escolhendo $\tau_c = 2\alpha$, os parâmetros do controlador PI são

$$K_c = \frac{\tau}{K(\tau_c + \alpha)} = \frac{\tau}{K(3\alpha)} = \frac{1}{1(2{,}4)} \cong 0{,}417 \quad \text{e} \tag{7.48}$$

$$T_I = \min\{\tau \ ; \ 4(\tau_c + \alpha)\} = \min\{\tau \ ; \ 4(3\alpha)\} = \min\{1 \ ; \ 9{,}6\} = 1 . \tag{7.49}$$

Assim, a função de transferência do controlador PI é

$$G_c(s) = K_c\left(1 + \frac{1}{T_I s}\right) = 0{,}417\left(1 + \frac{1}{s}\right) . \tag{7.50}$$

Efeito dinâmico dos controladores *cascade* e PID

As respostas ao degrau unitário na referência $r(t)$ e na perturbação da pressão de óleo $p_0(t)$ são apresentadas nas Figuras 7.23 e 7.24, respectivamente. Observa-se que na Figura 7.23 não há diferença significativa entre as respostas, enquanto na Figura 7.24 a influência do sinal de perturbação na saída é bem menor com o controlador *cascade*.

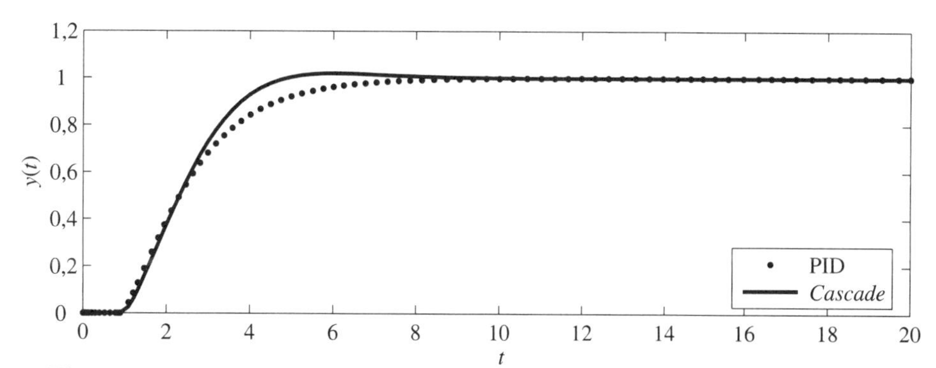

Figura 7.23 Resposta ao degrau unitário na referência $r(t)$, com $p_0(t) = 0$.

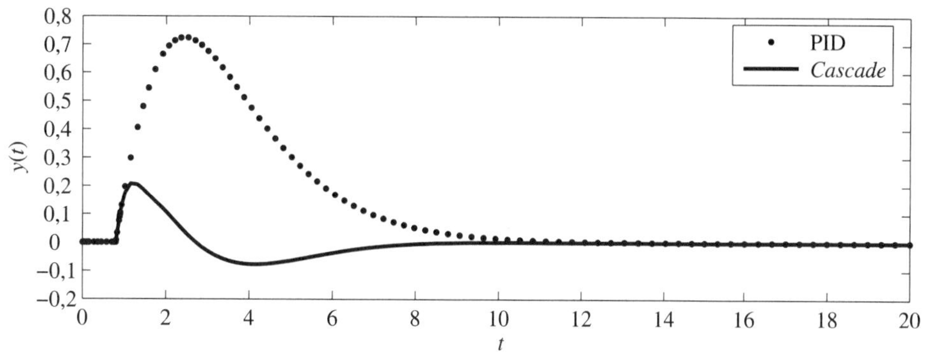

Figura 7.24 Resposta ao degrau unitário de perturbação na pressão $p_0(t)$, com $r(t) = 0$.

Análise de robustez para variações de parâmetros no modelo da planta

As Figuras 7.25 e 7.26 mostram a influência de um aumento de 20% no atraso nominal da planta $G_1(s)$ sobre a resposta ao degrau unitário na referência para os esquemas de controle PID e *cascade*, respectivamente. Conforme pode-se perceber, em ambos os esquemas ocorreu uma boa robustez com relação à variação desse parâmetro.

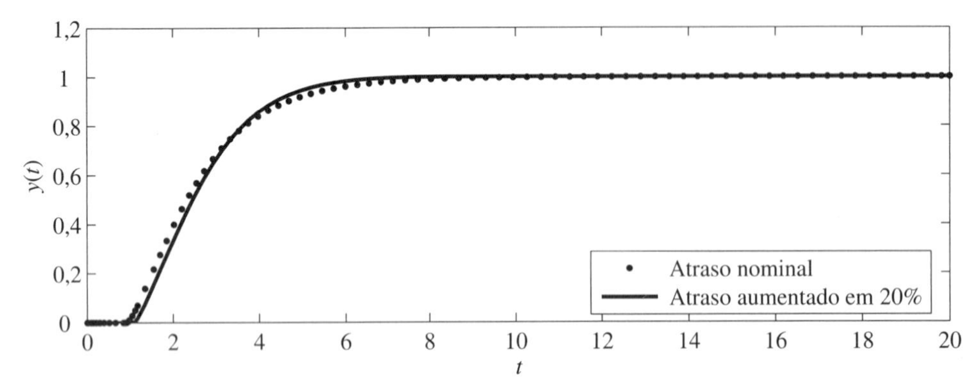

Figura 7.25 Resposta ao degrau unitário na referência $r(t)$ com controlador PID.

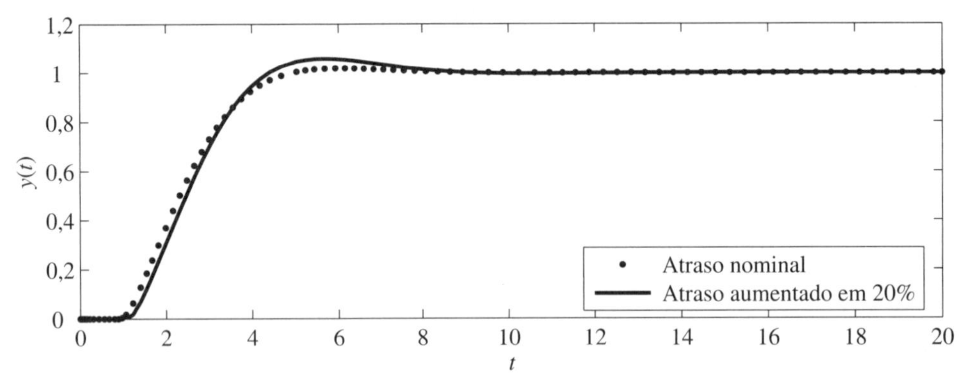

Figura 7.26 Resposta ao degrau unitário na referência $r(t)$ com controlador "cascade".

A Figura 7.27 mostra a influência de um aumento de 20% na constante de tempo e uma diminuição de 10% no ganho da planta $G_1(s)$ sobre as respostas a um degrau de perturbação na pressão de óleo para os controladores PID e *cascade.* Assim como nos resultados com atraso nominal, mostrados na Figura 7.24, também aqui tem-se um melhor desempenho com o controlador *cascade.*

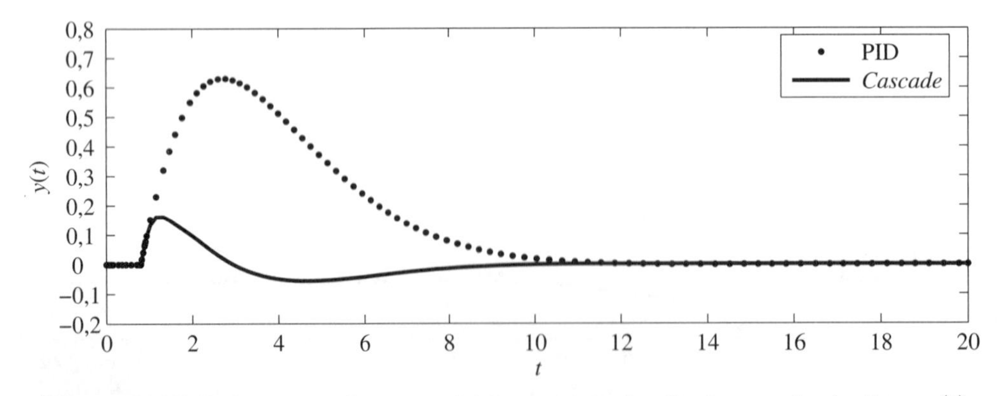

Figura 7.27 Resposta ao degrau unitário na perturbação da pressão de óleo $p_0(t)$.

7.7.2 Controlador em cascata para reduzir não linearidades

Uma das aplicações interessantes do sistema *cascade* é na redução, que pode ser drástica, dos comportamentos não lineares de válvulas de controle de processo. Devido ao atrito seco elevado as válvulas frequentemente "colam" e subitamente "saltam" para posições excessivas, traduzindo-se em zonas mortas[2] de até 30% e em oscilações da malha em que estão inseridas. O problema pode ser muito reduzido instalando-se uma malha secundária de *cascade* em torno da válvula com um controlador apenas do tipo proporcional (P), com alto ganho K_c. Este controlador é usualmente chamado de "posicionador de válvula".

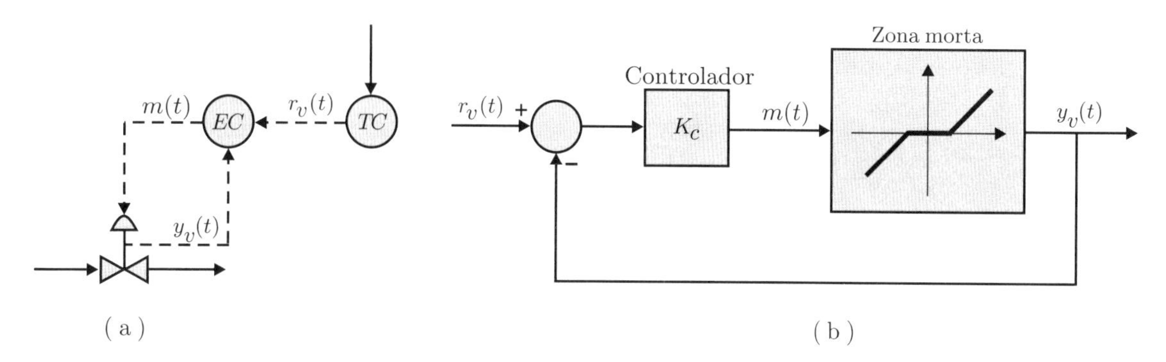

Figura 7.28 (a) Esquema ISA. (b) Diagrama de blocos.

Na Figura 7.28 são apresentados os esquema ISA e o diagrama de blocos do sistema de controle. O controlador de temperatura TC informa a posição desejada $r_v(t)$ da válvula, e o controlador de tensão EC amplifica o sinal de erro atuante até que a válvula "descole" da zona morta. Pode ocorrer uma oscilação da válvula em alta frequência, em relação à dinâmica do processo, o que não prejudica o controle propriamente dito.

7.8 Alimentação avante (*feedforward control*)

Esta técnica tem semelhança com a do *cascade* apenas no sentido de que serve para reduzir efeitos de perturbações mais graves, auxiliando o controle da realimentação principal. E tem a fundamental diferença de que não acrescenta malha de realimentação secundária ao sistema, pois é um mecanismo de malha aberta. Apesar de os textos de controle a realimentação darem pouca importância, a alimentação avante ou *feedforward control* é antiga e fundamental na engenharia de controle.

A alimentação avante baseia-se em medir diretamente uma perturbação, amplificar, transformar o sinal e adicioná-lo à entrada do processo, de forma que seja anulado o efeito daquela perturbação na variável de saída do processo. O cancelamento não precisa ser perfeito, pois a malha de realimentação é que dá qualidades de precisão ao sistema.

Já foi dito que diante do desafio de regular uma unidade industrial ou um processo qualquer de natureza nova o engenheiro deve primeiro examinar se é possível conceber alguma alimentação avante e, em caso afirmativo, analisar a viabilidade de instalação. Somente depois é que devem ser realizados ensaios para estimar modelos dinâmicos e desenvolver o controle a realimentação. Há casos de equipamentos em que é virtualmente impossível obter o desempenho desejado sem o *feedforward*, como, por exemplo, nos reguladores de tensão dos geradores de energia elétrica, em que a perturbação medida é a corrente solicitada pela carga do gerador.

[2]O efeito desta não linearidade é analisado no Capítulo 9.

7.8.1 Projeto de controlador *feedforward*

As Figuras 7.29 e 7.30 mostram, respectivamente, o esquema ISA e o diagrama de blocos de um tanque aquecedor. O objetivo é manter a temperatura de saída $y(t)$ próxima da referência $r(t)$. Neste exemplo a pressão de óleo $p_0(t)$, com dinâmica mais rápida que a planta, não varia significativamente, de modo que não é necessário implementar um controle *cascade* composto por uma malha secundária de realimentação.

Porém, a temperatura de entrada $t_e(t)$ varia com amplitude e velocidades excessivas, suficientes para perturbar a temperatura de saída $y(t)$. O objetivo é projetar um controlador *feedforward* que reduza o efeito da perturbação da temperatura de entrada $t_e(t)$.

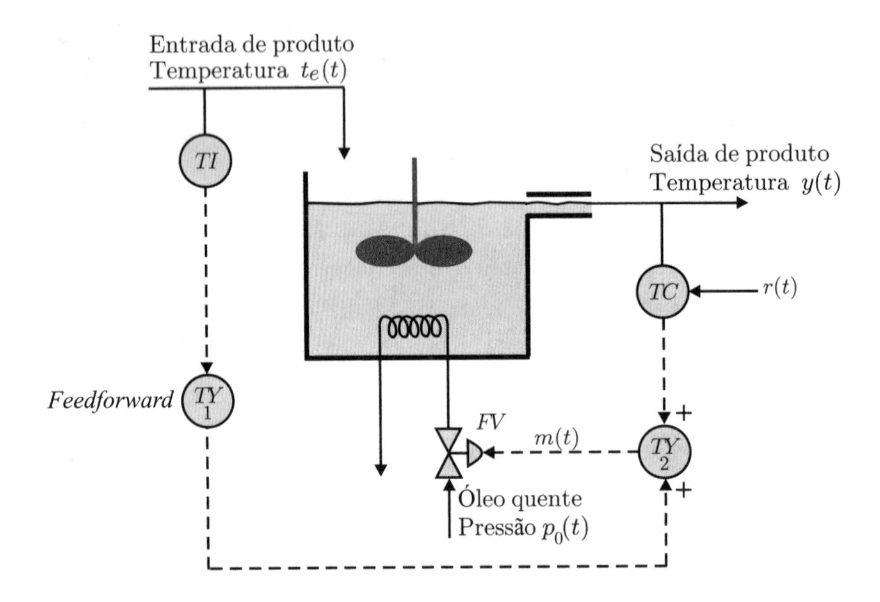

Figura 7.29 Esquema P&ID de tanque aquecido com controle *feedforward*.

Na Figura 7.29 têm-se os seguintes símbolos da ISA:

TC: transdutor e controlador de temperatura;

FV: eletroválvula de controle da vazão de óleo quente;

TI: medidor de temperatura;

$TY1$: calculador, que realiza a função de transferência *feedforward*;

$TY2$: somador.

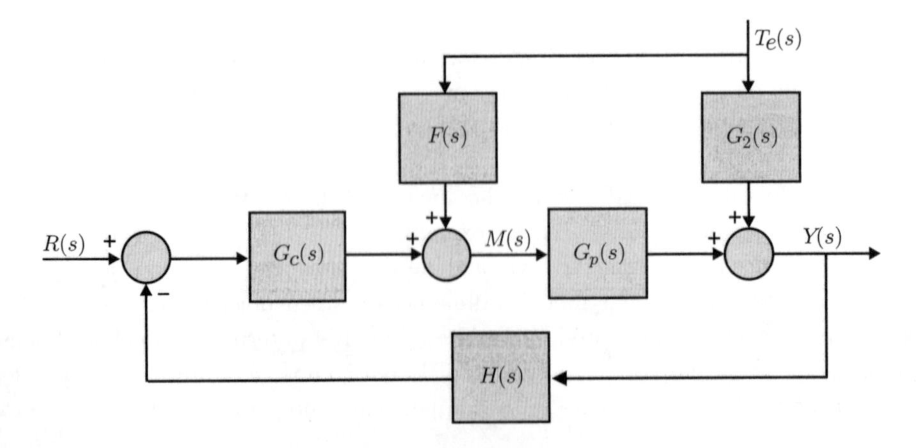

Figura 7.30 Diagrama de blocos da Figura 7.29 com controle *feedforward*.

No diagrama de blocos da Figura 7.30 os blocos $G_c(s)$, $H(s)$ e o comparador fazem parte do controlador TC. O bloco $G_p(s)$ representa a dinâmica do tanque e $G_2(s)$ representa a dinâmica da perturbação da temperatura de entrada $T_e(s)$ até a temperatura de saída do tanque $Y(s)$. $F(s)$ é uma função de transferência adaptada à dinâmica do processo, calculada por $TY1$.

O projeto do bloco de alimentação avante $F(s)$ pode ser estabelecido genericamente com base no diagrama de blocos da Figura 7.30. Para que o efeito de $T_e(s)$ sobre $Y(s)$ seja nulo é suficiente que

$$F(s)G_p(s) + G_2(s) = 0 \Rightarrow F(s) = -\frac{G_2(s)}{G_p(s)} . \tag{7.51}$$

Como se vê claramente no diagrama de blocos, a alimentação avante $F(s)$ não fecha nenhuma malha e, portanto, não pode gerar instabilidade. Um problema possível na aplicação da função $F(s)$, calculada por (7.51), ocorre quando $G_p(s)$ é de fase não mínima. Neste caso, como $G_p(s)$ tem zeros no semiplano direito do plano s, $F(s)$ tem polos instáveis. A solução é contentar-se com um controle *feedforward* menos perfeito e suprimir da fórmula (7.51) os fatores de $G_p(s)$ que representam os zeros do semiplano direito. Quando $G_p(s)$ possuir atraso puro também deve ser suprimido de $F(s)$, pois este não pode ser compensado por *feedforward*.

Observações:

- O *feedforward* não constitui uma malha de controle.
- O *feedforward* não se restringe a perturbações rápidas como o *cascade*.
- Sem os diagramas de blocos há dificuldade em distinguir *feedforward* de *cascade*.

Exemplo 7.4

Projete um controlador $G_c(s)$ para a malha de realimentação e um controlador *feedforward* $F(s)$ para o sistema da Figura 7.30. Suponha $H(s) = 1$ e considere

$$G_p(s) = \frac{e^{-s}}{10s+1} , \tag{7.52}$$

$$G_2(s) = \frac{1}{4s+1} . \tag{7.53}$$

Sendo a planta de primeira ordem, da regra SIMC 1 tem-se que

$$G_p(s) = \frac{Ke^{-\alpha s}}{\tau s+1} = \frac{e^{-s}}{10s+1} , \tag{7.54}$$

com constante de tempo $\tau = 10$, ganho $K = 1$ e atraso puro $\alpha = 1$.

Escolhendo $\tau_c = 2\alpha$, os parâmetros do controlador PI são

$$K_c = \frac{\tau}{K(\tau_c + \alpha)} = \frac{\tau}{K(3\alpha)} = \frac{10}{3} \quad \text{e} \tag{7.55}$$

$$T_I = \min\{\tau \; ; \; 4(\tau_c + \alpha)\} = \min\{\tau \; ; \; 4(3\alpha)\} = \min\{10 \; ; \; 12\} = 10 . \tag{7.56}$$

Assim, a função de transferência do controlador PI é

$$G_c(s) = K_c\left(1 + \frac{1}{T_I s}\right) = \frac{10}{3}\left(1 + \frac{1}{10s}\right) . \tag{7.57}$$

Como o atraso puro de $G_p(s)$ não pode ser compensado por *feedforward* este deve ser suprimido, de modo que

$$\overline{G}_p(s) = \frac{1}{10s+1} . \tag{7.58}$$

Da Equação (7.51), obtém-se

$$F(s) = -\frac{G_2(s)}{\overline{G}_p(s)} = -\frac{10s+1}{4s+1} . \tag{7.59}$$

A Figura 7.31 apresenta as respostas $y(t)$ para entrada de perturbação $t_e(t)$ do tipo degrau unitário com controlador por realimentação $G_c(s)$ e referência $r(t)$ nula. Note que a perturbação é rejeitada mais rapidamente quando há *feedforward*, embora neste exemplo exista a dificuldade do atraso puro na sua ação.

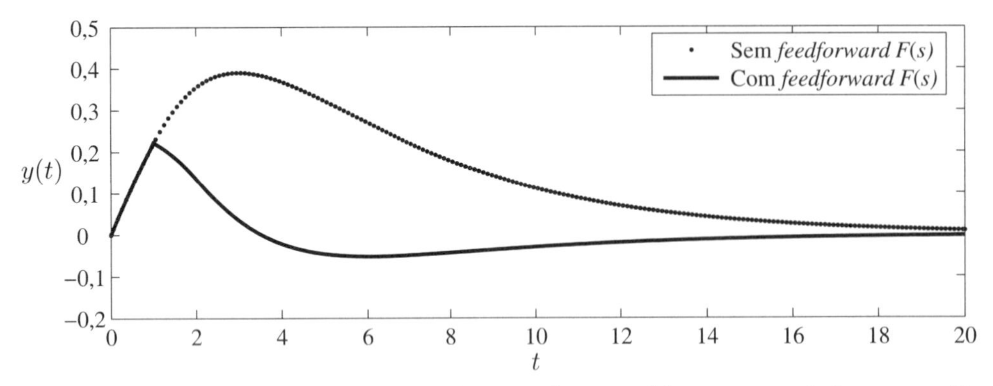

Figura 7.31 Resposta ao degrau unitário de perturbação $t_e(t)$ com controlador por realimentação $G_c(s)$ e $r(t) = 0$.

A robustez dos controladores projetados pode ser examinada analisando-se o comportamento do sistema quando a planta $G_p(s)$ tem variações nos seus parâmetros. Nas Figuras 7.32 e 7.33 são apresentadas as respostas a um degrau unitário na entrada de perturbação $t_e(t)$, com $r(t) = 0$, supondo que a planta $G_p(s)$ tem variações de $\pm 10\%$ na constante de tempo e no ganho. Note que com o controlador *feedforward* as perturbações causam variações menores na temperatura de saída $y(t)$ e são mais rapidamente eliminadas.

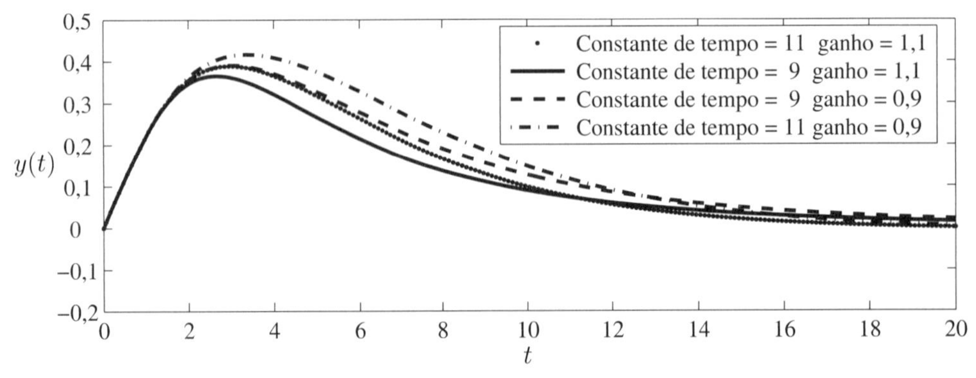

Figura 7.32 Resposta ao degrau unitário de perturbação $t_e(t)$ com variações de $\pm 10\%$ na constante de tempo e no ganho da planta, com controlador $G_c(s)$ e sem controlador *feedforward*.

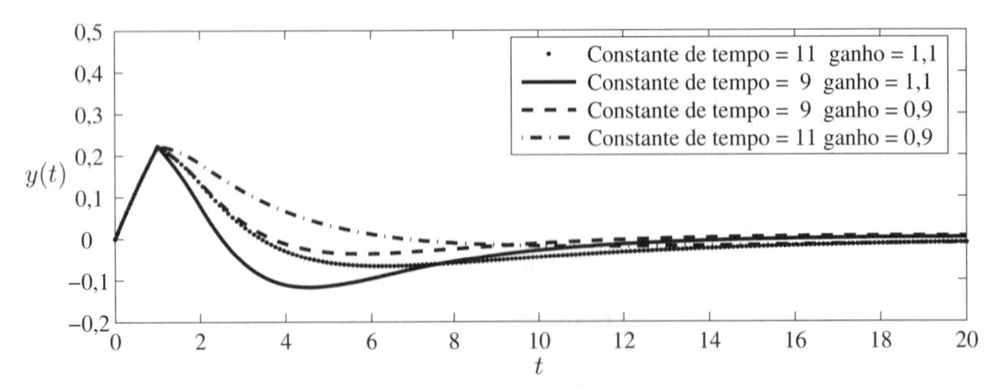

Figura 7.33 Resposta ao degrau unitário de perturbação $t_e(t)$ com variações de $\pm 10\%$ na constante de tempo e no ganho da planta, com controlador $G_c(s)$ e com controlador *feedforward*.

A Figura 7.34 mostra a resposta da planta, suposta sem atraso puro e com variações de ±10% na constante de tempo e no ganho da planta, com os controladores por realimentação $G_c(s)$ e *feedforward* $F(s)$. Conclui-se que sem o atraso há apreciável melhora da resposta transitória pela ação do controlador *feedforward*.

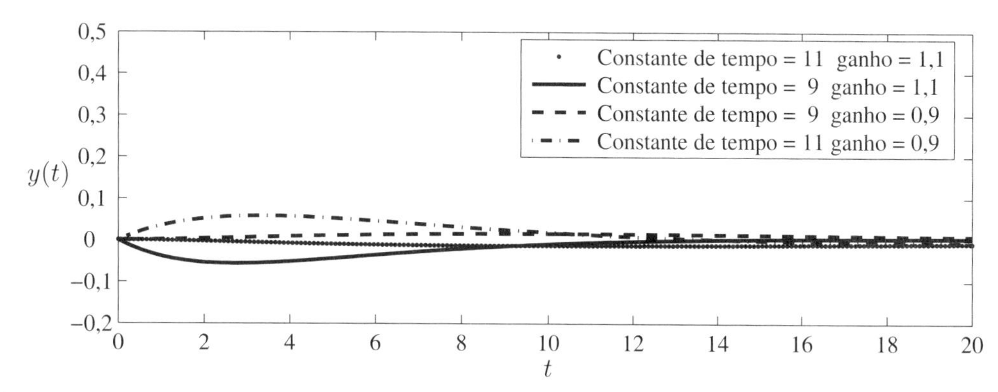

Figura 7.34 Resposta ao degrau unitário de perturbação $t_e(t)$ supondo a planta sem atraso puro, com variações de ±10% na constante de tempo e no ganho, com controlador $G_c(s)$ e com controlador *feedforward* $F(s)$. ■

7.8.2 Controle de alternadores por *feedforward*

A tensão de saída dos alternadores rotativos é estabilizada por meio da tensão contínua aplicada ao enrolamento de excitação (de campo). Isto é muito conveniente porque a potência de excitação é uma pequena fração da potência da máquina. Mas uma contrapartida inevitável é que tal campo apresenta indutância de valor elevado, o que ralenta a variação desejada no campo magnético da máquina e, portanto, a correção da sua tensão de saída. O resultado é altamente insatisfatório quando na carga ocorrem partidas de motores de porte.

Uma solução impraticável seria aumentar de muitas vezes a tensão contínua e a potência instantânea máxima da fonte da excitação. A solução universal é, no entanto, uma realimentação avante que detecta a corrente de carga (origem das principais perturbações na tensão do alternador) e age sobre a excitação da máquina. Realiza-se com um transformador de corrente T e um retificador S, de potência adequada, cuja saída se soma no campo do motor à variável de manipulação do controle a realimentação.

7.8.3 Aplicação ao controle de razão (*ratio control*)

É muito frequente na indústria de processos contínuos a presença de misturadores de líquidos ou gases com o objetivo de produzir uma razão constante (estabilizada) dos componentes na saída. Uma das soluções emprega um esquema de controle *feedforward* sobre uma malha de realimentação rápida e a outra emprega um bloco não linear de cálculo de divisão. A Figura 7.35 mostra esses dois esquemas de controle.

Sendo os líquidos incompressíveis e K_r a razão desejada dos componentes na saída, a razão dos fluxos de entrada no misturador também deve ser igual a $K_r = f_c(t)/f_i(t)$.

Seja a vazão $f_i(t)$, irregular e independente, isto é, a variável de perturbação da mistura, e seja $f_c(t)$ o fluxo controlado. No esquema da Figura 7.35 (a) o controlador *feedforward* FY multiplica a medida $f_i(t)$ por K_r e, assim, gera o sinal de referência $r(t)$ para a malha de realimentação formada pelo controlador PID FC e pela válvula FV. Esta malha, que deve ser rápida, tende a impor $f_c(t) = K_r f_i(t)$ e, portanto, a impor a razão desejada.

No esquema da Figura 7.35 (b) o bloco FY divide a medida $f_c(t)$ por $f_i(t)$, fornecendo ao controlador PID FC a medida da razão real K da mistura. Tendo o PID FC como sinal de referência a razão desejada K_r, sua ação leva a impor a convergência $K \to K_r$.

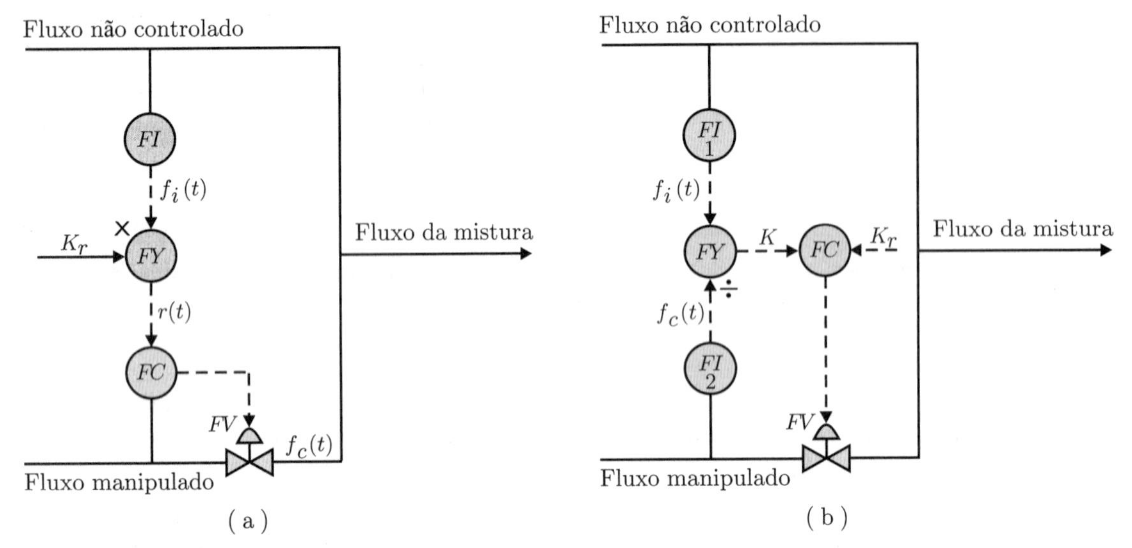

Figura 7.35 Esquema P&ID de controle de razão. (a) Usando *feedforward* e realimentação. (b) Usando um bloco calculador de divisão e realimentação.

7.9 Ganho adaptativo (*gain scheduling*)

Com certa frequência, não linearidades dos processos são relativamente lentas e associáveis a determinadas variáveis auxiliares no processo que são direta ou indiretamente mensuráveis.

Exemplos:

• a vazão Q de um tanque, por um registro de saída inferior, depende do nível de líquido pela conhecida expressão não linear $Q = K\sqrt{H}$, sendo K uma constante característica do registro e H a altura da coluna de líquido;

• a inércia J do cilindro de uma bobinadeira de aço depende da espessura já enrolada H e da inércia do cilindro vazio J_0, conforme uma expressão do tipo $J = J_0 + K(H - H_0)^n$.

Um método para enfrentar o problema consiste em projetar um controlador linear, mas com ganho ou outros parâmetros automaticamente ajustados em função da variável indicadora (H, nos exemplos). Como frequentemente basta variar o ganho CC do controlador, esta técnica é chamada de ganho adaptativo.

O sistema final é não linear porque nas suas equações aparecem produtos de variáveis. Se, nos exemplos anteriores, H varia lentamente em comparação com a resposta dinâmica do sistema de malha fechada, não há problemas de estabilidade com o método. Se H varia na mesma faixa de frequências, a estabilidade é muito afetada. Dado que as teorias que garantem estabilidade não linear são complexas e na prática geram projetos muito conservadores, a solução é verificar a estabilidade por meio de extensa simulação computacional e modificar o projeto até que fique satisfatório.

O ganho adaptativo, assim como o ajuste de outros parâmetros do controlador, é muito simples de implementar utilizando controladores a computador. Além disso, a regra de ajuste do controlador pode até mesmo ser substituída pela consulta a tabelas, arquivadas na memória do computador e oriundas da experiência acumulada no campo ou nas simulações.

7.10 Introdução aos Controladores Lógicos Programáveis

O Controlador Lógico Programável – CLP é um dispositivo digital desenvolvido na década de 1960 para o controle de máquinas e processos no ambiente agressivo das indústrias. Em princípio devia receber informações lógicas ou numéricas e, com base em regras armazenadas em sua memória, comandar ações específicas, tais como: energização ou desenergização de motores e chaves, sequenciamento lógico, temporização, contagem e operações aritméticas através de módulos de entradas e saídas digitais ou analógicas.

Como substituto de circuitos de relés esse equipamento se mostrou mais confiável e de custo menor, seja em material e na fiação associada, seja em espaço, na mão de obra de instalação e na localização de falhas. Com ele, alterar a fiação de um circuito de relés transformou-se simplesmente na alteração de um programa.

Atualmente os CLPs trabalham em rede e realizam rapidamente operações matemáticas e estatísticas complexas, dentre elas os algoritmos PID de controle dinâmico.

A programação se faz por meio de um computador pessoal (o terminal de programação), pois em geral os CLPs não possuem teclado completo nem vídeo. A linguagem de programação mais comum é a linguagem *ladder* (escada), em referência aos clássicos esquemas *ladder* dos circuitos lógicos a relés. Operacionalmente o programa é desenvolvido em esquema *ladder* no vídeo por meio de blocos-padrão da linguagem, usando teclado e mouse do PC. Depois de testado o programa é transferido do PC para a memória do CLP. Detalhes da construção e da programação de CLPs podem ser encontrados em [40].

7.10.1 Arquitetura

Um CLP é constituído basicamente de fonte de alimentação, Unidade Central de Processamento (CPU), memória e dispositivos de entradas e saídas, conforme esquematizado na Figura 7.36.

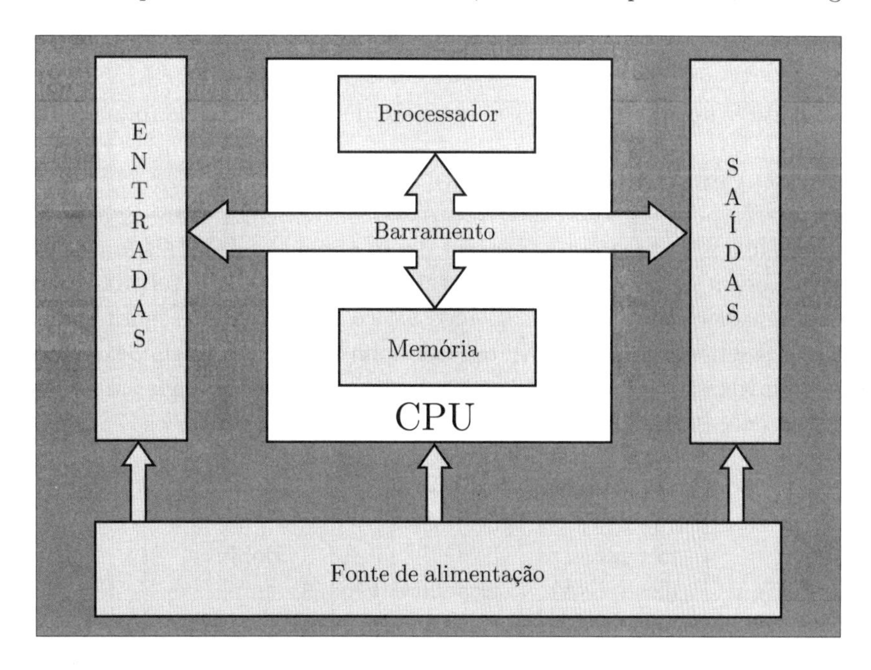

Figura 7.36 Esquema básico de um CLP.

A função de cada um dos elementos da Figura 7.36 é:

Unidade Central de Processamento (CPU): controla o CLP. É constituída pelo processador, memória e por um barramento com circuitos auxiliares de controle.

Processador: gerencia todas as funções do CLP e do ciclo de varredura. Executa o programa do fabricante, o processamento dos dados de acordo com o programa do usuário e atualiza continuamente a memória.

Memória do sistema operacional: armazena o programa elaborado pelo fabricante, que realiza a partida (*start-up*) do CLP e que traduz o programa do usuário em instruções a serem executadas pelo processador. É uma memória não volátil que pode ser do tipo ROM (*Read Only Memory*) ou EPROM (*Erasable Programmable Read Only Memory*).

Memória do usuário: armazena o programa aplicativo desenvolvido pelo usuário. É uma memória do tipo EEPROM (*Electrically Erasable Programmable Read Only Memory*) ou EPROM, podendo ainda ser uma memória RAM (*Random Access Memory*) com bateria.

Memória de dados: conserva uma tabela de dados atuais, utilizados pelo programa do usuário, além da imagem das variáveis das entradas e saídas, que são lidas e escritas em momentos determinados pelo ciclo de execução (*scan*), conservando-as entre períodos sucessivos. Esta memória é do tipo RAM volátil, mas que pode possuir bateria.

Barramento: composto por barramento de dados, de endereços e de controle que interliga os elementos do sistema conforme é solicitado pelo processador.

Dispositivos de entradas e saídas: utilizados na conexão com os dispositivos situados em campo, como sensores e atuadores. Possuem a função de filtragem e isolamento dos sinais de campo com a CPU. Há entradas e saídas digitais e analógicas. Os sinais digitais (0 ou 1, 0 ou 12 VCC e 0 ou 110 VCA) são os que provêm de chaves ou relés, sensores de limites de variáveis e de comandos manuais. Os sinais analógicos são os que provêm de transdutores de medida ou que traduzem comandos analógicos, como as referências dos controladores dinâmicos. Naturalmente os CLPs só processam sinais analógicos depois de amostrados no tempo e convertidos em sinais digitais.

Fonte de alimentação: responsável pela tensão de alimentação de todo o CLP.

7.10.2 Linguagem de programação *ladder*

A linguagem *ladder* (escada) é a linguagem de programação de CLPs mais utilizada. É uma linguagem gráfica de alto nível, simples de ser assimilada, que foi desenvolvida para imitar a lógica de relés ou diagramas de contatos. Os elementos básicos desta lógica (Figura 7.37) utilizam:

- contatos normalmente abertos (NA), que normalmente interrompem a passagem de corrente;
- contatos normalmente fechados (NF), que normalmente permitem a passagem de corrente e
- bobinas, que representam os terminais de saída, energizados ou não.

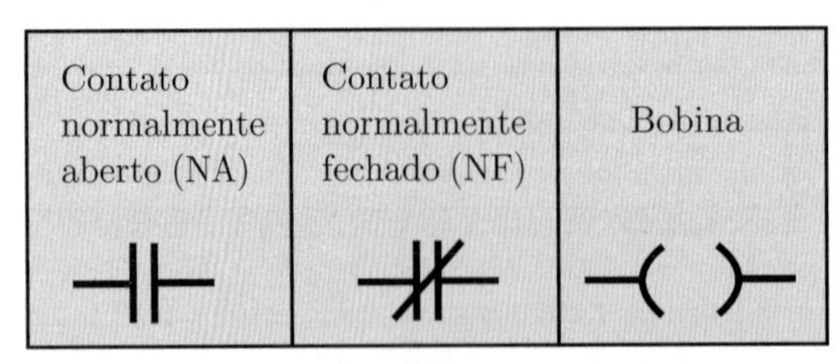

Figura 7.37 Contatos NA, NF e bobina.

Na programação *ladder* os elementos são dispostos horizontalmente em linhas, conforme é mostrado na Figura 7.38. Duas barras verticais paralelas são ligadas pela lógica de controle, formando os degraus (*rungs*) da escada, e cada degrau possui linhas e colunas. Durante um ciclo de *scan* a CPU executa as instruções do programa começando pela primeira instrução da primeira linha, da esquerda para a direita, indo de cima para baixo até a última instrução da última linha.

Na Figura 7.38 estão exemplificadas algumas intruções simples:

- **lógica E (and):** a saída $Y1$ é energizada ($Y1 = 1$) quando os contatos $X1$ E $X2$ estão fechados ($X1 = X2 = 1$). Em álgebra de Boole: $Y1 = X1 \cdot X2$;

- **lógica OU (or):** a saída $Y2$ é energizada ($Y2 = 1$) quando um dos contatos ou ambos $X3$ OU $X4$ estão fechados ($X3 = X4 = 1$). Em álgebra de Boole: $Y2 = X3 + X4$;

- **lógica NÃO (not):** a saída $Y3$ é energizada ($Y3 = 1$) quando o contato $X5$ está desligado ($X5 = 0$), ou seja, $Y3 = \overline{X}5$.

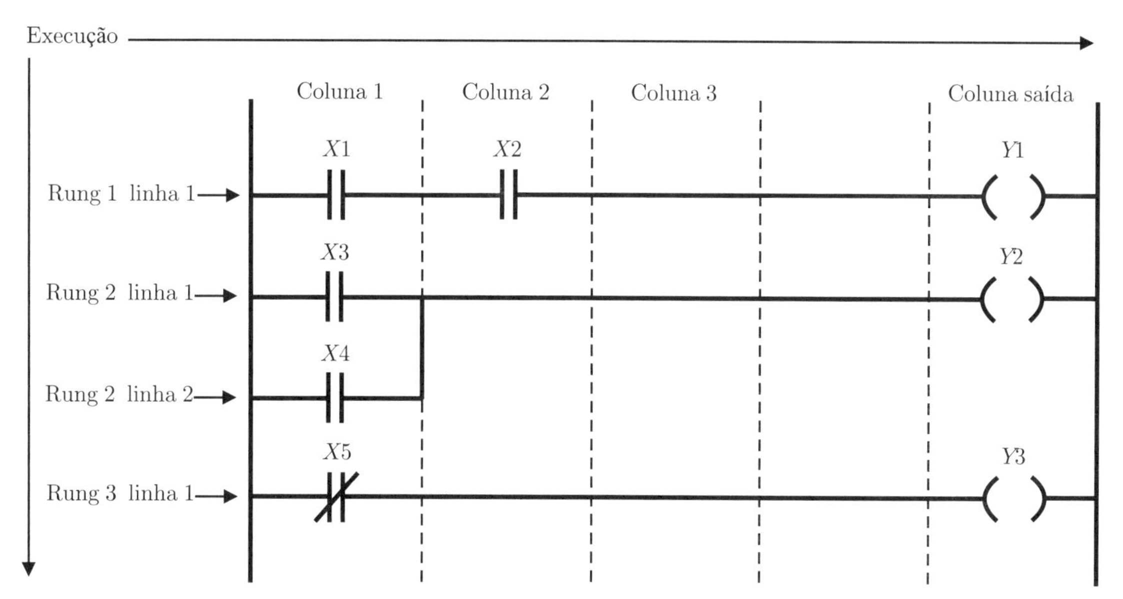

Figura 7.38 Programação em linguagem *ladder*.

A Figura 7.39 mostra o diagrama *ladder* do comando de uma saída Y, com contato de retenção, que realiza a seguinte lógica booleana:

$$Y = (X1 \cdot X2 + Y) \cdot \overline{X}3 \,, \tag{7.60}$$

isto é, $Y = 1$ se e somente se ($X1 = X2 = 1$ OU $Y = 1$) E $X3 = 0$.

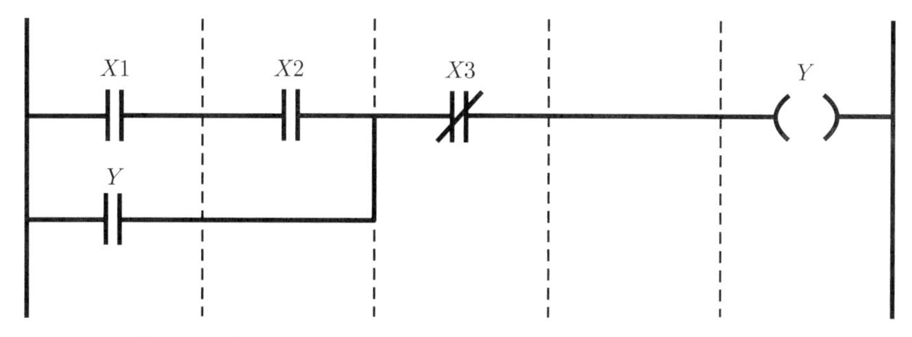

Figura 7.39 Programa *ladder* com contato de retenção Y.

Cada linha horizontal de conexões gráficas no diagrama *ladder* impõe uma dependência lógica. No exemplo da Figura 7.39 a saída Y é energizada ($Y = 1$) se $X1$ e $X2$ estiverem fechados ($X1 = X2 = 1$) ou se o contato de retenção Y estiver fechado ($Y = 1$) e se o contato $X3$ também estiver fechado ($X3 = 0$ ou $\overline{X}3 = 1$).

As instruções básicas da maioria dos CLPs podem ser agrupadas em sete categorias: lógica de relé ou instrução de bit, transferência de dados, temporização e contagem, aritmética, manipulação de dados, controle de fluxo e avançada.

Todos os tipos de instruções pertencem a dois grandes grupos: instruções de entrada e instruções de saída. As instruções de entrada leem os estados atuais das variáveis do processo controlado, enquanto as instruções de saída impõem o resultado lógico desejado sobre as variáveis de saída. Estas, por sua vez, devem agir sobre o processo via atuadores. Durante a execução de uma instrução de entrada, o estado de um bit em um determinado endereço é examinado. Durante a execução da instrução de saída, a continuidade lógica da linha correpondente é examinada e conforme haja continuidade ou não, o estado do bit no endereço de saída é alterado para 1 ou para 0.

Embora na essência a linguagem *ladder* se destine a processar somente variáveis binárias (1-0 ou *on-off*), nada impede que com os recursos atuais dos processadores digitais seja utilizada para um cálculo complexo sobre quaisquer variáveis na forma digital, como é o caso dos controladores PID.

7.10.3 Ajuste de escala dos sinais

As variáveis podem precisar de mudança de escala antes de seu uso no estágio seguinte de um programa. Suponha, por exemplo, que no cálculo do erro $E = R - Y$ a saída Y do processo seja medida por um sensor que produz um sinal de 0 a 24 volts DC e que a referência R seja o sinal ajustado num potenciômetro de 0 a 10 volts DC. Além disso, suponha que a saída U do algoritmo de controle seja calculada com 16 bits, o conversor digital-analógico (D/A), que a seguir processa U, transforma o número de 16 bits com sinal algébrico num sinal de -10 a $+10$ volts DC.

Na mudança de escala de uma variável V para uma variável escalonada V_{es} duas operações algébricas são, em geral, necessárias: multiplicação, para ajuste do alcance, e adição, para ajuste do *off-set* ou zero da escala. Para estabelecê-las simultaneamente convém seguir duas regras:

Ajuste do alcance:

$$K = \frac{\text{alcance da saída da conversão}}{\text{alcance da variável } V} \, . \tag{7.61}$$

Ajuste do ***off-set*****:**

$$\begin{aligned} A \;=\;& \text{extremo inferior do alcance na saída da conversão} - \\ & (\text{ extremo inferior do alcance na entrada }) \; K \, . \end{aligned} \tag{7.62}$$

Variável escalonada:

$$V_{es} = VK + A \, . \tag{7.63}$$

Exemplo 7.5

Um transdutor transforma o alcance da rotação V de um motor em uma excursão de 1 a 9 volts DC. O conversor A/D converte o sinal em números binários de 204 a 1844. Para a sua utilização nos cálculos deseja-se reescalonar a medida de -3000 a $+3000$.

$$K = \frac{-3000 - (+3000)}{204 - 1844} = 3{,}658 \,. \tag{7.64}$$

$$A = -3000 - 204K = -3746 \,. \tag{7.65}$$

Portanto, a variável escalonada é $V_{es} = 3{,}658V - 3746$. ∎

7.10.4 Ciclo de execução (*scan*)

Quando em operação o CLP realiza repetidamente as seguintes operações:
1) atualização das entradas;
2) processamento das instruções do programa na ordem estabelecida;
3) atualização das saídas;
4) realização de diagnósticos.

A varredura é processada em ciclo fechado, como mostra a Figura 7.40. O controlador lê todas as portas de entrada, processa todas as instruções e atualiza as portas de saída. Por fim são realizados diagnósticos do sistema, como calcular o tempo de varredura (*scan time*), calcular o tempo máximo permitido para a execução de cada *scan* e verificar se os dispositivos de entrada e saída estão com funcionamento normal de operação. Para o primeiro ciclo a imagem das variáveis de entrada é zerada. Durante o processamento do programa, alguns tipos de CLP permitem a atualização imediata das entradas e saídas.

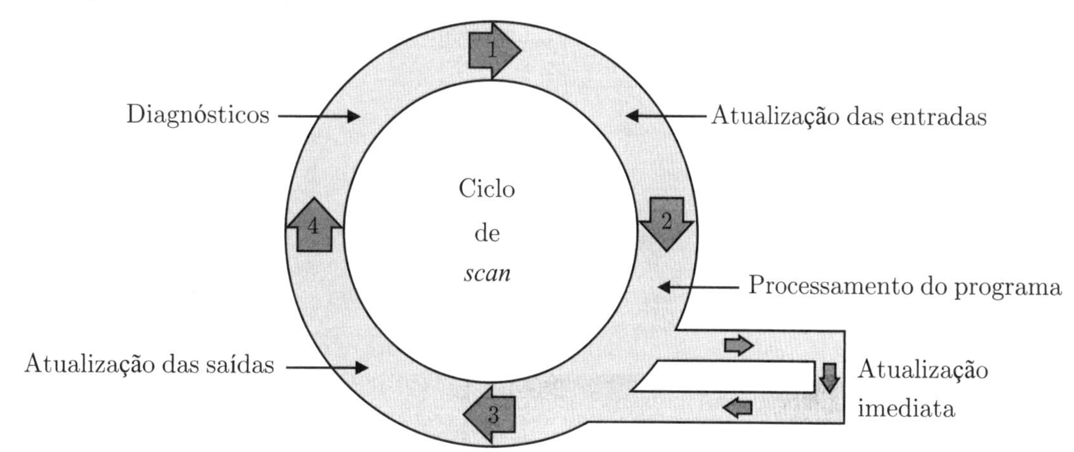

Figura 7.40 Ciclo de execução (*scan*).

Usualmente o CLP de um processo industrial executa muitas funções: processa comandos do operador, aplica receitas de produção, protege equipamentos contra sobrecargas, informa o operador e realiza controle dinâmico. Num programa é possível estimar o período de *scan* somando os tempos associados às suas linhas (*rungs*), quer sejam de lógica, quer sejam de cálculo, a partir de tabelas do fabricante do CLP. Quando há controle dinâmico tornam-se também muito importantes os tempos de conversão do sinal analógico para digital A/D e de digital para analógico D/A. Note que alguma flutuação no período de *scan* é inevitável em virtude da manipulação de arquivos ou da presença de malhas lógicas.

Exemplo 7.6

Em um determinado CLP são números típicos:
- conversão A/D de 3 variáveis: 50 ms ;
- cálculo do algoritmo de controle de uma malha SISO: 50 μs ;
- lógica para iniciar, encerrar e proteger o processo industrial: 50 ms.

Portanto, o período de *scan* é de aproximadamente 100 ms. ∎

7.10.5 Controle dinâmico realizado por CLP

Dado que durante cada período de *scan* as saídas permanecem inalteradas, o período de *scan* é importante para a dinâmica do controle porque representa um atraso puro na dinâmica da malha. Por essa razão os CLPs têm evoluído em sua arquitetura a fim de reduzir esse inconveniente.

Suponha que um controlador dinâmico, projetado no domínio de tempo contínuo, deva ser implementado em um CLP. Antes de tudo é preciso traduzir o algoritmo de cálculo, ou seja, é preciso converter a função de transferência do controlador numa equação de diferenças na variável kT, com k inteiro. Os programas que realizam controladores PID em CLPs comerciais fazem essas transformações automaticamente. Na Seção 6.3.5 foi deduzida a equação de diferenças para um controlador PID genérico, resultando na equação de diferenças (6.46).

Nos CLPs básicos, em que o algoritmo é simplesmente inserido no programa geral, o sinal $m(kT)$ é calculado a partir dos sinais disponíveis em kT e em instantes anteriores, mas só é aplicado à planta quando transferido à saída, isto é, após um período T de *scan*. Portanto, um atraso puro T é introduzido na dinâmica da malha de controle.

Nos CLPs mais avançados há usualmente módulos de entrada-saída ditos "inteligentes" ou intruções de entrada-saída imediatas, que calculam $m(kT)$ e transmitem o resultado imediatamente à saída do CLP. O atraso puro fica assim restrito, praticamente, à soma dos tempos T' de conversão dos sinais A/D e D/A, que é usualmente muito menor que o período T de *scan* do CLP (ver [39] e [42]).

Como os sistemas físicos são analógicos, há uma necessidade de converter o sinal de tempo discreto $m(kT)$ em um sinal de tempo contínuo $m_0(t)$. Os dispositivos de conversão mais usuais são os extrapoladores ou seguradores de ordem zero (*zero order hold*). O termo "ordem zero" decorre do fato de a função $m_0(t)$ ser aproximada em cada intervalo $[kT\,;\,(k+1)T]$ por um valor constante, ou seja, por um polinômio de ordem zero.

O atraso puro na reconstrução de um sinal senoidal é importante para considerações dinâmicas na malha de controle e pode ser visto na Figura 7.41. O efeito físico de $m_0(t)$ é aproximadamente equivalente ao do sinal $m_e(t)$, que corresponde ao sinal contínuo original $m(t)$, defasado de $0{,}5T$.

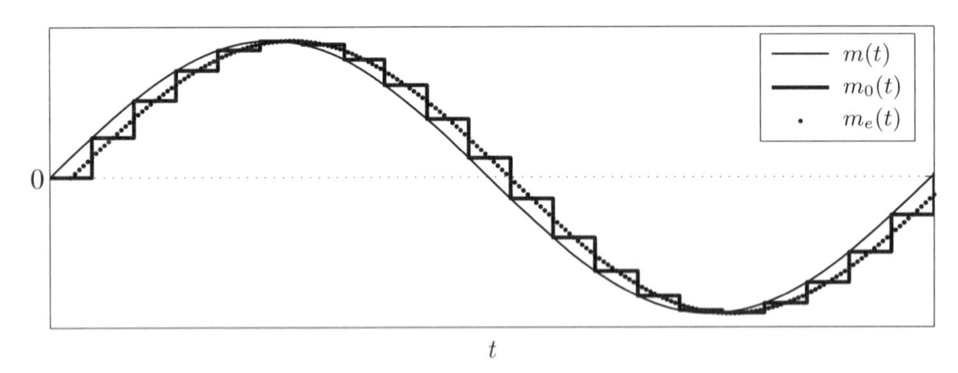

Figura 7.41 Sinais original $m(t)$, amostrado e extrapolado $m_0(t)$ e equivalente $m_e(t)$.

Portanto, há na realidade dois atrasos na operação de um controlador realizado por CLP: o devido ao *scan* (T nos CLPs básicos e T' desprezível nos CLPs avançados), mais o atraso devido ao extrapolador (aproximadamente $0{,}5T$). Observe na Figura 7.42 que nos CLPs básicos o sinal $m(kT)$ é aplicado na planta a partir de $(k+1)T$, produzindo um atraso total aproximado de $1{,}5T$. Já nos CLPs avançados o sinal $m(kT)$ é aplicado na planta a partir de $kT+T'$, com T' desprezível ($T' << T$), produzindo um atraso total aproximado de $0{,}5T$.

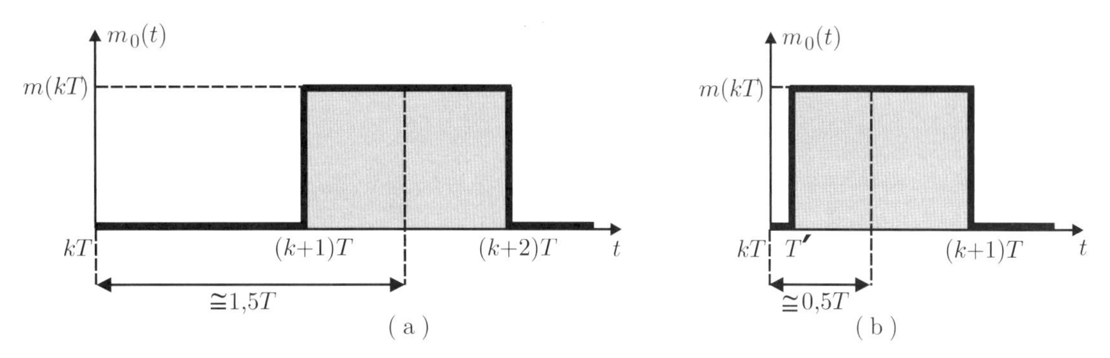

Figura 7.42 Atrasos em CLPs: (a) básicos; (b) avançados.

Quanto ao efeito sobre a estabilidade da malha de controle, é fundamental examinar o efeito de ambos, por exemplo, na redução da margem de fase nas frequências críticas dos critérios de estabilidade de Nyquist e Bode.

7.10.6 A realidade industrial

É de grande interesse examinar em quais campos da atividade industrial o atraso puro gerado pelo CLP realmente prejudica o desempenho e a estabilidade do sistema de controle dinâmico. Na prática, considera-se aceitável que a influência do atraso puro ($e^{-j\omega_c 1{,}5T}$ ou $e^{-j\omega_c 0{,}5T}$) produza uma redução de no máximo 10° na margem de fase, medida na frequência de corte ω_c da banda passante do sistema em malha aberta. Assim, os atrasos devidos aos CLPs podem ocorrer nos seguintes casos:

- CLPs básicos:

$$\omega_c 1{,}5T < \frac{10^o}{180^o}\pi \Rightarrow \omega_c < \frac{0{,}12}{T} \text{ (rad/s)} . \tag{7.66}$$

- CLPs avançados:

$$\omega_c 0{,}5T < \frac{10^o}{180^o}\pi \Rightarrow \omega_c < \frac{0{,}35}{T} \text{ (rad/s)} . \tag{7.67}$$

Supondo $T \cong 100\,\text{ms}$, o CLP controlaria bem sistemas cujas faixas de passagem fossem $\omega_c < 1{,}2$ (rad/s) num CLP básico e $\omega_c < 3{,}5$ (rad/s) num CLP avançado.

Sistemas industriais reais, geralmente de grande porte, têm grandes constantes de tempo. Portanto, as frequências de corte de suas malhas fechadas são relativamente baixas, com as ordens de grandeza da Tabela 7.4.

Tabela 7.4 Faixas de passagem ω_c da resposta frequencial de malha fechada de alguns processos industriais

Processos	ω_c **(rad/s)**
1) Fornos, misturadores, reatores químicos	$< 0{,}01$
2) Destiladores	0,1
3) Laminadores, bobinadeiras	1
4) Máquinas-ferramenta	10
5) Pequenos robôs	> 30

Portanto, pelo menos nas três primeiras categorias de processos da Tabela 7.4, os CLPs comerciais básicos são suficientes. Em casos de maiores exigências quanto à faixa de passagem, CLPs dedicados exclusivamente ao controle dinâmico ou CLPs avançados são economicamente viáveis. Em todos os casos, o projeto dos controladores pode ser feito no domínio contínuo, desde que se garanta uma margem de estabilidade adicional de 10°.

7.11 Exercícios resolvidos

Exercício 7.1

Projete um controlador PID para o sistema da Figura 7.43 usando as regras de Ziegler-Nichols.

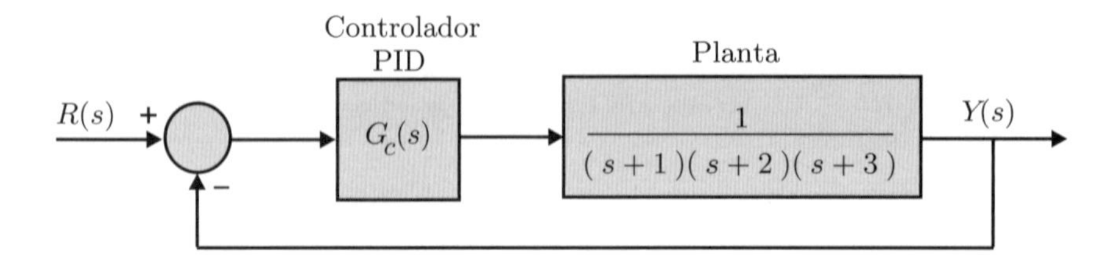

Figura 7.43 Diagrama de blocos de um sistema em malha fechada.

Solução

Primeiro método

Passo 1: fazer $T_D = 0$ e $T_I \to \infty$.

Passo 2: aumentar o ganho K_c até que a saída do sistema oscile periodicamente. O ganho final vale K_u. Para isso, o lugar das raízes deve cruzar o eixo imaginário quando K_c varia de 0 a infinito, caso contrário o método não se aplica.

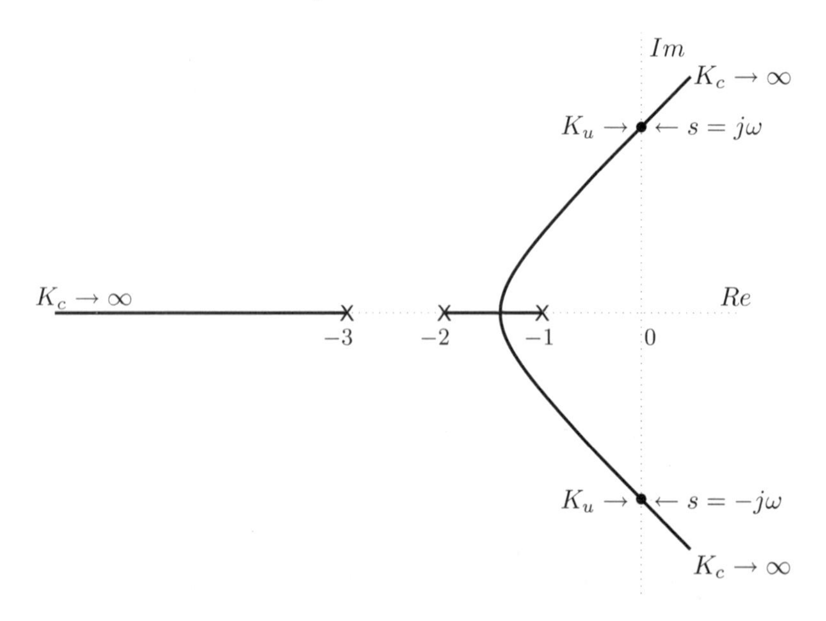

Figura 7.44 Lugar das raízes quando $G_c(s) = K_c$.

Na Figura 7.44 é apresentado o lugar das raízes para $G_c(s) = K_c$. Para $K_c = K_u$ o sistema oscila periodicamente, pois os polos de malha fechada estão sobre o eixo imaginário.

Supondo $G_c(s) = K_u$, a função de transferência de malha fechada é dada por

$$\frac{Y(s)}{R(s)} = \frac{K_u}{(s+1)(s+2)(s+3)+K_u} = \frac{K_u}{s^3+6s^2+11s+6+K_u} \,. \tag{7.68}$$

Substituindo $s = j\omega$ no denominador da Equação (7.68), obtém-se

$$(j\omega)^3 + 6(j\omega)^2 + 11(j\omega) + 6 + K_u = 0 \tag{7.69}$$

ou

$$K_u + 6 - 6\omega^2 + j\omega(11 - \omega^2) = 0\,. \tag{7.70}$$

Passo 3: a frequência da oscilação é $\omega = \sqrt{11}$ e o período da oscilação vale

$$P_u = \frac{2\pi}{\omega} = \frac{2\pi}{\sqrt{11}}\,. \tag{7.71}$$

Da Equação (7.70) obtém-se

$$K_u = 6\omega^2 - 6 = 6(\sqrt{11})^2 - 6 = 60\,. \tag{7.72}$$

Passo 4: ajustar os parâmetros do controlador de acordo com a Tabela 7.1, ou seja,

$$K_c = 0{,}6K_u = 36\,, \tag{7.73}$$

$$T_D = \frac{P_u}{8} = \frac{\pi}{4\sqrt{11}}\,, \tag{7.74}$$

$$\frac{1}{T_I} = \frac{2}{P_u} = \frac{\sqrt{11}}{\pi}\,. \tag{7.75}$$

Portanto, a função de transferência do controlador PID resulta

$$\begin{aligned} G_c(s) &= K_c\left(1 + \frac{1}{T_I s} + T_D s\right) = 36\left(1 + \frac{\sqrt{11}}{\pi s} + \frac{\pi}{4\sqrt{11}}s\right) \\ &= \frac{0{,}075K_uP_u\left(s + \frac{4}{P_u}\right)^2}{s} = \frac{\frac{9\pi}{\sqrt{11}}\left(s + \frac{2\sqrt{11}}{\pi}\right)^2}{s}\,. \end{aligned} \tag{7.76}$$

Segundo método

Os passos 1 e 2 são iguais aos do primeiro método.

Passo 3: $K_c = \frac{K_u}{2} = 30$.

Passo 4: determinar o valor de T_I de modo que o sistema em malha fechada oscile periodicamente. Para isso basta determinar o valor de T_I de modo que o sistema em malha fechada tenha polos sobre o eixo imaginário.

Supondo $G_c(s) = K_c\left(1 + \frac{1}{T_I s}\right)$, a função de transferência de malha fechada é dada por

$$\frac{Y(s)}{R(s)} = \frac{30(s + \frac{1}{T_I})}{s(s+1)(s+2)(s+3) + 30(s + \frac{1}{T_I})} = \frac{30(s + \frac{1}{T_I})}{s^4 + 6s^3 + 11s^2 + 36s + \frac{30}{T_I}}\,. \tag{7.77}$$

Substituindo $s = j\omega$ no denominador da Equação (7.77), obtém-se

$$(j\omega)^4 + 6(j\omega)^3 + 11(j\omega)^2 + 36j\omega + \frac{30}{T_I} = 0 \tag{7.78}$$

ou

$$\omega^4 - 11\omega^2 + \frac{30}{T_I} + j\omega(36 - 6\omega^2) = 0\,. \tag{7.79}$$

A frequência da oscilação é obtida de $36 - 6\omega^2 = 0$. Logo, $\omega = \sqrt{6}$. Da Equação (7.70) tem-se que

$$\omega^4 - 11\omega^2 + \frac{30}{T_I} = 0 \Rightarrow (\sqrt{6})^4 - 11(\sqrt{6})^2 + \frac{30}{T_I} = 0 \Rightarrow T_I = 1\,. \tag{7.80}$$

Passo 5: duplicar o valor de T_I. Logo, $T_I = 2$.

Passo 6: ajustar $T_D = T_I = 2$.

Portanto, a função de transferência do controlador PID resulta

$$G_c(s) = K_c\left(1 + \frac{1}{T_I s} + T_D s\right) = 30\left(1 + \frac{1}{2s} + 2s\right) = \frac{60(s^2 + 0{,}5s + 0{,}25)}{s}\,. \tag{7.81}$$

Na Figura 7.45 são apresentadas as respostas ao degrau unitário do sistema em malha fechada, com os controladores PID (7.76) e (7.81). A melhor resposta é a do sistema com o controlador (7.81), calculado pelo pelo segundo método, pois a resposta é mais rápida e tem sobressinal menor.

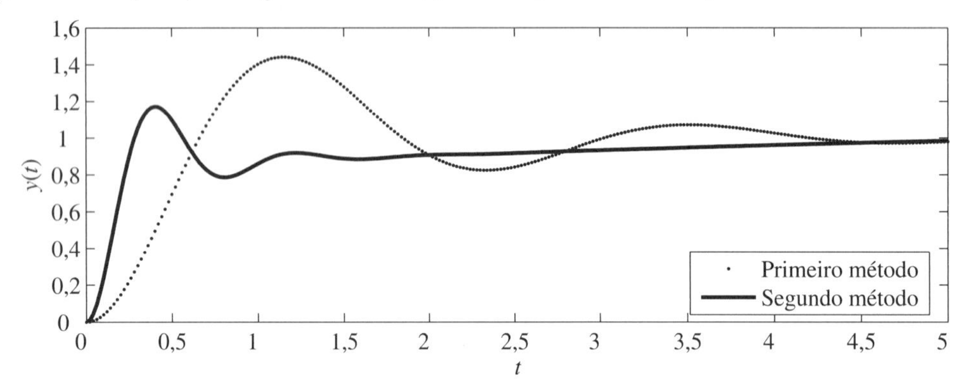

Figura 7.45 Resposta ao degrau unitário na referência do sistema em malha fechada.

Exercício 7.2

Considere um sistema de controle *cascade* para o acionamento elétrico de velocidade formado pelo conjunto motor, redutor e carga mecânica da Figura 7.46. A perturbação, objeto do *cascade*, consiste nas flutuações da rede que afetam instantaneamente a saída do amplificador de potência.

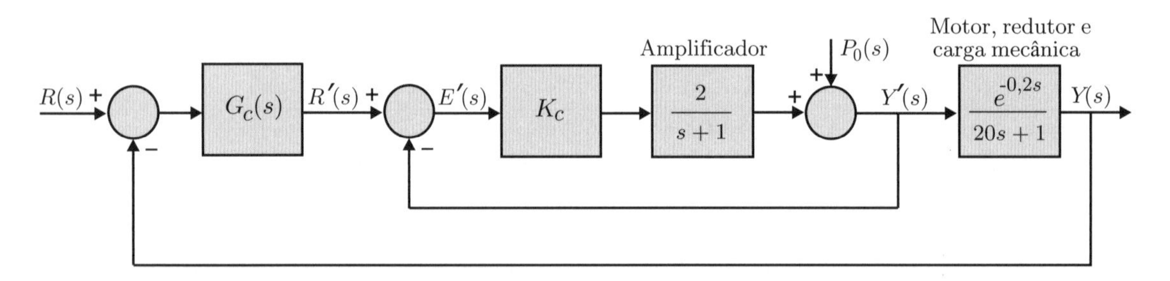

Figura 7.46 Diagrama de blocos do sistema com controlador *cascade*.

Pede-se:

- determine o controlador proporcional K_c para a malha interna (rápida), de modo que o erro estacionário $e'(\infty)$ para um degrau unitário em $R'(s)$ seja de 2,5%;
- projete um controlador $G_c(s)$ para a malha externa (lenta) por meio das regras SIMC;
- projete um controlador PID simples, por meio das regras SIMC, sem a realimentação interna do esquema *cascade*;
- compare as respostas ao degrau na referência e na perturbação dos sistemas com os controladores *cascade* e PID.

Solução

Cálculo do controlador proporcional para a malha interna (rápida)

Na malha interna o erro estacionário para $R'(s) = 1/s$ é

$$e'(\infty) = \lim_{s\to 0} sE'(s) = \lim_{s\to 0} s\left(\frac{1}{1+\frac{2K_c}{s+1}}\right)R'(s) = \frac{1}{1+2K_c} = 0{,}025\ . \tag{7.82}$$

Portanto, $K_c = 19{,}5$.

Projeto do controlador PI para a malha externa (lenta)

Para $P_0(s) = 0$, a função de transferência da malha fechada interna é

$$\frac{Y'(s)}{R'(s)} = \frac{2K_c}{s+1+2K_c} = \frac{39}{s+40} \cong \frac{1}{0{,}025s+1}\ . \tag{7.83}$$

A malha lenta tem como função de transferência do sistema controlado

$$\frac{Y(s)}{R'(s)} = \frac{1}{(0{,}025s+1)}\frac{e^{-0{,}2s}}{(20s+1)} \cong \frac{e^{-0{,}2s}}{20s+1}\ . \tag{7.84}$$

A aproximação realizada na Equação (7.84) é justificada pelo fato de que o primeiro fator é aproximadamente igual a 1 nas frequências da faixa de passagem do segundo fator, isto é, entre 0 e 0,05(rad/s).

Da regra SIMC 1 tem-se que

$$\frac{Ke^{-\alpha s}}{\tau s+1} = \frac{e^{-0{,}2s}}{20s+1}\ , \tag{7.85}$$

ou seja, $K = 1$, $\alpha = 0{,}2$ e $\tau = 20$.

Escolhendo $\tau_c = \alpha$, os parâmetros do controlador PI são

$$K_c = \frac{\tau}{K(\tau_c+\alpha)} = \frac{\tau}{K(2\alpha)} = \frac{20}{1(0{,}4)} = 50 \quad \text{e} \tag{7.86}$$

$$T_I = \min\{\tau\ ;\ 4(\tau_c+\alpha)\} = \min\{\tau\ ;\ 4(2\alpha)\} = \min\{20\ ;\ 1{,}6\} = 1{,}6\ . \tag{7.87}$$

Portanto, a função de transferência do controlador PI é

$$G_c(s) = K_c\left(1+\frac{1}{T_I s}\right) = 50\left(1+\frac{1}{1{,}6s}\right)\ . \tag{7.88}$$

Projeto do controlador PID sem a malha *cascade*

Considere o sistema da Figura 7.47.

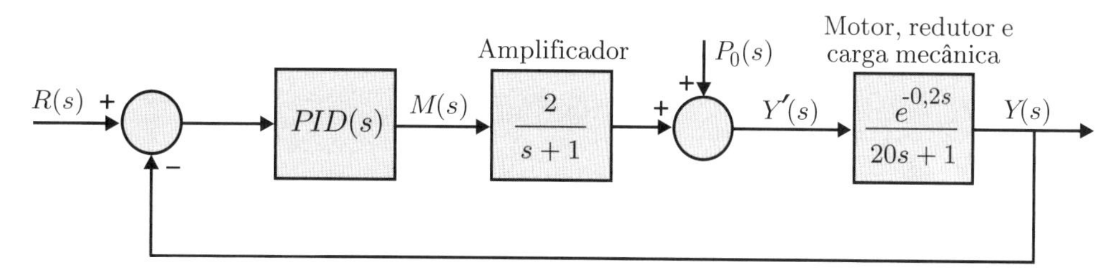

Figura 7.47 Diagrama de blocos do sistema com controlador PID.

Para $P_0(s) = 0$, a função de transferência do sistema controlado é

$$\frac{Y(s)}{M(s)} = \frac{2}{(s+1)}\frac{e^{-0{,}2s}}{(20s+1)}\ . \tag{7.89}$$

Da regra SIMC 2 tem-se que

$$\frac{Ke^{-\alpha s}}{(\tau_1 s+1)(\tau_2 s+1)} = \frac{2e^{-0,2s}}{(s+1)(20s+1)}\,, \quad \text{com } \tau_2 > \alpha \text{ e } \tau_2 > \tau_1\,. \tag{7.90}$$

Logo, $K = 2$, $\alpha = 0{,}2$, $\tau_1 = 1$ e $\tau_2 = 20$.

Escolhendo $\tau_c = \alpha$, os parâmetros do controlador PID são

$$K_c = \frac{\tau_1}{K(\tau_c+\alpha)} = \frac{\tau_1}{K(2\alpha)} = \frac{1}{2(0{,}4)} = 1{,}25\,, \tag{7.91}$$

$$T_I = \min\{\tau_1\ ;\ 4(\tau_c+\alpha)\} = \min\{\tau_1\ ;\ 8\alpha\} = \min\{1\ ;\ 1{,}6\} = 1\,, \tag{7.92}$$

$$T_D = \tau_2 = 20\,. \tag{7.93}$$

Assim, a função de transferência do controlador PID é

$$G_c(s) = K_c\left(\frac{T_I T_D s^2 + (T_I+T_D)s + 1}{T_I s}\right) = 1{,}25\left(\frac{20s^2+21s+1}{s}\right) = 1{,}25\left(21 + \frac{1}{s} + 20s\right)\,. \tag{7.94}$$

Efeito dinâmico dos controladores PID e *cascade*

As respostas ao degrau unitário na referência $r(t)$ e na perturbação $p_0(t)$ são apresentadas nas Figuras 7.48 e 7.49, respectivamente. Essas respostas podem ser obtidas por meio de simulação computacional dos diagramas de blocos das Figuras 7.46 e 7.47.

Observa-se que na Figura 7.48 a resposta com o controlador *cascade* apresenta um sobressinal de 30% e um tempo de subida menor que a resposta com o controlador PID. Já na Figura 7.49 fica evidente a vantagem do controlador *cascade*, que rejeita o sinal de perturbação muito mais rapidamente que o controlador PID.

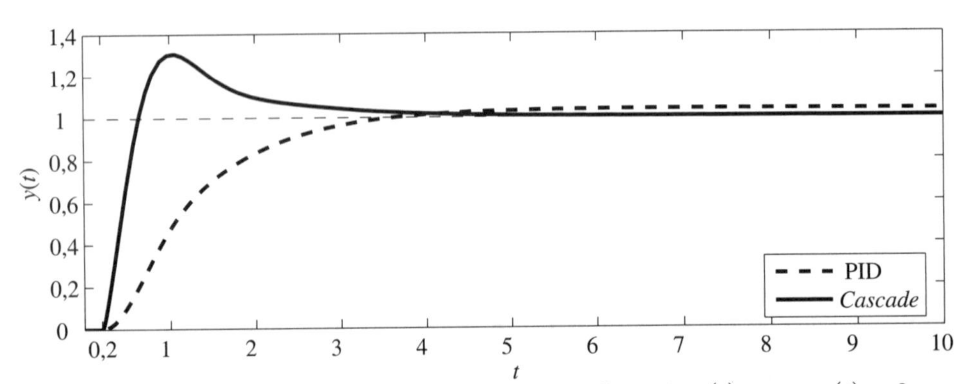

Figura 7.48 Resposta ao degrau unitário na referência $r(t)$, com $p_0(t) = 0$.

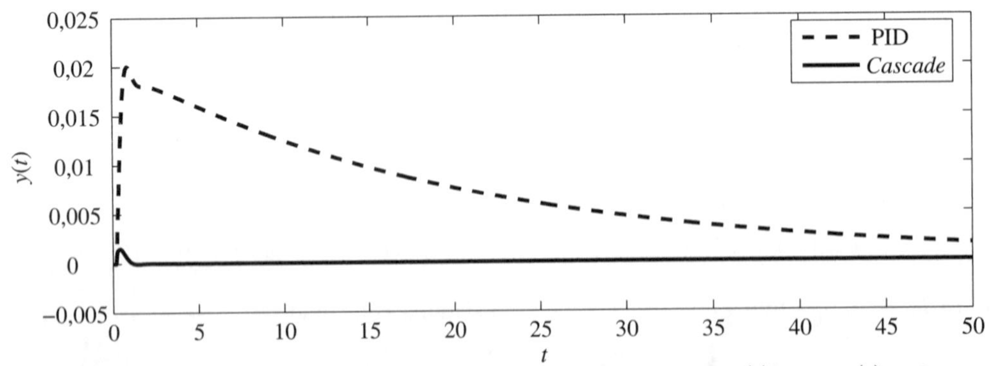

Figura 7.49 Resposta ao degrau unitário na perturbação $p_0(t)$, com $r(t) = 0$.

Exercício 7.3

Nos reguladores de tensão dos alternadores é obrigatório o emprego de um controlador *feedforward* para compensar com suficiente rapidez as quedas de tensão decorrentes da partida de motores conectados como carga. O diagrama de blocos do sistema de controle de um alternador está representado na Figura 7.50.

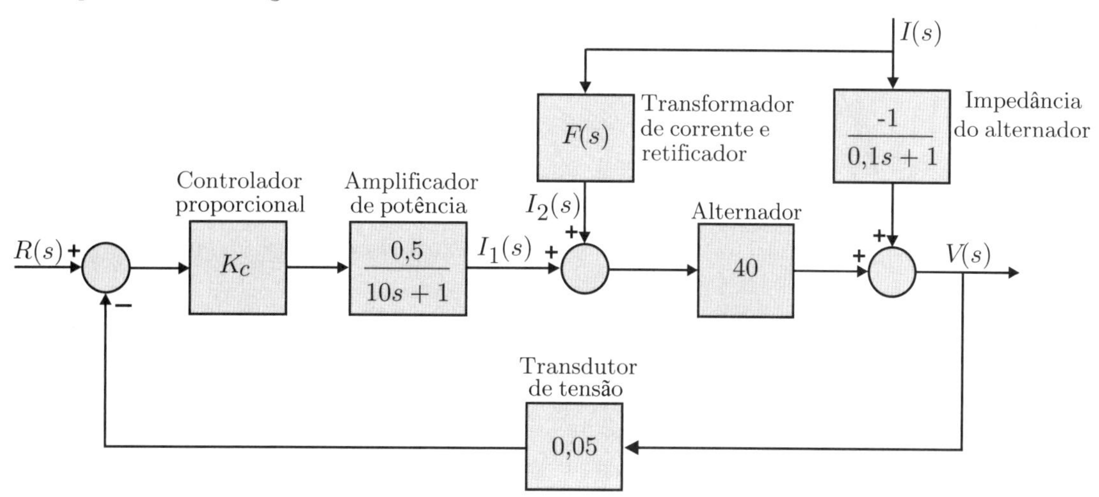

Figura 7.50 Diagrama de blocos do sistema de controle de um alternador.

Pede-se:

- determine a relação do conjunto transformador de corrente e retificador que constituem o controlador *feedforward* $F(s)$;
- calcule o controlador proporcional K_c para que o erro estacionário, para um degrau unitário aplicado em $R(s)$, seja de 1%;
- compare as respostas para um degrau $i(t) = 50A$ na perturbação de carga com e sem o controlador *feedforward* .

Solução

Para que o efeito da perturbação $I(s)$ seja nulo na saída $V(s)$ é suficiente que

$$F(s)40 + \left(\frac{-1}{0{,}1s+1}\right) = 0 \Rightarrow F(s) = \frac{0{,}025}{0{,}1s+1} \,. \tag{7.95}$$

A função de transferência de malha aberta é dada pelo produto dos blocos que estão na malha de realimentação, ou seja,

$$G_{ma}(s) = 0{,}05K_c\left(\frac{0{,}5}{10s+1}\right)40 = \frac{K_c}{10s+1} \,. \tag{7.96}$$

O erro estacionário para $R(s) = 1/s$ é

$$e(\infty) = \lim_{s\to 0} sE(s) = \lim_{s\to 0} s\left(\frac{1}{1+G_{ma}(s)}\right)R(s) = \lim_{s\to 0}\frac{1}{1+\frac{K_c}{10s+1}} = \frac{1}{1+K_c} = 0{,}01 \,. \tag{7.97}$$

Portanto, $K_c = 99$.

Sem o controlador *feedforward* ($F(s) = 0$) a função de transferência da perturbação $I(s)$ até a saída $V(s)$, com $r(t) = 0$, é

$$\frac{V(s)}{I(s)} = \frac{\frac{-1}{0{,}1s+1}}{1+G_{ma}(s)} = \frac{\frac{-1}{0{,}1s+1}}{1+\frac{99}{10s+1}} = \frac{-(10s+1)}{s^2+20s+100} \,. \tag{7.98}$$

Na Figura 7.51 é apresentada a resposta $v(t)$ para um degrau de perturbação $i(t) = 50\,\mathrm{A}$, sem o controlador *feedforward*. Note que a perturbação de corrente causa um desvio máximo de aproximadamente $-19\,\mathrm{V}$.

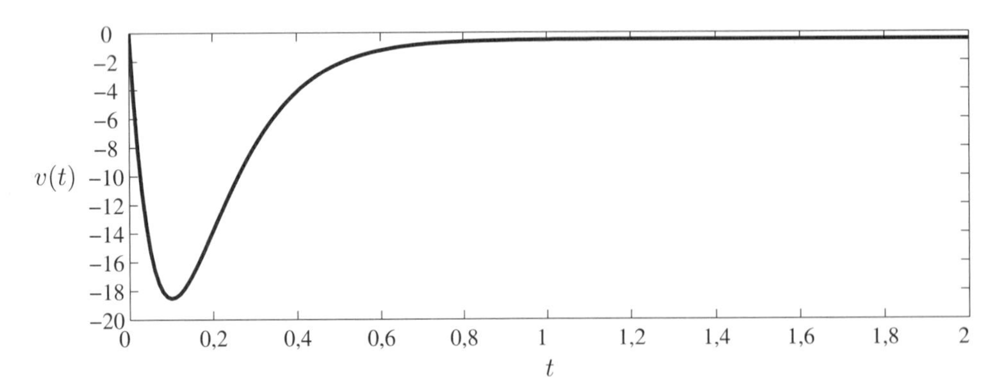

Figura 7.51 Resposta $v(t)$ para um degrau de perturbação $i(t) = 50\,\mathrm{A}$ sem o controlador *feedforward* .

Se o modelo for exato,[3] com o controlador *feedforward* o efeito da perturbação $I(s)$ na saída $V(s)$ é nulo, pois

$$V(s) = \left[F(s)40 + \left(\frac{-1}{0{,}1s+1}\right)\right] I(s) - G_{ma}(s)V(s) = 0 - G_{ma}(s)V(s)\,. \tag{7.99}$$

Portanto,

$$[\,1 + G_{ma}(s)\,]\ V(s) = 0 \Rightarrow V(s) = 0\,. \tag{7.100}$$

Exercício 7.4

Num processo metalúrgico industrial utiliza-se um compensador *lead-lag* para regular a velocidade de um bobinador de chapas de aço. O diagrama de blocos do sistema é apresentado na Figura 7.52.

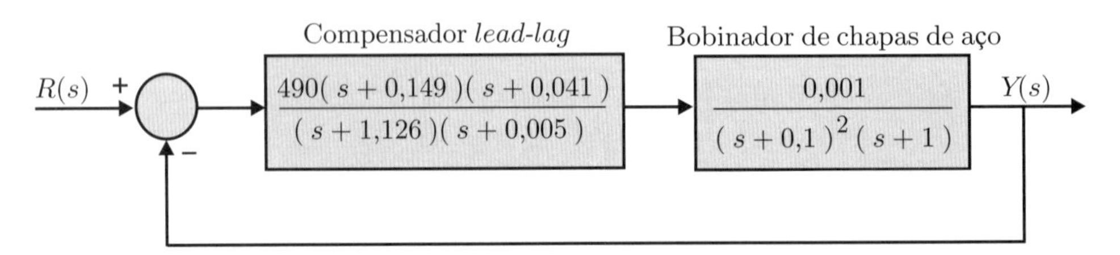

Figura 7.52 Diagrama de blocos de um sistema para regular a velocidade de um bobinador de chapas de aço.

Pede-se:

- desenhe o gráfico de Bode do módulo da função de transferência de malha aberta;
- determine a frequência da faixa de passagem ou frequência de corte;
- verifique se é possível implementar o compensador num CLP com período de *scan* $T = 0{,}1\,\mathrm{s}$.

[3] Em decorrência das incertezas do modelo do sistema real, a resposta normalmente apresenta algum valor não nulo.

Solução

O gráfico de Bode do módulo da função de transferência de malha aberta $|G_{ma}(j\omega)|$ (dB) é apresentado na Figura 7.53. A frequência da faixa de passagem é a frequência de corte em que o gráfico do módulo cruza a linha de 0 dB, ou seja, em $\omega_c = 0{,}4$ (rad/s).

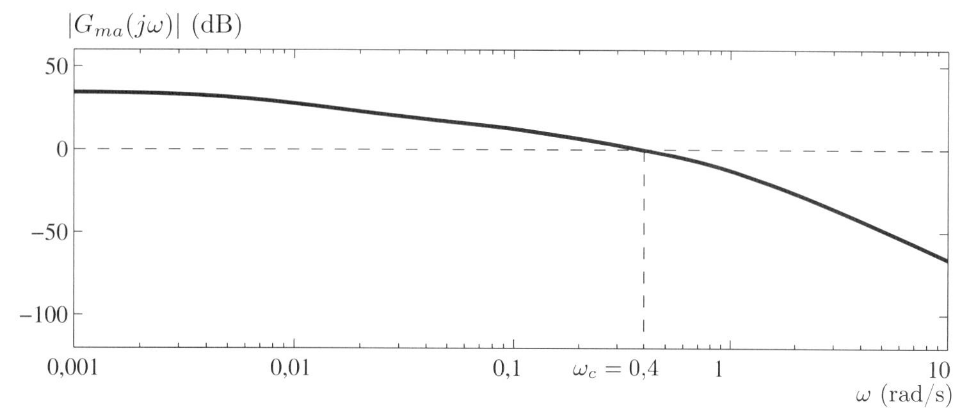

Figura 7.53 Módulo da função de transferência de malha aberta.

Para um período de *scan* $T = 0{,}1$ s , num CLP básico tem-se que

$$\omega_c = 0{,}4 < \frac{0{,}12}{T} = 1{,}2 \text{ (rad/s)} \tag{7.101}$$

e num CLP avançado

$$\omega_c = 0{,}4 < \frac{0{,}35}{T} = 3{,}5 \text{ (rad/s)} \,. \tag{7.102}$$

Portanto, o compensador pode ser implementado em ambos os tipos de CLPs.

Na Figura 7.54 são apresentadas as respostas ao degrau unitário na referência com o compensador *lead-lag* implementado nas formas contínua e discreta. O controlador *lead-lag* é implementado num CLP na forma discreta por meio de uma equação de diferenças.[4]

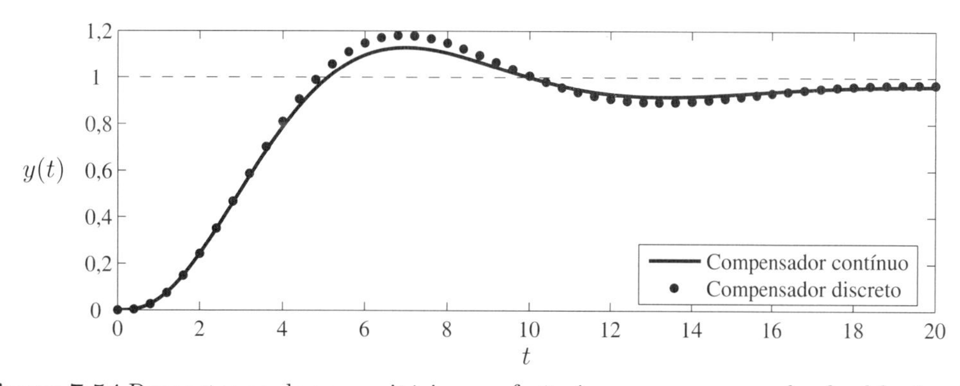

Figura 7.54 Respostas ao degrau unitário na referência com o compensador *lead-lag* implementado nas formas contínua e discreta.

Comparando os gráficos da Figura 7.54 observa-se que a resposta transitória, obtida com o compensador implementado na forma discreta, possui um sobressinal um pouco maior que a resposta obtida com o compensador implementado na forma contínua. O resultado dessa comparação confirma a regra prática proposta em (7.101).

[4]Neste exemplo a função de transferência discreta foi obtida pelo método do mapeamento polo-zero. Detalhes dessa implementação podem ser estudados nos capítulos finais do livro.

7.12 Exercícios propostos

Exercício 7.5

Considere o sistema da Figura 7.55.

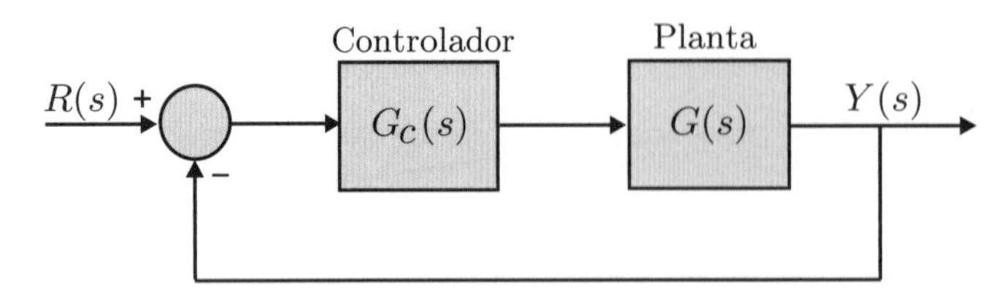

Figura 7.55 Diagrama de blocos de um sistema em malha fechada.

Projete controladores $G_c(s)$ por meio das regras SIMC e desenhe as correspondentes respostas em frequência de malha aberta e de malha fechada para as seguintes plantas:

$$\text{a) } G(s) = \frac{e^{-5s}}{20s+1}, \qquad \text{b) } G(s) = \frac{e^{-0,2s}}{20s+1}, \qquad \text{c) } G(s) = \frac{e^{-5s}}{(s+1)(10s+1)}.$$

Exercício 7.6

Para os três controladores do Exercício 7.5, informe:

a) Banda Proporcional (BP);
b) Tempo T_R de avanço de rampa (*rate time*);
c) Tempo T_S de duplicação (*reset time*).

Exercício 7.7

Considere o regulador de velocidade do motor elétrico da Figura 7.56. Há duas malhas de realimentação: a interna, que controla a corrente no motor, e a externa, que controla a velocidade. A malha interna é rápida, comparada com a externa, que é mais lenta devido à inércia mecânica da carga do motor. Desenhe o diagrama P&ID correspondente.

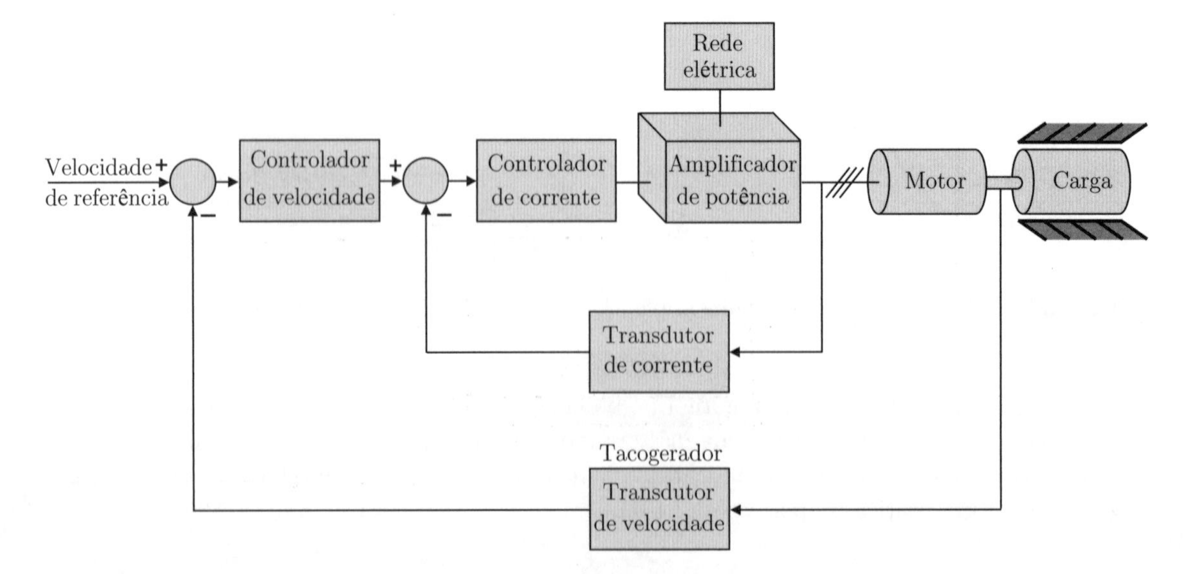

Figura 7.56 Diagrama de blocos de um regulador de velocidade.

Exercício 7.8

Descreva em palavras a função dos seguintes códigos ISA:

FI, SI, MC, TC, LC, DY e TY.

Exercício 7.9

Explique a diferença entre os controladores *cascade* e *feedforward* para reduzir perturbações nos processos industriais.

Exercício 7.10

Explique por que não se pode aplicar um controlador *cascade* no Exemplo 7.4, para reduzir os efeitos da temperatura $t_e(t)$ de entrada ou da vazão de líquido de entrada na temperatura $y(t)$ do produto de saída.

Exercício 7.11

No reator químico com camisa de resfriamento, esquematizado na Figura 7.57, a temperatura do líquido dentro do tanque $t_{in}(t)$ deve ser bem estabilizada. O nível do líquido é constante, por meio de ação regulatória na saída do produto. A variável de manipulação para controlar a temperatura no tanque é a vazão do líquido de resfriamento, que é reciclada. Quanto maior essa vazão mais resfriamento ocorre. Há várias possíveis perturbações: a pressão $p_e(t)$ do líquido resfriador, a temperatura $t_e(t)$ do mesmo líquido, a pressão na saída da bomba $p_b(t)$, a concentração do líquido de entrada $x(t)$, que influi na velocidade da reação química, e a vazão $q(t)$ do líquido de entrada. Faça um diagrama de blocos que contemple todas essas perturbações considerando intuitivamente a rapidez dos seus efeitos sobre a variável de saída do reator, que é a concentração $y(t)$. Examine a viabilidade de sucesso de cada possível esquema de controle *cascade*.

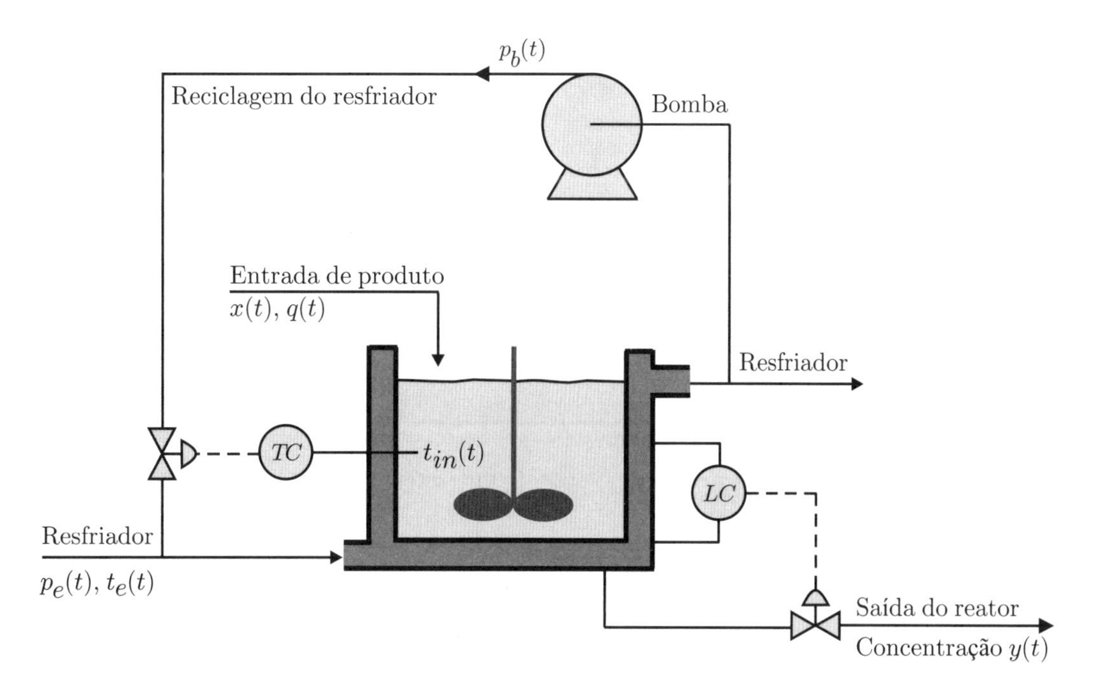

Figura 7.57 Reator químico.

Exercício 7.12

Determine a função de transferência $Y(s)/P_0(s)$ no diagrama de blocos com controle *cascade* da Figura 7.22. Suponha $R(s) = 0$.

Exercício 7.13

Um processo de reação química ocorre em dois tanques em cascata, com fluxo de produto aproximadamente constante. A variável de manipulação é a vazão $F_A(s)$ do reagente, e há também perturbações na vazão $F_V(s)$ do solvente. A medida da concentração $X(s)$ na saída do produto exige atraso de transporte de 0,5 s. Com base no diagrama de blocos da Figura 7.58, projete um controlador $G_c(s)$ pela regra SIMC e um *feedforward* $F(s)$ para reduzir o efeito das flutuações na vazão $F_V(s)$. Simule, por meio de um programa computacional, a resposta ao degrau de perturbação com e sem o controlador *feedforward*.

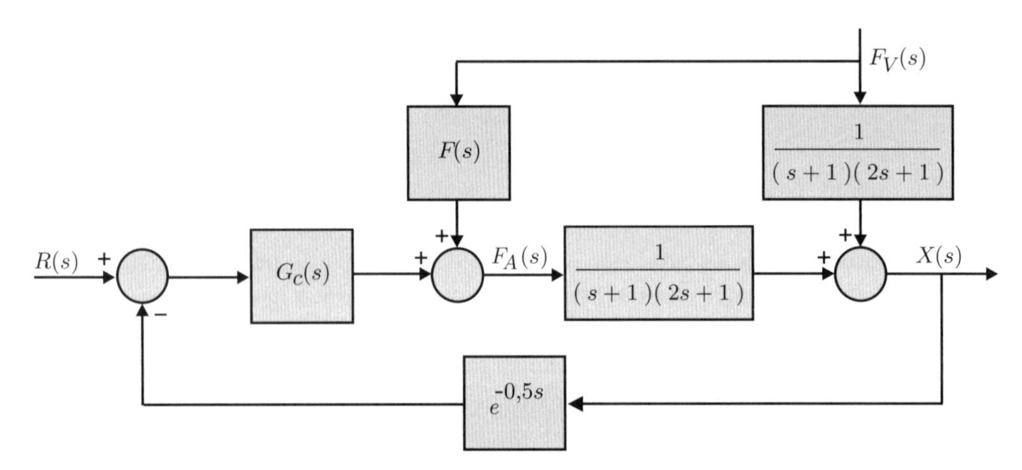

Figura 7.58 Diagrama de blocos do processo com controlador *feedforward*.

Exercício 7.14

Projete um controlador PID para o sistema da Figura 7.59 usando as regras de Ziegler-Nichols.

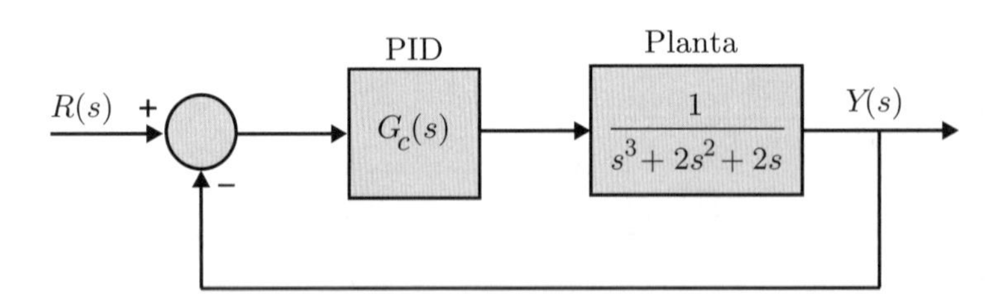

Figura 7.59 Diagrama de blocos de um sistema em malha fechada.

Exercício 7.15

Deseja-se realizar os controladores dos Exercícios 7.2 e 7.3 por meio de Controladores Lógicos Programáveis. Estime os maiores períodos de *scan* que podem ser aceitos sem deterioração apreciável das margens de estabilidade das malhas de controle.

8

Projeto Algébrico pela Malha Fechada

8.1 Introdução

No Capítulo 3 mostrou-se que a posição dos polos da função de transferência de um sistema é fundamental para definir forma e duração das respostas transientes. No Capítulo 4 mostrou-se que a realimentação gera um sistema em malha fechada cujos polos são diferentes daqueles do sistema original e que o método do lugar das raízes permite projetar compensadores que localizam adequadamente os polos de malha fechada.

Neste capítulo é apresentada uma abordagem algébrica para o mesmo objetivo, chamada de imposição ou alocação de polos de malha fechada. Este método, assim como o método do lugar das raízes, não permite a imposição dos zeros de malha fechada. No caso mais geral polos e zeros de malha fechada podem ser especificados por meio do método da imposição de polos e zeros ou casamento de modelos (*model matching*[1]), tratado da Seção 8.3.

O problema é então o seguinte: dada uma planta com função de transferência $G_p(s)$, projetar um compensador tal que o sistema em malha fechada tenha os mesmos polos que a função de transferência de um modelo especificado.

Para exemplificar o método algébrico, considere o sistema de controle da Figura 4.20, no qual a função de transferência do sistema a ser controlado é

$$\frac{\Theta(s)}{E_a(s)} = G_p(s) = \frac{5}{s(s+1)}\,. \tag{8.1}$$

Suponha agora que o projetista deva atender à especificação de que os polos dominantes de malha fechada estejam localizados em $s = -2 \pm 2\sqrt{3}\,j$, como no Exemplo 4.7. Conforme mostrado, o projeto pelo método do lugar das raízes não é único. Um dos projetos possíveis levou ao compensador da Equação (4.58)

$$G_c(s) = 4{,}16\left(\frac{s+2}{s+5{,}6}\right).$$

Com este compensador a função de transferência de malha fechada (4.59) apresenta os polos dominantes especificados em $s = -2 \pm 2\sqrt{3}\,j$, além de um polo localizado em $s = -2{,}6$ e de um zero em $s = -2$.

[1]Ver [2], [13] e [30].

A ideia do método algébrico é partir de um compensador com função de transferência

$$G_c(s) = \frac{c_0 + c_1 s}{d_0 + d_1 s} \tag{8.2}$$

e do polinômio especificado para os polos de malha fechada. Este polinômio deverá ter ordem 3, já que a planta tem dois polos e o compensador um polo. As raízes desse polinômio deverão ter dois polos dominantes e um terceiro polo real não dominante. A título de ilustração, considere este terceiro polo especificado na mesma posição obtida pelo método do lugar das raízes (Equação (4.59)), ou seja, em $s = -2{,}6$. Os polos de malha fechada serão, assim, as raízes do polinômio

$$F(s) = (s + 2 - 2\sqrt{3}j)(s + 2 + 2\sqrt{3}j)(s + 2{,}6) = s^3 + 6{,}6s^2 + 26{,}4s + 41{,}6\,. \tag{8.3}$$

Para o compensador (8.2) e para a planta (8.1) tem-se que a função de transferência de malha fechada $G_{mf}(s)$, com realimentação unitária, é dada por

$$G_{mf}(s) = \frac{G_c(s)G_p(s)}{1 + G_c(s)G_p(s)} = \frac{\frac{(c_0+c_1 s)}{(d_0+d_1 s)}\frac{5}{s(s+1)}}{1 + \frac{(c_0+c_1 s)}{(d_0+d_1 s)}\frac{5}{s(s+1)}} = \frac{5(c_0 + c_1 s)}{d_1 s^3 + (d_0 + d_1)s^2 + (d_0 + 5c_1)s + 5c_0}\,. \tag{8.4}$$

Igualando o denominador da Equação (8.4) com o polinômio especificado (8.3), tem-se que

$$d_1 s^3 + (d_0 + d_1)s^2 + (d_0 + 5c_1)s + 5c_0 = s^3 + 6{,}6s^2 + 26{,}4s + 41{,}6 \tag{8.5}$$

e, portanto,

$$d_1 = 1 \qquad d_0 = 5{,}6 \qquad c_1 = 4{,}16 \qquad c_0 = 8{,}32\,.$$

Assim, o compensador obtido é

$$G_c(s) = \frac{8{,}32 + 4{,}16s}{5{,}6 + s} = 4{,}16\left(\frac{s + 2}{s + 5{,}6}\right). \tag{8.6}$$

Logo, a função de transferência de malha fechada é dada por

$$G_{mf}(s) = \frac{20{,}8(s + 2)}{s^3 + 6{,}6s^2 + 26{,}4s + 41{,}6} = \frac{20{,}8(s + 2)}{(s + 2{,}6)(s + 2 - 2\sqrt{3}j)(s + 2 + 2\sqrt{3}j)}\,. \tag{8.7}$$

Em ambos os projetos, pelo método do lugar das raízes e pelo método algébrico, o zero obtido em $s = -2$ não foi especificado. Como os zeros também afetam os transitórios das respostas, é importante avaliar esses efeitos por meio de simulações antes de se passar à etapa de implementação dos compensadores.

8.2 Imposição arbitrária de polos com realimentação unitária

Nesta seção considera-se o método de imposição ou relocação de polos para o sistema em malha fechada com realimentação unitária da Figura 8.1.

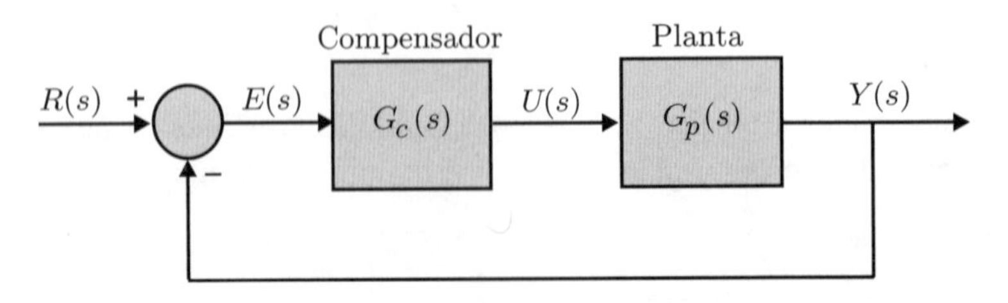

Figura 8.1 Sistema em malha fechada com realimentação unitária.

Por meio da escolha adequada do compensador $G_c(s)$ é possível obter qualquer configuração especificada para os polos de malha fechada, desde que não haja restrições para os zeros da malha fechada. Note que estas restrições têm origem tanto nos zeros da planta quanto nos zeros do compensador a ser escolhido.

Considere o sistema da Figura 8.1, com $G_p(s) = B(s)/A(s)$ e $G_c(s) = C(s)/D(s)$, sendo $A(s)$, $B(s)$, $C(s)$ e $D(s)$ polinômios com coeficientes reais. Então,

$$\frac{Y(s)}{R(s)} = \frac{G_c(s)G_p(s)}{1 + G_c(s)G_p(s)} = \frac{B(s)C(s)}{A(s)D(s) + B(s)C(s)} . \tag{8.8}$$

Sendo $F(s)$ o polinômio cujas raízes são os polos especificados para o sistema em malha fechada, deseja-se:

- definir condições para que os polos especificados possam ser arbitrariamente escolhidos e
- estabelecer um procedimento para a determinação de $C(s)$ e $D(s)$ que realize tal imposição de polos.

Da Equação (8.8) tem-se que o problema de imposição de polos corresponde à solução da equação polinomial

$$F(s) = A(s)D(s) + B(s)C(s) . \tag{8.9}$$

A equação polinomial (8.8) é chamada equação Diofantina. Os polinômios $A(s)$, $B(s)$ e $F(s)$ são dados e os polinômios $C(s)$ e $D(s)$ do compensador são incógnitas. Deve-se observar que o polinômio $C(s)$ aparece no numerador da função de transferência de malha fechada e, assim, não se tem controle sobre os zeros de malha fechada.

Para que $F(s)$ seja realmente arbitrário é necessário supor que $A(s)$ e $B(s)$ não possuem fatores comuns. Caso contrário, supondo $A(s) = (s - p)\overline{A}(s)$ e $B(s) = (s - p)\overline{B}(s)$, a equação Diofantina fica

$$F(s) = (s - p)\overline{A}(s)D(s) + (s - p)\overline{B}(s)C(s) \tag{8.10}$$

e, com isso, $F(s)$ não pode ser arbitrário, já que possui necessariamente o fator comum $(s - p)$.

Para que $G_p(s) = B(s)/A(s)$ e $G_c(s) = C(s)/D(s)$ sejam funções de transferência fisicamente realizáveis deve-se ter grau$[B(s)] \leq$ grau$[A(s)]$ e grau$[C(s)] \leq$ grau$[D(s)]$. Logo, se grau$[A(s)] = n$ e grau$[D(s)] = m$, o polinômio dos polos de malha fechada, $F(s)$, deve ter grau $n + m$.

Sejam

$$\begin{array}{lll} B(s) = b_0 + b_1 s + b_2 s^2 + \ldots + b_n s^n , & A(s) = a_0 + a_1 s + a_2 s^2 + \ldots + a_n s^n , & a_n \neq 0 , \\ C(s) = c_0 + c_1 s + c_2 s^2 + \ldots + c_m s^m , & D(s) = d_0 + d_1 s + d_2 s^2 + \ldots + d_m s^m , & d_m \neq 0 . \end{array}$$

As condições $a_n \neq 0$ e $d_m \neq 0$ garantem que a planta e o compensador possuem funções de transferência próprias, isto é, o grau do polinômio do numerador é menor ou igual ao grau do denominador.

Sendo grau$[F(s)] = n + m$, o polinômio $F(s)$ pode ser escrito como

$$F(s) = f_0 + f_1 s + f_2 s^2 + \ldots + f_{n+m} s^{n+m}. \tag{8.11}$$

Substituindo os polinômios $A(s)$, $B(s)$, $C(s)$, $D(s)$ e $F(s)$ na equação Diofantina (8.9), obtém-se

$$\begin{array}{c}(a_0 + a_1 s + a_2 s^2 + \ldots + a_n s^n)(d_0 + d_1 s + d_2 s^2 + \ldots + d_m s^m) + \\ (b_0 + b_1 s + b_2 s^2 + \ldots + b_n s^n)(c_0 + c_1 s + c_2 s^2 + \ldots + c_m s^m) = f_0 + f_1 s + f_2 s^2 + \ldots + f_{n+m} s^{n+m}.\end{array} \tag{8.12}$$

Reagrupando os termos no lado esquerdo e identificando os coeficientes de mesma potência de s em cada lado, tem-se que

$$
\begin{aligned}
&d_0a_0 + c_0b_0 = f_0\\
&d_0a_1 + d_1a_0 + c_0b_1 + c_1b_0 = f_1\\
&d_0a_2 + d_1a_1 + d_2a_0 + c_0b_2 + c_1b_1 + c_2b_0 = f_2\\
&\cdot\\
&\cdot\\
&d_ma_n + c_mb_n = f_{n+m}
\end{aligned}
\tag{8.13}
$$

Resulta, assim, que a equação Diofantina é equivalente a um sistema de $n+m+1$ equações algébricas em $2(m+1)$ incógnitas. Colocando este sistema na forma matricial, obtém-se

$$
\underbrace{\left[\begin{array}{cc|cc|cc|c|cc|cc}
a_0 & b_0 & 0 & 0 & 0 & 0 & & 0 & 0 & 0 & 0\\
a_1 & b_1 & a_0 & b_0 & 0 & 0 & & 0 & 0 & 0 & 0\\
a_2 & b_2 & a_1 & b_1 & a_0 & b_0 & & 0 & 0 & 0 & 0\\
\cdot & \cdot & \cdot & \cdot & \cdot & \cdot & & \cdot & \cdot & \cdot & \cdot\\
a_n & b_n & a_{n-1} & b_{n-1} & a_{n-2} & b_{n-2} & & 0 & 0 & 0 & 0\\
0 & 0 & a_n & b_n & a_{n-1} & b_{n-1} & & 0 & 0 & 0 & 0\\
0 & 0 & 0 & 0 & a_n & b_n & \cdots & 0 & 0 & 0 & 0\\
0 & 0 & 0 & 0 & 0 & 0 & & a_0 & b_0 & 0 & 0\\
0 & 0 & 0 & 0 & 0 & 0 & & a_1 & b_1 & a_0 & b_0\\
\cdot & \cdot & \cdot & \cdot & \cdot & \cdot & & \cdot & \cdot & \cdot & \cdot\\
0 & 0 & 0 & 0 & 0 & 0 & & a_n & b_n & a_{n-1} & b_{n-1}\\
0 & 0 & 0 & 0 & 0 & 0 & & 0 & 0 & a_n & b_n
\end{array}\right]}_{S_m}
\left[\begin{array}{c}
d_0\\ c_0\\ \hline d_1\\ c_1\\ \hline d_2\\ c_2\\ \hline \cdot\\ \cdot\\ \hline d_m\\ c_m
\end{array}\right]
=
\underbrace{\left[\begin{array}{c}
f_0\\ f_1\\ f_2\\ \cdot\\ \cdot\\ f_{n+m}
\end{array}\right]}_{f} .
\tag{8.14}
$$

A matriz S_m, chamada matriz de Sylvester, tem $n+m+1$ linhas, $2(m+1)$ colunas e é formada pelos coeficientes de $A(s)$ e $B(s)$. O método recomendado para a construção da matriz S_m é o seguinte:

- as duas primeiras colunas de S_m são formadas pelos coeficientes de $A(s)$ e $B(s)$ em ordem crescente das potências de s, seguidos de m linhas de zeros;
- as duas últimas colunas são formadas por zeros nas m primeiras linhas, seguidos pelos coeficientes de $A(s)$ e $B(s)$.

Exemplo 8.1

Suponha

$$
G_p(s) = \frac{B(s)}{A(s)} = \frac{b_0}{a_0 + a_1 s}\ , \quad G_c(s) = \frac{C(s)}{D(s)} = \frac{c_0}{d_0 + d_1 s + d_2 s^2} \quad \text{e} \quad F(s) = f_0 + f_1 s + f_2 s^2 + f_3 s^3\ ,
$$

com $n = 1$ e $m = 2$.

Como $b_1 = c_1 = c_2 = 0$, as equações para determinação de $C(s)$ e $D(s)$, na forma matricial, são escritas como

$$
\begin{bmatrix}
a_0 & b_0 & 0 & 0 & 0 & 0\\
a_1 & 0 & a_0 & b_0 & 0 & 0\\
0 & 0 & a_1 & 0 & a_0 & b_0\\
0 & 0 & 0 & 0 & a_1 & 0
\end{bmatrix}
\begin{bmatrix}
d_0\\ c_0\\ d_1\\ 0\\ d_2\\ 0
\end{bmatrix}
=
\begin{bmatrix}
f_0\\ f_1\\ f_2\\ f_3
\end{bmatrix} .
\tag{8.15}
$$

■

8.2.1 Condição para escolha arbitrária dos polos de malha fechada

É uma propriedade conhecida da teoria de sistemas lineares [14] que a condição necessária e suficiente para a Equação (8.14) ter solução, qualquer que seja f, é que S_m tenha posto linha completo.[2] Por outro lado, uma condição necessária para que S_m tenha posto linha completo é que o número de colunas seja maior ou igual ao número de linhas, ou seja,

$$2(m+1) \geq n+m+1 \quad \text{ou} \quad m \geq n-1 \, .$$

Supondo $m \geq n-1$, pode-se mostrar que a matriz S_m tem posto linha completo se e só se $B(s)$ e $A(s)$ forem polinômios coprimos, ou seja, não tiverem fatores comuns [14], hipótese esta já assumida anteriormente. Nesta condição,

- se $m = n-1$, então S_m é uma matriz quadrada de ordem $2n$ e, para cada $F(s)$ escolhido, a solução da equação Diofantina é única, e

- se $m > n-1$, haverá um número de incógnitas maior do que o número de equações. Neste caso a solução não é única, e alguns parâmetros do compensador podem ser escolhidos de forma a atender outros objetivos de projeto.

Portanto, sendo $B(s)$ e $A(s)$ polinômios coprimos, para que os polos de malha fechada possam ser arbitrariamente escolhidos deve-se ter $m \geq n-1$, sendo n e m os graus dos polinômios dos denominadores da planta $G_p(s)$ e do compensador $G_c(s)$, respectivamente.

Para o caso em que $m < n-1$, é possível que alguns polos possam ser escolhidos, mas não qualquer conjunto de polos.

8.2.2 Condição para que a função de transferência $G_c(s)$ seja própria

Uma vez garantida a existência do compensador para $F(s)$ arbitrário, de grau $n+m$, resta determinar as condições para que a função de transferência $G_c(s)$ do compensador seja própria, ou seja, grau$[C(s)] \leq$ grau$[D(s)]$. Supondo que $B(s)$ e $A(s)$ são polinômios coprimos, três casos são considerados.

- **Caso 1:** grau$[B(s)] <$ grau$[A(s)]$

Neste caso, tem-se $b_n = 0$, e a última equação do sistema (8.14) é

$$a_n d_m + b_n c_m = a_n d_m = f_{n+m} \Rightarrow d_m = \frac{f_{n+m}}{a_n} \, . \tag{8.16}$$

Assim, se $f_{n+m} \neq 0$, então $d_m \neq 0$ e $G_c(s) = \frac{C(s)}{D(s)}$ é própria.

Portanto, sendo $B(s)$ e $A(s)$ polinômios coprimos, para que a função de transferência $G_c(s)$ do compensador seja própria basta que a função de transferência $G_p(s)$ da planta tenha grau$[B(s)] <$ grau$[A(s)]$.

[2] Diz-se que uma matriz tem posto linha completo quando todas as suas linhas são linearmente independentes.

Exemplo 8.2

Considere uma planta com função de transferência

$$G_p(s) = \frac{B(s)}{A(s)} = \frac{1}{s(s+1)} = \frac{1+0s+0s^2}{0+s+s^2}\ , \text{ com } n=2\ . \tag{8.17}$$

Para que o polinômio $F(s)$ possa ser arbitrariamente escolhido deve-se ter um compensador de grau $m \geq n-1$. Assumindo $m=1$, tem-se que grau$[F(s)] = n+m = 2+1 = 3$, e nessas condições sabe-se que o compensador será único e com função de transferência própria. Assim, considere, por exemplo, os seguintes polos especificados para a função de transferência de malha fechada:

$$s=-1+j\ ,\quad s=-1-j \text{ e } s=-2\ ,$$

ou seja,

$$F(s) = (s+1-j)(s+1+j)(s+2) = 4+6s+4s^2+s^3\ . \tag{8.18}$$

Sendo $m=1$, a função de transferência do compensador é do tipo

$$G_c(s) = \frac{C(s)}{D(s)} = \frac{c_0+c_1 s}{d_0+d_1 s}\ . \tag{8.19}$$

O sistema de equações na forma matricial é dado por

$$\begin{bmatrix} a_0 & b_0 & 0 & 0 \\ a_1 & b_1 & a_0 & b_0 \\ a_2 & b_2 & a_1 & b_1 \\ 0 & 0 & a_2 & b_2 \end{bmatrix} \begin{bmatrix} d_0 \\ c_0 \\ d_1 \\ c_1 \end{bmatrix} = \begin{bmatrix} f_0 \\ f_1 \\ f_2 \\ f_3 \end{bmatrix}. \tag{8.20}$$

Substituindo os valores numéricos, obtém-se

$$\begin{bmatrix} 0 & 1 & 0 & 0 \\ 1 & 0 & 0 & 1 \\ 1 & 0 & 1 & 0 \\ 0 & 0 & 1 & 0 \end{bmatrix} \begin{bmatrix} d_0 \\ c_0 \\ d_1 \\ c_1 \end{bmatrix} = \begin{bmatrix} 4 \\ 6 \\ 4 \\ 1 \end{bmatrix}, \tag{8.21}$$

cuja solução é

$$d_0 = 3\ ,\quad c_0 = 4\ ,\quad d_1 = 1\ ,\quad c_1 = 3\ .$$

Portanto, a função de transferência do compensador é

$$G_c(s) = \frac{c_0+c_1 s}{d_0+d_1 s} = \frac{4+3s}{3+s}\ . \tag{8.22}$$

Logo, a função de transferência de malha fechada $G_{mf}(s)$ é dada por

$$G_{mf}(s) = \frac{G_c(s)G_p(s)}{1+G_c(s)G_p(s)} = \frac{\left(\frac{4+3s}{3+s}\right)\left(\frac{1}{s^2+s}\right)}{1+\left(\frac{4+3s}{3+s}\right)\left(\frac{1}{s^2+s}\right)} = \frac{4+3s}{4+6s+4s^2+s^3}\ . \tag{8.23}$$

Pode-se observar que o denominador $F(s)$ é o mesmo especificado em (8.18). Por outro lado, o projeto não permite que se tenha controle sobre o numerador da função de transferência de malha fechada, que apresenta um zero em $s=-4/3$. Como este zero afeta o transitório da resposta do sistema é importante avaliar o seu efeito, por meio de simulações, antes de se passar à etapa de implementação do compensador.

■

• Caso 2: grau$[B(s)]$ = grau$[A(s)] = n$ e $m = n - 1$

Neste caso S_m é uma matriz quadrada e a solução da Equação (8.14) é única. Não há garantia de que $d_m = d_{n-1} \neq 0$, e o compensador pode resultar impróprio.

Exemplo 8.3

Considere uma planta com função de transferência

$$G_p(s) = \frac{B(s)}{A(s)} = \frac{s(s+1)}{(s+2)(s+3)} = \frac{s+s^2}{6+5s+s^2} . \tag{8.24}$$

Neste exemplo grau$[B(s)]$ = grau$[A(s)] = n = 2$ e $m = n - 1 = 1$.

Sendo grau$[F(s)] = n + m = 2 + 1 = 3$ e adotando

$$F(s) = f_0 + f_1 s + f_2 s^2 + f_3 s^3 = (s+3)^2(s+4) = 36 + 33s + 10s^2 + s^3 , \tag{8.25}$$

da Equação (8.14) tem-se que

$$\begin{bmatrix} a_0 & b_0 & 0 & 0 \\ a_1 & b_1 & a_0 & b_0 \\ a_2 & b_2 & a_1 & b_1 \\ 0 & 0 & a_2 & b_2 \end{bmatrix} \begin{bmatrix} d_0 \\ c_0 \\ d_1 \\ c_1 \end{bmatrix} = \begin{bmatrix} f_0 \\ f_1 \\ f_2 \\ f_3 \end{bmatrix} , \tag{8.26}$$

ou seja,

$$\begin{bmatrix} 6 & 0 & 0 & 0 \\ 5 & 1 & 6 & 0 \\ 1 & 1 & 5 & 1 \\ 0 & 0 & 1 & 1 \end{bmatrix} \begin{bmatrix} d_0 \\ c_0 \\ d_1 \\ c_1 \end{bmatrix} = \begin{bmatrix} 36 \\ 33 \\ 10 \\ 1 \end{bmatrix} \tag{8.27}$$

Logo,

$$\begin{bmatrix} d_0 \\ c_0 \\ d_1 \\ c_1 \end{bmatrix} = \begin{bmatrix} 6 & 0 & 0 & 0 \\ 5 & 1 & 6 & 0 \\ 1 & 1 & 5 & 1 \\ 0 & 0 & 1 & 1 \end{bmatrix}^{-1} \begin{bmatrix} 36 \\ 33 \\ 10 \\ 1 \end{bmatrix} = \begin{bmatrix} 6 \\ 3 \\ 0 \\ 1 \end{bmatrix} . \tag{8.28}$$

Portanto, a função de transferência do compensador é

$$G_c(s) = \frac{c_0 + c_1 s}{d_0 + d_1 s} = \frac{3+s}{6} , \tag{8.29}$$

que é uma função de transferência não própria.

Este é um exemplo típico para o qual é possível impor $F(s)$ arbitrário, porém não se pode garantir que $G_c(s)$ seja própria para qualquer $F(s)$.

■

• Caso 3: grau$[B(s)]$ = grau$[A(s)]$ e $m > n - 1$

Neste caso a solução da Equação (8.14) não é única, e é sempre possível encontrar um compensador estritamente próprio para realizar a imposição de polos arbitrária.

Exemplo 8.4

Considere uma planta com função de transferência

$$G_p(s) = \frac{B(s)}{A(s)} = \frac{s}{s+1} . \tag{8.30}$$

Neste exemplo grau$[B(s)]$ = grau$[A(s)] = n = 1$ e $m = 1 > n - 1 = 0$.

Sendo grau$[F(s)] = n + m = 1 + 1 = 2$ e adotando

$$F(s) = f_0 + f_1 s + f_2 s^2 = (s+2)(s+3) = 6 + 5s + s^2 , \tag{8.31}$$

da Equação (8.14) tem-se que

$$\begin{bmatrix} a_0 & b_0 & 0 & 0 \\ a_1 & b_1 & a_0 & b_0 \\ 0 & 0 & a_1 & b_1 \end{bmatrix} \begin{bmatrix} d_0 \\ c_0 \\ d_1 \\ c_1 \end{bmatrix} = \begin{bmatrix} f_0 \\ f_1 \\ f_2 \end{bmatrix} , \tag{8.32}$$

ou seja,

$$\begin{bmatrix} 1 & 0 & 0 & 0 \\ 1 & 1 & 1 & 0 \\ 0 & 0 & 1 & 1 \end{bmatrix} \begin{bmatrix} d_0 \\ c_0 \\ d_1 \\ c_1 \end{bmatrix} = \begin{bmatrix} 6 \\ 5 \\ 1 \end{bmatrix} . \tag{8.33}$$

Neste caso o sistema (8.33) possui 3 equações e 4 incógnitas e, portanto, o sistema tem infinitas soluções. Para garantir que a função de transferência $G_c(s)$ seja própria basta adotar $d_1 \neq 0$. Impondo $d_1 = 1$, obtém-se

$$d_0 = 6 \ , \ c_0 = -2 \ , \ c_1 = 0 \, .$$

Portanto, a função de transferência do compensador é

$$G_c(s) = \frac{c_0 + c_1 s}{d_0 + d_1 s} = \frac{-2}{6+s} . \tag{8.34}$$

■

8.3 Imposição de polos e *model matching*

Nos exemplos anteriores a solução apresentada para o problema de imposição de polos define a localização dos polos de malha fechada, porém não estabelece nenhuma condição para os zeros de malha fechada. A consequência desse fato é que o transitório do sistema em malha fechada pode não atender às especificações de projeto, uma vez que este transitório é função tanto dos polos quanto dos zeros de malha fechada.

Na prática é comum o seguinte procedimento: escolhe-se um conjunto de polos para a malha fechada e calcula-se o compensador pela Equação (8.14). Em seguida verifica-se, por simulação computacional, se a resposta do sistema em malha fechada atende às especificações de projeto. Caso isso não ocorra novos polos são propostos para a malha fechada e recalcula-se o compensador.

No problema de imposição de polos e zeros, conhecido como *model matching* (casamento de modelo), tanto os polos quanto os zeros de malha fechada são especificados. O compensador é então calculado de forma que o sistema em malha fechada apresente esses polos e zeros.

Embora seja mais fácil obter um transitório especificado no problema de *model matching*, este problema apresenta, como é de se esperar, condições de solução mais restritivas do que o de imposição de polos apenas.

8.3.1 Projeto de compensadores para *model matching*

A configuração de realimentação unitária da Figura 8.1 permite, sob certas condições, impor arbitrariamente os polos de malha fechada. No entanto esta configuração não é adequada para a solução do problema de *model matching*. Nesta seção o problema de *model matching* é tratado a partir do diagrama de blocos da Figura 8.2.

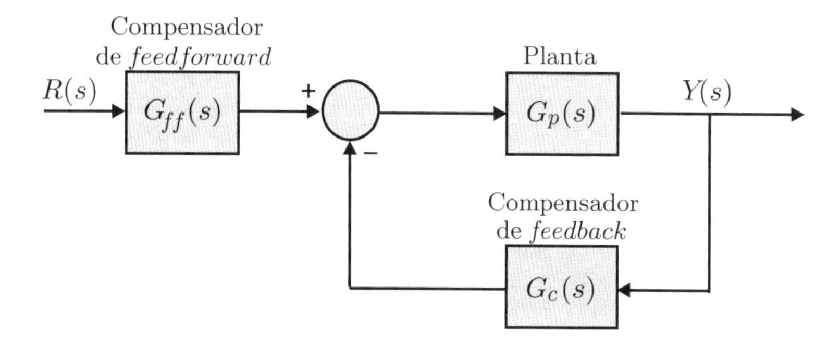

Figura 8.2 Diagrama de blocos para o problema de *model matching*.

A seguinte notação é adotada para a Figura 8.2:

$$G_p(s) = \frac{B(s)}{A(s)} \quad , \quad G_{ff}(s) = \frac{L(s)}{D(s)} \quad , \quad G_c(s) = \frac{M(s)}{D(s)} \; .$$

O compensador $G_{ff}(s)$ é chamado de compensador de *feedforward* (alimentação avante) e $G_c(s)$ é chamado de compensador de *feedback* (realimentação). Considerando apenas o caso em que $G_p(s)$, $G_{ff}(s)$ e $G_c(s)$ são funções estritamente próprias, a função de transferência de $R(s)$ para $Y(s)$ na Figura (8.2) é dada por

$$\frac{Y(s)}{R(s)} = \frac{G_{ff}(s)G_p(s)}{1 + G_c(s)G_p(s)} = \frac{L(s)B(s)}{D(s)A(s) + M(s)B(s)} \; . \tag{8.35}$$

O problema de *model matching* pode ser formulado da seguinte maneira: dada a planta $G_p(s)$, com $B(s)$ e $A(s)$ polinômios coprimos e com $\text{grau}[B(s)] < \text{grau}[A(s)] = n$ e dada a função de transferência $G_0(s) = B_0(s)/A_0(s)$ própria, com $B_0(s)$ e $A_0(s)$ polinômios coprimos, e supondo[3] $\text{grau}[A_0(s)] - \text{grau}[B_0(s)] \geq \text{grau}[A(s)] - \text{grau}[B(s)]$, determinar $G_{ff}(s)$ e $G_c(s)$ próprias tal que

$$G_0(s) = \frac{B_0(s)}{A_0(s)} = \frac{L(s)B(s)}{D(s)A(s) + M(s)B(s)} \; . \tag{8.36}$$

A solução é dada pelo procedimento descrito a seguir.

• Passo 1

Cancele os fatores comuns ao numerador e ao denominador em

$$\frac{G_0(s)}{B(s)} = \frac{B_0(s)}{A_0(s)B(s)} \tag{8.37}$$

e defina $B_p(s)$ e $A_p(s)$ coprimos tal que

$$\frac{G_0(s)}{B(s)} = \frac{B_p(s)}{A_p(s)} \; . \tag{8.38}$$

[3] Esta condição garante que existem $G_{ff}(s)$ e $G_c(s)$ próprias. Ver [2].

Das Equações (8.36) e (8.38) obtém-se

$$G_0(s) = \frac{B_p(s)B(s)}{A_p(s)} = \frac{L(s)B(s)}{D(s)A(s) + M(s)B(s)} \ . \tag{8.39}$$

Deve-se observar que fazer $L(s) = B_p(s)$ e calcular $D(s)$ e $M(s)$ a partir da equação

$$A_p(s) = D(s)A(s) + M(s)B(s) \tag{8.40}$$

não garante que os compensadores $G_{ff}(s)$ e $G_c(s)$ resultantes sejam próprios. Este fato justifica os passos seguintes do procedimento.

• Passo 2

Escolha um polinômio $\overline{A}_p(s)$ com raízes no semiplano esquerdo do plano s tal que

$$\text{grau}[A_p(s)\overline{A}_p(s)] \geq 2n - 1 \ . \tag{8.41}$$

No passo 3 pode-se verificar que o polinômio $\overline{A}_p(s)$ é cancelado ao longo dos cálculos.

• Passo 3

Da Equação (8.39) tem-se

$$G_0(s) = \frac{B_p(s)B(s)}{A_p(s)} = \frac{B_p(s)\overline{A}_p(s)B(s)}{A_p(s)\overline{A}_p(s)} = \frac{L(s)B(s)}{D(s)A(s) + M(s)B(s)} \ . \tag{8.42}$$

Defina

$$L(s) \triangleq B_p(s)\overline{A}_p(s) \tag{8.43}$$

e determine $D(s)$ e $M(s)$ a partir de

$$F(s) \triangleq A_p(s)\overline{A}_p(s) = D(s)A(s) + M(s)B(s) \ . \tag{8.44}$$

Denotando

$$D(s) = d_0 + d_1 s + \ldots + d_m s^m \ , \tag{8.45}$$

$$M(s) = m_0 + m_1 s + \ldots + m_m s^m \ , \tag{8.46}$$

$$F(s) = f_0 + f_1 s + \ldots + f_{n+m} s^{n+m} \ , \tag{8.47}$$

com $m \geq n - 1$. Por meio de manipulações algébricas simples os coeficientes dos polinômios $D(s)$ e $M(s)$ podem ser obtidos a partir da solução do sistema linear (8.48).

$$\underbrace{\left[\begin{array}{cc|cc|cc|c|cc|cc}
a_0 & b_0 & 0 & 0 & 0 & 0 & & 0 & 0 & 0 & 0 \\
a_1 & b_1 & a_0 & b_0 & 0 & 0 & & 0 & 0 & 0 & 0 \\
a_2 & b_2 & a_1 & b_1 & a_0 & b_0 & & 0 & 0 & 0 & 0 \\
. & . & . & . & . & . & & . & . & . & . \\
a_n & b_n & a_{n-1} & b_{n-1} & a_{n-2} & b_{n-2} & & 0 & 0 & 0 & 0 \\
0 & 0 & a_n & b_n & a_{n-1} & b_{n-1} & & 0 & 0 & 0 & 0 \\
0 & 0 & 0 & 0 & a_n & b_n & \cdots & 0 & 0 & 0 & 0 \\
0 & 0 & 0 & 0 & 0 & 0 & & a_0 & b_0 & 0 & 0 \\
0 & 0 & 0 & 0 & 0 & 0 & & a_1 & b_1 & a_0 & b_0 \\
. & . & . & . & . & . & & . & . & . & . \\
0 & 0 & 0 & 0 & 0 & 0 & & a_n & b_n & a_{n-1} & b_{n-1} \\
0 & 0 & 0 & 0 & 0 & 0 & & 0 & 0 & a_n & b_n
\end{array}\right]}_{S_m}
\left[\begin{array}{c}
d_0 \\ m_0 \\ \hline d_1 \\ m_1 \\ \hline d_2 \\ m_2 \\ \hline . \\ . \\ \hline d_m \\ m_m
\end{array}\right]
=
\underbrace{\left[\begin{array}{c}
f_0 \\ f_1 \\ f_2 \\ . \\ . \\ f_{n+m}
\end{array}\right]}_{f} \ . \tag{8.48}$$

Pode-se mostrar ([2] e [13]) que este procedimento produz compensadores $G_{ff}(s)$ e $G_c(s)$ próprios.

Exemplo 8.5

Seja grau$[A(s)] = n = 1$ e

$$G_p(s) = \frac{B(s)}{A(s)} = \frac{1}{s+2}\,. \tag{8.49}$$

Deseja-se projetar compensadores $G_{ff}(s)$ e $G_c(s)$, como no diagrama de blocos da Figura 8.2, para imposição de polos e zeros, sendo

$$G_0(s) = \frac{B_0(s)}{A_0(s)} = \frac{s+1}{(s+3)(s+4)} = \frac{s+1}{s^2+7s+12}\,. \tag{8.50}$$

• Passo 1

Calcule

$$\frac{G_0(s)}{B(s)} = \frac{B_0(s)}{A_0(s)B(s)} = \frac{B_p(s)}{A_p(s)} = \frac{s+1}{(s^2+7s+12)1}\,. \tag{8.51}$$

Note que $B_0(s) = s+1$ e $B(s) = 1$ não possuem fatores comuns para serem cancelados. Portanto,

$$B_p(s) = B_0(s) = s+1 \tag{8.52}$$

e

$$A_p(s) = A_0(s)B(s) = s^2+7s+12\,. \tag{8.53}$$

• Passo 2

Seja o polinômio $\overline{A}_p(s)$ escolhido com raízes no semiplano esquerdo do plano s e tal que

$$\text{grau}[A_p(s)\overline{A}_p(s)] \geq 2n-1 = 2\,.\,1-1 = 1\,. \tag{8.54}$$

Como grau$[A_p(s)] = 2$ e como grau$[\overline{A}_p(s)]$ deve ser maior ou igual a 0, para que a condição (8.54) seja satisfeita pode-se adotar, por exemplo, grau$[\overline{A}_p(s)] = 0$, com

$$\overline{A}_p(s) = 1\,. \tag{8.55}$$

• Passo 3

Calcule

$$L(s) = B_p(s)\overline{A}_p(s) = (s+1)1 = s+1 \quad \text{e} \tag{8.56}$$

$$F(s) = A_p(s)\overline{A}_p(s) = (s^2+7s+12)1 = s^2+7s+12\,. \tag{8.57}$$

Sendo grau$[F(s)] = 2 = n+m = 1+m$, então, $m = 1$. Logo,

$$D(s) = d_0 + d_1 s\,, \tag{8.58}$$

$$M(s) = m_0 + m_1 s\,, \tag{8.59}$$

$$F(s) = f_0 + f_1 s + f_2 s^2 = 12 + 7s + s^2\,. \tag{8.60}$$

Usando a Equação (8.48), os coeficientes dos polinômios $D(s)$ e $M(s)$ podem ser determinados a partir da solução do sistema linear

$$\begin{bmatrix} a_0 & b_0 & 0 & 0 \\ a_1 & b_1 & a_0 & b_0 \\ 0 & 0 & a_1 & b_1 \end{bmatrix} \begin{bmatrix} d_0 \\ m_0 \\ d_1 \\ m_1 \end{bmatrix} = \begin{bmatrix} f_0 \\ f_1 \\ f_2 \end{bmatrix}\,. \tag{8.61}$$

Neste exemplo, devido à escolha de $\overline{A}_p(s)$ com grau 0 o sistema de equações resultou indeterminado, ou seja, com 3 equações e 4 incógnitas. Consequentemente, o problema terá infinitas soluções. De fato, substituindo os valores numéricos resulta

$$\begin{bmatrix} 2 & 1 & 0 & 0 \\ 1 & 0 & 2 & 1 \\ 0 & 0 & 1 & 0 \end{bmatrix} \begin{bmatrix} d_0 \\ m_0 \\ d_1 \\ m_1 \end{bmatrix} = \begin{bmatrix} 12 \\ 7 \\ 1 \end{bmatrix} \tag{8.62}$$

ou

$$\begin{aligned} 2d_0 + m_0 &= 12\,, \\ d_0 + 2d_1 + m_1 &= 7\,, \\ d_1 &= 1\,. \end{aligned}$$

Adotando $d_0 = 0{,}5$, obtém-se $m_0 = 11$ e $m_1 = 4{,}5$. As funções de transferência dos controladores são

$$G_{ff}(s) = \frac{L(s)}{D(s)} = \frac{s+1}{s+0{,}5}\,, \tag{8.63}$$

$$G_c(s) = \frac{M(s)}{D(s)} = \frac{4{,}5s+11}{s+0{,}5}\,. \tag{8.64}$$

Logo, a função de transferência de malha fechada é dada por

$$\frac{Y(s)}{R(s)} = \frac{G_{ff}(s)G_p(s)}{1+G_c(s)G_p(s)} = \frac{\frac{(s+1)}{(s+0{,}5)}\frac{1}{(s+2)}}{1+\frac{(4{,}5s+11)}{(s+0{,}5)}\frac{1}{(s+2)}} = \frac{s+1}{s^2+7s+12}\,, \tag{8.65}$$

que está de acordo com a função de transferência especificada em (8.50).

■

8.4 Exercícios resolvidos

Exercício 8.1

Considere o sistema da Figura 8.3.

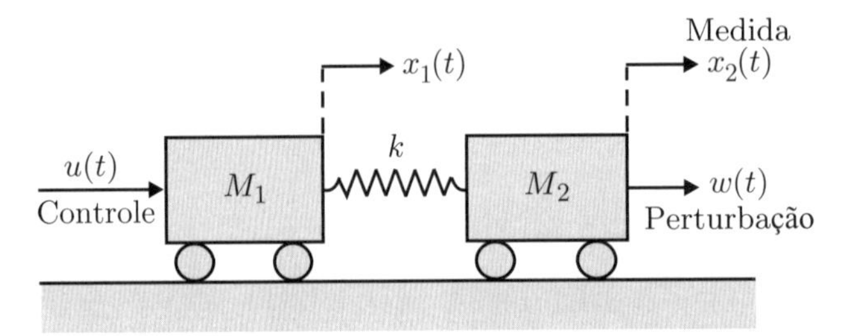

Figura 8.3 Sistema com duas massas e uma mola.

Na Figura 8.3, x_1 e x_2 indicam as posições das massas M_1 e M_2, k é a constante da mola e $u(t)$ e $w(t)$ representam forças aplicadas às massas.

As equações diferenciais que representam a dinâmica do sistema da Figura 8.3 são

$$w(t) - k(x_2(t) - x_1(t)) = M_2\frac{d^2x_2(t)}{dt^2}\,, \tag{8.66}$$

$$u(t) + k(x_2(t) - x_1(t)) = M_1\frac{d^2x_1(t)}{dt^2}\,. \tag{8.67}$$

Aplicando a transformada de Laplace nas Equações (8.66) e (8.67) com condições iniciais nulas ($x_1(0) = \dot{x}_1(0) = x_2(0) = \dot{x}_2(0) = 0$), obtém-se

$$W(s) - k(X_2(s) - X_1(s)) = M_2s^2X_2(s)\,, \tag{8.68}$$

$$U(s) + k(X_2(s) - X_1(s)) = M_1s^2X_1(s)\,. \tag{8.69}$$

Isolando $X_1(s)$ na Equação (8.68) e substituindo na Equação (8.69), com $W(s) = 0$, a função de transferência da planta com entrada $U(s)$ e saída $X_2(s)$ é dada pela Equação (8.70) e é evidentemente instável.

$$G_p(s) = \frac{B(s)}{A(s)} = \frac{X_2(s)}{U(s)} = \frac{k}{M_1 s^2 \left(M_2 s^2 + k + \frac{M_2 k}{M_1}\right)} . \tag{8.70}$$

A malha de controle, indicando as funções de transferência e os sinais de referência e de perturbação, é mostrada na Figura 8.4.

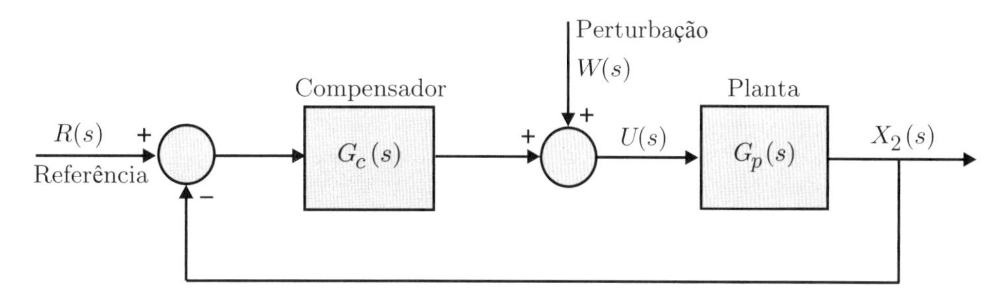

Figura 8.4 Malha de controle do sistema com duas massas e uma mola.

Seguindo a abordagem do método algébrico, para que os polos do sistema em malha fechada, raízes de $F(s)$, possam ser arbitrariamente escolhidos deve-se ter um compensador de grau $m \geq n - 1 = 4 - 1 = 3$. Assumindo $m = 3$, tem-se que grau$[F(s)] = n + m = 4 + 3 = 7$. Nessas condições sabe-se que o compensador é único e com função de transferência própria.

Assim, de forma a estabilizar o sistema em malha fechada considere, por exemplo, os seguintes polos especificados para a função de transferência de malha fechada:

$$s = -2 \ , \ s = -2 \ , \ s = -2 \ , \ s = -1 \ , \ s = -1 \ , \ s = -1 + 2j \ \text{e} \ s = -1 - 2j \ ,$$

ou seja,

$$\begin{aligned} F(s) &= (s+2)^3(s+1)^2(s+1+2j)(s+1-2j) \\ &= 40 + 156s + 254s^2 + 229s^3 + 128s^4 + 46s^5 + 10s^6 + s^7 . \end{aligned} \tag{8.71}$$

O compensador $G_c(s)$ tem a função de transferência

$$G_c(s) = \frac{C(s)}{D(s)} = \frac{c_0 + c_1 s + c_2 s^2 + c_3 s^3}{d_0 + d_1 s + d_2 s^2 + d_3 s^3} , \tag{8.72}$$

e é determinado pela solução da equação matricial

$$\begin{bmatrix} a_0 & b_0 & 0 & 0 & 0 & 0 & 0 & 0 \\ a_1 & b_1 & a_0 & b_0 & 0 & 0 & 0 & 0 \\ a_2 & b_2 & a_1 & b_1 & a_0 & b_0 & 0 & 0 \\ a_3 & b_3 & a_2 & b_2 & a_1 & b_1 & a_0 & b_0 \\ a_4 & b_4 & a_3 & b_3 & a_2 & b_2 & a_1 & b_1 \\ 0 & 0 & a_4 & b_4 & a_3 & b_3 & a_2 & b_2 \\ 0 & 0 & 0 & 0 & a_4 & b_4 & a_3 & b_3 \\ 0 & 0 & 0 & 0 & 0 & 0 & a_4 & b_4 \end{bmatrix} \begin{bmatrix} d_0 \\ c_0 \\ d_1 \\ c_1 \\ d_2 \\ c_2 \\ d_3 \\ c_3 \end{bmatrix} = \begin{bmatrix} f_0 \\ f_1 \\ f_2 \\ f_3 \\ f_4 \\ f_5 \\ f_6 \\ f_7 \end{bmatrix} \tag{8.73}$$

Supondo $M_1 = M_2 = k = 1$, a Equação (8.70) fica

$$G_p(s) = \frac{X_2(s)}{U(s)} = \frac{B(s)}{A(s)} = \frac{b_0 + b_1 s + b_2 s^2 + b_3 s^3 + b_4 s^4}{a_0 + a_1 s + a_2 s^2 + a_3 s^3 + a_4 s^4} = \frac{1}{2s^2 + s^4} . \tag{8.74}$$

Substituindo os valores numéricos na Equação (8.73), obtém-se

$$\begin{bmatrix} 0 & 1 & 0 & 0 & 0 & 0 & 0 & 0 \\ 0 & 0 & 0 & 1 & 0 & 0 & 0 & 0 \\ 2 & 0 & 0 & 0 & 0 & 1 & 0 & 0 \\ 0 & 0 & 2 & 0 & 0 & 0 & 0 & 1 \\ 1 & 0 & 0 & 0 & 2 & 0 & 0 & 0 \\ 0 & 0 & 1 & 0 & 0 & 0 & 2 & 0 \\ 0 & 0 & 0 & 0 & 1 & 0 & 0 & 0 \\ 0 & 0 & 0 & 0 & 0 & 0 & 1 & 0 \end{bmatrix} \begin{bmatrix} d_0 \\ c_0 \\ d_1 \\ c_1 \\ d_2 \\ c_2 \\ d_3 \\ c_3 \end{bmatrix} = \begin{bmatrix} 40 \\ 156 \\ 254 \\ 229 \\ 128 \\ 46 \\ 10 \\ 1 \end{bmatrix}, \tag{8.75}$$

cuja solução é

$$d_0 = 108 \ , \ c_0 = 40 \ , \ d_1 = 44 \ , \ c_1 = 156 \ , \ d_2 = 10 \ , \ c_2 = 38 \ , \ d_3 = 1 \ , \ c_3 = 141 \ .$$

Logo, a função de transferência do compensador é

$$G_c(s) = \frac{40 + 156s + 38s^2 + 141s^3}{108 + 44s + 10s^2 + s^3} \ . \tag{8.76}$$

Do diagrama de blocos da Figura 8.4 tem-se que

$$X_2(s) = \frac{G_c(s)G_p(s)}{1 + G_c(s)G_p(s)} R(s) + \frac{G_p(s)}{1 + G_c(s)G_p(s)} W(s) \ . \tag{8.77}$$

Supondo que o sinal de referência é nulo ($R(s) = 0$), a função de transferência do sistema em malha fechada, que possui como entrada a perturbação $W(s)$ e como saída a posição $X_2(s)$, é dada por

$$\begin{aligned} \frac{X_2(s)}{W(s)} &= \frac{G_p(s)}{1 + G_c(s)G_p(s)} \\ &= \frac{s^3 + 10s^2 + 44s + 108}{s^7 + 10s^6 + 46s^5 + 128s^4 + 229s^3 + 254s^2 + 156s + 40} \\ &= \frac{(s + 5{,}5840)(s + 2{,}2080 + 3{,}8034j)(s + 2{,}2080 - 3{,}8034j)}{(s+2)^3(s+1)^2(s+1+2j)(s+1-2j)} \ . \end{aligned} \tag{8.78}$$

A resposta $x_2(t)$ para uma perturbação $w(t)$ do tipo degrau unitário é apresentada na Figura 8.5. Nota-se nesta figura que apesar de a Equação (8.78) possuir polos e zeros complexos conjugados a resposta ao degrau não apresenta sobressinal.

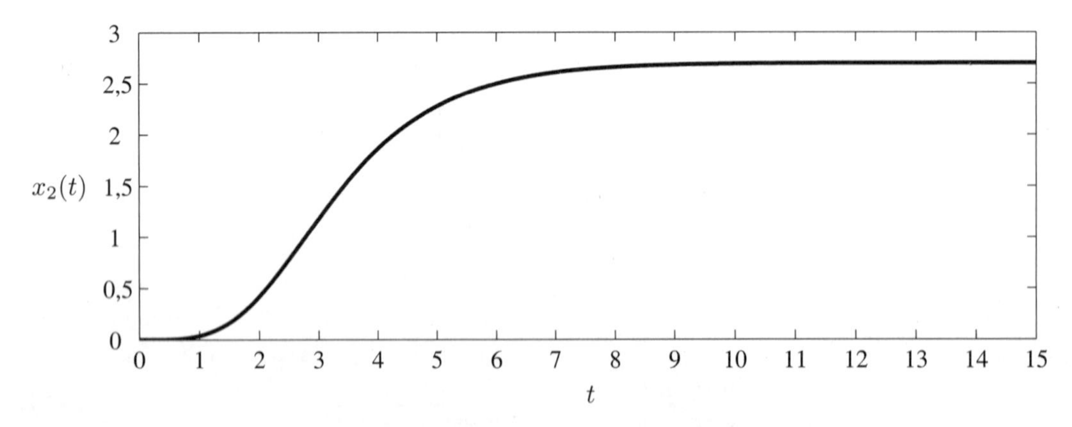

Figura 8.5 Resposta $x_2(t)$ quando $w(t)$ é um degrau unitário.

Exercício 8.2

Considere o sistema massa-mola da Figura 8.6, na qual a saída $x(t)$ indica a posição da massa M, k é a constante da mola e $f(t)$ representa a força externa aplicada à massa.

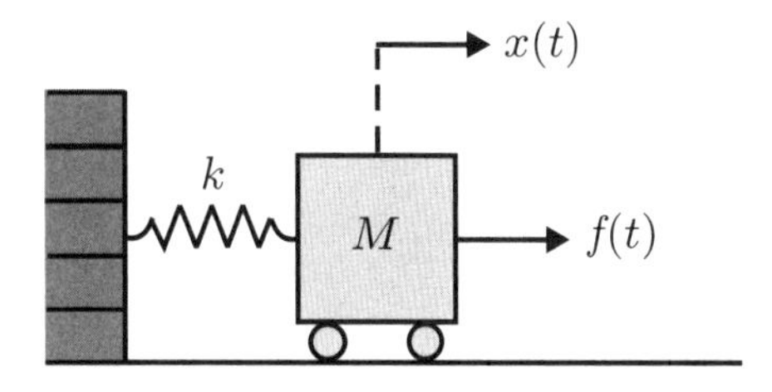

Figura 8.6 Sistema massa-mola.

Supondo $M = 1$ e $k = 1$, projete compensadores $G_{ff}(s) = L(s)/D(s)$ e $G_c(s) = M(s)/D(s)$, como no diagrama de blocos da Figura 8.2, para imposição de polos e zeros, sendo

$$G_0(s) = \frac{B_0(s)}{A_0(s)} = \frac{s+10}{(s+1)(s+2)(s+4)} = \frac{s+10}{s^3+7s^2+14s+8}\,. \tag{8.79}$$

Solução

A equação diferencial que representa a dinâmica do sistema massa-mola da Figura 8.6 é

$$f(t) - kx(t) = M\frac{d^2x(t)}{dt^2}\,. \tag{8.80}$$

Aplicando a transformada de Laplace na Equação (8.80), com condições iniciais nulas ($x(0) = \dot{x}(0) = 0$), obtém-se a função de transferência

$$G_p(s) = \frac{B(s)}{A(s)} = \frac{1}{s^2+1}\,. \tag{8.81}$$

• Passo 1

Calcule

$$\frac{G_0(s)}{B(s)} = \frac{B_0(s)}{A_0(s)B(s)} = \frac{B_p(s)}{A_p(s)} = \frac{s+10}{(s^3+7s^2+14s+8)1}\,. \tag{8.82}$$

Note que $B_0(s) = s + 10$ e $B(s) = 1$ não possuem fatores comuns para serem cancelados. Portanto,

$$B_p(s) = B_0(s) = s + 10 \tag{8.83}$$

e

$$A_p(s) = A_0(s)B(s) = s^3 + 7s^2 + 14s + 8\,. \tag{8.84}$$

• Passo 2

Seja o polinômio $\overline{A}_p(s)$, escolhido com raízes no semiplano esquerdo do plano s e tal que

$$\text{grau}[A_p(s)\overline{A}_p(s)] \geq 2n - 1 = 2\,.\,2 - 1 = 3\,. \tag{8.85}$$

Como grau$[A_p(s)] = 3$ e como grau$[\overline{A}_p(s)]$ deve ser maior ou igual a 0, para que a condição (8.85) seja satisfeita pode-se adotar, por exemplo, grau$[\overline{A}_p(s)] = 0$, com

$$\overline{A}_p(s) = 1\,. \tag{8.86}$$

- **Passo 3**

Calcule

$$L(s) = B_p(s)\overline{A}_p(s) = (s+10)1 = s+10 \quad \text{e} \tag{8.87}$$

$$F(s) = A_p(s)\overline{A}_p(s) = (s^3 + 7s^2 + 14s + 8)1 = s^3 + 7s^2 + 14s + 8 \,. \tag{8.88}$$

Sendo grau$[F(s)] = 3 = n + m = 2 + m$, então, $m = 1$. Logo,

$$D(s) = d_0 + d_1 s \,, \tag{8.89}$$

$$M(s) = m_0 + m_1 s \,, \tag{8.90}$$

$$F(s) = f_0 + f_1 s + f_2 s^2 + f_3 s^3 = 8 + 14s + 7s^2 + s^3 \,. \tag{8.91}$$

Usando a Equação (8.48) os coeficientes dos polinômios $D(s)$ e $M(s)$ podem ser determinados a partir da solução do sistema linear

$$\begin{bmatrix} a_0 & b_0 & 0 & 0 \\ a_1 & b_1 & a_0 & b_0 \\ a_2 & b_2 & a_1 & b_1 \\ 0 & 0 & a_2 & b_2 \end{bmatrix} \begin{bmatrix} d_0 \\ m_0 \\ d_1 \\ m_1 \end{bmatrix} = \begin{bmatrix} f_0 \\ f_1 \\ f_2 \\ f_3 \end{bmatrix} . \tag{8.92}$$

Substituindo os valores numéricos, resulta

$$\begin{bmatrix} 1 & 1 & 0 & 0 \\ 0 & 0 & 1 & 1 \\ 1 & 0 & 0 & 0 \\ 0 & 0 & 1 & 0 \end{bmatrix} \begin{bmatrix} d_0 \\ m_0 \\ d_1 \\ m_1 \end{bmatrix} = \begin{bmatrix} 8 \\ 14 \\ 7 \\ 1 \end{bmatrix} \tag{8.93}$$

ou

$$\begin{bmatrix} d_0 \\ m_0 \\ d_1 \\ m_1 \end{bmatrix} = \begin{bmatrix} 0 & 0 & 1 & 0 \\ 1 & 0 & -1 & 0 \\ 0 & 0 & 0 & 1 \\ 0 & 1 & 0 & -1 \end{bmatrix} \begin{bmatrix} 8 \\ 14 \\ 7 \\ 1 \end{bmatrix} = \begin{bmatrix} 7 \\ 1 \\ 1 \\ 13 \end{bmatrix} . \tag{8.94}$$

Portanto, as funções de transferência dos controladores são

$$G_{ff}(s) = \frac{L(s)}{D(s)} = \frac{s+10}{s+7} \,, \tag{8.95}$$

$$G_c(s) = \frac{M(s)}{D(s)} = \frac{13s+1}{s+7} \,. \tag{8.96}$$

Logo, a função de transferência de malha fechada é dada por

$$\frac{Y(s)}{R(s)} = \frac{G_{ff}(s)G_p(s)}{1 + G_c(s)G_p(s)} = \frac{\frac{(s+10)}{(s+7)}\frac{1}{(s^2+1)}}{1 + \frac{(13s+1)}{(s+7)}\frac{1}{(s^2+1)}} = \frac{s+10}{s^3 + 7s^2 + 14s + 8} \,, \tag{8.97}$$

que está de acordo com a função de transferência especificada em (8.79).

Na Figura 8.7 são apresentadas as respostas $x(t)$ para um degrau unitário aplicado na entrada $f(t)$ do sistema em malha aberta, sem compensadores, e na referência $r(t)$ do sistema em malha fechada da Figura (8.2) com os compensadores $G_{ff}(s)$ e $G_c(s)$. Note que sem os compensadores a saída $x(t)$ é oscilatória, enquanto com os compensadores a saída torna-se superamortecida.

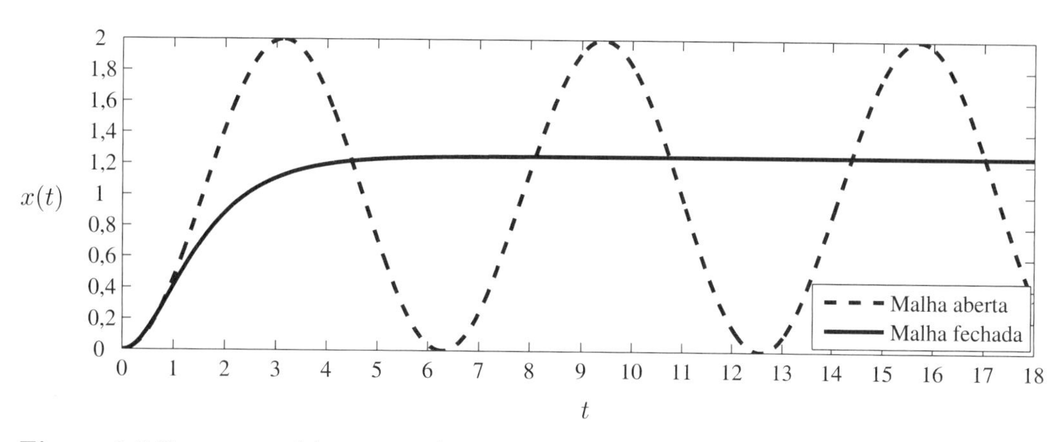

Figura 8.7 Respostas $x(t)$ para um degrau unitário aplicado na entrada $f(t)$ do sistema em malha aberta e na referência $r(t)$ do sistema em malha fechada.

Exercício 8.3

Projete um controlador para um levitador eletromagnético com função de transferência

$$G_p(s) = \frac{B(s)}{A(s)} = \frac{1}{s^2 - 1}\ , \text{ com } n = 2\ , \tag{8.98}$$

de modo que os polos de malha fechada dominantes tenham coeficiente de amortecimento $\xi = 0{,}5$ e frequência natural $\omega_n = 2$ (rad/s).

Solução

Imposição de polos com realimentação unitária

Para que a especificação seja satisfeita os polos de malha fechada dominantes devem estar localizados em

$$s = -\xi\omega_n \pm \omega_n\sqrt{1-\xi^2} = -1 \pm \sqrt{3}j\ . \tag{8.99}$$

Para que o polinômio $F(s)$ possa ser arbitrariamente escolhido deve-se ter um compensador de grau $m \geq n-1$. Assumindo $m = 1$, tem-se que grau$[F(s)] = n+m = 2+1 = 3$. Logo, é necessário escolher a posição de um terceiro polo p de malha fechada. Para que a resposta transitória não seja afetada este deve ser escolhido pelo menos 5 constantes de tempo mais à esquerda dos polos complexos conjugados dominantes, isto é, $p \leq -5\xi\omega_n$. Escolhendo $p = -10$, obtém-se

$$F(s) = (s+1+\sqrt{3}j)(s+1-\sqrt{3}j)(s+10) = 40 + 24s + 12s^2 + s^3\ . \tag{8.100}$$

Sendo $m = 1$, a função de transferência do compensador é do tipo

$$G_c(s) = \frac{C(s)}{D(s)} = \frac{c_0 + c_1 s}{d_0 + d_1 s}\ . \tag{8.101}$$

O sistema de equações na forma matricial é dado por

$$\begin{bmatrix} a_0 & b_0 & 0 & 0 \\ a_1 & b_1 & a_0 & b_0 \\ a_2 & b_2 & a_1 & b_1 \\ 0 & 0 & a_2 & b_2 \end{bmatrix} \begin{bmatrix} d_0 \\ c_0 \\ d_1 \\ c_1 \end{bmatrix} = \begin{bmatrix} f_0 \\ f_1 \\ f_2 \\ f_3 \end{bmatrix}\ . \tag{8.102}$$

Substituindo os valores numéricos, obtém-se

$$\begin{bmatrix} -1 & 1 & 0 & 0 \\ 0 & 0 & -1 & 1 \\ 1 & 0 & 0 & 0 \\ 0 & 0 & 1 & 0 \end{bmatrix} \begin{bmatrix} d_0 \\ c_0 \\ d_1 \\ c_1 \end{bmatrix} = \begin{bmatrix} 40 \\ 24 \\ 12 \\ 1 \end{bmatrix}\ , \tag{8.103}$$

ou

$$\begin{bmatrix} d_0 \\ c_0 \\ d_1 \\ c_1 \end{bmatrix} = \begin{bmatrix} 0 & 0 & 1 & 0 \\ 1 & 0 & 1 & 0 \\ 0 & 0 & 0 & 1 \\ 0 & 1 & 0 & 1 \end{bmatrix} \begin{bmatrix} 40 \\ 24 \\ 12 \\ 1 \end{bmatrix} = \begin{bmatrix} 12 \\ 52 \\ 1 \\ 25 \end{bmatrix} . \tag{8.104}$$

Portanto, a função de transferência do compensador é

$$G_c(s) = \frac{c_0 + c_1 s}{d_0 + d_1 s} = \frac{52 + 25s}{12 + s} . \tag{8.105}$$

Logo, a função de transferência de malha fechada $G_{mf}(s)$ é dada por

$$G_{mf}(s) = \frac{G_c(s)G_p(s)}{1 + G_c(s)G_p(s)} = \frac{\left(\frac{52+25s}{12+s}\right)\left(\frac{1}{s^2-1}\right)}{1 + \left(\frac{52+25s}{12+s}\right)\left(\frac{1}{s^2-1}\right)} = \frac{25s + 52}{s^3 + 12s^2 + 24s + 40} . \tag{8.106}$$

Observe que o denominador de $G_{mf}(s)$ está de acordo com o polinômio $F(s)$ (8.100). Porém, o projeto não permite controle sobre o zero de $G_{mf}(s)$ que, neste projeto, está localizado em $s = -2{,}08$. Quanto mais longe dos polos de malha fechada dominantes, menos influência o zero tem na resposta transitória do sistema.

Imposição de polos e *model matching*

Neste projeto é possível adotar o zero de malha fechada mais distante dos polos complexos conjugados dominantes, de modo que este influencie menos na resposta transitória. Assim, escolhendo o zero de malha fechada em $s = -5$ e o terceiro polo de malha fechada em $s = -10$, obtém-se

$$G_0(s) = \frac{B_0(s)}{A_0(s)} = \frac{k(s+5)}{(s + 1 + \sqrt{3}j)(s + 1 - \sqrt{3}j)(s + 10)} = \frac{k(s+5)}{s^3 + 12s^2 + 24s + 40} . \tag{8.107}$$

Neste projeto também é possível adotar o ganho k na Equação (8.107), de modo a obter um determinado erro estacionário. Aplicando o teorema do valor final na Equação (8.107), para que a saída estacionária seja igual à entrada numa resposta ao degrau, o ganho necessário é $k = 8$.

• Passo 1

Calcule

$$\frac{G_0(s)}{B(s)} = \frac{B_0(s)}{A_0(s)B(s)} = \frac{B_p(s)}{A_p(s)} = \frac{8s + 40}{(s^3 + 12s^2 + 24s + 40)1} . \tag{8.108}$$

Note que $B_0(s) = 8s + 40$ e $B(s) = 1$ não possuem fatores comuns para serem cancelados. Portanto,

$$B_p(s) = B_0(s) = 8s + 40 \quad \text{e} \tag{8.109}$$

$$A_p(s) = A_0(s)B(s) = s^3 + 12s^2 + 24s + 40 . \tag{8.110}$$

• Passo 2

Seja o polinômio $\overline{A}_p(s)$, escolhido com raízes no semiplano esquerdo do plano s e tal que

$$\text{grau}[A_p(s)\overline{A}_p(s)] \geq 2n - 1 = 2.2 - 1 = 3 . \tag{8.111}$$

Como $\text{grau}[A_p(s)] = 3$ e como $\text{grau}[\overline{A}_p(s)]$ deve ser maior ou igual a 0, para que a condição (8.111) seja satisfeita pode-se adotar, por exemplo, $\text{grau}[\overline{A}_p(s)] = 0$, com

$$\overline{A}_p(s) = 1 . \tag{8.112}$$

- **Passo 3**

Calcule

$$L(s) = B_p(s)\overline{A}_p(s) = (8s+40)1 = 8s+40 \quad \text{e} \tag{8.113}$$

$$F(s) = A_p(s)\overline{A}_p(s) = (s^3+12s^2+24s+40)1 = s^3+12s^2+24s+40\ . \tag{8.114}$$

Sendo grau$[F(s)] = 3 = n+m = 2+m$, então, $m = 1$. Logo,

$$D(s) = d_0 + d_1 s\ , \tag{8.115}$$

$$M(s) = m_0 + m_1 s\ , \tag{8.116}$$

$$F(s) = f_0 + f_1 s + f_2 s^2 + f_3 s^3 = 40 + 24s + 12s^2 + s^3\ . \tag{8.117}$$

Usando a Equação (8.48) os coeficientes dos polinômios $D(s)$ e $M(s)$ podem ser determinados a partir da solução do sistema linear

$$\begin{bmatrix} -1 & 1 & 0 & 0 \\ 0 & 0 & -1 & 1 \\ 1 & 0 & 0 & 0 \\ 0 & 0 & 1 & 0 \end{bmatrix} \begin{bmatrix} d_0 \\ m_0 \\ d_1 \\ m_1 \end{bmatrix} = \begin{bmatrix} 40 \\ 24 \\ 12 \\ 1 \end{bmatrix} \Rightarrow \begin{bmatrix} d_0 \\ m_0 \\ d_1 \\ m_1 \end{bmatrix} = \begin{bmatrix} 12 \\ 52 \\ 1 \\ 25 \end{bmatrix}\ . \tag{8.118}$$

Portanto, as funções de transferência dos controladores são

$$G_{ff}(s) = \frac{L(s)}{D(s)} = \frac{8s+40}{s+12}\ , \tag{8.119}$$

$$G_c(s) = \frac{M(s)}{D(s)} = \frac{25s+52}{s+12}\ . \tag{8.120}$$

Logo, a função de transferência de malha fechada é dada por

$$G_{mf}(s) = \frac{G_{ff}(s)G_p(s)}{1+G_c(s)G_p(s)} = \frac{\frac{(8s+40)}{(s+12)}\frac{1}{(s^2-1)}}{1+\frac{(25s+52)}{(s+12)}\frac{1}{(s^2-1)}} = \frac{8s+40}{s^3+12s^2+24s+40}\ , \tag{8.121}$$

que está de acordo com a função de transferência especificada em (8.108).

Na Figura 8.8 são apresentadas as respostas ao degrau unitário nas referências dos sistemas em malha fechada (8.106) e (8.121).

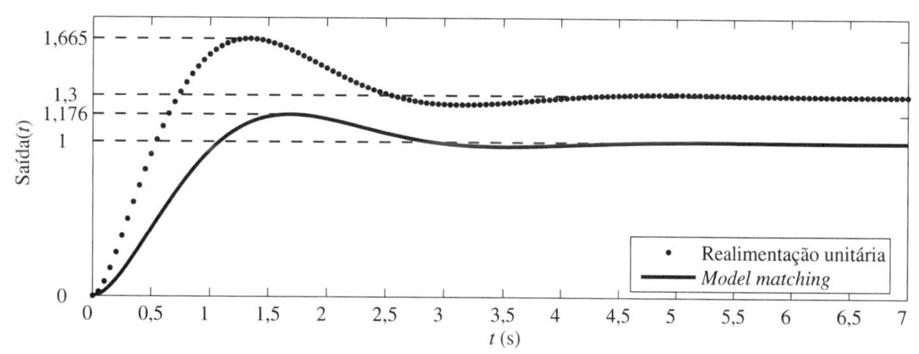

Figura 8.8 Respostas ao degrau unitário nas referências dos sistemas (8.106) e (8.121).

Observe que a resposta transitória obtida com o projeto por realimentação unitária apresenta erro estacionário não nulo ($e(\infty) = 1 - 1{,}3 = -0{,}3$) e um sobressinal maior ($M_p \cong 28\%$) que o especificado para $\xi = 0{,}5$ ($M_p \cong 16{,}3\%$). Isso se deve à influência do zero em $s = -2{,}08$ da função de transferência (8.106), que está próximo dos polos complexos conjugados dominantes. Já a resposta transitória obtida por *model matching* apresenta um sobressinal menor ($M_p \cong 17{,}6\%$) devido à menor influência do zero em $s = -5$ da função de transferência (8.107), que foi alocado mais distante dos polos complexos conjugados dominantes. Além disso, neste projeto o erro estacionário é nulo devido à uma escolha adequada do ganho k na Equação (8.107).

8.5 Exercícios propostos

Exercício 8.4

Considere o sistema de controle da Figura 8.1. Projete o compensador $G_c(s)$ para cada um dos seguintes casos:

a) $G_p(s) = \dfrac{1}{s(s-1)}$ e $F(s) = (s+1)(s+2)$;

b) $G_p(s) = \dfrac{s+1}{s(s-1)}$ e $F(s) = (s+2)(s+3)$;

c) $G_p(s) = \dfrac{s-1}{(s+1)(s+5)}$ e $F(s) = (s+2)(s+5)$.

Exercício 8.5

Considere o sistema de controle da Figura 8.2. Projete os compensadores $G_c(s)$ e $G_{ff}(s)$ para cada um dos seguintes casos:

a) $G_p(s) = \dfrac{1}{s(s-1)}$ e $G_0(s) = \dfrac{s+1}{(s+2)(s+3)}$;

b) $G_p(s) = \dfrac{s+1}{s(s-1)}$ e $G_0(s) = \dfrac{s+2}{(s+3)(s+4)}$;

c) $G_p(s) = \dfrac{s-1}{(s+1)(s+5)}$ e $G_0(s) = \dfrac{s+1}{(s+2)(s+3)(s+5)}$.

Exercício 8.6

Refaça o Exemplo 8.5, adotando grau$[\overline{A}_p(s)] > 0$.

Exercício 8.7

Projete um compensador por imposição de polos para um sistema em malha fechada com realimentação unitária, de modo que os polos de malha fechada dominantes tenham coeficiente de amortecimento $\xi = 0{,}5$ e frequência natural $\omega_n = 4$ (rad/s). Considere as seguintes plantas:

a) $G_p(s) = \dfrac{1}{s^2}$ e

b) $G_p(s) = \dfrac{1}{(s+1)(s+2)(s+3)}$.

Exercício 8.8

Refaça o Exercício 8.7 projetando compensadores por imposição de polos e *model matching*. Considere também a especificação de erro estacionário nulo para resposta ao degrau na referência.

9

Limitações de Projeto

9.1 Introdução

Neste capítulo deseja-se discutir o problema do projeto de sistemas de controle por realimentação perante seus vários objetivos. Os conflitos resultantes conduzem à necessidade de soluções de compromisso. Será sugerida também uma sequência de decisões de projeto e de suas revisões que visa facilitar o desenvolvimento das soluções.

É importante salientar, com relação aos projetos lineares, que

- modelos lineares valem somente em faixas reduzidas dos sinais, fora das quais ocorrem alterações importantes;
- o esforço de controle é limitado fisicamente em amplitude ou por questões econômicas, ou por alguma saturação;
- a planta pode se alterar por condições ambientais e, a longo prazo, por desgaste.

Apesar disso, é usualmente satisfatório projetar o controlador com base num dado modelo linear, válido nas condições usuais, e depois realizar estudos de robustez. Na prática atual esses estudos consistem em extensivas simulações em computador.

É também intenção do capítulo estudar as limitações ao projeto que decorrem de plantas com fase não mínima, com atraso puro e, embora superficialmente, as que decorrem de plantas com não linearidades.

9.2 Critérios de qualidade

A rigor, um projeto de controlador dependeria de considerar todos os possíveis sinais de referência e de perturbação previsíveis na vida do sistema. No entanto, para tornar o problema matematicamente definido adotam-se apenas alguns sinais simples, representativos dos reais: a constante, o degrau ou a rampa. Em teorias avançadas utilizam-se também representações estatísticas dos sinais.

Para o projeto, um critério de qualidade de desempenho deve ser estabelecido. Pode ser um conjunto de exigências sobre erros estacionários, sobre amplitudes e durações dos erros transitórios, sobre faixas de passagem em frequência ou pode ser um índice chamado de "erro integral". Dentre estes, os principais referem-se à resposta ao degrau e são designados por siglas internacionais:

- *IAE* : Integral do Erro Absoluto (*Integral of Absolute Error*) é definido como

$$IAE = \int_0^\infty |e(t)|dt = \int_0^\infty |r(t) - y(t)|dt \ . \tag{9.1}$$

- *ISE* : Integral do Erro Quadrático (*Integral of Square Error*) é definido como

$$ISE = \int_0^\infty e^2(t)dt = \int_0^\infty (r(t) - y(t))^2 dt \ . \tag{9.2}$$

- *ITAE* : Integral do Produto do Tempo pelo Erro Absoluto (*Integral of Time Multiplied Absolute Error*) é definido como

$$ITAE = \int_0^\infty t|e(t)|dt = \int_0^\infty t|r(t) - y(t)|dt \ . \tag{9.3}$$

Um critério de qualidade mais realista, que leva em conta também o custo do esforço de controle (saída $m(t)$ do controlador), foi proposto por N. Wiener e depois adotado em incontáveis estudos de controle ótimo. Esse critério integral compõe o quadrado do erro com o quadrado do esforço:

$$J = \int_0^\infty [\ e^2(t) + \lambda m^2(t)\ ]dt \ , \tag{9.4}$$

sendo λ uma constante positiva de ponderação ou de custo relativo. A preocupação com o esforço de controle $m(t)$ é fundamental, pois de nada adianta projetar um sistema com resposta muito rápida ou com erro atuante muito pequeno se o correspondente valor de $m(t)$ não pode ser atingido.

9.3 Controlabilidade

Na concepção inicial de um sistema de controle é necessário verificar a viabilidade física do ato de controlar, isto é, verificar se existem cadeias de causa e efeito, internas ao processo, que viabilizem efeitos da variável manipulada $m(t)$ (saída do controlador) sobre a saída do processo $y(t)$.

A seguir, a capacidade dos meios de controle deve ser examinada, usualmente expressa por meio de alguns conceitos de controlabilidade da literatura de controle de processo. São apresentadas duas definições de controlabilidade, ambas associadas à entrada e à saída do processo, que requerem um exame quantitativo dos recursos disponíveis. Esses conceitos são especialmente importantes no controle de sistemas multivariáveis, isto é, quando várias entradas e saídas interagem via dinâmica da planta (ver [3] e [54]).

A condição de controlabilidade para sistemas dinâmicos SISO com n estados é apresentada no Capítulo 13.

Controlabilidade estacionária

Um sistema linear é controlável nesse sentido se a variável de saída pode ser mantida no seu valor desejado (*set-point*), em regime estacionário, a despeito das perturbações estacionárias previstas na especificação.

Partindo das equações dinâmicas, a ferramenta natural para o teste dessa questão é, naturalmente, o Teorema do Valor Final.

Janelas de operação

A janela de operação no espaço das perturbações da saída é a região deste espaço cujo efeito é compensável pela variável de manipulação disponível, considerando o regime estacionário, as não linearidades e os limites da variável de manipulação ([37]).

Por exemplo, considere um acionamento elétrico: normalmente a janela a ser considerada é bidimensional, dada pelo intervalo dos valores dos conjugados de carga no eixo, estacionários, e pelo intervalo das tensões da fonte de energia elétrica.

Analogamente, define-se a janela de operação da entrada da planta como o intervalo necessário de valores da entrada para compensar as perturbações em regime estacionário.

Controlabilidade de entrada-saída

É a existência de pelo menos um controlador por realimentação que seja capaz de produzir desempenho estático e dinâmico aceitável para todas as perturbações esperadas na especificação (ver [54]).

É uma qualidade da planta e da escolha das variáveis. Uma solução teórica ou analítica para este problema é difícil, e tem sido pouco estudada. A resposta prática fica por conta de tentativas de projeto e de simulações.

9.4 A complexidade dos objetivos do projeto

Considere o diagrama de blocos de um sistema de controle por realimentação, SISO (*Single Input Single Output*), que está representado na Figura 9.1.

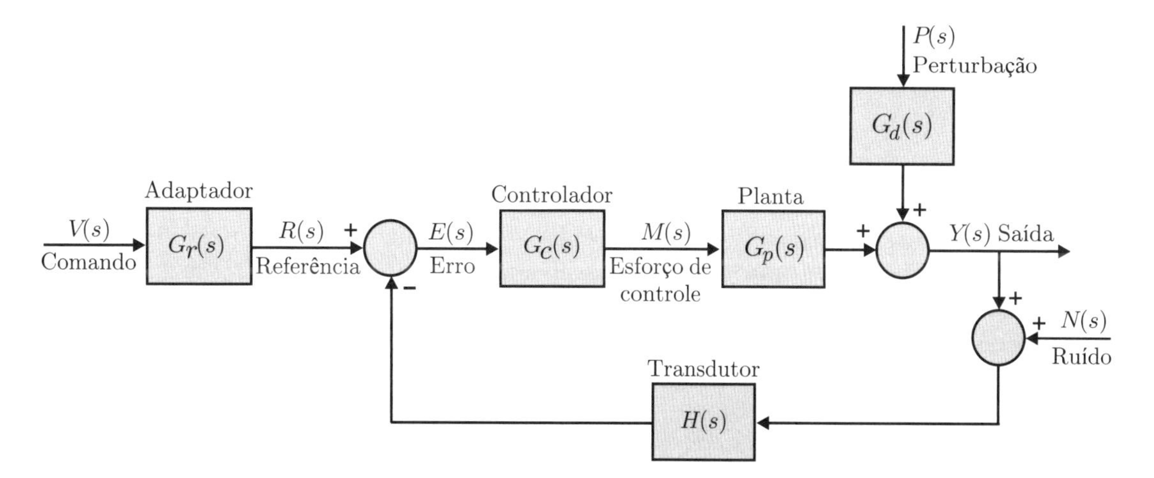

Figura 9.1 Diagrama de blocos de um sistema de controle por realimentação.

Os principais sinais são:
$V(s)$: comando aplicado pelo operador para definir o sinal de referência $R(s)$;
$Y(s)$: variável de saída que se deseja controlar;
$E(s) = R(s) - Y(s)$: erro;
$P(s)$: perturbação atuante sobre a planta;
$N(s)$: ruído do transdutor de medida;
$M(s)$: esforço de controle.

As funções de transferência representam:

$G_p(s)$: processo controlado da variável de manipulação até a saída, junto com o amplificador de potência e o atuador principal;

$G_r(s)$: adaptador de comando, geralmente necessário por razões ergonômicas. Leva a variável $V(s)$ de comando do operador à variável $R(s)$ de referência;

$G_d(s)$: processo controlado, das perturbações de carga ou de energia até a saída;

$H(s)$: transdutor de medida da variável de saída;

$G_c(s)$: controlador de realimentação.

A função de transferência do processo controlado, base para os métodos deste livro, se define após várias etapas de concepção e de construção do sistema técnico, como:

- seleção da variável de manipulação externa $m(t)$ que seja capaz de, por uma cadeia bem determinada de causas e efeitos, alterar o valor da variável $y(t)$ que se deseja controlar. Em processos industriais complexos essa escolha pode não ser trivial;
- seleção de um amplificador de potência e de um atuador que sejam fisicamente capazes de corrigir a variável $y(t)$ frente às amplitudes das perturbações $p(t)$ e dos comandos $v(t)$ previstos na especificação do sistema de controle. Exemplos: para um dado acionamento mecânico, a seleção de um motor suficientemente forte e de um amplificador a tiristores; para um misturador, a seleção da bomba de um dos componentes. Esta seleção tem enorme efeito sobre os custos dos equipamentos;
- estabelecimento da função de transferência desses componentes e da sua composição em cascata;
- seleção de um transdutor de precisão e rapidez adequadas para medir a variável de saída. Exemplos: um tacogerador; um transdutor de pH; um sensor de posição linear, etc.

Funções de transferência

Para lidar com as especificações é preciso considerar simultaneamente várias funções de transferência como, por exemplo, de $R(s)$ para $Y(s)$, de $P(s)$ para $Y(s)$, de $R(s)$ para $E(s)$, etc. É curioso que em todas essas funções de transferência intervém a função chamada de diferença de retorno:

$$1 + G_c(s)G_p(s)H(s) = 1 + G_{ma}(s) \, , \tag{9.5}$$

em que $G_{ma}(s)$ é a conhecida função de transferência de malha aberta.

Foi H. Bode quem pela primeira vez observou a importância da diferença de retorno, tendo justificado este nome da seguinte forma: suponha a realimentação interrompida numa conexão qualquer entre dois blocos da malha fechada, assim criando um terminal de entrada e um de saída. Suponha um impulso unitário injetado no terminal de entrada e a medida do sinal retornado no terminal de saída. A diferença entre o sinal injetado e o retornado, levando em conta o sinal algébrico no somador, resulta igual a (9.5), pois

$$1 - [-G_c(s)G_p(s)H(s)] = 1 - [-G_{ma}(s)] = 1 + G_{ma}(s) \, . \tag{9.6}$$

Do diagrama de blocos da Figura 9.1, várias funções de transferências podem ser calculadas. Desta figura tem-se que

$$E(s) = R(s) - H(s)[Y(s) + N(s)] \, , \tag{9.7}$$

$$Y(s) = G_p(s)G_c(s)E(s) + G_d(s)P(s) \, . \tag{9.8}$$

Deduz-se facilmente que, se $P(s) = N(s) = 0$, a função de transferência da referência até a saída vale

$$\frac{Y(s)}{R(s)} = \frac{G_c(s)G_p(s)}{1 + G_{ma}(s)} \, . \tag{9.9}$$

Se $R(s) = P(s) = 0$, a função de transferência do ruído do transdutor até a saída vale

$$\frac{Y(s)}{N(s)} = \frac{-G_{ma}(s)}{1 + G_{ma}(s)} . \tag{9.10}$$

Se $R(s) = N(s) = 0$, a função de transferência da perturbação de carga até a saída vale

$$\frac{Y(s)}{P(s)} = \frac{G_d(s)}{1 + G_{ma}(s)} . \tag{9.11}$$

Outras funções de transferências de interesse para os projetos são:

$$\frac{E(s)}{R(s)} = \frac{1}{1 + G_{ma}(s)} , \tag{9.12}$$

$$\frac{E(s)}{N(s)} = \frac{-H(s)}{1 + G_{ma}(s)} , \tag{9.13}$$

$$\frac{E(s)}{P(s)} = \frac{-H(s)G_d(s)}{1 + G_{ma}(s)} , \tag{9.14}$$

$$\frac{M(s)}{R(s)} = \frac{G_c(s)}{1 + G_{ma}(s)} , \tag{9.15}$$

$$\frac{M(s)}{N(s)} = \frac{-G_c(s)H(s)}{1 + G_{ma}(s)} , \tag{9.16}$$

$$\frac{M(s)}{P(s)} = \frac{-G_c(s)H(s)G_d(s)}{1 + G_{ma}(s)} . \tag{9.17}$$

Uma regra mnemônica para gerar as fórmulas (9.9) a (9.17), a partir do diagrama de blocos da Figura 9.1, é a seguinte:

o ganho de uma entrada ($R(s)$, $N(s)$ ou $P(s)$) até uma variável de saída ($Y(s)$, $E(s)$ ou $M(s)$) é o ganho dos blocos que se encontram no caminho, da entrada até a saída, como se não existisse realimentação, dividido pela diferença de retorno.

9.5 Estratégia de projeto

Embora o problema de controle da Figura 9.1 seja usualmente considerado de uma entrada e uma saída (SISO - *Single Input Single Output*), há várias entradas ($R(s)$, $N(s)$ ou $P(s)$) e várias saídas ($Y(s)$, $E(s)$ ou $M(s)$) que devem ser consideradas ao mesmo tempo. O sistema usualmente chamado de SISO é na realidade multivariável (MIMO - *Multi Input Multi Output*).

Usando a representação matricial e as funções de transferência (9.9) a (9.17), pode-se sintetizar matricialmente toda essa complexidade:

$$\begin{bmatrix} Y(s) \\ E(s) \\ M(s) \end{bmatrix} = \frac{1}{1 + G_{ma}(s)} \begin{bmatrix} G_c(s)G_p(s) & -G_c(s)G_p(s)H(s) & G_d(s) \\ 1 & -H(s) & -H(s)G_d(s) \\ G_c(s) & -G_c(s)H(s) & -G_c(s)H(s)G_d(s) \end{bmatrix} \begin{bmatrix} R(s) \\ N(s) \\ P(s) \end{bmatrix} . \tag{9.18}$$

Apesar dos vários métodos já estudados para análise e projeto de sistemas de controle por realimentação, o projeto de um caso real é complexo e impõe uma sucessão de escolhas, análises e revisões. Nesta seção pretende-se indicar uma estratégia geral de projeto.

Suponha que os sinais do ambiente do sistema tenham sido medidos e analisados, assim estabelecendo as faixas de frequência em que os seus conteúdos harmônicos são significativos. Sejam F_R, F_N e F_P os extremos superiores das faixas de frequência da referência $R(s)$, do ruído de medida $N(s)$ e da perturbação $P(s)$.

Em essência, do ponto de vista frequencial o que se deseja no sistema é obter um conjunto de respostas em frequência relacionadas com esses extremos, conforme está representado nos gráficos (a), (b) e (c) da Figura 9.2 e na Tabela 9.1.

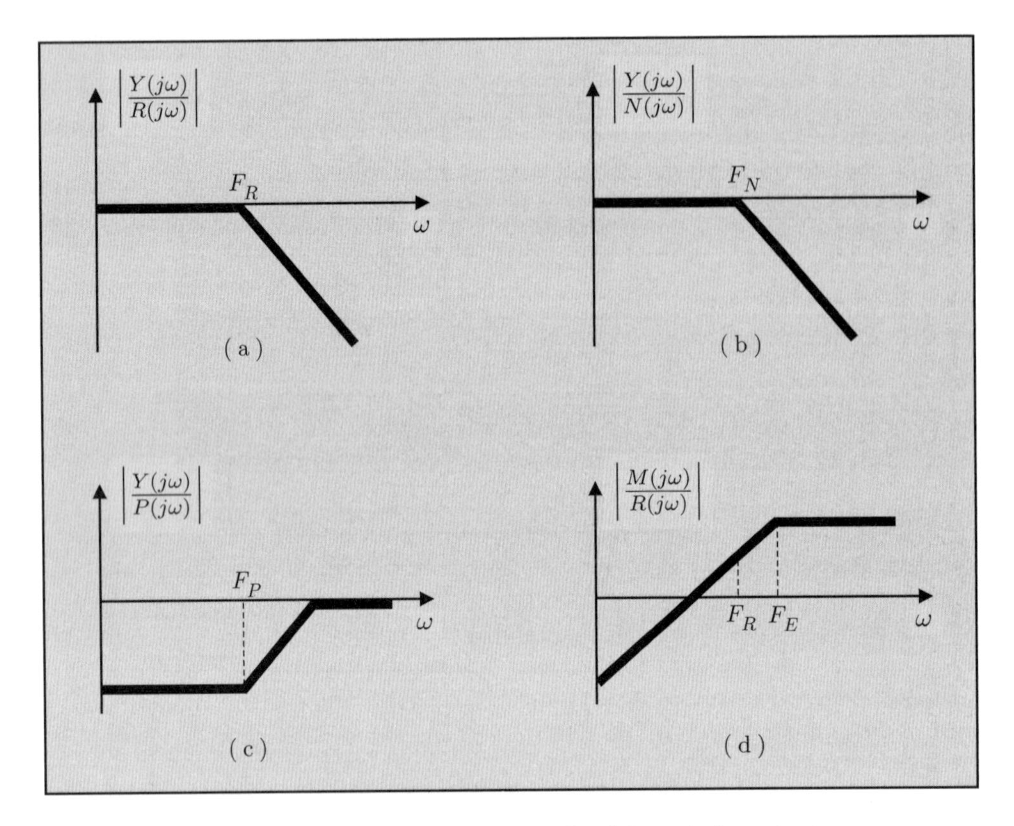

Figura 9.2 Extremos superiores das faixas de frequência.

Tabela 9.1 Objetivo geral de projeto das respostas frequenciais

Função de transferência	Objetivo geral	Resposta frequencial
$E(s)/R(s)$	Reduzir erros de regime permanente	—
$Y(s)/R(s)$	Verificar se $y(t)$ reproduz $r(t)$	$\lvert Y(j\omega)/R(j\omega)\rvert \approx 1$ para $0 < \omega < F_R$
$Y(s)/N(s)$	Reduzir efeitos de $n(t)$ sobre $y(t)$	$\lvert Y(j\omega)/N(j\omega)\rvert$ "pequeno" para $\omega > F_N$
$Y(s)/P(s)$	Reduzir efeitos de $p(t)$ sobre $y(t)$	$\lvert Y(j\omega)/P(j\omega)\rvert$ "pequeno" para $0 < \omega < F_P$

O gráfico (d) da Figura 9.2 destina-se a apontar que, em geral, a amplitude do esforço de controle cresce até uma frequência F_E, maior que F_R. Por isso, especial atenção deve ser dada à potência instantânea máxima do amplificador de potência e do atuador do sistema nas faixas dos sinais reais, isto é, de 0 a F_R.

Para conciliar todas as exigências frequenciais e temporais recomenda-se conduzir o processo de projeto de acordo com o fluxograma da Figura 9.3.

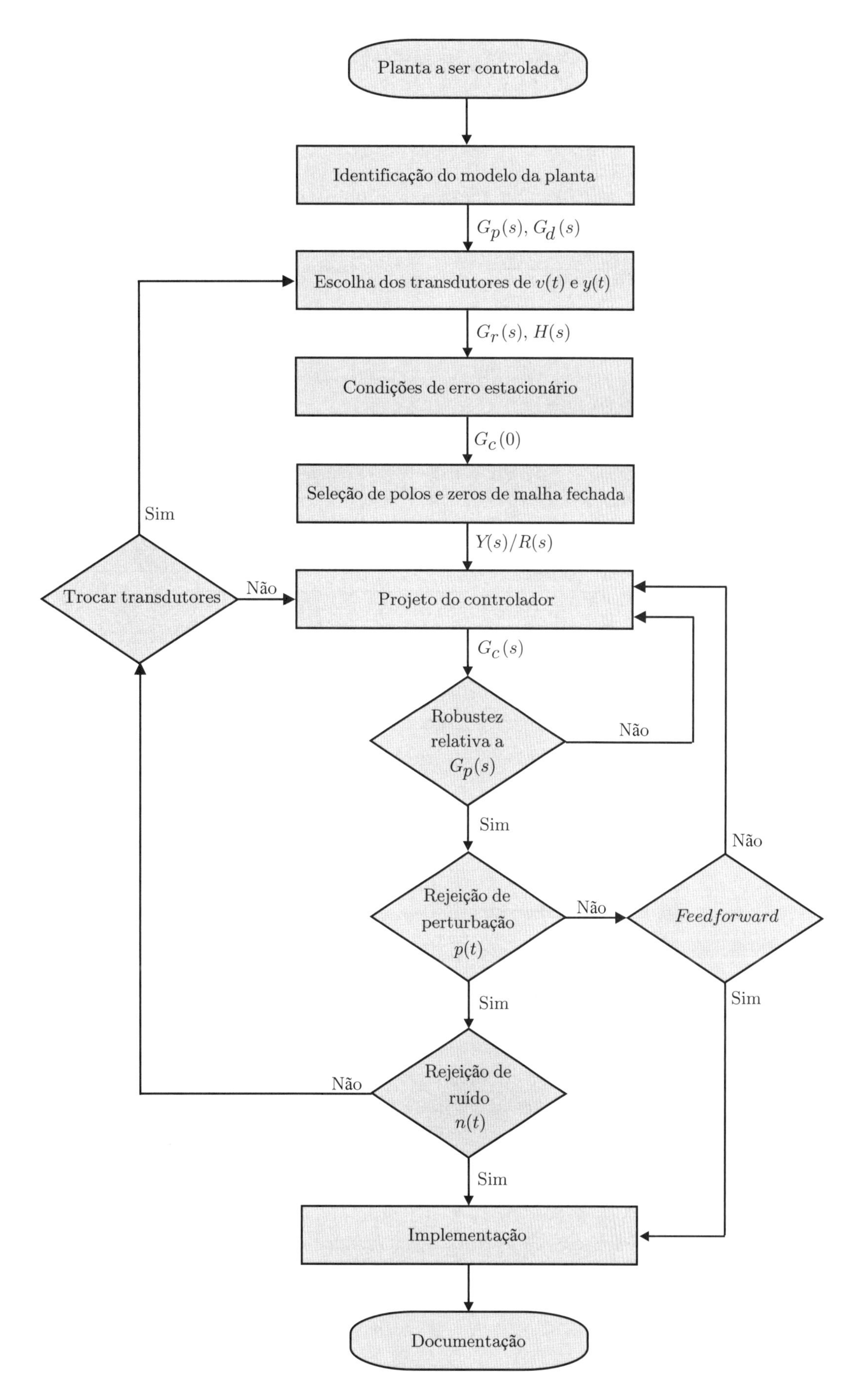

Figura 9.3 Fluxograma de projeto.

9.6 Limitações por fase não mínima

Esta característica na planta limita seriamente o desempenho atingível pelo sistema de controle por realimentação, atrasando as ações corretivas da variável manipulada, porque a variável de saída da planta reage inicialmente em sentido contrário ao esperado (ver Seções 3.8 e 5.4).

Quanto à estabilidade, pelo lugar das raízes sabe-se que os zeros no semiplano direito do plano s, que caracterizam a fase não mínima, "atraem" as curvas para a região instável. Pelos gráficos de Bode, zeros no semiplano direito produzem defasagens negativas anormalmente grandes e, portanto, instabilizantes.

Exemplo 9.1

Considere o diagrama de blocos da Figura 9.4. O processo é de fase não mínima, pois possui um zero no semiplano direito em $s = 1$.

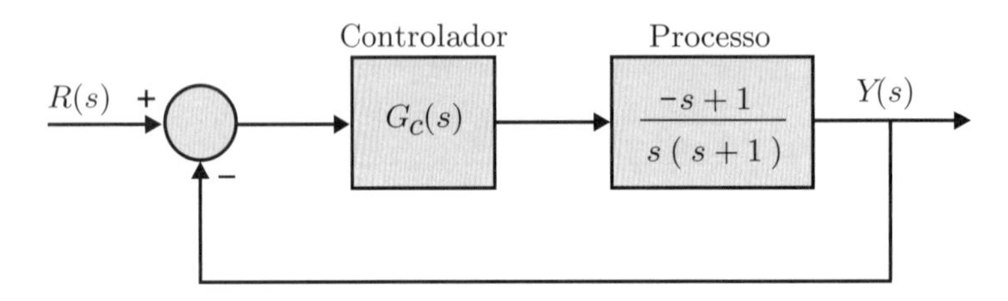

Figura 9.4 Diagrama de blocos de um sistema em malha fechada.

Na Figura 9.5 (a) e (b) são apresentados os gráficos do lugar das raízes para $G_c(s) = K$ (controlador proporcional) e $G_c(s) = \frac{K(s+1)}{s+10}$ (compensador por avanço de fase), respectivamente.

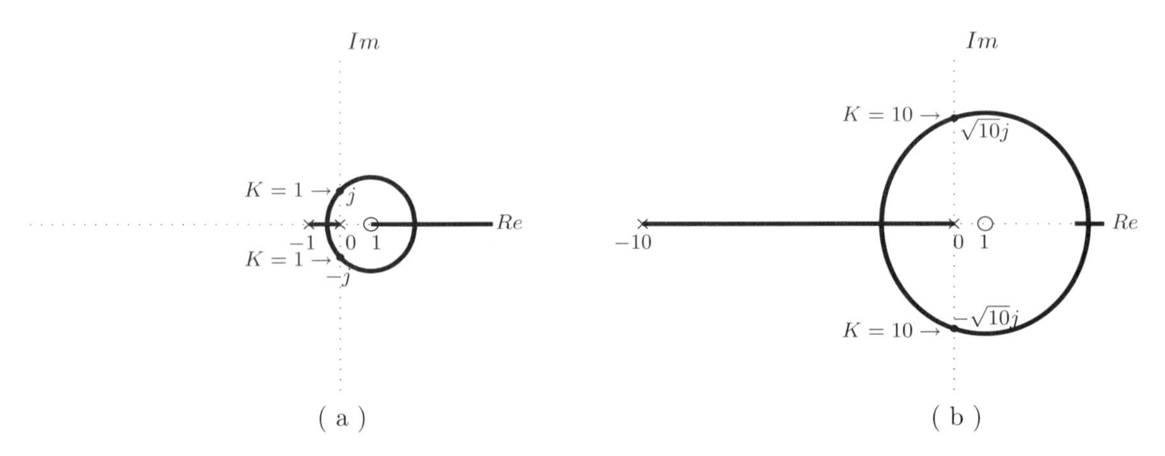

Figura 9.5 Lugar das raízes. (a) $G_c(s) = K$. (b) $G_c(s) = \frac{K(s+1)}{s+10}$.

- Para $G_c(s) = K$, a função de transferência de malha fechada é

$$\frac{Y(s)}{R(s)} = \frac{K(-s+1)}{s^2 + (1-K)s + K} \tag{9.19}$$

Substituindo s por $j\omega$ no denominador de (9.19), o polinômio característico fica

$$(j\omega^2) + (1-K)j\omega + K = 0 \Rightarrow j\omega(1-K) + K - \omega^2 = 0\,. \tag{9.20}$$

Portanto, o lugar das raízes cruza o eixo imaginário em $\pm j$ para $K = 1$.

- Para $G_c(s) = \frac{K(s+1)}{s+10}$, a função de transferência de malha fechada é

$$\frac{Y(s)}{R(s)} = \frac{K(-s+1)}{s^2 + (10-K)s + K} \tag{9.21}$$

Substituindo s por $j\omega$ no denominador de (9.21), o polinômio característico fica

$$(j\omega^2) + (10-K)j\omega + K = 0 \Rightarrow j\omega(10-K) + K - \omega^2 = 0\,. \tag{9.22}$$

Portanto, o lugar das raízes cruza o eixo imaginário em $\pm\sqrt{10}j$ para $K = 10$.

Logo, com o controlador proporcional a frequência de corte é $\omega = 1$ (rad/s), enquanto com o compensador por avanço de fase ocorre um aumento da frequência de corte para $\omega = \sqrt{10} \cong 3{,}16$ (rad/s). Isso também pode ser verificado nos diagramas de Bode da função de malha aberta da Figura 9.6.

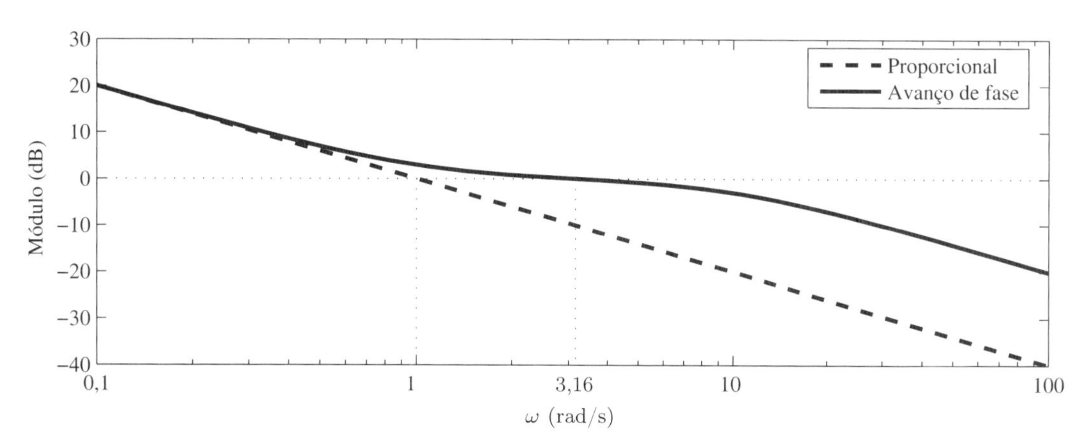

Figura 9.6 Gráficos do módulo da função de malha aberta com o controlador proporcional e com o compensador por avanço de fase.

Na Figura 9.7 são apresentadas as respostas ao degrau unitário do sistema em malha fechada com o compensador por avanço de fase. Observe que na medida em que o ganho aumenta o tempo de acomodação diminui, mas o sobressinal negativo (*undershoot*) aumenta.

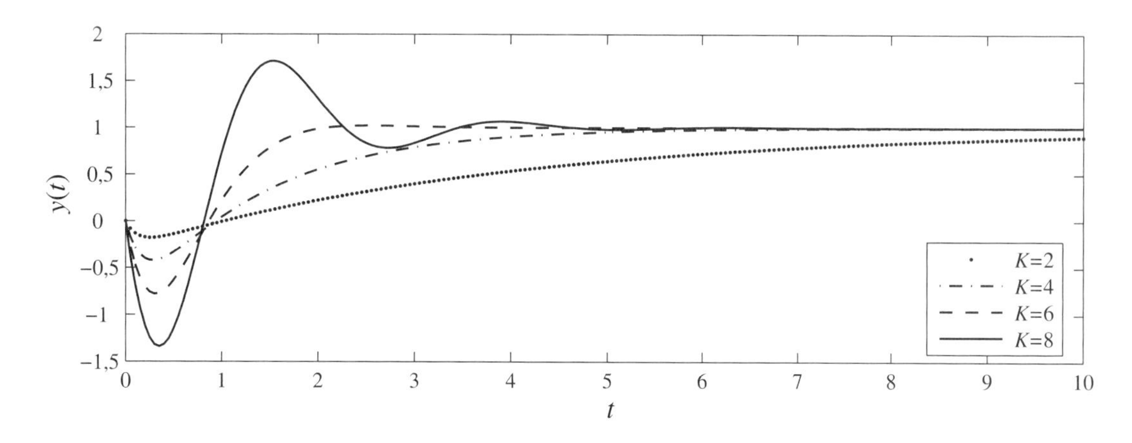

Figura 9.7 Respostas ao degrau unitário do sistema em malha fechada com o compensador por avanço de fase.

■

9.7 Limitações por atraso puro

9.7.1 Preditor de Smith

O efeito instabilizante dos atrasos puros, que é muito presente em controle de processos industriais, foi visto nas Seções 3.9 e 5.5. Considere o sistema da Figura 9.8 em que o processo tem um atraso puro igual a α.

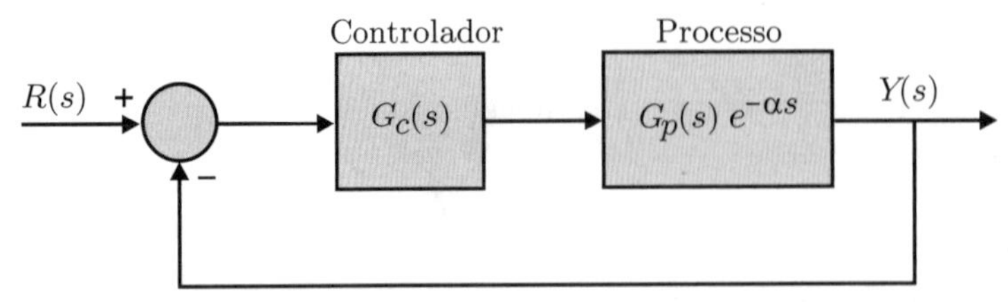

Figura 9.8 Sistema em malha fechada com processo com atraso puro.

Em 1957 O. J. M. Smith propôs uma configuração de blocos para o controlador que, em teoria, sempre estabiliza a malha com atraso puro. A Figura 9.9 mostra o chamado "preditor de Smith", que consiste em uma realimentação negativa em torno do controlador $G_c(s)$ com função de transferência $(1 - e^{-\alpha s})G_p(s)$, obtida a partir de um modelo do processo.

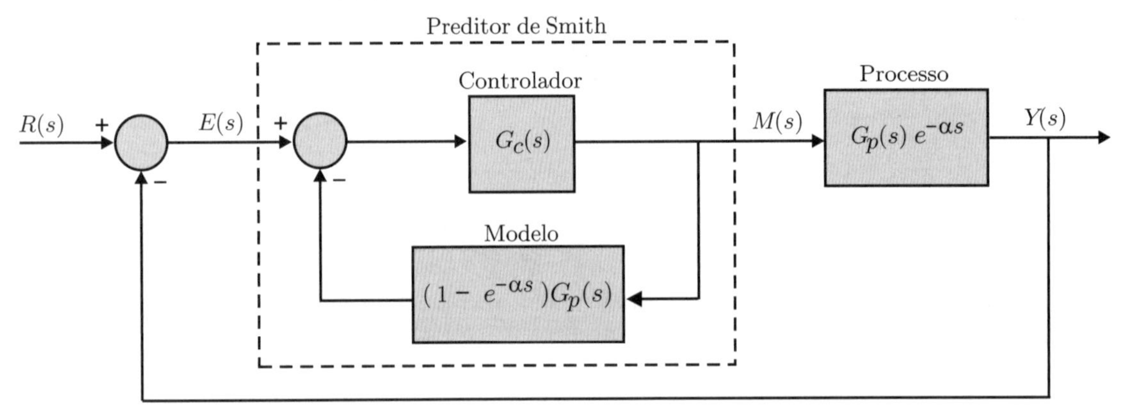

Figura 9.9 Sistema em malha fechada com preditor de Smith.

Da Figura 9.9 tem-se que a função de transferência do preditor de Smith é

$$\frac{M(s)}{E(s)} = \frac{G_c(s)}{1 + (1 - e^{-\alpha s})G_c(s)G_p(s)} \,. \tag{9.23}$$

A função de transferência de malha fechada é

$$\frac{Y(s)}{R(s)} = \frac{G_c(s)G_p(s)e^{-\alpha s}}{1 + (1 - e^{-\alpha s})G_c(s)G_p(s) + G_c(s)G_p(s)e^{-\alpha s}} = \frac{G_c(s)G_p(s)}{1 + G_c(s)G_p(s)}e^{-\alpha s} \,. \tag{9.24}$$

O resultado obtido em (9.24) permite rearranjar o sistema em malha fechada de acordo com o diagrama em blocos da Figura 9.10.

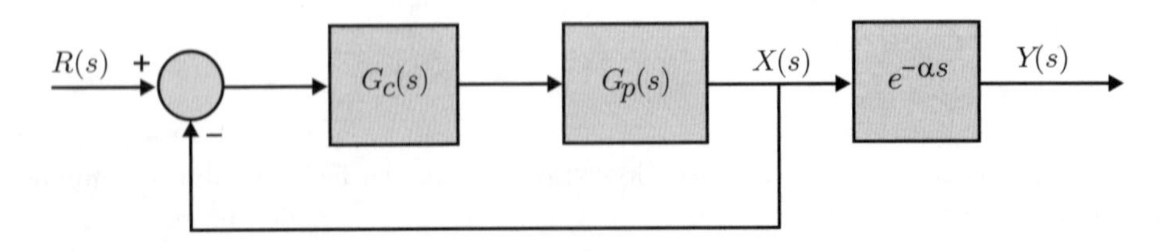

Figura 9.10 Diagrama de blocos equivalente ao sistema com preditor de Smith.

Verifica-se no diagrama final da Figura 9.10 que a função de transferência de malha aberta, responsável pela estabilidade, não contém atraso. No entanto, note bem que a função de transferência de malha fechada $Y(s)/R(s)$ mantém o efeito do atraso puro.

Assim, basta projetar um controlador $G_c(s)$ para o processo $G_p(s)$ sem o atraso e, depois, implementar o preditor de Smith de acordo com a Figura 9.9. A resposta transitória $y(t)$ é a mesma de $x(t)$, porém com um atraso puro igual a α. Note que o preditor de Smith depende do modelo da planta. Portanto, sempre que a dinâmica da planta real se afastar do modelo a questão da estabilidade deve ser reexaminada.

9.8 Índice de desempenho ISE mínimo

Há um resultado teórico muito eficaz que resume as limitações de desempenho devidas a zeros no semiplano direito e a atrasos puros e pode ser deduzido por meio da teoria da otimização de funcionais, aplicada ao controle de uma planta linear genérica com índice de desempenho ISE (*Integral of Square Error*),

$$ISE = \int_0^\infty e^2(t)dt = \int_0^\infty (r(t) - y(t))^2 dt \,, \tag{9.25}$$

sendo $r(t)$ um degrau unitário.

Este é um índice ideal, que supõe esforços de controle ilimitados, e sua minimização estabelece um limite que baliza os desempenhos reais possíveis.

Para plantas estáveis com zeros no semiplano direito localizados em z_i e um atraso puro $\alpha > 0$ a função de transferência de malha fechada ótima ISE é

$$\frac{Y(s)}{R(s)} = e^{-\alpha s} \prod_i \frac{-s + z_i}{s + z_i^*} \,, \tag{9.26}$$

sendo z_i^* o complexo conjugado de z_i e o valor ISE_{min} ótimo para $r(t)$ degrau unitário (ver [41]) é

$$ISE_{min} = \alpha + \frac{2Re(z_i)}{|z_i|^2} \,. \tag{9.27}$$

Note que não há realimentação capaz de produzir índice menor que α.

Se $\alpha = 0$ e há dois zeros complexos conjugados $z_1 = \sigma + j\omega$ e $z_2 = \sigma - j\omega$, resulta o limite de desempenho

$$ISE_{min} = \frac{2\sigma}{\sigma^2 + \omega^2} \,. \tag{9.28}$$

9.9 Robustez perante incertezas estruturadas

Todo projeto de sistemas de controle se apoia em modelos matemáticos da planta que nunca a representam com total fidelidade. Isso ocorre seja por dificuldades de medida, na fase de modelagem, seja por simplificações exigidas pelos métodos de projeto (linearidade e invariância no tempo, por exemplo). Deficiências dos modelos que se traduzem em valores de parâmetros são chamadas de incertezas estruturadas.

Outro tipo de incertezas é o decorrente de uma total ausência de informação estrutural. São os componentes "parasitas" da planta e suas eventuais ressonâncias, localizadas em "altas" frequências, mas que acrescentam defasagem negativa na frequência crítica do projeto. A literatura designa essas deficiências como incertezas não estruturadas. São elas que em larga medida exigem do projetista, nos gráficos de Bode, as margens de segurança.

Um projeto de sistema de controle dinâmico somente pode ser considerado completo quando sua robustez está comprovada, ou seja, quando estão garantidos os desempenhos especificados em presença das flutuações previsíveis dos parâmetros do processo e das perturbações.

A rigor é preciso verificar a robustez do desempenho para todos os valores possíveis dos parâmetros da planta, geralmente também associados às excursões dos sinais nas janelas de controlabilidade. Como esta é uma condição exigente, o melhor é embutir a preocupação em todo o processo de projeto. Esta ideia, que é central na experiência profissional apresentada em [31], é muito simples de realizar por meio de simulação computacional.

Exemplo 9.2

Considere o sistema da Figura 9.11, com os seguintes valores nominais para os parâmetros: $k = 100$, $a = 1$, $b = 8$ e $c = 20$.

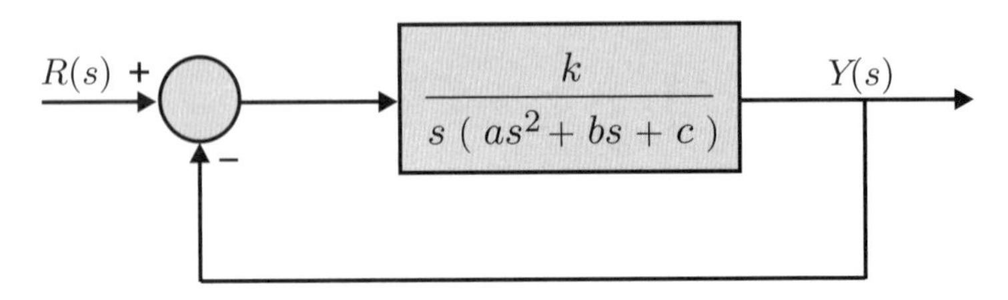

Figura 9.11 Sistema em malha fechada.

Deseja-se verificar a robustez do sistema em malha fechada quando os quatro parâmetros variam de -50% a $+20\%$. A robustez da estabilidade deve ser avaliada perante quaisquer combinações de flutuações nos parâmetros. Portanto, devem ser feitas repetições dos gráficos utilizados no projeto e simulações de desempenho em todos os $2^4 = 16$ vértices do paralelepípedo tetradimensional percorrido pelos parâmetros.

Na Tabela 9.2 estão representadas todas as combinações dos parâmetros. Observe que as combinações 1 e 16 resultam em funções de transferência iguais.

Tabela 9.2 Variações especificadas para os parâmetros no teste de robustez

Casos	1	2	3	4	5	6	7	8	9	10	11	12	13	14	15	16
k	50	50	50	50	50	50	50	50	120	120	120	120	120	120	120	120
a	0,5	0,5	0,5	0,5	1,2	1,2	1,2	1,2	0,5	0,5	0,5	0,5	1,2	1,2	1,2	1,2
b	4	4	9,6	9,6	4	4	9,6	9,6	4	4	9,6	9,6	4	4	9,6	9,6
c	10	24	10	24	10	24	10	24	10	24	10	24	10	24	10	24

Na Figura 9.12 é apresentada a Carta de Nichols[1] para os sistemas com os parâmetros da Tabela 9.2. Note que o sistema em malha fechada é instável em cinco casos (5, 9, 13, 14 e 15), pois as margens de ganho e fase são negativas. Nas demais combinações o sistema em malha fechada é estável.

Na Figura 9.13 são apresentadas as respostas ao degrau unitário dos casos em que o sistema em malha fechada é estável. Para facilitar a visualização e a análise, os gráficos foram divididos em dois grupos. As respostas mais amortecidas e com menor sobressinal ocorrem quando os parâmetros variam de acordo com os casos 2, 4, 6, 8, 10 e 12.

[1] As simulações computacionais das Figuras 9.12 e 9.13 foram obtidas por meio do programa MATLAB.

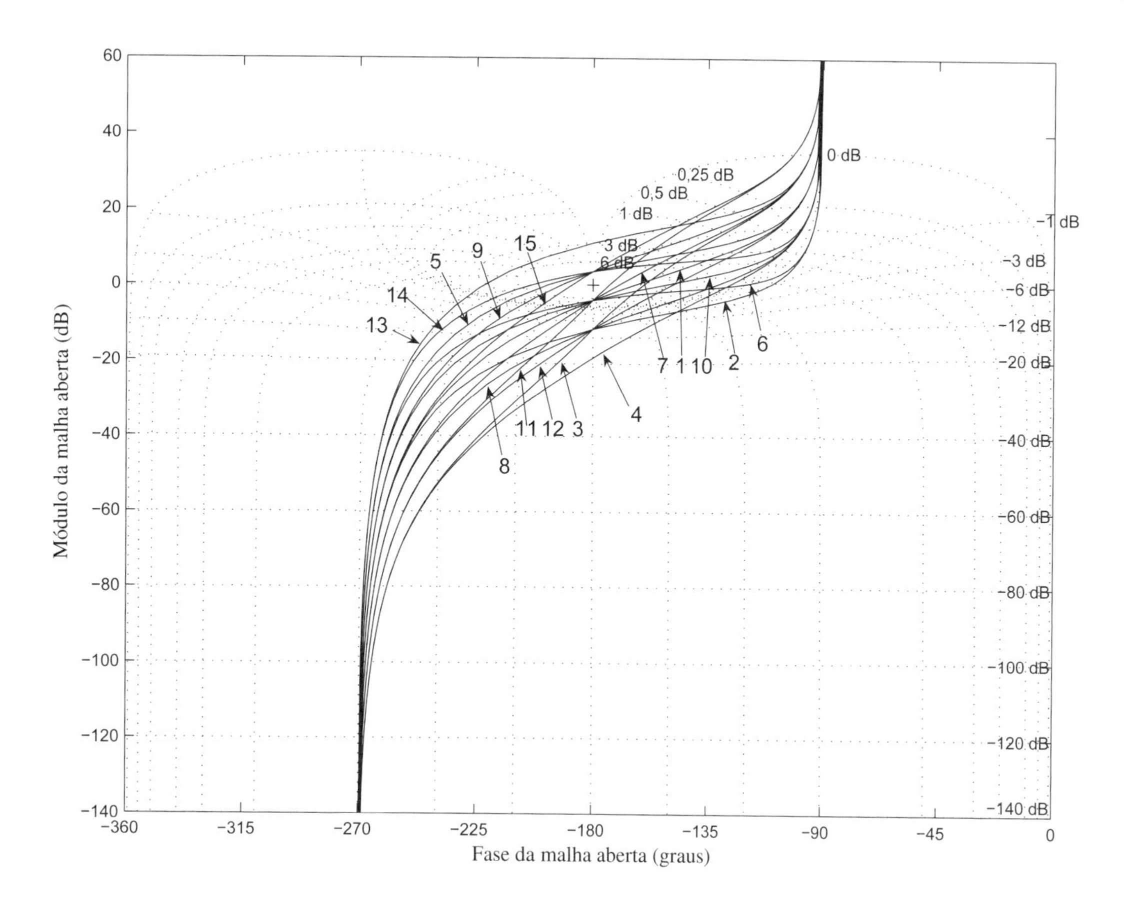

Figura 9.12 Carta de Nichols para os sistemas com os parâmetros da Tabela 9.2.

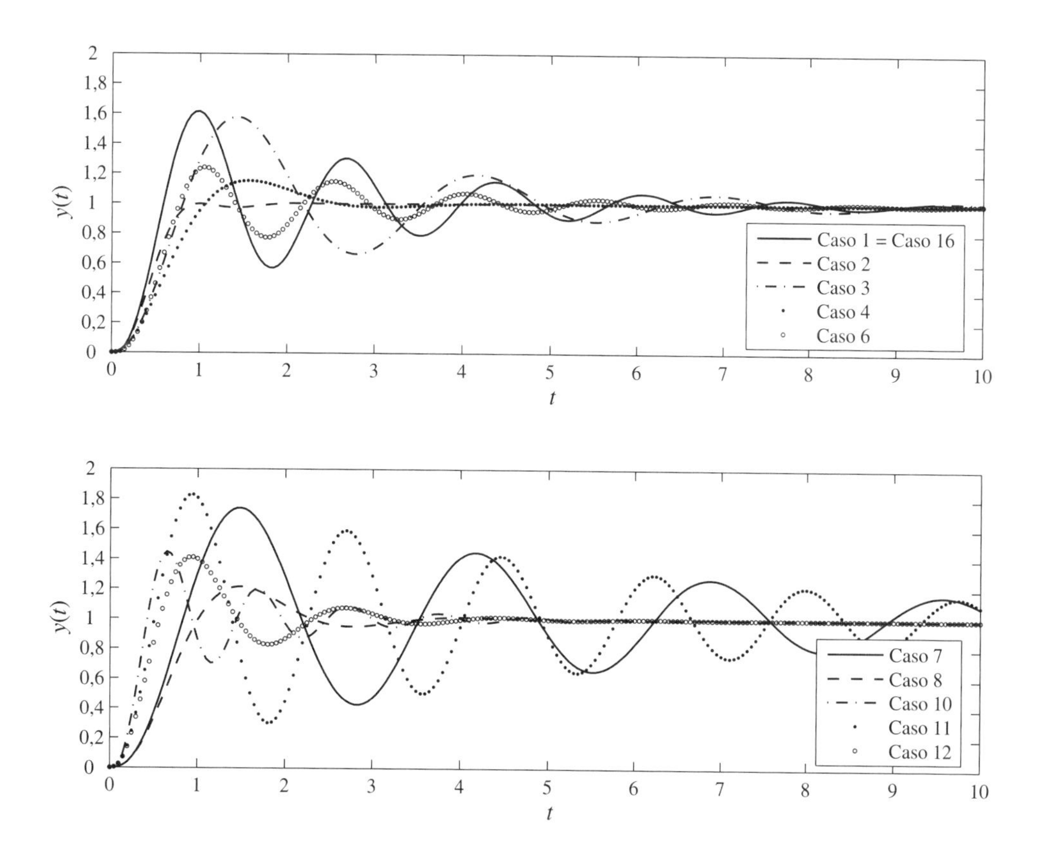

Figura 9.13 Respostas ao degrau unitário.

9.10 Não linearidades

Os métodos de projeto linear sofrem da restrição de serem válidos unicamente para modelos lineares. Os sistemas reais sempre apresentam fenômenos não lineares, desde uma simples variação "suave" do ganho com a amplitude do sinal de entrada até efeitos radicais como a saturação, a "folga de engrenagens", a zona morta, o atrito seco ou de Coulomb, todos não exprimíveis por equações lineares.

Na Seção 9.10.1 é exposto o método dos modelos incrementais para analisar sistemas contendo um bloco não linear "suave" nas vizinhanças de um ponto de trabalho.

Nas Seções 9.10.2 a 9.10.5 descrevem-se algumas das outras não linearidades. Para estas existe a chamada linearização para grandes sinais senoidais e a chamada função descritiva, que se baseia em supor o componente sujeito a entradas senoidais e em reter apenas a primeira harmônica da transformada de Fourier da saída. A análise dos erros dessa aproximação deve ser feita por meio do cálculo das harmônicas de ordem superior. Uma óbvia aplicação das funções descritivas é o seu emprego como respostas em frequência nos critérios de estabilidade de Nyquist ou Bode, embora esses critérios passem a ser apenas uma condição necessária, mas não suficiente para a estabilidade. A instabilidade pode surgir via harmônicas de ordem superior ([11]).

Na Seção 9.10.6 trata-se da simulação em computador, que é a solução prática para lidar com não linearidades nos projetos de controle dinâmico.

9.10.1 Linearização para pequenos sinais

Componentes estáticos não lineares podem ter sua descrição matemática linearizada, ou seja, substituída por uma aproximação linear, desde que os sinais excursionem pouco em torno de um dado ponto.

Considere um elemento genérico com variável de excitação X e variável de resposta Y. Seja o seu modelo matemático $Y = g(X)$, não linear, e seja um ponto de operação designado por (X_0,Y_0), perto do qual excursionam as variáveis X e Y. Se a função $g(X)$ é contínua, ela pode ser desenvolvida em série de Taylor em (X_0,Y_0):

$$Y = g(X) = g(X_0) + \left.\frac{dg(X)}{dX}\right|_{X=X_0} \frac{(X - X_0)}{1!} + \left.\frac{d^2g(X)}{dX^2}\right|_{X=X_0} \frac{(X - X_0)^2}{2!} + \ldots \tag{9.29}$$

Sendo $(X - X_0)$ "pequeno", os termos de potência mais elevada influenciam menos. Uma aproximação razoável para $Y(X)$ pode ser

$$Y = g(X_0) + \left.\frac{dg(X)}{dX}\right|_{X=X_0} (X - X_0) = Y_0 + k(X - X_0)\,. \tag{9.30}$$

A Equação 9.30 representa no plano (X, Y) uma reta pelo ponto de trabalho (X_0,Y_0), tangente à curva $Y = g(X)$ em (X_0,Y_0). Embora seja uma reta do ponto de vista gráfico, se não passa pela origem do plano a função da aproximação é ainda uma função não linear. No entanto, se as variáveis originais são substituídas pelas seguintes variáveis incrementais, $y = Y - Y_0$ e $x = X - X_0$, a função representativa do componente passa a ser linear,[2] ou seja,

$$y(x) = kx\,. \tag{9.31}$$

Portanto, para obter um modelo incremental a partir de um não linear são necessários dois passos: calcular a derivada primeira da saída relativa à entrada, no ponto de trabalho, e trocar as variáveis originais pelas incrementais.

[2] Uma função $y(x)$ é linear se $y(a_1x_1 + a_2x_2) = a_1y(x_1) + a_2y(x_2)$, com a_1 e a_2 constantes.

Exemplo 9.3

Considere um tanque industrial de líquido aberto, conforme mostrado na Figura 9.14. A variável de entrada é a vazão de entrada Q_e (m^3/min) e a variável de saída é o nível do líquido H (m) no tanque. A vazão de saída Q_s (m^3/min) depende não linearmente do nível H. A secção horizontal do reservatório é C (m^2), constante. Deseja-se um modelo linear para a relação causal entre pequenos sinais de vazão de entrada Q_e e de nível H.

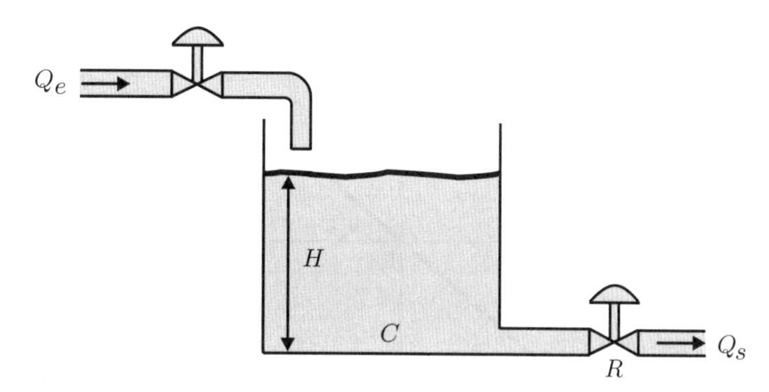

Figura 9.14 Tanque industrial.

Sabe-se que, em primeira aproximação, a vazão de saída é proporcional à raiz quadrada da altura da coluna do líquido, sendo que K é uma constante da válvula de saída:

$$Q_s = K\sqrt{H} \triangleq g(H)\,. \tag{9.32}$$

Desenvolvendo $g(H)$ em série de Taylor no ponto (Q_{s0}, H_0), conforme a Equação (9.30), obtém-se

$$Q_s = g(H_0) + \left.\frac{dg(H)}{dH}\right|_{H=H_0} (H - H_0)\,. \tag{9.33}$$

Como $g(H_0) = Q_{s0}$ e

$$\left.\frac{dg(H)}{dH}\right|_{H=H_0} = \left.\frac{K}{2\sqrt{H}}\right|_{H=H_0} = \frac{K}{2\sqrt{H_0}} \triangleq \frac{1}{R}\,, \tag{9.34}$$

então,

$$Q_s = Q_{s0} + \frac{1}{R}(H - H_0)\,. \tag{9.35}$$

Adotando as notações $q_s(t)$ para $(Q_s - Q_{s0})$ e $h(t)$ para $(H - H_0)$, tem-se a função linear

$$q_s(t) = \frac{h(t)}{R}\,. \tag{9.36}$$

Seja $q_e(t)$ uma pequena flutuação de Q_e em torno de Q_{e0} e seja $Cdh(t)$ o volume de líquido acumulado no tanque. Em um pequeno intervalo de tempo dt, por um balanço de volume,

$$Cdh(t) = [\, q_e(t) - q_s(t)\,]dt\,. \tag{9.37}$$

Logo, a equação diferencial do processo é

$$C\frac{dh(t)}{dt} + \frac{h(t)}{R} = q_e(t)\,. \tag{9.38}$$

Aplicando a transformada de Laplace, obtém-se a seguinte função de transferência

$$\frac{H(s)}{Q_e(s)} = \frac{R}{RCs + 1}\,. \tag{9.39}$$

■

9.10.2 Saturação

Um elemento de saturação deixa passar um sinal sem distorção se a amplitude do sinal de entrada estiver dentro de limites máximo E e mínimo $-E$. Se o sinal de entrada estiver fora desses limites, então o sinal de saída irá apresentar um valor fixo (KE ou $-KE$). A curva característica estática de uma saturação simétrica ideal é apresentada na Figura 9.15.

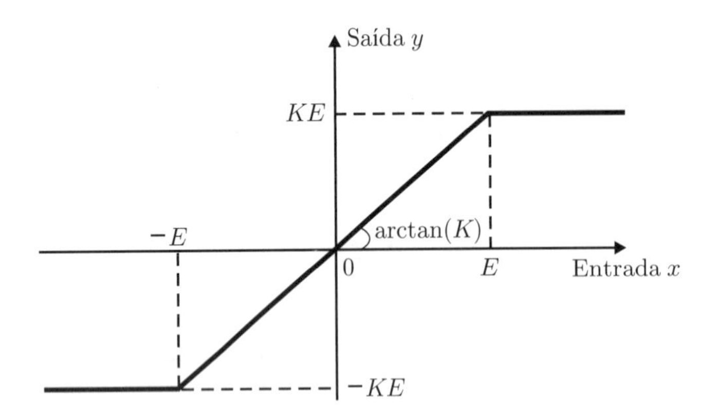

Figura 9.15 Curva característica estática de uma saturação simétrica ideal.

Esta não linearidade é descrita por

$$y = \begin{cases} Kx & \text{para} \quad -E < x < E \ , \\ KE & \text{para} \quad x \geq E \ , \\ -KE & \text{para} \quad x \leq -E \ . \end{cases} \tag{9.40}$$

A Figura 9.16 mostra o efeito da saturação sobre uma entrada $x(t)$ senoidal com amplitude suficientemente grande para alcançar o nível E de saturação.

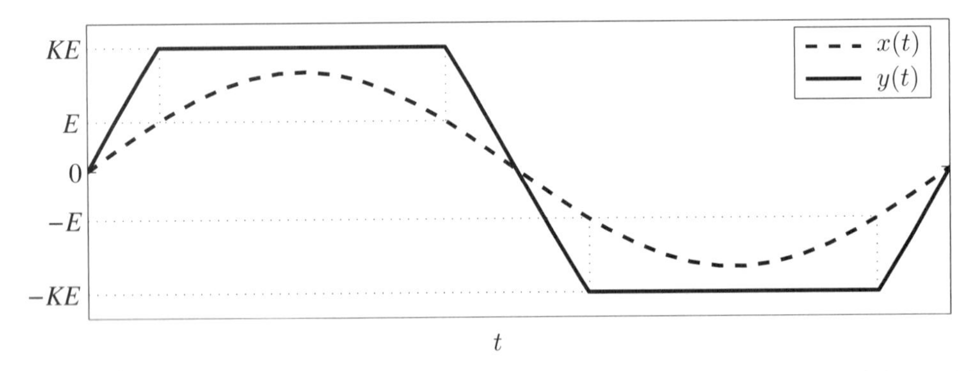

Figura 9.16 Saída de um elemento de saturação quando a entrada é um sinal senoidal para $K > 1$.

Todo equipamento real apresenta saturação, pois a amplitude do sinal de saída deve ser finita. Equipamentos bem selecionados ou sistemas de controle bem projetados em geral evitam a entrada em saturação. Excetuam-se projetos em que deliberadamente o esforço de controle é chaveado entre dois valores extremos, como, por exemplo, na técnica de controle não linear no espaço de estados, chamada de *sliding mode control* (ver [27]).

9.10.3 Relé

É uma não linearidade de duas posições do tipo liga-desliga (*on-off*). A curva característica de um relé simétrico ideal é apresentada na Figura 9.17.

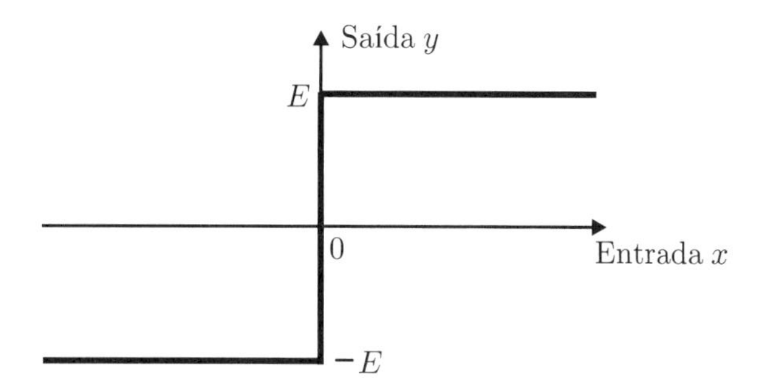

Figura 9.17 Curva característica de um relé simétrico ideal.

Esta não linearidade é descrita por

$$y = \begin{cases} E & \text{para} \quad x > 0 \ , \\ 0 & \text{para} \quad x = 0 \ , \\ -E & \text{para} \quad x < 0 \ . \end{cases} \tag{9.41}$$

A Figura 9.18 mostra a saída $y(t)$ de um relé simétrico quando a entrada $x(t)$ é um sinal senoidal.

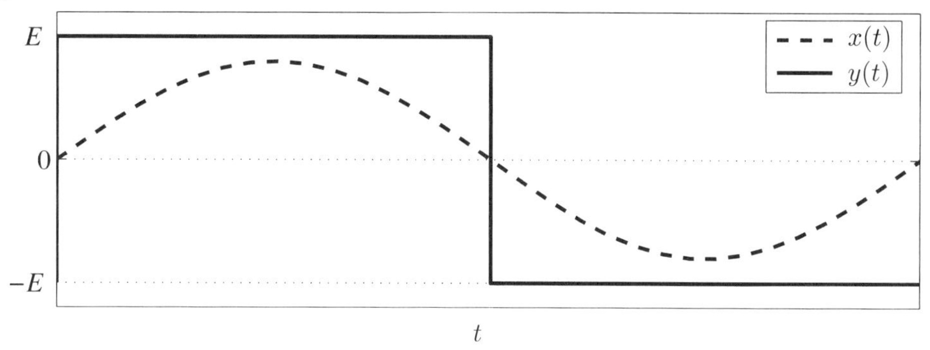

Figura 9.18 Saída de um relé simétrico quando a entrada é um sinal senoidal.

Um caso extremo de amplificador com saturação é o relé, cuja característica corresponde à da saturação quando o coeficiente K tende a infinito, pois neste caso a saída já salta para os valores extremos com entradas muito pequenas. Amplificadores com essa característica são muito frequentes em eletrônica de potência, nos amplificadores chaveados dos inversores e dos *choppers*.

9.10.4 Zona morta

A saída deste elemento não linear é nula dentro de uma região de $-E$ a E, que é chamada de zona morta. Fora desta região a saída reproduz a entrada sem distorção. A curva característica de uma zona morta é apresentada na Figura 9.19.

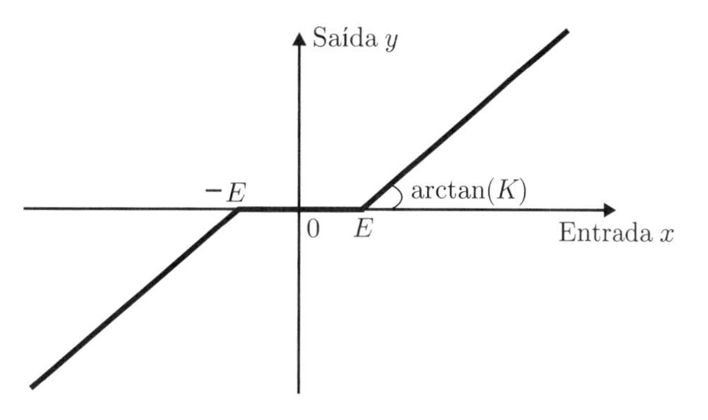

Figura 9.19 Curva característica de uma zona morta ideal.

Esta não linearidade é descrita por

$$y = \begin{cases} 0 & \text{para} \quad -E < x < E \ , \\ K(x - E) & \text{para} \quad x \geq E \ , \\ K(x + E) & \text{para} \quad x \leq -E \ . \end{cases} \tag{9.42}$$

A Figura 9.20 mostra a saída $y(t)$ de uma zona morta ideal quando a entrada $x(t)$ é um sinal senoidal.

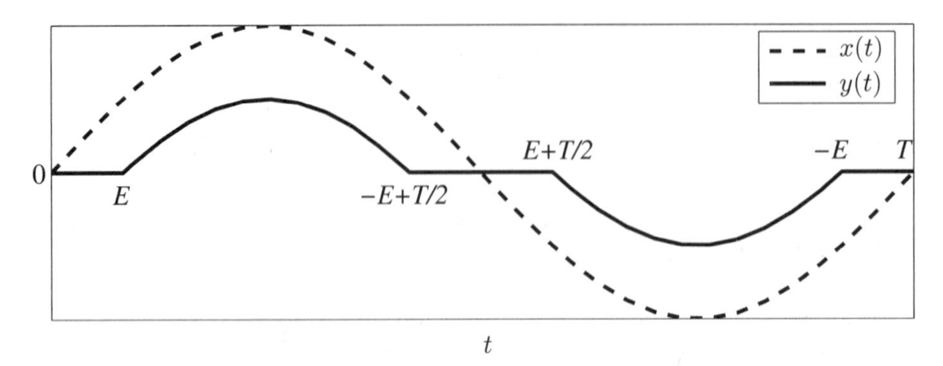

Figura 9.20 Saída de uma zona morta ideal quando a entrada é um sinal senoidal de período T.

9.10.5 Folga de engrenagens (*backlash*)

Backlash é uma não linearidade característica das engrenagens que é muito importante em controle automático de posição. A Figura 9.21 (a) mostra o esquema de uma folga entre duas engrenagens (A e B), e a Figura 9.21 (b) mostra a curva característica estática da não linearidade.

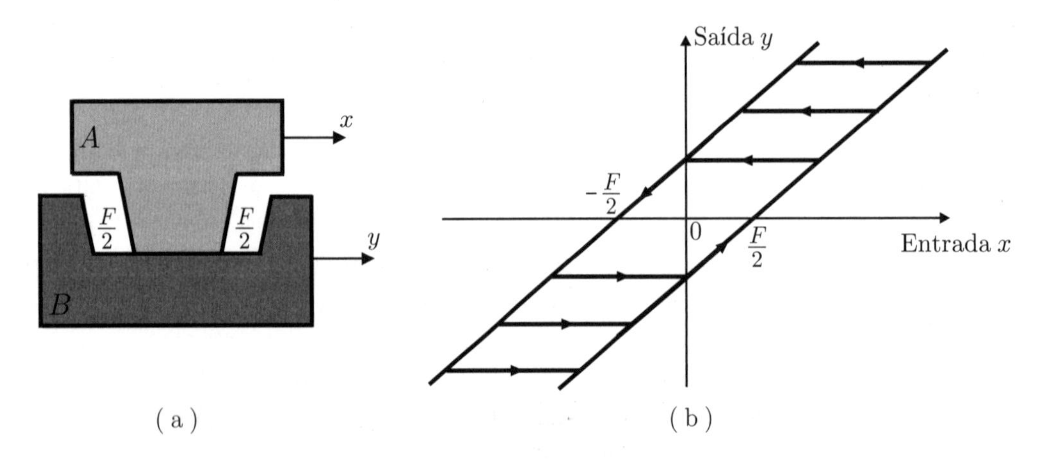

Figura 9.21 (a) Folga entre engrenagens. (b) Curva característica estática.

Suponha uma folga F entre os dentes de uma roda tracionadora A e os dentes de uma roda tracionada B. Quando a velocidade da roda A troca de sentido o contato entre dentes deixa de existir durante o percurso da folga. Nesta fase a roda tracionada B fica parada ou se move por inércia. Depois o contato volta a existir, mas a roda B se move "atrasada" em relação à roda A. Como todos os fenômenos ocorrem nos dois sentidos a curva característica é simétrica, gerando $F/2$ na velocidade positiva de A e $F/2$ na velocidade negativa de A.

A simulação de um movimento senoidal das rodas é mostrado na Figura 9.22. Os pontos a, b, c e d indicam os momentos de começo e fim dos efeitos da folga. Em cada instante, a distância entre as posições x e y vale $F/2$, que corresponde à metade da folga física entre os dentes.

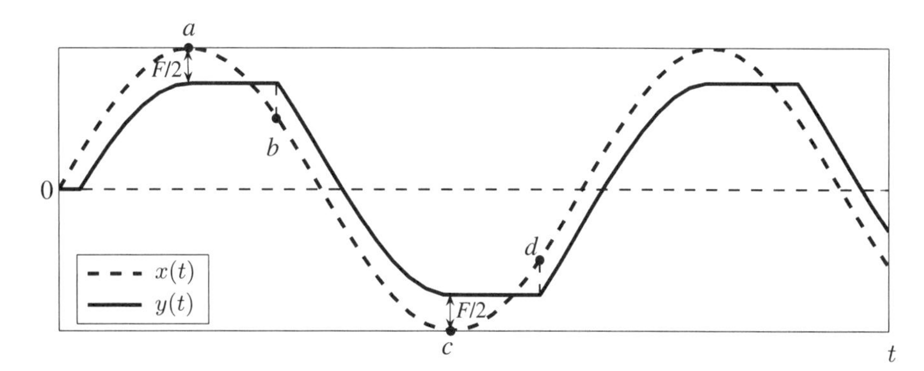

Figura 9.22 Simulação de um movimento senoidal com folga de engrenagens.

9.10.6 Efeitos sobre a estabilidade

Pensando na estabilidade dos sistemas com realimentação e blocos não lineares, em primeira aproximação ocorre considerar apenas as harmônicas fundamentais dos sinais e analisar a estabilidade pelos diagramas de Bode. Neste caso, as não linearidades que oferecem efeito instabilizante são as que produzem defasagem da harmônica fundamental. Das não linearidades anteriores é fácil apontar a folga de engrenagens como a mais propensa a esse efeito.

Mas oscilações não lineares podem justificar-se fora do âmbito frequencial de Nyquist e Bode. No passado muitos desses fenômenos foram estudados em sistemas de até segunda ordem, empregando o chamado plano de fase (ver[11]).

Atualmente, a melhor forma de analisar os sistemas de controle com não linearidades é por meio de simulações em computador, que são muito facilitadas pelo uso de programas como o Simulink do MATLAB. Nesse caso a programação é feita por meio de um diagrama de blocos, em que é possível selecionar cada bloco não linear a ser analisado.

Exemplo 9.4

Considere o diagrama de blocos da Figura 9.23, que representa um sistema de controle de posição de um servomecanismo com folga de engrenagens.

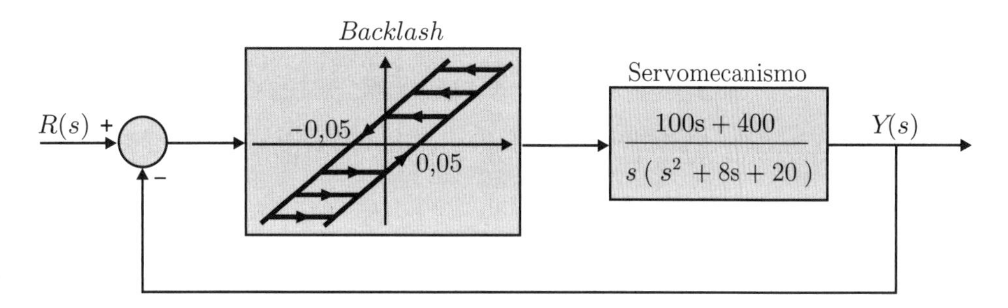

Figura 9.23 Sistema de controle de posição de um servomecanismo com folga de engrenagens.

A Figura 9.24 mostra simulações das respostas ao degrau unitário do sistema em malha fechada com e sem a presença do *backlash*, com valor $F = 0{,}1$. Observe que na resposta em que a folga das engrenagens está presente ocorre uma oscilação permanente, com amplitude e frequência constantes, caracterizando assim, um fenômeno tipicamente não linear.

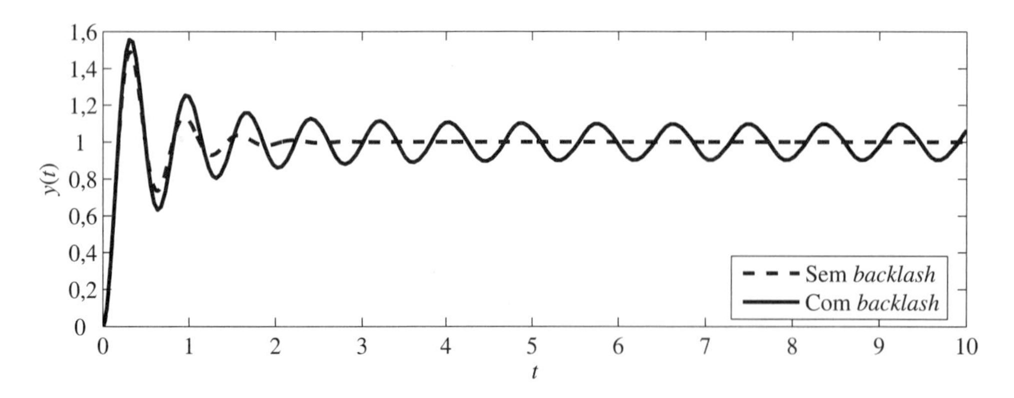

Figura 9.24 Respostas ao degrau unitário do sistema em malha fechada.

■

9.11 Estudo de caso: antena de radar

Deseja-se projetar um sistema de controle de posição para uma antena de radar meteorológico, como ilustrado na Figura 9.25.

Figura 9.25 Antena de radar meteorológico. Cortesia da Atmos Sistemas Ltda. Ver [1].

No diagrama esquemático da Figura 9.26 o ângulo θ_A indica a posição angular da torre em torno do eixo vertical e caracteriza a chamada posição azimutal que se deseja controlar com precisão. O ângulo θ_m indica a posição angular do eixo do motor de acionamento.

Deseja-se projetar um compensador para a posição azimutal θ_A a partir da atuação do motor CC indicado na figura. Por razões práticas, especifica-se que a medida da posição θ_A seja feita indiretamente, por meio de um transdutor que meça a posição θ_m.

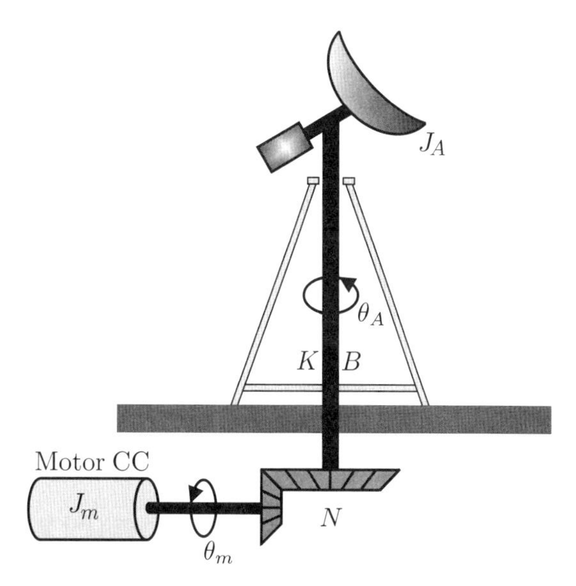

Figura 9.26 Esquema da antena de um radar meteorológico.

As especificações dinâmicas do sistema de controle são as seguintes:
i) Margem de ganho maior ou igual a 10 dB;
ii) Margem de fase maior ou igual a 30°;
iii) Atenuação de −30 dB para ruídos a partir de 490 (rad/s);
iv) Ganho na frequência de ressonância inferior a −10 dB;
v) Erro estacionário menor ou igual a 1% para sinal de referência do tipo rampa unitária.

Os valores numéricos dos parâmetros indicados na Figura 9.26 são:
$J_A = 770\,(\text{kg}\cdot\text{m}^2)$: momento de inércia do sistema formado pelo eixo de azimute + antena;
$J_m = 0{,}0038\,(\text{kg}\cdot\text{m}^2)$: momento de inércia do conjunto motor + engrenagens;
$N = 464$: fator de redução de velocidade do motor para o eixo da antena;
$K = 38\cdot 10^6\,(\text{N}\cdot\text{m/rad})$: coeficiente de rigidez do eixo de azimute + antena;
$B = 44\,(\text{N}\cdot\text{m}\cdot\text{s/rad})$: coeficiente de amortecimento do eixo de azimute + antena.

Do lado do motor é considerada a sua inércia, desprezados a rigidez e o atrito. Os parâmetros elétricos do motor são:
$L_a = 0{,}0038\,\text{H}$: indutância de armadura;
$R_a = 0{,}56\,\Omega$: resistência de armadura;
$K_t = 0{,}56\,(\text{N}\cdot\text{m/A})$: constante de torque do motor;
$K_v = 0{,}45\,(\text{V}\cdot\text{s/rad})$: constante da força contraeletromotriz.

As variáveis dinâmicas importantes do motor são:
τ_m: torque do motor;
e_a: tensão de armadura;
i_a: corrente de armadura;
e_v: força contraeletromotriz.

Na Figura 9.27 é mostrado um diagrama esquemático da modelagem matemática do sistema mecânico formado pelo eixo do motor, engrenagens, eixo da antena e a antena propriamente dita. A modelagem da parte mecânica fica reduzida a uma mola de torção que conecta as duas inércias rotacionais J_A e J_m.

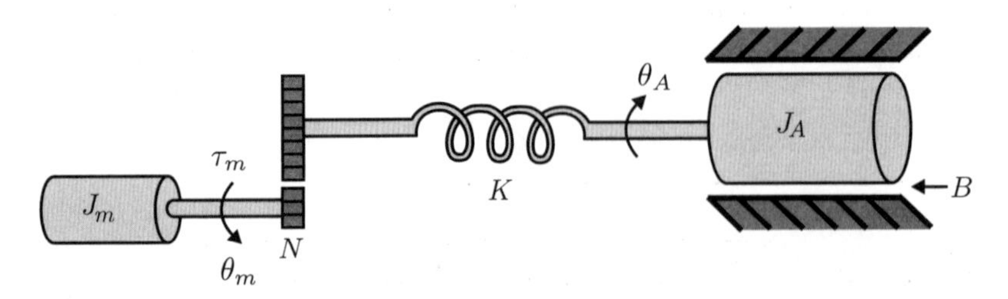

Figura 9.27 Diagrama esquemático para o modelo da planta.

As equações diferenciais do sistema mecânico são:

$$\tau_m(t) = J_m \frac{d^2\theta_m(t)}{dt^2} + \frac{K}{N}\left[\frac{\theta_m(t)}{N} - \theta_A(t)\right] ; \tag{9.43}$$

$$J_A \frac{d^2\theta_A(t)}{dt^2} + B\frac{d\theta_A(t)}{dt} + K\left[\theta_A(t) - \frac{\theta_m(t)}{N}\right] = 0 . \tag{9.44}$$

As equações diferenciais do motor CC são:

$$e_a(t) = R_a i_a(t) + L_a \frac{di_a(t)}{dt} + e_v(t) ; \tag{9.45}$$

$$\tau_m(t) = K_t i_a(t) ; \tag{9.46}$$

$$e_v(t) = K_v \frac{d\theta_m(t)}{dt} = K_v\, \omega_m(t) . \tag{9.47}$$

A força contraeletromotriz $e_v(t)$ interliga o sistema mecânico ao motor e aparece no motor devido à carga. Aplicando a transformada de Laplace nas Equações (9.43) e (9.44), com condições iniciais nulas, obtém-se:

$$T_m(s) = J_m s^2 \Theta_m(s) + \frac{K}{N^2}\Theta_m(s) - \frac{K}{N}\Theta_A(s) . \tag{9.48}$$

$$J_A s^2 \Theta_A(s) + Bs\Theta_A(s) + K\Theta_A(s) - \frac{K}{N}\Theta_m(s) = 0 \Rightarrow \Theta_A(s) = \frac{K\Theta_m(s)}{N(J_A s^2 + Bs + K)} . \tag{9.49}$$

Substituindo a Equação (9.49) na Equação (9.48), tem-se que

$$T_m(s) = \left[J_m s^2 + \frac{K}{N^2} - \frac{K^2}{N^2(J_A s^2 + Bs + K)}\right]\Theta_m(s) \tag{9.50}$$

ou

$$T_m(s) = \left[\frac{N^2 J_m J_A s^4 + N^2 B J_m s^3 + (N^2 K J_m + K J_A)s^2 + KBs}{N^2(J_A s^2 + Bs + K)}\right]\Theta_m(s) . \tag{9.51}$$

Sabendo-se que a velocidade angular $\Omega_m(s)$ do motor é $\Omega_m(s) \triangleq s\Theta_m(s)$, obtém-se a função de transferência

$$G_1(s) \triangleq \frac{\Omega_m(s)}{T_m(s)} = \frac{N^2(J_A s^2 + Bs + K)}{N^2 J_m J_A s^3 + N^2 B J_m s^2 + (N^2 K J_m + K J_A)s + KB} . \tag{9.52}$$

Substituindo a corrente de armadura da Equação (9.46) na Equação (9.45) e aplicando a transformada de Laplace, com condições iniciais nulas, obtém-se a função de transferência

$$G_2(s) \triangleq \frac{T_m(s)}{E_a(s) - E_v(s)} = \frac{T_m(s)}{E_a(s) - K_v\Omega_m(s)} = \frac{K_t}{L_a s + R_a} . \tag{9.53}$$

Da Equação (9.49) obtém-se a função de transferência

$$G_3(s) \triangleq \frac{\Theta_A(s)}{\Theta_m(s)} = \frac{K}{N(J_A s^2 + Bs + K)} . \tag{9.54}$$

O diagrama de blocos da planta completa (antena+motor) é mostrado na Figura 9.28, sendo explicitada a realimentação interna do motor devida à força contraeletromotriz $E_v(s)$ e à velocidade angular do motor $\Omega_m(s)$.

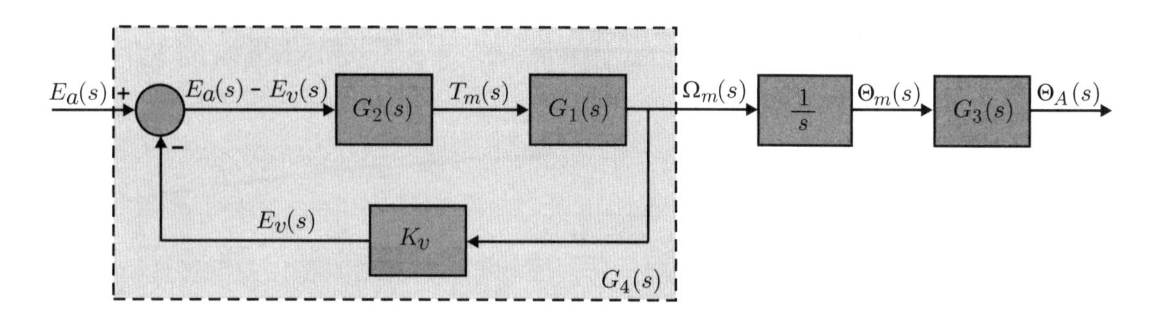

Figura 9.28 Diagrama de blocos da planta completa (antena+motor).

É interessante observar que no estado estacionário, isto é, com velocidades e acelerações nulas, a Equação (9.44) resulta $\theta_A(t) = \theta_m(t)/N$. Assim, como o radar meteorológico opera com velocidades e acelerações muito baixas pode-se considerar que a posição $\theta_A(t)$ é medida pelo transdutor localizado em $\theta_m(t)$.

A função de transferência, tendo como entrada a tensão de armadura $E_a(s)$ e como saída a velocidade angular $\Omega_m(s)$, é dada por

$$G_4(s) \triangleq \frac{\Omega_m(s)}{E_a(s)} = \frac{G_1(s)G_2(s)}{1 + G_1(s)G_2(s)K_v} = \frac{K_t N^2(J_A s^2 + Bs + K)}{dg_4(s)}\ , \tag{9.55}$$

sendo

$$\begin{aligned} dg_4(s) = \ & L_a N^2 J_m J_A s^4 + (R_a N^2 J_m J_A + L_a N^2 B J_m)s^3 + \\ & (R_a N^2 B J_m + L_a N^2 K J_m + L_a K J_A + K_v K_t N^2 J_A)s^2 + \\ & (R_a N^2 K J_m + R_a K J_A + L_a K B + K_v K_t N^2 B)s + \\ & R_a K B + K_v K_t N^2 K\ . \end{aligned} \tag{9.56}$$

Sabendo-se que $\Omega_m(s) \triangleq s\Theta_m(s)$, então,

$$\begin{aligned} G_p(s) \ \triangleq \ & \frac{\Theta_m(s)}{E_a(s)} = G_4(s)\frac{1}{s} = \frac{K_t N^2(J_A s^2 + Bs + K)}{s\ dg_4(s)} \\ = \ & \frac{9{,}2836 \cdot 10^7 s^2 + 5{,}3049 \cdot 10^6 s + 4{,}5815 \cdot 10^{12}}{2{,}3938 \cdot 10^3 s^5 + 3{,}5291 \cdot 10^5 s^4 + 2{,}7112 \cdot 10^8 s^3 + 3{,}3804 \cdot 10^{10} s^2 + 2{,}0626 \cdot 10^{12} s}\ . \end{aligned} \tag{9.57}$$

Assim, a planta $G_p(s)$ possui dois zeros complexos conjugados z_1 e z_2, localizados em

$$z_{1,2} = -2{,}8571 \cdot 10^{-2} \pm 2{,}2215 \cdot 10^2 j \tag{9.58}$$

e cinco polos p_1, p_2, p_3, p_4 e p_5, localizados em

$$p_{1,2} = -5{,}8545 \pm 3{,}2140 \cdot 10^2 j\ ; \tag{9.59}$$

$$p_{3,4} = -6{,}7858 \cdot 10^1 \pm 6{,}1106 \cdot 10^1 j\ ; \tag{9.60}$$

$$p_5 = 0\ . \tag{9.61}$$

Se for empregado um controlador proporcional K_c para controlar a saída $\Theta_m(s)$ da planta $G_p(s)$, o lugar das raízes tem o aspecto da Figura 9.29.

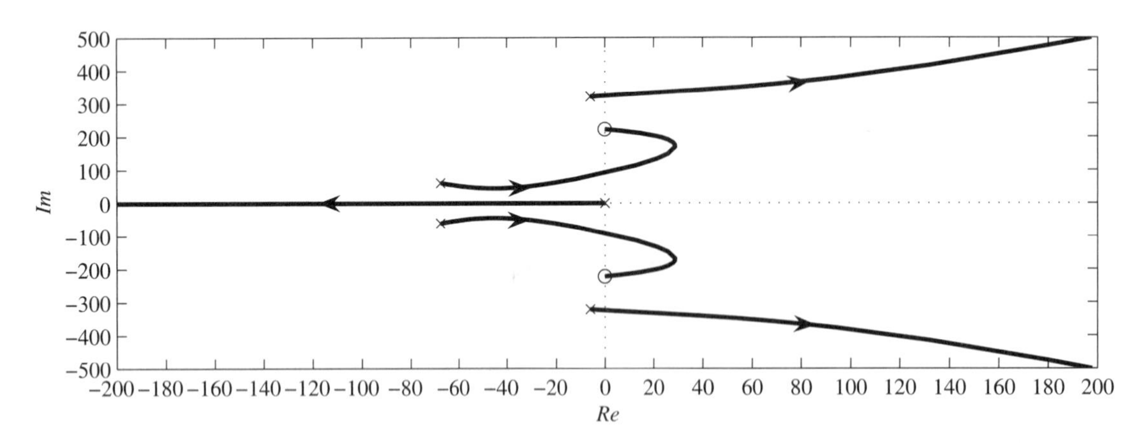

Figura 9.29 Lugar das raízes de $K_c G_p(s)$.

Analisando a Figura 9.29 pode-se verificar que o sistema em malha fechada apresenta polos complexos conjugados muito pouco amortecidos, mesmo para pequenos valores de ganho. Assim, conclui-se que o compensador para atender às especificações de projeto não pode ser apenas um controlador do tipo proporcional.

Controle com realimentação auxiliar de velocidade

Servomecanismos com ressonância na carga são um problema de controle difícil. Daí a adoção tradicional da realimentação auxiliar da velocidade $\Omega_m(s)$, além da realimentação da posição $\Theta_m(s)$, conforme é mostrado na Figura 9.30. Deve-se destacar que um tacogerador tem custo adicional, mas é normalmente muito eficaz.

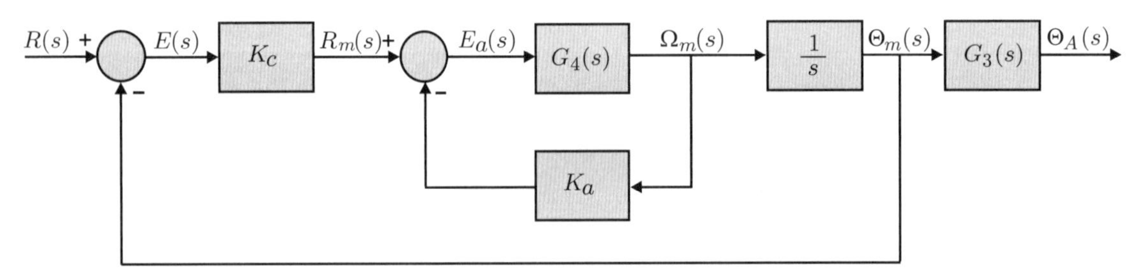

Figura 9.30 Sistema de controle com realimentação da velocidade $\Omega_m(s)$ e da posição $\Theta_m(s)$.

Do diagrama da Figura 9.30 tem-se a seguinte função de transferência:

$$\frac{\Theta_m(s)}{R_m(s)} = \left[\frac{G_4(s)}{1 + G_4(s)K_a}\right]\frac{1}{s} \, . \tag{9.62}$$

Supondo que o ganho da realimentação auxiliar de velocidade seja unitário ($K_a = 1$), então

$$\frac{\Theta_m(s)}{R_m(s)} = \frac{9{,}2836 \cdot 10^7 s^2 + 5{,}3049 \cdot 10^6 s + 4{,}5815 \cdot 10^{12}}{2{,}3938 \cdot 10^3 s^5 + 3{,}5291 \cdot 10^5 s^4 + 3{,}6396 \cdot 10^8 s^3 + 3{,}3809 \cdot 10^{10} s^2 + 6{,}6441 \cdot 10^{12} s} \, . \tag{9.63}$$

Assim, a função de transferência (9.63) possui os mesmos zeros da planta $G_p(s)$ e cinco polos:

$$p_{1,2} = -2{,}1161 \cdot 10^1 \pm 3{,}5359 \cdot 10^2 j \; ; \tag{9.64}$$

$$p_{3,4} = -5{,}2551 \cdot 10^1 \pm 1{,}3914 \cdot 10^2 j \; ; \tag{9.65}$$

$$p_5 = 0 \, . \tag{9.66}$$

Na Figura 9.31 é mostrado o lugar das raízes de

$$G_{ma}(s) \triangleq K_c \frac{\Theta_m(s)}{R_m(s)} \, , \text{ com } K_a = 1 \text{ e } K_c > 0 \, . \tag{9.67}$$

Nota-se agora que, para valores pequenos do ganho K_c, os polos de malha fechada se tornaram um pouco mais amortecidos.

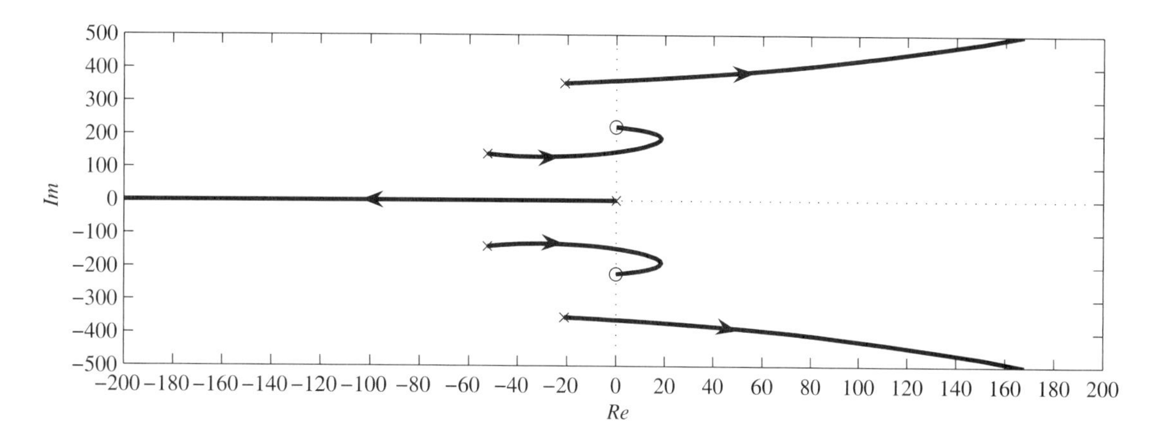

Figura 9.31 Lugar das raízes de $G_{ma}(s)$.

Para atender à especificação de erro estacionário para entrada rampa unitária ($R(s) = 1/s^2$) menor ou igual a 1% tem-se, pelo teorema do valor final,

$$e(\infty) = \lim_{s\to 0} sE(s) = \lim_{s\to 0} s\frac{R(s)}{1+G_{ma}(s)} = \lim_{s\to 0} \frac{1}{s + s\,G_{ma}(s)} = \frac{6{,}6441 \cdot 10^{12}}{K_c\, 4{,}5815 \cdot 10^{12}} \leq 0{,}01\,. \quad (9.68)$$

Logo, $K_c \geq 145$. Na Figura 9.32 são apresentados os gráficos de Bode para o sistema em malha aberta $G_{ma}(s)$, com $K_c = 145$.

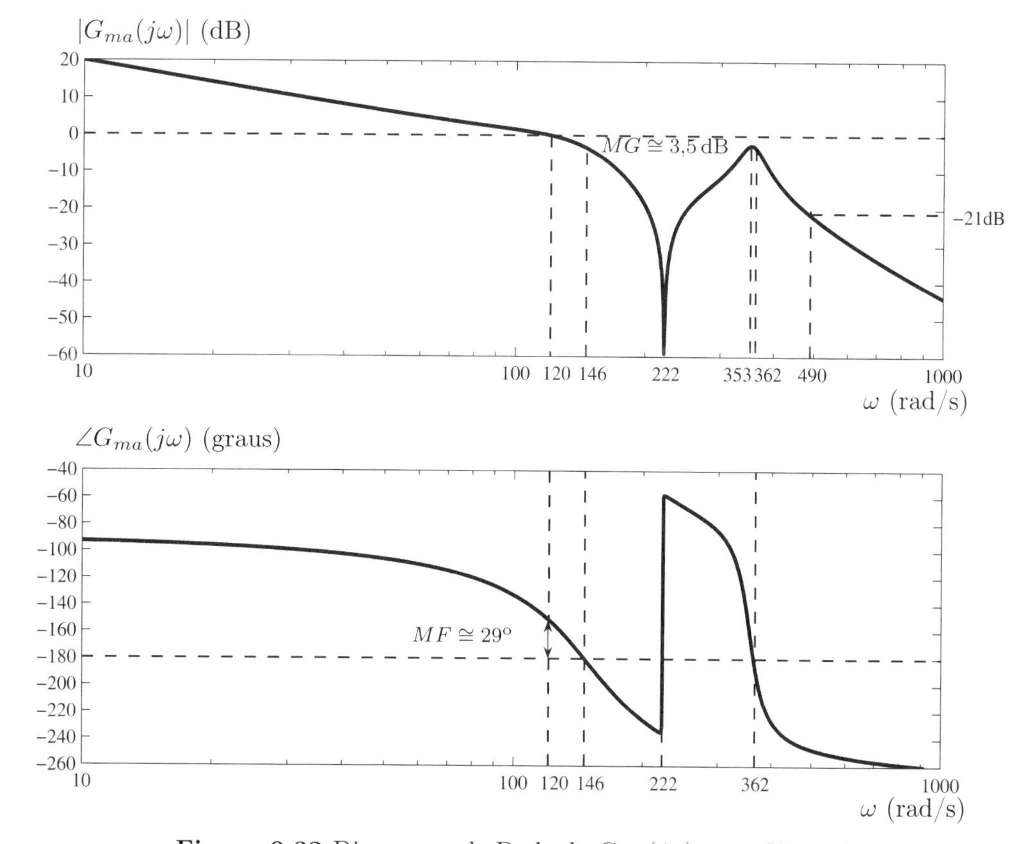

Figura 9.32 Diagramas de Bode de $G_{ma}(j\omega)$ para $K_c = 145$.

Analisando a Figura 9.32 verifica-se que o gráfico da fase cruza a linha de -180° em três frequências: 146, 222 e 362 (rad/s). A frequência de 222 (rad/s) corresponde à frequência dos zeros de $G_{ma}(s)$, ou seja, é a frequência em que $G_{ma}(s)$ se anula. Nas frequências de 146 e 362 (rad/s) o valor de $|G_{ma}(j\omega)|$ (dB) é aproximadamente o mesmo. Com isso, a margem de ganho vale $MG \cong 3{,}5\,\text{dB}$, que é inferior aos 10 dB especificados.

A margem de fase $MF \cong 29^o$ é medida na frequência em que o ganho cruza a linha de 0 dB, ou seja, em 120 (rad/s). Logo, a margem de fase está próxima dos 30° especificados.

O ganho na frequência de 490 (rad/s) vale aproximadamente $-21\,\text{dB}$, sendo portanto insuficiente para a atenuação de ruídos, especificada como $-30\,\text{dB}$.

A frequência de ressonância corresponde ao pico máximo do gráfico do módulo e ocorre aproximadamente em 353 (rad/s). Nesta frequência o ganho é de $-3\,\text{dB}$, que é superior aos $-10\,\text{dB}$ da especificação.

Na Figura 9.33 é mostrada a resposta de $\theta_m(t)$ para um degrau unitário na referência. Constata-se forte oscilação no período do transitório e um sobressinal máximo elevado ($M_p \cong 40\%$).

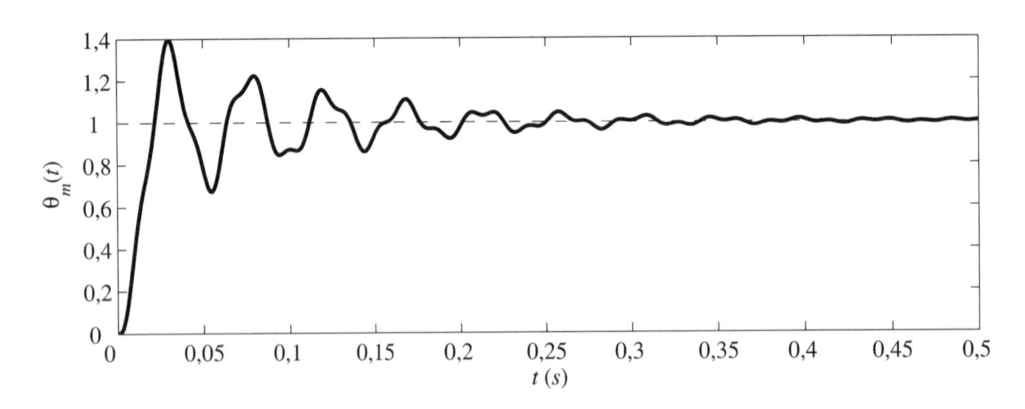

Figura 9.33 Resposta $\theta_m(t)$ para um degrau unitário na referência.

Para que as especificações de atenuação de ganho na frequência de ressonância e de ruídos sejam satisfeitas é necessário reduzir o ganho em altas frequências. Algumas soluções podem ser consideradas a partir desse ponto:

- usar como controlador um filtro passa-baixas com função de transferência

$$G_c(s) = \frac{K_c}{\frac{s}{p_c} + 1} , \tag{9.69}$$

para frequências acima de, por exemplo, 10 (rad/s). Ao mesmo tempo em que esse filtro produz uma redução de ganho nas frequências superiores a 10 (rad/s) também produz um atraso de fase e, portanto, deve ser avaliado com cuidado;

- projetar um compensador por atraso de fase

$$G_c(s) = K_c \left(\frac{Ts + 1}{aTs + 1} \right) , \; a > 1 , \tag{9.70}$$

de forma a produzir uma redução de ganho. É preciso ficar atento ao fato de que tal compensador produz um pequeno atraso de fase em frequências próximas da frequência crítica 0 dB e, portanto, pode afetar a margem de fase.

Controle por meio de filtro passa-baixas

O diagrama de blocos do sistema de controle com um filtro passa-baixas é apresentado na Figura 9.34.

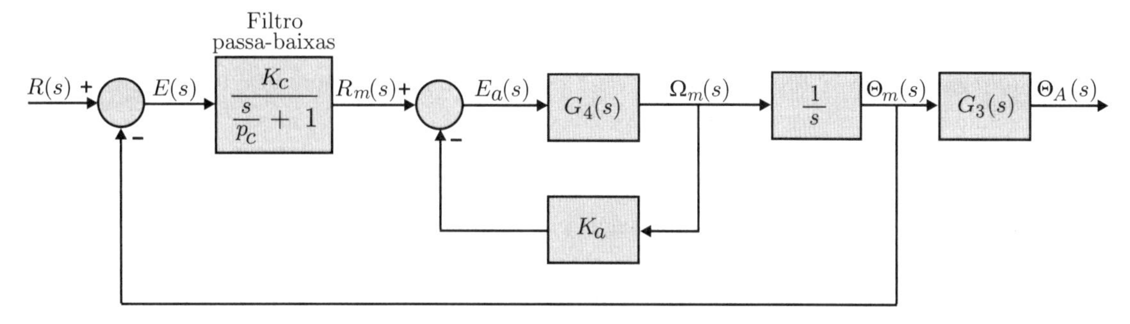

Figura 9.34 Sistema de controle por meio de filtro passa-baixas.

Definindo a função de malha aberta

$$G_{ma}(s) \triangleq G_c(s)\frac{\Theta_m(s)}{R_m(s)} = \left(\frac{K_c}{\frac{s}{p_c}+1}\right)\frac{\Theta_m(s)}{R_m(s)}, \tag{9.71}$$

o erro estacionário para $R(s) = 1/s^2$ é dado por

$$e(\infty) = \lim_{s\to 0} sE(s) = \lim_{s\to 0} s\frac{R(s)}{1+G_{ma}(s)} = \lim_{s\to 0}\frac{1}{sK_c\frac{\Theta_m(s)}{R_m(s)}}. \tag{9.72}$$

Sendo $\Theta_m(s)/R_m(s)$ dada pela Equação (9.63) e adotando $K_c = 145$, a especificação de erro estacionário é satisfeita, pois $e(\infty) = 0{,}01$.

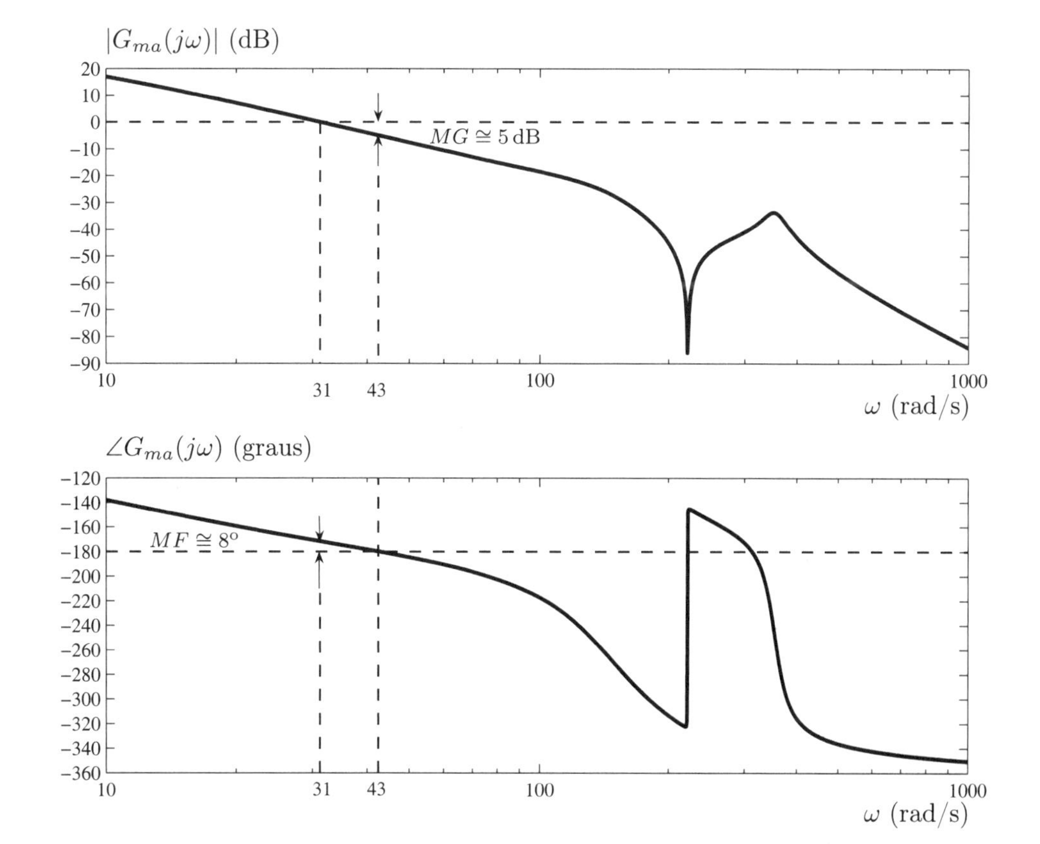

Figura 9.35 Diagramas de Bode de $G_{ma}(j\omega)$ para $K_c = 145$ e $p_c = 10$ no filtro passa-baixas.

A constante p_c do filtro passa-baixas $G_c(s)$ corresponde à frequência a partir da qual ocorrerá uma atenuação de ganho e um atraso de fase. Na Figura 9.35 são mostrados os gráficos de Bode de $G_{ma}(s)$ para $p_c = 10$. Verifica-se que tanto a margem de ganho de 5 dB como a margem de fase de 8° são inadequadas.

Se for adotado um valor maior para a constante p_c, como, por exemplo, entre 10 e 100, a margem de ganho será menor que os 5 dB obtidos. Conclui-se, portanto, que o filtro passa-baixas é inadequado para satisfazer a todas as especificações de projeto.

Compensador por atraso de fase

O diagrama de blocos do sistema de controle com um compensador por atraso de fase é apresentado na Figura 9.36.

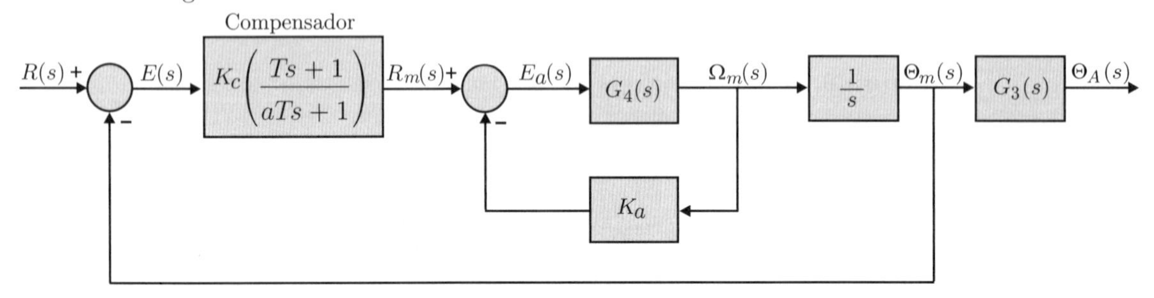

Figura 9.36 Sistema de controle com compensador por atraso de fase.

Adotando $K_c = 145$, o erro estacionário é $e(\infty) = 0{,}01$ para $R(s) = 1/s^2$. Logo,

$$G_c(s) = K_c\left(\frac{Ts+1}{aTs+1}\right) = 145\left(\frac{Ts+1}{aTs+1}\right), \quad a > 1 . \tag{9.73}$$

Com o controlador K_c verifica-se na Figura 9.32 que o ganho vale −21 dB na frequência de 490 (rad/s). Para que a atenuação de ruídos seja de −30 dB o ganho deve cair 9 dB. Esta redução faz com que o ganho na frequência de ressonância diminua para $-3-9=-12$ dB, satisfazendo à especificação de −10 dB. Além disso, a redução de ganho faz com que a especificação da margem de ganho seja também satisfeita, aumentando aproximadamente 9 dB.

Logo,

$$20\log\left|\frac{Tj\omega+1}{aTj\omega+1}\right| = -9\,\text{dB} \Rightarrow \left|\frac{Tj\omega+1}{aTj\omega+1}\right| = 0{,}3548 . \tag{9.74}$$

Em altas frequências

$$\lim_{\omega\to\infty}\left|\frac{Tj\omega+1}{aTj\omega+1}\right| = \lim_{\omega\to\infty}\left|\frac{Tj+\frac{1}{\omega}}{aTj+\frac{1}{\omega}}\right| = \frac{1}{a} = 0{,}3548 \Rightarrow a \cong 2{,}8184 . \tag{9.75}$$

Na Figura 9.37 são apresentados os diagramas de Bode de $\frac{K_c\Theta_m(s)}{R_m(s)}$ para $K_c = 145$. Verifica-se que o ganho vale 9 dB na frequência de aproximadamente 37 (rad/s). Nesta frequência a fase vale −100°. Escolhendo o zero do compensador uma década abaixo dessa frequência, obtém-se $T = 1/3{,}7 \cong 0{,}27$. Portanto, a função de transferência do compensador resulta como

$$G_c(s) = \frac{K_c(Ts+1)}{aTs+1} = \frac{145\,(\,0{,}27s+1\,)}{0{,}76s+1} . \tag{9.76}$$

Na Figura 9.38 são mostrados os diagramas de Bode de $\frac{G_c(s)\Theta_m(s)}{R_m(s)}$. Nota-se que a margem de ganho vale 12 dB e a margem de fase é de 75°. Observe que mesmo com o atraso de fase introduzido pelo compensador a margem de fase aumentou. Isso se justifica devido à redução de ganho que o compensador produziu. Além disso, verifica-se que o ganho no pico de ressonância é de −12 dB e que nas frequências acima de 490 (rad/s) a atenuação é de pelo menos −30 dB. Resulta, assim, que o compensador (9.76) atende a todas as especificações.

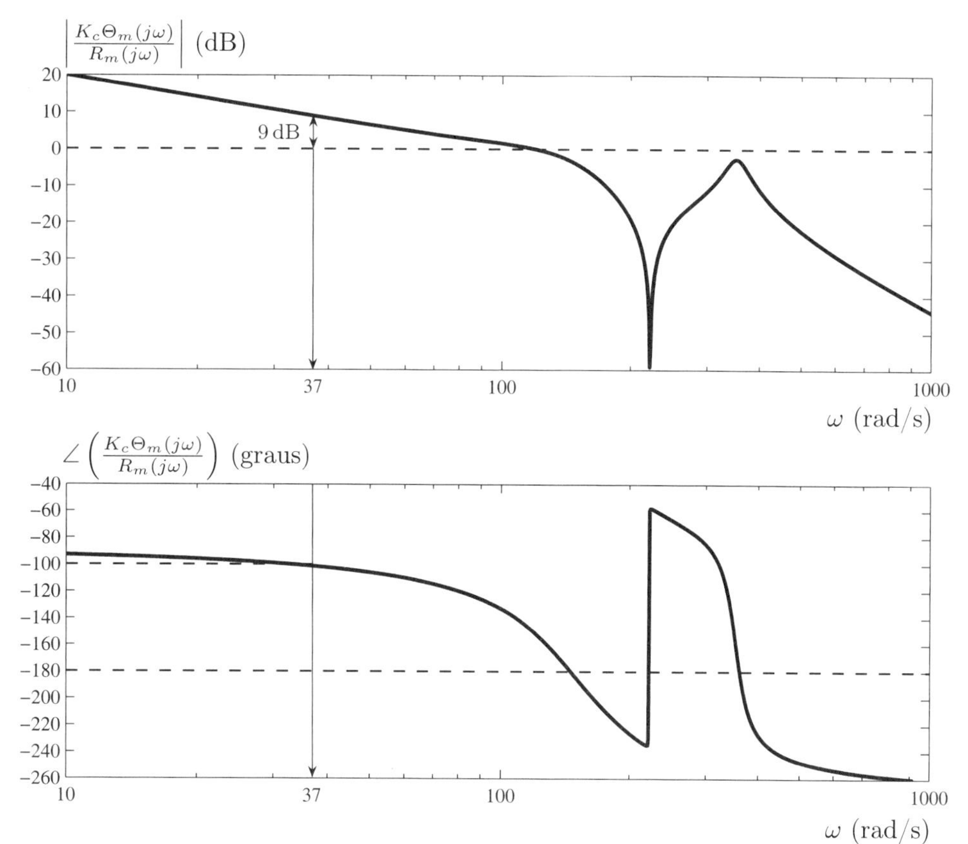

Figura 9.37 Diagramas de Bode de $\frac{K_c\Theta_m(s)}{R_m(s)}$ para $K_c = 145$.

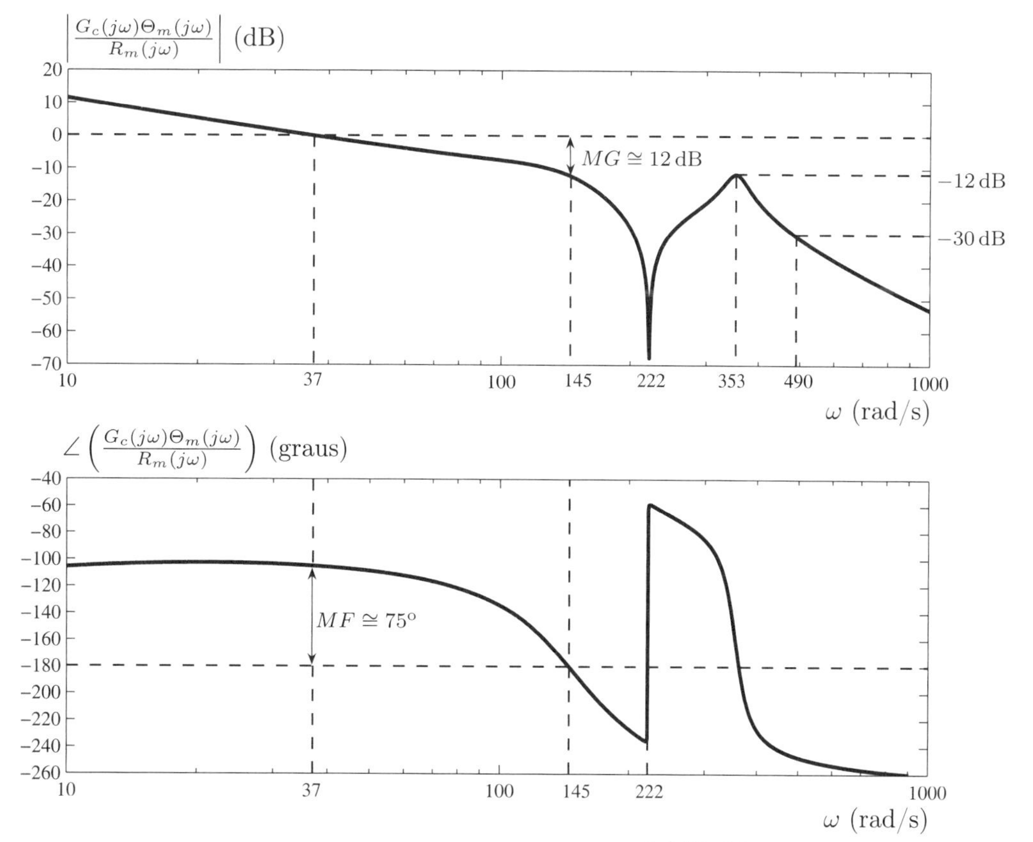

Figura 9.38 Diagramas de Bode de $\frac{G_c(s)\Theta_m(s)}{R_m(s)}$.

Na Figura 9.39 é mostrada a resposta de $\theta_m(t)$ para um degrau unitário na referência. Comparando-se com a Figura 9.33, constata-se melhora significativa no período de transitório.

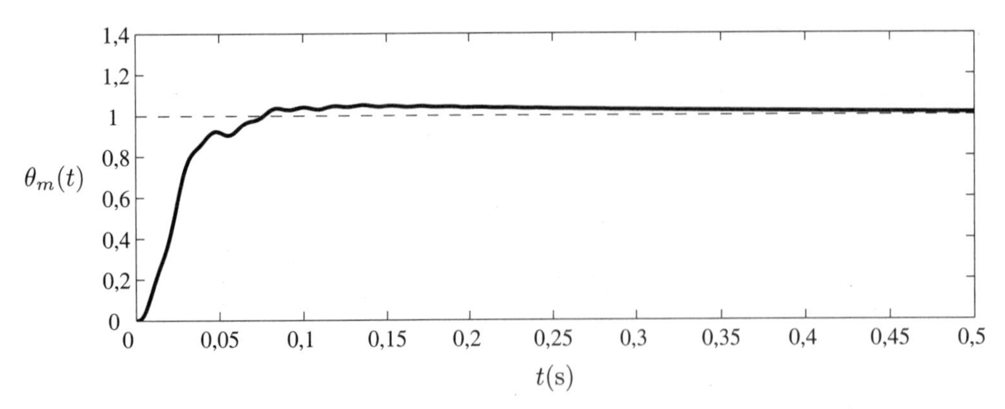

Figura 9.39 Resposta $\theta_m(t)$ para um degrau unitário na referência.

Avaliação de robustez do compensador por atraso de fase

Para avaliação de robustez do compensador por atraso de fase são mostrados, na Figura 9.40, os gráficos de Bode resultantes para diversas combinações de valores de parâmetros da antena. Foram consideradas oito combinações possíveis para variações de $\pm10\%$ em torno dos valores nominais dos parâmetros R_a, K_t e B. Medidas precisas a partir desses gráficos indicam variações de 11,3 dB a 13,1 dB para as margens de ganho e variações de 72,6° a 77,1° para as margens de fase, as quais se mantêm, portanto, em valores aceitáveis para as especificações de projeto.

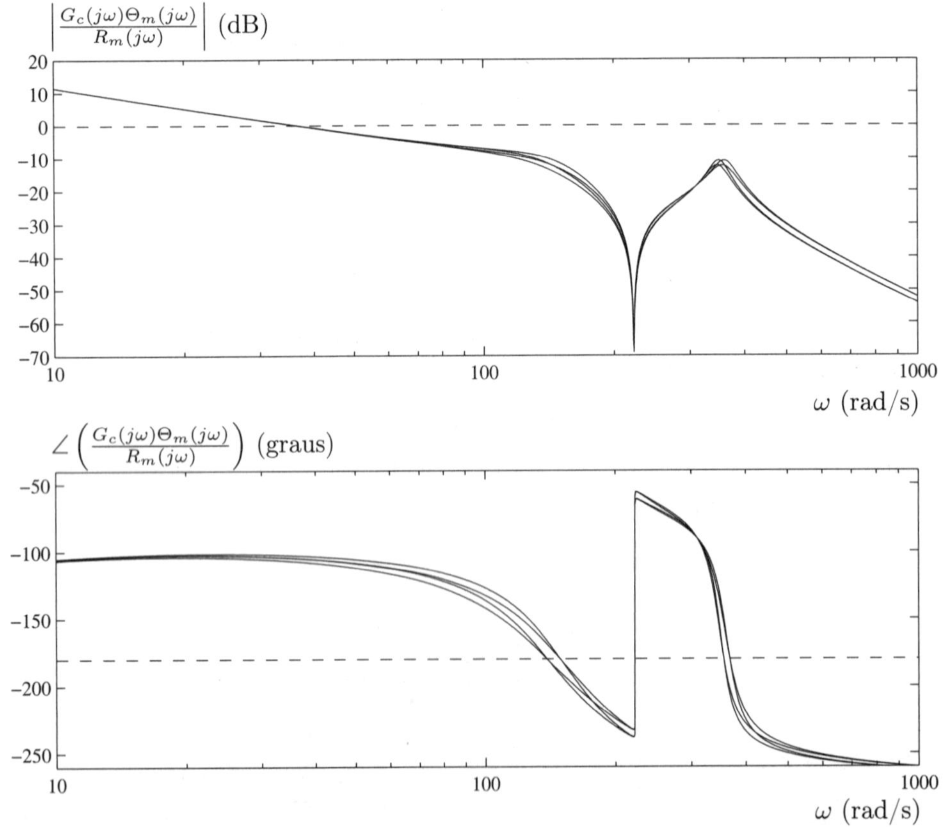

Figura 9.40 Diagramas de Bode de $\frac{G_c(s)\Theta_m(s)}{R_m(s)}$ para variações de $\pm10\%$ em torno dos valores nominais dos parâmetros R_a, K_t e B.

9.12 Exercícios resolvidos

Exercício 9.1

O diagrama de blocos da Figura 9.41 representa um servomecanismo com realimentação unitária e amplificador chaveado a relé. Utilizando um programa computacional, simule o sistema em malha fechada com e sem a presença do relé.

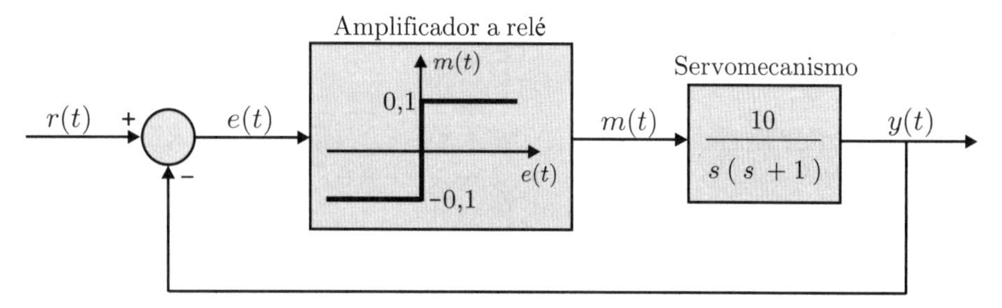

Figura 9.41 Servomecanismo com realimentação unitária e amplificador chaveado a relé.

Solução

Aplicando um degrau unitário na referência e simulando o sistema por meio do Simulink do MATLAB são obtidos os gráficos da Figura 9.42. Observe a oscilação frequente da saída quando o bloco do relé está presente.

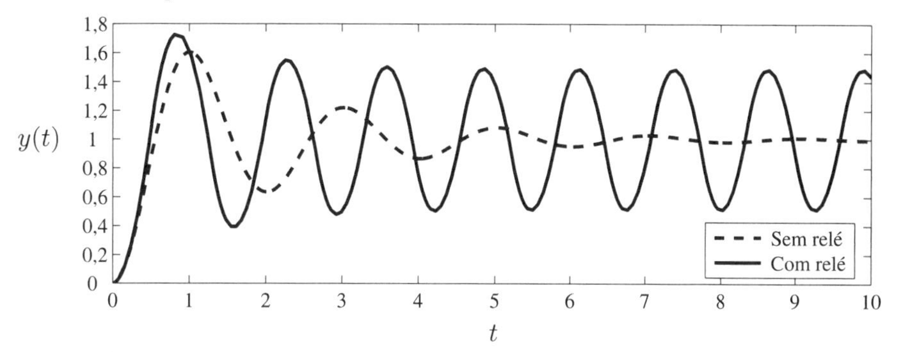

Figura 9.42 Respostas ao degrau unitário do sistema em malha fechada.

Para eliminar as oscilações da saída uma solução é implementar um compensador por avanço de fase com função de transferência

$$G_c(s) = \frac{s+1}{0{,}02s+1} \, . \tag{9.77}$$

Simulando o sistema não linear em malha fechada com e sem o compensador obtêm-se os gráficos da Figura 9.43.

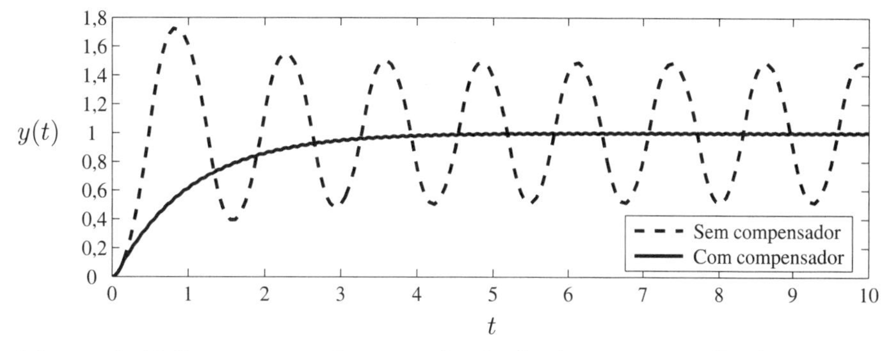

Figura 9.43 Respostas ao degrau unitário do sistema em malha fechada com relé.

Exercício 9.2

O esquema de um sistema de levitação eletromagnética é apresentado na Figura 9.44. O sistema consiste em um eletroímã que suspende uma massa m de material magnético. A levitação da massa é obtida por meio do controle da distância X do entreferro existente entre a massa e o eletroímã.

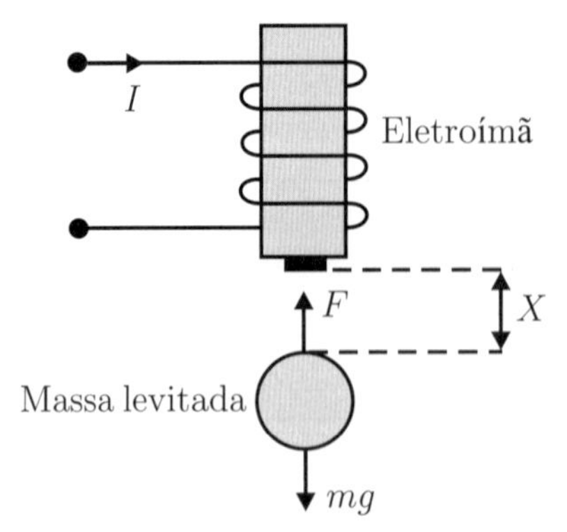

Figura 9.44 Sistema de levitação eletromagnética.

Sabe-se que a força produzida pelo eletroímã é dada por

$$F(X, I) = K\frac{I^2}{X^2}\,, \tag{9.78}$$

sendo I a corrente elétrica que circula pela bobina, e K uma constante que depende do número de espiras e da área da seção transversal do eletroímã. Deseja-se determinar a função de transferência do sistema que tem como entrada a corrente I e como saída a distância X.

Solução

Sendo g a aceleração da gravidade, a força resultante $F_R(X, I)$ na massa m é

$$F_R(X, I) = mg - F(X, I) = mg - K\frac{I^2}{X^2}\,. \tag{9.79}$$

Expandindo a força $F_R(X, I)$ na série de Taylor de ordem 1, no ponto de equilíbrio (X_0, I_0), obtém-se

$$\begin{aligned} F_R(X, I) &= F_R(X_0, I_0) + \left.\frac{\partial F_R}{\partial_X}\right|_{X=X_0, I=I_0}(X - X_0) + \left.\frac{\partial F_R}{\partial_I}\right|_{X=X_0, I=I_0}(I - I_0) \\ &= F_R(X_0, I_0) + \frac{2KI_0^2}{X_0^3}(X - X_0) - \frac{2KI_0}{X_0^2}(I - I_0)\,. \end{aligned} \tag{9.80}$$

Adotando as notações $f_R(t) = F_R(X, I) - F_R(X_0, I_0)$, $x(t) = X - X_0$ e $i(t) = I - I_0$, tem-se a função linear

$$f_R(t) = \frac{2KI_0^2}{X_0^3}x(t) - \frac{2KI_0}{X_0^2}i(t) = \frac{md^2x(t)}{dt^2}\,. \tag{9.81}$$

No ponto de equilíbrio de forças tem-se da Equação (9.79) que

$$mg = \frac{KI_0^2}{X_0^2} \Rightarrow X_0^2 = \frac{KI_0^2}{mg} \text{ ou } I_0^2 = \frac{mgX_0^2}{K}\,. \tag{9.82}$$

Da Equação (9.81) obtém-se

$$\frac{d^2x(t)}{dt^2} = \frac{2g}{X_0}x(t) - \frac{2g}{I_0}i(t)\,. \tag{9.83}$$

Portanto, a função de transferência é dada por

$$\frac{X(s)}{I(s)} = \frac{-\frac{2g}{I_0}}{s^2 - \frac{2g}{X_0}}\,. \tag{9.84}$$

Exercício 9.3

Considere um processo de produção de barras de alumínio em que o alumínio líquido escorre de um forno basculante para um molde resfriado a água. O forno é lentamente girado por meio de um pistão hidráulico e a base do molde é lentamente abaixada por meio de outro pistão hidráulico, conforme é esquematizado na Figura 9.45.

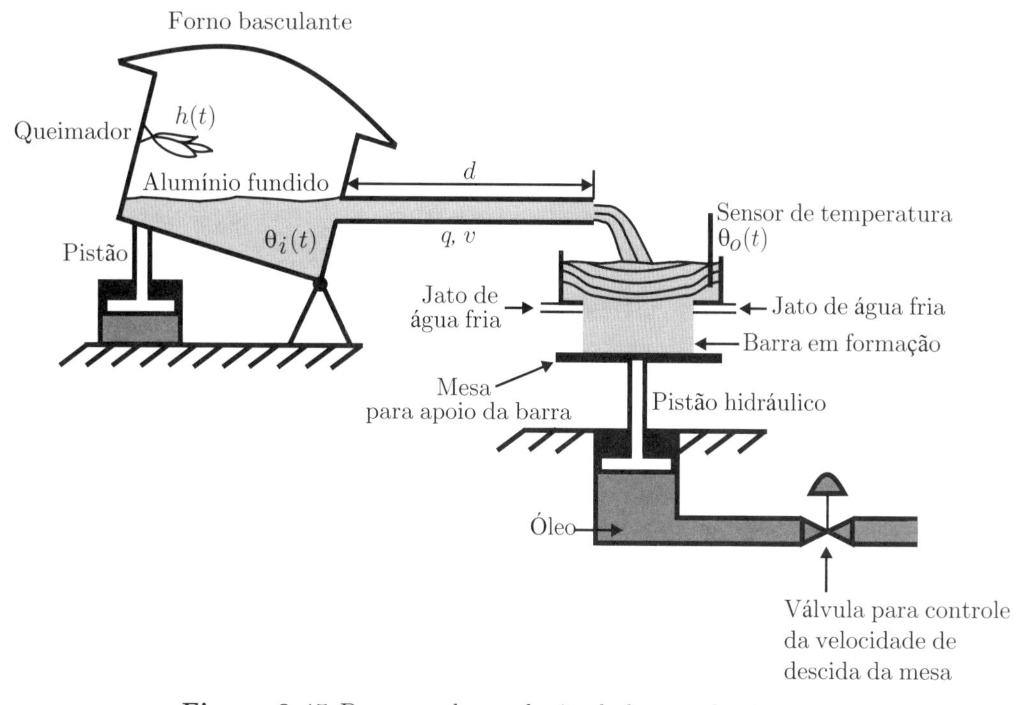

Figura 9.45 Processo de produção de barras de alumínio.

É fundamental que a temperatura do alumínio esteja adequada ao chegar ao molde. Um transdutor de temperatura é instalado nesse ponto e serve de base para um controle a realimentação, cuja atuação se faz por meio de um queimador de óleo ou gás. Entre o transdutor e o forno há um atraso de transporte que não pode ser negligenciado na questão da estabilidade da malha.

Supõe-se que a massa M no forno seja constante, isto é, que a quantidade de alumínio que forma a barra é pequena, relativamente a M. Supõe-se ainda que o forno seja termicamente isolado e que a temperatura do alumínio no seu interior seja constante.

Sejam:
$\theta_i(t)$ (°C): temperatura do alumínio no interior do forno;
$\theta_o(t)$ (°C): temperatura do alumínio no molde;
$h(t)$ (cal/s): taxa de aquecimento de calor no forno;
M (kg): massa do alumínio contido no forno;
$q = 0{,}005$ (kg/s): vazão de alumínio pela calha;
$c = 200$ [cal/(kg °C)]: calor específico do alumínio;
$C = 1000$ (cal/°C): capacitância térmica da massa M de alumínio no forno;
$d = 5$ (m): distância entre o forno e o molde;
$v = 0{,}05$ (m/s): velocidade de escoamento na calha.

a) Determine a função de transferência $\Theta_o(s)/H(s)$ do processo.

b) Projete um controlador de modo que a resposta transitória da malha fechada seja mais rápida que a da malha aberta e que o erro estacionário seja nulo para referência do tipo degrau.

c) Analise a robustez do sistema em malha fechada, quando a constante de tempo e o atraso puro da planta variam de -20% a $+20\%$.

Solução

a) Função de transferência do processo.

A equação de balanço energético no forno é dada por

$$\frac{d\theta_i(t)}{dt} = \frac{h(t) - c\,q\,\theta_i(t)}{C} . \tag{9.85}$$

Aplicando a transformada de Laplace, com condições iniciais nulas, obtém-se

$$Cs\Theta_i(s) = H(s) - c\,q\,\Theta_i(s) , \tag{9.86}$$

cuja função de transferência é

$$\frac{\Theta_i(s)}{H(s)} = \frac{1}{Cs + cq} . \tag{9.87}$$

Admitindo-se que não há perdas ao longo da calha, tem-se que

$$\theta_o(t) = \theta_i(t - d/v) \Rightarrow \Theta_o(s) = e^{-ds/v}\Theta_i(s) . \tag{9.88}$$

Logo, a função de transferência do processo com entrada $H(s)$ e saída $\Theta_o(s)$ é

$$\frac{\Theta_o(s)}{H(s)} = \frac{e^{-ds/v}}{Cs + cq} = \frac{e^{-100s}}{1000s + 1} . \tag{9.89}$$

O processo é relativamente lento por natureza e o problema principal de controle é o atraso puro.

b) Projeto do controlador

Para atender às especificações de projeto, pode-se sintonizar um controlador PI por meio da regra SIMC 1. Desse modo, a função de transferência da planta pode ser escrita como

$$\frac{\Theta_o(s)}{H(s)} = \frac{Ke^{-\alpha s}}{\tau s + 1} = \frac{e^{-100s}}{1000s + 1} . \tag{9.90}$$

Sendo $K = 1$, $\tau = 1000$, $\alpha = 100$ e supondo $\tau_c = 2\alpha$, as constantes do controlador PI são

$$K_c = \frac{\tau}{K(\tau_c + \alpha)} = \frac{\tau}{3\alpha} = \frac{10}{3} \quad \text{e} \tag{9.91}$$

$$T_I = \min\{\tau\ ,\ 4(\tau_c + \alpha)\} = \min\{\tau\ ,\ 12\alpha\} = 1000 . \tag{9.92}$$

Portanto, a função de transferência do controlador PI é

$$G_c(s) = K_c\left(1 + \frac{1}{T_I s}\right) = \frac{10}{3}\left(1 + \frac{1}{1000s}\right) . \tag{9.93}$$

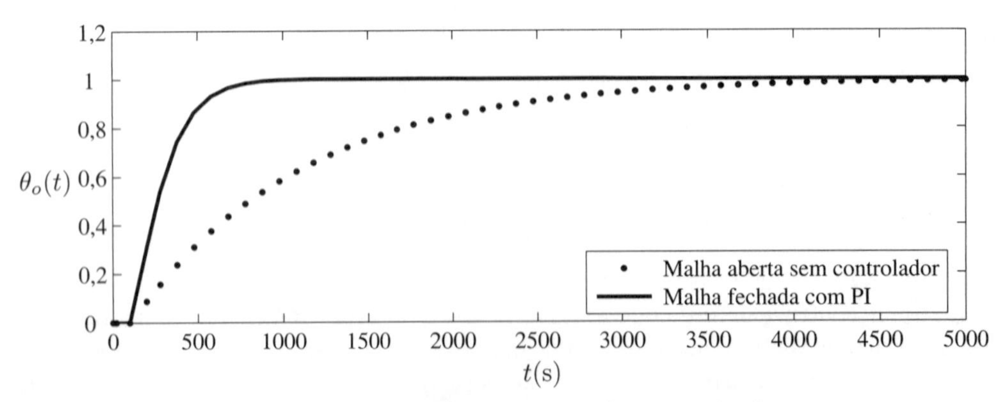

Figura 9.46 Respostas ao degrau unitário.

Na Figura 9.46 são apresentadas as respostas ao degrau unitário na referência com o controlador PI e a resposta ao degrau unitário do sistema em malha aberta sem controlador. Comparando os gráficos, observa-se que ambas as respostas possuem erro estacionário nulo. Porém, o transitório com controlador é bem mais rápido que o transitório sem controlador.

c) Análise da robustez

Na Tabela 9.3 estão representadas as combinações de flutuações da constante de tempo τ e do atraso puro α da planta, quando esses parâmetros variam de -20% a $+20\%$.

Tabela 9.3 Variações especificadas para os parâmetros da planta

Casos	1	2	3	4
α	80	120	80	120
τ	800	800	1200	1200

Na Figura 9.47 são apresentadas as Cartas de Nichols[3] obtidas a partir da malha aberta formada pelo controlador (9.93) e pela planta com os parâmetros da Tabela 9.3. Observe que a malha fechada é estável em todas as possibilidades, pois as margens de ganho e fase são positivas. Com exceção do caso 1 as respostas ao degrau unitário na referência apresentam um pequeno sobressinal, conforme pode-se observar na Figura 9.48.

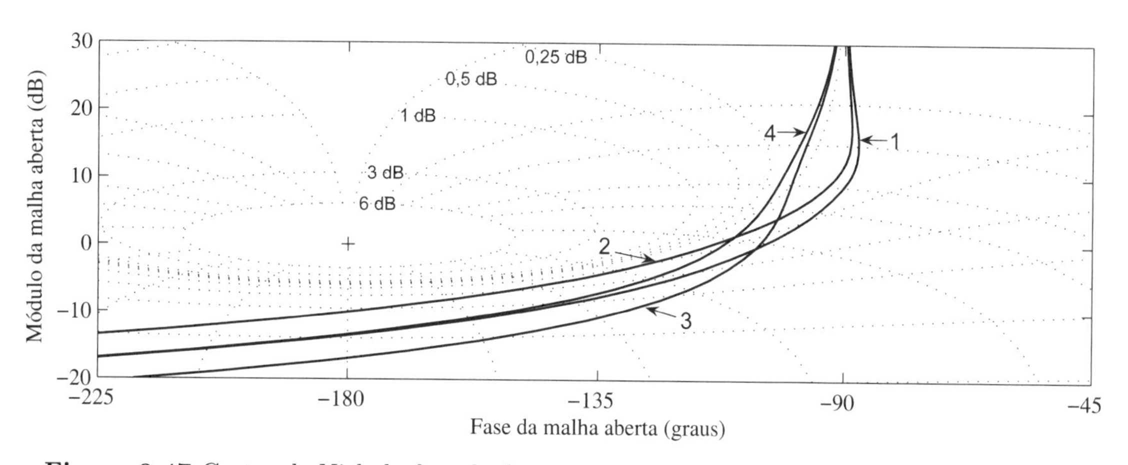

Figura 9.47 Cartas de Nichols desenhadas por meio dos parâmetros da planta da Tabela 9.3.

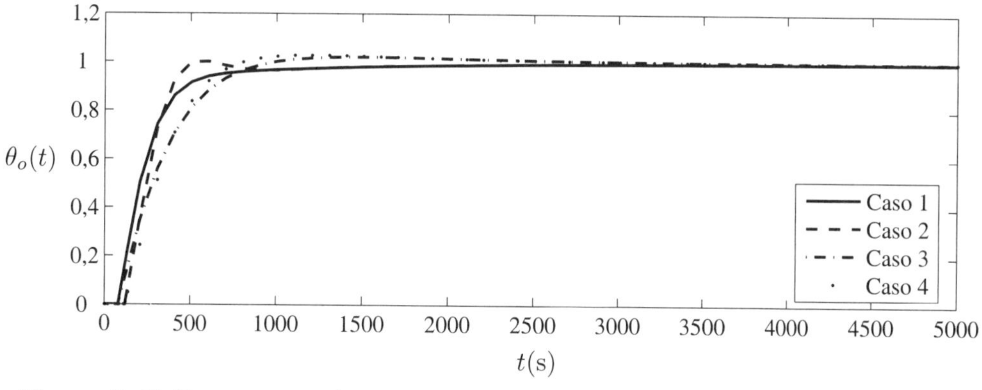

Figura 9.48 Respostas ao degrau unitário nas referências dos sistemas em malha fechada.

[3]As simulações computacionais das Figuras 9.47 e 9.48 foram obtidas por meio do programa MATLAB.

Exercício 9.4

Projete um preditor de Smith para o processo de fundição do Exercício 9.3, de modo que a constante de tempo da malha fechada seja 10 vezes menor que a constante de tempo do processo e que o erro estacionário seja nulo para entrada de referência do tipo degrau.

Solução

Inicialmente, projeta-se um controlador $G_c(s)$ para o sistema sem atraso $G_p(s) = \frac{1}{1000s+1}$, conforme é mostrado na Figura 9.49.

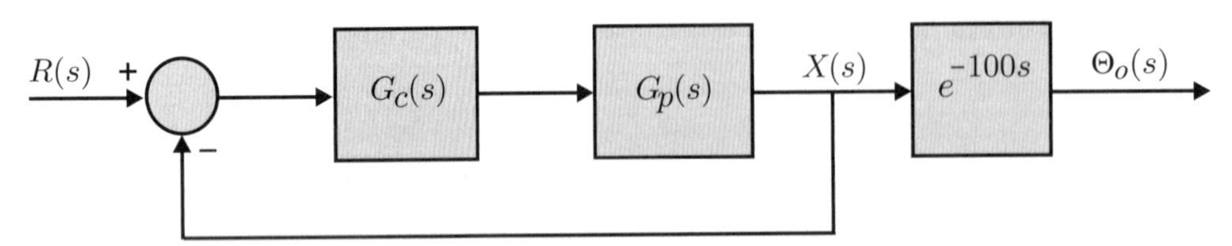

Figura 9.49 Diagrama de blocos do sistema com o atraso fora da malha fechada.

Para satisfazer as especificações de projeto pode-se utilizar um controlador PI. Adotando o parâmetro $T_I = 1000$, de modo que o zero do controlador cancele o polo de $G_p(s)$, a função de transferência do controlador resulta como

$$G_c(s) = K_c\left(1 + \frac{1}{T_I s}\right) = K_c\left(\frac{T_I s + 1}{T_I s}\right) = K_c\left(\frac{1000s + 1}{1000s}\right). \tag{9.94}$$

A função de transferência da malha fechada é dada por

$$\frac{X(s)}{R(s)} = \frac{G_c(s)G_p(s)}{1 + G_c(s)G_p(s)} = \frac{K_c}{1000s + K_c} = \frac{1}{\frac{1000}{K_c}s + 1}. \tag{9.95}$$

Para que a constante de tempo da malha fechada seja 10 vezes menor que a constante de tempo do processo, basta adotar $K_c = 10$. O preditor de Smith deve ser implementado de acordo com a Figura 9.9, cuja função de transferência é

$$\frac{M(s)}{E(s)} = \frac{G_c(s)}{1 + (1 - e^{-100s})G_c(s)G_p(s)} = \frac{1000s + 1}{100s + 1 - e^{-100s}}. \tag{9.96}$$

Na Figura 9.50 são apresentadas as respostas ao degrau unitário na referência com o preditor de Smith e a resposta ao degrau unitário da malha aberta sem o preditor. Comparando os gráficos observa-se que ambas as respostas possuem erro estacionário nulo. Porém, o transitório com o preditor é bem mais rápido que o transitório sem o preditor.

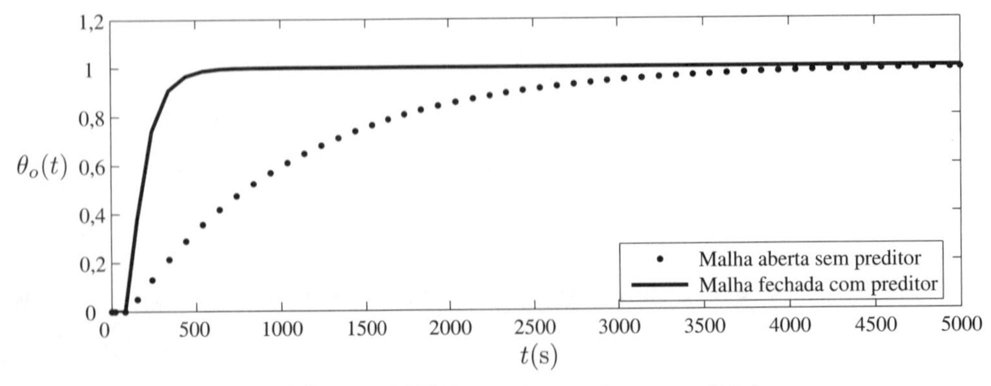

Figura 9.50 Respostas ao degrau unitário.

9.13 Exercícios propostos

Exercício 9.5

O pêndulo da Figura 9.51 está sujeito à gravidade g, sem atrito, e obedece ao equilíbrio de forças

$$m\frac{d^2\theta(t)}{dt^2} = mg \operatorname{sen} \theta(t) , \tag{9.97}$$

sendo $\theta(t)$ a posição angular do pêndulo, em radianos. Calcular o seu modelo incremental em $\Theta_0 = 0$ e em $\Theta_0 = \pi/4$.

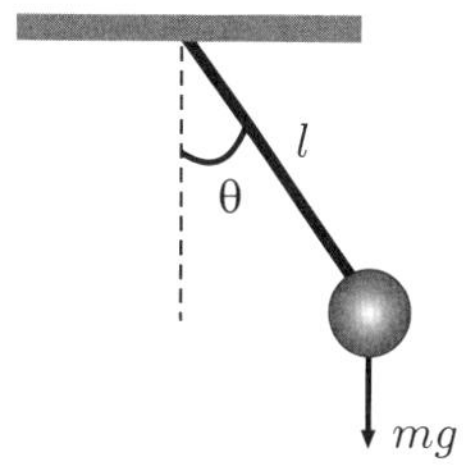

Figura 9.51 Pêndulo simples.

Exercício 9.6

O servomecanismo da Figura 9.52 tem saturação no amplificador de potência. Usando um programa computacional, compare a resposta $y(t)$ ao degrau unitário com a do sistema sem saturação. Observe que a resposta do sistema não linear é similar a do linear, porém mais lenta.

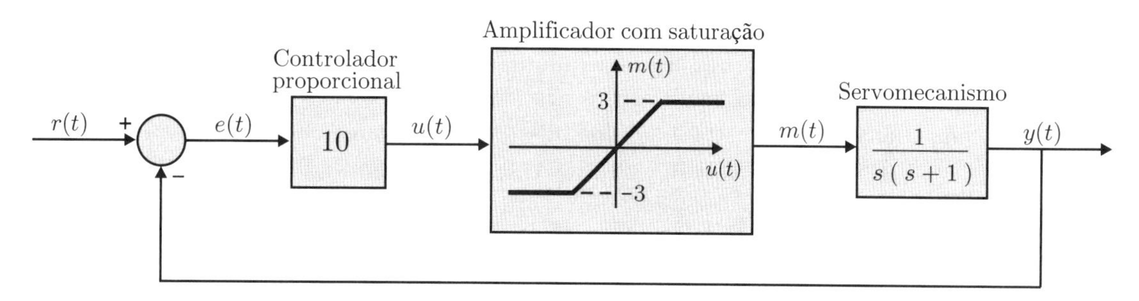

Figura 9.52 Servomecanismo com realimentação unitária e saturação.

Exercício 9.7

Considere o caso da antena de radar da Seção 9.11 com um transdutor de posição medindo diretamente o ângulo $\theta_A(t)$. Admitindo as mesmas especificações dinâmicas, projete um compensador $G_c(s)$ por avanço e atraso de fase de acordo com a Figura 9.53. Observe que o produto $G_3(s)G_4(s)/s$ produz um modelo simplificado para a planta.

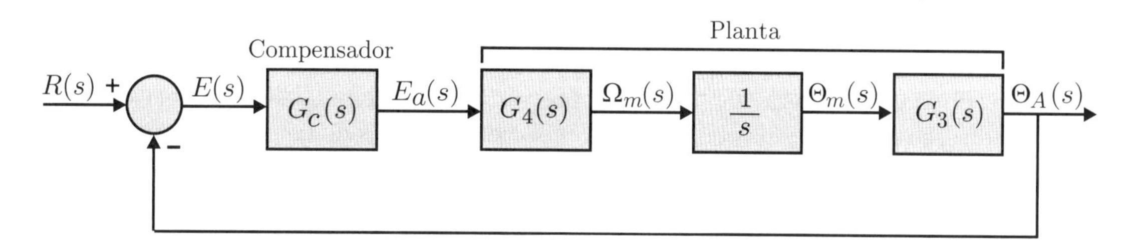

Figura 9.53 Diagrama de blocos do sistema em malha fechada.

10

Sistemas de Tempo Discreto

10.1 Introdução

Os sinais eletrônicos podem ser divididos em dois grupos:

• **sinais de tempo contínuo ou analógicos:** definidos em qualquer instante pertencente ao intervalo de observação; representam-se matematicamente por funções $f(t)$, $t \in \mathcal{R}$;

• **sinais de tempo discreto ou amostrados:** definidos apenas em determinados instantes do intervalo de observação; matematicamente, se os instantes são periódicos com período de amostragem T tais sinais se representam por sequências $f(kT)$, $k = 0, 1, 2, 3, \ldots$, $k \in \mathcal{N}$.

Os sinais de tempo discreto podem ser originalmente discretos ou resultantes da amostragem de sinais analógicos. Considere, por exemplo, o registro das variações da temperatura atmosférica ao longo de um dia. No gráfico da Figura 10.1 (a) pode-se notar que a temperatura $f(t)$ assume valores em qualquer instante ao longo das 24 horas de um dia, formando um gráfico de linha contínua ao longo do tempo t. Por outro lado, se a temperatura for anotada de hora em hora, em um processo de amostragem, o sinal $f(t)$ converte-se no sinal discreto $f(kT)$ mostrado na Figura 10.1 (b).

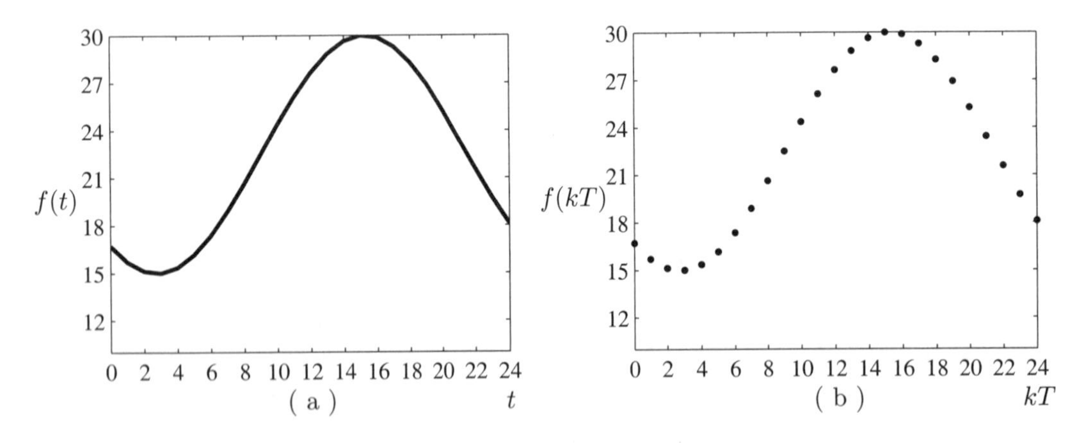

Figura 10.1 Registro de temperaturas em um dia. (a) Tempo contínuo. (b) Tempo discreto.

O sinal discreto da Figura 10.1 (b) pode, por sua vez, ser convertido num sinal digital. Os sinais digitais são resultantes da conversão da amplitude dos sinais de tempo discreto por meio de algum tipo de código binário, ou seja, usando apenas elementos 0 e 1.

10.2 Transformada $\mathcal{Z}$

A transformada $\mathcal{Z}$ é uma aplicação que faz corresponder uma função da variável complexa z a uma sequência de números. A transformada $\mathcal{Z}$ corresponde, no caso discreto, à transformada de Laplace no caso contínuo. A definição da transformada $\mathcal{Z}$ é a seguinte:

Definição 10.1 *Dada uma função $f(t)$, $t \geq 0$, amostrada com período T, ou uma sequência infinita de números $f(0)$, $f(T)$, $f(2T)$, $f(3T)$, $\ldots$, $f(kT)$, $\ldots$, a transformada $\mathcal{Z}$ é a série de potências*[1]

$$F(z) = \mathcal{Z}\left[f(t)\right] = \mathcal{Z}\left[f(kT)\right] \triangleq \sum_{k=0}^{\infty} f(kT) z^{-k} , \tag{10.1}$$

sendo z uma variável complexa e $k \in \mathcal{N}$.

Interessa saber em que condições a série (10.1) converge. Prova-se que se $| f(kT) | \leq c^k$ para alguma constante $c > 0$, isto é, se a sequência $f(kT)$ cresce no máximo geometricamente, então a série converge para $| z | > c$. Para $| z | > c$, $F(z)$ é então uma função analítica de z, isto é, tem derivadas de qualquer ordem. Usando o princípio da continuação analítica, $F(z)$ é definível mesmo nos pontos z tais que $| z | < c$. Sempre que possível, a transformada $\mathcal{Z}$ será considerada estendida a todo o plano z.

10.2.1 Transformada $\mathcal{Z}$ de algumas funções

Impulso unitário

A sequência impulso unitário ou $\delta(kT)$ de Kronecker é definida como

$$\delta(kT) = \begin{cases} 1 & k = 0 , \\ 0 & k \neq 0 . \end{cases} \tag{10.2}$$

O gráfico desta sequência é apresentado na Figura 10.2.

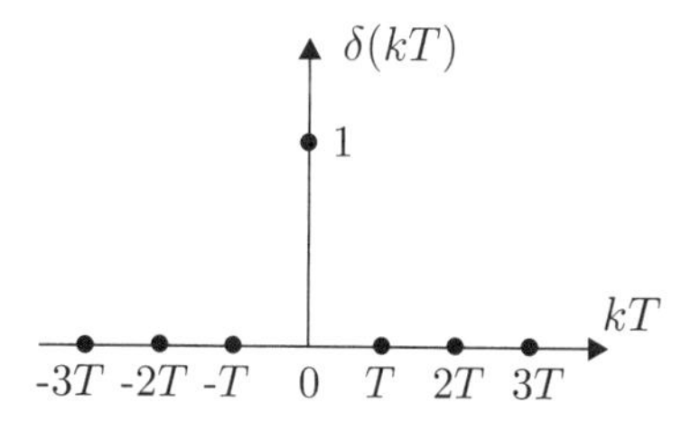

Figura 10.2 Impulso unitário.

Aplicando a definição (10.1) para $k \geq 0$, obtém-se

$$F(z) = \sum_{k=0}^{\infty} \delta(kT) z^{-k} = 1 . \tag{10.3}$$

[1] A rigor esta é a transformada $\mathcal{Z}$ unilateral, que só se aplica a sequências $f(t)$ para $t \geq 0$. Ver [29].

Degrau unitário

A sequência degrau unitário é definida como

$$f(kT) = \begin{cases} 1 & k \geq 0\,, \\ 0 & k < 0\,. \end{cases} \tag{10.4}$$

O gráfico desta sequência é apresentado na Figura 10.3.

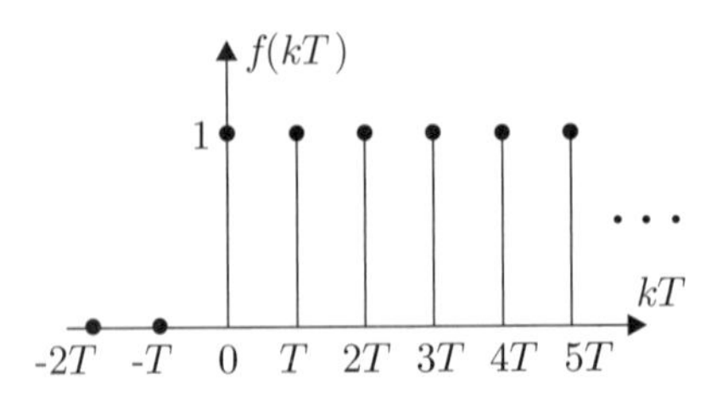

Figura 10.3 Degrau unitário.

Aplicando a definição (10.1) para $k \geq 0$, obtém-se

$$F(z) = \sum_{k=0}^{\infty} f(kT)z^{-k} = 1 + z^{-1} + z^{-2} + z^{-3} + \ldots \tag{10.5}$$

Para $\mid z \mid > 1$, a série (10.5) representa a soma dos termos de uma progressão geométrica com razão z^{-1} e primeiro termo igual a 1. Logo,

$$F(z) = \frac{1}{1 - z^{-1}} = \frac{z}{z-1}\,. \tag{10.6}$$

Rampa unitária

A função rampa unitária é definida como

$$f(kT) = \begin{cases} kT & k \geq 0\,, \\ 0 & k < 0\,. \end{cases} \tag{10.7}$$

O gráfico desta sequência é apresentado na Figura 10.4.

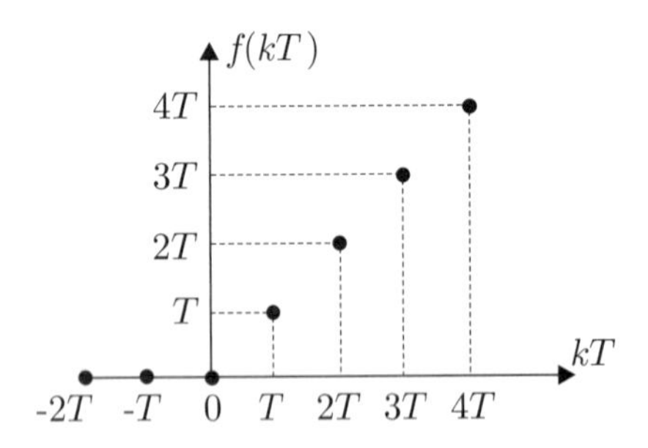

Figura 10.4 Rampa unitária.

Aplicando a definição (10.1) para $k \geq 0$, obtém-se

$$F(z) = \sum_{k=0}^{\infty} f(kT)z^{-k} = 0 + Tz^{-1} + 2Tz^{-2} + 3Tz^{-3} + 4Tz^{-4} + \ldots \tag{10.8}$$

A expressão (10.8) pode ser escrita como

$$\begin{aligned}
\frac{F(z)}{T} &= z^{-1}+2z^{-2}+3z^{-3}+4z^{-4}+\dots \\
&= z^{-1}+z^{-2}+z^{-3}+z^{-4}+\dots+z^{-2}+z^{-3}+z^{-4}+\dots+z^{-3}+z^{-4}+\dots+z^{-4}+\dots \\
&= \frac{z^{-1}}{1-z^{-1}}+\frac{z^{-2}}{1-z^{-1}}+\frac{z^{-3}}{1-z^{-1}}+\frac{z^{-4}}{1-z^{-1}}+\dots \\
&= \frac{1}{1-z^{-1}}(z^{-1}+z^{-2}+z^{-3}+z^{-4}+\dots) \\
&= \frac{1}{(1-z^{-1})}\frac{z^{-1}}{(1-z^{-1})}\,. \qquad (10.9)
\end{aligned}$$

Logo,

$$F(z)=\frac{Tz^{-1}}{(1-z^{-1})^2}=\frac{Tz}{(z-1)^2}\,. \qquad (10.10)$$

Função exponencial

A função exponencial é dada por

$$f(t)=\begin{cases} e^{-at} & t\geq 0\,, \\ 0 & t<0\,. \end{cases} \qquad (10.11)$$

Para $t=kT$ e $k\geq 0$,

$$\begin{aligned}
F(z) &= \sum_{k=0}^{\infty} f(kT)z^{-k}=1+e^{-aT}z^{-1}+e^{-2aT}z^{-2}+e^{-3aT}z^{-3}+\dots \\
&= \frac{1}{1-e^{-aT}z^{-1}}=\frac{z}{z-e^{-aT}}\,. \qquad (10.12)
\end{aligned}$$

Sequência a^k

A sequência a^k é dada por

$$f(k)=\begin{cases} a^k & k=0,1,2,\dots \\ 0 & k<0\,. \end{cases} \qquad (10.13)$$

$$\begin{aligned}
F(z) &= \sum_{k=0}^{\infty} f(k)z^{-k}=1+az^{-1}+a^2z^{-2}+a^3z^{-3}+\dots \\
&= \frac{1}{1-az^{-1}}=\frac{z}{z-a}\,. \qquad (10.14)
\end{aligned}$$

Função seno

A função seno é dada por

$$f(t)=\begin{cases} \operatorname{sen}\omega t & t\geq 0\,, \\ 0 & t<0\,. \end{cases} \qquad (10.15)$$

$$F(z)=\mathcal{Z}\left[\operatorname{sen}\omega t\right]=\mathcal{Z}\left[\frac{e^{j\omega t}-e^{-j\omega t}}{2j}\right]. \qquad (10.16)$$

Para $t=kT$ e $k\geq 0$, de (10.12) tem-se que

$$\begin{aligned}
F(z) &= \frac{1}{2j}\left(\frac{z}{z-e^{j\omega T}}-\frac{z}{z-e^{-j\omega T}}\right)=\frac{1}{2j}\left(\frac{(e^{j\omega T}-e^{-j\omega T})z}{z^2-(e^{j\omega T}+e^{-j\omega T})z+1}\right) \\
&= \frac{z\operatorname{sen}\omega T}{z^2-2z\cos\omega T+1}\,. \qquad (10.17)
\end{aligned}$$

Função cosseno

A função cosseno é dada por

$$f(t) = \begin{cases} \cos\omega t & t \geq 0 \, , \\ 0 & t < 0 \, . \end{cases} \tag{10.18}$$

$$F(z) = \mathcal{Z}\left[\cos\omega t\right] = \mathcal{Z}\left[\frac{e^{j\omega t} + e^{-j\omega t}}{2}\right]. \tag{10.19}$$

Para $t = kT$ e $k \geq 0$, de (10.12) tem-se que

$$\begin{aligned} F(z) &= \frac{1}{2}\left(\frac{z}{z - e^{j\omega T}} + \frac{z}{z - e^{-j\omega T}}\right) = \frac{1}{2}\left(\frac{2z^2 - (e^{j\omega T} + e^{-j\omega T})z}{z^2 - (e^{j\omega T} + e^{-j\omega T})z + 1}\right) \\ &= \frac{z^2 - z\cos\omega T}{z^2 - 2z\cos\omega T + 1} \, . \end{aligned} \tag{10.20}$$

Exemplo 10.1

Deseja-se obter a transformada $\mathcal{Z}$ da função cuja transformada de Laplace é

$$F(s) = \frac{a}{s(s+a)}. \tag{10.21}$$

Expandindo a Equação (10.21) em frações parciais, obtém-se

$$F(s) = \frac{1}{s} - \frac{1}{s+a} \, , \tag{10.22}$$

cuja transformada inversa é dada por

$$\mathcal{L}^{-1}[F(s)] = f(t) = 1 - e^{-at} \, , \text{ para } t \geq 0 \, . \tag{10.23}$$

Logo, a transformada $\mathcal{Z}$ de $f(t)$, amostrada com período T, é dada por

$$F(z) = \mathcal{Z}[1 - e^{-at}] = \frac{z}{z-1} - \frac{z}{z - e^{-aT}} = \frac{(1 - e^{-aT})z}{(z-1)(z - e^{-aT})} \, . \tag{10.24}$$

■

10.2.2 Algumas propriedades e teoremas da transformada $\mathcal{Z}$

Propriedade 10.1 Linearidade

A transformada $\mathcal{Z}$ é uma aplicação linear. De fato, sendo $f(k)$ e $g(k)$ duas sequências e α e β dois números reais, tem-se que

$$\begin{aligned} \mathcal{Z}\left[\alpha f(k) + \beta g(k)\right] &= \sum_{k=0}^{\infty} (\alpha f(k) + \beta g(k)) z^{-k} \\ &= \alpha \sum_{k=0}^{\infty} f(k) z^{-k} \, + \, \beta \sum_{k=0}^{\infty} g(k) z^{-k} \\ &= \alpha F(z) + \beta G(z) \, . \end{aligned} \tag{10.25}$$

Propriedade 10.2 Atraso

Dadas as sequências $f(k)$ e $g(k)$, sendo a última obtida por translação da primeira para depois (Figura 10.5 (a) e 10.5 (b)), isto é,

$$g(k) = \begin{cases} f(k-n) & k \geq n\,, \\ 0 & k < n\,. \end{cases} \tag{10.26}$$

Então,

$$G(z) = \sum_{k=0}^{\infty} g(k) z^{-k} = \sum_{k=0}^{\infty} f(k-n) z^{-k}. \tag{10.27}$$

Definindo $m = k - n$ e dado que $g(k) = 0$ para $k < n$, obtém-se

$$G(z) = \sum_{m=0}^{\infty} f(m) z^{-(m+n)} = z^{-n} \sum_{m=0}^{\infty} f(m) z^{-m} = z^{-n} F(z)\,. \tag{10.28}$$

Portanto,

$$G(z) = z^{-n} F(z)\,. \tag{10.29}$$

A propriedade (10.29) permite considerar a variável complexa z^{-n} como um operador de atraso n, aplicável às sequências temporais, que será muito útil na representação de sistemas dinâmicos.

Exemplo 10.2

Considere a sequência

$$f(k) = \begin{cases} e^{-k} & k \geq 0 \\ 0 & k < 0 \end{cases} \tag{10.30}$$

e a sequência $g(k)$ atrasada de duas unidades de tempo, isto é,

$$g(k) = \begin{cases} e^{-(k-2)} & k \geq 2 \\ 0 & k = 0,\ 1\,. \end{cases} \tag{10.31}$$

Então,

$$F(z) = \mathcal{Z}[f(k)] = \frac{z}{z - e^{-1}}\,. \tag{10.32}$$

Logo,

$$G(z) = z^{-2} F(z) = z^{-2} \frac{z}{z - e^{-1}} = \frac{1}{z(z - e^{-1})}\,. \tag{10.33}$$

■

Propriedade 10.3 Avanço

Dada a sequência $f(k)$ e seja $\hat{h}(k)$ obtida por translação de $f(k)$ para antes (Figura 10.5 (a) e 10.5 (c)), isto é,

$$\hat{h}(k) = \begin{cases} f(k+n) & k \geq -n\,, \\ 0 & k < -n\,. \end{cases} \tag{10.34}$$

Como a definição da transformada $\mathcal{Z}$ não admite termos da sequência com índice $k < 0$, é necessário truncar $\hat{h}(k)$, obtendo-se a sequência truncada $h(k)$ da Figura 10.5 (d), dada por

$$h(k) = \begin{cases} f(k+n) & k \geq 0\,, \\ 0 & k < 0\,. \end{cases} \tag{10.35}$$

Assim,

$$H(z) = \sum_{k=0}^{\infty} h(k) z^{-k} = \sum_{k=0}^{\infty} f(k+n) z^{-k}.$$

Definindo $m = k + n$, então

$$H(z) = \sum_{m=n}^{\infty} f(m)z^{-(m-n)} = z^n \left(\sum_{m=0}^{\infty} f(m)z^{-m} - \sum_{m=0}^{n-1} f(m)z^{-m} \right). \tag{10.36}$$

Portanto,

$$H(z) = z^n \left(F(z) - \sum_{m=0}^{n-1} f(m)z^{-m} \right). \tag{10.37}$$

A propriedade (10.37) permite considerar a variável complexa z^n como um operador de avanço n, aplicável às sequências temporais com a devida atenção ao truncamento.

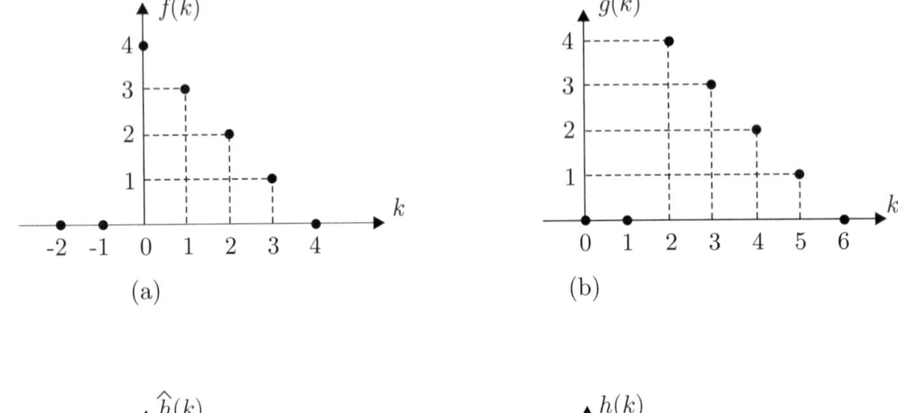

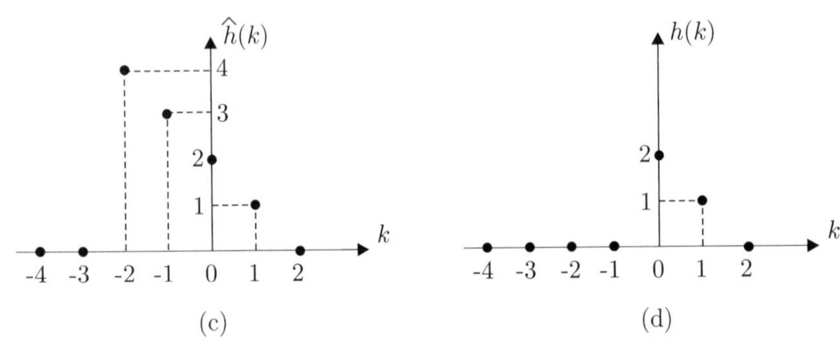

Figura 10.5 (a) Sequência $f(k)$. (b) Sequência $g(k) = f(k-2)$ com atraso de duas unidades de tempo. (c) Sequência $\hat{h}(k) = f(k+2)$ com avanço de duas unidades de tempo. (d) Sequência $h(k) = \hat{h}(k)$ para $k \geq 0$.

Exemplo 10.3

Considere as sequências $h(k) = k + 2$ e $f(k) = k$. Então,

$$F(z) = \mathcal{Z}[f(k)] = \frac{z}{(z-1)^2}. \tag{10.38}$$

Logo,

$$\begin{aligned} H(z) &= z^2 \left(F(z) - \sum_{k=0}^{1} kz^{-k} \right) \\ &= z^2 \left(\frac{z}{(z-1)^2} - z^{-1} \right) \\ &= \frac{z^3}{(z-1)^2} - z = \frac{2z^2 - z}{(z-1)^2} . \end{aligned} \tag{10.39}$$

■

10.2.3 Teorema do valor inicial

Seja $F(z)$ a transformada $\mathcal{Z}$ de uma função $f(t)$, então o valor inicial $f(0)$ de $f(t)$ é dado por

$$f(0) = \lim_{k \to 0} f(k) = \lim_{z \to \infty} F(z) \, . \tag{10.40}$$

De fato,

$$F(z) = \sum_{k=0}^{\infty} f(k) z^{-k} = f(0) + f(1)z^{-1} + f(2)z^{-2} + \ldots \tag{10.41}$$

Fazendo $z \to \infty$ na Equação (10.41), obtém-se o valor inicial $f(0)$.

Exemplo 10.4

Determine o valor inicial de uma função $f(k)$, cuja transformada $\mathcal{Z}$ é dada por

$$F(z) = \frac{z}{z-a} \, . \tag{10.42}$$

Pelo teorema do valor inicial

$$f(0) = \lim_{z \to \infty} F(z) = \lim_{z \to \infty} \frac{z}{z-a} = \lim_{z \to \infty} \frac{1}{1 - \frac{a}{z}} = 1 \, . \tag{10.43}$$

De fato,

$$F(z) = \mathcal{Z}[a^k] \Rightarrow f(k) = a^k \Rightarrow f(0) = 1 \, . \tag{10.44}$$

■

10.2.4 Teorema do valor final

Supondo que $f(k) = 0$ para $k < 0$ e que existe

$$\lim_{z \to 1} (1 - z^{-1}) F(z) \, ,$$

então o valor final de $f(k)$ é dado por

$$\lim_{k \to \infty} f(k) = \lim_{z \to 1} (1 - z^{-1}) F(z). \tag{10.45}$$

Para mostrar este teorema, basta considerar que

$$\mathcal{Z}[f(k)] = F(z) = \sum_{k=0}^{\infty} f(k) z^{-k} \, , \tag{10.46}$$

$$\mathcal{Z}[f(k-1)] = z^{-1} F(z) = \sum_{k=0}^{\infty} f(k-1) z^{-k}. \tag{10.47}$$

Subtraindo a Equação (10.46) da (10.47) e calculando o $\lim_{z \to 1} (1 - z^{-1}) F(z)$, obtém-se

$$\begin{aligned} \lim_{z \to 1} (1 - z^{-1}) F(z) &= \lim_{z \to 1} \left[\sum_{k=0}^{\infty} (f(k) - f(k-1)) z^{-k} \right] \\ &= [f(0) - f(-1)] + [f(1) - f(0)] + [f(2) - f(1)] + \ldots \\ &= f(\infty) = \lim_{k \to \infty} f(k). \end{aligned} \tag{10.48}$$

Exemplo 10.5

Determine o valor final de uma função $f(k)$ cuja transformada $\mathcal{Z}$ é dada por

$$F(z) = \frac{(1-e^{-a})z}{(z-1)(z-e^{-a})} . \tag{10.49}$$

Pelo teorema do valor final

$$f(\infty) = \lim_{z\to 1}(1-z^{-1})F(z) = \lim_{z\to 1}\frac{(z-1)}{z}\frac{(1-e^{-a})z}{(z-1)(z-e^{-a})} = 1 . \tag{10.50}$$

De fato,

$$F(z) = \mathcal{Z}[1-e^{-ak}] \Rightarrow f(k) = 1-e^{-ak} \Rightarrow f(\infty) = 1 . \tag{10.51}$$

■

10.3 Função de transferência

Num sistema discreto no tempo a entrada $u(k)$ e a saída $y(k)$ são sequências de números, sendo portanto suscetíveis de representação por transformadas $\mathcal{Z}$. A descrição matemática fundamental de um sistema dinâmico discreto no tempo é uma equação de diferenças. No caso de ser linear e invariante no tempo ela é do tipo

$$\begin{aligned} &y(k+n) + a_{n-1}y(k+n-1) + a_{n-2}y(k+n-2) + ... + a_0 y(k) = \\ &b_m u(k+m) + b_{m-1}u(k+m-1) + b_{m-2}u(k+m-2) + ... + b_0 u(k) \end{aligned} \tag{10.52}$$

sendo n a ordem do sistema, e a_i $(i = 0, \ldots, n-1)$ e b_j $(j = 0, \ldots, m-1)$ constantes, com $m \leq n$.

Aplicando a propriedade (10.3) do avanço na Equação (10.52), obtém-se

$$\begin{aligned} &z^n Y(z) - \sum_{k=0}^{n-1} y(k)z^{n-k} + a_{n-1}z^{n-1}Y(z) - a_{n-1}\sum_{k=0}^{n-2} y(k)z^{n-1-k} + \ldots + a_0 Y(z) = \\ &b_m z^m U(z) - b_m \sum_{k=0}^{m-1} u(k)z^{m-k} + b_{m-1}z^{m-1}U(z) - b_{m-1}\sum_{k=0}^{m-2} u(k)z^{m-1-k} + \ldots + b_0 U(z). \end{aligned} \tag{10.53}$$

Supondo condições iniciais nulas

$$y_{n-1} = y_{n-2} = \ldots = y_0 = u_{m-1} = u_{m-2} = \ldots = u_0 = 0 , \tag{10.54}$$

obtém-se

$$(z^n + a_{n-1}z^{n-1} + \ldots + a_0)Y(z) = (b_m z^m + b_{m-1}z^{m-1} + \ldots + b_0)U(z). \tag{10.55}$$

A função de transferência $G(z)$ é definida como a razão das transformadas $\mathcal{Z}$ da saída $Y(z)$ e da entrada $U(z)$ do sistema supondo condições iniciais nulas ($c.i. = 0$), ou seja,

$$G(z) \triangleq \left.\frac{Y(z)}{U(z)}\right|_{c.i.=0} . \tag{10.56}$$

Logo, a função de transferência é dada por

$$G(z) = \frac{Y(z)}{U(z)} = \frac{b_m z^m + b_{m-1}z^{m-1} + \ldots + b_0}{z^n + a_{n-1}z^{n-1} + \ldots + a_0}, \quad \text{com } m \leq n. \tag{10.57}$$

Note que $G(z)$ independe dos sinais de entrada e saída, desde que haja condições iniciais nulas. $G(z)$ depende apenas dos parâmetros a_i $(i = 0, \ldots, n-1)$, b_j $(j = 0, \ldots, m)$ e das ordens n e m. Um sistema discreto, linear e invariante no tempo $G(z)$, com entrada $U(z)$ e saída $Y(z)$, é apresentado na Figura 10.6.

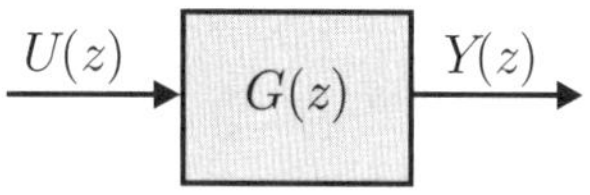

Figura 10.6 Sistema $G(z)$ com entrada $U(z)$ e saída $Y(z)$.

Assim como no caso dos sistemas contínuos, os pontos do plano z em que a função $G(z)$ ou suas derivadas tendem ao infinito são os **polos** de $G(z)$. Já os pontos em que a função $G(z)$ se anula são os **zeros** de $G(z)$. No caso de $G(z)$ ser racional, como na Equação (10.57), tem-se que

- os **polos** são as raízes do polinômio do denominador de $G(z)$, e
- os **zeros** são as raízes do polinômio do numerador de $G(z)$.

Uma outra forma equivalente de expressar a função de transferência (10.57) é através de potências negativas de z. Para isso basta multiplicar o numerador e o denominador da Equação (10.57) por z^{-n}, ou seja,

$$G(z) = \frac{Y(z)}{U(z)} = \frac{b_m z^{m-n} + b_{m-1} z^{m-n-1} + \ldots + b_0 z^{-n}}{1 + a_{n-1} z^{-1} + \ldots + a_0 z^{-n}}, \quad \text{com } m \leq n. \tag{10.58}$$

10.3.1 Álgebra de blocos

É fácil verificar que valem para as funções de transferência em z as mesmas regras de álgebra de blocos que as das funções de transferência em s.

10.4 Resposta impulsiva

Supondo que a entrada $U(z)$ do sistema da Figura 10.6 seja um impulso unitário no instante zero, então $U(z) = 1$. Da Equação (10.58) resulta que $Y(z) = G(z)$, ou seja, a função de transferência do sistema é igual à transformada $\mathcal{Z}$ da saída.

Dividindo-se o numerador pelo denominador na Equação (10.58), obtém-se

$$\begin{aligned} Y(z) &= b_m z^{m-n} + (b_{m-1} - b_m a_{n-1})\, z^{m-n-1} + \ldots \\ &= b_m z^{-(n-m)} + (b_{m-1} - b_m a_{n-1})\, z^{-(n-m+1)} + \ldots \end{aligned} \tag{10.59}$$

Diz-se que um sistema é causal quando as suas respostas sempre ocorrem após ou simultaneamente com as entradas. Uma função de transferência é dita realizável fisicamente quando corresponde a um sistema causal.

Assim, aplicando a propriedade do atraso (10.29) na Equação (10.59), obtém-se a sequência $y(k)$, dada por

$$y(k) = b_m \delta[k-(n-m)] + (b_{m-1} - b_m a_{n-1})\, \delta[k-(n-m+1)] + \ldots \tag{10.60}$$

Para que a função de transferência $G(z)$ das Equações (10.57) ou (10.58) seja fisicamente realizável, é necessário que $\delta[k-(n-m)]$ ocorra em $n - m \geq 0$, ou seja, $n \geq m$. Logo, o grau do denominador de $G(z)$ deve ser maior ou igual ao grau do seu numerador, ou o número n de polos de $G(z)$ deve ser maior ou igual ao seu número m de zeros.

10.5 Transformada $\mathcal{Z}$ inversa

Deseja-se determinar a sequência $f(k)$, cuja transformada $\mathcal{Z}$ é uma dada função $F(z)$. A sequência $f(k)$ é dita transformada $\mathcal{Z}$ inversa e pode ser obtida através dos seguintes métodos:

- expansão em série por divisão contínua;
- programa de computador;
- expansão em frações parciais.

10.5.1 Expansão em série por divisão contínua

A expansão em série de potências da função $F(z)$ consiste na simples divisão contínua do polinômio do numerador pelo polinômio do denominador.

Exemplo 10.6

Determine $f(k)$ para $k = 0, 1, 2, 3, 4, 5$ quando $F(z)$ é dada por

$$F(z) = \frac{z}{(z - 0{,}5)(z - 1)^2} \,. \tag{10.61}$$

Escrevendo $F(z)$ com potências negativas de z, obtém-se

$$\begin{aligned} F(z) &= \frac{z}{(z - 0{,}5)(z^2 - 2z + 1)} \\ &= \frac{z}{z^3 - 2{,}5z^2 + 2z - 0{,}5} \\ &= \frac{z^{-2}}{1 - 2{,}5z^{-1} + 2z^{-2} - 0{,}5z^{-3}} \,. \end{aligned} \tag{10.62}$$

Dividindo o numerador pelo denominador da Equação (10.62), obtém-se

$$\begin{array}{cccccc|l}
z^{-2} & & & & & & 1 - 2{,}5z^{-1} + 2z^{-2} - 0{,}5z^{-3} \\ \cline{7-7}
-z^{-2} & +2{,}5z^{-3} & -2z^{-4} & 0{,}5z^{-5} & & & z^{-2} + 2{,}5z^{-3} + 4{,}25z^{-4} + 6{,}125z^{-5} + \ldots \\ \hline
 & +2{,}5z^{-3} & -2z^{-4} & 0{,}5z^{-5} & & & \\
 & -2{,}5z^{-3} & +6{,}25z^{-4} & -5z^{-5} & +1{,}25z^{-6} & & \\ \cline{2-5}
 & & +4{,}25z^{-4} & -4{,}5z^{-5} & +1{,}25z^{-6} & & \\
 & & -4{,}25z^{-4} & +10{,}625z^{-5} & -8{,}5z^{-6} & +2{,}125z^{-7} & \\ \cline{3-6}
 & & & +6{,}125z^{-5} & -7{,}25z^{-6} & +2{,}125z^{-7} &
\end{array}$$

$$F(z) = z^{-2} + 2{,}5z^{-3} + 4{,}25z^{-4} + 6{,}125z^{-5} + \ldots \tag{10.63}$$

Logo,

$$\begin{aligned} f(0) &= 0 \\ f(1) &= 0 \\ f(2) &= 1 \\ f(3) &= 2{,}5 \\ f(4) &= 4{,}25 \\ f(5) &= 6{,}125 \,. \end{aligned}$$

Conforme se pode notar, este método fornece diretamente os elementos da série e não uma expressão geral para a sequência $f(k)$.

■

10.5.2 Programa de computador

Consiste em determinar numericamente a sequência $f(k)$ a partir de uma equação de diferenças implementada dentro de um laço de repetição de um programa de computador. Para obter a equação de diferenças supõe-se que $F(z)$ seja uma função de transferência com entrada impulsiva e condições iniciais nulas.

Exemplo 10.7

Determine $f(k)$ para $k = 0, 1, 2, 3, 4, 5$ quando $F(z)$ é dada por

$$F(z) = \frac{z}{(z - 0{,}5)(z - 1)^2} . \tag{10.64}$$

Supondo que $F(z)$ é a saída de um sistema com entrada impulsiva ($U(z) = 1$) e com condições iniciais nulas, então

$$F(z) = \frac{z}{(z - 0{,}5)(z - 1)^2} U(z) . \tag{10.65}$$

Escrevendo $F(z)$ em termos de potências negativas de z, obtém-se

$$F(z) = \frac{z^{-2}}{1 - 2{,}5z^{-1} + 2z^{-2} - 0{,}5z^{-3}} U(z) . \tag{10.66}$$

Aplicando a transformada inversa e a propriedade (10.29) do atraso, obtém-se a equação de diferenças

$$f(k) = 2{,}5f(k-1) - 2f(k-2) + 0{,}5f(k-3) + u(k-2) . \tag{10.67}$$

Sabendo-se que $f(-1) = f(-2) = f(-3) = 0$ e que $u(k)$ é um impulso, ou seja,

$$u(k) = \delta(k) = \begin{cases} 1 & k = 0 , \\ 0 & k > 0 , \end{cases} \tag{10.68}$$

os valores de $f(k)$ ($k = 0, 1, 2, 3, \ldots$) podem ser calculados por meio de uma implementação da Equação (10.67) num programa de computador.

A seguir é apresentado o trecho de um programa escrito na linguagem C.

Tabela 10.1 Programa e coeficientes para $k = 0, 1, 2, \ldots, 10$

```
fk_1=0;
fk_2=0;
fk_3=0;
for (k=0;k<=10;k++)
{
   if (k==2) uk_2=1;
         else uk_2=0;
   fk=2.5*fk_1-2*fk_2+0.5*fk_3+uk_2;
   fk_3=fk_2;
   fk_2=fk_1;
   fk_1=fk;
}
```

k	$u(k-2)$	$f(k)$
0	0	0
1	0	0
2	1	1
3	0	2,5000
4	0	4,2500
5	0	6,1250
6	0	8,0625
7	0	10,0313
8	0	12,0156
9	0	14,0078
10	0	16,0039

■

10.5.3 Expansão em frações parciais

Considere a função

$$F(z) = \frac{b_m z^m + b_{m-1} z^{m-1} + \ldots + b_0}{(z-p_1)(z-p_2)(z-p_3)\ldots(z-p_n)}, \quad \text{com } m \leq n. \tag{10.69}$$

O método da expansão em frações parciais consiste em expandir a função da Equação (10.69) em frações que podem ser facilmente identificáveis na tabela de transformadas $\mathcal{Z}$ (10.2). A diferença deste método com relação aos dois anteriores é que o resultado da transformação inversa da função $F(z)$ é uma função $f(k)$.

Polos distintos

Se $F(z)$ possuir pelo menos um zero na origem ($b_0 = 0$) e apenas polos distintos, então pode-se realizar a seguinte expansão:

$$\frac{F(z)}{z} = \frac{a_1}{z-p_1} + \frac{a_2}{z-p_2} + \ldots + \frac{a_n}{z-p_n}, \tag{10.70}$$

onde cada coeficiente a_i ($i = 1, 2, \ldots, n$) pode ser calculado como

$$a_i = \left[(z-p_i)\frac{F(z)}{z}\right]_{z=p_i}. \tag{10.71}$$

Após a expansão $F(z)$ pode ser escrita como

$$F(z) = \frac{a_1 z}{z-p_1} + \frac{a_2 z}{z-p_2} + \ldots + \frac{a_n z}{z-p_n}. \tag{10.72}$$

A inversa de $F(z)$ é a soma das inversas

$$\mathcal{Z}^{-1}\left[\frac{a_i z}{z-p_i}\right] = a_i (p_i)^k, \text{ com } i = 1, 2, \ldots, n. \tag{10.73}$$

A expansão de $F(z)/z$ visa apenas facilitar a identificação das frações expandidas na tabela de transformadas $\mathcal{Z}$. Caso $F(z)$ não possua pelo menos um zero na origem o método também pode ser aplicado, ou seja,

$$F(z) = \frac{a_1}{z-p_1} + \frac{a_2}{z-p_2} + \ldots + \frac{a_n}{z-p_n}. \tag{10.74}$$

Pela propriedade do atraso (10.29) tem-se que

$$\mathcal{Z}^{-1}\left[\frac{a_i}{z-p_i}\right] = \mathcal{Z}^{-1}\left[z^{-1}\frac{a_i z}{z-p_i}\right] = a_i (p_i)^{k-1}, \text{ com } i = 1, 2, \ldots, n. \tag{10.75}$$

Se $F(z)$ possuir polos complexos conjugados, então cada polo complexo também pode ser manipulado como sendo uma raiz distinta.

Polos múltiplos

Se $F(z)$ possui um polo p com multiplicidade m, então devem ser desenvolvidas m frações associadas a p, ou seja,

$$\frac{b_1}{(z-p)^m} + \frac{b_2}{(z-p)^{m-1}} + \ldots + \frac{b_m}{(z-p)}.$$

Prova-se que cada constante b_j ($j = 1, 2, \ldots, m$) pode ser calculada como

$$b_j = \frac{1}{(j-1)!} \lim_{z \to p} \frac{d^{j-1}}{dz^{j-1}}\left[(z-p)^m \frac{F(z)}{z}\right]. \tag{10.76}$$

A Equação (10.76) também se aplica no caso de $F(z)$ possuir polos complexos conjugados múltiplos.

Exemplo 10.8

Determine a transformada $\mathcal{Z}$ inversa de

$$F(z) = \frac{z}{(z-0{,}5)(z-1)^2} \,. \qquad (10.77)$$

Note que $F(z)$ possui um zero na origem e um polo múltiplo em $z = 1$ com multiplicidade $m = 2$.

a) $F(z)/z$ pode ser expandida em frações parciais do seguinte modo:

$$\frac{F(z)}{z} = \frac{a_1}{z-0{,}5} + \frac{b_1}{(z-1)^2} + \frac{b_2}{z-1} \,, \qquad (10.78)$$

sendo

$$a_1 = \left[(z-0{,}5)\frac{F(z)}{z}\right]_{z=0{,}5} = \left[(z-0{,}5)\frac{1}{(z-0{,}5)(z-1)^2}\right]_{z=0{,}5} = 4 \,, \qquad (10.79)$$

$$b_1 = \lim_{z\to 1}\left[(z-1)^2\,\frac{F(z)}{z}\right] = \lim_{z\to 1}\left[(z-1)^2\,\frac{1}{(z-0{,}5)(z-1)^2}\right] = 2 \,, \qquad (10.80)$$

$$b_2 = \frac{1}{(2-1)!}\lim_{z\to 1}\frac{d^{2-1}}{dz^{2-1}}\left[(z-1)^2\,\frac{F(z)}{z}\right]$$

$$= \lim_{z\to 1}\frac{d}{dz}\left[(z-1)^2\,\frac{1}{(z-0{,}5)(z-1)^2}\right] = \lim_{z\to 1}\left[\frac{-1}{(z-0{,}5)^2}\right] = -4 \,. \qquad (10.81)$$

Portanto,

$$F(z) = \frac{4z}{z-0{,}5} + \frac{2z}{(z-1)^2} - \frac{4z}{z-1} \,. \qquad (10.82)$$

Da tabela de transformadas $\mathcal{Z}$ obtém-se

$$f(k) = 4(0{,}5)^k + 2k - 4, \quad \text{com } k = 0, 1, 2, \ldots \qquad (10.83)$$

Logo,

$$\begin{aligned} f(0) &= 0 \\ f(1) &= 0 \\ f(2) &= 1 \\ f(3) &= 2{,}5 \\ f(4) &= 4{,}25 \\ f(5) &= 6{,}125 \\ f(6) &= 8{,}0625 \\ f(7) &= 10{,}0313 \\ f(8) &= 12{,}0156 \\ f(9) &= 14{,}0078 \\ f(10) &= 16{,}0039 \,. \end{aligned}$$

b) Outro modo de obter os coeficientes da expansão $F(z)/z$ é através de uma identificação dos coeficientes do polinômio do numerador antes e depois da expansão em frações parciais. Assim,

$$\frac{F(z)}{z} = \frac{a_1}{z-0{,}5} + \frac{b_1}{(z-1)^2} + \frac{b_2}{z-1} = \frac{a_1(z-1)^2 + b_1(z-0{,}5) + b_2(z-0{,}5)(z-1)}{(z-0{,}5)(z-1)^2} \,. \qquad (10.84)$$

Identificando

$$a_1(z-1)^2 + b_1(z-0{,}5) + b_2(z-0{,}5)(z-1) = 1\,, \tag{10.85}$$

ou seja,

$$z^2(a_1+b_2) + z(-2a_1+b_1-1{,}5b_2) + a_1 - 0{,}5b_1 + 0{,}5b_2 = 1\,. \tag{10.86}$$

A Equação (10.86) tem solução quando

$$\begin{cases} a_1 & & +b_2 & = & 0\,, \\ -2a_1 & +b_1 & -1{,}5b_2 & = & 0\,, \\ +a_1 & -0{,}5b_1 & +0{,}5b_2 & = & 1\,. \end{cases} \tag{10.87}$$

Resolvendo o sistema (10.87) obtêm-se os mesmos resultados que em (10.79), (10.80) e (10.81), ou seja,

$$\begin{aligned} a_1 &= 4\,, \\ b_1 &= 2\,, \\ b_2 &= -4\,. \end{aligned}$$

c) Em vez de expandir a função $F(z)/z$ pode-se também expandir $F(z)$, isto é,

$$F(z) = \frac{a_1}{z-0{,}5} + \frac{b_1}{(z-1)^2} + \frac{b_2}{z-1}\,, \tag{10.88}$$

sendo

$$a_1 = [(z-0{,}5)\,F(z)]_{z=0{,}5} = \left[(z-0{,}5)\frac{z}{(z-0{,}5)(z-1)^2}\right]_{z=0{,}5} = 2\,, \tag{10.89}$$

$$b_1 = \lim_{z\to 1}\,[(z-1)^2\,F(z)] = \lim_{z\to 1}\left[(z-1)^2\,\frac{z}{(z-0{,}5)(z-1)^2}\right] = 2\,, \tag{10.90}$$

$$\begin{aligned} b_2 &= \frac{1}{(2-1)!}\,\lim_{z\to 1}\,\frac{d^{2-1}}{dz^{2-1}}\,[(z-1)^2\,F(z)] \\ &= \lim_{z\to 1}\,\frac{d}{dz}\left[(z-1)^2\,\frac{z}{(z-0{,}5)(z-1)^2}\right] = \lim_{z\to 1}\left[\frac{-0{,}5}{(z-0{,}5)^2}\right] = -2\,. \end{aligned} \tag{10.91}$$

Portanto,

$$F(z) = \frac{2}{z-0{,}5} + \frac{2}{(z-1)^2} - \frac{2}{z-1}\,. \tag{10.92}$$

Aplicando a propriedade do atraso (10.29) na Equação (10.92), obtém-se a seguinte transformada $\mathcal{Z}$ inversa

$$f(k) = \begin{cases} 2(0{,}5)^{k-1} + 2(k-1) - 2 & k = 1,2,3\ldots \\ 0 & k = 0\,. \end{cases} \tag{10.93}$$

A Equação (10.93) também pode ser escrita como

$$f(k) = 2(0{,}5)^{k-1}\frac{0{,}5}{0{,}5} + 2k - 4\,. \tag{10.94}$$

Logo,

$$f(k) = 4(0{,}5)^k + 2k - 4, \quad \text{com } k = 0,1,2,\ldots, \tag{10.95}$$

que é igual à $f(k)$ da Equação (10.83).

■

Tabela 10.2 Tabela de transformadas $\mathcal{Z}$ e de Laplace

$F(s)$	$f(t)$	$f(k)$	$F(z)$
1	$\delta(t)$	-	-
e^{-Ts}	$\delta(t-T)$	-	-
-	-	$\delta(kT)$	1
-	-	$\delta[(k-n)T]$	z^{-n}
$\frac{1}{s}$	$1(t)$	1	$\frac{z}{z-1}$
$\frac{1}{s+a}$	e^{-at}	e^{-akT}	$\frac{z}{z-e^{-aT}}$
$\frac{1}{(s+a)^2}$	te^{-at}	kTe^{-akT}	$\frac{Tze^{-aT}}{(z-e^{-aT})^2}$
$\frac{2}{(s+a)^3}$	t^2e^{-at}	$(kT)^2e^{-akT}$	$\frac{T^2ze^{-aT}(z+e^{-aT})}{(z-e^{-aT})^3}$
$\frac{1}{s^2}$	t	kT	$\frac{Tz}{(z-1)^2}$
$\frac{2}{s^3}$	t^2	$(kT)^2$	$\frac{T^2z(z+1)}{(z-1)^3}$
$\frac{a}{s(s+a)}$	$1-e^{-at}$	$1-e^{-akT}$	$\frac{(1-e^{-aT})z}{(z-1)(z-e^{-aT})}$
$\frac{b-a}{(s+a)(s+b)}$	$e^{-at}-e^{-bt}$	$e^{-akT}-e^{-bkT}$	$\frac{(e^{-aT}-e^{-bT})z}{(z-e^{-aT})(z-e^{-bT})}$
$\frac{a^2}{s^2(s+a)}$	$at-1+e^{-at}$	$akT-1+e^{-akT}$	$\frac{(aT-1+e^{-aT})z^2+(1-e^{-aT}-aTe^{-aT})z}{(z-1)^2(z-e^{-aT})}$
$\frac{\omega}{s^2+\omega^2}$	$\text{sen}\ \omega t$	$\text{sen}\ \omega kT$	$\frac{z\,\text{sen}\ \omega T}{z^2-2z\cos\omega T+1}$
$\frac{s}{s^2+\omega^2}$	$\cos\omega t$	$\cos\omega kT$	$\frac{z(z-\cos\omega T)}{z^2-2z\cos\omega T+1}$
$\frac{\omega}{(s+a)^2+\omega^2}$	$e^{-at}\text{sen}\ \omega t$	$e^{-akT}\text{sen}\ \omega kT$	$\frac{ze^{-aT}\text{sen}\ \omega T}{z^2-2ze^{-aT}\cos\omega T+e^{-2aT}}$
$\frac{s+a}{(s+a)^2+\omega^2}$	$e^{-at}\cos\omega t$	$e^{-akT}\cos\omega kT$	$\frac{z^2-ze^{-aT}\cos\omega T}{z^2-2ze^{-aT}\cos\omega T+e^{-2aT}}$
-	-	a^k	$\frac{z}{z-a}$
-	-	$a^k\cos k\pi$	$\frac{z}{z+a}$
-	-	$\begin{pmatrix} k \\ m \end{pmatrix} a^{k-m}$	$\frac{z}{(z-a)^{m+1}}$

Tabela 10.3 Teoremas e propriedades da transformada $\mathcal{Z}$

Linearidade	$\mathcal{Z}[\alpha f(k) + \beta g(k)] = \alpha F(z) + \beta G(z).$
Atraso	$\mathcal{Z}[f(k-n)] = z^{-n}F(z).$
Avanço	$\mathcal{Z}[f(k+n)] = z^{n}\left(F(z) - \sum_{k=0}^{n-1} f(k)z^{-k}\right).$
Teorema do valor inicial	$\lim_{k\to 0} f(k) = \lim_{z\to\infty} F(z).$
Teorema do valor final	$\lim_{k\to\infty} f(k) = \lim_{z\to 1}(1-z^{-1})F(z).$

10.6 Exercícios resolvidos

Exercício 10.1

Determine a transformada $\mathcal{Z}$ da sequência $f(k)$ da Tabela 10.4.

Tabela 10.4 Sequência $f(k)$

k	0	1	2	3	4	5	6	•	•	•
$f(k)$	0	1	2	3	0	0	0	•	•	•

Solução

Aplicando a definição de transformada $\mathcal{Z}$,

$$\begin{aligned} F(z) &= \sum_{k=0}^{\infty} f(k)z^{-k} = f(1)z^{-1} + f(2)z^{-2} + f(3)z^{-3} + \ldots \\ &= \frac{1}{z} + \frac{2}{z^2} + \frac{3}{z^3} = \frac{z^2+2z+3}{z^3}\,. \end{aligned} \tag{10.96}$$

Exercício 10.2

A resposta $y(k)$ de um sistema para uma entrada $u(k)$ do tipo impulso unitário está apresentada na Tabela 10.5. Determine a função de transferência $G(z) = Y(z)/U(z)$ e uma expressão para $y(k)$.

Tabela 10.5 Resposta $y(k)$

k	0	1	2	3	4	•	•	•
$y(k)$	2	1	0,5	0,25	0,125	•	•	•

Solução

Aplicando a definição de transformada $\mathcal{Z}$,

$$Y(z) = \sum_{k=0}^{\infty} y(k)z^{-k} = 2 + z^{-1} + 0{,}5z^{-2} + 0{,}25z^{-3} + 0{,}125z^{-4} + \ldots \tag{10.97}$$

A Equação (10.97) representa a soma dos termos de uma progressão geométrica com razão $0{,}5z^{-1}$ e primeiro termo igual a 2. Para $|\, z\,| > 1$, há convergência. Assim,

$$Y(z) = \frac{2}{1-0{,}5z^{-1}} = \frac{2z}{z-0{,}5}\,. \tag{10.98}$$

Como a entrada $u(k)$ é um impulso unitário, então $U(z) = 1$. Logo,

$$Y(z) = G(z) = \frac{2z}{z - 0{,}5} \,. \tag{10.99}$$

Da tabela de transformadas $\mathcal{Z}$ (10.2) obtém-se

$$y(k) = 2(0{,}5)^k \,. \tag{10.100}$$

Exercício 10.3

Um sistema dinâmico é descrito pela equação de diferenças

$$y(k+2) - y(k+1) + 0{,}09y(k) = u(k), \quad \text{com} \quad y(0) = y(1) = 0 \,. \tag{10.101}$$

Supondo que $u(k)$ é um degrau unitário determine:
a) a transformada $\mathcal{Z}$ da sequência $y(k)$;
b) $\lim\limits_{k\to\infty} y(k)$.

Solução

a) Aplicando a propriedade (10.37) do avanço na Equação (10.101), obtém-se

$$z^2\left(Y(z) - y(0) - y(1)z^{-1}\right) - z\left(Y(z) - y(0)\right) + 0{,}09Y(z) = U(z) \,. \tag{10.102}$$

Como $y(0) = y(1) = 0$, então

$$Y(z)(z^2 - z + 0{,}09) = U(z) \,. \tag{10.103}$$

Como $u(k)$ é um degrau unitário, então $\mathcal{Z}[u(k)] = z/(z-1)$. Logo,

$$Y(z) = \frac{z}{(z-1)(z^2 - z + 0{,}09)} \,. \tag{10.104}$$

b) Aplicando o teorema do valor final na Equação (10.104), obtém-se

$$\lim_{k\to\infty} y(k) = \lim_{z\to 1}(1 - z^{-1})Y(z) = \lim_{z\to 1} \frac{(z-1)}{z} \frac{z}{(z-1)(z^2 - z + 0{,}09)} = \frac{1}{0{,}09} \cong 11{,}111 \,. \tag{10.105}$$

Exercício 10.4

Dado

$$F(z) = \frac{z^2 + 4z}{(z^2 - 2z + 2)(z-1)} \,, \tag{10.106}$$

determine a transformada $\mathcal{Z}$ inversa.

Solução

- **Por meio de expansão em série por divisão contínua**

Escrevendo $F(z)$ com potências negativas de z, obtém-se

$$F(z) = \frac{z^2 + 4z}{z^3 - 3z^2 + 4z - 2} = \frac{z^{-1} + 4z^{-2}}{1 - 3z^{-1} + 4z^{-2} - 2z^{-3}} \,. \tag{10.107}$$

Dividindo o numerador pelo denominador, tem-se que

$$
\begin{array}{rrrrrrr|l}
z^{-1} & +4z^{-2} & & & & & & 1 \quad -3z^{-1} \quad +4z^{-2} \quad -2z^{-3} \\
\hline
-z^{-1} & +3z^{-2} & -4z^{-3} & +2z^{-4} & & & & z^{-1}+7z^{-2} \quad +17z^{-3}+25z^{-4}+21z^{-5}\ldots \\
\cline{1-4}
 & +7z^{-2} & -4z^{-3} & +2z^{-4} & & & & \\
 & -7z^{-2} & +21z^{-3} & -28z^{-4} & +14z^{-5} & & & \\
\cline{2-5}
 & & +17z^{-3} & -26z^{-4} & +14z^{-5} & & & \\
 & & -17z^{-3} & +51z^{-4} & -68z^{-5} & +34z^{-6} & & \\
\cline{3-6}
 & & & +25z^{-4} & -54z^{-5} & +34z^{-6} & & \\
 & & & -25z^{-4} & +75z^{-5} & -100z^{-6} & +50z^{-7} & \\
\cline{4-7}
 & & & & +21z^{-5} & -66z^{-6} & +50z^{-7} &
\end{array}
$$

$$F(z) = z^{-1} + 7z^{-2} + 17z^{-3} + 25z^{-4} + 21z^{-5}\ldots \tag{10.108}$$

Logo, $f(0) = 0$, $f(1) = 1$, $f(2) = 7$, $f(3) = 17$, $f(4) = 25$, $f(5) = 21$, ...

• Por meio de programa de computador

Supondo que $F(z)$ é a função de transferência de um sistema e que sua entrada é o impulso $U(z) = 1$, então

$$F(z) = \frac{z^2 + 4z}{z^3 - 3z^2 + 4z - 2}U(z) = \frac{z^{-1} + 4z^{-2}}{1 - 3z^{-1} + 4z^{-2} - 2z^{-3}}\,U(z)\,. \tag{10.109}$$

Aplicando a propriedade (10.29) do atraso, obtém-se

$$f(k) = 3f(k-1) - 4f(k-2) + 2f(k-3) + u(k-1) + 4u(k-2)\,. \tag{10.110}$$

Sabendo-se que $f(-1) = f(-2) = f(-3) = 0$ e que $u(k)$ é um impulso, então a Equação (10.110) pode ser implementada num programa de computador.

A seguir é apresentado o trecho de um programa, escrito na linguagem C, que calcula os valores da sequência $f(k)$ para $k = 0, 1, 2, \ldots, 10$.

Tabela 10.6 Programa e coeficientes para $k = 0, 1, 2, \ldots, 10$

```
fk_1=0;
fk_2=0;
fk_3=0;
for (k=0;k<=10;k++)
{
   if (k==1) uk_1=1;
        else uk_1=0;
   if (k==2) uk_2=1;
        else uk_2=0;
   fk=3*fk_1-4*fk_2+2*fk_3+uk_1+4*uk_2;
   fk_3=fk_2;
   fk_2=fk_1;
   fk_1=fk;
}
```

k	$u(k-1)$	$u(k-2)$	$f(k)$
0	0	0	0
1	1	0	1
2	0	1	7
3	0	0	17
4	0	0	25
5	0	0	21
6	0	0	−3
7	0	0	−43
8	0	0	−75
9	0	0	−59
10	0	0	37

- **Por meio de expansão em frações parciais**

$F(z)/z$ pode ser expandida em frações parciais do seguinte modo

$$\frac{F(z)}{z} = \frac{a_1}{z-1} + \frac{a_2}{(z-1-j)} + \frac{a_2^*}{(z-1+j)} \tag{10.111}$$

sendo a_2^* o complexo conjugado de a_2.

$$a_1 = \left[(z-1)\frac{F(z)}{z}\right]_{z=1} = \left[(z-1)\frac{z+4}{(z^2-2z+2)(z-1)}\right]_{z=1} = 5\,, \tag{10.112}$$

$$\begin{aligned} a_2 &= \left[(z-1-j)\frac{F(z)}{z}\right]_{z=1+j} \\ &= \left[(z-1-j)\frac{z+4}{(z-1-j)(z-1+j)(z-1)}\right]_{z=1+j} = \frac{5+j}{2j^2} = -2{,}5 - 0{,}5j\,, \end{aligned} \tag{10.113}$$

$$a_2^* = -2{,}5 + 0{,}5j. \tag{10.114}$$

Portanto,

$$F(z) = \frac{5z}{z-1} + (-2{,}5 - 0{,}5j)\frac{z}{z-1-j} + (-2{,}5 + 0{,}5j)\frac{z}{z-1+j}\,. \tag{10.115}$$

Da tabela de transformadas $\mathcal{Z}$ obtém-se

$$f(k) = 5 + (-2{,}5 - 0{,}5j)(1+j)^k + (-2{,}5 + 0{,}5j)(1-j)^k\,. \tag{10.116}$$

Como

$$\begin{aligned} (1+j)^k &= (\sqrt{2}\, e^{\frac{j\pi}{4}})^k = (\sqrt{2})^k\, e^{\frac{j\pi k}{4}}\,, \\ (1-j)^k &= (\sqrt{2}\, e^{\frac{-j\pi}{4}})^k = (\sqrt{2})^k\, e^{\frac{-j\pi k}{4}}\,, \end{aligned} \tag{10.117}$$

então,

$$\begin{aligned} f(k) &= 5 + (-2{,}5 - 0{,}5j)(\sqrt{2})^k \left[\cos\left(\frac{\pi k}{4}\right) + j \operatorname{sen}\left(\frac{\pi k}{4}\right)\right] \\ &\quad + (-2{,}5 + 0{,}5j)(\sqrt{2})^k \left[\cos\left(\frac{\pi k}{4}\right) - j \operatorname{sen}\left(\frac{\pi k}{4}\right)\right]\,. \end{aligned} \tag{10.118}$$

Logo,

$$f(k) = 5 - 5(\sqrt{2})^k \cos\left(\frac{\pi k}{4}\right) + (\sqrt{2})^k \operatorname{sen}\left(\frac{\pi k}{4}\right)\,, \text{ com } k = 0, 1, 2, \ldots \tag{10.119}$$

Assim,

$$\begin{aligned} f(0) &= 0 \\ f(1) &= 1 \\ f(2) &= 7 \\ f(3) &= 17 \\ f(4) &= 25 \\ f(5) &= 21 \\ f(6) &= -3 \\ f(7) &= -43 \\ f(8) &= -75 \\ f(9) &= -59 \\ f(10) &= 37 \end{aligned}$$

Quando a função $F(z)$ possui polos complexos conjugados pode-se realizar a expansão de acordo com termos tabelados, ou seja,

$$F(z) = \frac{z^2 + 4z}{(z^2 - 2z + 2)(z - 1)} = \frac{5z}{z - 1} + \frac{R(z)}{z^2 - 2z + 2} \,. \tag{10.120}$$

Necessariamente,

$$R(z)(z - 1) + 5z^3 - 10z^2 + 10z = z^2 + 4z \tag{10.121}$$

ou

$$R(z) = \frac{-5z^3 + 11z^2 - 6z}{z - 1} = -5z^2 + 6z \,. \tag{10.122}$$

Logo,

$$F(z) = \frac{5z}{z - 1} - \frac{(5z^2 - 6z)}{z^2 - 2z + 2} \,. \tag{10.123}$$

Da tabela de transformadas $\mathcal{Z}$ (10.57) obtém-se

$$\mathcal{Z}\left[e^{-at}\cos\omega t\right] = \frac{z^2 - ze^{-aT}\cos\omega T}{z^2 - 2ze^{-aT}\cos\omega T + e^{-2aT}} \,, \tag{10.124}$$

$$\mathcal{Z}\left[e^{-at}\,\mathrm{sen}\,\omega t\right] = \frac{ze^{-aT}\,\mathrm{sen}\,\omega T}{z^2 - 2ze^{-aT}\cos\omega T + e^{-2aT}} \,. \tag{10.125}$$

Escrevendo a Equação (10.123) de modo a utilizar as funções tabeladas (10.124) e (10.125), obtém-se

$$F(z) = \frac{5z}{z - 1} - 5\frac{(z^2 - z)}{z^2 - 2z + 2} + \frac{z}{z^2 - 2z + 2}. \tag{10.126}$$

Comparando as Equações (10.124), (10.125) e (10.126), tem-se que

$$e^{-2aT} = 2 \Rightarrow e^{-aT} = \sqrt{2} \,. \tag{10.127}$$

$$e^{-aT}\cos\omega T = 1 \Rightarrow \cos\omega T = \frac{1}{\sqrt{2}} \,. \tag{10.128}$$

Logo,

$$\omega T = \frac{\pi}{4} \,. \tag{10.129}$$

Portanto, a transformada $\mathcal{Z}$ inversa de $F(z)$ é dada por

$$f(k) = 5 - 5e^{-akT}\cos(\omega kT) + e^{-akT}\,\mathrm{sen}\,(\omega kT) \,, \text{ ou} \tag{10.130}$$

$$f(k) = 5 - 5(\sqrt{2})^k \cos\left(\frac{\pi k}{4}\right) + (\sqrt{2})^k\,\mathrm{sen}\left(\frac{\pi k}{4}\right) \,, \text{ com } k = 0, 1, 2, \ldots \tag{10.131}$$

10.7 Exercícios propostos

Exercício 10.5

Determine a transformada $\mathcal{Z}$ das funções seno e cosseno amortecido, definidos por

$$f(t) = \begin{cases} e^{-at} \operatorname{sen} \omega t & t \geq 0\,, \\ 0 & t < 0\,, \end{cases}$$

$$f(t) = \begin{cases} e^{-at} \cos \omega t & t \geq 0\,, \\ 0 & t < 0\,. \end{cases}$$

Exercício 10.6

Supondo um período de amostragem $T = 1\,\text{s}$, determine a transformada $\mathcal{Z}$ da função $f(t)$ da Figura 10.7.

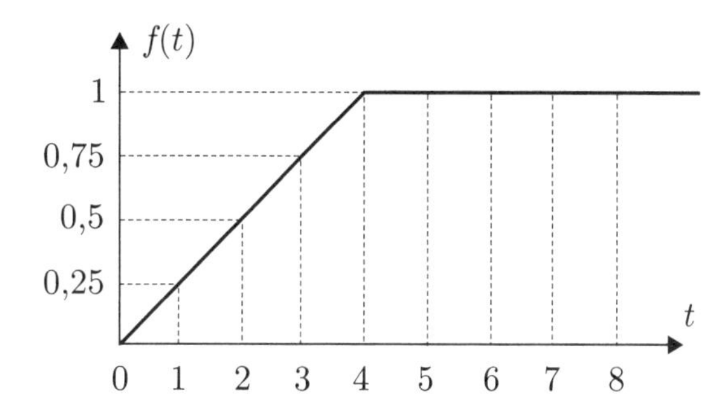

Figura 10.7 Função $f(t)$.

Exercício 10.7

Considere um sistema com entrada $u(k)$ e saída $y(k)$. Quando a entrada é um impulso unitário a saída é o sinal apresentado na Figura 10.8.

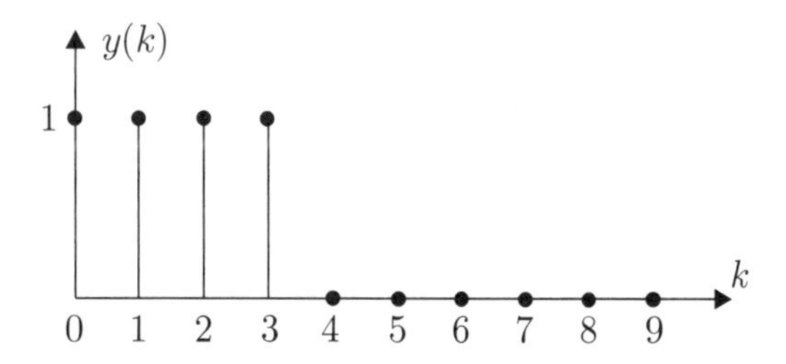

Figura 10.8 Saída $y(k)$ para entrada impulso unitário.

a) Determine a função de transferência $G(z) = Y(z)/U(z)$.

b) Quais são os polos de $G(z)$?

c) Supondo que a entrada $u(k)$ é um degrau unitário, calcule o valor estacionário da saída pelo teorema do valor final.

d) Determine a resposta $y(k)$ da saída quando a entrada $u(k)$ for um degrau unitário.

e) Desenhe o gráfico da sequência $y(k)$ correspondente.

Exercício 10.8

Um sistema discreto com entrada u e saída y é representado pela equação de diferenças

$$y(k) = 1{,}3y(k-1) - 0{,}4y(k-2) + u(k-2) \ .$$

a) Calcule $y(0)$, $y(1)$, $y(2)$, $y(3)$, $y(4)$ e $y(5)$, quando a entrada é um degrau unitário.

b) Determine a função de transferência $G(z) = Y(z)/U(z)$.

c) Quais são os polos de $G(z)$?

d) Supondo que a entrada é um degrau unitário, calcule o valor estacionário da saída pelo teorema do valor final.

e) Determine a resposta analítica $y(k)$ para a saída, quando a entrada é um degrau unitário.

Exercício 10.9

Dado

$$F(z) = \frac{z}{(z-1)^3} \ ,$$

determine a transformada $\mathcal{Z}$ inversa por meio de

- expansão em série por divisão contínua;
- programa de computador;
- expansão em frações parciais.

Exercício 10.10

Dada a função de transferência

$$\frac{Y(z)}{U(z)} = G(z) = \frac{1}{(z-1)(z-2)} \ ,$$

sabendo-se que a entrada $U(z)$ é do tipo degrau unitário, determine a transformada $\mathcal{Z}$ inversa da saída $Y(z)$ por meio de

- expansão em série por divisão contínua;
- programa de computador;
- expansão em frações parciais.

Exercício 10.11

Determine a solução $f(k)$ da seguinte equação de diferenças

$$f(k+2) + 3f(k+1) + 2f(k) = 0, \text{ com } f(0) = 0 \ , \ f(1) = 1.$$

Verifique o resultado obtido, calculando $f(k)$ para $k = 0, \ldots, 5$ por meio dos métodos da divisão contínua e por meio de um programa de computador.

Exercício 10.12

Dado um sistema dinâmico descrito pela equação de diferenças

$$y(k+2) + 2y(k+1) + y(k) = u(k), \text{ com } y(0) = y(1) = 0 \ ,$$

sabendo-se que $u(k) = k$, determine a solução $y(k)$.

Verifique o resultado obtido calculando $y(k)$ para $k = 0, \ldots, 5$ por meio dos métodos da divisão contínua e por meio de um programa de computador.

11

Sistemas de Controle Digital

11.1 Introdução

A Figura 11.1 apresenta o diagrama de blocos de um sistema de controle digital com realimentação. A planta é o sistema dinâmico a ser controlado. O atuador é o dispositivo de potência, através do qual o controlador consegue atuar na planta. O sensor é o elemento de medição, que converte uma grandeza física da saída da planta num sinal eletrônico. O sinal proveniente da saída do sensor é um sinal analógico que é convertido para digital por meio de um conversor A/D. Da mesma forma, o sinal digital proveniente da saída do controlador é convertido para analógico por meio de um conversor D/A. O sincronismo de conversão dos sinais é realizado por um relógio. A referência, ou *set-point*, é ajustada internamente ao "computador"[1].

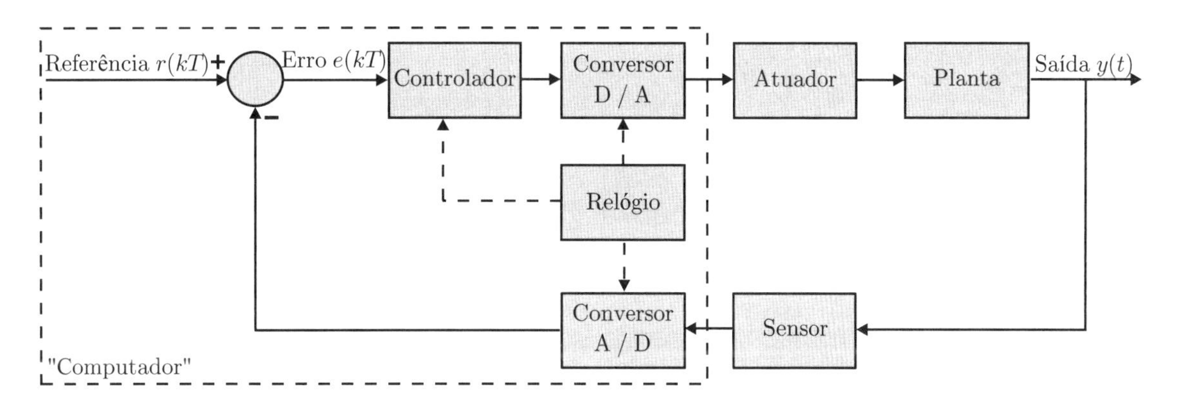

Figura 11.1 Diagrama de blocos de um sistema de controle digital.

Uma configuração alternativa para o sistema de controle digital é apresentada na Figura 11.2, onde a referência é ajustada externamente ao "computador" e as dinâmicas do atuador, da planta e do sensor são representadas por meio de um único bloco, denominado processo.

[1]Esta denominação é usada para designar qualquer processador eletrônico capaz de realizar cálculos digitalmente.

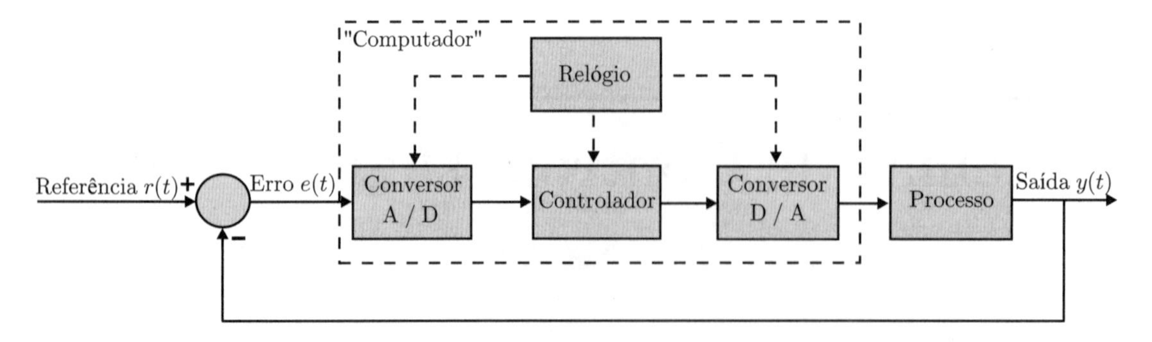

Figura 11.2 Diagrama de blocos de um sistema de controle digital.

Os sistemas de controle digital são portanto híbridos, no sentido de que neles comparecem tanto sinais discretos quanto contínuos no tempo. O analista tem obviamente duas opções para descrever a dinâmica do sistema em malha fechada: totalmente por transformada de Laplace ou totalmente por transformada $\mathcal{Z}$. Neste capítulo mostra-se que a primeira opção não é viável, apesar de que em alguns blocos a análise espectral de Fourier dê informações importantes. Já a segunda opção é viável com algumas aproximações.

11.2 Conversor A/D

O conversor A/D tem a função de converter um sinal analógico $y(t)$ num sinal $y(kT)$ discreto no tempo e discreto em amplitude, conforme representado na Figura 11.3. O sinal $y(kT)$ é discreto em amplitude porque é expresso em código binário, em número finito de dígitos. Esse fato significa que em geral $y(kT)$ representa o sinal no instante kT com algum erro ou incerteza.

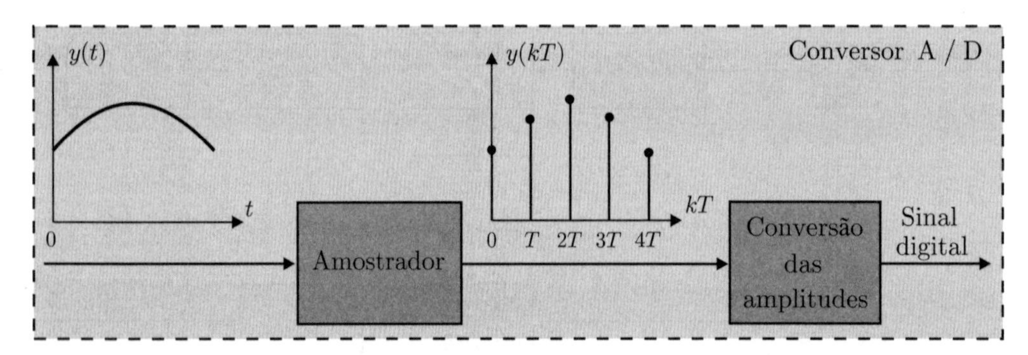

Figura 11.3 Conversor A/D.

Um amostrador também pode ser representado simplificadamente por uma chave que amostra um sinal contínuo $y(t)$ a cada T períodos de amostragem, conforme a Figura 11.4.

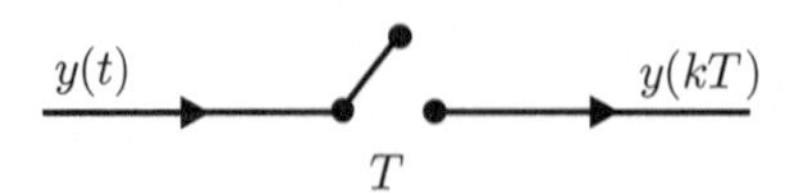

Figura 11.4 Representação simplificada de um amostrador.

Assim, o conversor A/D consiste em duas etapas subsequentes: a amostragem, que converte um sinal analógico $y(t)$ numa sequência de pulsos $y(kT)$, e a conversão das amplitudes desses pulsos num sinal digital.

11.3 Conversor D/A

O conversor D/A, representado na Figura 11.5, é um dispositivo eletrônico que tem a função de converter uma sequência de entrada $u(kT)$ num sinal de tempo contínuo $u(t)$, isto é, que assume valores em qualquer instante t.

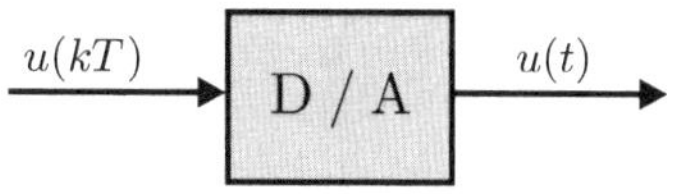

Figura 11.5 Representação de um conversor D/A.

Há vários métodos de conversão de um sinal digital em analógico, sendo que o mais usual recebe o nome de segurador de ordem zero. Dada uma sequência de entrada $u(kT)$, o conversor D/A ou segurador de ordem zero gera na sua saída um sinal $u(t)$, conforme indicado na Figura 11.6. O termo "ordem zero" decorre do fato de a função $u(t)$ ser aproximada em cada intervalo $[kT, (k+1)T]$ por um valor constante, ou seja, por um polinômio de ordem zero.

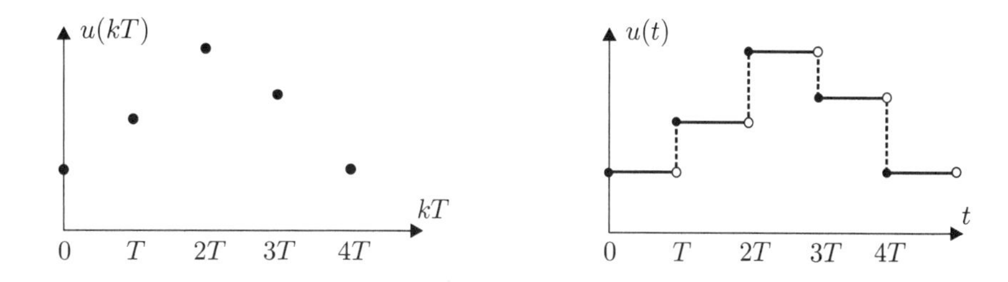

Figura 11.6 Entrada $u(kT)$ e saída $u(t)$ de um conversor D/A de ordem zero.

Analiticamente, define-se

$$u(t) = u(kT) \text{ para } kT \leq t < (k+1)T \,, \tag{11.1}$$

ou seja, $u(t)$ é uma função constante por trechos e contínua à direita.

Na prática, não é comum o emprego de conversores de ordem maior que zero devido às dificuldades que surgem no sistema de controle devido à geração de ruídos de alta frequência.

11.4 Análise frequencial da amostragem e da recuperação

Matematicamente é conveniente representar o processo de amostragem em duas partes, conforme é mostrado na Figura 11.7. O sinal analógico $f(t)$ é modulado (multiplicado) por um trem de impulsos $s(t)$ produzindo o sinal amostrado $f^*(t)$, que depois é convertido para o código digital, resultando em $f(kT)$.

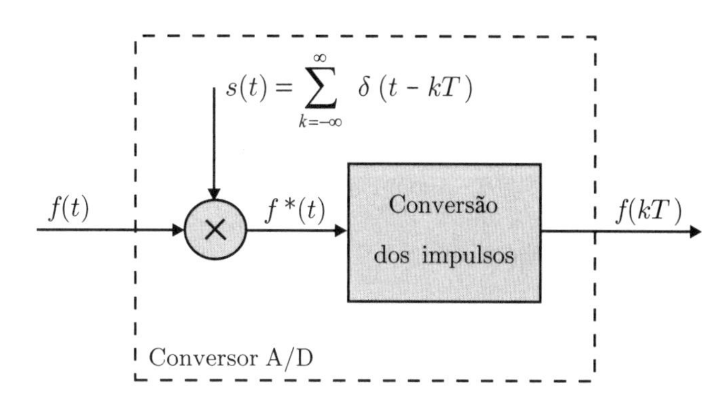

Figura 11.7 Conversor A/D ideal.

O sinal $s(t)$ é o trem de impulsos dado por

$$s(t) = \sum_{k=-\infty}^{\infty} \delta(t - kT) \, , \tag{11.2}$$

sendo $\delta(t - kT)$ a função delta de Dirac, que é igual a zero, exceto em $t = kT$.

Sendo o sinal $s(t)$ periódico, este pode ser representado através da série de Fourier

$$s(t) = \sum_{k=-\infty}^{\infty} c_k e^{j\omega_A kt} \, . \tag{11.3}$$

Os coeficientes c_k da série de Fourier são dados por

$$c_k = \frac{1}{T} \int_{-\frac{T}{2}}^{\frac{T}{2}} s(t) e^{-j\omega_A kt} dt \, , \tag{11.4}$$

sendo $\omega_A = 2\pi/T$ a frequência de amostragem.

Das expressões (11.2) e (11.4), obtém-se

$$c_k = \frac{1}{T} \int_{-\frac{T}{2}}^{\frac{T}{2}} \sum_{k=-\infty}^{\infty} \delta(t - kT) e^{-j\omega_A kt} dt \, . \tag{11.5}$$

Como no intervalo de integração da Equação (11.5), o impulso ocorre apenas em $k = 0$, então

$$c_k = \frac{1}{T} \int_{-\frac{T}{2}}^{\frac{T}{2}} \delta(t) e^{0} dt = \frac{1}{T} \, . \tag{11.6}$$

Introduzindo o resultado (11.6) na Equação (11.3), obtém-se

$$s(t) = \sum_{k=-\infty}^{\infty} \frac{1}{T} e^{j\omega_A kt} \, . \tag{11.7}$$

De acordo com a Figura 11.7, o sinal amostrado $f^*(t)$ é dado por

$$f^*(t) = f(t)s(t) = f(t) \sum_{k=-\infty}^{\infty} \delta(t - kT) \, . \tag{11.8}$$

Da Equação (11.7) tem-se que

$$f^*(t) = f(t) \sum_{k=-\infty}^{\infty} \frac{1}{T} e^{j\omega_A kt} \, . \tag{11.9}$$

Aplicando a transformada de Laplace na Equação (11.9), obtém-se

$$\begin{aligned} F^*(s) &= \int_{0_-}^{\infty} f^*(t) e^{-st} dt = \int_{0_-}^{\infty} f(t) \sum_{k=-\infty}^{\infty} \frac{1}{T} e^{j\omega_A kt} e^{-st} dt \\ &= \frac{1}{T} \sum_{k=-\infty}^{\infty} \int_{0_-}^{\infty} f(t) e^{-(s - j\omega_A k)t} dt = \frac{1}{T} \sum_{k=-\infty}^{\infty} F(s - j\omega_A k) \, . \end{aligned} \tag{11.10}$$

Fazendo $s = jw$ na Equação (11.10), obtém-se

$$F^*(j\omega) = \frac{1}{T} \sum_{k=-\infty}^{\infty} F(j\omega - j\omega_A k) \, . \tag{11.11}$$

Este resultado mostra que o espectro de frequência de um sinal amostrado $f^*(t)$ consiste em repetidas cópias do espectro de frequência de $f(t)$, deslocadas de múltiplos inteiros da frequência de amostragem ω_A.

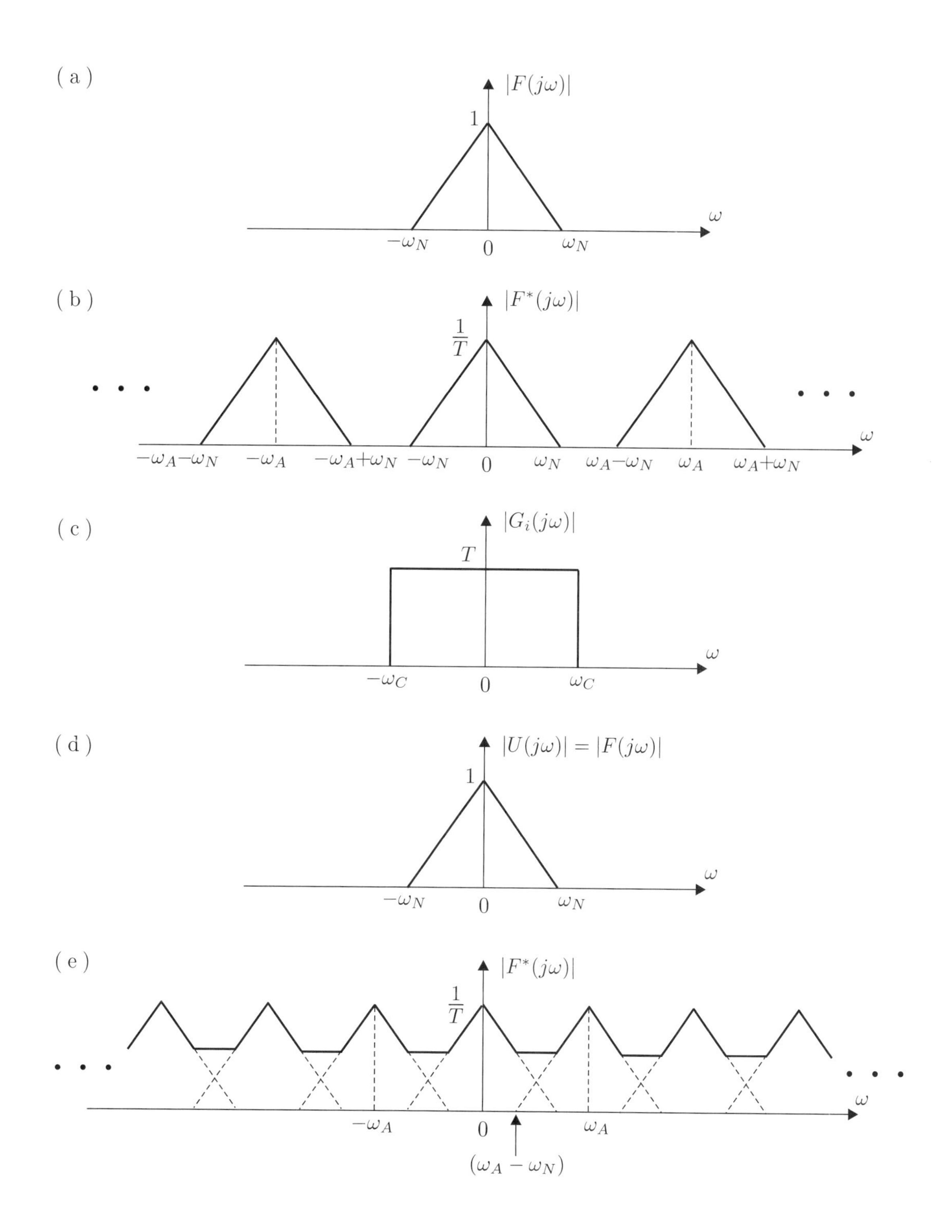

Figura 11.8 (a) Espectro de frequência do sinal original. (b) Espectro de frequência do sinal amostrado quando $\omega_A > 2\omega_N$. (c) Espectro de frequência do filtro passa-baixas ideal. (d) Reconstrução do sinal original a partir do sinal amostrado quando $\omega_A > 2\omega_N$. (e) Espectro de frequência do sinal amostrado quando $\omega_A \leq 2\omega_N$, mostrando a sobreposição de bandas.

Na Figura 11.8 (a) é apresentado o espectro de frequência $|F(j\omega)|$ do sinal original, suposto com banda limitada, onde a componente não nula de maior frequência ocorre na frequência[2] ω_N. A Figura 11.8 (b) apresenta o espectro de frequência $|F^*(j\omega)|$ do sinal amostrado quando

$$\omega_A - \omega_N > \omega_N \text{ ou } \omega_A > 2\omega_N. \tag{11.12}$$

Para $\omega_A > 2\omega_N$ não ocorre sobreposição de bandas quando as cópias de $F(j\omega)$ são adicionadas. Consequentemente o sinal $f(t)$ pode ser recuperado a partir do sinal amostrado $f^*(t)$ através de um filtro passa-baixas ideal com o espectro de frequência $|G_i(j\omega)|$ da Figura 11.8 (c).

Da Figura 11.9 tem-se que

$$U(j\omega) = G_i(j\omega)F^*(j\omega). \tag{11.13}$$

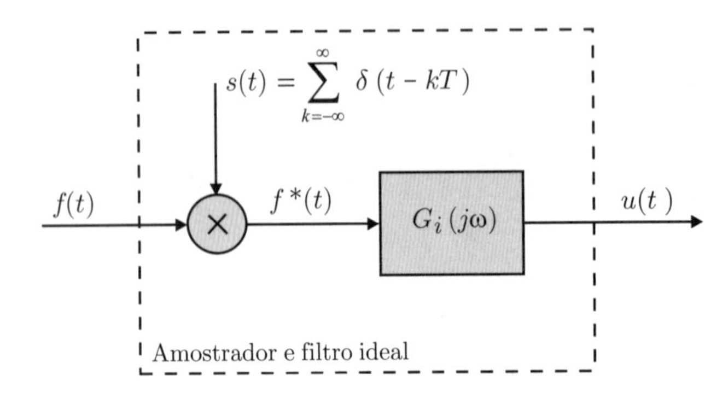

Figura 11.9 Recuperação de um sinal contínuo através de um filtro ideal.

Se o filtro passa-baixas ideal $G_i(j\omega)$ possui ganho T e frequência de corte ω_C tal que

$$\omega_N < \omega_C < (\omega_A - \omega_N), \tag{11.14}$$

então,

$$U(j\omega) = F(j\omega). \tag{11.15}$$

Se a desigualdade (11.12) não for válida, ou seja, se $\omega_A \leq 2\omega_N$, então irá ocorrer uma sobreposição de bandas, conforme mostrado na Figura 11.8 (e). Neste caso o sinal $u(t)$ não irá representar o sinal de entrada original, apresentando uma distorção denominada *aliasing*.

Teorema 11.1 *Teorema de amostragem de Shannon.*
Seja $f(t)$ um sinal de banda limitada tal que $F(j\omega) = 0$ para $\omega > \omega_N$. Então, o sinal $f(t)$ pode ser determinado a partir de suas amostras f(kT), se

$$\omega_A > 2\omega_N \tag{11.16}$$

sendo $\omega_A = 2\pi/T$.

Portanto, para recuperar o sinal original sem distorção a partir do sinal amostrado com frequência ω_A é necessário que $\omega_A/2$ seja maior que todas as frequências presentes no sinal original. Na prática recomenda-se um amplo coeficiente de segurança na escolha da frequência de amostragem, como, por exemplo, $\omega_A \geq 10\omega_N$.

[2]A frequência ω_N é chamada de frequência de Nyquist.

Exemplo 11.1

No processo de amostragem da função $f(t) = \text{sen}(t)$, que possui frequência de 1 (rad/s), se a frequência de amostragem for $\omega_A = 4/3$ (rad/s), o sinal amostrado $f(kT)$ resulta com frequência de 1/3 (rad/s), que é diferente do sinal original, conforme é mostrado na Figura 11.10 (a).

Se a frequência de amostragem ω_A for igual ao dobro da frequência de $f(t)$, o sinal amostrado $f(kT)$ pode ser sempre nulo e não representar sinal algum, conforme se vê na Figura 11.10 (b).

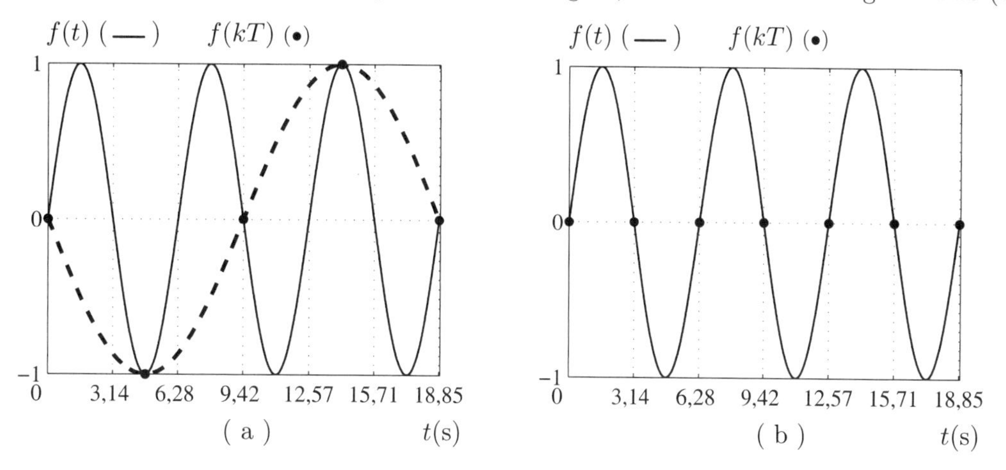

Figura 11.10 (a) Amostragem com $\omega_A = 4/3$ (rad/s). (b) Amostragem com $\omega_A = 2$ (rad/s).

■

11.5 Subsistema A/D + controlador + D/A

Considere o subsistema da Figura 11.11, formado pelo conjunto A/D + controlador + D/A. Conforme mencionado anteriormente, o conversor A/D possui a função de amostrador e o conversor D/A possui usualmente a função de segurador de ordem zero.

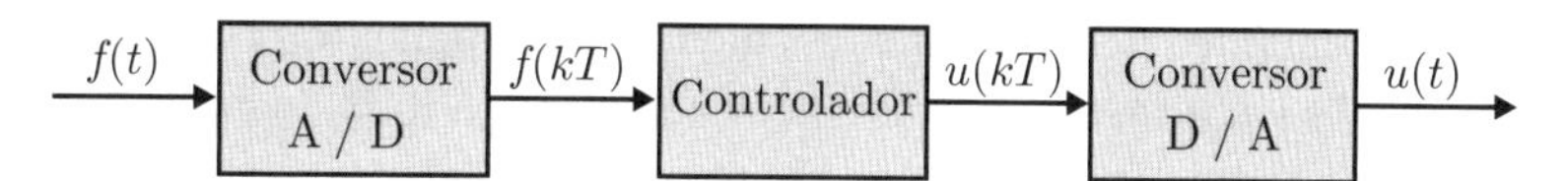

Figura 11.11 Subsistema A/D + controlador + D/A.

Não é possível descrever este subsistema por meio da transformada de Laplace, pois os sinais envolvidos nesses blocos são analógicos e digitais. Porém, supondo que o controlador apenas transfere a saída do conversor A/D para o conversor D/A, sem efetuar cálculo algum, ou seja, $f(kT) = u(kT)$, pode-se representar o subsistema por um amostrador e por um segurador de ordem zero conforme a Figura 11.12.

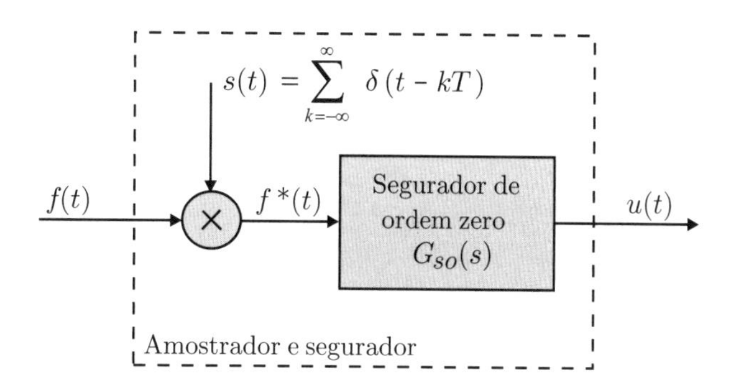

Figura 11.12 Representação de um amostrador e segurador de ordem zero sem controlador.

11.5.1 Função de transferência do segurador de ordem zero

Da Figura 11.12 tem-se que a função de transferência do segurador de ordem zero é dada por

$$G_{so}(s) = \frac{U(s)}{F^*(s)} . \tag{11.17}$$

Quando a entrada $f^*(t)$ é um impulso, a saída $u(t)$ é um pulso que corresponde a um degrau unitário $d(t)$ no instante zero menos um degrau unitário $d(t-T)$ no instante T, conforme mostrado na Figura 11.13.

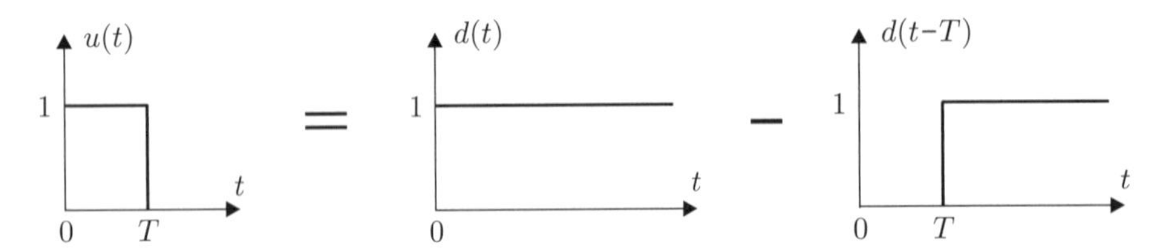

Figura 11.13 Pulso de saída $u(t)$.

Logo, a transformada de Laplace de $u(t)$ é dada por

$$U(s) = \mathcal{L}[d(t)] - \mathcal{L}[d(t-T)] = \frac{1}{s} - \frac{e^{-sT}}{s} = \frac{1-e^{-sT}}{s} . \tag{11.18}$$

Como $F^*(s) = 1$, então a função de transferência do segurador de ordem zero é dada por

$$G_{so}(s) = \frac{1-e^{-sT}}{s} . \tag{11.19}$$

11.6 Filtro ideal e segurador de ordem zero

Conforme apresentado na Seção (11.4), o processo de amostragem introduz no domínio da frequência um número infinito de componentes, além da componente principal. Para filtrar essas componentes excedentes em altas frequências seria necessária a implementação de um filtro passa-baixas ideal com o espectro de frequência da Figura 11.14.

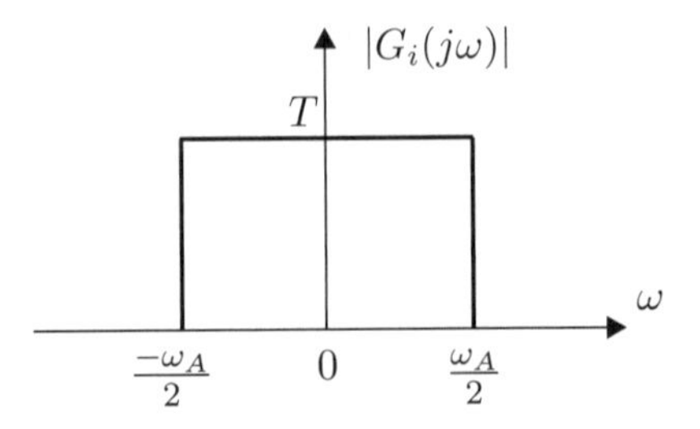

Figura 11.14 Espectro de frequência de um filtro passa-baixas ideal.

A Figura 11.15 apresenta o espectro de frequência de um sinal antes e depois da filtragem.

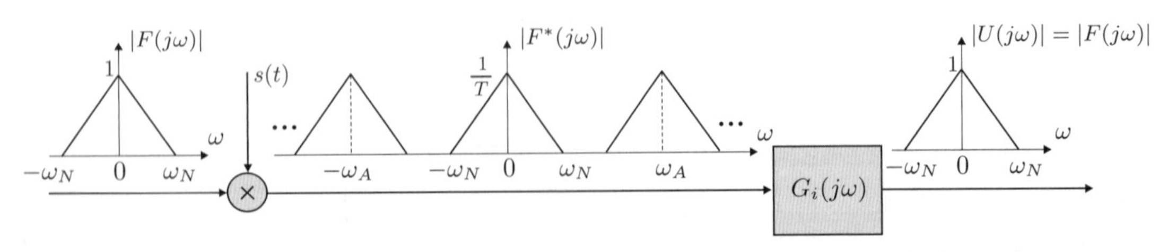

Figura 11.15 Filtragem de um sinal através de um filtro ideal.

O espectro de frequência de um filtro passa-baixas ideal é dado por

$$G_i(j\omega) = \begin{cases} T & \frac{-\omega_A}{2} < \omega < \frac{\omega_A}{2}\,, \\ \\ 0 & \omega < \frac{-\omega_A}{2} \text{ ou } \omega > \frac{\omega_A}{2}\,. \end{cases} \tag{11.20}$$

Aplicando a transformada inversa de Fourier em (11.20), obtém-se

$$\begin{aligned} g_i(t) &= \frac{1}{2\pi}\int_{-\infty}^{\infty} G_i(j\omega)e^{j\omega t}d\omega = \frac{1}{2\pi}\int_{-\omega_A/2}^{\omega_A/2} Te^{j\omega t}d\omega = \frac{T}{2\pi}\int_{-\pi/T}^{\pi/T} e^{j\omega t}d\omega \\ &= \frac{T}{\pi t}\frac{\left(e^{(j\pi t)/T} - e^{-(j\pi t)/T}\right)}{2j} = \frac{T}{\pi t}\,\text{sen}\left(\frac{\pi t}{T}\right) = \text{sinc}\left(\frac{\pi t}{T}\right)\,. \end{aligned} \tag{11.21}$$

A função (11.21) representa a resposta impulsiva $g_i(t)$ do filtro ideal, cujo gráfico está desenhado na Figura 11.16.

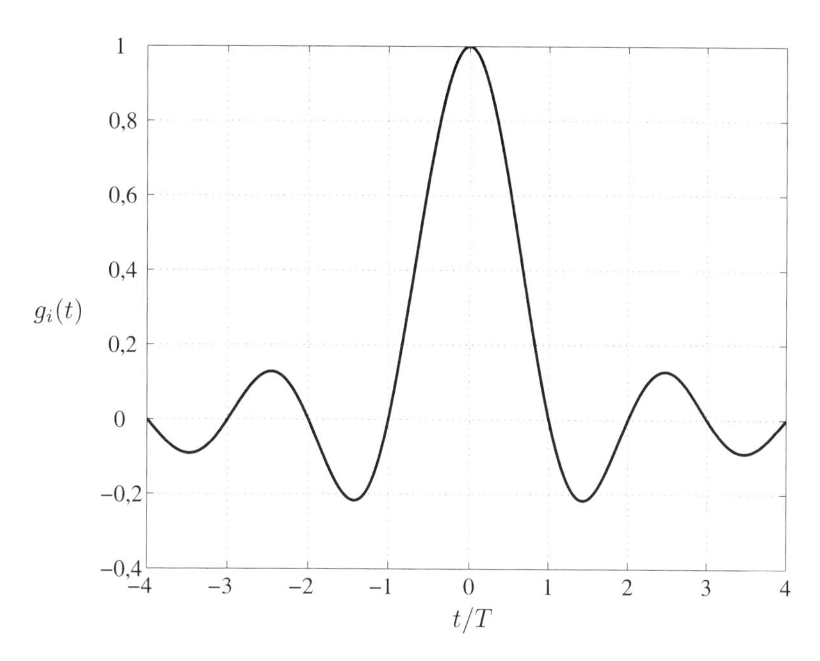

Figura 11.16 Resposta impulsiva de um filtro ideal.

O filtro ideal é um sistema não causal, ou seja, a entrada impulsiva aplicada em $t = 0$ fornece uma resposta que começa em $t < 0$. Por esta razão o filtro ideal não pode ser implementado na prática. A não causalidade pode ser amenizada adicionando-se um atraso ao filtro, porém esta prática deve ser evitada em sistemas de controle, pois o atraso usualmente reduz a estabilidade relativa do sistema.

Para resolver esse problema utiliza-se no lugar do filtro ideal o segurador de ordem zero. Fazendo $s = j\omega$ na função de transferência do segurador de ordem zero da Equação (11.19), obtém-se

$$G_{so}(j\omega) = \frac{1 - e^{-j\omega T}}{j\omega}\,. \tag{11.22}$$

A expressão (11.22) também pode ser escrita como

$$\begin{aligned} G_{so}(j\omega) &= e^{-j\omega T/2}\left(\frac{e^{j\omega T/2} - e^{-j\omega T/2}}{2j}\right)\frac{2T}{\omega T} = Te^{-j\omega T/2}\frac{2}{\omega T}\,\text{sen}\left(\frac{\omega T}{2}\right) \\ &= Te^{-j\omega T/2}\text{sinc}\left(\frac{\omega T}{2}\right)\,. \end{aligned} \tag{11.23}$$

Da expressão (11.23) tem-se que o módulo e a fase de $G_{so}(j\omega)$ são dados, respectivamente, por

$$|G_{so}(j\omega)| = T\left|\ \text{sinc}\frac{\omega T}{2}\ \right|, \tag{11.24}$$

$$\angle G_{so}(j\omega) = \frac{-\omega T}{2} \quad (\pm 180^{\circ} \text{ onde a função sinc troca de sinal}). \tag{11.25}$$

Analisando-se a Equação (11.24) verifica-se que o módulo de $G_{so}(j\omega)$ é nulo nas frequências múltiplas da frequência de amostragem $\omega_A = 2\pi/T$. Na Figura 11.17 são apresentados os gráficos do módulo em função da frequência do filtro ideal e do segurador de ordem zero.

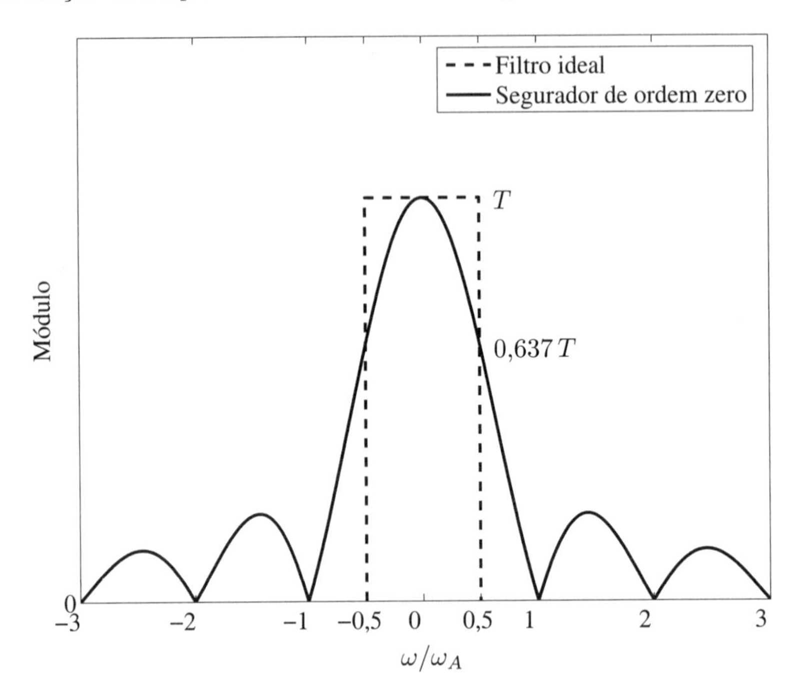

Figura 11.17 Comparação entre os módulos $|G_i(j\omega)|$ do filtro ideal e $|G_{so}(j\omega)|$ do segurador de ordem zero .

Conforme se pode perceber na Figura 11.17 o segurador de ordem zero não remove as componentes de frequência maiores que $\omega_A/2$, introduzindo assim algum *aliasing*. Quanto maior for a frequência de amostragem ω_A menor será a superposição de harmônicas que geram o *aliasing*. Na maioria dos casos práticos a resposta do segurador de ordem zero é considerada satisfatória quando a frequência de amostragem é adotada como sendo pelo menos 10 vezes maior que a componente de maior frequência presente no sinal contínuo ($\omega_A \geq 10\omega_N$).

11.7 Mapeamento do plano s no plano z

Considere o processo de amostragem de um conversor A/D ideal, conforme representado na Figura 11.7. O sinal contínuo $f(t)$ é modulado por um trem de impulsos $s(t)$, produzindo o sinal amostrado $f^*(t)$, que depois é convertido para a sequência discreta $f(kT)$. Da Figura 11.7 tem-se que

$$f^*(t) \;=\; f(t)s(t) = f(t)\sum_{k=-\infty}^{\infty}\delta(t-kT) = \sum_{k=-\infty}^{\infty} f(kT)\delta(t-kT)\,, \tag{11.26}$$

sendo $\delta(t-kT)$ a função delta de Dirac.

O sinal amostrado $f^*(t)$ é definido para todo $t \geq 0$, sendo igual a zero para $kT < t < (k+1)T$ e diferente de zero nos instantes de amostragem $t = kT$. Já o sinal discreto $f(kT)$ assume valor apenas em $t = kT$, pois não é definido em $t \neq kT$.

A transformada de Laplace de $f^*(t)$ é dada por

$$\mathcal{L}[f^*(t)] = F^*(s) = \sum_{k=0}^{\infty} f(kT)\,\mathcal{L}[\delta(t-kT)] = \sum_{k=0}^{\infty} f(kT)e^{-kTs}\,. \tag{11.27}$$

Definindo $z = e^{Ts}$, a Equação (11.27) resulta na definição de transformada $\mathcal{Z}$, ou seja,

$$F^*(s)\big|_{z=e^{Ts}} = F(z) = \sum_{k=0}^{\infty} f(kT)z^{-k}\,. \tag{11.28}$$

Da Equação (11.28) conclui-se que a mudança de variável $z = e^{Ts}$ representa um procedimento alternativo para a definição da transformada $\mathcal{Z}$. Além disso, essa mudança estabelece relações geométricas interessantes entre o plano s e o plano z.

Supondo $s = \sigma + j\omega$, com σ e ω reais, então

$$z = e^{Ts} = e^{T(\sigma+j\omega)} = e^{\sigma T}e^{j\omega T}\,. \tag{11.29}$$

Logo,

$$|z| = e^{\sigma T}\,, \tag{11.30}$$

$$\angle z = \omega T\,. \tag{11.31}$$

Das Equações (11.30) e (11.31) conclui-se que:

- o eixo imaginário $j\omega$ do plano s ($\sigma = 0$) corresponde à circunferência de raio unitário do plano z ($|z| = 1$);
- o semiplano esquerdo do plano s ($\sigma < 0$) corresponde ao círculo de raio unitário com centro na origem do plano z ($|z| < 1$).

Na Figura 11.18 é apresentado o mapeamento do plano s no plano z.

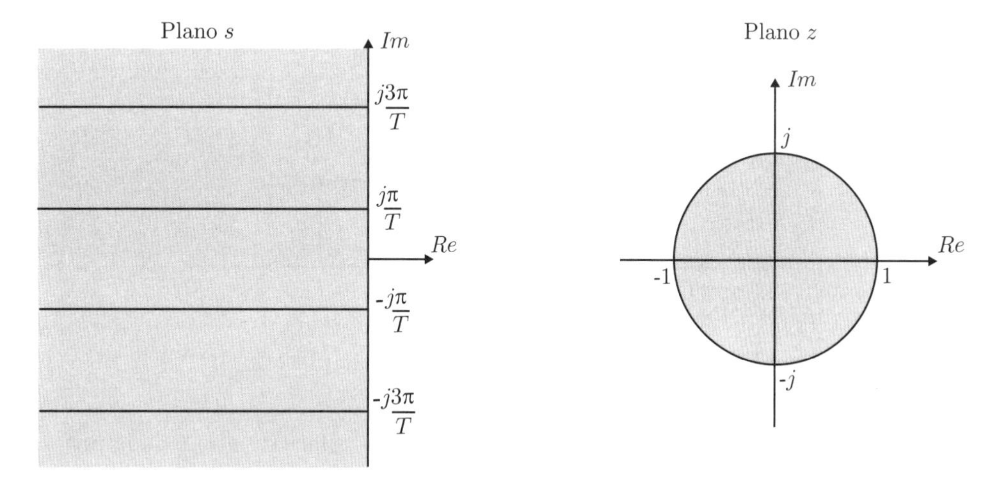

Figura 11.18 Mapeamento do plano s no plano z.

À medida que um ponto do eixo $j\omega$ do plano s ($\sigma = 0$) se move de $-\pi/T$ a $+\pi/T$, a fase $\angle z$ varia de $-\pi$ a $+\pi$ no sentido anti-horário. Quando o ponto se move de π/T a $3\pi/T$ a circunferência de raio unitário é percorrida mais uma vez. Para ω variando de $-\infty$ a $+\infty$, a circunferência de raio unitário é percorrida um número infinito de vezes.

Portanto, um só ponto do plano z é mapeado no plano s em uma infinidade de pontos do tipo

$$s = \sigma + j\left(\omega \pm \frac{2k\pi}{T}\right), \quad k = 0, 1, 2, \ldots$$

11.8 Subsistema D/A + processo + A/D

No projeto de sistemas de controle digital é conveniente representar o subsistema D/A + processo + A/D por meio da transformada $\mathcal{Z}$. Note que não é possível descrever separadamente, por meio da transformada $\mathcal{Z}$, blocos como o conversor D/A, o processo e o conversor A/D, já que os sinais envolvidos no processo são analógicos e, no caso dos conversores, os sinais são analógicos e digitais. No entanto, o conjunto desses três blocos tem entrada e saída discretas (Figura 11.19) e pode, portanto, ser tratado como um único sistema discreto pela transformada $\mathcal{Z}$ (Figura 11.20). Deve-se observar que para valer a representação da Figura 11.20 é necessário considerar que o processo e as operações de conversão são lineares.

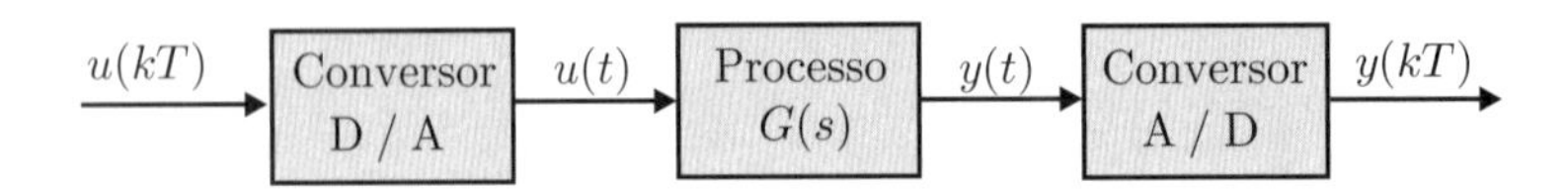

Figura 11.19 Subsistema D/A + processo + A/D.

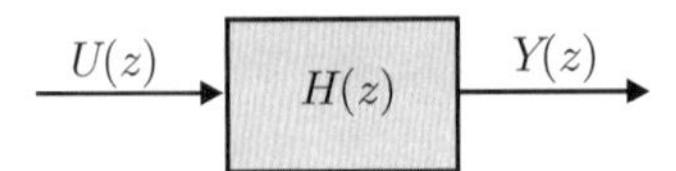

Figura 11.20 Representação simplificada.

A ideia é calcular a função de transferência $H(z)$ do subsistema por meio da sua resposta impulsiva. Sendo $u(kT)$ um impulso unitário, a saída $u(t)$ do conversor D/A de ordem zero é um pulso, conforme representado na Figura 11.21.

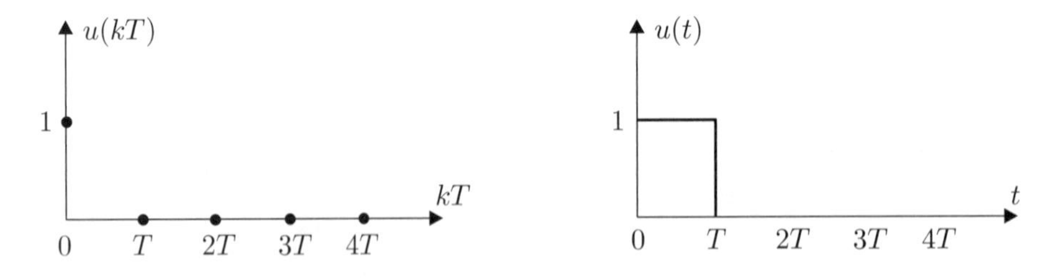

Figura 11.21 Impulso $u(kT)$ e saída pulso $u(t)$.

Conforme visto na Equação (11.18), a transformada de Laplace de $u(t)$ é dada por

$$U(s) = \frac{1 - e^{-sT}}{s}. \tag{11.32}$$

A saída do processo é, portanto,

$$Y(s) = G(s)U(s) = G(s)\frac{(1-e^{-sT})}{s}. \tag{11.33}$$

A transformada $\mathcal{Z}$ de $y(kT)$ é

$$Y(z) = \mathcal{Z}[y(kT)] = \mathcal{Z}[Y(s)] = \mathcal{Z}\left[G(s)\frac{(1-e^{-sT})}{s}\right].$$

Lembrando que $\mathcal{Z}[e^{-sT}] = z^{-1}$ e que a transformada $\mathcal{Z}$ é uma operação linear, obtém-se

$$Y(z) = (1-z^{-1})\mathcal{Z}\left[\frac{G(s)}{s}\right]. \tag{11.34}$$

Como $u(kT)$ é um impulso unitário ($U(z) = 1$), então

$$Y(z) = H(z)U(z) = H(z) = (1-z^{-1})\mathcal{Z}\left[\frac{G(s)}{s}\right]. \tag{11.35}$$

Concluindo, para determinar a função de transferência $H(z)$ do subsistema D/A + processo + A/D basta calcular:

- $\mathcal{Z}[G(s)/s]$, onde $G(s)$ é a função de transferência do processo dinâmico;
- $H(z) = (1-z^{-1})\mathcal{Z}[G(s)/s]$.

Exemplo 11.2

Considere o subsistema da Figura 11.22.

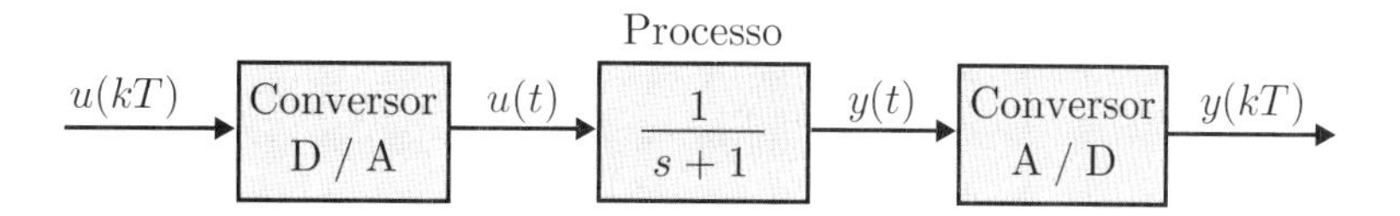

Figura 11.22 Subsistema D/A + processo + A/D.

$$H(z) = \frac{Y(z)}{U(z)} = (1-z^{-1})\mathcal{Z}\left[\frac{G(s)}{s}\right].$$

$$H(z) = (1-z^{-1})\mathcal{Z}\left[\frac{1}{s(s+1)}\right] = (1-z^{-1})\mathcal{Z}\left[\frac{1}{s} - \frac{1}{s+1}\right].$$

Da tabela,

$$\mathcal{Z}\left[\frac{1}{s}\right] = \frac{z}{z-1}, \quad \mathcal{Z}\left[\frac{1}{s+1}\right] = \frac{z}{z-e^{-T}}.$$

Logo,

$$H(z) = \left(\frac{z-1}{z}\right)\left(\frac{z}{z-1} - \frac{z}{z-e^{-T}}\right) = 1 - \frac{z-1}{z-e^{-T}}.$$

$$H(z) = \frac{1-e^{-T}}{z-e^{-T}}. \tag{11.36}$$

■

11.9 Análise da malha fechada

O diagrama de blocos de um sistema em malha fechada com realimentação unitária e controle discreto é apresentado na Figura 11.23.

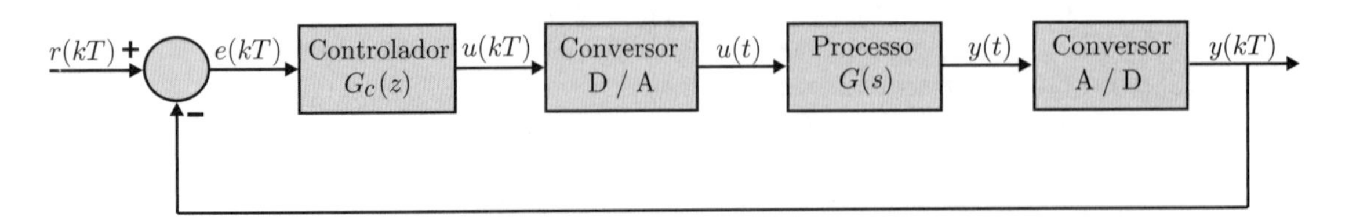

Figura 11.23 Diagrama de blocos de um sistema em malha fechada com controle discreto.

Conforme foi visto na seção anterior o subsistema D/A + processo + A/D pode ser representado pela função de transferência discreta $H(z)$ dada pela Equação (11.35). Assim, o diagrama de blocos simplificado do sistema discreto em malha fechada pode ser representado através da Figura 11.24.

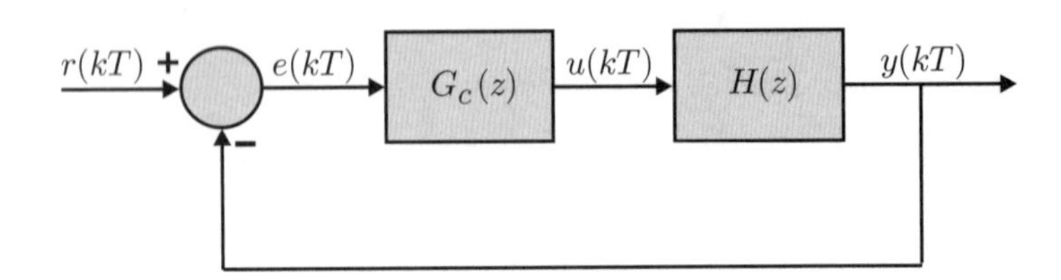

Figura 11.24 Diagrama de blocos simplificado do sistema discreto em malha fechada.

Sendo $R(z) = \mathcal{Z}[r(kT)]$ e $Y(z) = \mathcal{Z}[y(kT)]$, a função de transferência de malha fechada é dada por

$$\frac{Y(z)}{R(z)} = \frac{G_c(z)H(z)}{1 + G_c(z)H(z)} . \tag{11.37}$$

A função de transferência $G_c(z)$ do controlador pode ser genericamente representada por

$$G_c(z) = \frac{U(z)}{E(z)} = \frac{b_p z^{-q+p} + b_{p-1} z^{-q+p-1} + \ldots + b_0 z^{-q}}{1 + a_{q-1} z^{-1} + \ldots + a_0 z^{-q}} , \tag{11.38}$$

sendo $b_0, b_1, \ldots, b_p$ e $a_0, \ldots, a_{q-1}$ constantes, com $p \leq q$.

Dado o sinal de referência $r(kT)$, os cálculos dos sinais de erro $e(kT)$ e da ação de controle $u(kT)$ podem ser implementados num algoritmo de "computador" por meio das seguintes equações de diferenças:

$$e(kT) = r(kT) - y(kT) , \tag{11.39}$$

$$\begin{aligned} u(kT) \; = \; & -a_{q-1} u[(k-1)T] - \ldots - a_0 u[(k-q)T] + \\ & b_p e[(k-q+p)T] + b_{p-1} e[(k-q+p-1)T] + \ldots + b_0 e[(k-q)T] . \end{aligned} \tag{11.40}$$

11.10 Estabilidade de sistemas de tempo discreto

Nesta seção é considerado o conceito de estabilidade de entrada e saída, ou estabilidade externa, dos sistemas dinâmicos de tempo discreto.

Definição 11.1 *Um sistema possui a propriedade de estabilidade externa se toda sequência de entrada de amplitude limitada produz uma sequência de saída de amplitude limitada.*

Este tipo de estabilidade é referido como estabilidade BIBO.[3] No caso de sistemas lineares e invariantes no tempo a estabilidade BIBO pode ser caracterizada pela resposta impulsiva do sistema, conforme o seguinte lema.

Lema 11.1 *Um sistema linear, discreto e invariante no tempo, com resposta impulsiva $g(k)$ é BIBO estável se e somente se*

$$\sum_{k=0}^{\infty} |g(k)| < \infty \, . \tag{11.41}$$

Prova da suficiência

Seja $u(k)$ uma sequência de entrada de amplitude limitada ao número M e seja $y(j)$ a saída correspondente. Expressando $y(j)$ pela convolução e considerando módulos, tem-se que

$$|y(j)| = \left| \sum_{k=0}^{\infty} g(k)u(j-k) \right| \leq \sum_{k=0}^{\infty} |g(k)||u(j-k)| \leq M \sum_{k=0}^{\infty} |g(k)| \, , \; j = 0, 1, 2, \ldots \tag{11.42}$$

De (11.41), segue-se a tese.

Prova da necessidade

Suponha que a condição (11.41) não é válida, isto é,

$$\sum_{k=0}^{\infty} |g(k)| = \infty \, , \tag{11.43}$$

e considere uma entrada limitada definida por

$$u(j-k) = \begin{cases} 1 & \text{se} \quad g(k) > 0 \, , \\ 0 & \text{se} \quad g(k) = 0 \, , \\ -1 & \text{se} \quad g(k) < 0 \, . \end{cases} \tag{11.44}$$

Sendo $y(j)$ a saída correspondente, então

$$y(j) = \sum_{k=0}^{j} g(k)u(j-k) = \sum_{k=0}^{j} |g(k)| \, , \; j = 0, 1, 2, \ldots \tag{11.45}$$

Logo, da Equação (11.43)

$$\lim_{j \to \infty} y(j) = \infty \, , \tag{11.46}$$

o que conclui a prova.

[3]Abreviação do inglês *Bounded Input Bounded Output*, ou seja, "Entrada Limitada Saída Limitada".

Exemplo 11.3

O sistema

$$G(z) = \frac{z}{z-1} \tag{11.47}$$

tem como resposta impulsiva o degrau unitário que é mostrado na Figura 11.25.

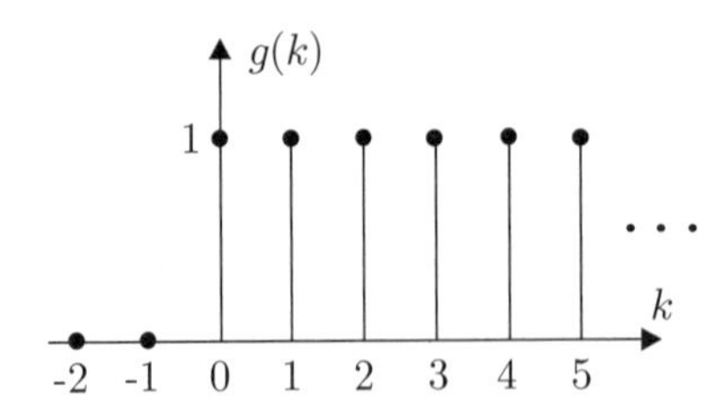

Figura 11.25 Sequência degrau unitário.

A transformada inversa de $G(z)$ é dada por

$$\mathcal{Z}^{-1}\left[\frac{z}{z-1}\right] = g(k) = \begin{cases} 1 & k \geq 0\,, \\ 0 & k < 0\,. \end{cases} \tag{11.48}$$

Logo,

$$\sum_{k=0}^{\infty} |g(k)| = 1 + 1 + 1 + \ldots = \infty\,. \tag{11.49}$$

Do Lema (11.1) conclui-se que o sistema $G(z)$ é instável. De fato, considerando que $G(z)$ representa um integrador, aplicando uma entrada de amplitude limitada, por exemplo do tipo degrau, a saída será uma rampa, que não é limitada.

■

Outro teste para a estabilidade BIBO, normalmente mais útil nas aplicações, é expresso em termos da função de transferência em estudo, apresentado no teorema a seguir.

Teorema 11.2 *Um sistema linear, discreto e invariante no tempo, com função de transferência $G(z)$, é BIBO estável se e somente se todos os polos de $G(z)$ têm módulo menor que 1, ou seja, estão localizados estritamente dentro do círculo de raio unitário.*

Prova da suficiência

Sendo os polos de $G(z)$ interiores ao círculo de raio unitário e em número finito, basta expandir $G(z)$ em frações parciais e verificar que a contribuição de cada parcela para a resposta impulsiva de $G(z)$ é de amplitude limitada.

Prova da necessidade

Suponha que nem todos os polos de $G(z)$ estão localizados estritamente dentro do círculo de raio unitário, isto é, um número finito de polos tem módulo maior ou igual a 1. É preciso mostrar que o sistema não é BIBO estável. Por simplicidade, suponha que $G(z)$ possui dois polos reais, simples e diferentes ($z = a$ e $z = b$), então a função $G(z)$ pode ser expandida em frações parciais do seguinte modo

$$G(z) = C_1\frac{z}{z-a} + C_2\frac{z}{z-b} + \text{ termos correspondentes aos polos no interior do círculo unitário.}$$

Como a contribuição dos polos do interior do círculo unitário para a resposta impulsiva de $G(z)$ é de amplitude limitada, pelo lema basta mostrar que

$$\sum_{k=0}^{\infty} \left| \mathcal{Z}^{-1}\left[C_1 \frac{z}{z-a} + C_2 \frac{z}{z-b}\right] \right| = \infty \,. \tag{11.50}$$

De fato,

$$\begin{aligned} \sum_{k=0}^{\infty} \left| \mathcal{Z}^{-1}\left[C_1 \frac{z}{z-a} + C_2 \frac{z}{z-b}\right] \right| &= \sum_{k=0}^{\infty} \left| C_1 a^k + C_2 b^k \right| \\ &= |C_1| \sum_{k=0}^{\infty} \left| a^k + \frac{C_2}{C_1} b^k \right| \\ &= |C_1| \sum_{k=0}^{\infty} \left| a^k \left(1 + \frac{C_2}{C_1}\left(\frac{b}{a}\right)^k\right) \right| \,. \end{aligned} \tag{11.51}$$

Supondo sem perda de generalidade que $|a| > |b|$, ou seja,

$$\lim_{k\to\infty} \left(1 + \frac{C_2}{C_1}\left(\frac{b}{a}\right)^k\right) = 1 \,. \tag{11.52}$$

Então,

$$\sum_{k=0}^{\infty} \left| \mathcal{Z}^{-1}\left[C_1 \frac{z}{z-a} + C_2 \frac{z}{z-b}\right] \right| \geq |C_1| \sum_{k=0}^{\infty} |a^k| = \infty \,, \tag{11.53}$$

ou seja, a série diverge pois o polo em $z = a$ está localizado, por hipótese, fora do círculo unitário.

Exemplo 11.4

O sistema

$$G(z) = \frac{z}{z-1} \tag{11.54}$$

é instável, pois possui um polo em $z = 1$ que não está localizado estritamente dentro do círculo de raio unitário.

■

Exemplo 11.5

Dado o sistema

$$G(z) = \frac{z+1}{z^2 - 1{,}8z + 1{,}62} \,. \tag{11.55}$$

Os polos de $G(z)$ são as raízes do polinômio do denominador

$$z^2 - 1{,}8z + 1{,}62 = 0 \,. \tag{11.56}$$

Logo,

$$\begin{cases} z_1 = 0{,}9 + 0{,}9j \,, \\ z_2 = 0{,}9 - 0{,}9j \,. \end{cases} \tag{11.57}$$

Conforme mostrado na Figura 11.26, os polos de $G(z)$ estão localizados fora do círculo unitário,[4] pois $|z_1| = |z_2| = \sqrt{0{,}9^2 + 0{,}9^2} \cong 1{,}27 > 1$. Portanto, o sistema $G(z)$ é instável.

[4] Círculo unitário é o círculo aberto de raio 1 e centro na origem do plano complexo z.

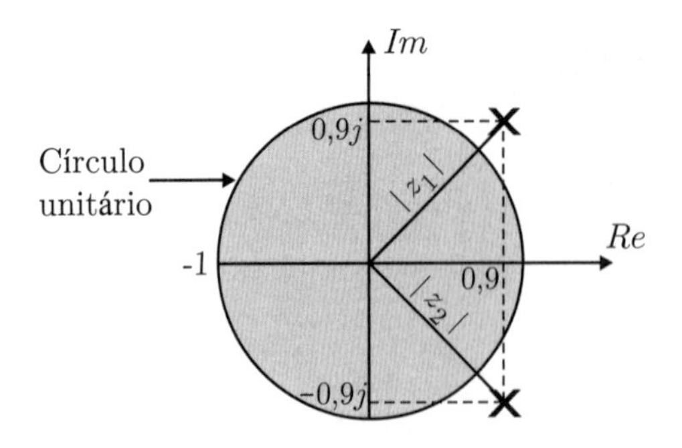

Figura 11.26 Posição dos polos de $G(z)$.

■

11.10.1 Critério de Routh

O critério de Routh, visto anteriormente para analisar a estabilidade de sistemas contínuos no plano s, também pode ser utilizado para analisar a estabilidade de sistemas discretos no plano z. Para isso basta realizar uma transformação bilinear, que consiste em substituir a variável complexa z por uma expressão na variável v, dada por

$$z = \frac{v+1}{v-1}\,. \tag{11.58}$$

Escrevendo v na forma cartesiana $\sigma + j\omega$, tem-se que

$$\begin{aligned}
|z| < 1 \quad &\Rightarrow \quad \left|\frac{v+1}{v-1}\right| = \left|\frac{\sigma + j\omega + 1}{\sigma + j\omega - 1}\right| < 1 \Rightarrow \frac{(\sigma+1)^2 + \omega^2}{(\sigma-1)^2+\omega^2} < 1 \\
&\Rightarrow \quad \sigma^2 + 2\sigma + 1 + \omega^2 < \sigma^2 - 2\sigma + 1 + \omega^2 \Rightarrow 4\sigma < 0 \\
&\Rightarrow \quad \sigma < 0\,.
\end{aligned}$$

Portanto, por meio da transformação bilinear (11.58) consegue-se mapear o interior do círculo unitário ($|z| < 1$) no semiplano esquerdo aberto ($\sigma < 0$) da variável complexa v, conforme é mostrado na Figura 11.27.

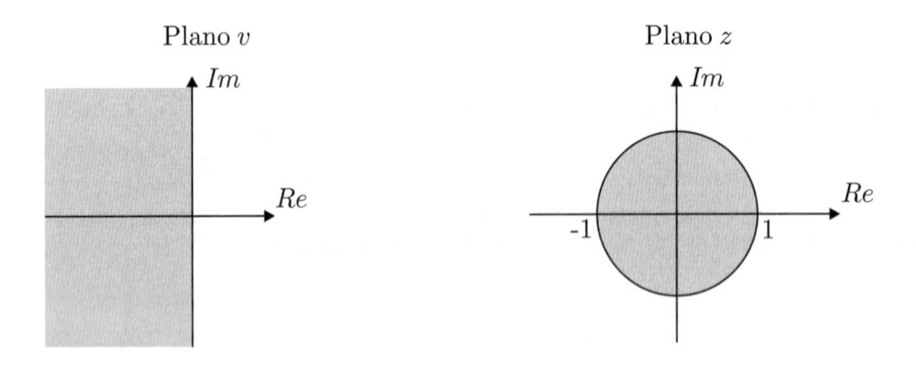

Figura 11.27 Mapeamento do plano z no plano v.

Assim, para determinar a estabilidade de sistemas discretos basta aplicar a transformação bilinear (11.58) no denominador da função de transferência na variável complexa z e depois aplicar o critério de Routh na variável complexa v.

11.10.2 Critério de Jury

Considere o sistema da Figura 11.28.

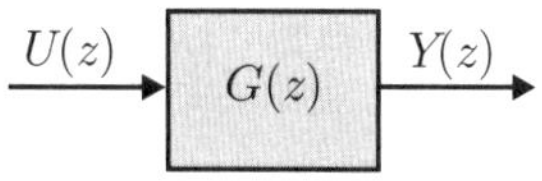

Figura 11.28 Função de transferência $G(z)$ de um sistema discreto.

Suponha que a função de transferência $G(z)$ seja dada por

$$G(z) = \frac{Y(z)}{U(z)} = \frac{N(z)}{a_0 z^n + a_1 z^{n-1} + \ldots + a_{n-1} z + a_n} = \frac{N(z)}{D(z)} . \quad (11.59)$$

O critério de estabilidade de Jury é aplicado para sistemas discretos, e permite determinar se um sistema $G(z)$ é estável ou não sem precisar calcular as raízes do polinômio do denominador $D(z)$ da função de transferência $G(z)$.

Suponha que o polinômio $D(z)$ seja dado por

$$D(z) = a_0 z^n + a_1 z^{n-1} + \ldots + a_{n-1} z + a_n \ , \quad \text{com } a_0 > 0 \ . \quad (11.60)$$

A seguir deve-se construir a tabela de estabilidade de Jury de acordo com a Tabela 11.1.

Tabela 11.1 Tabela de estabilidade de Jury

Linha	z^0	z^1	z^2	z^3	$\ldots$	z^{n-2}	z^{n-1}	z^n
1	a_n	a_{n-1}	a_{n-2}	a_{n-3}	$\ldots$	a_2	a_1	a_0
2	a_0	a_1	a_2	a_3	$\ldots$	a_{n-2}	a_{n-1}	a_n
3	b_{n-1}	b_{n-2}	b_{n-3}	b_{n-4}	$\ldots$	b_1	b_0	
4	b_0	b_1	b_2	b_3	$\ldots$	b_{n-2}	b_{n-1}	
5	c_{n-2}	c_{n-3}	c_{n-4}	c_{n-5}	$\ldots$	c_0		
6	c_0	c_1	c_2	c_3	$\ldots$	c_{n-2}		
.	.							
.	.							
.	.							
$2n-5$	p_3	p_2	p_1	p_0				
$2n-4$	p_0	p_1	p_2	p_3				
$2n-3$	q_2	q_1	q_0					

De acordo com a Tabela 11.1 a primeira linha é composta pelos coeficientes do polinômio $D(z)$, alinhados em potências ascendentes de z. Os elementos da segunda linha são alinhados de maneira inversa à da primeira. Os elementos de qualquer linha par são alinhados de maneira inversa à de qualquer linha ímpar imediatamente anterior. A última linha da tabela é composta por apenas três elementos (q_2, q_1 e q_0). Os elementos da linha 3 até a linha $2n-3$ são calculados através dos seguintes determinantes:

$$b_k = \begin{vmatrix} a_n & a_{n-1-k} \\ a_0 & a_{k+1} \end{vmatrix} \quad k = 0, 1, 2, \ldots, n-1 \ ,$$

$$c_k = \begin{vmatrix} b_{n-1} & b_{n-2-k} \\ b_0 & b_{k+1} \end{vmatrix} \quad k = 0, 1, 2, \ldots, n-2 \ ,$$

$$\ldots$$

$$\ldots$$

$$q_k = \begin{vmatrix} p_3 & p_{2-k} \\ p_0 & p_{k+1} \end{vmatrix} \quad k = 0, 1, 2 \ .$$

Critério de Jury: um sistema com equação característica $D(z) = 0$ é estável se todas as condições a seguir são satisfeitas.

1) $|a_n| < a_0$.

2) $D(z)|_{z=1} > 0$.

3) $D(z)|_{z=-1} \begin{cases} > 0 \text{ para } n \text{ par }, \\ < 0 \text{ para } n \text{ ímpar }. \end{cases}$

4) $|b_{n-1}| > |b_0|$.
$|c_{n-2}| > |c_0|$.
.
.
$|q_2| > |q_0|$.

11.11 Exercícios resolvidos

Exercício 11.1

Considere o sistema da Figura 11.29.

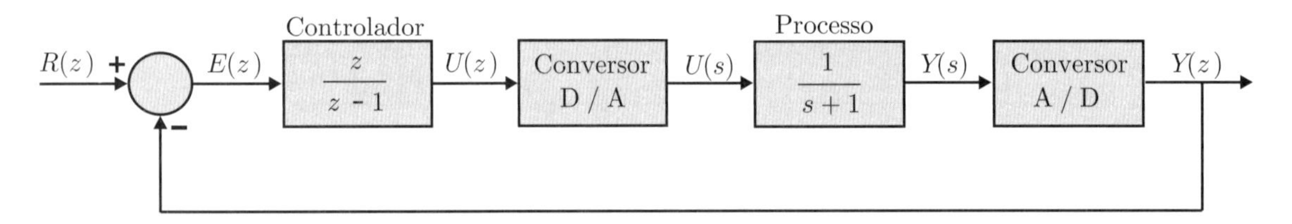

Figura 11.29 Diagrama de blocos do sistema em malha fechada.

Supondo um período de amostragem $T = 0{,}1$ s, determine:
a) a equação de diferenças do controlador;
b) a função de transferência de malha fechada $Y(z)/R(z)$;
c) a resposta $y(0), y(0,1), y(0,2), \ldots, y(1,0)$ quando a entrada $r(kT)$ for um degrau unitário;
d) o erro de regime estacionário quando $r(kT)$ for um degrau unitário.

Solução
a) A função de transferência do controlador é dada por:

$$\frac{U(z)}{E(z)} = \frac{z}{(z-1)} \frac{z^{-1}}{z^{-1}} = \frac{1}{1-z^{-1}} \Longrightarrow U(z) = z^{-1}U(z) + E(z) .$$

Aplicando a propriedade do atraso $\mathcal{Z}\{u[(k-1)T]\} = z^{-1}U(z)$, obtém-se a equação de diferenças do controlador:

$$u(kT) = u[(k-1)T] + e(kT) .$$

b) Conforme calculado no Exemplo (11.2), a função de transferência $H(z)$ é dada por

$$H(z) = \frac{Y(z)}{U(z)} = (1-z^{-1})\mathcal{Z}\left[\frac{G(s)}{s}\right] = \frac{1-e^{-T}}{z-e^{-T}} . \tag{11.61}$$

A função de transferência do sistema em malha fechada é dada por

$$\frac{Y(z)}{R(z)} = \frac{G_c(z)H(z)}{1+G_c(z)H(z)} = \frac{\left(\frac{z}{z-1}\right)\left(\frac{1-e^{-T}}{z-e^{-T}}\right)}{1+\left(\frac{z}{z-1}\right)\left(\frac{1-e^{-T}}{z-e^{-T}}\right)} = \frac{z\left(1-e^{-T}\right)}{z^2-2e^{-T}z+e^{-T}} . \tag{11.62}$$

Como $T = 0{,}1$ s, então

$$\frac{Y(z)}{R(z)} = \frac{0{,}0952z}{z^2 - 1{,}8097z + 0{,}9048} = \frac{0{,}0952z^{-1}}{1 - 1{,}8097z^{-1} + 0{,}9048z^{-2}} \,. \tag{11.63}$$

c) Aplicando a transformada $\mathcal{Z}$ inversa e a propriedade do atraso, obtém-se a seguinte equação de diferenças:

$$y(kT) = 1{,}8097y[(k-1)T] - 0{,}9048y[(k-2)T] + 0{,}0952r[(k-1)T]. \tag{11.64}$$

Sabendo-se que $y(-0{,}1) = y(-0{,}2) = 0$ e que $r(kT)$ é um degrau unitário, ou seja,

$$r(kT) = \begin{cases} 1 & k \geq 0 \,, \\ 0 & k < 0 \,, \end{cases} \tag{11.65}$$

a sequência $y(kT)$ pode ser obtida por meio de uma implementação da Equação (11.64) num programa de computador.

A seguir é apresentado o trecho de um programa, escrito na linguagem C, que calcula os valores da sequência $y(kT)$ para $k = 0, 1, 2, \ldots, 10$.

Tabela 11.2 Programa e coeficientes para $k = 0, 1, 2, \ldots, 10$

```
yk_1=0;
yk_2=0;
for (k=0;k<=10;k++)
{
   if (k==0) rk_1=0;
        else rk_1=1;
   yk =1.8097*yk_1-0.9048*yk_2+0.0952*rk_1;
   yk_2=yk_1;
   yk_1=yk;
}
```

k	kT	$r[(k-1)T]$	$y(kT)$
0	0,0	0	0
1	0,1	1	0,0952
2	0,2	1	0,2675
3	0,3	1	0,4931
4	0,4	1	0,7456
5	0,5	1	0,9983
6	0,6	1	1,2272
7	0,7	1	1,4129
8	0,8	1	1,5417
9	0,9	1	1,6068
10	1,0	1	1,6081

d) O valor da resposta no estado estacionário pode ser obtido por meio do teorema do valor final, ou seja,

$$\begin{aligned} y(\infty) &= \lim_{k\to\infty} y(kT) = \lim_{z\to 1}(1 - z^{-1})Y(z) \\ &= \lim_{z\to 1}\left(\frac{z-1}{z}\right)\left(\frac{0{,}0952z}{z^2 - 1{,}8097z + 0{,}9048}\right)R(z) \,. \end{aligned} \tag{11.66}$$

Como $r(kT)$ é um degrau unitário, então $R(z) = z/(z-1)$. Logo,

$$y(\infty) = \lim_{z\to 1}\left(\frac{z-1}{z}\right)\left(\frac{0{,}0952z}{z^2 - 1{,}8097z + 0{,}9048}\right)\left(\frac{z}{z-1}\right) = 1 \,. \tag{11.67}$$

Com isso, o erro de regime no estado estácionário é nulo, isto é,

$$e(\infty) = r(\infty) - y(\infty) = 1 - 1 = 0 \,. \tag{11.68}$$

Este resultado está de acordo com o esperado, pois o controlador $G_c(z)$ é um integrador.

Exercício 11.2

Usando a transformação bilinear e o critério de Routh, determine se o sistema

$$G(z) = \frac{z - 0{,}2}{z^3 + 2{,}1z^2 + 2{,}08z + 0{,}64} \tag{11.69}$$

é estável ou instável.

Solução

A equação característica da função de transferência (11.69) é

$$z^3 + 2{,}1z^2 + 2{,}08z + 0{,}64 = 0\,. \tag{11.70}$$

Aplicando a transformação bilinear (11.58),

$$\left(\frac{v+1}{v-1}\right)^3 + 2{,}1\left(\frac{v+1}{v-1}\right)^2 + 2{,}08\left(\frac{v+1}{v-1}\right) + 0{,}64 = 0\,. \tag{11.71}$$

Multiplicando a Equação (11.71) por $(v-1)^3$,

$$(v+1)^3 + 2{,}1(v+1)^2(v-1) + 2{,}08(v+1)(v-1)^2 + 0{,}64(v-1)^3 = 0\,. \tag{11.72}$$

Expandindo a Equação (11.72), obtém-se

$$5{,}82v^3 + 1{,}1v^2 + 0{,}74v + 0{,}34 = 0\,. \tag{11.73}$$

Como todos os coeficientes do polinômio (11.73) estão presentes e têm o mesmo sinal, é necessário montar a seguinte tabela de Routh:

	1ª coluna de coeficientes	
v^3	5,82	0,74
v^2	1,1	0,34
v^1	b_1	
v^0	c_1	

$$b_1 = \frac{1{,}1\,.\,0{,}74 - 5{,}82\,.\,0{,}34}{1{,}1} \cong -1{,}06\,, \qquad c_1 = \frac{b_1\,.\,0{,}34}{b_1} = 0{,}34\,.$$

Como $b_1 < 0$, há duas mudanças de sinal na 1ª coluna de coeficientes da tabela de Routh. Logo, o polinômio na variável v possui duas raízes no semiplano direito. Com isso o polinômio (11.70) na variável z possui duas raízes fora do círculo unitário. Portanto, o sistema (11.69) é instável.

De fato, os polos de $G(z)$ são

$$z_1 = -0{,}8 + 0{,}8j\,, \quad z_2 = -0{,}8 - 0{,}8j \quad \text{e} \quad z_3 = -0{,}5\,,$$

sendo $|z_1| = |z_2| = \sqrt{0{,}8^2 + 0{,}8^2} \cong 1{,}13 > 1$.

Exercício 11.3

Usando o critério de Jury, determine se o sistema (11.69) é estável ou instável.

Solução

O polinômio $D(z)$ é dado por

$$D(z) = z^3 + 2{,}1z^2 + 2{,}08z + 0{,}64 \ . \tag{11.74}$$

Os coeficientes de $D(z)$ são

$$a_0 = 1 \ , \ a_1 = 2{,}1 \ , \ a_2 = 2{,}08 \ \text{e} \ a_3 = 0{,}64 \ .$$

A primeira condição é satisfeita, pois

$$|a_3| < a_0 \Rightarrow |0{,}64| < 1 \ . \tag{11.75}$$

A segunda condição também é satisfeita, pois

$$D(z)|_{z=1} = 1 + 2{,}1 + 2{,}08 + 0{,}64 = 5{,}82 > 0 \ . \tag{11.76}$$

Sendo ímpar o grau de $D(z)$, pois $n = 3$, então da terceira condição tem-se que

$$D(z)|_{z=-1} = -1 + 2{,}1 - 2{,}08 + 0{,}64 = -0{,}34 < 0 \ , \tag{11.77}$$

ou seja, a terceira condição é verdadeira.

Na Tabela 11.3 é construída a tabela de estabilidade de Jury.

Tabela 11.3 Tabela de estabilidade de Jury

Linha	z^0	z^1	z^2	z^3
1	0,64	2,08	2,1	1
2	1	2,1	2,08	0,64
	$b_2 = \begin{vmatrix} 0{,}64 & 1 \\ 1 & 0{,}64 \end{vmatrix} = -0{,}5904$			
	$b_1 = \begin{vmatrix} 0{,}64 & 2{,}1 \\ 1 & 2{,}08 \end{vmatrix} = -0{,}7688$			
	$b_0 = \begin{vmatrix} 0{,}64 & 2{,}08 \\ 1 & 2{,}1 \end{vmatrix} = -0{,}7360$			
3	−0,5904	−0,7688	−0,7360	

Da Tabela 11.3 verifica-se que a quarta condição é falsa, pois

$$|b_2| < |b_0| \Rightarrow |-0{,}5904| < |-0{,}7360| \ . \tag{11.78}$$

Como nem todas as condições do critério de Jury são satisfeitas, então o sistema (11.69) é instável.

Exercício 11.4

Determine a faixa de valores do ganho K para que o sistema em malha fechada da Figura 11.30 seja estável. Suponha um período de amostragem $T = 1\,\text{s}$.

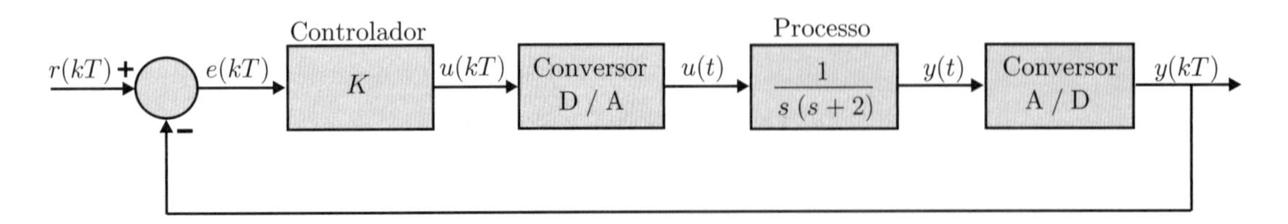

Figura 11.30 Diagrama de blocos de um sistema em malha fechada.

Solução

A função de transferência $H(z)$ do subsistema D/A + processo + A/D é

$$\begin{aligned} H(z) &= \frac{Y(z)}{U(z)} = (1 - z^{-1})\mathcal{Z}\left[\frac{G(s)}{s}\right] = (1 - z^{-1})\mathcal{Z}\left[\frac{1}{s^2(s+2)}\right] \\ &= (1 - z^{-1})\mathcal{Z}\left[\frac{-0{,}25}{s} + \frac{0{,}5}{s^2} + \frac{0{,}25}{s+2}\right] \\ &= \left(\frac{z-1}{z}\right)\left(\frac{-0{,}25z}{z-1} + \frac{0{,}5Tz}{(z-1)^2} + \frac{0{,}25z}{z - e^{-2T}}\right) \\ &= \frac{0{,}2838z + 0{,}1485}{z^2 - 1{,}1353z + 0{,}1353}\,. \end{aligned} \tag{11.79}$$

A função de transferência de malha fechada é

$$\frac{Y(z)}{R(z)} = \frac{KH(z)}{1 + KH(z)} = \frac{K(0{,}2838z + 0{,}1485)}{z^2 + (0{,}2838K - 1{,}1353)z + 0{,}1353 + 0{,}1485K}\,. \tag{11.80}$$

A equação característica deste sistema é dada por

$$D(z) = z^2 + (0{,}2838K - 1{,}1353)z + 0{,}1353 + 0{,}1485K = 0\,. \tag{11.81}$$

Os coeficientes de $D(z)$ são

$$a_0 = 1\,,\; a_1 = 0{,}2838K - 1{,}1353 \;\text{ e }\; a_2 = 0{,}1353 + 0{,}1485K\,.$$

Da primeira condição do critério de Jury tem-se que

$$\begin{aligned} |a_2| < a_0 \quad &\Rightarrow \quad |0{,}1353 + 0{,}1485K| < 1 \\ &\Rightarrow \quad -1 < 0{,}1353 + 0{,}1485K < 1 \\ &\Rightarrow \quad -1{,}1353 < 0{,}1485K < 0{,}8647 \\ &\Rightarrow \quad -7{,}6451 < K < 5{,}8229\,. \end{aligned} \tag{11.82}$$

Da segunda condição do critério de Jury tem-se que

$$D(z)|_{z=1} = 1 + 0{,}2838K - 1{,}1353 + 0{,}1353 + 0{,}1485K = 0{,}4323K > 0 \Rightarrow K > 0 \,. \qquad (11.83)$$

Sendo par, o grau de $D(z)$, pois $n = 2$, então, da terceira condição do critério de Jury tem-se que

$$\begin{aligned} D(z)|_{z=-1} &= 1 - 0{,}2838K + 1{,}1353 + 0{,}1353 + 0{,}1485K \\ &= 2{,}2706 - 0{,}1353K > 0 \Rightarrow K < 16{,}782 \,. \end{aligned} \qquad (11.84)$$

Fazendo a intersecção das condições (11.82), (11.83) e (11.84), conclui-se que o sistema em malha fechada é estável para

$$0 < K < 5{,}8229 \,. \qquad (11.85)$$

Exercício 11.5

Determine se um sistema com a equação característica

$$D(z) = z^4 + 1{,}8z^3 + 0{,}47z^2 - 0{,}45z - 0{,}18 = 0 \qquad (11.86)$$

é estável ou instável.

Solução

Os coeficientes de $D(z)$ são

$$a_0 = 1 \,, \ a_1 = 1{,}8 \,, \ a_2 = 0{,}47 \,, \ a_3 = -0{,}45 \ \text{ e } \ a_4 = -0{,}18 \,.$$

A primeira condição é satisfeita, pois

$$|a_4| < a_0 \Rightarrow |-0{,}18| < 1 \,. \qquad (11.87)$$

A segunda condição também é satisfeita, pois

$$D(z)|_{z=1} = 1 + 1{,}8 + 0{,}47 - 0{,}45 - 0{,}18 = 2{,}64 > 0 \,. \qquad (11.88)$$

Sendo par, o grau de $D(z)$, pois $n = 4$, então da terceira condição tem-se que

$$D(z)|_{z=-1} = 1 - 1{,}8 + 0{,}47 + 0{,}45 - 0{,}18 = -0{,}06 < 0 \,, \qquad (11.89)$$

ou seja, a terceira condição é falsa.

Como nem todas as condições do critério de Jury são satisfeitas, então o sistema é instável. De fato, o polinômio $D(z)$ pode ser fatorado como

$$D(z) = (z + 0{,}5)(z - 0{,}5)(z + 0{,}6)(z + 1{,}2) \,, \qquad (11.90)$$

ou seja, $D(z)$ possui uma raiz fora do círculo unitário em $z = -1{,}2$.

11.12 Exercícios propostos

Exercício 11.6

Supondo um período de amostragem T, determine o subsistema $H(z) = Y(z)/U(z)$ da Figura 11.31.

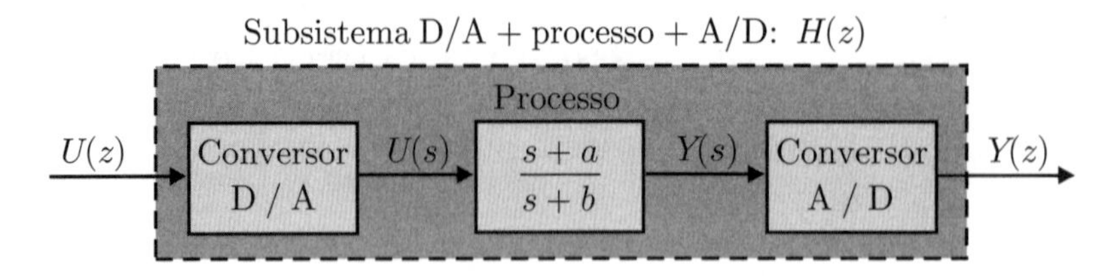

Figura 11.31 Subsistema D/A + processo + A/D.

Exercício 11.7

Considere o sistema da Figura 11.32.

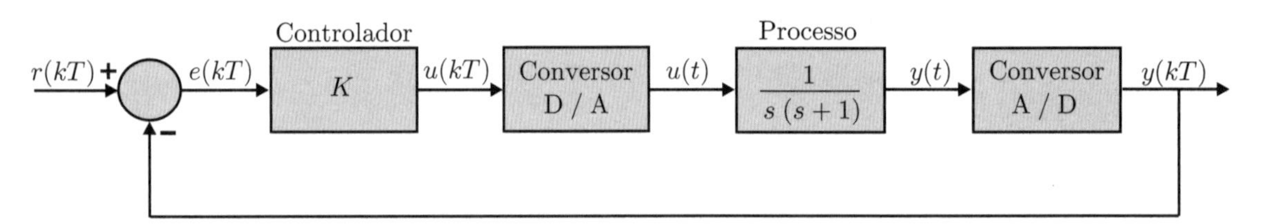

Figura 11.32 Diagrama de blocos do sistema em malha fechada.

Supondo um controlador proporcional $K = 1$ e um período de amostragem $T = 1\,\text{s}$, calcule:

a) a função de transferência de malha fechada $Y(z)/R(z)$;

b) a resposta $y(0), y(1), y(2), \ldots, y(10)$, quando a entrada $r(kT)$ for um degrau unitário;

c) o erro de regime no estado estacionário quando $r(kT)$ for um degrau unitário.

Exercício 11.8

Considere o sistema da Figura 11.33.

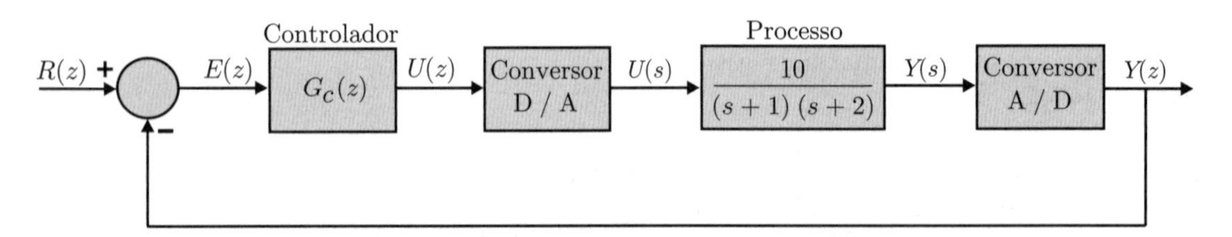

Figura 11.33 Diagrama de blocos do sistema em malha fechada.

Supondo um período de amostragem $T = 1\text{s}$ e sendo a função de transferência do controlador dada por

$$G_c(z) = \frac{0{,}366z^2 - 0{,}185z + 0{,}019}{(z-1)(z+0{,}267)}, \quad \text{determine:}$$

a) a equação de diferenças do controlador;

b) a função de transferência de malha fechada $Y(z)/R(z)$;

c) a resposta $y(0), y(1), y(2), \ldots, y(10)$ quando a entrada $r(kT)$ for um degrau unitário;

d) o erro de regime no estado estacionário quando $r(kT)$ for um degrau unitário.

Exercício 11.9

Determine se as seguintes equações características têm todas as suas raízes no interior do círculo unitário.

a) $z^2 + 1{,}5z + 1{,}125 = 0$.
b) $z^2 - 2z + 1 = 0$.
c) $z^3 - 0{,}2z^2 - 0{,}3z + 0{,}4 = 0$.
d) $z^3 - 1{,}3z^2 - 0{,}08z + 0{,}24 = 0$.
e) $z^4 + 0{,}4z^3 - 0{,}57z^2 - 0{,}1z + 0{,}08 = 0$.

Exercício 11.10

Usando o critério de Jury ou Routh, determine se o sistema com função de transferência

$$G(z) = \frac{z - 1{,}5}{z^4 - 1{,}2z^3 + 0{,}07z^2 + 0{,}3z - 0{,}08} \tag{11.91}$$

é estável ou instável.

Exercício 11.11

O sistema da Figura 11.34 é representado pela seguinte equação de diferenças:

$$y(k+2) - y(k+1) + \alpha y(k) = u(k) \; . \tag{11.92}$$

Determine para quais valores de α o sistema $G(z)$ é estável.

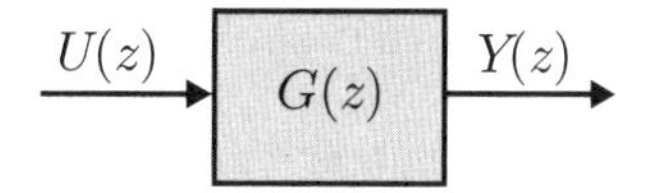

Figura 11.34 Sistema $G(z)$.

Exercício 11.12

Determine a faixa de valores do ganho K para que o sistema em malha fechada da Figura 11.35 seja estável. Suponha um período de amostragem $T = 1$ s.

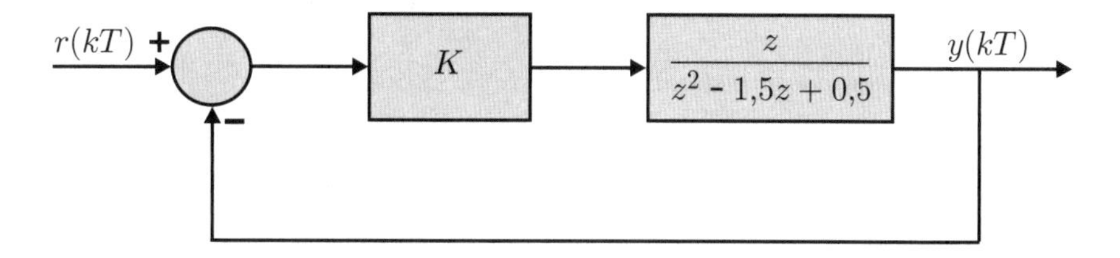

Figura 11.35 Diagrama de blocos do sistema em malha fechada.

Exercício 11.13

Um sistema discreto com entrada u e saída y é representado pela equação de diferenças

$$y(k) = 0{,}5y(k-1) + u(k) - 0{,}1u(k-1)\ .$$

a) Determine a função de transferência $G(z) = Y(z)/U(z)$.
b) Obtenha o valor do polo e do zero de $G(z)$.
c) Determine se o sistema $G(z)$ é estável ou instável.

Exercício 11.14

Um sistema discreto é representado simplificadamente pelo diagrama de blocos da Figura 11.36.

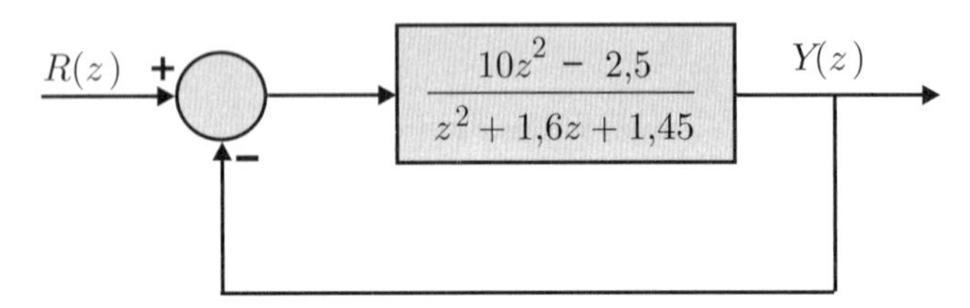

Figura 11.36 Diagrama de blocos de um sistema discreto.

a) Determine se o sistema em malha aberta é estável ou instável.
b) Determine se o sistema em malha fechada é estável ou instável.

Exercício 11.15

Considere o sistema de controle da Figura 11.37. O ganho K do controlador e o parâmetro p do processo são números reais maiores que zero. T é o período de amostragem.

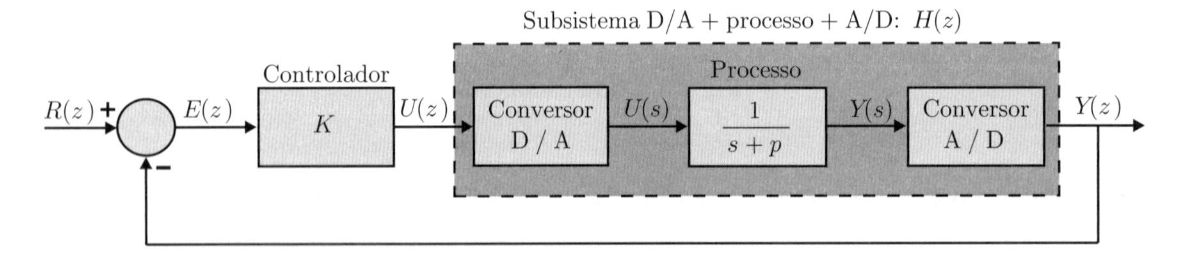

Figura 11.37 Diagrama de blocos de um sistema em malha fechada.

a) Determine a função de transferência discreta $H(z) = Y(z)/U(z)$ do subsistema D/A + processo + A/D.
b) Para quais valores de p e T o sistema discreto $H(z)$ é estável?
c) Obtenha a função de transferência discreta da malha fechada $Y(z)/R(z)$.
d) Supondo $p = 1$ e $T = 0{,}1\text{s}$, determine para quais valores de K o sistema em malha fechada é estável.
e) Supondo $p = 1$ e $T = 0{,}1\text{s}$, determine, se existir, o valor estacionário $y(\infty)$ da saída quando é aplicado um degrau unitário na referência.

Exercício 11.16

Determine a faixa de valores do ganho K para que o sistema em malha fechada da Figura 11.38 seja estável. Suponha um período de amostragem $T = 1\,\text{s}$.

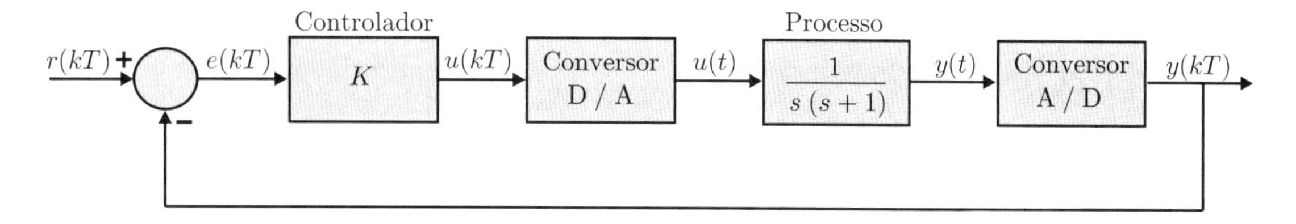

Figura 11.38 Diagrama de blocos do sistema em malha fechada.

Exercício 11.17

Determine a faixa de valores do ganho K para que o sistema em malha fechada da Figura 11.39 seja estável. Suponha um período de amostragem $T = 0{,}5\,\text{s}$.

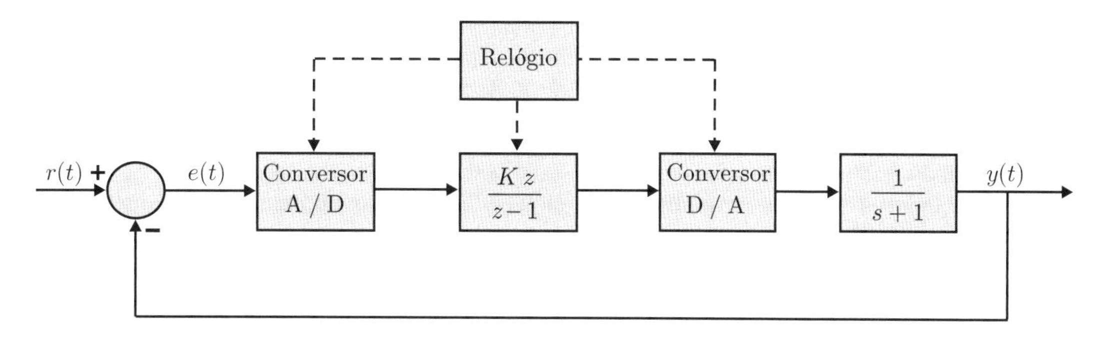

Figura 11.39 Diagrama de blocos do sistema em malha fechada.

Exercício 11.18

Considere o sistema da Figura 11.40.

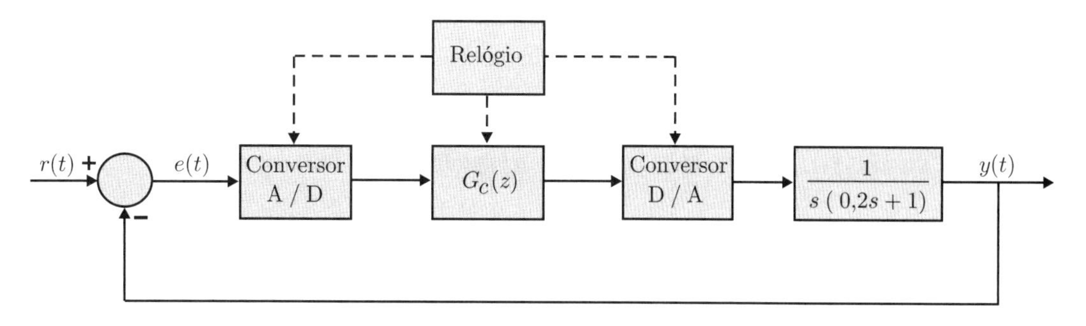

Figura 11.40 Diagrama de blocos do sistema em malha fechada.

a) Supondo $G_c(z) = 1$, determine se o sistema em malha fechada é estável para $T = 0{,}1\,\text{s}$.

b) Supondo $G_c(z) = z/(z-1)$, determine se o sistema em malha fechada é estável para $T = 2\,\text{s}$.

c) Supondo $G_c(z) = z/(z-1)$ e $T = 0{,}1\text{s}$, determine os erros de regime para entrada $r(t)$ rampa e degrau unitário.

12

Projeto de Controladores Digitais

12.1 Introdução

A principal vantagem do controlador digital sobre o controlador contínuo é a flexibilidade de implementação. Como os controladores contínuos são implementados por meio de componentes eletrônicos, a complexidade desses controladores depende da complexidade e da precisão dos componentes. Já os controladores digitais são implementados na forma de programas, sendo portanto igualmente fácil implementar controladores simples ou complexos, além do que mudanças nas leis de controle também são muito mais simples de serem realizadas.

Os controladores digitais são modeláveis, a menos de pequenas imprecisões nas amplitudes dos sinais, por meio de sistemas de tempo discreto e suas funções de transferência em z.

Basicamente, o projeto de controladores de tempo discreto pode ser realizado de duas formas: i) por aproximações discretas do projeto realizado no domínio contínuo por meio da transformada de Laplace; ii) diretamente no domínio discreto por meio da transformada $\mathcal{Z}$.

A primeira forma implica obter funções de transferência em z, aproximadas a partir de funções de transferência em s. Neste caso serão apresentados os métodos: aproximação retangular para a frente e para trás, transformação bilinear ou de Tustin e mapeamento polo-zero. Na segunda forma funcionam bem o método do lugar das raízes e o método algébrico na variável z.

Neste capítulo são ainda apresentados projetos de controladores no domínio da frequência, de controladores PID discretos e de controladores do tipo *dead beat*.

12.2 Aproximações de tempo discreto

Deseja-se obter um sistema discreto que represente aproximadamente um sistema contínuo. Considere, por simplicidade, a função de transferência de um integrador:

$$G(s) = \frac{Y(s)}{U(s)} = \frac{1}{s} \,. \tag{12.1}$$

A equação diferencial que representa a função de transferência (12.1) é

$$\frac{dy(t)}{dt} = u(t) \,. \tag{12.2}$$

Integrando ambos os membros da Equação (12.2) num período de amostragem T qualquer, ou seja, de $(k-1)T$ a kT, obtém-se

$$y(kT) - y[(k-1)T] = \int_{(k-1)T}^{kT} u(t)dt \, . \tag{12.3}$$

Há vários métodos numéricos para integrar o segundo membro da Equação (12.3). Alguns deles são mostrados nas Figuras 12.1 (a), (b) e (c).

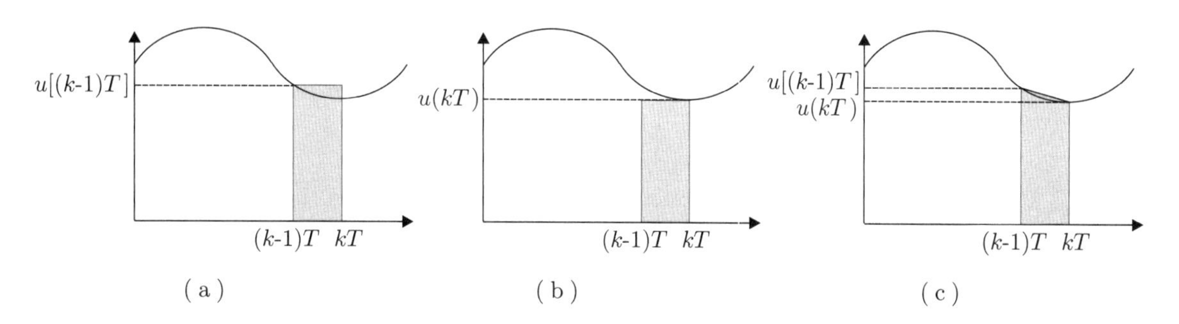

Figura 12.1 Métodos numéricos de integração. (a) Retangular para a frente. (b) Retangular para trás. (c) Trapézio.

12.2.1 Retangular para a frente

Neste método o cálculo da integral é aproximado pela área de um retângulo, cujo comprimento de um dos lados é igual ao período de amostragem T e o comprimento do outro é igual ao valor da função no instante $(k-1)T$, conforme mostrado na Figura 12.1 (a). Fazendo esta aproximação na Equação (12.3), obtém-se

$$y(kT) - y[(k-1)T] = Tu[(k-1)T] \, . \tag{12.4}$$

Aplicando a transformada $\mathcal{Z}$ na Equação (12.4), obtém-se

$$Y(z) - z^{-1}Y(z) = Tz^{-1}U(z) \, . \tag{12.5}$$

Logo,

$$\frac{Y(z)}{U(z)} = \frac{Tz^{-1}}{1-z^{-1}} = \frac{T}{z-1} = \frac{1}{\frac{z-1}{T}} \, . \tag{12.6}$$

Portanto, a função de transferência do sistema discreto (12.6) se obtém da função de transferência do sistema contínuo (12.1) simplesmente fazendo a troca de variável[1]

$$s = \frac{z-1}{T} \, . \tag{12.7}$$

Para um sistema qualquer ser estável, seus polos devem estar localizados no semiplano esquerdo aberto do plano s. Este semiplano se caracteriza por

$$\Re(s) < 0 \Rightarrow \Re\left(\frac{z-1}{T}\right) < 0 \, . \tag{12.8}$$

Como $T > 0$, então

$$\Re(z) < 1 \, . \tag{12.9}$$

Portanto, a transformação (12.7) pode fazer com que polos localizados no semiplano esquerdo do plano s sejam mapeados fora do círculo unitário, fazendo com que o sistema discreto resultante seja instável (Figura 12.2).

[1] Prova-se que esta transformação também é válida para sistemas de ordem superior.

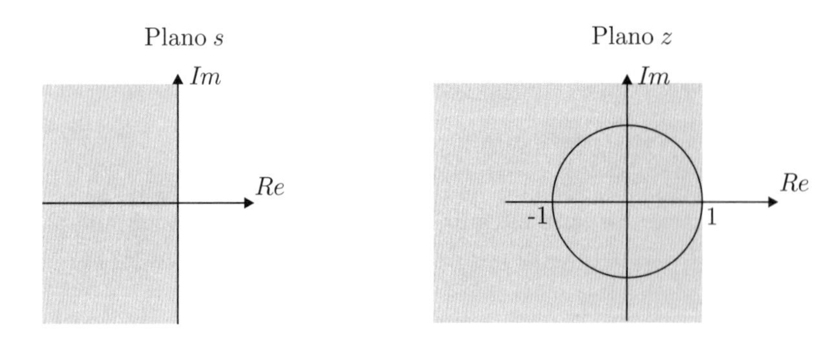

Figura 12.2 Mapeamento do plano s no plano z com a aproximação retangular para a frente.

12.2.2 Retangular para trás

Neste método o cálculo da integral é aproximado pela área de um retângulo, cujo comprimento de um dos lados é igual ao período T e o comprimento do outro é igual ao valor da função no instante kT, conforme mostrado na Figura 12.1 (b). Fazendo esta aproximação na Equação (12.3), obtém-se

$$y(kT) - y[(k-1)T] = Tu(kT) \; . \tag{12.10}$$

Aplicando a transformada $\mathcal{Z}$ na Equação (12.10), obtém-se

$$Y(z) - z^{-1}Y(z) = TU(z) \; . \tag{12.11}$$

Logo,

$$\frac{Y(z)}{U(z)} = \frac{T}{1 - z^{-1}} = \frac{Tz}{z-1} = \frac{1}{\frac{z-1}{Tz}} \; . \tag{12.12}$$

As Equações (12.1) e (12.12) são equivalentes se

$$s = \frac{z-1}{Tz} \; . \tag{12.13}$$

Se um sistema qualquer é estável seus polos devem estar localizados no semiplano esquerdo aberto do plano s. Da Equação (12.13) tem-se que

$$\Re(s) < 0 \Rightarrow \Re\left(\frac{z-1}{Tz}\right) < 0 \; . \tag{12.14}$$

Escrevendo z em coordenadas retangulares, isto é, $z = \sigma + j\omega$ e como $T > 0$, então

$$\Re\left(\frac{\sigma + j\omega - 1}{\sigma + j\omega}\right) < 0 \Rightarrow \Re\left[\frac{(\sigma + j\omega - 1)(\sigma - j\omega)}{(\sigma + j\omega)(\sigma - j\omega)}\right] < 0 \tag{12.15}$$

ou

$$\Re\left(\frac{\sigma^2 - \sigma + \omega^2 + j\omega}{\sigma^2 + \omega^2}\right) < 0 \Rightarrow \sigma^2 - \sigma + \omega^2 < 0 \Rightarrow (\sigma - 0{,}5)^2 + \omega^2 < 0{,}5^2 \; . \tag{12.16}$$

Portanto, a transformação (12.13) mapeia o semiplano esquerdo do plano s num círculo com centro em $z = 0{,}5$ e raio igual a 0,5. Conforme é mostrado na Figura 12.3, a integração retangular para trás não oferece perigo de instabilizar indevidamente um sistema estável.

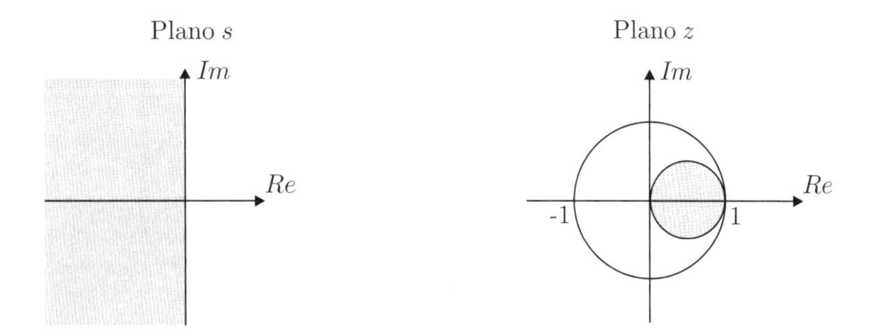

Figura 12.3 Mapeamento do plano s no plano z com a aproximação retangular para trás.

12.2.3 Transformação bilinear ou método de Tustin

Neste método o cálculo da integral é aproximado pela área de um trapézio, cuja altura é igual ao período T e cujas bases correspondem aos valores da função nos instantes kT e $(k-1)T$, conforme mostrado na Figura 12.1 (c). Fazendo esta aproximação na Equação (12.3), obtém-se

$$y(kT) - y[(k-1)T] = T\left(\frac{u(kT) + u[(k-1)T]}{2}\right). \tag{12.17}$$

Aplicando a transformada $\mathcal{Z}$ na Equação (12.17), obtém-se

$$Y(z) - z^{-1}Y(z) = T\left(\frac{U(z) + z^{-1}U(z)}{2}\right). \tag{12.18}$$

Logo,

$$\frac{Y(z)}{U(z)} = \frac{T}{2}\frac{(1+z^{-1})}{(1-z^{-1})} = \frac{1}{\frac{2(z-1)}{T(z+1)}}. \tag{12.19}$$

As Equações (12.1) e (12.19) são equivalentes se

$$s = \frac{2(z-1)}{T(z+1)}. \tag{12.20}$$

Se um sistema qualquer é estável seus polos devem estar localizados no semiplano esquerdo aberto do plano s. Da Equação (12.20) tem-se que

$$\Re(s) < 0 \Rightarrow \Re\left(\frac{z-1}{z+1}\right) < 0. \tag{12.21}$$

Escrevendo z em coordenadas retangulares, isto é, $z = \sigma + j\omega$ e como $T > 0$, então

$$\Re\left(\frac{\sigma + j\omega - 1}{\sigma + j\omega + 1}\right) < 0 \Rightarrow \Re\left[\frac{(\sigma - 1 + j\omega)(\sigma + 1 - j\omega)}{(\sigma + 1 + j\omega)(\sigma + 1 - j\omega)}\right] < 0 \tag{12.22}$$

ou

$$\Re\left(\frac{\sigma^2 - 1 + \omega^2 + 2j\omega}{(\sigma+1)^2 + \omega^2}\right) < 0 \Rightarrow \sigma^2 - 1 + \omega^2 < 0 \Rightarrow \sigma^2 + \omega^2 < 1. \tag{12.23}$$

Portanto, a transformação (12.20) mapeia no plano z um círculo com centro na origem e raio igual a 1, conforme mostrado na Figura 12.4. Embora nesta transformação o semiplano esquerdo de s seja mapeado exatamente no círculo unitário do plano z, a mesma pode ocasionar uma distorção na resposta em frequência quando comparada ao sistema contínuo. Para compensar esta distorção (*prewarping*) pode-se usar a transformação bilinear da seção seguinte.

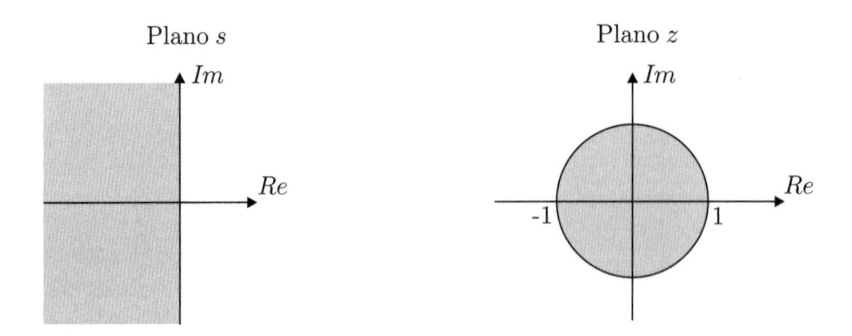

Figura 12.4 Mapeamento do plano s no plano z com a aproximação de Tustin.

12.2.4 Transformação bilinear com compensação de *prewarping*

Fazendo $s = j\omega_s$ e $z = e^{j\omega T}$, a transformação (12.20) no domínio da frequência fica expressa por

$$j\omega_s = \frac{2(e^{j\omega T}-1)}{T(e^{j\omega T}+1)} = \frac{2(e^{j\omega T/2}-e^{-j\omega T/2})}{T(e^{j\omega T/2}+e^{-j\omega T/2})} = \frac{2}{T}\left(\frac{2j\,\mathrm{sen}\frac{\omega T}{2}}{2\cos\frac{\omega T}{2}}\right) = j\frac{2}{T}\tan\frac{\omega T}{2}\,. \tag{12.24}$$

Logo,

$$\omega_s = \frac{2}{T}\tan\frac{\omega T}{2}\,, \tag{12.25}$$

ou seja, a frequência do sistema contínuo ω_s é mapeada em $\frac{2}{T}\tan\frac{\omega T}{2}$ no sistema discreto. Esta distorção em frequência é denominada *prewarping*.

Note que em baixas frequências, ou para ωT pequeno, as frequências dos sistemas contínuo e discreto são próximas, pois

$$\omega_s = \frac{2}{T}\tan\frac{\omega T}{2} \cong \frac{2}{T}\frac{\omega T}{2} \cong \omega\,. \tag{12.26}$$

Como não é possível compensar essa distorção em todas as frequências costuma-se ajustar apenas a frequência crítica do sistema, como, por exemplo, no limite superior da faixa de passagem.

Considere, por simplicidade, a função de transferência de primeira ordem

$$G(s) = \frac{a}{s+a}\,. \tag{12.27}$$

Se, por exemplo, a frequência crítica da função (12.27) for a frequência do polo ($\omega_s = a$), então a função de transferência é ajustada para

$$G(s) = \frac{\frac{2}{T}\tan\frac{aT}{2}}{s+\frac{2}{T}\tan\frac{aT}{2}}\,. \tag{12.28}$$

Note que o numerador da Equação (12.28) também foi ajustado para que o ganho em baixas frequências permaneça o mesmo. Aplicando-se a transformação bilinear (12.20) em (12.28), obtém-se o sistema discreto com compensação de distorção em frequência

$$G(z) = \frac{\frac{2}{T}\tan\frac{aT}{2}}{\frac{2(z-1)}{T(z+1)}+\frac{2}{T}\tan\frac{aT}{2}}\,. \tag{12.29}$$

Pode-se mostrar que na frequência crítica adotada ($\omega_s = \omega = a$) os módulos dos sistemas contínuo e discreto são iguais, ou seja,

$$\left|\frac{a}{ja+a}\right| = \frac{a}{\sqrt{a^2+a^2}} = \frac{1}{\sqrt{2}} \tag{12.30}$$

e

$$\left|\frac{\frac{2}{T}\tan\frac{aT}{2}}{\frac{2(e^{jaT}-1)}{T(e^{jaT}+1)}+\frac{2}{T}\tan\frac{aT}{2}}\right| = \left|\frac{\tan\frac{aT}{2}}{j\tan\frac{aT}{2}+\tan\frac{aT}{2}}\right| = \frac{1}{\sqrt{2}}\,. \tag{12.31}$$

Exemplo 12.1

Dada a função de transferência do sistema contínuo

$$G(s) = \frac{2}{s+2}\,, \tag{12.32}$$

determine a função de transferência do sistema discreto usando a transformação bilinear com e sem compensação de distorção em frequência. No caso da transformação com compensação deseja-se que o sistema discreto tenha o mesmo módulo que o sistema contínuo na frequência $\omega = 2$ rad/s. Suponha um período de amostragem $T = 1$ s.

No caso da transformação bilinear sem compensação basta substituir diretamente a aproximação (12.20) em $G(s)$, obtendo

$$G(z) = \frac{2}{\frac{2(z-1)}{T(z+1)}+2} = \frac{1}{\frac{z-1}{z+1}+1} = \frac{z+1}{2z}\,. \tag{12.33}$$

No caso da transformação bilinear com compensação, a função $G(s)$ deve ser modificada para

$$G(s) = \frac{\frac{2}{T}\tan\frac{2T}{2}}{s+\frac{2}{T}\tan\frac{2T}{2}} = \frac{\frac{2}{T}\tan T}{s+\frac{2}{T}\tan T} = \frac{2\tan 1}{s+2\tan 1}\,. \tag{12.34}$$

Aplicando a transformação bilinear (12.20) na Equação (12.34), obtém-se

$$\begin{aligned} G(z) &= \frac{2\tan 1}{\frac{2(z-1)}{T(z+1)}+2\tan 1} \\ &= \frac{\tan 1}{\frac{z-1}{z+1}+\tan 1} \\ &= \frac{(z+1)\tan 1}{(\tan 1+1)z+\tan 1-1} \\ &= \frac{\tan 1}{(\tan 1+1)}\left(\frac{z+1}{z+\frac{\tan 1-1}{\tan 1+1}}\right) \\ &\cong \frac{0{,}6090(z+1)}{z+0{,}2180}\,. \end{aligned} \tag{12.35}$$

Na Figura 12.5 é apresentada a resposta em frequência do sistema contínuo (12.32) e dos sistemas discretos (12.33) e (12.35). Note que o sistema discreto com compensação possui o mesmo módulo que o sistema contínuo na frequência $\omega = 2$ rad/s.

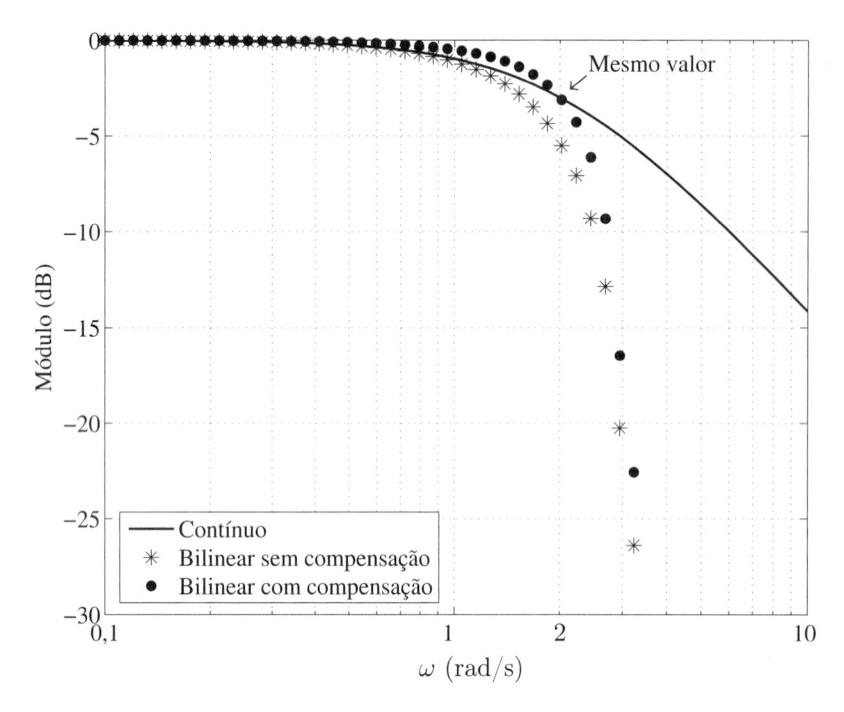

Figura 12.5 $|G(j\omega)|$ do sistema contínuo (12.32) e $|G(e^{j\omega T})|$ dos sistemas discretos (12.33) e (12.35).

■

12.2.5 Mapeamento polo-zero

O método consiste em mapear os polos e zeros da função de transferência $G(s)$ no plano z, através da relação $z = e^{sT}$. Inicialmente deve-se fatorar $G(s)$ na forma de polos e zeros, ou seja,

$$G(s) = K\frac{(s - z_1)(s - z_2)\dots(s - z_m)}{(s - p_1)(s - p_2)\dots(s - p_n)}\,, \tag{12.36}$$

sendo n o número de polos, e m o número de zeros.

Um polo de $G(s)$ em $s = p_n$ é mapeado no plano z em $z = e^{p_n T}$, e um zero finito de $G(s)$ em $s = z_m$ é mapeado no plano z em $z = e^{z_m T}$.

Quando o número de zeros de $G(s)$ é menor que o número de polos ($m < n$), $G(s)$ possui zeros no infinito, que são mapeados em $z = -1$. A explicação para este fato é que conforme um ponto do eixo $j\omega$ varia de 0 a π/T no plano s o mesmo varia de ($z = e^{j0} = 1$) até ($z = e^{j\pi} = -1$) no plano z, ou seja, o ponto $z = -1$ representa a maior frequência possível da função de transferência discreta. Para compensar este efeito acrescentam-se $(n - m - 1)$ fatores de $(z + 1)$ no numerador da função transferência discreta $G(z)$.

Por último, deve-se ajustar o ganho de $G(z)$. Este ajuste pode ser feito para qualquer frequência crítica de $G(s)$. Normalmente o ganho é ajustado para que em baixas frequências o ganho do sistema contínuo seja igual ao do sistema discreto, ou seja,

$$G(s)|_{s=0} = G(z)|_{z=1}\,. \tag{12.37}$$

Exemplo 12.2

Dada a função de transferência do sistema contínuo

$$G(s) = \frac{2}{s+2}, \tag{12.38}$$

determine a função de transferência do sistema discreto usando o método do mapeamento polo-zero. Suponha um período de amostragem $T = 1\,\text{s}$.

O polo em $s = -2$ é mapeado em $z = e^{-2T}$. O sistema $G(s)$ possui um polo ($n = 1$) e nenhum zero finito ($m = 0$). Como $n - m - 1 = 0$, então não é necessário acrescentar fatores de $(z + 1)$ no numerador do sistema discreto.

Logo, a função de transferência do sistema discreto é dada por

$$G(z) = \frac{K}{z - e^{-2T}} = \frac{K}{z - 0{,}1353}. \tag{12.39}$$

O ganho K é ajustado para que em baixas frequências o ganho do sistema contínuo $G(s)$ seja igual ao do sistema discreto $G(z)$, ou seja,

$$G(s)|_{s=0} = G(z)|_{z=1} \Rightarrow 1 = \frac{K}{1 - 0{,}1353} \Rightarrow K \cong 0{,}8647. \tag{12.40}$$

Portanto,

$$G(z) = \frac{0{,}8647}{z - 0{,}1353}. \tag{12.41}$$

■

Exemplo 12.3

Dada a função de transferência do sistema contínuo

$$G(s) = \frac{2(s+1)}{(s+2)(s+3)(s+4)}, \tag{12.42}$$

determine a função de transferência do sistema discreto usando o método do mapeamento polo-zero. Suponha um período de amostragem $T = 1\,\text{s}$.

O zero em $s = -1$ é mapeado em $z = e^{-T}$. Os polos em $s = -2$, $s = -3$ e $s = -4$ são mapeados, respectivamente, em $z = e^{-2T}$, $z = e^{-3T}$ e $z = e^{-4T}$.

O sistema $G(s)$ possui três polos ($n = 3$) e um zero finito ($m = 1$). Como $n - m - 1 = 1$, então é necessário acrescentar um fator de $(z + 1)$ no numerador do sistema discreto.

Logo, a função de transferência do sistema discreto é dada por

$$G(z) = \frac{K(z - e^{-T})(z+1)}{(z - e^{-2T})(z - e^{-3T})(z - e^{-4T})} = \frac{K(z - 0{,}3679)(z+1)}{(z - 0{,}1353)(z - 0{,}0498)(z - 0{,}0183)}. \tag{12.43}$$

O ganho K é ajustado para que em baixas frequências o ganho do sistema contínuo $G(s)$ seja igual ao do sistema discreto $G(z)$, ou seja,

$$G(s)|_{s=0} = G(z)|_{z=1} \Rightarrow \frac{2}{24} = \frac{K(1 - 0{,}3679)(1+1)}{(1 - 0{,}1353)(1 - 0{,}0498)(1 - 0{,}0183)} \Rightarrow K \cong 0{,}0532. \tag{12.44}$$

Portanto,

$$G(z) = \frac{0{,}0532(z - 0{,}3679)(z+1)}{(z - 0{,}1353)(z - 0{,}0498)(z - 0{,}0183)}. \tag{12.45}$$

■

12.3 Projeto de controlador discreto a partir de projeto de controlador contínuo

Suponha o sistema de tempo contínuo e o projeto do controlador realizado inteiramente no plano s de Laplace. A questão é obter um controlador discreto por meio de uma das aproximações analisadas anteriormente. Considere o sistema de controle contínuo da Figura 12.6.

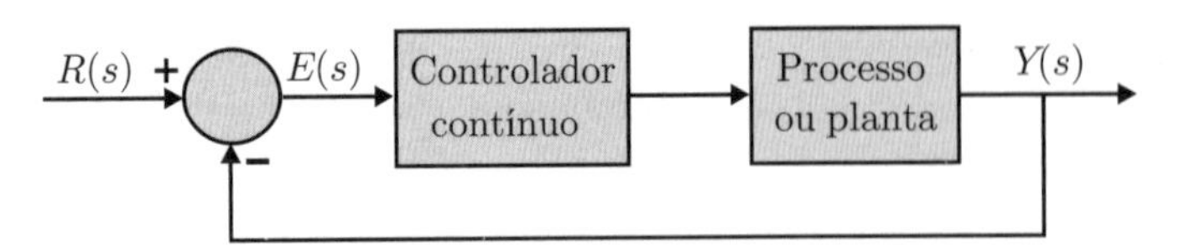

Figura 12.6 Sistema de controle contínuo.

Para trocar o controlador contínuo por um discreto é preciso adicionar os blocos de conversores A/D (analógico/digital) e D/A (digital/analógico), conforme representado na Figura 12.7.

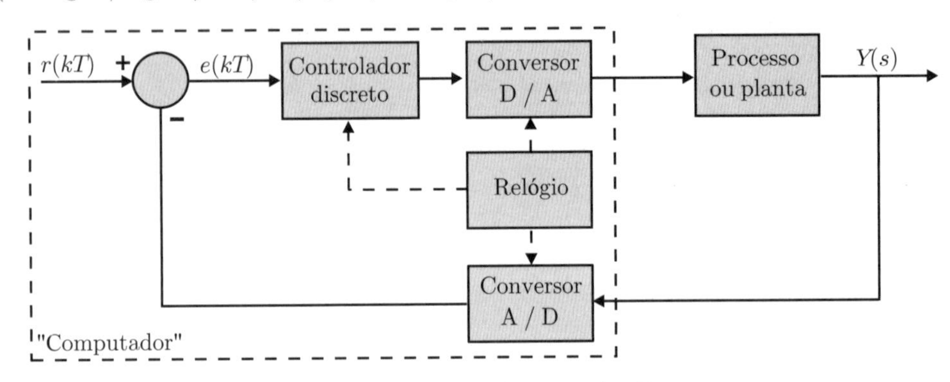

Figura 12.7 Sistema de controle discreto.

O processo de amostragem e o circuito segurador, representados pelos conversores A/D e D/A, introduzem na malha um atraso de tempo que reduz a estabilidade do sistema, fato que deve de antemão ser considerado no projeto do controlador contínuo. Caso contrário, quando o controlador discreto for implementado o sistema resultante poderá ser instável em malha fechada. Conforme visto anteriormente, a função de transferência do segurador de ordem zero é dada por

$$G_{so}(s) = \frac{1 - e^{-sT}}{s} \, . \tag{12.46}$$

Em uma primeira aproximação, a exponencial e^{-sT} pode ser representada na forma racional através da aproximação de Padé[2] de ordem 1, ou seja,

$$e^{-sT} \cong \frac{1 - \frac{sT}{2}}{1 + \frac{sT}{2}} = \frac{2 - sT}{2 + sT} \, . \tag{12.47}$$

Substituindo a Equação (12.47) na Equação (12.46), obtém-se

$$\frac{1 - e^{-sT}}{s} = \frac{1}{s}\left(1 - \frac{2 - sT}{2 + sT}\right) = \frac{2sT}{s(2 + sT)} = \frac{2}{s + \frac{2}{T}} \, . \tag{12.48}$$

Note que os ganhos em baixas frequências das Equações (12.46) e (12.48) não são unitários. O interesse na Equação (12.48) é determinar uma função de transferência racional que represente apenas o atraso de fase ocasionado pelo segurador de ordem zero e que não afete o ganho da malha fechada, já que o mesmo será determinado no projeto do controlador.

[2] As aproximações de Padé de ordem superior são muito mais precisas, porém aumentam a ordem da função de transferência e a complexidade do projeto do controlador. Neste caso é fundamental o emprego de ferramentas computacionais, como, por exemplo, o MATLAB.

Corrigindo o ganho da Equação (12.48), de modo que em baixas frequências ($s = j\omega = 0$) o mesmo seja unitário, obtém-se uma função de transferência racional aproximada para o segurador de ordem zero, dada por

$$G_{so}(s) = \frac{\frac{2}{T}}{s + \frac{2}{T}} \,. \tag{12.49}$$

Assim, o controlador contínuo deve ser projetado com base no diagrama de blocos da Figura 12.8, isto é, prevendo a função de transferência do segurador de ordem zero aproximada.[3]

Quanto menor for o período de amostragem T, menor a influência na estabilidade do sistema. Por esta razão este deve ser escolhido suficientemente "pequeno", como aliás indica o teorema da amostragem.

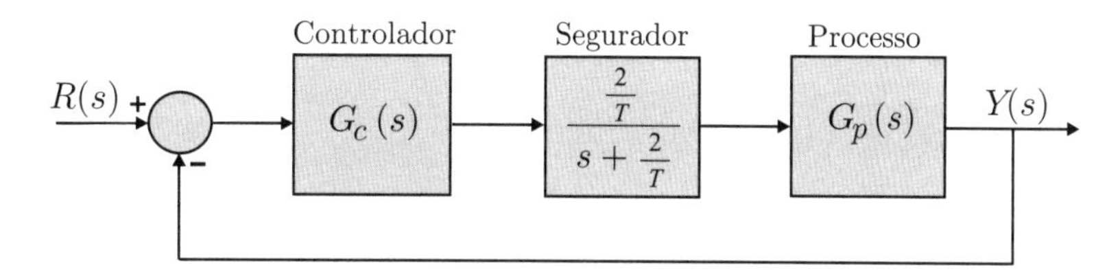

Figura 12.8 Sistema de controle contínuo com segurador.

Finalmente, o controlador discreto é obtido por meio de uma aproximação do controlador contínuo $G_c(s)$ por um dos métodos analisados anteriormente (Tustin, mapeamento polo-zero, etc.).

Como se sabe, as especificações de projeto do controlador costumam ser realizadas em termos dos parâmetros da resposta temporal, como, por exemplo: sobressinal M_p, tempo de subida t_r, tempo de pico t_p ou tempo de acomodação t_s. Estes parâmetros estão indicados na Figura 12.9, que representa a resposta temporal típica de um sistema de segunda ordem subamortecido ($0 < \xi < 1$).

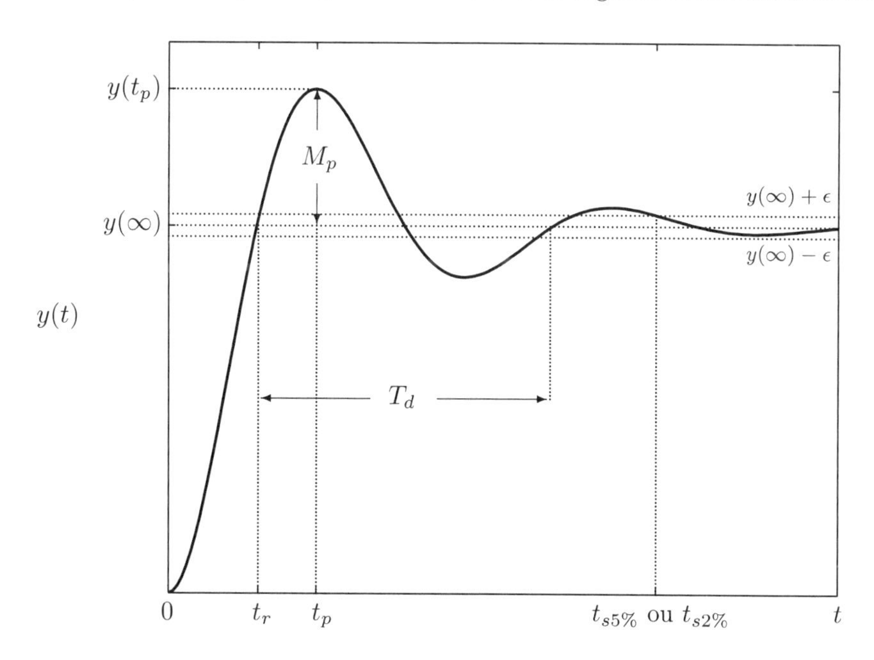

Figura 12.9 Resposta temporal de um sistema de segunda ordem para $0 < \xi < 1$.

[3]Em algumas aplicações pode-se desprezar o bloco do segurador sem degradação significativa do desempenho. Esses casos podem ser verificados por simulação computacional.

Conforme analisado anteriormente para sistemas subamortecidos ($0 < \xi < 1$), os parâmetros da resposta temporal da Figura 12.9 valem:

$$\text{Sobressinal: } M_p(\%) = \frac{y(t_p) - y(\infty)}{y(\infty)} 100\% = e^{-\xi\pi/\sqrt{1-\xi^2}}\, 100\% \; ; \tag{12.50}$$

$$\text{Tempo de pico: } t_p = \frac{\pi}{\omega_n\sqrt{1-\xi^2}} = \frac{\pi}{\omega_d} \; ; \tag{12.51}$$

$$\text{Tempo de subida: } t_r = \frac{\pi - \beta}{\omega_n\sqrt{1-\xi^2}} = \frac{\pi - \arccos(\xi)}{\omega_d} \; ; \tag{12.52}$$

$$\text{Tempo de acomodação (critério 5\%): } t_s \cong \frac{3}{\xi\omega_n} \; ; \tag{12.53}$$

$$\text{Tempo de acomodação (critério 2\%): } t_s \cong \frac{4}{\xi\omega_n} \; ; \tag{12.54}$$

$$\text{Período das oscilações: } T_d = \frac{2\pi}{\omega_d} \; ; \tag{12.55}$$

sendo ξ o coeficiente de amortecimento, ω_n a frequência natural não amortecida e ω_d a frequência natural amortecida.

Exemplo 12.4

Deseja-se projetar um controlador discreto para um processo com função de transferência

$$G_p(s) = \frac{1}{s(s+1)} \, , \tag{12.56}$$

de modo que a resposta para um degrau aplicado na referência tenha um sobressinal máximo $M_p = 16{,}3\%$ e um tempo de pico $t_p = 1\,\text{s}$.

Solução

O controlador discreto pode ser obtido por meio de uma aproximação do controlador contínuo. Considerando-se o efeito do segurador de ordem zero, o controlador contínuo deve ser projetado para o diagrama de blocos da Figura 12.10.

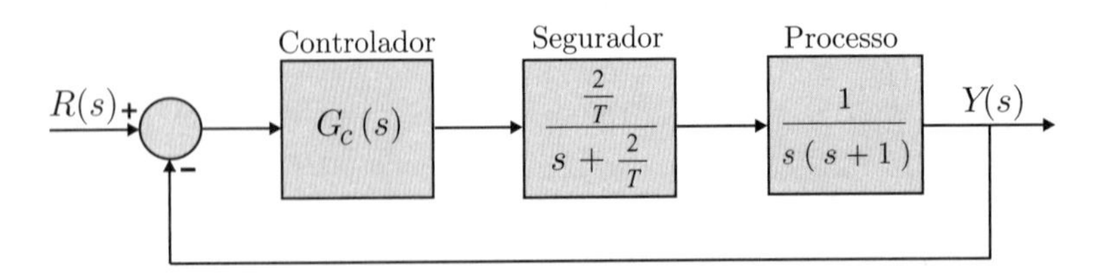

Figura 12.10 Diagrama de blocos do sistema contínuo com segurador.

Supondo que o sistema em malha fechada tenha dinâmica dominada por um par de polos complexos,[4] o coeficiente de amortecimento ξ é obtido a partir do sobressinal M_p, ou seja,

$$M_p(\%) = e^{-\xi\pi/\sqrt{1-\xi^2}}\, 100\% \Rightarrow \ln M_p = \ln 0{,}163 = \frac{-\xi\pi}{\sqrt{1-\xi^2}} \Rightarrow \xi \cong 0{,}5 \, . \tag{12.57}$$

[4]Caso esta suposição não seja razoável, os polos de malha fechada devem ser escolhidos por meio de tentativas de $G_c(s)$ buscando a estabilidade e o sobressinal desejado.

O tempo de pico t_p é dado por

$$t_p = \frac{\pi}{\omega_d} = 1\text{s} \Rightarrow \omega_d = \pi \text{ (rad/s)} , \tag{12.58}$$

sendo ω_d a frequência natural amortecida dada por $\omega_d = \omega_n\sqrt{1-\xi^2}$.

Assim, a frequência natural não amortecida ω_n vale

$$\omega_n = \frac{\omega_d}{\sqrt{1-\xi^2}} = \frac{\pi}{\sqrt{1-0{,}5^2}} \Rightarrow \omega_n = 3{,}628 \text{ (rad/s)} . \tag{12.59}$$

A resposta temporal da saída, para uma entrada do tipo degrau na referência, irá apresentar oscilações durante o transitório, com período T_d, dado por

$$T_d = \frac{2\pi}{\omega_d} = \frac{2\pi}{\pi} = 2\,\text{s} . \tag{12.60}$$

Na prática o período de amostragem T é escolhido como sendo pelo menos 10 vezes menor que o período das oscilações, ou seja,

$$T = \frac{T_d}{10} = 0{,}2\,\text{s} . \tag{12.61}$$

Logo, a função de transferência aproximada do segurador de ordem zero é dada por

$$G_{so}(s) = \frac{\frac{2}{T}}{s+\frac{2}{T}} = \frac{10}{s+10} . \tag{12.62}$$

A função de transferência genérica de um sistema de segunda ordem é dada por

$$\frac{Y(s)}{R(s)} = \frac{\omega_n^2}{s^2 + 2\xi\omega_n s + \omega_n^2} , \tag{12.63}$$

cujos polos de malha fechada são

$$s_{1,2} = -\xi\omega_n \pm j\omega_n\sqrt{1-\xi^2} = -\xi\omega_n \pm j\omega_d . \tag{12.64}$$

Para que o sistema em malha fechada satisfaça às especificações de projeto ($M_p = 16{,}3\%$ e $t_p = 1\,\text{s}$), os polos de malha fechada devem estar localizados em

$$s_{1,2} \cong -1{,}81 \pm \pi j . \tag{12.65}$$

Projeto por meio do lugar das raízes

Nesta técnica de projeto calcula-se uma função de transferência para o controlador $G_c(s)$, de modo que o lugar das raízes passe pelos polos de malha fechada desejados (12.65).

As especificações de projeto podem ser satisfeitas através de um controlador de primeira ordem, com função de transferência

$$G_c(s) = \frac{K(s+C_1)}{s+C_2} . \tag{12.66}$$

A função de transferência de malha aberta é dada por

$$G(s) = G_c(s)G_{so}(s)G_p(s) = \frac{K(s+C_1)}{(s+C_2)}\frac{10}{(s+10)}\frac{1}{s(s+1)} . \tag{12.67}$$

Existem infinitos valores para K, C_1 e C_2 que satisfazem às especificações de projeto. Uma solução é cancelar[5] o zero do controlador com o polo estável da planta. Com isso os valores de C_2 e K podem ser calculados por meio das condições de fase e módulo, respectivamente.

[5]Cancelamentos entre polos e zeros instáveis não devem ser realizados. Na prática, caso esses cancelamentos não sejam perfeitos o sistema resultante será instável.

Assim, adotando $C_1 = 1$, obtém-se

$$G(s) = \frac{10K}{s(s+10)(s+C_2)} \, . \tag{12.68}$$

Da condição de fase tem-se que

$$\angle G(s) = \pm \text{ múltiplo ímpar de } 180^o \, , \tag{12.69}$$

ou seja,

$$-\angle s - \angle s+10 - \angle s+C_2 = 180^o \, . \tag{12.70}$$

O valor de C_2 deve ser calculado num dos polos complexos de malha fechada $s_{1,2} \cong -1{,}81 \pm \pi j$. Da expressão (12.70) obtém-se

$$-120^o - 21^o - \arctan\left(\frac{\pi}{C_2 - 1{,}81}\right) = 180^o \Rightarrow C_2 \cong 5{,}69. \tag{12.71}$$

Na Figura 12.11 é apresentado o gráfico do lugar das raízes.

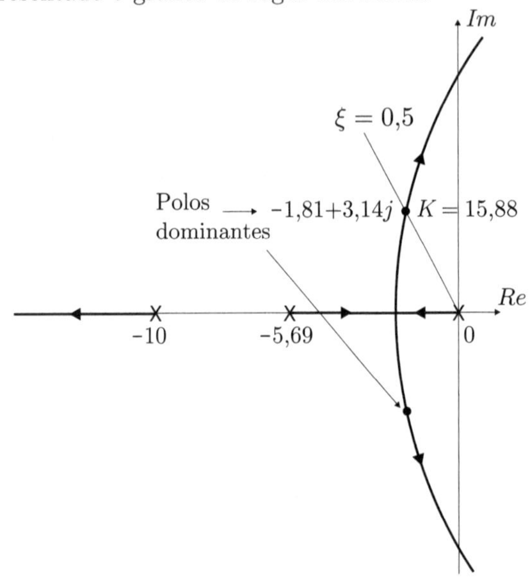

Figura 12.11 Lugar das raízes.

O valor de K pode ser calculado através da condição de módulo, ou seja,

$$|G(s)| = 1 \Rightarrow \left| \frac{10K}{s(s+10)(s+5{,}69)} \right| = 1 \, . \tag{12.72}$$

Substituindo um dos polos complexos de malha fechada $s_{1,2} \cong -1{,}81 \pm \pi j$ em (12.72), obtém-se

$$K \cong 15{,}88 \, . \tag{12.73}$$

Portanto, a função de transferência do controlador contínuo é dada por

$$G_c(s) = \frac{15{,}88(s+1)}{s+5{,}69} \, . \tag{12.74}$$

Com isso, a função de transferência de malha fechada é dada por

$$\frac{Y(s)}{R(s)} = \frac{G(s)}{1+G(s)} = \frac{158{,}8}{s^3 + 15{,}69s^2 + 56{,}9s + 158{,}8} \, . \tag{12.75}$$

Os polos de malha fechada da Equação (12.75) são $s_{1,2} \cong -1{,}81 \pm 3{,}14j$, $s_3 = -12{,}06$. Como os polos complexos estão bem mais próximos do eixo imaginário que o polo real estes são chamados de polos dominantes, ou seja, são os polos complexos que irão determinar a característica da resposta transitória. Por esta razão o sistema de terceira ordem terá comportamento próximo daquele do sistema de segunda ordem.

Projeto por meio de imposição algébrica de polos

Nesta técnica de projeto a função de transferência do controlador $G_c(s)$ é calculada por meio de uma imposição algébrica de polos.

A função de transferência do processo mais o segurador tem grau $n = 3$. O controlador $G_c(s)$ deve ter grau $m \geq n - 1$. Assim, assumindo $m = 2$ a função de transferência do controlador é do tipo

$$G_c(s) = \frac{K(s + C_1)(s + C_2)}{(s + D_1)(s + D_2)} \,. \tag{12.76}$$

A função de transferência de malha aberta é dada por

$$G(s) = G_c(s)G_{so}(s)G_p(s) = \frac{K(s + C_1)(s + C_2)}{(s + D_1)(s + D_2)} \frac{10}{(s + 10)} \frac{1}{s(s + 1)} \,. \tag{12.77}$$

Supondo que os zeros do controlador cancelam os polos estáveis ($C_1 = 1$ e $C_2 = 10$), então

$$G(s) = \frac{10K}{(s + D_1)(s + D_2)s} \,. \tag{12.78}$$

A função de transferência de malha fechada é dada por

$$\begin{aligned} \frac{Y(s)}{R(s)} &= \frac{G(s)}{1 + G(s)} = \frac{10K}{(s + D_1)(s + D_2)s + 10K} \\ &= \frac{10K}{s^3 + (D_1 + D_2)s^2 + D_1 D_2 s + 10K} \,, \end{aligned} \tag{12.79}$$

cujo polinômio característico é

$$F(s) = s^3 + (D_1 + D_2)s^2 + D_1 D_2 s + 10K \,. \tag{12.80}$$

Os polos de malha fechada dominantes são $s_{1,2} \cong -1{,}81 \pm \pi j$. Para que o polinômio característico tenha grau 3 adota-se o terceiro polo[6] em $s_3 = -12{,}06$, que é a mesma posição obtida pelo método do lugar das raízes. Então,

$$F(s) = s^3 + 15{,}69s^2 + 56{,}9s + 158{,}8 \,. \tag{12.81}$$

Comparando os polinômios (12.80) e (12.81), obtém-se $K = 15{,}88$, $D_1 = 5{,}69$ e $D_2 = 10$. Portanto, a função de transferência do controlador é dada por

$$G_c(s) = \frac{15{,}88(s + 1)(s + 10)}{(s + 5{,}69)(s + 10)} = \frac{15{,}88(s + 1)}{(s + 5{,}69)} \,. \tag{12.82}$$

Os compensadores (12.74) e (12.82) resultaram iguais, pois no projeto algébrico foi adotado como polinômio característico o mesmo denominador da função de transferência de malha fechada (12.75) obtida pelo método do lugar das raízes.

Função de transferência do controlador discreto

A função de transferência do controlador discreto pode ser obtida por meio do método do mapeamento polo-zero. O zero em $s = -1$ é mapeado em $z = e^{-T}$, e o polo em $s = -5{,}69$ é mapeado em $z = e^{-5{,}69T}$. Como $G_c(s)$ possui um polo ($n = 1$) e um zero finito ($m = 1$), então não é necessário acrescentar fatores de $(z + 1)$ no numerador do controlador discreto, ou seja,

$$G_c(z) = \frac{K_z(z - e^{-T})}{z - e^{-5{,}69T}} = \frac{K_z(z - 0{,}8187)}{z - 0{,}3205} \,. \tag{12.83}$$

[6] Para que os comportamentos dos sistemas de segunda e terceira ordens sejam próximos deve-se adotar o terceiro polo em $s = -p$ pelo menos cinco constantes de tempo mais à esquerda dos polos complexos conjugados dominantes, isto é, para $p \geq 5\xi\omega_n$. Ver Seção 3.7.

O ganho K_z é ajustado para que em baixas frequências o ganho do controlador contínuo $G_c(s)$ seja igual ao do controlador discreto $G_c(z)$, ou seja,

$$G_c(s)|_{s=0} = G_c(z)|_{z=1} \Rightarrow \frac{15{,}88}{5{,}69} = \frac{K_z(1-0{,}8187)}{1-0{,}3205} \Rightarrow K_z \cong 10{,}46\,. \tag{12.84}$$

Portanto,

$$\frac{U(z)}{E(z)} = G_c(z) = \frac{10{,}46(z-0{,}8187)}{z-0{,}3205} = \frac{10{,}46(1-0{,}8187z^{-1})}{1-0{,}3205z^{-1}}\,. \tag{12.85}$$

Aplicando a propriedade do atraso, obtém-se a seguinte equação de diferenças:

$$u(kT) = 0{,}3205u[(k-1)T] + 10{,}46\,(\,e(kT) - 0{,}8187e[(k-1)T]\,)\,. \tag{12.86}$$

Sabendo-se que $u(-0{,}2) = e(-0{,}2) = 0$ e que $r(kT)$ é um degrau unitário, ou seja,

$$r(kT) = \begin{cases} 1 & k \geq 0 \\ 0 & k < 0 \end{cases} \tag{12.87}$$

então a Equação (12.86) pode ser implementada num programa de computador. Na Figura 12.12 é apresentado o trecho de um programa, escrito na linguagem C, que exemplifica a realização do controlador para $k = 0, 1, 2, \ldots, 100$.

```
uk_1=0;
ek_1=0;
rk=1;
for (k=0;k<=100;k++)
{
   ek=rk-yk;
   uk =0.3205*uk_1+10.46*(ek-0.8187*ek_1);
   uk_1=uk;
   ek_1=ek;
}
```

Figura 12.12 Realização do controlador discreto na linguagem C.

Resposta ao degrau

Aplicando-se um degrau unitário na entrada $R(s)$ da função de transferência de malha fechada (12.75), obtém-se a resposta ao degrau do sistema contínuo, dada por

$$y(t) = 1 - 0{,}11e^{-12{,}06t} - e^{-1{,}81t}\,[\,0{,}89\cos(3{,}14t) + 0{,}95\,\text{sen}(3{,}14t)\,]\,. \tag{12.88}$$

Para verificar se o controlador discreto $G_c(z)$ da Equação (12.85) satisfaz às especificações de projeto pode-se comparar a resposta (12.88) com a resposta ao degrau do sistema da Figura 12.13.

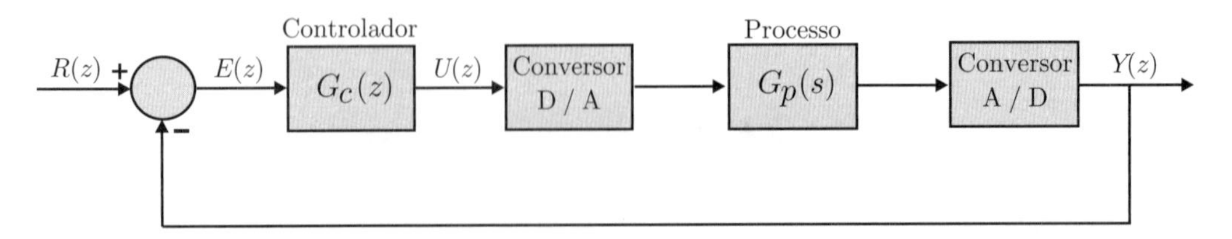

Figura 12.13 Diagrama de blocos do sistema em malha fechada com controlador discreto.

Da Figura 12.13 tem-se que

$$\begin{aligned} G_p(z) &= \frac{Y(z)}{U(z)} = (1-z^{-1})\mathcal{Z}\left[\frac{G_p(s)}{s}\right] = (1-z^{-1})\mathcal{Z}\left[\frac{1}{s^2(s+1)}\right] \\ &= \frac{0{,}0187(z+0{,}9355)}{(z-1)(z-0{,}8187)}\,. \end{aligned} \tag{12.89}$$

A função de transferência de malha aberta é dada por

$$G_c(z)G_p(z) = \frac{10{,}46(z-0{,}8187)}{(z-0{,}3205)}\frac{0{,}0187(z+0{,}9355)}{(z-1)(z-0{,}8187)} = \frac{0{,}1959(z+0{,}9355)}{(z-0{,}3205)(z-1)}. \quad (12.90)$$

A função de transferência de malha fechada é dada por

$$\frac{Y(z)}{R(z)} = \frac{G_c(z)G_p(z)}{1+G_c(z)G_p(z)} = \frac{0{,}1959z+0{,}1833}{z^2-1{,}1246z+0{,}5038} = \frac{0{,}1959z^{-1}+0{,}1833z^{-2}}{1-1{,}1246z^{-1}+0{,}5038z^{-2}}. \quad (12.91)$$

Aplicando a propriedade do atraso, obtém-se a seguinte equação de diferenças:

$$y(kT) = 1{,}1246y[(k-1)T] - 0{,}5038y[(k-2)T] + 0{,}1959r[(k-1)T] + 0{,}1833r[(k-2)T]. \quad (12.92)$$

Sabendo-se que $y(-0{,}2) = y(-0{,}4) = 0$ e que $r(kT)$ é um degrau unitário, então os valores de $y(kT)$ podem ser calculados por meio da implementação da Equação (12.92) num programa de computador. A seguir é apresentado o trecho de um programa, escrito na linguagem C, que calcula os valores da sequência $y(kT)$ para $k = 0, 1, 2, \ldots, 15$.

Tabela 12.1 Programa e coeficientes para $k = 0, 1, 2, \ldots, 15$

```
yk_1=0;
yk_2=0;
rk_1=0;
rk_2=0;
for (k=0;k<=15;k++)
{
   if (k==1) rk_1=1;
   if (k==2) rk_2=1;
   yk =1.1246*yk_1-0.5038*yk_2+0.1959*rk_1+0.1833*rk_2;
   yk_2=yk_1;
   yk_1=yk;
}
```

k	kT	$y(kT)$
0	0,0	0
1	0,2	0,1959
2	0,4	0,5995
3	0,6	0,9547
4	0,8	1,1508
5	1,0	1,1924
6	1,2	1,1404
7	1,4	1,0610
8	1,6	0,9978
9	1,8	0,9668
10	2,0	0,9638
11	2,2	0,9760
12	2,4	0,9912
13	2,6	1,0022
14	2,8	1,0069
15	3,0	1,0067

Na Figura 12.14 são apresentados os gráficos da resposta ao degrau unitário do sistema em malha fechada contínuo (12.88) e discreto (12.92). Note que as respostas estão próximas das especificações de projeto e que a curva $y(t)$ possui um atraso devido à aproximação do segurador de ordem zero.

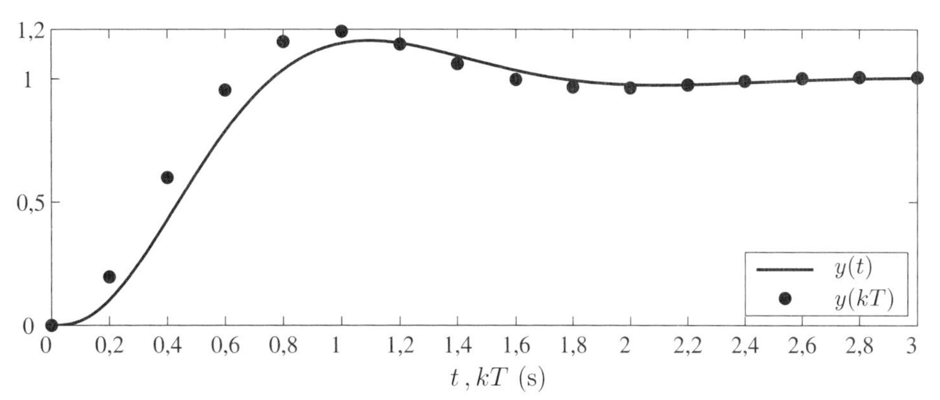

Figura 12.14 Resposta ao degrau unitário. ■

12.4 Erro estacionário ou permanente

No projeto de sistemas de controle também é comum adotar como especificação de desempenho o erro estacionário ou erro em regime permanente.

Considere o sistema discreto em malha fechada da Figura 12.15.

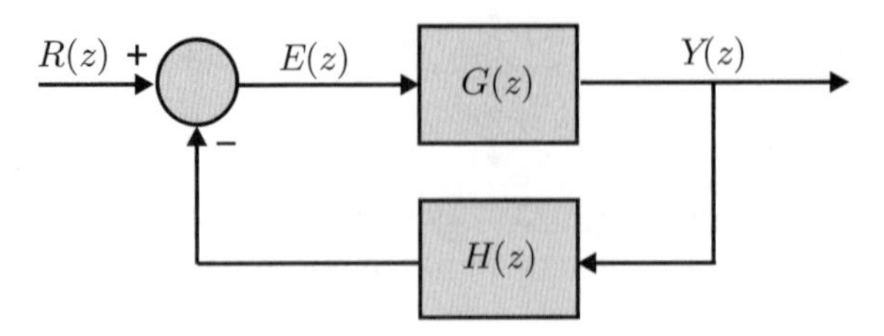

Figura 12.15 Sistema discreto em malha fechada.

Da Figura 12.15 tem-se que

$$E(z) = R(z) - H(z)Y(z) = R(z) - G(z)H(z)E(z) \Rightarrow E(z) = \frac{R(z)}{1 + G(z)H(z)} \,. \tag{12.93}$$

12.4.1 Degrau na referência

Se o sistema for estável, isto é, se os polos de $1 + G(z)H(z)$ estiverem localizados dentro do círculo de raio unitário ($|z| < 1$), então o erro estacionário $e(\infty)$ pode ser calculado por meio do teorema do valor final, ou seja,

$$e(\infty) = \lim_{k\to\infty} e(kT) = \lim_{z\to 1}(1 - z^{-1})E(z) = \lim_{z\to 1}(1 - z^{-1})\frac{R(z)}{1 + G(z)H(z)} \,. \tag{12.94}$$

Supondo que um degrau de amplitude A é aplicado na referência ($R(z) = A/(1 - z^{-1})$), então

$$e(\infty) = \lim_{z\to 1}(1 - z^{-1})\left(\frac{1}{1 + G(z)H(z)}\right)\frac{A}{(1 - z^{-1})} = \lim_{z\to 1}\frac{A}{1 + G(z)H(z)} \,. \tag{12.95}$$

Genericamente, a função de transferência de malha aberta $G(z)H(z)$ pode ser escrita como

$$G(z)H(z) = \frac{1}{(z-1)^L}\frac{N(z)}{D(z)} \,, \tag{12.96}$$

sendo que $N(z)/D(z)$ não contém polos ou zeros em $z = 1$ e L indica a quantidade de integradores ou polos em $z = 1$ de $G(z)H(z)$.

Usualmente um sistema é chamado de tipo (0, 1, 2, ...) de acordo com a sua quantidade ($L = 0, 1, 2, \ldots$) de polos em $z = 1$.

Substituindo (12.96) em (12.95), tem-se que

$$e(\infty) = \lim_{z\to 1}\frac{A}{1 + \frac{1}{(z-1)^L}\frac{N(z)}{D(z)}} \,. \tag{12.97}$$

Definindo

$$K = \lim_{z\to 1}\frac{N(z)}{D(z)} \,, \tag{12.98}$$

obtém-se

$$e(\infty) = \begin{cases} \frac{A}{1+K} & \text{se } L = 0 \,, \\ 0 & \text{se } L \geq 1 \,. \end{cases} \tag{12.99}$$

12.4.2 Rampa na referência

Supondo que uma rampa é aplicada na referência, isto é, $R(z) = ATz^{-1}/(1 - z^{-1})^2$, pelo teorema do valor final tem-se que

$$e(\infty) = \lim_{z\to 1}(1 - z^{-1})\left(\frac{1}{1 + G(z)H(z)}\right)\frac{ATz^{-1}}{(1 - z^{-1})^2} = \lim_{z\to 1}\frac{AT}{(1 - z^{-1})G(z)H(z)} . \tag{12.100}$$

Substituindo (12.96) em (12.100), tem-se que

$$e(\infty) = \lim_{z\to 1}\frac{AT}{(1 - z^{-1})\frac{1}{(z-1)^L}\frac{N(z)}{D(z)}} = \lim_{z\to 1}\frac{ATz}{(z - 1)\frac{1}{(z-1)^L}\frac{N(z)}{D(z)}} = \lim_{z\to 1}\frac{A}{\frac{1}{(z-1)^{L-1}}\frac{N(z)}{TD(z)}} . \tag{12.101}$$

Definindo

$$K = \lim_{z\to 1}\frac{N(z)}{D(z)} , \tag{12.102}$$

obtém-se

$$e(\infty) = \begin{cases} \infty & \text{se } L = 0 , \\ \frac{AT}{K} & \text{se } L = 1 , \\ 0 & \text{se } L \geq 2 . \end{cases} \tag{12.103}$$

Note que para $L = 1$ o período de amostragem T afeta diretamente o valor do erro estacionário. Na Tabela 12.2 estão resumidos os erros estacionários para sistemas tipo 0, 1 e 2 ($L = 0$, 1 e 2) para entrada degrau e rampa na referência.

Tabela 12.2 Erros estacionários para sistemas tipo 0, 1 e 2

Sistema tipo L	Degrau	Rampa
0	$\frac{A}{1+K}$	∞
1	0	$\frac{AT}{K}$
2	0	0

12.5 Polos no plano s e no plano z

Considere um sistema de segunda ordem padrão com função de transferência

$$G(s) = \frac{\omega_n^2}{s^2 + 2\xi\omega_n s + \omega_n^2} . \tag{12.104}$$

Supondo um coeficiente de amortecimento $0 < \xi < 1$, os polos $s_{1,2}$ da Equação (12.104) são complexos conjugados e dados por

$$s_{1,2} = -\xi\omega_n \pm \omega_n\sqrt{1 - \xi^2}\, j = -\xi\omega_n \pm \omega_d\, j . \tag{12.105}$$

Sendo T o período de amostragem, os polos no plano s podem ser mapeados no plano z por meio da relação $z = e^{Ts}$, ou seja,

$$z_{1,2} = e^{Ts_{1,2}} = e^{-T\xi\omega_n}\, e^{\pm T\omega_n\sqrt{1-\xi^2}\, j} = e^{-T\xi\omega_n}\, e^{\pm T\omega_d\, j} , \tag{12.106}$$

Logo,

$$|z_{1,2}| = e^{-T\xi\omega_n} \tag{12.107}$$

e

$$\angle z_{1,2} = \pm T\omega_d = \pm T\omega_n\sqrt{1 - \xi^2} . \tag{12.108}$$

No plano s o coeficiente de amortecimento $\xi = \cos\beta$ está localizado em uma linha radial, enquanto no plano z esta linha é representada por uma espiral, conforme é mostrado na Figura 12.16. Note que os polos no plano z dependem do período de amostragem T.

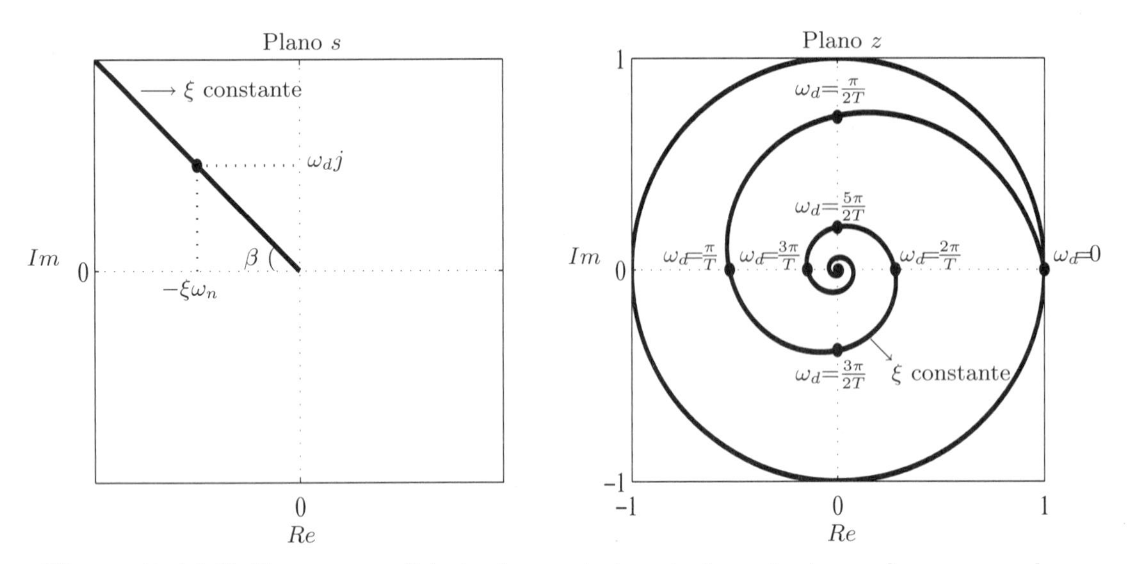

Figura 12.16 Gráficos com coeficiente de amortecimento ξ constante no plano s e no plano z.

Na Figura 12.17 são apresentadas diversas curvas no plano z para $0 \leq \omega_n \leq \pi/T$, mostrando os lugares em que o coeficiente de amortecimento ξ e a frequência ω_n são constantes. Para $\xi = 0$ o gráfico é a circunferência de raio unitário, e para $\xi = 1$ o gráfico é uma linha horizontal ligando os pontos $z = 0$ a $z = 1$.

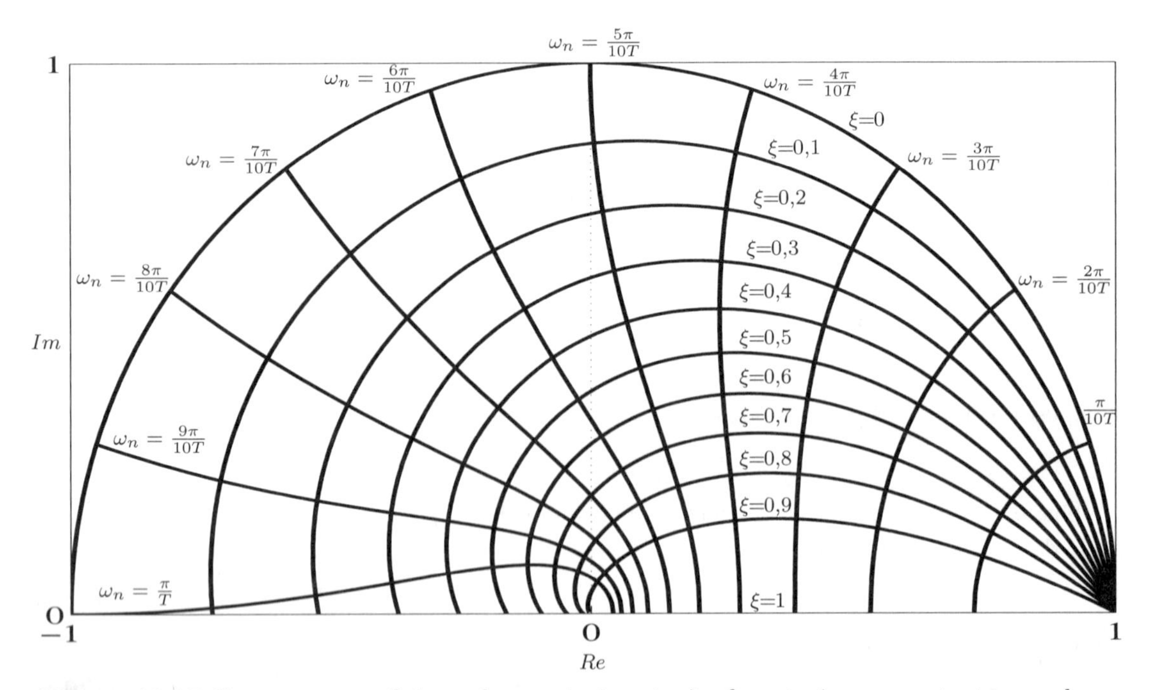

Figura 12.17 Curvas com coeficiente de amortecimento ξ e frequência ω_n constantes no plano z para $0 \leq \omega_n \leq \pi/T$.

12.6 Influência do período de amostragem em transitórios

A resposta transitória de um sistema de tempo discreto depende do período de amostragem T, pois este afeta a posição dos polos no plano z. Para que um sistema seja estável os polos devem estar localizados estritamente dentro do círculo de raio unitário, ou seja, o período T deve ser tal que

$$|z| = e^{-T\xi\omega_n} < 1 . \tag{12.109}$$

Na prática o período de amostragem T é escolhido como pelo menos 10 vezes menor que o período das oscilações da saída, se a resposta transitória for subamortecida, ou 10 vezes menor que o tempo de subida, se a resposta for amortecida.

Exemplo 12.5

Considere o sistema da Figura 12.18.

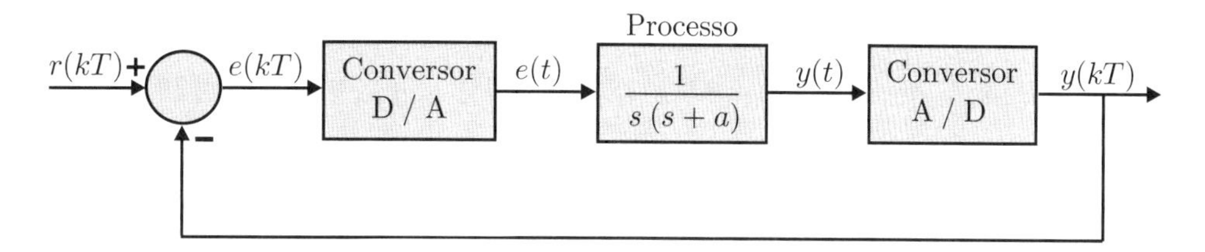

Figura 12.18 Diagrama de blocos de um sistema em malha fechada.

A função de transferência $G_p(z)$ do subsistema D/A + processo + A/D é

$$\begin{aligned} G_p(z) &= \frac{Y(z)}{E(z)} = (1-z^{-1})\mathcal{Z}\left[\frac{G_p(s)}{s}\right] = (1-z^{-1})\mathcal{Z}\left[\frac{1}{s^2(s+a)}\right] \\ &= (1-z^{-1})\mathcal{Z}\left[\frac{1}{a^2}\left(\frac{-1}{s} + \frac{a}{s^2} + \frac{1}{s+a}\right)\right] \\ &= \frac{1}{a^2}\left(\frac{z-1}{z}\right)\left(\frac{-z}{z-1} + \frac{aTz}{(z-1)^2} + \frac{z}{z-e^{-aT}}\right) \\ &= \frac{1}{a^2}\left(-1 + \frac{aT}{z-1} + \frac{z-1}{z-e^{-aT}}\right) \\ &= \frac{z(e^{-aT} - 1 + aT) + 1 - e^{-aT} - aTe^{-aT}}{a^2(z-1)(z-e^{-aT})} . \end{aligned} \tag{12.110}$$

Supondo que o processo tenha um polo em $s = -a = -1$, tem-se que

$$G_p(z) = \frac{z(e^{-T} - 1 + T) + 1 - e^{-T} - Te^{-T}}{(z-1)(z-e^{-T})} . \tag{12.111}$$

A função de transferência de malha fechada é

$$\begin{aligned} \frac{Y(z)}{R(z)} &= \frac{G_p(z)}{1+G_p(z)} = \frac{z(e^{-T} - 1 + T) + 1 - e^{-T} - Te^{-T}}{(z-1)(z-e^{-T}) + z(e^{-T} - 1 + T) + 1 - e^{-T} - Te^{-T}} \\ &= \frac{z(e^{-T} - 1 + T) + 1 - e^{-T} - Te^{-T}}{z^2 + (T-2)z + 1 - Te^{-T}} . \end{aligned} \tag{12.112}$$

A equação característica é dada por

$$D(z) = z^2 + (T-2)z + 1 - Te^{-T} = 0 . \tag{12.113}$$

Pelo critério de Jury os coeficientes de $D(z)$ são

$$a_0 = 1 \ , \ a_1 = T - 2 \ \text{e} \ a_2 = 1 - Te^{-T} \ .$$

Da primeira condição do critério de Jury tem-se que

$$\begin{aligned} |a_2| < a_0 \ &\Rightarrow \ |1 - Te^{-T}| < 1 \\ &\Rightarrow \ -1 < 1 - Te^{-T} < 1 \\ &\Rightarrow \ -2 < -Te^{-T} < 0 \\ &\Rightarrow \ 2 > Te^{-T} > 0 \ . \end{aligned} \tag{12.114}$$

Da segunda condição do critério de Jury tem-se que

$$D(z)|_{z=1} = 1 + T - 2 + 1 - Te^{-T} > 0 \Rightarrow T(1 - e^{-T}) > 0 \ . \tag{12.115}$$

Como $T > 0$, a condição (12.115) é sempre satisfeita.

Sendo par o grau de $D(z)$, pois $n = 2$, então, da terceira condição do critério de Jury tem-se que

$$D(z)|_{z=-1} = 1 - T + 2 + 1 - Te^{-T} = 4 - T - Te^{-T} > 0 \Rightarrow 4 - T > Te^{-T} \ . \tag{12.116}$$

Na Figura 12.19 são apresentados os gráficos das funções Te^{-T} e $4 - T$ em função de T. Conforme se pode perceber por meio desta figura, a condição (12.114) é sempre satisfeita. Já a condição (12.116) é satisfeita apenas para $T \leq 3{,}9223$ aproximadamente.

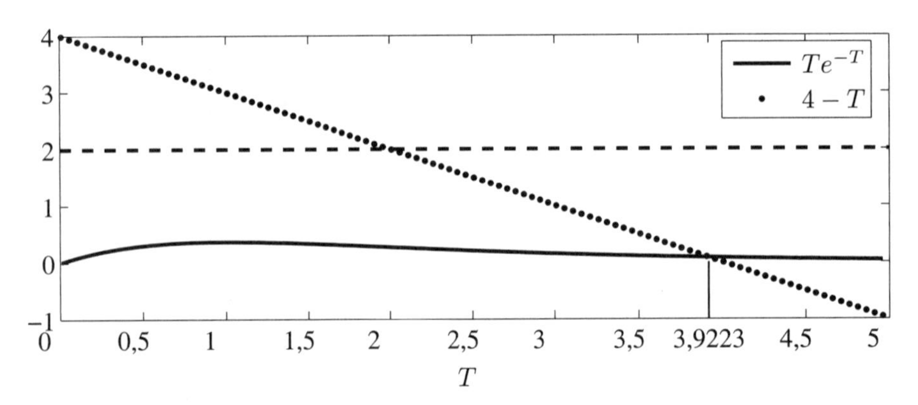

Figura 12.19 Intersecção das funções Te^{-T} e $4 - T$.

Para $T = 0{,}5$ s os polos de malha fechada são $z_{1,2} = 0{,}7500 \pm 0{,}3664j$. Logo,

$$|z| = e^{-T\xi\omega_n} = 0{,}8347 \Rightarrow T\xi\omega_n \cong 0{,}1807 \tag{12.117}$$

e

$$\angle z = T\omega_n\sqrt{1 - \xi^2} = 0{,}4544 \ . \tag{12.118}$$

Assim,

$$\frac{T\xi\omega_n}{T\omega_n\sqrt{1 - \xi^2}} = \frac{\xi}{\sqrt{1 - \xi^2}} = \frac{0{,}1807}{0{,}4544} \Rightarrow \xi \cong 0{,}37 \ . \tag{12.119}$$

Portanto, o sobressinal vale

$$M_p = e^{-\xi\pi/\sqrt{1-\xi^2}} \, 100\% \cong 28{,}6\% \ . \tag{12.120}$$

Para $T = 2\,\text{s}$ os polos de malha fechada são $z_{1,2} = \pm 0{,}8540j$. Logo,

$$|z| = e^{-T\xi\omega_n} = 0{,}8540 \Rightarrow T\xi\omega_n \cong 0{,}1578 \tag{12.121}$$

e

$$\angle z = T\omega_n\sqrt{1-\xi^2} = \frac{\pi}{2}\,. \tag{12.122}$$

Assim,

$$\frac{T\xi\omega_n}{T\omega_n\sqrt{1-\xi^2}} = \frac{\xi}{\sqrt{1-\xi^2}} = \frac{0{,}1578}{0{,}5\pi} \Rightarrow \xi \cong 0{,}1\,. \tag{12.123}$$

Portanto, o sobressinal vale

$$M_p = e^{-\xi\pi/\sqrt{1-\xi^2}}\,100\% \cong 72{,}9\%\,. \tag{12.124}$$

Resposta ao degrau

A Equação (12.110) também pode ser escrita com potências negativas em z, ou seja,

$$\frac{Y(z)}{R(z)} = \frac{(e^{-T} - 1 + T)z^{-1} + (1 - e^{-T} - Te^{-T})z^{-2}}{1 + (T-2)z^{-1} + (1 - Te^{-T})z^{-2}}\,. \tag{12.125}$$

Aplicando a transformada $\mathcal{Z}$ inversa e a propriedade do atraso, obtém-se a seguinte equação de diferenças:

$$y(kT) = (2-T)y[(k-1)T] + (Te^{-T} - 1)y[(k-2)T] + (e^{-T} - 1 + T)r[(k-1)T] + (1 - e^{-T} - Te^{-T})r[(k-2)T]. \tag{12.126}$$

Na Figura 12.20 são apresentados os gráficos da resposta ao degrau unitário $y(kT)$ para $T = 0{,}5\,\text{s}$ e $T = 2\,\text{s}$. Note que para $T = 0{,}5\,\text{s}$ a resposta é mais amortecida e com sobressinal menor ($M_p \cong 28{,}6\%$) que a resposta para $T = 2\,\text{s}$ ($M_p \cong 72{,}9\%$).

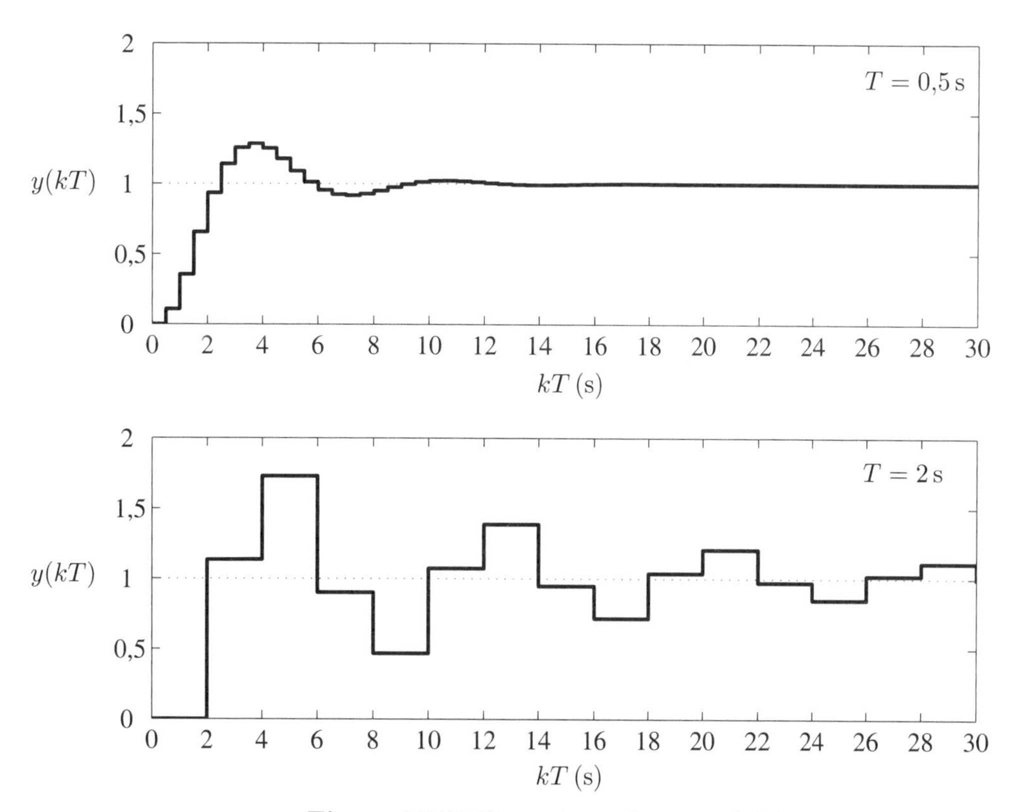

Figura 12.20 Resposta ao degrau unitário.

■

12.7 Projeto de controlador no plano z

A principal dificuldade dos projetos em z é a escolha dos polos de malha fechada, ou da região em que eles devem estar, para que resultem transientes aceitáveis com razoável robustez frente às variações da planta. Como as especificações de projeto são usualmente baseadas em índices de desempenho de respostas transitórias que possuem uma correspondência com os polos do plano s, os polos do plano z podem ser obtidos por meio de um mapeamento dos polos em s.

Dado um desejado amortecimento para um par de polos, no plano s os polos estão sobre retas bem conhecidas, enquanto no plano z estão sobre curvas que se amontoam no ponto $z = 1$, conforme é mostrado nas Figuras 12.16 e 12.17. Portanto, a sensibilidade do sobressinal com relação à variação de parâmetros é muito grande.

Exemplo 12.6

Considere o sistema da Figura 12.21.

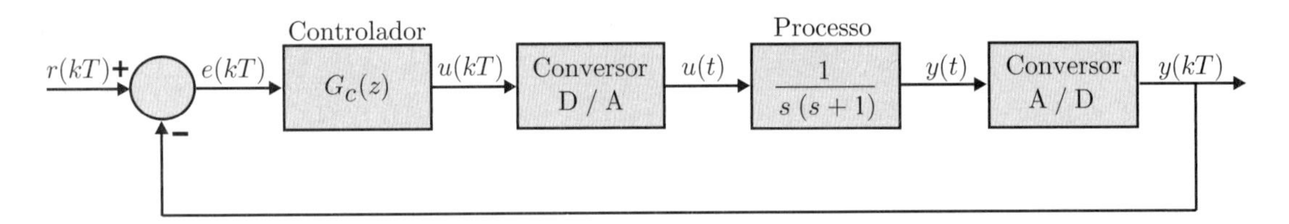

Figura 12.21 Diagrama de blocos de um sistema em malha fechada.

Deseja-se projetar um controlador $G_c(z)$ de modo que a resposta $y(kT)$ para um degrau unitário na referência $r(kT)$ tenha um sobressinal máximo $M_p = 16{,}3\%$ e um tempo de pico $t_p = 1\,\text{s}$.

Solução

O primeiro passo consiste em converter as especificações de projeto, baseadas em índices de desempenho da resposta temporal (sobressinal e tempo de pico), nos correspondentes polos de malha fechada do plano s. A seguir, os polos do plano s são mapeados no plano z.

A função de transferência de um sistema de segunda ordem padrão é dada por

$$\frac{Y(s)}{R(s)} = \frac{\omega_n^2}{s^2 + 2\xi\omega_n s + \omega_n^2}\,, \tag{12.127}$$

cujos polos de malha fechada são

$$s_{1,2} = -\xi\omega_n \pm j\omega_n\sqrt{1-\xi^2} = -\xi\omega_n \pm j\omega_d\,. \tag{12.128}$$

Para que os polos de malha fechada possam ser determinados basta calcular os valores do coeficiente de amortecimento ξ e da frequência natural não amortecida ω_n, que podem ser obtidos a partir do sobressinal M_p e do tempo de pico t_p, respectivamente. Assim,

$$M_p = e^{-\xi\pi/\sqrt{1-\xi^2}}\,100\% = 16{,}3\% \Rightarrow \xi \cong 0{,}5\,. \tag{12.129}$$

O tempo de pico t_p é dado por

$$t_p = \frac{\pi}{\omega_d} = 1\text{s} \Rightarrow \omega_d = \pi \text{ (rad/s)} . \tag{12.130}$$

Assim, a frequência natural não amortecida ω_n vale

$$\omega_n = \frac{\omega_d}{\sqrt{1-\xi^2}} = \frac{\pi}{\sqrt{1-0{,}5^2}} \Rightarrow \omega_n = 3{,}6276 \text{ (rad/s)} . \tag{12.131}$$

O período T_d das oscilações do sinal de saída durante o transitório é dado por

$$T_d = \frac{2\pi}{\omega_d} = \frac{2\pi}{\pi} = 2\,\text{s} . \tag{12.132}$$

Na prática o período de amostragem T é escolhido como sendo pelo menos 10 vezes menor que o período das oscilações, ou seja,

$$T = \frac{T_d}{10} = 0{,}2\,\text{s} . \tag{12.133}$$

Para que o sistema em malha fechada satisfaça às especificações de projeto ($M_p = 16{,}3\%$ e $t_p = 1\,\text{s}$) os polos de malha fechada devem estar localizados em

$$s_{1,2} \cong -1{,}8138 \pm \pi j . \tag{12.134}$$

No plano z os polos correspondentes são mapeados em

$$z_{1,2} = e^{Ts_{1,2}} = e^{-1{,}8138T \pm \pi Tj} \cong 0{,}5629 \pm 0{,}4090j . \tag{12.135}$$

A função de transferência $G_p(z)$ do subsistema D/A + processo + A/D é dada por

$$G_p(z) = \frac{Y(z)}{U(z)} = (1-z^{-1})\mathcal{Z}\left[\frac{G_p(s)}{s}\right] = (1-z^{-1})\mathcal{Z}\left[\frac{1}{s^2(s+1)}\right] . \tag{12.136}$$

Da Equação (12.111) obtém-se

$$G_p(z) = \frac{z(e^{-T}-1+T)+1-e^{-T}-Te^{-T}}{(z-1)(z-e^{-T})} = \frac{0{,}0187(z+0{,}9355)}{(z-1)(z-0{,}8187)} . \tag{12.137}$$

O diagrama de blocos do sistema discreto equivalente ao da Figura 12.21 é apresentado na Figura 12.22.

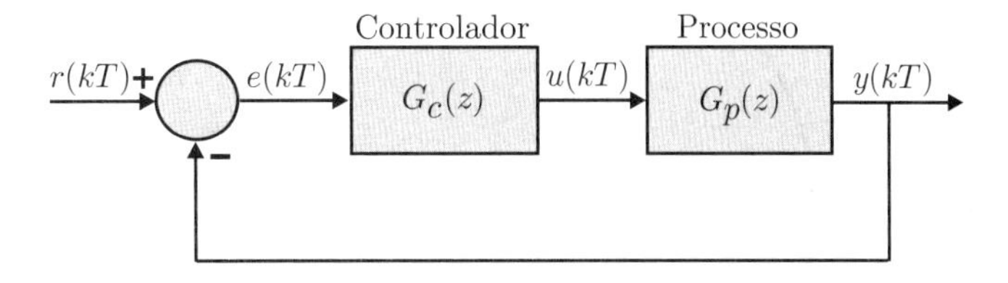

Figura 12.22 Diagrama de blocos do sistema discreto.

Para o projeto do controlador $G_c(z)$ podem ser utilizados os métodos do lugar das raízes ou da imposição algébrica de polos, que são idênticos aos do plano s, exceção feita ao limite da estabilidade, que no plano s é o eixo $j\omega$, e no plano z é a circunferência de raio unitário.

Projeto por meio do lugar das raízes

Nesta técnica de projeto calcula-se uma função de transferência para o controlador $G_c(z)$ de modo que o lugar das raízes passe pelos polos de malha fechada desejados (12.135). Uma vez que isso ocorra o sistema em malha fechada irá apresentar o comportamento transitório desejado.

As especificações de projeto podem ser satisfeitas por meio de um controlador de primeira ordem, com função de transferência

$$G_c(z) = \frac{K(z + C_1)}{z + C_2} . \tag{12.138}$$

A função de transferência de malha aberta é dada por

$$G(z) = G_c(z)G_p(z) = \frac{K(z + C_1)}{(z + C_2)} \frac{0{,}0187(z + 0{,}9355)}{(z - 1)(z - 0{,}8187)} . \tag{12.139}$$

Existem infinitos valores para K, C_1 e C_2 que satisfazem às especificações de projeto. Uma solução é cancelar o zero do controlador com o polo estável da planta. Com isso os valores de C_2 e K podem ser calculados por meio das condições de fase e módulo, respectivamente.

Assim, adotando $C_1 = -0{,}8187$, obtém-se

$$G(z) = \frac{0{,}0187K(z + 0{,}9355)}{(z + C_2)(z - 1)} . \tag{12.140}$$

Da condição de fase, tem-se que

$$\angle G(z) = \pm \text{ múltiplo ímpar de } 180^{o} , \tag{12.141}$$

ou seja,

$$\angle z + 0{,}9355 \quad - \quad \angle z + C_2 \quad - \quad \angle z - 1 \quad = \quad -180^{o} . \tag{12.142}$$

O valor de C_2 deve ser calculado num dos polos de malha fechada $z_{1,2} \cong 0{,}5629 \pm 0{,}4090j$. Da Equação (12.142) obtém-se

$$\arctan\left(\frac{0{,}4090}{0{,}5629 + C_2}\right) \cong 58{,}37^{o} \Rightarrow C_2 \cong -0{,}3109. \tag{12.143}$$

Na Figura 12.23 é apresentado o gráfico do lugar das raízes.

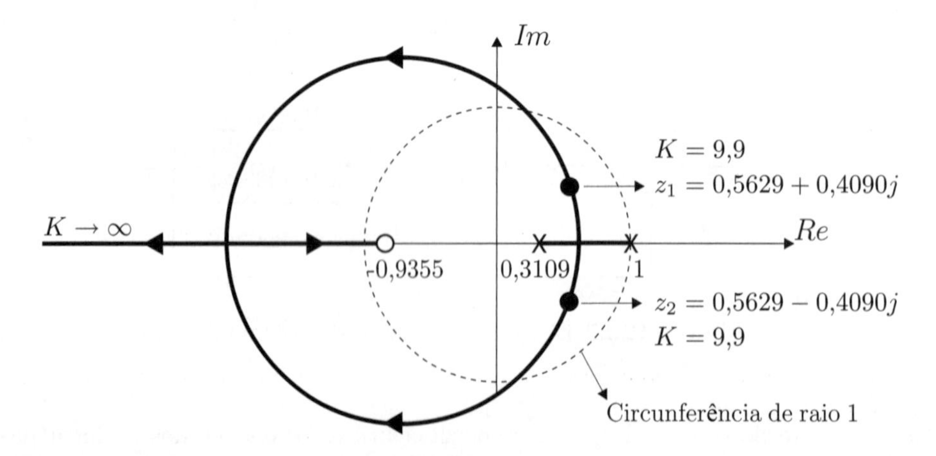

Figura 12.23 Lugar das raízes.

O valor de K pode ser calculado por meio da condição de módulo, ou seja,

$$|G(z)| = 1 \Rightarrow \left| \frac{0{,}0187K(z+0{,}9355)}{(z-0{,}3109)(z-1)} \right| = 1 \,. \tag{12.144}$$

Substituindo um dos polos complexos de malha fechada $z_{1,2} \cong 0{,}5629 \pm 0{,}4090j$ na Equação (12.144), obtém-se

$$K \cong 9{,}9 \,. \tag{12.145}$$

Portanto, a função de transferência do controlador é dada por

$$G_c(z) = \frac{9{,}9(z-0{,}8187)}{z-0{,}3109} \,. \tag{12.146}$$

Projeto por meio de imposição algébrica de polos

Nesta técnica de projeto a função de transferência do controlador $G_c(z)$ é calculada por meio de uma imposição algébrica de polos semelhante ao caso dos sistemas de tempo contínuo.

Os polos de malha fechada desejados (12.135) produzem o polinômio característico

$$F(z) = (z - 0{,}5629 - 0{,}4090j)(z - 0{,}5629 + 0{,}4090j) = z^2 - 1{,}1258z + 0{,}48413741 \,. \tag{12.147}$$

A função de transferência do processo $G_p(z)$ tem grau $n = 2$. O controlador $G_c(z)$ deve ter grau $m \geq n - 1$. Assim, assumindo $m = 1$, a função de transferência do controlador é do tipo

$$G_c(z) = \frac{K(z+C_1)}{z+C_2} \,. \tag{12.148}$$

A função de transferência de malha aberta é dada por

$$G(z) = G_c(z)G_p(z) = \frac{K(z+C_1)}{(z+C_2)} \frac{0{,}0187(z+0{,}9355)}{(z-1)(z-0{,}8187)} \,. \tag{12.149}$$

Supondo que o zero do controlador cancela o polo estável da planta, então

$$G(z) = \frac{0{,}0187K(z+0{,}9355)}{(z+C_2)(z-1)} \,. \tag{12.150}$$

A função de transferência de malha fechada é dada por

$$\begin{aligned} \frac{Y(z)}{R(z)} &= \frac{G(z)}{1+G(z)} = \frac{0{,}0187K(z+0{,}9355)}{(z+C_2)(z-1) + 0{,}0187K(z+0{,}9355)} \\ &= \frac{0{,}0187K(z+0{,}9355)}{z^2 + (0{,}0187K + C_2 - 1)z + 0{,}01749385K - C_2} \,, \end{aligned} \tag{12.151}$$

cujo polinômio característico é

$$F(z) = z^2 + (0{,}0187K + C_2 - 1)z + 0{,}01749385K - C_2 \,. \tag{12.152}$$

Comparando os polinômios (12.147) e (12.152), tem-se o seguinte sistema:

$$\begin{bmatrix} 0{,}0187 & 1 \\ 0{,}01749385 & -1 \end{bmatrix} \begin{bmatrix} K \\ C_2 \end{bmatrix} = \begin{bmatrix} -0{,}1258 \\ 0{,}48413741 \end{bmatrix} . \tag{12.153}$$

Resolvendo o sistema, obtém-se $C_2 \cong -0{,}3109$ e $K \cong 9{,}9$. Portanto, a função de transferência do controlador é dada por

$$G_c(z) = \frac{9{,}9(z-0{,}8187)}{z-0{,}3109} \,, \tag{12.154}$$

que é a mesma obtida pelo método do lugar das raízes.

Resposta ao degrau

Substituindo os valores de K e C_2 na Equação (12.151) a função de transferência de malha fechada resulta

$$\frac{Y(z)}{R(z)} = \frac{0{,}1851z + 0{,}1732}{z^2 - 1{,}1258z + 0{,}4841} = \frac{0{,}1851z^{-1} + 0{,}1732z^{-2}}{1 - 1{,}1258z^{-1} + 0{,}4841z^{-2}}\,. \tag{12.155}$$

Aplicando a transformada $\mathcal{Z}$ inversa e a propriedade do atraso, obtém-se a seguinte equação de diferenças

$$y(kT) = 1{,}1258y[(k-1)T] - 0{,}4841y[(k-2)T] + 0{,}1851r[(k-1)T] + 0{,}1732r[(k-2)T]. \tag{12.156}$$

Sabendo-se que $y(-0{,}2) = y(-0{,}4) = 0$ e que $r(kT)$ é um degrau unitário, então os valores de $y(kT)$ podem ser calculados por meio da implementação da Equação (12.156) num programa de computador. A seguir é apresentado o trecho de um programa, escrito na linguagem C, que calcula os valores da sequência $y(kT)$ para $k = 0, 1, 2, \ldots, 10$.

Tabela 12.3 Programa e coeficientes para $k = 0, 1, 2, \ldots, 10$

```
yk_1=0;
yk_2=0;
rk_1=0;
rk_2=0;
for (k=0;k<=10;k++)
{
   if (k==1) rk_1=1;
   if (k==2) rk_2=1;
   yk =1.1258*yk_1-0.4841*yk_2+0.1851*rk_1+0.1732*rk_2;
   yk_2=yk_1;
   yk_1=yk;
}
```

k	kT	$y(kT)$
0	0,0	0
1	0,2	0,1851
2	0,4	0,5667
3	0,6	0,9067
4	0,8	1,1047
5	1,0	1,1630
6	1,2	1,1329
7	1,4	1,0707
8	1,6	1,0152
9	1,8	0,9829
10	2,0	0,9734

Na Figura 12.24 é apresentado o gráfico da resposta ao degrau unitário $y(kT)$ com o efeito de um segurador. Note que a resposta apresenta o sobressinal ($M_p \cong 16{,}3\%$) e o tempo de pico ($t_p = 1\,\text{s}$) de acordo com as especificações de projeto do controlador. Além disso, com o controlador $G_c(z)$ foi possível reduzir o sobressinal e acelerar as respostas do sistema sem controlador apresentadas na Figura 12.20.

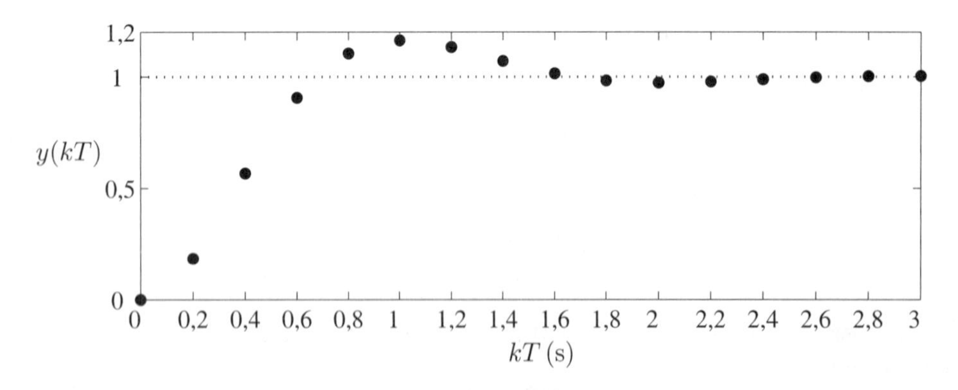

Figura 12.24 Resposta ao degrau unitário.

■

12.8 Controlador PID discreto

O digrama de blocos de um sistema em malha fechada com o controlador $PID(z)$ é apresentado na Figura 12.25.

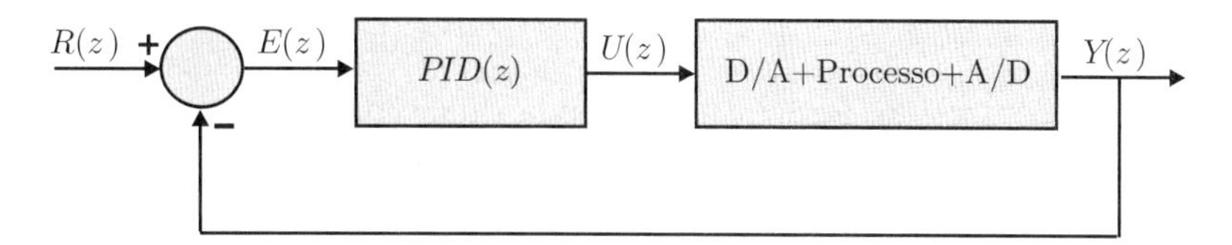

Figura 12.25 Diagrama de blocos de um sistema em malha fechada com o controlador $PID(z)$.

Conforme foi visto no Capítulo 6, a função de transferência do controlador PID de tempo contínuo tem três partes (Proporcional+Integral+Derivativa):

$$PID(s) = K_c\left(1 + \frac{1}{T_I s} + T_D s\right). \tag{12.157}$$

Diversas aproximações podem ser empregadas para obter uma função de transferência em z a partir da função de transferência em s (12.157). A melhor aproximação para a parte integral é obtida com o método de Tustin, e a melhor aproximação para a parte derivativa é obtida com o método retangular para trás. Assim,

$$\begin{aligned}
PID(z) &= K_c\left[1 + \frac{T}{2T_I}\frac{(z+1)}{(z-1)} + \frac{T_D}{T}\frac{(z-1)}{z}\right] \\
&= K_c\left[1 + \frac{T}{2T_I}\frac{(1+z^{-1})}{(1-z^{-1})} + \frac{T_D}{T}(1-z^{-1})\right] \\
&= K_c\left[1 + \frac{T}{2T_I}\frac{(2-(1-z^{-1}))}{(1-z^{-1})} + \frac{T_D}{T}(1-z^{-1})\right] \\
&= K_c\left[1 - \frac{T}{2T_I} + \frac{T}{T_I}\frac{1}{(1-z^{-1})} + \frac{T_D}{T}(1-z^{-1})\right] \\
&= \overline{K}_c + \overline{K}_I\frac{1}{(1-z^{-1})} + \overline{K}_D(1-z^{-1}),
\end{aligned} \tag{12.158}$$

sendo $\overline{K}_c = K_c\left(1 - \frac{T}{2T_I}\right)$ o ganho proporcional, $\overline{K}_I = \frac{K_c T}{T_I}$ o ganho integral e $\overline{K}_D = \frac{K_c T_D}{T}$ o ganho derivativo.

A Equação (12.158) também pode ser escrita como

$$PID(z) = \frac{U(z)}{E(z)} = \frac{\overline{K}_c + \overline{K}_I + \overline{K}_D - (\overline{K}_c + 2\overline{K}_D)z^{-1} + \overline{K}_D z^{-2}}{1 - z^{-1}}, \tag{12.159}$$

cuja equação de diferenças a ser implementada num programa de computador é

$$u(kT) = u[(k-1)T] + (\overline{K}_c + \overline{K}_I + \overline{K}_D)e(kT) - (\overline{K}_c + 2\overline{K}_D)e[(k-1)T] + \overline{K}_D e[(k-2)T]\,. \tag{12.160}$$

Por ser imprópria[7] e pelo fato de a parte derivativa possuir um ganho que cresce com o aumento da frequência, amplificando ruídos de alta frequência, a função de transferência (12.157) não é implementada na prática. Então a função de transferência (12.157) é substituída por

$$PID(s) = K_c\left(1 + \frac{1}{T_I s} + \frac{T_D s}{N T_D s + 1}\right), \tag{12.161}$$

sendo N um parâmetro tipicamente adotado entre 0,05 e 0,17.

[7] Uma função de transferência é imprópria se o grau do seu numerador é maior que o grau do seu denominador.

Usando a aproximação de Tustin para a parte integral e o método do mapeamento polo-zero para a parte derivativa na Equação (12.161), a função de transferência do controlador $PID(z)$ pode ser escrita como

$$PID(z) = K_c \left[1 + \frac{T}{2T_I} \frac{(z+1)}{(z-1)} + \frac{z-1}{N(z - e^{-\frac{T}{NT_d}})} \right] . \tag{12.162}$$

Para evitar que o controlador forneça na sua saída sinais com amplitude elevada, se ocorrerem variações do tipo degrau na referência, a parte derivativa pode ser implementada como realimentação da saída. Nesse caso a estrutura do controlador é dada por

$$U(z) = \left[\overline{K}_c + \overline{K}_I \frac{1}{(1-z^{-1})} \right] E(z) - \overline{K}_D (1 - z^{-1}) Y(z) . \tag{12.163}$$

Uma outra forma de evitar que o controlador forneça na sua saída sinais com amplitude elevada é implementar também a parte proporcional como realimentação da saída, ou seja,

$$U(z) = \overline{K}_I \frac{1}{(1-z^{-1})} E(z) - \left[\overline{K}_c + \overline{K}_D (1 - z^{-1}) \right] Y(z) . \tag{12.164}$$

Exemplo 12.7

Deseja-se projetar um controlador $G_c(z)$ para o sistema da Figura 12.26 de modo que:

- o erro estacionário seja nulo para entrada $r(kT)$ do tipo degrau unitário e
- os polos de malha fechada dominantes tenham coeficiente de amortecimento $\xi = 0{,}5$ e frequência natural $\omega_n = 2$ (rad/s).

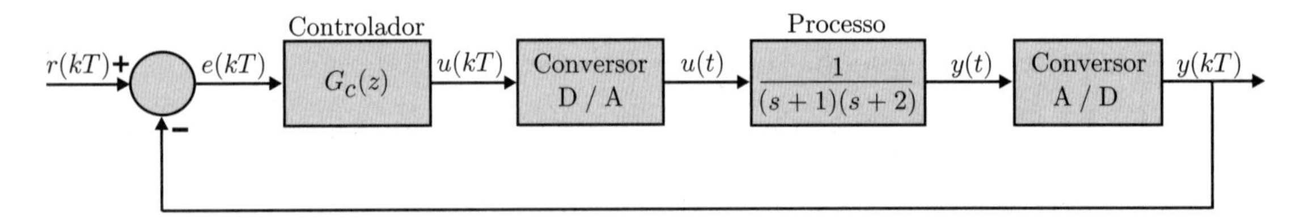

Figura 12.26 Diagrama de blocos de um sistema em malha fechada.

Solução

Os polos de malha fechada dominantes devem estar localizados em

$$s_{1,2} = -\xi\omega_n \pm j\omega_n\sqrt{1-\xi^2} = -\xi\omega_n \pm j\omega_d = -1 \pm \sqrt{3}j . \tag{12.165}$$

Se os polos dominantes tiverem influência predominante na dinâmica do sistema a resposta ao degrau deve apresentar um sobressinal próximo de $M_p \cong 16{,}3\%$ e um tempo de acomodação próximo de $ts \cong 4\,\text{s}$ (critério de 2%).

O período T_d das oscilações do sinal de saída durante o transitório é dado por

$$T_d = \frac{2\pi}{\omega_d} = \frac{2\pi}{\sqrt{3}} \cong 3{,}63\,\text{s} . \tag{12.166}$$

O período de amostragem T é escolhido como sendo pelo menos 10 vezes menor que o período das oscilações. Adotando $T = 0{,}4$, no plano z os polos correspondentes são mapeados em

$$z_{1,2} = e^{Ts_{1,2}} = e^{-1{,}8138T \pm \pi T j} \cong 0{,}5158 \pm 0{,}4281j . \tag{12.167}$$

A função de transferência $G_p(z)$ do subsistema D/A + processo + A/D é dada por

$$\begin{aligned}
G_p(z) &= \frac{Y(z)}{U(z)} = (1-z^{-1})\mathcal{Z}\left[\frac{G_p(s)}{s}\right] = (1-z^{-1})\mathcal{Z}\left[\frac{1}{s(s+1)(s+2)}\right] \\
&= (1-z^{-1})\mathcal{Z}\left[\frac{0{,}5}{s} - \frac{1}{s+1} + \frac{0{,}5}{s+2}\right] \\
&= \left(\frac{z-1}{z}\right)\left[\frac{0{,}5z}{z-1} - \frac{z}{z-e^{-T}} + \frac{0{,}5z}{z-e^{-2T}}\right] \\
&= \frac{0{,}0543z + 0{,}0364}{z^2 - 1{,}1196z + 0{,}3012} = \frac{0{,}0543(z+0{,}6703)}{(z-0{,}4493)(z-0{,}6703)} \,. \qquad (12.168)
\end{aligned}$$

Projeto por meio do lugar das raízes

Para que o sistema em malha fechada apresente o comportamento transitório desejado a função de transferência do controlador $G_c(z)$ deve ser calculada de modo que o lugar das raízes passe pelos polos de malha fechada desejados (12.168). Além disso, como a planta não possui integrador, para que o erro estacionário seja nulo para degrau em $r(kT)$ o controlador deve possuir um polo em $z = 1$. Essas especificações podem ser satisfeitas com o controlador PID:

$$G_c(z) = PID(z) = \overline{K}_c + \overline{K}_I \frac{1}{(1-z^{-1})} + \overline{K}_D(1-z^{-1}) \quad \text{ou} \quad G_c(z) = \frac{K(z+C_1)(z+C_2)}{z(z-1)} \,. \qquad (12.169)$$

A função de transferência de malha aberta é dada por

$$G(z) = G_c(z)G_p(z) = \frac{K(z+C_1)(z+C_2)}{z(z-1)} \frac{0{,}0543(z+0{,}6703)}{(z-0{,}4493)(z-0{,}6703)} \,. \qquad (12.170)$$

Cancelando um dos polos estáveis da planta ($C_2 = -0{,}6703$) as constantes C_1 e K podem ser calculadas por meio das condições de fase e módulo, respectivamente. Da condição de fase tem-se que

$$\angle G(z) = \pm \text{ múltiplo ímpar de } 180^{\circ} \,. \qquad (12.171)$$

Assim,

$$\angle z+C_1 + \angle z+0{,}6703 - \angle z - \angle z-1 - \angle z-0{,}4493 = -180^{\circ} \,. \qquad (12.172)$$

A constante C_1 deve ser calculada num dos polos desejados $z_{1,2} \cong 0{,}5158 \pm 0{,}4281j$, ou seja,

$$\arctan\left(\frac{0{,}4281}{0{,}5158 + C_1}\right) \cong 59{,}54^{\circ} \Rightarrow C_1 \cong -0{,}2640 \,. \qquad (12.173)$$

Na Figura 12.27 é apresentado o gráfico do lugar das raízes. O valor de K em qualquer ponto do lugar das raízes pode ser calculado por meio da condição de módulo, ou seja,

$$|G(z)| = 1 \Rightarrow \left|\frac{0{,}0543K(z-0{,}2640)(z+0{,}6703)}{z(z-1)(z-0{,}4493)}\right| = 1 \,. \qquad (12.174)$$

Substituindo um dos polos complexos de malha fechada $z_{1,2} \cong 0{,}5158 \pm 0{,}4281j$ na Equação (12.174), obtém-se

$$K \cong 5{,}5153 \,. \qquad (12.175)$$

Portanto, a função de transferência do controlador PID é dada por

$$G_c(z) = \frac{5{,}5153(z-0{,}2640)(z-0{,}6703)}{z(z-1)} \,. \qquad (12.176)$$

A função de transferência de malha fechada é dada por

$$\begin{aligned}
\frac{Y(z)}{R(z)} &= \frac{G(z)}{1+G(z)} = \frac{0{,}2997(z-0{,}2640)(z+0{,}6703)}{z(z-1)(z-0{,}4493) + 0{,}2997(z-0{,}2640)(z+0{,}6703)} \\
&= \frac{0{,}2997(z-0{,}2640)(z+0{,}6703)}{z^3 - 1{,}1496z^2 + 0{,}5711z - 0{,}0530} \,, \qquad (12.177)
\end{aligned}$$

cujos polos de malha fechada são $z_{1,2} \cong 0{,}5158 \pm 0{,}4281j$ e $z_3 \cong 0{,}1181$.

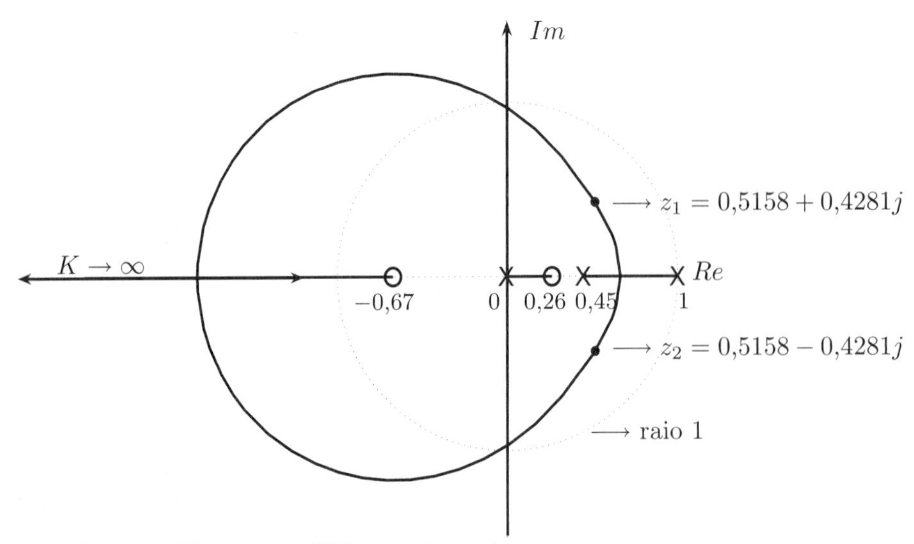

Figura 12.27 Lugar das raízes.

Projeto por meio de imposição algébrica de polos

Supondo que um zero do controlador PID cancela o polo em $z = 0{,}6703$ da planta ($C_2 = -0{,}6703$), a função de transferência de malha aberta resulta

$$G(z) = \frac{0{,}0543K(z + C_1)(z + 0{,}6703)}{z(z-1)(z-0{,}4493)} \,. \tag{12.178}$$

A função de transferência de malha fechada é dada por

$$\begin{aligned}\frac{Y(z)}{R(z)} &= \frac{G(z)}{1+G(z)} = \frac{0{,}0543K(z+C_1)(z+0{,}6703)}{z(z-1)(z-0{,}4493) + 0{,}0543K(z+C_1)(z+0{,}6703)} \\ &= \frac{0{,}0543K(z+C_1)(z+0{,}6703)}{z^3 + (0{,}0543K - 1{,}4493)z^2 + (0{,}4493 + 0{,}0543KC_1 + 0{,}0364K)z + 0{,}0364KC_1}\,,\end{aligned}$$

cujo polinômio característico é (12.179)

$$F(z) = z^3 + (0{,}0543K - 1{,}4493)z^2 + (0{,}4493 + 0{,}0543KC_1 + 0{,}0364K)z + 0{,}0364KC_1 \,. \tag{12.180}$$

Como o polinômio característico é de terceira ordem, as suas raízes são formadas pelos polos de malha fechada desejados (12.167) e por um terceiro polo em $z = p$, ou seja,

$$\begin{aligned}F(z) &= (z - 0{,}5158 - 0{,}4281j)(z - 0{,}5158 + 0{,}4281j)(z - p) \\ &= z^3 - (p + 1{,}0316)z^2 + (1{,}0316p + 0{,}4493)z - 0{,}4493p \,. \end{aligned} \tag{12.181}$$

Comparando os polinômios (12.180) e (12.181), obtém-se um sistema cuja solução é $C_1 \cong -0{,}2640$, $K \cong 5{,}5153$ e $p = 0{,}1181$. Logo, a função de transferência do controlador PID é a mesma obtida pelo método do lugar das raízes.

Resposta ao degrau

Escrevendo a Equação (12.177) com potências negativas de z, a função de transferência de malha fechada resulta como

$$\frac{Y(z)}{R(z)} = \frac{0{,}2997z^{-1} + 0{,}1218z^{-2} - 0{,}0530z^{-3}}{1 - 1{,}1496z^{-1} + 0{,}5711z^{-2} - 0{,}0530z^{-3}} \,. \tag{12.182}$$

Aplicando a transformada $\mathcal{Z}$ inversa e a propriedade do atraso, obtém-se

$$\begin{aligned}y(kT) &= 1{,}1496y[(k-1)T] - 0{,}5711y[(k-2)T] + 0{,}053y[(k-3)T] + \\ &\quad 0{,}2997r[(k-1)T] + 0{,}1218r[(k-2)T] - 0{,}053r[(k-3)T] \,. \end{aligned} \tag{12.183}$$

Na Tabela 12.4 é apresentada a resposta $y(kT)$ quando $r(kT)$ é um degrau unitário. Note que o tempo de acomodação obtido está de acordo com o especificado ($t_s = 4$ s para o critério de 2%), e o sobressinal obtido ($M_p \cong 18{,}61\%$) também está próximo do especificado ($M_p \cong 16{,}3\%$).

Tabela 12.4 Resposta ao degrau $y(kT)$ para $kT = 0$; 0,4 ; 0,8 ; 1,2 ; ... ; 4

kT	0,0	0,4	0,8	1,2	1,6	2,0	2,4	2,8	3,2	3,6	4,0
$y(kT)$	0	0,2997	0,7660	1,0780	1,1861	1,1571	1,0784	1,0103	0,9754	0,9700	0,9801

Na Figura 12.28 é apresentado o gráfico da resposta ao degrau $y(kT)$. Note que o erro estacionário é nulo, pois $e(\infty) = r(\infty) - y(\infty) = 0$.

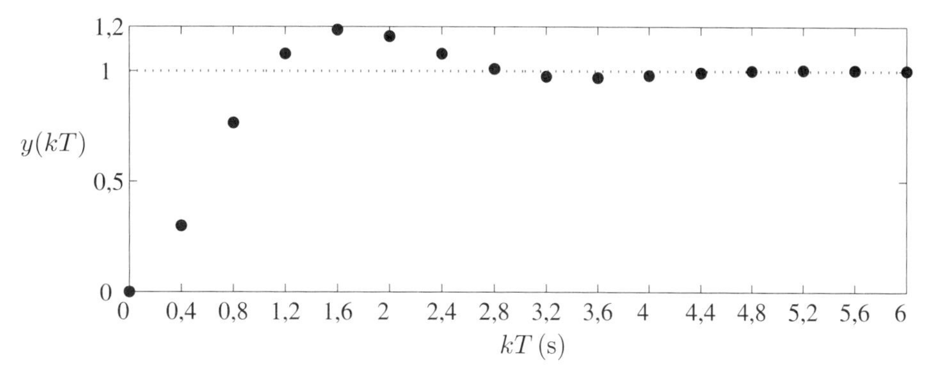

Figura 12.28 Resposta ao degrau unitário.

■

12.9 Controlador PID com ganho variável (adaptativo)

Na forma digital o controlador PID pode ser facilmente implementado com ganhos variáveis, o que tem utilidade principalmente no controle de plantas não lineares ou lineares com variações lentas. A seguir são apresentadas algumas regras empíricas, utilizadas na prática, que podem ser adotadas em alguns casos específicos.

- **Ganho variável com o erro.**

Um ajuste de ganho "baixo" aumenta o erro estacionário, inibe oscilações e o *windup*[8];
Um ajuste de ganho "alto" reduz o erro estacionário, melhora a regulação e o desempenho.

- **Ganho variável com a saída da planta.**

Para sistemas que respondem rapidamente quando a saída da planta possui um valor "baixo" e lentamente quando a saída da planta possui um valor "alto", como, por exemplo, motores a combustão e turbinas, podem-se adotar as seguintes regras:
Se a saída da planta possui um valor "baixo" ajusta-se um ganho "baixo";
Se a saída da planta possui um valor "alto" ajusta-se um ganho "alto".

- **Ganho variável com o sinal algébrico do erro.**

Para alguns sistemas não lineares, se o erro for positivo ajusta-se um ganho K_c e se o erro for negativo ajusta-se um ganho diferente $\overline{K}_c$.

- **Ganho variável com a carga ou com a entrada da planta.**

Para sistemas em que o sinal de entrada da planta varia de acordo com a carga aplicada, como, por exemplo, motores a combustão, podem-se adotar as seguintes regras:
Se a carga ou a entrada da planta tiver um valor "baixo" ajusta-se um ganho "baixo";
Se a carga ou a entrada da planta tiver um valor "alto" ajusta-se um ganho "alto".

[8] Ver Capítulo 6.

12.10 Projeto no domínio da frequência

Conforme já foi analisado anteriormente para sistemas de tempo contínuo, o plano s pode ser associado ao domínio da frequência pela relação $s = j\omega$. Assim, a resposta em frequência de uma função $G(j\omega)$ é dada por

$$G(j\omega) = G(s)|_{s=j\omega} \; . \tag{12.184}$$

No caso de sistemas de tempo discreto o plano z também pode ser associado ao domínio da frequência, mas pela relação $z = e^{sT} = e^{j\omega T}$, de modo que a resposta em frequência seja

$$G(e^{j\omega T}) = G(z)|_{z=e^{j\omega T}} \; . \tag{12.185}$$

Porém, os diagramas de Bode, que representam a resposta em frequência dada por (12.185), não podem ser desenhados por meio de assíntotas. Nesse caso os gráficos de Bode podem ser obtidos se seus pontos forem calculados numericamente por meio de recursos computacionais. Para isso basta variar a frequência ω e realizar o mapeamento $z = e^{j\omega T}$.

12.10.1 Formas de mapeamento

Para utilizar as mesmas regras de aproximações assintóticas dos diagramas de Bode de sistemas de tempo contínuo e, com isso, ganhar uma maior visão nos procedimentos de projeto pode-se realizar uma transformação bilinear num plano u, dada por

$$u = \frac{2}{T}\left(\frac{z-1}{z+1}\right) \tag{12.186}$$

ou

$$z = \frac{2+Tu}{2-Tu} \; . \tag{12.187}$$

Na Figura 12.29 são apresentados os mapeamentos nos planos s, z e u. No domínio da frequência o plano u é representado por uma frequência fictícia v, de modo que $u = jv$.

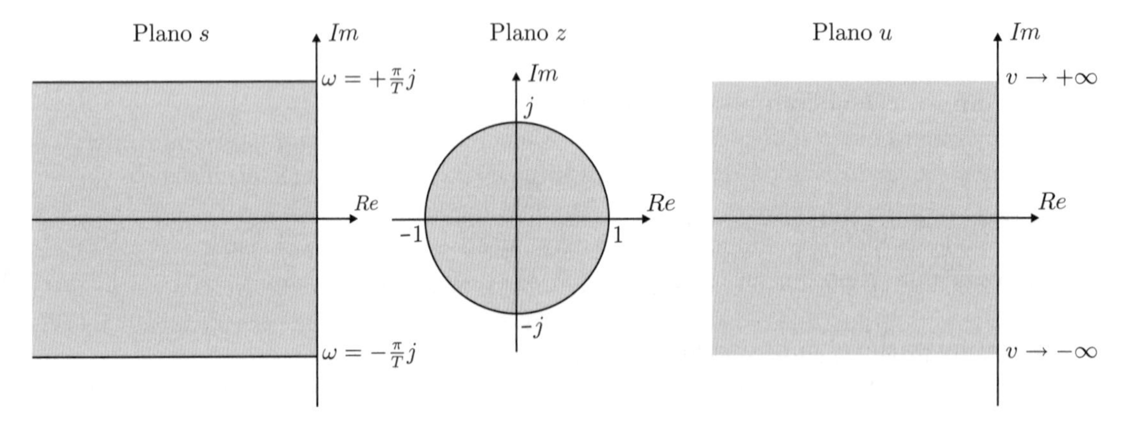

Figura 12.29 Mapeamentos nos planos s, z e u.

Note que quando ω varia de 0 a $+\pi/T$ no eixo $j\omega$ do plano s, z varia de $+1$ a -1 na circunferência de raio unitário e v varia de 0 a $+\infty$ no eixo jv do plano u. A diferença entre os planos s e u é que enquanto no plano s a frequência ω está na faixa de $-\pi/T \leq \omega \leq +\pi/T$, no plano u a frequência v está na faixa de $-\infty < v < +\infty$.

A relação entre a frequência v do plano u com a frequência ω do plano s é dada por

$$\begin{aligned} jv &= u = \frac{2}{T}\left(\frac{z-1}{z+1}\right) = \frac{2}{T}\left(\frac{e^{sT}-1}{e^{sT}+1}\right) \\ &= \frac{2}{T}\left(\frac{e^{j\omega T}-1}{e^{j\omega T}+1}\right) = \frac{2}{T}\left(\frac{e^{j\omega T/2}-e^{-j\omega T/2}}{e^{j\omega T/2}+e^{-j\omega T/2}}\right) \\ &= j\frac{2}{T}\tan\frac{\omega T}{2} \end{aligned} \tag{12.188}$$

ou

$$v = \frac{2}{T}\tan\frac{\omega T}{2}\,. \tag{12.189}$$

A Equação (12.189) mostra que há uma distorção na escala de frequências entre os planos s e u. Porém, para $\omega T/2$ "pequeno"

$$v = \frac{2}{T}\tan\frac{\omega T}{2} \cong \frac{2}{T}\frac{\omega T}{2} \cong \omega\,, \tag{12.190}$$

ou seja, neste caso o comportamento das funções nos planos s e u é semelhante.

Na Figura 12.30 é apresentado um gráfico mostrando a relação entre as frequências v e ω.

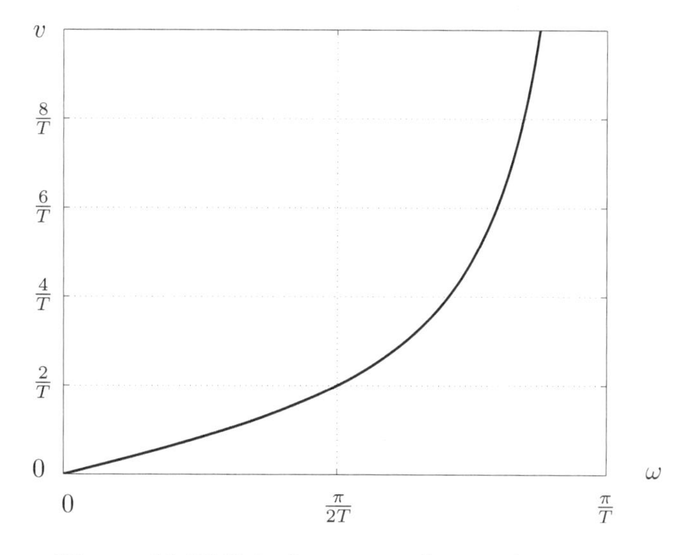

Figura 12.30 Relação entre as frequências v e ω.

12.10.2 Diagramas de Bode

As regras para o traçado dos diagramas de Bode de uma função $G(jv)$ são as mesmas que foram estudadas no Capítulo 5 para a função $G(j\omega)$. Os diagramas de Bode consistem em dois gráficos que conjuntamente representam a resposta em frequência:

- módulo de $G(jv)$ *versus* frequência v, ambos em escala logarítmica;
- fase de $G(jv)$ *versus* frequência v, esta última em escala logarítmica.

Para traçar os diagramas de Bode de uma planta discreta também é necessário considerar o atraso de fase adicional proveniente do segurador de ordem zero, que é inexistente nas plantas contínuas.

Exemplo 12.8

Considere o sistema da Figura 12.31.

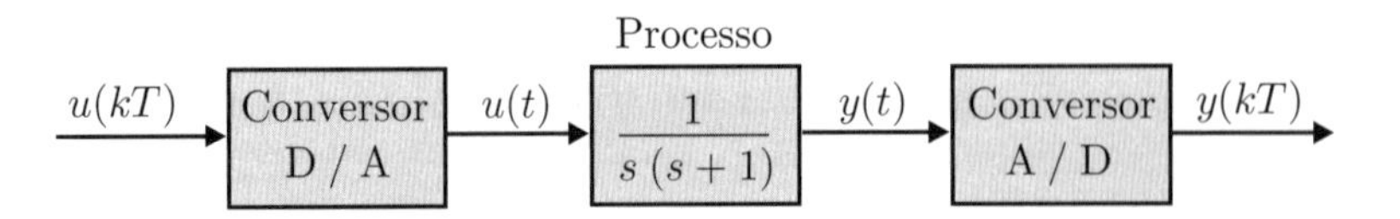

Figura 12.31 Subsistema D/A + processo + A/D.

A função de transferência $G_p(z)$ do subsistema D/A + processo + A/D é dada por

$$G_p(z) = \frac{Y(z)}{U(z)} = (1 - z^{-1})\mathcal{Z}\left[\frac{G_p(s)}{s}\right] = (1 - z^{-1})\mathcal{Z}\left[\frac{1}{s^2(s+1)}\right] . \tag{12.191}$$

Da Equação (12.137) obtém-se

$$G_p(z) = \frac{z(e^{-T} - 1 + T) + 1 - e^{-T} - Te^{-T}}{(z-1)(z - e^{-T})} = \frac{0{,}0187(z + 0{,}9355)}{z^2 - 1{,}8187z + 0{,}8187} . \tag{12.192}$$

Usando a transformação bilinear (12.187), com $T = 0{,}2$, tem-se que

$$z = \frac{2 + Tu}{2 - Tu} = \frac{2 + 0{,}2u}{2 - 0{,}2u} = \frac{1 + 0{,}1u}{1 - 0{,}1u} . \tag{12.193}$$

Assim,

$$\begin{aligned} G_p(u) &= \frac{0{,}0187\left[\frac{1+0{,}1u}{1-0{,}1u} + 0{,}9355\right]}{\left(\frac{1+0{,}1u}{1-0{,}1u}\right)^2 - 1{,}8187\left(\frac{1+0{,}1u}{1-0{,}1u}\right) + 0{,}8187} \\ &= \frac{0{,}0187[-0{,}000645u^2 - 0{,}1871u + 1{,}9355]}{0{,}036374u^2 + 0{,}03626u} \\ &\cong \frac{0{,}000333[-u^2 - 290u + 3000]}{u^2 + u} \\ &\cong \frac{0{,}000333(u + 300)(-u + 10)}{u(u+1)} \\ &\cong \frac{(\frac{u}{300} + 1)(\frac{-u}{10} + 1)}{u(u+1)} . \end{aligned} \tag{12.194}$$

Note que o processo $G_p(s)$ possui dois polos em $s = 0$ e $s = -1$ e que os polos de $G_p(u)$ também são $u = 0$ e $u = -1$. Em baixas frequências, sem considerar o integrador, os ganhos também são iguais. Porém, $G_p(u)$ tem dois zeros em $u = -300$ e $u = 10$, enquanto $G_p(s)$ não possui nenhum zero. Como $G_p(u)$ tem um zero no semiplano direito do plano u, então $G(u)$ é um sistema de fase não mínima.

Na Figura 12.32 são apresentados os diagramas de Bode de $G_p(j\omega)$ e $G_p(jv)$. Multiplicando por 20 o logaritmo dos termos fatorados de $|G_p(j\omega)|$ e $|G_p(jv)|$ os gráficos do módulo podem ser obtidos por meio da soma de assíntotas, com unidade resultante em decibel (dB). Os gráficos da fase de $\angle G_p(j\omega)$ e $\angle G_p(jv)$ são obtidos por meio da soma das fases de cada um dos termos fatorados.

Em baixas frequências os gráficos de Bode de $G_p(j\omega)$ e $G_p(jv)$ são semelhantes. A principal diferença ocorre em altas frequências. Note que

$$\lim_{\omega \to \infty} |G_p(j\omega)| = 0 , \tag{12.195}$$

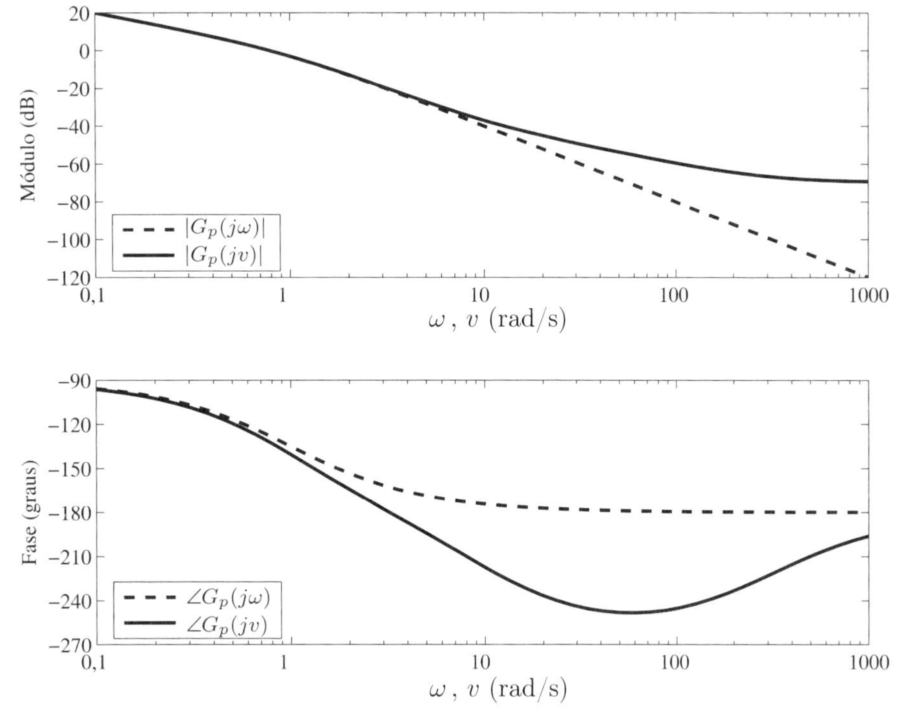

Figura 12.32 Gráficos de Bode de $G_p(j\omega)$ e $G_p(jv)$.

enquanto

$$\lim_{v\to\infty}|G_p(jv)| = \lim_{v\to\infty}\left|\frac{(\frac{jv}{300}+1)(\frac{-jv}{10}+1)}{jv(jv+1)}\right| = \frac{1}{3000} \tag{12.196}$$

ou

$$\lim_{v\to\infty} 20\log|G_p(jv)| \cong -69{,}5 \text{ dB} \, . \tag{12.197}$$

Essa diferença pode ser explicada pelo fato de que a região de interesse da transformação bilinear está na faixa de $0 \leq \omega \leq \pi/T$.

Devido ao zero de fase não mínima em $u = 10$ de $G_p(u)$, a fase de $G_p(jv)$ apresenta uma distorção quando comparada à fase de $G_p(j\omega)$. Porém, em altas frequências para ambos os gráficos tem-se que

$$\lim_{\omega\to\infty} \angle G_p(j\omega) = \lim_{v\to\infty} \angle G_p(jv) = -180^o \, . \tag{12.198}$$

■

12.10.3 Projeto do controlador

O projeto no domínio da frequência é indicado quando as especificações da resposta do sistema são fornecidas em termos do erro estacionário e das margens de ganho e de fase. Conforme estudado anteriormente, diversos tipos de controladores podem ser utilizados, como os compensadores por avanço e atraso de fase ou os controladores PID.

A compensação por avanço de fase melhora as margens de estabilidade e aumenta a banda passante, fazendo com que a resposta transitória do sistema se torne mais rápida. Porém, a resposta pode apresentar mais ruído devido ao aumento do ganho em altas frequências.

Já a compensação por atraso de fase é utilizada para melhorar a margem de fase por meio de uma redução do ganho em altas frequências. Como a banda passante é reduzida a resposta transitória do sistema se torna mais lenta. Por outro lado, essa compensação também pode ser utilizada para manter a margem de fase e aumentar o ganho em baixas frequências, reduzindo com isso o erro estacionário.

O controlador PID é um tipo de compensador por avanço e atraso de fase. A ação de controle PD se comporta como um compensador por avanço de fase, enquanto a ação de controle PI se comporta como um compensador por atraso de fase. O controlador PID consiste na combinação dos efeitos dos controles PD e PI.

Exemplo 12.9

Considere o sistema da Figura 12.33.

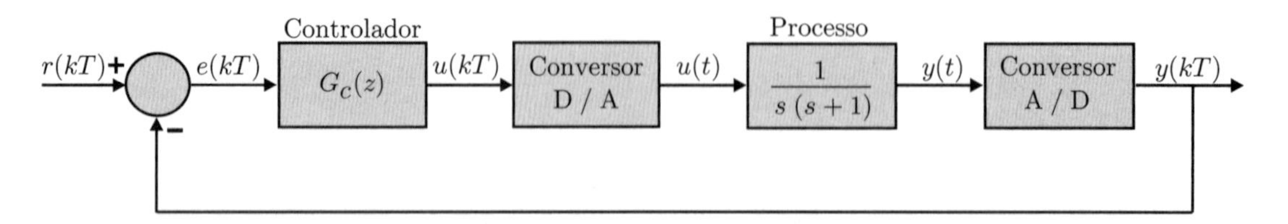

Figura 12.33 Diagrama de blocos de um sistema em malha fechada.

Deseja-se projetar um controlador $G_c(z)$ de modo a satisfazer às seguintes especificações:

- erro estacionário $e(\infty) = 0{,}3$ para entrada de referência do tipo rampa unitária;
- margem de fase $MF \cong 50^o$.

A função de transferência $G_p(u)$ do subsistema D/A + processo + A/D, deduzida no exemplo anterior, é dada por

$$G_p(u) = \frac{(\frac{u}{300}+1)(\frac{-u}{10}+1)}{u(u+1)} \,. \tag{12.199}$$

Um compensador por avanço de fase pode resolver o problema. Caso contrário, deve-se refazer o projeto com um outro tipo de compensador. A função de transferência de um compensador por avanço de fase é dada por

$$G_c(u) = K\left(\frac{\tau u+1}{a\tau u+1}\right), \text{ com } 0 < a < 1 \,. \tag{12.200}$$

O diagrama de blocos do sistema simplificado é apresentado na Figura 12.34.

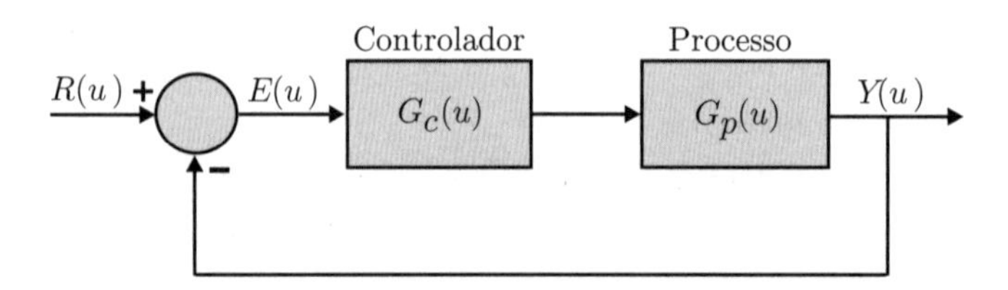

Figura 12.34 Diagrama de blocos do sistema simplificado.

A função de transferência de malha aberta $G_{ma}(u)$ é dada por

$$G_{ma}(u) = G_c(u)G_p(u) = K\frac{(\tau u+1)}{(a\tau u+1)}\frac{(\frac{u}{300}+1)(\frac{-u}{10}+1)}{u(u+1)} \,. \tag{12.201}$$

A constante K do compensador $G_c(u)$ pode ser obtida a partir da especificação do erro estacionário, ou seja,

$$e(\infty) = \lim_{u\to 0} uE(u) = \lim_{u\to 0} u\left(\frac{1}{1+G_{ma}(u)}\right)R(u) \,. \tag{12.202}$$

Sabendo-se que $R(u) = 1/u^2$, então

$$e(\infty) = \lim_{u\to 0} \frac{1}{u + K\frac{(\tau u+1)}{(a\tau u+1)}\frac{(\frac{u}{300}+1)(\frac{-u}{10}+1)}{(u+1)}} = \frac{1}{K} = 0{,}3 \,. \tag{12.203}$$

Portanto, $K = 3{,}3333$ ou, em decibéis, $K \cong 10{,}5\,\text{dB}$.

Os gráficos de Bode de $KG_p(jv)$ são apresentados na Figura 12.35. Comparando os gráficos desta figura com os gráficos da Figura 12.32 verifica-se que o ganho K desloca o gráfico do módulo na direção vertical de $K \cong 10{,}5\,\text{dB}$. Logo, o ponto de cruzamento da curva de módulo em 0 dB (ganho 1) se desloca para a direita, ocorrendo numa frequência mais alta, ou seja, em $v \cong 1{,}7$ (rad/s). Com isso, a margem de fase é $MF \cong 21°$.

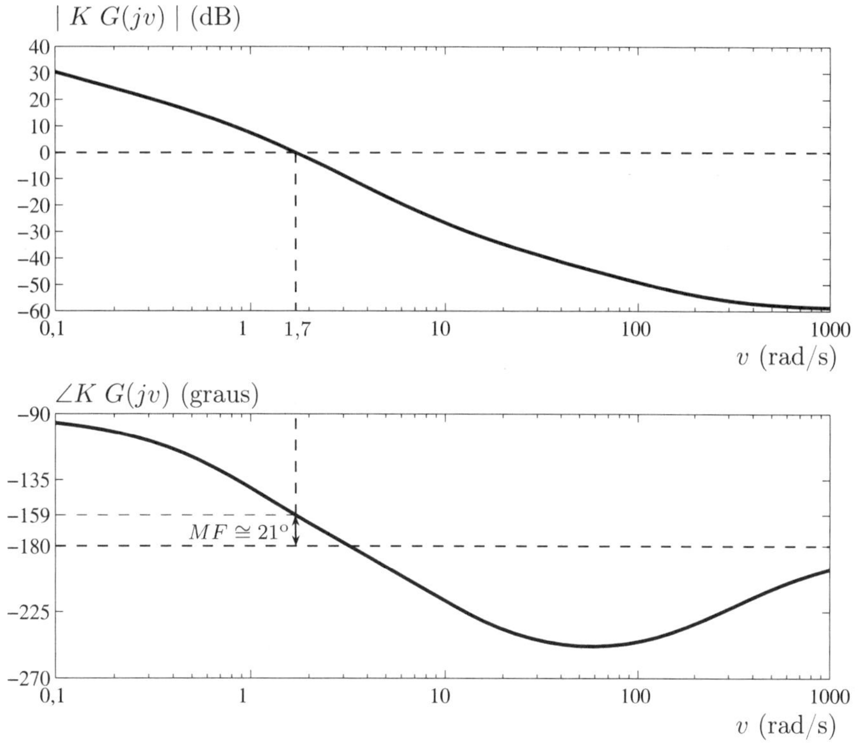

Figura 12.35 Gráficos de Bode de $KG_p(jv)$.

A margem de fase é determinada pela frequência de cruzamento em que o ganho do sistema em malha aberta vale 1 ou 0 dB. Para que a margem de fase seja 50° o compensador deve fornecer uma fase de pelo menos $50° - 21° = 29°$. Porém, como o ganho do compensador cresce a partir da frequência $1/\tau$ a frequência de cruzamento de ganho 1 do sistema em malha aberta é deslocada para a direita. Logo, o avanço de fase máximo ϕ_m, a ser fornecido pelo compensador, deve ser na realidade maior que 29°. Adotando uma parcela de correção[9] de 17° a mais o avanço de fase máximo a ser fornecido pelo compensador é $\phi_m \cong 50° - 21° + 17° \cong 46°$.

Conforme foi visto no Capítulo 5,

$$\text{sen}(\phi_m) = \frac{1-a}{1+a} \cong 0{,}7193 \Rightarrow a = 0{,}1632 \tag{12.204}$$

e

$$|G_c(jv_m)| = \frac{K}{\sqrt{a}} \cong \frac{1}{0{,}3\sqrt{0{,}1632}} \cong 8{,}25\,. \tag{12.205}$$

Na frequência v_m o ganho de malha aberta deve ser igual a 1 ou 0 dB, ou seja,

$$|G_{ma}(jv_m)| = |G_c(jv_m)|\,|G_p(jv_m)| = 1 \Rightarrow |G_p(jv_m)| = \frac{1}{|G_c(jv_m)|}\,. \tag{12.206}$$

Logo, o módulo do sistema não compensado deve valer na frequência v_m

$$\left|\frac{(\frac{jv_m}{300}+1)(\frac{-jv_m}{10}+1)}{jv_m(jv_m+1)}\right| = \frac{1}{8{,}25} \Rightarrow v_m \cong 2{,}84\ (\text{rad/s})\,. \tag{12.207}$$

[9]Caso esta correção não produza um resultado satisfatório, o projeto do controlador deve ser refeito.

O valor de τ é obtido da relação

$$v_m = \frac{1}{\sqrt{a}\,\tau} \Rightarrow \tau \cong 0{,}87\,. \tag{12.208}$$

Portanto, a função de transferência do compensador é dada por

$$G_c(u) = \frac{3{,}333(0{,}87u+1)}{0{,}142u+1} \cong \frac{20{,}42(u+1{,}15)}{u+7{,}04}\,. \tag{12.209}$$

Os gráficos de Bode do sistema em malha aberta $G_{ma}(jv)$, do controlador $G_c(jv)$ e da planta $G_p(jv)$ são apresentados na Figura 12.36.

Note que $MF = 180^o + \angle G_{ma}(j2{,}84) = 180^o + \phi_m + \angle G_p(j2{,}84) = 180^o + 46^o - 176^o = 50^o$.

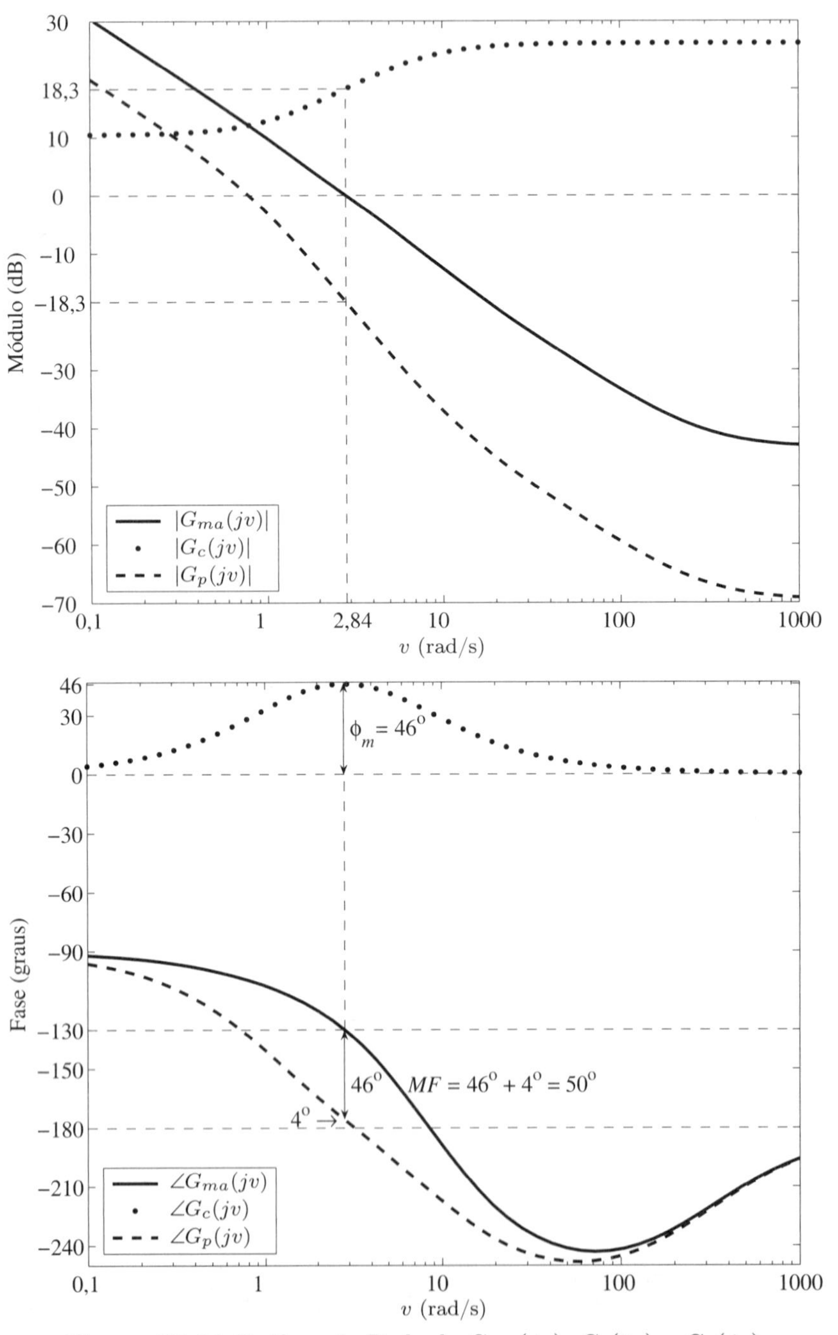

Figura 12.36 Gráficos de Bode de $G_{ma}(jv)$, $G_c(jv)$ e $G_p(jv)$.

Usando a transformação bilinear (12.186) para $T = 0{,}2$, obtém-se

$$u = \frac{2}{T}\left(\frac{z-1}{z+1}\right) = 10\left(\frac{z-1}{z+1}\right). \tag{12.210}$$

Assim,

$$G_c(z) = \frac{20{,}42\left[10\left(\frac{z-1}{z+1}\right) + 1{,}15\right]}{10\left(\frac{z-1}{z+1}\right) + 7{,}04} = \frac{13{,}3602(z - 0{,}7938)}{z - 0{,}1736}. \tag{12.211}$$

A função de transferência de malha aberta discreta é dada por

$$\begin{aligned} G_{ma}(z) &= G_c(z)G_p(z) = \left[\frac{13{,}3602(z-0{,}7938)}{z-0{,}1736}\right]\left[\frac{0{,}0187(z+0{,}9355)}{(z-0{,}8187)(z-1)}\right] \\ &= \frac{0{,}2502z^2 + 0{,}0355z - 0{,}1858}{z^3 - 1{,}9924z^2 + 1{,}1345z - 0{,}1422}. \end{aligned} \tag{12.212}$$

O erro estacionário para entrada do tipo rampa unitária vale

$$\begin{aligned} e(\infty) &= \lim_{z\to 1}(1 - z^{-1})\frac{1}{1 + G_{ma}(z)}R(z) \\ &= \lim_{z\to 1}\left(\frac{z-1}{z}\right)\frac{1}{\left[1 + \frac{13{,}3602(z-0{,}7938)}{(z-0{,}1736)}\frac{0{,}0187(z+0{,}9355)}{(z-0{,}8187)(z-1)}\right]}\frac{Tz}{(z-1)^2} \\ &= \lim_{z\to 1}\frac{T}{\frac{13{,}3602(z-0{,}7938)}{(z-0{,}1736)}\frac{0{,}0187(z+0{,}9355)}{(z-0{,}8187)}} \cong 0{,}3, \end{aligned} \tag{12.213}$$

que está de acordo com o especificado no projeto.

A função de transferência de malha fechada resulta como

$$\begin{aligned} \frac{Y(z)}{R(z)} &= \frac{G_{ma}(z)}{1 + G_{ma}(z)} = \frac{0{,}2502z^2 + 0{,}0355z - 0{,}1858}{z^3 - 1{,}7421z^2 + 1{,}1700z - 0{,}3280} \\ &= \frac{0{,}2502z^{-1} + 0{,}0355z^{-2} - 0{,}1858z^{-3}}{1 - 1{,}7421z^{-1} + 1{,}1700z^{-2} - 0{,}3280z^{-3}}. \end{aligned} \tag{12.214}$$

Aplicando a transformada $\mathcal{Z}$ inversa e a propriedade do atraso, obtém-se

$$\begin{aligned} y(kT) = \; & 1{,}7421y[(k-1)T] - 1{,}1700y[(k-2)T] + 0{,}3280y[(k-3)T] + \\ & 0{,}2502r[(k-1)T] + 0{,}0355r[(k-2)T] - 0{,}1858r[(k-3)T]. \end{aligned} \tag{12.215}$$

Na Figura 12.37 é apresentado o gráfico da resposta $y(kT)$, quando $r(kT)$ é uma rampa unitária. Note que o erro estacionário é $e(\infty) = r(\infty) - y(\infty) = 0{,}3$.

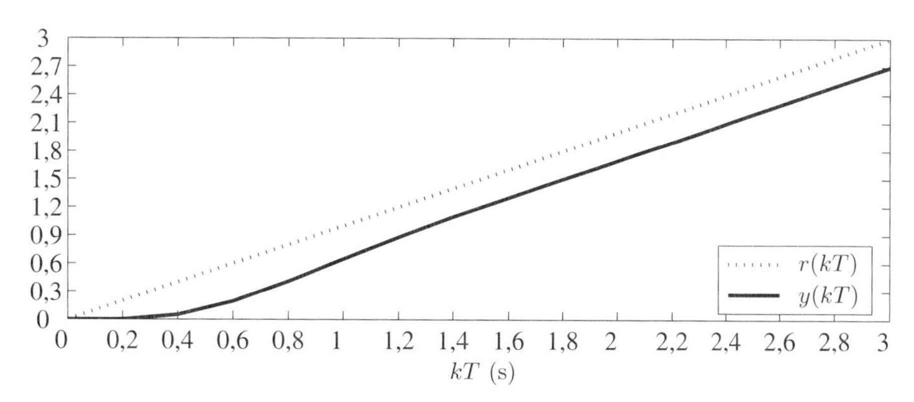

Figura 12.37 Resposta à rampa unitária.

■

12.11 Controlador *dead beat*

A resposta transitória de um sistema em malha fechada para uma entrada degrau é definida como *dead beat* quando o tempo de acomodação é mínimo, o erro estacionário é nulo e não há oscilações entre os instantes de amostragem.

Considere o sistema em malha fechada da Figura 12.38.

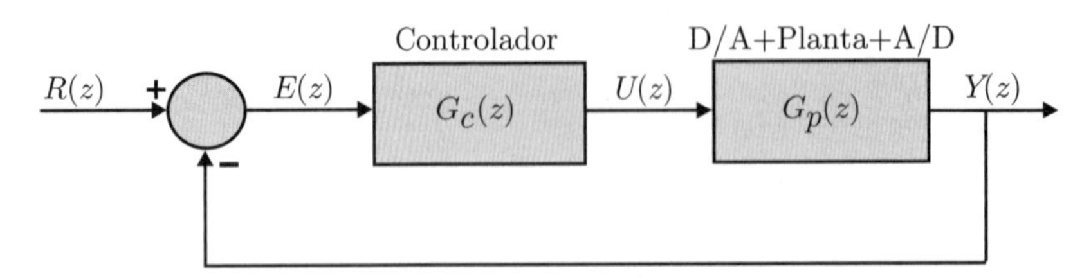

Figura 12.38 Diagrama de blocos de um sistema em malha fechada.

A função de transferência de malha fechada é dada por

$$\frac{Y(z)}{R(z)} = G_{mf}(z) = \frac{G_c(z)G_p(z)}{1 + G_c(z)G_p(z)} . \tag{12.216}$$

Isolando a função de transferência $G_c(z)$ do controlador na Equação (12.216), obtém-se

$$G_c(z) = \frac{1}{G_p(z)} \frac{G_{mf}(z)}{[1 - G_{mf}(z)]} . \tag{12.217}$$

Conforme se pode perceber na Equação (12.217), o controlador $G_c(z)$ inverte a planta $G_p(z)$ de modo a produzir os resultados desejados. É necessário investigar em que situações isso é possível.

12.11.1 Causalidade

- O controlador $G_c(z)$ deve ser causal, isto é, o grau do seu numerador deve ser menor ou igual ao grau do seu denominador. Caso contrário, o controlador necessitaria de entradas futuras para produzir uma saída atual.

- Para que a resposta ocorra num tempo de acomodação finito e para que o sistema em malha fechada seja causal, a função de transferência de malha fechada deve ser do tipo

$$G_{mf}(z) = \frac{g_0 z^p + g_1 z^{p-1} + g_2 z^{p-2} + \ldots + g_{p-1} z + g_p}{z^p} \tag{12.218}$$

$$= g_0 + g_1 z^{-1} + g_2 z^{-2} + \ldots + g_{p-1} z^{1-p} + g_p z^{-p} , \tag{12.219}$$

com $p \geq n$, sendo n a ordem da planta.

- A planta não pode responder de forma instantânea quando um sinal de controle de amplitude finita é aplicado na sua entrada. Se a planta tiver um atraso de um período de amostragem a função de transferência de malha fechada $G_{mf}(z)$ deve ter no mínimo o mesmo tempo de atraso pois, caso contrário, o sistema em malha fechada teria que responder antes que uma entrada fosse aplicada nele. Assim, se por exemplo a expansão em série de $G_p(z)$ começar em z^{-2}, então a expansão em série (12.219) deve começar no mínimo também em z^{-2}, ou seja,

$$G_{mf}(z) = g_2 z^{-2} + \ldots + g_{p-1} z^{1-p} + g_p z^{-p} . \tag{12.220}$$

12.11.2 Erro estacionário

Da Figura 12.38 tem-se que

$$E(z) = R(z) - Y(z) = R(z) - G_{mf}(z)R(z) = R(z)[1 - G_{mf}(z)] \,. \quad (12.221)$$

O erro estacionário é dado por

$$e(\infty) = \lim_{z\to 1}(1 - z^{-1})E(z) = \lim_{z\to 1}(1 - z^{-1})[1 - G_{mf}(z)]R(z) \,. \quad (12.222)$$

- Quando $R(z)$ é um degrau de amplitude $A \neq 0$ tem-se que

$$e(\infty) = \lim_{z\to 1}(1 - z^{-1})[1 - G_{mf}(z)]\frac{A}{(1 - z^{-1})} = \lim_{z\to 1}[1 - G_{mf}(z)]A \,. \quad (12.223)$$

Se a planta $G_p(z)$ tiver um ou mais polos em $z = 1$, então $e(\infty) = 0$. Portanto,

$$G_{mf}(1) = 1 \,. \quad (12.224)$$

- Quando $R(z)$ é uma rampa com coeficiente $A \neq 0$ tem-se que

$$\begin{aligned} e(\infty) &= \lim_{z\to 1}(1 - z^{-1})[1 - G_{mf}(z)]\frac{ATz^{-1}}{(1 - z^{-1})^2} \\ &= \lim_{z\to 1}[1 - G_{mf}(z)]\frac{ATz^{-1}}{1 - z^{-1}} \\ &= \lim_{z\to 1}[1 - G_{mf}(z)]\frac{AT}{z - 1} \,. \end{aligned} \quad (12.225)$$

Usando a regra de L'Hospital

$$\begin{aligned} e(\infty) &= \lim_{z\to 1} AT\frac{\frac{d[1 - G_{mf}(z)]}{dz}}{\frac{d(z-1)}{dz}} = \lim_{z\to 1}(-AT)\frac{d[G_{mf}(z)]}{dz} \\ &= -AT\left.\frac{d[G_{mf}(z)]}{dz}\right|_{z=1} \,. \end{aligned} \quad (12.226)$$

Se a planta $G_p(z)$ tiver um polo em $z = 1$, então $e(\infty) = \frac{AT}{K}$, com K constante. Portanto,

$$\left.\frac{d[G_{mf}(z)]}{dz}\right|_{z=1} = -\frac{1}{K} \,. \quad (12.227)$$

Se a planta $G_p(z)$ tiver dois ou mais polos em $z = 1$, então $e(\infty) = 0$. Portanto,

$$\left.\frac{d[G_{mf}(z)]}{dz}\right|_{z=1} = 0 \,. \quad (12.228)$$

Na Tabela 12.5 são apresentadas as restrições para a função de transferência de malha fechada $G_{mf}(z)$ em função da entrada de referência $R(z)$ e da quantidade de polos da planta em $z = 1$.

Tabela 12.5 Restrições para a função de transferência de malha fechada $G_{mf}(z)$

Número de polos em $z = 1$	Degrau	Rampa
1	$G_{mf}(1) = 1$	$\left.\frac{d[G_{mf}(z)]}{dz}\right\|_{z=1} = -\frac{1}{K}$
2	$G_{mf}(1) = 1$	$\left.\frac{d[G_{mf}(z)]}{dz}\right\|_{z=1} = 0$

Exemplo 12.10

Deseja-se projetar um controlador *dead beat* para o sistema da Figura 12.39, de modo que o tempo de acomodação seja mínimo, o erro estacionário para referência do tipo degrau seja nulo e que não haja oscilações da saída entre os instantes de amostragem. Suponha um período de amostragem $T = 1\,\text{s}$.

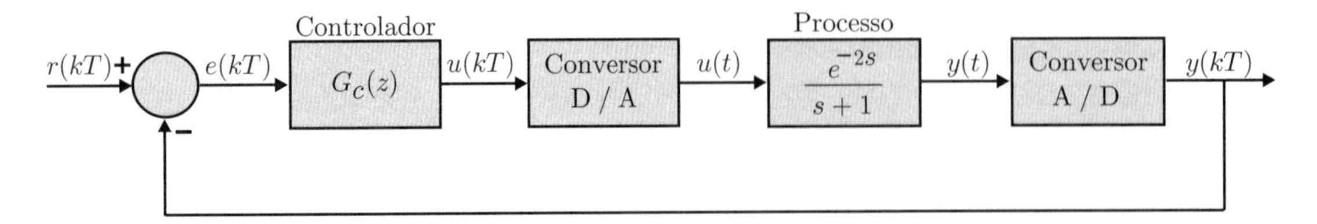

Figura 12.39 Diagrama de blocos de um sistema em malha fechada.

A função de transferência $G_p(z)$ do subsistema D/A + processo + A/D é dada por

$$\begin{aligned} G_p(z) &= \frac{Y(z)}{U(z)} = (1-z^{-1})\mathcal{Z}\left[\frac{G_p(s)}{s}\right] = (1-z^{-1})\mathcal{Z}\left[\frac{e^{-2s}}{s(s+1)}\right] \\ &= (1-z^{-1})z^{-2}\mathcal{Z}\left[\frac{1}{s(s+1)}\right] = (1-z^{-1})z^{-2}\mathcal{Z}\left[\frac{1}{s} - \frac{1}{s+1}\right] \\ &= \left(\frac{z-1}{z}\right)\frac{1}{z^2}\left[\frac{z}{z-1} - \frac{z}{z-e^{-T}}\right] = \frac{1}{z^2}\left(\frac{1-e^{-T}}{z-e^{-T}}\right) \\ &= \frac{0{,}6321}{z^3 - 0{,}3679z^2} = \frac{0{,}6321z^{-3}}{1-0{,}3679z^{-1}} \,. \end{aligned} \tag{12.229}$$

Como a planta $G_p(z)$ é de ordem 3, da Equação (12.219) tem-se que a função de transferência de malha fechada é do tipo

$$G_{mf}(z) = g_0 + g_1 z^{-1} + g_2 z^{-2} + g_3 z^{-3} \,. \tag{12.230}$$

Fazendo a divisão na Equação (12.229), $G_p(z)$ pode ser escrita como soma de potências, ou seja,

$$G_p(z) = 0{,}6321z^{-3} + 0{,}2325z^{-4} + \ldots \tag{12.231}$$

Como o primeiro termo de $G_p(z)$ começa com z^{-3}, ou seja, há um atraso de três períodos de amostragem, então $G_{mf}(z)$ também deve começar com um termo em z^{-3}. Logo, $g_0 = g_1 = g_2 = 0$ e

$$G_{mf}(z) = g_3 z^{-3} \,. \tag{12.232}$$

Aplicando um degrau na referência, o erro estacionário deve ser nulo. Para que isso ocorra é necessário que $G_{mf}(1)$ seja igual a 1. Logo, $g_3 = 1$ e

$$\frac{Y(z)}{R(z)} = G_{mf}(z) = z^{-3} \,. \tag{12.233}$$

O controlador *dead beat* é calculado por meio da Equação (12.217), ou seja,

$$\begin{aligned} G_c(z) &= \frac{1}{G_p(z)}\frac{G_{mf}(z)}{[1-G_{mf}(z)]} \\ &= \frac{(1-0{,}3679z^{-1})}{0{,}6321z^{-3}}\frac{z^{-3}}{(1-z^{-3})} = \frac{1{,}5820(1-0{,}3679z^{-1})}{(1-z^{-3})} \,. \end{aligned} \tag{12.234}$$

Aplicando a transformada $\mathcal{Z}$ inversa e a propriedade do atraso nas Equações (12.233) e (12.234), obtém-se

$$y(kT) = r[(k-3)T] \,, \tag{12.235}$$

$$u(kT) = u[(k-3)T] + 1{,}5820(\, e[kT] - 0{,}3679\, e[(k-1)T]\,) \,. \tag{12.236}$$

Na Figura 12.40 é apresentado o gráfico da resposta $y(kT)$ quando $r(kT)$ é um degrau unitário. Note neste gráfico que a resposta possui um atraso de três períodos de amostragem e erro estacionário nulo.

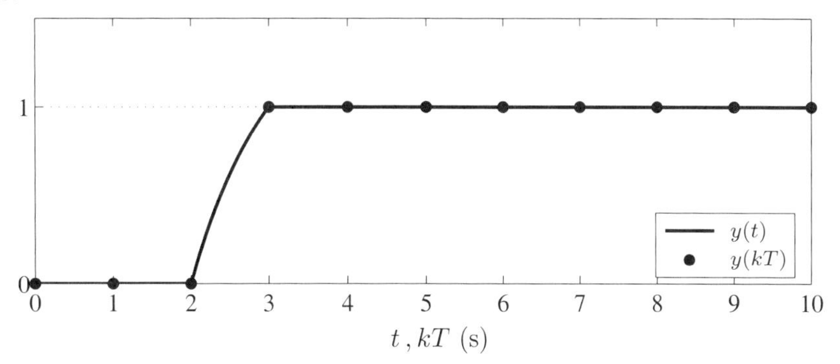

Figura 12.40 Respostas ao degrau unitário.

Na Figura 12.41 é apresentado o gráfico da saída do controlador $u(kT)$ quando $r(kT)$ é um degrau unitário. Como a saída do controlador é constante para $kT \geq 1$, então a saída contínua da planta $y(t)$ também é constante e não apresenta oscilações entre os instantes de amostragem.

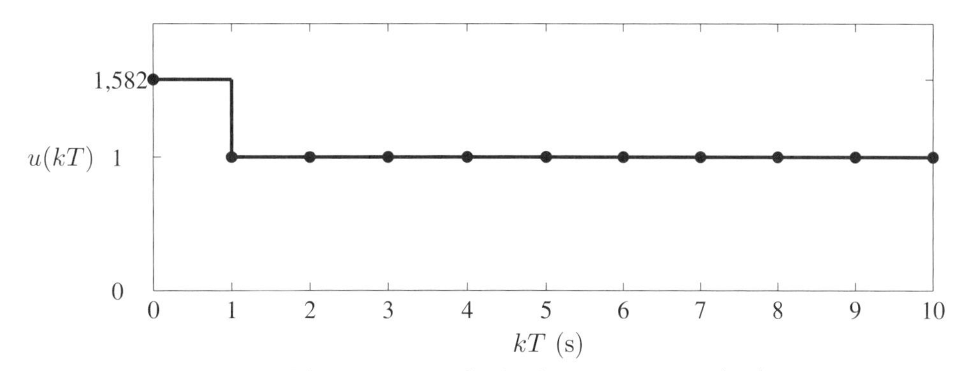

Figura 12.41 Saída do controlador $u(kT)$.

O projeto do controlador *dead beat* independe da escolha do período de amostragem T. Todavia, se o período de amostragem for escolhido muito "pequeno" a amplitude do sinal de controle $u(t)$ pode ser muito elevada, podendo causar sua saturação. Por outro lado, se o período de amostragem for escolhido muito "grande" o sistema em malha fechada pode se tornar até mesmo instável. Na prática utiliza-se um período de amostragem que seja suficientemente "pequeno" para não ocorrer saturação do sinal de controle.

■

12.11.3 Polos e zeros fora ou sobre a circunferência de raio unitário

Polos da planta $G_p(z)$ fora ou sobre a circunferência de raio unitário ($|z| \geq 1$) não devem ser cancelados por zeros do controlador $G_c(z)$, pois na prática este cancelamento nunca é perfeito e, consequentemente, o sistema em malha fechada resulta instável.

Da mesma forma, o controlador não deve possuir polos instáveis que cancelem zeros da planta fora ou sobre a circunferência de raio unitário.

Suponha, por simplicidade, que a planta possua um zero em $z = -a$ e um polo em $z = -b$, ambos fora ou sobre a circunferência de raio unitário ($|z| \geq 1$).

Definindo

$$G_p(z) = \overline{G}_p(z)\frac{(z-a)}{z-b}\,. \tag{12.237}$$

Assim, a função de transferência de malha fechada é dada por

$$G_{mf}(z) = \frac{G_c(z)\overline{G}_p(z)\frac{(z-a)}{z-b}}{1 + G_c(z)\overline{G}_p(z)\frac{(z-a)}{z-b}} = \frac{G_c(z)\overline{G}_p(z)(z-a)}{z - b + G_c(z)\overline{G}_p(z)(z-a)} \,. \tag{12.238}$$

e

$$1 - G_{mf}(z) = 1 - \frac{G_c(z)\overline{G}_p(z)(z-a)}{z - b + G_c(z)\overline{G}_p(z)(z-a)} = \frac{z-b}{z - b + G_c(z)\overline{G}_p(z)(z-a)} \,. \tag{12.239}$$

Da Equação (12.217) obtém-se

$$G_c(z) = \frac{1}{\frac{\overline{G}_p(z)(z-a)}{z-b}} \frac{\frac{G_c(z)\overline{G}_p(z)(z-a)}{z-b+G_c(z)\overline{G}_p(z)(z-a)}}{\left(\frac{z-b}{z-b+G_c(z)\overline{G}_p(z)(z-a)}\right)} \,. \tag{12.240}$$

Das Equações (12.238) e (12.239) tem-se que

• Um zero da planta $G_p(z)$ fora ou sobre a circunferência de raio unitário ($|z| = |a| \geq 1$) deve ser zero da função $G_{mf}(z)$, ou seja, $G_{mf}(a) = 0$.

• Um polo da planta $G_p(z)$ fora ou sobre a circunferência de raio unitário ($|z| = |b| \geq 1$) deve ser zero da função $1 - G_{mf}(z)$, ou seja, $1 - G_{mf}(b) = 0$.

Exemplo 12.11

Deseja-se projetar um controlador para o sistema da Figura 12.42 de modo que o tempo de acomodação seja mínimo, o erro estacionário para referência do tipo degrau seja nulo e sem que haja preocupações com oscilações da saída entre os instantes de amostragem. Suponha um período de amostragem $T = 1$ s.

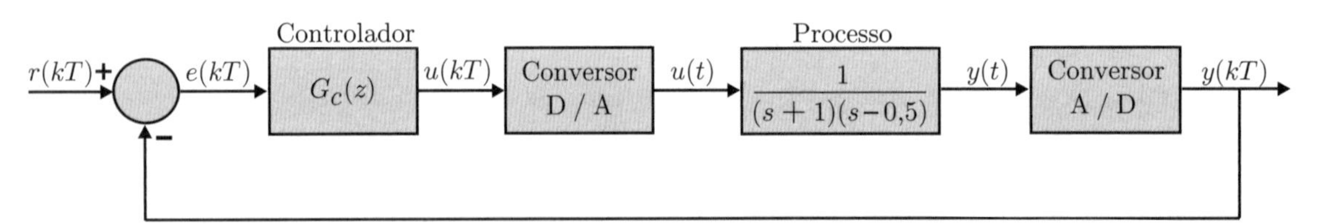

Figura 12.42 Diagrama de blocos de um sistema em malha fechada.

A função de transferência $G_p(z)$ do subsistema D/A + processo + A/D é dada por

$$\begin{aligned} G_p(z) &= \frac{Y(z)}{U(z)} = (1 - z^{-1})\mathcal{Z}\left[\frac{G_p(s)}{s}\right] = (1 - z^{-1})\mathcal{Z}\left[\frac{1}{s(s+1)(s-0{,}5)}\right] \\ &= \frac{0{,}4435(z + 0{,}8490)}{(z - 0{,}3679)(z - 1{,}6487)} \qquad (12.241) \\ &= \frac{0{,}4435z^{-1} + 0{,}3766z^{-2}}{1 - 2{,}0166z^{-1} + 0{,}6065z^{-2}} \,. \qquad (12.242) \end{aligned}$$

Como a planta $G_p(z)$ é de ordem 2, da Equação (12.219) tem-se que a função de transferência de malha fechada é do tipo

$$G_{mf}(z) = g_0 + g_1 z^{-1} + g_2 z^{-2} \,. \tag{12.243}$$

Fazendo a divisão na Equação (12.242), o primeiro termo de $G_p(z)$ começa com z^{-1}. Logo, para que o sistema em malha fechada seja causal $G_{mf}(z)$ também deve começar com um termo em z^{-1}. Assim, $g_0 = 0$ e

$$G_{mf}(z) = g_1 z^{-1} + g_2 z^{-2} \,. \tag{12.244}$$

Aplicando um degrau na referência o erro estacionário deve ser nulo. Para que isso ocorra é necessário que $G_{mf}(1)$ seja igual a 1, isto é,

$$G_{mf}(1) = g_1 + g_2 = 1 \,. \tag{12.245}$$

A planta $G_p(z)$ possui um polo fora da circunferência de raio unitário em $z = 1{,}6487$. Assim, este polo deve ser zero da função $1 - G_{mf}(z)$, ou seja,

$$1 - G_{mf}(1{,}6487) = 1 - 0{,}6065g_1 - 0{,}3679g_2 = 0 \Rightarrow 0{,}6065g_1 + 0{,}3679g_2 = 1 \, . \tag{12.246}$$

Das Equações (12.245) e (12.246) tem-se o seguinte sistema

$$\begin{bmatrix} 1 & 1 \\ 0{,}6065 & 0{,}3679 \end{bmatrix} \begin{bmatrix} g_1 \\ g_2 \end{bmatrix} = \begin{bmatrix} 1 \\ 1 \end{bmatrix} , \tag{12.247}$$

cuja solução é $g_1 = 2{,}6487$ e $g_2 = -1{,}6487$.

Portanto,

$$\frac{Y(z)}{R(z)} = G_{mf}(z) = 2{,}6487z^{-1} - 1{,}6487z^{-2} \, . \tag{12.248}$$

O controlador é calculado por meio da Equação (12.217), ou seja,

$$\begin{aligned} G_c(z) &= \frac{1}{G_p(z)} \frac{G_{mf}(z)}{[1 - G_{mf}(z)]} \\ &= \frac{(z - 0{,}3679)(z - 1{,}6487)}{0{,}4435(z + 0{,}8490)} \frac{(2{,}6487z^{-1} - 1{,}6487z^{-2})}{(1 - 2{,}6487z^{-1} + 1{,}6487z^{-2})} \\ &= \frac{(z - 0{,}3679)(z - 1{,}6487)}{0{,}4435(z + 0{,}8490)} \frac{2{,}6487(z - 0{,}6225)}{(z - 1)(z - 1{,}6487)} \\ &= \frac{5{,}9717(z - 0{,}3679)(z - 0{,}6225)}{(z + 0{,}8490)(z - 1)} && (12.249) \\ &= \frac{5{,}9717 - 5{,}9140z^{-1} + 1{,}3675z^{-2}}{1 - 0{,}1510z^{-1} - 0{,}8490z^{-2}} \, . && (12.250) \end{aligned}$$

Aplicando a transformada $\mathcal{Z}$ inversa e a propriedade do atraso nas Equações (12.248) e (12.250), obtém-se

$$y(kT) = 2{,}6487r[(k-1)T] - 1{,}6487r[(k-2)T] \, , \tag{12.251}$$

$$\begin{aligned} u(kT) = \; & 0{,}1510u[(k-1)T] + 0{,}8490u[(k-2)T] + \\ & 5{,}9717e[kT] - 5{,}9140e[(k-1)T] + 1{,}3675e[(k-2)T] \, . \end{aligned} \tag{12.252}$$

Na Figura 12.43 são apresentados os gráficos da resposta discreta $y(kT)$ e da resposta contínua $y(t)$ quando $r(kT)$ é um degrau unitário. Note que em $kT = 2\,\text{s}$ a resposta $y(kT)$ já atingiu o estado estacionário, porém com um sobressinal elevado.

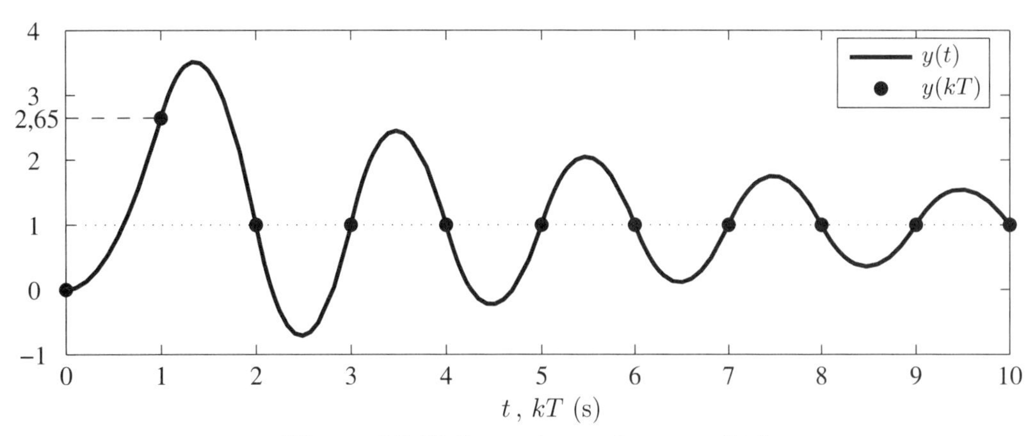

Figura 12.43 Respostas ao degrau unitário.

Um inconveniente observado na Figura 12.43 é que a saída real da planta $y(t)$ apresenta oscilações indesejáveis entre os períodos de amostragem. Este problema ocorre porque o controlador $G_c(z)$ possui um polo próximo da circunferência de raio unitário em $z = -0{,}8490$. Este polo causa uma oscilação no sinal de controle $u(kT)$ que causa, por sua vez, a oscilação da saída da planta $y(t)$. A resposta discreta $y(kT)$ não apresenta oscilação porque o polo do controlador em $z = -0{,}8490$ é cancelado com um zero da mesma posição da planta $G_p(z)$.

Na Figura 12.44 é mostrada a oscilação do sinal de controle $u(kT)$. Embora o controlador *dead beat* forneça uma resposta rápida e com erro estacionário nulo a amplitude do sinal de controle pode ser muito elevada, o que pode causar sua saturação e excessivo desgaste de atuadores, que não suportam mudanças repentinas em suas entradas.

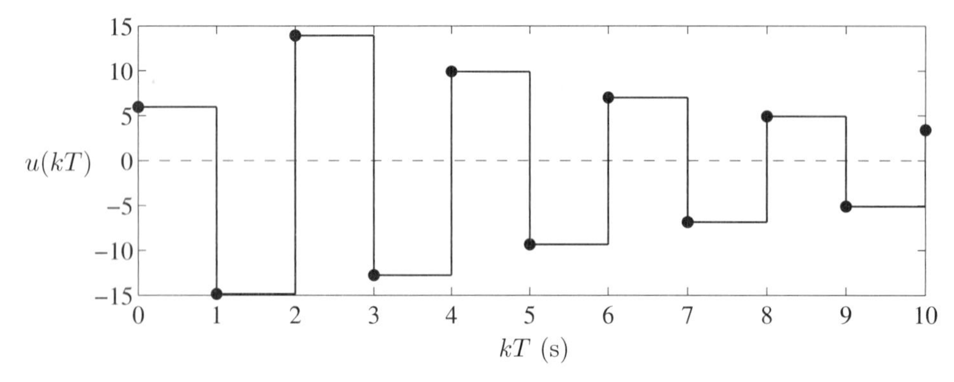

Figura 12.44 Saída do controlador $u(kT)$.

■

12.11.4 Eliminação de oscilações entre os instantes de amostragem

Quando a entrada de referência é do tipo degrau, para que a saída da planta não apresente oscilações entre os períodos de amostragem é necessário que $y(t)$ seja constante após o tempo de acomodação ser alcançado. Para que isso ocorra basta que a entrada da planta $u(t)$ também seja constante após esse período.

Do sistema da Figura 12.38 tem-se que

$$U(z) = \frac{Y(z)}{G_p(z)} = \frac{Y(z)}{R(z)}\frac{R(z)}{G_p(z)} = \frac{G_{mf}(z)}{G_p(z)}R(z) \,. \tag{12.253}$$

Definindo $G_p(z) = N(z)/D(z)$, da Equação (12.218) tem-se que

$$\frac{U(z)}{R(z)} = \frac{(g_0 z^p + g_1 z^{p-1} + g_2 z^{p-2} + \ldots + g_{p-1} z + g_p)}{z^p}\frac{D(z)}{N(z)} \,. \tag{12.254}$$

Sendo $r(kT)$ uma entrada do tipo degrau, para que $u(kT)$ seja constante após um tempo de acomodação os polos da função de transferência (12.254) devem estar longe da circunferência de raio unitário. Como a função (12.254) possui p polos em $z = 0$, então os zeros da planta $G_p(z)$ próximos da circunferência de raio unitário é que causam as oscilações entre os períodos de amostragem.

Assim, para que $u(kT)$ seja constante após um tempo de acomodação basta cancelar os zeros indesejáveis de $N(z)$ com zeros de $G_{mf}(z)$. Para isso basta acrescentar restrições no projeto do controlador de que zeros da planta $G_p(z)$, próximos da cincunferência de raio unitário, também são zeros de $G_{mf}(z)$.

Exemplo 12.12

Deseja-se projetar um controlador *dead beat* para o exemplo anterior, de modo que a saída não apresente oscilações entre os instantes de amostragem. Suponha um período de amostragem $T = 1\,\text{s}$.

A planta $G_p(z)$ em (12.241) possui um zero indesejável próximo da circunferência de raio unitário em $z = -0{,}8490$. Dessa maneira, deve ser incluída no projeto uma restrição de que $G_{mf}(-0{,}8490) = 0$. Por essa razão a função de transferência de malha fechada deve possuir um termo a mais, ou seja,

$$G_{mf}(z) = g_1 z^{-1} + g_2 z^{-2} + g_3 z^{-3}\,, \tag{12.255}$$

sendo

$$G_{mf}(-0{,}8490) = -1{,}1778 g_1 + 1{,}3872 g_2 - 1{,}6338 g_3 = 0\,. \tag{12.256}$$

Para que o erro estacionário seja nulo, então

$$G_{mf}(1) = g_1 + g_2 + g_3 = 1\,. \tag{12.257}$$

Para que o polo fora da circunferência de raio unitário em $z = 1{,}6487$ seja zero da função $1 - G_{mf}(z)$, então

$$1 - G_{mf}(1{,}6487) = 0 \Rightarrow 0{,}6065 g_1 + 0{,}3679 g_2 + 0{,}2231 g_3 = 1\,. \tag{12.258}$$

Das Equações (12.256), (12.257) e (12.258) tem-se o seguinte sistema:

$$\begin{bmatrix} -1{,}1778 & 1{,}3872 & -1{,}6338 \\ 1 & 1 & 1 \\ 0{,}6065 & 0{,}3679 & 0{,}2231 \end{bmatrix} \begin{bmatrix} g_1 \\ g_2 \\ g_3 \end{bmatrix} = \begin{bmatrix} 0 \\ 1 \\ 1 \end{bmatrix}, \tag{12.259}$$

cuja solução é $g_1 = 1{,}9322$, $g_2 = 0{,}2491$ e $g_3 = -1{,}1813$.

Portanto,

$$G_{mf}(z) = 1{,}9322 z^{-1} + 0{,}2491 z^{-2} - 1{,}1813 z^{-3}\,. \tag{12.260}$$

O controlador é calculado por meio da Equação (12.217), ou seja,

$$\begin{aligned} G_c(z) &= \frac{1}{G_p(z)} \frac{G_{mf}(z)}{[1 - G_{mf}(z)]} \\ &= \frac{(z-0{,}3679)(z-1{,}6487)}{0{,}4435(z+0{,}8490)} \frac{(1{,}9322z^{-1} + 0{,}2491z^{-2} - 1{,}1813z^{-3})}{(1 - 1{,}9322z^{-1} - 0{,}2491z^{-2} + 1{,}1813z^{-3})} \\ &= \frac{(z-0{,}3679)(z-1{,}6487)}{0{,}4435(z+0{,}8490)} \frac{1{,}9322(z+0{,}8490)(z-0{,}7201)}{(z-1)(z-1{,}6487)(z+0{,}7165)} \\ &= \frac{4{,}3562(z-0{,}3679)(z-0{,}7201)}{(z-1)(z+0{,}7165)} \qquad (12.261) \\ &= \frac{4{,}3562 - 4{,}7395z^{-1} + 1{,}1540z^{-2}}{1 - 0{,}2835z^{-1} - 0{,}7165z^{-2}}\,. \qquad (12.262) \end{aligned}$$

Aplicando a transformada $\mathcal{Z}$ inversa e a propriedade do atraso nas Equações (12.260) e (12.262), obtém-se

$$\begin{aligned} y(kT) &= 1{,}9322r[(k-1)T] + 0{,}2491r[(k-2)T] - 1{,}1813r[(k-3)T]\,, \qquad (12.263) \\ u(kT) &= 0{,}2835u[(k-1)T] + 0{,}7165u[(k-2)T] + \\ &\quad 4{,}3562e[kT] - 4{,}7395e[(k-1)T] + 1{,}1540e[(k-2)T]\,. \qquad (12.264) \end{aligned}$$

Na Figura 12.45 é apresentado o gráfico da resposta discreta $y(kT)$ e da resposta contínua $y(t)$, quando $r(kT)$ é um degrau unitário. A resposta $y(kT)$ atingiu o estado estacionário em $kT = 3\,\text{s}$, porém com um sobressinal elevado. Como se pode perceber, as oscilações entre os períodos de amostragem da resposta contínua $y(t)$ foram eliminadas.

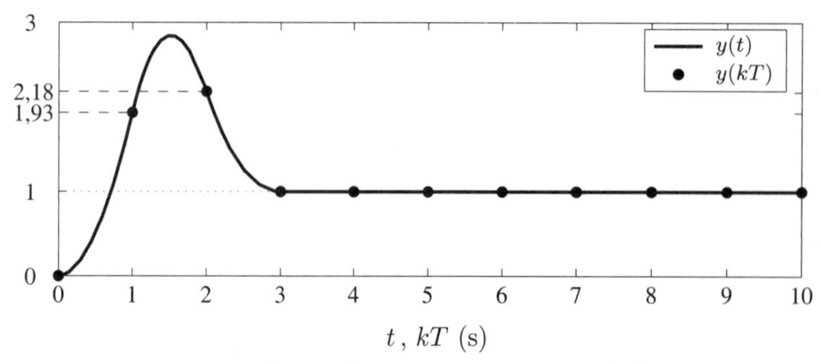

Figura 12.45 Respostas ao degrau unitário.

Na Figura 12.46 é apresentado o gráfico do sinal de controle $u(kT)$. Note que este sinal é constante para $kT \geq 3\,\text{s}$, o que possibilita que a saída $y(t)$ também seja constante a partir desse instante.

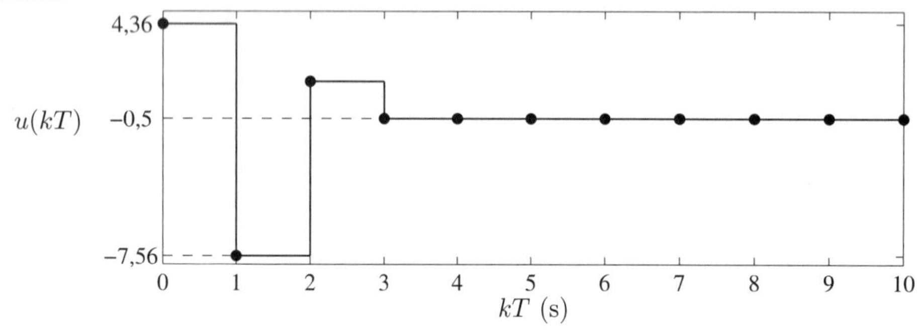

Figura 12.46 Saída do controlador $u(kT)$. ■

12.12 Exercícios resolvidos

Exercício 12.1

Obtenha aproximações discretas para o sistema contínuo da Figura 12.47 através dos seguintes métodos: retangular para trás, mapeamento polo-zero, bilinear sem compensação e com compensação de distorção na frequência $\omega_s = 1\,\text{rad/s}$. Para cada método, calcule a resposta analítica da saída $y(k)$ para $k = 0, \ldots, 5$, quando a entrada $u(k)$ for um degrau unitário. Suponha $T = 1\,\text{s}$.

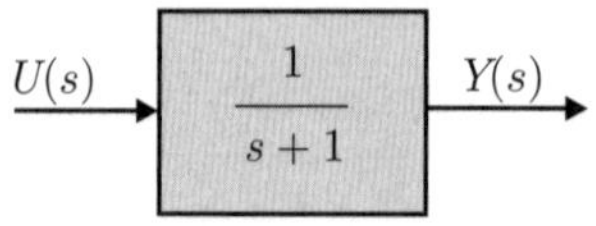

$U(s) \rightarrow \boxed{\dfrac{1}{s+1}} \rightarrow Y(s)$

Figura 12.47 Sistema contínuo.

Solução

Método retangular para trás

Da expressão (12.13) tem-se que

$$\frac{Y(z)}{U(z)} = \frac{1}{\frac{z-1}{z}+1} = \frac{z}{2z-1} = \frac{0{,}5z}{z-0{,}5}\,. \tag{12.265}$$

Para $U(z)$ degrau unitário obtém-se

$$Y(z) = \frac{0{,}5z^2}{(z-1)(z-0{,}5)} = \frac{z}{z-1} - \frac{0{,}5z}{z-0{,}5}\,. \tag{12.266}$$

Logo,

$$y(k) = 1 - 0{,}5(0{,}5)^k\,. \tag{12.267}$$

Transformação bilinear ou de Tustin

Da expressão (12.20) tem-se que

$$\frac{Y(z)}{U(z)} = \frac{1}{\frac{2(z-1)}{(z+1)} + 1} = \frac{z+1}{3z-1} = \frac{\frac{1}{3}(z+1)}{z-\frac{1}{3}} . \qquad (12.268)$$

Para $U(z)$ degrau unitário obtém-se

$$Y(z) = \frac{\frac{1}{3}z(z+1)}{(z-1)(z-\frac{1}{3})} = \frac{z}{z-1} - \frac{\frac{2}{3}z}{z-\frac{1}{3}} . \qquad (12.269)$$

Logo,

$$y(k) = 1 - \frac{2}{3}\left(\frac{1}{3}\right)^k . \qquad (12.270)$$

Transformação bilinear com compensação de distorção em frequência

A função de transferência contínua deve ser modificada para

$$\frac{Y(s)}{U(s)} = \frac{\frac{2}{T}\tan\frac{T}{2}}{s + \frac{2}{T}\tan\frac{T}{2}} = \frac{2\tan 0{,}5}{s + 2\tan 0{,}5} . \qquad (12.271)$$

Aplicando a transformação bilinear (12.20) na Equação (12.271), obtém-se

$$\begin{aligned} \frac{Y(z)}{U(z)} &= \frac{2\tan 0{,}5}{\frac{2(z-1)}{T(z+1)} + 2\tan 0{,}5} = \frac{\tan 0{,}5}{\frac{z-1}{z+1} + \tan 0{,}5} \\ &= \frac{\tan 0{,}5}{(\tan 0{,}5 + 1)}\left(\frac{z+1}{z + \frac{\tan 0{,}5 - 1}{\tan 0{,}5 + 1}}\right) \\ &\cong \frac{0{,}3533(z+1)}{z - 0{,}2934} . \end{aligned} \qquad (12.272)$$

Para $U(z)$ degrau unitário obtém-se

$$Y(z) = \frac{0{,}3533\, z(z+1)}{(z-1)(z-0{,}2934)} = \frac{z}{z-1} - \frac{0{,}6467z}{z-0{,}2934} . \qquad (12.273)$$

Logo,

$$y(k) = 1 - 0{,}6467(0{,}2934)^k . \qquad (12.274)$$

Método do mapeamento polo-zero

A função de transferência do sistema discreto é dada por

$$\frac{Y(z)}{U(z)} = \frac{K}{z - e^{-T}} = \frac{K}{z - 0{,}3679} . \qquad (12.275)$$

O ganho K é ajustado para que em baixas frequências o ganho do sistema contínuo seja igual ao do sistema discreto, ou seja,

$$\left.\frac{Y(s)}{U(s)}\right|_{s=0} = \left.\frac{Y(z)}{U(z)}\right|_{z=1} \Rightarrow 1 = \frac{K}{1 - 0{,}3679} \Rightarrow K = 0{,}6321 . \qquad (12.276)$$

Portanto,

$$\frac{Y(z)}{U(z)} = \frac{0{,}6321}{z - 0{,}3679} . \qquad (12.277)$$

Para $U(z)$ degrau unitário obtém-se

$$Y(z) = \frac{0{,}6321z}{(z-1)(z-0{,}3679)} = \frac{z}{z-1} - \frac{z}{z-0{,}3679} . \qquad (12.278)$$

Logo,

$$y(k) = 1 - (0{,}3679)^k . \qquad (12.279)$$

Na Tabela 12.6 são apresentados os valores da saída contínua $y(t)$ e discreta $y(k)$ ($k = 0, \ldots, 5$) quando a entrada é um degrau unitário.

Tabela 12.6 Saída contínua $y(t)$ e discreta $y(k)$

t, k	**Contínua** $y(t) = 1 - e^{-t}$	**Retangular para trás**	**Bilinear sem compensação**	**Bilinear com compensação**	**Mapeamento polo-zero**
0	0,0000	0,5000	0,3333	0,3533	0,0000
1	0,6321	0,7500	0,7778	0,8103	0,6321
2	0,8647	0,8750	0,9259	0,9443	0,8647
3	0,9502	0,9375	0,9753	0,9837	0,9502
4	0,9817	0,9688	0,9918	0,9952	0,9817
5	0,9933	0,9844	0,9973	0,9986	0,9933

Na Figura 12.48 são apresentados os gráficos da resposta ao degrau para os métodos analisados.

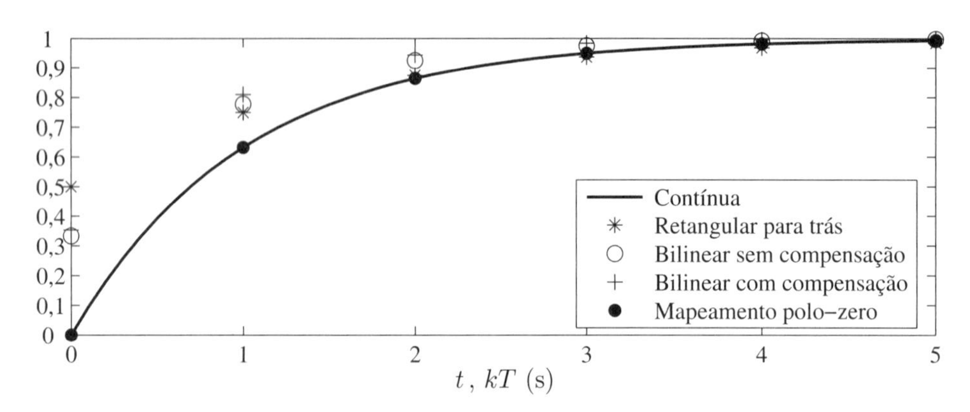

Figura 12.48 Respostas ao degrau.

Exercício 12.2

Considere o sistema discreto da Figura 12.49.

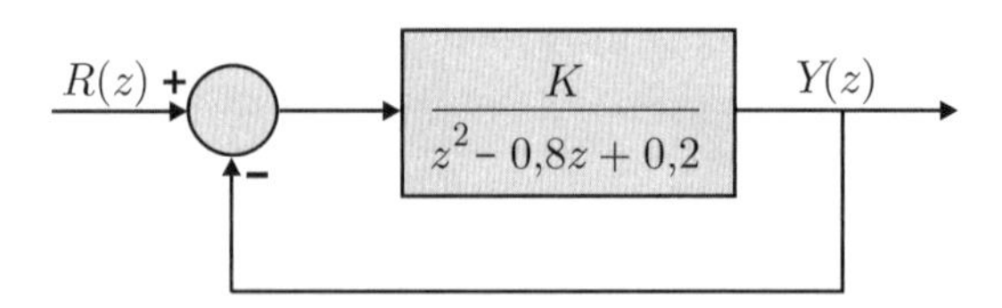

Figura 12.49 Sistema discreto.

Desenhe o lugar das raízes e determine a faixa de valores do ganho K de modo que o sistema seja estável em malha fechada.

Solução

Os polos do sistema em malha aberta estão localizados em $z_{1,2} = 0{,}4 \pm 0{,}2j$. O lugar das raízes começa nos polos complexos de malha aberta, seguindo assíntotas verticais na medida em que o ganho K aumenta, conforme representado na Figura 12.50.

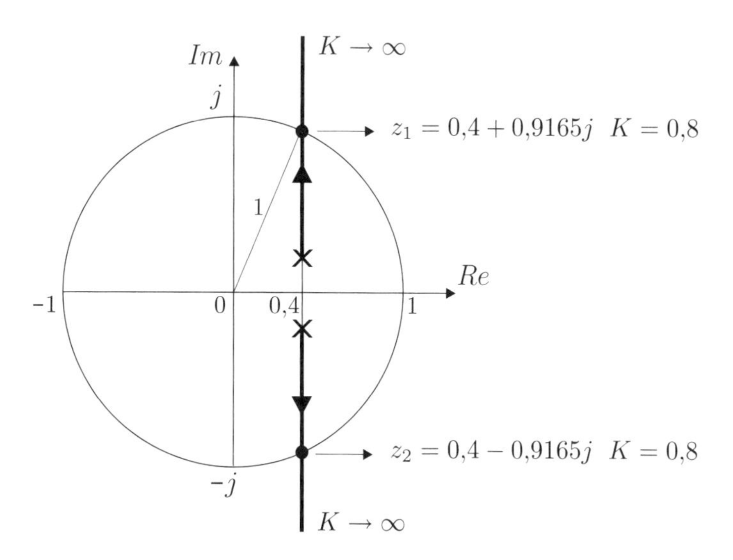

Figura 12.50 Lugar das raízes.

O máximo valor de K que estabiliza o sistema em malha fechada pode ser determinado pelo cruzamento do lugar das raízes com a circunferência de raio unitário, que ocorre nos pontos $z_{1,2} = 0{,}4 \pm 0{,}9165j$. O valor de K num destes pontos pode ser calculado pela condição de módulo

$$\left|\frac{K}{z^2 - 0{,}8z + 0{,}2}\right|_{z=0{,}4+0{,}9165j} = 1 \Rightarrow K = 0{,}8 \ . \tag{12.280}$$

Portanto, o sistema em malha fechada é estável para $0 < K < 0{,}8$.

Exercício 12.3

Considere o sistema da Figura 12.51.

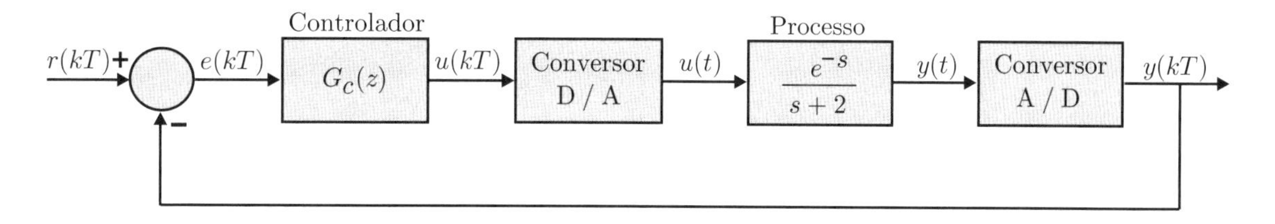

Figura 12.51 Diagrama de blocos de um sistema em malha fechada.

Projete um controlador $G_c(z)$ de modo que as seguintes especificações sejam satisfeitas:
- erro estacionário nulo para entrada $r(kT)$ do tipo degrau unitário e
- polos de malha fechada dominantes com coeficiente de amortecimento $\xi = 0{,}6$ e frequência natural $\omega_n = 1$ (rad/s).

Suponha que o período de amostragem seja $T = 1\,\text{s}$.

Solução

Os polos de malha fechada dominantes devem estar localizados em

$$s_{1,2} = -\xi\omega_n \pm j\omega_n\sqrt{1-\xi^2} = -\xi\omega_n \pm j\omega_d = -0{,}6 \pm 0{,}8j \ . \tag{12.281}$$

Se os polos dominantes tiverem influência predominante na dinâmica do sistema então a resposta ao degrau deve apresentar um sobressinal próximo de $M_p \cong 9{,}5\%$. Como este sistema possui um atraso de transporte de $1\,\text{s}$, o tempo de pico máximo está próximo de $t_p \cong 4{,}9\,\text{s}$.

No plano z os polos são mapeados em

$$z_{1,2} = e^{Ts_{1,2}} = e^{-0,6T \pm 0,8Tj} \cong 0{,}3824 \pm 0{,}3937j \; . \tag{12.282}$$

A função de transferência $G_p(z)$ do subsistema D/A + processo + A/D é dada por

$$\begin{aligned} G_p(z) &= \frac{Y(z)}{U(z)} = (1-z^{-1})\mathcal{Z}\left[\frac{G_p(s)}{s}\right] = (1-z^{-1})\mathcal{Z}\left[\frac{e^{-s}}{s(s+2)}\right] \\ &= (1-z^{-1})z^{-1}\mathcal{Z}\left[\frac{1}{s(s+2)}\right] = (1-z^{-1})z^{-1}\mathcal{Z}\left[\frac{0{,}5}{s} - \frac{0{,}5}{s+2}\right] \\ &= \left(\frac{z-1}{z}\right)\frac{1}{z}\left[\frac{0{,}5z}{z-1} - \frac{0{,}5z}{z-e^{-2T}}\right] = \frac{0{,}5}{z}\left(\frac{1-e^{-2T}}{z-e^{-2T}}\right) \\ &= \frac{0{,}4323}{z(z-0{,}1353)} \; . \end{aligned} \tag{12.283}$$

Projeto por meio do lugar das raízes

Como a planta não possui integrador, para que o erro estacionário seja nulo para a entrada degrau o controlador deve possuir um polo em $z = 1$. Esta especificação pode ser satisfeita com um controlador PI ou PID.

Para que o sistema em malha fechada apresente o comportamento transitório desejado a função de transferência do controlador $G_c(z)$ deve ser calculada de modo que o lugar das raízes passe pelos polos de malha fechada desejados (12.282). Para isso será utilizado um controlador PI, que tem uma função de transferência mais simples que a de um PID, ou seja,

$$G_c(z) = PI(z) = \overline{K}_c + \overline{K}_I \frac{1}{(1-z^{-1})} \quad \text{ou} \quad G_c(z) = \frac{K(z+C)}{z-1} \; . \tag{12.284}$$

A função de transferência de malha aberta é dada por

$$G(z) = G_c(z)G_p(z) = \frac{K(z+C)}{(z-1)}\frac{0{,}4323}{z(z-0{,}1353)} \; . \tag{12.285}$$

As constantes C e K podem ser determinadas pelas condições de fase e módulo, respectivamente. Da condição de fase tem-se que

$$\angle G(z) = \pm \text{ múltiplo ímpar de } 180^\circ \; . \tag{12.286}$$

Assim,

$$\angle z+C - \angle z-1 - \angle z - \angle z-0{,}1353 = -180^\circ \; . \tag{12.287}$$

A constante C deve ser calculada num dos polos desejados $z_{1,2} \cong 0{,}3824 \pm 0{,}3937j$, ou seja,

$$\arctan\left(\frac{0{,}3937}{0{,}3824+C}\right) \cong 71{,}22^\circ \Rightarrow C \cong -0{,}2485 \; . \tag{12.288}$$

O valor de K pode ser calculado por meio da condição de módulo, ou seja,

$$|G(z)| = 1 \Rightarrow \left|\frac{K(z-0{,}2485)}{(z-1)}\frac{0{,}4323}{z(z-0{,}1353)}\right|_{z=0{,}3824+0{,}3937j} = 1 \Rightarrow K = 1{,}0392 \; . \tag{12.289}$$

Portanto, a função de transferência do controlador PI é dada por

$$G_c(z) = \frac{1{,}0392(z-0{,}2485)}{z-1} \; . \tag{12.290}$$

Na Figura 12.52 é apresentado o gráfico do lugar das raízes.

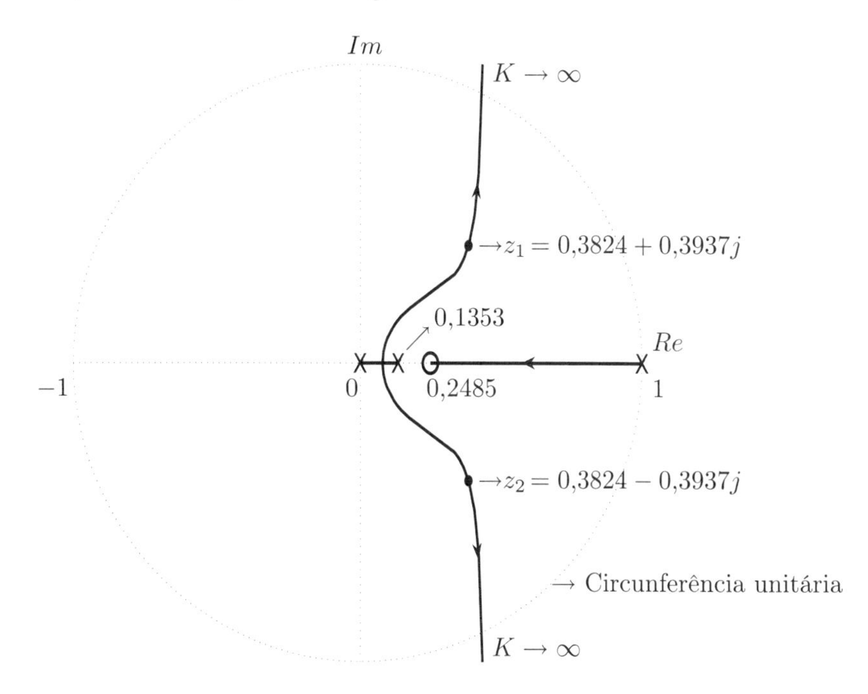

Figura 12.52 Lugar das raízes.

A função de transferência de malha fechada é dada por

$$\begin{aligned}\frac{Y(z)}{R(z)} &= \frac{G(z)}{1+G(z)} = \frac{0{,}4493(z-0{,}2485)}{z(z-1)(z-0{,}1353)+0{,}4493(z-0{,}2485)} \\ &= \frac{0{,}4493(z-0{,}2485)}{z^3-1{,}1353z^2+0{,}5846z-0{,}1116} \qquad (12.291) \\ &= \frac{0{,}4493(z-0{,}2485)}{(z-0{,}3824-0{,}3937j)(z-0{,}3824+0{,}3937j)(z-0{,}3706)}\,, \qquad (12.292)\end{aligned}$$

com polos complexos conjugados de acordo com a especificação.

Projeto por meio de imposição algébrica de polos

A função de transferência de malha fechada com o controlador PI é dada por

$$\begin{aligned}\frac{Y(z)}{R(z)} &= \frac{G(z)}{1+G(z)} = \frac{0{,}4323K(z+C)}{z(z-1)(z-0{,}1353)+0{,}4323K(z+C)} \\ &= \frac{0{,}4323K(z+C)}{z^3-1{,}1353z^2+(0{,}1353+0{,}4323K)z+0{,}4323KC}\,, \qquad (12.293)\end{aligned}$$

cujo polinômio característico é

$$F(z) = z^3 - 1{,}1353z^2 + (0{,}1353+0{,}4323K)z + 0{,}4323KC\,. \qquad (12.294)$$

Como o polinômio característico é de terceira ordem, suas raízes são formadas pelos polos de malha fechada desejados (12.282) e por um terceiro polo em $z = p$, ou seja,

$$\begin{aligned}F(z) &= (z-0{,}3824-0{,}3937j)(z-0{,}3824+0{,}3937j)(z-p) \\ &= z^3-(p+0{,}7647)z^2+(0{,}7647p+0{,}3012)z-0{,}3012p\,. \qquad (12.295)\end{aligned}$$

Comparando os polinômios (12.294) e (12.295), obtém-se um sistema cuja solução é $C \cong -0{,}2485$, $K \cong 1{,}0392$ e $p = 0{,}3706$. Logo, a função de transferência do controlador PI é a mesma obtida pelo método do lugar das raízes.

Resposta ao degrau

Aplicando a transformada $\mathcal{Z}$ inversa na função de transferência de malha fechada, obtém-se

$$y(kT) = 1{,}1353y[(k-1)T] - 0{,}5846y[(k-2)T] + 0{,}1116y[(k-3)T] + 0{,}4493r[(k-2)T] - 0{,}1116r[(k-3)T]\,. \quad (12.296)$$

Na Tabela 12.7 é apresentada a resposta $y(kT)$ quando $r(kT)$ é um degrau unitário. Note que o sobressinal máximo obtido é $M_p \cong 7{,}01\%$, com tempo de pico máximo $t_p = 5\,\mathrm{s}$. O sobressinal obtido é um pouco menor que o previsto ($M_p = 9{,}5\%$) devido ao fato de o polo real também influenciar na resposta.

Tabela 12.7 Resposta ao degrau $y(kT)$ para $kT = 0, 1, 2, \ldots, 10$

kT	0	1	2	3	4	5	6	7	8	9	10
$y(kT)$	0	0	0,4493	0,8478	1,0375	1,0701	1,0407	1,0094	0,9947	0,9930	0,9962

Na Figura 12.53 é apresentado o gráfico da resposta ao degrau $y(kT)$. Note que o erro estacionário é nulo, pois $e(\infty) = r(\infty) - y(\infty) = 0$. Além disso, devido ao atraso de transporte da planta de 1 s a resposta do sistema somente ocorre a partir de $kT > 1$.

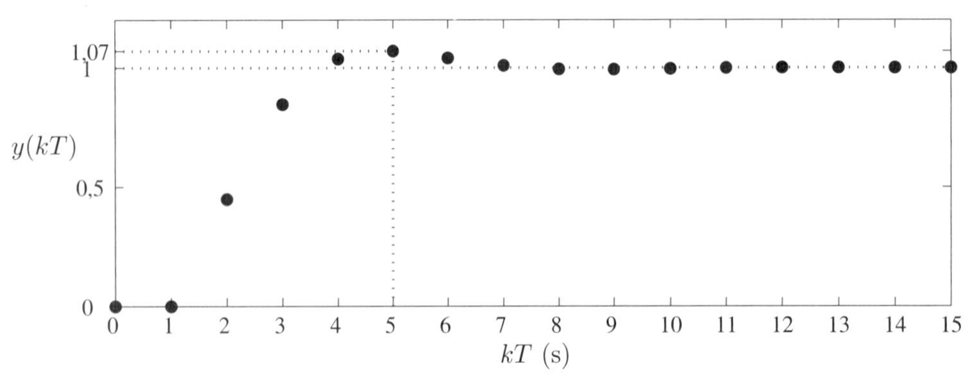

Figura 12.53 Resposta ao degrau unitário.

Exercício 12.4

Projete um controlador *dead beat* para o sistema da Figura 12.54 de modo que o tempo de acomodação seja mínimo, o erro estacionário para referência do tipo degrau unitário seja nulo e sem que a saída apresente oscilações entre os instantes de amostragem. Suponha também que o erro estacionário para referência do tipo rampa unitária é igual a 0,2 e que o período de amostragem é $T = 1\,\mathrm{s}$.

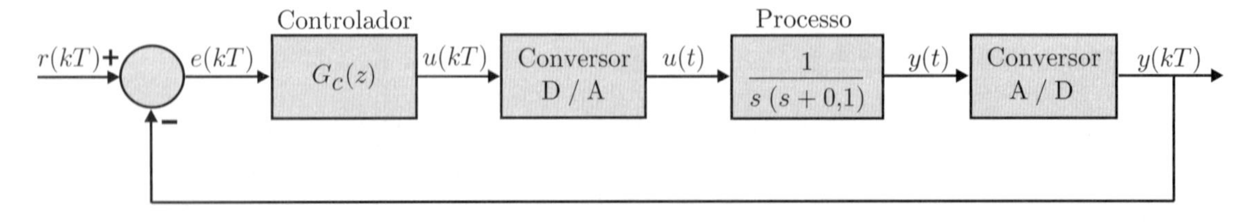

Figura 12.54 Diagrama de blocos de um sistema em malha fechada.

Solução

A função de transferência $G_p(z)$ do subsistema D/A + processo + A/D é dada por

$$\begin{aligned} G_p(z) &= \frac{Y(z)}{U(z)} = (1-z^{-1})\mathcal{Z}\left[\frac{G_p(s)}{s}\right] = (1-z^{-1})\mathcal{Z}\left[\frac{1}{s^2(s+0,1)}\right] \\ &= \frac{0{,}4837(z+0{,}9672)}{(z-1)(z-0{,}9048)} \\ &= \frac{0{,}4837z^{-1}+0{,}4679z^{-2}}{1-1{,}9048z^{-1}+0{,}9048z^{-2}} \,. \end{aligned} \quad (12.297)$$

Restrições de projeto

i) Fazendo a divisão na Equação (12.297), o primeiro termo de $G_p(z)$ irá começar com z^{-1}. Para a função $G_{mf}(z)$ ser causal o primeiro coeficiente é nulo, ou seja, $g_0 = 0$.

ii) O erro estacionário deve ser nulo para referência do tipo degrau unitário. Assim,

$$G_{mf}(1) = 1 \,. \quad (12.298)$$

iii) A planta possui um polo sobre a circunferência de raio unitário em $z = 1$. Este polo deve ser zero da função $1 - G_{mf}(z)$, ou seja,

$$1 - G_{mf}(1) = 0 \Rightarrow G_{mf}(1) = 1 \,. \quad (12.299)$$

iv) O erro estacionário deve ser igual a 0,2 para referência do tipo rampa unitária. Da Equação (12.226) tem-se que

$$\left.\frac{d[G_{mf}(z)]}{dz}\right|_{z=1} = -0{,}2 \,. \quad (12.300)$$

v) A planta possui um zero próximo da circunferência de raio unitário em $z = -0{,}9672$. Para evitar oscilações da saída

$$G_{mf}(-09672) = 0 \,. \quad (12.301)$$

Como g_0 é igual a 0 na restrição *i)* e como a restrição *ii)* é igual a *iii)*, então a função de transferência de malha fechada tem apenas três termos, ou seja,

$$G_{mf}(z) = g_1 z^{-1} + g_2 z^{-2} + g_3 z^{-3} \,. \quad (12.302)$$

Da restrição *ii)* ou *iii)* obtém-se

$$G_{mf}(1) = g_1 + g_2 + g_3 = 1 \,. \quad (12.303)$$

Da restrição *iv)* tem-se que

$$\left.\frac{d[G_{mf}(z)]}{dz}\right|_{z=1} = -g_1 z^{-2} - 2g_2 z^{-3} - 3g_3 z^{-4}\Big|_{z=1} = -0{,}2 \Rightarrow g_1 + 2g_2 + 3g_3 = 0{,}2 \,. \quad (12.304)$$

Da restrição *v)* obtém-se

$$G_{mf}(-0{,}9672) = 0 \Rightarrow -1{,}0339g_1 + 1{,}0689g_2 - 1{,}1052g_3 = 0 \,. \quad (12.305)$$

Das Equações (12.303), (12.304) e (12.305) tem-se o seguinte sistema:

$$\begin{bmatrix} 1 & 1 & 1 \\ 1 & 2 & 3 \\ -1{,}0339 & 1{,}0689 & -1{,}1052 \end{bmatrix} \begin{bmatrix} g_1 \\ g_2 \\ g_3 \end{bmatrix} = \begin{bmatrix} 1 \\ 0{,}2 \\ 0 \end{bmatrix} . \quad (12.306)$$

A solução do sistema (12.306) é $g_1 = 1{,}1649$, $g_2 = 0{,}4701$ e $g_3 = -0{,}6351$. Logo,

$$G_{mf}(z) = 1{,}1649z^{-1} + 0{,}4701z^{-2} - 0{,}6351z^{-3}\,. \tag{12.307}$$

O controlador é calculado por meio da Equação (12.217), ou seja,

$$\begin{aligned}
G_c(z) &= \frac{1}{G_p(z)} \frac{G_{mf}(z)}{[1 - G_{mf}(z)]} \\
&= \frac{(z-1)(z-0{,}9048)}{0{,}4837(z+0{,}9672)} \frac{1{,}1649z^{-1} + 0{,}4701z^{-2} - 0{,}6351z^{-3}}{(1 - 1{,}1649z^{-1} - 0{,}4701z^{-2} + 0{,}6351z^{-3})} \\
&= \frac{(z-1)(z-0{,}9048)}{0{,}4837(z+0{,}9672)} \frac{1{,}1649(z+0{,}9672)(z-0{,}5636)}{(z-1)(z-0{,}8836)(z+0{,}7187)} \\
&= \frac{2{,}4082(z-0{,}9048)(z-0{,}5636)}{(z-0{,}8836)(z+0{,}7187)} \qquad (12.308) \\
&= \frac{2{,}4082 - 3{,}5363z^{-1} + 1{,}2282z^{-2}}{1 - 0{,}1649z^{-1} - 0{,}6351z^{-2}}\,. \qquad (12.309)
\end{aligned}$$

Aplicando a transformada $\mathcal{Z}$ inversa e a propriedade do atraso nas Equações (12.307) e (12.309), obtém-se

$$y(kT) = 1{,}1649r[(k-1)T] + 0{,}4701r[(k-2)T] - 0{,}6351r[(k-3)T]\,, \tag{12.310}$$

$$\begin{aligned}
u(kT) &= 0{,}1649u[(k-1)T] + 0{,}6351u[(k-2)T] + \\
&\quad 2{,}4082e[kT] - 3{,}5363e[(k-1)T] + 1{,}2282e[(k-2)T]\,. \qquad (12.311)
\end{aligned}$$

Na Figura 12.55 é apresentado o gráfico da resposta discreta $y(kT)$ e da resposta contínua $y(t)$ quando $r(kT)$ é um degrau unitário. A resposta $y(kT)$ atingiu o estado estacionário em $kT = 3\,$s, porém com um sobressinal elevado.

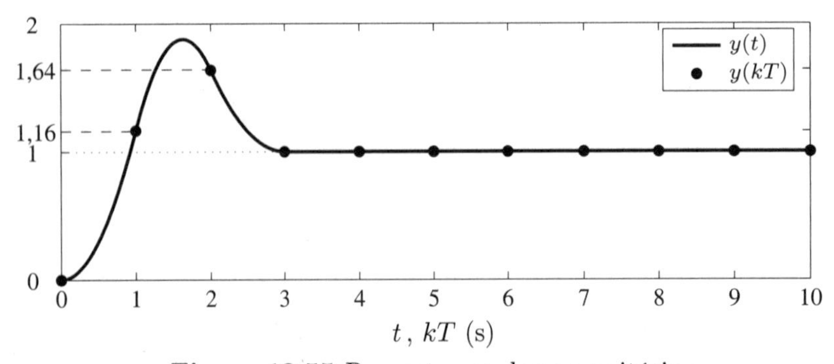

Figura 12.55 Respostas ao degrau unitário.

Na Figura 12.56 é apresentado o gráfico do sinal de controle $u(kT)$ quando $r(kT)$ é um degrau unitário. Note que este sinal é constante para $kT \geq 3\,$s, o que possibilita que a saída $y(t)$ também seja constante a partir desse instante.

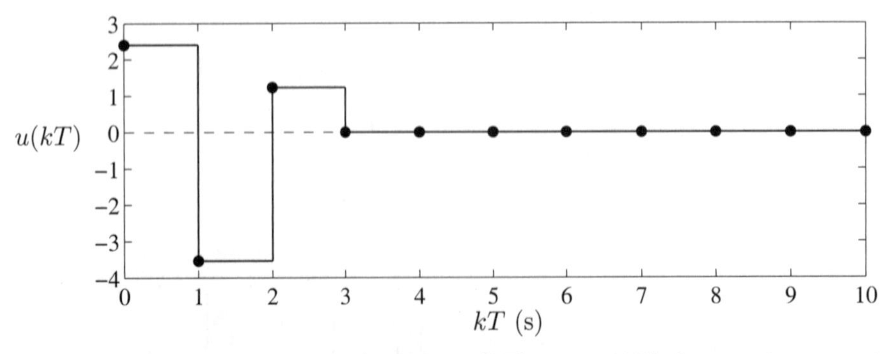

Figura 12.56 Saída do controlador $u(kT)$ para $r(kT)$ do tipo degrau unitário.

O erro estacionário para referência do tipo rampa unitária é dado por

$$
\begin{aligned}
e(\infty) &= \lim_{z\to 1}(1-z^{-1})\frac{1}{1+G_c(z)G_p(z)}R(z) \\
&= \lim_{z\to 1}(1-z^{-1})\frac{1}{\left[1+\frac{2{,}4082(z-0{,}9048)(z-0{,}5636)}{(z-0{,}8836)(z+0{,}7187)}\frac{0{,}4837(z+0{,}9672)}{(z-1)(z-0{,}9048)}\right]}\frac{Tz^{-1}}{(1-z^{-1})^2} \\
&= \lim_{z\to 1}\frac{1}{\left[1+\frac{2{,}4082\;0{,}4837(z-0{,}5636)(z+0{,}9672)}{(z-0{,}8836)(z+0{,}7187)(z-1)}\right](z-1)} \\
&= \lim_{z\to 1}\frac{1}{\left[z-1+\frac{2{,}4082\;0{,}4837(z-0{,}5636)(z+0{,}9672)}{(z-0{,}8836)(z+0{,}7187)}\right]} \cong 0{,}2\,.
\end{aligned}
\qquad (12.312)
$$

Na Figura 12.57 é apresentado o gráfico da resposta $y(kT)$ para entrada de referência do tipo rampa unitária. Observe que $e(\infty) = 0{,}2$.

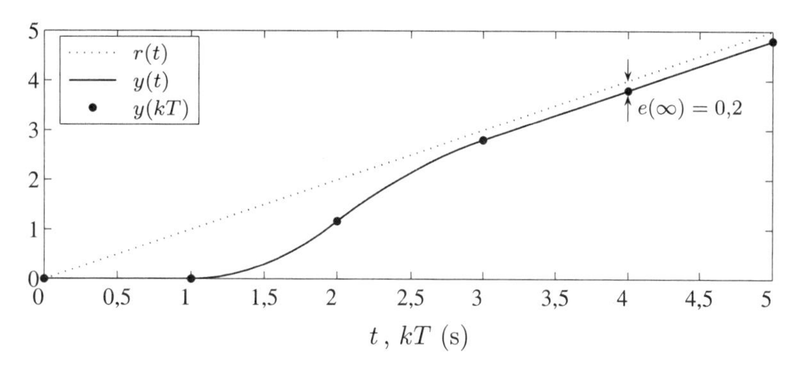

Figura 12.57 Resposta à rampa unitária.

O valor de $u(\infty)$ para referência do tipo rampa unitária é dado por

$$
\begin{aligned}
u(\infty) &= \lim_{z\to 1}(1-z^{-1})\frac{G_{mf}(z)}{G_p(z)}R(z) \\
&= \lim_{z\to 1}(1-z^{-1})\left[\frac{1{,}1649z^{-1}+0{,}4701z^{-2}-0{,}6351z^{-3}}{\frac{0{,}4837(z+0{,}9672)}{(z-1)(z-0{,}9048)}}\right]\frac{Tz^{-1}}{(1-z^{-1})^2} \\
&= \lim_{z\to 1}\frac{(1{,}1649z^{-1}+0{,}4701z^{-2}-0{,}6351z^{-3})(z-0{,}9048)}{0{,}4837(z+0{,}9672)} \cong 0{,}1\,.
\end{aligned}
\qquad (12.313)
$$

Na Figura 12.58 é apresentado o gráfico do sinal de controle $u(kT)$ quando $r(kT)$ é uma rampa unitária. Note que este sinal é constante ($u(\infty) \cong 0{,}1$) para $kT \geq 3\,\text{s}$.

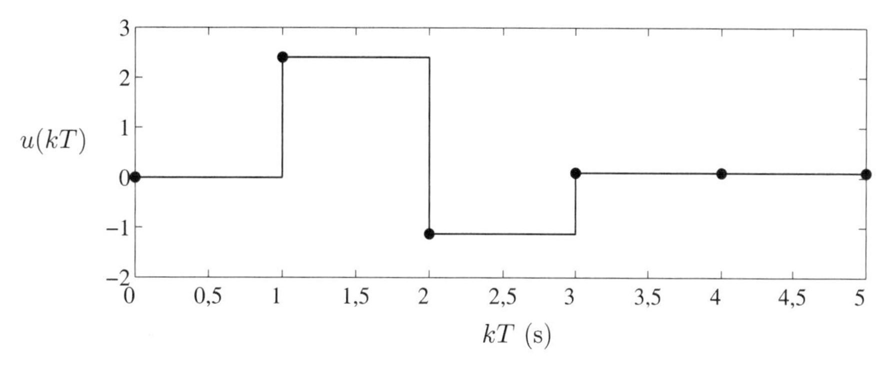

Figura 12.58 Saída do controlador $u(kT)$ para $r(kT)$ do tipo rampa unitária.

12.13 Exercícios propostos

Exercício 12.5

Obtenha aproximações discretas para a função de transferência

$$\frac{Y(s)}{U(s)} = \frac{1}{(s+0{,}5)(s+1)} \,. \tag{12.314}$$

Aplique os seguintes métodos: retangular para trás, mapeamento polo-zero, bilinear sem compensação e com compensação de distorção na frequência $\omega_s = 1\text{rad/s}$. Para cada método calcule a resposta analítica da saída $y(k)$ para $k = 0, \ldots, 5$ quando a entrada $u(k)$ for um degrau unitário. Suponha $T = 1\,\text{s}$.

Exercício 12.6

Desenhe o lugar das raízes para o sistema da Figura 12.59 e determine a faixa de valores do período de amostragem T que estabiliza o sistema em malha fechada.

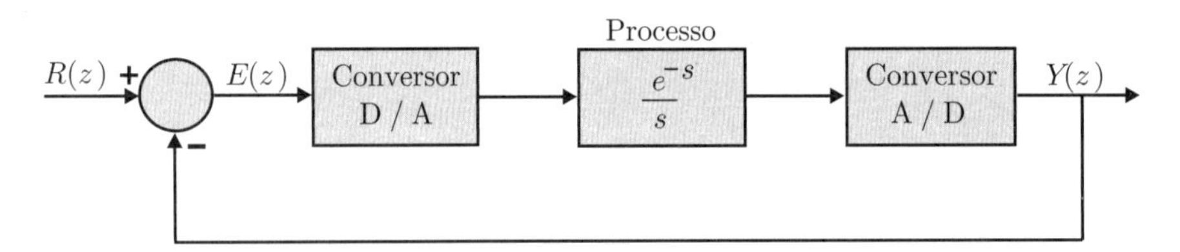

Figura 12.59 Sistema discreto.

Exercício 12.7

Projete um controlador discreto para o sistema da Figura 12.60 de modo que a resposta para um degrau aplicado na referência tenha um sobressinal máximo de 16,3% e um tempo de acomodação de 2 s segundo o critério de 2%.

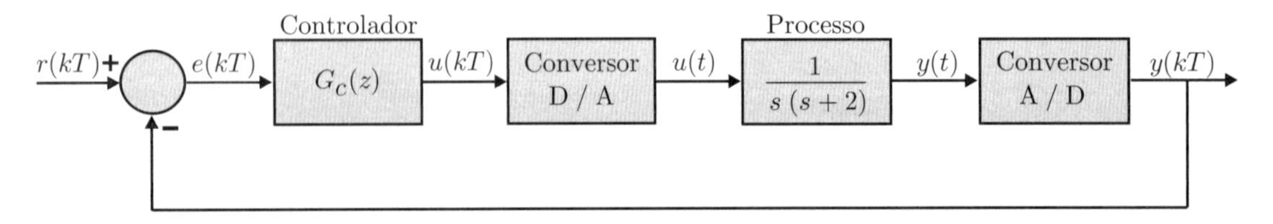

Figura 12.60 Diagrama de blocos de um sistema em malha fechada.

Exercício 12.8

Projete um controle discreto para o sistema da Figura 12.61 de modo que a resposta para um degrau aplicado na referência tenha um sobressinal máximo de 20% e um tempo de subida de 1 s.

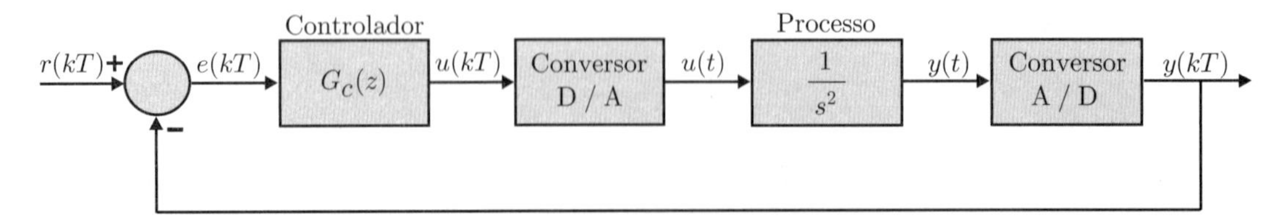

Figura 12.61 Diagrama de blocos de um sistema em malha fechada.

Exercício 12.9

O esquema de um sistema de levitação magnética é apresentado na Figura 12.62. O sistema consiste em um eletroímã que suspende uma massa de material magnético. A levitação da massa é conseguida através do controle da distância $x(t)$ existente entre a massa e a bobina do eletroímã. Na bobina é instalado um sensor que mede a posição $x(t)$ da massa. A partir dessa medida um sistema de controle discreto calcula uma tensão $u(t)$ a ser aplicada na entrada de um circuito de potência que, por sua vez, gera uma corrente $i(t)$ a ser aplicada na bobina. A função de transferência linear do sistema é dada por

$$\frac{X(s)}{U(s)} = \frac{K_p K_s}{(s+1)(s-1)} \,. \tag{12.315}$$

Supondo $K_p = 0{,}1$ (A/V) e $K_s = 0{,}25$ (V/mm), projete um controlador discreto de modo que a resposta para um degrau aplicado na referência tenha um sobressinal máximo de 20% e um tempo de pico de 0,1 s.

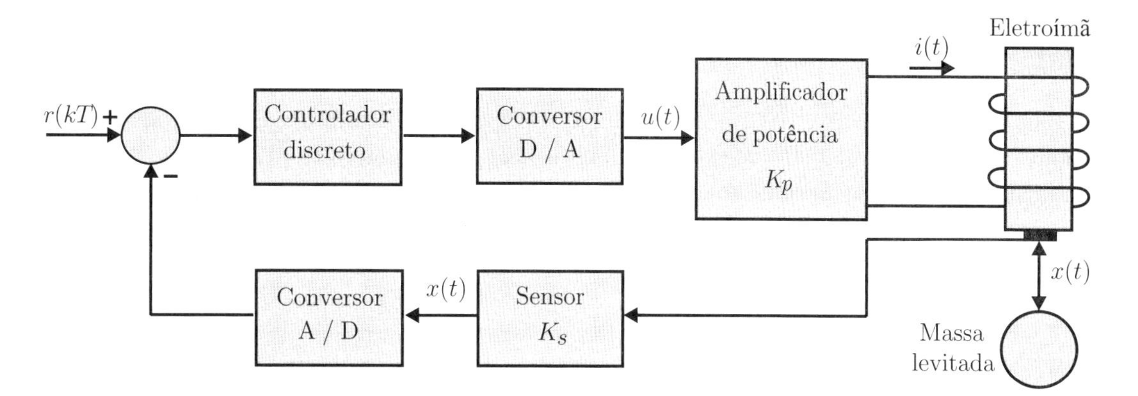

Figura 12.62 Sistema de levitação magnética.

Exercício 12.10

Considere o sistema da Figura 12.63.

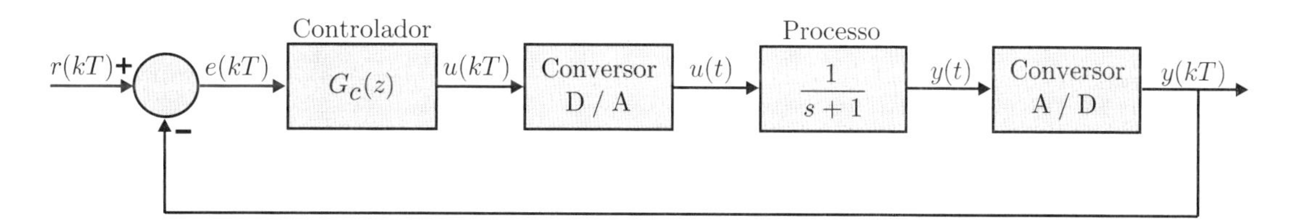

Figura 12.63 Diagrama de blocos de um sistema em malha fechada.

Deseja-se projetar um controlador $G_c(z)$ de modo a satisfazer às seguintes especificações:

- erro estacionário nulo para entrada de referência do tipo degrau unitário;
- margem de fase $MF \cong 30^o$.

Exercício 12.11

Projete um controlador *dead beat* para os sistemas das Figuras 12.60 e 12.61 de modo que o tempo de acomodação seja mínimo, o erro estacionário seja nulo e não haja oscilações da saída entre os instantes de amostragem. Suponha um período de amostragem $T = 1$ s.

13

Projeto de Controladores no Espaço de Estados

13.1 Introdução

Nas décadas de 1940 a 1960, grandes progressos na engenharia de controle automático foram conquistados a partir da abordagem apresentada nos capítulos anteriores, baseada na descrição de sistemas dinâmicos por meio de funções de transferência, que associa diretamente as variáveis de entrada e saída do sistema. Por serem as funções de transferência intimamente relacionadas às características de resposta em frequência dos sistemas dinâmicos, diz-se que essa é uma abordagem no domínio da frequência.

A partir da década de 1960, com a motivação principal dos sistemas aeroespaciais, novos avanços foram obtidos com o desenvolvimento da chamada teoria de variáveis de estado, na qual os sistemas dinâmicos são descritos por meio de equações diferenciais. Como estas equações diferenciais têm a variável tempo como variável independente, diz-se que essa é uma abordagem no domínio do tempo.

A análise no espaço de estados baseia-se na utilização das chamadas variáveis de estado, as quais estão associadas à energia interna armazenada nos componentes físicos de um sistema, tais como energia cinética e magnética. Explicitar estas grandezas durante o processo de análise e projeto foi um grande avanço para se atender às especificações de desempenho mais exigentes, características dos sistemas de controle modernos. Outra característica fundamental da abordagem no espaço de estados é a possibilidade de ser aplicada igualmente para sistemas com apenas uma entrada e uma saída - SISO (*Single Input Single Output*), com múltiplas entradas e múltiplas saídas - MIMO (*Multi Input Multi Output*), não lineares e variantes no tempo.

Historicamente, a abordagem inicial no domínio da frequência é chamada de teoria de controle clássico e a abordagem no espaço de estados é chamada de teoria de controle moderno.

Seguindo o mesmo contexto da abordagem no domínio da frequência dos capítulos anteriores, neste capítulo a teoria de espaço de estados é aplicada a sistemas SISO, lineares e invariantes no tempo.

13.2 Modelo de sistemas dinâmicos no espaço de estados

Nesta seção são considerados sistemas dinâmicos lineares SISO e invariantes no tempo, descritos pelo sistema (13.1) de equações diferenciais de primeira ordem,

$$\begin{cases} \dot{x}_1(t) &= a_{11}x_1(t) + a_{12}x_2(t) + \ldots + a_{1n}x_n(t) + b_1u(t) \\ \dot{x}_2(t) &= a_{21}x_1(t) + a_{22}x_2(t) + \ldots + a_{2n}x_n(t) + b_2u(t) \\ \ldots & \ldots \\ \dot{x}_n(t) &= a_{n1}x_1(t) + a_{n2}x_2(t) + \ldots + a_{nn}x_n(t) + b_nu(t) \\ y(t) &= c_1x_1(t) + c_2x_2(t) + \ldots + c_nx_n(t) + du(t) \end{cases} \tag{13.1}$$

sendo $\dot{x}_i(t) = \frac{dx_i(t)}{dt}$ $(i = 1, 2, \ldots, n)$, com condições iniciais: $x_1(0)$, $x_2(0)$, ..., $x_n(0)$.

As variáveis envolvidas no sistema de Equações (13.1) recebem as seguintes denominações:
$x_1(t)$, $x_2(t)$,...,$x_n(t)$: variáveis de estado;
$u(t)$: variável de entrada;
$y(t)$: variável de saída;
t : variável independente tempo[1].

As equações do sistema (13.1) também podem ser escritas no formato matricial (13.2), cuja representação geral no espaço de estados é composta por duas equações:

$$\begin{cases} \dot{x}(t) &= Ax(t) + Bu(t) \ , \\ y(t) &= Cx(t) + Du(t) \ . \end{cases} \tag{13.2}$$

No caso de sistemas SISO:

$$x(t) = \begin{bmatrix} x_1(t) \\ x_2(t) \\ \ldots \\ x_n(t) \end{bmatrix}, \ x(0) = \begin{bmatrix} x_1(0) \\ x_2(0) \\ \ldots \\ x_n(0) \end{bmatrix}, \ A = \begin{bmatrix} a_{11} & a_{12} & \ldots & a_{1n} \\ a_{21} & a_{22} & \ldots & a_{2n} \\ \ldots & \ldots & \ldots & \ldots \\ a_{n1} & a_{n2} & \ldots & a_{nn} \end{bmatrix}, \ B = \begin{bmatrix} b_1 \\ b_2 \\ \ldots \\ b_n \end{bmatrix},$$

$$C = \begin{bmatrix} c_1 & c_2 & \ldots & c_n \end{bmatrix}, \ D = d \ .$$

sendo $x(t)_{n\times 1}$ o vetor de estados, $x(0)_{n\times 1} = x_0$ o vetor com as condições iniciais, $A_{n\times n}$ a matriz do sistema, $B_{n\times 1}$ a matriz da entrada, $C_{1\times n}$ a matriz da saída e $D_{1\times 1}$ o ganho de transmissão direta da entrada para a saída.

Na Figura 13.1 é mostrado o diagrama de blocos do sistema de Equações (13.2), em que as setas finas denotam um único sinal e as setas grossas denotam dois ou mais sinais.

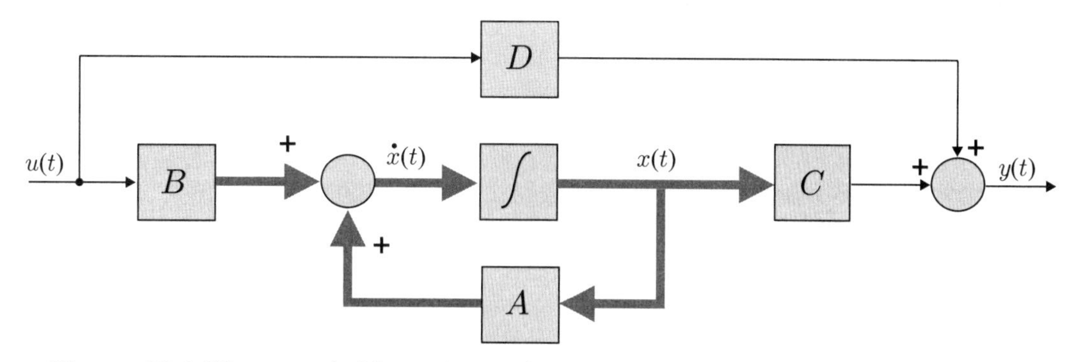

Figura 13.1 Diagrama de blocos de um sistema representado por equações de estados.

[1]Para maior simplicidade de notação, em algumas equações a variável tempo não será explicitada em alguns pontos do capítulo.

Exemplo 13.1

Considere o circuito RLC paralelo com resistor, indutor e capacitor da Figura 13.2 em que a entrada do circuito é o gerador $i(t)$ e a saída é a corrente $i_L(t)$ no indutor.

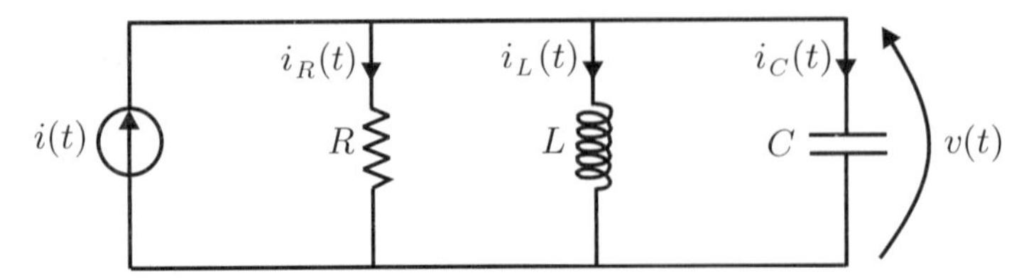

Figura 13.2 Circuito RLC paralelo.

Pela lei de Kirchhoff das correntes tem-se que

$$i_R(t) + i_L(t) + i_C(t) = i(t)\ . \tag{13.3}$$

Sabendo-se que $i_C(t) = C\frac{dv(t)}{dt}$, $i_R(t) = \frac{v(t)}{R}$ e $v(t) = L\frac{di_L(t)}{dt}$, obtém-se

$$\frac{L}{R}\frac{di_L(t)}{dt} + i_L(t) + LC\frac{d^2 i_L(t)}{dt^2} = i(t)\ . \tag{13.4}$$

Isolando o termo com derivada de maior ordem na Equação (13.4), tem-se que

$$\frac{d^2 i_L(t)}{dt^2} = -\frac{1}{RC}\frac{di_L(t)}{dt} - \frac{1}{LC}i_L(t) + \frac{1}{LC}i(t)\ . \tag{13.5}$$

Definindo as variáveis de estado $x_1(t) = i_L(t)$ e $x_2(t) = \frac{di_L(t)}{dt}$, obtém-se

$$\begin{cases} \dot{x}_1(t) & = & x_2(t)\ , \\ \dot{x}_2(t) & = & -\frac{1}{LC}x_1(t) - \frac{1}{RC}x_2(t) + \frac{1}{LC}i(t)\ . \end{cases} \tag{13.6}$$

Logo, as equações de estados na forma matricial são

$$\underbrace{\begin{bmatrix} \dot{x}_1(t) \\ \dot{x}_2(t) \end{bmatrix}}_{\dot{x}(t)} = \underbrace{\begin{bmatrix} 0 & 1 \\ -\frac{1}{LC} & -\frac{1}{RC} \end{bmatrix}}_{A} \underbrace{\begin{bmatrix} x_1(t) \\ x_2(t) \end{bmatrix}}_{x(t)} + \underbrace{\begin{bmatrix} 0 \\ \frac{1}{LC} \end{bmatrix}}_{B} i(t)\ , \tag{13.7}$$

$$i_L(t) = \underbrace{\begin{bmatrix} 1 & 0 \end{bmatrix}}_{C} \underbrace{\begin{bmatrix} x_1(t) \\ x_2(t) \end{bmatrix}}_{x(t)} + \underbrace{\begin{bmatrix} 0 \end{bmatrix}}_{D} i(t)\ . \tag{13.8}$$

■

Exemplo 13.2

Considere o deslocamento $y(t)$ de saída decorrente da força $f(t)$ de entrada, aplicada no sistema mecânico com massa M, mola com constante k e atrito viscoso com constante b da Figura 13.3.

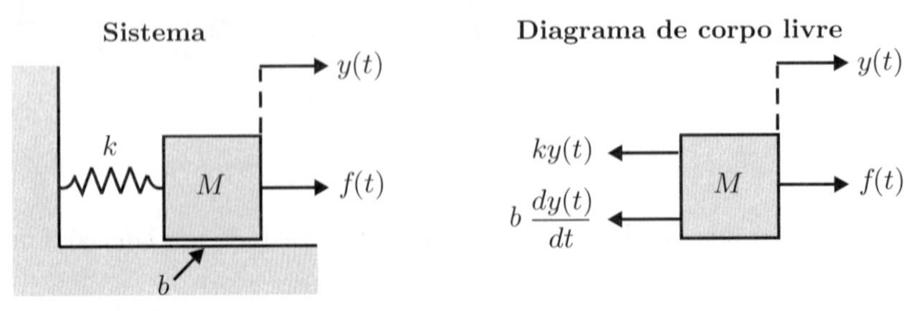

Figura 13.3 Sistema massa-mola numa superfície com atrito.

Aplicando a segunda lei de Newton ao corpo de massa M, obtém-se a equação diferencial que representa a dinâmica do sistema, ou seja,

$$M\frac{d^2y(t)}{dt^2} + b\frac{dy(t)}{dt} + ky(t) = f(t)\,. \tag{13.9}$$

Isolando o termo com derivada de maior ordem na Equação (13.9), tem-se que

$$\frac{d^2y(t)}{dt^2} = -\frac{b}{M}\frac{dy(t)}{dt} - \frac{k}{M}y(t) + \frac{1}{M}f(t)\,. \tag{13.10}$$

Definindo as variáveis de estado $x_1(t) = y(t)$ e $x_2(t) = \frac{dy(t)}{dt}$, obtém-se

$$\begin{cases} \dot{x}_1(t) &= x_2(t)\,, \\ \dot{x}_2(t) &= -\frac{k}{M}x_1(t) - \frac{b}{M}x_2(t) + \frac{1}{M}f(t)\,. \end{cases} \tag{13.11}$$

Logo, as equações de estados na forma matricial são

$$\underbrace{\begin{bmatrix} \dot{x}_1(t) \\ \dot{x}_2(t) \end{bmatrix}}_{\dot{x}(t)} = \underbrace{\begin{bmatrix} 0 & 1 \\ -\frac{k}{M} & -\frac{b}{M} \end{bmatrix}}_{A} \underbrace{\begin{bmatrix} x_1(t) \\ x_2(t) \end{bmatrix}}_{x(t)} + \underbrace{\begin{bmatrix} 0 \\ \frac{1}{M} \end{bmatrix}}_{B} f(t)\,, \tag{13.12}$$

$$y(t) = \underbrace{\begin{bmatrix} 1 & 0 \end{bmatrix}}_{C} \underbrace{\begin{bmatrix} x_1(t) \\ x_2(t) \end{bmatrix}}_{x(t)} + \underbrace{\begin{bmatrix} 0 \end{bmatrix}}_{D} f(t)\,. \tag{13.13}$$

■

É importante observar que as definições feitas para as variáveis de estado nos exemplos (13.1) e (13.2) não são únicas. Conforme será mostrado na seção (13.10), por meio de transformações de similaridade, infinitas representações diferentes podem ser obtidas, chamadas de realizações para os modelos de variáveis de estado.

13.3 Forma canônica controlável

Sistemas lineares descritos na forma de função de transferência podem ser representados na forma de variáveis de estado. Nesta seção é desenvolvida uma representação chamada de forma canônica controlável. A justificativa deste nome encontra-se na Seção 13.9.

Considere um sistema linear, descrito pela equação diferencial de ordem n, entrada $u(t)$ e saída $y(t)$ dado por

$$\frac{d^ny(t)}{dt^n} + a_{n-1}\frac{d^{n-1}y(t)}{dt^{n-1}} + \ldots + a_1\frac{dy(t)}{dt} + a_0y(t) = b_n\frac{d^nu(t)}{dt^n} + b_{n-1}\frac{d^{n-1}u(t)}{dt^{n-1}} + \ldots + b_1\frac{du(t)}{dt} + b_0u(t). \tag{13.14}$$

Aplicando a transformada de Laplace em ambos os lados da Equação (13.14) e supondo condições iniciais nulas, resulta a função de transferência

$$\frac{Y(s)}{U(s)} = \frac{b_ns^n + b_{n-1}s^{n-1} + \ldots + b_1s + b_0}{s^n + a_{n-1}s^{n-1} + \ldots + a_1s + a_0}\,. \tag{13.15}$$

Introduzindo a variável auxiliar $W(s)$ na Equação (13.15) e definindo

$$G_1(s) = \frac{W(s)}{U(s)} = \frac{1}{s^n + a_{n-1}s^{n-1} + \ldots + a_1s + a_0} \tag{13.16}$$

e

$$G_2(s) = \frac{Y(s)}{W(s)} = b_ns^n + b_{n-1}s^{n-1} + \ldots + b_1s + b_0\,, \tag{13.17}$$

o numerador e o denominador da função de transferência (13.15) podem ser separados conforme representado no diagrama de blocos da Figura 13.4.

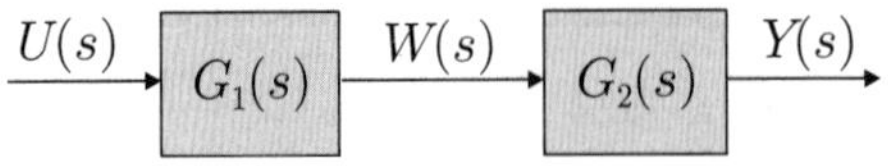

Figura 13.4 Diagrama de blocos das funções de transferência (13.16) e (13.17).

Das Equações (13.16) e (13.17) têm-se que

$$(s^n + a_{n-1}s^{n-1} + \ldots + a_1 s + a_0)W(s) = U(s) \ , \tag{13.18}$$

$$Y(s) = (b_n s^n + b_{n-1}s^{n-1} + \ldots + b_1 s + b_0)W(s) \ . \tag{13.19}$$

Aplicando a transformada inversa de Laplace nas Equações (13.18), (13.19) e isolando a derivada de maior ordem de $w(t)$, resulta

$$\frac{d^n w(t)}{dt^n} = -a_{n-1}\frac{d^{n-1}w(t)}{dt^{n-1}} - \ldots - a_1\frac{dw(t)}{dt} - a_0 w(t) + u(t) \ , \tag{13.20}$$

$$y(t) = b_n\frac{d^n w(t)}{dt^n} + b_{n-1}\frac{d^{n-1}w(t)}{dt^{n-1}} + \ldots + b_1\frac{dw(t)}{dt} + b_0 w(t). \tag{13.21}$$

Substituindo a Equação (13.20) na Equação (13.21), resulta

$$\begin{aligned} y(t) \ &= \ (b_{n-1} - a_{n-1}b_n)\frac{d^{n-1}w(t)}{dt^{n-1}} + (b_{n-2} - a_{n-2}b_n)\frac{d^{n-2}w(t)}{dt^{n-2}} + \ldots + \\ & \quad (b_1 - a_1 b_n)\frac{dw(t)}{dt} + (b_0 - a_0 b_n)w(t) + b_n u(t) \ . \end{aligned} \tag{13.22}$$

Definindo as variáveis de estado

$$x_1(t) = w(t) \ , \ x_2(t) = \frac{dw(t)}{dt} \ , \ \ldots \ , \ x_{n-1}(t) = \frac{d^{n-2}w(t)}{dt^{n-2}} \ , \ x_n(t) = \frac{d^{n-1}w(t)}{dt^{n-1}} \ ,$$

das Equações (13.20) e (13.22) resulta o sistema de equações

$$\left\{ \begin{array}{lcl} \dot{x}_1(t) & = & x_2(t) \\ \dot{x}_2(t) & = & x_3(t) \\ \ldots & = & \ldots \\ \dot{x}_{n-1}(t) & = & x_n(t) \\ \dot{x}_n(t) & = & -a_{n-1}x_n - \ldots - a_1 x_2 - a_0 x_1 + u(t) \\ & & \\ y(t) & = & (b_{n-1} - a_{n-1}b_n)x_n + (b_{n-2} - a_{n-2}b_n)x_{n-1} + \ldots + \\ & & (b_1 - a_1 b_n)x_2 + (b_0 - a_0 b_n)x_1(t) + b_n u(t) \ . \end{array} \right. \tag{13.23}$$

As equações de estados na forma matricial

$$\left\{ \begin{array}{lcl} \dot{x}(t) & = & Ax(t) + Bu(t) \ , \\ y(t) & = & Cx(t) + Du(t) \ , \end{array} \right. \tag{13.24}$$

são portanto

$$\underbrace{\begin{bmatrix} \dot{x}_1(t) \\ \dot{x}_2(t) \\ \ldots \\ \dot{x}_{n-1}(t) \\ \dot{x}_n(t) \end{bmatrix}}_{\dot{x}(t)} = \underbrace{\begin{bmatrix} 0 & 1 & 0 & \ldots & 0 \\ 0 & 0 & 1 & \ldots & 0 \\ \ldots & \ldots & \ldots & \ldots & \ldots \\ 0 & 0 & 0 & \ldots & 1 \\ -a_0 & -a_1 & -a_2 & \ldots & -a_{n-1} \end{bmatrix}}_{A} \underbrace{\begin{bmatrix} x_1(t) \\ x_2(t) \\ \ldots \\ x_{n-1}(t) \\ x_n(t) \end{bmatrix}}_{x(t)} + \underbrace{\begin{bmatrix} 0 \\ 0 \\ \ldots \\ 0 \\ 1 \end{bmatrix}}_{B} u(t) \ , \tag{13.25}$$

$$y(t) = \underbrace{\begin{bmatrix} b_0 - a_0 b_n & b_1 - a_1 b_n \ldots b_{n-2} - a_{n-2}b_n & b_{n-1} - a_{n-1}b_n \end{bmatrix}}_{C} \underbrace{\begin{bmatrix} x_1(t) \\ x_2(t) \\ \ldots \\ x_{n-1}(t) \\ x_n(t) \end{bmatrix}}_{x(t)} + \underbrace{\begin{bmatrix} b_n \end{bmatrix}}_{D} u(t) \ . \tag{13.26}$$

Note que a representação na forma de estados transforma a equação diferencial de ordem n (13.14), associada à função de transferência da Equação (13.15), em um sistema de n equações diferenciais de ordem 1, como no sistema (13.23).

Exemplo 13.3

Um processo com entrada $u(t)$ e saída $y(t)$ é representado pela função de transferência

$$G(s) = \frac{Y(s)}{U(s)} = \frac{s^3 + 9s^2 + 20s + 12}{s^3 + 12s^2 + 47s + 60} . \tag{13.27}$$

Como o numerador da função de transferência $G(s)$ é um polinômio em s, separa-se o numerador do denominador de $G(s)$ em dois blocos, como na Figura 13.5.

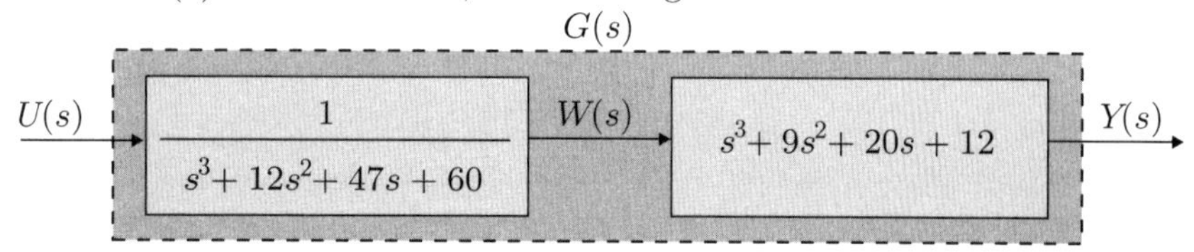

Figura 13.5 Diagrama de blocos da função de transferência (13.27).

Da Figura 13.5 tem-se que

$$\frac{W(s)}{U(s)} = \frac{1}{s^3 + 12s^2 + 47s + 60} \Longrightarrow s^3W(s) + 12s^2W(s) + 47sW(s) + 60W(s) = U(s) , \tag{13.28}$$

$$\frac{Y(s)}{W(s)} = s^3 + 9s^2 + 20s + 12 \Longrightarrow Y(s) = s^3W(s) + 9s^2W(s) + 20sW(s) + 12W(s) . \tag{13.29}$$

Aplicando a transformada inversa de Laplace e isolando a derivada de maior ordem na Equação (13.28), resulta

$$\frac{d^3w(t)}{dt^3} = -12\frac{d^2w(t)}{dt^2} - 47\frac{dw(t)}{dt} - 60w(t) + u(t) , \tag{13.30}$$

$$y(t) = \frac{d^3w(t)}{dt^3} + 9\frac{d^2w(t)}{dt^2} + 20\frac{dw(t)}{dt} + 12w(t). \tag{13.31}$$

Substituindo a Equação (13.30) na Equação (13.31), resulta

$$y(t) = -3\frac{d^2w(t)}{dt^2} - 27\frac{dw(t)}{dt} - 48w(t) + u(t). \tag{13.32}$$

Definindo as variáveis de estado

$$x_1(t) = w(t) , \; x_2(t) = \frac{dw(t)}{dt} \; \text{ e } \; x_3 = \frac{d^2w(t)}{dt^2} , \tag{13.33}$$

resulta o sistema de equações

$$\begin{cases} \dot{x}_1(t) = x_2(t) , \\ \dot{x}_2(t) = x_3(t) , \\ \dot{x}_3(t) = -12x_3 - 47x_2 - 60x_1 + u(t) , \\ y(t) = -3x_3 - 27x_2 - 48x_1(t) + u(t) . \end{cases} \tag{13.34}$$

Portanto, as equações de estados na forma matricial são dadas por

$$\underbrace{\begin{bmatrix} \dot{x}_1(t) \\ \dot{x}_2(t) \\ \dot{x}_3(t) \end{bmatrix}}_{\dot{x}(t)} = \underbrace{\begin{bmatrix} 0 & 1 & 0 \\ 0 & 0 & 1 \\ -60 & -47 & -12 \end{bmatrix}}_{A} \underbrace{\begin{bmatrix} x_1(t) \\ x_2(t) \\ x_3(t) \end{bmatrix}}_{x(t)} + \underbrace{\begin{bmatrix} 0 \\ 0 \\ 1 \end{bmatrix}}_{B} u(t) , \tag{13.35}$$

$$y(t) = \underbrace{\begin{bmatrix} -48 & -27 & -3 \end{bmatrix}}_{C} \underbrace{\begin{bmatrix} x_1(t) \\ x_2(t) \\ x_3(t) \end{bmatrix}}_{x(t)} + \underbrace{\begin{bmatrix} 1 \end{bmatrix}}_{D} u(t) . \tag{13.36}$$

■

13.4 Forma canônica observável

Nesta seção é desenvolvida uma representação na forma de variáveis de estado de um sistema linear, que recebe a denominação de forma canônica observável. A justificativa deste nome encontra-se na Seção 13.9.

Considere um sistema linear, descrito pela equação diferencial de ordem n, entrada $u(t)$ e saída $y(t)$ dado por

$$\frac{d^n y(t)}{dt^n} + a_{n-1}\frac{d^{n-1}y(t)}{dt^{n-1}} + \ldots + a_1\frac{dy(t)}{dt} + a_0 y(t) = b_n\frac{d^n u(t)}{dt^n} + b_{n-1}\frac{d^{n-1}u(t)}{dt^{n-1}} + \ldots + b_1\frac{du(t)}{dt} + b_0 u(t). \quad (13.37)$$

Definindo

$$\dot{x}_1(t) = -a_0 y(t) + b_0 u(t)\ , \quad (13.38)$$

resulta

$$\dot{x}_1(t) = \frac{d^n y(t)}{dt^n} + a_{n-1}\frac{d^{n-1}y(t)}{dt^{n-1}} + \ldots + a_1\frac{dy(t)}{dt} - b_n\frac{d^n u(t)}{dt^n} - b_{n-1}\frac{d^{n-1}u(t)}{dt^{n-1}} - \ldots - b_1\frac{du(t)}{dt}\ . \quad (13.39)$$

Integrando a Equação (13.39) com condições iniciais nulas, obtém-se

$$x_1(t) = \frac{d^{n-1}y(t)}{dt^{n-1}} + a_{n-1}\frac{d^{n-2}y(t)}{dt^{n-2}} + \ldots + a_1 y(t) - b_n\frac{d^{n-1}u(t)}{dt^{n-1}} - b_{n-1}\frac{d^{n-2}u(t)}{dt^{n-2}} - \ldots - b_1 u(t)\ . \quad (13.40)$$

Definindo

$$\dot{x}_2(t) = x_1(t) - a_1 y(t) + b_1 u(t)\ , \quad (13.41)$$

resulta

$$\dot{x}_2(t) = \frac{d^{n-1}y(t)}{dt^{n-1}} + a_{n-1}\frac{d^{n-2}y(t)}{dt^{n-2}} + \ldots + a_2\frac{dy(t)}{dt} - b_n\frac{d^{n-1}u(t)}{dt^{n-1}} - b_{n-1}\frac{d^{n-2}u(t)}{dt^{n-2}} - \ldots - b_2\frac{du(t)}{dt}\ . \quad (13.42)$$

Integrando a Equação (13.42) com condições iniciais nulas, obtém-se

$$x_2(t) = \frac{d^{n-2}y(t)}{dt^{n-2}} + a_{n-1}\frac{d^{n-3}y(t)}{dt^{n-3}} + \ldots + a_2 y(t) - b_n\frac{d^{n-2}u(t)}{dt^{n-2}} - b_{n-1}\frac{d^{n-3}u(t)}{dt^{n-3}} - \ldots - b_2 u(t)\ . \quad (13.43)$$

Seguindo este procedimento, obtém-se

$$\dot{x}_{n-1}(t) = x_{n-2}(t) - a_{n-2}y(t) + b_{n-2}u(t) \quad (13.44)$$

e

$$\dot{x}_{n-1}(t) = \frac{d^2 y(t)}{dt^2} + a_{n-1}\frac{dy(t)}{dt} - b_n\frac{d^2 u(t)}{dt^2} - b_{n-1}\frac{du(t)}{dt}\ . \quad (13.45)$$

Integrando a Equação (13.45) com condições iniciais nulas, obtém-se

$$x_{n-1}(t) = \frac{dy(t)}{dt} + a_{n-1}y(t) - b_n\frac{du(t)}{dt} - b_{n-1}u(t)\ . \quad (13.46)$$

Definindo

$$\dot{x}_n(t) = x_{n-1}(t) - a_{n-1}y(t) + b_{n-1}u(t)\ , \quad (13.47)$$

resulta

$$\dot{x}_n(t) = \frac{dy(t)}{dt} - b_n\frac{du(t)}{dt}\ . \quad (13.48)$$

Integrando a Equação (13.48) com condições iniciais nulas, obtém-se

$$y(t) = x_n(t) + b_n u(t) \quad (13.49)$$

e com isso resulta o sistema de equações

$$\begin{cases} \dot{x}_1(t) & = & -a_0 x_n(t) + (b_0 - a_0 b_n)u(t) \\ \dot{x}_2(t) & = & x_1(t) - a_1 x_n(t) + (b_1 - a_1 b_n)u(t) \\ \dots & = & \dots \\ \dot{x}_{n-1}(t) & = & x_{n-2}(t) - a_{n-2} x_n(t) + (b_{n-2} - a_{n-2} b_n)u(t) \\ \dot{x}_n(t) & = & x_{n-1}(t) - a_{n-1} x_n(t) + (b_{n-1} - a_{n-1} b_n)u(t) \\ \\ y(t) & = & x_n(t) + b_n u(t) \ . \end{cases} \quad (13.50)$$

As equações de estados na forma matricial

$$\begin{cases} \dot{x}(t) & = & Ax(t) + Bu(t) \ , \\ y(t) & = & Cx(t) + Du(t) \ , \end{cases} \quad (13.51)$$

são dadas por

$$\underbrace{\begin{bmatrix} \dot{x}_1(t) \\ \dot{x}_2(t) \\ \dots \\ \dot{x}_{n-1}(t) \\ \dot{x}_n(t) \end{bmatrix}}_{\dot{x}(t)} = \underbrace{\begin{bmatrix} 0 & 0 & \dots & 0 & 0 & -a_0 \\ 1 & 0 & \dots & 0 & 0 & -a_1 \\ \dots & \dots & \dots & \dots & \dots & \dots \\ 0 & 0 & \dots & 1 & 0 & -a_{n-2} \\ 0 & 0 & \dots & 0 & 1 & -a_{n-1} \end{bmatrix}}_{A} \underbrace{\begin{bmatrix} x_1(t) \\ x_2(t) \\ \dots \\ x_{n-1}(t) \\ x_n(t) \end{bmatrix}}_{x(t)} + \underbrace{\begin{bmatrix} b_0 - a_0 b_n \\ b_1 - a_1 b_n \\ \dots \\ b_{n-2} - a_{n-2} b_n \\ b_{n-1} - a_{n-1} b_n \end{bmatrix}}_{B} u(t) \ , \quad (13.52)$$

$$y(t) = \underbrace{\begin{bmatrix} 0 & 0 & \dots & 0 & 1 \end{bmatrix}}_{C} \underbrace{\begin{bmatrix} x_1(t) \\ x_2(t) \\ \dots \\ x_{n-1}(t) \\ x_n(t) \end{bmatrix}}_{x(t)} + \underbrace{\begin{bmatrix} b_n \end{bmatrix}}_{D} u(t) \ . \quad (13.53)$$

Comparando as equações de estados (13.25) e (13.26) da forma canônica controlável com as equações de estados (13.52) e (13.53) da forma canônica observável, podem-se verificar as correspondências entre as matrizes da Tabela 13.1.

Tabela 13.1 Correspondências entre as matrizes das formas canônicas controlável e observável

Forma controlável	**Forma observável**
A	A^T
B	C^T
C	B^T
D	D

Exemplo 13.4

Um processo com entrada $u(t)$ e saída $y(t)$ é representado pela função de transferência

$$G(s) = \frac{Y(s)}{U(s)} = \frac{s^3 + 9s^2 + 20s + 12}{s^3 + 12s^2 + 47s + 60} \ . \quad (13.54)$$

Aplicando a transformada inversa de Laplace na Equação (13.54), resulta

$$\frac{d^3y(t)}{dt^3} + 12\frac{d^2y(t)}{dt^2} + 47\frac{dy(t)}{dt} + 60y(t) = \frac{d^3u(t)}{dt^3} + 9\frac{d^2u(t)}{dt^2} + 20\frac{du(t)}{dt} + 12u(t). \quad (13.55)$$

Definindo

$$\dot{x}_1(t) = -60y(t) + 12u(t) \ , \tag{13.56}$$

resulta

$$\dot{x}_1(t) = \frac{d^3y(t)}{dt^3} + 12\frac{d^2y(t)}{dt^2} + 47\frac{dy(t)}{dt} - \frac{d^3u(t)}{dt^3} - 9\frac{d^2u(t)}{dt^2} - 20\frac{du(t)}{dt} \ . \tag{13.57}$$

Integrando a Equação (13.57) com condições iniciais nulas, obtém-se

$$x_1(t) = \frac{d^2y(t)}{dt^2} + 12\frac{dy(t)}{dt} + 47y(t) - \frac{d^2u(t)}{dt^2} - 9\frac{du(t)}{dt} - 20u(t) \ . \tag{13.58}$$

Definindo

$$\dot{x}_2(t) = x_1(t) - 47y(t) + 20u(t) \ , \tag{13.59}$$

resulta

$$\dot{x}_2(t) = \frac{d^2y(t)}{dt^2} + 12\frac{dy(t)}{dt} - \frac{d^2u(t)}{dt^2} - 9\frac{du(t)}{dt} \ . \tag{13.60}$$

Integrando a Equação (13.60) com condições iniciais nulas, obtém-se

$$x_2(t) = \frac{dy(t)}{dt} + 12y(t) - \frac{du(t)}{dt} - 9u(t) \ . \tag{13.61}$$

Definindo

$$\dot{x}_3(t) = x_2(t) - 12y(t) + 9u(t) \ , \tag{13.62}$$

resulta

$$\dot{x}_3(t) = \frac{dy(t)}{dt} - \frac{du(t)}{dt} \ . \tag{13.63}$$

Integrando a Equação (13.63) com condições iniciais nulas, obtém-se

$$y(t) = x_3(t) + u(t) \ . \tag{13.64}$$

Substituindo a Equação (13.64) nas Equações (13.56), (13.59) e (13.62), resulta o sistema

$$\begin{cases} \dot{x}_1(t) &=& -60x_3(t) - 48u(t) \\ \dot{x}_2(t) &=& x_1(t) - 47x_3(t) - 27u(t) \\ \dot{x}_3(t) &=& x_2(t) - 12x_3(t) - 3u(t) \\ \\ y(t) &=& x_3(t) + u(t) \ . \end{cases} \tag{13.65}$$

Portanto, as equações de estados na forma matricial são dadas por

$$\underbrace{\begin{bmatrix} \dot{x}_1(t) \\ \dot{x}_2(t) \\ \dot{x}_3(t) \end{bmatrix}}_{\dot{x}(t)} = \underbrace{\begin{bmatrix} 0 & 0 & -60 \\ 1 & 0 & -47 \\ 0 & 1 & -12 \end{bmatrix}}_{A} \underbrace{\begin{bmatrix} x_1(t) \\ x_2(t) \\ x_3(t) \end{bmatrix}}_{x(t)} + \underbrace{\begin{bmatrix} -48 \\ -27 \\ -3 \end{bmatrix}}_{B} u(t) \ , \tag{13.66}$$

$$y(t) = \underbrace{\begin{bmatrix} 0 & 0 & 1 \end{bmatrix}}_{C} \underbrace{\begin{bmatrix} x_1(t) \\ x_2(t) \\ x_3(t) \end{bmatrix}}_{x(t)} + \underbrace{\begin{bmatrix} 1 \end{bmatrix}}_{D} u(t) \ . \tag{13.67}$$

Comparando as matrizes das Equações (13.66) e (13.67) da forma canônica observável com as matrizes das Equações (13.35) e (13.36) da forma canônica controlável, podem-se verificar as correspondências da Tabela 13.1.

■

13.5 Conversão de estados para função de transferência

Considere um sistema com entrada $u(t)$ e saída $y(t)$ descrito pelas equações de estados (13.2). Aplicando a transformada de Laplace com condições iniciais nulas, obtém-se

$$\begin{aligned} sX(s) &= AX(s) + BU(s)\,, \qquad (13.68)\\ Y(s) &= CX(s) + DU(s)\,. \qquad (13.69)\end{aligned}$$

Isolando a transformada de Laplace do vetor de estados $X(s)$, tem-se que

$$X(s) = (sI - A)^{-1}BU(s) \qquad (13.70)$$

Substituindo a Equação (13.70) em (13.69), obtém-se

$$Y(s) = [\, C(sI - A)^{-1}B + D \,]\, U(s)\,. \qquad (13.71)$$

Portanto, a função de transferência $G(s)$ é dada por

$$G(s) = C(sI - A)^{-1}B + D\,. \qquad (13.72)$$

Exemplo 13.5

Considere o circuito RLC paralelo da Figura 13.2, cujas equações de estados são

$$\underbrace{\begin{bmatrix} \dot{x}_1(t) \\ \dot{x}_2(t) \end{bmatrix}}_{\dot{x}(t)} = \underbrace{\begin{bmatrix} 0 & 1 \\ -\frac{1}{LC} & -\frac{1}{RC} \end{bmatrix}}_{A} \underbrace{\begin{bmatrix} x_1(t) \\ x_2(t) \end{bmatrix}}_{x(t)} + \underbrace{\begin{bmatrix} 0 \\ \frac{1}{LC} \end{bmatrix}}_{B} i(t)\,, \qquad (13.73)$$

$$i_L(t) = \underbrace{\begin{bmatrix} 1 & 0 \end{bmatrix}}_{C} \underbrace{\begin{bmatrix} x_1(t) \\ x_2(t) \end{bmatrix}}_{x(t)} + \underbrace{\begin{bmatrix} 0 \end{bmatrix}}_{D} i(t)\,. \qquad (13.74)$$

A matriz $(sI - A)$ é dada por

$$sI - A = \begin{bmatrix} s & 0 \\ 0 & s \end{bmatrix} - \begin{bmatrix} 0 & 1 \\ -\frac{1}{LC} & -\frac{1}{RC} \end{bmatrix} = \begin{bmatrix} s & -1 \\ \frac{1}{LC} & s + \frac{1}{RC} \end{bmatrix}, \qquad (13.75)$$

cuja inversa é

$$(sI - A)^{-1} = \frac{1}{s(s + \frac{1}{RC}) + \frac{1}{LC}} \begin{bmatrix} s + \frac{1}{RC} & 1 \\ -\frac{1}{LC} & s \end{bmatrix}. \qquad (13.76)$$

Logo

$$(sI - A)^{-1}B = \frac{1}{s(s + \frac{1}{RC}) + \frac{1}{LC}} \begin{bmatrix} s + \frac{1}{RC} & 1 \\ -\frac{1}{LC} & s \end{bmatrix} \begin{bmatrix} 0 \\ \frac{1}{LC} \end{bmatrix} = \frac{1}{s^2 + \frac{1}{RC}s + \frac{1}{LC}} \begin{bmatrix} \frac{1}{LC} \\ \frac{s}{LC} \end{bmatrix}. \qquad (13.77)$$

Da Equação (13.72) tem-se que

$$G(s) = C(sI - A)^{-1}B + D = \frac{1}{s^2 + \frac{1}{RC}s + \frac{1}{LC}} \begin{bmatrix} 1 & 0 \end{bmatrix} \begin{bmatrix} \frac{1}{LC} \\ \frac{s}{LC} \end{bmatrix} + 0\,. \qquad (13.78)$$

Portanto, a função de transferência $G(s)$ do circuito com entrada $i(t)$ e saída $i_L(t)$ é

$$G(s) = \frac{I_L(s)}{I(s)} = \frac{1}{LCs^2 + \frac{L}{R}s + 1}\,. \qquad (13.79)$$

■

13.6 Autovalores de uma matriz

Definição 13.1 *Seja a matriz A, $n \times n$. Os autovalores da matriz A, representados pela variável s, são as raízes da equação*

$$det(sI - A) = |sI - A| = 0 , \tag{13.80}$$

na qual s é uma variável complexa, $det(.)$ e $|\ .\ |$ denotam a função determinante e I é a matriz identidade.

A Equação (13.80) é chamada equação característica e os autovalores são também chamados raízes características.

13.7 Estabilidade

No Capítulo 3 o conceito de estabilidade BIBO foi estudado para sistemas lineares descritos na forma de função de transferência. Nesta seção é mostrado como as condições de estabilidade BIBO se refletem para um sistema linear descrito na forma de variáveis de estado.

Conforme mostrado na Seção 13.5, uma realização para a função de transferência $G(s)$ é uma representação na forma de variáveis de estado, dada pelas matrizes (A, B, C, D), tal que

$$G(s) = C(sI - A)^{-1}B + D . \tag{13.81}$$

Por outro lado, um sistema linear invariante no tempo é BIBO estável se e somente se todos os polos de sua função de transferência estão localizados no semiplano esquerdo aberto do plano s, excluído o eixo imaginário.

Sendo $\text{cof}(sI - A)$ a matriz dos cofatores da matriz $(sI - A)$, a função de transferência $G(s)$ pode ser escrita como

$$G(s) = C(sI - A)^{-1}B + D = C\,\frac{\text{cof}(sI - A)}{|sI - A|}\,B + D . \tag{13.82}$$

Logo, os polos da função de transferência da Equação (13.82) são as raízes da equação característica da matriz A, ou seja, os autovalores calculados por meio da Equação (13.80).

Portanto, um sistema linear invariante no tempo, dado pelas matrizes (A, B, C, D), é BIBO estável se e somente se todos os autovalores da matriz A estão localizados no semiplano esquerdo aberto do plano s, excluído o eixo imaginário.

Exemplo 13.6

Seja a matriz

$$A = \begin{bmatrix} -3 & -2 \\ 1 & 0 \end{bmatrix} . \tag{13.83}$$

Os autovalores da matriz A são as raízes da equação

$$|sI - A| = \left| s\begin{bmatrix} 1 & 0 \\ 0 & 1 \end{bmatrix} - \begin{bmatrix} -3 & -2 \\ 1 & 0 \end{bmatrix} \right| = \left| \begin{bmatrix} s+3 & 2 \\ -1 & s \end{bmatrix} \right| = 0 , \tag{13.84}$$

ou seja,

$$s^2 + 3s + 2 = 0 . \tag{13.85}$$

Logo, os autovalores da matriz A são $s = -1$ e $s = -2$.

Portanto, o sistema é BIBO estável, pois todos os autovalores da matriz A ($s = -1$ e $s = -2$) estão localizados no semiplano esquerdo aberto do plano s, excluído o eixo imaginário.

■

Exemplo 13.7

Seja a matriz

$$A = \begin{bmatrix} 0 & 1 & 0 \\ 0 & -1 & 0 \\ 1 & 1 & -2 \end{bmatrix} . \tag{13.86}$$

Os autovalores da matriz A são as raízes da equação

$$|sI - A| = \left| s \begin{bmatrix} 1 & 0 & 0 \\ 0 & 1 & 0 \\ 0 & 0 & 1 \end{bmatrix} - \begin{bmatrix} 0 & 1 & 0 \\ 0 & -1 & 0 \\ 1 & 1 & -2 \end{bmatrix} \right| = \left| \begin{bmatrix} s & -1 & 0 \\ 0 & s+1 & 0 \\ -1 & -1 & s+2 \end{bmatrix} \right| = 0 , \tag{13.87}$$

ou seja,

$$s(s+1)(s+2) = 0 . \tag{13.88}$$

Logo, os autovalores da matriz A são $s = 0$, $s = -1$ e $s = -2$.

Portanto, o sistema não é BIBO estável, pois um dos autovalores da matriz A ($s = 0$) está localizado sobre o eixo imaginário do plano s.

■

13.8 Posto de uma matriz

Definição 13.2 *Seja a matriz A, $n \times m$, e sejam $p \leq n$ o número máximo de linhas linearmente independentes e $q \leq m$ o número máximo de colunas linearmente independentes. Nessas condições, diz-se que o posto da matriz A é dado por*

$$\text{posto } (A) = \min\{p, q\} . \tag{13.89}$$

Obviamente, se $n = m$ então o máximo posto da matriz A é $n = m$.
Se $n > m$, então o máximo posto de A é m e, se $n < m$, o máximo posto de A é n.

A partir da definição, para determinar o posto de uma matriz basta encontrar uma submatriz quadrada de maior ordem possível, cujo determinante é diferente de zero.

Exemplo 13.8

Seja a matriz quadrada, com dimensão $n = m = 2$,

$$A = \begin{bmatrix} 1 & 2 \\ 2 & 4 \end{bmatrix} . \tag{13.90}$$

Como $\det(A) = 1 \cdot 4 - 2 \cdot 2 = 0$, pode-se afirmar que as duas linhas e as duas colunas da matriz A não são linearmente independentes. Logo, posto$(A) < 2$.

Como cada um dos elementos da matriz A constitui uma submatriz de ordem 1 e pelo menos um deles não é nulo, existe uma submatriz de ordem $p = q = 1$, com determinante diferente de zero. Portanto, posto$(A) = 1$. Isto somente não ocorreria se todos os elementos da matriz A fossem nulos, caso em que o posto(A) seria igual a zero.

■

Exemplo 13.9

Seja a matriz retangular

$$A = \begin{bmatrix} 1 & 2 & 3 \\ 2 & 4 & 1 \end{bmatrix} . \tag{13.91}$$

Como a matriz A possui $n = 2$ linhas e $m = 3$ colunas, $n < m$ e o posto da matriz A pode valer no máximo $n = 2$. Para que isso ocorra, é necessário que A possua uma submatriz de ordem 2×2, com determinante diferente de zero.

A submatriz A_1 formada pelas 2 primeiras colunas é

$$A_1 = \begin{bmatrix} 1 & 2 \\ 2 & 4 \end{bmatrix}, \tag{13.92}$$

cujo determinante é igual a zero.

Por outro lado, as duas submatrizes

$$A_2 = \begin{bmatrix} 1 & 3 \\ 2 & 1 \end{bmatrix} \text{ e } A_3 = \begin{bmatrix} 2 & 3 \\ 4 & 1 \end{bmatrix}, \tag{13.93}$$

possuem determinantes não nulos e, assim, resulta posto$(A) = 2$. ■

13.9 Controlabilidade e observabilidade

A propriedade de um sistema dinâmico ser controlável, denominada de controlabilidade, está associada à existência de um sinal de controle capaz de conduzir o vetor de estados de um ponto inicial qualquer $x(t_0)$ para um ponto final qualquer $x(t_f)$, em um intervalo de tempo arbitrário $t_f - t_0 > 0$.

A propriedade de um sistema dinâmico ser observável, denominada de observabilidade, está associada à possibilidade de se determinar a trajetória de todo o vetor de estados $x(t)$ em um intervalo de tempo arbitrário $t_f - t_0 > 0$, a partir do conhecimento da função de saída $y(t)$ do sistema nesse intervalo.

As duas condições apresentadas a seguir permitem verificar se um sistema dinâmico dado pelas matrizes (A, B, C, D) é controlável ou é observável[2].

13.9.1 Condição de controlabilidade

O sistema dinâmico SISO de ordem n, dado pelas Equações (13.2), é controlável se e somente se a matriz

$$M = \begin{bmatrix} B & AB & A^2B & \ldots & A^{n-1}B \end{bmatrix}_{n \times n} \tag{13.94}$$

tem posto pleno, ou seja, posto$(M) = n$.

Para que a matriz M tenha posto pleno deve-se ter $\det(M) \neq 0$.

13.9.2 Condição de observabilidade

O sistema dinâmico SISO de ordem n, dado pelas Equações (13.2), é observável se e somente se a matriz

$$N = \begin{bmatrix} C \\ CA \\ CA^2 \\ \ldots \\ CA^{n-1} \end{bmatrix}_{n \times n} \tag{13.95}$$

tem posto pleno, ou seja, posto$(N) = n$.

Para que a matriz N tenha posto pleno deve-se ter $\det(N) \neq 0$.

[2]Para demonstração destas condições ver [35].

Exemplo 13.10

As equações de estados de um sistema são dadas por

$$\underbrace{\begin{bmatrix} \dot{x}_1(t) \\ \dot{x}_2(t) \end{bmatrix}}_{\dot{x}(t)} = \underbrace{\begin{bmatrix} -4 & -3 \\ 1 & 0 \end{bmatrix}}_{A} \underbrace{\begin{bmatrix} x_1(t) \\ x_2(t) \end{bmatrix}}_{x(t)} + \underbrace{\begin{bmatrix} 1 \\ 0 \end{bmatrix}}_{B} u(t) , \tag{13.96}$$

$$y(t) = \underbrace{\begin{bmatrix} 1 & 3 \end{bmatrix}}_{C} \underbrace{\begin{bmatrix} x_1(t) \\ x_2(t) \end{bmatrix}}_{x(t)} . \tag{13.97}$$

Como o sistema possui $n = 2$ estados, a matriz $M_{2\times 2}$ de controlabilidade é dada por

$$M = \begin{bmatrix} B & AB \end{bmatrix} = \begin{bmatrix} 1 & -4 \\ 0 & 1 \end{bmatrix}_{2\times 2} . \tag{13.98}$$

Como $\det(M) \neq 0$, a matriz M tem posto pleno $n = 2$. Logo, o sistema é controlável.

Como o sistema possui $n = 2$ estados, a matriz $N_{2\times 2}$ de observabilidade é dada por

$$N = \begin{bmatrix} C \\ CA \end{bmatrix} = \begin{bmatrix} 1 & 3 \\ -1 & -3 \end{bmatrix}_{2\times 2} . \tag{13.99}$$

Como $\det(N) = 0$, a matriz N não tem posto pleno. Logo, o sistema não é observável.

■

13.10 Transformação de similaridade

As transformações de similaridade são de grande utilidade no estudo de sistemas dinâmicos descritos por variáveis de estado, tanto para fins de análise quanto de projeto de compensadores.

Se os estados reais medidos no processo não forem exatamente os estados do modelo, então o controlador será projetado para um modelo com estados fictícios, diferentes dos estados reais. Após o projeto deve-se, então, usar uma transformação de similaridade que leve o controlador para a base dos estados reais.

Considere um sistema dinâmico descrito por n variáveis de estado

$$\begin{cases} \dot{x}(t) &= Ax(t) + Bu(t) , \\ y(t) &= Cx(t) + Du(t) . \end{cases} \tag{13.100}$$

Então, dada uma matriz $P_{n\times n}$, não singular, pode-se escrever

$$\begin{cases} P\dot{x}(t) &= PAx(t) + PBu(t) , \\ y(t) &= Cx(t) + Du(t) . \end{cases} \tag{13.101}$$

Definindo $\overline{x} = Px \Longrightarrow x = P^{-1}\overline{x}$. Logo, as equações do sistema (13.100) resultam como

$$\begin{cases} \dot{\overline{x}}(t) &= PAP^{-1}\overline{x}(t) + PBu(t) , \\ y(t) &= CP^{-1}\overline{x}(t) + Du(t) . \end{cases} \tag{13.102}$$

Definição 13.3 *Sejam as matrizes $A_{n\times n}$, $\overline{A}_{n\times n}$ e a matriz $P_{n\times n}$, não singular, tal que*

$$\overline{A} = PAP^{-1} \Leftrightarrow A = P^{-1}\overline{A}P\,. \tag{13.103}$$

Nessas condições, as matrizes A e $\overline{A}$ são similares e P é uma transformação de similaridade.

Definindo ainda $\overline{B} = PB$, $\overline{C} = CP^{-1}$ e $\overline{D} = D$, do sistema (13.102), obtém-se

$$\begin{cases} \dot{\overline{x}}(t) &= \overline{A}\,\overline{x}(t) + \overline{B}\,u(t)\,, \\ y(t) &= \overline{C}\,\overline{x}(t) + \overline{D}\,u(t)\,. \end{cases} \tag{13.104}$$

A transformação de similaridade não altera os autovalores das matrizes A e $\overline{A}$, ou seja,

$$\det(sI - A) = \det(sP^{-1}P - P^{-1}\overline{A}P) = \det(P^{-1})\det(sI - \overline{A})\det(P) = \det(sI - \overline{A})\,. \tag{13.105}$$

As funções de transferência dos sistemas (13.100) e (13.104) também não se alteram com a transformação de similaridade, ou seja,

$$\begin{aligned} G(s) &= C(sI - A)^{-1}B + D = \overline{C}P[P^{-1}(sI - \overline{A})P]^{-1}P^{-1}\overline{B} + \overline{D} \\ &= \overline{C}PP^{-1}(sI - \overline{A})^{-1}PP^{-1}\overline{B} + \overline{D} \\ &= \overline{C}(sI - \overline{A})^{-1}\overline{B} + \overline{D} = \overline{G}(s)\,. \end{aligned} \tag{13.106}$$

13.10.1 Transformação para a forma canônica controlável

Essa transformação permite representar um sistema na forma canônica controlável, a partir de uma realização qualquer com estados controláveis.

Considere um sistema dinâmico controlável qualquer descrito pela realização de estados

$$\begin{cases} \dot{x}(t) &= Ax(t) + Bu(t)\,, \\ y(t) &= Cx(t) + Du(t)\,, \end{cases} \tag{13.107}$$

cuja matriz M de controlabilidade é dada por

$$M = \begin{bmatrix} B & AB & A^2B & \ldots & A^{n-1}B \end{bmatrix}. \tag{13.108}$$

A função de transferência associada ao sistema dinâmico da Equação (13.107) é dada por

$$G(s) = \frac{Y(s)}{U(s)} = \frac{b_ns^n + b_{n-1}s^{n-1} + b_{n-2}s^{n-2} + b_{n-3}s^{n-3} + \ldots + b_3s^3 + b_2s^2 + b_1s + b_0}{s^n + a_{n-1}s^{n-1} + a_{n-2}s^{n-2} + a_{n-3}s^{n-3} + \ldots + a_3s^3 + a_2s^2 + a_1s + a_0}\,. \tag{13.109}$$

Considere agora o sistema (13.107) escrito na forma canônica controlável

$$\begin{cases} \dot{\overline{x}}(t) &= \overline{A}\,\overline{x}(t) + \overline{B}\,u(t)\,, \\ y(t) &= \overline{C}\,\overline{x}(t) + \overline{D}\,u(t)\,, \end{cases} \tag{13.110}$$

sendo

$$\overline{A} = \begin{bmatrix} 0 & 1 & 0 & \ldots & 0 \\ 0 & 0 & 1 & \ldots & 0 \\ \ldots & \ldots & \ldots & \ldots & \ldots \\ 0 & 0 & 0 & \ldots & 1 \\ -a_0 & -a_1 & -a_2 & \ldots & -a_{n-1} \end{bmatrix},\ \overline{B} = \begin{bmatrix} 0 \\ 0 \\ \ldots \\ 0 \\ 1 \end{bmatrix},$$

$$\overline{C} = \begin{bmatrix} b_0 - a_0b_n & b_1 - a_1b_n & \ldots & b_{n-2} - a_{n-2}b_n & b_{n-1} - a_{n-1}b_n \end{bmatrix},\ \overline{D} = \begin{bmatrix} b_n \end{bmatrix}.$$

A matriz $\overline{M}$ de controlabilidade do sistema (13.110) é

$$\begin{aligned} \overline{M} &= \left[\begin{array}{ccccc} \overline{B} & \overline{A}\,\overline{B} & \overline{A}^2\overline{B} & \ldots & \overline{A}^{n-1}\overline{B} \end{array} \right] \\ &= \left[\begin{array}{ccccc} PB & PAP^{-1}PB & PAP^{-1}PAP^{-1}PB & \ldots & PA^{n-1}B \end{array} \right] \\ &= PM\,. \end{aligned} \tag{13.111}$$

Obviamente, como o sistema (13.107) é assumido controlável, a matriz de transformação de similaridade P e as matrizes de controlabilidade M e $\overline{M}$ resultam não singulares.

Da Equação (13.111) resulta

$$P^{-1} = M\overline{M}^{\,-1}\,, \tag{13.112}$$

com

$$\overline{M} = \left[\begin{array}{cccccccccc} 0 & 0 & 0 & 0 & 0 & \ldots & 0 & 0 & 0 & 1 \\ 0 & 0 & 0 & 0 & 0 & \ldots & 0 & 0 & 1 & -a_{n-1} \\ 0 & 0 & 0 & 0 & 0 & \ldots & 0 & 1 & -a_{n-1} & m_1 \\ 0 & 0 & 0 & 0 & 0 & \ldots & 1 & -a_{n-1} & m_1 & m_2 \\ 0 & 0 & 0 & 0 & 0 & \ldots & -a_{n-1} & m_1 & m_2 & m_3 \\ \ldots & \ldots & \ldots & \ldots & \ldots & \ldots & \ldots & \ldots & \ldots & \ldots \\ 0 & 0 & 0 & 1 & -a_{n-1} & \ldots & \ldots & \ldots & \ldots & \ldots \\ 0 & 0 & 1 & -a_{n-1} & m_1 & \ldots & \ldots & \ldots & \ldots & \ldots \\ 0 & 1 & -a_{n-1} & m_1 & m_2 & \ldots & \ldots & \ldots & \ldots & \ldots \\ 1 & -a_{n-1} & m_1 & m_2 & m_3 & \ldots & \ldots & \ldots & \ldots & \ldots \end{array} \right], \tag{13.113}$$

$m_1 = a_{n-1}^2 - a_{n-2}$, $m_2 = -a_{n-1}^3 + 2a_{n-1}a_{n-2} - a_{n-3}$, $m_3 = a_{n-1}^4 - 3a_{n-1}^2a_{n-2} + 2a_{n-1}a_{n-3} + a_{n-2}^2 - a_{n-4}$,

$$\overline{M}^{\,-1} = \left[\begin{array}{ccccccccc} a_1 & a_2 & a_3 & a_4 & \ldots & a_{n-3} & a_{n-2} & a_{n-1} & 1 \\ a_2 & a_3 & a_4 & \ldots & \ldots & a_{n-2} & a_{n-1} & 1 & 0 \\ a_3 & a_4 & \ldots & \ldots & \ldots & a_{n-1} & 1 & 0 & 0 \\ a_4 & \ldots & \ldots & \ldots & \ldots & 1 & 0 & 0 & 0 \\ \ldots & \ldots & \ldots & \ldots & \ldots & \ldots & \ldots & \ldots & \ldots \\ a_{n-3} & a_{n-2} & a_{n-1} & 1 & \ldots & 0 & 0 & 0 & 0 \\ a_{n-2} & a_{n-1} & 1 & 0 & \ldots & 0 & 0 & 0 & 0 \\ a_{n-1} & 1 & 0 & 0 & \ldots & 0 & 0 & 0 & 0 \\ 1 & 0 & 0 & 0 & \ldots & 0 & 0 & 0 & 0 \end{array} \right]. \tag{13.114}$$

Exemplo 13.11

Considere o sistema dinâmico representado pelas equações de estados

$$\underbrace{\left[\begin{array}{c} \dot{x}_1(t) \\ \dot{x}_2(t) \end{array} \right]}_{\dot{x}(t)} = \underbrace{\left[\begin{array}{cc} -1 & 1 \\ 0 & 1 \end{array} \right]}_{A} \underbrace{\left[\begin{array}{c} x_1(t) \\ x_2(t) \end{array} \right]}_{x(t)} + \underbrace{\left[\begin{array}{c} 1 \\ 1 \end{array} \right]}_{B} u(t)\,, \tag{13.115}$$

$$y(t) = \underbrace{\left[\begin{array}{cc} 1 & 0 \end{array} \right]}_{C} \underbrace{\left[\begin{array}{c} x_1(t) \\ x_2(t) \end{array} \right]}_{x(t)}\,. \tag{13.116}$$

A função de transferência associada a esse sistema é dada por

$$\frac{Y(s)}{U(s)} = G(s) = C(sI - A)^{-1}B + D\,. \tag{13.117}$$

A matriz $(sI - A)$ é dada por

$$sI - A = \begin{bmatrix} s & 0 \\ 0 & s \end{bmatrix} - \begin{bmatrix} -1 & 1 \\ 0 & 1 \end{bmatrix} = \begin{bmatrix} s+1 & -1 \\ 0 & s-1 \end{bmatrix}, \tag{13.118}$$

cuja inversa é

$$(sI - A)^{-1} = \frac{1}{s^2-1}\begin{bmatrix} s-1 & 1 \\ 0 & s+1 \end{bmatrix}. \tag{13.119}$$

Logo

$$G(s) = \frac{1}{s^2-1}\begin{bmatrix} 1 & 0 \end{bmatrix}\begin{bmatrix} s-1 & 1 \\ 0 & s+1 \end{bmatrix}\begin{bmatrix} 1 \\ 1 \end{bmatrix} + 0 = \frac{s}{s^2-1}\,. \tag{13.120}$$

Comparando os coeficientes de $G(s)$ com a Equação (13.109), obtém-se para $n = 2$ o coeficiente $a_1 = 0$.

Das Equações (13.108), (13.112) e (13.114) obtêm-se

$$P^{-1} = M\overline{M}^{-1} = \begin{bmatrix} B & AB \end{bmatrix}\begin{bmatrix} a_1 & 1 \\ 1 & 0 \end{bmatrix} = \begin{bmatrix} 1 & 0 \\ 1 & 1 \end{bmatrix}\begin{bmatrix} 0 & 1 \\ 1 & 0 \end{bmatrix} = \begin{bmatrix} 0 & 1 \\ 1 & 1 \end{bmatrix} \tag{13.121}$$

ou

$$P = \begin{bmatrix} -1 & 1 \\ 1 & 0 \end{bmatrix}. \tag{13.122}$$

Sabendo-se que $\overline{A} = PAP^{-1}$, $\overline{B} = PB$ e $\overline{C} = CP^{-1}$, as equações de estados na forma canônica controlável são dadas por

$$\underbrace{\begin{bmatrix} \dot{\overline{x}}_1(t) \\ \dot{\overline{x}}_2(t) \end{bmatrix}}_{\dot{\overline{x}}(t)} = \underbrace{\begin{bmatrix} 0 & 1 \\ 1 & 0 \end{bmatrix}}_{\overline{A}}\underbrace{\begin{bmatrix} \overline{x}_1(t) \\ \overline{x}_2(t) \end{bmatrix}}_{\overline{x}(t)} + \underbrace{\begin{bmatrix} 0 \\ 1 \end{bmatrix}}_{\overline{B}} u(t)\,, \tag{13.123}$$

$$y(t) = \underbrace{\begin{bmatrix} 0 & 1 \end{bmatrix}}_{\overline{C}}\underbrace{\begin{bmatrix} \overline{x}_1(t) \\ \overline{x}_2(t) \end{bmatrix}}_{\overline{x}(t)}. \tag{13.124}$$

■

13.11 Controle por realimentação de estados contínuos

O projeto de compensadores a partir do modelo de variáveis de estado pode ser tratado por diversas técnicas. Nesta seção, este problema é abordado pela técnica de alocação ou imposição de polos para o sistema em malha fechada. Com esta técnica, o compensador é projetado de forma que o sistema em malha fechada possua os polos especificados pelo projetista.

A escolha da posição dos polos de malha fechada pode ser realizada com base em especificações da resposta transitória temporal da saída do sistema, como por exemplo, sobressinal máximo e tempo de resposta.

A abordagem de alocação de polos considera que todos os estados do sistema controlado são disponíveis para realimentação, ou seja, existem sensores que medem cada uma das variáveis de estado. De fato, esta não é uma situação que ocorre em todas as aplicações da engenharia de controle. Conforme é mostrado na Seção 13.13, sob certas condições, o problema de os estados não serem todos disponíveis pode ser contornado utilizando-se o chamado observador ou estimador de estados.

Um ponto a ser destacado é que a alocação arbitrária de todos os polos do sistema só será possível se o sistema for controlável. Nos casos em que isto não ocorre, para garantir que o sistema em malha fechada seja estável é necessário que os polos do sistema controlado, associados às variáveis de estado não controláveis, estejam situados no semiplano esquerdo aberto do plano s, ou seja, possuam parte real negativa.

Considerando a realimentação de estados, o diagrama de blocos correspondente para o controlador por realimentação de estados é mostrado na Figura 13.6, em que as setas finas indicam sinais escalares e as setas grossas indicam sinais vetoriais.

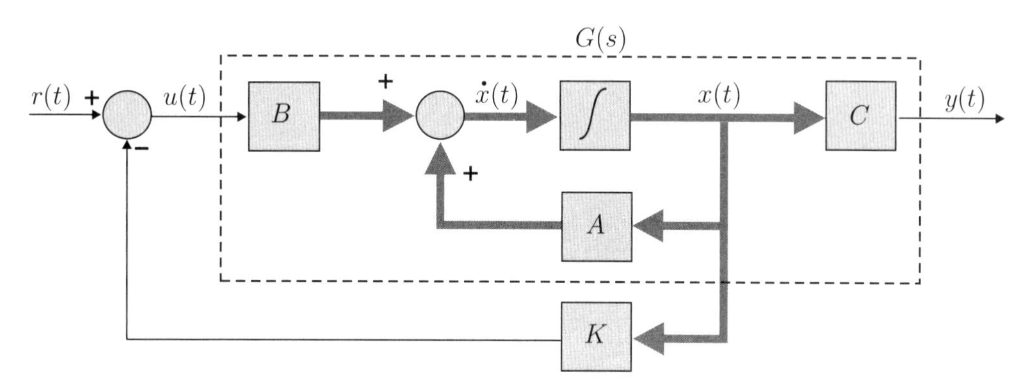

Figura 13.6 Controle por realimentação de estados.

Na Figura 13.6 o ganho D de transmissão direta da entrada para a saída é suposto nulo por simplicidade e o sistema controlado com uma entrada e uma saída é dado por

$$\begin{cases} \dot{x}(t) &= Ax(t) + Bu(t) , \\ y(t) &= Cx(t) , \end{cases} \tag{13.125}$$

com função de transferência $G(s) = C(sI - A)^{-1}B$.

A realimentação de estados é chamada de realimentação estática, uma vez que o vetor

$$K = \begin{bmatrix} k_1 & k_2 & k_3 & \dots & k_n \end{bmatrix} \tag{13.126}$$

que produz a realimentação de estados é um vetor de ganhos com constantes $k_1, k_2, k_3, \dots, k_n$.

O sinal de controle $u(t)$ é dado por

$$u(t) = r(t) - Kx(t) = r(t) - \begin{bmatrix} k_1 & k_2 & k_3 & \dots & k_n \end{bmatrix} \begin{bmatrix} x_1(t) \\ x_2(t) \\ x_3(t) \\ \dots \\ x_n(t) \end{bmatrix} , \tag{13.127}$$

sendo $r(t)$ o sinal de referência.

Das Equações (13.125) e (13.127) têm-se que $\dot{x}(t) = Ax(t) + Bu(t) = Ax(t) + B[r(t) - Kx(t)]$. Logo, o sistema em malha fechada resulta como

$$\begin{cases} \dot{x}(t) &= (A - BK)x(t) + Br(t) , \\ y(t) &= Cx(t) , \end{cases} \tag{13.128}$$

cujos polos de malha fechada são os autovalores da matriz $A - BK$, que são as raízes da equação característica

$$| \, sI - (A - BK) \, | = 0 \, . \tag{13.129}$$

Exemplo 13.12

Considere o sistema dinâmico representado pelas equações de estados

$$\underbrace{\begin{bmatrix} \dot{x}_1(t) \\ \dot{x}_2(t) \end{bmatrix}}_{\dot{x}(t)} = \underbrace{\begin{bmatrix} -1 & 1 \\ 0 & 1 \end{bmatrix}}_{A} \underbrace{\begin{bmatrix} x_1(t) \\ x_2(t) \end{bmatrix}}_{x(t)} + \underbrace{\begin{bmatrix} 1 \\ 1 \end{bmatrix}}_{B} u(t) , \qquad (13.130)$$

$$y(t) = \underbrace{\begin{bmatrix} 1 & 0 \end{bmatrix}}_{C} \underbrace{\begin{bmatrix} x_1(t) \\ x_2(t) \end{bmatrix}}_{x(t)} . \qquad (13.131)$$

Os polos do sistema em malha aberta são os autovalores de

$$|sI - A| = \left| s \begin{bmatrix} 1 & 0 \\ 0 & 1 \end{bmatrix} - \begin{bmatrix} -1 & 1 \\ 0 & 1 \end{bmatrix} \right| = \begin{vmatrix} s+1 & -1 \\ 0 & s-1 \end{vmatrix} = (s+1)(s-1) = 0 , \qquad (13.132)$$

ou seja, $s = -1$ e $s = 1$. Portanto, o sistema em malha aberta é instável.

Supondo um vetor de realimentação de estados

$$K = \begin{bmatrix} k_1 & k_2 \end{bmatrix} = \begin{bmatrix} 0{,}5 & 2 \end{bmatrix} , \qquad (13.133)$$

os polos do sistema em malha fechada são as raízes de

$$\begin{aligned} |sI - (A - BK)| &= \left| s \begin{bmatrix} 1 & 0 \\ 0 & 1 \end{bmatrix} - \left(\begin{bmatrix} -1 & 1 \\ 0 & 1 \end{bmatrix} - \begin{bmatrix} 1 \\ 1 \end{bmatrix} \begin{bmatrix} 0{,}5 & 2 \end{bmatrix} \right) \right| \\ &= \left| \begin{bmatrix} s & 0 \\ 0 & s \end{bmatrix} - \begin{bmatrix} -1{,}5 & -1 \\ -0{,}5 & -1 \end{bmatrix} \right| \\ &= \left| \begin{bmatrix} s+1{,}5 & 1 \\ 0{,}5 & s+1 \end{bmatrix} \right| \\ &= s^2 + 2{,}5s + 1 = 0 , \end{aligned} \qquad (13.134)$$

ou seja, $s = -0{,}5$ e $s = -2$. Nota-se, assim, que a realimentação de estados estabilizou o sistema em malha fechada.

■

13.11.1 Alocação de polos de malha fechada

Nesta seção é mostrado como projetar o vetor de realimentação estática K dos estados, tal que os polos de malha fechada resultem em posições especificadas, que podem ser baseadas em parâmetros da resposta transitória temporal da saída, como por exemplo, sobressinal máximo e tempo de resposta.

Supõe-se ainda que o sistema em malha aberta é controlável. Do ponto de vista das aplicações, deve-se destacar que, se um sistema não é controlável, é necessário que os estados não controláveis estejam associados a polos estáveis. Caso contrário, pode-se dizer que o sistema não tem utilidade prática, já que será sempre instável em malha fechada.

Considere a função de transferência (13.109) representada pelas equações de estados

$$\left\{ \begin{aligned} \dot{x}(t) &= Ax(t) + Bu(t) , \\ y(t) &= Cx(t) + Du(t) . \end{aligned} \right. \qquad (13.135)$$

Se o par $[A, B]$ é controlável, então o sistema (13.135) pode ser escrito na forma canônica controlável por meio da transformação de similaridade P e das relações $\overline{x}(t) = Px(t)$, $\overline{A} = PAP^{-1}$, $\overline{B} = PB$, $\overline{C} = CP^{-1}$ e $\overline{D} = D$, ou seja,

$$\begin{cases} \dot{\overline{x}}(t) &= \overline{A}\,\overline{x}(t) + \overline{B}\,u(t) \ , \\ y(t) &= \overline{C}\,\overline{x}(t) + \overline{D}\,u(t) \ , \end{cases} \tag{13.136}$$

sendo

$$\overline{A} = \begin{bmatrix} 0 & 1 & 0 & \ldots & 0 \\ 0 & 0 & 1 & \ldots & 0 \\ \ldots & \ldots & \ldots & \ldots & \ldots \\ 0 & 0 & 0 & \ldots & 1 \\ -a_0 & -a_1 & -a_2 & \ldots & -a_{n-1} \end{bmatrix}, \ \overline{B} = \begin{bmatrix} 0 \\ 0 \\ \ldots \\ 0 \\ 1 \end{bmatrix},$$

$$\overline{C} = \begin{bmatrix} b_0 - a_0 b_n & b_1 - a_1 b_n & \ldots & b_{n-2} - a_{n-2} b_n & b_{n-1} - a_{n-1} b_n \end{bmatrix}, \ \overline{D} = \begin{bmatrix} b_n \end{bmatrix} .$$

Para o sistema na forma canônica controlável (13.136), a realimentação de estados é dada por

$$u(t) = r(t) - \overline{K}\overline{x}(t) \ . \tag{13.137}$$

Sabendo-se que os estados originais $x(t)$ e os estados na forma canônica $\overline{x}(t)$ estão relacionados por $\overline{x}(t) = Px(t)$, então

$$u(t) = r(t) - \overline{K}Px(t) = r(t) - Kx(t) \ . \tag{13.138}$$

Logo, para o sistema original (13.135) o vetor de realimentação de estados vale

$$K = \overline{K}P \ , \tag{13.139}$$

com

$$\overline{K} = \begin{bmatrix} \overline{k}_1 & \overline{k}_2 & \overline{k}_3 & \ldots & \overline{k}_n \end{bmatrix} . \tag{13.140}$$

A matriz da forma canônica de malha fechada com o controlador $\overline{K}$ é

$$\overline{A} - \overline{B}\,\overline{K} = \begin{bmatrix} 0 & 1 & 0 & \ldots & 0 \\ 0 & 0 & 1 & \ldots & 0 \\ \ldots & \ldots & \ldots & \ldots & \ldots \\ 0 & 0 & 0 & \ldots & 1 \\ -a_0 - \overline{k}_1 & -a_1 - \overline{k}_2 & -a_2 - \overline{k}_3 & \ldots & -a_{n-1} - \overline{k}_n \end{bmatrix} . \tag{13.141}$$

Os polos de malha fechada são as raízes da equação característica

$$\left| \, sI - (\overline{A} - \overline{B}\,\overline{K}) \, \right| = s^n + (a_{n-1} + \overline{k}_n)s^{n-1} + (a_{n-2} + \overline{k}_{n-1})s^{n-2} + \ldots + (a_0 + \overline{k}_1) = 0 \ . \tag{13.142}$$

Se os polos de malha fechada desejados forem especificados como $p_1, p_2, \ldots, p_n$, então

$$(s - p_1)(s - p_2)\ldots(s - p_n) = s^n + \alpha_{n-1}s^{n-1} + \alpha_{n-2}s^{n-2} + \ldots + \alpha_0 = 0 \ . \tag{13.143}$$

Comparando os coeficientes dos polinômios (13.142) e (13.143), tem-se o sistema de n equações

$$\begin{cases} a_0 + \overline{k}_1 = \alpha_0 \Longrightarrow \overline{k}_1 = \alpha_0 - a_0 \ , \\ \ldots \\ a_{n-2} + \overline{k}_{n-1} = \alpha_{n-2} \Longrightarrow \overline{k}_{n-1} = \alpha_{n-2} - a_{n-2} \ , \\ a_{n-1} + \overline{k}_n = \alpha_{n-1} \Longrightarrow \overline{k}_n = \alpha_{n-1} - a_{n-1} \ . \end{cases} \tag{13.144}$$

Do sistema (13.144) obtém-se o controlador $\overline{K} = [\overline{k}_1 \ \ldots \ \overline{k}_{n-1} \ \overline{k}_n]$ para realimentação dos estados $\overline{x}(t)$ da forma canônica (13.136). Uma consequência da representação do sistema na forma canônica é que os ganhos do controlador são determinados facilmente, pois são calculados de forma isolada.

Já os ganhos do controlador K para realimentação dos estados originais $x(t)$ do sistema (13.135) são obtidos da Equação (13.139) .

Exemplo 13.13

Considere o sistema dinâmico do Exemplo 13.11, representado pelas equações de estados

$$\underbrace{\begin{bmatrix} \dot{x}_1(t) \\ \dot{x}_2(t) \end{bmatrix}}_{\dot{x}(t)} = \underbrace{\begin{bmatrix} -1 & 1 \\ 0 & 1 \end{bmatrix}}_{A} \underbrace{\begin{bmatrix} x_1(t) \\ x_2(t) \end{bmatrix}}_{x(t)} + \underbrace{\begin{bmatrix} 1 \\ 1 \end{bmatrix}}_{B} u(t) \,, \tag{13.145}$$

$$y(t) = \underbrace{\begin{bmatrix} 1 & 0 \end{bmatrix}}_{C} \underbrace{\begin{bmatrix} x_1(t) \\ x_2(t) \end{bmatrix}}_{x(t)} . \tag{13.146}$$

Para escrever o sistema de Equações (13.145) e (13.146) na forma canônica controlável é necessário determinar a matriz de transformação de similaridade P, que é a matriz inversa da Equação (13.112), ou seja,

$$P^{-1} = M\overline{M}^{-1} = \begin{bmatrix} 1 & 0 \\ 1 & 1 \end{bmatrix} \begin{bmatrix} 0 & 1 \\ 1 & 0 \end{bmatrix} = \begin{bmatrix} 0 & 1 \\ 1 & 1 \end{bmatrix} \Longrightarrow P = \begin{bmatrix} -1 & 1 \\ 1 & 0 \end{bmatrix} . \tag{13.147}$$

Sabendo-se que $\overline{A} = PAP^{-1}$, $\overline{B} = PB$ e $\overline{C} = CP^{-1}$, as equações de estados na forma canônica controlável são dadas por

$$\underbrace{\begin{bmatrix} \dot{\overline{x}}_1(t) \\ \dot{\overline{x}}_2(t) \end{bmatrix}}_{\dot{\overline{x}}(t)} = \underbrace{\begin{bmatrix} 0 & 1 \\ 1 & 0 \end{bmatrix}}_{\overline{A}} \underbrace{\begin{bmatrix} \overline{x}_1(t) \\ \overline{x}_2(t) \end{bmatrix}}_{\overline{x}(t)} + \underbrace{\begin{bmatrix} 0 \\ 1 \end{bmatrix}}_{\overline{B}} u(t) \,, \tag{13.148}$$

$$y(t) = \underbrace{\begin{bmatrix} 0 & 1 \end{bmatrix}}_{\overline{C}} \underbrace{\begin{bmatrix} \overline{x}_1(t) \\ \overline{x}_2(t) \end{bmatrix}}_{\overline{x}(t)} . \tag{13.149}$$

A matriz da forma canônica de malha fechada com o controlador $\overline{K}$ é

$$\overline{A} - \overline{B}\,\overline{K} = \begin{bmatrix} 0 & 1 \\ 1 & 0 \end{bmatrix} - \begin{bmatrix} 0 \\ 1 \end{bmatrix} \begin{bmatrix} \overline{k}_1 & \overline{k}_2 \end{bmatrix} = \begin{bmatrix} 0 & 1 \\ 1 - \overline{k}_1 & -\overline{k}_2 \end{bmatrix} . \tag{13.150}$$

Os polos de malha fechada são as raízes da equação característica

$$\begin{aligned} \left| \, sI - (\overline{A} - \overline{B}\,\overline{K}) \, \right| &= \left| \begin{bmatrix} s & 0 \\ 0 & s \end{bmatrix} - \begin{bmatrix} 0 & 1 \\ 1 - \overline{k}_1 & -\overline{k}_2 \end{bmatrix} \right| = \left| \begin{bmatrix} s & -1 \\ -1 + \overline{k}_1 & s + \overline{k}_2 \end{bmatrix} \right| \\ &= s^2 + \overline{k}_2 s - 1 + \overline{k}_1 = 0 \,. \end{aligned} \tag{13.151}$$

Especificando os polos de malha fechada em $s = -0{,}5$ e $s = -2$, como no Exemplo 13.12, obtém-se o polinômio característico

$$(s + 0{,}5)(s + 2) = s^2 + 2{,}5s + 1 = 0 \,. \tag{13.152}$$

Comparando os coeficientes dos polinômios (13.151) e (13.152), obtém-se os ganhos do controlador $\overline{K}$ para o sistema na forma canônica controlável, ou seja,

$$\overline{K} = \begin{bmatrix} \overline{k}_1 & \overline{k}_2 \end{bmatrix} = \begin{bmatrix} 2 & 2{,}5 \end{bmatrix} . \tag{13.153}$$

Para o sistema original de Equações (13.145) e (13.146), o controlador K vale

$$K = \overline{K}P = \begin{bmatrix} 2 & 2{,}5 \end{bmatrix} \begin{bmatrix} -1 & 1 \\ 1 & 0 \end{bmatrix} = \begin{bmatrix} 0{,}5 & 2 \end{bmatrix} , \tag{13.154}$$

que corresponde aos mesmos ganhos adotados para o controlador no Exemplo 13.12.

■

13.12 Regulador Linear Quadrático - RLQ

Nesta seção é apresentado um sistema de controle, denominado de Regulador Linear Quadrático - RLQ, projetado a partir da realimentação de estados do sistema a ser controlado. Seu projeto decorre da teoria de controle ótimo, que por sua vez resulta da minimização de um índice de desempenho.

Um grande diferencial em relação à teoria de projeto por alocação de polos de malha fechada é que o Regulador Linear Quadrático produz sistemas de controle robustos estáveis, podendo a margem de ganho variar na faixa de meio a infinito e a margem de fase variar na faixa de -60° a $+60^o$ (ver [35]).

Outra característica importante do Regulador Linear Quadrático é que no seu procedimento de projeto são utilizados, de forma explícita, parâmetros que permitem limitar amplitudes "excessivas" durante transitórios, tanto para as variáveis de estado quanto para a variável de controle.

13.12.1 Formulação do problema

Considere um sistema dinâmico com entrada $u(t)$, estados $x(t)$ e condição inicial não nula $x(0)$, representado por

$$\dot{x}(t) = Ax(t) + Bu(t) , \tag{13.155}$$

com $A_{n\times n}$, $B_{n\times 1}$ e $x(t)_{n\times 1}$.

Supondo que as variáveis de estado são todas disponíveis, o sinal de controle $u(t)$ é dado por

$$u(t) = -Kx(t), \tag{13.156}$$

sendo $K = [k_1\ k_2\ \dots\ k_n]$ um vetor de ganhos constantes.

O sistema em malha fechada pode ser representado pelo diagrama de blocos da Figura 13.7.

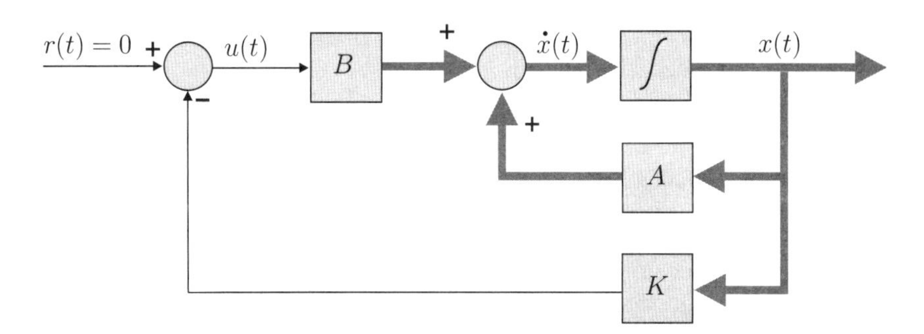

Figura 13.7 Sistema com controlador por realimentação de estados.

Das Equações (13.155) e (13.156) resulta o sistema com realimentação de estados

$$\dot{x}(t) = (A - BK)x(t) . \tag{13.157}$$

cujos polos do sistema em malha fechada são dados pelos autovalores da matriz $A - BK$.

Diferentemente do problema estudado na Seção 13.11 de alocação de polos de malha fechada, no regulador linear quadrático o sinal de referência $r(t)$ é assumido como sendo igual a zero. Nesta condição, se todos os polos de malha fechada tiverem parte real negativa, então para qualquer condição inicial $x(0)$, a entrada de controle $u(t)$ leva o vetor de estados $x(t)$ para zero quando t tende a infinito.

Para o projeto do regulador linear quadrático, o vetor de ganhos K é calculado de forma a minimizar um índice de desempenho quadrático J dado por

$$J = \int_0^\infty [\, x^T(t)Qx(t) + Ru^2(t) \,]\, dt \,, \tag{13.158}$$

sendo Q uma matriz simétrica semidefinida positiva[3] e R uma constante escalar positiva, ambas escolhidas como parâmetros de projeto.

No índice de desempenho J da Equação (13.158), os termos $x^T(t)Qx(t)$ e $Ru^2(t)$ estão relacionados com a energia das variáveis de estado e do sinal de controle, respectivamente. Dessa forma, a escolha apropriada de Q e R permite uma ponderação das energias desses dois sinais durante o transitório das variáveis de estado desde o valor inicial até zero. Como exemplo, supondo a matriz Q diagonal, quanto maiores forem os valores escolhidos para os seus elementos, relativamente ao valor de R, menor será a energia dos estados e maior será a energia dispendida pelo controle.

Se a matriz $Q_{n\times n}$ é semidefinida positiva, então ela pode ser fatorada como $Q = C_q^T C_q$, sendo C_q uma matriz $m \times n$, com $0 < m < n$ (ver [14]).

Considere as seguintes hipóteses:

i) todos os estados do vetor $x(t)$ são disponíveis para realimentação;

ii) o par (A, B) é estabilizável[4] e o par (A, C_q) é detectável[5];

iii) $R > 0$.

Nessas condições, o vetor K que minimiza o índice de desempenho J é dado por

$$K = R^{-1}B^T F \,, \tag{13.159}$$

sendo F a única matriz simétrica semidefinida positiva, solução da equação

$$FA + A^T F - FBR^{-1}B^T F + Q = 0 \,, \tag{13.160}$$

chamada de equação algébrica de Riccati. Além disso, o sistema com realimentação da Equação (13.157) é sempre assintoticamente estável, ou seja, todos os autovalores da matriz de malha fechada $A - BK$ estão no semiplano esquerdo aberto do plano s.

A Equação (13.160) pode ter mais de uma matriz F como solução, mas somente uma é simétrica semidefinida positiva. A demonstração das Equações (13.159) e (13.160) pode ser encontrada na referência [33].

13.12.2 Procedimento de projeto para o Regulador Linear Quadrático

i) Adotar valores para a matriz Q e para o escalar R.

ii) Resolver a equação algébrica de Riccati (13.160), determinando a matriz F.

iii) Calcular o vetor de realimentação de estados K pela Equação (13.159).

iv) Simular o sistema em malha fechada e avaliar as amplitudes máximas e demais características de transitório.

v) Se as especificações de projeto não forem satisfeitas, voltar para i) e refazer o projeto.

---

[3] A matriz Q é simétrica quando ela é igual à sua transposta, isto é, $Q = Q^T$. Todos os autovalores de matrizes reais simétricas são reais. Q é semidefinida positiva quando todos os seus autovalores são maiores ou iguais a zero.

[4] Um sistema é estabilizável se e somente se os modos não controláveis são estáveis.

[5] Um sistema é detectável se e somente se os modos não observáveis são estáveis.

Exemplo 13.14

Considere o mesmo sistema dinâmico dos Exemplos 13.12 e 13.13, representado pelas equações de estados

$$\underbrace{\begin{bmatrix} \dot{x}_1(t) \\ \dot{x}_2(t) \end{bmatrix}}_{\dot{x}(t)} = \underbrace{\begin{bmatrix} -1 & 1 \\ 0 & 1 \end{bmatrix}}_{A} \underbrace{\begin{bmatrix} x_1(t) \\ x_2(t) \end{bmatrix}}_{x(t)} + \underbrace{\begin{bmatrix} 1 \\ 1 \end{bmatrix}}_{B} u(t) , \tag{13.161}$$

$$y(t) = \underbrace{\begin{bmatrix} 1 & 0 \end{bmatrix}}_{C} \underbrace{\begin{bmatrix} x_1(t) \\ x_2(t) \end{bmatrix}}_{x(t)} . \tag{13.162}$$

Conforme verificado no Exemplo 13.12, o sistema em malha aberta é instável. Para o projeto do regulador linear quadrático, inicialmente deve-se adotar valores para a matriz Q e para o escalar R. Como há infinitos valores que podem ser adotados para Q e R, se ao final do cálculo do vetor K o controlador não atender às especificações, então o projeto deve ser refeito.

Após algumas tentativas são adotados $R = 1$ e

$$Q = C^T C = \begin{bmatrix} 1 \\ 0 \end{bmatrix} \begin{bmatrix} 1 & 0 \end{bmatrix} = \begin{bmatrix} 1 & 0 \\ 0 & 0 \end{bmatrix} . \tag{13.163}$$

Como o sistema tem $n = 2$ estados, então a matriz simétrica $F = F^T$, solução da equação algébrica de Riccati, tem dimensão 2×2, ou seja,

$$F = \begin{bmatrix} f_1 & f_2 \\ f_2 & f_3 \end{bmatrix} . \tag{13.164}$$

Da equação algébrica de Riccati[6] (13.160) tem-se que

$$\begin{bmatrix} f_1 & f_2 \\ f_2 & f_3 \end{bmatrix} \begin{bmatrix} -1 & 1 \\ 0 & 1 \end{bmatrix} + \begin{bmatrix} -1 & 0 \\ 1 & 1 \end{bmatrix} \begin{bmatrix} f_1 & f_2 \\ f_2 & f_3 \end{bmatrix}$$

$$- \begin{bmatrix} f_1 & f_2 \\ f_2 & f_3 \end{bmatrix} \begin{bmatrix} 1 \\ 1 \end{bmatrix} 1^{-1} \begin{bmatrix} 1 & 1 \end{bmatrix} \begin{bmatrix} f_1 & f_2 \\ f_2 & f_3 \end{bmatrix} + \begin{bmatrix} 1 & 0 \\ 0 & 0 \end{bmatrix} = \begin{bmatrix} 0 & 0 \\ 0 & 0 \end{bmatrix} . \tag{13.165}$$

Simplificando a Equação (13.165), obtém-se o sistema de equações

$$f_1^2 + 2f_1 + 2f_1 f_2 + f_2^2 - 1 = 0 , \tag{13.166}$$

$$f_1 - f_1 f_2 - f_1 f_3 - f_2^2 - f_2 f_3 = 0 , \tag{13.167}$$

$$2f_2 + 2f_3 - f_2^2 - 2f_2 f_3 - f_3^2 = 0 . \tag{13.168}$$

Da Equação (13.168) tem-se que

$$(f_2 + f_3)^2 = 2(f_2 + f_3) \Longrightarrow f_2 + f_3 = 2 \Longrightarrow f_3 = 2 - f_2 . \tag{13.169}$$

Substituindo a Equação (13.169) na Equação (13.167), obtém-se

$$f_1 = -2f_2 . \tag{13.170}$$

Substituindo a Equação (13.170) na Equação (13.166), obtém-se

$$f_2^2 - 4f_2 - 1 = 0 , \tag{13.171}$$

cujas raízes são $f_2 = -0{,}2361$ e $f_2 = 4{,}2361$.

[6]Para resolver a equação algébrica de Riccati é recomendável a utilização de programas computacionais como os aplicativos MATLAB ou OCTAVE.

Para $f_2 = 4{,}2361$ obtém-se

$$F = \begin{bmatrix} -8{,}4722 & 4{,}2361 \\ 4{,}2361 & -2{,}2361 \end{bmatrix}, \tag{13.172}$$

cujos autovalores são $-0{,}0942$ e $-10{,}6141$. Como estes autovalores são negativos, a matriz F não é semidefinida positiva. Logo, esta solução deve ser descartada.

Para $f_2 = -0{,}2361$ obtém-se

$$F = \begin{bmatrix} 0{,}4722 & -0{,}2361 \\ -0{,}2361 & 2{,}2361 \end{bmatrix}, \tag{13.173}$$

cujos autovalores são 0,4411 e 2,2671. Como estes autovalores são positivos, a matriz F é definida positiva. Logo, esta solução deve ser utilizada no cálculo do vetor K.

Portanto, da Equação (13.159) obtém-se o vetor K para realimentação dos estados

$$K = R^{-1}B^T F = 1^{-1} \begin{bmatrix} 1 & 1 \end{bmatrix} \begin{bmatrix} 0{,}4722 & -0{,}2361 \\ -0{,}2361 & 2{,}2361 \end{bmatrix} = \begin{bmatrix} 0{,}2361 & 2 \end{bmatrix}. \tag{13.174}$$

Supondo que a entrada de referência $r(t)$ é zero, então as equações de estados do sistema em malha fechada resultam como

$$\underbrace{\begin{bmatrix} \dot{x}_1(t) \\ \dot{x}_2(t) \end{bmatrix}}_{\dot{x}(t)} = \underbrace{\begin{bmatrix} -1{,}236 & -1 \\ -0{,}236 & -1 \end{bmatrix}}_{A-BK} \underbrace{\begin{bmatrix} x_1(t) \\ x_2(t) \end{bmatrix}}_{x(t)}, \tag{13.175}$$

$$y(t) = \underbrace{\begin{bmatrix} 1 & 0 \end{bmatrix}}_{C} \underbrace{\begin{bmatrix} x_1(t) \\ x_2(t) \end{bmatrix}}_{x(t)}. \tag{13.176}$$

Aplicando a transformada de Laplace na Equação (13.175), tem-se que

$$sX(s) - x(0) = (A - BK)X(s) \Rightarrow X(s) = [sI - (A - BK)]^{-1}x(0). \tag{13.177}$$

Logo, a transformada de Laplace da saída $Y(s)$ é

$$Y(s) = CX(s) = C[sI - (A - BK)]^{-1}x(0) \tag{13.178}$$

$$= \begin{bmatrix} 1 & 0 \end{bmatrix} \begin{bmatrix} s + 1{,}236 & 1 \\ 0{,}236 & s + 1 \end{bmatrix}^{-1} \begin{bmatrix} x_1(0) \\ x_2(0) \end{bmatrix} \tag{13.179}$$

$$= \frac{1}{s^2 + 2{,}236s + 1} \begin{bmatrix} 1 & 0 \end{bmatrix} \begin{bmatrix} s + 1 & -1 \\ -0{,}236 & s + 1{,}236 \end{bmatrix} \begin{bmatrix} x_1(0) \\ x_2(0) \end{bmatrix} \tag{13.180}$$

$$= \frac{s + 1}{s^2 + 2{,}236s + 1} x_1(0) - \frac{1}{s^2 + 2{,}236s + 1} x_2(0). \tag{13.181}$$

Supondo condição inicial

$$x(0) = \begin{bmatrix} x_1(0) \\ x_2(0) \end{bmatrix} = \begin{bmatrix} 1 \\ 1 \end{bmatrix}, \tag{13.182}$$

então

$$Y(s) = \frac{s}{s^2 + 2{,}236s + 1} = \frac{1{,}618}{s + 1{,}618} - \frac{0{,}618}{s + 0{,}618}. \tag{13.183}$$

Aplicando a transformada inversa de Laplace na Equação (13.183), obtém-se a resposta transitória da saída $y(t)$ para a condição inicial (13.182), dada por

$$y(t) = 1{,}618e^{-1{,}618t} - 0{,}618e^{-0{,}618t}, \text{ para } t \geq 0. \tag{13.184}$$

O gráfico da resposta transitória (13.184) é apresentado na Figura 13.8. Observe que o controlador estabilizou o sistema em malha fechada. Porém, se a resposta transitória não satisfizer às especificações de projeto, como por exemplo o tempo de resposta e a amplitude máxima do sinal de controle, o cálculo do controlador K deve ser refeito, escolhendo-se outros valores para Q e R.

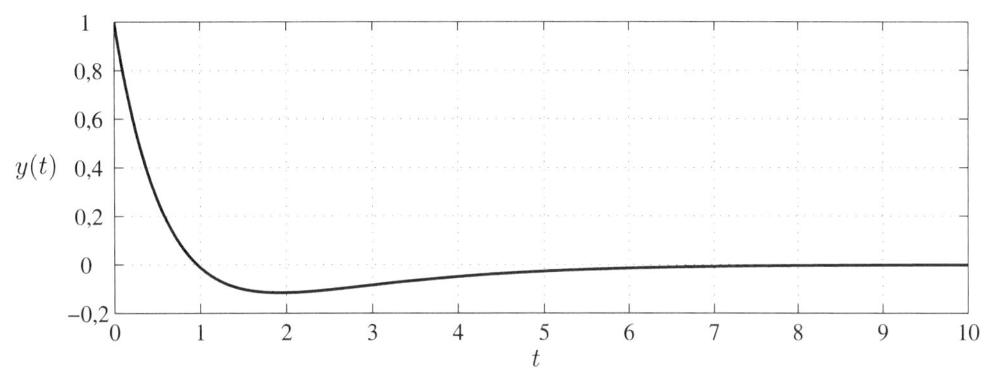

Figura 13.8 Resposta transitória da saída $y(t)$ para a condição inicial (13.182). ■

13.13 Observador ou estimador de estados contínuos

Em ambos os métodos de projeto vistos anteriormente, de alocação de polos de malha fechada e do regulador linear quadrático, foi suposto que os estados da planta eram disponíveis para realimentação. Porém, esta situação não ocorre com frequência na prática. Como exemplo, no caso da realimentação auxiliar de velocidade do servomecanismo estudado na Seção 4.6.4, as duas variáveis de estado realimentadas são a posição e a velocidade. Para que ambas sejam disponíveis para realimentação, é necessária a utilização de um potenciômetro para a medida da posição angular e um tacômetro para a medida da velocidade. No entanto, por razões econômicas ou tecnológicas, em diversas aplicações nem sempre estes sensores podem ser instalados. Nesses casos, na hipótese de o sistema ser observável, é possível projetar um estimador ou observador de estados usando apenas os sinais de entrada e saída da planta. Obviamente, estes sinais estão sempre disponíveis, pois o sinal de entrada da planta nada mais é do que a saída do controlador e o sinal de saída da planta é sempre medido.

Os termos observador ou estimador de estados são comumente empregados na literatura. Neste texto será utilizado o termo observador de estados.

13.13.1 Formulação do problema

Considere um sistema dinâmico observável com entrada $u(t)$, saída $y(t)$ e condição inicial não nula $x(0)$, representado por

$$\left\{ \begin{array}{rcl} \dot{x}(t) & = & Ax(t) + Bu(t) \, , \\ y(t) & = & Cx(t) \, , \end{array} \right. \tag{13.185}$$

sendo $A_{n\times n}$, $B_{n\times 1}$, $C_{1\times n}$ e $x(t)_{n\times 1}$.

O projeto de um observador de estados visa obter uma estimativa $\hat{x}(t)$ para o vetor de variáveis de estado $x(t)$, tal que o erro de observação $\tilde{x}(t)$ satisfaça

$$\lim_{t\to\infty} \tilde{x}(t) = \lim_{t\to\infty} [\, x(t) - \hat{x}(t)\,] = 0 \, . \tag{13.186}$$

13.13.2 Estrutura do observador de estados

A estrutura do observador de estados baseia-se no modelo de variáveis de estado da planta. Na prática, sempre existem erros de modelagem e, portanto, após o projeto do observador, seu desempenho deve ser avaliado por meio de simulações que consideram esses erros. Na Figura 13.9 é apresentado o diagrama de blocos contendo a planta e o observador de estados.

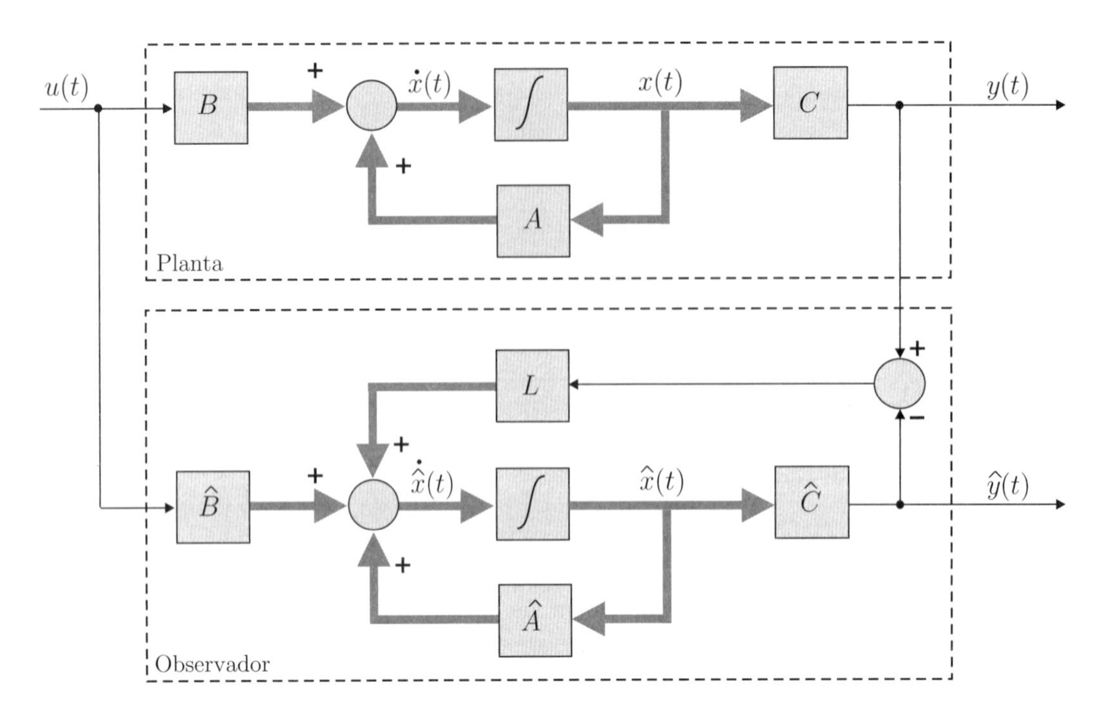

Figura 13.9 Diagrama de blocos contendo planta e observador de estados.

Da Figura 13.9 tem-se que o bloco correspondente ao observador é dado por

$$\begin{cases} \dot{\hat{x}}(t) & = & \hat{A}\hat{x}(t) + \hat{B}u(t) + L[\,y(t) - \hat{y}(t)\,]\,, \\ \hat{y}(t) & = & \hat{C}\hat{x}(t)\,, \end{cases} \tag{13.187}$$

com condição inicial $\hat{x}(0)$.

Pode-se notar que o sistema (13.187) tem a mesma estrutura do sistema (13.185), porém, com o termo adicional $L[\,y(t) - \hat{y}(t)\,]$. Na condição ideal em que as matrizes e as condições iniciais da planta e do observador são idênticas, esse termo adicional não precisaria ser incluído. De fato, neste caso o observador seria idêntico à planta e teria a estrutura do chamado observador de malha aberta, com $\tilde{x} = x(t) - \hat{x}(t) = 0$ para todo $t \geq 0$.

Suponha agora, que as condições iniciais $x(0)$ e $\hat{x}(0) = 0$ são diferentes. Subtraindo a derivada dos estados $\dot{x}(t)$ da derivada dos estados estimados $\dot{\hat{x}}(t)$, obtém-se

$$\begin{aligned} \dot{\tilde{x}}(t) &= \dot{x}(t) - \dot{\hat{x}}(t) \\ &= Ax(t) - \hat{A}\hat{x}(t) + [\,B - \hat{B}\,]u(t) - L[\,y(t) - \hat{y}(t)]\,. \end{aligned} \tag{13.188}$$

Substituindo $y(t)$ e $\hat{y}(t)$ na Equação (13.188), resulta

$$\dot{\tilde{x}}(t) = Ax(t) - \hat{A}\hat{x}(t) + [\,B - \hat{B}\,]u(t) - L[\,Cx(t) - \hat{C}\hat{x}(t)]\,. \tag{13.189}$$

Supondo que os erros entre as matrizes da planta (A, B, C) e do modelo $(\hat{A}, \hat{B}, \hat{C})$ são suficientemente pequenos, da Equação (13.189) tem-se que

$$\begin{aligned} \dot{\tilde{x}}(t) &\cong A[\,x(t) - \hat{x}(t)\,] - LC[\,x(t) - \hat{x}(t)\,] \\ &\cong (A - LC)\,[\,x(t) - \hat{x}(t)\,] \\ &\cong (A - LC)\,\tilde{x}(t)\,. \end{aligned} \tag{13.190}$$

Portanto, a dinâmica do sinal de erro de observação $\tilde{x}(t)$ fica determinada, aproximadamente, pela matriz $A - LC$. Assim, o procedimento de projeto do observador de estados consiste, essencialmente, em obter um vetor de ganhos L tal que a matriz $A - LC$ seja estável, o que resultará em $\tilde{x}(t) \to 0$ quando $t \to \infty$.

Um procedimento bastante comum para a determinação do vetor L considera a similaridade com o problema do regulador linear quadrático. Conforme mostrado na Seção 13.12, sendo o par (A, B) estabilizável, obtém-se a partir da equação algébrica de Riccati um vetor K tal que a matriz de malha fechada $A - BK$ minimiza o índice de desempenho J da Equação (13.158). Além disso, o método garante a estabilidade do sistema em malha fechada.

Para o projeto do vetor L do observador de estados, nota-se que as matrizes $A - BK$ e $A^T - C^T L^T$ têm exatamente a mesma estrutura. Com isso pode-se estabelecer analogias entre as matrizes do regulador e do observador de estados que estão apresentadas na Tabela 13.2.

Tabela 13.2 Analogias entre regulador linear quadrático e observador de estados.

Regulador	Observador
A	A^T
B	C^T
K	L^T
Q	$\overline{Q}$
R	$\overline{R}$

Sabendo-se que os autovalores da matriz $A - LC$ são os mesmos da matriz $A^T - C^T L^T$ e que o par (A, C) detectável corresponde ao par (A^T, C^T) estabilizável, o procedimento para cálculo do vetor de ganhos L pode ser o mesmo que foi utilizado no projeto do regulador linear quadrático, isto é, por meio de uma equação algébrica de Riccati.

Utilizando as analogias da Tabela 13.2 na Equação (13.159), tem-se que

$$L^T = \overline{R}^{-1} C F \Longrightarrow L = F C^T \overline{R}^{-1} \, , \tag{13.191}$$

sendo que F é uma matriz simétrica semidefinida positiva, que é solução da equação algébrica de Riccati

$$F A^T + A F - F C^T \overline{R}^{-1} C F + \overline{Q} = 0 \, . \tag{13.192}$$

Conforme mencionado no projeto do regulador, a Equação (13.192) pode ter mais de uma matriz F como solução, mas somente uma é simétrica semidefinida positiva.

Da mesma forma que no projeto do regulador linear quadrático, o observador de estados deve ter o seu desempenho avaliado por meio de simulações. Os autovalores da matriz de malha fechada $A - LC$ também devem ser avaliados. Na prática, é recomendável escolher matrizes $\overline{Q}$ e $\overline{R}$, que resultem numa matriz $A - LC$ com autovalores mais rápidos, localizados mais à esquerda no plano s, que os autovalores da matriz $A - BK$ do projeto do regulador linear quadrático.

13.13.3 Procedimento de projeto do observador de estados

i) Adotar valores para a matriz $\overline{Q}$ e para o escalar $\overline{R}$.

ii) Resolver a equação algébrica de Riccati (13.192), determinando a matriz F.

iii) Calcular o vetor de ganhos L pela Equação (13.191).

iv) Simular o sistema em malha fechada e avaliar a resposta transitória.

v) Se as especificações de projeto não forem satisfeitas, voltar para i) e refazer o projeto.

Exemplo 13.15

Considere o mesmo sistema dinâmico dos Exemplos 13.12, 13.13 e 13.14. Para o projeto do observador, inicialmente deve-se adotar valores para a matriz $\overline{Q}$ e para o escalar $\overline{R}$. Como há infinitos valores que podem ser adotados para $\overline{Q}$ e $\overline{R}$, se ao final do projeto as especificações não forem satisfeitas, então os cálculos devem ser refeitos. Após algumas tentativas são adotados $\overline{R} = 0{,}1$ e

$$\overline{Q} = 8C^T C = 8 \begin{bmatrix} 1 \\ 0 \end{bmatrix} \begin{bmatrix} 1 & 0 \end{bmatrix} = \begin{bmatrix} 8 & 0 \\ 0 & 0 \end{bmatrix} . \tag{13.193}$$

Como o sistema tem $n = 2$ estados, então a matriz simétrica $F = F^T$, solução da equação algébrica de Riccati, tem dimensão 2×2, ou seja,

$$F = \begin{bmatrix} f_1 & f_2 \\ f_2 & f_3 \end{bmatrix} . \tag{13.194}$$

Da equação algébrica de Riccati (13.192) tem-se que

$$\begin{bmatrix} f_1 & f_2 \\ f_2 & f_3 \end{bmatrix} \begin{bmatrix} -1 & 0 \\ 1 & 1 \end{bmatrix} + \begin{bmatrix} -1 & 1 \\ 0 & 1 \end{bmatrix} \begin{bmatrix} f_1 & f_2 \\ f_2 & f_3 \end{bmatrix}$$

$$- \begin{bmatrix} f_1 & f_2 \\ f_2 & f_3 \end{bmatrix} \begin{bmatrix} 1 \\ 0 \end{bmatrix} 0{,}1^{-1} \begin{bmatrix} 1 & 0 \end{bmatrix} \begin{bmatrix} f_1 & f_2 \\ f_2 & f_3 \end{bmatrix} + \begin{bmatrix} 8 & 0 \\ 0 & 0 \end{bmatrix} = \begin{bmatrix} 0 & 0 \\ 0 & 0 \end{bmatrix} . \tag{13.195}$$

Simplificando a Equação (13.195), obtém-se o sistema de equações

$$-2f_1 + 2f_2 - 10f_1^2 + 8 = 0 , \tag{13.196}$$

$$f_3 - 10f_1 f_2 = 0 , \tag{13.197}$$

$$2f_3 - 10f_2^2 = 0 \Longrightarrow f_3 = 5f_2^2 . \tag{13.198}$$

Substituindo a Equação (13.198) na Equação (13.197), com $f_2 \neq 0$, obtém-se

$$f_2 = 2f_1 . \tag{13.199}$$

Da Equação (13.196) tem-se que

$$-10f_1^2 + 2f_1 + 8 = 0 , \tag{13.200}$$

cujas raízes são $f_1 = -0{,}8$ e $f_1 = 1$.

Para $f_1 = -0{,}8$ obtém-se

$$F = \begin{bmatrix} -0{,}8 & -1{,}6 \\ -1{,}6 & 12{,}8 \end{bmatrix} , \tag{13.201}$$

cujos autovalores são $-0{,}9857$ e $12{,}9857$. Como um dos autovalores é negativo, a matriz F não é semidefinida positiva. Logo, esta solução deve ser descartada.

Para $f_1 = 1$ obtém-se

$$F = \begin{bmatrix} 1 & 2 \\ 2 & 20 \end{bmatrix} , \tag{13.202}$$

cujos autovalores são $0{,}7918$ e $20{,}2082$. Como estes autovalores são positivos, a matriz F é definida positiva. Logo, esta solução deve ser utilizada no cálculo do vetor L. Da Equação (13.191) tem-se

$$L = FC^T \overline{R}^{-1} = \begin{bmatrix} 1 & 2 \\ 2 & 20 \end{bmatrix} \begin{bmatrix} 1 \\ 0 \end{bmatrix} 0{,}1^{-1} = \begin{bmatrix} 10 \\ 20 \end{bmatrix} . \tag{13.203}$$

A matriz de malha fechada é

$$A - LC = \begin{bmatrix} -11 & 1 \\ -20 & 1 \end{bmatrix} , \tag{13.204}$$

cujos autovalores são -1 e -9, que são mais rápidos que os autovalores da matriz $A - BK$ ($-0{,}618$ e $-1{,}618$). ■

13.13.4 Conexão entre controlador e observador de estados

Conforme já comentado na seção anterior, em muitas situações os estados da planta podem não estar todos disponíveis para realimentação. Este fato pode ocorrer tanto por razões tecnológicas, devido à dificuldade de certos estados serem medidos, quanto por razões econômicas, em que o custo de sensores pode ser muito elevado.

Porém, na hipótese de o sistema ser observável, é possível obter estimativas dos estados e utilizar estas estimativas no lugar dos estados medidos. Esta é a ideia da conexão de um controlador por realimentação de estados com observador. Na Figura 13.10 é apresentado o diagrama de blocos do sistema em malha fechada completo.

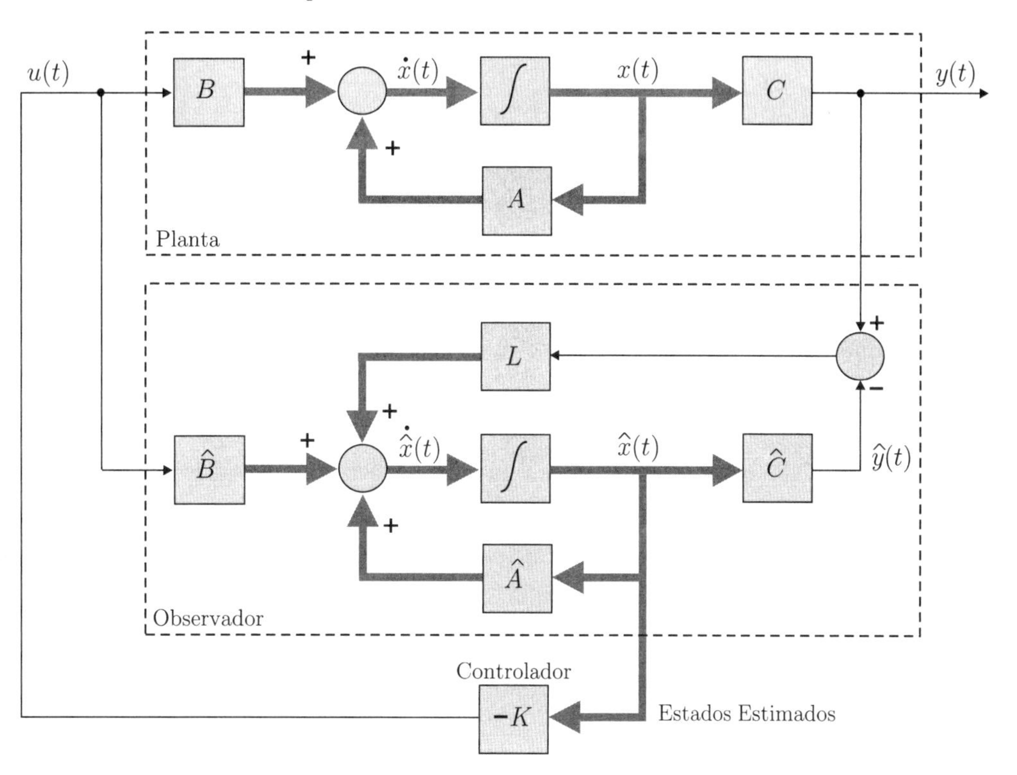

Figura 13.10 Malha fechada com controlador por realimentação de estados e observador.

Na configuração da Figura 13.10, o controlador pode ser obtido tanto pelo método de alocação de polos de malha fechada, quanto pelo método do regulador linear quadrático. É importante destacar que, no caso do regulador linear quadrático, quando se utiliza o observador no lugar da medida dos estados, as propriedades de margem de ganho infinita e margem de fase de pelo menos 60° não são mais garantidas, o que ocasiona uma perda de robustez da malha fechada. Como regra geral, qualquer que seja o método de projeto do controlador, é sempre necessário que seja feita, por meio de simulações, uma avaliação da robustez do sistema em malha fechada, relativamente a erros de modelagem.

O sistema completo em malha fechada com controlador por realimentação de estados e observador pode ser equacionado a partir da Figura 13.10.

- **Planta ou sistema controlado com condição inicial $x(0)$:**

$$\begin{cases} \dot{x}(t) &= Ax(t) + Bu(t)\,, \\ y(t) &= Cx(t)\,. \end{cases} \tag{13.205}$$

- **Observador de estados com condição inicial $\hat{x}(0)$:**

$$\begin{cases} \dot{\hat{x}}(t) &= \hat{A}\hat{x}(t) + \hat{B}u(t) + L[\,y(t) - \hat{y}(t)\,]\,, \\ \hat{y}(t) &= \hat{C}\hat{x}(t)\,. \end{cases} \tag{13.206}$$

- **Controlador por realimentação de estados:**

$$u(t) = -K\hat{x}(t)\,. \tag{13.207}$$

- **Erro do estimador de estados:**

$$\tilde{x}(t) = x(t) - \hat{x}(t) \Longrightarrow \hat{x}(t) = x(t) - \tilde{x}(t)\,. \tag{13.208}$$

- **Sinal de entrada da planta:**

$$u(t) = -K\hat{x}(t) = -K[\,x(t) - \tilde{x}(t)\,]\,. \tag{13.209}$$

Da equação de estados da planta tem-se que

$$\dot{x}(t) = Ax(t) - BK[\,x(t) - \tilde{x}(t)\,] = (A - BK)x(t) + BK\tilde{x}(t)\,. \tag{13.210}$$

Da Equação (13.190) tem-se que

$$\dot{\tilde{x}}(t) \cong (A - LC)\,\tilde{x}(t)\,. \tag{13.211}$$

Das Equações (13.210) e (13.211) resultam as equações dinâmicas do sistema em malha fechada com realimentação de estados observados da Figura 13.10, ou seja,

$$\begin{bmatrix} \dot{x}(t) \\ \dot{\tilde{x}}(t) \end{bmatrix} = \underbrace{\begin{bmatrix} A - BK & BK \\ 0 & A - LC \end{bmatrix}}_{A_{mf}} \begin{bmatrix} x(t) \\ \tilde{x}(t) \end{bmatrix} = A_{mf} \begin{bmatrix} x(t) \\ \tilde{x}(t) \end{bmatrix}\,. \tag{13.212}$$

Como A_{mf} é uma matriz triangular, os seus autovalores são os autovalores da matriz $A - BK$, decorrentes do projeto de alocação de polos ou do regulador linear quadrático, mais os autovalores da matriz $A - LC$, decorrentes do projeto do observador de estados, ou seja,

$$|\,sI - A_{mf}\,| = \left| \begin{bmatrix} sI - (A - BK) & -BK \\ 0 & sI - (A - LC) \end{bmatrix} \right| \tag{13.213}$$

$$= |\,sI - A + BK\,|.|\,sI - A + LC\,|\,. \tag{13.214}$$

13.13.5 Função de transferência do bloco controlador+observador

Supondo que os erros entre as matrizes (A, B, C) e $(\hat{A}, \hat{B}, \hat{C})$ são suficientemente pequenos, das equações do observador tem-se que

$$\dot{\hat{x}}(t) = A\hat{x}(t) + Bu(t) + Ly(t) - LC\hat{x}(t) = (A - LC)\hat{x}(t) + Bu(t) + Ly(t)\,. \tag{13.215}$$

Da Equação (13.209) tem-se que

$$\dot{\hat{x}}(t) = (A - LC - BK)\hat{x}(t) + Ly(t)\,, \tag{13.216}$$

cuja transformada de Laplace, considerando condições iniciais nulas é

$$s\hat{X}(s) = (A - LC - BK)\hat{X}(s) + LY(s) \Longrightarrow \hat{X}(s) = (sI - A + LC + BK)^{-1}LY(s)\,. \tag{13.217}$$

Substituindo a Equação (13.217) na transformada de Laplace na Equação (13.209), obtém-se

$$U(s) = -K\hat{X}(s) = -K(sI - A + LC + BK)^{-1}LY(s)\,. \tag{13.218}$$

Na Equação (13.218) fica evidente que o conjunto controlador+observador produz o sinal de controle $U(s)$ a partir do sinal de saída da planta $Y(s)$. Rearranjando os blocos da Figura 13.10, de forma a explicitar a realimentação da saída, resulta o diagrama de blocos de malha fechada da Figura 13.11, que é muito útil na análise e no projeto de sistemas de controle que visam a regulação do sinal de saída da planta.

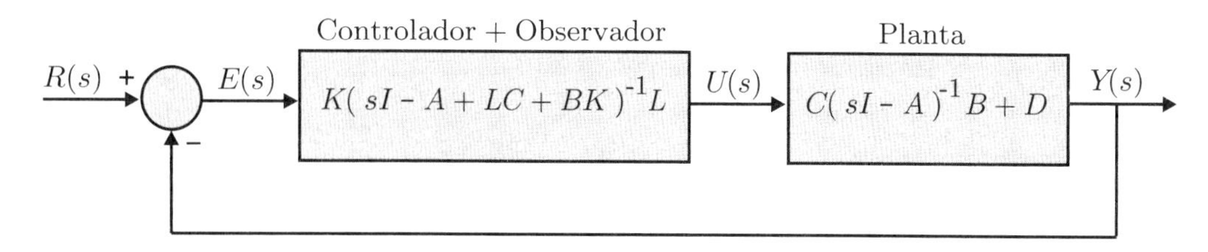

Figura 13.11 Diagrama de blocos de malha fechada com controlador e observador de estados.

Da Figura 13.11, a transformada de Laplace do sinal de erro, para $R(s) = 0$, é

$$E(s) = R(s) - Y(s) = -Y(s)\,. \tag{13.219}$$

Das Equações (13.218) e (13.219) resulta a função de transferência do conjunto controlador + observador

$$\frac{U(s)}{E(s)} = K(sI - A + LC + BK)^{-1}L\,. \tag{13.220}$$

Deve-se notar que no caso em que a planta possui uma entrada e uma saída, os sinais $r(t)$, $e(t)$, $u(t)$ e $y(t)$ são escalares e a função de transferência do conjunto controlador+observador também é escalar.

Exemplo 13.16

Considerando os vetores K e L, calculados nos Exemplos 13.14 e 13.15, tem-se que

$$sI - (A - LC - BK) = \underbrace{\begin{bmatrix} s & 0 \\ 0 & s \end{bmatrix}}_{sI} - \underbrace{\begin{bmatrix} -11{,}236 & -1 \\ -20{,}236 & -1 \end{bmatrix}}_{A-LC-BK} = \begin{bmatrix} s + 11{,}236 & 1 \\ 20{,}236 & s+1 \end{bmatrix}, \tag{13.221}$$

cuja matriz inversa é

$$(sI - A + LC + BK)^{-1} = \frac{1}{s^2 + 12{,}236s - 9}\begin{bmatrix} s+1 & -1 \\ -20{,}236 & s + 11{,}236 \end{bmatrix}. \tag{13.222}$$

Logo, a função de transferência do controlador+observador é

$$\frac{U(s)}{E(s)} = K(sI - A + LC + BK)^{-1}L \tag{13.223}$$

$$= \frac{1}{s^2 + 12{,}236s - 9}\begin{bmatrix} 0{,}236 & 2 \end{bmatrix}\begin{bmatrix} s+1 & -1 \\ -20{,}236 & s + 11{,}236 \end{bmatrix}\begin{bmatrix} 10 \\ 20 \end{bmatrix} \tag{13.224}$$

$$= \frac{42{,}36(s+1)}{s^2 + 12{,}236s - 9}\,. \tag{13.225}$$

Considerando a planta com a função de transferência (13.120) do Exemplo 13.11, tem-se que

$$\frac{Y(s)}{U(s)} = C(sI - A)^{-1}B = \frac{s}{s^2 - 1} = \frac{s}{(s+1)(s-1)}\,. \tag{13.226}$$

Logo, a função de transferência de malha aberta é

$$\frac{Y(s)}{E(s)} = \frac{42{,}36s}{(s^2 + 12{,}236s - 9)(s-1)} = \frac{42{,}36s}{s^3 + 11{,}236s^2 - 21{,}236s + 9}\,. \tag{13.227}$$

Portanto, a função de transferência de malha fechada resulta como

$$\frac{Y(s)}{R(s)} = \frac{42{,}36s}{s^3 + 11{,}236s^2 + 21{,}124s + 9} \, . \tag{13.228}$$

Supondo que a entrada de referência seja um degrau unitário ($R(s) = 1/s$), então

$$Y(s) = \frac{42{,}36}{s^3 + 11{,}236s^2 + 21{,}124s + 9} = \frac{0{,}684}{s+9} + \frac{5{,}055}{s+0{,}618} - \frac{5{,}739}{s+1{,}618} \, . \tag{13.229}$$

Aplicando a transformada inversa de Laplace na Equação (13.229), obtém-se a resposta transitória da saída $y(t)$, dada por

$$y(t) = 0{,}684e^{-9t} + 5{,}055e^{-0{,}618t} - 5{,}739e^{-1{,}618t} \, , \text{ para } t \geq 0 \, . \tag{13.230}$$

O gráfico da resposta transitória (13.230) é apresentado na Figura 13.12. Observe que o sistema de controle com observador estabilizou o sistema em malha fechada. Porém, se a resposta transitória não satisfizer às especificações de projeto, como por exemplo, tempo de resposta, sobressinal ou erro estacionário, o cálculo dos vetores K e L deve ser refeito.

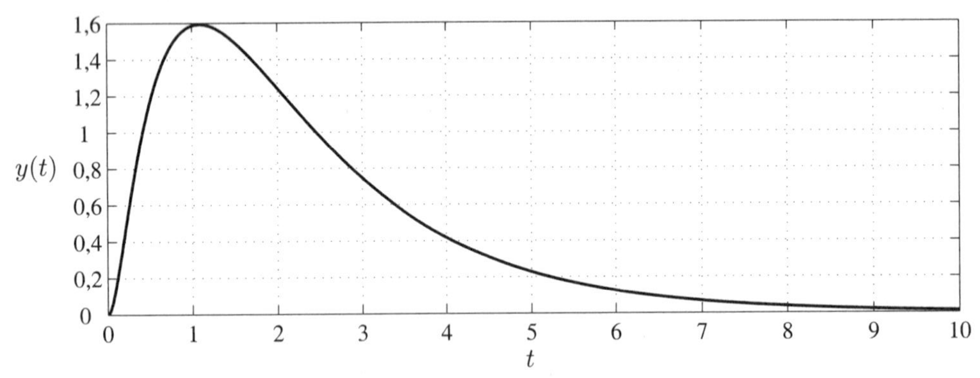

Figura 13.12 Resposta transitória da saída $y(t)$ para um degrau unitário aplicado na referência.

■

13.14 Inclusão de integrador contínuo na malha de controle

Embora o regulador linear quadrático seja projetado para levar o sistema controlado de um estado inicial qualquer para zero, são comuns aplicações em que, após o cálculo e implementação do vetor de realimentação de estados K e do observador de estados, o sistema em malha fechada seja submetido a sinais de referência diferentes de zero. Além disso, sendo o sistema em malha fechada estável, frequentemente faz-se a exigência de erro de regime nulo quando o sinal de referência $r(t)$ é um degrau, mesmo na presença de perturbações $d(t)$ na entrada da planta, conforme é representado na Figura 13.13.

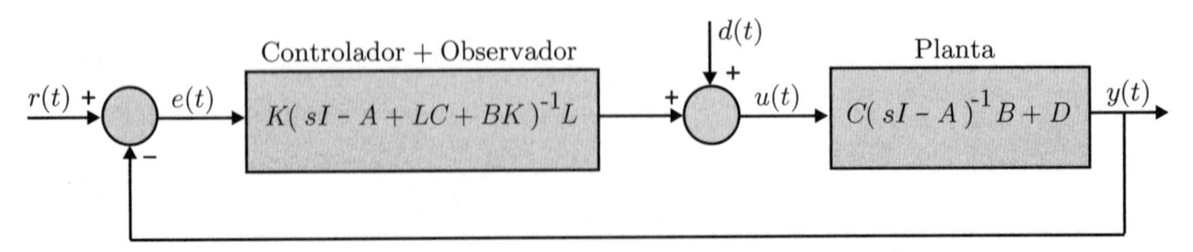

Figura 13.13 Diagrama de blocos do sistema em malha fechada com entrada de referência $r(t)$ e de perturbação $d(t)$.

O objetivo é atender à especificação de erro de regime permanente nulo, considerando-se sinais do tipo degrau em $r(t)$ e em $d(t)$. Nesta condição, a saída $y(t)$ deve acompanhar o sinal de referência $r(t)$ mesmo na presença de um degrau de perturbação $d(t)$. No contexto da teoria de controle clássico, a solução mais comum consiste em incluir um integrador no bloco de controle, tornando o sistema[7] do tipo 1. O emprego do controlador PID é uma solução típica para este problema, já que o mesmo possui o elemento integrador em sua estrutura.

No entanto, no caso do controlador por realimentação de estados+observador das seções anteriores não foi utilizado nenhum mecanismo que garantisse a presença de um integrador (polo na origem) em sua estrutura. O procedimento, que soluciona este problema, consiste em acrescentar um bloco integrador na entrada da planta, como na Figura 13.14.

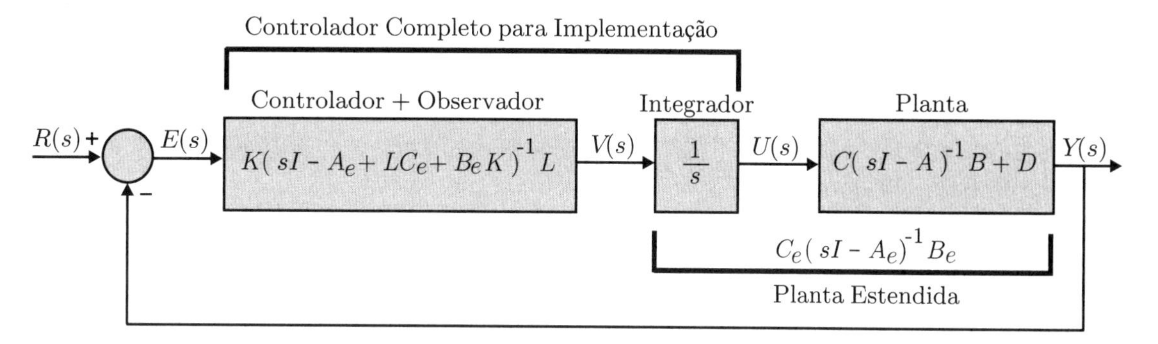

Figura 13.14 Diagrama de blocos mostrando a inclusão do integrador na entrada da planta.

De acordo com a Figura 13.14, o bloco do controlador+observador deve ser projetado pelos mesmos procedimentos das seções anteriores, porém assumindo-se o conjunto planta+integrador como modelo para o sistema controlado, o qual é denominado planta estendida. Após o projeto, o integrador deve ser implementado juntamente com o bloco do controlador+observador. O modelo para a chamada planta estendida é obtido a partir do modelo da planta juntamente com o modelo de variável de estado para o integrador. Da Figura 13.14 tem-se que

$$\frac{U(s)}{V(s)} = \frac{1}{s} \Longrightarrow sU(s) = V(s)\ . \tag{13.231}$$

Aplicando a transformada inversa de Laplace na Equação (13.231), tem-se que

$$\frac{du(t)}{dt} = v(t)\ . \tag{13.232}$$

Definindo a variável de estado $x_i(t) = u(t)$, resulta a equação de estado do integrador

$$\dot{x}_i(t) = v(t)\ . \tag{13.233}$$

A Equação (13.233) em conjunto com o modelo da planta (13.2) produz o modelo de variáveis de estado para a planta estendida, dado por

$$\begin{bmatrix} \dot{x}(t) \\ \dot{x}_i(t) \end{bmatrix} = \underbrace{\begin{bmatrix} A_{n\times n} & B_{n\times 1} \\ 0_{1\times n} & 0_{1\times 1} \end{bmatrix}}_{A_e} \begin{bmatrix} x(t) \\ x_i(t) \end{bmatrix} + \underbrace{\begin{bmatrix} 0_{n\times 1} \\ 1_{1\times 1} \end{bmatrix}}_{B_e} v(t)\ , \tag{13.234}$$

$$y(t) = \underbrace{\begin{bmatrix} C_{1\times n} & D_{1\times 1} \end{bmatrix}}_{C_e} \begin{bmatrix} x(t) \\ x_i(t) \end{bmatrix}\ . \tag{13.235}$$

As matrizes (A_e, B_e, C_e) representam o modelo da planta estendida e são as matrizes que devem ser usadas nos projetos do vetor K de realimentação de estados e do vetor L do observador.

[7]Um sistema é chamado do tipo n quando possui n polos na origem.

13.15 Espaço de estados discretos

Na abordagem de variáveis de estado apresentada anteriormente os sistemas dinâmicos foram tratados no espaço de estados contínuo. Nesta seção, são apresentados desenvolvimentos análogos, aplicados às etapas de modelagem, análise e projeto, porém considerando-se uma versão discreta para os modelos de variáveis de estado. Devido à analogia entre os resultados dos casos contínuo e discreto, muitos dos desenvolvimentos nesta seção serão omitidos ou apresentados de forma breve.

13.15.1 Modelos no espaço de estados discretos

Considere um sistema contínuo linear e invariante no tempo, descrito na forma de espaço de estados, dado por

$$\begin{cases} \dot{x}(t) &= Ax(t) + Bu(t) \ , \\ y(t) &= Cx(t) + Du(t) \ . \end{cases} \tag{13.236}$$

sendo que t é o tempo contínuo, $u(t)$ é a variável de entrada, $y(t)$ é a variável de saída, $x(t)_{n\times 1}$ é o vetor de estados, $x(0)_{n\times 1} = x_0$ é o vetor com as condições iniciais, $A_{n\times n}$ é a matriz do sistema, $B_{n\times 1}$ é a matriz da entrada, $C_{1\times n}$ é a matriz da saída e $D_{1\times 1}$ é a matriz de transmissão direta da entrada para a saída.

Da teoria de equações lineares, sabe-se que a solução analítica fechada para o vetor de estados $x(t)$ é dada por

$$x(t) = e^{A(t-t_0)}x(t_0) + \int_{t_0}^{t} e^{A(t-\tau)}Bu(\tau)d\tau \ . \tag{13.237}$$

Conforme é mostrado a seguir, o sistema contínuo representado pela Equação (13.236) pode ser aproximado por um sistema discreto com comportamento similar. Neste texto, é considerada apenas uma dentre as várias aproximações possíveis. Supondo que T é o período de amostragem ou de discretização, $t_0 = kT$ e $t = kT + T$, com $k = 0, 1, 2, 3, \ldots$, então

$$x(kT+T) = e^{AT}x(kT) + \int_{kT}^{kT+T} e^{A(kT+T-\tau)}Bu(\tau)d\tau \ . \tag{13.238}$$

Considerando a aproximação

$$u(\tau) \cong u(kT) \ \text{ para } \ kT \le \tau < kT + T \ , \tag{13.239}$$

que equivale a passar $u(t)$ por um segurador de ordem zero, então, da Equação (13.238) tem-se que

$$x(kT+T) \cong e^{AT}x(kT) + \int_{kT}^{kT+T} e^{A(kT+T-\tau)}d\tau \ Bu(kT) \ . \tag{13.240}$$

Fazendo a mudança de variável $\lambda = kT + T - \tau$, obtém-se

$$x(kT+T) \cong e^{AT}x(kT) + \int_{0}^{T} e^{A\lambda}d\lambda \ Bu(kT) \ . \tag{13.241}$$

A exponencial e^{AT} pode ser escrita numa expansão em série, ou seja,

$$e^{AT} = I + AT + \frac{A^2T^2}{2\,!} + \frac{A^3T^3}{3\,!} + \ldots \tag{13.242}$$

Definindo a variável $A_d = e^{AT}$, então

$$A_d = e^{AT} = I + AT + \frac{A^2T^2}{2\,!} + \frac{A^3T^3}{3\,!} + \ldots = I + A\left(IT + \frac{AT^2}{2\,!} + \frac{A^2T^3}{3\,!} + \ldots\right) = I + AM \ , \tag{13.243}$$

com

$$M = IT + \frac{AT^2}{2\,!} + \frac{A^2T^3}{3\,!} + \ldots \tag{13.244}$$

Definindo

$$B_d = \int_0^T e^{A\lambda} d\lambda \, B = \left(IT + \frac{AT^2}{2\,!} + \frac{A^2T^3}{3\,!} + \ldots \right) B = MB \,, \qquad (13.245)$$

então, a Equação (13.241) resulta como

$$x(kT + T) \cong A_d \, x(kT) + B_d \, u(kT) \,. \qquad (13.246)$$

Por simplicidade de notação, a partir deste ponto o sinal de aproximação na Equação (13.246) é substituído pelo sinal de igualdade e, sempre que possível, o período T é omitido.

Assim,

$$x(k+1) = A_d \, x(k) + B_d \, u(k) \,. \qquad (13.247)$$

Note que os vetores $x(k)$ e $x(t)$ representam as mesmas quantidades medidas, nas mesmas unidades. Assim, a equação da saída pode ser escrita como

$$y(k) = Cx(k) + Du(k) \,, \qquad (13.248)$$

sendo as matrizes C e D do sistema discreto as mesmas do sistema contínuo.

Das Equações (13.247) e (13.248) resultam as equações de estados do sistema discreto equivalente ao sistema contínuo da Equação (13.236), ou seja,

$$\begin{cases} x(k+1) &= A_d \, x(k) + B_d \, u(k) \,, \\ y(k) &= Cx(k) + Du(k) \,. \end{cases} \qquad (13.249)$$

Exemplo 13.17

Seja o sistema dinâmico contínuo com função de transferência

$$G(s) = \frac{Y(s)}{U(s)} = \frac{1}{s(s+1)} \,. \qquad (13.250)$$

A equação diferencial associada a este sistema é

$$\frac{d^2y(t)}{dt^2} = -\frac{dy(t)}{dt} + u(t) \,. \qquad (13.251)$$

Definindo as variáveis de estado $x_1(t) = y(t)$ e $x_2(t) = \frac{dy(t)}{dt}$, obtém-se

$$\begin{cases} \dot{x}_1(t) &= x_2(t) \,, \\ \dot{x}_2(t) &= -x_2(t) + u(t) \,. \end{cases} \qquad (13.252)$$

Logo, as equações de estados na forma matricial são

$$\underbrace{\begin{bmatrix} \dot{x}_1(t) \\ \dot{x}_2(t) \end{bmatrix}}_{\dot{x}(t)} = \underbrace{\begin{bmatrix} 0 & 1 \\ 0 & -1 \end{bmatrix}}_{A} \underbrace{\begin{bmatrix} x_1(t) \\ x_2(t) \end{bmatrix}}_{x(t)} + \underbrace{\begin{bmatrix} 0 \\ 1 \end{bmatrix}}_{B} u(t) \,, \qquad (13.253)$$

$$y(t) = \underbrace{\begin{bmatrix} 1 & 0 \end{bmatrix}}_{C} \underbrace{\begin{bmatrix} x_1(t) \\ x_2(t) \end{bmatrix}}_{x(t)} \,. \qquad (13.254)$$

Considerando um período de discretização $T = 0{,}1$s na Equação (13.244), tem-se que

$$M \cong IT + \frac{AT^2}{2\,!} + \frac{A^2T^3}{3\,!} \cong \begin{bmatrix} 0{,}1000 & 0{,}0048 \\ 0 & 0{,}0952 \end{bmatrix} \,. \qquad (13.255)$$

Substituindo a Equação (13.255) nas Equações (13.243) e (13.245), obtém-se

$$A_d = I + AM = \begin{bmatrix} 1 & 0{,}0952 \\ 0 & 0{,}9048 \end{bmatrix}, \tag{13.256}$$

$$B_d = MB = \begin{bmatrix} 0{,}0048 \\ 0{,}0952 \end{bmatrix}. \tag{13.257}$$

Portanto, as equações de estados do sistema discreto para $T = 0{,}1s$ resultam como

$$\underbrace{\begin{bmatrix} x_1[(k+1)T] \\ x_2[(k+1)T] \end{bmatrix}}_{x[(k+1)T]} = \underbrace{\begin{bmatrix} 1 & 0{,}0952 \\ 0 & 0{,}9048 \end{bmatrix}}_{A_d} \underbrace{\begin{bmatrix} x_1(kT) \\ x_2(kT) \end{bmatrix}}_{x(kT)} + \underbrace{\begin{bmatrix} 0{,}0048 \\ 0{,}0952 \end{bmatrix}}_{B_d} u(kT), \tag{13.258}$$

$$y(kT) = \underbrace{\begin{bmatrix} 1 & 0 \end{bmatrix}}_{C} \underbrace{\begin{bmatrix} x_1(kT) \\ x_2(kT) \end{bmatrix}}_{x(kT)}. \tag{13.259}$$

■

13.15.2 Conversão de estados para função de transferência

Considere um sistema discreto com entrada $u(k)$ e saída $y(k)$ descrito pelas equações de estados (13.249). Aplicando a transformada $\mathcal{Z}$ com condições iniciais nulas, obtém-se

$$zX(z) = A_dX(z) + B_dU(z), \tag{13.260}$$

$$Y(z) = CX(z) + DU(z). \tag{13.261}$$

Isolando a transformada $\mathcal{Z}$ do vetor de estados $X(z)$, tem-se que

$$X(z) = (zI - A_d)^{-1}B_dU(z). \tag{13.262}$$

Logo

$$Y(z) = [\, C(zI - A_d)^{-1}B_d + D \,]\, U(z). \tag{13.263}$$

Portanto, a função de transferência $G(z)$ é dada por

$$G(z) = \frac{Y(z)}{U(z)} = C(zI - A_d)^{-1}B_d + D. \tag{13.264}$$

Exemplo 13.18

Considere o sistema discreto representado pelas equações de estados (13.258) e (13.259). A matriz $(zI - A_d)$ é dada por

$$zI - A_d = \begin{bmatrix} z & 0 \\ 0 & z \end{bmatrix} - \begin{bmatrix} 1 & 0{,}0952 \\ 0 & 0{,}9048 \end{bmatrix} = \begin{bmatrix} z-1 & -0{,}0952 \\ 0 & z-0{,}9048 \end{bmatrix}, \tag{13.265}$$

cuja inversa é

$$(zI - A_d)^{-1} = \frac{1}{z^2 - 1{,}9048z + 0{,}9048} \begin{bmatrix} z-0{,}9048 & 0{,}0952 \\ 0 & z-1 \end{bmatrix}. \tag{13.266}$$

Logo

$$\begin{aligned} G(z) &= \frac{Y(z)}{U(z)} = C(zI - A_d)^{-1}B_d \\ &= \frac{1}{z^2 - 1{,}9048z + 0{,}9048} \begin{bmatrix} 1 & 0 \end{bmatrix} \begin{bmatrix} z-0{,}9048 & 0{,}0952 \\ 0 & z-1 \end{bmatrix} \begin{bmatrix} 0{,}0048 \\ 0{,}0952 \end{bmatrix} \\ &\cong \frac{0{,}0048(z+1)}{(z-1)(z-0{,}9048)}. \end{aligned} \tag{13.267}$$

As respostas dos sistemas contínuo e discreto podem ser comparadas por meio de uma entrada do tipo impulso unitário. Se os sistemas contínuo e discreto são equivalentes, as respostas nos instantes de amostragem devem ser iguais. Expandindo em frações parciais a Equação (13.250) e supondo que a entrada é um impulso de Dirac ($U(s) = 1$), então

$$Y(s) = \frac{1}{s(s+1)} = \frac{1}{s} - \frac{1}{s+1} . \tag{13.268}$$

cuja transformada de Laplace inversa é

$$y(t) = 1 - e^{-t}, \ \ t \geq 0 . \tag{13.269}$$

No sinal do tipo impulso de Dirac a "área" sob a função é igual a 1. Um sinal discreto $u(kT)$, que produz efeito equivalente na saída de um sistema discreto, é a sequência $\{1/T, 0, 0, 0, \ldots\}$, cuja transformada $\mathcal{Z}$ é $U(z) = 1/T$.

Expandindo em frações parciais a Equação (13.267), tem-se para $T = 0{,}1$ que

$$Y(z) = \frac{0{,}0048(z+1)}{(z-1)(z-0{,}9048)}U(z) = \frac{0{,}048(z+1)}{(z-1)(z-0{,}9048)} = \frac{1}{z-1} - \frac{0{,}952}{z-0{,}9048} , \tag{13.270}$$

cuja transformada $\mathcal{Z}$ inversa é

$$y(kT) = \begin{cases} 0 & k = 0 , \\ 1 - 0{,}952 \cdot (0{,}9048)^{k-1} & k \geq 1 . \end{cases} \tag{13.271}$$

Os gráficos da resposta discreta (13.271) e contínua (13.269) são apresentados na Figura 13.15.

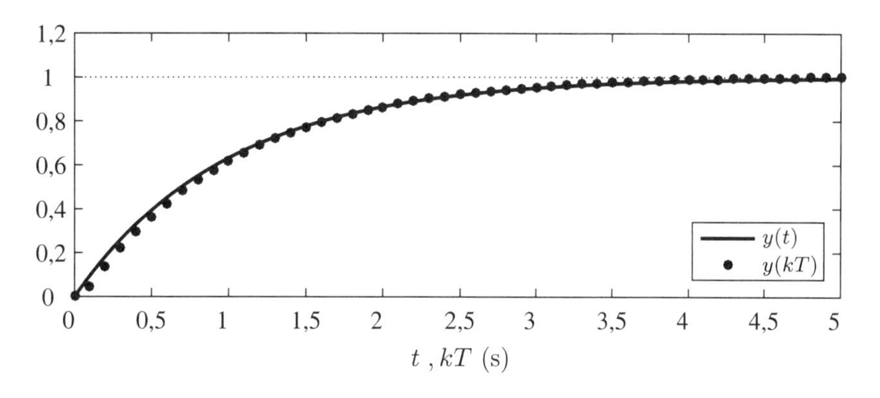

Figura 13.15 Respostas ao impulso.

■

13.15.3 Autovalores

Definição 13.4 *Seja a matriz A_d, $n \times n$. Os autovalores da matriz A_d, representados pela variável z, são as raízes da equação*

$$det(zI - A_d) = |zI - A_d| = 0 , \tag{13.272}$$

na qual z é uma variável complexa, $det(.)$ e $|\ .\ |$ denotam a função determinante e I é a matriz identidade.

13.15.4 Estabilidade

Conforme mostrado na Seção 13.15.2, uma realização para a função de transferência $G(z)$ é uma representação na forma de variáveis de estado, dada pelas matrizes (A_d, B_d, C, D), tal que

$$G(z) = C(zI - A_d)^{-1}B_d + D . \tag{13.273}$$

Um sistema linear, discreto e invariante no tempo, com função de transferência $G(z)$, é BIBO estável se e somente se todos os polos de $G(z)$ têm módulo menor que 1, ou seja, estão localizados estritamente dentro do círculo de raio unitário.

Sendo $\text{cof}(zI - A_d)$ a matriz dos cofatores da matriz $(zI - A_d)$, a função de transferência $G(z)$ pode ser escrita como

$$G(z) = C(zI - A_d)^{-1}B_d + D = C\,\frac{\text{cof}(zI - A_d)}{|zI - A_d|}\,B_d + D\,. \tag{13.274}$$

Logo, os polos da função de transferência da Equação (13.274) são as raízes da equação característica da matriz A_d, ou seja, os autovalores calculados por meio da Equação (13.272).

Portanto, um sistema linear invariante no tempo, dado pelas matrizes (A_d, B_d, C, D), é BIBO estável se e somente se todos os autovalores da matriz A_d têm módulo menor que 1, ou seja, estão localizados estritamente dentro do círculo de raio unitário.

Exemplo 13.19

No sistema discreto da Equação (13.258), os autovalores da matriz A_d são as raízes da equação

$$|zI - A_d| = \left|\begin{bmatrix} z-1 & -0{,}0952 \\ 0 & z-0{,}9048 \end{bmatrix}\right| = (z-1)(z-0{,}9048) = 0\,, \tag{13.275}$$

ou seja, $z = 1$ e $z = 0{,}9048$. Logo, o sistema é BIBO instável, pois a matriz A_d possui um autovalor em $z = 1$, que está sobre a circunferência de raio unitário.

■

13.16 Controle por realimentação de estados discretos

O esquema de controle por realimentação de estados num sistema discreto é análogo ao do caso contínuo e está representado no diagrama de blocos da Figura 13.16.

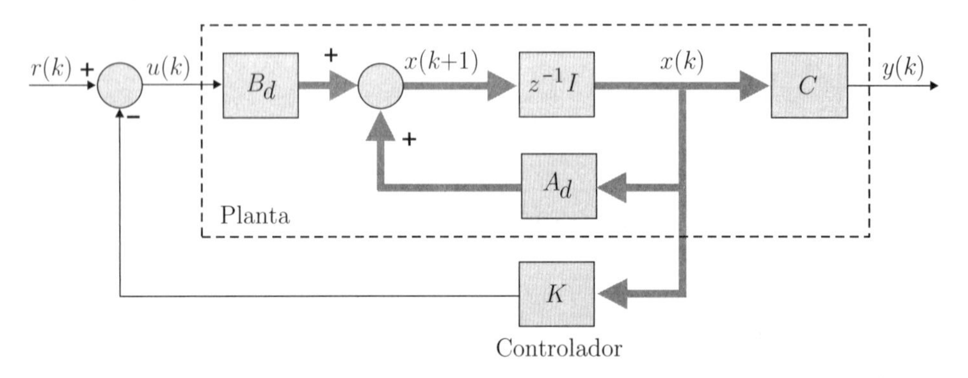

Figura 13.16 Sistema discreto com controlador por realimentação de estados.

Na Figura 13.16 e nos cálculos seguintes, a matriz $D_{1\times 1}$ de transmissão direta da entrada para a saída é omitida, pois na maioria das plantas ela é frequentemente nula. Assim, o sistema discreto é dado por

$$\begin{cases} x(k+1) &= A_d\,x(k) + B_d\,u(k)\,, \\ y(k) &= Cx(k)\,, \end{cases} \tag{13.276}$$

com função de transferência

$$G(z) = \frac{Y(z)}{U(z)} = C(zI - A_d)^{-1}B_d\,. \tag{13.277}$$

Na Figura 13.16 o operador z^{-1} corresponde ao operador atraso unitário, ou seja,

$$X(z) = \mathcal{Z}[x(k)] = z^{-1}\mathcal{Z}[x(k+1)] \, , \tag{13.278}$$

com condições iniciais nulas.

A realimentação de estados é realizada por meio do vetor de ganhos K, dado por

$$K = \left[\begin{array}{ccccc} k_1 & k_2 & k_3 & \ldots & k_n \end{array} \right] , \tag{13.279}$$

com constantes k_1, k_2, k_3, ... , k_n.

O sinal de controle $u(k)$ é dado por

$$u(k) = r(k) - Kx(k) = r(k) - \left[\begin{array}{ccccc} k_1 & k_2 & k_3 & \ldots & k_n \end{array} \right] \left[\begin{array}{c} x_1(k) \\ x_2(k) \\ x_3(k) \\ \ldots \\ x_n(k) \end{array} \right] , \tag{13.280}$$

sendo $r(k)$ o sinal de referência.

Das Equações (13.276) e (13.280) têm-se que

$$x(k+1) = A_d x(k) + B_d u(k) = A_d x(k) + B_d \left[\, r(k) - Kx(k) \, \right] . \tag{13.281}$$

Assim, o sistema em malha fechada resulta como

$$\left\{ \begin{array}{lcl} x(k+1) & = & (A_d - B_d K)x(k) + B_d r(k) \, , \\ y(k) & = & Cx(k) \, , \end{array} \right. \tag{13.282}$$

cujos polos de malha fechada são os autovalores da matriz $A_d - B_d K$, que são as raízes da equação característica

$$| \, zI - (A_d - B_d K) \, | = 0 \, . \tag{13.283}$$

Portanto, a dinâmica do sistema em malha fechada é dada pelos autovalores da matriz $A_d - B_d K$. Como no caso contínuo, uma escolha adequada do vetor K pode estabilizar um sistema instável em malha aberta, reduzir ou eliminar um eventual sobressinal da saída ou também aumentar a velocidade da resposta transitória da malha fechada, se a resposta do sistema sem controlador for lenta. Esses objetivos de controle são resumidos nas Tabela 13.3.

Tabela 13.3 Objetivos de um sistema de controle

Malha aberta A_d	**Malha fechada** $A_d - B_d K$
Instável	Estável
Presença de sobressinal	Redução ou ausência de sobressinal
Autovalores lentos	Autovalores rápidos

Sendo dadas as matrizes A_d e B_d do sistema discreto, deve-se verificar em que condições é possível impor arbitrariamente os autovalores da matriz $A_d - B_d K$, por meio de uma escolha adequada do vetor K. Como no caso contínuo, a condição para que isto seja possível está associada à propriedade de controlabilidade do par $(A_d \, , \, B_d)$, cujos conceitos são análogos aos dos sistemas contínuos.

13.16.1 Alocação de polos de malha fechada

Pode-se mostrar que as seguintes afirmações são equivalentes:

i) existe um vetor de ganhos K tal que os autovalores de $A_d - B_d K$ podem ser alocados em qualquer posição desejada do plano z;

ii) existe uma sequência de entrada $\{u(0), u(1), u(2), \ldots, u(r-1)\}$ capaz de transferir um estado qualquer $x(0)$ para um estado desejado $x(r)$;

iii) a matriz de controlabilidade

$$M = \begin{bmatrix} B_d & A_d B_d & A_d^2 B_d & \ldots & A_d^{n-1} B_d \end{bmatrix}_{n\times n} \tag{13.284}$$

tem posto pleno, ou seja, posto$(M) = n$;

iv) o par $(A_d\ ,\ B_d)$ é controlável.

Supondo que o sistema seja controlável, um primeiro procedimento para projeto do vetor de ganhos K de realimentação de estados, consiste em determinar o polinômio característico de malha fechada

$$|zI - (A_d - B_d K)| = 0\ . \tag{13.285}$$

Igualando a Equação (13.285) ao polinômio formado pelos polos de malha fechada desejados, obtém-se um sistema de equações nas variáveis $k_1, k_2, \ldots, k_n$, cuja solução fornece o vetor de ganhos de realimentação K.

Este procedimento pode levar a um sistema de equações não lineares e, salvo nos casos mais simples, deve ser resolvido computacionalmente devido à grande quantidade de cálculos envolvidos.

Exemplo 13.20

Considere o sistema discreto instável do Exemplo 13.17, com as seguintes equações de estados para $T = 0{,}1$s

$$\underbrace{\begin{bmatrix} x_1[(k+1)T] \\ x_2[(k+1)T] \end{bmatrix}}_{x[(k+1)T]} = \underbrace{\begin{bmatrix} 1 & 0{,}0952 \\ 0 & 0{,}9048 \end{bmatrix}}_{A_d} \underbrace{\begin{bmatrix} x_1(kT) \\ x_2(kT) \end{bmatrix}}_{x(kT)} + \underbrace{\begin{bmatrix} 0{,}0048 \\ 0{,}0952 \end{bmatrix}}_{B_d} u(kT)\ , \tag{13.286}$$

$$y(kT) = \underbrace{\begin{bmatrix} 1 & 0 \end{bmatrix}}_{C} \underbrace{\begin{bmatrix} x_1(kT) \\ x_2(kT) \end{bmatrix}}_{x(kT)}\ . \tag{13.287}$$

Deseja-se projetar um controlador por realimentação de estados discretos, tal que o sistema em malha fechada apresente polos com coeficiente de amortecimento $\xi = 0{,}456$, correspondente a um sobressinal $M_p \cong 20\%$ para uma resposta a degrau, com frequência natural $\omega_n = 2$ rad/s, correspondente a um tempo de pico $t_p \cong 1{,}8$s. Nestas condições, os polos de malha fechada no plano s, são dados por

$$s_{1,2} = -\xi\omega_n \pm \omega_n\sqrt{1-\xi^2}j \cong -0{,}912 \pm 1{,}78j\ . \tag{13.288}$$

No plano z, os polos de malha fechada são mapeados em

$$z_{1,2} = e^{s_{1,2}T} \cong 0{,}8984 \pm 0{,}1616j\ . \tag{13.289}$$

Assim, o polinômio característico desejado para o sistema em malha fechada é dado por

$$(z - 0{,}8984 - 0{,}1616j)(z - 0{,}8984 + 0{,}1616j) = z^2 - 1{,}7968z + 0{,}8333\ . \tag{13.290}$$

Sendo $K = [k_1 \quad k_2]$, o polinômio característico em função dos ganhos k_1 e k_2 é dado por

$$
\begin{aligned}
&|zI - (A_d - B_dK)| = \\
&\left| \begin{bmatrix} z & 0 \\ 0 & z \end{bmatrix} - \begin{bmatrix} 1 & 0{,}0952 \\ 0 & 0{,}9048 \end{bmatrix} + \begin{bmatrix} 0{,}0048 \\ 0{,}0952 \end{bmatrix} \begin{bmatrix} k_1 & k_2 \end{bmatrix} \right| = \\
&\begin{vmatrix} z - 1 + 0{,}0048k_1 & -0{,}0952 + 0{,}0048k_2 \\ 0{,}0952k_1 & z - 0{,}9048 + 0{,}0952k_2 \end{vmatrix} = \\
&z^2 + (0{,}0048k_1 + 0{,}0952k_2 - 1{,}9048)z + 0{,}00472k_1 - 0{,}0952k_2 + 0{,}9048\,. \qquad (13.291)
\end{aligned}
$$

Igualando os coeficientes dos polinômios (13.290) e (13.291), obtém-se um sistema de duas equações nas incógnitas k_1 e k_2, ou seja,

$$
\begin{cases} 0{,}0048k_1 + 0{,}0952k_2 - 1{,}9048 = -1{,}7968\,, \\ 0{,}00472k_1 - 0{,}0952k_2 + 0{,}9048 = 0{,}8333\,, \end{cases} \qquad (13.292)
$$

cuja solução é

$$
K = \begin{bmatrix} k_1 & k_2 \end{bmatrix} = \begin{bmatrix} 3{,}8340 & 0{,}9411 \end{bmatrix}. \qquad (13.293)
$$

As equações de estados do sistema em malha fechada resultam como

$$
\underbrace{\begin{bmatrix} x_1[(k+1)T] \\ x_2[(k+1)T] \end{bmatrix}}_{x[(k+1)T]} = \underbrace{\begin{bmatrix} 0{,}9816 & 0{,}0907 \\ -0{,}3650 & 0{,}8152 \end{bmatrix}}_{A_d - B_dK} \underbrace{\begin{bmatrix} x_1(kT) \\ x_2(kT) \end{bmatrix}}_{x(kT)} + \underbrace{\begin{bmatrix} 0{,}0048 \\ 0{,}0952 \end{bmatrix}}_{B_d} r(kT)\,, \qquad (13.294)
$$

$$
y(kT) = \underbrace{\begin{bmatrix} 1 & 0 \end{bmatrix}}_{C} \underbrace{\begin{bmatrix} x_1(kT) \\ x_2(kT) \end{bmatrix}}_{x(kT)}. \qquad (13.295)
$$

A partir das equações de estados (13.294) e (13.295) do sistema em malha fechada pode-se obter a resposta transitória da saída $y(kT)$, quando é aplicado um degrau unitário na referência $r(kT)$, que é apresentada na Figura 13.17.

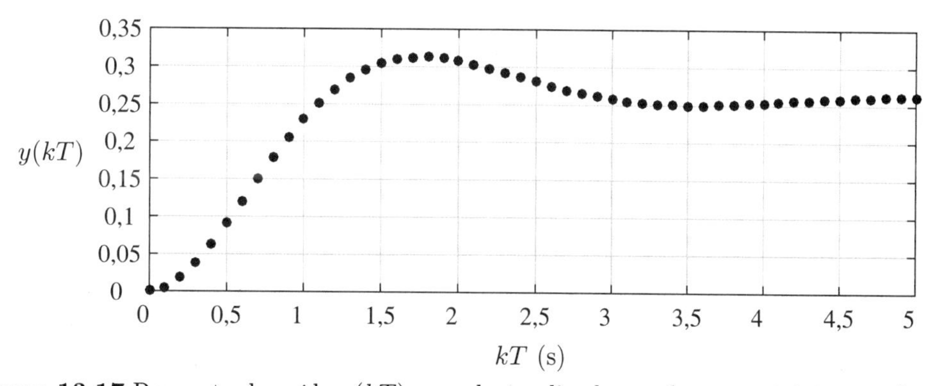

Figura 13.17 Resposta da saída $y(kT)$ quando é aplicado um degrau unitário na referência $r(kT)$.

Note que o sistema em malha fechada se tornou estável, com a saída estabilizada no valor estacionário $y(\infty) \cong 0{,}26$. Além disso, a resposta transitória apresenta um sobressinal $M_p \cong 20\%$ e um tempo de pico $t_s \cong 1{,}8$s, de acordo com a especificação de projeto.

Porém, a resposta transitória apresenta um erro estacionário $e(\infty) = r(\infty) - y(\infty) \cong 1 - 0{,}26 \cong 0{,}74$. Para eliminar esse erro, basta incluir um bloco integrador na entrada da planta, conforme é apresentado no final deste capítulo.

■

13.16.2 Regulador Linear Quadrático - RLQ

De modo análogo ao caso contínuo, nesta seção é apresentado o projeto do controlador por realimentação de estados pela técnica do chamado Regulador Linear Quadrático - RLQ.

Considere o sistema discreto

$$\begin{cases} x(k+1) &= A_d\, x(k) + B_d\, u(k) \ , \\ y(k) &= Cx(k) \ . \end{cases} \tag{13.296}$$

O problema do Regulador Linear Quadrático consiste em determinar o vetor de ganhos de realimentação de estados K, tal que

$$u(k) = -Kx(k) \ , \tag{13.297}$$

que minimize o índice de desempenho

$$J = \frac{1}{2}\sum_{k=0}^{\infty} [\ x^T(k)Qx(k) + Ru^2(k)\ ] \ , \tag{13.298}$$

sendo que a matriz $Q = Q^T \geq 0$ é uma matriz simétrica semidefinida positiva de ponderação das variáveis de estado e $R > 0$ é uma constante positiva de ponderação do esforço de controle.

O termo $x^T(k)Qx(k)$ penaliza o desvio do vetor de estados $x(k)$ em relação à origem e o termo $Ru^2(k)$, que é uma medida da energia do sinal $u(k)$, penaliza esforços de controle excessivos.

Para o escalar R deve-se escolher qualquer constante positiva. Já para a matriz Q, embora seja possível adotar qualquer matriz simétrica semidefinida positiva, são comuns escolhas de matrizes diagonais.

Pode-se mostrar que a solução do problema do Regulador Linear Quadrático é dada por

$$K = W^{-1}B_d^T F A_d \ , \tag{13.299}$$

sendo F a solução estabilizante da seguinte equação algébrica discreta de Riccati

$$F = A_d^T(F - FB_dW^{-1}B_d^TF)A_d + Q \ , \tag{13.300}$$

com

$$W = R + B_d^T F B_d \ . \tag{13.301}$$

A equação de Riccati (13.300) pode ter várias soluções[8], mas somente uma delas estabiliza o sistema em malha fechada. Como esta equação é não linear em F, para resolvê-la pode-se utilizar um algoritmo recursivo com N passos de repetição. A quantidade de passos N deve ser suficientemente "grande" para que ocorra a convergência da solução F da equação de Riccati e do controlador K, dado por

$$K = [\ k_1 \quad k_2 \quad k_3 \quad \dots \quad k_n\ ] \ , \tag{13.302}$$

com constantes k_1, k_2, k_3, ... , k_n.

O algoritmo resultante para a solução F da equação algébrica discreta de Riccati e cálculo do vetor K é apresentado na Tabela 13.4.

[8]A solução do problema do Regulador Linear Quadrático é um tópico complexo, que foge ao escopo deste texto. Para maiores detalhes ver [26].

Tabela 13.4 Algoritmo para cálculo da solução F da equação de Riccati e do controlador K.

Iniciar $F = Q$;
Para k de 1 até N
$W = R + B_d^T F B_d$;
$P = F - F B_d W^{-1} B_d^T F$;
$F = A_d^T P A_d + Q$;
fim para;
$K = W^{-1} B_d^T F A_d$

Exemplo 13.21

Considere o sistema discreto instável do Exemplo 13.17, com as seguintes equações de estados para $T = 0{,}1$s

$$\underbrace{\begin{bmatrix} x_1[(k+1)T] \\ x_2[(k+1)T] \end{bmatrix}}_{x[(k+1)T]} = \underbrace{\begin{bmatrix} 1 & 0{,}0952 \\ 0 & 0{,}9048 \end{bmatrix}}_{A_d} \underbrace{\begin{bmatrix} x_1(kT) \\ x_2(kT) \end{bmatrix}}_{x(kT)} + \underbrace{\begin{bmatrix} 0{,}0048 \\ 0{,}0952 \end{bmatrix}}_{B_d} u(kT)\ , \tag{13.303}$$

$$y(kT) = \underbrace{\begin{bmatrix} 1 & 0 \end{bmatrix}}_{C} \underbrace{\begin{bmatrix} x_1(kT) \\ x_2(kT) \end{bmatrix}}_{x(kT)}\ . \tag{13.304}$$

Para o projeto do regulador linear quadrático, inicialmente deve-se adotar valores para a matriz Q e para o escalar R. Como há infinitos valores que podem ser adotados para Q e R, se ao final do cálculo do vetor K o controlador não atender às especificações, então o projeto deve ser refeito.

Adotando $R = 1$,

$$Q = C^T C = \begin{bmatrix} 1 \\ 0 \end{bmatrix} \begin{bmatrix} 1 & 0 \end{bmatrix} = \begin{bmatrix} 1 & 0 \\ 0 & 0 \end{bmatrix} \tag{13.305}$$

e executando o algoritmo da Tabela 13.4 para $N = 100$ repetições, obtém-se a solução da equação algébrica discreta de Riccati

$$F = \begin{bmatrix} 17{,}8259 & 9{,}9969 \\ 9{,}9969 & 7{,}3248 \end{bmatrix} \tag{13.306}$$

e o controlador

$$K = \begin{bmatrix} 0{,}9641 & 0{,}7185 \end{bmatrix}\ . \tag{13.307}$$

As equações de estados do sistema em malha fechada resultam como

$$\underbrace{\begin{bmatrix} x_1[(k+1)T] \\ x_2[(k+1)T] \end{bmatrix}}_{x[(k+1)T]} = \underbrace{\begin{bmatrix} 0{,}9954 & 0{,}0918 \\ -0{,}0918 & 0{,}8364 \end{bmatrix}}_{A_d - B_d K} \underbrace{\begin{bmatrix} x_1(kT) \\ x_2(kT) \end{bmatrix}}_{x(kT)} + \underbrace{\begin{bmatrix} 0{,}0048 \\ 0{,}0952 \end{bmatrix}}_{B_d} r(kT)\ , \tag{13.308}$$

$$y(kT) = \underbrace{\begin{bmatrix} 1 & 0 \end{bmatrix}}_{C} \underbrace{\begin{bmatrix} x_1(kT) \\ x_2(kT) \end{bmatrix}}_{x(kT)}\ . \tag{13.309}$$

Os autovalores do sistema em malha fechada são as raízes de

$$|zI - (A_d - B_d K)| = z^2 - 1{,}83177z + 0{,}84095 = 0\ , \tag{13.310}$$

ou seja,

$$z_{1,2} = 0{,}9159 \pm 0{,}0459j\ . \tag{13.311}$$

Como $|z_{1,2}| \cong 0{,}917 < 1$, o sistema em malha fechada é estável.

Supondo que a entrada de referência $r(kT)$ é zero, a partir das equações de estados (13.308) e (13.309) do sistema em malha fechada pode-se obter a resposta transitória de $x_1(kT)$ e $x_2(kT)$ para a condição inicial

$$x(0) = \begin{bmatrix} x_1(0) \\ x_2(0) \end{bmatrix} = \begin{bmatrix} 1 \\ 0 \end{bmatrix} . \tag{13.312}$$

Na Figura 13.18 são apresentados os gráficos da resposta transitória dos estados, mostrando que estes partem da condição inicial e convergem para zero.

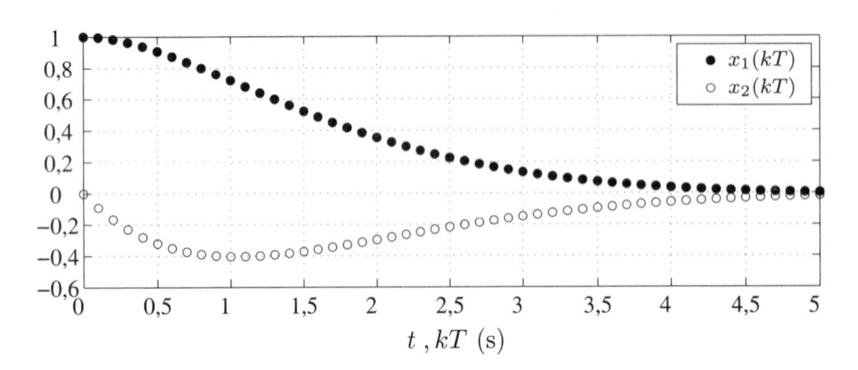

Figura 13.18 Resposta transitória dos estados para o sistema em malha fechada com o controlador RLQ.

■

13.17 Observador ou estimador de estados discretos

O desenvolvimento do observador ou estimador de estados discretos é análogo ao caso contínuo. O diagrama de blocos da planta com o observador de estados é mostrado na Figura 13.19.

As equações de estados estimados do observador são dadas por

$$\begin{cases} \hat{x}(k+1) & = & \hat{A}_d\hat{x}(k) + \hat{B}_d u(k) + L[\,y(k) - \hat{y}(k)\,] \,, \\ \hat{y}(k) & = & \hat{C}\hat{x}(k) \end{cases} \tag{13.313}$$

com condição inicial $\hat{x}(0)$.

O bloco correspondente à planta é dado por

$$\begin{cases} x(k+1) & = & A_d x(k) + B_d u(k) \,, \\ y(k) & = & C x(k) \end{cases} \tag{13.314}$$

Subtraindo os estados da planta $x(k+1)$ dos estados estimados $\hat{x}(k+1)$, obtém-se

$$\begin{aligned} \tilde{x}(k+1) &= x(k+1) - \hat{x}(k+1) \\ &= A_d x(k) - \hat{A}_d\hat{x}(k) + [\,B_d - \hat{B}_d\,]u(k) - L[\,y(k) - \hat{y}(k)] \\ &= A_d x(k) - \hat{A}_d\hat{x}(k) + [\,B_d - \hat{B}_d\,]u(k) - L[\,Cx(k) - \hat{C}\hat{x}(k)] \,. \end{aligned} \tag{13.315}$$

Supondo que os erros entre as matrizes da planta (A, B, C) e do modelo $(\hat{A}, \hat{B}, \hat{C})$ são suficientemente pequenos, então

$$\begin{aligned} \tilde{x}(k+1) &\cong A_d[\,x(k) - \hat{x}(k)\,] - LC[\,x(k) - \hat{x}(k)\,] \\ &\cong (A_d - LC)\,[\,x(k) - \hat{x}(k)\,] \\ &\cong (A_d - LC)\,\tilde{x}(k) \,. \end{aligned} \tag{13.316}$$

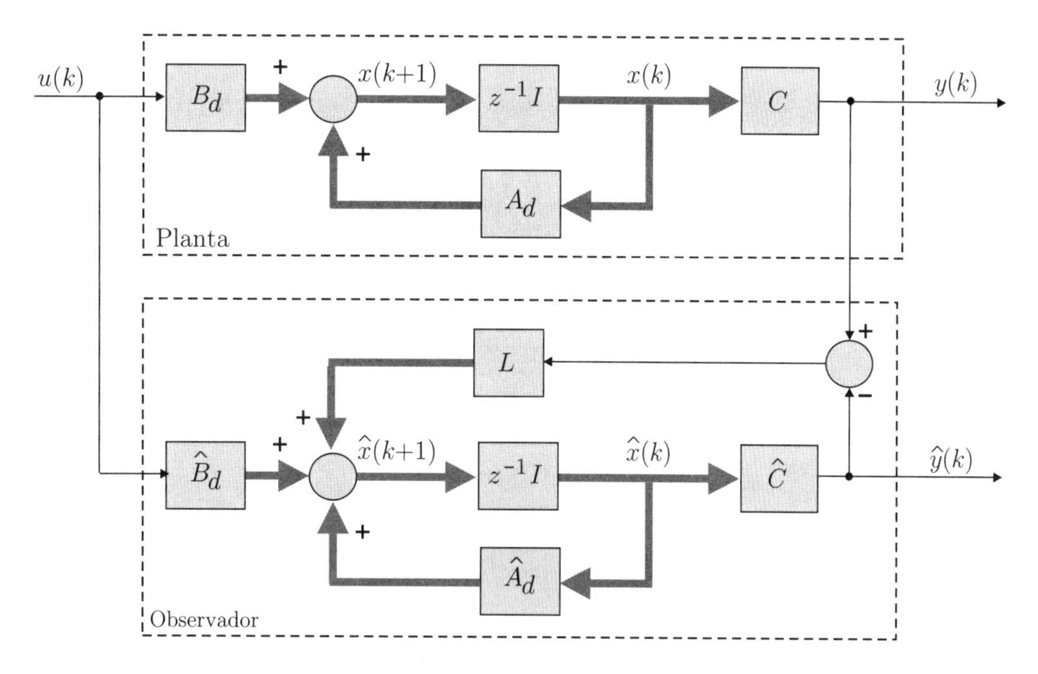

Figura 13.19 Diagrama de blocos contendo planta e observador de estados discretos.

Portanto, a dinâmica do sinal de erro de observação $\tilde{x}(k) = x(k) - \hat{x}(k)$ fica determinada, aproximadamente, pela matriz $A_d - LC$.

• Se a planta é instável, basta escolher L de maneira adequada para que a matriz $A_d - LC$ tenha autovalores estáveis e, consequentemente, $\hat{x}(k) \longrightarrow x(k)$.

• Escolhendo L de maneira adequada é possível fazer os autovalores de $A_d - LC$ muito mais rápidos que os da matriz A_d e, consequentemente, $\hat{x}(k) \longrightarrow x(k)$.

Como no caso contínuo pode-se estabelecer analogias entre as matrizes do regulador linear quadrático e do observador de estados que estão apresentadas na Tabela 13.5. Para calcular o vetor L, basta resolver a equação de Riccati, substituindo as matrizes do regulador pelas matrizes análogas correspondentes ao observador.

Tabela 13.5 Analogias entre regulador linear quadrático e observador de estados discretos.

Regulador	Observador
A_d	A_d^T
B_d	C^T
K	L^T
Q	$\overline{Q}$
R	$\overline{R}$

O algoritmo resultante para a solução F da equação algébrica discreta de Riccati e cálculo do vetor L é apresentado na Tabela 13.6. A quantidade de passos N deve ser suficientemente "grande" para que ocorra a convergência da solução F da equação de Riccati e do vetor L, dado por

$$L = \begin{bmatrix} l_1 \\ l_2 \\ l_3 \\ \dots \\ l_n \end{bmatrix}, \tag{13.317}$$

com constantes l_1, l_2, l_3, ... , l_n.

Tabela 13.6 Algoritmo para cálculo da solução F da equação de Riccati e do vetor L.

Iniciar $F = \overline{Q}$;
Para k de 1 até N
$W = \overline{R} + CFC^T$;
$P = F - FC^TW^{-1}CF$;
$F = A_dPA_d^T + \overline{Q}$;
fim para;
$L = A_dFC^TW^{-1}$

Exemplo 13.22

Considere o sistema discreto instável do Exemplo 13.21, com as equações de estados (13.303) e (13.304). Para o cálculo do vetor L do observador de estados, inicialmente deve-se adotar valores para a matriz $\overline{Q}$ e para o escalar $\overline{R}$. Como há infinitos valores que podem ser adotados para $\overline{Q}$ e $\overline{R}$, se ao final do cálculo do vetor L, as especificações de projeto da resposta transitória da malha fechada não forem satisfeitas, então, o projeto deve ser refeito.

Adotando $\overline{R} = 1$,

$$\overline{Q} = \begin{bmatrix} 1 & 0 \\ 0 & 1 \end{bmatrix} \tag{13.318}$$

e executando o algoritmo da Tabela 13.6 para $N = 100$ repetições, obtém-se a solução da equação algébrica discreta de Riccati

$$F = \begin{bmatrix} 1{,}7181 & 0{,}6134 \\ 0{,}6134 & 4{,}8896 \end{bmatrix} \tag{13.319}$$

e o vetor

$$L = \begin{bmatrix} 0{,}6536 \\ 0{,}2042 \end{bmatrix}. \tag{13.320}$$

Os autovalores de malha fechada são as raízes de

$$|zI - (A_d - LC)| = 0 \Rightarrow z = 0{,}3837 \text{ e } z = 0{,}8675\,. \tag{13.321}$$

Portanto, a malha fechada com observador é estável.

■

13.17.1 Alocação de polos de malha fechada no observador

É importante investigar em que condições é possível impor os autovalores de $A_d - LC$ apenas manipulando os termos de L. Pode-se mostrar que estas condições estão associadas à propriedade de observabilidade do par (C,A_d).

Mais uma vez, considerando a analogia do conceito de observabilidade com o caso contínuo, pode-se mostrar que as seguintes afirmações são equivalentes:

i) existe um vetor L tal que os autovalores de $A_d - LC$ podem ser alocados em qualquer valor desejado;

ii) para qualquer estado inicial $x(0)$, existe um número r finito tal que $x(0)$ pode ser calculado a partir da sequência de saída $\{y(0), y(1), \ldots, y(r-1)\}$;

iii) a matriz de observabilidade

$$N = \begin{bmatrix} C \\ CA_d \\ CA_d^2 \\ \ldots \\ CA_d^{n-1} \end{bmatrix}_{n \times n} \tag{13.322}$$

tem posto pleno, ou seja, posto$(N) = n$;

iv) o par (C, A_d) é observável.

Supondo que o sistema seja observável, para calcular o vetor de ganhos L do observador de estados, inicialmente deve-se determinar o polinômio característico de malha fechada

$$|zI - (A_d - LC)| = 0 \, . \tag{13.323}$$

Igualando a Equação (13.323) ao polinômio formado pelos polos de malha fechada desejados, obtém-se um sistema de equações nas variáveis $l_1, l_2, l_3, \ldots, l_n$, cuja solução fornece o vetor de ganhos L. É recomendável adotar os polos de malha fechada de $|zI - (A_d - LC)| = 0$ mais rápidos que os polos de malha fechada de $|zI - (A_d - B_d K)| = 0$.

Exemplo 13.23

Considere o sistema discreto instável do Exemplo 13.20, com as equações de estados (13.286) e (13.287). Os polos de malha fechada do controlador foram adotados de tal forma a fornecer uma resposta transitória com coeficiente de amortecimento $\xi = 0{,}456$, com frequência natural $\omega_n = 2$ rad/s. Para o projeto do observador, os polos de malha fechada devem ser mais rápidos que os polos adotados no projeto do controlador. Supondo um mesmo coeficiente de amortecimento $\xi = 0{,}456$, mas com uma frequência natural 5 vezes maior, isto é, $\omega_n = 10$ rad/s, no plano s tem-se que

$$s_{1,2} = -\xi\omega_n \pm \omega_n \sqrt{1-\xi^2} j \cong -4{,}56 \pm 8{,}90j \, . \tag{13.324}$$

No plano z os polos de malha fechada são mapeados para $T = 0{,}1$s em

$$z_{1,2} = e^{s_{1,2}T} \cong 0{,}3989 \pm 0{,}4925j \, . \tag{13.325}$$

O polinômio característico desejado para o sistema em malha fechada é dado por

$$(z - 0{,}3989 - 0{,}4925j)(z - 0{,}3989 + 0{,}4925j) = z^2 - 0{,}7979z + 0{,}4017 \, . \tag{13.326}$$

O polinômio característico em função dos ganhos l_1 e l_2 do vetor L é dado por

$$\begin{aligned} |zI - (A_d - LC)| &= \left| \begin{bmatrix} z & 0 \\ 0 & z \end{bmatrix} - \begin{bmatrix} 1 & 0{,}0952 \\ 0 & 0{,}9048 \end{bmatrix} + \begin{bmatrix} l_1 \\ l_2 \end{bmatrix} \begin{bmatrix} 1 & 0 \end{bmatrix} \right| \\ &= \begin{vmatrix} z - 1 + l_1 & -0{,}0952 \\ l_2 & z - 0{,}9048 \end{vmatrix} \\ &= z^2 + (l_1 - 1{,}9048)z - 0{,}9048l1 + 0{,}0952l_2 + 0{,}9048 \, . \end{aligned} \tag{13.327}$$

Igualando os coeficientes dos polinômios (13.326) e (13.327), obtém-se um sistema de duas equações, nas incógnitas l_1 e l_2, ou seja,

$$\begin{cases} l_1 - 1{,}9048 = -0{,}7979 \, , \\ -0{,}9048l1 + 0{,}0952l_2 + 0{,}9048 = 0{,}4017 \, , \end{cases} \tag{13.328}$$

cuja solução é

$$L = \begin{bmatrix} l_1 \\ l_2 \end{bmatrix} = \begin{bmatrix} 1{,}1069 \\ 5{,}2355 \end{bmatrix} . \tag{13.329}$$

■

13.17.2 Conexão entre controlador e observador de estados discretos

De forma análoga ao estudado no caso de sistemas contínuos, a realimentação das variáveis de estado é substituída pela realimentação das variáveis de estado estimadas. O diagrama de blocos completo do sistema em malha fechada é apresentado na Figura 13.20.

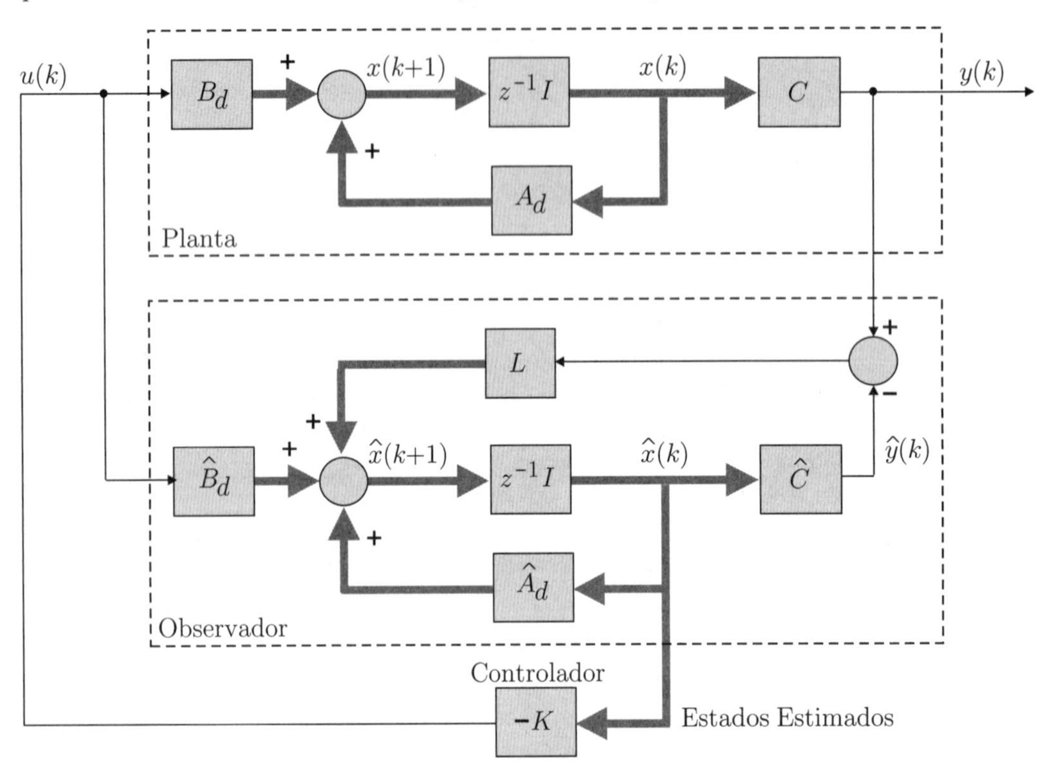

Figura 13.20 Malha fechada com controlador e observador de estados.

O erro do estimador de estados $\tilde{x}(k)$ é dado por

$$\tilde{x}(k) = x(k) - \hat{x}(k) \, . \tag{13.330}$$

Logo, os estados estimados $\hat{x}(k)$ valem

$$\hat{x}(k) = x(k) - \tilde{x}(k) \, . \tag{13.331}$$

O sinal $u(k)$ na entrada da planta é dado por

$$u(k) = -K\hat{x}(k) = -K[\, x(k) - \tilde{x}(k)\,] \, . \tag{13.332}$$

Da equação de estados da planta tem-se que

$$\begin{aligned} x(k+1) &= A_d x(k) + B_d u(k) \\ &= A_d x(k) - B_d K[\, x(k) - \tilde{x}(k)\,] \\ &= (A_d - B_d K)x(k) + B_d K \tilde{x}(k) \, . \end{aligned} \tag{13.333}$$

Da Equação (13.316) tem-se que

$$\tilde{x}(k+1) = (A_d - LC)\,\tilde{x}(k) \, . \tag{13.334}$$

Das Equações (13.333) e (13.334) resultam as equações dinâmicas do sistema em malha fechada da Figura 13.20, ou seja,

$$\begin{bmatrix} x(k+1) \\ \tilde{x}(k+1) \end{bmatrix} = \underbrace{\begin{bmatrix} A_d - B_d K & B_d K \\ 0_{n\times n} & A_d - LC \end{bmatrix}}_{A_{dmf}} \begin{bmatrix} x(k) \\ \tilde{x}(k) \end{bmatrix} \, . \tag{13.335}$$

Como A_{dmf} é uma matriz triangular, os seus autovalores são os autovalores da matriz $A_d - B_d K$, decorrentes do projeto do controlador, mais os autovalores da matriz $A_d - LC$, decorrentes do projeto do observador de estados, ou seja,

$$\begin{aligned} \mid zI - A_{dmf} \mid &= \left| \begin{bmatrix} zI - (A_d - B_d K) & -BK \\ 0 & zI - (A_d - LC) \end{bmatrix} \right| \\ &= |zI - A_d + B_d K| . |zI - A_d + LC| \, . \end{aligned} \tag{13.336}$$

Pelo Princípio da Separação, para se fazer realimentação de estados com os estados estimados pode-se projetar o controlador (como se não houvesse observador) e o observador (como se não houvesse controlador), fazendo depois a conexão de ambos.

Exemplo 13.24

Considere os projetos do controlador do Exemplo 13.20 e do observador de estados do Exemplo 13.23, ambos calculados pelo método de alocação de polos de malha fechada. Da equação de estados (13.335) do sistema em malha fechada resulta

$$\begin{bmatrix} x_1[(k+1)T] \\ x_2[(k+1)T] \\ \tilde{x}_1[(k+1)T] \\ \tilde{x}_2[(k+1)T] \end{bmatrix} = \underbrace{\begin{bmatrix} 0{,}9816 & 0{,}0907 & 0{,}0184 & 0{,}0045 \\ -0{,}3650 & 0{,}8152 & 0{,}3650 & 0{,}0896 \\ 0 & 0 & -0{,}1069 & 0{,}0952 \\ 0 & 0 & -5{,}2355 & 0{,}9048 \end{bmatrix}}_{A_{dmf}} \begin{bmatrix} x_1(kT) \\ x_2(kT) \\ \tilde{x}_1(kT) \\ \tilde{x}_2(kT) \end{bmatrix} . \tag{13.337}$$

Da Equação (13.331) o vetor $\hat{x}(kT)$ dos estados estimados é dado por

$$\underbrace{\begin{bmatrix} \hat{x}_1(kT) \\ \hat{x}_2(kT) \end{bmatrix}}_{\hat{x}(kT)} = \underbrace{\begin{bmatrix} x_1(kT) \\ x_2(kT) \end{bmatrix}}_{x(kT)} - \underbrace{\begin{bmatrix} \tilde{x}_1(kT) \\ \tilde{x}_2(kT) \end{bmatrix}}_{\tilde{x}(kT)} . \tag{13.338}$$

Implementando as equações de diferenças (13.337), e (13.338) num programa de computador podem ser obtidos os gráficos do comportamento transitório dos estados $x_1(kT)$, $x_2(kT)$, $\hat{x}_1(kT)$ e $\hat{x}_2(kT)$, que são apresentados na Figura 13.21. Nesta simulação foi considerado um erro inicial entre os estados $x(0)$ e a sua estimativa $\hat{x}(0)$, ou seja,

$$\underbrace{\begin{bmatrix} x_1(0) \\ x_2(0) \end{bmatrix}}_{x(0)} = \begin{bmatrix} 0 \\ 0 \end{bmatrix} \quad \text{e} \quad \underbrace{\begin{bmatrix} \hat{x}_1(0) \\ \hat{x}_2(0) \end{bmatrix}}_{\hat{x}(0)} = \begin{bmatrix} 0{,}5 \\ -0{,}5 \end{bmatrix} . \tag{13.339}$$

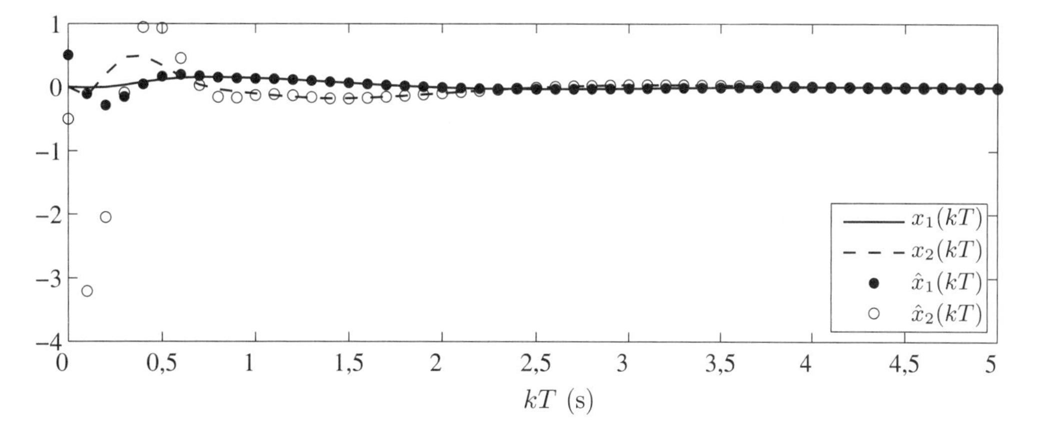

Figura 13.21 Resposta transitória da malha fechada com controlador e observador projetados pelo método de alocação de polos.

O efeito do erro na estimativa inicial dos estados pode ser observado no primeiro segundo da simulação. De fato, após o transitório os estados estimados convergem para os estados da planta, isto é, $\hat{x}_1(kT) \to x_1(kT)$ e $\hat{x}_2(kT) \to x_2(kT)$, o que mostra a eficiência do observador.

Resultado semelhante também ocorre quando são considerados os projetos do controlador do Exemplo 13.21 e do observador de estados do Exemplo 13.22, ambos calculados por meio da solução de uma equação algébrica discreta de Riccati. Da equação de estados (13.335), resulta

$$\begin{bmatrix} x_1[(k+1)T] \\ x_2[(k+1)T] \\ \tilde{x}_1[(k+1)T] \\ \tilde{x}_2[(k+1)T] \end{bmatrix} = \underbrace{\begin{bmatrix} 0{,}9954 & 0{,}0918 & 0{,}0046 & 0{,}0034 \\ -0{,}0918 & 0{,}8364 & 0{,}0918 & 0{,}0684 \\ 0 & 0 & 0{,}3464 & 0{,}0952 \\ 0 & 0 & -0{,}2042 & 0{,}9048 \end{bmatrix}}_{A_{dmf}} \begin{bmatrix} x_1(kT) \\ x_2(kT) \\ \tilde{x}_1(kT) \\ \tilde{x}_2(kT) \end{bmatrix} . \tag{13.340}$$

Implementando as equações de diferenças (13.338) e (13.340) num programa de computador podem ser obtidos os gráficos do comportamento transitório dos estados $x_1(kT)$, $x_2(kT)$, $\hat{x}_1(kT)$ e $\hat{x}_2(kT)$, que são apresentados na Figura 13.22. Como no Exemplo 13.24 foi considerado um erro inicial entre os estados $x(0)$ e a sua estimativa $\hat{x}(0)$, ou seja,

$$\underbrace{\begin{bmatrix} x_1(0) \\ x_2(0) \end{bmatrix}}_{x(0)} = \begin{bmatrix} 0 \\ 0 \end{bmatrix} \quad \text{e} \quad \underbrace{\begin{bmatrix} \hat{x}_1(0) \\ \hat{x}_2(0) \end{bmatrix}}_{\hat{x}(0)} = \begin{bmatrix} 0{,}5 \\ -0{,}5 \end{bmatrix} . \tag{13.341}$$

Assim como no projeto por alocação de polos, os estados estimados convergem para os estados da planta, o que mostra a eficiência do observador.

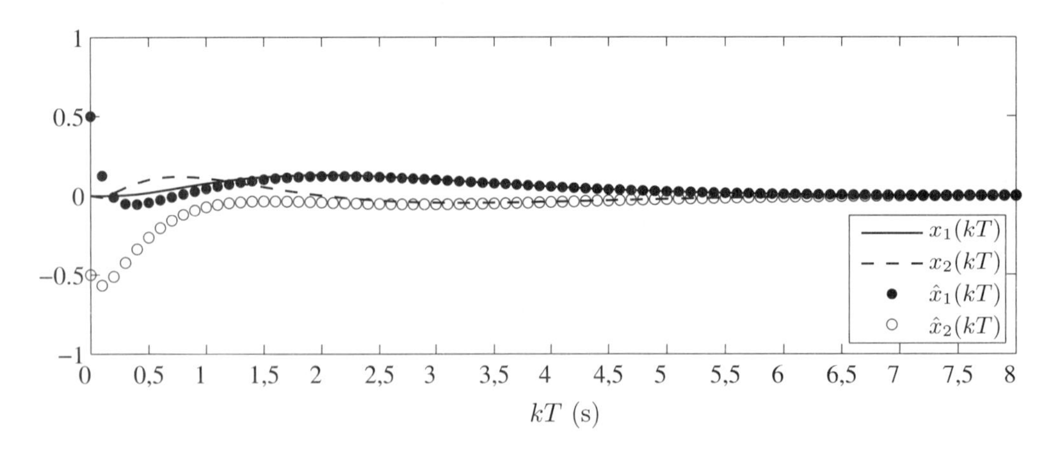

Figura 13.22 Resposta transitória da malha fechada com controlador e observador projetados por meio da solução das equações algébricas discretas de Riccati.

■

13.17.3 Função de transferência do bloco controlador+observador

Supondo que os erros entre as matrizes (A_d, B_d, C) e $(\hat{A}_d, \hat{B}_d, \hat{C})$ são suficientemente pequenos, da Equação (13.313) do observador, tem-se que

$$\begin{aligned} \hat{x}(k+1) &= A_d\hat{x}(k) + B_d u(k) + Ly(k) - LC\hat{x}(k) \\ &= (A_d - LC)\hat{x}(k) + B_d u(k) + Ly(k) . \end{aligned} \tag{13.342}$$

Da Equação (13.332) tem-se que

$$\hat{x}(k+1) = (A_d - LC - B_d K)\hat{x}(k) + Ly(k) , \tag{13.343}$$

cuja transformada $\mathcal{Z}$, considerando condições iniciais nulas, é

$$z\hat{X}(z) = (A_d - LC - B_dK)\hat{X}(z) + LY(z)\,. \tag{13.344}$$

Isolando $\hat{X}(z)$, obtém-se

$$\hat{X}(z) = (zI - A_d + LC + B_dK)^{-1}LY(z)\,. \tag{13.345}$$

A transformada Z da Equação (13.332) resulta como

$$U(z) = -K\hat{X}(z) = -K(zI - A_d + LC + B_dK)^{-1}LY(z)\,. \tag{13.346}$$

Rearranjando os blocos da Figura 13.20, de forma a explicitar a realimentação da saída, resulta o diagrama de blocos de malha fechada da Figura 13.23.

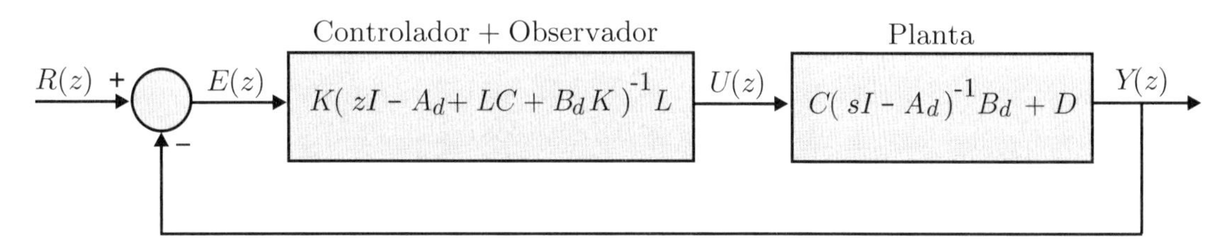

Figura 13.23 Sistema em malha fechada com controlador e observador de estados discretos.

A transformada $\mathcal{Z}$ do sinal de erro, para $R(z) = 0$, é

$$E(z) = R(z) - Y(z) = -Y(z)\,. \tag{13.347}$$

Portanto, a função de transferência do conjunto controlador + observador resulta como

$$\frac{U(z)}{E(z)} = K(zI - A_d + LC + B_dK)^{-1}L\,. \tag{13.348}$$

Definindo $x_c(k)$ como sendo os estados do conjunto controlador + observador, as equações de estados são dadas por

$$\begin{cases} x_c(k+1) &= (A_d - LC - B_dK)x_c(k) + L[\,r(k) - y(k)\,]\,, \\ u(k) &= Kx_c(k)\,. \end{cases} \tag{13.349}$$

Sendo as equações de estados da planta dadas por

$$\begin{cases} x(k+1) &= A_dx(k) + B_du(k)\,, \\ y(k) &= Cx(k) + Du(k)\,, \end{cases} \tag{13.350}$$

então, as equações de estados do sistema em malha fechada resultam como

$$\begin{bmatrix} x(k+1) \\ x_c(k+1) \end{bmatrix} = \begin{bmatrix} A_d & B_dK \\ -LC & A_d - LC - B_dK - LDK \end{bmatrix} \begin{bmatrix} x(k) \\ x_c(k) \end{bmatrix} + \begin{bmatrix} 0_{n\times 1} \\ L \end{bmatrix} r(k)\,, \tag{13.351}$$

$$y(k) = \begin{bmatrix} C & DK \end{bmatrix} \begin{bmatrix} x(k) \\ x_c(k) \end{bmatrix}\,. \tag{13.352}$$

Exemplo 13.25

Considere os projetos do controlador do Exemplo 13.20 e do observador de estados do Exemplo 13.23, ambos calculados pelo método de alocação de polos de malha fechada. Das equações de estados (13.351) e (13.352) resultam

$$\begin{bmatrix} x_1[(k+1)T] \\ x_2[(k+1)T] \\ x_{c1}[(k+1)T] \\ x_{c2}[(k+1)T] \end{bmatrix} = \underbrace{\begin{bmatrix} 1 & 0{,}0952 & 0{,}0184 & 0{,}0045 \\ 0 & 0{,}9048 & 0{,}3650 & 0{,}0896 \\ -1{,}1069 & 0 & -0{,}1253 & 0{,}0907 \\ -5{,}2355 & 0 & -5{,}6005 & 0{,}8152 \end{bmatrix}}_{A_{dmf}} \begin{bmatrix} x_1(kT) \\ x_2(kT) \\ x_{c1}(kT) \\ x_{c2}(kT) \end{bmatrix} + \begin{bmatrix} 0 \\ 0 \\ 1{,}1069 \\ 5{,}2355 \end{bmatrix} r(kT)\,. \tag{13.353}$$

$$y(kT) = \begin{bmatrix} 1 & 0 & 0 & 0 \end{bmatrix} \begin{bmatrix} x_1(kT) \\ x_2(kT) \\ x_{c1}(kT) \\ x_{c2}(kT) \end{bmatrix} . \tag{13.354}$$

Da matriz A_{dmf} na Equação (13.353) tem-se que os polos de malha fechada são as raízes de

$$| \, zI - A_{dmf} \, | = 0 \, , \tag{13.355}$$

ou seja, $0{,}8984 + 0{,}1618j$ e $0{,}3989 \pm 0{,}4925j$.

Considere agora os projetos do controlador do Exemplo 13.21 e do observador de estados do Exemplo 13.22, ambos calculados por meio da solução de uma equação algébrica discreta de Riccati. Das equações de estados (13.351) e (13.352) resultam

$$\begin{bmatrix} x_1[(k+1)T] \\ x_2[(k+1)T] \\ x_{c1}[(k+1)T] \\ x_{c2}[(k+1)T] \end{bmatrix} = \underbrace{\begin{bmatrix} 1 & 0{,}0952 & 0{,}0046 & 0{,}0034 \\ 0 & 0{,}9048 & 0{,}0918 & 0{,}0684 \\ -0{,}6536 & 0 & 0{,}3418 & 0{,}0918 \\ -0{,}2042 & 0 & -0{,}2960 & 0{,}8364 \end{bmatrix}}_{A_{dmf}} \begin{bmatrix} x_1(kT) \\ x_2(kT) \\ x_{c1}(kT) \\ x_{c2}(kT) \end{bmatrix} + \begin{bmatrix} 0 \\ 0 \\ 0{,}6536 \\ 0{,}2042 \end{bmatrix} r(kT) \, , \tag{13.356}$$

$$y(kT) = \begin{bmatrix} 1 & 0 & 0 & 0 \end{bmatrix} \begin{bmatrix} x_1(kT) \\ x_2(kT) \\ x_{c1}(kT) \\ x_{c2}(kT) \end{bmatrix} . \tag{13.357}$$

Da matriz A_{dmf} na Equação (13.356) tem-se que os polos de malha fechada são as raízes de

$$| \, zI - A_{dmf} \, | = 0 \, , \tag{13.358}$$

ou seja, $0{,}9159 \pm 0{,}0459j$, $0{,}3837$ e $0{,}8675$.

Na Figura 13.24 são apresentados os gráficos da resposta transitória da saída $y(kT)$ quando é aplicado um degrau unitário na referência $r(kT)$. Nesta figura são considerados o sistema em malha fechada dado pelas Equações (13.353) e (13.354), obtido pelo método de alocação de polos e o sistema em malha fechada dado pelas Equações (13.356) e (13.357), obtido por meio da solução das equações de Riccati.

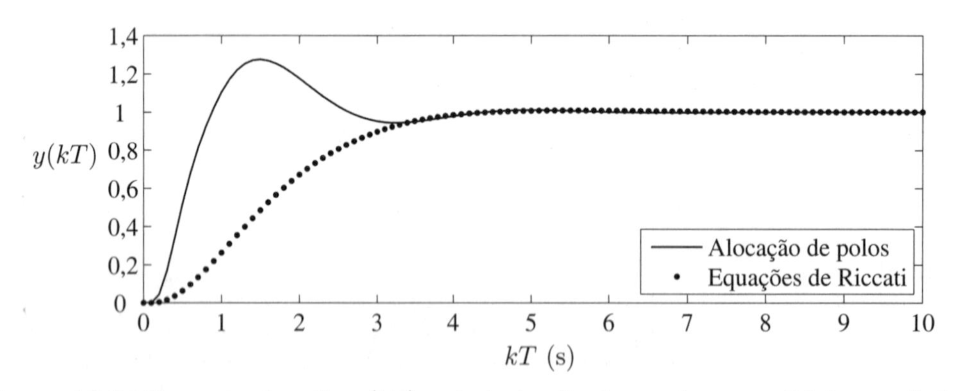

Figura 13.24 Resposta da saída $y(kT)$ quando é aplicado um degrau unitário na referência $r(kT)$.

Comparando os gráficos da Figura 13.24 verifica-se que as respostas transitórias são diferentes. No método de alocação de polos, a resposta transitória da saída é mais rápida e apresenta sobressinal próximo ao especificado em projeto. Porém, a resposta transitória obtida por meio da solução das equações de Riccati é mais lenta e sem sobressinal. Isso se deve às diferentes posições dos polos de malha fechada. ∎

13.18 Inclusão de integrador discreto na malha de controle

Assim como no caso contínuo, são comuns aplicações em que o sistema em malha fechada é submetido a um sinal de referência diferente de zero. Neste caso, para obter erro estacionário nulo quando o sinal de referência $r(k)$ é do tipo degrau, basta incluir um integrador discreto na entrada da planta, de acordo com o diagrama de blocos da Figura 13.25.

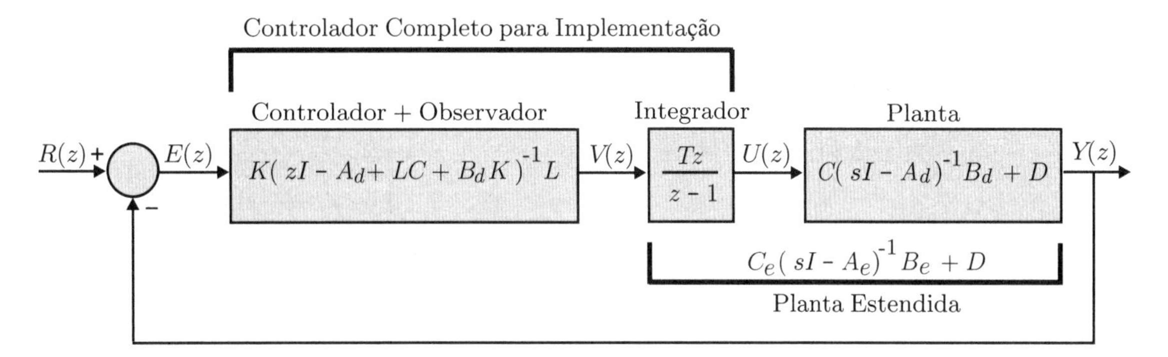

Figura 13.25 Diagrama de blocos mostrando a inclusão do integrador na entrada da planta.

De acordo com a Figura 13.25, o bloco do controlador+observador deve ser projetado para o conjunto planta+integrador, denominado planta estendida. Após o projeto, o integrador deve ser implementado juntamente com o bloco do controlador+observador. O modelo para a planta estendida é obtido a partir do modelo da planta juntamente com o modelo de variável de estado para o integrador.

Há diversas aproximações que podem ser usadas para representar o bloco de um integrador discreto. No caso contínuo, a transformada de Laplace de um bloco integrador é $1/s$. Adotando a aproximação retangular para trás da Seção 12.2.2, obtém-se a função de transferência do integrador discreto, dada por

$$\frac{U(z)}{V(z)} = \frac{Tz}{z-1} = \frac{T}{1-z^{-1}} . \tag{13.359}$$

Assim, a equação de diferenças do integrador resulta como

$$u(kT) = u\left[(k-1)T\right] + Tv(kT) . \tag{13.360}$$

Definindo a variável de estado $x_i(kT) = u\left[(k-1)T\right]$, obtém-se a equação de estado do integrador

$$u(kT) = x_i\left[(k+1)T\right] = x_i(kT) + Tv(kT) . \tag{13.361}$$

A Equação (13.361) em conjunto com o modelo da planta (13.249) produz o modelo de variáveis de estado para a planta estendida, dado por

$$\begin{bmatrix} x\left[(k+1)T\right] \\ x_i\left[(k+1)T\right] \end{bmatrix} = \underbrace{\begin{bmatrix} A_{d\,n\times n} & B_{d\,n\times 1} \\ 0_{1\times n} & 1_{1\times 1} \end{bmatrix}}_{A_e} \begin{bmatrix} x(kT) \\ x_i(kT) \end{bmatrix} + \underbrace{\begin{bmatrix} B_dT_{\,n\times 1} \\ T_{1\times 1} \end{bmatrix}}_{B_e} v(kT) , \tag{13.362}$$

$$y(kT) = \underbrace{\begin{bmatrix} C_{1\times n} & D_{1\times 1} \end{bmatrix}}_{C_e} \begin{bmatrix} x(kT) \\ x_i(kT) \end{bmatrix} + DTv(kT) . \tag{13.363}$$

As matrizes (A_e, B_e, C_e, D) representam o modelo da planta estendida e são as matrizes que devem ser usadas nos projetos do vetor K de realimentação de estados e do vetor L do observador.

13.19 Exercícios resolvidos

Exercício 13.1

Determine as equações de estados que representam o circuito elétrico RLC série da Figura 13.26. Suponha que a entrada do circuito é a tensão $v(t)$ e que a saída é a tensão $v_c(t)$ no capacitor.

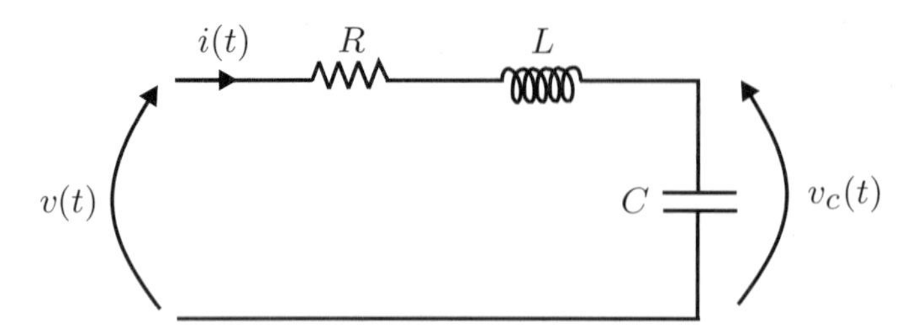

Figura 13.26 Circuito elétrico RLC série.

Solução

Aplicando a lei de Kirchhoff das tensões, obtém-se

$$Ri(t) + L\frac{di(t)}{dt} + v_c(t) = v(t)\ . \tag{13.364}$$

Sabendo-se que $i(t) = C\frac{dv_c(t)}{dt}$, então

$$RC\frac{dv_c(t)}{dt} + LC\frac{d^2v_c(t)}{dt^2} + v_c(t) = v(t)\ . \tag{13.365}$$

Isolando o termo com derivada de maior ordem na Equação (13.365), tem-se que

$$\frac{d^2v_c(t)}{dt^2} = -\frac{R}{L}\frac{dv_c(t)}{dt} - \frac{1}{LC}v_c(t) + \frac{1}{LC}v(t)\ . \tag{13.366}$$

Definindo as variáveis de estado $x_1(t) = v_c(t)$ e $x_2(t) = \frac{dv_c(t)}{dt}$, obtém-se

$$\begin{cases} \dot{x}_1(t) &= x_2(t) \\ \dot{x}_2(t) &= -\frac{1}{LC}x_1(t) - \frac{R}{L}x_2(t) + \frac{1}{LC}v(t) \end{cases} \tag{13.367}$$

Logo, as equações de estados na forma matricial são

$$\underbrace{\begin{bmatrix} \dot{x}_1(t) \\ \dot{x}_2(t) \end{bmatrix}}_{\dot{x}(t)} = \underbrace{\begin{bmatrix} 0 & 1 \\ -\frac{1}{LC} & -\frac{R}{L} \end{bmatrix}}_{A} \underbrace{\begin{bmatrix} x_1(t) \\ x_2(t) \end{bmatrix}}_{x(t)} + \underbrace{\begin{bmatrix} 0 \\ \frac{1}{LC} \end{bmatrix}}_{B} v(t) \tag{13.368}$$

$$v_c(t) = \underbrace{\begin{bmatrix} 1 & 0 \end{bmatrix}}_{C} \underbrace{\begin{bmatrix} x_1(t) \\ x_2(t) \end{bmatrix}}_{x(t)} + \underbrace{\begin{bmatrix} 0 \end{bmatrix}}_{D} v(t)\ . \tag{13.369}$$

Exercício 13.2

Determine a função de transferência do circuito RLC série da Figura 13.26 a partir das equações de estados (13.368) e (13.369).

Solução

Da Equação (13.72) tem-se que a função de transferência do circuito é dada por

$$G(s) = C(sI - A)^{-1}B + D\,. \tag{13.370}$$

A matriz $(sI - A)$ é dada por

$$sI - A = \begin{bmatrix} s & 0 \\ 0 & s \end{bmatrix} - \begin{bmatrix} 0 & 1 \\ -\frac{1}{LC} & -\frac{R}{L} \end{bmatrix} = \begin{bmatrix} s & -1 \\ \frac{1}{LC} & s+\frac{R}{L} \end{bmatrix}, \tag{13.371}$$

cuja inversa é

$$(sI - A)^{-1} = \frac{1}{s(s+\frac{R}{L}) + \frac{1}{LC}} \begin{bmatrix} s+\frac{R}{L} & 1 \\ -\frac{1}{LC} & s \end{bmatrix}. \tag{13.372}$$

Da Equação (13.370) tem-se que

$$G(s) = C(sI - A)^{-1}B + D = \frac{1}{s^2 + \frac{R}{L}s + \frac{1}{LC}} \begin{bmatrix} 1 & 0 \end{bmatrix} \begin{bmatrix} s+\frac{R}{L} & 1 \\ -\frac{1}{LC} & s \end{bmatrix} \begin{bmatrix} 0 \\ \frac{1}{LC} \end{bmatrix} + 0\,. \tag{13.373}$$

Portanto, a função de transferência $G(s)$ do circuito com entrada $v(t)$ e saída $v_c(t)$ é

$$G(s) = \frac{V_c(s)}{V(s)} = \frac{1}{LCs^2 + RCs + 1}, \tag{13.374}$$

que também pode ser obtida por meio da transformada de Laplace da Equação (13.365).

Exercício 13.3

Considere o sistema de inércia e atrito rotacional da Figura 13.27, em que J representa a inércia rotacional, B representa o coeficiente de atrito rotacional, $\tau(t)$ é o torque de entrada e $\theta(t)$ é o deslocamento angular de saída. Determine as equações de estados que representam esse sistema.

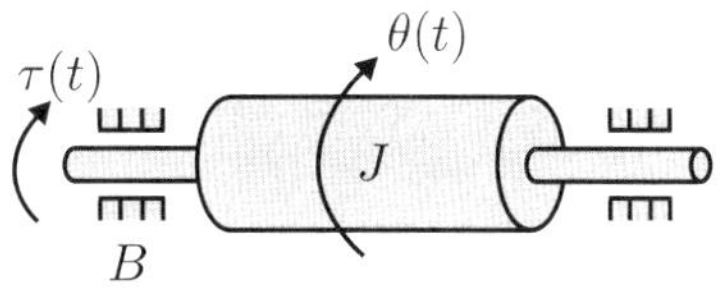

Figura 13.27 Sistema de inércia e atrito rotacional.

Solução

A equação diferencial que representa a dinâmica do sistema é dada por

$$J\frac{d^2\theta(t)}{dt^2} + B\frac{d\theta(t)}{dt} = \tau(t)\,. \tag{13.375}$$

Isolando o termo com derivada de maior ordem na Equação (13.375), tem-se que

$$\frac{d^2\theta(t)}{dt^2} = -\frac{B}{J}\frac{d\theta(t)}{dt} + \frac{1}{J}\tau(t)\,. \tag{13.376}$$

Definindo as variáveis de estado $x_1(t) = \theta(t)$ e $x_2(t) = \frac{d\theta(t)}{dt}$, obtém-se

$$\begin{cases} \dot{x}_1(t) = x_2(t)\,, \\ \dot{x}_2(t) = -\frac{B}{J}x_2(t) + \frac{1}{J}\tau(t)\,. \end{cases} \tag{13.377}$$

Logo, as equações de estados na forma matricial são

$$\underbrace{\begin{bmatrix} \dot{x}_1(t) \\ \dot{x}_2(t) \end{bmatrix}}_{\dot{x}(t)} = \underbrace{\begin{bmatrix} 0 & 1 \\ 0 & -\frac{B}{J} \end{bmatrix}}_{A} \underbrace{\begin{bmatrix} x_1(t) \\ x_2(t) \end{bmatrix}}_{x(t)} + \underbrace{\begin{bmatrix} 0 \\ \frac{1}{J} \end{bmatrix}}_{B} \tau(t)\,, \tag{13.378}$$

$$\theta(t) = \underbrace{\begin{bmatrix} 1 & 0 \end{bmatrix}}_{C} \underbrace{\begin{bmatrix} x_1(t) \\ x_2(t) \end{bmatrix}}_{x(t)} + \underbrace{\begin{bmatrix} 0 \end{bmatrix}}_{D} \tau(t)\,. \tag{13.379}$$

Exercício 13.4

Determine a função de transferência do sistema de inércia e atrito rotacional da Figura 13.27 a partir das equações de estados (13.378) e (13.379).

Solução

Da Equação (13.72) tem-se que a função de transferência do sistema é dada por

$$G(s) = C(sI - A)^{-1}B + D\,. \tag{13.380}$$

A matriz $(sI - A)$ é dada por

$$sI - A = \begin{bmatrix} s & 0 \\ 0 & s \end{bmatrix} - \begin{bmatrix} 0 & 1 \\ 0 & -\frac{B}{J} \end{bmatrix} = \begin{bmatrix} s & -1 \\ 0 & s+\frac{B}{J} \end{bmatrix}, \tag{13.381}$$

cuja inversa é

$$(sI - A)^{-1} = \frac{1}{s(s+\frac{B}{J})} \begin{bmatrix} s+\frac{B}{J} & 1 \\ 0 & s \end{bmatrix}. \tag{13.382}$$

Da Equação (13.380) tem-se que

$$G(s) = C(sI - A)^{-1}B + D = \frac{1}{s^2+\frac{B}{J}s} \begin{bmatrix} 1 & 0 \end{bmatrix} \begin{bmatrix} s+\frac{B}{J} & 1 \\ 0 & s \end{bmatrix} \begin{bmatrix} 0 \\ \frac{1}{J} \end{bmatrix} + 0\,. \tag{13.383}$$

Portanto, a função de transferência $G(s)$ do sistema com entrada $\tau(t)$ e saída $\theta(t)$ é

$$G(s) = \frac{\Theta(s)}{\mathrm{T}(s)} = \frac{1}{Js^2 + Bs}, \tag{13.384}$$

que também pode ser obtida por meio da transformada de Laplace da Equação (13.375).

Exercício 13.5

Considere um sistema com a função de transferência

$$G(s) = \frac{Y(s)}{U(s)} = \frac{s+1}{(s+1)(s+2)}\,. \tag{13.385}$$

Represente o sistema na forma canônica controlável e verifique as condições de controlabilidade e de observabilidade.

Solução

Separar o numerador do denominador da função de transferência $G(s)$ em dois blocos, como na Figura 13.28.

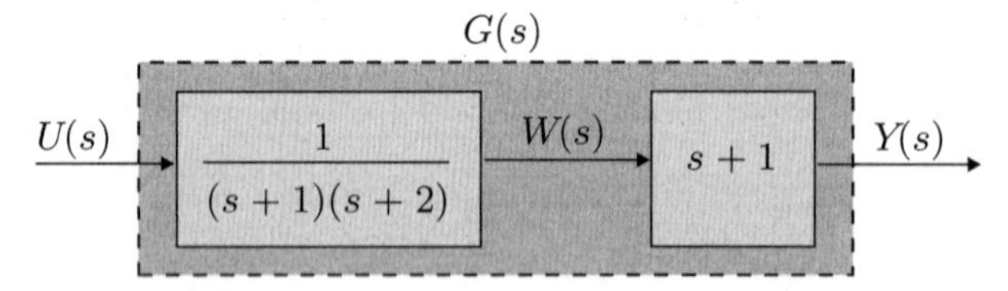

Figura 13.28 Diagrama de blocos da função de transferência (13.385).

Da Figura 13.28 tem-se que

$$\frac{W(s)}{U(s)} = \frac{1}{s^2+3s+2} \Longrightarrow s^2W(s) + 3sW(s) + 2W(s) = U(s)\,, \tag{13.386}$$

$$\frac{Y(s)}{W(s)} = s+1 \Longrightarrow Y(s) = sW(s) + W(s)\,. \tag{13.387}$$

Aplicando a transformada inversa de Laplace e isolando a derivada de maior ordem na Equação (13.386) resulta

$$\frac{d^2w(t)}{dt^2} = -3\frac{dw(t)}{dt} - 2w(t) + u(t) \ , \tag{13.388}$$

$$y(t) = \frac{dw(t)}{dt} + w(t). \tag{13.389}$$

Definindo as variáveis de estado $x_1(t) = w(t)$ e $x_2 = \frac{dw(t)}{dt}$, resulta o sistema de equações

$$\begin{cases} \dot{x}_1(t) &=& x_2(t) \ , \\ \dot{x}_2(t) &=& -2x_1 - 3x_2 + u(t) \ , \\ y(t) &=& x_1 + x_2 \ . \end{cases} \tag{13.390}$$

Portanto, as equações de estados na forma matricial são dadas por

$$\underbrace{\begin{bmatrix} \dot{x}_1(t) \\ \dot{x}_2(t) \end{bmatrix}}_{\dot{x}(t)} = \underbrace{\begin{bmatrix} 0 & 1 \\ -2 & -3 \end{bmatrix}}_{A} \underbrace{\begin{bmatrix} x_1(t) \\ x_2(t) \end{bmatrix}}_{x(t)} + \underbrace{\begin{bmatrix} 0 \\ 1 \end{bmatrix}}_{B} u(t) \ , \tag{13.391}$$

$$y(t) = \underbrace{\begin{bmatrix} 1 & 1 \end{bmatrix}}_{C} \underbrace{\begin{bmatrix} x_1(t) \\ x_2(t) \end{bmatrix}}_{x(t)} . \tag{13.392}$$

Como o sistema possui $n = 2$ estados, a matriz $M_{2\times 2}$ de controlabilidade é dada por

$$M = \begin{bmatrix} B & AB \end{bmatrix} = \begin{bmatrix} 0 & 1 \\ 1 & -3 \end{bmatrix}_{2\times 2} . \tag{13.393}$$

Como $\det(M) \neq 0$, a matriz M tem posto pleno $n = 2$.

Logo, o sistema é controlável. Como era de se esperar, já que o sistema está representado na forma canônica controlável.

Como o sistema possui $n = 2$ estados, a matriz $N_{2\times 2}$ de observabilidade é dada por

$$N = \begin{bmatrix} C \\ CA \end{bmatrix} = \begin{bmatrix} 1 & 1 \\ -2 & -2 \end{bmatrix}_{2\times 2} . \tag{13.394}$$

Como $\det(N) = 0$, a matriz N não tem posto pleno.

Logo, o sistema não é observável.

Exercício 13.6

Considere um sistema com a função de transferência

$$G(s) = \frac{Y(s)}{U(s)} = \frac{s+1}{(s+1)(s+2)} \ . \tag{13.395}$$

Represente o sistema na forma canônica observável e verifique as condições de controlabilidade e de observabilidade.

Solução

Aplicando a transformada inversa de Laplace na Equação (13.395) resulta

$$\frac{d^2y(t)}{dt^2} + 3\frac{dy(t)}{dt} + 2y(t) = \frac{du(t)}{dt} + u(t) \ . \tag{13.396}$$

Definindo

$$\dot{x}_1(t) = -2y(t) + u(t) \ , \tag{13.397}$$

resulta

$$\dot{x}_1(t) = \frac{d^2y(t)}{dt^2} + 3\frac{dy(t)}{dt} - \frac{du(t)}{dt} \ . \tag{13.398}$$

Integrando a Equação (13.398) com condições iniciais nulas, obtém-se

$$x_1(t) = \frac{dy(t)}{dt} + 3y(t) - u(t) \, . \tag{13.399}$$

Definindo

$$\dot{x}_2(t) = x_1(t) - 3y(t) + u(t) \, , \tag{13.400}$$

resulta

$$\dot{x}_2(t) = \frac{dy(t)}{dt} \, . \tag{13.401}$$

Integrando a Equação (13.401) com condições iniciais nulas, obtém-se

$$y(t) = x_2(t) \, . \tag{13.402}$$

Substituindo a Equação (13.402) nas Equações (13.397) e (13.400), resulta o sistema

$$\begin{cases} \dot{x}_1(t) &= -2x_2(t) + u(t) \\ \dot{x}_2(t) &= x_1(t) - 3x_2(t) + u(t) \\ y(t) &= x_2(t) \, . \end{cases} \tag{13.403}$$

Portanto, as equações de estados na forma matricial são dadas por

$$\underbrace{\begin{bmatrix} \dot{x}_1(t) \\ \dot{x}_2(t) \end{bmatrix}}_{\dot{x}(t)} = \underbrace{\begin{bmatrix} 0 & -2 \\ 1 & -3 \end{bmatrix}}_{A} \underbrace{\begin{bmatrix} x_1(t) \\ x_2(t) \end{bmatrix}}_{x(t)} + \underbrace{\begin{bmatrix} 1 \\ 1 \end{bmatrix}}_{B} u(t) \, , \tag{13.404}$$

$$y(t) = \underbrace{\begin{bmatrix} 0 & 1 \end{bmatrix}}_{C} \underbrace{\begin{bmatrix} x_1(t) \\ x_2(t) \end{bmatrix}}_{x(t)} \, . \tag{13.405}$$

A matriz $M_{2\times 2}$ de controlabilidade é dada por

$$M = \begin{bmatrix} B & AB \end{bmatrix} = \begin{bmatrix} 1 & -2 \\ 1 & -2 \end{bmatrix}_{2\times 2} \, . \tag{13.406}$$

Como $\det(M) = 0$, a matriz M não tem posto pleno.

Logo, o sistema não é controlável.

A matriz $N_{2\times 2}$ de observabilidade é dada por

$$N = \begin{bmatrix} C \\ CA \end{bmatrix} = \begin{bmatrix} 0 & 1 \\ 1 & -3 \end{bmatrix}_{2\times 2} \, . \tag{13.407}$$

Como $\det(N) \neq 0$, a matriz N tem posto pleno $n = 2$.

Logo, o sistema é observável. Como era de se esperar, já que o sistema está representado na forma canônica observável.

Observações:

- as Equações (13.391) e (13.392) na forma canônica controlável e as Equações (13.404) e (13.405) na forma canônica observável satisfazem as correspondências da Tabela 13.1.
- quando ocorrer cancelamento de polos e zeros na função de transferência, o sistema não pode ser simultaneamente controlável e observável, independentemente das equações de estados adotadas.

Exercício 13.7

Um processo industrial com entrada $u(t)$ e saída $y(t)$ é representado pelas equações de estados

$$\underbrace{\begin{bmatrix} \dot{x}_1(t) \\ \dot{x}_2(t) \\ \dot{x}_3(t) \end{bmatrix}}_{\dot{x}(t)} = \underbrace{\begin{bmatrix} -3 & 0 & 2 \\ -1 & -2 & 2 \\ 1 & -1 & -1 \end{bmatrix}}_{A} \underbrace{\begin{bmatrix} x_1(t) \\ x_2(t) \\ x_3(t) \end{bmatrix}}_{x(t)} + \underbrace{\begin{bmatrix} 1 \\ 2 \\ 3 \end{bmatrix}}_{B} u(t) , \tag{13.408}$$

$$y(t) = \underbrace{\begin{bmatrix} 1 & 1 & 1 \end{bmatrix}}_{C} \underbrace{\begin{bmatrix} x_1(t) \\ x_2(t) \\ x_3(t) \end{bmatrix}}_{x(t)} + \underbrace{\begin{bmatrix} 1 \end{bmatrix}}_{D} u(t) . \tag{13.409}$$

Determine a função de transferência $G(s) = Y(s)/U(s)$ do processo.

Solução

A função de transferência do sistema é dada por

$$G(s) = C(sI - A)^{-1}B + D . \tag{13.410}$$

A matriz $(sI - A)$ é dada por

$$sI - A = \begin{bmatrix} s & 0 & 0 \\ 0 & s & 0 \\ 0 & 0 & s \end{bmatrix} - \begin{bmatrix} -3 & 0 & 2 \\ -1 & -2 & 2 \\ 1 & -1 & -1 \end{bmatrix} = \begin{bmatrix} s+3 & 0 & -2 \\ 1 & s+2 & -2 \\ -1 & 1 & s+1 \end{bmatrix} , \tag{13.411}$$

cuja inversa é

$$(sI - A)^{-1} = \frac{1}{(s+1)(s+2)(s+3)} \begin{bmatrix} s^2+3s+4 & -2 & 2(s+2) \\ -(s-1) & s^2+4s+1 & 2(s+2) \\ s+3 & -(s+3) & (s+2)(s+3) \end{bmatrix} . \tag{13.412}$$

Multiplicando a Equação (13.412) à esquerda pelo vetor C e à direita pelo vetor B, obtém-se

$$C(sI - A)^{-1}B = \frac{1}{(s+1)(s+2)(s+3)} \begin{bmatrix} s^2+3s+8 & s^2+3s-4 & s^2+9s+14 \end{bmatrix} \begin{bmatrix} 1 \\ 2 \\ 3 \end{bmatrix} . \tag{13.413}$$

Da Equação (13.410) tem-se que

$$G(s) = C(sI - A)^{-1}B + D = \frac{6s^2+36s+42}{(s+1)(s+2)(s+3)} + 1 = \frac{s^3+12s^2+47s+48}{s^3+6s^2+11s+6} . \tag{13.414}$$

Exercício 13.8

Determine se o sistema representado pelas Equações (13.408) e (13.409) é estável ou instável.

Solução

Os autovalores da matriz A são as raízes da equação

$$|sI - A| = \left| s \begin{bmatrix} 1 & 0 & 0 \\ 0 & 1 & 0 \\ 0 & 0 & 1 \end{bmatrix} - \begin{bmatrix} -3 & 0 & 2 \\ -1 & -2 & 2 \\ 1 & -1 & -1 \end{bmatrix} \right| = \left| \begin{bmatrix} s+3 & 0 & -2 \\ 1 & s+2 & -2 \\ -1 & 1 & s+1 \end{bmatrix} \right| = 0 , \tag{13.415}$$

ou seja,

$$(s+1)(s+2)(s+3) - 2 - 2(s+2) + 2(s+3) = 0 \Longrightarrow (s+1)(s+2)(s+3) = 0 . \tag{13.416}$$

Logo, os autovalores da matriz A são $s = -1$, $s = -2$ e $s = -3$, que corresponde aos polos da função de transferência (13.414).

Portanto, o sistema é BIBO estável, pois todos os autovalores da matriz A estão localizados no semiplano esquerdo aberto do plano s, excluído o eixo imaginário.

Exercício 13.9

Considere a função de transferência do processo industrial do Exercício (13.7).

$$G(s) = \frac{s^3 + 12s^2 + 47s + 48}{s^3 + 6s^2 + 11s + 6} \,. \tag{13.417}$$

Represente o sistema por equações de estados nas formas canônicas controlável e observável.

Solução

Separar o numerador do denominador da função de transferência $G(s)$ em dois blocos, como na Figura 13.29.

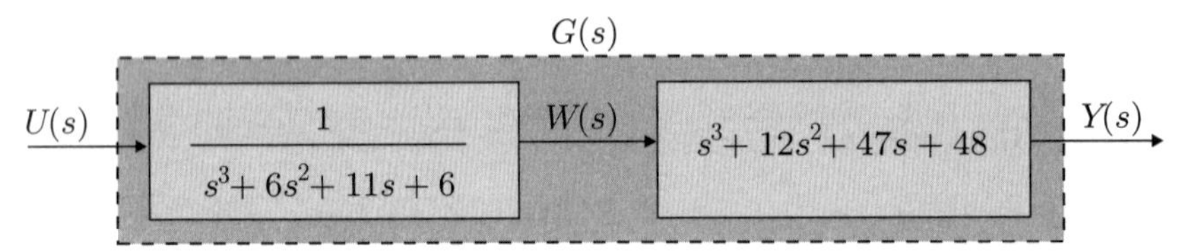

Figura 13.29 Diagrama de blocos da função de transferência (13.417).

Da Figura 13.29 tem-se que

$$\frac{W(s)}{U(s)} = \frac{1}{s^3 + 6s^2 + 11s + 6} \Longrightarrow s^3W(s) + 6s^2W(s) + 11sW(s) + 6W(s) = U(s)\,, \tag{13.418}$$

$$\frac{Y(s)}{W(s)} = s^3 + 12s^2 + 47s + 48 \Longrightarrow Y(s) = s^3W(s) + 12s^2W(s) + 47sW(s) + 48W(s)\,. \tag{13.419}$$

Aplicando a transformada inversa de Laplace e isolando a derivada de maior ordem na Equação (13.418), resulta

$$\frac{d^3w(t)}{dt^3} = -6\frac{d^2w(t)}{dt^2} - 11\frac{dw(t)}{dt} - 6w(t) + u(t)\,, \tag{13.420}$$

$$y(t) = \frac{d^3w(t)}{dt^3} + 12\frac{d^2w(t)}{dt^2} + 47\frac{dw(t)}{dt} + 48w(t). \tag{13.421}$$

Substituindo a Equação (13.420) na Equação (13.421), resulta

$$y(t) = 6\frac{d^2w(t)}{dt^2} + 36\frac{dw(t)}{dt} + 42w(t) + u(t). \tag{13.422}$$

Definindo as variáveis de estado

$$x_1(t) = w(t)\,,\ x_2(t) = \frac{dw(t)}{dt} \ \text{ e } \ x_3 = \frac{d^2w(t)}{dt^2}\,, \tag{13.423}$$

resulta o sistema de equações

$$\begin{cases} \dot{x}_1(t) &= x_2(t)\,, \\ \dot{x}_2(t) &= x_3(t)\,, \\ \dot{x}_3(t) &= -6x_3 - 11x_2 - 6x_1 + u(t)\,, \\ y(t) &= 6x_3 + 36x_2 + 42x_1(t) + u(t)\,. \end{cases} \tag{13.424}$$

Portanto, as equações de estados na forma canônica controlável são

$$\underbrace{\begin{bmatrix} \dot{x}_1(t) \\ \dot{x}_2(t) \\ \dot{x}_3(t) \end{bmatrix}}_{\dot{x}(t)} = \underbrace{\begin{bmatrix} 0 & 1 & 0 \\ 0 & 0 & 1 \\ -6 & -11 & -6 \end{bmatrix}}_{A} \underbrace{\begin{bmatrix} x_1(t) \\ x_2(t) \\ x_3(t) \end{bmatrix}}_{x(t)} + \underbrace{\begin{bmatrix} 0 \\ 0 \\ 1 \end{bmatrix}}_{B} u(t) , \tag{13.425}$$

$$y(t) = \underbrace{\begin{bmatrix} 42 & 36 & 6 \end{bmatrix}}_{C} \underbrace{\begin{bmatrix} x_1(t) \\ x_2(t) \\ x_3(t) \end{bmatrix}}_{x(t)} + \underbrace{\begin{bmatrix} 1 \end{bmatrix}}_{D} u(t) . \tag{13.426}$$

Uma vez obtidas as Equações (13.425) e (13.426) da forma canônica controlável, as equações de estados da forma canônica observável podem ser obtidas por meio das correspondências da Tabela 13.1, ou seja,

$$\underbrace{\begin{bmatrix} \dot{x}_1(t) \\ \dot{x}_2(t) \\ \dot{x}_3(t) \end{bmatrix}}_{\dot{x}(t)} = \underbrace{\begin{bmatrix} 0 & 0 & -6 \\ 1 & 0 & -11 \\ 0 & 1 & -6 \end{bmatrix}}_{A} \underbrace{\begin{bmatrix} x_1(t) \\ x_2(t) \\ x_3(t) \end{bmatrix}}_{x(t)} + \underbrace{\begin{bmatrix} 42 \\ 36 \\ 6 \end{bmatrix}}_{B} u(t) , \tag{13.427}$$

$$y(t) = \underbrace{\begin{bmatrix} 0 & 0 & 1 \end{bmatrix}}_{C} \underbrace{\begin{bmatrix} x_1(t) \\ x_2(t) \\ x_3(t) \end{bmatrix}}_{x(t)} + \underbrace{\begin{bmatrix} 1 \end{bmatrix}}_{D} u(t) . \tag{13.428}$$

Exercício 13.10

Represente o sistema do Exercício (13.7) na forma canônica controlável por meio de uma transformação de similaridade.

Solução

Da Equação (13.112) tem-se que a matriz inversa da transformação de similaridade é dada por

$$P^{-1} = M\overline{M}^{-1} . \tag{13.429}$$

Para o sistema de Equações (13.408) e (13.409), a matriz de controlabilidade é dada por

$$M = \begin{bmatrix} B & AB & A^2B \end{bmatrix} = \begin{bmatrix} 1 & 3 & -17 \\ 2 & 1 & -13 \\ 3 & -4 & 6 \end{bmatrix} . \tag{13.430}$$

A matriz inversa de controlabilidade do sistema na forma canônica controlável é dada pela Equação (13.114). Como a ordem do sistema é $n = 3$, então

$$\overline{M}^{-1} = \begin{bmatrix} a_1 & a_2 & 1 \\ a_2 & 1 & 0 \\ 1 & 0 & 0 \end{bmatrix} . \tag{13.431}$$

Os coeficientes a_1 e a_2 são determinados a partir da função de transferência do processo. Das Equações (13.109) e (13.414) têm-se que

$$G(s) = \frac{b_3 s^3 + b_2 s^2 + b_1 s + b_0}{s^3 + a_2 s^2 + a_1 s + a_0} = \frac{s^3 + 12s^2 + 47s + 48}{s^3 + 6s^2 + 11s + 6} . \tag{13.432}$$

Comparando os coeficientes, obtém-se $a_1 = 11$ e $a_2 = 6$.

Da Equação (13.429) tem-se que

$$P^{-1} = M\overline{M}^{-1} = \begin{bmatrix} 1 & 3 & -17 \\ 2 & 1 & -13 \\ 3 & -4 & 6 \end{bmatrix} \begin{bmatrix} 11 & 6 & 1 \\ 6 & 1 & 0 \\ 1 & 0 & 0 \end{bmatrix} = \begin{bmatrix} 12 & 9 & 1 \\ 15 & 13 & 2 \\ 15 & 14 & 3 \end{bmatrix} . \tag{13.433}$$

Logo, a matriz de transformação de similaridade é dada por

$$P = (P^{-1})^{-1} = \frac{1}{12} \begin{bmatrix} 11 & -13 & 5 \\ -15 & 21 & -9 \\ 15 & -33 & 21 \end{bmatrix} . \tag{13.434}$$

Sabendo-se que $\overline{A} = PAP^{-1}$, $\overline{B} = PB$, $\overline{C} = CP^{-1}$ e $\overline{D} = D$, as equações de estados na forma canônica controlável são dadas por

$$\underbrace{\begin{bmatrix} \dot{\overline{x}}_1(t) \\ \dot{\overline{x}}_2(t) \\ \dot{\overline{x}}_3(t) \end{bmatrix}}_{\dot{\overline{x}}(t)} = \underbrace{\begin{bmatrix} 0 & 1 & 0 \\ 0 & 0 & 1 \\ -6 & -11 & -6 \end{bmatrix}}_{\overline{A}} \underbrace{\begin{bmatrix} \overline{x}_1(t) \\ \overline{x}_2(t) \\ \overline{x}_3(t) \end{bmatrix}}_{\overline{x}(t)} + \underbrace{\begin{bmatrix} 0 \\ 0 \\ 1 \end{bmatrix}}_{\overline{B}} u(t) , \tag{13.435}$$

$$y(t) = \underbrace{\begin{bmatrix} 42 & 36 & 6 \end{bmatrix}}_{\overline{C}} \underbrace{\begin{bmatrix} \overline{x}_1(t) \\ \overline{x}_2(t) \\ \overline{x}_3(t) \end{bmatrix}}_{\overline{x}(t)} + \underbrace{\begin{bmatrix} 1 \end{bmatrix}}_{\overline{D}} u(t) . \tag{13.436}$$

Observe que as Equações (13.435) e (13.436) correspondem às mesmas Equações (13.425) e (13.426) obtidas pela metodologia do Exercício (13.9).

Exercício 13.11

A função de transferência de um processo industrial é dada por

$$G(s) = \frac{Y(s)}{U(s)} = \frac{10}{s^3 + s} . \tag{13.437}$$

Projete um controlador $K = [k_1\ k_2\ k_3]$ por realimentação de estados de modo que os polos de malha fechada estejam localizados em $s = -1 + j$, $s = -1 - j$ e $s = -10$.

Solução

O processo industrial é BIBO instável, pois possui um polo na origem do plano s e dois polos sobre o eixo imaginário em $s = \pm j$. Logo, necessita de um controlador para estabilizá-lo.

Para escrever as equações de estados na forma canônica controlável das Equações (13.25) e (13.26), separar o numerador do denominador da função de transferência $G(s)$ em dois blocos, como na Figura 13.30.

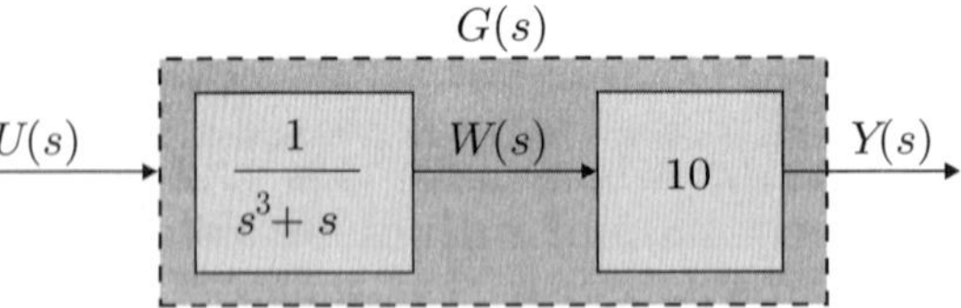

Figura 13.30 Diagrama de blocos da função de transferência (13.437).

Da Figura 13.30 tem-se que

$$\frac{W(s)}{U(s)} = \frac{1}{s^3 + s} \Longrightarrow s^3 W(s) + sW(s) = U(s) , \tag{13.438}$$

$$\frac{Y(s)}{W(s)} = 10 \Longrightarrow Y(s) = 10W(s) . \tag{13.439}$$

Aplicando a transformada inversa de Laplace e isolando a derivada de maior ordem na Equação (13.438), resulta

$$\frac{d^3w(t)}{dt^3} = -\frac{dw(t)}{dt} + u(t) , \tag{13.440}$$

$$y(t) = 10w(t). \tag{13.441}$$

Definindo as variáveis de estado

$$x_1(t) = w(t) , \; x_2(t) = \frac{dw(t)}{dt} \; \text{ e } \; x_3 = \frac{d^2w(t)}{dt^2} , \tag{13.442}$$

resulta o sistema de equações

$$\begin{cases} \dot{x}_1(t) &= x_2(t) , \\ \dot{x}_2(t) &= x_3(t) , \\ \dot{x}_3(t) &= -x_2 + u(t) , \\ y(t) &= 10x_1(t) . \end{cases} \tag{13.443}$$

Portanto, as equações de estados na forma canônica controlável são

$$\underbrace{\begin{bmatrix} \dot{x}_1(t) \\ \dot{x}_2(t) \\ \dot{x}_3(t) \end{bmatrix}}_{\dot{x}(t)} = \underbrace{\begin{bmatrix} 0 & 1 & 0 \\ 0 & 0 & 1 \\ 0 & -1 & 0 \end{bmatrix}}_{A} \underbrace{\begin{bmatrix} x_1(t) \\ x_2(t) \\ x_3(t) \end{bmatrix}}_{x(t)} + \underbrace{\begin{bmatrix} 0 \\ 0 \\ 1 \end{bmatrix}}_{B} u(t) , \tag{13.444}$$

$$y(t) = \underbrace{\begin{bmatrix} 10 & 0 & 0 \end{bmatrix}}_{C} \underbrace{\begin{bmatrix} x_1(t) \\ x_2(t) \\ x_3(t) \end{bmatrix}}_{x(t)} . \tag{13.445}$$

A matriz de malha fechada com o controlador K é

$$A - B\,K = \begin{bmatrix} 0 & 1 & 0 \\ 0 & 0 & 1 \\ 0 & -1 & 0 \end{bmatrix} - \begin{bmatrix} 0 \\ 0 \\ 1 \end{bmatrix} \begin{bmatrix} k_1 & k_2 & k_3 \end{bmatrix} = \begin{bmatrix} 0 & 1 & 0 \\ 0 & 0 & 1 \\ -k_1 & -1-k_2 & -k_3 \end{bmatrix} . \tag{13.446}$$

Os polos de malha fechada são as raízes da equação característica

$$\begin{aligned} |\, sI - (A - B\,K) \,| &= \left| \begin{bmatrix} s & 0 & 0 \\ 0 & s & 0 \\ 0 & 0 & s \end{bmatrix} - \begin{bmatrix} 0 & 1 & 0 \\ 0 & 0 & 1 \\ -k_1 & -1-k_2 & -k_3 \end{bmatrix} \right| \\ &= \left| \begin{bmatrix} s & -1 & 0 \\ 0 & s & -1 \\ k_1 & 1+k_2 & s+k_3 \end{bmatrix} \right| \\ &= s^3 + k_3 s^2 + (1+k_2)s + k_1 = 0 . \end{aligned} \tag{13.447}$$

A partir dos polos de malha fechada desejados obtém-se o polinômio característico

$$(s+1-j)(s+1+j)(s+10) = s^3 + 12s^2 + 22s + 20 = 0 . \tag{13.448}$$

Comparando os coeficientes dos polinômios (13.447) e (13.448), obtém-se os ganhos do controlador K de realimentação de estados, ou seja,

$$K = \begin{bmatrix} k_1 & k_2 & k_3 \end{bmatrix} = \begin{bmatrix} 20 & 21 & 12 \end{bmatrix} . \tag{13.449}$$

Sabendo-se que $u(t) = r(t) - Kx(t)$ pode-se representar o sistema em malha fechada pelo diagrama de blocos da Figura 13.31. O fato das realimentações possuirem apenas ganhos constantes não aumenta o número de polos do sistema em malha fechada. As realimentações apenas deslocam os polos da planta para as posições escolhidas no plano s.

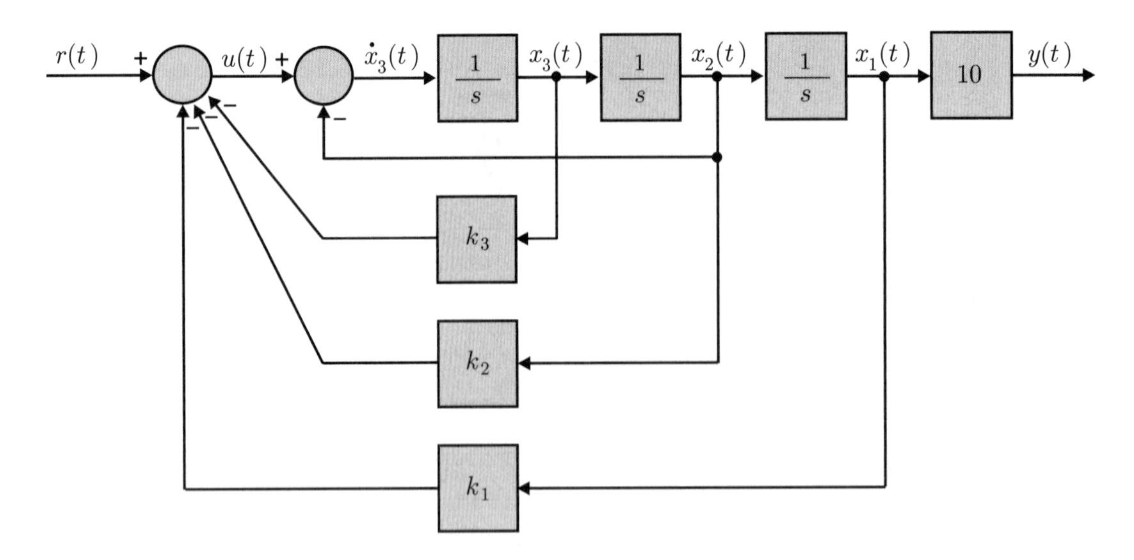

Figura 13.31 Diagrama de blocos com controlador por realimentação de estados.

Exercício 13.12

Um motor de corrente contínua, utilizado para realizar acionamentos mecânicos, tem como entrada a tensão $u(t)$ aplicada em seus terminais e como saída a posição angular $y(t)$ do seu eixo. A função de transferência do motor é dada por

$$\frac{Y(s)}{U(s)} = \frac{1}{s(s+1)}, \tag{13.450}$$

Projete um controlador $K = [k_1 \; k_2]$ por alocação de polos de malha fechada de modo que a resposta transitória da posição angular $y(t)$, quando é aplicado um degrau unitário na referência $r(t)$, satisfaça às seguintes especificações:

- sobressinal máximo $M_p = 4\%$;
- tempo de pico da resposta $t_p = 1\text{s}$;
- erro estacionário nulo entre a referência e a saída.

Solução

Inicialmente é preciso determinar os polos de malha fechada correspondentes às especificações da resposta transitória desejada. Como a função de transferência do motor é a de um sistema de segunda ordem, o coeficiente de amortecimento ξ e a frequência natural ω_n podem ser determinados a partir das expressões do sobressinal e do tempo de pico da resposta, ou seja,

$$M_p = e^{-\xi\pi/\sqrt{1-\xi^2}} = 0{,}04 \Longrightarrow \xi \cong 0{,}7156\,, \tag{13.451}$$

$$t_p = \frac{\pi}{\omega_n\sqrt{1-\xi^2}} = 1 \Longrightarrow \omega_n\sqrt{1-\xi^2} = \pi \Longrightarrow \omega_n \cong 4{,}5 \text{ rad/s}\,. \tag{13.452}$$

Os polos de malha fechada de sistemas de segunda ordem podem ser determinados a partir do coeficiente de amortecimento ξ e da frequência natural ω_n, ou seja,

$$s = -\xi\omega_n \pm \omega_n\sqrt{1-\xi^2}j \cong -3{,}22 \pm \pi j\,. \tag{13.453}$$

Em seguida é necessário determinar as equações de estados na forma canônica controlável do motor. Como o numerador da função de transferência é uma constante igual a 1, não é necessário separá-la em dois blocos, podendo-se escrever diretamente que

$$\frac{Y(s)}{U(s)} = \frac{1}{s^2+s} \Longrightarrow s^2Y(s) + sY(s) = U(s)\,. \tag{13.454}$$

Aplicando a transformada inversa de Laplace e isolando a derivada de maior ordem na Equação (13.454), resulta

$$\frac{d^2y(t)}{dt^2} = -\frac{dy(t)}{dt} + u(t) \ , \tag{13.455}$$

Definindo as variáveis de estado

$$x_1(t) = y(t) \ , \ x_2(t) = \frac{dy(t)}{dt} \ , \tag{13.456}$$

resulta o sistema de equações

$$\begin{cases} \dot{x}_1(t) &= x_2(t) \ , \\ \dot{x}_2(t) &= -x_2(t) + u(t) \ , \\ y(t) &= x_1(t) \ . \end{cases} \tag{13.457}$$

Portanto, as equações de estados na forma canônica controlável são

$$\underbrace{\begin{bmatrix} \dot{x}_1(t) \\ \dot{x}_2(t) \end{bmatrix}}_{\dot{x}(t)} = \underbrace{\begin{bmatrix} 0 & 1 \\ 0 & -1 \end{bmatrix}}_{A} \underbrace{\begin{bmatrix} x_1(t) \\ x_2(t) \end{bmatrix}}_{x(t)} + \underbrace{\begin{bmatrix} 0 \\ 1 \end{bmatrix}}_{B} u(t) \ , \tag{13.458}$$

$$y(t) = \underbrace{\begin{bmatrix} 1 & 0 \end{bmatrix}}_{C} \underbrace{\begin{bmatrix} x_1(t) \\ x_2(t) \end{bmatrix}}_{x(t)} \ . \tag{13.459}$$

A matriz de malha fechada com o controlador K é

$$A - B\,K = \begin{bmatrix} 0 & 1 \\ 0 & -1 \end{bmatrix} - \begin{bmatrix} 0 \\ 1 \end{bmatrix} \begin{bmatrix} k_1 & k_2 \end{bmatrix} = \begin{bmatrix} 0 & 1 \\ -k_1 & -1-k_2 \end{bmatrix} \ . \tag{13.460}$$

Os polos de malha fechada são as raízes da equação característica

$$\begin{aligned} |\, sI - (A - B\,K) \,| &= \left| \begin{bmatrix} s & 0 \\ 0 & s \end{bmatrix} - \begin{bmatrix} 0 & 1 \\ -k_1 & -1-k_2 \end{bmatrix} \right| \\ &= \left| \begin{bmatrix} s & -1 \\ k_1 & s+1+k_2 \end{bmatrix} \right| \\ &= s^2 + (1+k_2)s + k_1 = 0 \ . \end{aligned} \tag{13.461}$$

A partir dos polos de malha fechada desejados obtém-se o polinômio característico

$$(s + 3{,}22 + \pi j)(s + 3{,}22 - \pi j) \cong s^2 + 6{,}44s + 20{,}24 = 0 \ . \tag{13.462}$$

Comparando os coeficientes dos polinômios (13.461) e (13.462), obtém-se os ganhos do controlador K de realimentação de estados, ou seja,

$$K = \begin{bmatrix} k_1 & k_2 \end{bmatrix} = \begin{bmatrix} 20{,}24 & 5{,}44 \end{bmatrix} \ . \tag{13.463}$$

A função de transferência de malha fechada é dada por

$$\begin{aligned} \frac{Y(s)}{R'(s)} &= C\,[\,sI - (A - BK)^{-1}\,]\,B \\ &= \begin{bmatrix} 1 & 0 \end{bmatrix} \begin{bmatrix} s & -1 \\ k_1 & s+1+k_2 \end{bmatrix} \begin{bmatrix} 0 \\ 1 \end{bmatrix} \\ &= \frac{1}{s^2 + (1+k_2)s + k_1} \begin{bmatrix} 1 & 0 \end{bmatrix} \begin{bmatrix} s+1+k_2 & 1 \\ -k_1 & s \end{bmatrix} \begin{bmatrix} 0 \\ 1 \end{bmatrix} \\ &= \frac{1}{s^2 + (1+k_2)s + k_1} = \frac{1}{s^2 + 6{,}44s + 20{,}24} \ , \end{aligned} \tag{13.464}$$

Sabendo-se que $u(t) = r'(t) - Kx(t) = r'(t) - k_1x_1(t) - k_2x_2(t)$ pode-se representar o sistema em malha fechada pelo diagrama de blocos da Figura 13.32.

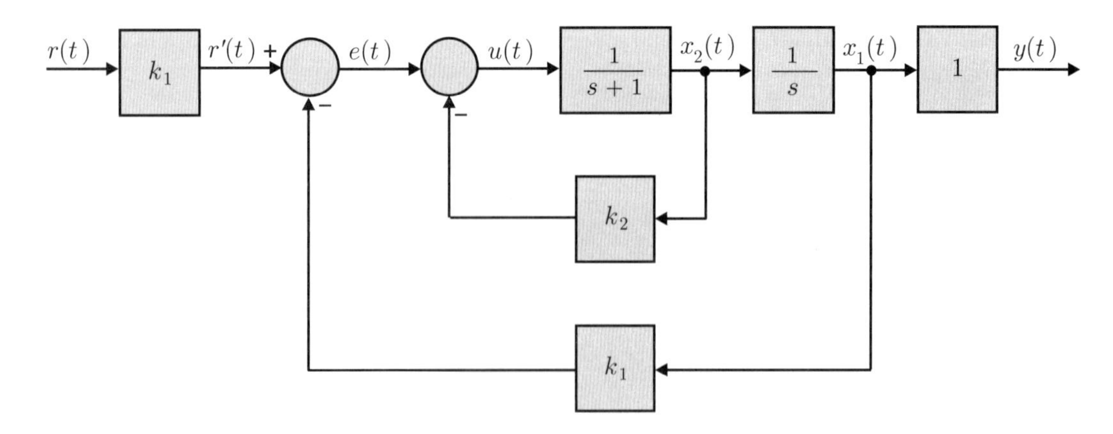

Figura 13.32 Diagrama de blocos com controlador por realimentação de estados.

A diferença entre a referência $r(t)$ e a saída $y(t)$ somente representa um sinal de erro $e(t)$ quando a realimentação externa é unitária, pois neste caso é realizada uma comparação da referência com a saída da planta.

Quando a realimentação externa não é unitária, a diferença $r(t) - k_1 y(t)$ não tem significado de erro, pois não há uma comparação direta entre os sinais $r(t)$ e $y(t)$. Para que essa comparação seja possível, é necessário fazer uma correção de ganho, acrescentando um bloco com ganho k_1 entre $r(t)$ e $r'(t)$, conforme é mostrado na Figura 13.32. Desta forma tem-se que

$$e(t) = r'(t) - k_1 y(t) = k_1 r(t) - k_1 y(t) = k_1 [r(t) - y(t)] \,. \tag{13.465}$$

Adotando esse procedimento, da Equação (13.464), obtém-se

$$Y(s) = \frac{1}{s^2 + (1 + k_2)s + k_1} R'(s) = \frac{k_1}{s^2 + (1 + k_2)s + k_1} R(s) \,. \tag{13.466}$$

Quando a referência $r(t)$ for um degrau unitário ($R(s) = 1/s$), a saída estacionária $y(\infty)$ pode ser determinada pelo teorema do valor final, ou seja,

$$y(\infty) = \lim_{s \to 0} sY(s) = \lim_{s \to 0} s \frac{k_1}{s^2 + (1 + k_2)s + k_1} R(s) = 1 \,. \tag{13.467}$$

Logo, o erro estacionário é nulo, pois

$$e(\infty) = r(\infty) - y(\infty) = 1 - 1 = 0 \,. \tag{13.468}$$

O gráfico da resposta transitória é apresentado na Figura 13.33. Observe que todas as especificações de projeto são satisfeitas.

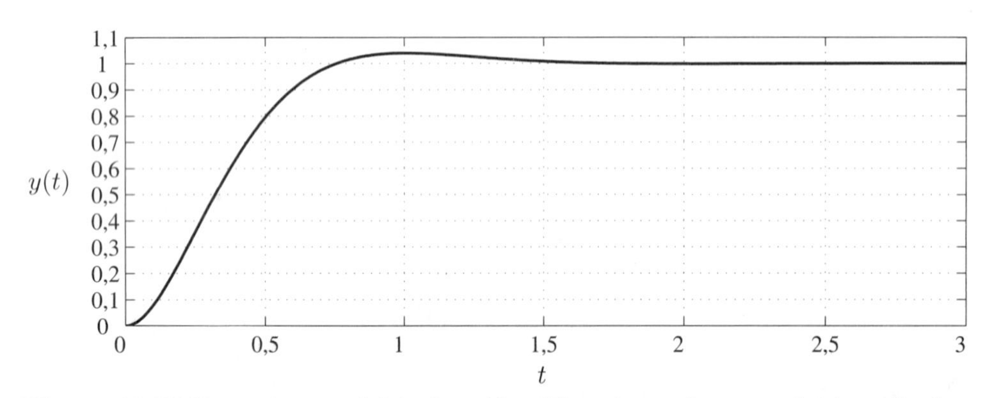

Figura 13.33 Resposta transitória da saída $y(t)$ para um degrau unitário aplicado em $r(t)$.

Exercício 13.13

Projete um regulador linear quadrático para o motor de corrente contínua do Exercício 13.12, cujas equações de estados na forma canônica controlável são

$$\underbrace{\begin{bmatrix} \dot{x}_1(t) \\ \dot{x}_2(t) \end{bmatrix}}_{\dot{x}(t)} = \underbrace{\begin{bmatrix} 0 & 1 \\ 0 & -1 \end{bmatrix}}_{A} \underbrace{\begin{bmatrix} x_1(t) \\ x_2(t) \end{bmatrix}}_{x(t)} + \underbrace{\begin{bmatrix} 0 \\ 1 \end{bmatrix}}_{B} u(t) \, , \tag{13.469}$$

$$y(t) = \underbrace{\begin{bmatrix} 1 & 0 \end{bmatrix}}_{C} \underbrace{\begin{bmatrix} x_1(t) \\ x_2(t) \end{bmatrix}}_{x(t)} \, . \tag{13.470}$$

Adotar as mesmas especificações para a resposta transitória:
- sobressinal máximo $M_p = 4\%$;
- tempo de pico da resposta $t_p = 1\,\text{s}$;
- erro estacionário nulo entre a referência e a saída.

Solução

Para o projeto do regulador, inicialmente deve-se adotar valores para a matriz Q e para o escalar R. Como há infinitos valores que podem ser adotados para Q e R, se após o cálculo do controlador K, as especificações não forem satisfeitas, então o projeto deve ser refeito.

Após algumas tentativas os valores de Q e R adotados no projeto são $R = 0{,}244$ e

$$Q = \begin{bmatrix} 100 & 0 \\ 0 & 0 \end{bmatrix} \, . \tag{13.471}$$

Como o sistema tem $n = 2$ estados, então a matriz simétrica $F = F^T$, solução da equação algébrica de Riccati, tem dimensão 2×2, ou seja,

$$F = \begin{bmatrix} f_1 & f_2 \\ f_2 & f_3 \end{bmatrix} \, . \tag{13.472}$$

Da equação algébrica de Riccati[9] (13.160) tem-se que

$$FA + A^T F - FBR^{-1}B^T F + Q = 0 \, , \tag{13.473}$$

ou seja,

$$\begin{bmatrix} f_1 & f_2 \\ f_2 & f_3 \end{bmatrix} \begin{bmatrix} 0 & 1 \\ 0 & -1 \end{bmatrix} + \begin{bmatrix} 0 & 0 \\ 1 & -1 \end{bmatrix} \begin{bmatrix} f_1 & f_2 \\ f_2 & f_3 \end{bmatrix}$$
$$- \begin{bmatrix} f_1 & f_2 \\ f_2 & f_3 \end{bmatrix} \begin{bmatrix} 0 \\ 1 \end{bmatrix} 0{,}244^{-1} \begin{bmatrix} 0 & 1 \end{bmatrix} \begin{bmatrix} f_1 & f_2 \\ f_2 & f_3 \end{bmatrix} + \begin{bmatrix} 100 & 0 \\ 0 & 0 \end{bmatrix} = \begin{bmatrix} 0 & 0 \\ 0 & 0 \end{bmatrix} \, . \tag{13.474}$$

Simplificando a Equação (13.474), obtém-se

$$\begin{cases} f_2^2 - 24{,}4 = 0 \, , \\ 0{,}244 f_1 - 0{,}244 f_2 - f_2 f_3 = 0 \, , \\ f_3^2 + 0{,}488 f_3 - 0{,}488 f_2 = 0 \, . \end{cases} \tag{13.475}$$

Resolvendo o sistema (13.475), a única solução definida positiva da equação de Riccati é

$$F = \begin{bmatrix} 31{,}8171 & 4{,}9396 \\ 4{,}9396 & 1{,}3276 \end{bmatrix} \, , \tag{13.476}$$

cujos autovalores positivos são 0,5473 e 32,5974.

[9] Para resolver a equação algébrica de Riccati é recomendável a utilização de programas computacionais como os aplicativos MATLAB ou OCTAVE.

Portanto, da Equação (13.159) obtém-se o vetor K para realimentação dos estados, ou seja,

$$K = R^{-1}B^TF = 0{,}244^{-1}\begin{bmatrix} 0 & 1 \end{bmatrix}\begin{bmatrix} 31{,}8171 & 4{,}9396 \\ 4{,}9396 & 1{,}3276 \end{bmatrix} = \begin{bmatrix} 20{,}24 & 5{,}44 \end{bmatrix} . \quad (13.477)$$

Note que para a matriz Q e o escalar R adotados, o vetor K obtido em (13.477) é o mesmo obtido em (13.463) no Exercício 13.12 pelo método de alocação de polos de malha fechada.

Consequentemente, o gráfico da resposta transitória também é o mesmo da Figura 13.33. É importante lembrar a inclusão do ganho k_1, no diagrama de blocos da Figura 13.32, para se obter erro estacionário nulo entre a referência $r(t)$ e a saída $y(t)$.

Apesar do projeto do regulador ser aparentemente trabalhoso, por resultar de um processo iterativo de escolha das matrizes Q e R, uma grande vantagem com relação ao projeto por alocação de polos de malha fechada é que o projeto do regulador possui a propriedade de robutez, que resulta num sistema com margem de ganho infinita e margem de fase de pelo menos 60°.

Exercício 13.14

Supondo que a medida da velocidade angular do eixo do motor não está disponível para realimentação, projetar um observador ou estimador de estados para o sistema do exercício 13.13 e analisar a resposta transitória da saída $y(t)$.

Solução

Para o projeto do observador, inicialmente deve-se adotar valores para a matriz $\overline{Q}$ e para o escalar $\overline{R}$. Como há infinitos valores que podem ser adotados para $\overline{Q}$ e $\overline{R}$, se após o cálculo do observador, as especificações não forem satisfeitas, então o projeto deve ser refeito.

Após algumas tentativas os valores de $\overline{Q}$ e $\overline{R}$ adotados no projeto são $\overline{R} = 0{,}01$ e

$$\overline{Q} = \begin{bmatrix} 100 & 0 \\ 0 & 1 \end{bmatrix} . \quad (13.478)$$

Como o sistema tem $n = 2$ estados, então a matriz simétrica $F = F^T$, solução da equação algébrica de Riccati, tem dimensão 2×2, ou seja,

$$F = \begin{bmatrix} f_1 & f_2 \\ f_2 & f_3 \end{bmatrix} . \quad (13.479)$$

Da equação algébrica de Riccati (13.192) tem-se que

$$FA^T + AF - FC^T\overline{R}^{-1}CF + \overline{Q} = 0 , \quad (13.480)$$

ou seja,

$$\begin{bmatrix} f_1 & f_2 \\ f_2 & f_3 \end{bmatrix}\begin{bmatrix} 0 & 0 \\ 1 & -1 \end{bmatrix} + \begin{bmatrix} 0 & 1 \\ 0 & -1 \end{bmatrix}\begin{bmatrix} f_1 & f_2 \\ f_2 & f_3 \end{bmatrix}$$
$$-\begin{bmatrix} f_1 & f_2 \\ f_2 & f_3 \end{bmatrix}\begin{bmatrix} 1 \\ 0 \end{bmatrix} 0{,}01^{-1}\begin{bmatrix} 1 & 0 \end{bmatrix}\begin{bmatrix} f_1 & f_2 \\ f_2 & f_3 \end{bmatrix} + \begin{bmatrix} 100 & 0 \\ 0 & 1 \end{bmatrix} = \begin{bmatrix} 0 & 0 \\ 0 & 0 \end{bmatrix} . \quad (13.481)$$

Simplificando a Equação (13.481), obtém-se

$$\begin{cases} 2f_2 - 100f_1^2 + 100 = 0 , \\ -f_2 + f_3 - 100f_1f_2 = 0 , \\ -2f_3 - 100f_2^2 + 1 = 0 . \end{cases} \quad (13.482)$$

Resolvendo o sistema (13.482), a única solução definida positiva da equação de Riccati é

$$F = \begin{bmatrix} 1{,}0000 & 0{,}0049 \\ 0{,}0049 & 0{,}4988 \end{bmatrix}, \tag{13.483}$$

cujos autovalores positivos são 1,0001 e 0,4987.

Portanto, da Equação (13.191) obtém-se o vetor L, ou seja,

$$L = FC^T\overline{R}^{-1} = \begin{bmatrix} 1{,}0000 & 0{,}0049 \\ 0{,}0049 & 0{,}4988 \end{bmatrix} \begin{bmatrix} 1 \\ 0 \end{bmatrix} 001^{-1} = \begin{bmatrix} 100{,}00 \\ 0{,}49 \end{bmatrix}. \tag{13.484}$$

Na Figura 13.34 é apresentado o diagrama de blocos do sistema em malha fechada, considerando o conjunto controlador+observador e a planta.

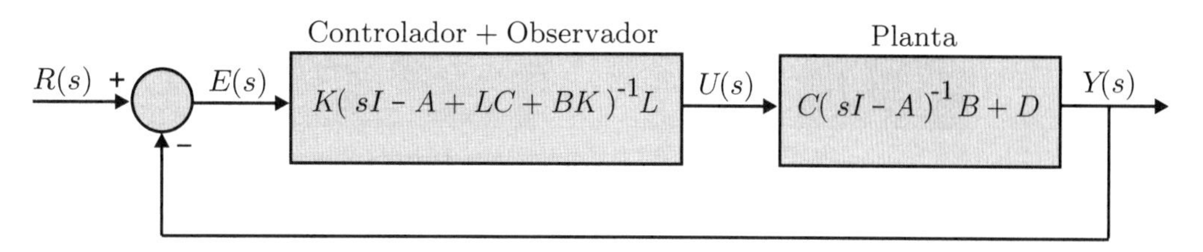

Figura 13.34 Diagrama de blocos do sistema em malha fechada.

A função de transferência do conjunto controlador+observador é dada pela Equação (13.220), ou seja,

$$\frac{U(s)}{E(s)} = K(sI - A + LC + BK)^{-1}L\,. \tag{13.485}$$

Considerando as matrizes A, B, C e o vetor K do Exercício 13.13, tem-se que

$$\begin{aligned} sI - (A - LC - BK) &= \underbrace{\begin{bmatrix} s & 0 \\ 0 & s \end{bmatrix}}_{sI} - \underbrace{\begin{bmatrix} 0 & 1 \\ 0 & -1 \end{bmatrix}}_{A} + \underbrace{\begin{bmatrix} 100{,}00 & 0 \\ 0{,}49 & 0 \end{bmatrix}}_{LC} + \underbrace{\begin{bmatrix} 0 & 0 \\ 20{,}24 & 5{,}44 \end{bmatrix}}_{BK} \\ &= \begin{bmatrix} s + 100{,}00 & -1 \\ 20{,}73 & s + 6{,}44 \end{bmatrix}, \end{aligned} \tag{13.486}$$

cuja matriz inversa é

$$(sI - A + LC + BK)^{-1} = \frac{1}{s^2 + 106{,}44s + 664{,}73} \begin{bmatrix} s + 6{,}44 & 1 \\ -20{,}73 & s + 100{,}00 \end{bmatrix}. \tag{13.487}$$

Logo, a função de transferência do conjunto controlador+observador é

$$\begin{aligned} \frac{U(s)}{E(s)} &= K(sI - A + LC + BK)^{-1}L \\ &= \frac{1}{s^2 + 106{,}44s + 664{,}73} \underbrace{\begin{bmatrix} 20{,}24 & 5{,}44 \end{bmatrix}}_{K} \begin{bmatrix} s + 6{,}44 & 1 \\ -20{,}73 & s + 100{,}00 \end{bmatrix} \underbrace{\begin{bmatrix} 100{,}00 \\ 0{,}49 \end{bmatrix}}_{L} \\ &\cong \frac{2027(s + 1)}{s^2 + 106{,}44s + 664{,}73}\,. \end{aligned} \tag{13.488}$$

A função de transferência do motor é

$$\frac{Y(s)}{U(s)} = C(sI - A)^{-1}B = \frac{1}{s(s + 1)}\,. \tag{13.489}$$

Logo, a função de transferência de malha aberta é

$$\frac{Y(s)}{E(s)} = \frac{U(s)}{E(s)}\frac{Y(s)}{U(s)} = \frac{2027}{s^3 + 106{,}44s^2 + 664{,}73s}\ . \tag{13.490}$$

Portanto, a função de transferência de malha fechada resulta como

$$\frac{Y(s)}{R(s)} = \frac{2027}{s^3 + 106{,}44s^2 + 664{,}73s + 2027} \cong \frac{2027}{(s + 3{,}22 \pm 3{,}14j)(s + 100)}\ . \tag{13.491}$$

Observe que a função de transferência (13.491) possui um polo em $s \cong -100$ que está bem distante dos polos complexos conjugados e que dessa forma tem pouca influência na resposta transitória. Por esta razão, apenas os polos complexos conjugados dominantes influenciam significativamente na resposta, fazendo com que o transitório tenha um comportamento muito próximo da resposta de um sistema de segunda ordem. Como os polos complexos conjugados dominantes são os mesmos que foram especificados no projeto por alocação de polos do Exercício 13.12, a resposta transitória da saída $y(t)$ deve ter um sobressinal $M_p \cong 4\%$ e um tempo de pico $t_p = 1$s, quando for aplicado um degrau unitário na referência $r(t)$, conforme é mostrado na Figura 13.35.

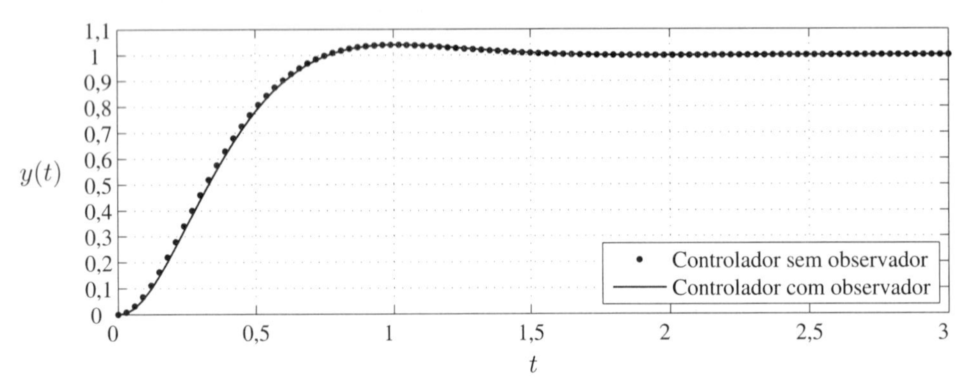

Figura 13.35 Resposta transitória da saída $y(t)$ para um degrau unitário aplicado na referência.

Note que na Figura 13.35 a resposta transitória do sistema controlado com observador é muito próxima da resposta do sistema controlado sem observador. É importante destacar que isso somente foi possível após um procedimento de tentativa e erro na atribuição de valores para Q e R no cálculo do vetor K e para $\overline{Q}$ e $\overline{R}$ no cálculo do vetor L. Por outro lado, a inclusão do observador normalmente produz uma degradação no desempenho, como por exemplo, aumento do sobressinal e do tempo de acomodação.

Exercício 13.15

O esquema de um sistema de levitação eletromagnética é apresentado na Figura 13.36. O sistema consiste em um eletroímã que suspende uma massa de material magnético. A levitação da massa é conseguida através do controle da distância $y(t)$ existente entre a massa e a bobina do eletroímã. Na bobina é instalado um sensor que mede a posição $y(t)$ da massa. A partir dessa medida um sistema de controle calcula uma tensão $u(t)$ a ser aplicada na entrada de um circuito de potência que, por sua vez, gera uma corrente $i(t)$ a ser aplicada na bobina. A função de transferência linear do sistema é dada por

$$\frac{Y(s)}{U(s)} = \frac{K_pK_s}{(s+1)(s-1)}\ , \tag{13.492}$$

com $K_p = 10\,(\mathrm{A/V})$ e $K_s = 0{,}1\,(\mathrm{V/mm})$.

Supondo que a medida da velocidade da massa não está disponível para realimentação, projete um controlador RLQ com observador de estados tal que:

- o erro de regime permanente $e(t)$ seja nulo quando é aplicado um degrau na referência $r(t)$;
- o sobressinal da resposta transitória da saída $y(t)$ seja menor que 30%.

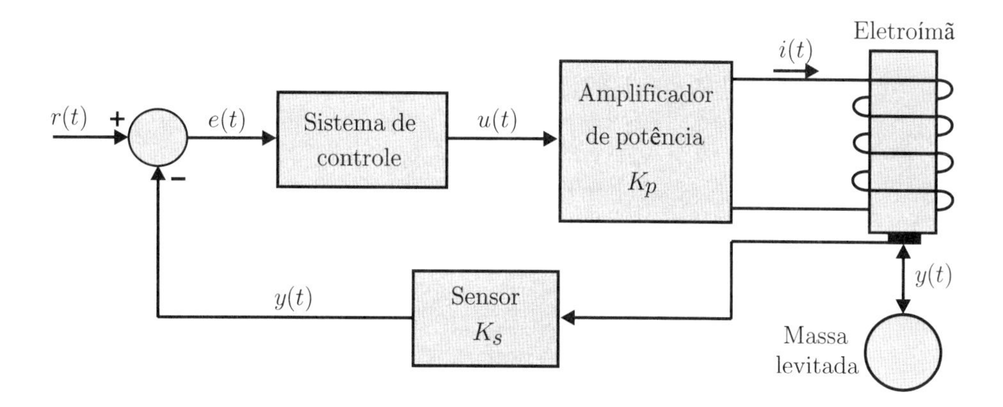

Figura 13.36 Sistema de levitação eletromagnética.

Solução

O projeto do controlador RLQ é desenvolvido a partir de um modelo de variáveis de estado. Assim, o primeiro passo é obter uma realização de estados na forma canônica controlável para a função de transferência (13.492). Como o numerador da função de transferência é $K_p K_s = 1$, não é necessário separá-la em dois blocos, podendo-se escrever diretamente que

$$\frac{Y(s)}{U(s)} = \frac{1}{s^2 - 1} \Longrightarrow s^2 Y(s) - Y(s) = U(s)\,. \tag{13.493}$$

Aplicando a transformada inversa de Laplace e isolando a derivada de maior ordem na Equação (13.493), resulta

$$\frac{d^2 y(t)}{dt^2} = y(t) + u(t)\,, \tag{13.494}$$

Definindo as variáveis de estado

$$x_1(t) = y(t)\,,\; x_2(t) = \frac{dy(t)}{dt}\,, \tag{13.495}$$

resulta o sistema de equações

$$\begin{cases} \dot{x}_1(t) & = & x_2(t)\,, \\ \dot{x}_2(t) & = & x_1(t) + u(t)\,, \\ y(t) & = & x_1(t)\,. \end{cases} \tag{13.496}$$

Portanto, as equações de estados na forma canônica controlável são

$$\underbrace{\begin{bmatrix} \dot{x}_1(t) \\ \dot{x}_2(t) \end{bmatrix}}_{\dot{x}(t)} = \underbrace{\begin{bmatrix} 0 & 1 \\ 1 & 0 \end{bmatrix}}_{A} \underbrace{\begin{bmatrix} x_1(t) \\ x_2(t) \end{bmatrix}}_{x(t)} + \underbrace{\begin{bmatrix} 0 \\ 1 \end{bmatrix}}_{B} u(t)\,, \tag{13.497}$$

$$y(t) = \underbrace{\begin{bmatrix} 1 & 0 \end{bmatrix}}_{C} \underbrace{\begin{bmatrix} x_1(t) \\ x_2(t) \end{bmatrix}}_{x(t)}\,. \tag{13.498}$$

Como a planta não possui integrador (polo em $s = 0$) e considerando a especificação de erro de regime permanente nulo para sinal de referência do tipo degrau, deve-se forçar que o controlador possua um integrador. Para isso devem ser utilizadas nos projetos do controlador e do observador as matrizes da planta estendida, dadas por

$$\begin{bmatrix} \dot{x}(t) \\ \dot{x}_i(t) \end{bmatrix} = \underbrace{\begin{bmatrix} A_{2\times 2} & B_{2\times 1} \\ 0_{1\times 2} & 0_{1\times 1} \end{bmatrix}}_{A_e} \begin{bmatrix} x(t) \\ x_i(t) \end{bmatrix} + \underbrace{\begin{bmatrix} 0_{2\times 1} \\ 1_{1\times 1} \end{bmatrix}}_{B_e} v(t)\,, \tag{13.499}$$

$$y(t) = \underbrace{\begin{bmatrix} C_{1\times 2} & 0_{1\times 1} \end{bmatrix}}_{C_e} \begin{bmatrix} x(t) \\ x_i(t) \end{bmatrix}\,. \tag{13.500}$$

Substituindo as matrizes A, B e C nas Equações (13.499) e (13.500), obtém-se

$$\begin{bmatrix} \dot{x}_1(t) \\ \dot{x}_2(t) \\ \dot{x}_i(t) \end{bmatrix} = \underbrace{\begin{bmatrix} 0 & 1 & 0 \\ 1 & 0 & 1 \\ 0 & 0 & 0 \end{bmatrix}}_{A_e} \begin{bmatrix} x_1(t) \\ x_2(t) \\ x_i(t) \end{bmatrix} + \underbrace{\begin{bmatrix} 0 \\ 0 \\ 1 \end{bmatrix}}_{B_e} v(t) , \tag{13.501}$$

$$y(t) = \underbrace{\begin{bmatrix} 1 & 0 & 0 \end{bmatrix}}_{C_e} \begin{bmatrix} x_1(t) \\ x_2(t) \\ x_i(t) \end{bmatrix} . \tag{13.502}$$

A nova variável de estado $x_i(t)$ das Equações (13.501) e (13.502) representa a saída $u(t)$ do integrador acrescentado na malha de controle, que fica com a configuração da Figura 13.37.

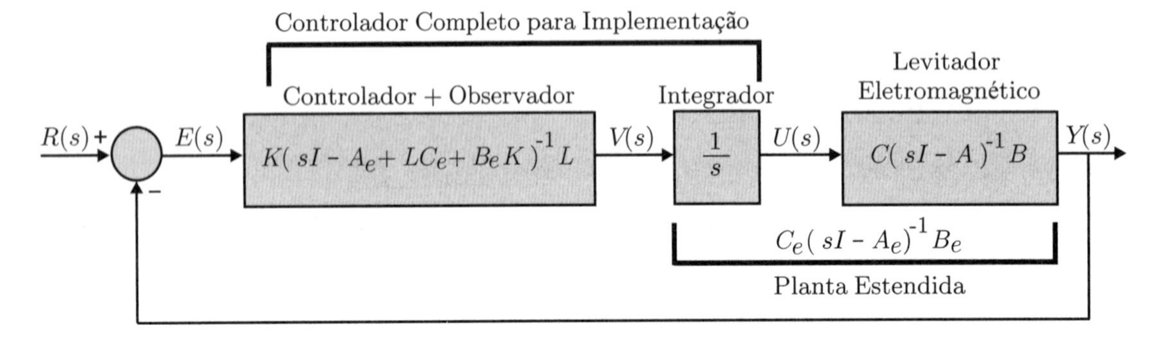

Figura 13.37 Diagrama de blocos mostrando a inclusão do integrador na entrada do levitador eletromagnético.

A partir das matrizes A_e, B_e e C_e da planta estendida, o próximo passo é determinar o vetor de ganhos K do regulador linear quadrático. Para determinar o vetor de ganhos K deve-se seguir o procedimento da Seção 13.12.2, resolvendo a equação de Riccati[10]

$$FA_e + A_e^T F - FB_e R^{-1} B_e^T F + Q = 0 . \tag{13.503}$$

Após algumas tentativas os valores de Q e R adotados no projeto RLQ são $R = 1$ e

$$Q = \begin{bmatrix} 10^6 & 0 & 0 \\ 0 & 10^5 & 0 \\ 0 & 0 & 10^4 \end{bmatrix} , \tag{13.504}$$

cuja solução da equação de Riccati (13.503) é

$$F \cong \begin{bmatrix} 581434{,}87 & 116720{,}92 & 1110{,}60 \\ 116720{,}92 & 59877{,}15 & 577{,}44 \\ 1110{,}60 & 577{,}44 & 105{,}62 \end{bmatrix} . \tag{13.505}$$

Da Equação (13.159) obtém-se o vetor K, ou seja,

$$K = R^{-1} B^T F \cong \begin{bmatrix} 1110{,}60 & 577{,}44 & 105{,}62 \end{bmatrix} . \tag{13.506}$$

Como a medida da velocidade $x_2(t)$ da massa não está disponível para realimentação, é necessário projetar um observador ou estimador de estados. Para determinar o vetor de ganhos L do observador deve-se seguir o procedimento da Seção 13.13.3, resolvendo a equação de Riccati

$$FA_e^T + A_e F - FC_e^T \overline{R}^{-1} C_e F + \overline{Q} = 0 . \tag{13.507}$$

[10]Para resolver a equação algébrica de Riccati é recomendável a utilização de programas computacionais como os aplicativos MATLAB ou OCTAVE.

Após algumas tentativas os valores de $\overline{Q}$ e $\overline{R}$ adotados no projeto observador são $\overline{R} = 0{,}001$ e

$$\overline{Q} = \begin{bmatrix} 10^2 & 0 & 0 \\ 0 & 10^7 & 0 \\ 0 & 0 & 10^7 \end{bmatrix}, \tag{13.508}$$

cuja solução da equação de Riccati (13.507) é

$$F \cong \begin{bmatrix} 0{,}55 & 100{,}55 & 100{,}00 \\ 100{,}55 & 55072{,}53 & 54872{,}26 \\ 100{,}00 & 54872{,}26 & 10054722{,}53 \end{bmatrix}. \tag{13.509}$$

Da Equação (13.191) obtém-se o vetor L, ou seja,

$$L = FC^T\overline{R}^{-1} \cong \begin{bmatrix} 548{,}72 \\ 100548{,}23 \\ 100000{,}00 \end{bmatrix}. \tag{13.510}$$

Conforme a Seção 13.14, a função de transferência correspondente ao controlador RLQ com observador é dada por

$$\frac{V(s)}{E(s)} = K(sI - A_e + LC_e + B_eK)^{-1}L\,. \tag{13.511}$$

Assim, a função de transferência final para implementação do controlador, incluindo o integrador, é

$$\frac{U(s)}{E(s)} = \frac{V(s)}{E(s)}\frac{U(s)}{V(s)} = \left[K(sI - A_e + LC_e + B_eK)^{-1}L\right]\frac{1}{s} \tag{13.512}$$

$$\cong \frac{69232076{,}61(s+1)(s+1{,}45)}{s(s+112{,}47)(s+270{,}93 \pm 157{,}25j)}\,. \tag{13.513}$$

É interessante notar neste exemplo, que o conjunto controlador+observador resultou com um zero em $s = -1$ que cancela o polo estável da planta. Com isso, a função de transferência de malha aberta pode ser simplificada para

$$\frac{Y(s)}{E(s)} = \frac{U(s)}{E(s)}\frac{Y(s)}{U(s)} = \frac{69232076{,}61(s+1)(s+1{,}45)}{s(s+112{,}47)(s+270{,}93 \pm 157{,}25j)}\frac{1}{(s+1)(s-1)}$$

$$= \frac{69232076{,}61(s+1{,}45)}{s(s+112{,}47)(s+270{,}93 \pm 157{,}25j)(s-1)}\,. \tag{13.514}$$

A resposta transitória da saída $y(t)$ para um degrau unitário aplicado na referência $r(t)$ com o sistema em malha fechada é mostrada na Figura 13.38. Conforme especificado, essa resposta apresenta um sobressinal menor que 30% e erro de regime nulo.

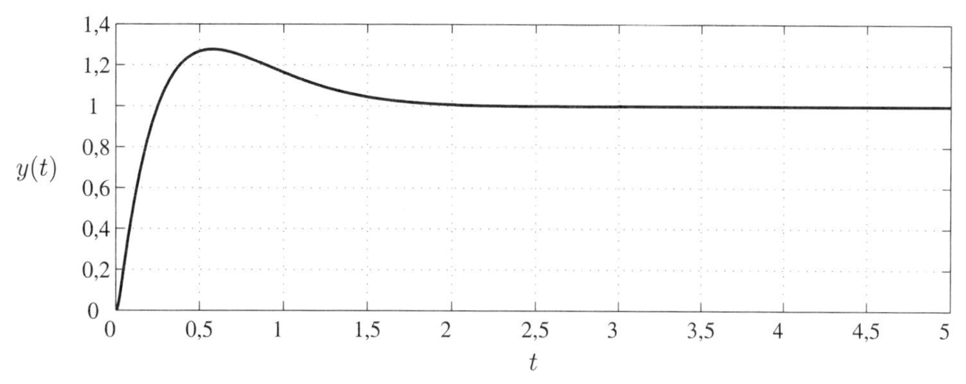

Figura 13.38 Resposta transitória da saída $y(t)$ para um degrau unitário aplicado na referência.

Exercício 13.16

Considere o mesmo sistema de levitação eletromagnética do Exercício 13.15. Projete um controlador RLQ com observador de estados supondo que o modelo do sistema é representado por variáveis discretas de estado. Adote as mesmas especificações de projeto e um período de amostragem $T = 0{,}01$ s.

Solução

O modelo do sistema, representado por variáveis discretas de estado, pode ser obtido a partir das equações de estados (13.497) e (13.498) do sistema contínuo. As matrizes A_d e B_d são calculadas a partir das Equações (13.243), (13.244) e (13.245).

Considerando um período de amostragem $T = 0{,}01$ s na Equação (13.244), tem-se que

$$M \cong IT + \frac{AT^2}{2\,!} + \frac{A^2T^3}{3\,!} \cong \begin{bmatrix} 0{,}01000 & 0{,}00005 \\ 0{,}00005 & 0{,}01000 \end{bmatrix}. \quad (13.515)$$

Substituindo a Equação (13.515) nas Equações (13.243) e (13.245), obtém-se

$$A_d = I + AM = \begin{bmatrix} 1{,}00005 & 0{,}01000 \\ 0{,}01000 & 1{,}00005 \end{bmatrix}, \quad (13.516)$$

$$B_d = MB = \begin{bmatrix} 0{,}00005 \\ 0{,}01000 \end{bmatrix}. \quad (13.517)$$

Portanto, as equações de estados do sistema discreto para $T = 0{,}01$ s resultam como

$$\underbrace{\begin{bmatrix} x_1[(k+1)T] \\ x_2[(k+1)T] \end{bmatrix}}_{x[(k+1)T]} = \underbrace{\begin{bmatrix} 1{,}00005 & 0{,}01000 \\ 0{,}01000 & 1{,}00005 \end{bmatrix}}_{A_d} \underbrace{\begin{bmatrix} x_1(kT) \\ x_2(kT) \end{bmatrix}}_{x(kT)} + \underbrace{\begin{bmatrix} 0{,}00005 \\ 0{,}01000 \end{bmatrix}}_{B_d} u(kT), \quad (13.518)$$

$$y(kT) = \underbrace{\begin{bmatrix} 1 & 0 \end{bmatrix}}_{C} \underbrace{\begin{bmatrix} x_1(kT) \\ x_2(kT) \end{bmatrix}}_{x(kT)}. \quad (13.519)$$

Como a planta não possui integrador e considerando a especificação de erro de regime permanente nulo para sinal de referência do tipo degrau, devem ser utilizadas nos projetos do controlador e do observador as matrizes da planta estendida. Das Equações (13.362) e (13.363) têm-se que

$$\begin{bmatrix} x\,[(k+1)T] \\ x_i\,[(k+1)T] \end{bmatrix} = \underbrace{\begin{bmatrix} A_{d\,2\times 2} & B_{d\,2\times 1} \\ 0_{1\times 2} & 1_{1\times 1} \end{bmatrix}}_{A_e} \begin{bmatrix} x(kT) \\ x_i(kT) \end{bmatrix} + \underbrace{\begin{bmatrix} B_dT_{\,2\times 1} \\ T_{1\times 1} \end{bmatrix}}_{B_e} v(kT), \quad (13.520)$$

$$y(kT) = \underbrace{\begin{bmatrix} C_{1\times 2} & 0_{1\times 1} \end{bmatrix}}_{C_e} \begin{bmatrix} x(kT) \\ x_i(kT) \end{bmatrix}, \quad (13.521)$$

ou seja,

$$\begin{bmatrix} x_1\,[(k+1)T] \\ x_2\,[(k+1)T] \\ x_i\,[(k+1)T] \end{bmatrix} = \underbrace{\begin{bmatrix} 1{,}00005 & 0{,}01000 & 0{,}00005 \\ 0{,}01000 & 1{,}00005 & 0{,}01000 \\ 0 & 0 & 1 \end{bmatrix}}_{A_e} \begin{bmatrix} x_1(kT) \\ x_2(kT) \\ x_i(kT) \end{bmatrix} + \underbrace{\begin{bmatrix} 0{,}0000005 \\ 0{,}0001000 \\ 0{,}01 \end{bmatrix}}_{B_e} v(kT), \quad (13.522)$$

$$y(kT) = \underbrace{\begin{bmatrix} 1 & 0 & 0 \end{bmatrix}}_{C_e} \begin{bmatrix} x_1(kT) \\ x_2(kT) \\ x_i(kT) \end{bmatrix}. \quad (13.523)$$

A nova variável de estado $x_i[(k+1)T]$ representa a saída $u(kT)$ do integrador incluído na malha de controle, conforme é representado na Figura 13.39.

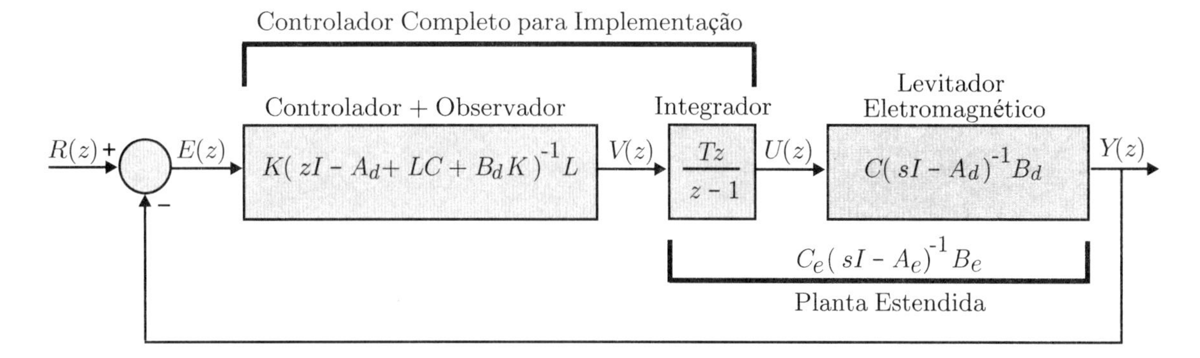

Figura 13.39 Diagrama de blocos mostrando a inclusão do integrador na entrada do levitador eletromagnético.

A partir das matrizes A_e, B_e e C_e da planta estendida, o próximo passo é determinar o vetor de ganhos K do regulador linear quadrático. Para isso, deve-se adotar valores para a matriz Q e para o escalar R. Como há infinitos valores que podem ser adotados para Q e R, se ao final do cálculo do vetor K o controlador não atender às especificações, então o projeto deve ser refeito. Após algumas tentativas são adotados $R = 0{,}0001$ e

$$Q = \begin{bmatrix} 100000 & 0 & 0 \\ 0 & 1000 & 0 \\ 0 & 0 & 1 \end{bmatrix}. \tag{13.524}$$

Executando o algoritmo da Tabela 13.4 para $N = 1000$ repetições, obtém-se a solução da equação algébrica discreta de Riccati

$$F \cong \begin{bmatrix} 1381646{,}8535 & 38515{,}3938 & 163{,}2111 \\ 38515{,}3938 & 5448{,}6471 & 22{,}4489 \\ 163{,}2111 & 22{,}4489 & 1{,}7360 \end{bmatrix} \tag{13.525}$$

e o vetor de ganhos

$$K \cong \begin{bmatrix} 16321{,}1107 & 2244{,}8944 & 73{,}6021 \end{bmatrix}. \tag{13.526}$$

Para o cálculo do vetor L do observador de estados, devem-se adotar valores para a matriz $\overline{Q}$ e para o escalar $\overline{R}$. Como no projeto do regulador, há infinitos valores que podem ser adotados para $\overline{Q}$ e $\overline{R}$. Também neste caso, se as especificações não forem satisfeitas após o cálculo do vetor L, o projeto deve ser refeito. Após algumas tentativas são adotados $\overline{R} = 1$ e

$$\overline{Q} = \begin{bmatrix} 1 & 0 & 0 \\ 0 & 5 & 0 \\ 0 & 0 & 10 \end{bmatrix}. \tag{13.527}$$

Executando o algoritmo da Tabela 13.6 para $N = 1000$ repetições, obtém-se a solução da equação algébrica discreta de Riccati

$$F \cong \begin{bmatrix} 1{,}7073 & 5{,}6135 & 5{,}2032 \\ 5{,}6135 & 358{,}1341 & 333{,}5286 \\ 5{,}2032 & 333{,}5286 & 1085{,}3039 \end{bmatrix} \tag{13.528}$$

e o vetor de ganhos

$$L \cong \begin{bmatrix} 0{,}6515 \\ 2{,}0991 \\ 1{,}9219 \end{bmatrix}. \tag{13.529}$$

Das Equações (13.351) e (13.352) obtêm-se as equações de estados da malha fechada

$$\begin{bmatrix} x[(k+1)T] \\ x_c[(k+1)T] \end{bmatrix} = \begin{bmatrix} A_e & B_eK \\ -LC_e & A_e - LC_e - B_eK \end{bmatrix} \begin{bmatrix} x(kT) \\ x_c(kT) \end{bmatrix} + \begin{bmatrix} 0_{3\times 1} \\ L \end{bmatrix} r(kT), \qquad (13.530)$$

$$y(kT) = \begin{bmatrix} C_e & 0_{1\times 3} \end{bmatrix} \begin{bmatrix} x(kT) \\ x_c(kT) \end{bmatrix}, \qquad (13.531)$$

ou seja,

$$\begin{bmatrix} x_1[(k+1)T] \\ x_2[(k+1)T] \\ x_3[(k+1)T] \\ x_{c1}[(k+1)T] \\ x_{c2}[(k+1)T] \\ x_{c3}[(k+1)T] \end{bmatrix} = \begin{bmatrix} 1{,}0001 & 0{,}0100 & 0{,}0001 & 0{,}0082 & 0{,}0011 & 0{,}0000 \\ 0{,}0100 & 1{,}0001 & 0{,}0100 & 1{,}6321 & 0{,}2245 & 0{,}0074 \\ 0 & 0 & 1{,}0000 & 163{,}2111 & 22{,}4489 & 0{,}7360 \\ -0{,}6515 & 0 & 0 & 0{,}3404 & 0{,}0089 & 0{,}0000 \\ -2{,}0991 & 0 & 0 & -3{,}7212 & 0{,}7756 & 0{,}0026 \\ -1{,}9219 & 0 & 0 & -165{,}1330 & -22{,}4489 & 0{,}2640 \end{bmatrix} \begin{bmatrix} x_1(kT) \\ x_2(kT) \\ x_3(kT) \\ x_{c1}(kT) \\ x_{c2}(kT) \\ x_{c3}(kT) \end{bmatrix} +$$

$$+ \begin{bmatrix} 0 \\ 0 \\ 0 \\ 0{,}6515 \\ 2{,}0991 \\ 1{,}9219 \end{bmatrix} r(kT), \qquad (13.532)$$

$$y(kT) = \begin{bmatrix} 1 & 0 & 0 & 0 & 0 & 0 \end{bmatrix} \begin{bmatrix} x_1(kT) \\ x_2(kT) \\ x_3(kT) \\ x_{c1}(kT) \\ x_{c2}(kT) \\ x_{c3}(kT) \end{bmatrix}. \qquad (13.533)$$

Na Figura 13.40 é apresentado o gráfico da resposta transitória da saída $y(kT)$ quando é aplicado um degrau unitário na referência $r(kT)$ do sistema em malha fechada formado pelas Equações (13.532) e (13.533). Conforme especificado, essa resposta apresenta um sobressinal menor que 30% e erro de regime nulo.

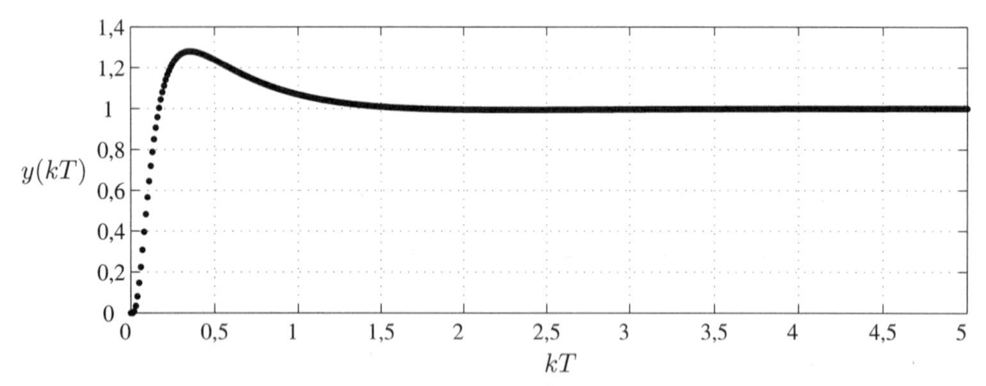

Figura 13.40 Resposta transitória da saída $y(kT)$ para um degrau unitário aplicado na referência.

Comparando o gráfico da Figura 13.40, obtido a partir do projeto do modelo discreto, com o gráfico da Figura 13.38, obtido a partir do projeto do modelo contínuo, verifica-se que os resultados são semelhantes, embora outras escolhas para as matrizes Q e $\overline{Q}$ e para os escalares R e $\overline{R}$ possam produzir resultados muito distintos.

13.20 Exercícios propostos

Exercício 13.17

Determine as equações de estados que representam o circuito elétrico RC da Figura 13.41. Suponha que a entrada do circuito é a tensão $v_e(t)$ e que a saída é a tensão $v_s(t)$. São dados: $R_1 = 1000\,\Omega$, $R_2 = 250\,\Omega$, $C_1 = 1\,\text{mF}$ e $C_2 = 2\,\text{mF}$.

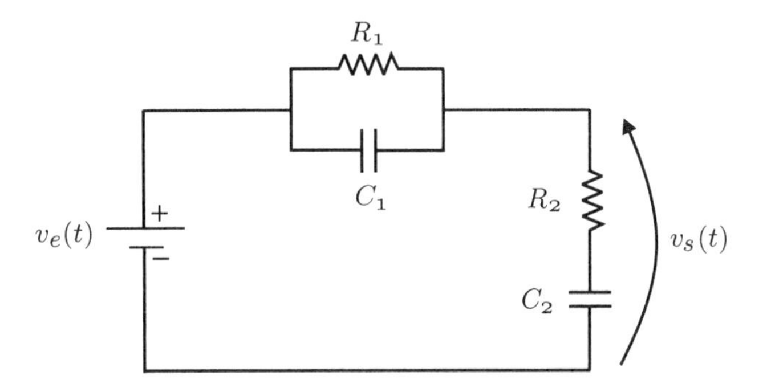

Figura 13.41 Circuito elétrico RC.

Exercício 13.18

Determine as equações de estados que representam um motor de corrente contínua controlado pela armadura, esquematizado na Figura 13.42. Suponha que a entrada é a tensão de armadura $e_a(t)$ e que a saída é a posição angular do eixo $\theta(t)$.

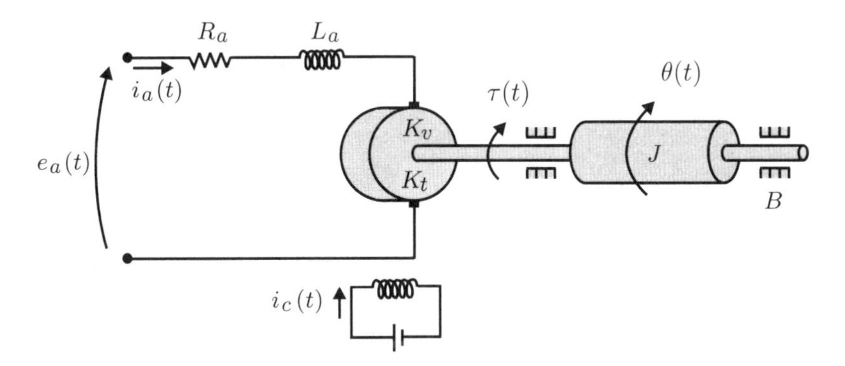

Figura 13.42 Esquema de um motor de corrente contínua controlado por armadura.

As variáveis e constantes indicadas na Figura 13.42 são:

$e_a(t)$: tensão de armadura;
$i_a(t)$: corrente de armadura;
R_a: resistência de armadura;
L_a: indutância de armadura;
$i_c(t)$: corrente de campo do motor;
$\tau(t)$: torque do motor;
$\theta(t)$: posição angular do eixo;
B: coeficiente de atrito;
J: inércia do conjunto formado pelo rotor do motor e pela carga mecânica;
K_t: constante de proporcionalidade entre o conjugado motor e a corrente de armadura;
K_v: constante de proporcionalidade entre a força contraeletromotriz gerada pela armadura em rotação e a velocidade angular do eixo.

Exercício 13.19

Determine as equações de estados que representam o circuito elétrico da Figura 13.43. Suponha que a entrada do circuito é a tensão $v(t)$ e que a saída é a corrente $i_R(t)$ no resistor.

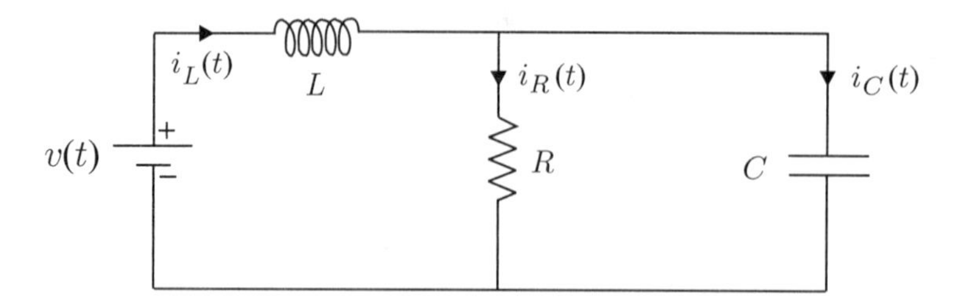

Figura 13.43 Circuito elétrico.

Exercício 13.20

Determine as equações de estados que representam o circuito eletrônico com amplificadores operacionais da Figura 13.44. Suponha que a entrada do circuito é a tensão $u(t)$ e que a saída é a tensão $y(t)$. São dados: $R_1 = 1000\,\Omega$, $R_2 = 250\,\Omega$, $C_1 = 1\,\text{mF}$ e $C_2 = 2\,\text{mF}$.

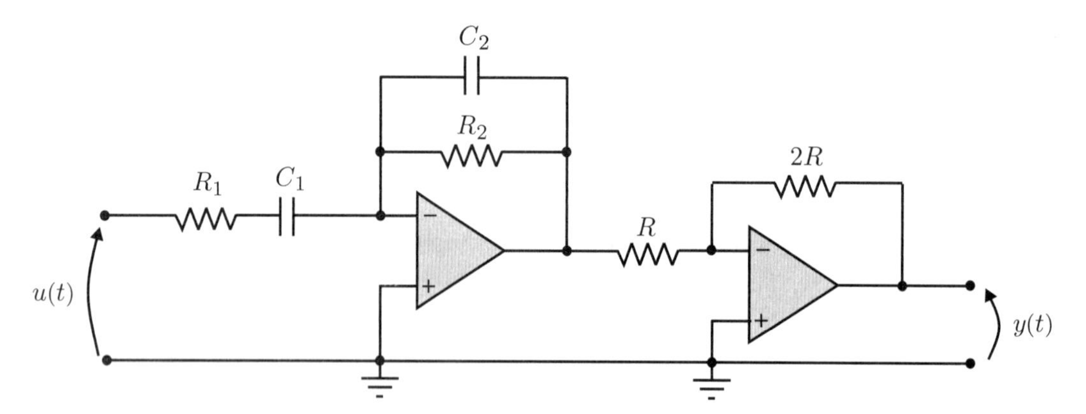

Figura 13.44 Circuito eletrônico com amplificadores operacionais.

Exercício 13.21

Um sistema é representado pelas equações de estados

$$\underbrace{\begin{bmatrix} \dot{x}_1(t) \\ \dot{x}_2(t) \end{bmatrix}}_{\dot{x}(t)} = \underbrace{\begin{bmatrix} -5 & -6 \\ 1 & 0 \end{bmatrix}}_{A} \underbrace{\begin{bmatrix} x_1(t) \\ x_2(t) \end{bmatrix}}_{x(t)} + \underbrace{\begin{bmatrix} 1 \\ 0 \end{bmatrix}}_{B} u(t) \, , \tag{13.534}$$

$$y(t) = \underbrace{\begin{bmatrix} 1 & 2 \end{bmatrix}}_{C} \underbrace{\begin{bmatrix} x_1(t) \\ x_2(t) \end{bmatrix}}_{x(t)} \, . \tag{13.535}$$

a) Verifique se o sistema é estável ou instável.

b) Verifique se o sistema é controlável e observável.

c) Determine a função de transferência do sistema.

Exercício 13.22

Determine as equações de estados que representam o circuito eletrônico com amplificadores operacionais da Figura 13.45. Suponha que a entrada do circuito é a tensão $u(t)$ e que a saída é a tensão $y(t)$. São dados: $R = 1000\,\Omega$, $R_1 = 100\,\Omega$, $R_2 = 20\,\Omega$, $R_3 = 2{,}5\,\Omega$ e $C = 1\,\text{mF}$.

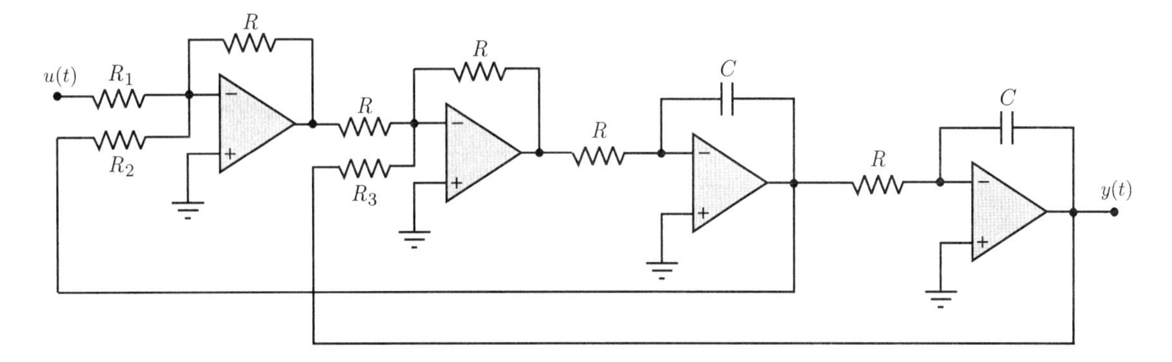

Figura 13.45 Circuito eletrônico com amplificadores operacionais.

Exercício 13.23

Um processo com entrada $u(t)$ e saída $y(t)$ é representado pela função de transferência

$$G(s) = \frac{Y(s)}{U(s)} = \frac{s^3 + 12s^2 + 46s + 55}{s^3 + 9s^2 + 24s + 20} \,. \tag{13.536}$$

Represente o sistema nas formas canônicas controlável e observável.

Exercício 13.24

Um processo é representado pelas equações de estados

$$\underbrace{\begin{bmatrix} \dot{x}_1(t) \\ \dot{x}_2(t) \\ \dot{x}_3(t) \end{bmatrix}}_{\dot{x}(t)} = \underbrace{\begin{bmatrix} -2 & -1 & 2 \\ 0 & -3 & 1 \\ 0 & 2 & -4 \end{bmatrix}}_{A} \underbrace{\begin{bmatrix} x_1(t) \\ x_2(t) \\ x_3(t) \end{bmatrix}}_{x(t)} + \underbrace{\begin{bmatrix} 1 \\ 1 \\ 1 \end{bmatrix}}_{B} u(t) \,, \tag{13.537}$$

$$y(t) = \underbrace{\begin{bmatrix} 1 & 1 & 1 \end{bmatrix}}_{C} \underbrace{\begin{bmatrix} x_1(t) \\ x_2(t) \\ x_3(t) \end{bmatrix}}_{x(t)} + \underbrace{\begin{bmatrix} 1 \end{bmatrix}}_{D} u(t) \,. \tag{13.538}$$

a) Verifique se o sistema é estável ou instável.

b) Verifique se o sistema é controlável e observável.

c) Determine a função de transferência do sistema.

d) Represente o sistema na forma canônica controlável por meio de uma transformação de similaridade.

Exercício 13.25

Um sistema é representado pelas equações de estados

$$\underbrace{\begin{bmatrix} \dot{x}_1(t) \\ \dot{x}_2(t) \\ \dot{x}_3(t) \end{bmatrix}}_{\dot{x}(t)} = \underbrace{\begin{bmatrix} 0 & 1 & 0 \\ 0 & 0 & 1 \\ -10 & -17 & -8 \end{bmatrix}}_{A} \underbrace{\begin{bmatrix} x_1(t) \\ x_2(t) \\ x_3(t) \end{bmatrix}}_{x(t)} + \underbrace{\begin{bmatrix} 0 \\ 0 \\ 1 \end{bmatrix}}_{B} u(t) , \tag{13.539}$$

$$y(t) = \underbrace{\begin{bmatrix} 1 & 0 & 0 \end{bmatrix}}_{C} \underbrace{\begin{bmatrix} x_1(t) \\ x_2(t) \\ x_3(t) \end{bmatrix}}_{x(t)} . \tag{13.540}$$

Projete um controlador $K = [\, k_1 \; k_2 \; k_3 \,]$ por realimentação de estados de modo que os polos de malha fechada estejam localizados em $s = -1 + j$, $s = -1 - j$ e $s = -10$.

Exercício 13.26

Um sistema é representado pelas equações de estados

$$\underbrace{\begin{bmatrix} \dot{x}_1(t) \\ \dot{x}_2(t) \end{bmatrix}}_{\dot{x}(t)} = \underbrace{\begin{bmatrix} -3 & -2 \\ 1 & 0 \end{bmatrix}}_{A} \underbrace{\begin{bmatrix} x_1(t) \\ x_2(t) \end{bmatrix}}_{x(t)} + \underbrace{\begin{bmatrix} 1 \\ 0 \end{bmatrix}}_{B} u(t) , \tag{13.541}$$

$$y(t) = \underbrace{\begin{bmatrix} 1 & -2 \end{bmatrix}}_{C} \underbrace{\begin{bmatrix} x_1(t) \\ x_2(t) \end{bmatrix}}_{x(t)} . \tag{13.542}$$

Projete um controlador $K = [\, k_1 \; k_2 \,]$ por realimentação de estados de modo que os polos de malha fechada tenham frequência natural $\omega_n = 2\sqrt{2}$ (rad/s) e coeficiente de amortecimento $\xi = 1/\sqrt{2}$.

Exercício 13.27

Considere um oscilador não amortecido, composto pelo sistema massa-mola da Figura 13.46, na qual a saída $y(t)$ indica a posição da massa M, k_m é a constante da mola e $f(t)$ representa a força externa aplicada à massa.

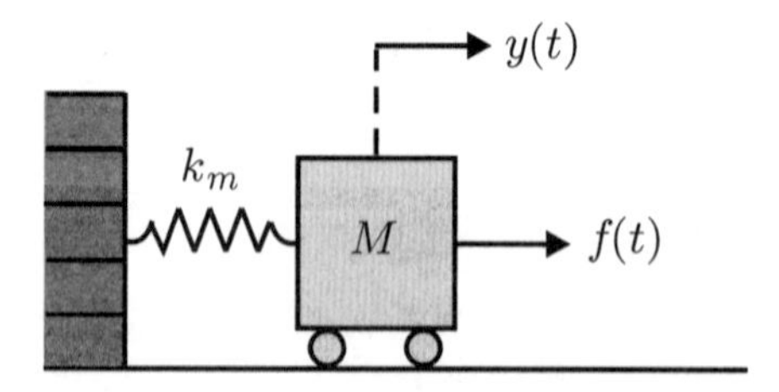

Figura 13.46 Sistema massa-mola.

Supondo $M = 1\,\text{kg}$ e $k_m = 1\,\text{N/m}$, projete um controlador $K = [\, k_1 \; k_2 \,]$ por realimentação de estados de modo que os polos de malha fechada estejam localizados em $s = -1 + j$ e $s = -1 - j$.

Exercício 13.28

Considere o levitador eletromagnético da Figura 13.36, cuja função de transferência linear é dada por

$$\frac{Y(s)}{U(s)} = \frac{1}{s^2 - 1} \,. \tag{13.543}$$

Supondo que os estados estão disponíveis e que podem ser medidos para realimentação, projete um controlador $K = [\, k_1 \; k_2 \,]$ por alocação de polos de malha fechada, de modo que a resposta transitória da saída $y(t)$, quando é aplicado um degrau na referência, apresente:

- sobressinal máximo $M_p = 16{,}3\%$ e
- tempo de acomodação $t_s = 1\,\text{s}$ pelo critério de 5%.

Exercício 13.29

Considere uma planta composta de um duplo integrador com função de transferência dada por

$$\frac{Y(s)}{U(s)} = \frac{1}{s^2} \,. \tag{13.544}$$

Supondo que os estados estão disponíveis e que podem ser medidos para realimentação, projete um controlador $K = [\, k_1 \; k_2 \,]$ por alocação de polos de malha fechada, de modo que a resposta transitória da saída $y(t)$, quando é aplicado um degrau na referência, apresente:

- coeficiente de amortecimento $\xi = 0{,}5$;
- frequência natural $\omega_n = 4$ (rad/s) ;
- erro estacionário nulo entre a referência e a saída.

Exercício 13.30

Refaça o Exercício 13.29, projetando um controlador do tipo RLQ.
Suponha que os estados estão disponíveis e que podem ser medidos para realimentação.

Exercício 13.31

Refaça o Exercício 13.29, projetando um controlador do tipo RLQ com observador de estados.
Suponha que os estados não estão disponíveis para realimentação.

Exercício 13.32

Considere uma planta, cuja função de transferência é dada por

$$\frac{Y(s)}{U(s)} = \frac{1}{(s-1)(s+2)} \,. \tag{13.545}$$

Projete um controlador RLQ com observador de estados de modo que a resposta transitória da saída $y(t)$, quando é aplicado um degrau na referência, apresente:

- sobressinal máximo menor que 20%;
- erro estacionário nulo entre a referência e a saída.

Exercício 13.33

Supondo um periodo de amostragem $T = 0{,}1\,\text{s}$, obtenha uma representação no espaço de estados discretos para as plantas com as seguintes funções de transferência:

a) $\dfrac{Y(s)}{U(s)} = \dfrac{1}{s^2}$ b) $\dfrac{Y(s)}{U(s)} = \dfrac{1}{(s-1)(s+2)}$.

Exercício 13.34

Determine se o sistema discreto, representado pelas equações de estados (13.546) e (13.547), é estável ou instável.

$$\underbrace{\begin{bmatrix} x_1[(k+1)T] \\ x_2[(k+1)T] \end{bmatrix}}_{x[(k+1)T]} = \underbrace{\begin{bmatrix} 1 & 0 \\ 0{,}1 & 1 \end{bmatrix}}_{A_d} \underbrace{\begin{bmatrix} x_1(kT) \\ x_2(kT) \end{bmatrix}}_{x(kT)} + \underbrace{\begin{bmatrix} 0{,}1 \\ 0{,}005 \end{bmatrix}}_{B_d} u(kT) \,, \tag{13.546}$$

$$y(kT) = \underbrace{\begin{bmatrix} 0 & 1 \end{bmatrix}}_{C} \underbrace{\begin{bmatrix} x_1(kT) \\ x_2(kT) \end{bmatrix}}_{x(kT)} \,. \tag{13.547}$$

Exercício 13.35

Determine a função de transferência discreta $G(z) = Y(z)/U(z)$, correspondente às equações de estados (13.546) e (13.547).

Exercício 13.36

Considere o sistema discreto do Exercício 13.34 com um período de amostragem $T = 0{,}1\,\text{s}$. Supondo que os estados estão disponíveis para realimentação, projete um controlador $K = [\,k_1\ k_2\,]$ por alocação de polos de malha fechada no plano z, de modo que a resposta transitória da saída, quando é aplicado um degrau na referência, apresente:

- sobressinal máximo $M_p \cong 16{,}3\%$, isto é, com coeficiente de amortecimento $\xi = 0{,}5$;
- tempo de pico $t_p \cong 0{,}9\,\text{s}$, ou seja, com frequência natural $\omega_n = 4$ (rad/s);
- erro estacionário nulo entre a referência e a saída.

Exercício 13.37

Refaça o Exercício 13.36, projetando um controlador do tipo RLQ.
Suponha que os estados estão disponíveis para realimentação.

Exercício 13.38

Refaça o Exercício 13.36, projetando um controlador do tipo RLQ com observador de estados.
Suponha que os estados não estão disponíveis para realimentação.

Exercício 13.39

Considere o sistema discreto representado pelas equações de estados (13.548) e (13.549).

$$\underbrace{\begin{bmatrix} x_1[(k+1)T] \\ x_2[(k+1)T] \end{bmatrix}}_{x[(k+1)T]} = \underbrace{\begin{bmatrix} 0{,}9142 & 0{,}1910 \\ 0{,}0955 & 1{,}0097 \end{bmatrix}}_{A_d} \underbrace{\begin{bmatrix} x_1(kT) \\ x_2(kT) \end{bmatrix}}_{x(kT)} + \underbrace{\begin{bmatrix} 0{,}0955 \\ 0{,}0048 \end{bmatrix}}_{B_d} u(kT) \,, \tag{13.548}$$

$$y(kT) = \underbrace{\begin{bmatrix} 0 & 1 \end{bmatrix}}_{C} \underbrace{\begin{bmatrix} x_1(kT) \\ x_2(kT) \end{bmatrix}}_{x(kT)} \,. \tag{13.549}$$

Supondo um período de amostragem $T = 0{,}1\,\text{s}$, projete um controlador RLQ com observador de estados, de modo que a resposta transitória da saída quando é aplicado um degrau na referência apresente:

- sobressinal máximo $Mp \leq 20\%$;
- erro estacionário nulo entre a referência e a saída.

Bibliografia

[1] ARMELLINI, F. **Projeto e implementação do controle de posição de uma antena de radar meteorológico através de servomecanismos.** 2006. 123f. Dissertação (Mestrado em Engenharia Mecânica). Escola Politécnica da Universidade de São Paulo, São Paulo.

[2] ASTROM, K. J.; WITTENMARK, B. **Computter controlled systems:** theory and design. New Jersey: Prentice-Hall, 1984.

[3] BEQUETTE, B. W. **Process control:** modeling, design and simulation. New Jersey: Prentice-Hall, 2003.

[4] BITTAR, A.; SALES, R. M. **H_2 and H_∞ control for maglev vehicles.** IEEE Control Systems Magazine, 1998, v. 18, pp. 18-25.

[5] BODE, H. W. **Network analysis and feedback amplifier design.** New York: D. Van Nostrand, 1945.

[6] BUCKLEY, P. S. et al. **Design of distillation column control systems.** New York: ISA, 1985.

[7] CAMPOS, M. C. M. M.; TEIXEIRA, H. C. G. **Controles típicos de equipamentos e processos industriais.** São Paulo: Edgard Blücher, 2006.

[8] CANNON Jr, R. H. **Dynamics of physical systems.** New York: McGraw-Hill, 1967.

[9] CASTRUCCI, P. B. L. **Controle automático:** teoria e projeto. São Paulo: Edgard Blücher, 1969.

[10] CASTRUCCI, P. B. L.; BATISTA, L. **Controle linear:** método básico. São Paulo: Edgard Blücher, 1980.

[11] CASTRUCCI, P. B. L.; CURTI, R. **Sistemas não-lineares.** São Paulo: Edgard Blücher, 1981.

[12] CASTRUCCI, P. B. L.; SALES, R. M. **Controle digital.** São Paulo: Edgard Blücher, 1990.

[13] CHEN, C. T. **Analog and digital control system design:** transfer-function, state-space and algebraic methods. New York: Saunders College Publishing, 1993.

[14] CHEN, C. T. **Linear system theory and design.** New York: Rinehart and Winston, 1984.

[15] CHEN, C. T.; SEO, B. **The inward approach in the design of control systems.** IEEE Transactions on Education, 1990, v. 33, pp. 270-278.

[16] CHESTNUT, H.; MAYER, R. W. **Servomechanisms and regulating systems design.** New York: John Wiley, 1951, v. 1.

[17] COUGHANOWR, D. R.; KOPPEL, L. B. **Análise e controle de processos.** Rio de Janeiro: Guanabara Dois, 1978.

[18] CRUZ, J. J. **Controle robusto multivariável.** São Paulo: EDUSP, 1996.

[19] D'AZZO, J. J.; HOUPIS, C. H. **Análise e projeto de sistemas de controle lineares.** Rio de Janeiro: Guanabara Dois, 1984.

[20] DISTEFANO, J. J. et al. **Sistemas de retroação e controle, com aplicações para engenharia, física e biologia.** São Paulo: McGraw-Hill, 1972.

[21] DORF, R. C.; BISHOP, R. H. **Sistemas de controle modernos.** Rio de Janeiro: LTC, 2001.

[22] EVANS, W. R. **Graphical analysis of control systems.** AIEE Transactions, 1948, v. 67, pp. 547-551.

[23] EVANS, W. R. **Control system synthesis by root locus method.** AIEE Transactions, 1950, v. 69, pp. 66-69.

[24] EVANS, W. R. **Control system dynamics.** New York: McGraw-Hill, 1954.

[25] FOULARD, C. et al. **Commande et régulation par calculateur numérique.** 4. ed. Paris: Eyrolles, 1984.

[26] FRANKLIN, G. F. et al. **Digital control of dynamic systems.** 3. ed. California: Addison Wesley, 1998.

[27] FRIEDLAND, B. **Advanced control system design.** New Jersey: Prentice Hall, 1996.

[28] GARCIA, C. **Modelagem e simulação de processos industriais e de sistemas eletromecânicos.** 2. ed. São Paulo: EDUSP, 2005.

[29] GEROMEL, J. C.; PALHARES, A. G. B. **Análise linear de sistemas dinâmicos.** São Paulo: Edgard Blücher, 2005.

[30] GOODWIN, G. C. et al. **Control system design.** New Delhi: Prentice-Hall, 2006.

[31] HOUPIS, C. H. et al. **Quantitative feedback theory:** fundamentals and applications. 2. ed. New York: Marcel Dekker, 2006.

[32] JAMES, H. M. et al. **Theory of servomechanisms.** New York: McGraw-Hill, 1947.

[33] KWAKERNAAK, H. ; SIVAN, R. **Linear optimal control systems.** New York: John Wiley and Sons, 1972.

[34] KUO, B. C. **Automatic control systems.** 7. ed. New Jersey: Prentice Hall, 1995.

[35] LEVINE, W. S. (Ed.). **The control handbook.** Florida: CRC Press, 1996.

[36] LUYBEN, W. L. **Process modeling, simulation and control for chemical engineers.** 2. ed. New York: McGraw-Hill, 1990.

[37] MARLIN, T. E. **Process control:** designing processes and control systems for dynamic performance. New York: McGraw-Hill, 1995.

[38] MAYR, O. **Origins of feedback control.** Massachusetts: MIT Press, 1971.

[39] MICHEL, G. **Programmable logic controllers:** architecture and application. Chichester: John Wiley, 1990.

[40] MORAES, C. C.; CASTRUCCI, P. B. L. **Engenharia de automação industrial.** 2. ed. Rio de Janeiro: LTC, 2007.

[41] MORARI, M.; ZAFIRIOU, E. **Robust process control.** New Jersey: Prentice Hall, 1989.

[42] MORRISS, S. B. **Programmable logic controllers.** New Jersey: Prentice Hall, 1999.

[43] NISE, N. S. **Engenharia de sistemas de controle.** 3. ed. Rio de Janeiro: LTC, 2002.

[44] NOVAES, G. O. **Modelagem e controle de velocidade e tensão de um laminador de encruamento.** 2009. 203f. Dissertação (Mestrado em Engenharia Elétrica). Escola Politécnica da Universidade de São Paulo, São Paulo.

[45] NYQUIST, H. **Regeneration theory.** Bell System Technical Journal, 1932, v. 11, pp. 126-147.

[46] OGATA, K. **Discrete-time control systems.** 2. ed. New Jersey: Prentice Hall, 2003.

[47] OGATA, K. **Engenharia de controle moderno.** 4. ed. São Paulo: Pearson, 2003.

[48] OGATA, K. **MATLAB for control engineers.** New Jersey: Pearson, 2008.

[49] OPPENHEIM, A. V.; SHAFER, R. W. **Discrete-time signal processing.** New Jersey: Prentice Hall, 1989.

[50] ORSINI, L. Q.; CONSONNI, D. **Curso de circuitos elétricos.** São Paulo: Edgard Blücher, 2002.

[51] PIRES, P. S. M. **Introdução ao SCILAB-versão 3.0.** Natal: Universidade Federal do Rio Grande do Norte, 2004.

[52] SHINSKEY, F. G. **Process control systems:** application, design, adjustment. 2. ed. New York: McGraw-Hill, 1979.

[53] SKOGESTAD, S. **Simple analytic rules for model reduction and PID controller tuning.** Journal of Process Control, 2003, v. 13, pp. 291-309.

[54] SKOGESTAD, S.; POSTLETHWAITE, I. **Multivariable feedback control:** analysis and design. 2. ed. Chichester: John Wiley, 2005.

[55] SMITH, C. A.; CORRIPIO, A. B. **Principles and practice of automatic process control.** 3. ed. New York: John Wiley, 2005.

[56] ZIEGLER, J. G.; NICHOLS, N. B. **Optimum settings for automatic controllers.** ASME, 1942, v. 64, pp 759-768.

Índice